7판

공학시스템 설계를 위한

응용유체역학

Applied Fluid Mechanics

Mott · Untener 지음
김동억 · 김병재 · 김정우 · 유재영 · 주원구 엮음

Pearson

청문각

역자 머리말

유체역학은 유체의 물리적 거동을 다루는 학문으로, 오랫동안 공학의 핵심적 분야 중 하나로 자리매김해왔다. 기계공학과 더불어 화학공학, 토목공학, 항공공학, 조선공학 등에서도 중요 과목으로 다뤄질 만큼 유체역학이 실제 교육 현장에서 차지하는 비중은 상당히 크다. 그러나 이러한 중요성에도 불구하고, 유체역학에서 다뤄지는 내용은 학생의 입장에서 볼 때 꽤 난해한 편에 속한다고 할 수 있다. 특히 유체의 거동을 설명하기 위해 동원되는 복잡한 수학적 해석은 학생들의 깊은 이해를 도모하는 데 있어 일정 부분 한계를 가질 수밖에 없다. 이미 시중에 다수의 유체역학 교재들이 나와 있음에도 불구하고 학생들의 이해도를 획기적으로 증진시킬 만한 새로운 교재가 여전히 요구되는 실정인 것이다.

원저자들이 서문에서 밝힌 바와 같이, 이 책의 기본 목표는 유체역학의 원리와 실제 응용 문제에 대한 적용을 구체적 사례를 통해 이해하기 쉽게 설명하는 것이다. 이를 위해 이 책은 기존 유체역학 교재들에서 다뤄져온 유체 특성, 압력, 밀도, 점도, 유동 측정, 유체 정역학, 파이프와 덕트에서의 유체 유동과 같은 기본적인 항목들은 물론이고 기존에는 자세히 다뤄지지 않았던 펌프 선택과 응용, HVAC 및 덕트 설계와 해석 등에 대해서도 상세히 다루고 있다. 또한 어려운 미분 방정식을 푸는 대신 비교적 쉬운 접근법으로 설명함으로써 학생들이 복잡한 수학적 해석으로 겪는 어려움을 최소화하고 유체역학적 이해를 증진시킬 수 있도록 하였다. 또한 원저자 서문에서 언급된 바, 유체역학의 많은 실용적 문제들은 사실상 긴 해법 절차를 필요로 한다. 학생들이 해법의 세부 사항을 학습하는 데 도움이 되도록 방정식의 단위 조작을 포함하여 각 예제 문제들을 상세히 설명하는 이 교재의 구성 방식은 그런 점에서 큰 장점을 가질 수 있다. 이러한 교재의 내용과 구성은 공학 시스템 설계를 목표로 하는 학생들이 주어진 시스템 설계를 비판적으로 판단하고 개선점을 제안할 수 있도록 도울 뿐만 아니라 실제 유용한 유체 시스템을 설계하는 데에도 좋은 길잡이가 되어줄 것이다.

번역에 착수한 지 거의 1년 반 만에 최종 교정본이 나왔다. 그만큼 번역에 참여한 5명의 유체역학 전문가들의 노고가 행간 곳곳에 배어있다. 물론 번역서가 원서의 맥락을 완벽히 옮긴다는 것은 사실상 불가능에 가깝다. 번역서가 갖는 태생적 한계가 참여 역자들의 값진 노력으로 일정 부분이나마 상쇄되었기를 바란다. 제한된 시간 속에서도 가급적 정확하고 읽기 쉽게 번역하려고 최선을 다했지만 오류가 전부 제거될 수는 없었을 것이다. 독자들의 관심어린 지적과 충고를 감사히 수용하여 지속적으로 수정·보완해갈 것을 약속드린다. 끝으로 어려운 여건 속에서도 이 책의 출판을 위해 애써주신 청문각 편집진에게 감사의 말을 전한다.

2018. 07

역자 일동

머리말

소개

이 책은 유체역학의 원리와 실제 응용 문제에 대한 적용을 설명하는 데에 목표를 두고 있다. 기본적으로 유체 특성, 압력, 밀도, 점도 및 유동 측정, 유체 정역학, 파이프와 비구형 덕트에서의 유체 유동, 펌프 선택과 응용, 개수로 유동, 유체 동역학, HVAC 및 덕트 설계와 해석, 공기와 다른 기체 유동을 주로 다루고자 한다.

유체역학은 유체 유동 분포, 유체 동력, HVAC을 포함하는 기계공학 분야, 재료제작 시스템을 포함하는 화학공학 분야, 수질 및 폐수 시스템, 유동 저장소 및 분포 시스템, 개수로 유동을 포함하는 토목공학 분야에 응용될 수 있다. 이 책은 유체역학의 원리를 응용하는 것을 일차적 목표로 하는 공학 분야 학생들을 대상으로 쓰여졌다.

이 책으로 공부하기 위해서, 학생들은 대수학, 삼각법, 역학을 기본적으로 이해해야 한다. 이 책의 내용을 공부한 후에, 학생들은 실제 유체유동 시스템을 설계하고 해석하는 능력을 가질 수 있으며, 관련 분야에서 심화학습을 수행할 수도 있을 것이다. 학생들은 유동 동력, HVAC, 수력공학과 같은 다른 과목들을 수강할 수도 있을 것이다. 또한 이 책은 장마다 개별적으로 발췌해서 공부할 수도 있게 서술되었다.

접근

이 책은 7개의 단계에서 유체역학의 기본 원리를 공부하는 학생들에게 도움이 되도록 서술되었다.

1. 다양한 개념들을 이해할 수 있다.
2. 유체역학의 원리를 학생들이 스스로 응용해 볼 수 있다.
3. 문제 풀이를 논리적으로 할 수 있다.
4. 문제 풀이에 필요한 해석과 계산을 수행할 수 있다.
5. 주어진 시스템 설계를 비판적으로 판단하고, 개선점을 제안할 수 있다.
6. 실제 유용한 유체 시스템을 설계할 수 있다.
7. 유체유동시스템 설계와 해석에 상업용이나 개인적으로 만든 컴퓨터 도구를 사용할 수 있다.

이런 다층적인 접근은 학생들이 유체시스템을 설계하고 해석하는 데 자신감을 갖도록 도움이 된다는 점이 몇 십년간의 강의 경험을 통해 증명되어 왔다.

개념은 명확한 언어로 표시되며 독자에게 익숙한 물리적 시스템을 참조하여 설명된다. 직관적인 정당화 및 수학적 기초가 각 개념에 주어지고 여러 유형의 복잡한 문제에 대한 해법이 단계별 절차로 제공된다. 알려진 것, 발견된 것, 해법 절차 선택 사이의 관계를 인식하는 것의 중요성이 강조된다.

유체역학의 많은 실용적 문제는 비교적 긴 해법 절차가 필요하다. 학생들이 종종 해법의 세부 사항을 수행하는 데 어려움을 느끼는 것은 저자도 겪은 바가 있으므로 각 예제 문제는 방정식의 단위 조작을 포함하여 상세히 수행되도록 제시되어 있다.

좀더 복잡한 예에서는 올바른 결과가 표시되기 전에 학생이 해법의 작은 부분을 수행하도록 요청하는 프로그래밍된 명령어 형식이 사용되었다. 프로그램은 선형으로 결정되며, 하나의 패널이 개념을 제시하면 질문을 하거나 특정 작업을 수행하도록 요청한다. 다음 패널은 올바른 결과와 그것이 얻어진 방법의 세부 사항을 제공한다. 그리고 프로그램은 계속된다.

국제단위계와 미국관습단위계는 거의 동등하게 사용된다. 이 책의 SI 표기법은 미국 표준 및 기술 연구소에 정한 지침을 따른다.

컴퓨터를 이용한 문제 해결 및 설계 지원

유체역학 문제를 해결하기 위한 컴퓨터 보조 접근법은 학생이 직접 문제를 해결할 수 있는 능력을 갖춘 후에 사용하는 것이 좋다.

컴퓨터 보조 접근법은 학생들에게 좀더 포괄적인 문제를 분석하고, 계산의 부담을 줄이면서 여러 설계 옵션을 고려할 수 있는 도구를 제공하게 된다.

또한 많은 고용주들은 학생들이 소프트웨어를 사용하는 기술뿐만 아니라 그렇게 할 수 있는 성향과 코스 내에서 소프트웨어를 사용하는 것이 효과적으로 이 기술을 키울 것이라고 기대한다. 따라서 다음과 같은 학습 정책을 권장한다.

컴퓨터 소프트웨어 사용자는 분석 및 설계 결정이 근본적으로 효과가 있음을 보장하기 위해 소프트웨어가 기반으로 하는 원칙을 확실하게 이해해야 한다. 신중한 연구와 수동 기법을 사용하여 관련 분석 방법을 습득한 후에 소프트웨어를 사용해야 한다.

컴퓨터 활용 과제는 많은 장의 끝에 제시되어 있다. 이들은 다음과 같은 다양한 기술로 해결가능하다.

- Microsoft® Excel과 같은 프로그램 사용
- 기술적인 컴퓨터 소프트웨어 사용
- 유체역학 문제 해석이 가능한 상업용 소프트웨어 사용

시리즈 파이프라인 시스템에 대한 11장이나 펌프 선택 및 적용에 대한 13장에서는 상당히 복잡한 시스템 설계 및 분석 문제 해결을 위해 엑셀 스프레드 시트 지원을 포함한 예제를 제시하고 있다.

새로운 강력한 상업용 소프트웨어: 이 7판의 새로운 특징은 PIPE－FLO®라고 불리는 파이프 시스템 분석 및 설계를 위한 국제적으로 유명한 주요 소프트웨어 패키지이다.

ESI의 CEO 및 몇몇 직원들이 말하는 것처럼, 펌프 유체 시스템을 분석하기 위해 사용된 방법론은 소프트웨어에서 사용된 것과 호환된다.

이 책에서 제시한 원리와 수동 문제 해결 방법을 잘 배운 학생은 산업 환경에서 잘 적응할 수 있도록 준비할 수 있을 것이며, PIPE－FLO®를 사용하여 그들의 경력 동안 접할 수 있는 다양한 유체유동 시스템 종류에 대한 분석을 수행하는 기본 사항을 배울 것이다. 이 기술은 학생들의 경력 개발을 위한 자산이 될 것이다.

이 책을 수업에서 사용하는 학생들에게는 산업 규모의 소프트웨어를 특별히 고안된 버전으로 사용할 수 있는 ESI 웹사이트에 대한 고유 링크가 제공된다. 이 책의 배관 분석 및 설계 문제는 이 버전을 사용하여 설정하고 해결할 수 있도록 되어 있다. 유체유동 시스템의 컴퓨터 모델을 구축하기 위한 도구와 기술은 8장에서 파이프 마찰로 인한 에너지 손실과 13장까지 계속되는 부손실, 시리즈 파이프라인 시스

템, 병렬 및 분기 시스템, 펌프 선택 및 적용에 이용된다. 새로운 개념과 문제 해결 방법을 배울 때마다 학생들은 실제 문제를 만들고 풀 수 있는 기술을 개발할 수 있는 하나 이상의 예제 문제를 풀게 될 예정이다. 각 장마다 학생들이 완성할 수 있는 시스템의 종류가 폭과 깊이로 확장된다.

PIPE－FLO®를 사용하는 새로운 보충문제가 책에 포함되어 있어 학생들이 숙제, 프로젝트 또는 자율 학습 과정에서 자신의 능력을 확장하고 시연할 수 있다.

통합된 컴패니언 소프트웨어 PUMP－FLO®는 학생들이 과제에서 사용할 수 있는 다양한 유형 및 크기의 펌프에 대한 카탈로그 데이터에 대한 엑세스를 제공하고 미래의 위치에서 펌프를 지정하는 방법에 보다 익숙해질 수 있을 것이다.

학생과 강사가 http://www.eng－software.com/appliedfluidmechanics 사이트에서 PIPE－FLO® 특별 버전에 엑세스할 수 있다.

7판의 새로운 특징들

7판에서는 몇 가지 주제의 제시를 수정하고, 책의 시각적 매력과 유용성을 높이고, 자료와 분석 기술을 업데이트하고, 선택된 새로운 자료를 추가하였고, 이전 버전의 패턴을 유지하였다.

개요는 이전 두 판과 같이 각 장을 시작하지만 하나 이상의 사진이나 삽화, 학생들이 그 장에서 제시된 개념에 개인적으로 관여하는 세련된 탐구와 토론이 추가되었다. 이 기능에 대한 강사와 학생들의 피드백은 매우 긍정적이었다. 방대한 부록은 유용한 학습 및 문제 해결 도구로 계속 사용되며 여러 개가 업데이트되고 확장되었다.

다음 목록은 7판의 일부 변경 사항을 강조 표시한 것이다.

- 사실성, 일관성, 그래픽 품질면에서 그림의 상당 부분이 개선되었다.
- 상업적으로 이용 가능한 제품의 많은 사진을 업데이트하고 일부 새로운 사진이 추가되었다.
- 대부분의 장에는 실용 제품, 문제 해결 및 설계를 위한 추가 자료, 특정 주제에 대한 심층적인 설명, 유체역학 소프트웨어에 대한 정보, 산업 표준과 같은 유용한 보충 정보를 제공하는 광범위한 인터넷 자원 목록이 제시되었다. 자료가 업데이트되었으며 많은 내용들이 이번 버전의 자료에 추가되었다.
- 각 장 끝부분에 제시된 참고문헌이 광범위하게 개정되고, 업데이트되고 확장되었다.
- 책의 여러 부분에서 미터법 단위 사용이 확장되었다. 철, 구리 및 플라스틱 튜빙에 대한 미터 크기를 위해 두 개의 새로운 부록 표가 추가되었다. 표준 Schedule 40 및 80 강관에 대한 미터법 DN 지정의 사용은 토론, 예제 문제 및 장 끝 문제에 보다 완벽하게 통합되었다. 거의 모든 미터법 기반 문제는 파이프 또는 튜브 지정, 치수 및 유동 영역에 대해 이 새 테이블을 사용하게 된다. 이를 통해 학생들은 자신의 커리어를 추구할 글로벌 산업 분야에서 커리어를 쌓을 수 있는 강력한 토대를 마련하게 된다.
- 몇 가지 장의 끝부분에 새롭고 창의적인 보충문제가 많이 추가되어 학생의 학습 향상과 교사가 여러 가지 과정을 계획할 수 있는 다양한 기회를 제공하게 하였다.
- 파이프 크기를 선택하기 위한 그래픽 도구는 6장에서 다루었으며 이후 장 및 디자인 프로젝트에서 사용된다.
- 9장에 포함된 전산유체역학에 대한 논의가 파이프 유동 연구와 매우 관련이 있는 매력적인 새로운 그래픽으로 개정되었다.
- 등가 길이 접근법을 기반으로 한 K계수(저항 계수) 사용이 Crane 기술 문서 410 최신 버전에 따라

업데이트되고 확장 및 교정되었다.

- 유량계와 밸브에서 발생하는 압력 강하 사이의 관계를 평가하기 위한 유량계수의 사용은 10장에서 미터법 단위와 함께 사용할 수 있는 새로운 방정식으로 확장되었다. 13장의 새로운 부분에는 제어 요소로서 밸브의 사용을 강조하고 있다.
- 파이프라인 시스템 설계의 일반 원칙은 11장에서 다듬어졌다.
- 펌프 선택 및 적용에 대한 몇 가지 단원이 13장에서 업데이트되어, TP 410에 따라 보다 심도있고 일관성 있고 관련 주제의 원활한 개발 및 PIPE-FLO® 소프트웨어 사용을 제공한다.

이 책의 새로운 공동저자, Joseph A. Untener 교수 소개

우리는 응용유체역학의 7판의 저자로 Robert L. Mott, Joseph A. Untener를 소개하게 되어 기쁘다.

Untener 교수는 1987년 Mott 교수로부터 고용된 이래로 Dayton 대학의 공학기술학부의 뛰어난 교수이다. Untener 교수는 Dayton 대학에서 이 책의 2판을 교재로 한 유체역학을 첫 강의로 시작하였으며, 지금도 유체역학을 꾸준히 가르치고 있다. 재능있는 강사, 강력한 지도자, 가치있는 동료 및 학생의 현명한 상담자인 Joe는 이 책의 작업을 위한 훌륭한 선택이었다. 그는 신선하고 세련된 스타일과 방법론을 제공하고 효과적이고 매력적인 그래픽을 보는 감각이 있었다.

그는 PIPE-FLO®를 책에 통합하기 위한 주요 활동을 시작했으며 리더십 및 설계 소프트웨어 직원과 협력하는 프로세스를 관리하였다. 그의 공헌은 이 책을 사용하는 학생과 교사 모두에게 큰 도움이 될 것이다.

간략한 차례

1 유체의 특성과 유체역학의 연구 15
2 유체의 점성 41
3 압력 측정 67
4 정지 유체가 가하는 힘 97
5 부력과 부체의 안정 131
6 유체 유동과 베르누이 방정식 159
7 일반 에너지 방정식 205
8 Reynolds수, 층류, 난류 및 마찰로 인한 에너지 손실 233
9 원형 단면 배관에서의 속도 분포 및 비원형 단면 배관에서의 유동 267
10 부손실 291
11 시리즈 파이프라인 시스템 339
12 병렬 및 분기 파이프라인 시스템 377
13 펌프의 선택과 적용 403
14 개수로 유동 469
15 유동 측정 499
16 운동하는 유체에 의한 힘 527
17 항력과 양력 545
18 팬, 송풍기, 압축와 기체의 유동 569
19 덕트 공기유동 595

부록 616
해답 643
찾아보기 653

차례

역자 머리말 3

머리말 5

1 유체의 특성과 유체역학의 연구 15

1.1 목표 17
1.2 기본 도입 개념 17
1.3 SI 단위계 18
1.4 미국관습단위계 19
1.5 무게와 질량 20
1.6 온도 21
1.7 방정식의 일관된 단위 23
1.8 압력 25
1.9 압축성 28
1.10 밀도, 비중량, 비중 28
1.11 표면 장력 33
- 참고문헌 35
- 인터넷 자료 35
- 연습문제 35
- 컴퓨터를 이용한 공학 과제 39

2 유체의 점성 41

2.1 목표 42
2.2 점도 43
2.3 동점도 45
2.4 뉴턴 유체 및 비뉴턴 유체 46
2.5 온도에 따른 점도의 변화 49
2.6 점도 측정 51
2.7 SAE 점도 등급 59
2.8 ISO 점도 등급 60
2.9 유체 동력 시스템의 유압 유체 61
- 참고문헌 62
- 인터넷 자료 63
- 연습문제 63
- 컴퓨터를 이용한 공학 과제 65

3 압력 측정 67

3.1 목표 68
3.2 절대 압력과 계기 압력 68
3.3 압력과 높이 간의 관계 70
3.4 압력과 높이 간의 관계 유도 73
3.5 파스칼의 패러독스 75
3.6 마노미터 76
3.7 기압계 82
3.8 액체 기둥 높이로 표현한 압력 84
3.9 압력 게이지와 압력 변환기 85
- 참고문헌 87
- 인터넷 자료 87
- 연습문제 88

4 정지 유체가 가하는 힘 97

4.1 목표 99
4.2 가압 기체 99
4.3 액체 아래의 수평 평면 100
4.4 사각벽 101
4.5 잠겨있는 평면 103
4.6 잠겨있는 평면에 대한 관계식 유도 107
4.7 위압 수두 109
4.8 잠긴 곡면에 작용하는 힘 분포 111
4.9 수면 상부 압력 영향 116
4.10 유체가 곡면 아래에 있는 경우 116
4.11 유체가 곡면 위와 아래에 모두 있는 경우 118
- 연습문제 118
- 컴퓨터를 이용한 공학 과제 130

5 부력과 부체의 안정 131

5.1 목표 132
5.2 부력 133
5.3 부력 재료 139
5.4 완전히 잠긴 물체의 안정성 140
5.5 떠 있는 물체의 안정성 141
5.6 부력 안정성의 정도 146
- 참고문헌 148
- 인터넷 자료 148
- 연습문제 148
- 부력 안정성 평가 프로젝트 156

6 유체 유동과 베르누이 방정식 159

6.1 목표 160
6.2 유량과 연속 방정식 161
6.3 상용 파이프와 튜브 165
6.4 파이프와 튜브에서 권장 유속 168
6.5 에너지 보존 - 베르누이 방정식 172
6.6 베르누이 방정식 해석 174
6.7 베르누이 방정식의 제한조건 175
6.8 베르누이 방정식의 응용 176
6.9 토리첼리의 정리 184
6.10 떨어지는 수두로 인한 유동 189
- 참고문헌 191
- 인터넷 자료 191
- 연습문제 192
- 베르누이 방정식과 토리첼리의 정리를 사용하는 해석 프로젝트 203

7 일반 에너지 방정식 205

7.1 목표 206
7.2 에너지 손실 및 추가 207
7.3 에너지 손실 및 추가 사항 명명법 209
7.4 일반 에너지 방정식 210
7.5 펌프에 필요한 동력 214
7.6 유체 모터로 전달되는 동력 218
- 연습문제 220

8 Reynolds수, 층류, 난류 및 마찰로 인한 에너지 손실 233

8.1 목표 236
8.2 Reynolds수 236
8.3 임계 Reynolds수 237
8.4 Darcy 방정식 239
8.5 층류에서의 마찰 손실 239
8.6 난류에서의 마찰 손실 241
8.7 파이프 유동 문제를 위한 소프트웨어 활용 248
8.8 마찰계수 방정식 253
8.9 물 유동에 대한 Hazen–Williams 공식 255
8.10 Hazen–Williams 공식의 다른 형태 256
8.11 Hazen–Williams 공식 계산 도표 256
- 참고문헌 258
- 인터넷 자료 259
- 연습문제 259
- 컴퓨터를 이용한 공학 과제 266

9 원형 단면 배관에서의 속도 분포 및 비원형 단면 배관에서의 유동 267

9.1 목표 268
9.2 속도 분포 269
9.3 층류 속도 분포 269
9.4 난류 속도 분포 271
9.5 비원형 단면에서의 유동 274
9.6 전산유체역학 279
- 참고문헌 282
- 인터넷 자료 282
- 연습문제 282
- 컴퓨터를 이용한 공학 과제 289

10 부손실 291

10.1 목표 293
10.2 저항계수 293
10.3 급 확대 294
10.4 출구 손실 297
10.5 점진적 확대 298
10.6 급 축소 301
10.7 점진적 축소 303
10.8 입구 손실 305

10.9 밸브 및 부속품에 대한 저항계수 307
10.10 표준 밸브의 응용 313
10.11 파이프 벤드 316
10.12 유체 동력 밸브에서의 압력 강하 318
10.13 C_v를 사용하는 밸브 유량계수 323
10.14 플라스틱 밸브 325
10.15 PIPE−FLO® 소프트웨어에서의 K값 활용 326
• 참고문헌 331
• 인터넷 자료 332
• 연습문제 332
• 컴퓨터를 이용한 공학 과제 337

11 시리즈 파이프라인 시스템 339

11.1 목표 340
11.2 Class I 시스템 340
11.3 Class I 문제에 대한 스프레드시트 345
11.4 Class II 시스템 348
11.5 Class III 시스템 356
11.6 시리즈 파이프라인 시스템에 대한 PIPE−FLO® 예제들 360
11.7 구조적 결성을 위한 파이프라인 설계 364
• 참고문헌 366
• 인터넷 자료 366
• 연습문제 367
• 컴퓨터를 이용한 공학 과제 376

12 병렬 및 분기 파이프라인 시스템 377

12.1 목표 379
12.2 2개의 분기를 갖는 시스템 379
12.3 PIPE−FLO®에서의 병렬 파이프라인 시스템과 압력 경계 386
12.4 3개 이상의 분기 시스템 − 네트워크 389
• 참고문헌 397
• 인터넷 자료 397
• 연습문제 397
• 컴퓨터를 이용한 공학 과제 401

13 펌프의 선택과 적용 403

13.1 목표 404
13.2 펌프 선택 관련 매개변수 405
13.3 펌프의 유형 406
13.4 용적형 펌프 406
13.5 카이네틱 펌프 413
13.6 원심 펌프의 성능 자료 420
13.7 원심 펌프의 Affinity law 421
13.8 생산자가 제공하는 원심 펌프 자료 423
13.9 유효 흡입 수두 432
13.10 흡입관 세부 사항 437
13.11 배출관 세부 사항 438
13.12 시스템 저항 곡선 439
13.13 펌프의 선택과 시스템의 작동점 443
13.14 상용 펌프 선택을 위한 PIPE−FLO®의 사용 445
13.15 대체 시스템 작동 모드 449
13.16 펌프 유형 선택과 비속도 456
13.17 펌프 유체 시스템의 수명주기 비용 459
• 참고문헌 460
• 인터넷 자료 461
• 연습문제 462
• 보충문제 (PIPE−FLO® ONLY) 464
• 설계문제 464
• 종합설계문제 466

14 개수로 유동 469

14.1 목표 470
14.2 개수로 유동의 분류 471
14.3 개수로 유동의 수력 반경과 Reynolds수 472
14.4 개수로 유동의 종류 473
14.5 균일 정상 유동 474
14.6 전형적인 개수로 형상 479
14.7 가장 효율적인 개수로 모양 482
14.8 임계 유동과 비에너지 482
14.9 수력 도약 485
14.10 개수로 유동 측정 487
• 참고문헌 492
• 디지털 출판 493
• 인터넷 자료 493
• 연습문제 493
• 컴퓨터를 이용한 공학 과제 496

15 유동 측정 499

15.1 목표 500
15.2 유량계 선정 요소 500
15.3 가변 수두 유량계 501
15.4 가변 면적 유량계 510
15.5 터빈 유량계 510
15.6 와류 유량계 512
15.7 전자기 유량계 513
15.8 초음파 유량계 514
15.9 용적형 유량계 514
15.10 질량 유량 측정 515
15.11 속도 프로브 517
15.12 수위 측정기 521
15.13 컴퓨터를 이용한 자료 수집 및 처리 523
• 참고문헌 523
• 인터넷 자료 524
• 복습문제 525
• 연습문제 525
• 컴퓨터를 이용한 공학 과제 526

16 운동하는 유체에 의한 힘 527

16.1 목표 528
16.2 힘의 방정식 528
16.3 충격량－운동량 방정식 529
16.4 힘의 방정식을 사용한 문제 풀이 방법 530
16.5 정지 물체에 작용하는 힘 531
16.6 파이프라인 내 벤드에 작용하는 힘 533
16.7 움직이는 물체에 작용하는 힘 537
• 연습문제 538

17 항력과 양력 545

17.1 목표 546
17.2 항력 방정식 547
17.3 압력항력 548
17.4 항력계수 549
17.5 층류유동에서 구의 마찰항력 555
17.6 차량항력 556
17.7 압축성 효과와 공동 현상 559
17.8 에어포일의 양력과 항력 559
• 참고문헌 562
• 인터넷 자료 563
• 연습문제 563

18 팬, 송풍기, 압축기와 기체의 유동 569

18.1 목표 570
18.2 기체유량과 압력 570
18.3 팬, 송풍기, 압축기 분류 571
18.4 파이프에서 압축 공기 및 기체 유동 576
18.5 노즐에서 공기 및 기체의 유동 583
• 참고문헌 590
• 인터넷 자료 591
• 연습문제 592
• 컴퓨터를 이용한 공학 과제 593

19 덕트 공기유동 595

19.1 목표 597
19.2 덕트 에너지 손실 597
19.3 덕트 설계 603
19.4 덕트 설계의 에너지 효율과 실무적 고려사항 610
• 참고문헌 611
• 인터넷 자료 611
• 연습문제 612

부록 616

부록 A Properties of Water 616
부록 B Properties of Common Liquids 618
부록 C Typical Properties of Petroleum Lubricating Oils 620
부록 D Variation of Viscosity with Temperature 621
부록 E Properties of Air 623
부록 F Dimensions of Steel Pipe 627
부록 G Dimensions of Steel, Copper, and Plastic Tubing 629
부록 H Dimensions of Type K Copper Tubing 632
부록 I Dimensions of Ductile Iron Pipe 633
부록 J Areas of Circles 634
부록 K Conversion Factors 636
부록 L Properties of Areas 638
부록 M Properties of Solids 640
부록 N Gas Constant, Adiabatic Exponent, and Critical Pressure Ratio for Selected Gases 642

해답 643

찾아보기 653

CHAPTER 1

유체의 특성과 유체역학의 연구

개요

유체역학을 시작하면서, 몇 가지 기본 개념을 살펴보고 이 책에서 공부할 주요 주제를 미리 살펴보도록 하자.

일상생활에서 정지해 있거나, 움직이는, 또는 가압된 유체가 있는 곳을 확인하도록 하자. 집, 호텔 또는 상업용 건물의 수도 시스템을 고려하자. 자동차의 연료가 탱크에서 엔진으로 어떻게 이동하는지 또는 냉각수가 엔진과 냉각 시스템을 통해 흐르는 방법에 대해 생각해보자. 놀이공원에서 시간을 보내고 있을 때 워터 슬라이드 또는 보트 타기에서 유체를 처리하는 방법을 고려해보자. 가압 유체를 사용하여 가동 부품을 작동시키고 기계를 구동하는 방법을 관찰하려면 건설 장비를 주의 깊게 살펴봐야 한다. 자동화 장비, 자재 취급 장치 및 생산 기계로 가압 유체를 사용하는 제조 작업장을 방문해보자.

그림 1.1에 보이는 대규모 화학공정 플랜트를 고려해보자. 복잡한 배관 시스템은 펌프를 사용하여 탱크에서 유체를 이송하고 다양한 처리 시스템을 통해 다시 유체를 이송시킨다. 다른 탱크에 저장하여 완제품을 트럭이나 철도 차량으로 옮기고 고객에게 인도될 수 있다.

여기에 나열된 몇 가지 주요 개념은 이 책에서 공부하게 될 것이다.

- 유체역학은 정지해 있거나(유체정역학) 움직이는 유체(유체동역학)를 연구하는 것이다.
- 유체는 액체 또는 기체일 수 있으며, 밀도, 비중량, 비중, 표면장력 및 점도와 같은 물리적 특성에 의해 특징지을 수 있다.
- 유체 시스템을 정량적으로 분석할 때는 단위를 주의 깊게 사용해야 한다. 단위의 SI 미터계 및 미국관습단위계가 이 책에서 사용된다. 무게와 질량을 주의 깊게 구별하는 것도 중요하다.
- 유체정역학 개념은 압력 측정, 유체 압력으로 인한 표면에 작용하는 힘, 부유체의 부력과 안정성을 포함한다.
- 유체가 원형파이프와 튜브 및 다른 형태의 배관을 통해 움직일 때, 유체의 거동을 분석하는 방법을 배우는 것은 중요하다.
- 속도, 위치 및 압력으로 인한 유체 에너지를 고려할 것이다.
- 유체유동시스템의 구성 요소를 통해 유체가 흐를 때 발생하는 에너지 손실 또는 의도적인 제거를 고려하여 시스템의 성능을 분석할 수 있다.
- 흐르는 유체는 마찰로 인해 에너지가 손실되고 도관을 따라 움직이며(제어 밸브와 같이) 장애물을 만나거나(파이프 엘보처럼) 방향을 바꾼다.
- 유동을 생성하고 유체의 압력을 증가시키는 펌프에 의해 유동하는 유체에 에너지가 추가될 수 있다.
- 에너지는 유체 모터, 터빈 또는 유압 액추에이터를 구동하는 데 사용함으로써 의도적으로 제거될 수 있다.

그림 1.1 산업 공정 및 상업용 유체 배관시스템은 화학 가공 공장에서 사용되는 것과 같이 신중한 설계 및 분석이 필요한 복잡한 배치가 필요하다.(출처: Nikolay Kazachok/Fotolia)

- 시스템의 유체 압력, 온도 및 유체 유속을 측정하는 것은 성능을 이해하는 데 중요하다.

탐구

이제 유체를 사용하는 다양한 시스템을 고려해보고 이 책에서 배운 개념의 응용 분야를 설명하도록 하자. 이 절을 읽으면서 다음 요소를 고려해보자.

- 시스템의 기본 기능과 목적
- 시스템 내 유체 종류
- 유체가 흐른다면 무엇이 유체 유동을 발생시키는가? 유로를 묘사하도록 하자.
- 시스템의 어떤 구성 요소가 유체 유동 저항에 기여하는가?
- 유체의 어떤 특징이 시스템의 성능에 중요한 역할을 하는가?

1. 가정에서는 물을 마시고, 요리하고, 목욕하고, 청소하고, 잔디밭과 식물을 급수하는 것과 같이 다양한 용도로 물을 사용한다. 또한 물은 싱크대, 배수구 및 변기를 통해 가정에서 발생하는 폐기물을 제거한다. 빗물, 눈이 녹은 물, 땅속에 있는 물은 거터(gutters), 다운스팟(downspouts), 도랑(dicthes) 및 배수 펌프(sump pump)를 사용하여 집에서 멀리 떨어진 곳에서 관리해야 한다. 물이 어떻게 집으로 전달되는지 생각해보자. 강, 저수지 또는 자연 지하수의 궁극적인 원천은 무엇인가? 물을 탱크에 담아서 집에 가져다 주어야 할까? 수도시스템은 사용에 효과적이고 시스템을 통해 안정적으로 흐를 수 있도록 상당히 높은 압력이 필요하다. 그 압력은 어떻게 만들어질까? 시스템에 펌프가 있을까? 펌프의 기능과 작동 방식을 설명해보자. 각 펌프는 어디에서 물을 가져오는가? 물은 어떤 장소에 전달되는가? 어떤 양의 유체가 전달 지점에 필요한가? 얼마의 압력이 요구되는가? 유체 유동이 어떻게 제어되는가? 파이프, 튜브, 탱크, 다른 저장소나 도관은 어떤 물질로 만들어져 있는가? 6－13장을 공부하면서 파이프 또는 튜브에서 물이 흐르는 시스템을 분석하고 설계하는 방법을 배우게 된다. 14장에서는 가정의 지붕에서 빗물을 받아내는 거터와 같은 개수로(open channel)의 경우에 대해 논의하게 된다.
2. 차 안에서 가솔린을 저장한 다음 자동차의 엔진으로 전달하는 시스템을 설명해보자. 바람막이 유리는 어떻게 관리되는가? 냉각 시스템과 냉각수의 성질에 대해 설명하자. 브레이크 적용 시, 특히 제동시스템의 유압유와 관련된 상황을 설명하자. 6－13장의 개념은 이러한 종류의 시스템을 설명하고 분석하는 데 도움이 될 것이다.
3. 그림 1.2와 같은 유체동력시스템에 의해 작동되는 자동화된 제조시스템의 성능을 고려해보자. 유체, 펌프, 튜브, 밸브 및 시스템의 다른 구성 요소를 설명하자. 시스템의 기능은 무엇인가? 어떻게 유체가 그 기능을 수행하는가? 에너지가 시스템에 어떤 방식으로 도입되며 시스템에서 에너지를 어떻게 제거하는가?

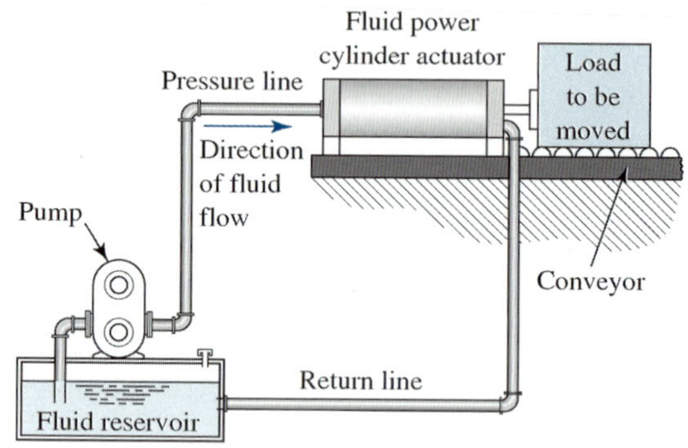

그림 1.2 유체 동력에 대한 전형적인 파이프 시스템

4. 보트, 제트 스키, 뗏목, 바지선 및 부표와 같은 유체에 떠 있어야 하는 물체의 종류를 고려하자. 왜 그들은 떠 다니는가? 그들은 어떤 위치 또는 방향으로 떠 다니는가? 어떻게 방향을 유지하는가? 부력과 안정성 원리는 5장에서 논의된다.
5. 움직이거나 정지한 유체가 물체에 힘을 가하는 경우의 예를 생각해보자. 가압 유체를 담고 있는 모든 용기가 예가 될 수 있다. 수영장, 유압 실린더, 유체를 담는 댐 또는 옹벽, 고압 세척기 시스템, 소방 호스, 토네이도 또는 허리케인 중 바람, 터빈을 통해 흐르는 물이 힘을 생성하는 것을 생각해보자. 이외에 다른 예를 생각해볼 수 있는가? 4, 16, 17장에서는 이러한 경우에 대해 논의하게 된다.
6. 한 시스템에서 유체의 유속 또는 전달된 유체의 총량을 측정하는 것이 중요한 여러 가지 상황을 생각해보자. 당신의 자동차에 들어가는 휘발유의 정량이 측정되어 주유비를 지불하는 상황을 생각해보자. 혹은 수도 회사에서 당신이 사용하는 물의 양을 알려고 한다. 공장의 생산 공정에서 유체는 종종 신중하게 계측될 필요가 있다. 병원에서 환자에게 전달되는 액상 의약품과 산소는 환자의 안전을 위해 지속적으로 측정해야 한다. 유량 측정은 15장에서 다룰 것이다.

유체는 다양한 방식으로 삶에 도움을 준다. 이 책을 통해 유체역학을 공부하게 되면 해당 유체를 제어하는 방법을 이해하는 데 도움이 될 것이다. 또한 유체역학에서 사용해야 할 구성 요소의 종류와 크기를 결정하는 유체 시스템의 설계 및 분석 방법을 배우는 데 도움이 될 것이다.

1.1 목표

이 장을 학습한 후에 다음의 항목들을 수행할 수 있다.

1. 액체와 기체를 구별한다.
2. 압력을 정의한다.
3. 시간, 길이, 힘, 질량, 온도에 대한 단위를 SI 단위계와 미국관습단위계로 구별하여 사용한다.
4. 단위 일관성을 고려하며 방정식을 세운다.
5. 힘과 질량 사이의 관계를 정의한다.
6. 밀도, 비중량, 비중을 정의하고, 그들 사이의 관계를 정의한다.
7. 표면 장력을 정의한다.

1.2 기본 도입 개념

압력 압력은 물질의 단위 면적이나 표면에 작용하는 힘의 양을 의미한다. 이것은 다음의 방정식으로 표현할 수 있다.

$$p = \frac{F}{A} \tag{1-1}$$

유체는 사용되는 시스템 유형에 따라 압력 변화를 겪는다. 유리에 있는 우유는 그 위의 공기와 같은 압력을 갖는다. 가정용 배관 시스템의 경우 배관 내 흐르는 물이 대기압보다 약간 높은 압력을 가지므로 빨리 흐를 수 있게 된다. 유체 동력 시스템 내 오일은 일반적으로 공장에서 건설 장비 또는 자동화 장치를 작동시키기 위해 큰 힘을 발휘할 수 있도록 고압을 유지한다. 산소, 질소 및 헬륨과 같은 기체는 종종 상대적으로 작은 부피에서 다소 많은 양을 유지할 수 있도록 고압의 강한 실린더 또는 구형 탱크에 저장된다. 압축 공기는 도구를 작동시키거나 타이어를 팽창시키기 위해 주유소 및 제조 설비에서 종종 사용된다. 3장에서 압력에 관한 더 자세한 설명이 나와 있다.

액체와 기체 유체는 액체 또는 기체일 수 있다. 액체가 용기에 있을 때, 액체는 용기와 동일한 형상을 가지게 되며 바닥 및 측면을 덮는다. 상부 표면은 그 위의 대기와 접촉하여 균일한 높이를 유지한다. 용기가 넘어질 때, 액체는 쏟아져 나오게 된다. 기체가 밀폐된 용기 내에서 가압 상태로 유지될 때, 기체는 팽창하여 용기를 완전히 채우게 된다. 용기가 열리면 기체가 더 많이 팽창하여 용기에서 빠져나가게 된다.

액체와 기체 사이의 이러한 익숙한 차이 외에도 유체역학을 연구할 때 또 다른 차이점이 중요할 수 있다. 액체나 기체의 압력이 증가할 때 액체나 기체에 어떤 일이 일어나는지 생각해보자. 공기가 내부에 꽉 조이고 움직이는 피스톤이 있는 실린더에 갇히게 되면 피스톤을 밀어 쉽게 공기를 압축시킬 수 있다.

자전거 타이어, 물놀이용 공, 에어 매트리스 또는 농구공을 팽창시킬 때 수동 펌프를 사용했을 것이다. 피스톤을 움직이면 압력이 증가함에 따라 기체의 부피가 상당히 줄어든다. 그러나 실린더에 공기가 아니라 물이 있다면 어떻게 될까? 큰 힘을 가하면 물속의 압력은 증가하지만 물의 양은 거의 변하지 않을 것이다. 이 관찰은 이 책에서 사용할 액체와 기체에 대한 다음의 일반적인 설명을 이끌어낸다.

1. 기체는 보통 압축성이다.
2. 액체는 압축성 성질이 굉장히 미미하다.

압축성에 대한 좀 더 자세한 설명은 이 장의 끝부분에 나오며, 이 책에서는 액체에 대해 많이 다룰 것이다.

무게와 질량 유체 특성을 이해하려면 질량과 무게를 주의 깊게 구분해야 한다. 질량과 무게는 다음과 같이 정의된다.

> 질량은 운동의 변화에 대한 관성 또는 저항의 척도로 대부분의 유체의 특성이다. 이는 또한 유체의 양의 척도이다.

이 책에서는 질량에 대해 m이라는 기호를 사용한다.

> 무게는 유체의 무게가 가중되는 양이며, 유체가 지구 중력에 의해 끌리는 힘이다.

무게에 대해 w라는 기호를 사용한다.

무게와 질량 사이의 관계는 이 책에서 사용된 단위계를 검토할 때 1.5절에서 논의된다. SI라고 하는 국제단위계와 미국관습단위계를 주로 사용한다.

유체 특성 이 장의 후반부에 다른 유체 특성인 비중량, 밀도, 비중, 표면 장력이 나온다. 2장에서는 유체가 흐르는 용이성을 측정하는 점도를 추가로 제시하는데, 점도는 8－13장에서 논의하는 바와 같이 시스템에서 흐르는 유체로 인해 손실되는 유체의 양과 에너지의 양을 결정하는 데 중요하다.

1.3 SI 단위계

어떤 기술적인 작업에서도 물리적 특성이 측정되는 단위가 명시되어야 한다. 단위계는 길이, 시간, 힘 및 질량의 기본 양 단위를 지정한다. 그런 다음 다른 용어의 단위가 파생된다.

전 세계적으로 미터법 단위의 표준 사용에 대한 궁극적인 참고자료는 국제단위계(SI 단위)이다. 미국의 경우, 표준은 2008년 국립표준기술연구, 미국 상무부, Barry N. Taylor와 Ambler Thompson이 편집한 국제단위계에서 발표되었다. 이것이 이 책에서 사용되는 표준이다.

기본량들에 대한 SI 단위들은 다음과 같이 정의한다.

길이＝미터(m)
시간＝초(s)
질량＝킬로그램(kg) 또는 $\mathrm{N \cdot s^2/m}$
힘＝뉴턴(N) 또는 $\mathrm{kg \cdot m/s^2}$

힘에 대한 또 다른 단위는 위에 나오는 것처럼 $\mathrm{kg \cdot m/s^2}$이다. 이것은 힘과 질량의 관계 $F = ma$로부터 나온다.

그러므로 1.0 N 힘은 1.0 kg 질량에 1.0 $\mathrm{m/s^2}$의 가속도를 준다. 따라서 N 또는 $\mathrm{kg \cdot m/s^2}$을 힘의 단위로 나타낼 수 있다. 이 책에서 어떤 계산은 두 단위를 모두 쓰거나 단위 변환을 필요로 한다.

마찬가지로 kg 대신 질량 단위로 $\mathrm{N \cdot s^2/m}$를 쓸 수 있다. 이것 역시 $F = ma$에서 정의된다.

$$m = \frac{F}{a} = \frac{\mathrm{N}}{\mathrm{m/s^2}} = \frac{\mathrm{N \cdot s^2}}{\mathrm{m}}$$

그러므로 kg 또는 $\mathrm{N \cdot s^2/m}$를 질량 단위로 쓸 수 있다.

표 1.1 SI 단위 접두어

Prefix	SI symbol	Factor
terra	T	10^{12} = 1 000 000 000 000
giga	G	10^{9} = 1 000 000 000
mega	M	10^{6} = 1 000 000
kilo	k	10^{3} = 1 000
milli	m	10^{-3} = 0.001
micro	μ	10^{-6} = 0.000 001
nano	n	10^{-9} = 0.000 000 001
pico	p	10^{-12} = 0.000 000 000 001

1.3.1 SI 단위 접두어

유체역학에서 다루는 물리량의 크기가 매우 다양한 관계로, 접두어가 주어진다. 표 1.1은 이런 접두어를 보여준다. SI 단위에서 표준 접두어는 10^3 단계마다 주어진다. 계산 결과는 일반적으로 10^3 배수의 0.1배에서 10,000배 사이가 되도록 조정해야 한다. 그때 접두어가 적절히 주어져야 한다. 유럽의 일부 기술자와 회사에서는 10^{-2}을 의미하는 centi를 사용한다. 다음 예시는 이 책에서 수량이 제공되는 방식을 보여준다.

Computed Result	Reported Result
0.004 23 m	4.23×10^{-3} m, or 4.23 mm (millimeters)
15 700 kg	15.7×10^{3} kg, or 15.7 Mg (megagrams)
86 330 N	86.33×10^{3} N, or 86.33 kN (kilonewtons)

1.4 미국관습단위계

English gravitational unit system 또는 pound–foot–second system이라고 불리는 미국관습단위계는 기본량들을 다음과 같이 정의한다.

길이 = 푸트(ft)
시간 = 초(s)
힘 = 파운드(lb)
질량 = 슬러그(slug) 또는 lb-s^2/ft

파운드, 초, 푸트로 측정하는 일은 익숙하지만 슬러그는 이 단위들 중 가장 이해하기 힘들 것이다. 힘과 질량의 관계 $F = ma$를 아는 것이 슬러그를 이해하는 데 도움이 될 것이다. 여기서 a는 ft/s^2 단위로 표현되는 가속도이다.

그러므로 질량은 다음과 같다.

$$m = \frac{F}{a} = \frac{\text{lb}}{\text{ft/s}^2} = \frac{\text{lb-s}^2}{\text{ft}} = \text{slug}$$

위 식을 통해 질량 단위로 slug 또는 lb-s^2/ft 단위를 사용하게 된다. 이 책에서 어떤 계산은 두 단위를 모두 쓰거나 단위 변환을 필요로 한다.

1.5 무게와 질량

유체 성질의 이해는 무게와 질량 사이의 구별이 중요하다. 무게는 힘이며, 질량은 물질의 양이다. 이 두 양을 힘은 질량 곱하기 가속도라는 Newton 중력 법칙을 적용함으로써 관계를 지을 수 있다.

$$F = ma$$

무게에 대해 말할 때, 보통 가속도가 중력가속도 g라는 것을 함축한다. 그때 Newton 법칙은 아래와 같다.

▶ 무게-질량 관계식

$$w = mg \tag{1-2}$$

이 책에서 SI 단위계로 $g=9.81$ m/s^2, 미국관습단위계로는 $g=32.2$ ft/s^2을 사용한다. 이 값들은 3자리 유효숫자를 가지는 지구상에서의 중력가속도값이다. 고정밀 작업 및 g의 실제값이 표준과 다른 높은 고도(예: 항공 우주 작업)의 경우 현지값을 사용해야 한다.

1.5.1 SI 단위계에서의 무게와 질량

예를 들어, 5.60 kg 질량의 암석이 철사에 매달려 있는 상황을 생각해보자. 철사에 가해지는 힘을 결정하기 위해 Newton 중력 법칙을 생각한다.

$$w = mg = \text{질량} \times \text{중력가속도}$$

표준 조건에서 $g=9.81$ m/s^2이다. 그러므로 위 식은

$$w = 5.60\ \text{kg} \times 9.81\ \text{m/s}^2 = 54.9\ \text{kg} \cdot \text{m/s}^2 = 54.9\ \text{N}$$

이 된다. 따라서 5.60 kg 질량의 암석 무게는 54.9 N이다.

또한 무게를 안다면 질량을 계산할 수도 있다. 예를 들면, 밸브의 무게가 8.25 N이라고 가정하자. 그럼 질량은 얼마인가?

$$w = mg$$

$$m = \frac{w}{g} = \frac{8.25\ \text{N}}{9.81\ \text{m/s}^2} = \frac{0.841\ \text{N} \cdot \text{s}^2}{\text{m}} = 0.841\ \text{kg}$$

1.5.2 미국관습단위계에서의 무게와 질량

미국관습단위계에서 무게-질량 관계의 한 예로서, 오일통의 무게가 84.6 lb라고 가정하자. 그럼 오일통의 질량은 얼마인가?

$$w = mg$$

$$m = w/g = 84.6\ \text{lb}/32.2\ \text{ft/s}^2 = 2.63\ \text{lb-s}^2/\text{ft} = 2.63\ \text{slugs}$$

1.5.3 lbm 질량 단위(Pounds-Mass)

유체 시스템 해석에서, 어떤 사람들은 질량의 단위로 slugs 대신 lbm(pounds-mass)을 쓰기도 한다. 이 시스템에서 1.0 lb 무게를 가지는 물질은 1.0 lbm 질량을 가진다고 할 수 있다. pound-force는 때때로 lbf로 표현된다. 중력가속도가 표준값과 같다면 lbf와 lbm은 서로 동일하게 된다.

이런 단위계는 일관성이 부족한 관계로 이 책에서 사용되지 않는다. Newton 법칙을 사용하여 힘과 질량 단위들을 관계짓는다면

$$F = ma = \text{lbm}(\text{ft/s}^2) = \text{lbm-ft/s}^2$$

가 된다. 이것은 lbf와 같지 않다.

이런 문제점을 극복하기 위해서 보통 g_c라고 하는 변환 상수가 정의되어야 한다.

$$g_c = \frac{32.2 \text{ lbm}}{\text{lbf}/(\text{ft/s}^2)} = \frac{32.2 \text{ lbm-ft/s}^2}{\text{lbf}}$$

lbm에서 lbf로 변환할 때 다음 식을 사용하게 된다.

$$F = m(a/g_c)$$

$a = g$라고 하면 다음과 같다.

$$F = m(g/g_c)$$

예를 들어, 100 lbm 질량을 가지는 물질의 무게를 lbf 단위로 표현한다면 중력가속도가 표준값인 32.2 ft/s^2이라는 값을 가진다고 할 때

$$w = F = m\frac{g}{g_c} = 100 \text{ lbm}\frac{32.2 \text{ ft/s}^2}{\dfrac{32.2 \text{ lbm-ft/s}^2}{\text{lbf}}} = 100 \text{ lbf}$$

가 된다. 위 식은 중력가속도가 32.2 ft/s^2이라면 lbf라는 무게가 lbm이라는 질량과 수치적으로 동일하다는 것을 보여준다.

만약 위의 해석이 중력가속도가 지구의 1/6인 달을 기준으로 수행된다면,

$$w = F = m\frac{g}{g_c} = 100 \text{ lbm}\frac{5.4 \text{ ft/s}^2}{\dfrac{32.2 \text{ lbm-ft/s}^2}{\text{lbf}}} = 16.8 \text{ lbf}$$

가 되며, 이 값은 lbm과 상당히 다르다.

요약하면, 이런 lbm과 lbf 사이의 관계의 일관성이 부족한 특성 때문에 이 책에서는 lbm 단위를 사용하지 않기로 한다. 문제가 미국관습단위계로 표현될 때, 질량은 slug 단위로 표시하도록 하자.

1.6 온도

온도는 보통 ℃(섭씨온도) 또는 °F(화씨온도)로 표현된다. 지구상의 해수면에서 다음 값들을 잘 알고 있을 것이다.

물은 섭씨 0도에서 얼고, 섭씨 100도에서 끓는다.
물은 화씨 32도에서 얼고, 화씨 212도에서 끓는다.

그러므로 섭씨 100도 간격과 화씨 180도 간격은 동일하며, 섭씨 1도 간격은 화씨 1.8도 간격이 된다. 이런 관찰에서 다음과 같은 변환 관계를 알 수 있다.

화씨온도는 섭씨온도로 다음과 같이 변환된다.

$$T_c = (T_F - 32)/1.8$$

섭씨온도는 화씨온도로 다음과 같이 변환된다.

$$T_F = 1.8T_C + 32$$

예를 들어, $T_F = 180°F$라면

$$T_C = (T_F - 32)/1.8 = (180 - 32)/1.8 = 82.2℃$$

이다. 또한 $T_C = 33℃$라면

$$T_F = 1.8T_C + 32 = 1.8(33) + 32 = 91.4°F$$

이다.

이 책의 SI 단위계 문제에서는 섭씨온도를, 미국관습단위계 문제에서는 화씨온도를 사용할 것이다.

1.6.1 절대온도

섭씨 및 화씨온도 눈금은 임의의 기준점에 따라 정의되었지만 섭씨 눈금에는 물 속성에 대한 기준점들이 있다. 반면에 절대온도는 모든 분자 운동이 멈춘 상태에서 0점이 일치하도록 정의된다. 이 온도를 절대 0도라고 한다.

SI 단위계에서 온도의 표준 단위는 Kelvin이며, 표준 기호는 K이고 기준점은 절대 0도이다. 기호 K에는 degree 기호가 붙어있지 않는다는 것에 유의하라. Kelvin 단위에서 간격은 섭씨온도와 동일하다. Kelvin 단위에서 물의 어는점은 273.15K이다. 섭씨와 Kelvin 단위 사이의 변환은

$$T_K = T_C + 273.15$$

로 한다. 예를 들어 $T_C = 33℃$라면

$$T_K = T_C + 273.15 = 33 + 273.15 = 306.15K$$

이다.

화씨온도에서 절대 0도는 $-459.67°F$이다. 일부 참고문헌에서는 Rankine 단위라는 또 다른 절대온도 단위를 쓴다. 여기서 간격은 화씨온도와 같고 절대 0도는 0이며 모든 화씨온도는 다음 식에 의해서 변환될 수 있다.

$$T_R = T_F + 459.67$$

또한, 온도가 화씨온도로 주어질 때, Kelvin 단위로 다음과 같이 변환할 수 있다.

$$T_K = (T_F + 459.67)/1.8 = T_R/1.8$$

예를 들어 $T_F = 180°F$라면 절대온도(K)는

$$T_K = (T_F + 459.67)/1.8 = (180 + 459.67)/1.8$$
$$= (639.67°\mathrm{R})/1.8 = 355.37\mathrm{K}$$

이다.

1.7 방정식의 일관된 단위

유체역학에서는 몇 가지 항들의 대수 조작이 필요하다. 방정식은 종종 복잡하므로 결과가 차원적으로 정확해야 한다는 점이 매우 중요하다. 즉 방정식의 항들은 적절한 단위를 가져야 한다. 실제로 방정식의 단위가 일관성이 없다면 해답은 잘못된 숫자 값을 갖게 될 것이다. 표 1.2는 유체역학의 양에 대한 표준 및 기타 일반 단위를 요약한 것이다.

Unit－cancellation이라고 하는 간단한 절차는 유체역학뿐만 아니라 모든 기술적 작업에서 모든 종류의 계산에 적절한 단위를 보장한다. 6단계의 절차가 아래에 나열되어 있다.

Unit–cancellation 절차

1단계 원하는 항에 대하여 대수적으로 방정식을 푼다.

2단계 그 결과에 대해 적절한 단위를 정한다.

3단계 단위를 포함하여 알려진 값들로 대체한다.

4단계 모든 항의 분모와 분자항에 나타나는 단위들을 제거한다.

5단계 원하지 않는 단위를 없애기 위하여 변환계수를 이용하고, 2단계에서 결정한 단위들로 표현한다.

6단계 계산을 수행한다.

표 1.2 SI 단위와 미국관습단위를 기반으로 유체역학에 사용되는 일반적인 양의 단위

Quantity	Basic Definition	Standard SI Units	Other Metric Units Often Used	Standard U.S. Units	Other U.S. Units Often Used
Length (L)	—	meter (m)	millimeter (mm); kilometer (km)	foot (ft)	inch (in); mile (mi)
Time	—	second (s)	hour (h); minute (min)	second (s)	hour (h); minute (min)
Mass (m)	Quantity of a substance	kilogram (kg)	$\mathrm{N \cdot s^2/m}$	slug	$\mathrm{lb \cdot s^2/ft}$
Force (F) or weight (w)	Push or pull on an object	newton (N)	$\mathrm{kg \cdot m/s^2}$	pound (lb)	kip (1000 lb)
Pressure (p)	Force/area	$\mathrm{N/m^2}$ or pascal (Pa)	kilopascals (kPa); bar	$\mathrm{lb/ft^2}$ or psf	$\mathrm{lb/in^2}$ or psi; $\mathrm{kip/in^2}$ or ksi
Energy	Force times distance	N·m or Joule (J)	$\mathrm{kg \cdot m^2/s^2}$	lb·ft	lb·in
Power (P)	Energy/time	watt (W) or N·m/s or J/s	kilowatt (kW)	lb·ft/s	horsepower (hp)
Volume (V)	L^3	$\mathrm{m^3}$	liter (L)	$\mathrm{ft^3}$	gallon (gal)
Area (A)	L^2	$\mathrm{m^2}$	$\mathrm{mm^2}$	$\mathrm{ft^2}$	$\mathrm{in^2}$
Volume flow rate (Q)	V/time	$\mathrm{m^3/s}$	L/s; L/min; $\mathrm{m^3/h}$	$\mathrm{ft^3/s}$ or cfs	gal/min (gpm); $\mathrm{ft^3/min}$ (cfm)
Weight flow rate (W)	w/time	N/s	kN/s; kN/min	lb/s	lb/min; lb/h
Mass flow rate (M)	M/time	kg/s	kg/hr	slugs/s	slugs/min; slugs/h
Specific weight (γ)	w/V	$\mathrm{N/m^3}$ or $\mathrm{kg/m^2 \cdot s^2}$		$\mathrm{lb/ft^3}$	
Density (ρ)	M/V	$\mathrm{kg/m^3}$ or $\mathrm{N \cdot s^2/m^4}$		$\mathrm{slugs/ft^3}$	

이 절차가 적절히 수행된다면 어떤 방정식에도 적용할 수 있다. 이것은 정말 간단하지만, 일부 연습이 필요할 수도 있다. 학생들에게 익숙한 초등 물리에서의 예로 방법을 설명하고자 한다. 무엇인가를 어떻게 하는지 배우는 지름길은 직접 해보는 것이다. 다음의 예는 프로그램 학습(programmed instruction)이라고 부르는 형태로 제시된다. 학생들은 각 단계에서 필요한 참여를 통해 단계별로 문제를 안내받게 된다.

프로그램으로 진행하려면 불투명한 종이 또는 카드를 사용하여 프로그램 예제 아래의 모든 자료를 적절히 가리면서 다루는 것이 좋다. 작업을 수행할 수 있는 백지 종이를 준비하도록 하자. 첫 번째 패널은 문제를 제기하고 일부 작업을 수행하거나 질문에 대답하도록 요구한다. 질문을 답한 다음에는 아래 패널에 결과를 확인하는 데 사용할 수 있는 정보와 비교하면 된다. 그리고 다음 패널로 순차적으로 진행하면 된다.

목적은 unit-cancellation 방법을 사용하여 올바른 답을 얻는 방법을 익히는 데 있다. 부록 K에서 변환계수에 대한 표를 참고할 수 있을 것이다.

프로그램 예제

예제 1.1 당신이 차를 타고 80 km/h의 일정한 속력으로 움직인다고 생각해보자. 1.5 km를 주행하는 데 몇 초가 걸릴까?

해설 해답을 구하기 위하여 다음 식을 이용하면 된다.

$$s = vt$$

여기서 s는 거리, v는 속력, t는 시간이다. Unit-cancellation 과정을 이용할 경우, 첫 번째 단계는 무엇인가?

첫 번째 단계는 주어진 식을 원하는 항에 대해 표시하는 것이다. 이 문제에서는 시간을 구해야 하므로 주어진 식은 다음과 같이 정리되어야 한다.

$$t = \frac{s}{v}$$

다음으로 2단계를 수행해보자.

2단계에서는 결과에 대하여 적절한 단위를 정해야 한다. 이 경우는 시간이 된다. 현재 문제에서 초에 대해 물어보기 때문에 시간의 단위는 초가 되어야 한다. 문제에 특별한 언급이 없다면 hour와 같은 단위도 적절하게 선택할 수 있다.

다음으로 3단계를 수행해보자.

결과는 아래와 같다.

$$t = \frac{s}{v} = \frac{1.5\ \text{km}}{80\ \text{km/h}}$$

Unit-cancellation을 위해서는 위와 같이 단위가 복합되어 있는 것은 편하지 않으므로, 이것을 단순화하면

$$t = \frac{\dfrac{1.5\ \text{km}}{1}}{\dfrac{80\ \text{km}}{\text{h}}}$$

가 되고, 이것은 다시 다음과 같이 표현된다.

$$t = \frac{1.5\ \text{km} \cdot \text{h}}{80\ \text{km}}$$

연습이 몇 번 된다면, 주어진 식을 바로 위와 같은 형태로 만드는 것은 어렵지 않다. 다음으로 4단계를 수행해보자.

결과는 다음과 같다.

$$t = \frac{1.5\ \cancel{\text{km}} \cdot \text{h}}{80\ \cancel{\text{km}}}$$

위 식은 같은 단위가 분모와 분자에 동시에 나타난다면 단순히 숫자와 같이 생략할 수 있다는 것을 보여준다.

다음으로 5단계를 수행해보자.

이제 정답을 구할 수 있다.

$$t = \frac{1.5\ \cancel{\text{km}} \cdot \cancel{\text{h}}}{80\ \cancel{\text{km}}} \times \frac{3600\ \text{s}}{1\ \cancel{\text{h}}}$$

이전 패널의 식은 킬로미터 단위가 없어진 후 hour로 표시된다. 비록 hour도 시간의 단위 중 하나이지만, 문제에서 원하는 단위는 초이므로, 변환계수 3,600 s/1 h를 고려하게 된다.

어떻게 우리가 3,600을 곱해야 한다는 것을 알 수 있을까?

단위가 이것을 결정할 때 도움이 된다. 변환계수를 사용하는 목적은 hour 단위를 제거하고 초 단위를 얻는 것에 있다. 현재 hour 단위가 분자에 있으므로, 변환계수에서 hour 단위는 분모에 있어야 한다.

이제 초 단위를 얻었기 때문에 6단계로 나아갈 수 있다.

정답은 $t = 67.5$초이다.

1.8 압력

압력은 물체의 단위 면적당 작용하는 힘으로 정의된다. 이 정의는 다음과 같은 식으로 표현할 수 있다.

$$p = \frac{F}{A} \tag{1-3}$$

압력에 대한 2가지 중요한 원리들이 17세기 과학자인 Blaise Pascal에 의해서 밝혀졌다.

- 압력은 모든 방향으로 균일하게 작용한다.
- 고체에 의해 둘러싸인 유체에서, 압력은 고체와의 경계에 수직으로 작용한다.

파스칼(Pascal)의 원리라고 불리는 이 원리들은 그림 1.3과 그림 1.4로 설명할 수 있다.

단위 면적당 작용하는 힘을 알고 있다면 식 (1–3)과 두 번째 파스칼의 원리를 사용함으로써 압력의 크기를 계산할 수 있다.

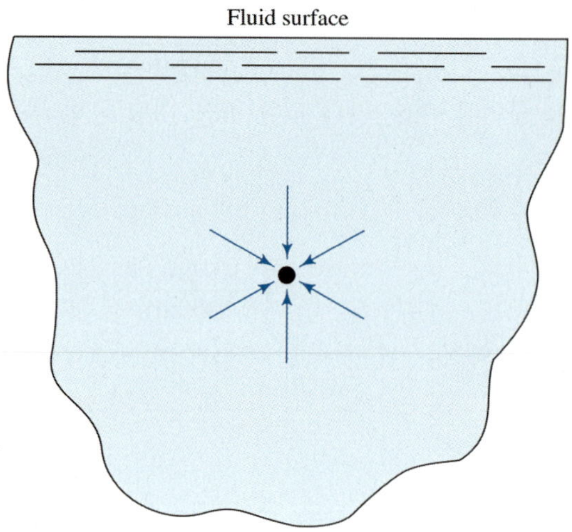

그림 1.3 모든 방향으로 균일하게 작용하는 압력

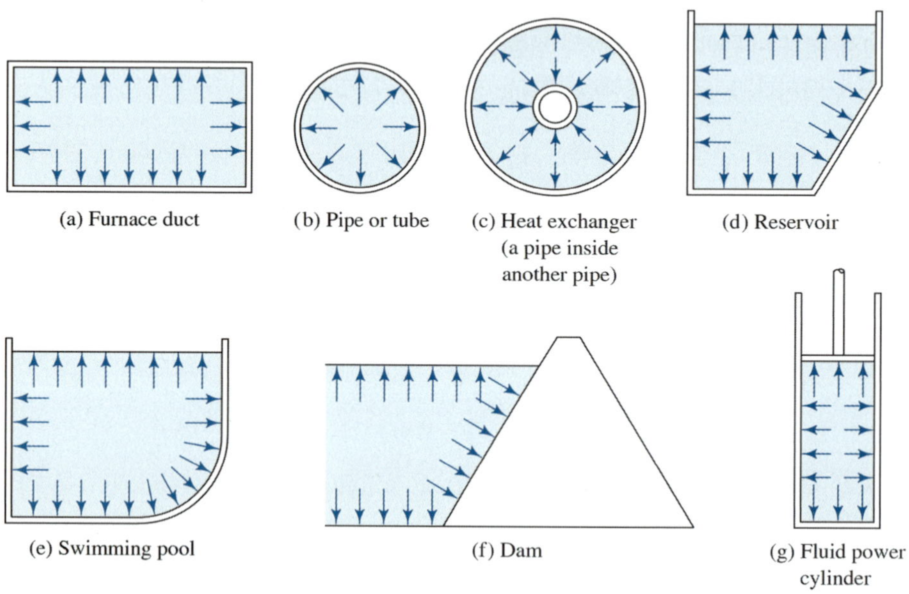

그림 1.4 경계에 작용하는 유체 압력의 방향

예제 1.2 그림 1.5는 하중을 지지하는 움직일 수 있는 피스톤을 가진 액체의 용기를 보여준다. 피스톤과 하중의 총 중량이 800 N이고 피스톤의 면적이 3,000 mm^2인 경우 액체의 압력 크기를 계산하시오.

해설 피스톤 아래의 유체 전체 표면이 하중 지지 작업을 공유한다고 가정하는 것이 합리적이다. 파스칼 두 번째 원리는 유체 압력이 피스톤에 수직으로 작용한다는 것을 말해준다. 식 (1－3)을 사용하면,

$$p = \frac{F}{A} = \frac{800\ \text{N}}{3000\ \text{mm}^2} = 0.27\ \text{N/mm}^2$$

을 얻을 수 있다. SI 단위계에서 압력 표준 단위는 N/m^2으로, Blaise Pascal의 이름을 따서 Pascal(Pa)로 불린다.

변환은 10^3 mm＝1 m를 이용하여 다음과 같이 계산할 수 있다.

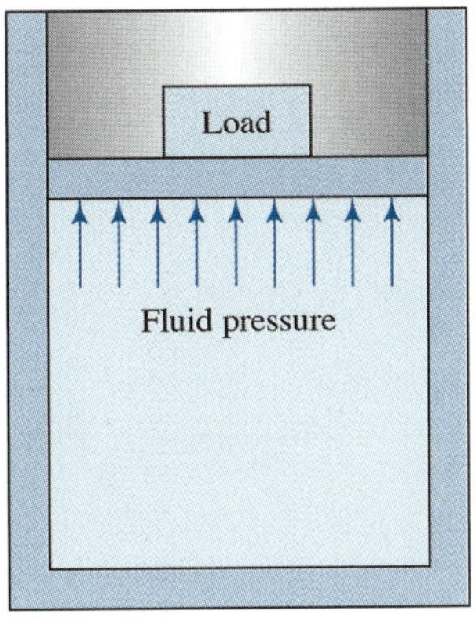

그림 1.5 하중을 지지하는 유체 압력

$$p=\frac{0.27\ \mathrm{N}}{\mathrm{mm}^2}\times\frac{(10^3\ \mathrm{mm})^2}{\mathrm{m}^2}=0.27\times10^6\ \mathrm{N/m^2}=0.27\ \mathrm{MPa}$$

$\mathrm{N/mm^2}$으로 표시된 압력은 MPa과 수치적으로 동일하다는 것에 유의하자. 압력이 MPa이나 kPa로 표현되는 것은 종종 있다.

미국관습단위계로 표시되는 압력에 대한 문제는 다음 예제에서 다룬다.

예제 1.3 내경이 2.5인치(in)인 원형실린더에 한정된 피스톤에 200파운드(lb)의 하중이 가해지고 있다. 그림 1.4를 참고해서 피스톤에 가해지는 오일 압력을 계산하시오.

해설 식 (1－3)을 사용하기 위해서 피스톤 면적을 먼저 알아야 한다.

$$A=\pi D^2/4=\pi(2.5\ \mathrm{in})^2/4=4.91\ \mathrm{in}^2$$

그러므로

$$p=\frac{F}{A}=\frac{200\ \mathrm{lb}}{4.91\ \mathrm{in}^2}=40.7\ \mathrm{lb/in^2}$$

이다. 미국관습단위계에서 압력 표준 단위는 $\mathrm{lb/ft^2}$이지만, 이 단위는 사용이 편하지 않기 때문에 많이 쓰이지는 않는다. 길이 측정이 보통 in가 일반적이며, 그 결과 $\mathrm{lb/in^2}$, 종종 psi로 표시되는 단위가 가장 많이 쓰인다. 따라서 이 문제에서 오일 압력은 40.7 psi이다. 이 압력은 낮은 압력으로, 수백 psi나 수천 psi를 받는 경우도 종종 있다.

---

bar는 유체역학과 열역학을 다루며 일하는 사람들이 사용하는 또 다른 단위이다. bar는 10^5 Pa 또는 $10^5\ \mathrm{N/m^2}$으로 정의된다. bar를 표시하는 또 다른 방법은 $1\ \mathrm{bar}=100\times10^3\ \mathrm{N/m^2}=100\ \mathrm{kPa}$이다. 해수면에서 대기압은 거의 이 값을 가지므로, 1 bar는 물리적 기준으로 편리하다. bar로 표시하면 압력값이 작게 표시되는 관계로, 몇몇 기술자들은 이 표현을 편리하게 생각하기도 한다. 그러나 bar는 SI 단위계가 아니라는 것을 유의해야 하며, bar로 표시된 압력을 $\mathrm{N/m^2}$(Pa)으로 변환할 때 주의해야 한다.

1.9 압축성

압축성은 물질의 압력 변화에 따른 물질의 부피(V) 변화를 의미한다. 이 현상을 측정하기 위해 보통 사용되는 물리량은 bulk 체적탄성률 또는 단순히 bulk 계수, E이다.

▶ bulk 체적탄성률

$$E = \frac{-\Delta p}{(\Delta V)/V} \tag{1-4}$$

ΔV와 V는 같은 단위를 가지므로 식 (1-4)의 분모 단위는 없다. 따라서 bulk 체적탄성률의 단위는 압력의 단위와 같다.

전에 설명한 바와 같이, 액체는 아주 큰 압력에서 부피 변화가 아주 작게 일어나는 경우를 제외하고는 거의 압축성 성질이 없다. 그러므로 표 1.3과 같이 액체에 대한 E 크기는 아주 높다(참고문헌 7 참고). 이런 이유로 액체는 이 책에서 특별한 언급이 없는 한 비압축성으로 간주될 것이다.

bulk 체적탄성률이라는 용어는 기체에서 보통 사용하지 않는다. 기체에서의 압력당 부피 변화를 계산할 때 열역학 원리를 이용해야 한다.

표 1.3 대기압, 68°F(20℃)에서 몇 가지 액체에 대한 bulk 체적탄성률값

	Bulk Modulus	
Liquid	**(psi)**	**(MPa)**
Ethyl alcohol	130,000	896
Benzene	154,000	1,062
Machine oil	189,000	1,303
Water	316,000	2,179
Glycerin	654,000	4,509
Mercury	3,590,000	24,750

예제 1.4 물 부피 1%를 변화시키기 위해 가해야 하는 압력 변화를 계산하시오.

해설 1% 부피 변화는 $\Delta V/V = -0.01$로 표시할 수 있다. 그러므로 이때 압력 변화는 다음과 같다.

$$\Delta p = -E[\Delta V/V] = (-316000 \text{ psi})(-0.01) = 3160 \text{ psi}$$

1.10 밀도, 비중량, 비중

유체역학에 대한 연구는 일반적으로 연속적으로 흐르는 유체 또는 정지 상태에 있는 소량의 유체를 다루기 때문에 유체의 질량과 무게를 유체의 주어진 부피와 관련지어 생각하는 것이 가장 편리하다. 그러므로 밀도와 비중의 특징은 다음과 같이 정의된다.

밀도는 단위 부피당 질량이다.

따라서 그리스 문자 ρ를 사용하여 다음과 같이 쓸 수 있다.

▶ **밀도**

$$\rho = m/V \tag{1-5}$$

이때 V는 질량 m을 가지는 물질의 부피이다. 밀도의 단위는 SI 단위계에서는 kg/m^3이고, 미국관습단위계에서는 $slugs/ft^3$이다.

이전에 미국 시험 및 재료 연구 단체인 ASTM International은 비중병이라고 하는 정확하게 알려진 부피의 용기를 이용하여 밀도 측정을 위한 몇 가지 표준 테스트 방법을 발표한 바 있다. 이들 장치의 적절한 충전, 취급, 온도 제어 및 판독이 규정되어 있다. 보통 Bingham 비중병과 Lipkin bicapiliary 비중병 2가지 종류가 있다. 또한 이 표준은 분석 균형을 이용하여 비중계의 유체 질량을 0.1 mg에 가깝게 정확하게 결정할 수 있다(참고문헌 3, 5, 6 참조).

비중량은 단위 부피당 무게이다.

그리스 문자 γ를 사용하면 다음과 같다.

▶ **비중량**

$$\gamma = w/V \tag{1-6}$$

이때 V는 무게 w를 가지는 물질의 부피이다. 비중량의 단위는 SI 단위계에서는 N/m^3이고, 미국관습단위계에서는 lb/ft^3이다.

일반적인 유체의 비중량 또는 밀도와의 관계에 대하여 하나의 유체의 비중량 또는 밀도를 표시하는 것이 때때로 편리하다. 이 책에서 비중을 사용하는 경우 기준 유체(reference fluid)는 4℃에서 순수한 물이다. 그 온도에서는 물은 최대의 밀도를 가진다. 그때 비중은 다음의 2가지 방법 중 하나로 결정될 수 있다.

a. 비중은 4℃ 물 밀도 대비 물질의 밀도에 대한 비이다.
b. 비중은 4℃ 물 비중량 대비 물질의 비중량에 대한 비이다.

이런 비중에 대한 정의들은 수학적으로 아래 식들로 표현할 수 있다.

▶ **비중**

$$\mathrm{sg} = \frac{\gamma_s}{\gamma_w @ 4℃} = \frac{\rho_s}{\rho_w @ 4℃} \tag{1-7}$$

여기서 하첨자 s는 비중을 구하기 위한 물질을 의미하며, 하첨자 w는 물을 의미한다. 4℃ 물의 물성치는 다음과 같은 값들을 가진다.

$$\gamma_w @ 4℃ = 9.81\ \mathrm{kN/m^3}, \quad \rho_w @ 4℃ = 1000\ \mathrm{kg/m^3}$$

$$\text{또는} \quad \gamma_w @ 4℃ = 62.4\ \mathrm{lb/ft^3}, \quad \rho_w @ 4℃ = 1.94\ \mathrm{slugs/ft^3}$$

그러므로 비중의 수학적인 정의는 다음과 같다.

$$\mathrm{sg} = \frac{\gamma_s}{9.81\ \mathrm{kN/m^3}} = \frac{\rho_s}{1000\ \mathrm{kg/m^3}}$$

$$\text{또는 } sg = \frac{\gamma_s}{62.4 \text{ lb/ft}^3} = \frac{\rho_s}{1.94 \text{ slugs/ft}^3} \tag{1-8}$$

이 정의는 비중이 정의되는 온도에 상관없이 항상 유지된다.

그러나 유체의 물성치는 온도에 따라 달라진다. 일반적으로 밀도(또는 비중량과 비중)는 온도가 증가함에 따라 감소하게 된다. 다양한 온도에서의 물의 물성치는 부록 A에 제시되어 있다. 다른 액체들의 물성치는 부록 B와 C에 제시되어 있다. 추가 자료는 참고문헌 9를 참고하면 된다.

부록에 수록되지 않은 특정 온도에서의 비중에 관한 자료나 높은 정밀도가 요구되는 자료의 경우 참고문헌 8과 10을 참고하면 된다. 참고문헌 8과 9에 더 상세히 제시된 바와 같이 석유 오일에 대해 합당한 정확도를 제공하는 하나의 추정치는 100°F(37.8℃) 온도 상승에 대해 오일 비중은 약 0.036 감소한다는 것이다. 이 값은 약 32°F(0℃)에서 400°F(204℃) 범위 온도에서 0.8−1.0 비중의 공칭값에 적용된다.

일부 산업분야는 비중에 대해 수정된 정의를 선호하기도 한다. 4℃(39.2°F) 물의 물성치를 기준으로 하는 대신에, 오일 산업분야에서는 60°F(15.6℃) 물의 물성치를 기준으로 사용하기도 한다. 이것은 일반적인 설계 및 분석에 약간의 차이를 만든다. 4℃ 물의 밀도는 1000.00 kg/m³이지만, 60°F에서 물의 밀도는 999.04 kg/m³이다. 이 차이는 0.1%보다 더 작다. 참고문헌 3, 4, 6−8, 10은 0−100℃(32−212°F) 온도 범위에서 물의 물성치에 대한 다양한 표를 제공한다.

Baumé 및 API 저울 비중은 1.10.2절에서 논의된다. 이 책에서는 4℃ 물을 기준으로 비중을 나타낸다.

ASTM 또한 비중을 상대밀도(relative density)라고 나타내기도 한다. 참고문헌 3−6에서 그런 예들을 확인할 수 있다.

1.10.1 밀도와 비중량 간의 관계

흔히 물질의 비중은 밀도가 알려질 때 발견되어야 하며 그 반대도 마찬가지이다. 하나에서 다른 하나로의 변환은 다음 방정식을 사용하여 이루어질 수 있다.

▶ $\gamma - \rho$ 관계

$$\gamma = \rho g \tag{1-9}$$

여기서 g는 중력가속도이다. 이 방정식은 밀도와 비중의 정의를 참조하고 중량과 질량을 관련시키는 방정식($w = mg$)을 사용하여 정당화될 수 있다.

비중량의 정의는 다음과 같다.

$$\gamma = \frac{w}{V}$$

이 방정식의 분자와 분모에 g를 곱하면

$$\gamma = \frac{wg}{Vg}$$

가 되지만 $m = w/g$이므로

$$\gamma = \frac{mg}{V}$$

이다. 따라서 $\rho = m/V$이기 때문에 다음 식을 얻을 수 있다.

$$\gamma = \rho g$$

다음 문제는 위에 제시된 기본 유체 특성의 정의와 다양한 특성 간의 관계를 설명한다.

예제 1.5 오일 저장소에 담겨 있는 950 kg 오일의 중량을 구하시오.

해설 $w = mg(g = 9.81\ \text{m/s}^2)$이므로

$$w = 950\ \text{kg} \times 9.81\ \text{m/s}^2 = 9319.5\ \text{kg} \cdot \text{m/s}^2$$

이다. 여기서 $\text{kg} \cdot \text{m/s}^2$을 N으로 단위변환을 하면 다음과 같이 쓸 수 있다.

$$w = 9319.5\ \text{N} = 9.319 \times 10^3\ \text{N} = 9.319\ \text{kN}$$

예제 1.6 예제 1.5에 제시된 저장소의 부피가 0.950 m^3이라고 하자. 그때 오일의 밀도, 비중량, 비중을 각각 구하시오.

해설 밀도:

$$\rho_o = \frac{m}{V} = \frac{950\ \text{kg}}{0.950\ \text{m}^3} = 1{,}000\ \text{kg/m}^3$$

비중량:

$$\gamma_o = \frac{w}{V} = \frac{9.319\ \text{kN}}{0.950\ \text{m}^3} = 9.80\ \text{kN/m}^3$$

비중:

$$\text{sg}_o = \frac{\rho_o}{\rho_w @ 4℃} = \frac{1000\ \text{kg/m}^3}{1000\ \text{kg/m}^3} = 1.0$$

예제 1.7 20℃ 글리세린의 비중이 1.263일 때 글리세린의 밀도와 비중량을 구하시오.

해설 밀도:

$$\rho_g = (\text{sg})_g(1000\ \text{kg/m}^3) = (1.263)(1000\ \text{kg/m}^3) = 1263\ \text{kg/m}^3$$

비중량:

$$\gamma_g = (\text{sg})_g(9.81\ \text{kN/m}^3) = (1.263)(9.81\ \text{kN/m}^3) = 12.39\ \text{kN/m}^3$$

예제 1.8 물 한 잔의 무게가 1.041 lb일 때 물의 질량을 구하시오.

해설 $w = mg$이므로

$$m = \frac{w}{g} = \frac{1.041\ \text{lb}}{32.2\ \text{ft/s}^2} = \frac{1.041\ \text{lb-s}^2}{32.2\ \text{ft}}$$

$$= 0.0323\ \text{lb-s}^2/\text{ft} = 0.0323\ \text{slugs}$$

이다. lb-s^2과 slugs의 단위는 같음을 기억하는 것이 좋다.

예제 1.9 수은 1 gallon의 질량이 3.51 slugs일 때 수은의 무게를 구하시오.

해설 $g=32.2\ \text{ft/s}^2$이라고 하면 식 (1-2)에서

$$w=mg=3.51\ \text{slugs}\times 32.2\ \text{ft/s}^2=113\ \text{slug-ft/s}^2$$

이다. 이 답은 맞지만 무게의 단위는 보통 lb로 표시되기 때문에 단위가 적절하지 못하다. 질량의 단위를 $\text{lb-s}^2/\text{ft}$로 바꾸면 다음과 같다.

$$w=mg=3.51\frac{\text{lb-s}^2}{\text{ft}}\times\frac{32.2\ \text{ft}}{\text{s}^2}=113\ \text{lb}$$

1.10.2 Baumé 또는 API 단위로서의 비중

Baumé 또는 미국석유협회(API) 규모의 비중 측정을 위한 기준 온도는 보통 정의되는 4℃가 아니라 60°F이다. 이 차이를 강조하기 위해 API 또는 Baumé 비중은 보통 다음과 같이 쓴다.

$$\text{비중}\ \frac{60°}{60°}\text{F}$$

이런 표현은 기준 유체(물)와 오일 모두 60°F라는 것을 강조해서 보여준다.

원유의 비중은 발견되는 위치에 따라 크게 다르다. 서쪽 미국에서는 대략 0.87-0.92이며, 동쪽 미국에서는 0.82 정도이다. 멕시코의 원유는 0.97로 비중이 가장 큰 축에 속한다. 약간 무거운 아스팔트 오일은 1.0 이상이다(참고문헌 7 참고).

대부분의 오일은 소각 품질을 향상시키기 위해 사용되기 전에 증류된다. 그렇게 생성된 가솔린, 등유, 연료 오일은 0.67-0.98 범위의 비중을 갖는다.

Baumé 비중은 물보다 가벼운 유체와 물보다 무거운 유체에 대하여 각각 다르게 계산된다.

물보다 무거울 때:

$$sg=\frac{145}{145-\text{deg Baumé}} \tag{1-10}$$

$$\text{deg Baumé}=145-\frac{145}{sg} \tag{1-11}$$

물보다 가벼울 때:

$$sg=\frac{140}{130+\text{deg Baumé}} \tag{1-12}$$

$$\text{deg Baumé}=\frac{140}{sg}-130 \tag{1-13}$$

API는 물보다 가벼울 때 Baumé와 조금 다르다.

$$sg=\frac{141.5}{131.5+\text{deg API}} \tag{1-14}$$

$$\text{deg API}=\frac{141.5}{sg}-131.5 \tag{1-15}$$

오일 용도 API의 범위는 10-80이다. 대부분의 연료 등급은 API 20-70 범위에 해당하며, 이는 비중 0.93-0.7에 해당한다. 더 무거운 기름은 더 작은 API를 가짐에 유의하라. 참고문헌 9에 API 함수로

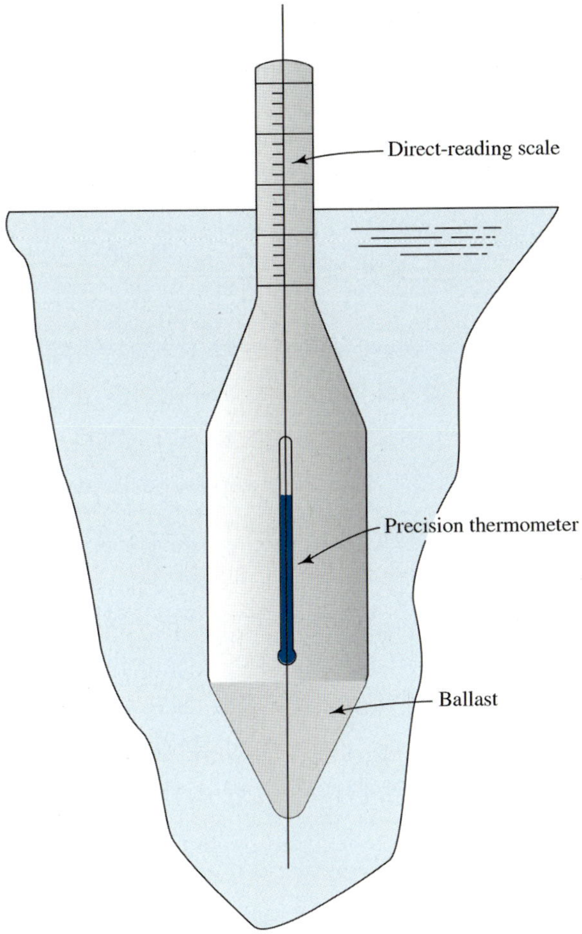

그림 1.6 온도계에 내장된 액체 비중계(온습도계)

비중에 대한 표가 제시되어 있다.

ASTM 표준 D 287 및 D 6822(각각 참고문헌 2와 4 참조)는 액체 비중계를 사용하여 API 중력을 결정하기 위한 표준 시험 방법을 설명한다. 그림 1.6은 전형적인 액체 비중계를 간략하게 표현한 그림으로, 비중계 상단에 작은 직경을 잴 수 있는 눈금 표시가 있고 아래쪽으로 무게가 치우쳐 시험액 내에서 똑바로 뜨도록 설계된 유리관이다. 5장에서 배울 부력의 원리에 따라 액체 비중계는 액체의 밀도에 의존하는 위치에 놓이게 된다. Stem은 밀도, 비중 또는 API 중력의 직접 판독이 가능한 교정된 스케일로 표시된다. 밀도를 정확히 측정하려면 온도가 중요하기 때문에, 온습도계라고 하는 일부 비중계에는 정밀 온도계가 내장되어 있기도 한다.

1.11 표면 장력

물의 표면 장력은 물체가 물의 표면에서 가라앉을 것이라고 예상되는 상황에서 물체가 가라앉지 않도록 함으로써 실험할 수 있다. 예를 들어 물의 표면 장력에 의해 떠 있도록 작은 바늘을 물 표면에 놓는 것은 상당히 쉽다. 그것은 부력에 의해 크게 받쳐지지 않는다는 것을 주목해야 한다. 바늘이 물속에 잠겨있으면 쉽게 바닥으로 가라앉을 것이다.

그런 다음 바늘이 떠 있을 때 물에 아주 적은 양의 세제를 넣으면 바늘은 즉시 물에 거의 잠길 것이다. 세제는 극적으로 표면 장력을 낮춘다.

표면 장력은 액체 수면과 그 위에 있는 공기 사이 계면에서 다소 필름처럼 작용한다. 표면 아래의 물 분자들은 서로 그리고 표면의 물 분자들에 의해 끌어당겨진다. 결과 단위는 N/m 또는 lb/ft와 같은 단위 길이당 힘이다. 이 단위는 다음과 같다.

$$\text{표면 장력} = \frac{\text{일}}{\text{면적}} = \frac{\text{N}\cdot\text{m}}{\text{m}^2} = \text{N/m}$$

$$\text{또는}\quad \text{표면 장력} = \frac{\text{일}}{\text{면적}} = \frac{\text{ft}\cdot\text{lb}}{\text{ft}^2} = \text{lb/ft}$$

또한 표면 장력은 물방울이 구형에 가까운 모양을 취하는 이유이기도 하다. 게다가 모세관의 현상은 표면 장력에 의존한다. 작은 직경의 튜브 내의 액체 표면은 표면 장력에 의존하는 만곡된 형상을 취할 것이다. 수은은 사실상 연장된 둥글납작한 상으로 보일 것이다. 그러나 물의 표면은 작은 양의 액체가 튜브의 벽을 오르는 것처럼 보이는 눌린 공동(depressed cavity)으로 형성될 것이다. 튜브의 벽에 붙으려는 액체의 접착이 이러한 거동에 기여하게 된다.

작은 공간 내의 액체의 움직임은 이 모세관 현상에 달려 있다. 위킹(wicking)이란 액체 표면에서 직조된 물질로 유체가 부상하는 것을 나타내는 용어이다. 토양 내 액체 이동은 표면 장력과 그에 따른 모세관 작용에 의해 영향을 받는다.

표 1.4는 다양한 온도에서 대기압에서의 물의 표면 장력을 보여준다. 여기에 사용된 SI 단위는 mN/m이며, 1000 mN = 1.0 N이다. 유사하게 미국관습단위는 mlb/ft로, 1000 mlb = 1.0 lb이다. 또한 표 1.5는 몇 가지 온도에서 대기압에서의 다양한 일반 액체에 대한 표면 장력을 보여준다.

표 1.4 물의 표면 장력

Temperature (°F)	Surface Tension (mlb/ft)	Temperature (°C)	Surface Tension (mN/m)
32	5.18	0	75.6
40	5.13	5	74.9
50	5.09	10	74.2
60	5.03	20	72.8
70	4.97	30	71.2
80	4.91	40	69.6
90	4.86	50	67.9
100	4.79	60	66.2
120	4.67	70	64.5
140	4.53	80	62.7
160	4.40	90	60.8
180	4.26	100	58.9
200	4.12		
212	4.04		

Source: Adapted with permission from data from *CRC Handbook of Chemistry and Physics*, CRC Press LLC, Boca Raton, FL. (Reference 10)

Notes: Values taken at atmospheric pressure
1.0 lb = 1000 mlb; 1.0 N = 1000 mN

표 1.5 다양한 일반 액체에 대한 표면 장력

Surface Tension at Stated Temperature

Liquid	10°C (mN/m)	50°F (mlb/ft)	25°C (mN/m)	77°F (mlb/ft)	50°C (mN/m)	122°F (mlb/ft)	75°C (mN/m)	167°F (mlb/ft)	100°C (mN/m)	212°F (lb/ft)
Water	74.2	5.08	72.0	4.93	67.9	4.65	63.6	4.36	58.9	4.04
Methanol	23.2	1.59	22.1	1.51	20.1	1.38				
Ethanol	23.2	1.59	22.0	1.51	19.9	1.36				
Ethylene glycol			48.0	3.29	45.8	3.14	43.5	2.98	41.3	2.83
Acetone	24.57	1.68	22.72	1.56	19.65	1.35				
Benzene			28.2	1.93	25.0	1.71	21.8	1.49		
Mercury	488	33.4	485	33.2	480	32.9	475	32.5	470	32.2

Source: Adapted with permission from data from *CRC Handbook of Chemistry and Physics*, CRC Press LLC, Boca Raton, FL. (Reference 10)

Notes: Values taken at atmospheric pressure 1.0 lb = 1000 mlb; 1.0 N = 1000 mN

참고문헌

1. Taylor, Barry N., and Ambler Thompson, eds. 2008. *The International System of Units (SI)* (NIST Special Publication 330). Washington, DC: National Institute of Standards and Technology, U.S. Department of Commerce.
2. ASTM International. 2006. *Standard D 287-92(2006): Standard Test Method for API Gravity of Crude Petroleum and Petroleum Products (Hydrometer Method).* West Conshohocken, PA: Author.
3. _______. 2007. *Standard D 1217-93(2007): Standard Test Method for Density and Relative Density (Specific Gravity) of Liquids by Bingham Pycnometer.* West Conshohocken, PA: Author.
4. _______. 2008. *Standard D 6822-02(2008): Standard Test Method for Density, Relative Density (Specific Gravity), or API Gravity of Crude Petroleum and Liquid Petroleum Products by Thermohydrometer Method.* West Conshohocken, PA: Author.
5. _______. 2007. *Standard D 1480-07: Standard Test Method for Density and Relative Density (Specific Gravity) of Viscous Materials by Bingham Pycnometer.* West Consho- hocken, PA: Author.
6. _______. 2007. *Standard D 1481-02(2007): Standard Test Method for Density and Relative Density (Specific Gravity) of Viscous Materials by Lipkin Bicapillary Pycnometer.* West Conshohocken, PA: Author.
7. Avallone, Eugene A., Theodore Baumeister, and Ali Sadegh, eds. 2007. *Marks' Standard Handbook for Mechanical Engineers*, 11th ed. New York: McGraw-Hill.
8. Bolz, Ray E., and George L. Tuve, eds. 1973. *CRC Handbook of Tables for Applied Engineering Science*, 2nd ed. Boca Raton, FL: CRC Press.
9. Heald, C. C., ed. 2002. *Cameron Hydraulic Data*, 19th ed. Irving, TX: Flowserve. [Previous editions were published by Ingersoll-Dresser Pump Co., Liberty Corner, NJ.]
10. Haynes, William H., ed. 2011. *CRC Handbook of Chemistry and Physics*, 92nd ed. Boca Raton, FL: CRC Press.

인터넷 자료

1. **Hydraulic Institute (HI):** HI is a nonprofit association serving the pump industry. It provides product standards in North America and worldwide.
2. **ASTM International:** ASTM establishes standards in a variety of fields, including fluid mechanics. Many ASTM standards are cited in this book for testing methods and fluid properties.
3. **Flow Control Network:** The website for *Flow Control Magazine* is a source of information on fluid flow technology, applications of fluid mechanics, and products that measure, control, and contain liquids, gases, and powders. It also includes links to standards organizations important to the fluids industry.
4. **GlobalSpec:** A searchable database of suppliers of a wide variety of technical products, including pumps, flow control, and flow measurement.

연습문제

변환계수

1.1 2250 mm를 m로 변환하시오.

1.2 2500 mm^2을 m^2으로 변환하시오.

1.3 5.65×10^3 mm^3을 m^3으로 변환하시오.

1.4 5.02 m^2을 mm^2으로 변환하시오.

1.5 0.551 m^3을 mm^3으로 변환하시오.

1.6 85.0 gal을 m^3으로 변환하시오.

1.7 자동차가 100 km/h로 움직이고 있다. m/s 단위로 속도를 계산하시오.

1.8 길이 46.3 ft를 m로 변환하시오.

1.9 거리 2.86 mile을 m로 변환하시오.

1.10 길이 10.25 inch를 mm로 변환하시오.

1.11 거리 3350 ft를 m로 변환하시오.

1.12 부피 480 ft^3을 m^3으로 변환하시오.

1.13 부피 8590 cm^3을 m^3으로 변환하시오.

1.14 부피 8.35 L를 m^3으로 변환하시오.

1.15 10.5 ft/s를 m/s로 변환하시오.

1.16 3200 ft^3/min을 m^3/s로 변환하시오.

Note: 이 책의 모든 연습문제에서 SI 단위계와 미국관습단위계를 모두 사용한다. 대부분 문제에서 단위는 일관되고 동일한 체계에 맞춰져야 한다. 주어진 단위계에 맞춰질 때 모범답안이 작성된 것으로 간주될 수 있다.

방정식의 일관된 단위

일정한 속도로 움직이는 물체는 $s = vt$라는 관계식을 따른다. 여기서 s=거리, v=속도, t=시간이다.

1.17 차가 12.5초에 0.80 km를 움직인다. m/s 단위로 평균 속도를 구하시오.

1.18 자동차 속도 경기 기록에서 자동차는 8.6초에 3.6 km를 움직인다. km/h 단위로 평균 속도를 구하시오.

1.19 차가 22초에 2500 ft를 움직인다. km/h 단위로 평균 속도를 구하시오.

1.20 자동차 속도 경기 기록에서 자동차는 8.8초에 1 mi을 움직인다. mi/h 단위로 평균 속도를 구하시오.

정지 상태에서 일정 가속도로 움직이는 물체는 $s = 1/2at^2$ 관계식을 따라서 움직인다. 여기서 s=거리, a=가속도, t=시간이다.

1.21 일정 가속도로 물체가 7.7분에 5.5 km를 움직인다면, 가속도는 얼마인가?

1.22 물체가 25 m 높이에서 떨어진다. 공기 저항을 무시한다면, 물체가 바닥면에 닿기까지 얼마의 시간이 걸리겠는가? $a = g = 9.81\ m/s^2$이다.

1.23 물체가 일정 가속도로 7.2분 동안 6.5 km를 움직였다면, 가속도(ft/s^2)는 얼마인가?

1.24 물체가 95 in 높이에서 떨어진다. 공기 저항을 무시한다면, 물체가 바닥면에 닿기까지 얼마의 시간이 걸리겠는가? $a = g = 32.2\ ft/s^2$이다.

운동 에너지는 $KE = 1/2mv^2$이다. 여기서 m은 질량이고, v는 속도이다.

1.25 28 kg 질량이 3.5 m/s 속도로 움직인다면 운동 에너지(N · m)는 얼마인가?

1.26 5200 kg 트럭이 25 km/h로 움직인다면 운동 에너지(N · m)는 얼마인가?

1.27 컨베이어에서 98 kg 물체가 10.25 m/s로 움직인다면 운동 에너지(N · m)는 얼마인가?

1.28 45.5 km/h 속도로 움직일 때 운동 에너지가 55.6 N · m라면 이 물체의 질량(kg)은 얼마인가?

1.29 4.55 m/s로 움직일 때 운동 에너지가 105 mN · m라면 물체의 질량(g)은 얼마인가?

1.30 22 kg 물체가 20 N · m의 운동 에너지를 가진다면 물체의 속도(m/s)는 얼마인가?

1.31 225 g 물체가 325 mN · m의 운동 에너지를 가진다면 속도(m/s)는 얼마인가?

1.32 4 slug 물체가 8 ft/s 속도를 가진다면 운동 에너지(ft-lb)는 얼마인가?

1.33 10,000 lb 트럭이 22 mi/h 속도를 가진다면 운동 에너지(ft-lb)는 얼마인가?

1.34 320 lb 상자가 컨베이어에서 35 ft/s 속도로 움직인다면 운동 에너지(ft-lb)는 얼마인가?

1.35 4.5 ft/s 속도로 움직일 때 운동 에너지가 20 ft-lb라면 질량(slug)은 얼마인가?

1.36 28.8 mi/h 속도로 움직일 때 운동 에너지가 59.6 ft-lb라면 질량(lb)은 얼마인가?

1.37 55 lb 물체의 운동 에너지가 10 ft-lb일 때, 속도(ft/s)는 얼마인가?

1.38 10 oz 물체의 운동 에너지가 45 in-oz일 때, 속도(ft/s)는 얼마인가?

야구 투수의 성능 중 하나의 측정은 실점 평균 또는 ERA이다. 경기가 끝난 모든 이닝이 9회 이닝 게임으로 변환된 경우 허용되는 평균 주행수이다. 따라서 ERA 단위는 게임마다 실행된다.

1.39 투수가 189이닝 동안 85런을 허용했을 때, ERA를 계산하시오.

1.40 투수는 5.22런/경기의 ERA와 182이닝을 던졌다. 투수가 몇 runs를 허용했는가?

1.41 투수는 게임당 5.69런의 방어율을 가지며 65점을 허용했다. 얼마나 많은 이닝 투구가 있었는가?

1.42 투수는 142이닝 동안 85득점을 허용했다. 방어율을 계산하시오.

압력

1.43 밀폐된 실린더에는 피스톤에 의해 2500 lb의 힘을 받는 오일이 있다. 이 오일에서 생성된 압력을 계산하시오. 피스톤의 직경은 5.50 in이다.

1.44 유압 실린더는 9500 lb의 힘을 발휘할 수 있어야 한다. 피스톤 직경은 3.25 in이다. 오일에 필요한 압력을 계산하시오.

1.45 밀폐된 실린더에서 21.0 kN의 힘을 가하는 피스톤에 의해

밀폐된 실린더의 오일에서 생성된 압력을 계산하시오. 피스톤의 직경은 84 mm이다.

1.46 유압 실린더는 45.5 kN의 힘을 발휘할 수 있어야 한다. 피스톤 직경은 65 mm이다. 오일에 필요한 압력을 계산하시오.

1.47 자동차 서비스 차고용 유압 리프트에는 직경 9.5 in의 실린더가 있다. 실린더 내 오일이 8300 lb를 들어 올리기 위해 필요한 압력은 얼마인가?

1.48 코이닝 프레스는 모든 미국 대통령들의 초상과 함께 기념 동전을 생산하는 데 사용된다. 경화 공정에는 24000 lb의 힘이 필요하다. 유압 실린더의 직경은 4.30 in이다. 이때 필요한 오일 압력을 계산하시오.

1.49 특정 유체 동력 실린더에 대해 개발될 수 있는 최대 압력은 42.5 MPa이다. 피스톤 직경이 75 mm인 경우 힘을 계산하시오.

1.50 특정 유체 동력 실린더에 대해 개발될 수 있는 최대 압력은 7500 psi이다. 피스톤 직경이 4.50 in인 경우 힘을 계산하시오.

1.51 특정 유체 동력 실린더에 대해 개발될 수 있는 최대 압력은 6200 psi이다. 실린더가 43,000 lb의 힘을 발휘해야 하는 경우 피스톤에 필요한 직경을 계산하시오.

1.52 특정 유체 동력 실린더에 대해 개발될 수 있는 최대 압력은 22.0 MPa이다. 실린더가 45 kN의 힘을 발휘해야 하는 경우 피스톤에 필요한 직경을 계산하시오.

1.53 유체 동력 실린더의 라인은 1.00에서 8.00 in까지 1.00 단위로 직경의 범위를 가진다. 500 psi의 유체 압력으로 각 실린더가 가할 수 있는 힘을 계산하시오. 힘 대 실린더 직경 그래프를 그리시오.

1.54 유체 동력 실린더의 라인은 1.00에서 8.00 in까지 1.00 단위로 직경의 범위를 가진다. 5000 lb의 힘을 가정했을 때 각 실린더에 가해지는 압력을 계산하고 압력 대 실린더 직경 그래프를 그리시오.

1.55 N으로 체중을 결정하시오. 그런 다음 실린더의 피스톤 위에 서 있으면 직경 20 mm 실린더의 오일에 생성되는 파스칼 단위의 압력을 계산하시오. 결과 압력을 psi로 변환하시오.

1.56 문제 1.55에서 계산된 압력에 대해 직경 250 mm 피스톤에 작용할 수 있는 N 단위의 힘을 계산하시오. 그런 다음 결과로 발생하는 힘을 파운드로 변환하시오.

Bulk 체적탄성률

1.57 에틸알코올의 양을 2% 줄이기 위해 필요한 압력 변화를 계산하시오. psi와 MPa로 결과를 표현하시오.

1.58 수은의 부피를 3% 감소시키는 데 필요한 압력 변화를 계산하시오. psi와 MPa로 결과를 표현하시오.

1.59 기계 오일의 양을 2% 줄이는 데 필요한 압력 변화를 계산하시오. psi와 MPa로 결과를 표현하시오.

1.60 문제 1.59에 설명된 조건에 대해 2% 체적 변화가 내경 1.00 in이고 길이가 15.00 in인 실린더에서 발생한다고 가정하시오. 체적 변화가 발생할 때 피스톤이 이동할 축 방향 거리를 계산하시오.

1.61 특정 유압 시스템은 4500 psi에서 작동한다. 오일이 표 1.4에 나열된 기계 오일과 유사한 경우 압력이 0에서 4500 psi로 증가함에 따라 시스템의 오일 부피의 백분율 변화를 계산하시오.

1.62 특정 유압 시스템은 35 MPa에서 작동한다. 오일이 표 1.4에 나열된 기계 오일과 유사한 경우 시스템의 오일 체적의 백분율 변화를 계산하시오.

1.63 선형 액추에이터 시스템의 강성 측정은 특정 선형 편향을 야기하는 데 필요한 힘의 양이다. 내경이 0.5 in이고 길이가 42 in이고 기계 오일로 채워진 액추에이터의 경도를 lb/in로 계산하시오.

1.64 문제 1.63에서 실린더 길이를 15 in로 변경하여 구한 뒤 결과를 비교하시오.

1.65 문제 1.63에서 실린더 직경을 3 in로 변경하여 구한 뒤 결과를 비교하시오.

1.66 문제 1.63−1.65 결과를 사용하여 매우 견고한 시스템을 달성하기 위해 일반적인 설계 접근법에 대한 설명을 작성하시오.

힘과 질량

1.67 캔의 무게가 700 N일 때 캔의 질량을 계산하시오.

1.68 가솔린 탱크의 무게가 2.50 kN일 때 질량을 계산하시오.

1.69 케로신의 질량이 925 kg일 때 1 m^3의 무게를 계산하시오.

1.70 피마자오일의 질량이 550 g일 때 무게를 계산하시오.

1.71 1 gal 오일의 무게가 9.2 lb일 때 질량을 계산하시오.

1.72 1 ft^3 가솔린의 무게가 62.0 lb일 때 질량을 계산하시오.

1.73 케로신 1 ft^3의 질량이 2.62 slugs일 때 무게를 계산하시오.

1.74 물 1 gal의 질량이 0.858 slug일 때 무게를 계산하시오.

1.75 한 사람의 무게가 250 lb라고 가정하자.

a. slug로 질량을 계산하시오.

b. N으로 무게를 구하시오.

c. kg으로 질량을 구하시오.

1.76 미국에서는 햄버거와 다른 고기가 파운드 단위로 판매된다. 이것을 1.00 lb 힘이라고 가정하면 slug 단위로 질량, kg 단위로 질량, N 단위로 무게를 계산하시오.

1.77 미터 톤은 1000 kg(질량)이다. 이를 들어올리는 데 필요한 힘을 N 단위로 계산하시오.

1.78 문제 1.77에서 구한 힘을 lb 단위로 변환하시오.

1.79 여러분의 몸무게를 lb와 N 단위로, 질량을 slug와 kg 단

위로 계산하시오.

밀도, 비중량, 비중

1.80 벤젠의 비중은 0.986이다. SI 단위로 비중량과 밀도를 계산하시오.

1.81 표준 대기압 16℃ 공기의 비중량은 12.02 N/m^3이다. 밀도를 계산하시오.

1.82 이산화탄소는 0℃에서 1.964 kg/m^3 밀도를 가진다. 비중량을 계산하시오.

1.83 특정한 중간 윤활유의 비중량은 5℃에서 9.50 kN/m^3이고 50℃에서 9.183 kN/m^3이다. 각 온도에서 비중을 계산하시오.

1.84 100℃ 수은에서의 비중량은 130.4 kN/m^3이다. 수은의 무게가 2.25 kN일 때 수은의 양은 얼마인가?

1.85 직경 185 mm의 원통형 캔을 연료 오일을 이용하여 120 mm 깊이까지 채운다. 오일의 질량은 2.56 kg이다. 밀도, 비중 및 비중량을 계산하시오.

1.86 글리세린의 비중은 3.58이다. 0.65 m^3 글리세린의 무게는 얼마인가? 그 질량은 얼마인가?

1.87 자동차의 연료 탱크는 0.098 m^3을 유지한다. 비중이 0.78인 가솔린으로 가득찰 때 가솔린의 무게를 계산하시오.

1.88 염산의 밀도는 1500 kg/m^3이다. 비중 및 비중량을 계산하시오.

1.89 액체 암모니아의 비중은 0.826이다. 무게가 22.0 N 나가는 암모니아의 부피를 구하시오.

1.90 식초는 1040 kg/m^3의 밀도를 가지고 있다. 비중량 및 비중을 계산하시오.

1.91 메틸알코올의 비중은 0.789이다. 밀도와 비중량을 계산하시오.

1.92 원통형 용기는 직경이 185 mm이고 비어 있을 때 무게는 3.55 N이다. 특정 오일로 250 mm 깊이까지 채우면 무게는 55.4 N이다. 오일의 비중을 계산하시오.

1.93 휘발유(sg = 0.68) 저장 용기는 직경 10 m 수직 실린더이다. 휘발유로 6.75 m 깊이까지 채우는 경우에, 휘발유의 무게와 질량을 구하시오.

1.94 비중량이 9.42 kN/m^3인 피마자오일의 부피가 0.02 m^3일 때 같은 무게의 수은(sg = 13.54)의 부피는 얼마인가?

1.95 암석은 비중이 5.22이고 부피가 1.42×10^{-4} m^3이다. 무게는 얼마인가?

1.96 벤젠의 비중은 0.876이다. 미국관습단위계에서 비중량 및 밀도를 계산하시오.

1.97 표준 대기압 80°F 공기 무게는 0.0736 lb/ft^3이다. 밀도를 계산하시오.

1.98 이산화탄소는 32°F에서 0.00791 $slug/ft^3$ 밀도를 갖는다. 비중량을 계산하시오.

1.99 40°F에서 82 lb/ft^3, 120°F에서 74.5 lb/ft^3 비중량을 갖는 특정 중간 윤활유의 각 온도에서의 비중을 계산하시오.

1.100 212°F에서의 수은 비중량은 834 lb/ft^3이다. 780파운드에 해당하는 수은의 부피를 계산하시오.

1.101 특정 연료 오일 1 gal의 무게는 9 lb이다. 비중량, 밀도 및 비중을 계산하시오.

1.102 글리세린의 비중은 1.258이다. 글리세린 75 gal의 무게를 구하시오.

1.103 자동차 연료탱크에 45 gal 가솔린이 차 있다. 가솔린 밀도가 2.52 $slugs/ft^3$일 때 가솔린의 무게를 계산하시오.

1.104 황산(sulphuric acid) 밀도는 1.850 g/cm^3이다. 밀도($slugs/ft^3$), 비중량(lb/ft^3), 비중을 계산하시오. (비중 및 밀도(g/cm^3)는 수치상으로 같다.)

1.105 액체 암모니아의 비중은 0.826이다. 8 lb 무게에 해당하는 체적을 cm^3 단위로 계산하시오.

1.106 식초의 밀도는 1.58 g/cm^3이다. 비중량을 lb/ft^3으로 계산하시오.

1.107 알코올의 비중은 0.79이다. $slugs/ft^3$과 g/cm^3 단위로 밀도를 계산하시오.

1.108 원통형 용기는 직경이 8 in이고 무게가 0.65 lb이다. 특정 오일을 8 in 깊이까지 채울 때 무게는 9.85 lb이다. 오일의 비중을 계산하시오.

1.109 휘발유 저장 용기는 직경 50 ft 수직 실린더이다. 32 ft 깊이까지 채워져 있을 때 탱크의 갤런 수와 가솔린의 무게를 계산하시오.

1.110 비중량이 59.69 lb/ft^3인 피마자오일의 8 gal과 같은 무게인 수은(sg = 13.54)의 양은 얼마인가?

1.111 암석은 비중이 3.2이고 부피는 9.54 in^3이라면 무게는 얼마인가?

보충문제

아래 명시된 유체 문제를 설정하고 해결하기 위해 명시적이고 주의깊은 단위 분석을 수행하시오.

1.112 100명이 사는 마을에는 3일간의 물 공급을 위한 탱크가 필요하다. 1인당 평균 일일 사용량이 4.9 gal이라고 할 때 필요한 탱크의 크기를 ft^3 단위로 결정하시오.

1.113 원통형 탱크는 그 축에 수직인 58 in의 직경을 갖는다. 유체가 135 gal에 달할 때 탱크의 유체 깊이를 결정하시오.

1.114 120 N 유체를 담고 있는 탱크를 8초 동안 비우는 데 필요한 속도(N/min)는 얼마인가?

1.115 바닥에서 3.2 m×4.5 m 비어 있는 탱크를 60 L/min 속도로 채운다. 유체가 52 cm 깊이에 도달하는 데 필요한 시간은 얼마인가?

1.116 직경이 4 ft이고 높이가 21 ft인 탱크는 90초 동안 채워진다. gal/min 단위로 필요한 충만율을 결정하시오.

1.117 표준 펌프 설계를 17,450달러의 추가 자본 투자로 더 높은 효율로 업그레이드할 수 있다. 업그레이드로 1년당 9400달러를 절약하면 회수 기간은 얼마인가?

1.118 3 HP 시스템이 지속적으로 운영되고 에너지 비용이 0.4달러/kW－hr인 경우 이를 가동하기 위한 연간비용은 얼마인가?

그림 1.7에 도시된 것과 같은 피스톤/실린더 장치가 액체를 펌핑하는 데 사용된다. 그것은 크랭크의 각 회전에 대한 피스톤의 영역과 스트로크의 길이의 곱인 변위와 동일한 양의 액체를 움직인다. 다음 계산을 수행하시오.

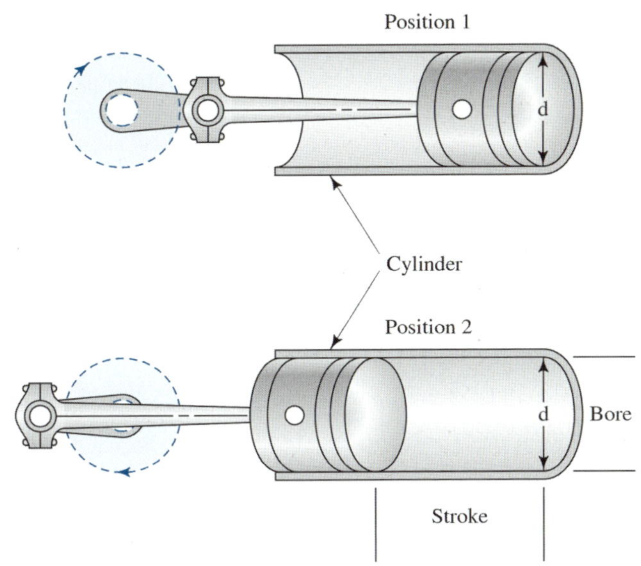

그림 1.7

1.119 96 mm 직경의 피스톤과 100 mm 스트로크의 펌프의 1회전에 대한 리터 단위의 변위는 얼마인가?

1.120 5.5 L/회전의 변위를 갖는 다른 펌프가 100회전/분(rpm)에서 작동하는 경우 유량을 m^3/hr 단위로 결정하시오.

1.121 직경 1.5 in 피스톤과 4.75 in 스트로크의 단일 실린더 펌프가 20 gal/min 유량을 제공할 수 있는 속도 rpm은 얼마인가?

컴퓨터를 이용한 공학 과제

1. 부록 A를 이용하여 주어진 온도에 대한 물의 비중량을 계산하는 프로그램을 작성하시오. 이 프로그램은 추후에 좀 더 포괄적인 프로그램의 일부가 될 수 있다. 다음 옵션을 사용할 수 있다.
   a. 비중량에 대한 표의 자료를 온도 함수로서 배열에 입력하시오. 그런 다음 지정된 온도에 대해 해당 비중량이 있는 배열을 찾으시오. 표에 주어진 값 사이의 온도를 보간하시오.
   b. SI 단위계 및 미국관습단위계로 자료를 포함하시오.
   c. 밀도를 포함하시오.
   d. 지정된 온도가 표에 주어진 범위 내에 있음을 확인하기 위해 프로그램의 점검을 포함하시오.(즉, 녹는점 이상 또는 끓는점 이하)
   e. 테이블 룩업(look－up) 접근법을 사용하는 대신 온도에 대한 물의 특성 방정식을 얻기 위해 곡선 적합 기술을 사용하시오. 그런 다음 지정된 온도에 대해 원하는 특성값을 계산하시오.
2. 스프레드시트를 사용하여 부록 A 특정 무게 및 밀도값을 표시한 다음, 스프레드시트 차트의 추세선 기능을 사용하여 비중량 대 온도 및 밀도 대 온도에 대한 곡선 적합 공식을 작성하시오. 이 방정식을 스프레드시트에 추가하여 주어진 온도에 대한 비중량 및 밀도의 계산된 값을 생성하시오. 표의 값과 계산된 값의 백분율 차이를 계산하시오. 사용된 방정식을 보여주는 스프레드시트의 특정 온도 대 온도 및 밀도 대 온도에 대한 그래프를 표시하시오.

CHAPTER
2

유체의 점성

개요

유체가 파이프를 통해 흐르거나 용기에서 흘러 나오기에 수월한 정도로부터 점도를 가늠할 수 있다. 쉽게 흐르는 유체는 상대적으로 낮은 점도를 가지지만, 잘 흐르지 않는 유체는 점도가 높다. 주변에서 쉽게 접할 수 있는 다양한 유체가 얼마나 쉽게 또는 느리게 흐르는지 생각해보자.

- **액체:** 물, 우유, 주스, 음료수, 식초, 와플 시럽, 식용유, 초콜릿 시럽, 구강 세정제, 샴푸, 헤어 컨디셔너, 액체 비누 또는 세제, 잼, 젤리, 페인트, 광택제, 선크림, 방충제, 휘발유, 등유, 모터 오일, 가정 및 상점 윤활유, 스프레이 병 속의 또는 쏟아져 나온 세정액, 유리 세제액, 잡초 제거액, 액체 상태의 냉매, 공장에서의 액체 화학 물질 및 혼합물, 자동화 기계 유체 동력 시스템에 사용되는 유압 용액 등
- **기체:** 주변의 공기, 가정, 사무실 또는 학교의 공기 조화 시스템(난방, 환기, 냉방)의 공기, 냉각제를 효과적인 온도로 유지하기 위해 자동차의 라디에이터를 통과하는 공기, 기체 상태의 냉매, 가정의 난방, 조리 또는 온수 가열에 사용되는 천연가스, 공장의 공압 작동 및 제어 시스템에 사용되는 압축 공기, 수증기, 증기 상태의 화합물, 원자화된 스프레이 세제 및 비접착 스프레이 식용유
- **고점도 유체 및 반고체:** 케첩, 겨자, 샐러드 드레싱, 땅콩버터, 사과 버터, 마요네즈, 크림, 연고, 치약, 물감, 접착제, 실란트, 그리스, 타르, 왁스 및 액체 폴리머

액체 종류 중에서 물은 수도꼭지, 정원 호스 또는 양동이에서 쉽고 빠르게 쏟아진다. 그러나 오일, 시럽 및 샴푸 등은 그림 2.1의 기름처럼 훨씬 천천히 흐른다. 물의 점도는 상대적으로 낮고 오일의 점도는 상대적으로 높다. 기름이 물보다 더 점성이 있다고 할 수 있다. 다른 종류의 액체들이 얼마나 쉽게 이동하는지를 고려해본 후 점도가 낮은 순서부터 배열해보자.

기체는 액체와 매우 다른 성질을 가지지만(1장 설명 참조), 기체 역시 유체이다. 용기를 뚜껑 등으로 가두지 않으면 기체는 자유롭게 움직이므로 가스를 쏟아 부을 수는 없다. 그러나 기체가 파이프, 튜브, 배관 및 다양한 형태의 도관을 통해 흐르는 상황은 액체와 유사하다. 다음의 기체 유동을 고려해보자. 자동차, 자전거 또는 오토바이의 타이어에 넣은 고압 공기, 공기 조화 시스템에 의해 흐르는 가열되거나 냉각된 공기, 자동화 장치를 구동하기 위해 공장 전체에 전달되는 압축 공기, 냉장 또는 냉방 시스템에서 배관을 통해 기체 상태로 흐르는 냉매, 또는 석유 정제 플랜트의 증류 공정에서의 화학 증기의 흐름. 유동 시스템을 설계할 때 이러한 기체의 점도를 고려해야 한다.

고점도 유체 및 반고체를 용기에서 손쉽게 흘러내리기는 어렵다. 샌드위치에 케첩이나 겨자를 바르려고 할 때, 병을 흔들거나, 그 바닥을 치거나, 용기를 짜야 한다. 이처럼 이러한 유체는

그림 2.1 상대적으로 높은 점도를 가진 윤활유가 컵에서 쏟아지는 모습(출처: Runique/Fotolia)

앞서 설명한 보통 액체와 비교할 때 매우 다른 성질을 가지나, 용기에 담겼을 때 충분한 시간이 주어지면 해당 용기의 모양에 맞추어 채워진다는 점에서는 모두 일반적인 액체와 공통점을 가진다. 이러한 유체의 구체적인 특성은 이 장의 뒷부분에서 설명한다.

유체는 보통 차가울 때 더 천천히 흐른다. 모터 오일, 윤활유 및 시럽 등의 유체가 좋은 예이다. 이 현상은 액체의 점도가 일반적으로 온도가 낮아짐에 따라 증가하기에 발생한다. 이 장에서 이를 뒷받침하는 자료를 소개한다.

인터넷 자료 9는 점도를 다음과 같이 정의한다.

> 분자 인력에 의해 발생하여 유동에 저항하는 유체의 내부 마찰

내부 마찰은 유체가 파이프 또는 다양한 도관을 통해 흐를 때 에너지 손실을 유발한다. 파이프, 튜브 또는 다양한 모양의 도관을 통해 유체가 흐를 때 손실되는 에너지를 8장과 9장의 점도 특성을 이용하여 예측할 것이다. 또한 점도는 10−13장에서 유동 시스템을 설계하고 해석하는 데 중요한 요소이기도 하다. 특히 13장에서 펌프를 선택하고 응용할 때 펌프의 성능이 유체의 점도에 영향을 받는다는 것을 배울 것이다. 일반적으로 점도 측정은 제품의 품질과 일관성의 척도로 사용되기도 한다. 시럽과 같은 식품의 점도가 너무 높거나(끈적한 경우) 또는 너무 낮을 때(묽은 경우) 사용자가 그 변화를 감지할 수 있다. 재료 가공에서 점도는 종종 성분의 혼합이나 화학 반응에 영향을 줄 수 있다.

유체의 점도 및 관련 단위를 정의할 수 있고, 엔진 오일 및 윤활유와 같은 유체의 점도 측정에 적용되는 산업계 표준이 무엇인지 알고, 상업적으로 사용되는 측정 도구들에 익숙해지는 것이 중요하다.

탐구

이제 점도의 큰 변화를 확인하기 위해 다양한 유체의 온도를 변화시키며 실험을 수행해보자.

- 점도가 크게 다른 세 가지 유체 샘플을 구한다(예: 물, 식용유나 윤활제 등의 기름, 액체 세제 등의 세척액, 토마토 주스나 케첩과 같은 먹을 수 있는 유체).
- 각 액체 샘플을 일부는 냉장고에 넣고 일부는 실온에서 보관한다.
- 시험 컵으로 소형의 일회용 용기를 구해서 바닥에 작은 구멍을 뚫어둔다.
- 실온과 냉장고에 보관한 각각의 유체를 같은 양만큼 시험컵에 붓는다. 단, 흐르지 않도록 바닥 구멍을 손가락으로 막는다.
- 구멍을 열고 유체가 모두 흘러 나갈 때까지 시간을 측정한다.
- 각각의 유체가 실온과 냉장 온도의 다른 온도 조건에서 흘러 나가는 데 걸리는 시간 및 그 차이를 비교해본다.

동료 및 교사와 결과를 논의해보자.

이 장에서는 점도의 물리적 특성에 대해 설명하고 점도(dynamic viscosity)와 동점도(kinematic viscosity)를 정의하고 관련 단위를 설명하며 점도를 측정하는 몇 가지 방법을 설명한다. SAE International, ASTM International, 국제표준화기구(ISO) 및 유럽연합조정위원회(CEC)가 개발한 윤활유의 점도를 시험하고 분류하는 표준에 대해서도 논의한다.

2.1 목표

이 장을 학습한 후에 다음의 항목들을 수행할 수 있다.

1. 점도(dynamic viscosity)를 정의한다.
2. 동점도(kinematic viscosity)를 정의한다.
3. SI 단위계와 미국관습단위계 모두에서 점도 단위를 사용한다.
4. 뉴턴 유체와 비뉴턴 유체의 차이점을 설명한다.
5. 회전통 점도계(rotating−drum viscometer), 모세관 점도계(capillary−tube viscometer), 침구 점도계(falling−ball viscometer) 및 세이볼트 범용 점도계(Saybolt Universal viscometer) 등을 사용하여 점도 측정 방법을 설명한다.
6. 액체와 기체의 온도 변화에 따른 점도 변화를 기술하고 점도 지수를 설명한다.
7. 상업적으로 이용 가능한 몇 종류의 점도계를 설명한다.
8. SAE 점도 등급과 ISO 점도 등급을 사용하여 윤활제의 점도를 기술한다.

2.2 점도

유체가 움직이면 전단응력이 발생하며, 그 크기는 유체의 점도에 따라 달라진다. 전단응력은 그리스 문자 τ(tau)로 표시하며, 물질의 어느 영역을 옆으로 밀어내는 데 필요한 단위 면적당 힘으로 정의할 수 있다. 따라서 τ의 단위는 N/m^2(Pa) 또는 lb/ft^2이다. 물, 오일, 알코올 등과 같은 일반적인 액체에서 어느 지점의 전단응력의 크기는 인접 지점의 속도 변화율에 정비례한다.

그림 2.2는 유체의 속도 변화 개념을 보여준다. 두 고체판 사이에 유체의 얇은 층이 있고, 위판은 움직이고 아래판은 고정되어 있다. 유체가 경계면과 접촉할 때 존재하는 기본 조건은 유체가 경계와 동일한 속도를 갖는다는 것이다. 그러므로 그림 2.2에서 하부 표면과 접촉하는 유체는 0의 속도를 가지고, 상부 표면과 접촉하는 유체는 속도 v를 갖는다. 두 판이 매우 가까우면 속도는 위치 y에 따라 선형적으로(직선으로) 변한다. 속도구배(velocity gradient)는 속도 변화의 척도이며 $\Delta v/\Delta y$로 정의된다. 이것은 전단율(shear rate)이라고도 한다.

유체의 전단응력이 속도구배에 직접 비례한다는 사실은 수학적으로 다음과 같다.

$$\tau = \eta(\Delta v/\Delta y) \tag{2-1}$$

여기서 비례상수 η(그리스 문자 eta)는 유체의 점도(dynamic viscosity)라고 한다. 이는 절대 점도(absolute viscosity)라고도 한다.

유체를 막대로 휘저어 봄으로써 식 (2−1)을 물리적으로 느낄 수 있다. 유체를 휘저음으로써 속도구배가 생성되며, 낮은 점도(낮은 η)를 갖는 물을 저을 때 요구되는 힘보다 높은 점도를 갖는 오일을 저을 때 더 큰 힘이 필요하다. 이는 차가운 오일에서의 더 높은 전단응력을 나타내는 지표이기도 하다. 식 (2−1)은 나중에 다루게 될 점도 측정 장치에도 사용된다.

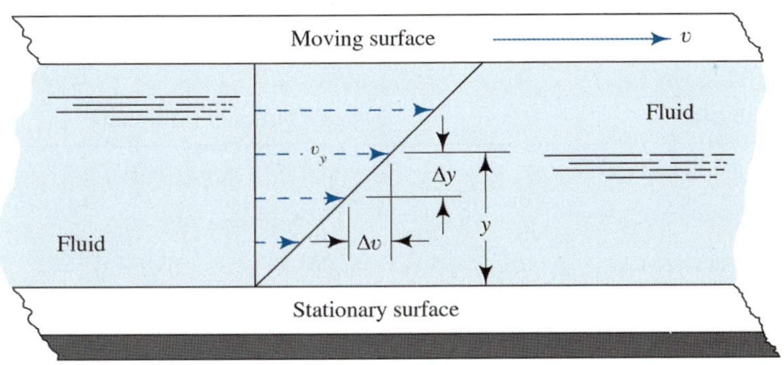

그림 2.2 움직이는 유체에서의 속도구배

2.2.1 점도의 단위

점도를 표현하기 위해 여러 단위계가 사용될 수 있다. 이번 절에서 점도를 가장 자주 사용하는 단위계를 이용하여 설명하고, 다음 절에서 동점도를 설명한다.

점도의 정의는 식 (2−1)을 η에 관하여 표현함으로써 유도할 수 있다.

▶ **점도**

$$\eta = \frac{\tau}{\Delta v/\Delta y} = \tau\left(\frac{\Delta y}{\Delta v}\right) \tag{2-2}$$

η의 단위는 식 (2-2)에 SI 단위를 대입하여 다음과 같이 도출할 수 있다.

$$\eta = \frac{N}{m^2} \times \frac{m}{m/s} = \frac{N \cdot s}{m^2}$$

Pa은 N/m^2을 의미하므로 η는 다음과 같이 나타낼 수도 있다.

$$\eta = Pa \cdot s$$

이것은 표준기술연구소(NIST), ASTM International, SAE International, ISO, Coordinating European Council(CEC)에서 사용되는 점도의 표준 단위이다. 이번 장의 인터넷 자료 1-4와 1장의 참고문헌 1을 참고하자.

때로는 N보다 kg 단위로 표현하는 것이 더 편리하다. 1 N=1 $kg \cdot m/s^2$이므로 η는 다음과 같이 표현할 수도 있다.

$$\eta = N \times \frac{s}{m^2} = \frac{kg \cdot m}{s^2} \times \frac{s}{m^2} = \frac{kg}{m \cdot s}$$

그러므로 $N \cdot s/m^2$, $Pa \cdot s$, $kg/m \cdot s$ 모두 SI 단위계에서 η를 표현할 수 있다.

표 2.1은 가장 널리 사용하는 3가지 단위계에서의 점도의 단위를 보여주며, 힘의 크기에 시간을 곱하고 이를 길이의 제곱으로 나눈 것이다. 많은 자료가 poise와 centipoise의 단위로 주어져 있으므로 여기에 함께 나열되어 있다. 이들은 cm, dyne, gram, second를 기본 단위로 하는 cgs라는 오래된 단위계의 일부이다. 단위계 간 변환계수들은 부록 K에 포함되어 있다. 또한 인터넷 자료 14에는 점도와 동점도 단위계 간 온라인 변환 계산기가 포함되어 있다.

표 2.1 점도 η의 단위

Unit System	Dynamic Viscosity (η) Units
International System (SI)	$N \cdot s/m^2$, $Pa \cdot s$, or $kg/(m \cdot s)$
U.S. Customary System	$lb \cdot s/ft^2$ or $slug/(ft \cdot s)$
cgs system (obsolete)	poise = $dyne \cdot s/cm^2$ = $g/(cm \cdot s)$ = 0.1 $Pa \cdot s$ centipoise = poise/100 = 0.001 $Pa \cdot s$ = 1.0 $mPa \cdot s$

부록 A-D 및 2.7절에 나열된 것과 같은 일반적인 산업용 액체의 점도는 약 1.0×10^{-4} $Pa \cdot s$-60.0 $Pa \cdot s$ 범위이다. 따라서 많은 유체 특성 자료와 점도 측정 장비의 스케일이 $mPa \cdot s$의 단위를 이용한다.

$$1.0\ mPa \cdot s = 1.0 \times 10^{-3}\ Pa \cdot s$$

Centipoise 단위는 $mPa \cdot s$와 수치적으로 일치한다. $mPa \cdot s$로 표시된 위의 범위는 다음과 같다.

$$1.0 \times 10^{-4}\ Pa \cdot s = 0.10 \times 10^{-3}\ Pa \cdot s = 0.10\ mPa \cdot s$$

에서

$$60.0\ Pa \cdot s = 60000 \times 10^{-3}\ Pa \cdot s = 60000\ mPa \cdot s$$

엔진오일의 SAE 점도 등급을 논의하는 2.7절에서 나타나듯이 60,000 mPa·s는 극저온에서의 엔진 윤활유에 대한 값이다. 오일이 엔진의 오일 펌프로 흐를 수 있는 저온 시동 조건에서 허용되는 최대 점도이다.

2.3 동점도

유체역학에서는 유체의 밀도에 대한 점도의 비가 많은 계산에서 사용된다. 계산의 편의성을 위해 동점도(kinematic viscosity) ν(그리스 문자 nu)는 다음과 같이 정의된다.

▶ 동점도

$$\nu = \eta/\rho \tag{2-3}$$

η와 ρ는 모두 유체의 특성이므로 ν 또한 유체의 특성이 된다. 그리스 문자 ν와 v는 매우 비슷한 모양이므로 주의하여 사용하도록 한다.

2.3.1 동점도의 단위

동점도의 SI 단위는 η와 ρ에 대해 이전에 표현된 SI 단위로 대체하여 나타낼 수 있다.

$$\nu = \frac{\eta}{\rho} = \eta\left(\frac{1}{\rho}\right)$$

$$\nu = \frac{\text{kg}}{\text{m}\cdot\text{s}} \times \frac{\text{m}^3}{\text{kg}}$$

$$\nu = \text{m}^2/\text{s}$$

표 2.2는 가장 널리 사용되는 3가지 단위계에서 동점도 단위를 보여준다. 길이 제곱을 시간으로 나눈 단위가 각 단위계에서 분명하게 드러난다. 오래된 단위인 stoke와 centistoke가 종종 인용되므로 함께 나열되었다. 부록 K에서 변환계수를 확인할 수 있다.

부록 A–D 및 2.7절에 나열된 것과 같은 일반적인 산업용 액체의 동점도는 약 1.0×10^{-7} m^2/s에서 7.0×10^{-2} m^2/s의 범위이다. 종종 mm^2/s 단위로 나타내기도 한다.

$$1.0\times10^{6}\ \text{mm}^2/\text{s} = 1.0\ \text{m}^2/\text{s}$$

$$1.0\times10^{-7}\ \text{m}^2/\text{s} = (0.10\times10^{-6}\ \text{m}^2/\text{s})(10^{6}\ \text{mm}^2/1.0\ \text{m}^2) = 0.10\ \text{mm}^2/\text{s}$$

에서

표 2.2 동점도 ν의 단위

Unit System	Kinematic Viscosity (ν) Units
International System (SI)	m^2/s
U.S. Customary System	ft^2/s
cgs system (obsolete)	stoke $= \text{cm}^2/\text{s} = 1\times10^{-4}\ \text{m}^2/\text{s}$ centistoke $=$ stoke/100 $= 1\times10^{-6}\ \text{m}^2/\text{s} = 1\ \text{mm}^2/\text{s}$

$$7.0\times10^{-2}\ \mathrm{m^2/s}=(70000\times10^{-6}\ \mathrm{m^2/s})(\mathrm{mm^2}/1.0\ \mathrm{m^2})=70000\ \mathrm{mm^2/s}$$

여기에서도 매우 큰 값은 극저온에서의 엔진오일에 대한 값이다.

2.4 뉴턴 유체 및 비뉴턴 유체

유동 특성 및 변형을 연구하는 분야를 유변학(rheology)이라 한다. 이를 토대로 유체의 점성을 연구할 수 있으며 뉴턴 유체와 비뉴턴 유체의 구분을 정의할 수도 있다. 그림 2.2와 식 (2−1)을 따르는 유체를 뉴턴 유체라 한다. 뉴턴 유체에서 점도 η는 유체의 상태에 따라 변화하는데, 특히 온도에 큰 영향을 받는다. 속도구배 $\Delta v/\Delta y$의 크기는 η에 영향을 미치지 않는다. 물, 오일, 가솔린, 알코올, 등유, 벤젠 및 글리세린과 같은 주변의 흔한 유체들이 뉴턴 유체로 분류된다. 물, 공기 및 다른 뉴턴 유체의 점도는 부록 A−E에 열거되어 있다. 석유와 같은 일반적인 유체들의 점도는 참고문헌 12, 인터넷 자료 19 등에 나타나 있다. 이 책의 다음 장부터 다루는 대부분의 유체는 뉴턴 유체이다.

뉴턴 유체와는 반대로, 식 (2−1)을 따르지 않는 유체를 비뉴턴 유체라고 한다. 그림 2.3에 2가지 유체 종류의 차이가 나타나 있다. 비뉴턴 유체의 점도는 유체의 상태뿐 아니라 유체의 속도구배의 영향을 받는다.

그림 2.3(a)에서 전단응력과 속도구배 관계의 기울기가 점도에 해당한다. 가파른 기울기는 높은 점도를 나타낸다. 뉴턴 유체는 전단응력과 속도구배 사이에 선형 관계를 가지므로 기울기 및 점도가 일정하다. 비뉴턴 유체의 경우 기울기가 변하고, 따라서 그림 2.3(b)와 같이 점도가 속도구배에 따라 변한다.

비뉴턴 유체의 경우 점도가 시간에 따라 변화하는지에 따라 2가지로 분류할 수 있다. 시간에 따라 점도가 변하지 않는 비뉴턴 유체는 다음 3가지 유형이 있다.

- **가소성 유체(pseudoplastic)**: 그림 2.3에서 전단응력과 속도구배의 곡선이 뉴턴 유체 경우인 직선의 위에 위치하는 유체이다. 전단응력이나 속도구배가 작을 때는 기울기(점도)가 크지만, 전단응력이나 속도구배가 커짐에 따라 기울기(점도)가 작아진다. 이러한 유체의 예로 혈장, 용융된 폴리에틸렌, 라텍스, 시럽, 접착제, 당밀, 잉크 등이 있다.
- **팽창 유체(dilatant fluids)**: 그림 2.3에서 전단응력과 속도구배의 곡선이 뉴턴 유체 경우인 직선의 아래에 위치하는 유체이다. 전단응력이나 속도구배가 작을 때는 기울기(점도)가 작지만, 전단응력이

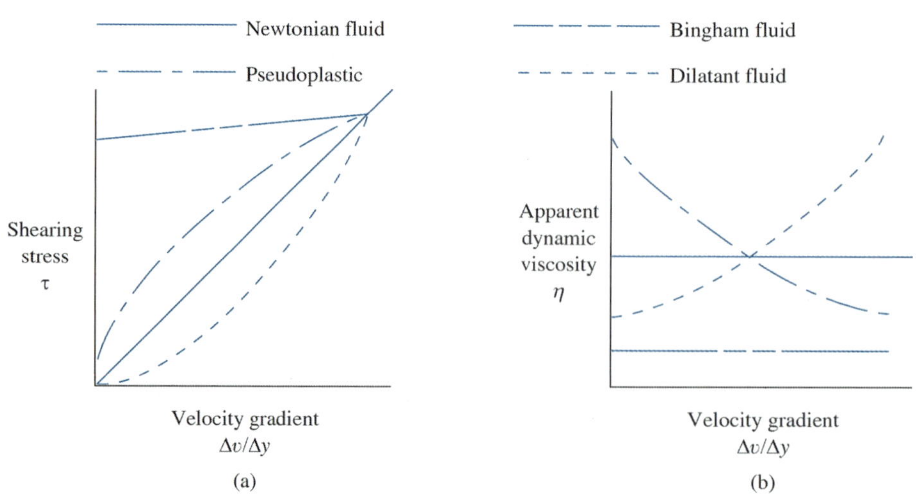

그림 2.3 뉴턴 유체와 비뉴턴 유체

나 속도구배가 커짐에 따라 기울기(점도)가 커진다. 이러한 유체의 예로 고형분 농도가 높은 옥수수전분－에틸렌글리콜 용액, 전분－물 용액, 이산화티탄 용액 등이 있다.

- 빙햄 유체(Bingham fluids): 플러그 유동 유체(plug－flow fluids)라고도 하며, 그림 2.3과 같이 흐르기 위해서는 어느 크기 이상의 전단응력이 필요하다. 일단 흐름이 시작되면, 기울기, 즉 점도가 일정해진다. 빙햄 유체의 예로 초콜릿, 케첩, 겨자소스, 마요네즈, 치약, 페인트, 아스팔트, 그리스(윤활유), 타다 남은 재나 하수 슬러지의 물 용액 등이 있다.

2.4.1 시간의존성 유체

시간의존성 유체는 점도가 속도구배, 온도뿐 아니라 시간에 따라서도 변화한다. 시간의존성 유체의 예로 저온에서의 원유, 프린터 잉크, 액체 나일론 및 기타 폴리머 용액, 젤리, 밀가루 반죽, 그리스, 페인트 등이 있다. 그림 2.4는 2가지 유형의 시간의존성 유체를 보여준다. 수직축은 점도, 수평축은 시간을 보여주며, 온도는 고정되어 있다. 점선은 전단력에 변화가 생긴 시점이며 그 이전에는 점도에 변화가 없음을 알 수 있다. 전단력에 변화를 준 후, 점도가 증가 혹은 감소함에 따라 다음 2가지 유체로 나뉜다.

- 요변성 유체(thixotropic fluids): 시간에 따라 점도가 감소하는 유체이다. 시간의존성 유체 중 가장 흔한 종류이다.
- 레오펙틱 유체(rheopectic fluids): 시간에 따라 점도가 증가하는 매우 드문 유체이다.

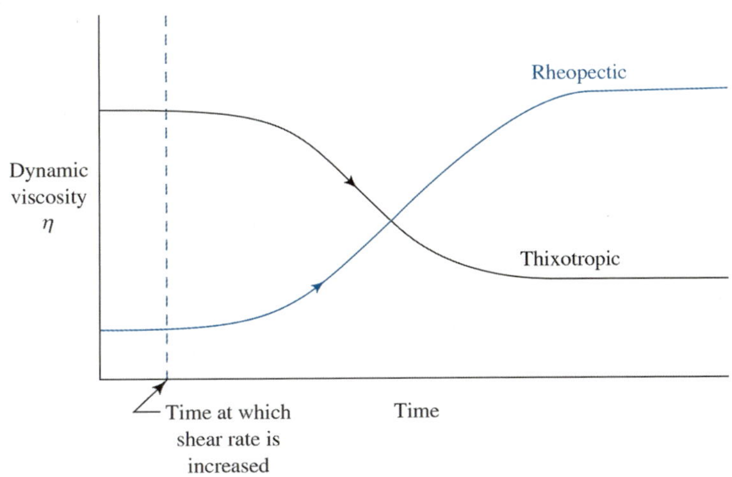

그림 2.4 시간의존성 유체의 점도 변화

2.4.2 적극적으로 조정 가능한 유체

최근에는 유변학적 특성을 조정할 수 있는 유체가 개발되고 있다. 전류나 자기장을 변화시킴으로써, 점도나 강성을 조정하는 것이다. 수동 혹은 컴퓨터 제어로 신속하게 조정 가능하고 이를 되돌릴 수도 있다. 응용 분야로는 자동차의 충격 흡수 장치를 들 수 있다. 적재량의 변화, 노면 상태 등에 따라 부드럽거나 단단한 세팅이 가능하다. 비슷하게 트럭 운전자의 시트, 클러치의 능동 제어, 진동을 최소화하는 엔진마운트, 지진에 대비한 건물 또는 교량의 조정 가능 감쇠장치, 장애인을 위한 다양한 보조장치, 컴퓨터로 제어되는 점자 디스플레이 등에 이용될 수 있다. 아래에 2가지 유형이 제시되어 있으며, 인터넷 자료 5에 자세한 내용이 있다.

- **전기 유변 유체**(electrorheological fluids, ERF): 전분, 폴리머, 세라믹과 같은 미세 입자가 미네랄 오일이나 실리콘 오일 같은 비전도성 오일에 함유되어 있는 현탁액이다. 전류를 가함으로써 유체 특성을 조정할 수 있다. 전류가 흐르지 않으면 보통의 유체와 같지만, 전류가 흐르면 젤과 같은 고체처럼 변한다. 이러한 변화는 1/1000초 이내에 발생한다.
- **자기 유변 유체**(magnetorheological fluids, MRF): 자기 유변 유체에는 석유, 실리콘 오일, 물과 같은 기본 유체에 미세한 철분 부유 입자가 포함되어 있다. 자기장이 존재하지 않을 때, 자기 유변 유체는 일반 유체와 매우 비슷하다. 점도는 25℃ 경우 0.2 Pa·s 내지 0.3 Pa·s이다. 자기장을 가하면 자기 유변 유체는 고체처럼 변화하며 전단응력을 100 kPa까지 견딜 수 있다. 이러한 변화는 전자적으로 아주 빠르게 제어 가능하다.

2.4.3 나노 유체

나노 유체는 물, 에틸렌글리콜 냉각제, 오일, 합성 윤활제, 생물학적 유체, 폴리머 용액 등과 같은 기본 유체에 직경이 100 nm보다 작은 나노입자가 함유된 경우이다. 나노입자의 재료는 알루미늄, 구리, 탄화규소, 이산화알루미늄, 산화구리, 흑연, 탄소나노튜브 등이 될 수 있다. 나노입자는 표면적 대 부피 비율이 매우 높아서 일반 유체, 혼합물, 현탁액 등에 비해 열전도율이 향상되는 등 물리적 특성이 매우 다르다. 나노 유체는 전자 장비 냉각의 성능을 크게 높일 수 있다. 또한 윤활제로서 표면열을 방출시키면서 윤활 성능은 유지하는 특성을 보이기도 한다. 의료, 약물 전달, 환경 제어 분야 등에서도 연구가 진행되고 있다(참고문헌 16 참고).

2.4.4 액체폴리머의 점도

액체폴리머는 제품 설계, 제조, 윤활, 의료 등의 영역에서 중요한 역할을 하기에 많은 연구 개발이 진행되고 있다. 액체폴리머는 명백히 비뉴턴 유체이고 그 특성을 설명하기 위해 추가적인 점성 관련 용어들이 필요하다. 압출 또는 주입 직전 폴리머 샘플을 취할 필요가 있는데, 이와 같이 실험실이나 산업 현장에서 액체폴리머의 특성을 파악하는 데 쓰이는 상용 장비들은 인터넷 자료 6, 7, 9−12에 자세히 기술되어 있다.

폴리머와 관련하여 보통 다음 5가지 추가적인 점도 관련 요소들이 측정 또는 계산된다.

1. 상대점도(Relative viscosity)
2. 내재점도(Inherent viscosity)
3. 환원점도(Reduced viscosity)
4. 비점도(Specific viscosity)
5. 고유점도(Intrinsic viscosity 또는 limiting viscosity number)

이들을 계산하기 위해 액체폴리머에 용매가 더해지는데, 폴리머−용매 조합은 다음과 같다.

1. 나일론−포름산
2. 나일론−황산
3. 에폭시수지−메탄올
4. 초산섬유소(Cellulose acetate)−아세톤과 염화메틸렌
5. 폴리카보네이트−염화메틸렌

100 mL당 그램으로 나타내는 폴리머의 농도(C)는 중요한 정보이다. 추가적인 점도 관련 요소들은 다

음과 같이 계산된다.

- **상대점도**, η_{rel}: 동일한 온도에서 폴리머 용액과 순수 용매의 점도 비
- **내재점도**, η_{inh}: 상대점도와 농도의 자연로그의 비
- **비점도**, η_{spec}: 폴리머 용액의 상대점도에서 1을 뺀 값
- **환원점도**, η_{red}: 비점도를 농도로 나눈 값
- **고유점도**, η_{intr}: 비점도와 농도 0인 경우로 외삽(extrapolation)한 농도의 비. 상대점도를 여러 농도에서 측정하고, 비점도의 추세선을 농도 0인 경우로 외삽한다. 고유점도는 폴리머의 분자량이나 중합도의 척도이다.

비뉴턴 유체인 액체폴리머의 시험 절차는 신중하게 준비해야 한다. 그림 2.3(a)는 비뉴턴 유체에서 점도와 전단응력이 속도구배의 변화에 따라 변화함을 보여준다. 그러므로 시험 중에 전단 속도를 제어하는 것이 중요하다. 전단 속도 제어의 중요성과 여러 종류의 유체에 맞는 레오미터(rheometer)의 논의는 참고문헌 13에서 볼 수 있다.

많은 액체폴리머와 비뉴턴 유체들은 시간의존성 점탄성 특성을 보인다. 압출플라스틱, 접착제, 페인트, 코팅제, 유화제 등이 그 예이다. 제조 공정이나 적용 절차 등을 제어하기 위해 이러한 재료들의 연장 특성을 측정하는 것이 중요하다. 이러한 테스트를 연장유동측정(extensional rheometry)이라고 한다.

2.5 온도에 따른 점도의 변화

온도에 따라 유체 점도는 변화한다. 예를 들어, 엔진오일은 낮은 온도일 때 따르기가 매우 어렵다. 이는 점도가 높음을 뜻한다. 온도가 오르면, 점도는 크게 떨어진다.

모든 유체는 어느 정도 비슷한 양상을 보인다. 부록 D는 많은 일반적인 액체들의 점도와 온도의 상관관계를 보여준다. 점도는 그 변화 범위가 크므로 로그 스케일로 그려져 있다. 그래프의 수치 일부가 표 2.3에 열거되어 있다.

표 2.3 부록 D에 포함된 일부 점도값들

Fluid	Temperature (°C)	Dynamic Viscosity ($N \cdot s/m^2$ or $Pa \cdot s$)
Water	20	1.0×10^{-3}
Water	70	4.0×10^{-4}
Gasoline	20	3.1×10^{-4}
Gasoline	62	2.0×10^{-4}
SAE 30 oil	20	3.5×10^{-1}
SAE 30 oil	80	1.9×10^{-2}

기체는 액체와 달리 온도가 증가함에 따라 점도가 증가한다. 또한 액체에 비해 점도의 변화 범위가 작다.

2.5.1 점도 지수

온도에 따라 점도가 어느 정도 변화하는지에 관한 척도로서 점도 지수(viscosity index, VI)가 사용된다. 이는 작동 온도 범위가 매우 큰 윤활유나 유압 용액의 경우 중요하다.

점도 지수가 높은 유체는 온도에 따라 점도가 작게 변하고, 점도 지수가 낮은 유체는 온도에 따라 점도가 크게 변한다.

그림 2.5는 점도 지수가 50, 100, 150, 200, 250, 300이고 온도에 따른 동점도 변화가 직선 형태를 갖는 오일들의 그래프이다. 점도 지수는 시료 유체의 동점도를 40℃와 100℃(104°F 및 212°F)에서 측정하고 이 값을 점도 지수를 0과 100으로 정한 기준 유체들의 값과 비교하는 방식으로 결정한다. 참고문헌 3에 표준 ASTM D 2270이 소개된다.

점도 지수가 100 이하인 오일의 일반적인 점도 지수 계산 공식은 다음과 같다. 모든 동점도의 단위는 mm^2/s이다.

$$VI = \frac{L-U}{L-H} \times 100 \qquad (2-4)$$

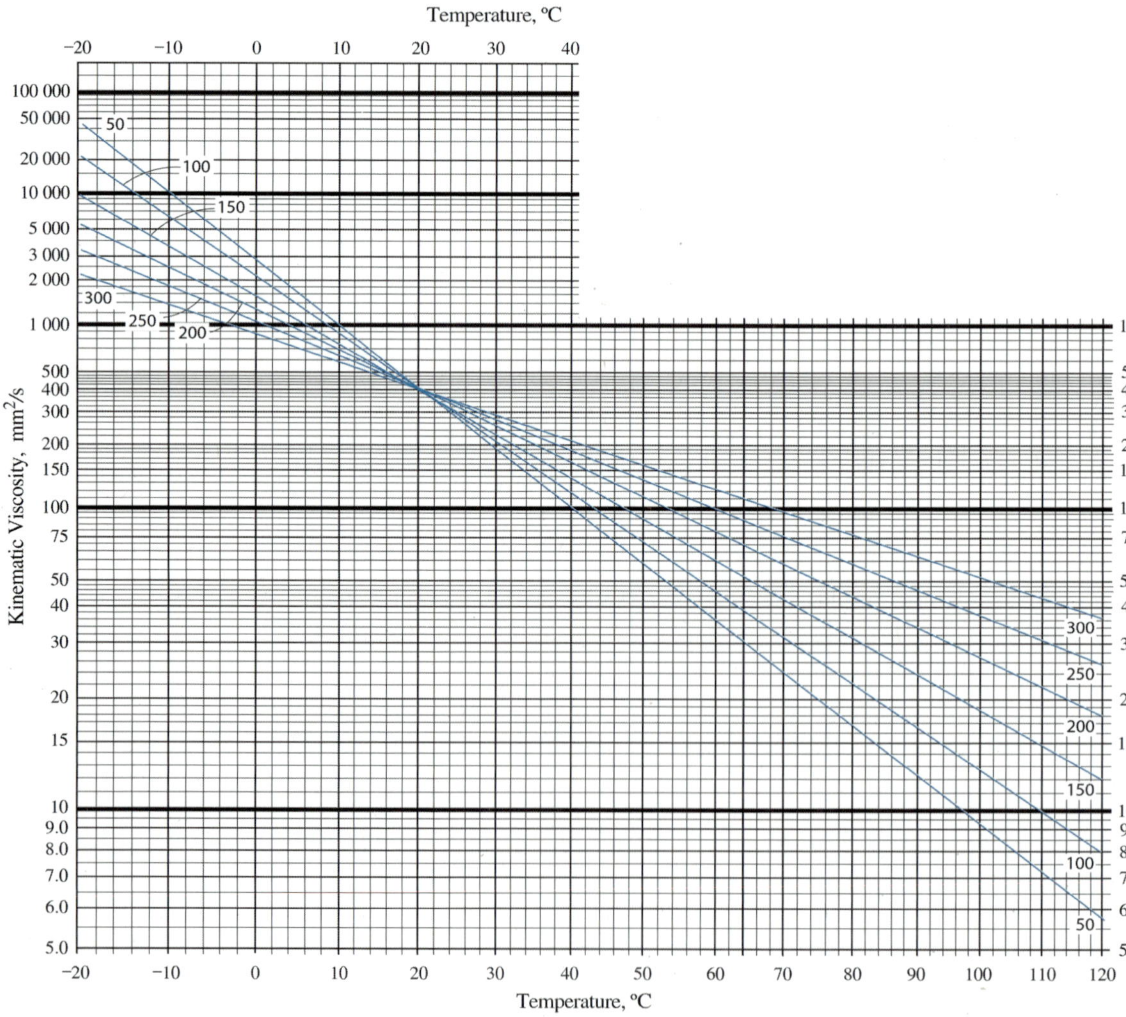

그림 2.5 일반적인 점도 지수 곡선

이 식에서

U = 40℃에서 시료오일의 동점도

L = 100℃에서 시료오일과 같은 점도를 갖고, 점도 지수가 0인 표준 점도액의 40℃에서 동점도

H = 100℃에서 시료오일과 같은 점도를 갖고, 점도 지수가 100인 표준 점도액의 40℃에서 동점도

100℃에서 동점도가 2.0 mm^2/s에서 70.0 mm^2/s 사이인 오일의 L과 H값은 표준 ASTM D 2270의 표에서 찾을 수 있다. 이는 연료나 윤활액으로 쓰이는 대부분의 실용적인 오일을 포함한다.

점도 지수가 100보다 큰 오일의 경우에도, 표준 ASTM D 2270에 제시된 대체 방법과 표준 표를 이용하면 점도 지수를 구할 수 있다.

그림 2.5의 점도 지수 곡선은 상온인 20℃(68°F)에서 동점도가 400 mm^2/s인 오일들의 경우이다. 표 2.4는 다양한 점도 지수를 갖는 오일들의 −20℃(−4°F), 20℃(68°F), 100℃(212°F)에서의 동점도를 보여준다.

표 2.4 다양한 점도 지수를 갖는 오일들의 3가지 온도에서의 동점도

Viscosity Index VI	Kinematic Viscosity ν (mm^2/s) At −20°C	At 20°C	At 100°C
50	47 900	400	9.11
100	21 572	400	12.6
150	9985	400	18.5
200	5514	400	26.4
250	3378	400	37.1
300	2256	400	51.3

표에서 점도는 매우 큰 범위에서 변함을 알 수 있다. 특히 점도 지수 50인 오일은 낮은 온도에서 매우 큰 점도를 보이며, 만약 윤활유의 경우라면 윤활면에서 잘 흐르지 않을 것이다. 반대로, 고온에서는 점도가 매우 낮아져서 원활한 윤활 성능을 보일 것이다. 이에 비해 높은 점도 지수를 갖는 오일들은 점도가 크게 변하지 않음을 알 수 있다.

온도 변화가 심한 야외에서 사용되는 엔진, 기계, 건설 장비 등에 사용되는 윤활유나 유압 용액은 점도 지수가 커야 한다. 이러한 경우 오일은 −20℃에서 100℃의 온도 범위를 가질 수 있기 때문이다.

윤활 성능이나 엔진, 펌프, 밸브, 작동기 등에서 좋은 성능을 유지하는 가운데, 파라핀 함량이 높은 다른 종류의 오일이나 특수한 폴리머를 혼합시킴으로써 점도 지수를 높일 수도 있다.

2.6 점도 측정

점도 측정을 위한 절차와 장비는 매우 다양하다. 일부는 유체역학의 기본 원리를 사용하여 점도를 기본 단위로 표현한다. 다른 방법들은 상대적인 값을 나타내서 다른 유체들 사이에 비교를 할 수 있게 해준다. 이 절에서는 점도 측정에 사용되는 몇 가지 일반적인 방법들이 제시된다. 액체의 유동 거동의 특성을 파악하는 장비를 점도계(viscometer) 또는 레오미터(rheometer)라고 한다. 수많은 점도 측정 장비들이 있으며 일부는 실험실용으로 제작되기도 하고 일부는 생산 공정에서 품질 관리나 품질 기록을 위해 사용될 수 있도록 제작되기도 한다. 인터넷 자료 6−14에 자세한 내용이 나와 있다.

점도 측정이나 기록과 관련하여 ASTM International, ISO, CEC 등에서 표준을 제시한다. 이 절의 논의는 ASTM International을 따르며, 인터넷 자료 1, 3, 4, 참고문헌 1–11에 자세한 내용이 제시된다. 구체적인 표준은 다음 절에서 인용될 것이다. 다른 표준 기관으로는 SAE International을 들 수 있는데, 이곳은 특히 연료나 윤활유와 관련하여 표준들을 정의하고 제시한다(인터넷 자료 2, 참고문헌 14, 2.7절 참고). 독일의 표준기관인 DIN 또한 참고할만하다(www.din.de).

2.6.1 회전통 점도계

그림 2.6(a)의 장치는 점도 η를 다음에 제시한 정의(식 (2–2) 참고)에 따라 측정한다.

$$\eta = \tau / (\Delta v / \Delta y)$$

외부 컵은 고정되어 있고 계량기 내부 모터가 회전통을 구동한다. 외부 컵과 회전통 사이의 거리 Δy는 작다. 외부 컵과 닿아 있는 유체는 정해져 있지만 회전통 표면의 유체는 회전통과 함께 회전하므로 속도구배 $\Delta v/\Delta y$를 구할 수 있다. 유체의 점성은 전단응력 τ를 유발하고 이는 회전통에 드래그 토크(drag torque)를 가한다. 계량기는 드래그 토크를 감지하고 화면에 점도를 표시한다. 회전통 바닥면에 닿은 유체는 속도가 중심부에서 0이고 바깥쪽에서 큰 값으로 변하므로 특별히 고려해줄 필요가 있다. 그림 2.6(b)에 다른 방식의 시험기가 제시되었다. 각각의 시험기에 다른 종류의 회전통을 사용함으로써 큰 범위의 점도를 측정할 수 있다. 이러한 시험기는 페인트, 잉크, 식품, 석유 제품, 화장품, 접착제 등 다양한 유체에 사용할 수 있다. 시험기는 배터리로 작동되며, 그림처럼 스탠드에 설치될 수도 있고 공장에서 사용되기 위해 손으로 작동될 수도 있다(인터넷 자료 5–14 참고).

회전통 점도계의 변형인 콜드크랭킹 시뮬레이터(Cold–cranking simulator, CCS)는 참고문헌 5에 소개된다. 이는 저온 환경에서 엔진 시동 시 엔진오일 성능을 테스트하기 위해 사용된다. 이 장치에서는 모터가 고정자(stator) 내부에 근접해 있는 회전자(rotor)를 구동한다. 회전자와 고정자의 틈을 채우는 시험오일은 점성 항력을 가지므로, 회전자의 속도는 오일의 점도에 영향을 받는다. 측정된 속도는 mPa·s 단위의 점도와 연계된다. 이는 교정 차트를 참조함으로써 수행되는데, 차트는 점도값이 알려진

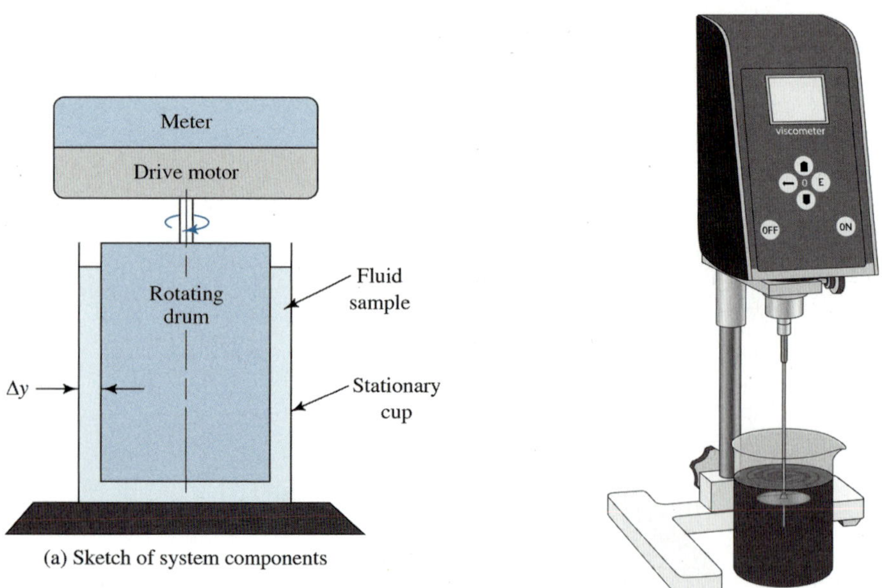

(a) Sketch of system components

(b)

그림 2.6 회전통 점도계

최소 5가지의 표준 교정 오일을 같은 장치에서 실험하여 만들어진다. 결과 자료는 엔진의 적정한 저온 운전 범위를 파악하기 위해 엔진 설계자에 의해 사용된다.

SAE International은 엔진오일의 압송 점도 요건을 정할 때 참고문헌 9에서 논의되는 방법을 이용할 것을 명시한다. 작은 회전 점도계가 사용되고 오일은 매우 낮은 온도로 냉각된다(2.7절 참고). 새로운 오일 성분을 지정하기 위해 엔진오일의 경계 압송 온도를 결정할 경우에는 참고문헌 7을 참고하는 것이 좋다.

새로운 디자인의 Stabinger 점도계는 회전통 원리를 다른 방식으로 적용한다. 이 장치에는 작은 튜브 내부에 가벼운 원통형 회전자가 들어 있다. 자력이 회전자 위치를 유지시킨다. 외부 튜브는 일정한 속도로 회전하고 점성 항력에 의해 내부 회전자가 회전한다. 이때 회전 속도는 점도의 영향을 받는다. 회전자의 작은 자석이 회전하는 자기장을 생성하고 외부 튜브가 이를 감지한다. 점도는 다음의 간단한 식으로 계산된다.

$$\eta = \frac{K}{(n_2/n_1 - 1)}$$

여기에서 n_2는 외부 튜브의 속도, n_1은 내부 회전자의 속도이다. K는 장비 제조사가 제공하는 보정 상수이다(인터넷 자료 13 참고).

일부 회전식 점도계는 패들 스타일의 회전자를 작은 직경의 축에 설치하고 이를 시료 유체에 잠기게 한다. 다른 회전식 점도계와 비슷하게, 패들을 일정한 속도로 회전시키는 데 필요한 토크의 양을 이용하여 점도를 측정한다(인터넷 자료 6, 9 참고).

2.6.2 모세관 점도계

그림 2.7은 작은 직경의 긴 모세관에 의해 연결된 2개의 저수조를 보여준다. 모세관을 통해 일정한 속도로 흐르는 유체는 에너지 손실을 겪고 이에 따라 압력이 떨어지게 된다. 압력 강하는 압력계에 의해 측정되고, 이는 다음 식에 의해 점도와 연관된다(8장 참고).

$$\eta = \frac{(p_1 - p_2)D^2}{32vL} \qquad (2-5)$$

여기에서 D는 모세관의 직경, v는 유체 속도, L은 지점 1과 2 사이의 거리이다.

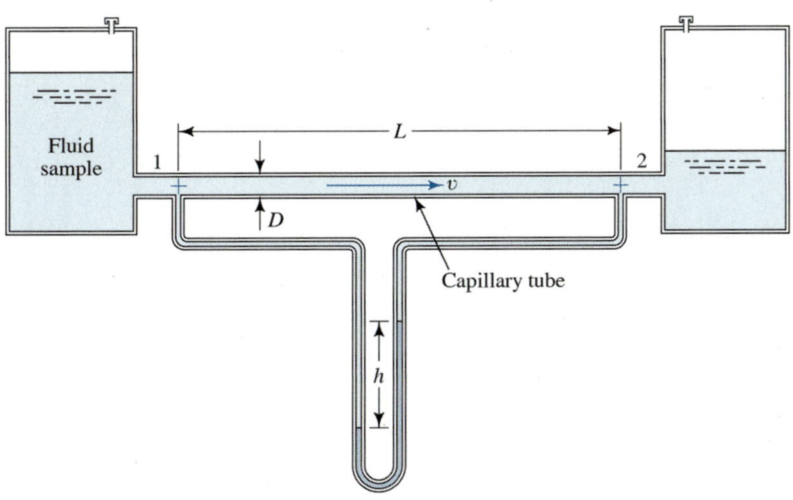

그림 2.7 모세관 점도계

2.6.3 표준 보정 유리 모세관 점도계

참고문헌 1과 2는 투명하거나 불투명한 액체의 동점도를 측정하는 표준 보정 유리 모세관 점도계를 설명한다. 17가지 정도의 종류가 있는데, 이 중 2가지를 그림 2.8과 2.9에서 보여준다. 온도 조절, 시료 샘플들의 자동 시퀀싱, 단위 통합 등이 가능한 종류들도 있으며, 이는 그림 2.10이나 인터넷 자료 12에 제시되어 있다.

점도 테스트를 준비함에 있어, 점도관은 지정된 양의 시험 유체로 채워진다. 안정되게 시험 온도 상태에 이르면, 밸브를 통하여 유체를 빨아들여 위쪽 타이밍 마크보다 살짝 위에 이르게 한다. 흡입을 중단하면, 유체는 중력에 의해 흐르게 된다. 그림에서 아래쪽 타이밍 마크의 아랫부분이 테스트 섹션에 해당한다. 가장 앞쪽의 모세관 흐름면(meniscus) 위와 아래의 타이밍 마크를 통과하는 데 걸리는 시간을 기록한다. 이 시간에 보정 상수를 곱함으로써 동점도가 계산된다. 보정 상수는 점도계 제작사가 제공한다. 동점도의 단위는 센티스토크(cSt)이고 mm^2/s와 일치한다. 이 값에 10^{-6}을 곱하면 SI 단위이고 m^2/s를 얻을 수 있다.

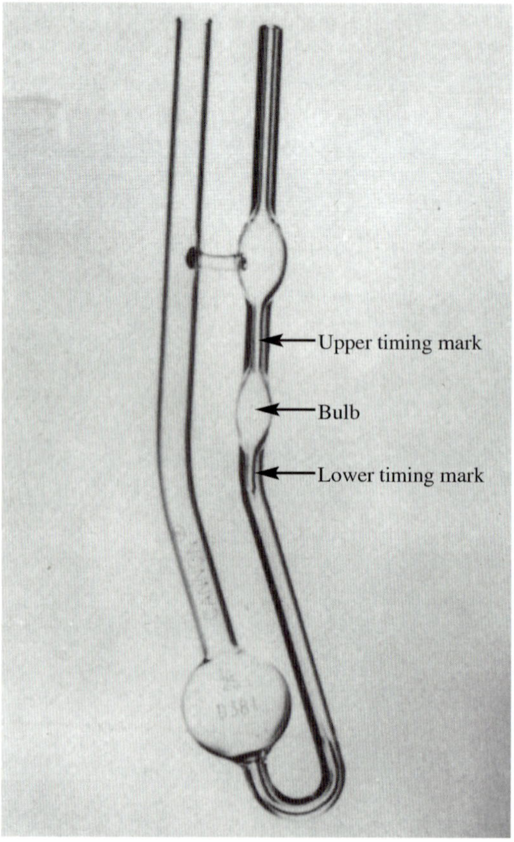

그림 2.8 Cannon–Fenske 점도계
(출처: Fisher Scientific)

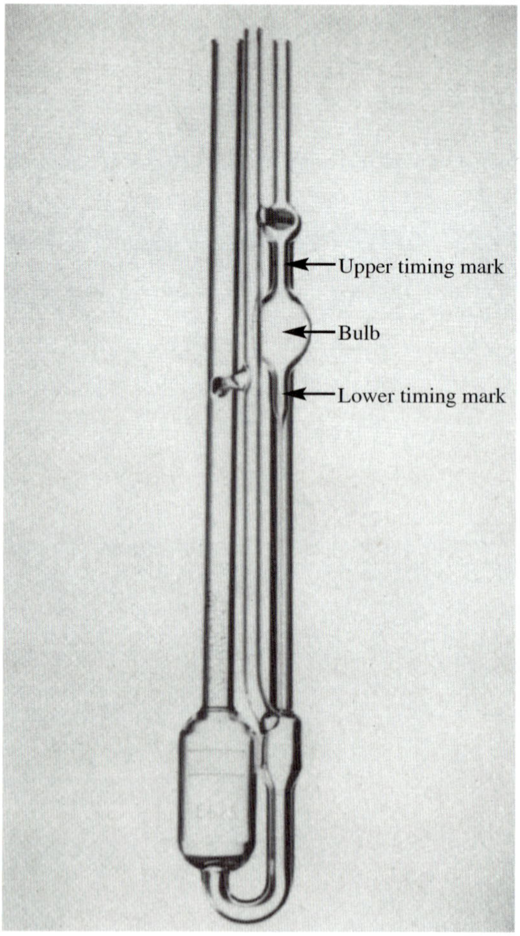

그림 2.9 Ubbelohde 점도계
(출처: Fisher Scientific, Pittsburgh, PA)

그림 2.10 자동 다중 범위 모세관 점도계
(출처: Precision Scientific Petroleum Instruments Company)

2.6.4 침구 점도계

유체 내 물체가 중력의 영향으로 떨어질 때, 무게에 의해 아래로 향하는 힘이 부력과 점성 항력에 의해 위로 향하는 힘과 같아지면 가속을 멈추게 된다. 이때의 속도를 종단 속도 v라 한다. 그림 2.11의 침구 점도계는 이 원리를 이용하여, 구형 공을 시험 유체에 떨어뜨리고 정해진 길이만큼 낙하시킴으로써 점도를 측정한다. 낙하하는 데 걸리는 시간, 이로부터 계산된 속도를 이용한다. 그림 2.12는 공의 자유 물체도를 보여준다. w는 공의 무게, F_b는 부력, F_d는 점성 항력이다. 이에 대해 17장에서 더 자세히 논의된다. 공이 종단 속도에 이르면 평형 상태이다. 그러므로 다음 식을 만족한다.

$$w - F_b - F_d = 0 \tag{2-6}$$

γ_s를 공의 비중량, γ_f를 유체의 비중량, V를 공의 부피, D를 공의 직경이라고 하면,

$$w = \gamma_s V \ = \gamma_s \pi D^3/6 \tag{2-7}$$

$$F_b = \gamma_f V = \gamma_f \pi D^3/6 \tag{2-8}$$

점도가 매우 높고 속도가 느린 경우, 공에 미치는 점성 항력은 다음과 같다.

$$F_d = 3\pi\eta v D \tag{2-9}$$

식 (2-6)은 다음과 같이 정리된다.

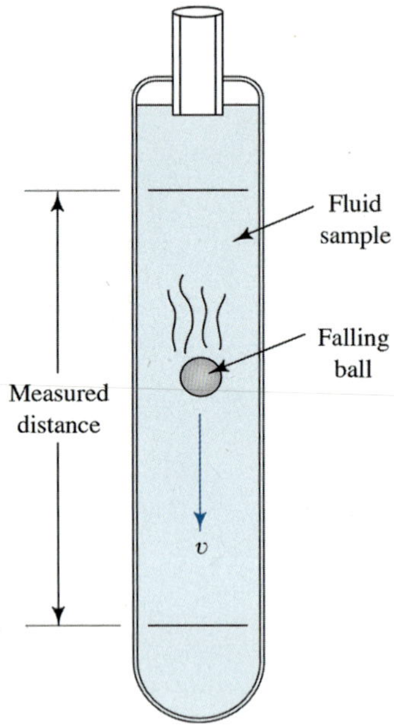

그림 2.11 침구 점도계

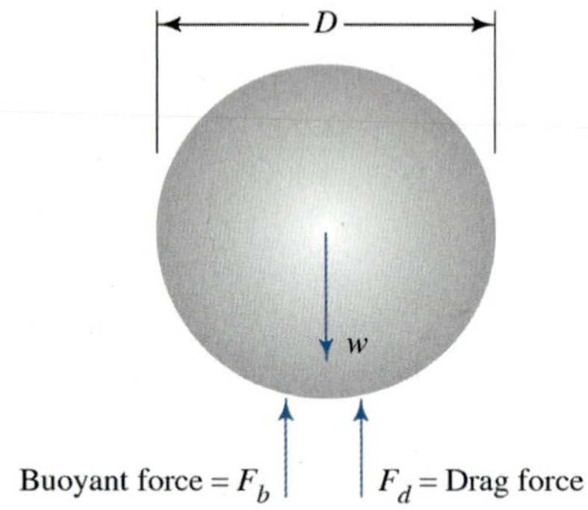

그림 2.12 침구 점도계에서 침구의 자유 물체도

$$\eta = \frac{(\gamma_s - \gamma_f)D^2}{18v} \tag{2-10}$$

공의 낙하 시간을 눈으로 측정하기 위해서는 유체가 투명해야 한다. 일부 상용 기기의 경우, 공의 위치를 자동으로 측정하므로 불투명한 유체를 사용하기도 한다. 또 일부 기기는 관을 경사지게 설치하기도 한다. 이 경우, 공은 구르거나 미끄러지기도 하므로 이러한 작용까지 고려하기 위해 제작사가 보정 상수를 제공한다. 점도 범위가 0.5 mPa · s에서 10^5 mPa · s에 이르는 다양한 유체를 측정하기 위해 여러 종류와 크기의 공이 사용된다. 공은 스테인리스강, 니켈－철합금, 유리 등이 쓰인다(인터넷 자료 9, 12 참고).

2.6.5 세이볼트 범용 점도계

작은 구멍을 통과하는 유체가 얼마나 잘 흐르는지를 통해 점도를 가늠할 수 있다. 세이볼트 점도계는 이 원리를 이용한다. 외부 통의 유체가 일정한 온도를 유지하는 가운데, 내부 통에 시료 유체가 들어간다(그림 2.13 참고). 구멍을 통한 유동이 정상 상태가 된 이후에, 60 mL를 얻는 데 걸리는 시간을 측정한다. 이 시간이 세이볼트초(Saybolt Universal seconds, SUS)로 기록된다. 측정이 점도의 기본 정의를 이용하지 않기 때문에, 결과는 다른 유체들 사이에 상대적으로 점도를 비교하는 정보로 이용된다. 이 방식은 간단하고 장치가 정교할 필요가 없다는 장점이 있다(인터넷 자료 8, 10, 11 참고).

ASTM Standard D 88(참고문헌 10 참고)은 세이볼트 점도계의 사용을 제시하면서도, 참고문헌 1, 2 등에서 제시하는 모세관 점도계 등의 다른 점도계의 사용을 권장한다. 더욱이 동점도가 SI 단위인 mm^2/s로 기록되는 것을 추천한다.

ASTM Standard 2161(참고문헌 11 참고)은 SUS를 동점도의 단위인 mm^2/s로 환산하는 방법을 제시한다. 그러나 소개글에서 세이볼트 점도계의 사용은 석유 업계에서 구식으로 여긴다고 언급한다. 전통적으로 많은 자료가 있고 사용법이 간단하기 때문에, 다른 산업계에서는 여전히 사용되고 있다. 그림 2.14는 유체 온도 100°F에서 SUS와 단위 mm^2/s의 동점도 ν의 연관 그래프를 보여준다. 동점도 $\nu = 75$ mm^2/s 이상에서는 선형 관계를 보이며 다음 관계식을 만족한다.

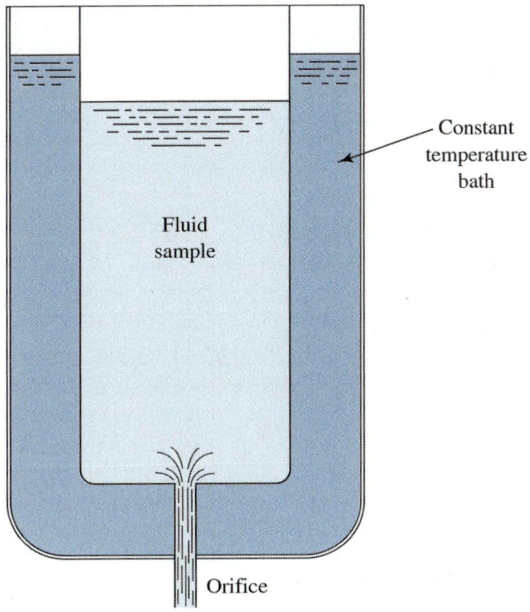

그림 2.13 세이볼트 점도계의 기본 요소

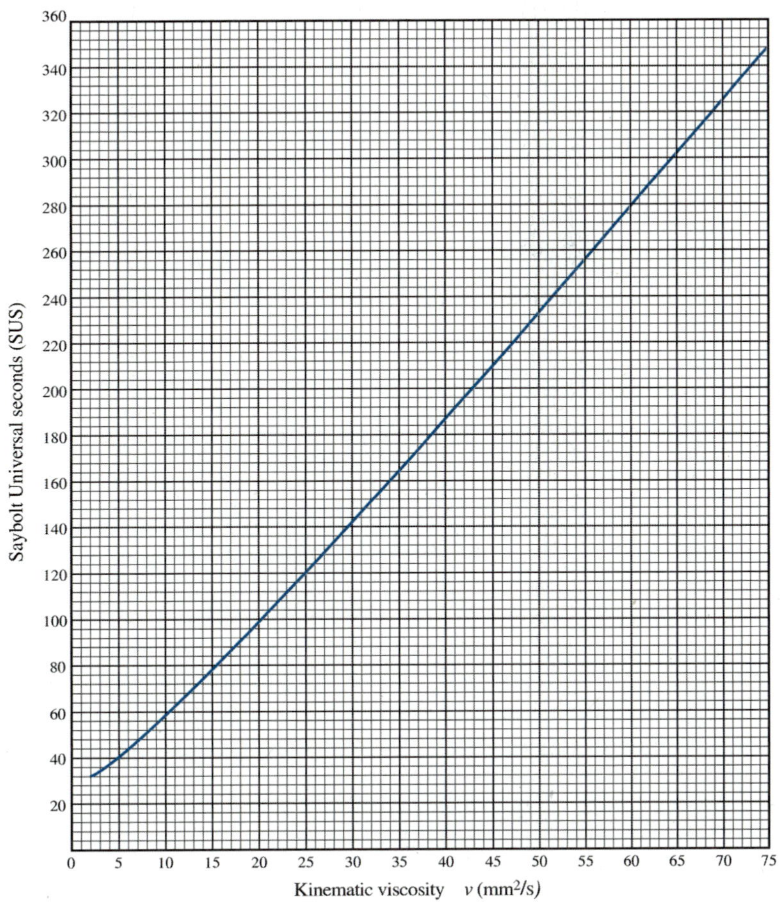

그림 2.14 100°F에서 SUS와 단위 mm^2/s의 동점도 ν 연관 그래프

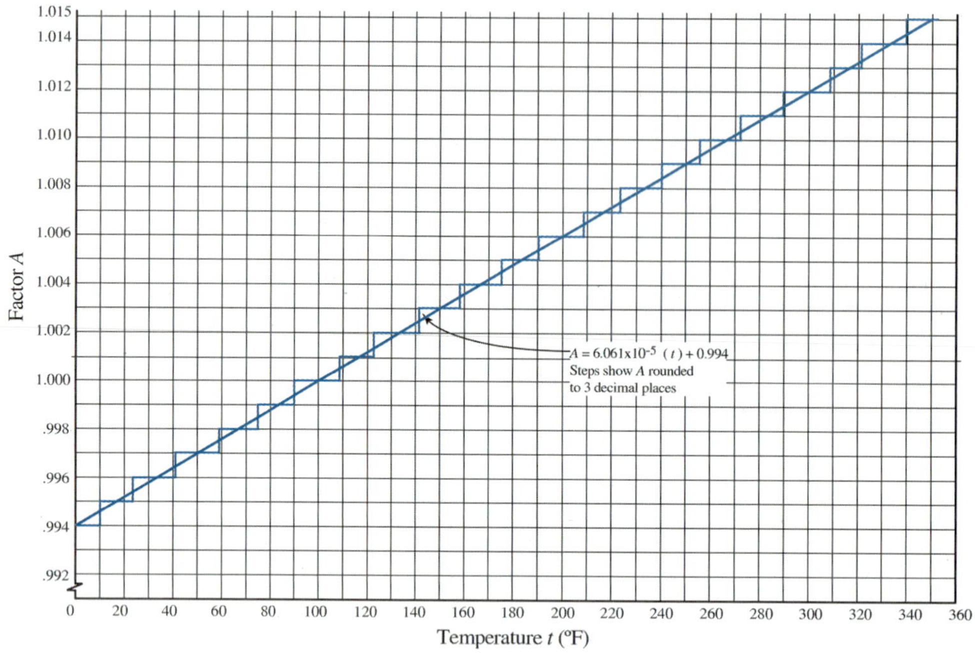

그림 2.15 SUS를 임의의 온도 t(°F)에 적용하기 위한 계수 A 그래프

$$\text{SUS} = 4.632\nu \tag{2-11}$$

유체 온도 210°F인 경우에는, 다음 선형 관계식을 만족한다.

$$\text{SUS} = 4.664\nu \tag{2-12}$$

위 식들은 대략 $\nu = 50\ \text{mm}^2/\text{s}$까지도 적용 가능하며, 에러는 0.5% 이내이다. $\nu = 38\ \text{mm}^2/\text{s}$까지 적용할 경우, 에러는 1.0% 이내이다(<1.0 SUS).

다른 온도 t(°F 단위)에서의 SUS가 필요할 경우에는 그림 2.15의 계수 A를 100°F SUS 값에 곱하면 된다. A는 다음과 같이 계산된다.

$$A = 6.061 \times 10^{-5} t + 0.994 \quad \text{(소수 셋째 자리에서 반올림)} \tag{2-13}$$

예제 2.1 어떤 유체가 100°F에서 동점도가 30 mm^2/s이다. 동일한 온도에서 이에 해당하는 SUS 값을 구하시오.

해설 $\nu < 75\ \text{mm}^2/\text{s}$이므로 그림 2.14를 이용하면 $\nu = 141.5$ SUS이다.

예제 2.2 어떤 유체가 100°F에서 동점도가 220 mm^2/s이다. 동일한 온도에서 이에 해당하는 SUS 값을 구하시오.

해설 $\nu > 75\ \text{mm}^2/\text{s}$이므로 식 (2-11)을 이용하면 $\text{SUS} = 4.632\nu = 4.632(220) = 1019$ SUS이다.

예제 2.3 어떤 유체가 260°F에서 동점도가 145 mm^2/s이다. 동일한 온도에서 이에 해당하는 SUS 값을 구하시오.

해설 식 (2-13)을 이용하여 계수 A를 구하면

$$A = 6.061 \times 10^{-5} t + 0.994 = 6.061 \times 10^{-5}(260) + 0.994 = 1.010$$

이고, 식 (2−11)을 이용하여 100°F에서의 동점도를 구하면

$$\text{SUS} = 4.632\nu = 4.632(145) = 671.6 \ \text{SUS}$$

이다. 결국 이 값에 A를 곱하면 260°F에서의 SUS 값이 구해진다.

$$\text{SUS} = A(671.6) = 1.010(671.6) = 678 \ \text{SUS}$$

2.7 SAE 점도 등급

SAE International은 엔진오일(참고문헌 14 참고)과 자동차 기어 윤활제(참고문헌 15 참고)의 등급 시스템을 개발했다. 이는 명시된 온도에서의 점도를 나타낸다. ASTM의 테스트 표준은 참고문헌 1−11에 제시되어 있다. 인터넷 자료 15−18은 자동차 엔진오일과 기어 윤활제의 제조사들의 자료를 보여준다. 인터넷 자료 19는 표준이 되는 기관들의 오일 점도 표를 제공한다.

크랭크케이스의 경우, 다음 점도 등급의 윤활제 오일이 가장 많이 사용된다.

0W, 5W, 10W, 15W, 20W, 25W

20, 30, 40, 50, 60

자동차 변속기 윤활제의 경우, 다음 등급이 자주 사용된다.

70W, 75W, 80W, 85W

80, 85, 90, 110, 140, 190, 250

W는 −10℃와 −40℃ 사이의 차가운 온도에서 엔진 크랭킹과 오일 펌프에 의한 오일 펌핑을 모의 실험하여 정한 점도의 최댓값에 기반한 것이다. 응용 가능한 ASTM 시험 표준은 참고문헌 5와 9에 제시되어 있다. 또한 참고문헌 1에서 제시된 유리 모세관 점도계를 이용하여 최소 100℃ 이상의 고온에서도 동점도를 나타내야 한다. W가 붙지 않은 경우는 참고문헌 14에서 제시된 다음 2가지 방법에 의한 고온에서의 점도 등급이다. 100℃ 낮은 전단응력하에서 동점도, 그리고 150°F 높은 전단응력하에서 점도이다(참고문헌 1, 8 참고). 등급은 저널베어링과 미끄럼면의 경우를 모의 시험함으로써 얻어진다. 인터넷 자료 6은 Ravenfield Tapered Plug HTHS 점도계를 이용하여 측정하는 방법을 소개한다. SAE 10W−40과 같은 다중점도 오일은 저온과 고온 조건의 표준을 모두 만족해야 한다.

저온 조건 시 오일의 허용 최대 점도는 저온에서 엔진이 시작될 때 그 속도 조건에서 윤활되는 표면에서 오일이 흐를 수 있는 조건과 관계된다. 펌핑 점도는 엔진의 오일 펌프로 오일이 흐르는 조건을 가리킨다. 고온 점도 범위는 움직이는 부품들 간에 마찰과 같은 에너지 손실을 증가시키지 않는 가운데 표면에 만족스러운 오일막을 제공하는 것과 관계된다.

넓은 온도 범위에서 작동하도록 오일을 개발할 때는 점도 지수를 높이기 위해 특수 첨가제를 사용한다. 예를 들어 다중점도 엔진오일(예: 5W−40)은 효율적인 윤활을 위해 고온의 엔진 작동 온도에서 충분히 높은 점도를 유지하면서도, 저온에서 점도 한계를 반드시 지켜야 한다. 또한 춥거나 따뜻한 기후에서 비슷한 성능을 보여야 하는 자동차 유압 시스템 오일이나 실내외에서 작동하는 공작 기계 유압 시스템 오일은 높은 점도 지수를 가져야 한다. 높은 점도 지수를 갖는 오일을 만들기 위해서는 석유 제품에 폴리머를 섞는다. 이러한 혼합은 비뉴턴 유체 특성을 갖게 한다. 이는 저온에서 더욱 두드러진다.

엔진, 기어 드라이브, 유압 시스템, 공작 기계 등에서 사용되는 석유계 윤활유의 전형적인 특성들은 부록 C에 기술되어 있다.

2.8 ISO 점도 등급

생산 기계, 베어링, 기어드라이브, 전자 기계, 팬 및 송풍기, 유체 동력 시스템, 모바일 장비 등 많은 산업 장비들에서 사용되는 윤활제들은 큰 범위의 점도를 가져야 한다. 이러한 시스템의 설계자들은 충분한 하중과 작동 온도 변화를 모두 버틸 수 있는 윤활제를 고려해야 한다.

이러한 요구 조건을 만족하고 동시에 경제적이고 관리 가능한 옵션 수를 유지하기 위해, ASTM Standard D 2422(참고문헌 4 참고)는 20개의 ISO 점도 등급을 정의한다. 표준 지정에는 ISO VG 접두어에 40℃에서의 mm^2/s(cSt) 단위의 대표 동점도를 나타내는 숫자가 따라 붙는다(표 2.5 참고). 최댓값과 최솟값은 대표 동점도 값과 ±10% 차이가 난다. 이 표준은 강제성이 없으나, 윤활제의 제작사나 사용자가 리스트의 점도 규격을 사용하도록 권장한다. 이 시스템은 전 세계 시장에서 선호되고 있다. CEC는 유럽 국가들을 위해서 윤활제 성능 표준을 개발하고, 비유럽 국가들도 이를 이용하고 있다(인터넷 자료 3 참고). 인터넷 자료 15－18은 자동차 등 산업용 시장에서 오일과 윤활제를 제공하는 업체들을 보여준다. 인터넷 자료 19는 ISO 등급과 다른 등급들을 비교한다.

표 2.5 ISO 점도 등급

Grade ISO VG	Kinematic Viscosity at 40°C (cSt) or (mm^2/s)		
	Nominal	Minimum	Maximum
2	2.2	1.98	2.40
3	3.2	2.88	3.52
5	4.6	4.14	5.06
7	6.8	6.12	7.48
10	10	9.00	11.0
15	15	13.5	16.5
22	22	19.8	24.2
32	32	28.8	35.2
46	46	41.4	50.6
68	68	61.2	74.8
100	100	90.0	110
150	150	135	165
220	220	198	242
320	320	288	352
460	460	414	506
680	680	612	748
1000	1000	900	1100
1500	1500	1350	1650
2200	2200	1980	2420
3200	3200	2880	3520

Source: Reprinted with permission from ASTM Standard 2422. Copyright ASTM. (See Reference 4.)

2.9 유체 동력 시스템의 유압 유체

유체 동력 시스템은 건설 장비, 산업 자동화 시스템, 농기계, 비행기 유압 시스템, 자동차 제동 시스템 등에서 선형 또는 회전형 장치들을 작동하기 위해 가압 유체를 사용한다. 유체 동력은 공압이라 불리는 공기방식 시스템과 유압이라 불리는 액체방식 시스템이 있다. 이 절에서는 액체방식 시스템을 다룬다.

유압 유체로는 다음 종류들이 사용된다.

- 석유
- 물-글리콜
- 고수용 유체(high water-based fluids, HWBF)
- 실리콘액
- 합성 오일

이러한 유체 동력 시스템에서 작동하기 위한 유체의 주요 특성은 다음과 같다.

- 목적에 맞는 적절한 점도
- 윤활성이라고 하는 높은 윤활 성능
- 청결도
- 작동 온도에서의 화학적 안정성
- 유체 동력에 사용되는 재료와의 비부식성
- 박테리아 성장 불가
- 생태학적인 타당성
- 높은 체적탄성률(낮은 압축성)

유체 동력 시스템이 사용되는 환경이 주의 깊게 고려된 후에, 작동에 최적인 유체가 선택되어야 한다. 특성들이 수용되기 위해서는 일반적으로 절충이 필요하다. 펌프나 밸브와 같은 부품 공급자들은 해당 부품에 사용되는 유체의 적정성에 대해 논의해야 한다. 인터넷 자료 15-18에는 자동차, 건설, 일반적인 산업 기계에서 사용되는 대표적인 유압 유체들의 공급자들이 제공한 정보와 자료가 제시되어 있다.

점도는 유체의 윤활성, 펌핑되는 정도, 튜브, 배관, 작동기, 밸브 등 여러 유체 동력 시스템 내 제어기기에서 흐르는 정도와 연관되기에 가장 중요한 특성 중 하나이다.

일반적인 산업용 유체 동력 시스템에서는 ISO 점도 등급 32, 46, 68 정도의 유체가 필요하다. 표 2.5에 그러한 유체들의 동점도가 나와 있다. 일반적으로 ISO 등급 숫자는 대표 동점도로서 단위는 mm^2/s이다.

극한의 온도에서는 특별한 주의가 필요하다. 예를 들어, 1년 내내 외부에서 작동하는 건설기기의 유압 시스템은 겨울에 온도가 −20°F(−29℃)까지 내려갈 수 있다. 이 온도에서 시스템을 시작하는 경우, 유체가 펌프의 흡입 포트로 흘러 들어가고, 파이프 시스템이나 제어 밸브를 통해 흐를 수 있는지를 반드시 고려해야 한다. 유체의 점도가 800 mm^2/s보다 클 수 있기 때문이다. 시스템이 대략 150°F(66℃) 정도로 덥혀지면, 유체 점도는 15 mm^2/s 정도로 낮아진다. 이 범위의 점도 변화에서 펌프나 밸브의 성능은 현저히 달라질 것이다. 또한 8장에서 자세히 다룰 예정이지만 유체 흐름의 성격 자체가 점도 변화에 따라 달라질 수 있다. 점도가 높은 추운 온도에서의 유체 흐름은 층류일 가능성이 크고, 반면 점도가 낮은 높은 온도에서의 유동은 난류일 가능성이 크다. 이 장 앞부분에서 언급했듯이, 큰 온도 범위에서 작동하는 유압 유체는 높은 점도 지수를 가져야 한다.

- 석유(petroleum oils): 이 장 앞부분에서 설명한 자동차 엔진오일과 매우 유사하다(예: SAE 10W와 SAE 20W－20). 그러나 박테리아 증식을 막고, 유체 동력 시스템의 부품들과의 호환성을 보장하고, 펌프의 내마모 성능과 점도 지수를 향상시키기 위해서 여러 가지 첨가제가 필요하다. 유압 액체 공급 업체들은 첨가제 배합에 신중을 기해야 한다. 폴리머 재료와 같은 일부 첨가제들은 점도 특성을 향상시키지만 동시에 밸브나 펌프 부위에서 고압의 조건일 때 유동 특성을 급격히 변화시킬 수 있다. 석유는 비뉴턴 유체이다.
- 실리콘 유체(silicone fluids): 용광로 근처, 고온 공정, 일부 자동차 제동 장치 등과 같은 고온 환경에서 적합한 유체이다. 매우 높은 열 안정성을 지닌다. 시스템의 펌프나 밸브와의 호환성을 반드시 확인해야 한다.
- 고수성 유체(high water－based fluids, HWBF): 내화 성능이 필요할 때 적합한 유체이다. 유중수형(water－in－oil) 에멀젼은 약 40%의 오일을 매우 다양한 종류와 양의 첨가제와 함께 물에 배합한다. 이를 통해 유체 특성을 조정할 수 있다. 반대로, 수중유형(oil－in－water) 에멀젼은 90－95%의 물에 오일과 첨가제가 배합되어 있다. 이 경우 오일이 매우 작은 방울들의 형태로 분산되어 있기 때문에 유백색을 띤다.
- 물－글리콜 유체(water-glycol fluids): 35－50%의 물에 글리콜과 시스템 작동에 적절한 다른 첨가제들이 배합되어 있는 내화성 유체이다.

참고문헌

1. ASTM International. 2011. D445-11A: *Standard Test Method for Kinematic Viscosity of Transparent and Opaque Liquids*, West Conshohocken, PA: Author. DOI: 10.1520/D445-11A, www.astm.org.
2. ______. 2007. D446-07: *Standard Specifications for Glass Capillary Kinematic Viscometers.* West Conshohocken, PA: Author. DOI: 10.1520/D446-07, www.astm.org.
3. ______. 2010. D2270-10: *Standard Practice for Calculating Viscosity Index from Kinematic Viscosity at 40 and 100 ℃.* West Conshohocken, PA: Author. DOI: 10.1520/D2270-10, www.astm.org.
4. ______. 2007. D2422-07: *Standard Classification of Industrial Lubricants by Viscosity System.* West Conshohocken, PA: Author. DOI: 10.1520/D2422-07, www.astm.org.
5. ______. 2010. D5293-10e1: *Standard Test Method for Apparent Viscosity of Engine Oils and Base Stocks Between -5 and -35 ℃ Using the Cold-Cranking Simulator.* West Conshohocken, PA: Author. DOI: 10.1520/D5293-10, www.astm.org.
6. ______. 2009. D2983-09: *Standard Test Method for Low-Temperature Viscosity of Automotive Fluid Lubricants Measured by Brookfield Viscometer.* West Conshohocken, PA: Author. DOI: 10.1520/D2983-09, www.astm.org.
7. ______. 2007. D3829-07: *Standard Test Method for Predicting the Borderline Pumping Temperature of Engine Oil.* West Conshohocken, PA: Author. DOI: 10.1520/D3829-07, www.astm.org.
8. ______. 2010. D4683-10: *Standard Test Method for Measuring Viscosity of New and Used Engine Oils at High-Shear Rate and High Temperature by Tapered Bearing Simulator Viscometer at 150 ℃.* West Conshohocken, PA: Author. DOI: 10.1520/ D4683-10, www.astm.org.
9. ______. 2008. D4684-08: *Standard Test Method for Determination of Yield Stress and Apparent Viscosity of Engine Oils at Low Temperature.* West Conshohocken, PA: Author. DOI: 10.1520/D4684-08, www.astm.org.
10. ______. 2007. D88-07: *Standard Test Method for Saybolt Viscosity.* West Conshohocken, PA: Author. DOI: 10.1520/ D88-07, www.astm.org.
11. ______. 2010. D2161-10: *Standard Practice for Conversion of Kinematic Viscosity to Saybolt Universal Viscosity or to Saybolt Furol Viscosity.* West Conshohocken, PA: Author. DOI: 10.1520/D2161-10, www.astm.org.
12. Heald, C. C., ed. 2002. *Cameron Hydraulic Data*, 19th ed. Irving, TX: Flowserve. (Earlier editions were published by Ingersoll-Dresser Pump Co., Liberty Corner, NJ.)
13. Schramm, Gebhard. 2002. *A Practical Approach to Rheology and Rheometry.* Karlsruhe, Germany: Thermo Haake.
14. SAE International (SAE). 2009. *SAE Standard J300: Engine Oil Viscosity Classification.* Warrendale, PA: Author.
15. ______. 2005. *SAE Standard J306: Automotive Gear Lubricant Viscosity Classification.* Warrendale, PA: Author.
16. Votz, Sebastian. 2010. *Thermal Nanosystems and Nanomaterials*. New York: Springer Publishing.

인터넷 자료

1. **ASTM International:** Develops and publishes standards for testing procedures and properties of numerous kinds of materials, including fluids.
2. **SAE International:** The engineering society for advancing mobility—land, sea, air, and space. Publisher of numerous industry standards including viscosity of lubricants and fuels.
3. **ISO (International Organization for Standardization):** ISO is the world's largest developer of voluntary International Standards.
4. **The Coordinating European Council (CEC):** Developer of fluid performance test methods used extensively in Europe and widely throughout the world. Represents the motor, oil, petroleum additive, and allied industries in performance evaluation of transportation fuels, lubricants, and other fluids.
5. **Lord Corporation:** Producer of a wide variety of vibration mounts and damping devices, including magneto-rheological fluids and their applications. From the home page, select *Products & Solutions* and then *Magneto-Rheological (MR).*
6. **Cannon Instrument Company:** Producer of many types of viscometers and other instruments for measuring fluid properties.
7. **Fisher Scientific:** Supplier of numerous instruments and materials for laboratory and scientific uses, including viscometers under the Fisher brand and many others.
8. **Kohler Instrument Company:** A leading producer and supplier of petroleum and petrochemical instrumentation worldwide, including manual and automated petroleum ASTM testing equipment for viscosity, density, and tribology friction and wear properties.
9. **Brookfield Engineering Laboratories:** The world's leading manufacturer of viscosity-measuring equipment for laboratory and process control applications.
10. **Malvern Instruments Ltd.:** The company designs, manufactures, and sells materials-characterization instruments, including rheometers, viscometers, and particle analysis devices.
11. **Thermo Scientific Corporation:** Producer of many types of measurement equipment for industry and scientific laboratories and production operations. The Haake Division produces several types of viscometers and rheometers including the falling ball and rotary types. Part of ThremoFisher Scientific Inc.
12. **PAC L.P.:** PAC is a leading global provider of advanced analytical instruments for laboratories and online process applications in industries such as refinery, petrochemical, biofuels, environmental, food & beverage, and pharmaceutical. Search on *paclp.* PAC consists of several product lines featuring viscosity measurement and testing of other fluid properties, such as Cambridge Viscosity, ISL, PetroSpec, Walter Herzog, and PSPI-Precision Scientific.
13. **Anton Paar:** Manufacturer of instruments for measuring viscosity, density, concentration, and other properties of fluids.
14. **Cole-Parmer Company:** Cole-Parmer is a leading global source of laboratory and industrial fluid handling products, instrumentation, equipment, and supplies, including viscometers, pumps, flowmeters, and other fluid mechanics related products. The site includes viscosity conversion calculators for both dynamic and kinematic viscosity along with lists of viscosity conversion factors.
15. **Wynn's USA:** From the home page, select *C.A.M.P.*, then *Products & Equipment.* Wynn's is a producer and distributor of automotive lubricant products including engine oil, transmission fluid, brake fluid, and general purpose lubricants. A division of Illinois Tool Works, Inc.
16. **Mobil Industrial Lubricants:** Producer of a wide range of industrial hydraulic oils and other industrial lubricants. The site includes a product search feature related to specific applications.
17. **Castrol Limited:** Producer of industrial and automotive oils and lubricants for construction, machinery, and general industrial hydraulic systems.
18. **CITGO Petroleum Corporation:** Producer of a full range of engine oils, hydraulic fluids, lubricants, and greases for the automotive, construction, and general industrial markets.
19. **Tribology-ABC:** Part of *Engineering-ABC,* a website with a huge set of data helpful in many kinds of engineering calculations. From the home page, select the letter *V*, then select *Viscosity* to connect to the page listing basic definitions of viscosity terms, ISO viscosity grades, AGMA viscosity classifications for gear oils, SAE viscosity grades for engine and automotive gear oils and a comparison of all of these classifications.

연습문제

2.1 움직이는 유체에 대하여 전단응력을 정의하시오.

2.2 속도구배를 정의하시오.

2.3 점도의 수학적 정의를 기술하시오.

2.4 차가운 윤활유와 담수 중 점도가 높은 것은 무엇인가?

2.5 점도의 표준 SI 단위를 기술하시오.

2.6 점도의 표준 미국관습단위를 기술하시오.

2.7 poise를 cgs 단위계로 표시하시오.

2.8 poise와 centipoise 단위를 구식으로 여기는 이유는 무엇인가?

2.9 동점도의 수학적 정의를 기술하시오.

2.10 동점도의 표준 SI 단위를 기술하시오.

2.11 동점도의 표준 미국관습단위를 기술하시오.

2.12 스토크를 cgs 단위계로 표시하시오.

2.13 스토크와 센티스토크 단위를 구식으로 여기는 이유는 무엇인가?

2.14 뉴턴 유체를 정의하시오.

2.15 비뉴턴 유체를 정의하시오.

2.16 뉴턴 유체의 예를 5가지 제시하시오.

2.17 비뉴턴 유체의 예를 4가지 제시하시오.

부록 D는 다양한 유체의 점도를 온도에 대하여 제시한다. 이를 이용하여 다음 유체의 점도값을 구하시오.

2.18 40℃ 물

2.19 5℃ 물

2.20 40℃ 공기

2.21 40℃ 수소

2.22 40℃ 글리세린

2.23 20℃ 글리세린

2.24 40°F 물

2.25 150°F 물

2.26 40°F 공기

2.27 40°F 수소

2.28 60°F 글리세린

2.29 110°F 글리세린

2.30 60°F 수은

2.31 210°F 수은

2.32 60°F SAE 10 오일

2.33 210°F SAE 10 오일

2.34 60°F SAE 30 오일

2.35 210°F SAE 30 오일

2.36 점도 지수를 정의하시오.

2.37 온도 변화에 따라 점도가 적게 변하는 유체를 원한다면, 점도 지수가 높아야 하는가, 낮아야 하는가?

2.38 어떤 점도 측정 방식이 계산을 위해 점도의 기본 정의를 이용하는가?

2.39 회전통 점도계는 어떻게 유체의 속도구배를 생성하는가?

2.40 회전통 점도계에서 전단응력은 어떻게 계산되는가?

2.41 모세관 점도계에서 점도를 계산하기 위해 무엇을 측정하는가?

2.42 침구 점도계에 적용되는 종단 속도를 정의하시오.

2.43 침구 점도계를 이용할 때 점도를 결정하기 위해 무엇을 측정하는가?

2.44 세이볼트 점도계의 기본 특성을 기술하시오.

2.45 세이볼트 점도계의 결과는 점도의 직접적인 측정이라고 여길 수 있는가?

2.46 세이볼트 점도계가 제공하는 자료는 유체의 점도와 동점도 중 무엇과 연관되는가?

2.47 100℃ 오일의 점도 측정에, SAE는 어떤 종류의 점도계를 추천하는가?

2.48 SAE 20 오일과 SAE 20W 오일의 차이를 기술하시오.

2.49 엔진의 크랭크케이스를 윤활하기 위해서 어떤 등급의 SAE 오일이 적절한가?

2.50 변속기를 윤활하기 위해서 어떤 등급의 SAE 오일이 적절한가?

2.51 SAE 40 오일의 점도를 측정한다면, 어떤 온도가 적합한가?

2.52 SAE 10W 오일의 점도를 측정한다면, 어떤 온도가 적합한가?

2.53 SAE 표준과 비교하기를 원하면, SAE 5W−40 오일의 점도는 어떻게 결정할 것인가?

2.54 윤활유의 점도가 100°F에서 800 SUS로 주어졌다. 점도를 m^2/s와 ft^2/s로 표기하시오.

2.55 표 2.5를 이용하여, ISO 등급 VG 10, VG 65, VG 220, VG 1000의 점도의 최소, 공칭, 최댓값을 구하시오.

2.56 점도 5600 cP를 Pa · s 그리고 $lb \cdot s/ft^2$ 단위로 환산하시오.

2.57 동점도 8.6 cSt를 m^2/s 그리고 ft^2/s 단위로 환산하시오.

2.58 오일의 점도가 100°F에서 100 SUS로 주어졌다. m^2/s 단위로 환산하시오.

2.59 점도 8.5×10^{-3} Pa · s를 $lb \cdot s/ft^2$ 단위로 환산하시오.

2.60 컨테이너의 오일의 점도가 60℃에서 0.185 poise이다. 부록 D에서 비슷한 점도의 오일을 찾으시오.

2.61 평면 표면이 균일한 두께의 오일층으로 코팅되어 있다. 60 N 무게의 정육면체 블록이 15 cm/s의 속도로 표면에서 미끄러진다. 오일의 점도는 0.8 $N \cdot s/m^2$이고 밀도는 800 kg/m^3이다. 오일의 동점도를 계산하시오.

2.62 그림 2.7과 유사한 모세관 점도계가 비중이 0.90인 오일의 점도를 측정하기 위해 사용되고 있다. 다음 자료를 이용하여 오일의 점도를 계산하시오.

관내 직경 = 2.5 mm = D

마노미터 탭 사이 길이 = 300 mm = L

마노미터 유체 = 수은

마노미터 높이 차 = 177 mm = h

유동 속도 = 1.58 m/s = v

2.63 침구 점도계에서 직경이 0.063 in인 강철 볼이 비중이 0.94인 오일에서 자유낙하한다. 강철의 비중량은 0.283 lb/in^3이다. 볼이 10.4 s 동안 10.0 in 낙하한 경우, 오일의 점도를 $lb \cdot s^2/ft$의 단위로 계산하시오.

2.64 그림 2.7과 유사한 모세관 점도계를 이용해서 비중이 0.90인 오일의 점도를 측정하고자 한다. 다음 자료를 이용하여 오일의 점도를 $lb \cdot s^2/ft$의 단위로 계산하시오.

관내 직경 = 0.100 in = D

마노미터 탭 사이 길이 = 12.0 in = L

마노미터 유체 = 수은

마노미터 높이 차 = 7.00 in = h

유동 속도 = 4.82 ft/s = v

2.65 100°F에서 동점도가 20.0 mm^2/s인 유체가 있다. 이 점도

를 SUS 단위로 환산하시오.

2.66 100°F에서 동점도가 70.0 mm^2/s인 유체가 있다. 이 점도를 SUS 단위로 환산하시오.

2.67 100°F에서 동점도가 255 mm^2/s인 유체가 있다. 이 점도를 SUS 단위로 환산하시오.

2.68 100°F에서 동점도가 322 mm^2/s인 유체가 있다. 이 점도를 SUS 단위로 환산하시오.

2.69 40°F에서 동점도가 250 mm^2/s인 유체가 있다. 이 점도를 SUS 단위로 환산하시오.

2.70 200℃에서 동점도가 6 cm^2/s이고 밀도가 1000 kg/m^3인 유체가 있다. 점도를 계산하시오.

2.71 오일의 점도를 세이볼트 점도계를 이용하여 측정하니, 100°F에서 8850 SUS이다. 이 온도에서 오일의 동점도를 mm^2/s로 나타내시오.

2.72 오일의 점도를 세이볼트 점도계를 이용하여 측정하니, 100°F에서 559 SUS이다. 이 온도에서 오일의 동점도를 mm^2/s로 나타내시오.

2.73 오일의 점도를 세이볼트 점도계를 이용하여 측정하니, 100°F에서 140 SUS이다. 이 온도에서 오일의 동점도를 mm^2/s로 나타내시오.

2.74 오일의 밀도가 900 metric $slug/m^3$이다. 전단응력이 0.225 N/m^2이고 속도구배가 0.52 s^{-1}인 경우 동점도를 구하시오.

2.75 오일의 밀도가 3200 metric $slug/m^3$이다. 전단응력이 0.225 N/m^2이고 속도구배가 0.52 s^{-1}인 경우 동점도를 구하시오.

2.76 오일의 밀도가 1000 metric $slug/m^3$이다. 전단응력이 0.025 N/m^2이고 속도구배가 0.2 s^{-1}인 경우 동점도를 구하시오.

2.77 표 2.5의 모든 동점도 ISO 점도 등급 자료를 mm^2/s(cSt)에서 SUS로 변환하시오.

컴퓨터를 이용한 공학 과제

1. 변환계수나 부록 K의 기법을 활용하여 다양한 점도 단위들을 서로 변환시키는 프로그램을 개발하시오.
2. 부록 A를 이용하여 임의의 온도에서 물의 점도를 계산하는 프로그램을 개발하시오. 이는 1장에서 물의 물성치 관련하여 개발한 프로그램과 함께 사용할 수 있다. 1장에서와 같은 옵션을 사용하시오.
3. 부록 A에 나오는 물의 동점도 및 점도를 스프레드시트에 작성하시오. 스프레드시트 차트의 Trendlines 기능을 사용하여 온도에 따른 2가지 점도의 변화를 curve-fit 식으로 표현하시오. 이 식들을 이용하여 스프레드시트에서 2가지 점도의 온도에 대한 변화 그래프를 완성하시오.

CHAPTER 3

압력 측정

개요

1장에서 압력을 다음과 같이 정의하였다.

$$p = F/A \qquad (3-1)$$

압력은 힘을 면적으로 나눈 값이다.

압력의 SI 단위는 N/m^2이며 파스칼(Pa)이라 한다.
사용하기 편리한 다른 단위로 kPa, MPa, bar가 있다.
압력의 미국관습단위는 lb/ft^2이다.
사용하기 편리한 다른 단위로 lb/in^2이 있으며 psi라 한다.

이 장은 유체 내 한 지점의 압력을 측정하는 방법과 유체 시스템에서 두 지점 사이의 압력차를 측정하는 방법을 다룬다. 중요한 개념과 용어로는 절대 압력, 계기 압력, 압력과 유체 내 높이 관계, 표준 대기, 파스칼의 패러독스가 있다. 또한, 마노미터, 기압계, 압력 게이지, 압력 변환기와 같은 압력을 측정하는 몇 가지 장치들도 다룬다.

탐구

압력을 측정하고 있다고 생각해보자. 압력의 크기, 압력의 단위, 압력이 측정되는 방법과 장비에 대해 궁금할 것이다.

다음은 압력을 측정해 본 경험을 회상할 수 있는 질문이다.

- 자동차나 자전거의 타이어 압력을 측정해 본 적이 있는가?
- 증기 또는 뜨거운 물을 다루는 보일러의 압력을 관찰한 적이 있는가?
- 물 공급 시스템 내 수압을 측정하거나, 압력이 특별히 낮거나 높은 지점을 관찰한 적이 있는가?
- 펌프 또는 수력 설비에 설치되어 있는 압력 게이지를 본 적이 있는가?
- 기상청에서 대기의 압력(대기압)을 보고하는 것을 들은 적이 있는가?
- 물속에 잠수할 때 몸에 작용하는 압력이 증가하는 것을 느낀 적이 있는가?
- 스쿠버 다이빙을 해 본 적이 있는가?
- 잠수함이나 해저 탐사선을 다루는 영화를 본 적이 있는가?
- 압력이 상당히 낮아지는 높은 산을 가 본 적이 있는가?

수업에 참여한 사람들과 위 상황들에 대해 의견을 나누어보자.

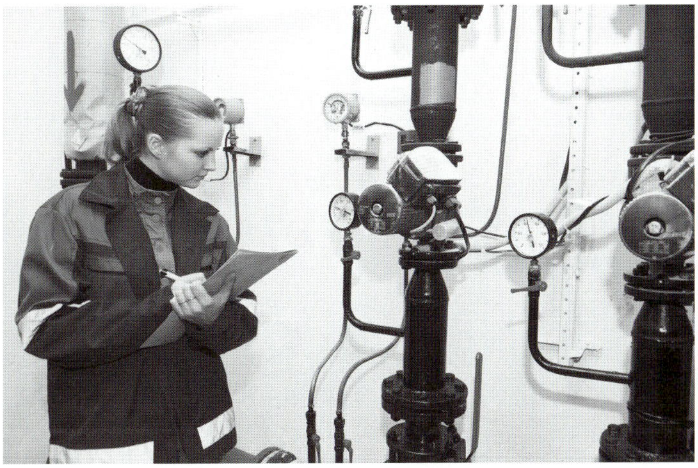

그림 3.1 실험실, 상업빌딩, 산업공정에서 압력을 측정하고 해석하는 것은 중요한 기술이다.(출처: Kadmy/Fotolia)

3.1 목표

이 장을 학습한 후에 다음의 항목들을 수행할 수 있다.

1. 절대 압력, 계기 압력, 대기압 사이의 관계를 정의한다.
2. 지표면 근처에서 대기압 변화를 설명한다.
3. 표준 대기 상태에서 공기의 물성치를 설명한다.
4. 해수면부터 고도 30,000 m 사이의 대기 물성치를 설명한다.
5. 유체 내 높이차와 압력차 사이의 관계를 정의한다.
6. 마노미터를 이용하여 압력을 측정하는 원리를 설명한다.
7. U자형 마노미터, 차압 마노미터, 우물형 마노미터, 경사 우물형 마노미터를 설명한다.
8. 기압계가 대기압을 측정하는 원리를 설명한다.
9. 다양한 형태의 압력 게이지와 압력 변환기를 설명한다.

3.2 절대 압력과 계기 압력

유체 내 압력을 측정할 때에는 기준 압력으로부터 상대적인 압력을 측정한다.

통상 대기압을 기준 압력으로 사용하고 대기압 대비 상대적인 압력을 계기 압력(gage pressure)이라 한다. 완전한 진공 상태 대비 상대적인 압력을 절대 압력(absolute pressure)이라 한다.

절대 압력과 계기 압력의 차이를 이해하고 서로 변환할 수 있는 것은 매우 중요하다. 두 압력 사이의 관계는 간단한 식으로 표현된다.

▶ 절대 압력과 계기 압력

$$p_{\text{abs}} = p_{\text{gage}} + p_{\text{atm}} \tag{3-2}$$

여기서

p_{abs} = 절대 압력
p_{gage} = 계기 압력
p_{atm} = 대기압

그림 3.2는 위 식을 도식적으로 설명해준다. 다음 개념들을 통해 식과 그림을 보다 쉽게 이해할 수 있다.

1. 압력은 완전 진공일 때 가장 낮다. 따라서 절대 압력은 항상 양수 값을 갖는다.
2. 절대 압력이 대기압보다 높으면 계기 압력은 양수이다.
3. 절대 압력이 대기압보다 낮으면 계기 압력은 음수이다. 이 상태를 종종 진공이라 하기도 한다.
4. 계기 압력은 Pa(gage) 또는 psig 단위로 표시한다.
5. 절대 압력은 Pa(abs) 또는 psia 단위로 표시한다.
6. 대기압의 크기는 위치와 기후에 따라 달라진다. 방송에서 언급하는 대기압은 연속적으로 변하는 압력이다.
7. 지표면 근처에서 대기압은 통상 95 kPa(abs) − 105 kPa(abs) 또는 13.8 psia − 15.3 psia 범위에서 변한다.

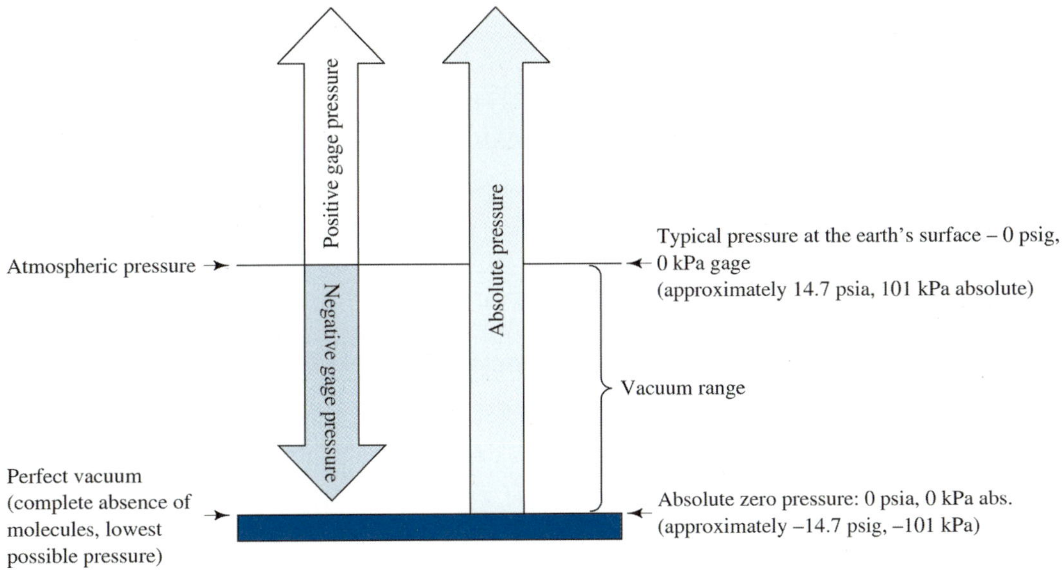

그림 3.2 절대 압력과 계기 압력 비교

8. 해수면에서 표준 대기압은 101.3 kPa(abs) 또는 14.69 psia이다.
9. 특별한 언급이 없으면 이 책에서는 대기압을 101 kPa(abs) 또는 14.7 psia로 가정한다.

예제 3.1 155 kPa(gage)을 절대 압력으로 나타내시오. 지역의 대기압은 98 kPa(abs)이다.

해설

$$p_{abs} = p_{gage} + p_{atm}$$

$$p_{abs} = 155 \text{ kPa(gage)} + 98 \text{ kPa(abs)} = 253 \text{ kPa(abs)}$$

이 계산에서 각 항의 단위는 kPa로 동일하다. 명확성을 위해 gage와 abs를 표기하였다.

예제 3.2 225 kPa(abs)을 계기 압력으로 나타내시오. 지역의 대기압은 101 kPa(abs)이다.

해설

$$p_{abs} = p_{gage} + p_{atm}$$

이 식으로부터 p_{gage}는 다음과 같이 계산된다.

$$p_{gage} = p_{abs} - p_{atm}$$

$$p_{gage} = 225 \text{ kPa(abs)} - 101 \text{ kPa(abs)} = 124 \text{ kPa(gage)}$$

예제 3.3 10.9 psia를 계기 압력으로 나타내시오. 지역의 대기압은 15.0 psia이다.

해설

$$p_{abs} = p_{gage} + p_{atm}$$

$$p_{gage} = p_{abs} - p_{atm}$$

$$p_{gage} = 10.9 \text{ psia} - 15.0 \text{ psia} = -4.1 \text{ psig}$$

계기 압력이 음수 값을 갖는다. 이는 압력이 대기압보다 4.1 psi 낮음을 의미하며, 4.1 psi 진공이라고 한다.

예제 3.4 −6.2 psig를 절대 압력으로 나타내시오.

해설

$$p_{abs} = p_{gage} + p_{atm}$$

대기압이 주어지지 않았으므로 $p_{atm} = 14.7$ psia로 가정한다.

$$p_{abs} = -6.2 \text{ psig} + 14.7 \text{ psia} = 8.5 \text{ psia}$$

3.3 압력과 높이 간의 관계

물속에 들어가면 깊어질수록 압력이 증가한다는 사실을 아마도 알고 있을 것이다. 이 현상은 다양한 산업 제품, 운송 수단, 항공기, 가전 제품 등에서 일어난다. 압력이 물 깊이에 따라 어떻게 변하는지 아는 것은 매우 중요하다.

이 책에서 높이(elevation)는 어떤 레벨에서 관심 지점까지의 수직거리를 의미하고 z로 표시한다. 그리고 두 지점 사이의 높이차(change in elevation)는 h로 표시한다. 높이는 항상 상향으로 측정된다. 따라서 높은 곳은 낮은 곳보다 큰 높이 값을 갖는다.

그림 3.3에서 보는 바와 같이 임의의 레벨이 기준 레벨(reference level)이 될 수 있다. 그림 (a)에서는 바다 바닥을 기준 레벨로 설정하고 있는 반면, 그림 (b)에서는 잠수함 위치를 기준 레벨로 설정하고 있다. 유체역학 문제에서는 대개 높이 자체보다는 높이차가 중요하다. 각 문제마다 가장 낮은 위치를 기준 레벨로 설정하는 것이 좋은데, 높이 값(z)이 음수가 되는 것을 피할 수 있기 때문이다. 높이가 양수가 되어야 하는 것은 6−13장에서 특히 중요할 것이다.

정지 유체에서 압력차와 높이차의 관계식은 다음과 같다.

▶ 압력차와 높이차 간의 관계

$$\Delta p = \gamma h \tag{3-3}$$

여기서

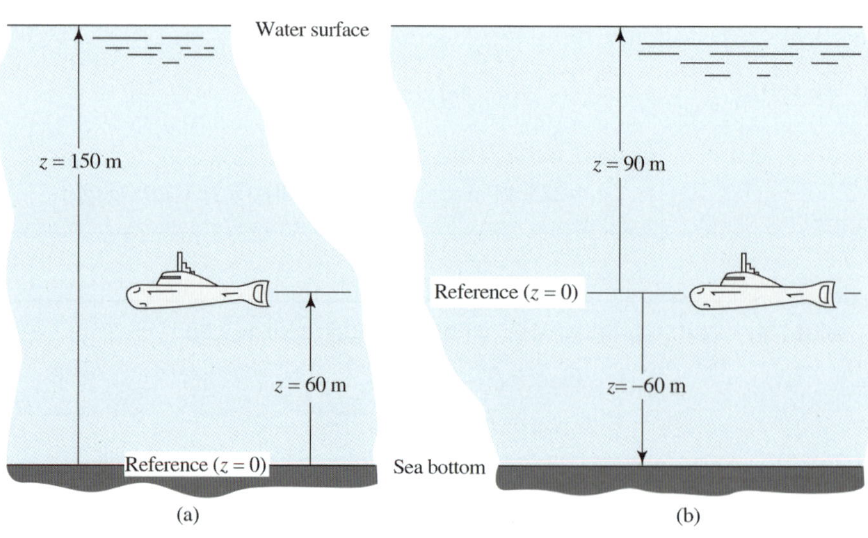

그림 3.3 높이에 대한 기준 레벨 실례

Δp = 압력차

γ = 유체 비중량

h = 높이차

식 (3-3)을 올바르게 사용하기 위해 다음 사실을 알아야 한다.

1. 식은 정지상태 액체에만 적용할 수 있다.
2. 동일 유체 내 동일 수평 레벨에서는 압력이 같다.
3. 압력차는 액체 비중량에 선형적으로 비례한다.
4. 압력은 높이차 또는 수심에 선형적으로 비례한다.
5. 높이가 낮아지면 압력은 높아진다(수영장에 깊이 들어갈수록 압력이 증가한다).
6. 높이가 높아지면 압력은 낮아진다.

기체의 경우, 비중량이 압력에 따라 변하기 때문에 식 (3-3)은 기체에는 적용되지 않는다. 그러나 비중량이 크게 변하기 위해서는 높이도 매우 크게 변해야 한다. 예를 들면 대기에서 높이가 300 m 증가해도 압력은 단지 3.4 kPa 감소한다. 공기의 비중량은 작기 때문에 특별한 언급이 없으면 이 책에서는 공기의 압력은 일정하다고 가정한다.

예제 3.5 수면에서 물속으로 5 m 들어가면 압력은 얼마나 변하는가?

해설 식 (3-3) $\Delta p = \gamma h$를 이용한다. 물의 비중량 $\gamma = 9.81\ \text{kN/m}^3$이고 높이차 $h = 5$ m이다. 따라서 압력차는 다음과 같다.

$$\Delta p = (9.81\ \text{kN/m}^3)(5.0\ \text{m}) = 49.05\ \text{kN/m}^2 = 49.05\ \text{kPa}$$

만약 수면이 대기에 노출되어 있다면 수면에서의 압력은 0 Pa(gage)이다. 수면 아래로 하강할수록(높이 감소) 압력은 증가한다. 수면에서 5 m 아래는 압력이 49.05 kPa(gage)이다.

예제 3.6 수면에서 물속으로 15 ft 들어가면 압력은 얼마나 변하는가?

해설 식 (3-3) $\Delta p = \gamma h$를 이용한다. $\gamma = 62.4\ \text{lb/ft}^3$이고 $h = 15$ ft이다. 따라서 압력차는 다음과 같다.

$$\Delta p = \frac{62.4\ \text{lb}}{\text{ft}^3} \times 15\ \text{ft} \times \frac{1\ \text{ft}^2}{144\ \text{in}^2} = 6.5 \frac{\text{lb}}{\text{in}^2}$$

만약 수면이 대기에 노출되어 있다면 수면에서의 압력은 0 psig이다. 수면 아래로 하강할수록(높이 감소) 압력은 증가한다. 수면에서 15 ft 아래는 압력이 6.5 psig이다.

예제 3.7 그림 3.4는 오일탱크이다. 오일의 오른쪽 수면은 대기에, 왼쪽 수면은 밀폐된 공기에 노출되어 있다. 오일의 비중은 0.90이다. 점 A, B, C, D, E, F와 밀폐된 공간에서의 공기 압력을 계산하시오.

해설 점 A　　이 점에서 오일은 대기에 노출되어 있다. 따라서

$$p_A = 0\ \text{Pa(gage)}$$

이다.

점 B　　점 B는 점 A보다 3.0 m 낮다. 식 (3-3)을 사용하기 위해서는 오일의 비중량이 필요하다.

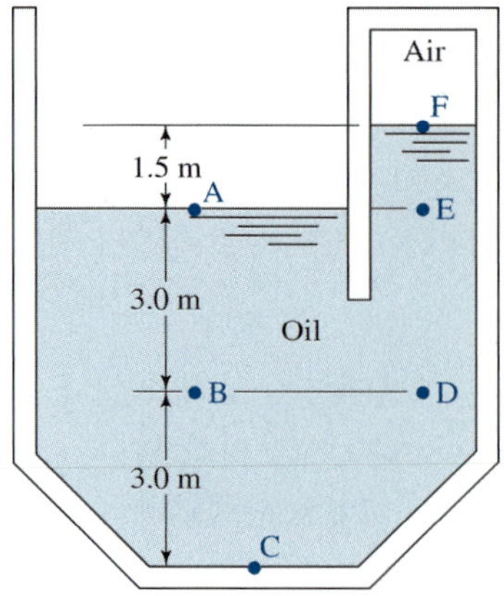

그림 3.4 예제 3.7에서의 탱크

$$\gamma_{\text{oil}} = (\text{sg})_{\text{oil}}(9.81\ \text{kN/m}^3) = (0.90)(9.81\ \text{kN/m}^3) = 8.83\ \text{kN/m}^3$$

점 A와 B 사이의 압력차는 다음과 같다.

$$\Delta p_{\text{A}-\text{B}} = \gamma h = (8.83\ \text{kN/m}^3)(3.0\ \text{m}) = 26.5\ \text{kN/m}^2 = 26.5\ \text{kPa}$$

따라서 점 B에서의 압력은 다음과 같다.

$$p_{\text{B}} = p_{\text{A}} + \Delta p_{\text{A}-\text{B}} = 0\ \text{Pa(gage)} + 26.5\ \text{kPa} = 26.5\ \text{kPa(gage)}$$

점 C　　점 C는 점 A보다 6.0 m 낮다. 따라서 점 C에서의 압력은 다음과 같다.

$$\Delta p_{\text{A}-\text{C}} = \gamma h = (8.83\ \text{kN/m}^3)(6.0\ \text{m}) = 53.0\ \text{kN/m}^2 = 53.0\ \text{kPa}$$

$$p_{\text{C}} = p_{\text{A}} + \Delta p_{\text{A}-\text{C}} = 0\ \text{Pa(gage)} + 53.0\ \text{kPa} = 53.0\ \text{kPa(gage)}$$

점 D　　점 D는 점 B와 같은 수평선상에 있으므로 두 지점의 압력은 같다.

$$p_{\text{D}} = p_{\text{B}} = 26.5\ \text{kPa(gage)}$$

점 E　　점 E는 점 A와 같은 수평선상에 있으므로 두 지점의 압력은 같다.

$$p_{\text{E}} = p_{\text{A}} = 0\ \text{Pa(gage)}$$

점 F　　점 F는 점 A보다 1.5 m 높다. 따라서 점 F에서의 압력은 다음과 같다.

$$\Delta p_{\text{A}-\text{F}} = -\gamma h = (-8.83\ \text{kN/m}^3)(1.5\ \text{m}) = -13.2\ \text{kN/m}^2 = -13.2\ \text{kPa}$$

$$p_{\text{F}} = p_{\text{A}} + \Delta p_{\text{A}-\text{F}} = 0\ \text{Pa(gage)} + (-13.2\ \text{kPa}) = -13.2\ \text{kPa(gage)}$$

공기 압력　　탱크 오른쪽에 밀폐된 공기는 오일 수면과 닿아 있다. 점 F에서의 압력이 −13.2 kPa이므로 공기 압력도 −13.2 kPa(gage)이다.

3.3.1 예제 3.7 요약

예제 3.7 결과에서 다음의 결론을 얻을 수 있다.

a. 유체 내에서 깊이가 깊어질수록 압력은 증가한다. $p_{\text{C}} > p_{\text{B}} > p_{\text{A}}$.

b. 압력은 높이에 선형적으로 변한다. p_{C}는 p_{B}의 2배이고, 점 C의 깊이는 점 B의 깊이의 2배이다.

c. 동일 유체 내 수평선상에서의 압력은 같다. $p_{\text{E}} = p_{\text{A}}$, $p_{\text{D}} = p_{\text{B}}$.

d. 점 F는 점 E보다 높기 때문에 F에서의 압력은 E에서의 압력보다 낮다. p_{F}는 음수 값을 갖는데 이는 대기압보다 낮다는 것을 의미한다.

3.4 압력과 높이 간의 관계 유도

3.3절에서 다음 관계식을 사용하였다.

$$\Delta p = \gamma h \tag{3-3}$$

여기서 h는 액체 내에서 높이차, Δp는 압력차, γ는 액체 비중량이다. 이 절에서는 식 (3－3)의 원리를 알아본다.

그림 3.5는 정지 유체에서 실린더 형태의 매우 작은 유체 공간을 보여준다.

유체는 정지해 있고 유체 실린더는 평형 상태에 있다. 물체에 작용하는 모든 방향의 힘을 합하여 0이 되면 물체는 평형 상태에 있게 된다.

먼저 유체 실린더에 수평방향으로 작용하는 힘을 생각해보자. 그림 3.6은 임의의 높이에서 실린더 주위 얇은 링을 보여준다. 화살표는 링에 작용하는 유체 압력 힘의 방향을 나타낸다. 유체 압력 힘은 표면에 수직으로 작용하므로 유체 압력 힘의 방향은 수평이다. 정지 유체의 경우, 동일한 유체 내 수평선상에서도 압력이 동일하다. 따라서 실린더에 작용하는 수평방향 힘의 합은 0이 되어 수평방향으로는 평형 상태가 된다.

그림 3.7은 유체 실린더에 작용하는 수직방향의 힘을 보여준다.

1. 실린더 하부 표면에서의 압력은 p_1이다.
2. 실린더 상부 표면에서의 압력은 p_2이다.
3. 실린더 상부와 하부의 높이차는 $dz = z_2 - z_1$이다.
4. 실린더 하부와 상부의 압력차는 dp이다. 따라서 $p_2 = p_1 + dp$이다.
5. 실린더 상부와 하부의 면적은 A이다.
6. 실린더의 부피는 면적과 높이의 곱이다. 따라서 $V = A(dz)$이다.
7. 유체 실린더의 질량은 유체 비중량 γ와 유체 실린더 부피의 곱이다. 따라서 유체 실린더의 질량은 $w = \gamma V = \gamma A(dz)$이다. 중력 힘은 유체 실린더의 중심에 작용하고 작용 방향은 하향이다.
8. 실린더 하부 표면에 작용하는 힘은 $F_1 = p_1 A$이며 상향으로 작용한다.
9. 실린더 상부 표면에 작용하는 힘은 $F_2 = p_2 A$이며 하향으로 작용한다. $p_2 = p_1 + dp$이므로 F_2는 다음과 같이 나타낼 수 있다.

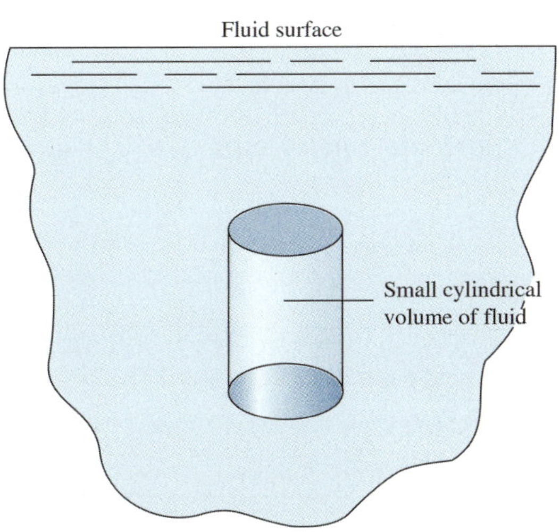

그림 3.5 정지 유체 내 작은 유체 공간

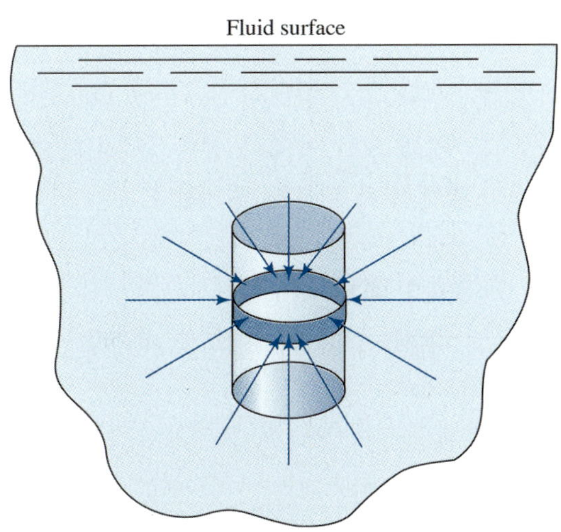

그림 3.6 얇은 링에 수평으로 작용하는 압력 힘

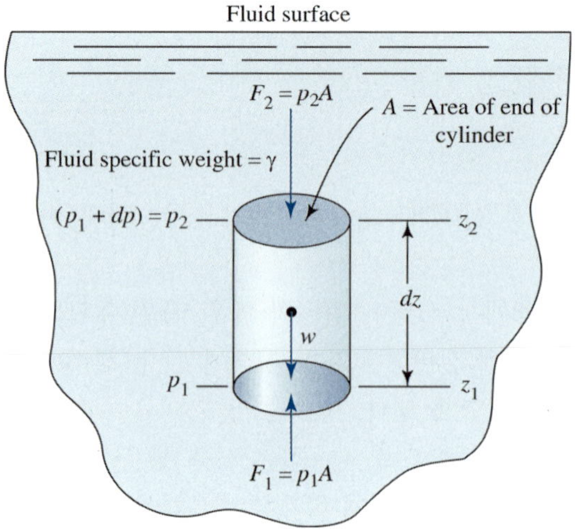

그림 3.7 수직으로 작용하는 힘

$$F_2 = (p_1 + dp)A \tag{3-4}$$

이제 정적 평형 상태 원리를 적용하여 보자. 수직방향 힘들의 합은 0이 되어야 한다. 상향을 양수로 설정하면 다음을 얻을 수 있다.

$$\Sigma F_v = 0 = F_1 - F_2 - w \tag{3-5}$$

$$p_1A - (p_1 + dp)A - \gamma(dz)A = 0 \tag{3-6}$$

식 (3−6) 좌변의 모든 항에 면적 A가 있으므로 식 (3−6)을 A로 나눈다.

$$p_1 - p_1 - dp - \gamma(dz) = 0 \tag{3-7}$$

따라서 압력차 dp에 대한 식은 다음과 같다.

$$dp = -\gamma(dz) \tag{3-8}$$

식 (3−8)은 압력차와 높이차 간의 관계를 보여준다. 위 식은 매우 작은 유체 공간에 대해 유도되었다. 높이차가 큰 경우에는 다음과 같이 적분을 적용한다.

$$\int_{p_1}^{p_2} dp = \int_{z_1}^{z_2} -\gamma(dz) \tag{3-9}$$

비중량 γ는 액체의 경우 상수이고 기체의 경우 압력에 따라 변한다. 따라서 식 (3−9)는 액체와 기체에 따라 다르게 전개된다.

3.4.1 액체

액체는 비압축성이므로 비중량 γ는 상수이다. 이 경우 식 (3−9)를 다음과 같이 쓸 수 있다.

$$\int_{p_1}^{p_2} dp = -\gamma\int_{z_1}^{z_2}(dz) \tag{3-10}$$

$$p_2 - p_1 = -\gamma(z_2 - z_1) \tag{3-11}$$

$\Delta p = p_2 - p_1$, $h = z_1 - z_2$라고 정의하면 식 (3-11)을 다음과 같이 쓸 수 있다.

$$\Delta p = \gamma h$$

위 식은 식 (3-3)과 동일하다. Δp와 h의 부호는 깊이가 깊어질수록 압력이 증가하도록 설정한다.

3.4.2 기체

기체의 비중량은 압력에 따라 변하는 압축성 유체이다. 식 (3-9)에 나타난 적분을 수행하기 위해서는 압력과 비중량의 관계식을 알아야 하는데, 이 관계식은 기체의 종류에 따라 다르다. 이 부분은 열역학적 지식이 필요하므로 이 책에서는 다루지 않는다.

3.4.3 표준 대기

미국해양대기청은 표준 대기의 공기 물성치를 제시하였다(부록 E).

표 E.1과 E.2는 표준 대기압 상태에서 온도에 따른 공기 물성치를 보여준다. 표준 대기압은 표 E.1 아래에 기술된 것처럼 해수면에서 온도 15℃일 때 공기의 압력이다. 통상적인 기후의 온도 범위(대략 −30~40℃)에서 밀도와 비중량이 상당히 변함을 볼 수 있다.

표 E.3과 그림 E.1은 고도에 따른 대기의 물성치를 보여준다. 기압이 대략 101 kPa인 해수면 근처 도시에서부터 기압이 대략 70 kPa인 3000 m 고도에 있는 도시로 이동할 때, 기압은 대략 31% 감소하며 공기 밀도는 약 26% 감소한다. 상용 비행기는 약 10,000 m 상공 또는 그 이상에서 순항한다. 그 고도에서 대기의 압력은 약 27 kPa로 매우 낮아 비행기 내부의 압력을 높여줄 필요가 있다. 또한 해수면 근처의 밀도 1.23 kg/m^{3}보다 낮은 밀도 0.4 kg/m^{3}이므로 비행기 날개에 작용하는 양력에 상당한 영향을 미친다.

3.5 파스칼의 패러독스

유체의 형상과 양은 $\Delta p = \gamma h$ 관계식에 영향을 주지 않는다. 압력의 변화는 단지 높이와 유체 종류에 의해서만 결정된다. 따라서 그림 3.8에서 보여주는 컨테이너들의 바닥 압력은 모두 동일하다. 이 현상을 파스칼의 패러독스(Pascal's paradox)라고 한다.

이 현상은 유로와 탱크로 이루어진 유체 시스템에서 고압이 필요할 때 유용하게 사용된다. 그림 3.9

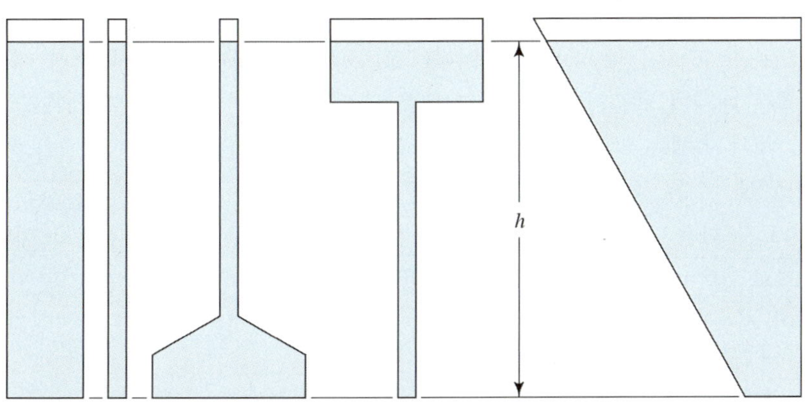

Pressure is the same at the bottom of all containers if the same fluid is in all containers.

그림 3.8 파스칼의 패러독스 실례

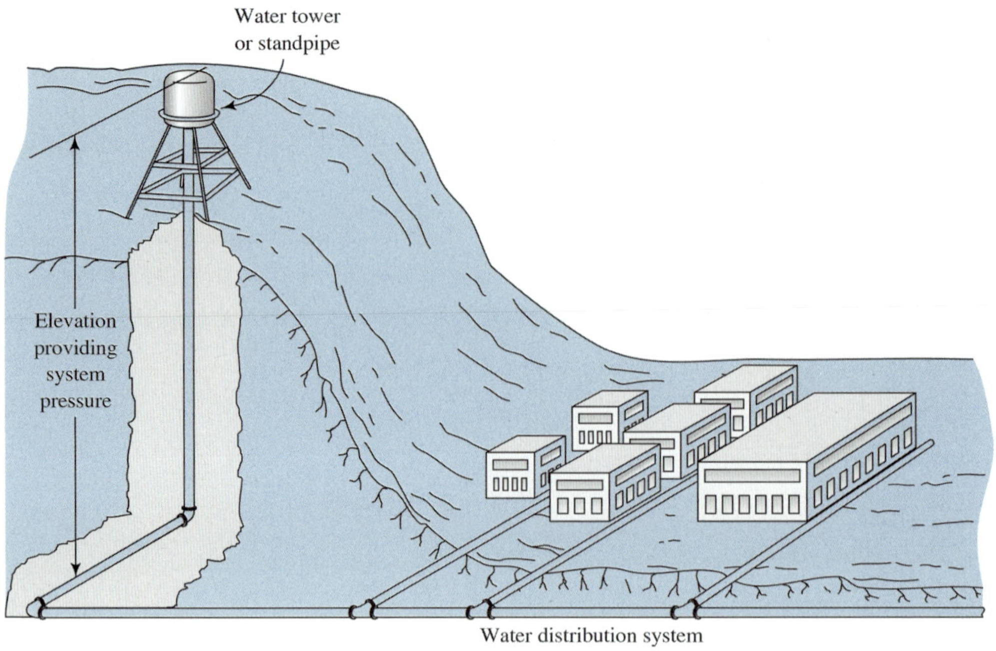

그림 3.9 수도 시스템의 압력을 유지시키기 위한 급수탑(water tower)과 스탠드파이프(standpipe)

에서 보는 바와 같이, 도시 수도 시스템의 일부로 급수탑이 높은 언덕에 종종 설치되어 있다. 급수탑은 물을 저장하는 기능을 수행하기도 하지만, 주 목적은 수도 시스템의 압력을 높게 유지하여 주거 지역, 상업 지역, 공업 지역에 충분한 물을 공급하는 것이다.

정지 액체를 저장하고 있는 급수탑은 시스템 또는 특별한 공정에 안정적인 압력을 제공할 수 있다. 급수탑은 유체 시스템보다 높은 곳에 설치되어 있고, 유로를 통해 유체 시스템과 연결된다. 유체 시스템의 압력은 급수탑의 높이에 따라 결정된다. 급수탑은 때때로 건물의 옥상에 설치되어 소방에 필요한 수압을 높여준다.

3.6 마노미터

이 절과 다음 절은 압력을 측정하는 몇 가지 장치를 설명한다. 첫 번째 장치는 정지 유체에서 압력차와 높이차의 관계식($\Delta p = \gamma h$)을 이용하는 마노미터(manometer)이다. 그림 3.10, 3.13, 3.14(인터넷 자료 1)는 상업적으로 얻을 수 있는 마노미터를 보여준다.

가장 단순한 마노미터는 U자 형태이다(그림 3.10). U자형의 한쪽은 측정 대상 압력에 노출되어 있고 다른 한쪽은 대기에 노출되어 있다. U자형은 액체로 채워져 있는데, 이 액체를 계기 유체(gage fluid)라고 한다. 계기 유체는 압력을 측정하고자 하는 유체와 혼합하지 않는 성질을 가지고 있다. 대표적인 계기 유체로 물, 수은, 유색의 오일이 있다.

측정하고자 하는 지점의 압력이 변하면 계기 유체의 위치가 변한다. 마노미터 내 유체들은 정지상태에 있으므로 $\Delta p = \gamma h$ 식을 사용할 수 있다. 6−13장에서 보게 될 것이지만 마노미터는 실제 현장에서 매우 많이 사용되므로 마노미터를 사용하여 압력을 측정하는 절차를 알아보자.

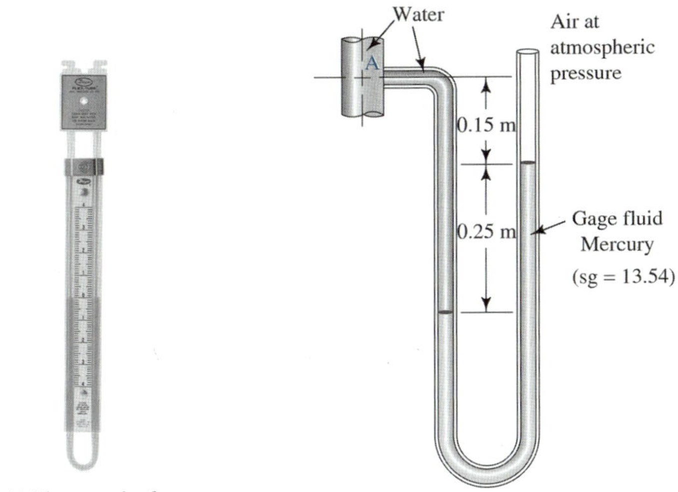

(a) Photograph of commercially available model

(b) Sketch showing typical application

그림 3.10 U자형 마노미터(출처: Dwyer Instruments, Inc.)

마노미터 내 압력에 대한 방정식을 세우는 절차

1단계 마노미터의 한 끝을 시작점으로 설정하여 그곳에서의 압력을 기호로 표시한다(예를 들면 p_A는 점 A에서의 압력을 의미). 그림 3.10에서 보는 바와 같이 한쪽 끝이 대기에 노출되어 있다면 그곳에서의 계기 압력은 0이 된다.

2단계 시작점부터 각 유체에서의 압력 변화를 $\Delta p = \gamma h$ 관계식을 이용하여 나타낸다.

3단계 한 지점에서 다른 지점으로 이동할 때 높이가 하강하면 압력은 증가하고 Δp값이 더해진다. 반대로 높이가 상승하면 압력은 감소하고 Δp값이 감해진다.

4단계 위와 같은 과정을 다른 끝 지점에 도달할 때까지 수행한다. 이렇게 함으로써 다른 끝 지점에서의 압력을 나타내는 식을 얻을 수 있다.

5단계 관심 지점에서의 압력에 대한 방정식 또는 두 지점에서의 압력차에 대한 방정식을 세운다.

6단계 알려진 데이터 값을 사용하여 원하는 지점의 압력을 구한다.

다음 예제를 통해 위 절차를 적용하는 법을 습득한다. 먼저 예제 전체를 가린 후, 문제를 풀면서 적절할 때에 바로 아래에 해설을 하나씩 확인한다.

프로그램 예제

예제 3.8 그림 3.10에서 점 A에서의 압력을 계산하시오.

해설 먼저 1단계를 수행한다.

그림 3.11은 중요한 점들을 숫자 기호로 표시한 것을 제외하곤 그림 3.10(b)와 동일하다.

압력이 알려진 지점은 오른쪽 수은 기둥의 수면이다. 수은 수면에서의 압력을 p_1이라고 하자. 점 2는 점 1보다 0.25 m 밑에 있다. 점 2에서의 압력은 어떻게 되는가?

점 2에서의 압력은 다음과 같이 쓸 수 있다.

$$p_1 + \gamma_m (0.25\ \text{m})$$

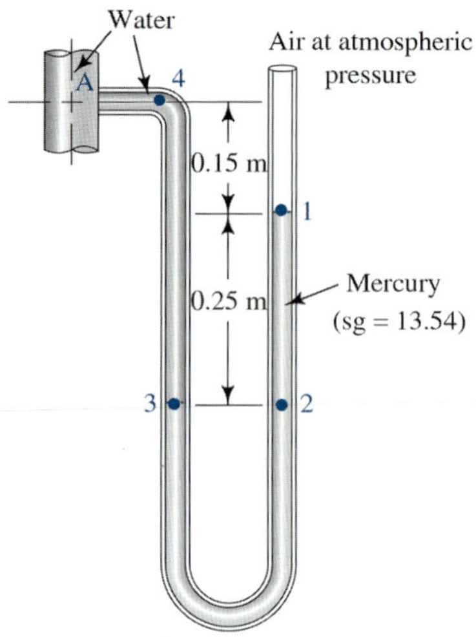

그림 3.11 U자형 마노미터

$\gamma_m(0.25\ \text{m})$는 두 점 사이의 높이차에 의한 압력차이다. γ_m는 수은의 비중량이다. 점 1에서 점 2로 갈 때 높이가 낮아지므로 압력이 증가한다. 따라서 압력차를 p_1에 더한다.

마노미터 오른쪽 기둥 내에 위치한 점 2에 대한 압력을 구하였다. 다음으로 마노미터 왼쪽 기둥 내에 위치한 점 3에 대한 압력을 구한다.

점 3에서의 압력은 다음과 같다.

$$p_1 + \gamma_m(0.25\ \text{m})$$

점 2와 점 3의 압력은 동일하다. 그 이유는 두 점에서 유체가 동일하며 유체가 정지해 있고, 두 점은 같은 수평선상에 있기 때문이다.

이제 점 4에서의 압력을 구한다.

$$p_1 + \gamma_m(0.25\ \text{m}) - \gamma_w(0.40\ \text{m})$$

여기서 γ_w는 물의 비중량이다. 점 3에서 점 4로 이동할 때 압력은 감소한다. 따라서 위 식의 마지막 항은 점 3 압력에서 감해진다.

다음으로 점 A에서의 압력은 어떻게 되는가?

점 A와 점 4는 수평선상에 있기 때문에 두 곳의 압력은 같다.

이제 4단계를 수행한다.

앞에서 다음을 얻었다.

$$p_1 + \gamma_m(0.25\ \text{m}) - \gamma_w(0.40\ \text{m}) = p_A$$

또는

$$p_A = p_1 + \gamma_w(0.25\ \text{m}) - \gamma_w(0.40\ \text{m})$$

위 식은 점 A에서의 압력에 대한 최종 식이다. 이제 5−6단계를 수행한다.

점 A에서의 압력을 계산하기 위해 다음 값들이 필요하다.

$$p_1 = p_{atm} = 0\ \text{Pa(gage)}$$

$$\gamma_m = (sg)_m(9.81\ \text{kN/m}^3) = (13.54)(9.81\ \text{kN/m}^3) = 132.8\ \text{kN/m}^3$$

$$\gamma_w = 9.81\ \text{kN/m}^3$$

따라서 점 A에서의 압력은 다음과 같다.

$$p_A = p_1 + \gamma_m(0.25\ \text{m}) - \gamma_w(0.40\ \text{m})$$
$$= 0\ \text{Pa(gage)} + (132.8\ \text{kN/m}^3)(0.25\ \text{m}) - (9.81\ \text{kN/m}^3)(0.40\ \text{m})$$
$$= 0\ \text{Pa(gage)} + 33.20\ \text{kN/m}^2 - 3.92\ \text{kN/m}^2$$
$$p_A = 29.28\ \text{kN/m}^2 = 29.28\ \text{kPa(gage)}$$

단위를 포함하여 계산한다.

예제 3.9 그림 3.12에서 점 A와 점 B 사이의 압력차($p_B - p_A$)를 계산하시오.

해설 이러한 형태의 마노미터는 두 점의 압력을 측정하지 않고 두 점 사이의 압력차를 측정하므로 차압 마노미터(differential manometer)라고 한다. 두 점 사이의 차압을 얻기 위해 1단계를 수행한다.

점 A 또는 점 B를 출발점으로 설정할 수 있다. 점 A를 출발점으로 하고 점 A에서의 압력을 p_A라고 하자. 마노미터 왼쪽에 위치한 점 1에서의 압력에 대한 식을 구한다.

점 1에서의 압력은 다음과 같다.

$$p_A + \gamma_o(33.75\ \text{in})$$

여기서 γ_o는 오일의 비중량이다. 점 A와 점 1 사이의 높이차를 이용하였다.

점 2에서의 압력은 얼마인가?

점 1과 점 2는 수평선상에 있으므로 두 점의 압력은 같다. 점 3에서의 압력은 얼마인가?

점 3에서의 압력은 다음과 같다.

$$p_A + \gamma_o(33.75\ \text{in}) - \gamma_w(29.5\ \text{in})$$

다음으로 점 4에서의 압력은 얼마인가?

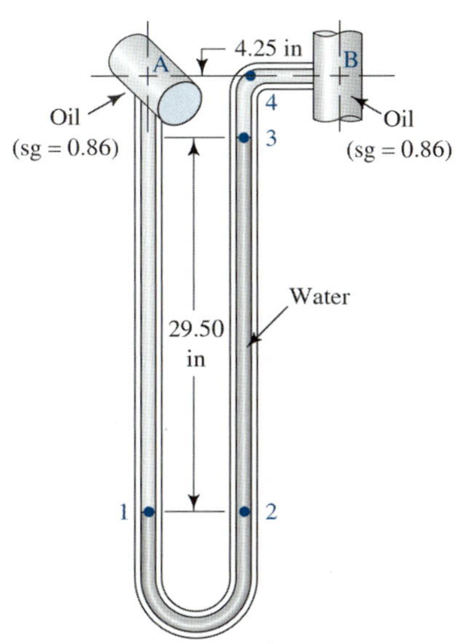

그림 3.12 차압 마노미터

점 4에서의 압력은 다음과 같다.

$$p_A + \gamma_o(33.75\ \text{in}) - \gamma_w(29.5\ \text{in}) - \gamma_o(4.25\ \text{in})$$

점 B와 점 4는 수평선상에 있으므로 위 식은 점 B에서의 압력이기도 하다. 이제 4–6단계를 수행한다.

지금까지 다음 식을 얻었다.

$$p_A + \gamma_o(33.75\ \text{in}) - \gamma_w(29.5\ \text{in}) - \gamma_o(4.25\ \text{in}) = p_B$$

또는 압력차($p_B - p_A$)에 대한 식을 다음과 같이 얻을 수 있다.

$$p_B - p_A = \gamma_o(33.75\ \text{in}) - \gamma_w(29.5\ \text{in}) - \gamma_o(4.25\ \text{in})$$

두 유체의 비중량은 다음과 같다.

$$\gamma_o = (\text{sg})_o(62.4\ \text{lb/ft}^3) = (0.86)(62.4\ \text{lb/ft}^3) = 53.7\ \text{lb/ft}^3$$

$$\gamma_w = 62.4\ \text{lb/ft}^3$$

압력차 식의 두 항에 γ_o가 곱해져 있으므로 압력차 식은 다음과 같이 쓸 수 있다.

$$p_B - p_A = \gamma_o(29.5\ \text{in}) - \gamma_w(29.5\ \text{in})$$

다시 간략히 쓰면

$$p_B - p_A = (29.5\ \text{in})(\gamma_o - \gamma_w)$$

이다. 위 식은 원래 식에 비하여 매우 단순하다. 압력차는 두 유체의 비중량차의 함수로 주어진다.

따라서

$$p_B - p_A = (29.5\ \text{in})(53.7 - 62.4)\frac{\text{lb}}{\text{ft}^3} \times \frac{1\ \text{ft}^3}{1728\ \text{in}^3}$$

$$= \frac{(29.5)(-8.7)\text{lb/in}^2}{1728}$$

$$p_B - p_A = -0.149\ \text{lb/in}^2$$

음수는 p_A가 p_B보다 크다는 것을 의미한다. 계기 유체의 비중량이 유체 시스템의 유체 비중량과 매우 비슷하면 마노미터는 매우 민감하게 작동한다. 작은 압력차에도 계기 유체 기둥이 크게 움직이면 측정 정확도가 높아진다.

그림 3.13은 우물형 마노미터를 보여준다. 압력이 우물에 작용하면 우물 내 유체의 수면은 조금 낮아지는 반면, 오른쪽 튜브 내 유체의 수면은 튜브 면적 대비 우물 면적 비율에 비례하여 크게 상승한다. 압력차를 측정하는 눈금은 튜브에 위치해 있다.

그림 3.14는 경사 우물형 마노미터를 보여준다. 작동 원리는 우물형 마노미터와 동일하나, 계기 유체가 압력에 더 민감하게 움직인다. 압력차를 측정하는 눈금은 경사 튜브에 위치해 있다. 눈금의 총 길이는 튜브의 경사 각도 θ의 함수로 증가한다. 예를 들어 그림 3.14(b)에서 $\theta = 15°$ 라고 하면, 눈금의 총 길이 L과 마노미터 계기 유체의 높이차 h는 다음의 관계가 있다.

$$\frac{h}{L} = \sin\theta$$

또는 $$\frac{L}{h} = \frac{1}{\sin\theta} = \frac{1}{\sin 15°} = \frac{1}{0.259} = 3.86$$

눈금은 h값을 쉽게 측정할 수 있도록 보정 과정을 거친 후 경사 튜브에 위치하게 된다.

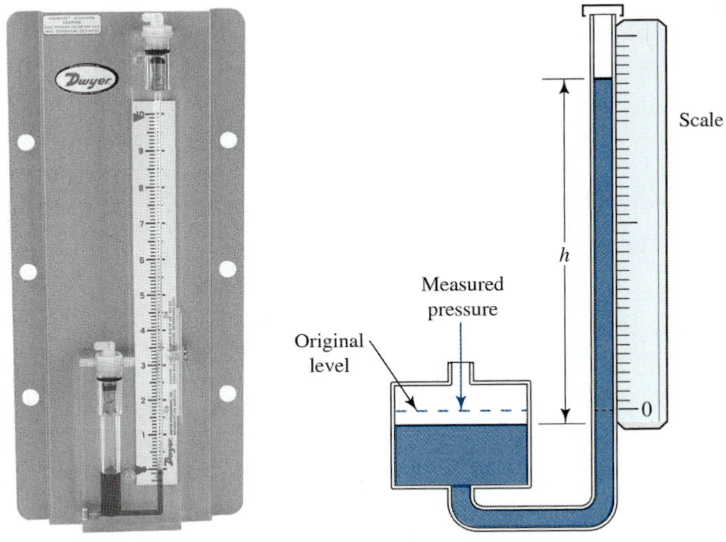

(a) (b)

그림 3.13 우물형 마노미터(출처: Dwyer Instruments, Inc.)

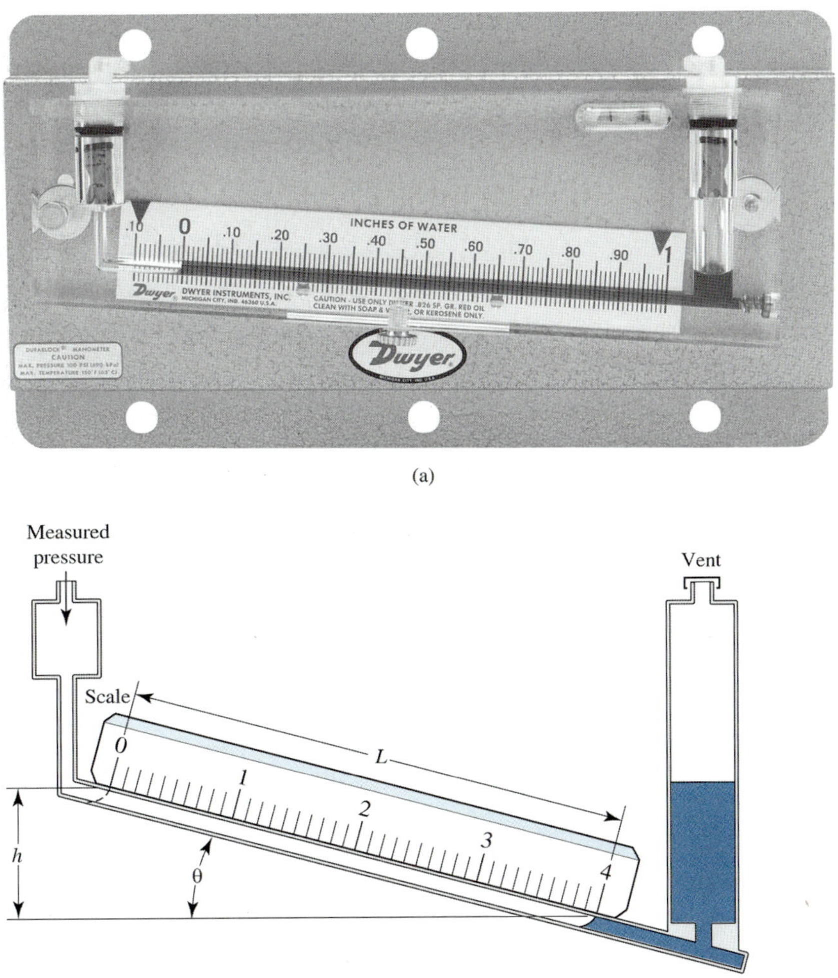

(a)

(b)

그림 3.14 경사 우물형 마노미터(출처: Dwyer Instruments, Inc.)

3.7 기압계

대기의 압력을 측정하는 장치를 기압계(barometer)라고 한다. 그림 3.15는 단순한 기압계를 보여준다. 먼저 한쪽이 막혀 있는 튜브에 수은을 가득 채운다. 그 후 열려있는 튜브의 다른 한쪽을 수은 탱크 수면 아래에 잠기게 하면 그림 3.15와 같이 평형 상태에 도달하게 된다. 수은 튜브의 상부는 거의 진공 상태로, 수은의 온도가 20℃라면 수은 튜브 상부의 압력은 수은 증기압인 0.17 Pa이 된다. 이 상황을 식으로 나타내면 다음과 같다.

$$0+\gamma_m h = p_{\text{atm}}$$

$$\text{또는}\ p_{\text{atm}} = \gamma_m h \qquad (3-12)$$

수은의 비중량은 거의 상수이므로, 대기압이 변하면 수은주 높이가 변하게 된다. 이 수은주 높이를 종종 대기압으로 표현하기도 한다. 실제 대기압을 얻기 위해서는 수은주 높이 h에 비중량 γ_m을 곱해야 한다.

수은 마노미터를 이용하여 대기압을 정확하게 측정하기 위해서는 온도에 따른 수은의 비중량 변화를 알아야 한다. 이에 대해서는 부록 K에 수록되어 있다.

SI 단위계:

$$\gamma = 133.3\ \text{kN/m}^3$$

미국관습단위계:

$$\gamma = 848.7\ \text{lb/ft}^3$$

대기압은 시간과 고도에 따라 변한다. 고도가 1000 ft 상승하면 수은주 높이는 약 1.0 in 감소한다. 또는 고도가 1000 m 상승하면 수은주 높이는 약 85 mm 감소한다. 고도에 따른 대기압 변화는 부록 E를 참조한다.

기압계 개발의 역사는 17세기 초까지 거슬러 올라갈 수 있다. 이탈리아 과학자 Evangelista Torricelli는 1643년 기압계를 개발하였다. 그림 3.15(b)는 대기압이 용기 내 수은 표면에 직접 작용하는 기압계를 보여준다. 기압계의 총 길이는 900 mm(36 in)이고 수은 튜브 내경은 7.7 mm(0.31 in)이다. 그림 3.15(c)에서 보는 바와 같이, 0.1 millibar(mb)까지 읽을 수 있는 버니어 스케일 눈금이 수은 기둥의 상부에 위치해 있다. 참고로 1.0 bar는 100 kPa로, 표준 대기압과 거의 같다. 따라서 표준 대기압은 약 1000 mb이다. mb는 때때로 hPa(헥토파스칼)이라고도 불리며, 100 Pa에 해당한다. 눈금은 mmHg 또는 inHg으로 표시되기도 한다. 실험실이나 기상청에서 사용하는 다른 종류의 수은 기압계에 대해서는 인터넷 자료 6을 참조한다. 수은은 환경에 해롭기 때문에 수은 기압계를 사용할 때에는 주의가 필요하다. 상용 기압계의 기압 측정 범위는 다음과 같다.

870 – 1100 mb
650 – 825 mmHg
25.5 – 32.5 inHg

좀 더 대중적인 기압계는 약 1840년에 프랑스인 Lucien Vidie가 개발한 아네로이드(aneroid) 기압계이다. 이 기계식 장치는 원형 다이얼 포인터를 사용하여 기압을 읽는다. 이 장치에는 유연하면서 밀폐된 진공 챔버가 설치되어 있다. 외부 대기압이 변하면 진공 챔버 높이가 변하게 되며, 이 움직임은 연결 장

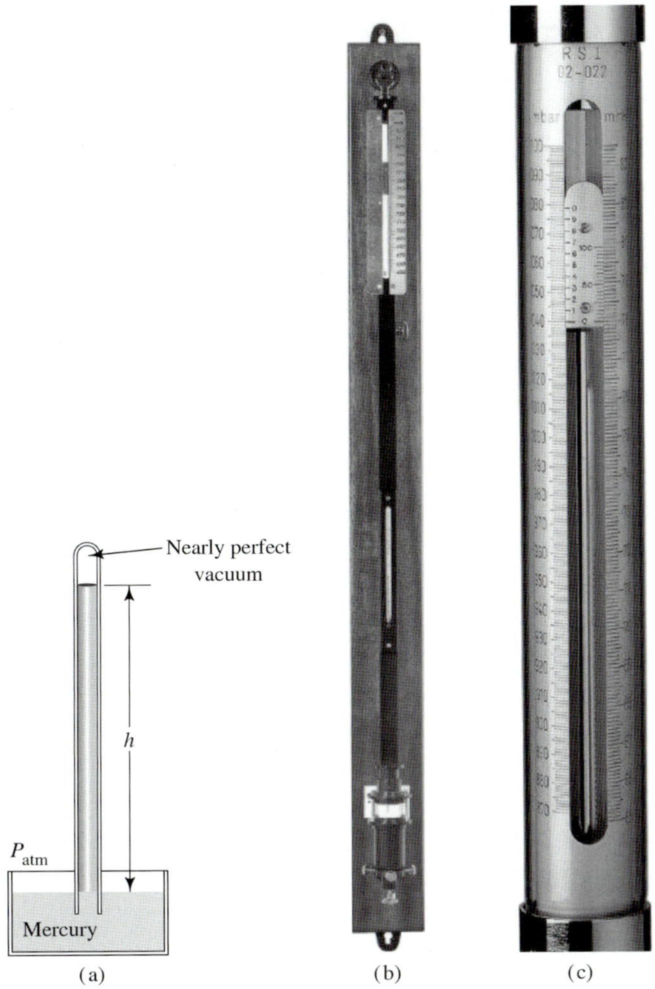

그림 3.15 기압계(출처: Russell Scientific Instruments, Ltd.)

치를 통해 포인터를 회전시킨다. 이에 대한 자세한 사항은 인터넷 자료 6을 참고한다.

예제 3.10 기상청에서 대기압이 수은주 772 mm라고 하였다. 대기압을 kPa(abs) 단위로 계산하시오.

해설 식 (3−12)에서,

$$p_{\text{atm}} = \gamma_m h$$

$$\gamma_m = 133.3 \text{ kN/m}^3$$

$$h = 0.772 \text{ m}$$

따라서 대기압은 다음과 같다.

$$p_{\text{atm}} = (133.3 \text{ kN/m}^3)(0.772 \text{ m}) = 102.9 \text{ kN/m}^2 = 102.9 \text{ kPa(abs)}$$

예제 3.11 표준 대기압은 101.325 kPa이다. 표준 대기압은 수은주 높이로 얼마인가?

해설 식 (3−12)를 이용하여 다음과 같이 쓸 수 있다.

$$h=\frac{p_{\text{atm}}}{\gamma_m}=\frac{101.325\times10^3\ \text{N}}{\text{m}^2}\times\frac{\text{m}^3}{133.3\times10^3\ \text{N}}=0.7600\ \text{m}=760.0\ \text{mm}$$

예제 3.12 기상청에서 대기압이 수은주 높이로 30.40 in라고 한다. 대기압을 psia 단위로 계산하시오.

해설 식 (3−12)로부터

$$\gamma_m=848.7\ \text{lb/ft}^3$$

$$h=30.40\ \text{in}$$

이다. 따라서 다음을 얻는다.

$$p_{\text{atm}}=\frac{848.7\ \text{lb}}{\text{ft}^3}\times30.40\ \text{in}\times\frac{1\ \text{ft}^3}{1728\ \text{in}^3}=14.93\ \text{lb/in}^2$$

$$p_{\text{atm}}=14.93\ \text{psia}$$

예제 3.13 표준 대기압은 14.696 psia이다. 표준 대기압은 수은주 높이로 얼마인가?

해설 식 (3−12)를 이용하여 다음과 같이 쓸 수 있다.

$$h=\frac{p_{\text{atm}}}{\gamma_m}=\frac{14.696\ \text{lb}}{\text{in}^2}\times\frac{\text{ft}^3}{848.7\ \text{lb}}\times\frac{1728\ \text{in}^3}{\text{ft}^3}=29.92\ \text{in}$$

3.8 액체 기둥 높이로 표현한 압력

가열 덕트 내 흐르는 공기의 압력을 측정할 때 압력값의 크기는 종종 작다. 이러한 상황에서 압력 측정 장비로 마노미터가 사용되며, 마노미터는 psi 또는 Pa 단위 대신에 inH_2O(inches of water) 또는 inWC(inches of water column) 단위를 사용하기도 한다.

압력 단위를 변환하기 위해 압력과 높이 간의 관계식을 이용한다. 예를 들어 1.0 inH_2O 압력을 psi 단위로 나타나기 위해 $p=\gamma h$ 식을 이용한다.

$$p=\frac{62.4\ \text{lb}}{\text{ft}^3}(1.0\ \text{inH}_2\text{O})\frac{1\ \text{ft}^3}{1728\ \text{in}^3}=0.0361\ \text{lb/in}^2$$

$$=0.0361\ \text{psi}$$

따라서 다음의 단위 변환 상수를 얻을 수 있다.

$$1.0\ \text{inH}_2\text{O}=0.0361\ \text{psi}$$

부록 K에 의하면 6895 Pa = 1.00 psi이다. 따라서 1.0 inH_2O를 Pa 단위로 나타내면 다음과 같다.

$$1.0\ \text{inH}_2\text{O}=0.0361\ \text{psi}\times6895\ \text{Pa}/1.00\ \text{psi}=249.0\ \text{Pa}$$

높은 압력은 수은 마노미터를 이용하여 측정한다. $\gamma=133.3\ \text{kN/m}^3$ 또는 $\gamma=848.7\ \text{lb/ft}^3$를 이용하면 다음의 단위 변환 상수를 얻을 수 있다.

$$1.0\ \text{inHg} = 1.0\ \text{in of mercury} = 0.491\ \text{psi}$$
$$1.0\ \text{mmHg} = 1.0\ \text{mm of mercury} = 0.01934\ \text{psi}$$
$$1.0\ \text{mmHg} = 1.0\ \text{mm of mercury} = 133.3\ \text{Pa}$$

계기 유체의 온도가 변하면 비중량도 변할 수 있으므로 측정정확도에도 영향을 미친다. 압력에 대한 단위 변환 상수는 부록 K에 수록되어 있다.

3.9 압력 게이지와 압력 변환기

서두에서 압력 측정이 필요한 많은 경우를 살펴보았다. 현장에서 압력을 바로 표시할 때에는 압력 게이지(pressure gage)를 주로 사용한다. 반면 압력이 측정되는 곳과 표시되는 곳이 다를 경우에는 압력을 전기신호로 변환해주는 압력 변환기(pressure transducer)를 사용한다. 이렇게 함으로써 측정된 압력을 먼 곳의 표시장치를 통해 확인할 수 있다. 전기신호는 또한 자동제어 시스템에도 사용될 수 있다. 어떤 변환기는 전기신호를 전송하는 기능도 가지고 있는데, 이러한 장치를 간단히 전송기(transmitter)라 부르기도 한다. 어떤 압력 게이지나 압력 변환기는 가청신호를 보내거나 설정된 압력에 작동할 수 있는 복합 스위치를 탑재하고 있다. 이 절에서는 압력 게이지, 변환기, 전송기의 몇 가지 종류에 대해 알아본다.

3.9.1 압력 게이지

가장 널리 사용되는 압력 게이지는 그림 3.16에 나타난 부르동관 압력 게이지(Bourdon tube pressure gage[1]))이다. 나선형의 튜브 안에 측정하고자 하는 압력이 가해지면 튜브 내 압력이 증가하여 나선형 모양이 약간 풀리게 된다. 이 움직임은 연결 장치를 통해 포인터를 회전시킨다.

압력이 대기압일 때에는 포인터가 눈금 0을 가리킨다. 압력이 대기압보다 높을 때에는 포인터가 Pa 또는 다른 단위로 압력 눈금을 가리키게 된다. 이 방법을 통해 계기 압력을 직접 측정한다. 다양한 스타

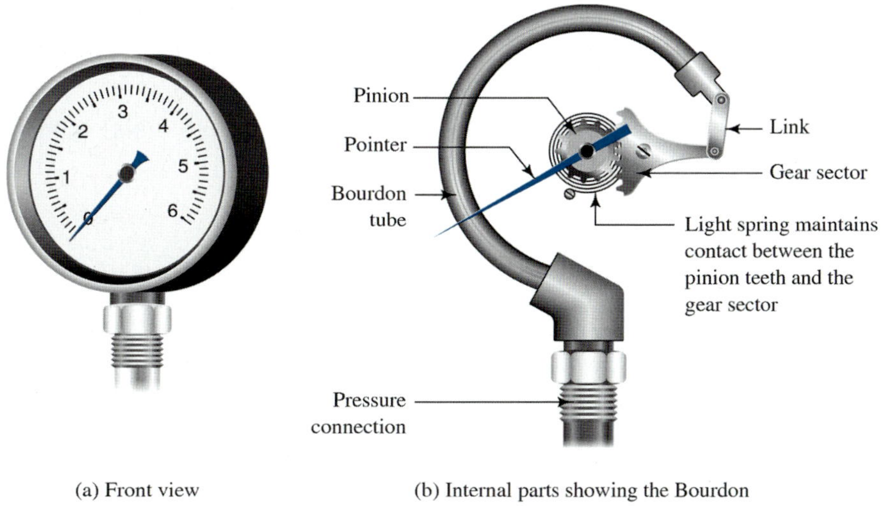

(a) Front view

(b) Internal parts showing the Bourdon tube and the indicator mechanism

그림 3.16 부르동관 압력 게이지

1) gage 단어와 gauge 단어는 종종 상호 교체하여 사용 가능하다.

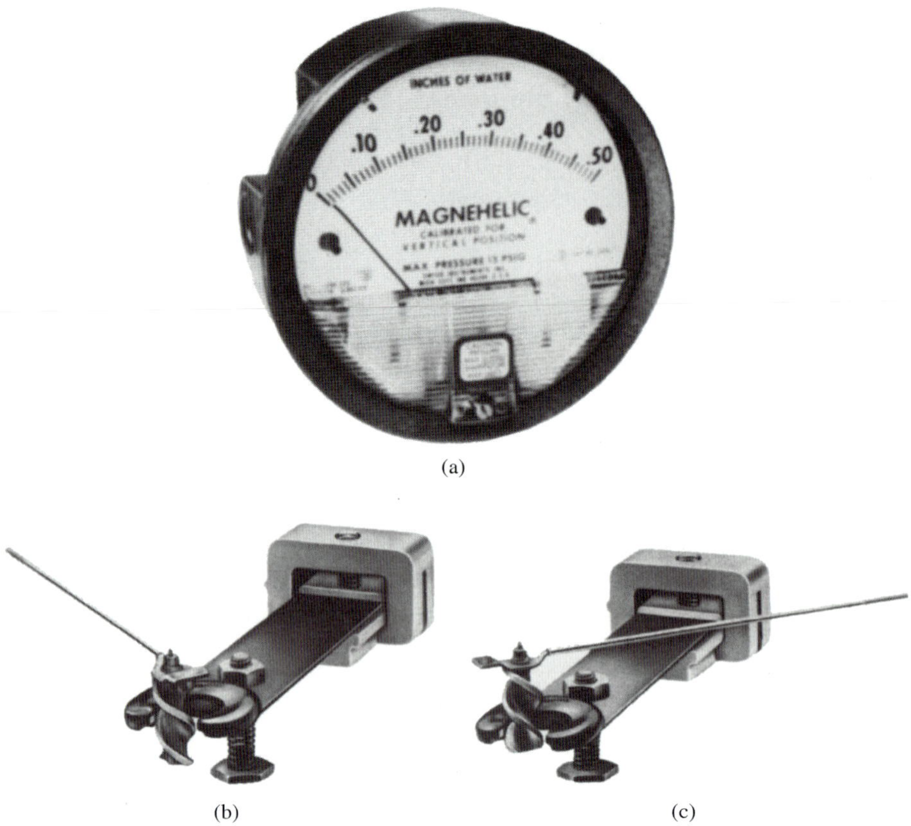

그림 3.17 Magnehelic 압력 게이지(출처: Dwyer Instruments, Inc., Michigan City, IN)

일의 압력 게이지에 대해서는 인터넷 자료 2를 참조한다.

그림 3.17은 Magnehelic[2]이라고 하는 압력 게이지이다. 높은 투자율(magnetic permeability)을 가지는 재질로 만들어진 나선에 포인터가 부착되어 있다. 나선은 사파이어 베어링에 의해 지탱된다. 잎 모양의 스프링이 유연한 박막(그림에서는 보이지 않음)의 움직임에 의해 위 아래로 움직인다. 스프링의 끝에는 강한 자석을 포함하고 있는 C 모양의 물체가 있고, 자석은 나선에 매우 근접해 있다. 스프링이 위 아래로 움직이면 나선은 자석을 따라 움직이고 이로 인해 포인터도 움직이다. 자석과 나선은 접촉하지 않는다. 스프링 길이를 조절하여 압력 게이지를 보정한다. 자세한 사항은 인터넷 자료 1을 참조한다.

3.9.2 압력 변환기와 전송기

그림 3.18은 압력 변환기를 보여준다. 압력 센서는 압력 크기에 비례하여 전기신호를 발생시킨다. 센서로 스트레인 게이지(strain gage)가 사용될 수 있는데, 압력에 따라 움직이는 박막에 스트레인 게이지가 부착되어 있다. 박막이 압력에 따라 변형되면 스트레인 게이지의 저항이 변한다. 저항의 변화는 휘트스톤 브릿지를 통해 전압의 변화로 전환시킬 수 있다. 전환된 전압은 디지털 전압계를 통해 압력으로 표시된다. 스트레인 게이지는 얇은 금속 박막 또는 실리콘으로 만들어진다. 상용 변환기와 전송기에 대한 추가 정보는 인터넷 자료 1–5, 7에서 찾을 수 있다.

어떤 변환기는 압전 효과(piezoelectric effect)가 있는 석영과 타이타늄산바륨과 같은 크리스탈을 사

2) Magnehelic은 Dwyer Instruments 회사의 상표 이름이다.

용하기도 한다. 압전 효과란 응력이 가해지면 전압이 발생하는 현상을 말한다. 압력에 의하여 크리스탈에 직간접적으로 힘이 가해지면 크리스탈 양단에 전압차가 발생한다. 보다 자세한 정보는 인터넷 자료 2, 8, 9를 참고한다.

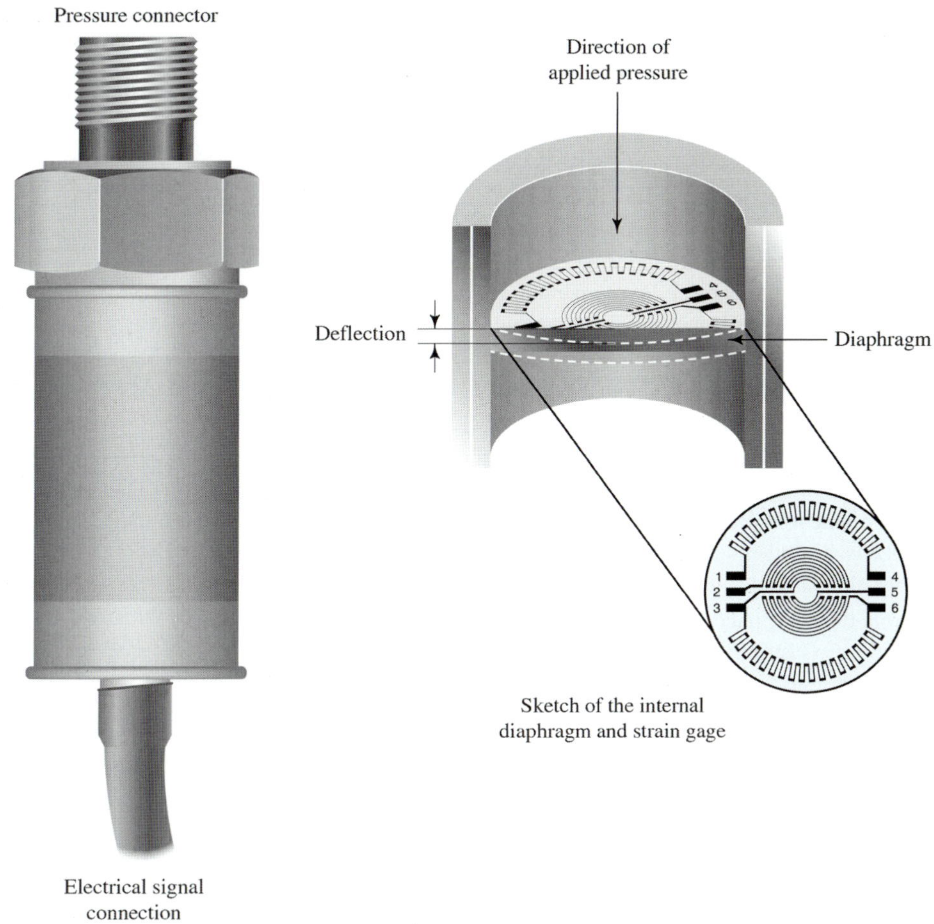

그림 3.18 스트레인 게이지 압력 변환기

참고문헌

1. Avallone, Eugene A., Theodore Baumeister, and Ali Sadegh, eds. 2007. *Marks' Standard Handbook for Mechanical Engineers*, 11th ed. New York: McGraw-Hill.
2. Busse, Donald W. 1987 (March). Quartz Transducers for Precision under Pressure. *Mechanical Engineering Magazine* 109(5):52–56.
3. CAPT(Center for the Advancement of Process Technology). 2010. *Instrumentation,* Upper Saddle River, NJ: Pearson/Prentice Hall.
4. Gillum, Donald R. 2009. *Industrial Pressure, Level, and Density Measurement,* 2nd ed. Research Triangle Park, NC: ISA—The International Society of Automation.
5. Holman, Jack P. 2012. *Experimental Methods for Engineers*, 8th ed. New York: McGraw-Hill.
6. Kutz, Myer. 2013. *Handbook of Measurement in Science and Engineering,* New York: John Wiley & Sons.
7. Walters, Sam. 1987 (March). Inside Pressure Measurement. *Mechanical Engineering Magazine* 109(5):41–47.
8. Worden, Roy D. 1987 (March). Designing a Fused-Quartz Pressure Transducer. *Mechanical Engineering Magazine* 109(5):48–51.
9. Vives, Antonio Arnau. 2010. *Piezoelectric Transducers and Applications,* New York: Springer Publishing.

인터넷 자료

1. **Dwyer Instruments, Inc.:** Manufacturer of instruments for measuring pressure, flow, air velocity, level, temperature, and humidity. Also provides valves, data acquisition systems, and

combustions testing.

2. **Ametek U.S. Gauge, Inc.:** Manufacturer of a wide variety of pressure gages and transducers using solid-state and strain gage technology. Also provides level sensors, pressure transmitters, and pneumatic controllers.
3. **Ametek Power Instruments:** Manufacturer of sensors, instruments, and monitoring systems for the power generation, transmission, distribution, nuclear, oil, and petrochemical markets, including pressure transducers, temperature sensors, and transmitters.
4. **Honeywell Sensing & Control:** From the home page, select *Products & Information,* then *Sensors,* for information about several lines of strain gage-type pressure transducers, digital pressure gages, and digital pressure indicators, along with a variety of sensors for mechanical loads, vibration, motion, and temperature. Part of the Honeywell Sensing and Control unit of Honeywell International, Inc.
5. **Cooper Controls—Polaron Components Limited:** From the home page, select *Products*, then *Pressure Transducers* to learn more about Polaron pressure sensors, vibration monitors, motors, motion sensors, switches and other devices.
6. **Russell Scientific Instruments:** Manufacturer of precision barometers, thermometers, and other scientific instruments for industrial, meteorological, household, and other uses.
7. **Rosemount, Inc.:** From the home page, select *Product Quick Links* to learn more about industrial pressure transducers and transmitters. Rosemount also produces sensors for temperature, flow, and level. Part of Emerson Process Management.

연습문제

절대 압력과 계기 압력

3.1 유체 내 압력을 계산하는 식을 쓰시오.

3.2 절대 압력의 정의는 무엇인가?

3.3 계기 압력의 정의는 무엇인가?

3.4 대기압의 정의는 무엇인가?

3.5 계기 압력, 절대 압력, 대기압 사이의 관계식을 쓰시오.

문제 3.6~3.10 설명은 참인가 거짓인가? 거짓이라면 이유는 무엇인가?

3.6 절대 압력은 계기 압력보다 항상 크다.

3.7 지표면에서 대기압은 항상 14.7 psia이다.

3.8 어떤 탱크 내 압력이 −55.8 Pa(abs)가 될 수 있다.

3.9 어떤 탱크 내 압력이 −4.65 psig가 될 수 있다.

3.10 어떤 탱크 내 압력이 −150 kPa(gage)가 될 수 있다.

3.11 표준 대기 상태에서 해발 4000 ft 상공의 대기압은 얼마인가?

3.12 어떤 산 봉우리의 높이가 해발 13,500 ft이다. 산 봉우리에서 대기압은 대략 얼마인가?

3.13 우유로 잔을 채우고 있다. 우유 수면에 작용하는 계기 압력은 얼마인가?

문제 3.14~3.33은 계기 압력을 절대 압력으로 또는 절대 압력을 계기 압력으로 변환하는 문제이다. 대기압은 각 문제에서 주어져 있다.

Problem	Given Pressure	*P*atm	Express Result as:
3.14	583 kPa(abs)	103 kPa(abs)	Gage pressure
3.15	157 kPa(abs)	101 kPa(abs)	Gage pressure
3.16	30 kPa(abs)	100 kPa(abs)	Gage pressure
3.17	74 kPa(abs)	97 kPa(abs)	Gage pressure
3.18	101 kPa(abs)	104 kPa(abs)	Gage pressure
3.19	284 kPa(gage)	100 kPa(abs)	Absolute pressure
3.20	128 kPa(gage)	98.0 kPa(abs)	Absolute pressure
3.21	4.1 kPa(gage)	101.3 kPa(abs)	Absolute pressure
3.22	−29.6 kPa (gage)	101.3 kPa(abs)	Absolute pressure
3.23	−86.0 kPa (gage)	99.0 kPa(abs)	Absolute pressure
3.24	84.5 psia	14.9 psia	Gage pressure
3.25	22.8 psia	14.7 psia	Gage pressure
3.26	4.3 psia	14.6 psia	Gage pressure
3.27	10.8 psia	14.0 psia	Gage pressure
3.28	14.7 psia	15.1 psia	Gage pressure
3.29	41.2 psig	14.5 psia	Absolute pressure
3.30	18.5 psig	14.2 psia	Absolute pressure
3.31	0.6 psig	14.7 psia	Absolute pressure
3.32	−4.3 psig	14.7 psia	Absolute pressure
3.33	−12.5 psig	14.4 psia	Absolute pressure

압력과 높이 간의 관계

3.34 우유의 비중은 1.08이다. 우유 수면에서 650 mm 깊은 곳의 압력은 얼마인가?

3.35 어떤 유체가 있다. 유체 수면에서 6.0 ft 깊은 곳에서의 압력이 1.950 psig로 측정되었다. 유체의 비중은 얼마인가?

3.36 프로필 알코올이 들어 있는 탱크가 있다. 25℃ 온도에서 탱크 바닥의 압력이 65.75 kPa(gage)이기 위해서는 프로필 알코올의 높이가 얼마여야 하는가?

3.37 바닷물에 22.50 ft 잠수하면 압력은 얼마가 되는가?

3.38 물탱크가 공장 빌딩 옥상에 설치되어 있다. 물의 수면은 공장 바닥으로부터 75.0 ft 위에 위치해 있다. 물탱크와 공장 바닥 사이에 유로가 설치되어 있는데, 유로에는 물이 정지한 상태로 가득 채워져 있다. 이 경우 공장 바닥에서 유로 내 압력은 얼마인가?

3.39 열려 있는 탱크 안에 25℃ 온도의 에틸 알코올이 채워져

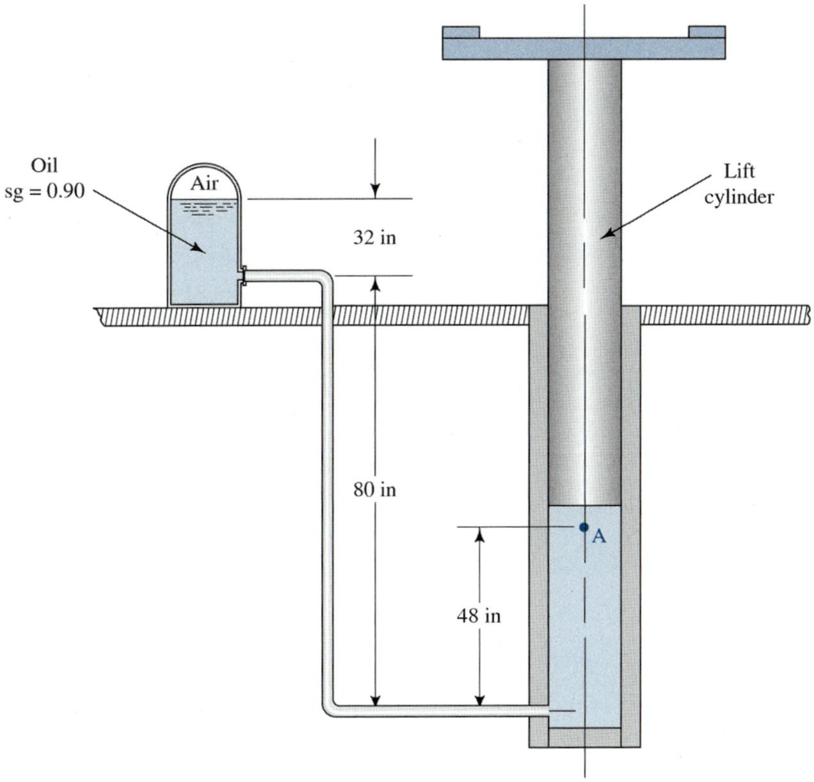

그림 3.19 문제 3.41에서의 차량 리프트

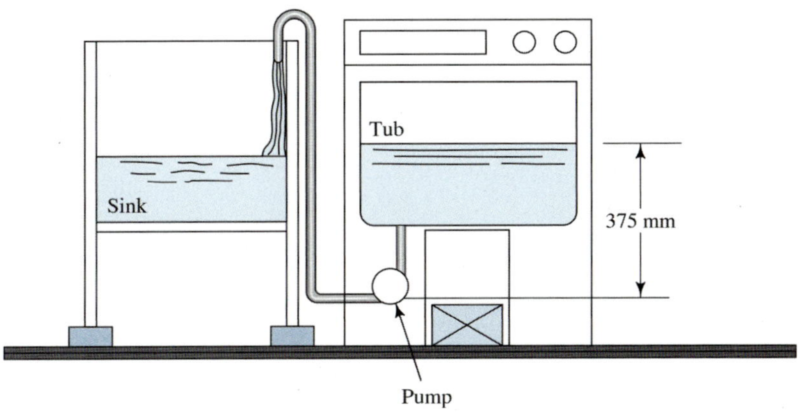

그림 3.20 문제 3.42에서의 세탁기

있다. 4.5 m 깊이에서 압력은 얼마인가?

3.40 문제 3.39 탱크에 대하여, 15.0 m 깊이에서 압력은 얼마인가?

3.41 그림 3.19는 차량 리프트 개략도이다. 점 A의 압력이 최소 180 psig가 되기 위해서는 공기 압력이 얼마여야 하는가?

3.42 그림 3.20은 세탁기 개략도이다. 물이 세탁기로부터 펌프를 통해 싱크로 배수된다. 물이 정지해 있을 때 펌프 입구에서 압력을 계산하시오. 비눗물의 비중은 1.55이다.

3.43 비행기가 고도 10.6 km 상공을 비행하고 있다. 가압되지 않은 화물칸에 수은 컨테이너가 들어 있는데, 컨테이너 내 수은 수심은 325 mm이다. 수은이 대기에 노출될 수 있도록 컨테이너가 완전히 밀폐되어 있지 않다. 수은 수면과 컨테이너 바닥에서 절대 압력은 얼마인가? 대기는 표준 상태이고 수은의 비중은 13.54이다.

3.44 그림 3.21에서 탱크 상부가 대기에 노출되어 있는 경우를 생각해보자. 오일의 수심이 $h = 48.50$ ft라면 탱크 하부에 설치된 계기 압력계는 몇 psig를 가리키는가?

3.45 그림 3.21에서 탱크 상부가 밀폐되어 있는 경우를 생각해

보자. 오일의 수심 $h = 28.50$ ft이고 상부에 설치된 계기 압력계가 65.0 psig를 가리킨다면 하부에 설치된 계기 압력계는 몇 psig를 가리키는가?

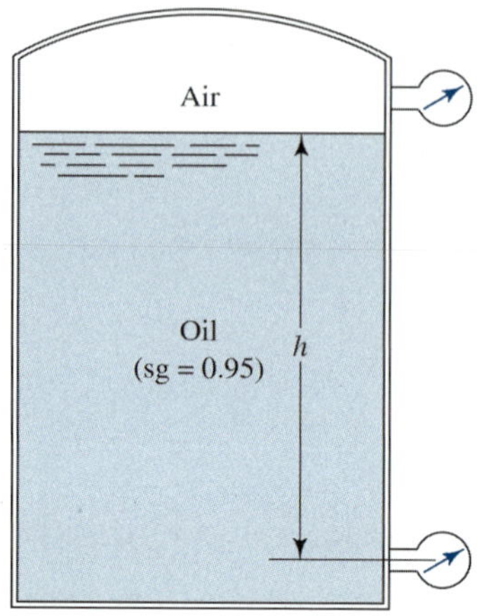

그림 3.21 문제 3.44–3.47

3.46 그림 3.21에서 탱크 상부가 밀폐되어 있는 경우를 생각해 보자. 오일의 수심 $h = 6.25$ ft이고 상부에 설치된 계기 압력계가 −18.8 psig를 가리킨다면 하부에 설치된 계기 압력계는 몇 psig를 가리키는가?

3.47 그림 3.21에서 탱크 상부가 밀폐되어 있는 경우를 생각해보자. 하부와 상부 계기 압력계가 각각 55.5 psig와 50.0 psig를 가리킨다면 오일의 수심 h는 얼마인가?

3.48 그림 3.22에서 물의 수심이 3.20 m이고 탱크 하부에 설치된 계기 압력계가 55.0 kPa(gage)을 가리키고 있다. 오일의 수심을 계산하시오.

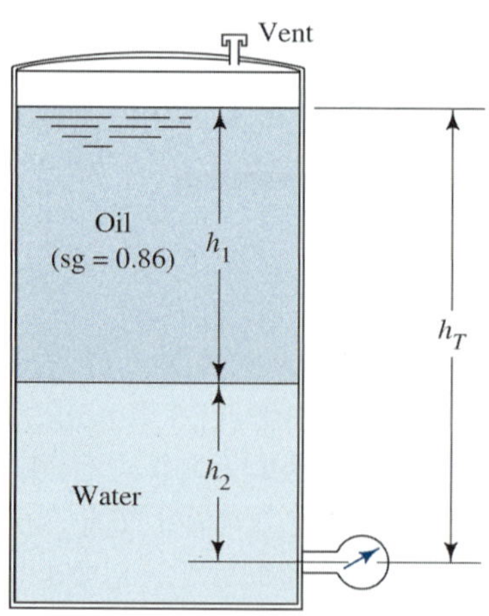

그림 3.22 문제 3.48–3.50

3.49 그림 3.22에서 오일의 수심이 6.90 m이고 탱크 하부에 설치된 계기 압력계가 125.3 kPa(gage)을 가리키고 있다. 물의 수심을 계산하시오.

3.50 그림 3.22는 오일 드럼을 보여준다. 드럼의 상부는 대기에 노출되어 있다. 오일과 물의 총 수심은 $h_T = 18.0$ m이고 탱크 하부에 설치된 계기 압력계가 158 kPa(gage)을 가리키고 있다. 물의 수심 h_2를 계산하시오.

3.51 황산 저장 탱크의 직경은 1.5 m이고 높이는 4.0 m이다. 탱크 상부는 대기에 노출되어 있다. 황산의 비중은 1.80이다. 탱크 바닥에서의 압력을 계산하시오.

3.52 원유 저장 드럼 내 원유의 수심은 42 ft이고 드럼 상부는 대기에 노출되어 있다. 원유의 비중은 0.89이다. 드럼 바닥에서의 압력을 계산하시오.

3.53 지금까지 알려진 가장 깊은 바다의 수심은 대략 11.0 km이다. 바닷물의 비중량이 10.0 kN/m^{3}로 일정하다고 할 때, 11.0 km 수심에서의 압력을 계산하시오.

3.54 그림 3.23은 물과 가솔린을 포함하고 있는 밀폐된 탱크이다. 가솔린 위에서의 공기 압력을 계산하시오.

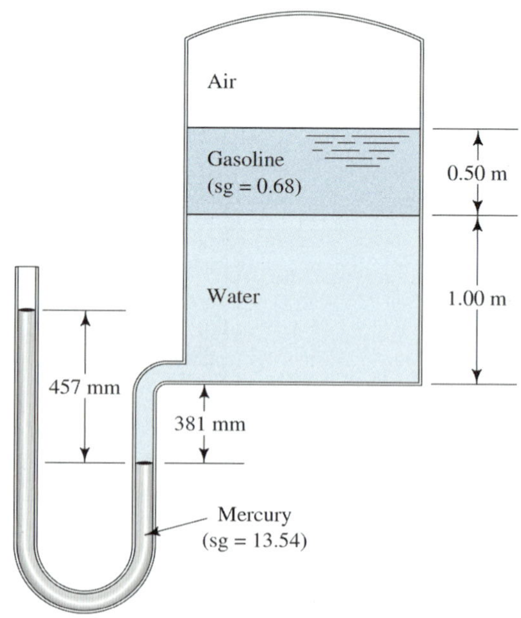

그림 3.23 문제 3.54

3.55 그림 3.24는 물과 오일을 포함하고 있는 밀폐된 컨테이너이다. 공기 압력은 대기압보다 50 kPa 낮다. 컨테이너 바닥에서의 압력을 kPa(gage) 단위로 계산하시오.

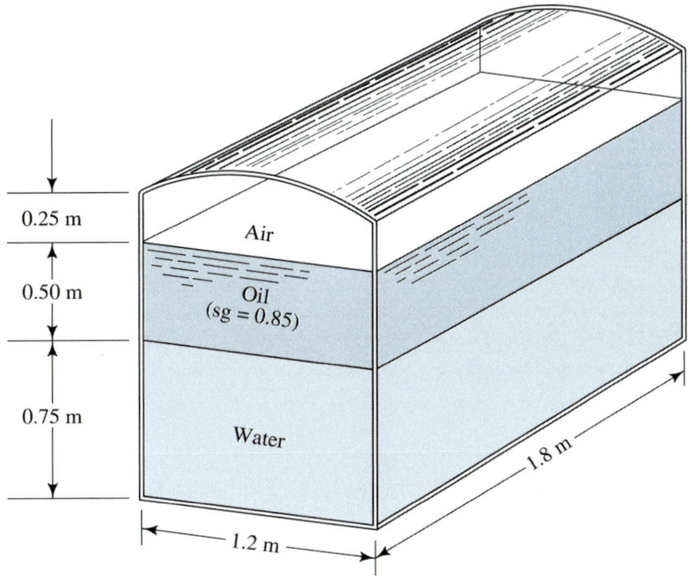

그림 3.24 문제 3.55

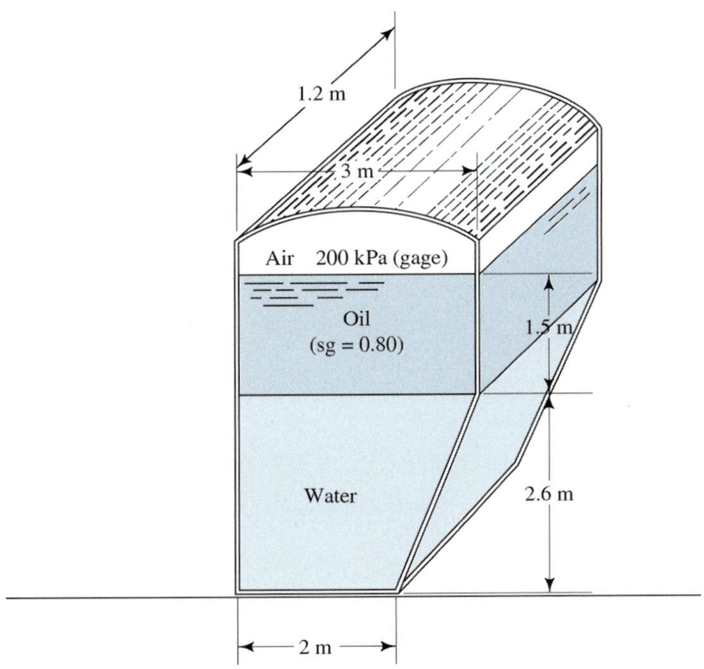

그림 3.25 문제 3.56

3.56 그림 3.25에서 탱크 바닥에서의 압력을 계산하시오.

마노미터

3.57 U자형 마노미터를 설명하시오.

3.58 차압 U자형 마노미터를 설명하시오.

3.59 우물형 마노미터를 설명하시오.

3.60 경사 우물형 마노미터를 설명하시오.

3.61 복합 마노미터를 설명하시오.

3.62 그림 3.26과 같은 파이프에 물이 차있다. 점 A에서 압력을 kPa(gage) 단위로 계산하시오.

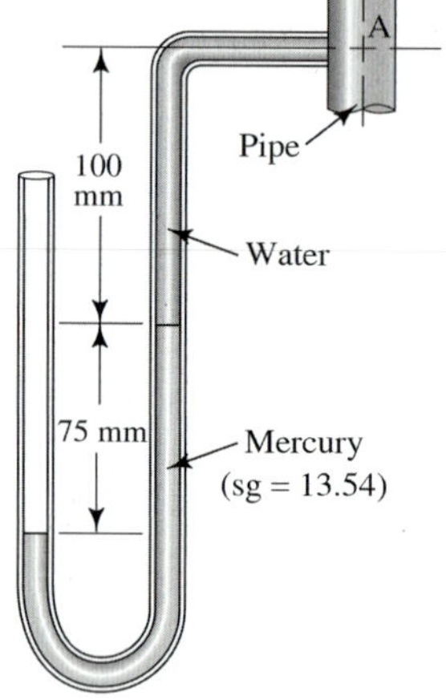

그림 3.26 문제 3.62

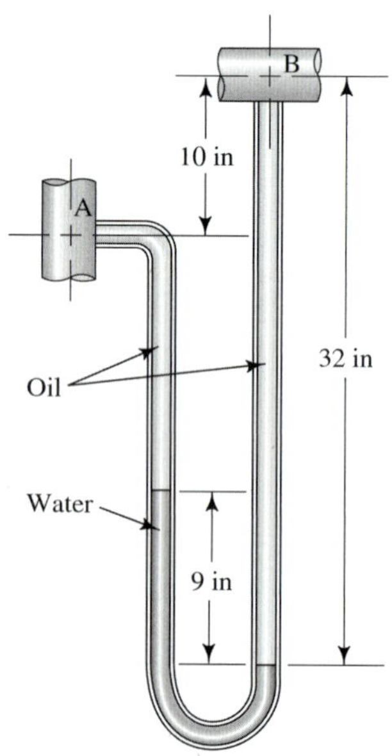

그림 3.27 문제 3.63

3.63 그림 3.27은 차압 마노미터이다. 오일의 비중은 0.85이다. 점 A와 B 사이의 차압을 계산하시오.

3.64 그림 3.28에서 $(p_A - p_B)$을 계산하시오.

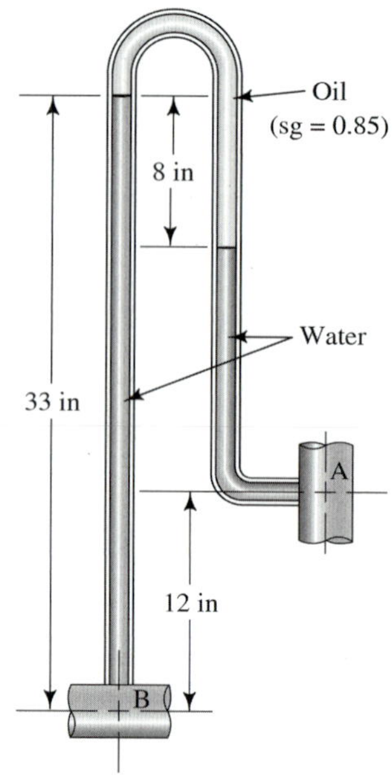

그림 3.28 문제 3.64

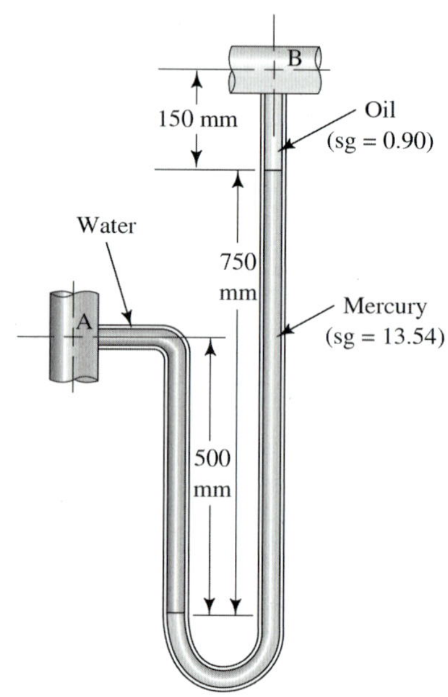

그림 3.29 문제 3.65

3.65 그림 3.29에서 $(p_A - p_B)$을 계산하시오.

3.66 그림 3.30에서 $(p_A - p_B)$을 계산하시오.

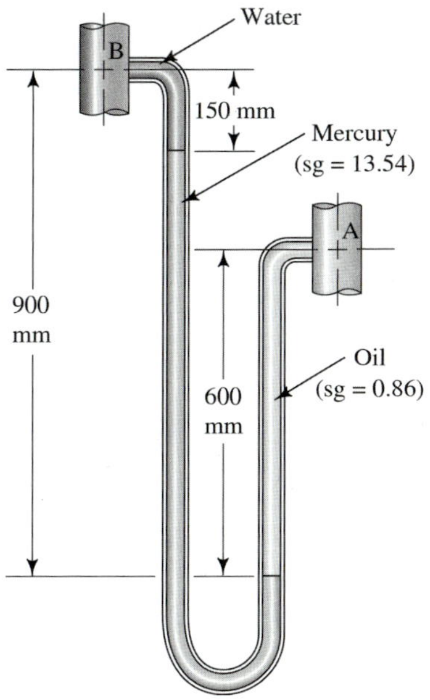

그림 3.30 문제 3.66

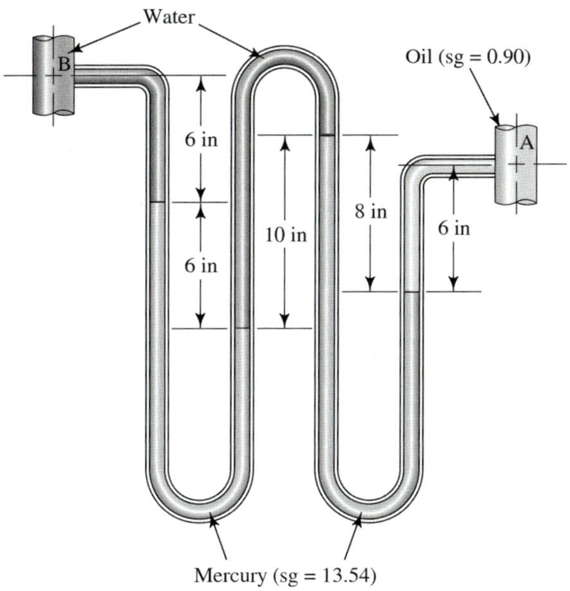

그림 3.32 문제 3.68

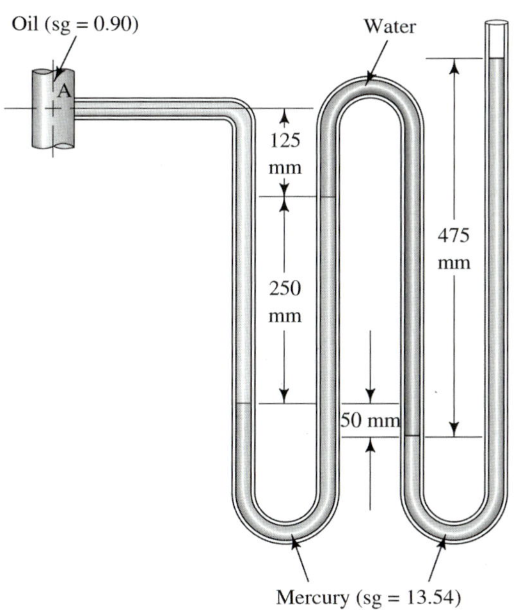

그림 3.31 문제 3.67

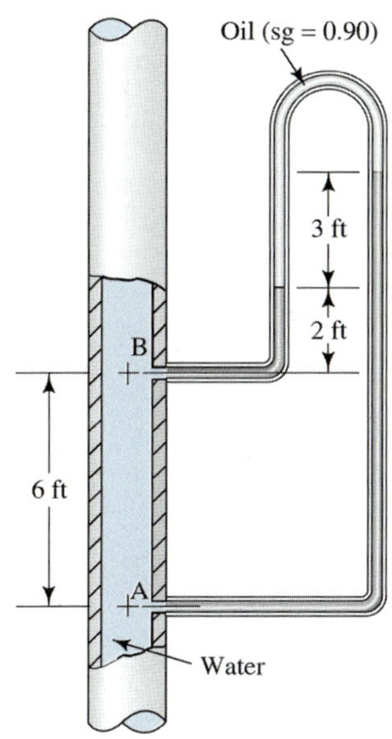

그림 3.33 문제 3.69

3.67 그림 3.31은 복합 마노미터이다. 점 A에서 압력을 계산하시오.

3.68 그림 3.32는 복합 차압 마노미터이다. $(p_A - p_B)$을 계산하시오.

3.69 그림 3.33은 파이프 내 두 지점의 차압을 측정하는 데 사용된다. $(p_A - p_B)$을 계산하시오.

3.70 그림 3.34는 우물형 마노미터이다. p_A를 계산하시오.

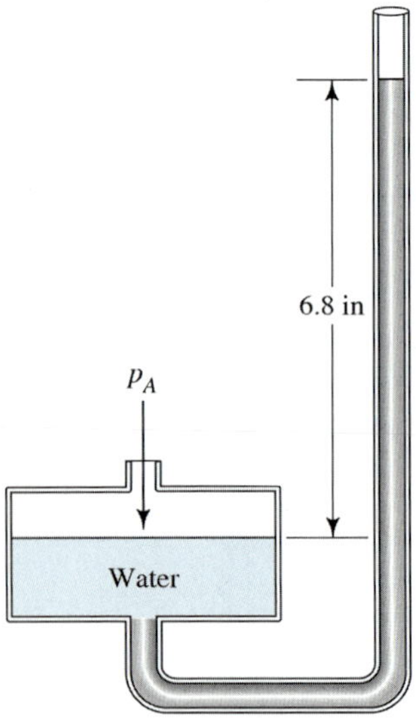

그림 3.34 문제 3.70

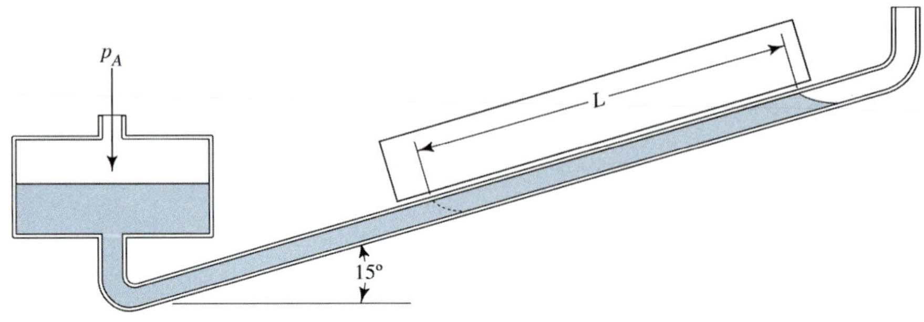

그림 3.35 문제 3.71

3.71 그림 3.35는 경사 우물형 마노미터이다. 거리 L은 계기 유체가 움직인 거리로 p_A를 측정하는 데 이용한다. 계기 유체의 비중이 0.87이고 $L = 115$ mm이다. 우물 내 오일의 수심 변화는 무시한다. p_A를 계산하시오.

3.72 a. 그림 3.36에서 점 A의 계기 압력을 구하시오.
b. 대기압이 수은주 737 mm일 때 점 A 압력을 kPa (abs)로 구하시오.

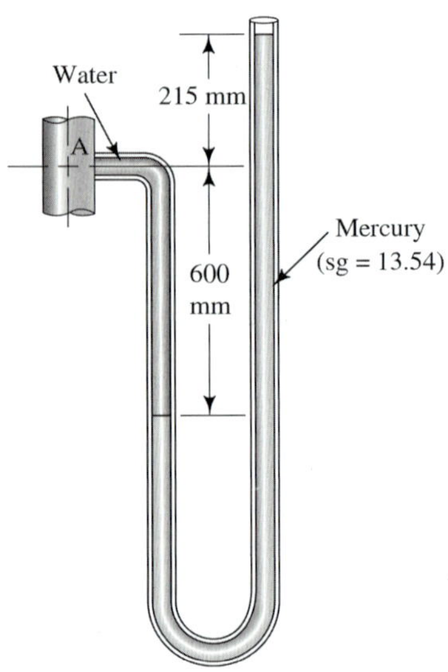

그림 3.36 문제 3.72

기압계

3.73 기압계의 기능은 무엇인가?

3.74 기압계의 구조를 설명하시오.

3.75 기압계에 수은을 사용할 때 편리한 점은 무엇인가?

3.76 기압계에 수은 대신 물을 사용하면 물 기둥 높이는 어떻게 변하는가?

3.77 대기압이 14.696 psia이다. 이 대기압은 수은주 높이로 몇 in인가?

3.78 대기압이 101.325 kPa(abs)이다. 이 대기압은 수은주 높이로 몇 밀리미터인가?

3.79 기압계는 온도에 따라 보정되야 한다. 그 이유는 무엇인가?

3.80 해수면과 고도 1250 ft 위치에서의 대기압 차는 얼마인가?

3.81 덴버와 콜로라도 도시는 해발 5200 ft 고도에 위치해 있다. 해수면에서의 대기압이 101.3 kPa(abs)이면 덴버에서의 대기압은 얼마인가?

3.82 대기압이 수은주 25.6 in이다. 이 대기압은 psia로 얼마인가?

3.83 대기압이 수은주 27.56 in이다. 이 대기압은 psia로 얼마인가?

3.84 대기압이 12.2 psia이다. 이 대기압은 수은주로 몇 in인가?

3.85 대기압이 수은주 760 mm이다. 이 대기압은 몇 kPa(abs)인가?

압력과 액체 기둥 높이로 표현한 압력

3.86 가열 유로 내 압력이 7.52 inH_2O로 측정되었다. 이 압력을 psi와 Pa로 나타내시오.

3.87 공조 유로 내 압력이 −5.58 inH_2O로 측정되었다. 이 압력을 psi와 Pa로 나타내시오.

3.88 에어컨 유로 내 압력이 6.54 mmHg로 측정되었다. 이 압력을 psi와 Pa로 나타내시오.

3.89 천연가스 유로 내 압력이 32.6 mmHg로 측정되었다. 이 압력을 psi와 Pa로 나타내시오.

3.90 진공 챔버 내 압력이 −98.2 kPa로 측정되었다. 이 압력을 mmHg로 나타내시오.

3.91 진공 챔버 내 압력이 −11.6 psig로 측정되었다. 이 압력을 inHg로 나타내시오.

3.92 팬이 정격조건에서 차압 25.4 inWC를 발생시킨다. 이 압력을 psi와 Pa로 나타내시오.

3.93 송풍기가 정격조건에서 차압 125 inWC를 발생시킨다. 이 압력을 psi와 Pa로 나타내시오.

보충문제

3.94 태양열을 이용하여 물을 데우는 탱크를 빌딩 옥상에 설치하고자 한다. 탱크는 대기에 노출되어 있고 지상으로부터 16 m 위에 설치되어 있다. 배관이 탱크에서부터 지상까지 연결되어 있다. 물이 흐르지 않을 때 배관에 가해지는 압력은 최대 얼마인가?

3.95 그림 3.37은 작은 마을에서 사용되는 급수 탱크를 보여준다. 탱크에는 물을 공급하는 수직 유로가 연결되어 있다. 물이 흐르지 않을 때 수직 유로 출구에서 압력이 최소 160 kPa (gage)가 되기 위한 탱크 높이는 얼마인가? 이 높이는 탱크가 거의 비워진 상태에서 탱크 바닥의 높이가 될 것이다. 탱크 내 물의 높이가 증가할수록 수직 유로 출구에서의 압력도 높아진다.

그림 3.37 문제 3.95

3.96 허리케인의 "눈"에서 대기압은 때때로 표준 대기압보다 11 psia 하강하기도 한다. 이 경우 허리케인의 눈에서의 대기압은 수은주로 몇 in인가?

3.97 지하실 벽을 만드는 데 사용되는 콘크리트 폼이 액체 콘크리트를 담고 있다. 액체 콘크리트의 비중은 2.6이다. 지하실 벽의 높이는 4 m, 길이는 5 m, 두께는 200 mm이다. 액체 콘크리트가 콘크리트 폼 바닥에 가하는 압력은 얼마인가?

3.98 환경계측 장비를 수심이 10.2 km인 태평양 마리아나 해구에 투입하고자 한다. 이 수심에서 장비를 방수하기 위한 설계 압력은 얼마인가?

3.99 스쿠버 다이버가 담수로 채워진 호수에 "1.5 atmosphere" 만큼 잠수한다. 이때 잠수 깊이를 계산하시오. 여기서 "1 atmosphere"는 잠수하였을 때 수중 압력이 표준 대기압 만큼 상승했다는 것을 의미한다.

3.100 그림 3.14와 유사한 우물형 마노미터는 압력 변화를 민감하게 측정할 수 있다. 수평선 기준으로 경사각이 25° 이고 빨간색 계기 유체의 비중이 0.826이다. 압력 측정을 위한 눈금은 경사 유로에 그려져 있다. 이 상황에서 1 inH_2O에 해당하는 눈금 간의 거리는 얼마인가?

3.101 어느 날 기압이 790 mmHg의 고기압 상태였다. 시간이 지나 같은 해에 기압이 738 mmHg의 저기압 상태가 되었다. 이 두 대기압의 차이는 kPa로 얼마인가?

3.102 수영장의 수심이 15 ft이다. 수영장 바닥에서의 압력은 psig로 얼마인가?

3.103 차를 타고 여행을 하고 있다. 여행 중 고도가 9500 ft 높아지면 압력은 어떻게 변하는가? 공기 비중량은 0.075 lb/ft^3로 일정하다고 가정한다.

CHAPTER
4

정지 유체가 가하는 힘

개요

압력은 면적에 가하는 힘을 면적으로 나눈 값이다($p = F/A$). 유체 탱크 표면에 가해지는 힘을 생각해보자. 표면 전반에 걸쳐 압력이 일정하다면 표면에 작용하는 합력(resultant force)은 단순히 $F = pA$가 된다. 압력이 표면 위치에 따라 변한다면, 다른 방법으로 합력을 계산해야 한다. 합력이 작용하는 위치를 압력 중심(center of pressure)이라 하며, 합력이 표면에 미치는 효과를 분석하기 위해 압력 중심의 위치를 정확히 알아내야 한다.

그림 4.1은 수족관에서 물고기를 신기하게 바라보는 어린이들을 보여준다. 물에 의한 압력은 3장에서 본 바와 같이 수심이 깊어질수록 증가한다. 수족관 유리가 깨지지 않도록 유리를 설계하고 제작하는 것이 필요하다.

탐구

유체가 표면에 가하는 힘이 중요한 경우에 대해 수업에 참여한 사람들과 이야기를 나누어보자.

- 힘이 용기에 어떻게 작용하는가? 유체 내 압력은 위치에 따라 변하는가? 변한다면 어떻게 변하는가?
- 유체가 가하는 압력 힘을 받는 용기의 형상은 어떠한가?
- 유체가 가하는 압력 힘이 매우 커지면 어떤 일이 발생하는가?

이 장에서는 평면 또는 곡면에 가해지는 유체 힘의 원리를 살펴본다. 수평 표면, 기체를 포함한 표면, 수면을 포함한 사각벽과 같은 몇 가지 특별한 경우에는 유체 힘을 쉽게 계산할 수 있는 해법 절차가 있다. 이외의 일반적인 경우에는 표면에 따른 압력 변화를 고려하여 합력의 크기와 위치를 계산해야 한다.

입문 개념

평면과 곡면에 작용하는 유체 압력을 생각해보자(그림 4.2). 각각의 경우에 유체는 표면에 수직으로 힘을 가한다. 압력은 $p = F/A$로 정의되므로 힘은 $F = pA$이다.

이 방법은 압력이 표면 전반에 걸쳐 일정할 때만 유효하다. 기체의 경우에는 비중이 매우 낮기 때문에 기체 압력은 표면에 따라 일정하다고 생각할 수 있다. 또한 깊이가 깊지 않다면 압력 변화도 무시할 수 있다. 예를 들어 그림 4.2(a)에서 유압 피스톤에 가해지는 압력은 피스톤 표면에서 거의 일정하다. 그림 4.2(b), (c), (f)와 같이 수평 평면인 탱크 바닥에 작용하는 힘은 $F = pA$로 계산할 수 있다.

표면이 수직이거나, 경사지거나, 굽어진 경우에는 깊이에 따른 압력 변화를 고려해야 한다. 3장에서 다룬 절대 압력과 계기 압력, 높이에 따른 압력 변화를 복습한다. 이 장에서는 표면에 작용하는 합력의 크기와 압력 중심 위치를 얻는 방법을 배운다.

탱크의 측벽면, 유체 저장소의 기울어진 벽에 설치된 해치, 옹벽, 수족관 유리창을 생각해보자. 옹벽은 사각벽 형상을 가지는 특별한 예로, 유체가 옹벽에 가하는 압력은 수심 위치에서 0이고 수심이 깊어질수록 선형적으로 증가한다. 유체 저장소의 해치와 수족관 창의 경우에는 좀 더 일반적인 방법을 이용하여 표면에 작용하는 압력을 구한다.

그림 4.1 유체의 압력 힘을 고려해야 하는 수족관(출처: Iuliia Sokolovska/Fotolia)

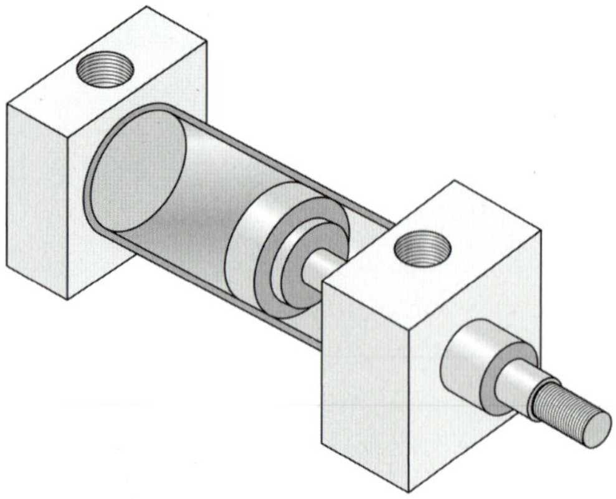

a) Fluid power cylinder

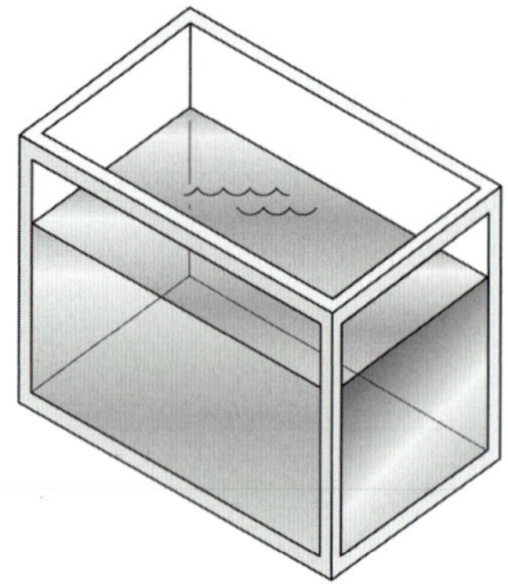

b) Storage tank

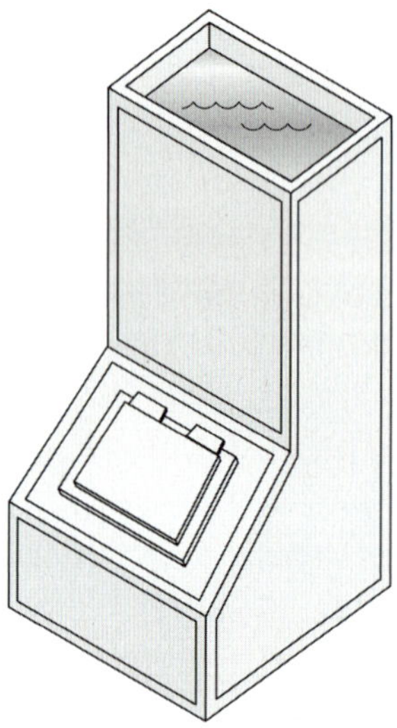

c) Fluid reservoir and hatch

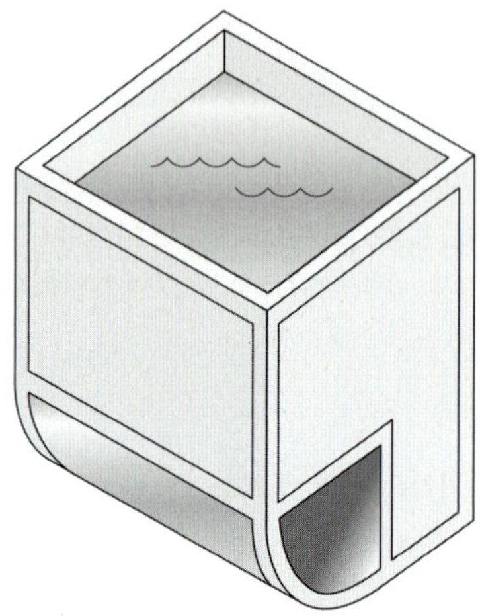

d) Tank with a curved surface

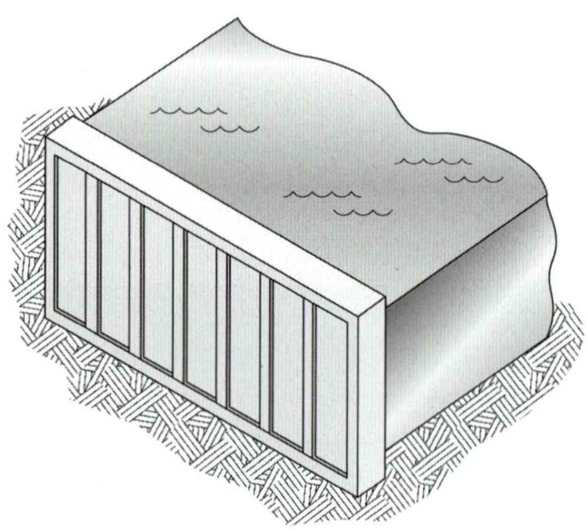

e) Retaining wall

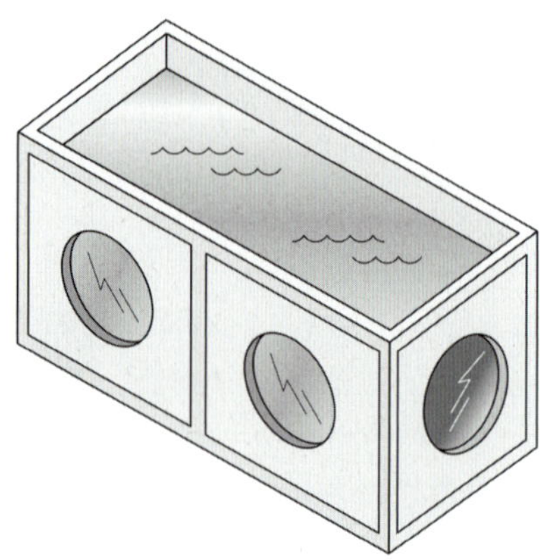

f) Aquarium observation windows

그림 4.2 잠긴 면에 작용하는 압력 힘을 고려해야 하는 예

4.1 목표

이 장을 학습한 후에 다음의 항목들을 수행할 수 있다.

1. 가압된 기체가 평면에 가하는 힘을 계산한다.
2. 수평 평면에 정지 유체가 가하는 힘을 계산한다.
3. 사각벽에 정지 유체가 가하는 합력을 계산한다.
4. 압력 중심을 정의한다.
5. 임의의 형상을 가지는 표면에 정지 유체가 가하는 합력을 계산한다.
6. 임의의 형상을 가지는 표면에 정지 유체가 가하는 합력의 방향과 작용 위치를 나타낸다.
7. 곡면에 작용하는 압력 분포를 시각화한다.
8. 곡면에 작용하는 합력을 계산한다.
9. 합력이 작용하는 방향을 계산한다.
10. 액체 상부의 기체 압력이 평면 또는 곡면에 미치는 영향을 포함한다.

4.2 가압 기체

그림 4.3은 자동화 기기에 사용되는 압축 실린더를 보여준다. 공기 압력이 피스톤 표면에 작용하면 피스톤에 연결된 막대는 선형운동을 하게 된다. 압력은 실린더 끝단에도 작용하므로 4개의 결합 나사와 너트로 실린더 몸체를 고정하고 있다. 실린더 내 기체의 압력은 거의 일정하기 때문에 피스톤과 실린더 끝단에 작용하는 힘은 $F = pA$로 계산할 수 있다.

예제 4.1 그림 4.3의 실린더 내부 직경이 2 in이고 300 psig 압력에서 작동한다고 할 때 실린더의 끝단에 작용하는 힘을 계산하시오.

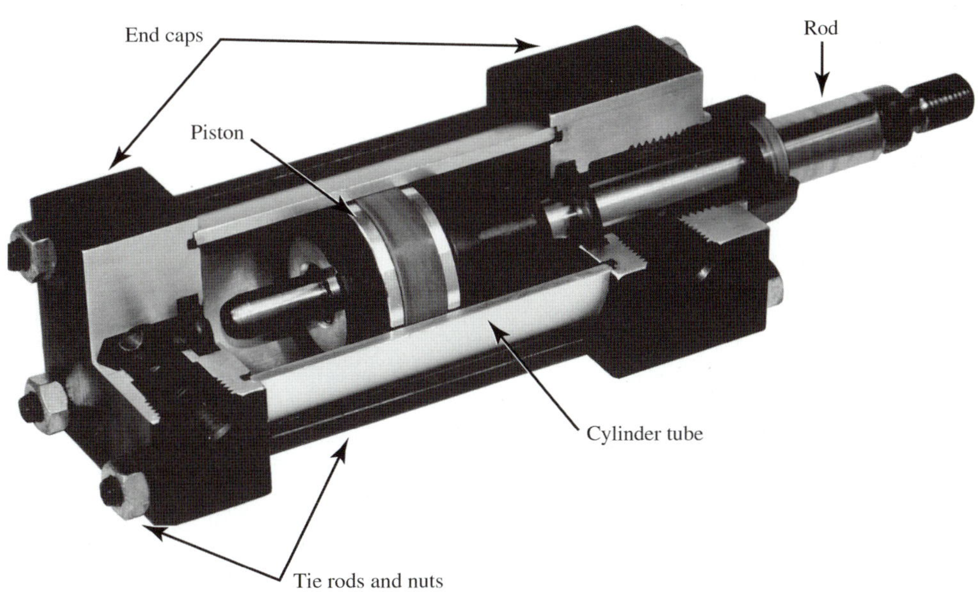

그림 4.3 유압 실린더(출처: Norgren, Inc.)

해설

$$F = pA$$

$$A = \frac{\pi D^2}{4} = \frac{\pi (2\ \text{in})^2}{4} = 3.14\ \text{in}^2$$

$$F = \frac{300\ \text{lb}}{\text{in}^2} \times 3.14\ \text{in}^2 = 942\ \text{lb}$$

힘을 계산할 때 절대 압력 대신 계기 압력을 사용하였다. 대기압에 의한 추가적인 힘은 끝단에 한 방향으로만 작용하는 것이 아니라 반대 방향으로도 작용하므로 서로 상쇄된다. 실린더 외부 압력이 대기압이 아닐 경우에는 모든 외부 힘을 고려하여 표면에 작용하는 힘을 계산해야 한다.

4.3 액체 아래의 수평 평면

그림 4.4(a)는 기름과 물을 포함하고 있는 원통형 드럼을 보여준다. 수평 바닥에서의 압력은 바닥 표면에 걸쳐 일정하다. 따라서 바닥에 가해지는 힘은 $F = pA$로 계산할 수 있다.

예제 4.2 그림 4.4(a)에서 상부는 대기에 노출되어 있다. 이때 드럼 바닥에 가해지는 힘은 얼마인가?

해설 $F = pA$를 사용하기 위해서는 먼저 바닥에서의 압력 p_B와 면적을 계산해야 한다.

$$p_B = p_{\text{atm}} + \gamma_0 (2.4\ \text{m}) + \gamma_w (1.5\ \text{m})$$

$$\gamma_o = (\text{sg})_o (9.81\ \text{kN/m}^3) = (0.90)(9.81\ \text{kN/m}^3) = 8.83\ \text{kN/m}^3$$

$$p_B = 0\ \text{pa(gage)} + (8.83\ \text{kN/m}^3)(2.4\ \text{m}) + (9.81\ \text{kN/m}^3)(1.5\ \text{m})$$

$$= (0 + 21.2 + 14.7)\ \text{kPa} = 35.9\ \text{kPa(gage)}$$

$$A = \pi D^2/4 = \pi (3.0\ \text{m})^2/4 = 7.07\ \text{m}^2$$

$$F = p_B A = (35.9\ \text{kN/m}^2)(7.07\ \text{m}^2) = 253.8\ \text{kN}$$

예제 4.3 그림 4.4(a) 바닥에 가해지는 힘과 그림 4.4(b) 바닥에 가해지는 힘은 다를까?

해설 압력은 유체의 비중과 수심에만 영향을 받으므로 두 힘은 같다. 유체의 총 무게는 중요한 요소가 아니다.

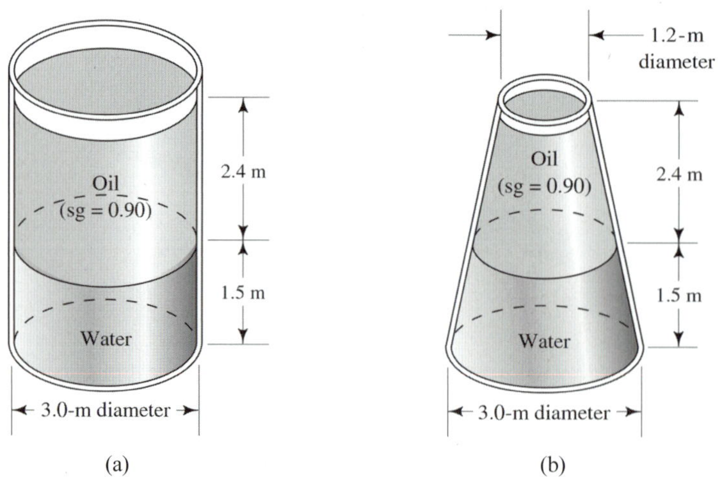

그림 4.4 예제 4.2와 4.3에 대한 원통형 드럼

3.4절에 기술된 파스칼의 패러독스를 생각하면 된다.

설명 위 두 예제에서 계산한 힘은 유체가 용기 내부 바닥에 가하는 힘이다. 용기를 지지하는 구조물을 설계할 때에는 유체와 용기의 총 무게를 고려해야 한다. 이 경우, 원뿔 형태의 용기가 원통형 드럼보다 더 가벼울 것이다.

4.4 사각벽

그림 4.2(e)와 그림 4.5는 전형적인 사각벽(rectangular wall) 예를 보여준다. 사각벽은 액체 수면에서 압력이 0이고 가장 아래의 벽에서 압력이 최대이다. 따라서 유체 압력에 의한 힘은 바닥과 연결되는 가장 아래에서 벽을 뒤집거나 파손시킬 수 있다.

압력에 의한 힘은 벽면 전반에 걸쳐 작용한다. 그러나 해석 측면에서는 벽면에 작용하는 합력을 계산하고 합력이 작용하는 압력 중심(center of pressure)을 얻는 것이 합리적이다. 다시 말하면 벽면 전반에 가해지는 힘이 한 점에 작용한다고 할 경우, 그 지점의 위치와 작용하는 힘의 크기를 결정한다.

그림 4.6은 수직 벽면에 작용하는 압력 분포를 보여준다. $\Delta p = \gamma h$ 식이 의미하는 것과 같이, 압력은 수심에 선형적으로 증가한다. 파선 화살표의 크기는 유체 압력의 크기를 나타낸다. 압력이 선형적으로 변할 경우 합력을 다음 식으로 얻을 수 있다.

$$F_R = p_{\text{avg}} \times A \tag{4-1}$$

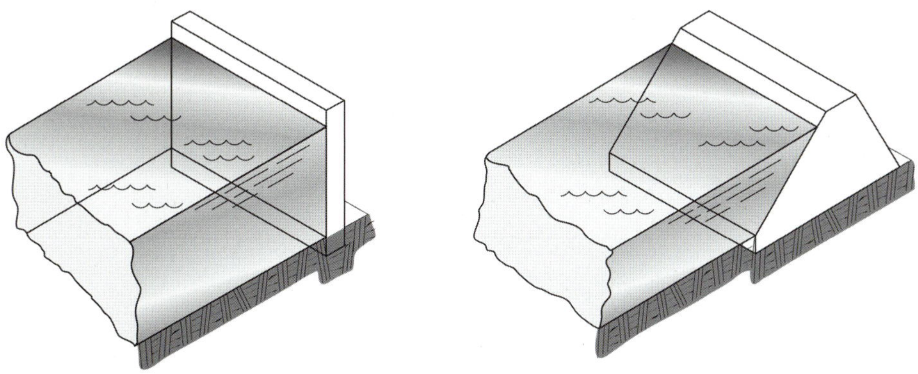

그림 4.5 사각벽

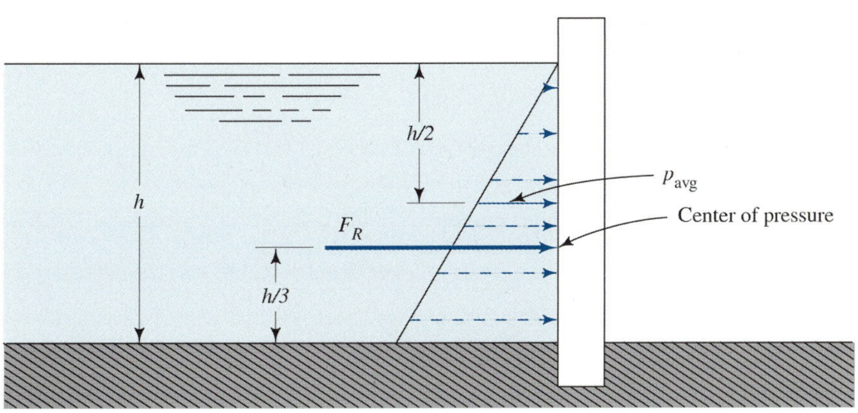

그림 4.6 수직 사각벽

여기서 p_{avg}는 평균 압력이고 A는 벽면의 총 면적이다. 평균 압력은 중간 수심에서의 유체 압력이므로 다음과 같다.

$$p_{avg} = \gamma(h/2) \tag{4-2}$$

여기서 h는 유체의 전체 수심이다.

이상으로부터 다음 식을 얻을 수 있다.

▶ 사각벽에 작용하는 합력

$$F_R = \gamma(h/2)A \tag{4-3}$$

그림 4.6에서 보는 바와 같이 낮은 벽면에 유체 압력이 더 크게 작용한다. 압력 중심은 압력분포 삼각형의 중심에 위치하는데, 바닥에서부터 수심의 1/3 거리에 있다. 합력 F_R이 압력 중심 위치에서 벽면에 수직으로 작용한다.

사각벽에서 유체 압력에 의한 합력의 크기와 압력 중심 위치를 구하는 절차는 아래와 같다.

사각벽에 작용하는 합력 크기를 구하는 절차

1단계 합력 F_R의 크기는 다음 식으로 계산한다.

$$F_R = \gamma(h/2)A$$

여기서

γ = 유체의 비중량
h = 유체의 총 수심
A = 벽의 총 면적

2단계 압력 중심 위치는 바닥으로부터 $h/3$ 수직인 지점이다.

3단계 합력은 압력 중심 위치에서 벽에 수직으로 작용한다.

예제 4.4 그림 4.6에서 유체는 가솔린(sg = 0.68)이고 총 수심은 12 ft이다. 벽은 너비가 46 ft이다. 벽에 작용하는 합력의 크기와 압력 중심 위치를 구하시오.

해설 1단계

$$F_R = \gamma(h/2)A$$

$$\gamma = (0.68)(62.4\ \text{lb/ft}^3) = 42.4\ \text{lb/ft}^3$$

$$A = (12\ \text{ft})(40\ \text{ft}) = 480\ \text{ft}^2$$

$$F_R = \frac{42.4\ \text{lb}}{\text{ft}^3} \times \frac{12\ \text{ft}}{2} \times 480\ \text{ft}^2 = 122{,}000\ \text{lb}$$

2단계 압력 중심의 위치는 바닥으로부터

$$h/3 = 12\ \text{ft}/3 = 4\ \text{ft}$$

수직인 지점에 위치해 있다.

3단계 F_R은 그림 4.6에서 보는 바와 같이 압력 중심 위치에서 벽에 수직으로 작용한다.

예제 4.5 그림 4.7은 너비가 30.5 m이고 수심이 8 m인 댐을 보여준다. 댐의 벽면은 60° 기울어져 있다. 댐에 작용하는 합력의 크기와 압력 중심 위치를 구하시오.

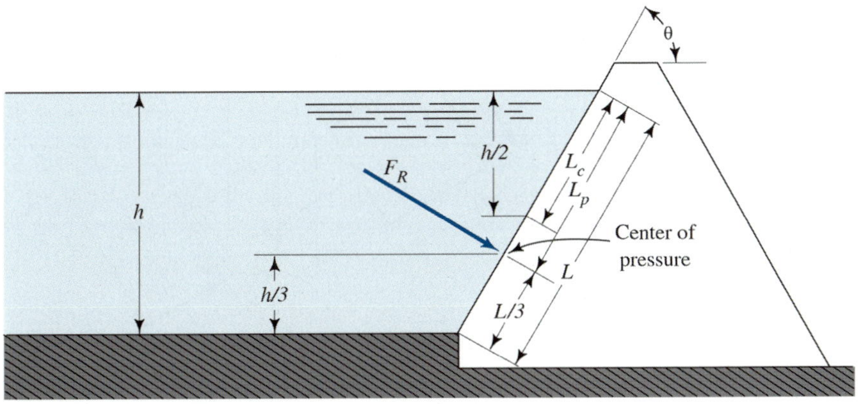

그림 4.7 경사 사각벽

해설 1단계

$$F_R = \gamma(h/2)A$$

댐의 벽면 면적을 계산하기 위해 벽면 길이 L을 구한다.

$$\sin\theta = h/L$$

$$L = h/\sin\theta = 8 \text{ m}/\sin 60^\circ = 9.24 \text{ m}$$

댐의 벽면 면적은 다음과 같다.

$$A = (9.24 \text{ m})(30.5 \text{ m}) = 281.8 \text{ m}^2$$

댐에 작용하는 합력은 다음과 같이 계산된다.

$$F_R = \gamma(h/2)A = \frac{9.81 \text{ kN}}{\text{m}^3} \times \frac{8 \text{ m}}{2} \times 281.8 \text{ m}^2$$

$$= 11060 \text{ kN} = 11.06 \text{ MN}$$

2단계 압력 중심은 댐의 바닥으로부터

$$h/3 = 8 \text{ m}/3 = 2.67 \text{ m}$$

수직인 지점, 또는 댐 벽면을 따라

$$L/3 = 9.24 \text{ m}/3 = 3.08 \text{ m}$$

인 지점에 위치해 있다.

L_p = 수면에서부터 압력 중심까지의 거리

$$L_p = L - L/3$$

$$L_p = 9.24 \text{ m} - 3.08 \text{ m} = 6.16 \text{ m}$$

F_R은 압력 중심 위치에서 벽에 수직으로 작용한다.

4.5 잠겨있는 평면

이 절은 유체에 완전히 잠긴 수직 또는 경사 평면을 다룬다. 합력 크기와 압력 중심을 구하는 절차를 배운다.

그림 4.8은 경사진 벽에 사각 창문이 설치된 탱크를 보여준다. 문제를 푸는 데 사용되는 기호는 아래

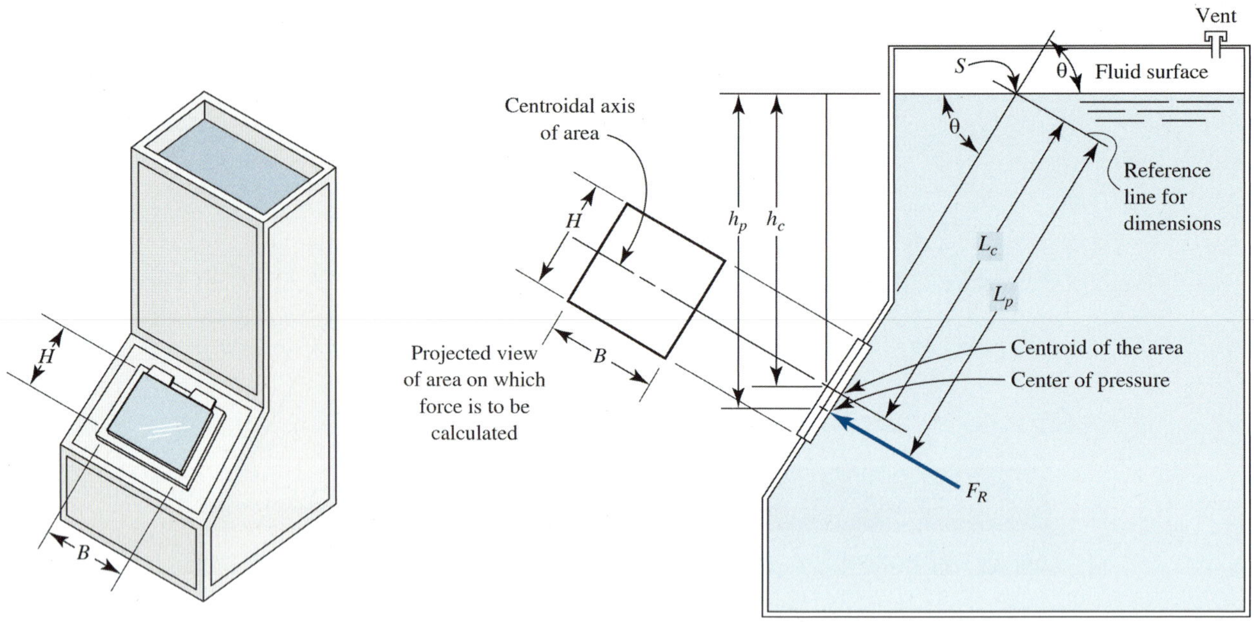

그림 4.8 잠긴 평면에 작용하는 힘

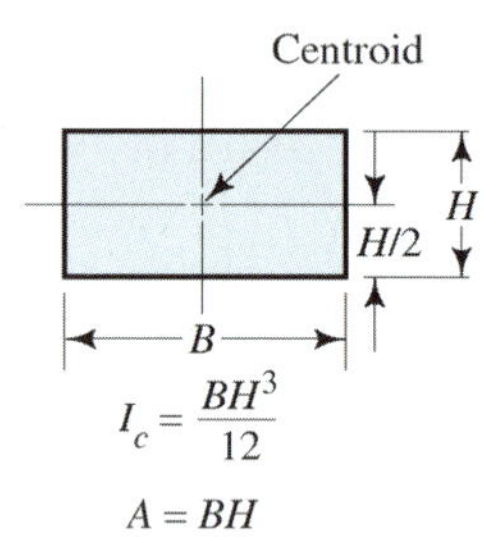

그림 4.9 사각형 특징

와 같다.

F_R	유체 압력에 의해 표면에 작용하는 합력
—	압력 중심은 합력이 작용하는 지점이다.
—	면적 중심(centroid of the area)은 무게 중심(center of gravity)과 동등하다.
θ	표면이 기울어진 각도
h_c	수면에서 면적 중심까지의 수직거리
L_c	수면에서 면적 중심까지의 표면 경사각에 따른 거리
L_p	수면에서 압력 중심까지의 표면 경사각에 따른 거리
h_p	수면에서 압력 중심까지의 수직거리
B, H	표면의 치수

그림 4.9는 사각형의 중심 위치를 보여준다. 다른 형상에 대한 중심 위치는 부록 L을 참조한다. 다음 절차를 통해 완전히 잠긴 평면에 대한 합력 크기와 압력 중심 위치를 구한다.

잠긴 평면에 작용하는 힘을 구하는 절차

1단계 관심 표면의 경사선과 수면이 교차하는 점을 찾는다. 교차점을 찾기 위해 경사선 또는 수면 수평선을 연장해야 할 때도 있다. 교차점을 S라 명명한다.

2단계 관심 표면의 형상으로부터 관심 표면의 면적 중심 위치를 찾는다.

3단계 수면에서부터 면적 중심까지의 수직거리 h_c를 구한다.

4단계 수면에서부터 면적 중심까지의 경사거리 L_c를 구한다. 이 거리는 교차점 S부터 면적 중심까지의 거리이다. h_c와 L_c는 다음의 관계가 있다.

$$h_c = L_c \sin\theta$$

5단계 관심 표면의 면적 A를 구한다.

6단계 관심 표면에 작용하는 합력을 구한다.

▶ 잠긴 평면에 작용하는 합력

$$F_R = \gamma h_c A \tag{4-4}$$

여기서 γ는 유체의 비중량이다. 위 식은 면적 중심에서의 압력과 관심 표면 면적의 곱으로 합력이 주어짐을 말해준다.

7단계 면적 중심축에 대한 관성모멘트 I_c를 계산한다.

8단계 압력 중심 위치를 다음 식으로 구한다.

▶ 압력 중심 위치

$$L_p = L_c + \frac{I_c}{L_c A} \tag{4-5}$$

압력 중심 위치는 면적 중심 위치보다 항상 낮음을 알 수 있다. 경우에 따라 L_p와 L_c 사이의 차이가 관심 사항일 때가 있다.

$$L_p - L_c = \frac{I_c}{L_c A} \tag{4-6}$$

9단계 합력 F_R이 압력 중심 위치에서 표면에 수직으로 작용하는 것을 그린다.

10단계 그림 4.8을 참고하여 L_p를 그린다.

11단계 교차점 S를 통과하면서 경사면에 수직인 기준선에서부터 L_c와 L_p의 치수선을 그린다.

12단계 수면에서부터 압력 중심까지의 수직 거리 h_p는 2가지 방법 중 하나로 계산한다. L_p값을 먼저 구한 경우에는 다음 식을 사용한다.

$$h_p = L_p \sin\theta$$

또는 8단계를 생략하고 h_p를 다음 식으로 직접 계산한다.

$$h_P = h_c + \frac{I_c \sin^2\theta}{h_c A}$$

위 절차를 이용하여 문제를 풀어보자.

프로그램 예제

예제 4.6 그림 4.8에서 보여주는 탱크에 비중이 0.91인 윤활유가 들어 있다. $B=4$ ft이고 $H=2$ ft인 사각형 창문이 기울어진 탱크 벽에 설치되어 있다($\theta=60°$). 창문의 중심은 오일 수면에서부터 5 ft 깊이에 위치해 있다. 다음을 구하시오. (a) 창문에 작용하는 합력 크기 F_R, (b) 압력 중심 위치

해설 먼저 위에서 기술한 1단계와 2단계를 수행한다.

점 S는 그림 4.8에 나타나 있다.

관심 영역은 탱크에 설치된 사각형 창문으로, 그림 4.10은 창문의 치수를 보여준다. 사각형 창문의 중심은 두 대칭 축의 교차점에 있다.

이제 3단계로 가서 거리 h_c를 구한다.

오일의 수면에서부터 창의 중심까지의 수직거리 $h_c=5$ ft로 주어져 있다.

4단계를 참고하여 L_c를 계산한다.

이 문제에서는 L_c와 h_c는 다음의 관계가 있다.

$$h_c = L_c \sin\theta$$

따라서

$$L_c = h_c/\sin\theta = 5 \text{ ft}/\sin 60° = 5.77$$

이다. h_c와 L_c는 추후 계산에서 사용될 것이다. 5단계로 넘어간다.

사각 창의 넓이는 BH이다.

$$A = BH = (4 \text{ ft})(2 \text{ ft}) = 8 \text{ ft}^2$$

이제 6단계를 수행한다.

$F_R = \gamma h_c A$ 식을 계산하기 위해서는 오일의 비중량이 필요하다.

$$\gamma_o = (\text{sg})_o(62.4 \text{ lb/ft}^3) = (0.91)(62.4 \text{ lb/ft}^3)$$
$$= 56.8 \text{ lb/ft}^3$$

따라서 합력은 다음과 같이 계산된다.

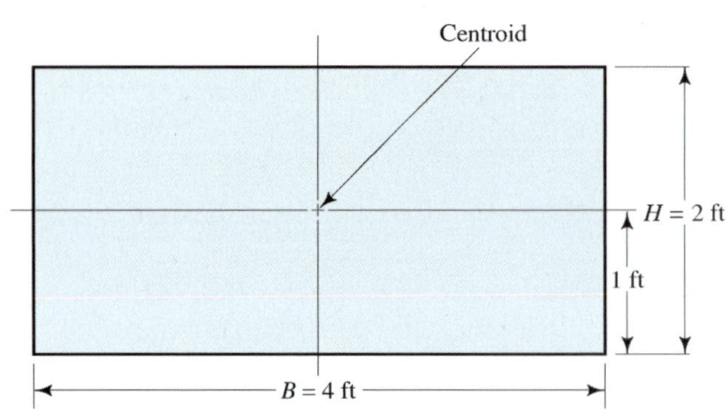

그림 4.10 예제 4.6에 대한 사각형 창문

$$F_R = \gamma_o h_c A = \frac{56.8 \text{ lb}}{\text{ft}^3} \times 5 \text{ ft} \times 8 \text{ ft}^2 = 2270 \text{ lb}$$

다음은 압력 중심에 관한 것이다. 7단계로 넘어간다.

그림 4.9는 사각형에 대한 I_c를 계산하는 식을 보여준다. $B=4$ ft, $H=2$ ft를 이용하면 I_c는 다음과 같이 계산된다.

$$I_c = BH^3/12 = (4 \text{ ft})(2 \text{ ft})^3/12 = 2.67 \text{ ft}^4$$

이제 8단계를 위한 모든 것을 수행하였다.

$I_c = 2.67$ ft^4, $L_c = 5.77$ ft, $A = 8$ ft^2이므로

$$L_p = L_c + \frac{I_c}{L_c A} = 5.77 \text{ ft} + \frac{2.67 \text{ ft}^4}{(5.77 \text{ ft})(8 \text{ ft}^2)}$$

$$L_p = 5.77 \text{ ft} + 0.058 \text{ ft} = 5.828 \text{ ft}$$

$L_p = 5.828$ ft라는 결과를 통해 압력 중심이 창문의 중심 위치보다 0.058 ft 아래에 있다는 것을 알 수 있다. 다음 9－11 단계는 그림 4.8에 이미 완성되어 나타나 있다. L_p는 기준선에서부터 거리임을 유의한다.

4.6 잠겨있는 평면에 대한 관계식 유도

4.5절에서는 잠겨있는 평면에 대한 합력 크기와 압력 중심 위치를 구하는 방법에 대하여 살펴보았다. 압력 크기는 식 (4－4)를 이용하여 구하고, 압력 중심과 면적 중심 사이의 거리는 식 (4－6)을 이용하여 구한다. 그림 4.8은 다양한 용어를 설명하고 있다. 이 절에서는 용어들 사이의 관계를 유도한다.

4.6.1 합력

합력은 작은 관심 요소에 작용하는 힘들의 합으로 정의된다. 그림 4.11은 그림 4.8에서 사용된 작은 사각형 창문에 대하여 합력의 개념을 설명한다. 매우 작은 면적 dA에 유체 압력 p로 인한 힘 dF가 수직으로 작용한다. 비중량 γ를 가지는 정지 유체에 대하여 수심이 h인 곳에서의 압력은 $p = \gamma h$이다.

$$dF = p(dA) = \gamma h(dA) \tag{4-7}$$

면적은 θ 각도로 기울어져 있으므로 경사면을 따라 해석하는 것이 편리하다. 수심이 h인 곳에서 경사면의 위치 y를 다음과 같이 정의한다.

$$h = y \sin\theta \tag{4-8}$$

여기서 y는 수면에서 경사면을 따라 이동한 거리이다.

$$dF = \gamma(y \sin\theta)(dA) \tag{4-9}$$

표면 전체에 작용하는 힘은 적분을 통해 얻을 수 있다.

$$F_R = \int_A dF = \int_A \gamma(y \sin\theta)(dA) = \gamma \sin\theta \int_A y(dA)$$

$\int y(dA)$는 기준축부터 면적 중심까지의 거리와 면적의 곱으로 계산될 수 있다. 즉,

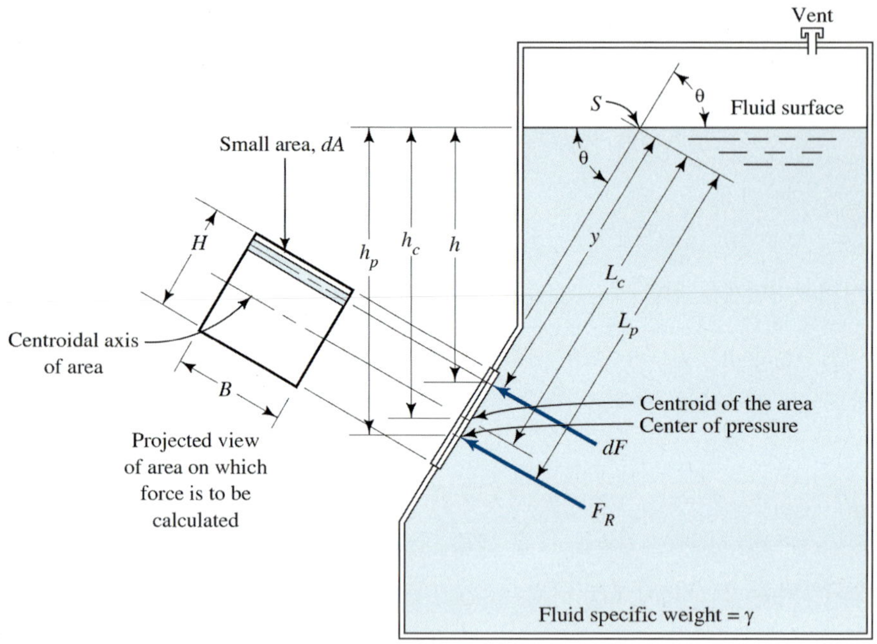

그림 4.11 잠긴 표면에 작용하는 힘을 계산하기 위한 일반적인 절차

$$\int_A y(dA) = L_c A$$

따라서 합력 F_R은 다음과 같다.

$$F_R = \gamma \sin\theta (L_c A) \quad (4-10)$$

$h_c = L_c \sin\theta$를 위 식에 대입하면 다음을 얻는다.

$$F_R = \gamma h_c A \quad (4-11)$$

식 (4－11)은 식 (4－4)와 같다. 각각의 dF는 면적에 수직으로 작용하므로 합력 또한 면적에 수직으로 작용한다.

4.6.2 압력 중심

유체 압력 힘은 관심 영역 전반에 걸쳐 작용한다. 압력 중심은 합력이 작용하는 위치로, 압력 중심과 합력은 실제와 같은 효과를 갖는다. 이 상황은 점 S에서 지면에 수직인 선을 축으로 하였을 때 힘에 대한 모멘트로 설명할 수 있다.

그림 4.11을 참조하면, 작은 힘 dF의 축에 대한 모멘트는 다음과 같다.

$$dM = dF \cdot y$$

그런데 $dF = \gamma(y\sin\theta)(dA)$이므로

$$dM = y[\gamma(y\sin\theta)(dA)] = \gamma\sin\theta(y^2 dA)$$

이다. 관심 영역에 작용하는 모든 힘에 대한 모멘트는 적분을 통해 얻을 수 있다. 합력 F_R이 압력

중심에 작용한다고 가정하면 축에 대한 모멘트는 $F_R L_p$가 된다. 따라서

$$F_R L_p = \int r \sin\theta (y^2 dA) = \gamma \sin\theta \int (y^2 dA)$$
$$F_R L_p = \gamma \sin\theta (I)$$

이다. L_p에 대하여 풀면

$$L_p = \frac{\gamma \sin\theta (I)}{F_R}$$

이다. 식 (4−10)으로 주어진 F_R을 대입하면

$$L_p = \frac{\gamma \sin\theta (I)}{\gamma \sin\theta (L_c A)} = \frac{I}{L_c A} \qquad (4-12)$$

이다. 관성 모멘트에 대한 평행축 정리를 이용하면 좀 더 편리한 식을 얻을 수 있다.

$$I = I_c + AL_c^2$$

여기서 I_c는 관심 영역 중심을 통과하는 축에 대한 관성 모멘트이고, L_c는 기준축에서 면적 중심까지의 거리이다. 따라서 식 (4−12)는 다음과 같다.

$$L_p = \frac{I}{L_c A} = \frac{I_c + AL_c^2}{L_c A} = \frac{I_c}{L_c A} + L_c \qquad (4-13)$$

정리하면 식 (4−6)과 같은 형태를 얻을 수 있다.

$$L_p - L_c = \frac{I_c}{L_c A}$$

이제 수면에서부터 압력 중심까지의 수직거리 h_p를 유도해보자. 식 (4−13)으로부터 다음 관계식을 쓸 수 있다.

$$h_p = L_p \sin\theta$$
$$L_c = h_c / \sin\theta$$

따라서 다음 식을 얻는다.

$$h_p = L_p \sin\theta = \sin\theta \left[\frac{h_c}{\sin\theta} + \frac{I_c}{(h_c/\sin\theta)A} \right]$$
$$h_p = h_c + \frac{I_c \sin^2\theta}{h_c A}$$

4.7 위압 수두

지금까지는 수면이 대기에 노출되어 있어서 수면에서의 압력은 $p=0$(gage)이었다. 또한 유체 내 압력도 계기 압력을 사용하였다. 관심 영역 외부에서도 대기압이 작용하므로 관심 영역에 작용하는 합력을 계산할 때 계기 압력을 사용하는 것이 타당하다.

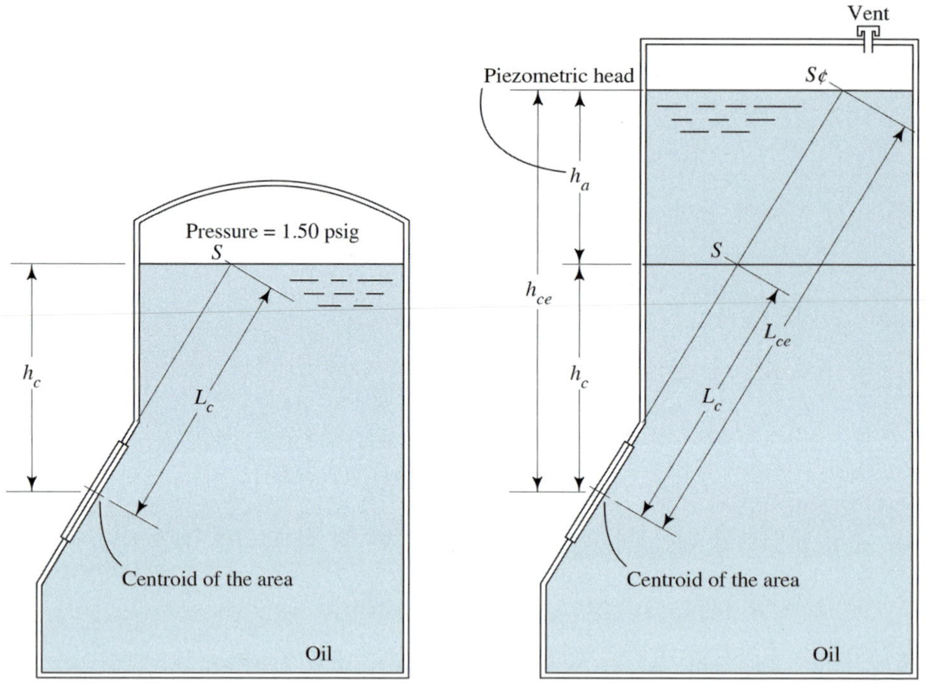

(a) Tank from Fig. 4.8 with pressure above the oil

(b) Tank showing piezometric head equivalent to pressure above the oil

그림 4.12 예제 4.7에 대한 위압 수두 설명

그러나 수면에서 압력이 대기압과 다를 경우 합력을 계산하는 방법이 달라진다. 위압 수두(piezometric head) 개념을 사용하면 편리하게 합력을 계산할 수 있다. 이 방법은 수면에서의 압력을 p_a라고 할 때, p_a 압력에 상응하는 높이 h_a를 가지는 유체가 수면 위에 더 있다고 생각하는 것이다(그림 4.12).

▶ 위압 수두

$$h_a = p_a/\gamma \tag{4-14}$$

실제 수심 h에 h_a를 더하여 등가 수심 h_e라고 한다.

$$h_e = h + h_a \tag{4-15}$$

h_e가 유체 내 압력을 계산하는 데 사용된다. 예를 들면, 그림 4.12에서 면적 중심까지의 등가 수심은 다음과 같다.

$$h_{ce} = h_c + h_a$$

예제 4.7 예제 4.6을 반복한다. 다만 이 문제에서는 그림 4.8의 탱크 상부가 밀폐되어 있고 오일 수면에서의 압력이 1.50 psig이다.

해설 예제 4.6에서 수면에서부터 면적 중심까지의 수직 거리 h_c는 5.0 ft였다. 이 문제에서는 식 (4-14)로 주어지는 위압 수두 h_a를 더해야 한다. $\gamma = 56.8\ \mathrm{lb/ft^3}$을 이용하면

$$h_a = \frac{p_a}{\gamma} = \frac{1.5\ \text{lb}}{\text{in}^2}\frac{144\ \text{in}^2}{\text{ft}^2}\frac{\text{ft}^3}{56.8\ \text{lb}} = 3.80\ \text{ft}$$

따라서 면적 중심까지의 등가 수심은 다음과 같다.

$$h_{ce} = h_c + h_a = 5.00\ \text{ft} + 3.80\ \text{ft} = 8.80\ \text{ft}$$

합력은 다음과 같이 계산된다.

$$F_R = \gamma h_{ce} A = (56.8\ \text{lb/ft}^3)(8.80\ \text{ft})(8.0\ \text{ft}^2) = 4000\ \text{lb}$$

탱크 상부가 대기에 노출된 예제 4.6에서는 합력이 2270 lb였다.

L_c가 L_{ce}로 변경되면서 압력 중심 위치도 변하게 된다.

$$L_{ce} = h_{ce}/\sin\theta = 8.80\ \text{ft}/\sin 60° = 10.16$$

$$L_{pe} - L_{ce} = \frac{I_c}{L_{ce}A} = \frac{2.67\ \text{ft}^4}{(10.16\ \text{ft})(8\ \text{ft}^2)} = 0.033\ \text{ft}$$

예제 4.6에서는 $L_p - L_c$가 0.058 ft였다.

4.8 잠긴 곡면에 작용하는 힘 분포

그림 4.13은 탱크 상부가 대기에 노출되어 있고 액체를 담고 있는 탱크를 보여준다. 왼쪽 벽 일부는 수직이나 낮은 부분은 굽어져 있다. 유체 압력에 의해 이 곡면에 작용하는 힘을 알아보자.

그림 4.14는 유체 측에 작용하는 힘의 분포를 보여준다. 곡면에 작용하는 수평방향 힘 F_H, 수직방향 힘 F_V, 합력 F_R을 계산하고자 한다. 합력은 곡면 압력 중심에 작용하며, 유체 압력 힘은 표면에 수직으로 작용한다. 그림 4.14는 합력 벡터를 보여주고 있다.

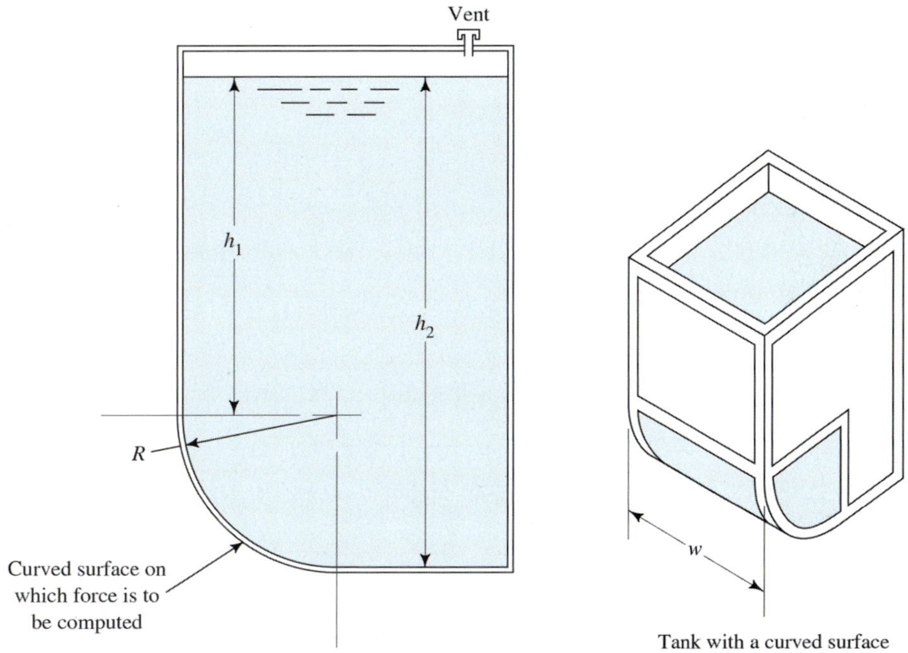

그림 4.13 정지 유체를 포함하고 있는 곡면을 가진 탱크

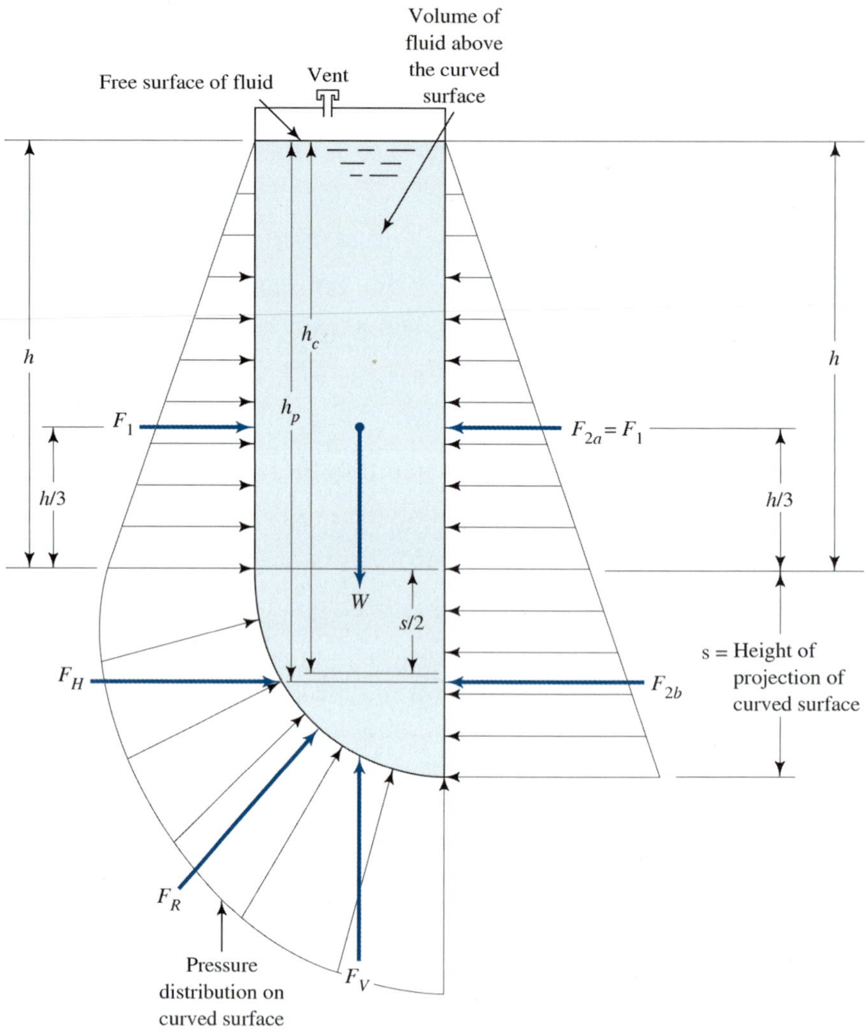

그림 4.14 곡면 위 유체에 대한 자유물체도

4.8.1 수평방향 힘

왼쪽 수직 벽면은 유체에 수평방향 힘을 가한다. 합력 F_1은 수직 벽면 하단부터 $h/3$ 위에 작용한다.

오른쪽 상부 벽면(수심 h)에 작용하는 유체 힘 F_{2a}는 F_1과 크기는 같고 방향은 반대이다. 따라서 F_1과 F_{2a}는 곡면에 영향을 주지 않는다.

수평방향으로 작용하는 모든 힘을 더하면 0이어야 한다. 따라서 F_H의 크기는 오른쪽 하부 벽면에 작용하는 유체 힘 F_{2b} 크기와 같아야 한다. F_{2b}가 작용하는 면은 곡면의 수직 투영면이라 할 수 있다.

F_{2b}의 크기와 작용 위치는 평면 결과를 이용하여 구할 수 있다.

$$F_{2b} = \gamma h_c A \tag{4-16}$$

여기서 h_c는 투영면 면적 중심까지의 수심이다. 그림 4.14의 경우 투영면은 사각형이다. 사각형 높이가 s라고 하면 $h_c = h + s/2$가 된다. 곡면의 너비가 w라고 하면 투영면의 면적은 sw가 된다. 따라서

$$F_{2b} = F_H = \gamma sw(h + s/2) \tag{4-17}$$

이다. F_{2b}가 작용하는 위치는 투영면의 압력 중심이다. 앞서 평면에 대한 결과를 이용하면 다음을 얻는다.

$$h_p - h_c = I_c/(h_c A)$$

사각 투영면의 경우,

$$I_c = ws^3/12$$

$$A = sw$$

이다. 따라서 다음을 얻는다.

$$h_p - h_c = \frac{ws^3}{12(h_c)(sw)} = \frac{s^2}{12h_c} \tag{4-18}$$

4.8.2 수직방향 힘

곡면이 유체에 수직으로 가하는 힘은 모든 수직방향 힘을 더하면 얻을 수 있다. 유체 무게는 아래로 작용하고 F_V는 위로 작용한다. 따라서 유체 무게와 F_V는 크기가 같아야 한다. 유체 무게는 유체의 비중량과 부피의 곱으로 주어진다. 또한 부피는 그림 4.14에서 보여주는 단면적과 너비 w의 곱으로 주어진다. 따라서 F_V는 다음과 같이 계산된다.

$$F_V = \gamma(\text{부피}) = \gamma Aw \tag{4-19}$$

4.8.3 합력

합력 F_R은 다음과 같다.

$$F_R = \sqrt{F_H^2 + F_V^2} \tag{4-20}$$

합력은 수평선과 각도 ϕ를 가지며 작용한다.

$$\phi = \tan^{-1}(F_V/F_H) \tag{4-21}$$

4.8.4 잠긴 곡면에 작용하는 힘을 계산하기 위한 절차 요약

그림 4.13에서 보여주는 것과 같이 곡면이 유체 아래에 있는 경우, 다음 절차를 통해 곡면에 작용하는 합력의 크기, 방향, 작용 위치를 구한다.

1단계 액체에 대한 자유물체도 작성을 위해 액체를 격리시킨다.

2단계 격리된 액체의 무게를 계산한다.

3단계 합력의 수직방향 크기는 격리된 액체의 무게와 같고, 작용 위치는 격리된 액체의 면적 중심을 통과하는 수직선상에 있다.

4단계 곡면을 수직면에 투영시키고 투영면의 높이 s를 결정한다.

5단계 투영면 면적 중심까지의 수심을 계산한다.

$$h_c = h + s/2$$

여기서 h는 투영면 상단까지의 수심이다.

6단계 합력의 수평방향 크기를 계산한다.

$$F_H = \gamma sw(h + s/2) = \gamma swh_c$$

7단계 합력의 수평방향 힘이 작용하는 수심을 다음과 같이 계산한다.

$$h_p = h_c + s^2/(12h_c)$$

8단계 합력의 크기를 계산한다.

$$F_R = \sqrt{F_V^2 + F_H^2}$$

9단계 합력이 작용하는 방향(수평선을 기준으로 한 각도)을 계산한다.

$$\phi = \tan^{-1}(F_V/F_H)$$

10단계 합력의 방향이 곡면의 곡률 중심(center of curvature)을 통과하도록 합력을 그림에 그린다.

예제 4.8 그림 4.13에서 보여주는 탱크에 대하여 다음의 값이 주어졌다.

$$h_1 = 3.00 \text{ m}$$
$$h_2 = 4.50 \text{ m}$$
$$w = 2.50 \text{ m}$$
$$\gamma = 9.81 \text{ kN/m}^3 \text{ (water)}$$

곡면에 작용하는 합력의 수직방향 크기와 수평방향 크기를 계산하시오. 또한 합력 벡터를 그림에 그리시오.

해설

1. 그림 4.15는 곡면 위에 있는 물을 보여준다.
2. 격리된 물의 무게는 물의 비중량과 부피의 곱으로 계산된다. 부피는 탱크의 단면적과 너비(w)의 곱으로 계산된다. 단면적은 사각형과 사분원의 면적 합으로 주어진다.

$$\text{단면적} = A_1 + A_2 = h_1 \cdot R + (1/4)(\pi R^2)$$
$$= (300 \text{ m})(1.50 \text{ m}) + (1/4)[\pi(1.50 \text{ m})^2] = 4.50 \text{ m}^2 + 1.767 \text{ m}^2$$
$$= 6.267 \text{ m}^2$$
$$\text{부피} = \text{단면적} \cdot w = (6.267 \text{ m}^2)(2.50 \text{ m}) = 15.67 \text{ m}^3$$
$$\text{무게} = \gamma V = (9.81 \text{ kN/m}^3)(15.67 \text{ m}^3) = 153.7 \text{ kN}$$

3. 따라서 $F_V = 153.7$ kN이며 작용 방향은 물의 부피 중심을 향한다. 부피 중심의 위치는 그림 4.15를 참조하여 다음 방법으로 구한다. 사분면의 면적 중심 위치 x_2값을 제외한 다른 값들은 쉽게 얻을 수 있다. 부록 L에 의하면

$$x_2 = 0.424R = 0.424(1.50 \text{ m}) = 0.636 \text{ m}$$

따라서 전체 단면에 대한 면적 중심은 다음과 같다.

$$\bar{x} = \frac{A_1 x_1 + A_2 x_2}{A_1 + A_2} = \frac{(4.50)(0.75) + (1.767)(0.636)}{4.50 + 1.767} = 0.718 \text{ m}$$

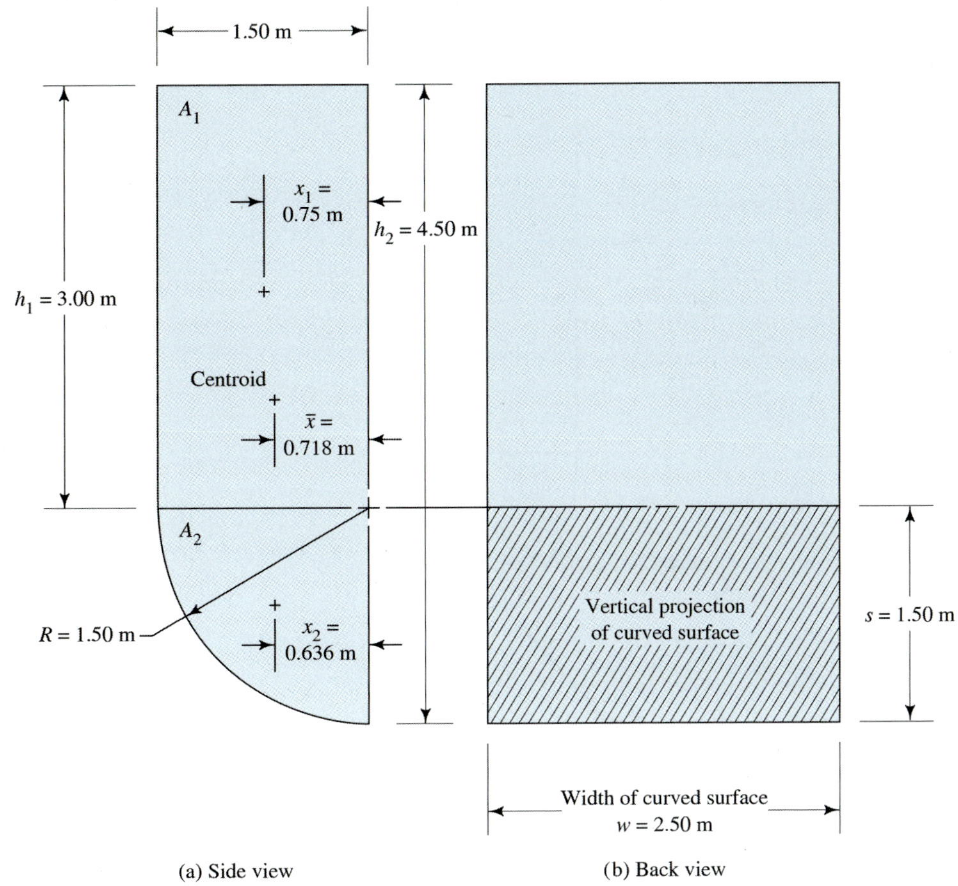

그림 4.15 예제 4.8에 대한 곡면 위 유체

4. 곡면의 수직 투영면은 그림 4.15에 그려져 있다. 투영면 높이 s는 1.50 m이다.
5. 투영면 면적 중심까지의 수심은 다음과 같다.

$$h_c = h_1 + s/2 = 3.00\ \text{m} + (1.50\ \text{m})/2 = 3.75\ \text{m}$$

6. 합력의 수평방향 크기는 다음과 같다.

$$F_H = \gamma sw(h_1 + s/2) = \gamma swh_c$$

$$F_H = (9.81\ \text{kN/m}^3)(1.50\ \text{m})(2.50\ \text{m})(3.75\ \text{m}) = 138.0\ \text{kN}$$

7. 합력의 수평방향 힘이 작용하는 지점의 수심은 다음과 같다.

$$h_p = h_c + s^2/(12h_c)$$

$$h_p = 3.75\ \text{m} + (1.50)^2/[(12)(3.75)] = 3.80\ \text{m}$$

8. 합력의 크기는 다음과 같이 계산된다.

$$F_R = \sqrt{F_V^2 + F_H^2}$$

$$F_R = \sqrt{(153.7\ \text{kN})^2 + (138.0\ \text{kN})^2} = 206.5\ \text{kN}$$

9. 합력이 작용하는 방향(수평선을 기준으로 한 각도)은 다음과 같다.

$$\phi = \tan^{-1}(F_V/F_H)$$

$$\phi = \tan^{-1}(153.7/138.0) = 48.1°$$

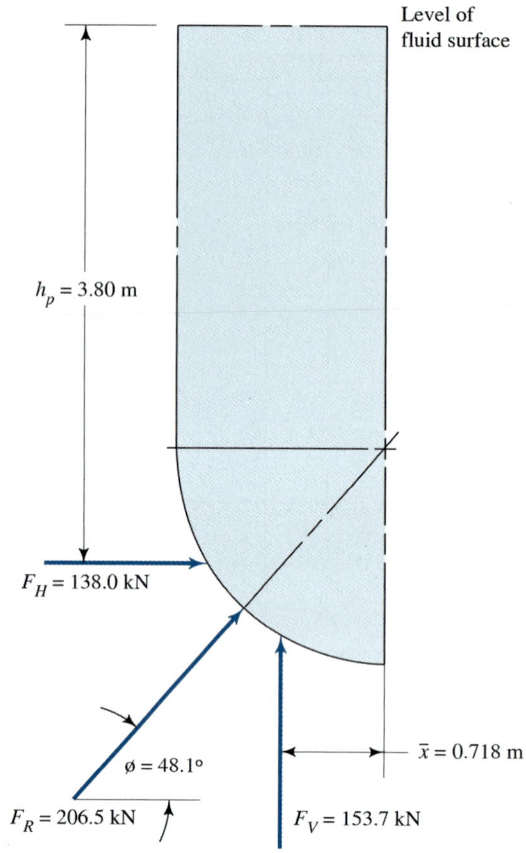

그림 4.16 예제 4.8 결과

10. 합력의 수평방향 성분, 수직방향 성분, 합력 벡터는 그림 4.16에 그려져 있다. F_R은 곡면의 곡률 중심을 향하고 있고, 수직방향 힘은 전체 유체의 부피 중심을 향하고 있으며, 수평방향 힘은 투명면의 압력 중심(수면에서부터 수심이 h_p)을 향하고 있다.

4.9 수면 상부 압력 영향

바로 이전 절에서는 곡면에 작용하는 힘이 정지 유체의 수심에 의해 결정되었다. 수면 상부에 압력이 가해지거나 또는 액체 자체가 가압이 된 경우에는, 실제 수심에 $h_a = p/\gamma$ 값이 더해진 등가 수심을 사용한다. 이는 4.7절에 기술한 위압 수두와 같은 개념이다. 등가 수심을 사용하여 합력의 수평방향 크기와 수직방향 크기를 계산한다.

4.10 유체가 곡면 아래에 있는 경우

지금까지는 유체가 곡면 위에 있는 경우를 살펴보았다. 이 경우, 유체가 곡면에 작용하는 수직방향 힘은 곡면 위에 있는 유체 무게와 같았다.

이제 그림 4.17과 같이 유체가 곡면 아래에 있는 경우를 생각해보자. 유체가 곡면에 가하는 힘의 방향은 상향 그리고 오른쪽이다. 유체 내 한 점에서의 압력은 수면에서 그 점까지의 수직 거리, 즉 수심에 의해 결정된다. 이 사실은 곡면에도 적용된다. 그림 4.18은 곡면 위에도 유체가 있는 가상의 상황을 보여준다. 이 상황에서 곡면 아래의 유체와 곡면 위의 유체는 각각 곡면에 작용하는 힘의 크기가 같고 방

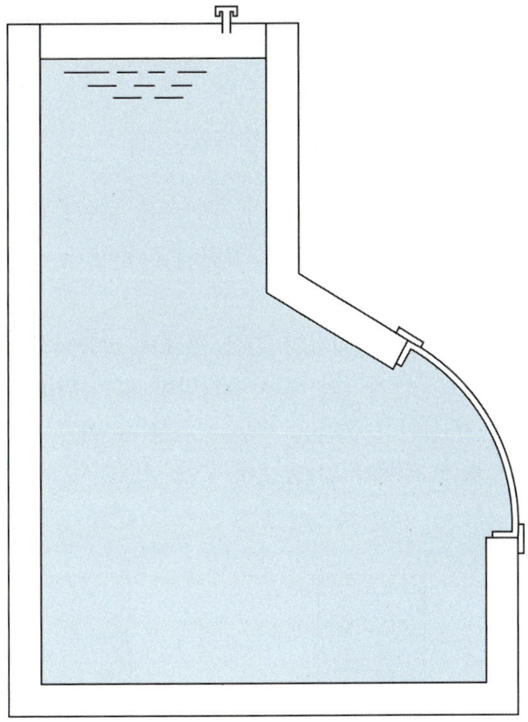

그림 4.17 곡면 아래에 액체가 있는 경우

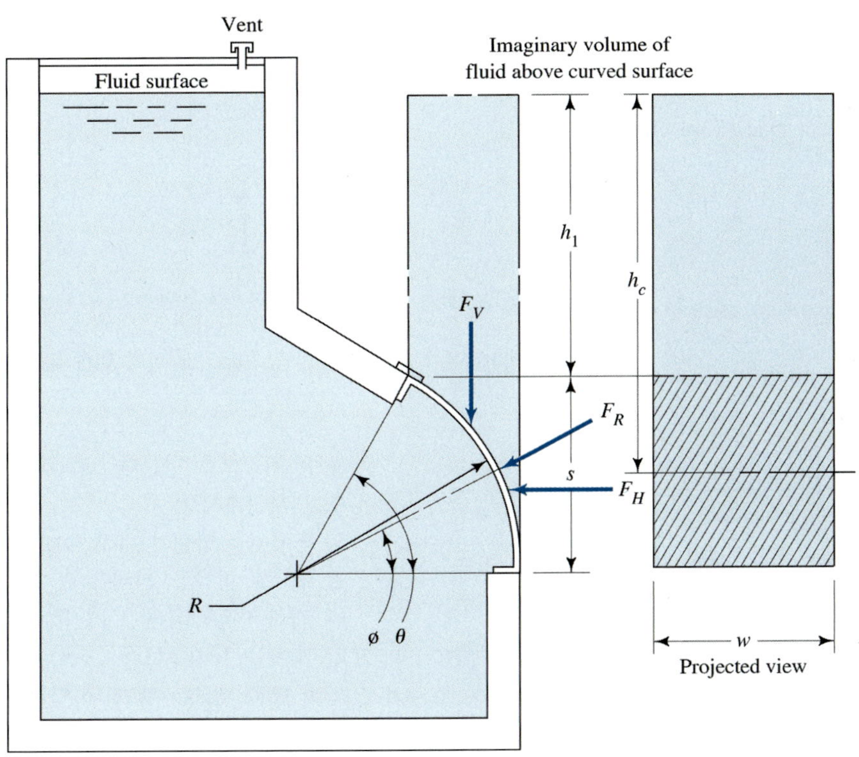

그림 4.18 곡면이 유체에 가하는 힘

향은 반대이다. 따라서 곡면 아래의 유체가 곡면에 작용하는 수평방향 힘의 크기는 가상 유체가 곡면의 수직 투영면에 작용하는 힘의 크기와 같다. 수직방향 힘은 가상 유체의 무게와 같다.

4.11 유체가 곡면 위와 아래에 모두 있는 경우

그림 4.19는 오일탱크 내 반실린더 형태의 게이트를 보여준다. 게이트에 작용하는 유체 힘은 오른쪽으로 작용할 것이다. 이 힘은 곡면의 수직 투영면에 작용하고, 4.7절에서 기술된 방법을 통해 계산할 수 있다.

게이트 상부 곡면에 작용하는 수직방향 힘은 아래로 작용하고, 힘의 크기는 상부 곡면 위에 있는 유체 무게와 같다. 반면 하부 곡면에 작용하는 수직방향 힘은 위로 작용하고, 힘의 크기는 하부 곡면 위에 있는 유체(실제 유체 + 반실린더 공간을 채우는 가상 유체) 무게와 같다. 따라서 게이트에 작용하는 순 수직방향 힘은 가상 유체의 무게와 같다(그림 4.20 참고).

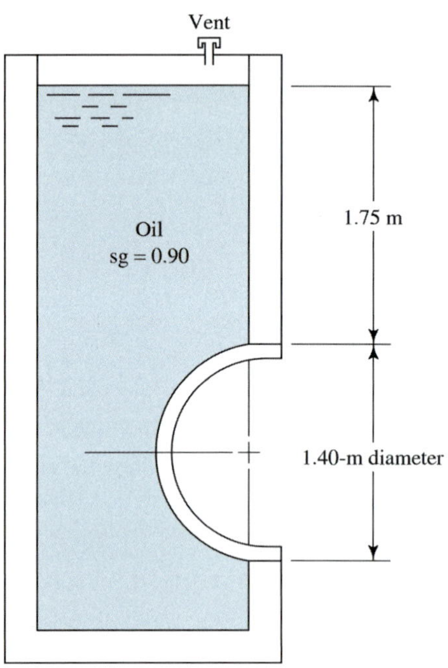

그림 4.19 반실린더 게이트

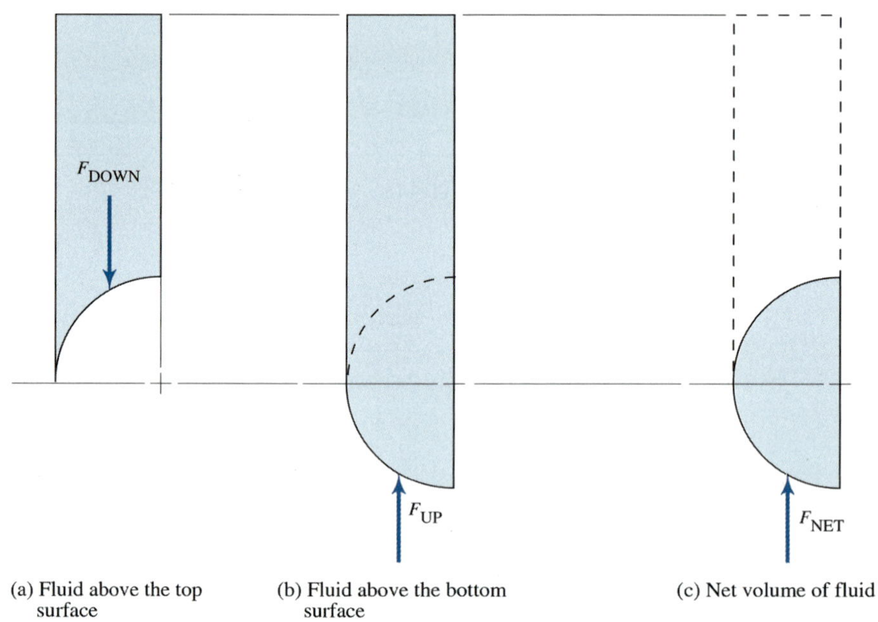

그림 4.20 게이트에 작용하는 순 수직 힘을 계산하기 위한 유체 공간

연습문제

기체 압력에 의한 힘

4.1 그림 4.21은 진공 탱크이다. 탱크 내부를 관찰할 수 있도록 편평한 원형 창이 한쪽에 설치되어 있다. 기압계가 수은주 42.5 in를 가리키고 있고 탱크 내 압력이 0.15 psia일 때 창에 작용하는 전체 힘은 얼마인가?

4.2 그림 4.21에서 탱크의 왼쪽은 플랜지가 볼트로 연결되어 있다. 탱크 내부 직경이 30 in이고 내부 압력이 +24.4 psig로 상승했을 때 플랜지 볼트에 가해지는 전체 힘은 얼마인가?

4.3 방의 배기 시스템은 방 내부의 압력을 대기압 대비 1.2 in 수주 진공으로 만든다. 46-in×90-in 방 문에 가해지는 힘을 계산하시오.

4.4 압력 용기를 만들기 위해 14-in Schedule 40 파이프 양단을 캡으로 막았다. 파이프 내 압력이 325 psig로 상승했을 때 캡에 작용하는 힘을 계산하시오. 파이프 치수에 대해서는 부록 F를 참조한다.

4.5 압력 방출 밸브는 탱크 내 압력이 일정 이상이 되면 열리는 밸브이다. 탱크 내 압력은 직경 45 mm 피스톤에 힘을 가하고, 피스톤이 움직이지 않기 위해 압력 방출 밸브에 장착된 스프링은 반대 방향으로 피스톤에 힘을 가한다. 탱크 내 압력이 3.50 MPa일 때, 밸브를 잠겨있는 상태로 유

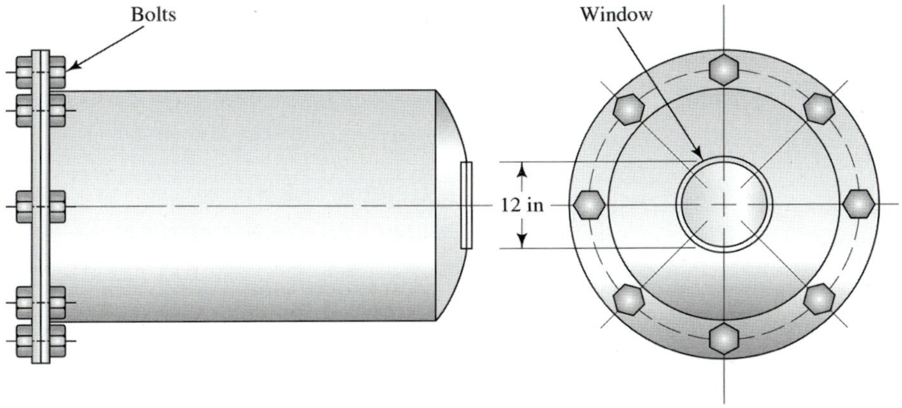

그림 4.21 문제 4.1과 4.2에 대한 탱크

지하기 위해 스프링이 피스톤에 가해야 하는 힘은 얼마인가?

4.6 내경 60 mm 실린더에 42.5 MPa의 질소를 생성시켜 탄환을 발사하는 총이 있다. 탄환에 작용하는 힘을 계산하시오.

4.7 기내 압력은 유인 우주선의 출구 해치를 밀폐하는 데 활용된다. 기내 압력이 52.4 kPa(abs)이고 외부는 완전한 진공이라고 할 경우, 한 변이 750 mm인 정사각형 해치에 작용하는 힘을 계산하시오.

액체 아래의 수평 평면에 작용하는 힘

4.8 77°F 암모니아를 담고 있는 탱크의 바닥이 수평이다. 탱크의 내부 공간을 청소하기 위해 24-in×18-in 크기의 문을 탱크 바닥에 설치하였다. 탱크 내 암모니아 수심이 12.3 ft일 때 문에 작용하는 힘을 계산하시오.

4.9 수은 수조 바닥에는 수은을 부을 수 있도록 홀이 설치되어 있다. 홀은 고무마개를 통해 밀폐된다. 수은의 수심이 32 in일 때 0.92 in 직경을 가지는 고무마개에 작용하는 힘은 얼마인가?

4.10 그림 4.22는 샤워 시 물을 공급하기 위한 탱크이다. 탱크의 내부 직경은 500 mm이고 탱크의 높이는 1.8 m이다. 탱크 내 물은 바닥에 설치된 직경 75 mm의 플래퍼 밸브(flapper valve)를 통해 흐른다. 밸브를 열기 위해 플래퍼를 위로 밀기 위한 힘을 계산하시오.

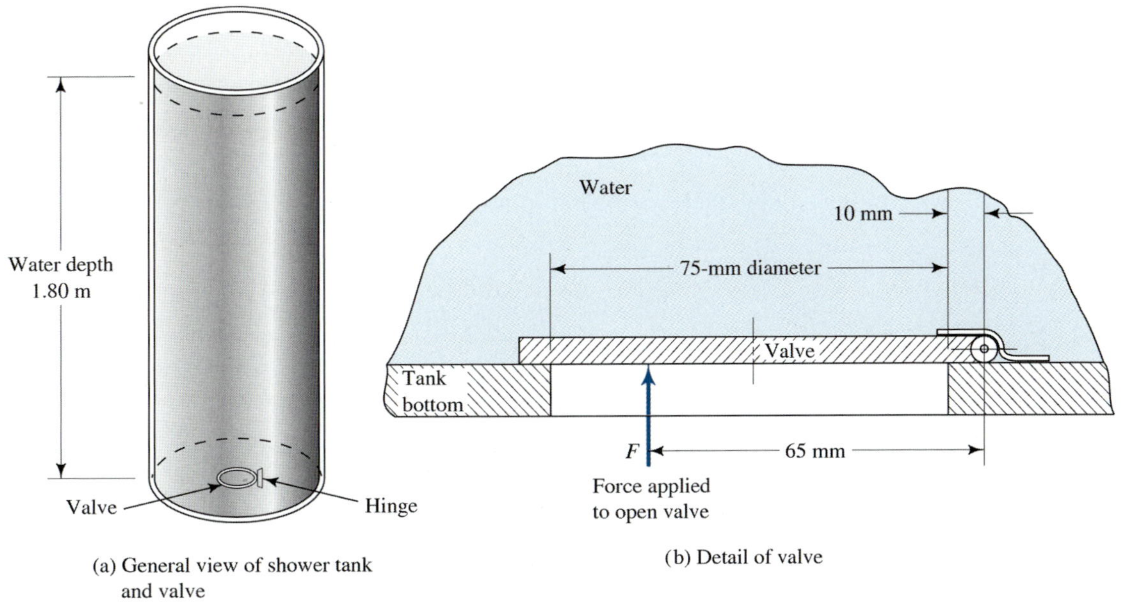

그림 4.22 문제 4.10에 대한 샤워 탱크와 밸브

4.11 그림 4.23은 밀폐된 탱크이다. 공기 압력이 52 kPa(gage)일 때 탱크 바닥에 작용하는 힘을 계산하시오.

4.12 그림 4.24에서 탱크의 길이가 1.2 m일 때 탱크 바닥에 작용하는 힘을 계산하시오.

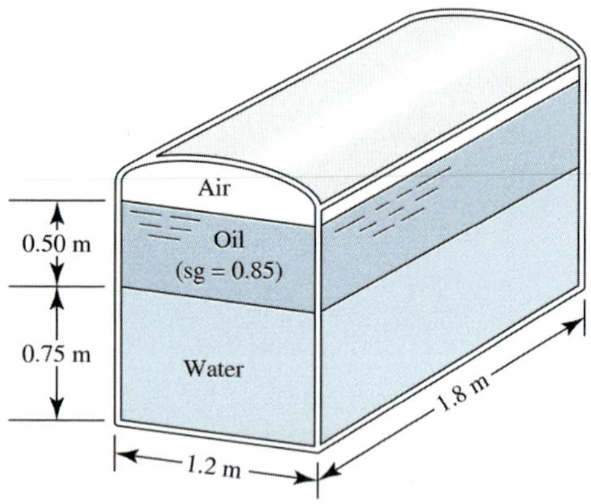

그림 4.23 문제 4.11

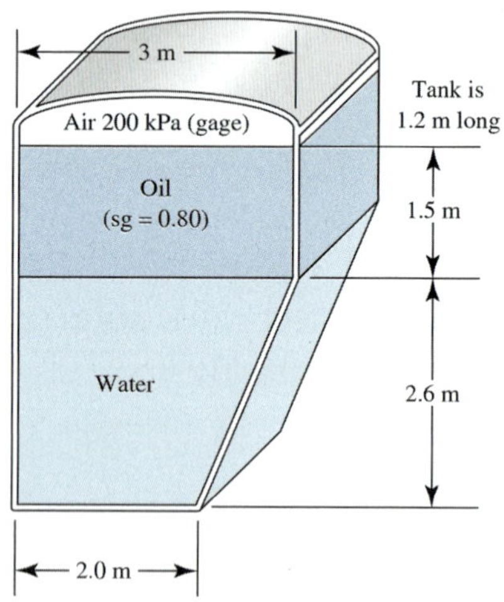

그림 4.24 문제 4.12

4.13 소형 잠수함의 수평 표면에 관측 포트가 설치되어 있다. 그림 4.25는 포트의 형상을 보여준다. 잠수함 내부 압력은 100 kPa(abs)이고 잠수함이 해저 175 m에 있을 때 포트에 작용하는 힘을 계산하시오.

사각벽에 작용하는 힘

4.14 그림 4.26과 같이 사각형 게이트가 탱크의 수직 벽에 설치되어 있다. 게이트에 작용하는 합력 크기와 압력 중심 위치를 구하시오. 또한 각 걸쇠(latch)에 작용하는 힘을 계산하시오.

4.15 그림 4.27은 경사면을 가지는 수조이다. 수조에 15.5 ft 깊이의 글리세린이 채워져 있을 때 경사면에 작용하는 합력을 계산하시오. 또한 압력 중심 위치를 구하고 합력과 함께 그림 상에 표시하시오.

4.16 그림 4.28에서 벽의 길이는 20 ft이다.

(a) 물의 압력에 의하여 벽에 작용하는 전체 힘과 압력 중심 위치를 구하시오.

(b) 이 힘에 의하여 벽의 바탕(base)에 작용하는 모멘트를 계산하시오.

4.17 그림 4.29에서 벽의 길이는 4 m이다. 오일 압력에 의하여 벽에 작용하는 전체 힘을 계산하시오. 또한 압력 중심 위치를 구하고 벽에 작용하는 합력과 함께 그림 상에 표시하시오.

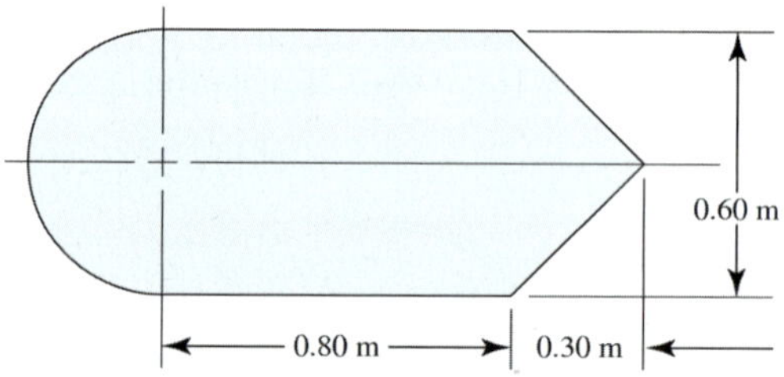

그림 4.25 문제 4.13에 대한 포트

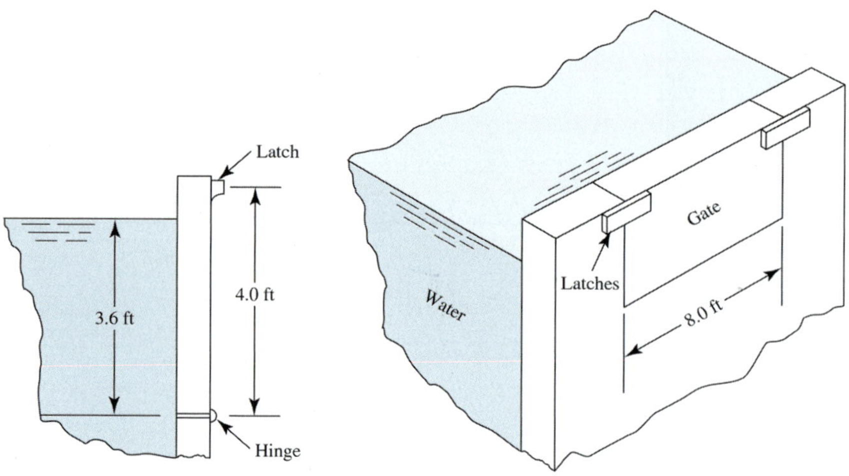

그림 4.26 문제 4.14에 대한 게이트

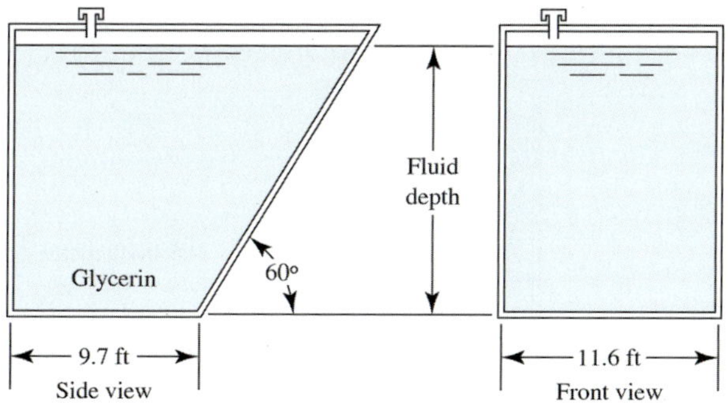

그림 4.27 문제 4.15에 대한 수조

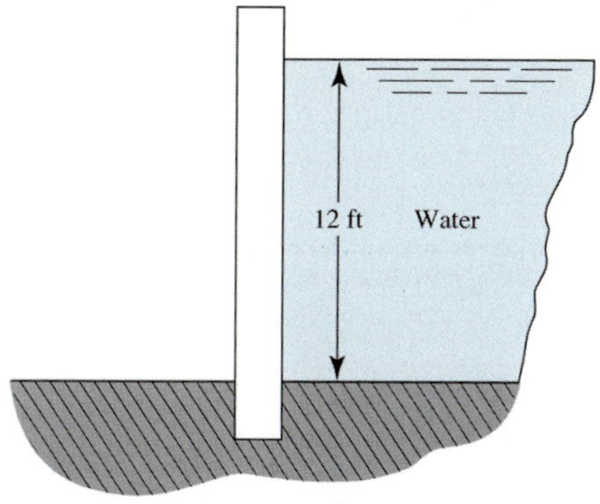

그림 4.28 문제 4.16

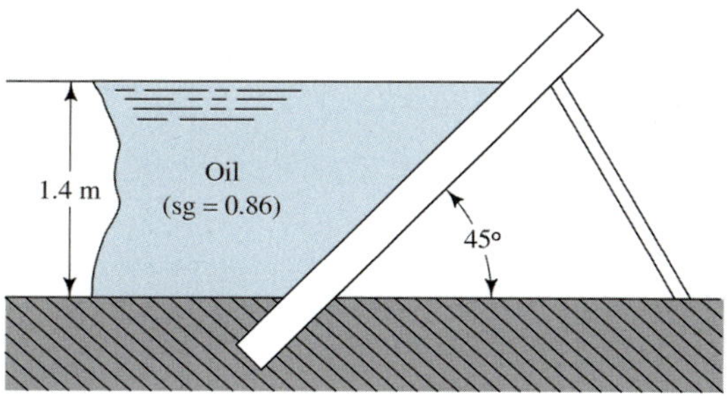

그림 4.29 문제 4.17

잠겨있는 평면에 작용하는 힘

그림 4.30~4.41에 나타난 각 경우에 대하여 표시된 면에 작용하는 합력 크기와 압력 중심 위치를 구하시오. 면에 작용하는 합력과 압력 중심 위치를 그림 상에 표시하시오.

4.18 그림 4.30

4.19 그림 4.31

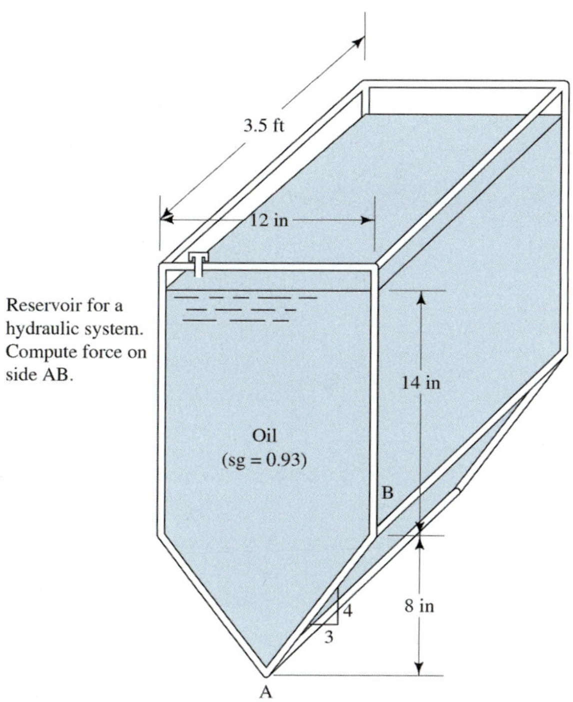

그림 4.30 문제 4.18

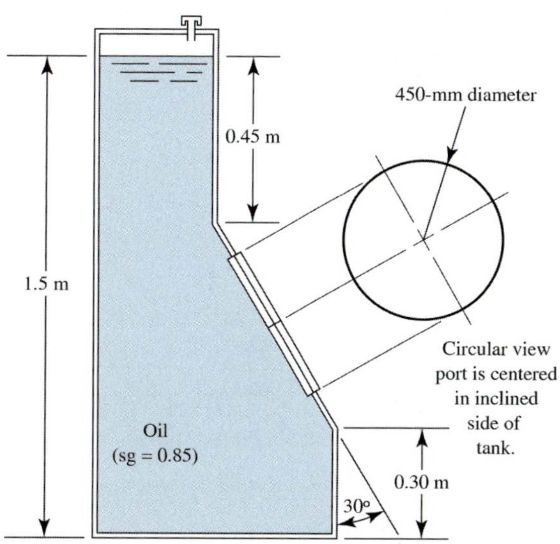

그림 4.31 문제 4.19, 4.43

4.20 그림 4.32

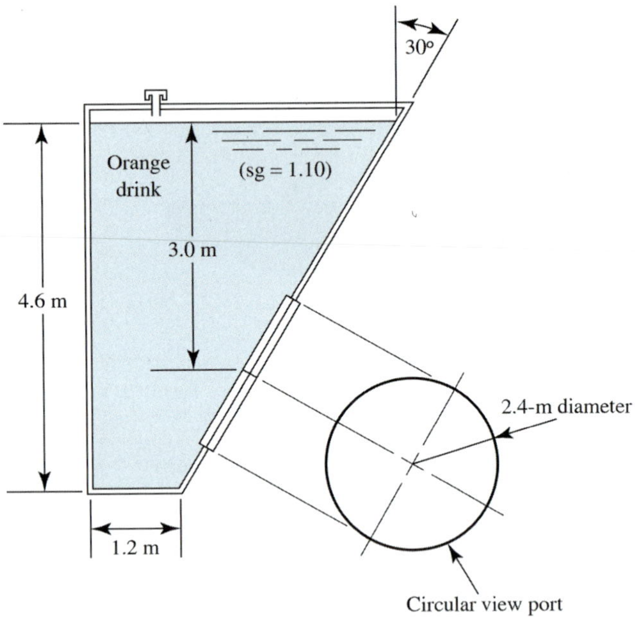

그림 4.32 문제 4.20, 4.36, 4.37, 4.44

4.21 그림 4.33

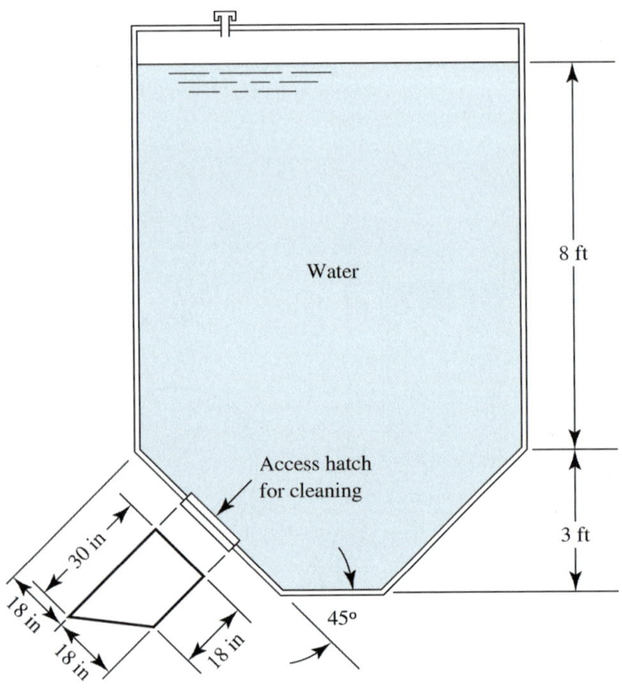

그림 4.33 문제 4.21

4.22 그림 4.34

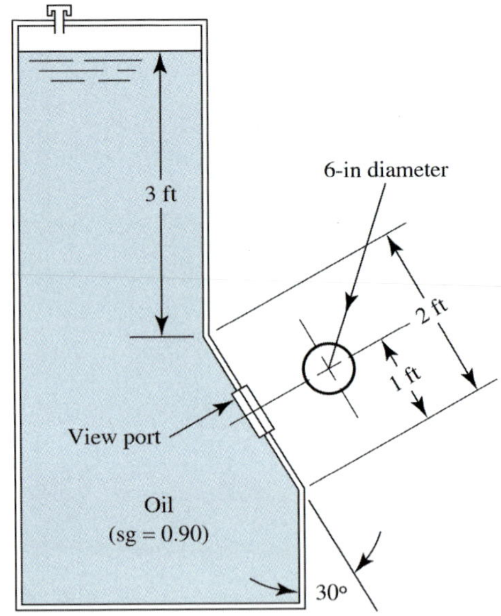

그림 4.34 문제 4.22

4.23 그림 4.35

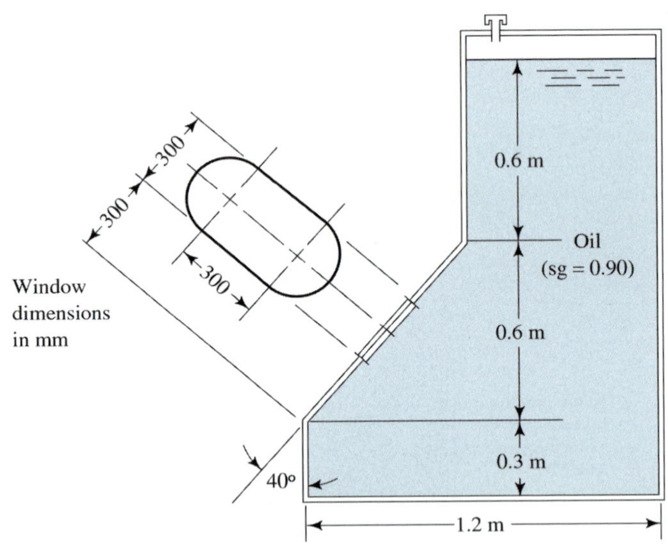

그림 4.35 문제 4.23, 4.38, 4.39

4.24 그림 4.36

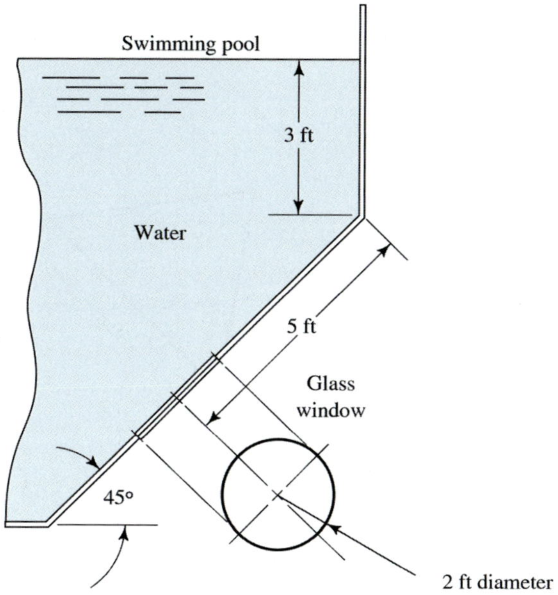

그림 4.36 문제 4.24

4.25 그림 4.37

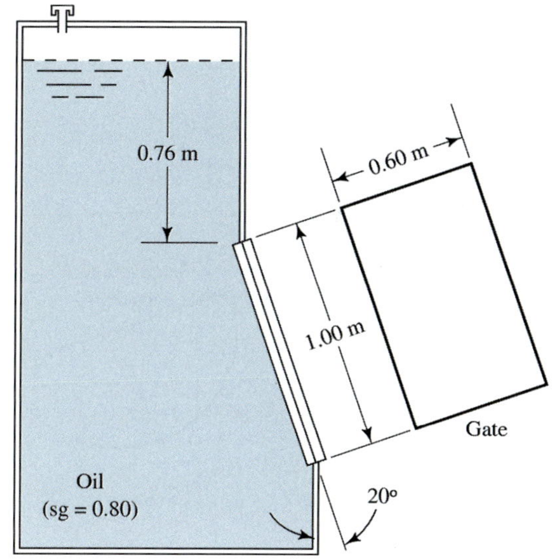

그림 4.37 문제 4.25

4.26 그림 4.38

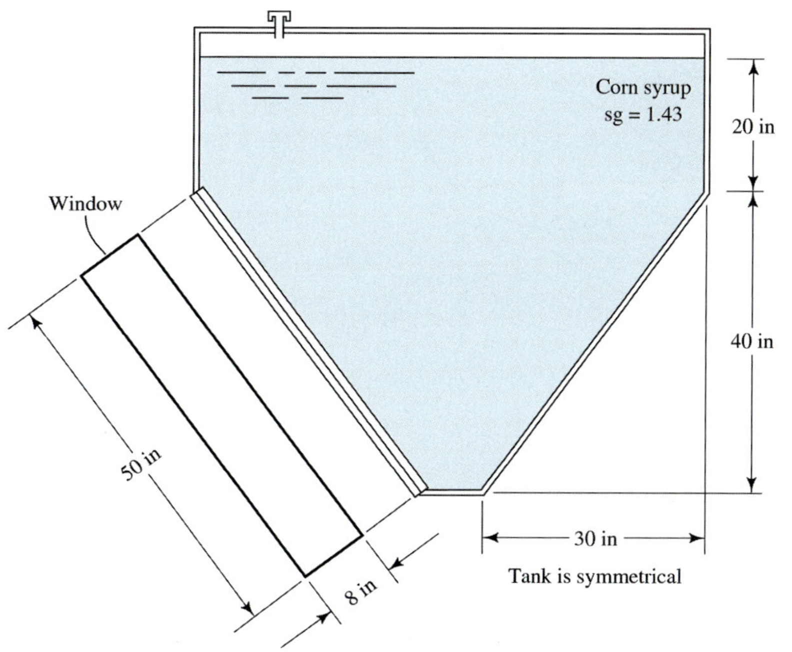

그림 4.38 문제 4.26, 4.45

4.27 그림 4.39

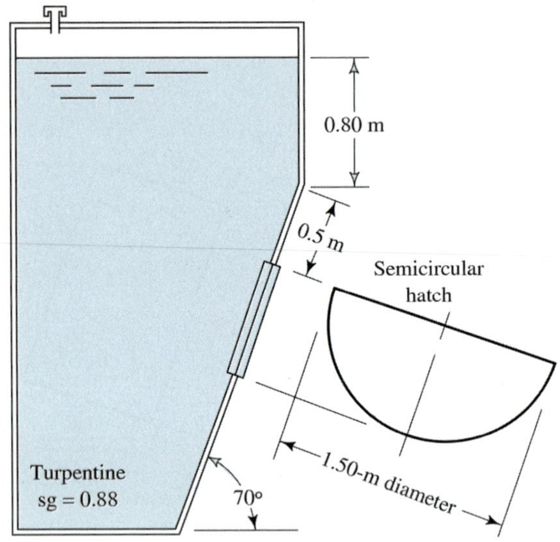

그림 4.39 문제 4.27

4.28 그림 4.40

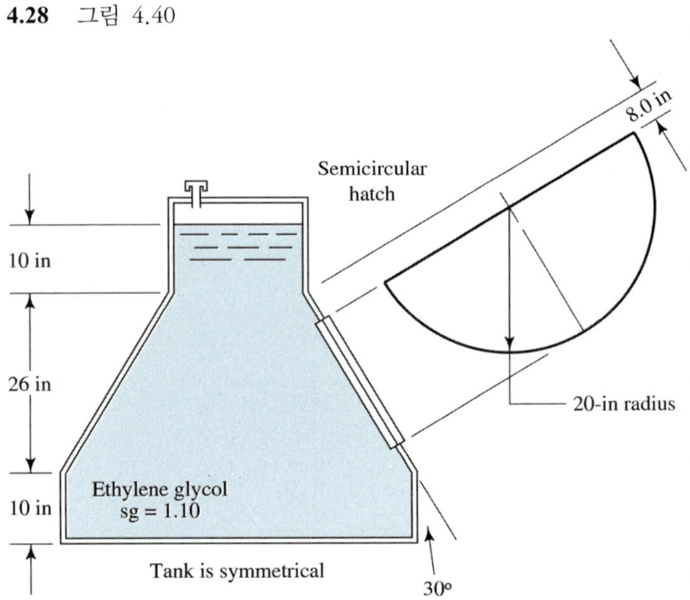

그림 4.40 문제 4.28, 4.46

4.29 그림 4.41

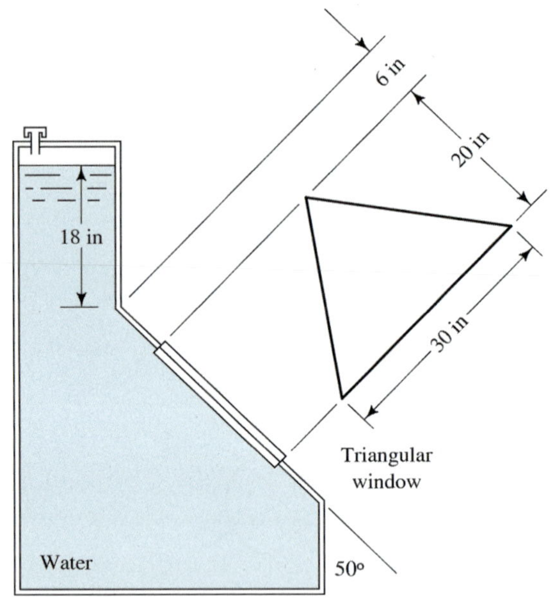

그림 4.41 문제 4.29

4.30 그림 4.42는 가솔린탱크이다. 가솔린의 비중은 0.67이다. 탱크의 양 측면은 수직 벽이다. 수직 벽에 작용하는 힘과 압력 중심 위치를 구하시오.

4.31 그림 4.42와 같이 탱크에 가솔린이 주입 파이프 바로 밑까지 채워져 있다. 가솔린의 비중은 0.67이다. 수직 벽에 작용하는 합력의 크기와 작용 위치를 구하시오.

4.32 그림 4.42와 같이 탱크에 가솔린이 절반 채워져 있다. 가솔린의 비중은 0.67이다. 수직 벽에 작용하는 합력의 크기와 작용 위치를 구하시오.

4.33 그림 4.43은 물탱크이다. 뒤에 있는 수직 벽에 작용하는 합력의 크기와 작용 위치를 구하시오.

4.34 그림 4.43은 물탱크이다. 탱크의 양 측면은 수직 벽이다. 이 수직 벽에 작용하는 합력의 크기와 작용 위치를 구하시오.

4.35 그림 4.43은 물탱크이다. 경사진 벽에 작용하는 합력의 크기와 작용 위치를 구하시오.

4.36 그림 4.32는 오렌지음료수탱크의 단면이다. 탱크의 양 끝 벽면은 수직이다(끝 벽면은 그림과 일치). 끝 벽면에 작용하는 합력의 크기와 작용 위치를 구하시오. 탱크의 길이는 3.0 m이다.

4.37 그림 4.32와 같은 오렌지음료수탱크에서 왼쪽 수직 벽에 작용하는 합력의 크기와 작용 위치를 구하시오. 탱크의 길이는 3.0 m이다.

4.38 그림 4.35는 오일탱크이다. 탱크의 양 끝 벽면은 수직이다. 끝 벽에 작용하는 합력의 크기와 작용 위치를 구하시

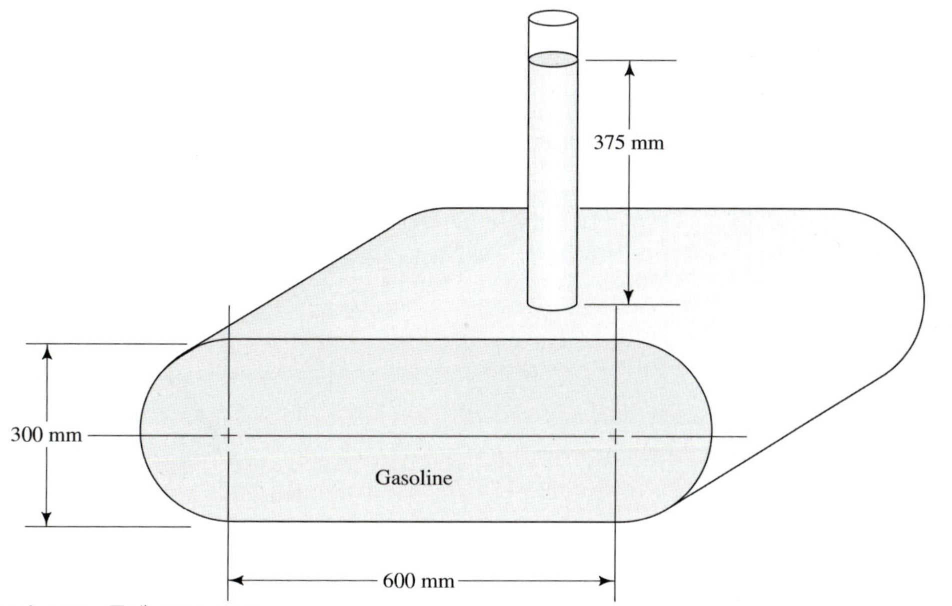

그림 4.42 문제 4.30–4.32

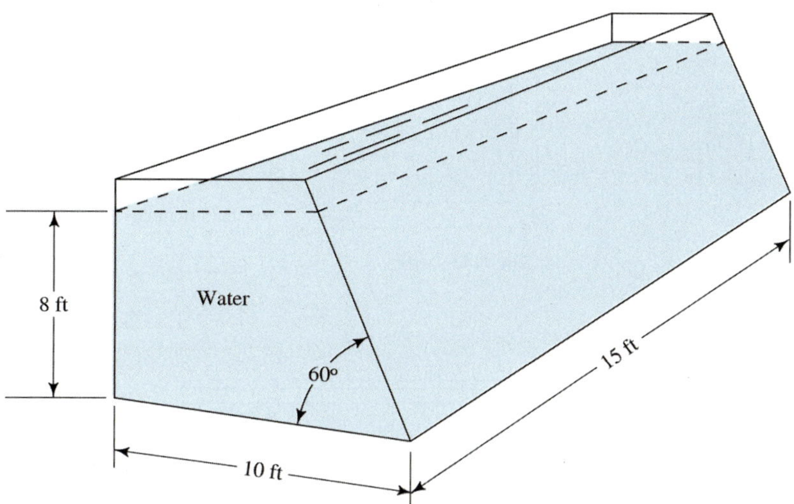

그림 4.43 문제 4.33–4.35

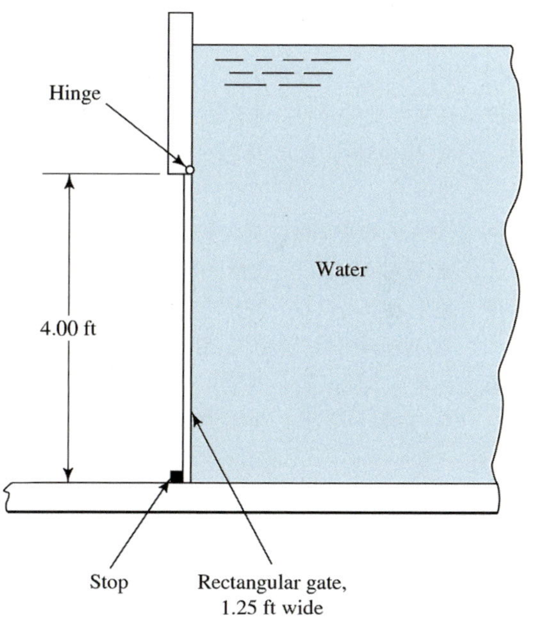

그림 4.44 문제 4.40

오. 탱크의 길이는 1.2 m이다.

4.39 그림 4.35와 같은 탱크에서 오른쪽 수직 벽에 작용하는 합력의 크기와 작용 위치를 구하시오. 탱크의 길이는 1.2 m이다.

4.40 그림 4.44는 물을 가두고 있는 사각형의 게이트이다. 물의 수심이 6.0 ft이다. 게이트에 작용하는 합력의 크기와 작용 지점을 구하시오. 또한 힌지(hinge)와 스톱(stop)에 작용하는 힘을 계산하시오.

4.41 그림 4.45는 두 유체를 분리하고 있는 게이트이다. 게이트는 두 유체로부터 힘을 받는다. 게이트에 작용하는 전체 합력을 계산하시오. 또한 힌지와 서포트에 작용하는 힘을 계산하시오.

4.42 그림 4.46은 하부에 원형관이 연결된 물탱크이다. 물탱크와 원형관 사이에는 게이트가 설치되어 있다. 윈치에 연결

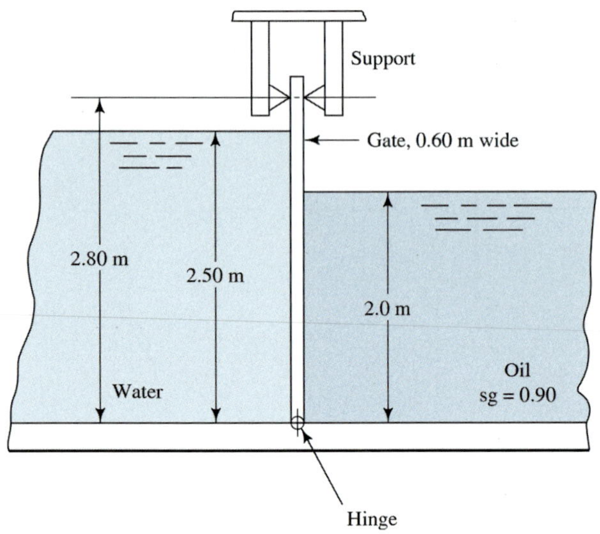

그림 4.45 문제 4.41

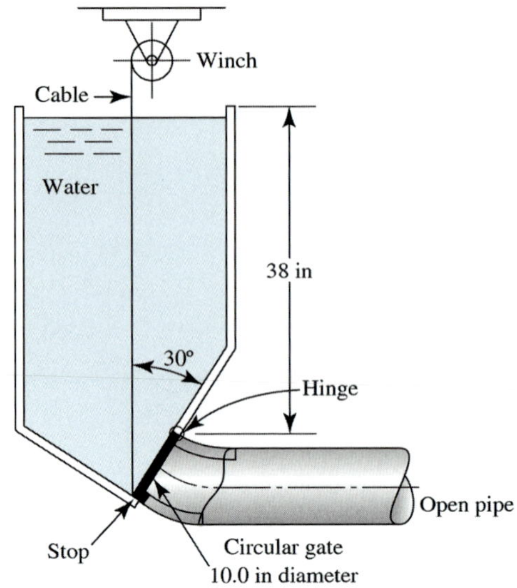

그림 4.46 문제 4.42

된 케이블을 통해 게이트를 열고 닫는다. 게이트를 열기 위해 윈치 케이블에 작용해야 하는 힘은 얼마인가?

위압 수두

4.43 문제 4.19를 다시 계산하시오(그림 4.31). 단, 탱크는 이제 밀폐되어 있고 오일 상부의 압력은 13.8 kPa(gage)이다.

4.44 문제 4.20을 다시 계산하시오(그림 4.32). 단, 탱크는 이제 밀폐되어 있고 유체 위의 압력은 25.0 kPa(gage)이다.

4.45 문제 4.26을 다시 계산하시오(그림 4.38). 단, 탱크는 이제 밀폐되어 있고 유체 위의 압력은 2.5 psig이다.

4.46 문제 4.28을 다시 계산하시오(그림 4.40). 단, 탱크는 이제 밀폐되어 있고 유체 위의 압력은 4.0 psig이다.

잠긴 곡면에 작용하는 힘

각 문제의 탱크에는 하나의 곡면이 있다. 곡면에 작용하는 수평방향 힘과 수직방향 힘을 각각 계산하시오. 또한 합력의 크기와 방향을 구하시오. 각 문제에서 곡면은 실린더의 일부로, 곡면의 길이는 문제에 주어져 있다.

4.47 그림 4.47

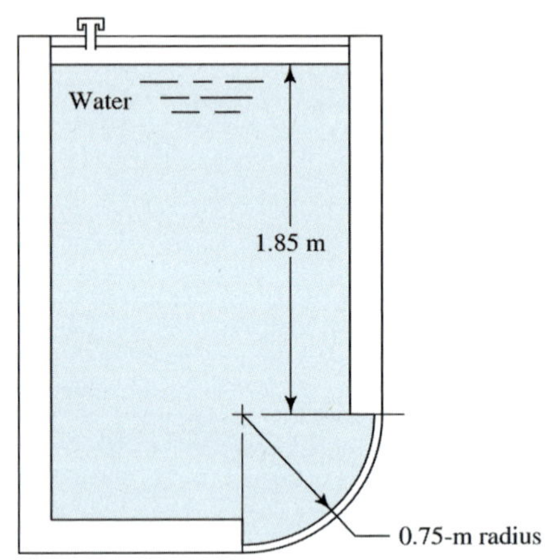

그림 4.47 문제 4.47, 4.55

4.48 그림 4.48

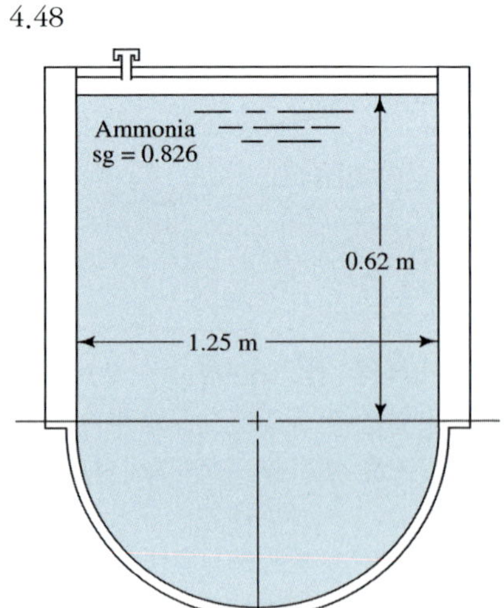

그림 4.48 문제 4.48, 4.56

4.49 그림 4.49

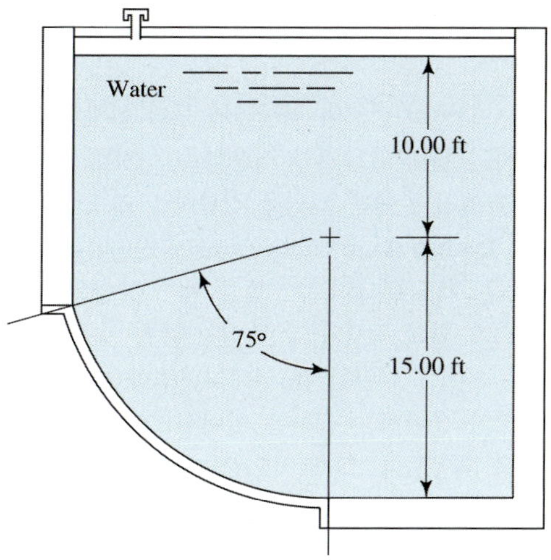

그림 4.49 문제 4.49

4.50 그림 4.50

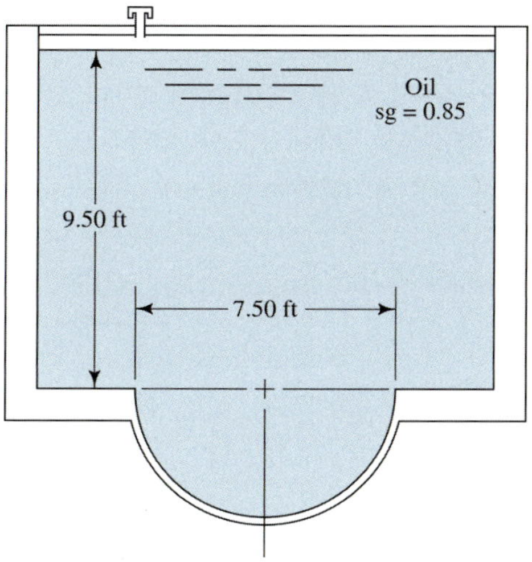

그림 4.50 문제 4.50

4.51 그림 4.51

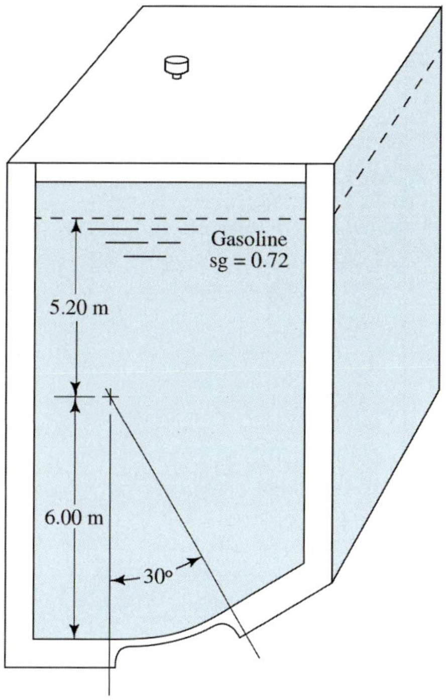

그림 4.51 문제 4.51

4.52 그림 4.52

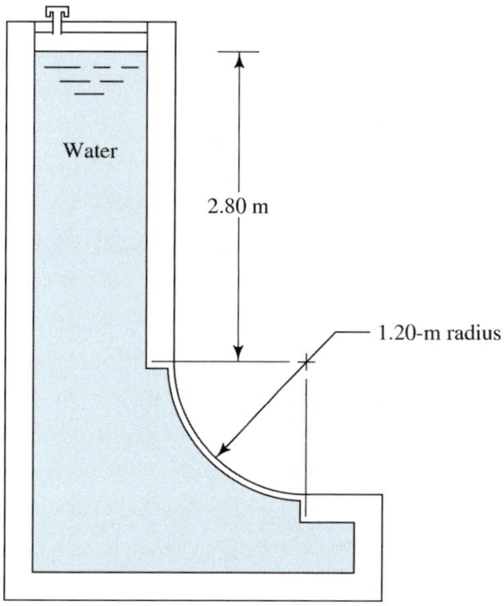

그림 4.52 문제 4.52

4.53 그림 4.53

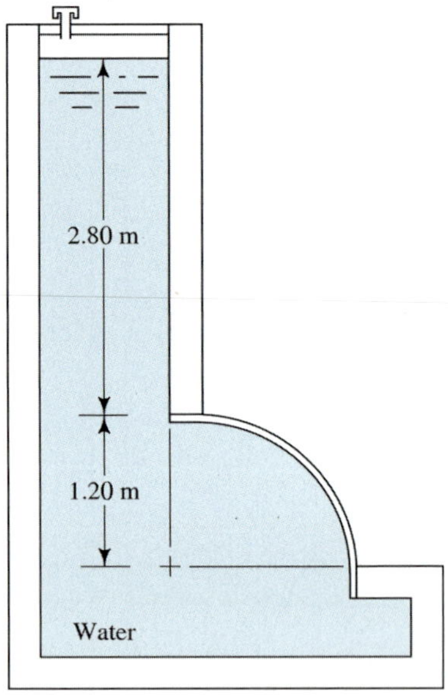

그림 4.53 문제 4.53

4.54 그림 4.54

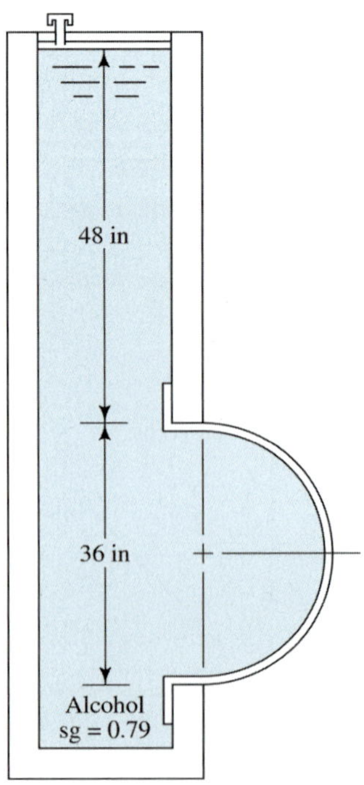

그림 4.54 문제 4.54

4.55 문제 4.47을 다시 계산하시오(그림 4.47). 단, 탱크는 이제 밀폐되어 있고 유체 상부 기체의 압력은 7.5 kPa(gage)이다.

4.56 문제 4.48을 다시 계산하시오(그림 4.48). 단, 탱크는 이제 밀폐되어 있고 유체 상부 기체의 압력은 4.65 kPa(gage)이다.

보충문제

4.57 그림 4.55에서 탱크의 경사면에 문이 설치되어 있다. 문에 작용하는 합력의 크기와 작용하는 위치를 구하시오.

4.58 에너지 효율이 좋은 빌딩을 건설하는 데 단열 콘크리트 폼(ICF, insulated concrete form)이 많이 사용된다. 기존에는 쏟은 액체 콘크리트가 굳을 때까지 콘크리트의 형태를 유지하기 위해 목재와 같은 임시 폼을 사용하였다. 그러나 ICF는 가볍고 단단한 폼 컨테이너(foam container)로, 콘크리트가 쏟아지는 공간은 비어있으며, 폼은 추가적인 단열층을 제공한다. 그림 4.56은 ICF의 기본 모습이다. ICF는 액체 콘크리트(sg = 2.4)가 굳을 때까지 액체 콘크리트를 담을 수 있을 정도로 강해야 한다. 폼 하부에서 콘크리트가 누설되면 건설에 매우 큰 지장을 주게 된다. 벽의 두께가 4.5 in, 너비가 35 ft, 높이가 14 ft일 때 폼이 견뎌야 하는 최대 압력은 얼마인가?

4.59 수위가 다른 댐과 강 사이를 배가 안전하게 이동할 수 있도록 수문이 설치되어 있다. 배가 수위가 다른 지점을 통과할 때 수문은 물을 붙잡고 있어야 한다. 그림 4.57에서 오른쪽 수문은 수심이 6 m인 물과 수심이 3.5 m인 물을 분리하고 있다. 수문의 너비는 8 m이다. 수심 3.5 m 물과 수심 6 m 물이 오른쪽 수문에 가하는 합력을 각각 계산하시오. 또한 오른쪽 수문에 작용하는 압력 분포를 보여주는 자유 물체도를 그리시오.

4.60 연어가 사는 강에 댐을 건설할 때 연어가 댐을 통과할 수 있는 우회유로를 만들어야 한다. 연어가 이 우회유로를 통과할 때 사람들이 연어를 관찰할 수 있도록 관측 창을 만

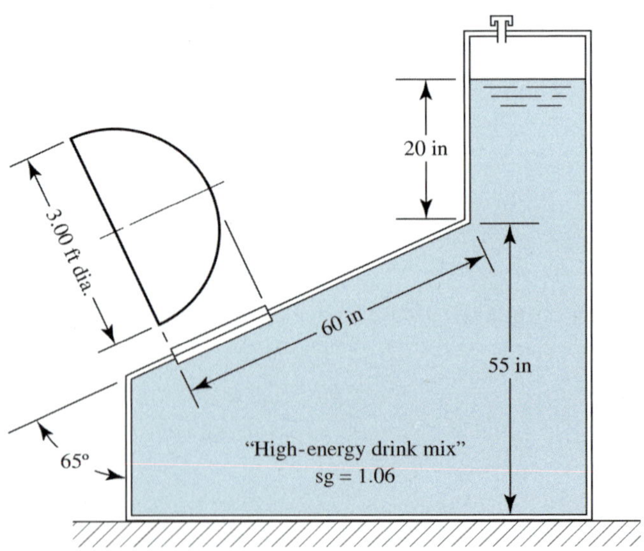

그림 4.55 문제 4.57

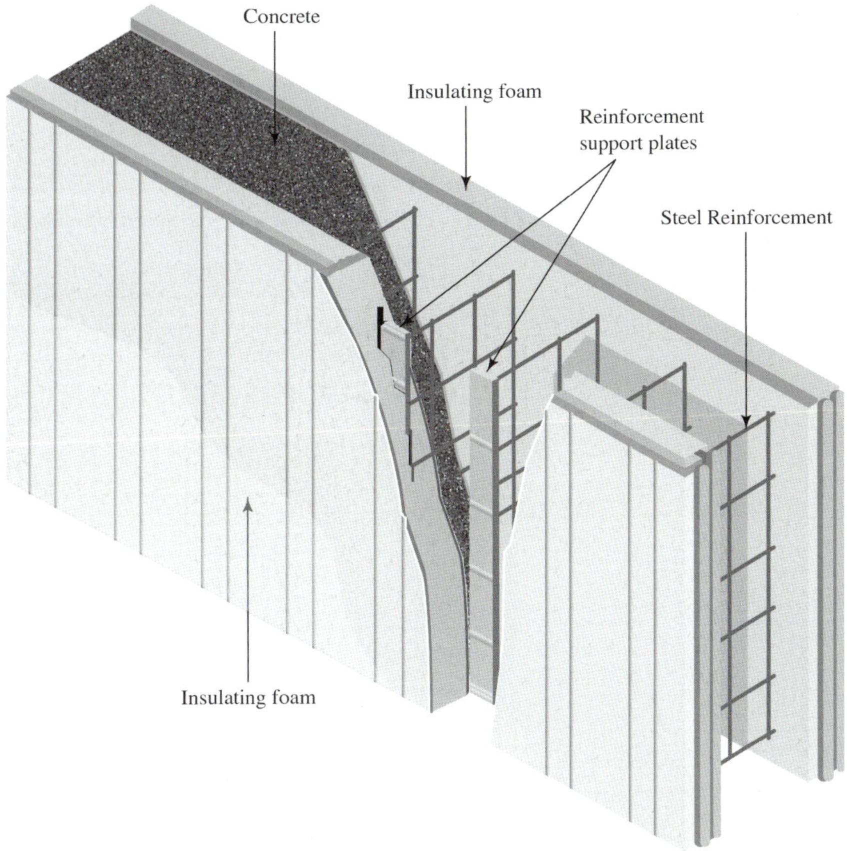

그림 4.56 문제 4.58

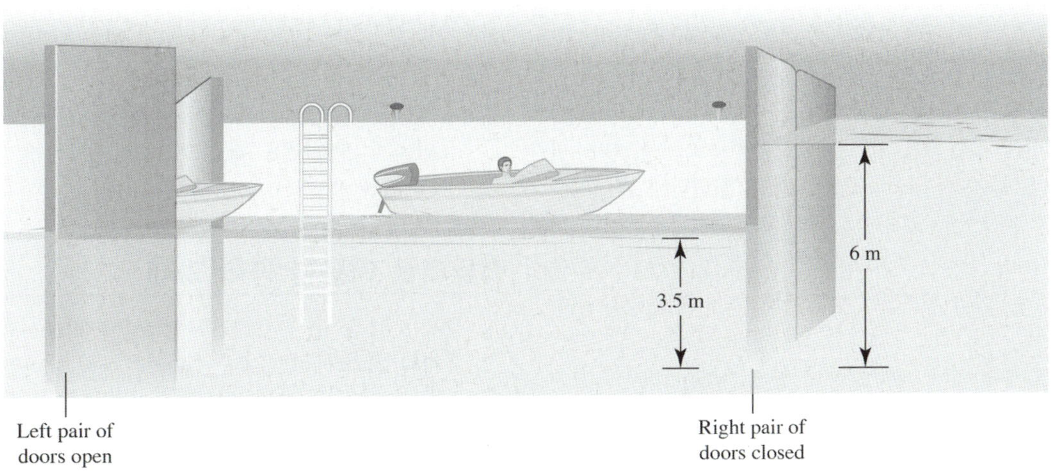

그림 4.57 문제 4.59

들고자 한다. 그림 4.58은 관측 창의 디자인이다. 창에서 물에 젖는 영역은 사각형 모양으로 크기는 10-in×28-in 이다. 4개의 볼트를 이용하여 창을 관심 영역에 부착한다. 창의 중심 위치에서 수심이 3 ft일 때 각 볼트에 작용하는 힘을 구하시오.

4.61 한 부유한 사람이 집의 한 벽 전체를 바닷물 수족관으로 만들고자 한다. 벽의 높이가 3 m이고 길이가 7 m일 때, 물이 벽에 작용하는 합력의 크기와 작용 위치를 구하시오.

4.62 그림 4.59는 자동포장기계에 상자를 밀어 넣는 데 사용되는 공압 실린더이다. 공압 실린더는 압축 공기 공급 장치

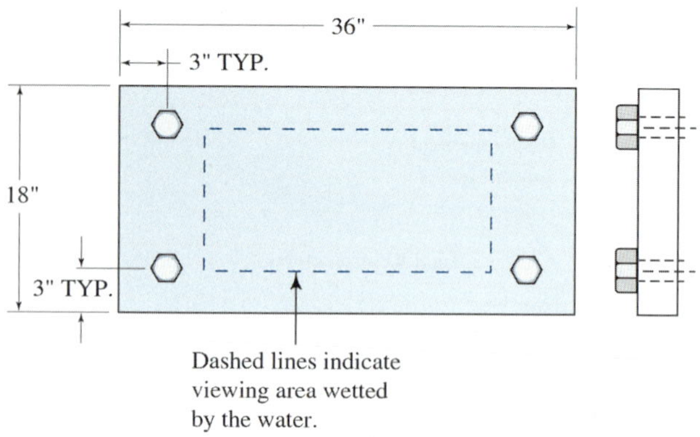

그림 4.58 문제 4.60

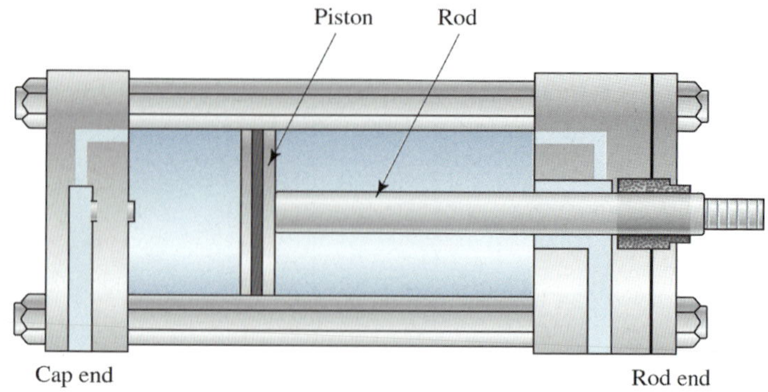

그림 4.59 문제 4.62

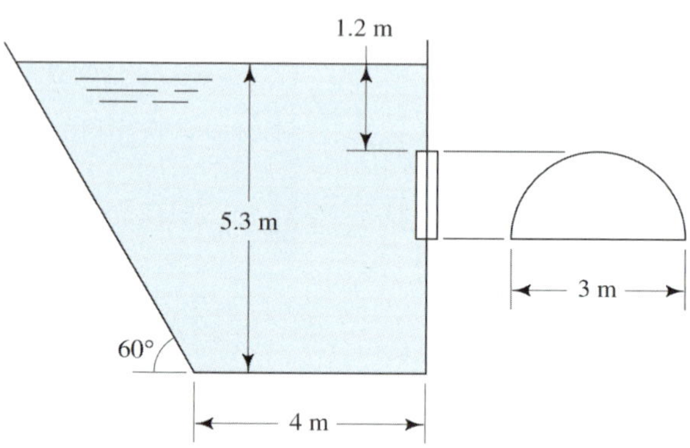

그림 4.60 문제 4.63

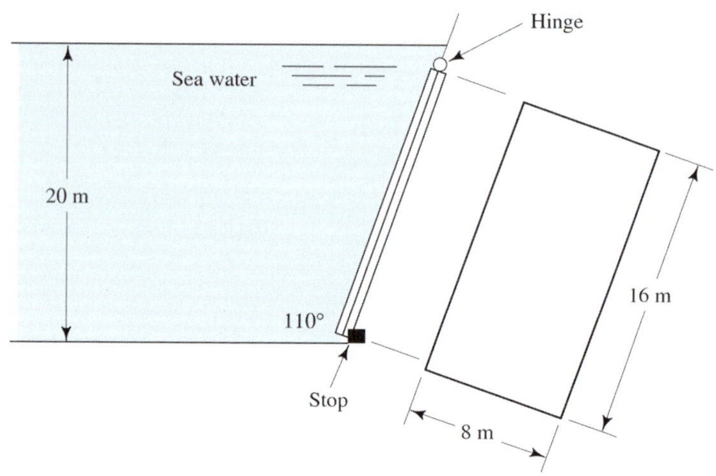

그림 4.61 문제 4.64

(60 psig)에 연결되어 있다. 압축 공기가 "cap end"를 통해 실린더에 유입되면 피스톤은 오른쪽으로 움직인다. 반대로 압축 공기가 "rod end"를 통해 실린더에 유입되면 피스톤은 왼쪽으로 움직이다. 피스톤 보어 직경은 3 in이고 막대(rod) 직경은 7/8 in이다. 피스톤을 오른쪽으로 움직이게 하는 힘과 왼쪽으로 움직이게 하는 힘을 각각 구하시오.

4.63 그림 4.60에서 물이 반원 모양의 창에 가하는 합력의 크기와 작용 위치를 구하시오.

4.64 그림 4.61에서 게이트에 작용하는 합력의 크기와 방향, 작용 위치를 구하시오. 게이트에 대한 자유 물체도를 그리고 게이트가 스톱에 가하는 힘을 계산하시오.

4.65 큰 탱크의 수평 하부면에 8 in 직경을 가지는 배수 홀이 있다. 스토퍼(stopper)가 홀을 가볍게 덮고 있고 스토퍼는 케이블에 연결되어 있다. 배수가 필요할 때에는 사람이 케이블을 위로 잡아당기면 된다. 만약 탱크에 바닷물이 30 ft 채워져 있고 케이블을 잡아당기는 사람은 수면에서 8 ft 위에 위치해 있을 때, 스토퍼를 제거하기 위해 필요한 힘은 얼마인가?

컴퓨터를 이용한 공학 과제

1. 문제 4.41을 풀 수 있는 프로그램을 만드시오. 그림 4.45에 표시된 변수(게이트 좌우 유체의 수심과 비중)를 임의의 값으로 입력할 수 있어야 한다.
2. 문제 4.42(그림 4.46)를 풀 수 있는 프로그램을 만드시오. 게이트 크기, 유체의 수심과 비중량, 게이트 각도를 임의의 값으로 입력할 수 있어야 한다.
3. 그림 4.47~4.51 형태의 곡면 문제를 풀 수 있는 프로그램을 만드시오. 유체의 수심과 비중량, 곡면의 각 크기와 반경을 임의의 값으로 입력할 수 있어야 한다.
4. 프로그램 1에 대하여, 수심 h가 특정 범위에서 변하게 하고, 각 수심에 따른 결과를 계산하는 기능을 추가하시오.

CHAPTER 5

부력과 부체의 안정

개요

물체가 유체에 떠 있거나 완전히 잠겨 있는 경우, 물체에는 주변 유체에 의해 힘이 작용한다. 이 힘은 위쪽으로 작용하며 부력이라고 한다. 부력의 개념을 이해하고 물체에 작용하는 힘을 계산할 수 있어야 한다. 또한, 떠 있거나 잠겨 있는 물체에 어떤 외부 힘이 작용했을 때 물체의 방향성에 영향을 받을 수가 있다. 이와 관련하여 부체의 안정성에 대해 논의할 필요가 있다. 안정성이란 물체가 수평축으로부터 기울어진 후에 다시 원래 위치로 돌아갈 수 있는 능력을 말한다.

그림 5.1(a)와 (b)를 보자. 보트는 적재한도 이내에서는 반드시 안전하게 떠 있어야 한다. 그러나 이뿐만 아니라 항해에 영향을 미치는 예측하지 못한 바람이나 선체에 가해지는 파도에도 안정성을 잃어서는 안 된다. 스쿠버 다이버는 보통 잘 떠 있지만, 경우에 따라 잘 조절된 무게를 추가함으로써 원하는 깊이로 수영이 가능하다. 또한 무게를 제거하여 표면으로 쉽게 돌아올 수 있다.

탐구

수영장에서 가만히 누우면, 거의 완전히 잠겨도 떠 있게 된다. 구명조끼를 입거나 부력 쿠션을 잡으면 더 잘 뜬다. 물이나 다른 유체에서 다른 물체가 뜨는 것을 본 적이 있는가? 보트, 제트스키, 부표, 속이 빈 플라스틱 공, 에어 매트리스, 물 장난감, 나무 막대 등은 모두 그런 예이다. 유체에 완전히 잠겨 있는 물

(a)

(b)

그림 5.1 이 두 그림과 같은 활동을 경험해 보았는가? 두 경우 모두 이 장의 핵심인 부력과 안정성의 원리에 영향을 받는다.(출처: Richard Carey/Fotolia LLC)

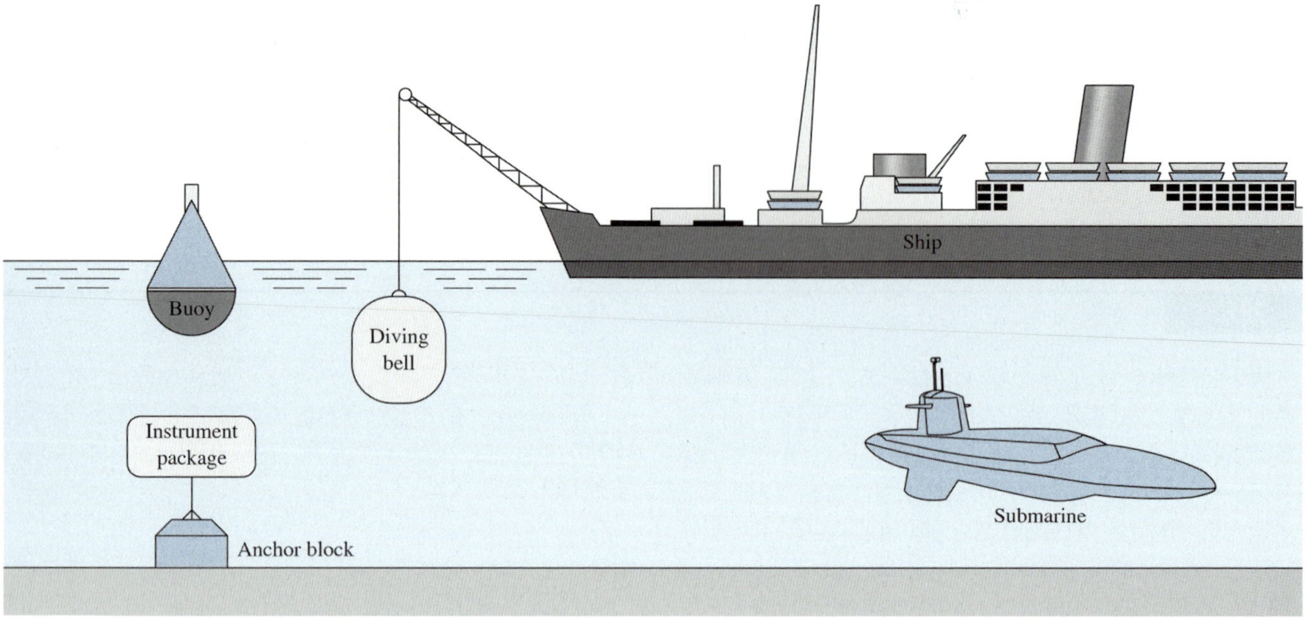

그림 5.2 부력 문제의 예

체를 본 적이 있는가? 잠수함, 싱크대의 그릇들, 스쿠버 다이버 등은 그런 예이다. 유체가 물체를 지지하는 경향을 보이는 예들을 5가지 이상 찾아보자. 그리고 물체가 뜨는지 가라앉는지 그 방향은 어떤지 고민해보고 이를 논의해보자.

입문 개념

그림 5.2의 물체들은 물 안에서 다른 경향을 보인다. 부표와 배는 떠 있고 특정 방향을 유지하도록 설계된다. 다이빙벨은 배의 크레인이 케이블로 지지하지 않으면 가라앉는다. 장치 패키지는 뜨려고 하지만, 바다 바닥에 무거운 앵커 블록과 연결된 케이블에 의해 억제된다. 그러나 잠수함은 밸러스트를 조정하여 임의의 깊이에 위치하거나(중립부력), 깊게 잠수하거나, 표면으로 뜰 수 있도록 설계된다. 보트나 뗏목 등 유체에서 특정 방향성을 가지고 떠다니는 물체들을 고려해보자. 잠수함을 어떻게 설계하면 늘 원하는 정도로 떠 있고, 어떤 각도 변위가 주어졌을 때 안정적이게 할 수 있을까? 사람이 위에 서 있거나 이동하면, 왜 카누는 큰 보트보다 더 잘 뒤집어질까?

이 장에서 부력과 안정에 관한 근본적인 원리를 학습함으로써 유체에서 떠 있거나 잠겨 있는 장치들을 적절하게 분석하고 설계하는 능력을 키울 수 있다. 부력의 크기를 계산하는 방법을 익히고, 유체 내 떠 있는 물체의 위치를 결정할 수 있고, 잠기거나 떠 있는 물체의 부력 안정성의 정도를 계산할 수 있다.

5.1 목표

이 장을 학습한 후에 다음의 항목들을 수행할 수 있다.

1. 부력식을 세운다.
2. 유체에 떠 있는 물체를 분석한다.
3. 부력 문제에 연관된 힘을 계산하기 위해 정적 평형 원리를 이용한다.
4. 유체 속에 완전히 잠겨있는 물체가 안정을 유지하기 위해 반드시 필요한 조건을 정의한다.
5. 유체에 떠 있는 물체가 안정을 유지하기 위해 반드시 필요한 조건을 정의한다.
6. 메타센터를 정의하고 그 위치를 계산한다.

5.2 부력

유체에서 떠 있거나 잠겨있는 물체는 잠긴 부분의 부피를 유체로 대체한 무게만큼의 부력을 받는다. 부력은 잠긴 부분의 중심에서 수직 위 방향으로 작용한다.

이 원리는 그리스 학자인 아르키메데스에 의해 발견되었다. 부력은 수학적으로 다음과 같이 정의된다.

▶ 부력

$$F_b = \gamma_f V_d \tag{5-1}$$

여기서

F_b =부력

γ_f =유체의 비중량

V_d =잠긴 부분의 부피(유체에 의해 대체되는 부피)

물체가 자유롭게 떠 있다면, 이는 물체의 무게와 균형될 정도의 충분한 부피가 대체되는 것이다.

부력을 다루는 문제의 분석을 위해서는 물체가 멈춰 있다 가정하고 수직방향으로 정적 평형식을 적용해야 한다($\Sigma F_v = 0$). 떠 있거나 잠긴 물체에 관한 모든 문제들에 다음 절차를 적용하도록 한다.

부력 문제를 푸는 절차

1단계 문제 해결의 목적을 결정한다. 힘, 무게, 부피 또는 비중량을 계산하고자 하는가?

2단계 유체 속 물체의 자유물체도를 그린다. 물체의 무게, 부력 등 모든 외력을 포함하여 수직방향으로 작용하는 모든 힘을 표기한다. 어떤 힘의 방향을 모르면, 가장 가능성이 높은 선택을 한다.

3단계 양의 방향을 위로 하여 수직방향의 정적 평형식을 쓴다($\Sigma F_v = 0$).

4단계 힘, 무게, 부피 또는 비중량 등 원하는 값을 구한다. 이때 다음을 고려한다.

a. 부력은 $F_b = \gamma_f V_d$로 계산한다.

b. 물체의 무게는 전체 부피와 물체의 비중량을 곱한 값이다. $w = \gamma V$

c. 물체의 평균 비중량이 유체의 비중량보다 작으면, $w < F_b$이므로 물체는 뜨게 된다.

d. 물체의 평균 비중량이 유체의 비중량보다 크면, $w > F_b$이므로 물체는 가라앉게 된다.

e. 물체가 유체에 잠기는 위치가 늘 같은 경우 중립부력이라 한다. 평균 비중량이 유체와 같은 물체의 경우 중립부력 상태가 된다.

프로그램 예제

예제 5.1 청동으로 만든 정육면체의 한 변의 길이가 0.50 m, 비중량이 86.9 kN/m^{3}이다. 정육면체가 완전히 잠긴 상태에서 평형을 유지하는 데 필요한 힘을 구하시오.

(a) 물속에 있는 경우

(b) 수은 속에 있는 경우(수은의 비중은 13.54이다.)

해설 (a)를 먼저 고려해보자. 먼저 물속의 청동 정육면체를 상상하며, 부력 문제를 푸는 절차 1단계를 수행한다.

청동 정육면체가 스스로 평형상태에 있지 못한다고 가정하면, 외력을 필요로 한다. 이 외력의 크기 및

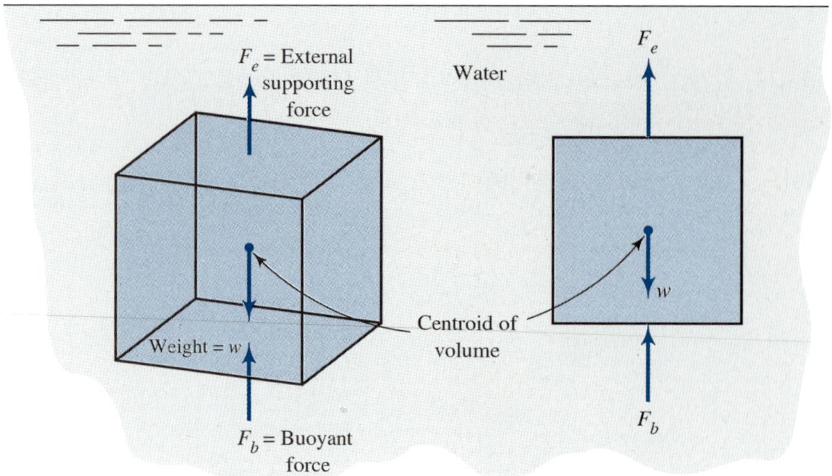

(a) Forces acting on the cube
(b) Two-dimensional free-body diagram

그림 5.3 정육면체의 자유물체도

위 아래 방향을 구하는 것이 목표이다.

이제 2단계를 수행한다.

자유물체도는 정육면체 자체이다. 그림 5.3에서 정육면체에 대한 수직방향의 외력은 3가지이다.

- 정육면체의 무게 w는 무게 중심을 통해 아래로 향한다.
- 부력 F_b는 대체된 부피의 중심(centroid)을 통해 위를 향한다.
- F_e는 지지하는 외력이다.

그림 5.3(a)는 3차원 정육면체에서 중심을 통과하며 수직방향으로 작용하는 3가지 힘을 보여준다. 이 방식이 선호되기는 하나, 대부분의 문제에 대하여 (b)의 간략한 2차원 그림이 적절하다.

F_e가 위를 향하는지 어떻게 알 수 있을까?

사실 이것을 확실히 알 수는 없다. 그러나 경험을 통해 이러한 힘 없이는 청동이 가라앉는다는 것을 알고 있다. 그러므로 위를 향하는 힘은 평형을 위해 반드시 필요하다. 이 선택이 잘못되었다면, 최종 결과에 드러날 것이다.

이제, 그림 5.3의 힘들을 가정하고 3단계를 수행한다.

식은 다음과 같다(위 방향이 양의 방향이다).

$$\Sigma F_v = 0$$

$$F_b + F_e - w = 0 \tag{5-2}$$

4단계의 한 부분으로, 원하는 값을 구하기 위해 이 식을 풀이한다.

목표가 외력 F_e를 구하는 것이므로, 다음을 얻는다.

$$F_e = w - F_b \tag{5-3}$$

정육면체의 무게 w는 어떻게 계산하는가?

4단계의 b는 $w = \gamma_B V$를 알려준다. 여기에서 γ_B는 청동 정육면체의 비중량이고 V는 전체 부피이다. 길이가 0.50 m이므로

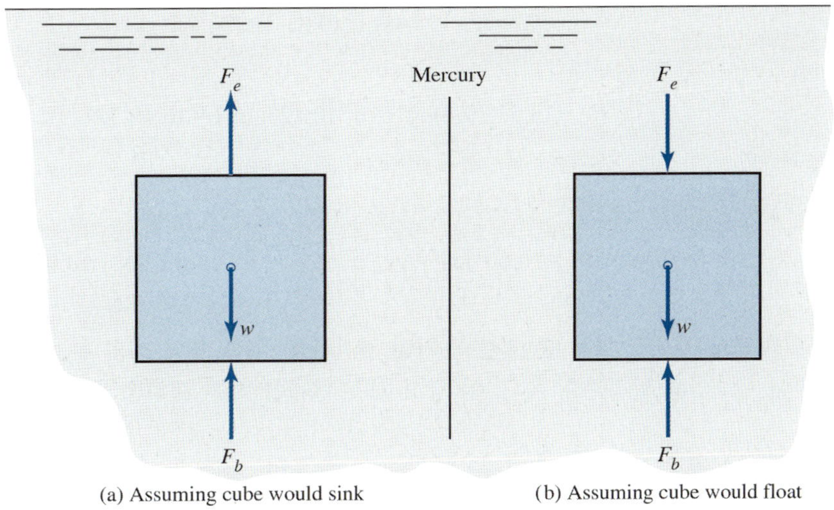

그림 5.4 2가지 가능성

$$V = (0.50 \ \text{m})^3 = 0.125 \ \text{m}^3$$

그리고

$$w = \gamma_B V = (86.9 \ \text{kN/m}^3)(0.125 \ \text{m}^3) = 10.86 \ \text{kN}$$

이다. 식 (5−3) 우항의 F_b는 다음과 같이 계산한다.

4단계의 a($F_b = \gamma_f V_d$)에서, γ_f는 물의 비중량 9.81 kN/m^{3}이다. 대체된 부피 V_d는 정육면체가 모두 잠겼으므로 전체 정육면체 부피(0.125 m^3)에 해당한다.

$$F_b = \gamma_f V_d = (9.81 \ \text{kN/m}^3)(0.125 \ \text{m}^3) = 1.23 \ \text{kN}$$

이제 F_e를 계산한다.

$$F_e = w - F_b = 10.86 \ \text{kN} - 1.23 \ \text{kN} = 9.63 \ \text{kN}$$

결과 (a) 해답은 양수이다. 이는 가정한 F_e의 방향이 옳다는 것이다. 결국, 문제의 답은 물속에서 위 방향으로 9.63 kN의 힘이 청동 정육면체를 지지하기 위해 필요하다는 것이다.

(b)의 해를 구해보자. 목표는 동일하다. 물체를 지지하기 위해 필요한 힘의 크기와 방향을 구하는 것이다.

2단계에서 그림 5.4의 2가지 자유물체도 모두 사용 가능하다. F_e의 방향을 가정하기에 다를 뿐이다. 두 경우에 대해 동시에 해를 구해보자.

3단계에서 다음 두 식은 각각의 자유물체도에 대한 올바른 식이다.

$$F_b + F_e - w = 0 \mid F_b - F_e - w = 0$$

이제 F_e에 대해 풀면,

$$F_e = w - F_b \mid F_e = F_b - w$$

이다. w와 F_b가 두 식에서 같으므로, 이들을 먼저 계산하자.

(a)에서처럼, 정육면체의 무게는 다음과 같다.

$$w = \gamma_B V = (86.9 \ \text{kN/m}^3)(0.125 \ \text{m}^3) = 10.86 \ \text{kN}$$

부력 F_b는 다음과 같이 계산된다.

$$F_b = \gamma_m V = (\mathrm{sg})_m (9.81\ \mathrm{kN/m^3})(V)$$

아래 첨자 m은 수은을 나타낸다.

$$F_{b=}(13.54)(9.81\ \mathrm{kN/m^3})(0.125\ \mathrm{m^3}) = 16.60\ \mathrm{kN}$$

F_e를 구하면,

$F_e = w - F_b$	$F_e = F_b - w$
$= 10.86\ \mathrm{kN} - 16.60\ \mathrm{kN}$	$= 16.60\ \mathrm{kN} - 10.86\ \mathrm{kN}$
$= -5.74\ \mathrm{kN}$	$= +5.74\ \mathrm{kN}$

두 솔루션 모두 부호가 다를 뿐 같은 크기의 결과이다. 왼쪽 해의 음의 부호는, 그림 5.4(a)에서 가정한 힘의 방향이 반대임을 알려준다. 결국 두 방식 모두 올바른 해를 구하게 해준다.

결과 (b) 필요한 외력은 아래 방향으로 5.74 kN이다.
어떻게 하면 처음에 가정할 때 아래 방향의 힘을 추정할 수 있을까?

4단계의 c와 d는 물체와 유체의 비중량을 비교하게 한다. 이 경우 아래 결과를 얻는다.

$$\text{청동 정육면체 } \gamma_B = 86.9\ \mathrm{kN/m^3}$$

$$\text{수은 } \gamma_m = (13.54)(9.81\ \mathrm{kN/m^3}) = 132.8\ \mathrm{kN/m^3}$$

설명 정육면체의 비중량이 수은의 비중량보다 작으므로, 외력이 없다면 뜨게 된다. 그러므로 수은 내에서 평형 상태를 이루며 잠겨 있게 하려면 그림 5.4(b)와 같은 아래 방향으로 작용하는 외력이 필요하다.

예제 5.2 어떤 고체 금속 물체의 무게가 보통의 방법으로 공기 중에서 측정했을 때 60 lb이다. 그러나 비정형 형상으로 인해 그 부피를 기하학적으로 측정하기는 어렵다. 부력 원리를 이용하여 이 물체의 부피와 비중량을 계산하시오.

해설 물체의 무게가 60 lb로 주어졌다. 그림 5.5의 방법으로 무게를 재면 46.5 lb이다. 이 자료와 부력 문제를 푸는 절차를 이용하여, 물체의 부피를 구할 수 있다.

2단계를 이용하여, 물속에 매달려 있는 물체의 자유물체도를 그려보자.

이는 그림 5.6과 같고, 여기에서 F_e와 w를 구해보자.

공기 중 무게는 $w = 60$ lb이고, 그림 5.5의 저울 추에 의한 지지 외력은 $F_e = 46.5$ lb이다.

3단계에 의해, $\Sigma F_v = 0$으로부터

$$F_b + F_e - w = 0$$

목표는 물체의 전체 부피 V를 구하는 것이다. 4단계의 a에서

$$F_b = \gamma_f V$$

이다. γ_f는 물의 비중량 62.4 lb/ft^{3}이다. 이를 위 식에 대입하면 V를 구할 수 있다.

$$F_b + F_e - w = 0$$

$$\gamma_f V + F_e - w = 0$$

$$\gamma_f V = w - F_e$$

$$V = \frac{w - F_e}{\gamma_f}$$

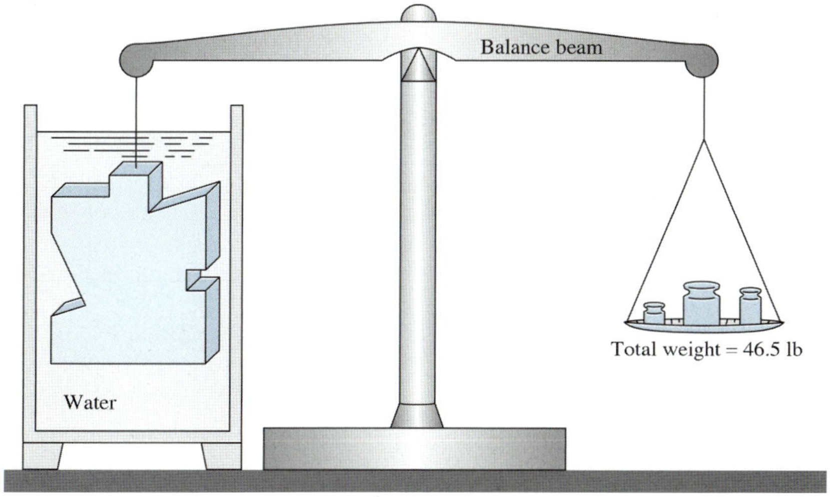

그림 5.5 유체에 부유하는 금속 물체

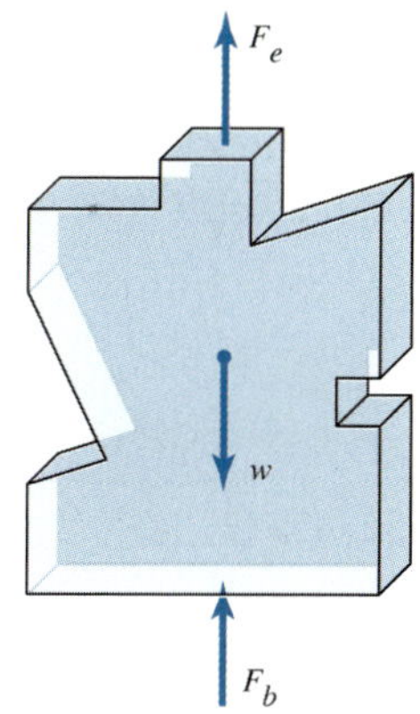

그림 5.6 자유물체도

값들을 대입하면 V를 구할 수 있다.

결과 해답은 다음과 같이 $V = 0.216\ \text{ft}^3$이다.

$$V = \frac{w - F_e}{\gamma_f} = (60 - 46.5)\ \text{lb}\left(\frac{\text{ft}^3}{62.4\ \text{lb}}\right) = \frac{13.5\ \text{ft}^3}{62.4} = 0.216\ \text{ft}^3$$

설명 물체의 부피를 구했으므로, 비중량은 다음과 같다.

$$\gamma = \frac{w}{V} = \frac{60\ \text{lb}}{0.216\ \text{ft}^3} = 278\ \text{lb/ft}^3$$

이는 타이타늄 합금과 유사하다.

다음 두 문제를 자세히 풀면 부력 문제를 풀이하는 능력을 점검할 수 있다. 문제를 읽고 해설을 보기 전에 스스로 풀어보아야 한다. 반드시 문제를 신중히 읽고, 계산 시 적절한 단위를 써야 한다. 풀이 방법은 1가지 이상이지만, 잘못된 방법으로도 올바른 답이 구해지기도 한다. 만약 풀이 방법이 해설과 다르면, 그 방법이 정당한지 다시 확인해야 한다.

예제 5.3 한 변의 길이가 80 mm이고, 단단한 발포 재료로 만들어진 정육면체가 60 mm만큼 물에 잠긴 상태로 떠 있다. 같은 물체를 글리세린에 완전히 잠기게 하는 외력의 크기와 방향을 구하시오. 글리세린의 비중은 1.26이다.

해설을 보기 전에 문제 풀이를 마무리하시오.

해설 먼저 정육면체의 무게를 계산하고, 힘을 구한다. 그림 5.7의 자유물체도를 이용하자. (a)는 물에 떠 있는 정육면체이고, (b)는 글리세린에 잠긴 정육면체이다.

그림 5.7(a)로부터 다음 식들을 얻는다.

$$\Sigma F_v = 0$$

$$F_b - w = 0$$

$$w = F_b = \gamma_f V_d$$

$$V_d = (80\ \text{mm})(80\ \text{mm})(60\ \text{mm}) = 384 \times 10^3\ \text{mm}^3$$

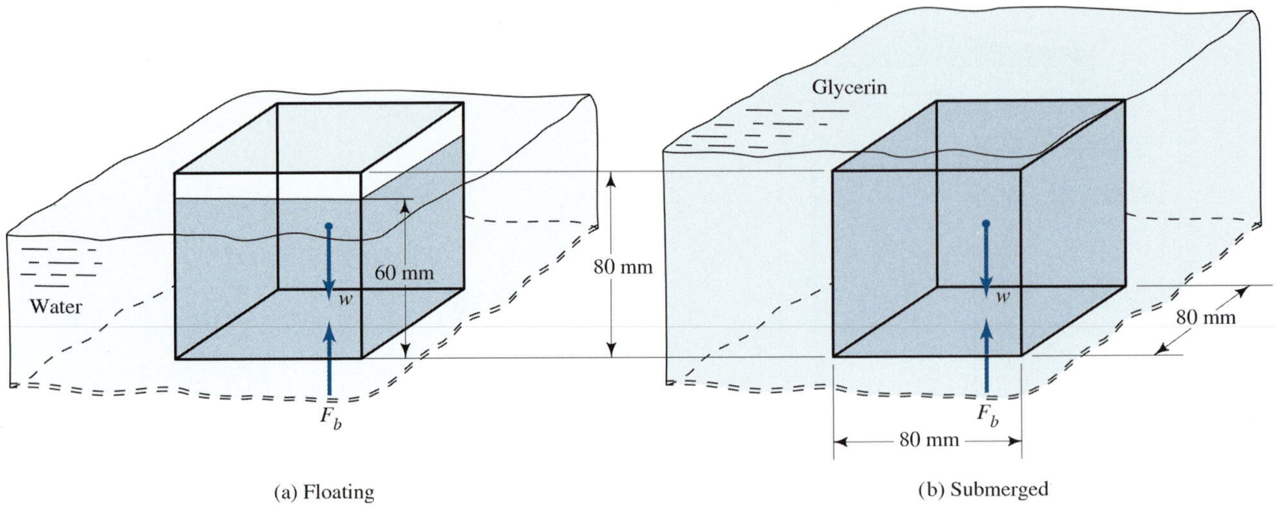

그림 5.7 자유물체도

(정육면체의 잠긴 부분 부피)

$$w = \left(\frac{9.81\times10^3\ \text{N}}{\text{m}^3}\right)(384\times10^3\ \text{mm}^3)\left(\frac{1\ \text{m}^3}{(10^3\ \text{mm})^3}\right)$$

$$= 3.77\ \text{N}$$

그림 5.7(b)로부터 다음 식들을 통해 F_e를 구할 수 있다.

$$\Sigma F_v = 0$$

$$F_b - F_e - w = 0$$

$$F_e = F_b - w = \gamma_f V_d - 3.77\ \text{N}$$

$$V_d = (80\ \text{mm})^3 = 512\times10^3\ \text{mm}^3$$

(정육면체의 전체 부피)

$$\gamma_f = (1.26)(9.81\ \text{kN/m}^3) = 12.36\ \text{kN/m}^3$$

$$F_e = \gamma_f V_d - 3.77\ \text{N}$$

$$= \left(\frac{12.36\times10^3\ \text{N}}{\text{m}^3}\right)(512\times10^3\ \text{mm}^3)\left(\frac{1\ \text{m}^3}{(10^3\ \text{mm})^3}\right) - 3.77\ \text{N}$$

$$F_e = 6.33\ \text{N} - 3.77\ \text{N} = 2.56\ \text{N}$$

결과 정육면체를 글리세린에 잠기게 하려면, 아래로 향하는 2.56 N의 힘이 필요하다.

예제 5.4 한 변의 길이가 6 in인 황동의 무게가 67 lb이다. 가벼운 폼(발포성 재료)의 부력을 이용하여 물속의 황동 물체를 가라앉지 않게 지지하려고 한다. 폼의 무게가 4.5 lb/ft^{3}인 경우, 이를 위한 최소 부피를 구하시오.

해설을 보기 전에 문제 풀이를 마무리하시오.

해설 황동 물체를 지지하기 위한 폼의 최소 부피를 구해보자.

그림 5.8에서 폼과 황동이 한 시스템의 부분들로 여겨지며, 각각 부력이 작용한다. 아래 첨자 F는 폼을, B는 황동을 가리키며 다른 힘은 존재하지 않는다.

평형식은 다음과 같다.

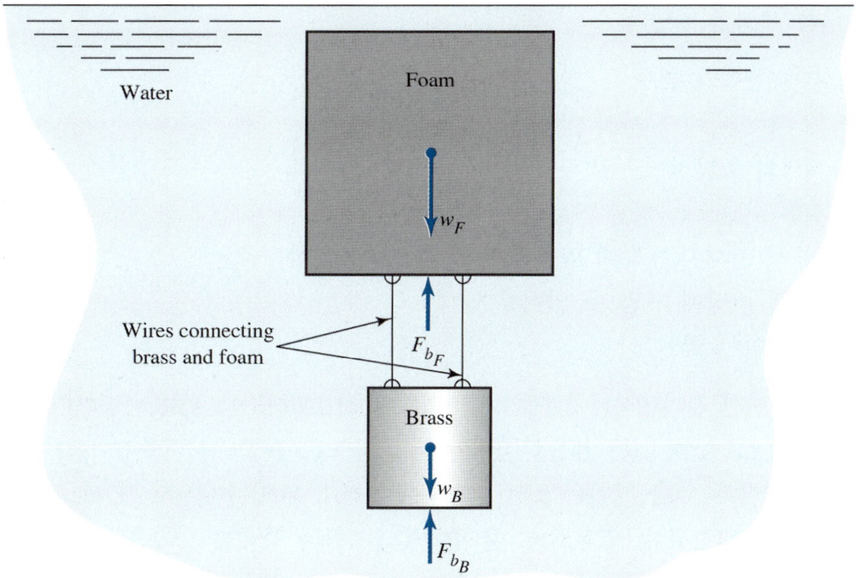

그림 5.8 황동과 발포고무의 자유물체도

$$\Sigma F_v = 0$$

$$0 = F_{b_B} + F_{b_F} - w_B - w_F \tag{5-4}$$

$$w_B = 67 \text{ lb} \quad (\text{주어진 값})$$

$$F_{b_B} = \gamma_f V_{d_B} = \left(\frac{62.4 \text{ lb}}{\text{ft}^3}\right)(6 \text{ in})^3\left(\frac{\text{ft}^3}{1728 \text{ in}^3}\right) = 7.8 \text{ lb}$$

$$w_F = \gamma_F V_F$$

$$F_{b_F} = \gamma_f V_F$$

이 값들을 식 (5−4)에 대입하면,

$$F_{b_B} + F_{b_F} - w_B - w_F = 0$$

$$7.8 \text{ lb} + \gamma_f V_F - 67 \text{ lb} - \gamma_f V_F = 0$$

이다. $\gamma_f = 62.4$ lb/ft³과 $\gamma_F = 4.5$ lb/ft³를 이용하여 V_F를 구하면 다음과 같다.

$$\gamma_f V_F - \gamma_F V_F = 67 \text{ lb} - 7.8 \text{ lb} = 59.2 \text{ lb}$$

$$V_F(\gamma_f - \gamma_F) = 59.2 \text{ lb}$$

$$V_F = \frac{59.2 \text{ lb}}{\gamma_f - \gamma_F} = \frac{59.2 \text{ lb ft}^3}{(62.4 - 4.5) \text{ lb}}$$

$$V_F = 1.02 \text{ ft}^3$$

결과 폼 1.02 ft³이 황동 정육면체에 연결되면, 다른 외력없이 물속에서 힘의 평형을 이루는 것을 알 수 있다. 이는 중립부력 상태이다.

5.3 부력 재료

뜨는 장치를 설계할 때 높은 부력을 제공하는 가벼운 재료를 사용해야 한다. 또한 상대적으로 무거운 물체가 유체 속에 잠겨있는 경우, 이를 옮길 필요가 있으면 높은 부력을 추가로 적용해야 한다. 부력 재료는 다음 특성을 지닌다.

- 낮은 비중량과 밀도
- 유체 흡수를 거의 하지 않음
- 유체와의 호환성
- 적절한 모양으로 형성 가능
- 설치 시 가해지는 유체 압력을 견딜 수 있어야 함
- 마모 및 손상에 견딜 수 있어야 함
- 보기 좋아야 함

부력과 관련된 분야에서는 폼(발포성 재료)이 선호된다. 이 재료는 공기나 다른 가벼운 기체가 포함된 텅 비어 있고 닫혀 있는 셀들의 연속된 네트워크로 구성되어 비중량이 작다. 닫힌 셀은 유체가 흡수되지 않도록 한다. 다음 시험은 폼의 성능을 평가하기 위해 수행된다. 밀도, 인장강도, 인장신도, 인열강도, 압축변형, 열안정성, 열전도도, 물 흡수성. 시험의 자세한 사항은 ASTM D 3575, Standard Test Methods for Flexible Cellular Materials Made from Olefin Polymers에서 제시된다. 다른 재료에는 그에 맞는 다른 표준이 적용된다.

부력 폼의 비중량은 2.0 lb/ft^{3}에서 40 lb/ft^{3}정도이다. 이는 보통 lb 대신 pound−mass를 사용함으로써 밀도로 제시되기도 한다. 내압강도는 일반적으로 밀도와 함께 증가한다. 깊은 바다에 적용되는 경우에는 밀도가 높고 강하고 무거운 재료가 필요하다.

우레탄, 폴리에틸렌, 올레핀 폴리머, 염화비닐 폴리머, 압출 폴리스티렌, 스폰지, 발포고무 등의 재료가 사용된다. 해저에 적용되는 경우, 유리섬유, 폴리에스테르, 에폭시, 비닐에스테르 등의 플라스틱으로 작은 구멍을 연속적으로 둘러싸고 있어 내마모성과 부력 특성이 좋고 유체 흡수도가 낮은 합성 재료를 이용한다(인터넷 자료 1−5 참고).

재료들은 다음의 형태로 가공되어 공급된다: 판형(50 mm×500 mm×2750 mm 또는 2 in×20 in×110 in), 막대형(175 mm×500 mm×1200 mm 또는 7 in×20 in×48 in), 원기둥형 및 중공원기둥형, 금형 등을 이용하여 임의의 모양으로 특수 제작도 가능하다. 사용 시점에 2가지 액체(폴리에테르 폴리올과 다기능성 이소시아네이트)가 섞이게 하는 양측 주입 가능한 우레탄이 사용될 수 있다. 혼합물은 빠르게 팽창하여 많이 사용되는 폐쇄형 셀 폼 구조를 만든다(인터넷 자료 3, 5 참고).

5.4 완전히 잠긴 물체의 안정성

수평 축에 대하여 작은 각도만큼 회전하였을 때, 유체 속의 물체가 다시 원래 상태로 돌아올 수 있으면 안정적인 상태이다. 물에 완전히 잠긴 물체의 대표적인 예로 잠수함과 기상 관측 기구가 있다. 조류, 바람 또는 기동력의 작용에도 이러한 물체들은 특정 방향성을 지켜야 한다.

▶ 잠긴 물체의 안정을 위한 조건

유체에 완전히 잠긴 물체의 안정을 위한 조건은, 무게 중심이 부력 중심의 아래에 있어야 한다는 것이다.

물체의 부력 중심은 유체에 의해 대체된 부피(잠긴 부분)의 도형의 중심(centroid)에 해당한다. 부력은 이 점을 지나 수직으로 작용한다. 물체의 무게는 무게 중심을 따라 수직 아래 방향으로 작용한다.

그림 5.9의 수중 연구함은 모양과 내부 구조에 의해 안정적으로 설계되었다. 미국 해군이 소유하고

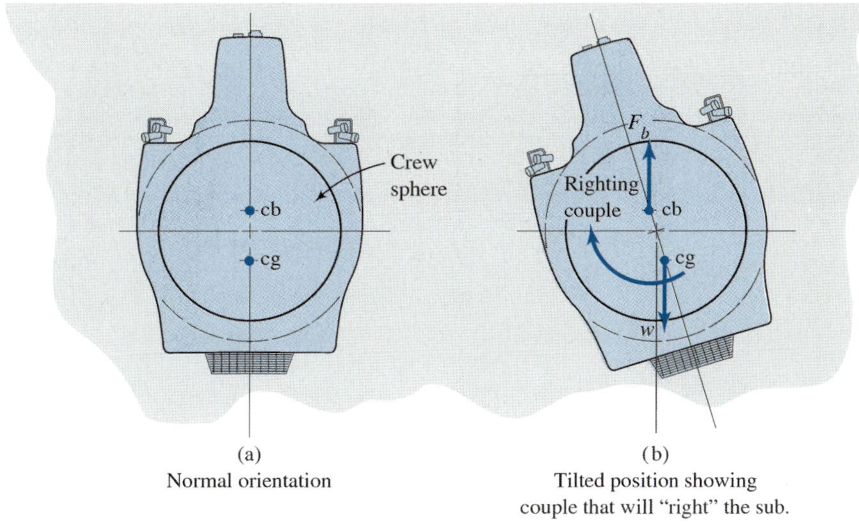

그림 5.9 물속 잠수함의 안정성

Woods Hole Oceanographic Institution에 의해 운영되는 Alvin 심해 잠수함이 그러한 예이다(인터넷 자료 6, 7 참고). 압력이 45.5 MPa(6600 psi)인 4.50 km(14,700 ft)까지 잠수가 가능하다. 전체 길이는 7.1 m(23.3 ft)이고 너비는 2.6 m(8.5 ft), 높이는 3.7 m(12.0 ft)이다. 직경이 2.08 m(82 in)인 구형의 타이타늄 압력 선체 내부에서, 3명이 조종하고 과학 관측을 한다. 승무원이나 실험 장비 무게에 따라 달라지나, 적재 후 무게는 대략 165 kN(37,000 lb)이다. 배터리, 하강중량, 압력 선체, 가변 밸러스트 구체, 모터 제어장치 등 무거운 장치는 아래 부분에 위치하도록 설계한다. 대부분의 상부 구조물은 부력을 제공하기 위해 가벼운 유리 기포 강화 플라스틱 폼으로 채워진다. 이는 무게 중심(cg)을 부력 중심(cb)보다 더 낮게 하여 안정적이게 한다. 예를 들어 한 설계에서는 무게 중심은 바닥으로부터 1.34 m (4.40 ft)에 위치하고, 부력 중심은 1.51 m(4.94 ft)에 위치한다.

그림 5.9(a)는 선체의 수직 중심선을 따라 cg와 cb의 위치를 단면도상에서 보여준다. 그림 5.9(b)는 약간의 회전이 있은 후의 선체를 보여준다. 이때 전체 무게 w는 cg를 통해 수직 아래 방향으로 가해지고, 부력 F_b는 cb를 통해 수직 위 방향으로 가해진다. 이 경우 두 힘의 작용선이 일치하지 않고, 선체를 원래 위치로 되돌리는 복원력으로 작용하여 안정적인 경우를 보인다.

cg가 cb보다 위에 있는 경우, 선체가 약간 기울어지면 두 힘은 선체를 전복시키는 방향으로 작용한다. 고체 균질 물체가 완전히 잠겨 있으면, cg와 cb가 일치하므로 중립안정성을 보인다. 이 경우 방향성에 상관없이 놓여진 상태대로 유지될 수 있다.

5.5 떠 있는 물체의 안정성

떠 있는 물체의 안정성 조건은 완전히 잠긴 경우와 다르다. 그 이유는 배의 단면을 대략적으로 보여주는 그림 5.10에 제시된다. 그림 (a)에서 떠 있는 물체는 평형상태에 있고 cg가 cb 위에 위치한다. 이 두 점을 연결하는 수직방향 선이 물체의 수직축에 해당한다. 이 물체가 약간 회전해서 그림 (b) 상태가 된다. 잠긴 부분에 변화가 있으므로, cb의 위치도 변한다. 부력과 무게는 이제 복원력을 제공하여 물체를 원래 위치로 회복시킨다. 그러므로 물체는 안정적이다.

떠 있는 물체의 안정 조건을 논의하기 위해서는, 메타센터(metacenter, mc)라는 새로운 개념을 정의해야 한다. mc는 물체의 평형상태 시 수직축과 약간 회전했을 경우 부력 중심을 지나는 수직선의 교차

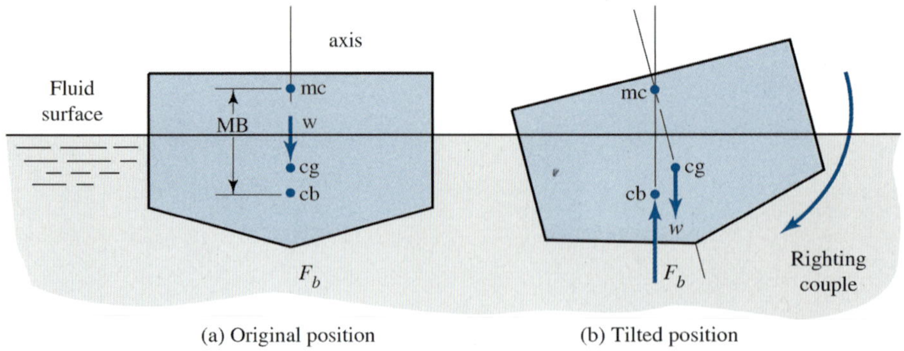

그림 5.10 메타센터를 찾는 방법

점에 해당한다. 이는 그림 5.10(b)에 제시되어 있다.

▶ 떠 있는 물체의 안정을 위한 조건

떠 있는 물체는 무게 중심이 메타센터 아래에 있으면 안정적이다.

메타센터의 위치를 계산하면, 떠 있는 물체가 안정적인지 분석할 수 있다. 부력 중심으로부터 메타센터까지의 거리를 MB라 하고 다음과 같이 계산한다.

$$\mathrm{MB} = I/V_d \tag{5-5}$$

이 식에서 V_d는 유체에 의해 대체된 부피, I는 유체 표면에서 취해진 물체의 수평 단면에서 구해지는 관성모멘트들의 최솟값이다. 거리 MB를 계산하여 메타센터가 무게 중심 위에 위치되면, 물체는 안정적이다.

떠 있는 물체의 안정성을 평가하는 절차

1단계 부력 원리를 적용하여 떠 있는 물체의 위치를 결정한다.

2단계 부력 중심 cb를 찾는다. 어떤 기준 좌표축으로부터 cb까지의 거리를 계산하고 y_{cb}라 한다. 보통 물체의 바닥을 기준 좌표축으로 삼는다.

3단계 무게 중심 cg를 찾는다. 같은 좌표축으로부터 y_{cg}를 계산한다.

4단계 유체 표면에서 물체의 형태를 파악하고, 그 형태의 최소 관성모멘트를 계산한다.

5단계 대체 부피 V_d를 계산한다.

6단계 $\mathrm{MB} = I/V_d$를 계산한다.

7단계 $y_{mc} = y_{cb} + \mathrm{MB}$를 계산한다.

8단계 $y_{mc} > y_{cg}$이면 물체는 안정적이다.

9단계 $y_{mc} < y_{cg}$이면 물체는 불안정하다.

프로그램 예제

예제 5.5 그림 5.11(a)의 뗏목 선체는 가득 적재되었을 때 무게가 150 kN이다. 그림 5.11(b)~(d)는 상면, 전면, 측면을 보여준다. 무게 중심 cg의 위치를 주의하고, 보트가 담수에서 안정적인지 결정하시오.

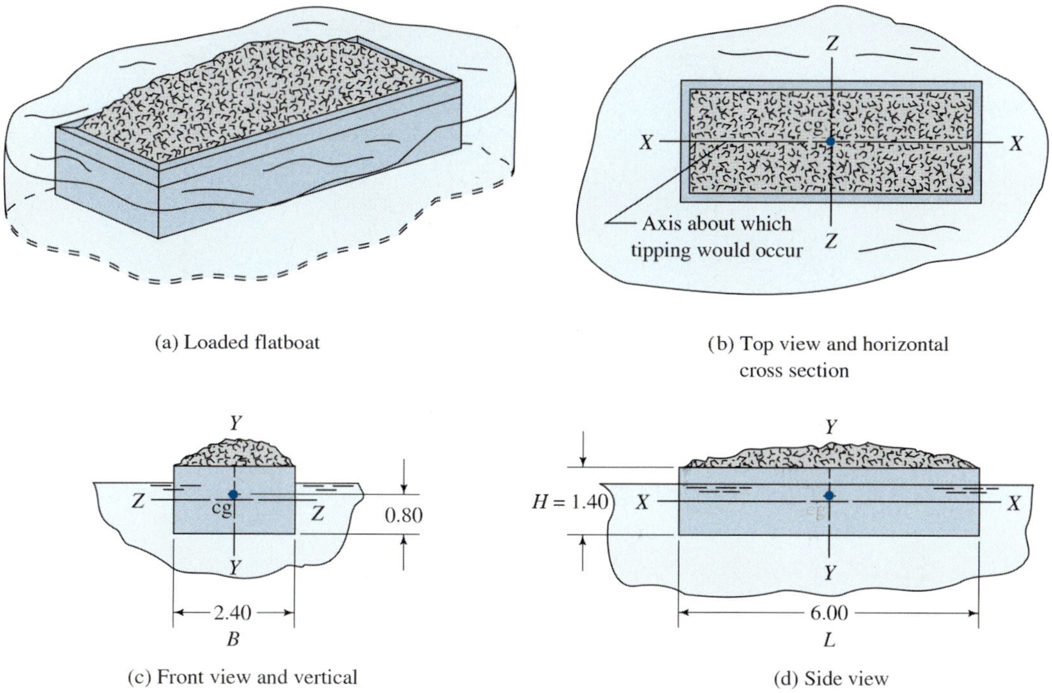

그림 5.11 평탄한 선체의 모양(예제 5.5)

해설 먼저 보트가 뜨는지 알아보자.

이는 5.1절의 부력 원리를 이용해서 보트가 물에서 얼마나 잠기는지 계산하면 된다. 해설을 보기 전에 먼저 문제 풀이를 완벽하게 수행하라.

그림 5.12에서 잠긴 부분의 깊이는 1.06 m이다. 이는 다음 과정을 통해 구해진다.

평형상태 식:

$$\Sigma F_v = 0 = F_b - w$$
$$w = F_b$$

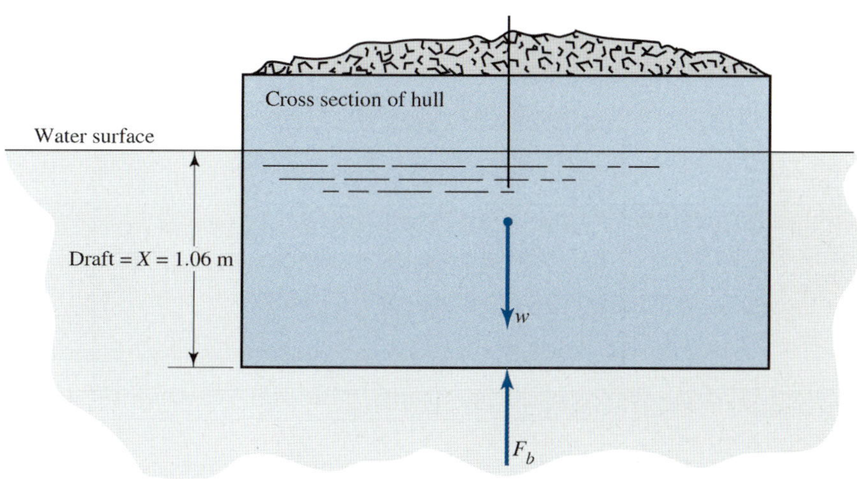

그림 5.12 보트 선체의 자유물체도

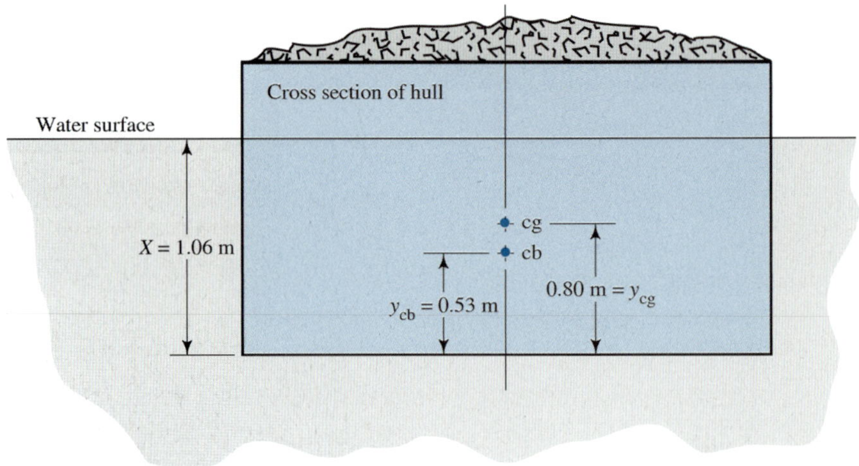

그림 5.13 부력의 중심과 중력의 중심

잠긴 부분 부피:

$$V_d = B \times L \times X$$

부력:

$$F_b = \gamma_f V_d = \gamma_f \times B \times L \times X$$

그러므로 다음을 얻는다.

$$w = F_b = \gamma_f \times B \times L \times X$$

$$X = \frac{w}{B \times L \times \gamma_f} = \frac{150\ \text{kN}}{(2.4\ \text{m})(6.0\ \text{m})} \times \frac{\text{m}^3}{(9.81\ \text{kN})} = 1.06\ \text{m}$$

1.06 m만큼 잠겼다면, 부력 중심은 어디일까?

이는 대체 부피의 중심이다. 이 경우 그림 5.13처럼 보트의 수직축에 놓여 있고, 보트 바닥으로부터 0.53 m만큼 떨어져 있다. 잠긴 부분 깊이 X의 절반에 해당한다. y_{cb}는 0.53 m이다.

무게 중심이 부력 중심 위에 있으므로, 메타센터를 찾아야 보트의 안정성을 평가할 수 있다. 식 (5-5)를 이용해서 거리 MB를 계산하고 스케치해보자.

결과는 그림 5.14처럼 MB=0.45 m이다. 이는 다음과 같이 구해진다.

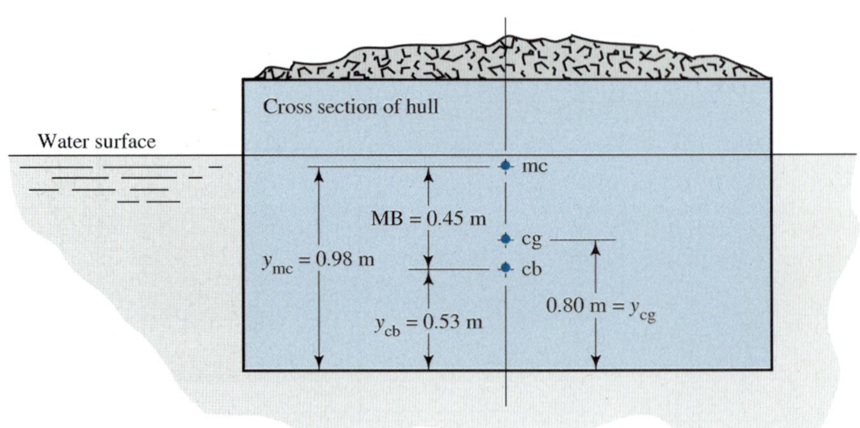

그림 5.14 메타센터의 위치

$$\text{MB} = I/V_d$$

$$V_d = L \times B \times X = (6.0\ \text{m})(2.4\ \text{m})(1.06\ \text{m}) = 15.26\ \text{m}^3$$

최소 관성모멘트 I는 그림 5.11(b)의 $X-X$축에 대하여 구해진다. 그림 5.11(c)와 (d)에서 길이 L과 B를 이용하여 다음과 같이 계산된다.

$$I = \frac{LB^3}{12} = \frac{(6.0\ \text{m})(2.4\ \text{m})^3}{12} = 6.91\ \text{m}^4$$

부력 중심으로부터 메타센터까지의 거리:

$$\text{MB} = I/V_d = 6.91\ \text{m}^4\ /15.26\ \text{m}^3 = 0.45\ \text{m}$$

메타센터의 위치:

$$y_{mc} = y_{cb} + \text{MB} = 0.53\ \text{m}\ + 0.45\ \text{m} = 0.98\ \text{m}$$

보트는 안정적인가?

결과 그림 5.14처럼 메타센터가 무게 중심 위에 있으므로 보트는 안정적이다. $y_{cg} = 0.80$ m, $y_{mc} = 0.98$ m, $y_{mc} > y_{cg}$.

예제 5.6 직경 3.0 ft, 높이 6.0 ft, 무게 1550 lb인 고체 실린더가 있다. 실린더가 오일(sg=0.90)에 수직방향으로 놓이면, 실린더는 안정적인가?

완전한 해설이 아래에 제시된다. 문제를 스스로 풀어 보고, 해설을 확인하시오.

해설 오일에 놓인 실린더의 모습(그림 5.15):

$$V_d = \text{잠긴 부피} = AX = \frac{\pi D^2}{4}(X)$$

평형상태 식:

$$\Sigma F_v = 0$$

$$w = F_b = \gamma_o V_d = \gamma_o \frac{\pi D^2}{4}(X)$$

$$X = \frac{4w}{\pi D^2 \gamma_o} = \frac{(4)(1550\ \text{lb})\ \text{ft}^3}{(\pi)(3.0\ \text{ft})^2(0.90)(62.4\ \text{lb})} = 3.90\ \text{ft}$$

부력 중심 cb는 실린더 바닥으로부터 $X/2$ 거리만큼 떨어져 있다.

$$y_{cb} = X/2 = 3.90\ \text{ft}/2 = 1.95\ \text{ft}$$

무게 중심 cg는 실린더 바닥으로부터 $H/2 = 3.0$ ft만큼 떨어져 있다. 실린더가 균질하다고 하면, 식 (5-5)를 이용하여 메타센터의 위치 mc는 다음과 같다.

$$\text{MB} = I/V_d$$

$$I = \frac{\pi D^4}{64} = \frac{\pi(3.0\ \text{ft})^4}{64} = 3.98\ \text{ft}^4$$

$$V_d = AX = \frac{\pi D^2}{4}(X) = \frac{\pi(3.0\ \text{ft})^2}{4}(3.90\ \text{ft}) = 27.6\ \text{ft}^3$$

$$\text{MB} = I/V_d = 3.98\ \text{ft}^4/27.6\ \text{ft}^3 = 0.144\ \text{ft}$$

$$y_{mc} = y_{cb} + \text{MB} = 1.95\ \text{ft} + 0.14\ \text{ft} = 2.09\ \text{ft}$$

결과 요약하면, $y_{cg} = 3.00$ ft, $y_{mc} = 2.09$ ft. 메타센터가 무게 중심 아래에 있으므로($y_{mc} < y_{cg}$), 실린더는 이

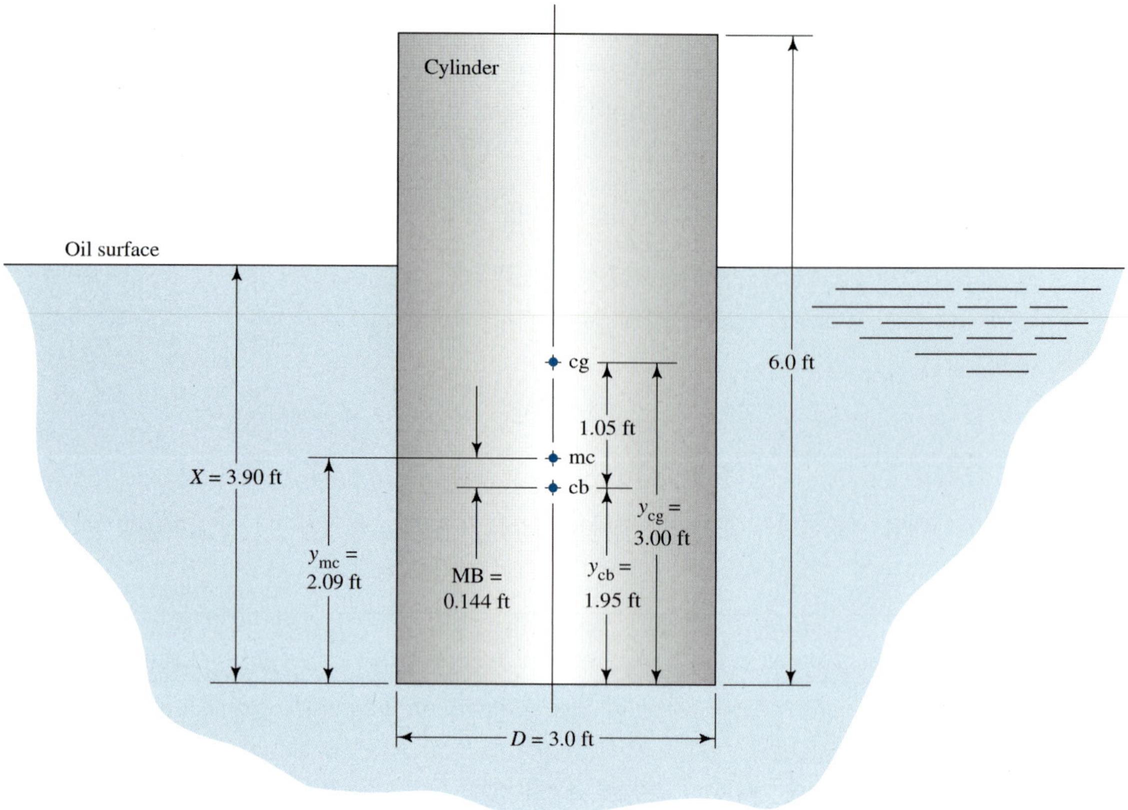

그림 5.15 예제 5.6의 완전한 해

위치에서 안정적이지 않다. 실린더는 한쪽으로 계속 기울어져서 안정적인 방향으로 놓이게 될 것이다.

물체의 부력 안정을 위한 조건은 다음과 같이 요약된다.

- 완전히 잠긴 물체는 무게 중심이 부력 중심 아래에 있으면 안정적이다.
- 떠 있는 물체는 무게 중심이 메타센터 아래에 있으면 안정적이다.

5.6 부력 안정성의 정도

어떤 물체가 다른 물체보다 더 안정적인지는 메타센터의 높이를 통해 가늠할 수 있다. 이는 무게 중심으로부터 잰 메타센터의 높이이고 MG라고 한다. 어떤 물체의 메타센터의 높이가 크면 더 안정적이다.

그림 5.16에서 메타센터의 높이를 MG로 표기했다. 이 장에서 제시한 절차를 따라, MG를 다음과 같이 계산할 수 있다.

$$MG = y_{mc} - y_{cg} \tag{5-6}$$

참고문헌 1은 작은 배는 MG가 최소 1.5 ft(0.46 m)를 만족해야 한다고 규정한다. 큰 배는 MG > 3.5 ft(1.07 m)이어야 한다. 그러나 너무 큰 메타센터 높이는 배가 불필요하게 요동하고 배멀미를 일으키므로 피해야 한다.

예제 5.7 예제 5.5의 뗏목 선체에 대하여 메타센터의 높이를 계산하시오.

해설 예제 5.5의 결과에서

$$y_{mc} = 0.98\ \text{m}(\text{선체 바닥으로부터 거리})$$

$$y_{cg} = 0.80\ \text{m}$$

이다. 메타센터의 높이는 다음과 같다.

$$MG = y_{mc} - y_{cg} = 0.98\ \text{m} - 0.80\ \text{m} = 0.18\ \text{m}$$

5.6.1 정적 안정성 곡선

떠 있는 물체에 관한 다른 척도는 무게가 무게 중심을 따라 작용하는 선과 부력이 부력 중심을 따라 작용하는 선 사이의 간격이다. 그림 5.10에서 이러한 힘과 간격을 곱한 값이 복원력에 해당하고 물체가 원래 위치로 돌아와 안정되게 한다고 논의한 바 있다.

그림 5.16에 회전된 보트 선체에 작용하는 무게와 부력이 표시되어 있다. 무게 중심을 지나는 수평선이 부력선과 만나는 점을 H라 하자. 수평 거리 GH를 복원암(righting arm)이라 하며, 복원력의 척도가 된다. 거리 GH는 회전 정도에 따라 변한다. 그림 5.17에서 배의 복원암과 회전각의 관계를 보여준다. 이 그래프를 정적 안정성 곡선이라고 한다. GH값이 양수이면, 배는 안정적이다. 반대로 GH값이 음수이면, 배는 불안정해지고 전복될 것이다. 그림 5.17의 값이 적용되는 물체의 경우, 68도 이상 회전하면 불안정해진다. 50도 이상이 되면 GH가 급격히 감소하므로, 이 각도가 정상 운영을 위한 제한 회전 각도가 된다.

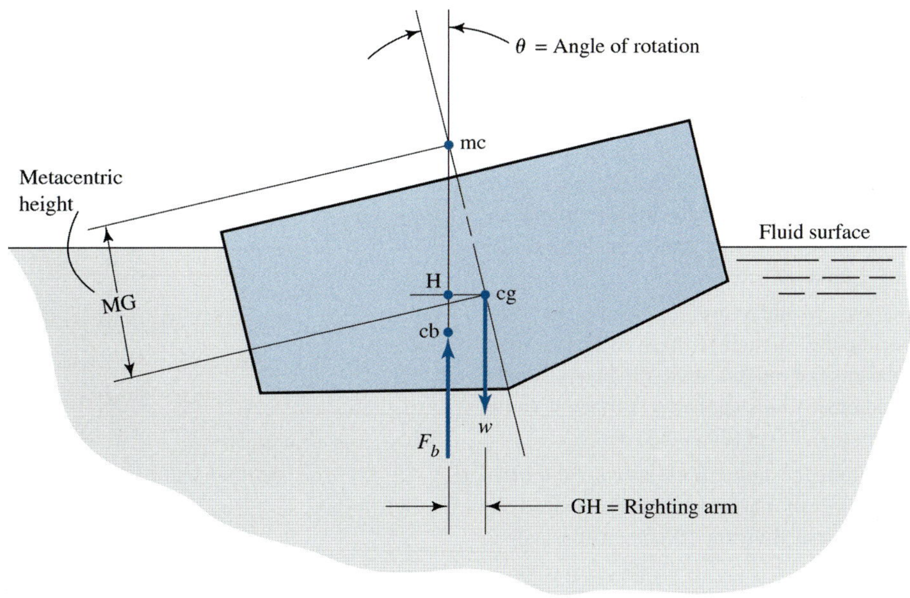

그림 5.16 메타센터 높이와 복원암으로 나타나는 안정성의 정도

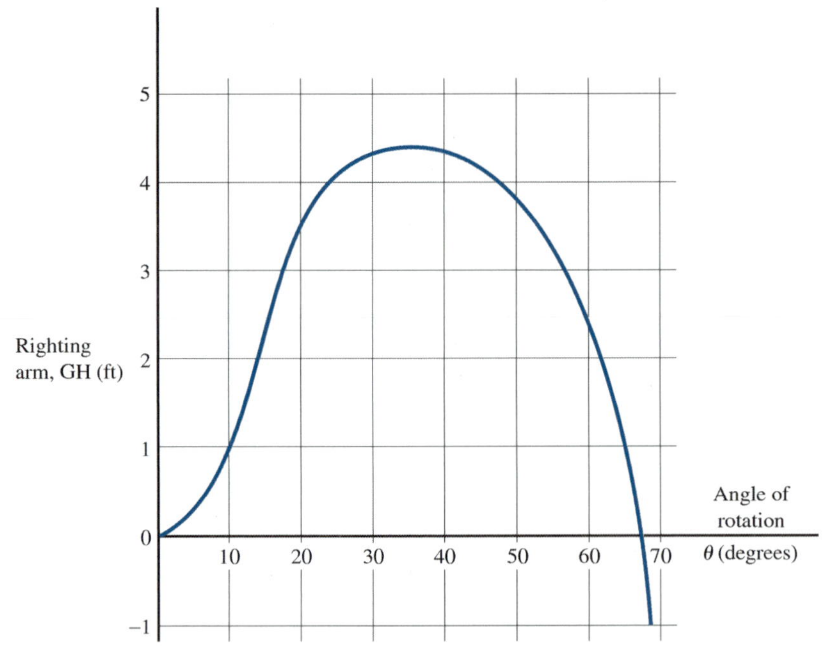

그림 5.17 떠 있는 물체의 정적 안정성 곡선

참고문헌

1. Avallone, Eugene A., Theodore Baumeister, and Ali Sadegh, eds. 2007. *Marks' Standard Handbook for Mechanical Engineers,* 11th ed. New York: McGraw-Hill.

인터넷 자료

1. **Sealed Air Protective Packaging:** From the home page select *Protective Packaging,* then *Browse by Product Type,* then *Foam Packaging* for product information for many types of foam materials for industrial, packaging, and marine applications. Several formulations of polyethylene foams are used as buoyancy components. Brand names include Cellu-Cushion®, Ethafoam®, and Stratocell®.
2. **Flotation Technologies:** Manufacturer of deep-water buoyancy systems, specializing in high-strength syntactic foam and polyurethane elastomer products used for buoys, floats, instrument collars, and other forms applied to surface flotation or subsurface buoyancy to 6,000 m (20,000 ft) depth.
3. **Marine Foam.com:** From the home page select *Floatation Foams.* They are a provider of marine and buoyancy products under the Marine Foam and Buoyancy Foam names, along with pourable urethane foam.
4. **Cuming Corporation:** A provider of syntactic foams and insulation equipment for the offshore oil and gas industries, including buoys and floats. A sister company to Flotation Technologies.
5. **U.S. Composites, Inc.:** A distributor of composite materials for the marine, automotive, aerospace, and art communities, including urethane foam, fiberglass, epoxy, carbon fiber composites, Kevlar, and others.
6. **National Undersea Research Program (NURP):** The federal government agency that sponsors undersea research. Part of the National Oceanographic and Atmospheric Administration (NOAA). See also Internet resource 7.
7. **Woods Hole Oceanographic Institute:** A research organization that performs both undersea and surface-based projects, including the operation of several U.S. Navy-owned deep submergence vehicles, such as the *Alvin* human-occupied submersible vehicle (HOV), the *Jason* remotely-operated undersea vehicle (ROV), and the *Sentry* autonomous undersea vehicle (AUV). See also Internet resource 6.

연습문제

부력

5.1 그림 5.18의 장치 패키지는 무게가 258 N이다. 비중량이 10.05 kN/m^{3}인 바닷물에 패키지가 잠겨 있는 경우, 케이블에 걸리는 장력을 계산하시오.

5.2 무게가 200 N이고 직경이 1.0 m인 속이 빈 구체가 무게가 4.1 kN인 콘크리트 블록에 붙어 있다. 콘크리트의 비중량이 23.6 kN/m^{3}이면, 두 물체는 물에서 뜨는가? 가라앉는가?

5.3 어떤 표준 강 파이프의 외부 직경이 168 mm, 길이가 1 m, 무게가 277 N이다. 양끝이 닫힌 경우, 이 파이프는 글리세린(sg = 1.26)에서 뜨는가? 가라앉는가?

5.4 어떤 원통형 부체의 직경이 10 in, 길이가 12 in이다. 이 부체 부피의 9/10가 비중이 1.10인 유체의 표면 아래에 잠기는 경우, 부체의 비중량을 구하시오.

5.5 비중량이 7.9 kN/m^{3}인 재료로 만든 원통형 부표의 직경

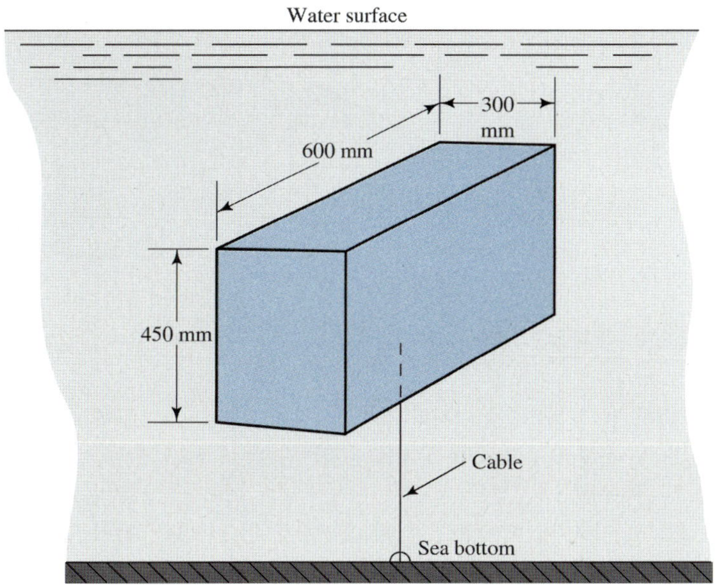

그림 5.18 문제 5.1

이 0.3 m, 길이가 1.2 m이다. 원통 길이 방향으로 떠 있다면, 수면 윗부분 원통의 길이를 구하시오.

5.6 비중이 0.90인 오일의 수위 표시기로 사용될 부체를 제작하려고 한다. 부체는 길이가 100 mm인 정육면체이고, 오일에 75 mm만큼 잠겨야 한다. 부체의 비중량을 결정하시오.

5.7 비중이 1.15인 용액에 비중량이 23.6 kN/m^{3}인 콘크리트 블록이 밧줄에 매달려 있다. 밧줄의 장력이 2.67 kN인 경우 콘크리트 블록의 부피를 계산하시오.

5.8 그림 5.19는 비중이 0.90인 오일에 일부 잠겨 있는 펌프를 보여준다. 펌프는 스프링에 의해 지지된다. 펌프의 총 무게가 14.6 lb이고 잠긴 부피가 40 in^{3}인 경우, 스프링에 의한 지지력을 구하시오.

5.9 강철 정육면체의 길이가 100 mm이고 무게가 80 N이다. 폼 부표를 이용하여 정육면체를 물속에서 평형상태로 잠겨 있게 하고자 한다. 폼의 무게가 470 N/m^{3}인 경우 부표의 최소 부피를 구하시오.

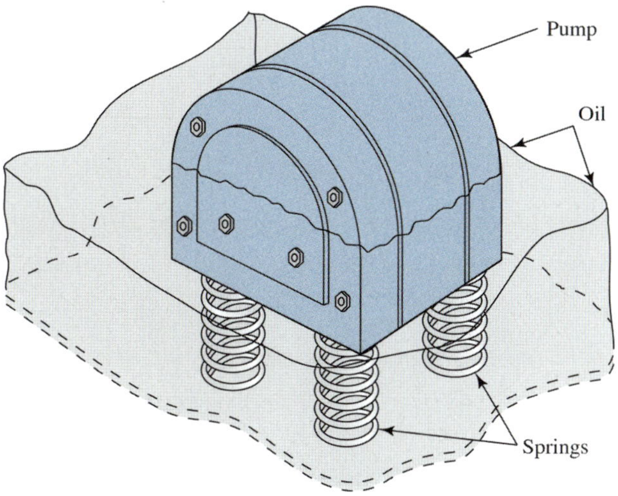

그림 5.19 문제 5.8

5.10 원통형 드럼의 직경이 2 ft, 길이가 3 ft, 비어 있을 때 무게가 30 lb이다. 드럼에 알루미늄 덩어리를 넣으면 담수에서 중립 부력 상태가 된다. 알루미늄의 비중량이 0.100 lb/in^{3}인 경우 그 부피를 구하시오.

5.11 문제 5.10의 알루미늄을 드럼 바깥 부분에 설치하는 경우 필요한 부피를 구하시오.

5.12 그림 5.20은 유체에 떠 있는 정육면체를 보여준다. 잠긴 부분의 길이 X, 정육면체의 비중량, 유체의 비중량 간의 관계식을 유도하시오.

5.13 비중계는 액체의 비중을 측정하는 장치이다. 그림 5.21은 직경이 1.00 in인 빈 원통 상단에 직경이 0.25 in인 튜브가 있는 비중계를 보여준다. 빈 비중계의 무게는 0.020 lb이다. 담수에서 비중계가 그림처럼 뜨기 위해서 어떤 무게의 강철 볼이 필요한가?(비중은 1.00이다.)

5.14 문제 5.13에서, 비중계가 상단 마크에 떠 있는 경우 유체의 비중을 구하시오.

5.15 문제 5.13에서, 비중계가 하단 마크에 떠 있는 경우 유체의 비중을 구하시오.

5.16 부표가 콘 모양의 장치 패키지를 지지하고 있다(그림 5.22). 부표는 비중량이 8.00 lb/ft^{3}인 균질한 재료로 만들었다. 안전과 시인성을 위해 부표의 최소 1.50 ft 길이는 해수면 위로 올라와야 한다. 장치 패키지의 최대 허용 중량을 구하시오.

5.17 비중량이 491 lb/ft^{3}인 강철로 만들어진 정육면체의 길이가 18.00 in이다. 담수에서 이를 지지하는 데 필요한 힘을 구하시오.

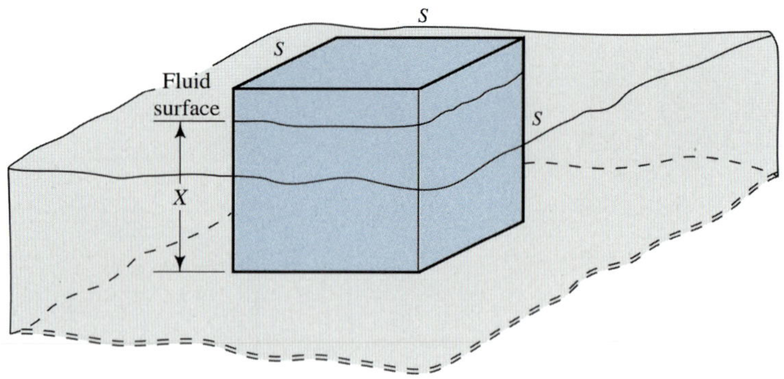

그림 5.20 문제 5.12, 5.60

5.18 비중량이 491 lb/ft^{3}인 강철로 만들어지고 길이가 18 in인 정육면체가 있다. 수은에서 부력 중립 상태를 유지하기 위해 필요한 힘을 구하시오.

5.19 배의 질량은 292 Mg이다. 이 배가 뜨기 위해 바닷물에 잠길 부분의 부피를 구하시오.

5.20 빙하의 비중량이 8.72 kN/m^{3}이다. 바닷물에 떠 있을 때 어느 정도의 부피가 수면 위에 있는가?

5.21 원통형 통나무의 직경이 450 mm이고 길이가 6.75 m이다. 통나무가 담수에 수평방향으로 떠 있을 때, 수면 위로 110 mm만큼 나와 있다. 나무의 비중량을 구하시오.

5.22 그림 5.23의 원통은 균질한 재료로 만들어졌다. 비중량을 구하시오.

5.23 문제 5.22의 원통이 95℃ 담수에 놓이면, 수면 위로 나오는 높이는 어느 정도인가?

5.24 문제 5.22와 5.23에서 제시된 원통 바닥에 황동을 붙이고, 원통이 95℃ 담수에 완전히 잠겨서 중립 부력 상태에 이르게 해야 한다. 그림 5.24처럼 황동도 원래 원통과 같은 직경을 가진 원통 형태이다. 황동의 두께를 구하시오.

5.25 문제 5.24의 황동이 붙은 원통은, 잠긴 물의 온도가 15℃로 떨어지면 어떻게 되는가?

5.26 그림 5.25의 복합재료 원통이 25℃의 사염화탄소에서 떠 있기 위한 황동의 두께를 계산하시오.

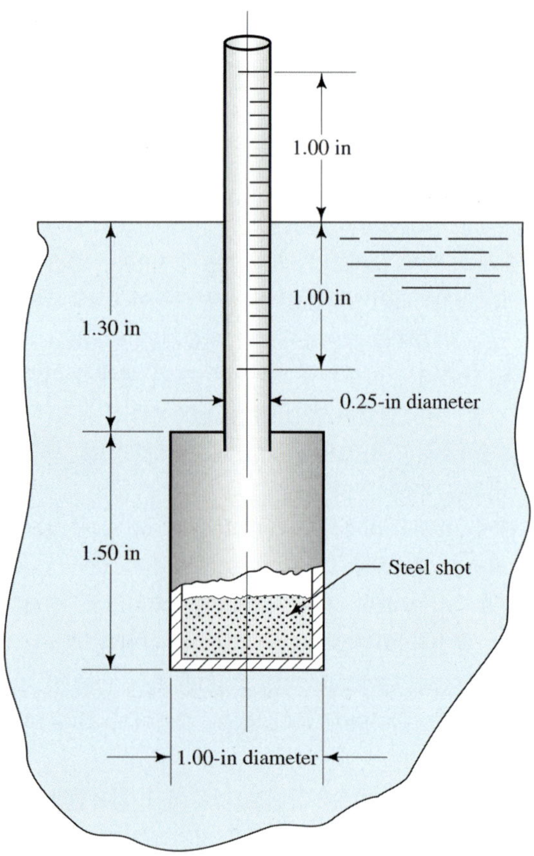

그림 5.21 비중계(문제 5.13–5.15)

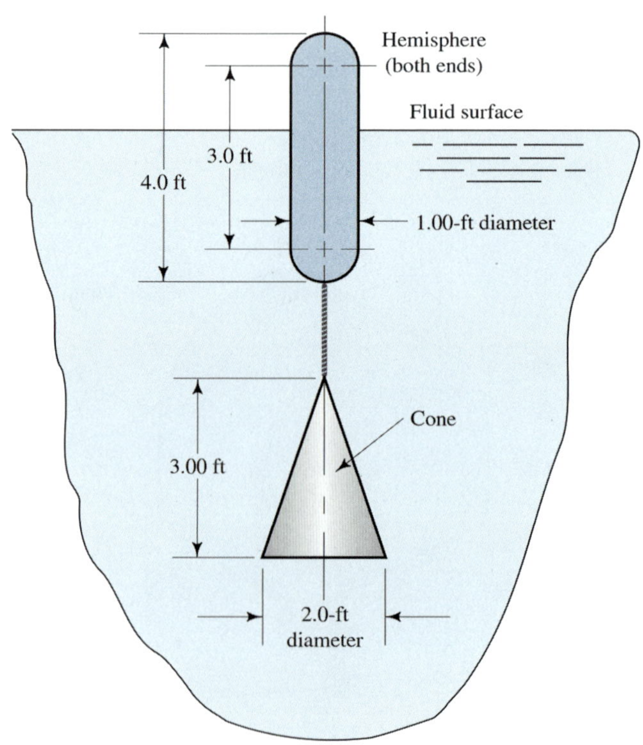

그림 5.22 문제 5.16

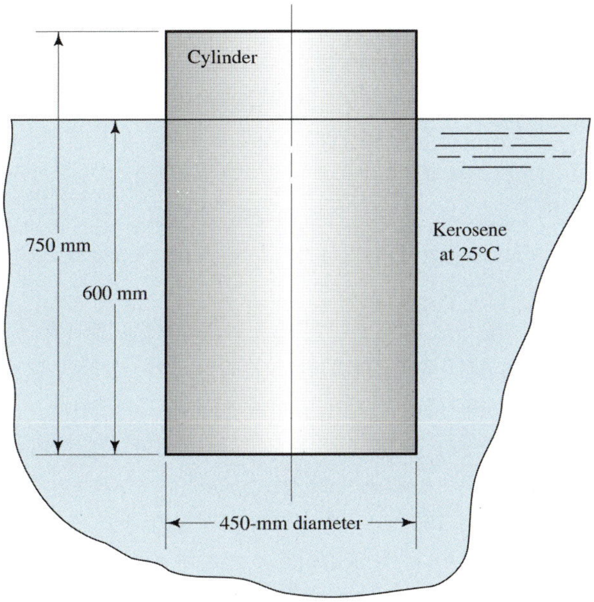

그림 5.23 문제 5.22–5.25, 5.52

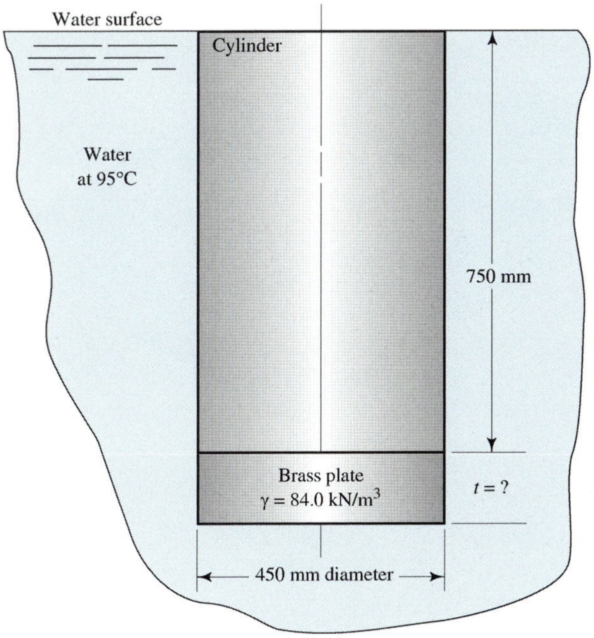

그림 5.24 문제 5.24, 5.25

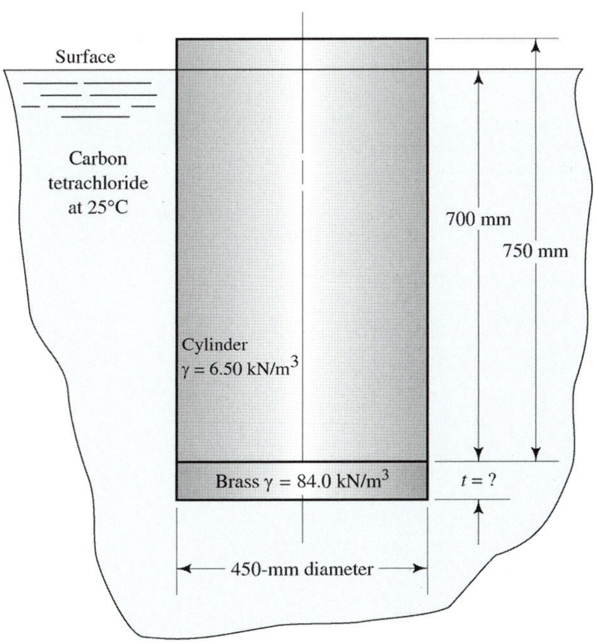

그림 5.25 문제 5.26, 5.53

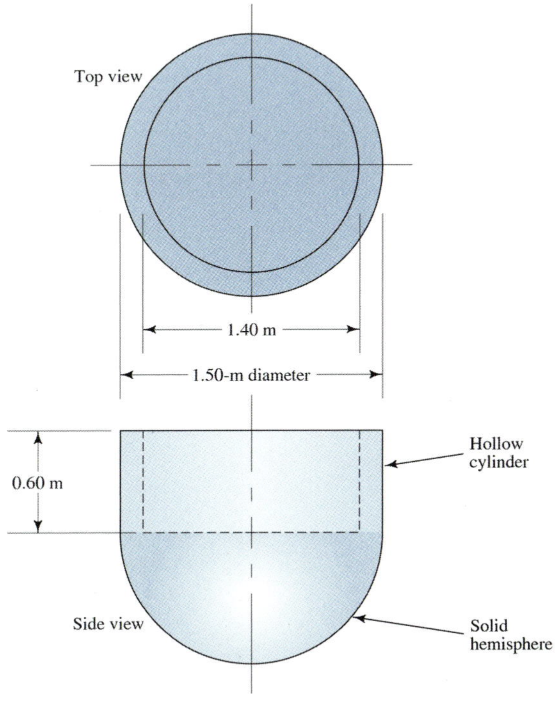

그림 5.26 문제 5.27, 5.48

5.27 특수 실험을 위한 용기가 상부는 빈 원통, 하부는 반구체로 이루어져 있다(그림 5.26). 0.75 m만큼 잠긴 상태로 비중이 1.16인 유체에 떠 있기 위한 무게를 계산하시오.

5.28 일회용 커피컵과 유사한 가벼운 폼 재질인 컵의 무게가 0.05 N, 직경은 균일하게 82.0 mm, 길이는 150 mm이다. 이 컵이 물에 놓이는 경우 잠기는 깊이를 계산하시오.

5.29 일회용 커피컵과 유사한 가벼운 폼 재질인 컵의 무게가 0.05 N, 직경은 균일하게 82.0 mm, 길이는 150 mm이다. 강철 막대를 컵에 넣는다. 강철의 비중량은 76.8 kN/m^3, 직경은 38.0 mm, 길이는 80.0 mm이다. 이 컵이 물에 놓이는 경우 잠기는 깊이를 계산하시오.

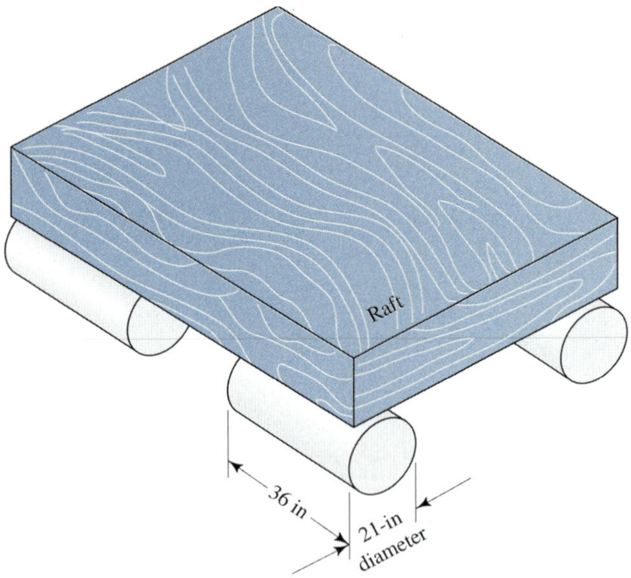

그림 5.27 문제 5.31, 5.33, 5.34

5.30 문제 5.29에서 강철 막대를 컵의 안쪽이 아닌 바깥쪽 아래에 붙이는 경우에 대하여 계산하시오.

5.31 그림 5.27은 4개의 빈 드럼이 플랫폼을 지지하는 방식으로 만든 뗏목을 보여준다. 각 드럼의 무게는 30 lb이다. 드럼 부분이 완전히 잠기는 경우, 플랫폼 및 그 위 화물의 총 무게를 구하시오.

5.32 그림 5.28은 문제 5.31의 플랫폼을 제작하는 과정을 보여준다. 나무의 비중량이 40.0 lb/ft^{3}인 경우 플랫폼의 무게를 구하시오.

5.33 그림 5.27의 뗏목에서 화물이 전혀 없는 경우에 드럼의 어느 부분까지 잠기는가? 문제 5.31, 5.32 자료를 활용하시오.

5.34 그림 5.27과 5.28, 문제 5.31과 5.32의 뗏목과 플랫폼에 대하여, 플랫폼까지 잠기게 하는 추가 무게를 계산하시오. 플랫폼 아래 공기가 갇히지 않는다고 가정한다.

5.35 비중량이 12.00 lb/ft^{3}인 균질한 폼으로 만든 부체가 있다. 크기는 18.00 in×18.00 in×48.00 in 직육면체이다. 비중량이 150 lb/ft^{3}인 콘크리트 블록의 공기 중에서 무게가 600 lb이다. 이 콘크리트를 부체에 케이블로 연결한다. 부체가 수직방향으로 떠서 14.00 in가 해수면 위로 올라오게 케이블의 길이가 조정되었다. 케이블에 걸리는 장력을 계산하시오.

5.36 문제 5.35의 상황이 만조 동안 수위가 18 in만큼 상승하면

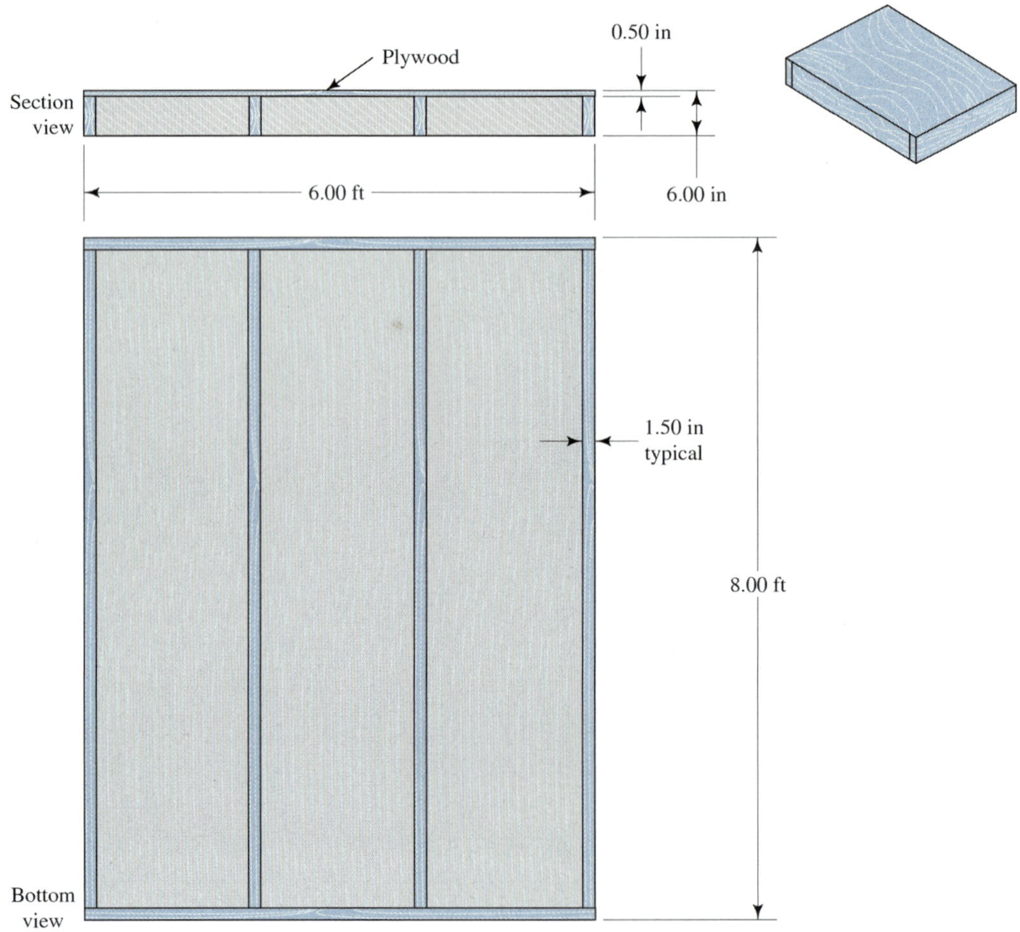

그림 5.28 뗏목 만들기 (문제 5.32, 5.34)

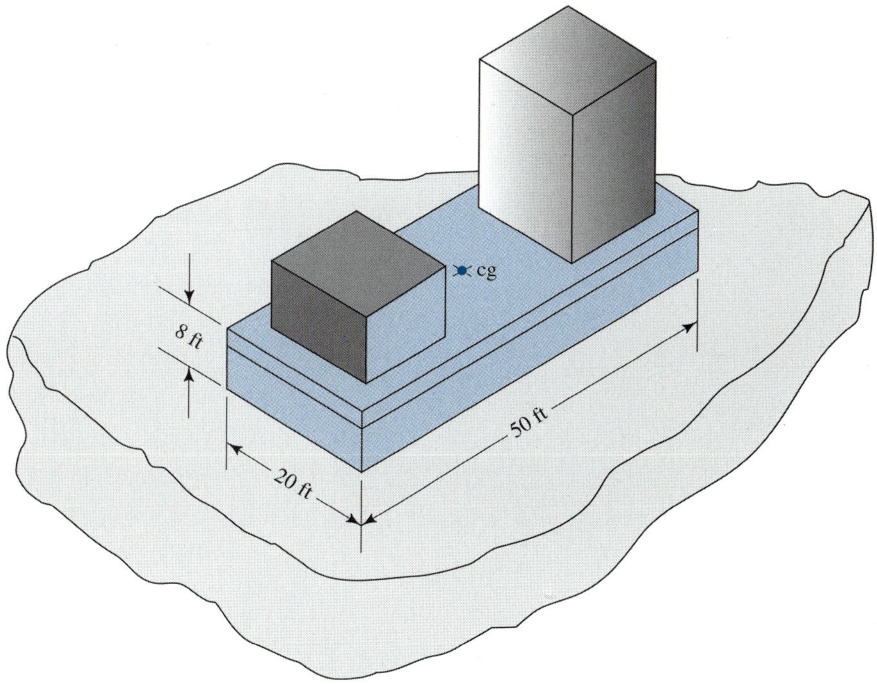

그림 5.29 문제 5.41

어떻게 변하는지 기술하시오.

5.37 비중량이 0.100 lb/ft^3인 알루미늄으로 만들어진 길이가 6.0 in인 정육면체가 있다. 와이어에 매달려 부피의 반은 물에, 나머지 반은 오일(sg=0.85)에 잠기는 경우, 와이어에 걸리는 장력을 계산하시오.

5.38 탱크의 바닥에 어떤 원통이 길이방향과 수평이 되도록 완전히 잠겨 놓여 있는 경우, 이 원통이 탱크 바닥에 가하는 힘을 계산하시오($D=6.00$ in, $L=10.00$ in, $\gamma_c=0.284$ lb/in^3(강철), $\gamma_f=62.4$ lb/in^3).

안정성

5.39 직경 5.00 m, 길이 3.00 m, 비중량 4.00 kN/m^3인 나무 원통이 있다. 이 원통이 물에서 길이방향과 수직으로 안정적으로 떠 있을 수 있는가?

5.40 비상 비콘으로 쓰이는 컨테이너가 직육면체 형태이고(너비 30.0 in×길이 40.0 in×높이 22.0 in), 무게는 250 lb이다. 무게 중심은 베이스로부터 10.50 in 높이에 있다. 담수에서 이 컨테이너의 30.0 in×40.0 in인 면이 수면과 평행인 경우, 안정적일 수 있는가?

5.41 그림 5.29의 대형 플랫폼은 장치를 싣고 해양 설비를 공급한다. 시스템의 총 무게는 450,000 lb이고 무게 중심은 바닥으로부터 8 ft 높이 플랫폼 상단에 위치한다. 그림과 같은 위치의 해수에서, 이 플랫폼은 안정적인가?

5.42 문제 5.4에서 기술한 원통형 부체는 유체에 수직방향으로 놓으면 안정적인가?

5.43 문제 5.5의 부표는 물에 수직방향으로 놓으면 안정적인가?

5.44 문제 5.6의 부체는 오일에서 상단이 수평으로 놓이면 안정적인가?

5.45 밀폐된 빈 드럼의 직경이 24.0 in, 길이가 48.0 in, 무게가 70.0 lb이다. 이 드럼은 길이 방향이 수직이 되도록 물에 안정적으로 뜰 수 있는가?

5.46 그림 5.30은 강에서 벌크 재료를 운반하는 데 사용되는 배를 보여준다. 배의 무게 중심이 도심과 일치하고, 8.00 ft 만큼 잠긴 채 떠 있다고 가정한다. 바닷물에서 안정적이게

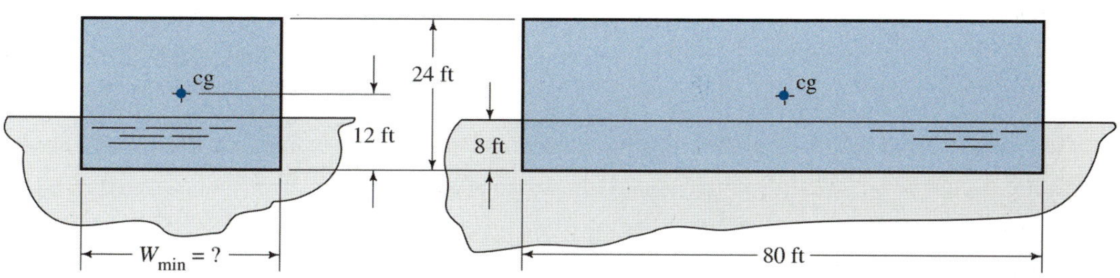

그림 5.30 문제 5.46, 5.47

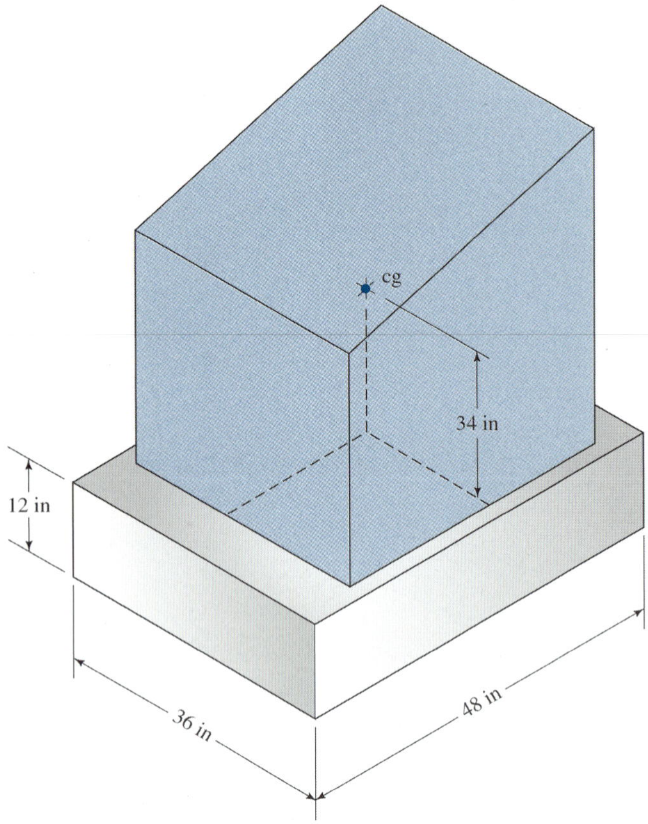

그림 5.31 문제 5.55

하는 최소 너비를 구하시오.

5.47 문제 5.46을 반복한다. 다만, 분쇄된 석탄이 적재되어 16.0 ft만큼 잠겼다고 가정한다. 무게 중심은 바닥으로부터 13.50 ft 위에 있다. 안정성을 위한 최소 너비를 구하시오.

5.48 그림 5.26, 문제 5.27의 용기는 전체 반구가 잠긴 채로 떠 있고 무게 중심이 상단으로부터 0.65 m에 있는 경우에, 이 용기는 안정적인가?

5.49 문제 5.28의 폼 컵의 경우, 수직방향으로 놓으면 안정적인가?

5.50 문제 5.29에서, 강철 막대가 컵 안에 수직방향으로 놓이면 컵은 안정적인가?

5.51 문제 5.30에서, 강철 막대가 컵의 바닥에 수평방향으로 붙어 있으면 컵은 안정적인가?

5.52 그림 5.23, 문제 5.22의 원통은 그 위치에서 안정적인가?

5.53 그림 5.25, 문제 5.26의 황동이 붙은 원통은 그 위치에서 안정적인가?

5.54 방파제의 일부가 3840 lb 무게의 직육면체(8.00 ft×4.00 ft ×2.00 ft)로 설계되었다. 8.00 ft 방향이 수직이 되게 떠 있을 경우 안정적인가?

5.55 어떤 수질 오염 측정 장비를 지지하기 위해 플랫폼이 설계되었다(그림 5.31). 베이스는 너비 36.00 in, 길이 48.00 in, 높이 12.00 in이다. 전체 시스템 총 무게는 130 lb이고, 무게 중심은 플랫폼 상단 위 34.0 in에 있다. 이 시스템은 바닷물에서 안정적인가?

5.56 비중량이 32 lb/ft^3, 크기가 6 in×6 in×12 in인 나무블록이 있다. 이 블록이 6×12 in 면이 표면에 수평으로 오일(sg=0.90)에 놓이면, 안정적인가?

5.57 바지선의 길이가 60 ft, 너비가 20 ft, 깊이가 8 ft이다. 화물이 없을 때, 무게가 210,000 lb이고 무게 중심은 바닥으로부터 1.5 ft 높이이다. 물에서 이 바지선은 안정적인가?

5.58 문제 5.57의 바지선에 평균 비중량이 45 lb/ft^{3}인 석탄 240,000 lb 화물이 적재되면, 바지선은 어느 정도 잠기는가? 안정적인가?

5.59 그림 5.32의 코르크는 비중량이 2.36 kN/m^{3}이다.

(a) 테레빈유(sg=0.87)에서 그림의 방향으로 놓이면 잠기는 깊이가 어느 정도인가?

(b) 이 위치에서 안정적인가?

5.60 그림 5.20의 정육면체가 유체에 떠 있다.

(a) 정육면체가 안정적인 조건을 잠기는 깊이 X로 나타내시오.

(b) 이를 이용하여 75 mm 길이의 정육면체에 대하여 X를 구하시오.

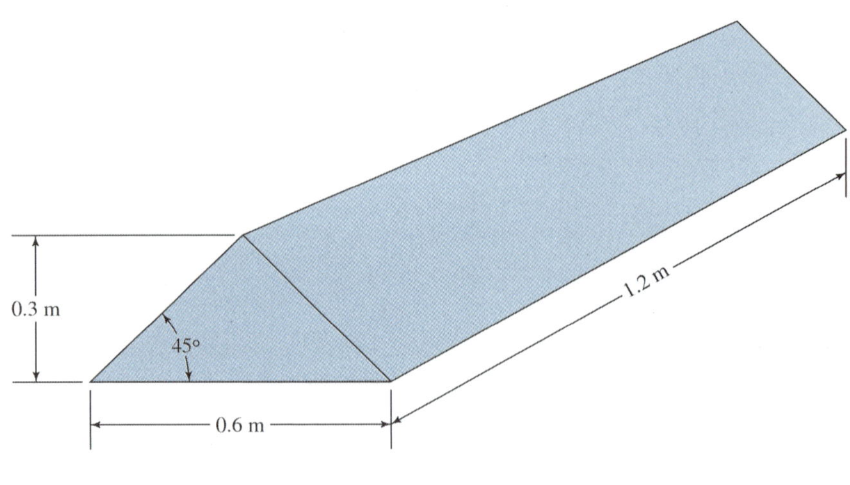

그림 5.32 문제 5.59

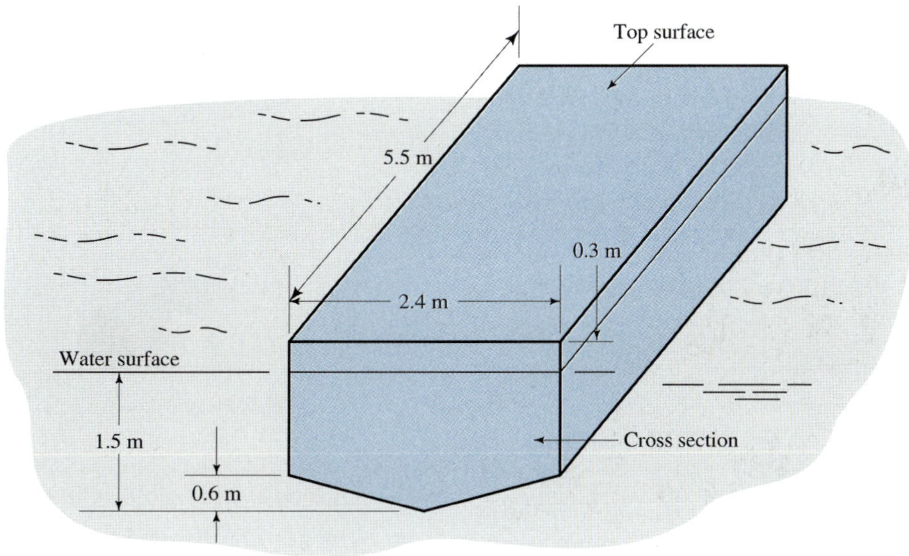

그림 5.33 문제 5.61

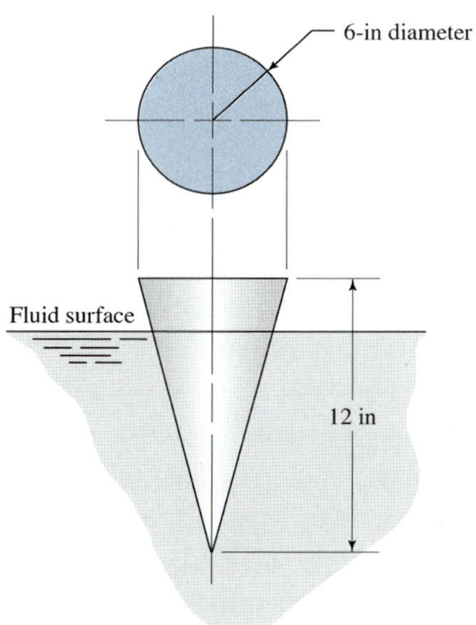

그림 5.34 문제 5.62

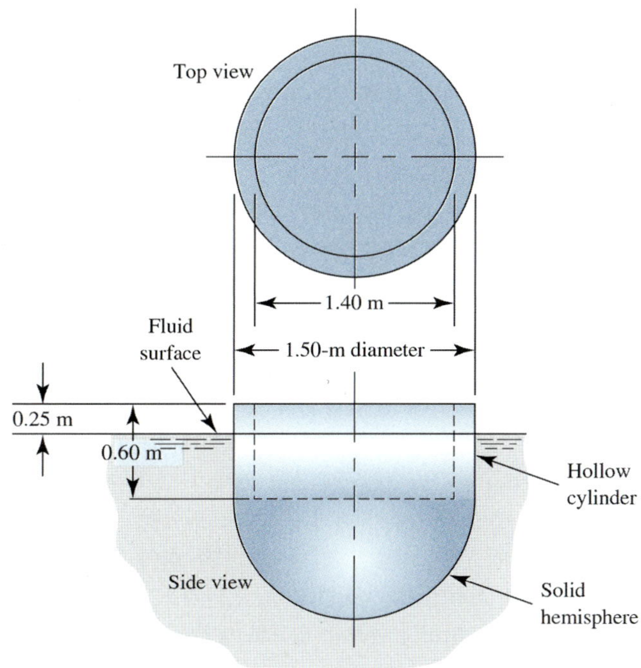

그림 5.35 문제 5.63

5.61 그림 5.33의 보트에서 수면선은 보트의 상단면과 일치한다. 선체가 가득 차 있다고 가정하면, 보트는 안정적인가?

5.62 (a) 그림 5.34의 원뿔은 소나무(비중량 30 lb/ft^3)로 만들어졌다. 그림 위치대로 물에 놓이면 안정적인가?

(b) 비중량이 55 lb/ft^{3}인 티크 목재로 만들어졌으면, 같은 경우 안정적인가?

5.63 그림 5.35에서 용기는 특수 실험을 위해 만들어졌다. 용기는 비중량이 1.16인 유체에서 떠야 한다. 용기의 상단은 유체면보다 0.25 m 위에 있어야 한다.

(a) 용기와 내용물의 총 무게를 구하시오.

(b) 내용물의 무게가 5.0 kN이면, 용기를 만든 재료의 비중량을 구하시오.

(c) 용기와 내용물의 총 무게 중심이 원통의 열린 상단 둘레의 0.40 m 아래이면, 용기는 안정적인가?

5.64 골프 클럽 헤드가 비중량 0.100 lb/in^3 알류미늄으로 만들어졌다. 공기 중 무게가 0.500 lb이다. 차가운 물에서의 무게를 구하시오.

보충문제

5.65 철인3종 경기에서 웨트슈트는 금지되기도 한다. 더해진 부력으로 인해 몸의 많은 부분이 수면 위로 뜨고, 이는 수영에 필요한 힘을 감소시킨다. 어떤 웨트슈트가 두께 0.25 in, 넓이 1.8 평방야드, 비중량 38 lb/ft^3인 재료로 만들어진 경우, 바다에서 이로 인해 추가되는 부력을 계산하시오.

5.66 직경이 800 mm, 길이가 4.0 m, 비중량이 625 N/m^3인 원통이 있다. 이 원통은 500 m 깊이 바다의 바닥으로부터 3 m 위에 케이블에 의해 잡혀 잠겨 있다. 이때 케이블에 걸리는 장력을 계산하시오.

5.67 그림 5.2의 다이빙벨은 무게가 72 kN, 부피는 6.5 m^3이다. 다음 경우에 케이블에 걸리는 장력을 계산하시오.

(a) 벨이 물 위에 있는 경우

(b) 바다에 잠긴 경우. 케이블을 벨로부터 제거하면, 벨은 가라 앉는가? 뜨는가?

5.68 지구 표면에서 125 kg인 무거운 물체를 들어 올리려면 열기구가 필요하다. 주변 온도가 20℃이고 열기구 내 공기가 110℃까지 가열되는 경우, 열기구를 구체로 가정하여 최소 직경을 계산하시오. 또한, 왜 무거운 물체는 열기구 아래에 위치시켜야 하는지 설명하시오. 부록 E에 공기의 온도에 따른 비중량 자료를 참고한다.

5.69 웨트슈트, 탱크, 기어 등을 포함하여 스쿠버다이버의 질량이 78 kg이다. 바닷물에 의해 대체되는 총 부피는 82.5 L이다. 다이버는 납을 더하여 중립 부력 상태에 이르고자 한다. 이를 위해 필요한 납(sg = 11.35)의 무게를 계산하시오.

5.70 대형 지반 공사를 위해 콘크리트를 쏟아야 하고, 그 중간에 유틸리티 통로를 위해 원형 통로를 생성해야 한다. 속이 텅 빈 경량 플라스틱 튜브를 수평방향으로 위치시키고 콘크리트(sg = 2.6)를 그 주변으로 쏟을 계획이다. 튜브의 무게는 무시할 만큼 가벼워서 액체 콘크리트 안에서 부력에 의해 상승하게 된다. 이를 막기 위해 튜브를 묶어 지지해야 한다. 튜브 직경이 120 cm인 경우, 콘크리트가 건조될 때까지, 단위길이(m)당 튜브를 밑으로 당기는 데 필요한 힘을 계산하시오.

5.71 강철이 뜰 수 있는가? 비중이 7.85이므로 물에서는 당연히 뜨지 않는다. 부록 B에서 어떤 유체의 경우에 강철 정육면체가 뜰 수 있는지 논의하시오.

5.72 수족관의 장식으로 사용될 장난감 성이 폴리에틸렌(비중량 9125 N/m^3)으로 만들어진다. 이 장난감이 바닥에 가라앉아 있기 위해 장난감의 바닥에 어떤 무게를 더해줘야 할 필요가 있는가? 부피가 125 cm^3인 경우, 가라앉아 있게 하기 위해 필요한 무게를 구하시오.

5.73 그림 5.36의 해저 카메라는 바다에서 부체 아래 매달려 해저 생명체들을 안정적으로 촬영한다. 카메라는 무게가 40 파운드 정도로 무거운 편이고, 부피는 0.3 ft^3이다. 부체의 2 ft 아래에 2개의 와이어에 의해 매달려, 이 깊이에서 계속 촬영한다. 부체는 원통형이고 비중이 0.15, 두께는 6 in이다. 부체의 최소 직경을 구하시오. 이 경우 수면과 부체 상단 표면이 일치하게 된다. 부체의 직경이 더 크거나 작으면, 어떤 일들이 발생하는가?

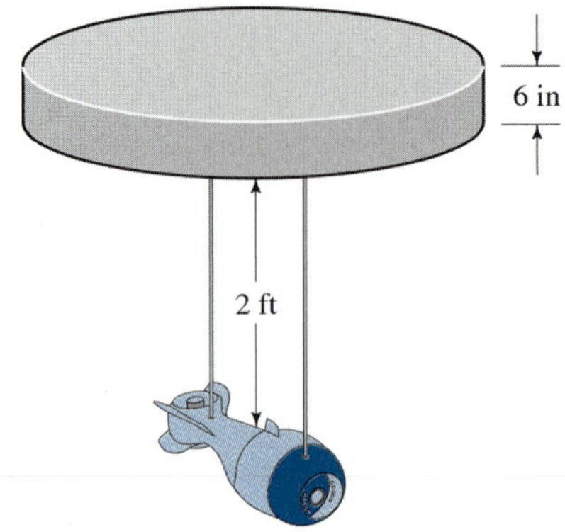

그림 5.36 문제 5.73

5.74 문제 5.73에서 카메라가 부체 위에 놓여 있어 물 밖에 있다고 가정하자. 이때 필요한 부체의 최소 직경을 계산하시오. 부체의 직경이 이보다 더 크거나 또는 작으면 어떤 일이 생기는지 기술하시오.

부력 안정성 평가 프로젝트

다음 프로젝트는 스프레드시트나 계산 소프트웨어 등을 사용하여 수행할 수 있다. 모든 프로젝트에 대하여 메타센터 높이 등 핵심 결과들을 그래프로 나타내길 추천한다.

1. 유체에 원통형 물체가 축이 수직인 방향으로 위치할 때 부력 안정성을 평가하는 프로그램을 작성하시오. 입력 자료로 다음을 사용한다. 원통의 직경, 길이, 무게(또는 비중량), 무게 중심의 위치, 유체의 비중량. 원통이 떠 있을 때 위치, 부력 중심 및 메타센터의 위치를 계산하시오. 부력 안정성을 평가하기 위해 메타센터의 위치와 무게 중심의 위치를 비교하시오.
2. 특정 부피에 균질한 밀도를 가진 원통이 임의의 유체에 떠 있는 경우에, 직경을 작은 값으로부터 일정하게 큰 값으로 증가시킨다. 각각에 대하여, 지정한 부피를 만족하는 높이를 계산하고, 원통의 축이 수직인 방향으로 떠 있을 때의 부력 안정성을 평가하시오.
3. 프로젝트 2의 결과에 대하여, 5.6절에서 논의된 메타센터의 높이를 계산하시오. 메타센터의 높이와 원통의 직경 사이의 관계 그래프를 완성하시오.
4. 직육면체 블록이 유체에 특정 방향으로 떠 있을 때 부력 안정성을 평가하는 프로그램을 작성하시오. 입력 자료로 다음을 사용한다. 블록의 길이, 너비, 높이, 무게(또는 비중량), 무게 중심의 위치, 유체의 비중량. 블록이 떠 있을 때 그 위

치, 부력 중심 및 메타센터의 위치를 계산하시오. 부력 안정성을 평가하기 위해 메타센터의 위치와 무게 중심의 위치를 비교하시오.

5. 직육면체 블록이 유체에 특정 방향으로 떠 있을 때 부력 안정성을 평가하는 프로그램을 작성하시오. 길이와 높이는 주어진 값이나, 너비가 변하는 경우이다. 입력 자료로 다음을 사용한다. 블록의 길이, 높이, 무게(또는 비중량), 유체의 비중량. 너비를 작은 값부터 일정한 값만큼 증가시키며, 메타센터의 높이가 양수인 너비의 범위를 계산하시오. 이 경우가 안정적인 경우이다. 메타센터의 높이와 너비의 관계 그래프를 완성하시오.

CHAPTER 6

유체 유동과 베르누이 방정식

개요

이 장에서는 유체운동역학을 공부할 것이다. 1−5장은 주로 정지해 있는 유체를 다루었지만 이 장은 움직이는 유체를 다루며, 특히 파이프나 튜브를 통해 흐르는 유체 유동을 공부한다. 여러 기본법칙들을 배우며, 이어지는 7−13장에서 계속 기초를 쌓아갈 것이다. 학습의 궁극적인 목표는 펌프로 양수되는 파이프 시스템을 산업 응용과 제품 생산에 적용할 때 이를 설계하고 성능을 해석하기 위해 필요한 지식과 기량을 쌓는 것이다.

압력, 유량 및 유체의 높이가 유체 유동 시스템의 거동에 미치는 영향을 분석하는 방법을 배울 것이다. 유체 유동 시스템을 분석하고 설계하는 데 사용하는 기본 개념은 베르누이 법칙(Bernoulli's principle)으로, 유체가 지니고 있는 중요한 세 종류의 에너지를 설명하는 방법을 제공한다. 이 법칙은 굴뚝의 원리부터 비행기가 날아가는 방법과 유체가 파이프와 튜브를 통해 흐르는 방법의 설명까지 여러 범위에 적용된다. 베르누이 법칙은 그림 6.1에서 보여주는 아름답고 즐거운 분수의 설계를 비롯하여 널리 사용된다.

입문 개념

유체 유동 해석에 사용되는 유량의 척도는 일반적으로 다음 세 가지가 있다.

- 체적 유량 Q는 단위시간당 주어진 단면을 지나가는 유체의 체적
- 중량 유량 W는 단위시간당 주어진 단면을 지나가는 유체의 중량
- 질량 유량 M은 단위시간당 주어진 단면을 지나가는 유체의 질량

연속 법칙을 사용하여 이들 항이 시스템의 여러 점에서 서로 어떻게 관계되는지 배울 것이다.

또한 유체 유동 시스템의 관심 위치에서 유체가 가지고 있는 세 종류의 에너지가 차지하는 비율을 배워야 한다.

- 유체 운동에 의한 운동 에너지
- 유체 높이에 의한 위치 에너지
- 유체의 압력과 비중량을 기반으로 하는 유동 에너지

베르누이 방정식(Bernoulli's equation)은 에너지 보존법칙을 기반으로 하며, 시스템에서 이 세 종류의 에너지 변화를 파악하기 위한 기본 도구로 이 장에서 유도한다. 나중에 유체로부터 많은 종류의 에너지 손실과 유체에 더해지는 에너지를 해석할 수 있도록 추가 항들이 더해진다.

탐구

파이프나 튜브를 통해 이송되는 유체를 관찰한 적이 있는가? 서로 다른 5개의 시스템을 확인하기 위해 각각에 대해 다음을 기술하도록 하자.

그림 6.1 우리는 많은 물줄기가 공중으로 높이 올라가는 매력적인 분수를 감탄하며 바라보게 된다. 물줄기는 어떻게 공중으로 높이 올라가게 될까? 이 장은 분수의 원리를 이해하는 데 도움을 준다.(출처: Vitas/Fotoria)

- 유체의 종류
- 시스템의 목적
- 파이프나 튜브의 종류와 재질
- 파이프나 튜브의 크기와 크기의 변화 여부
- 유체 높이의 변화
- 임의의 점에서 유체 압력에 대한 정보

예를 들어 자동차 엔진의 냉각 시스템을 생각해보자.

- 냉매(coolant)라 하는 유체는 에틸렌글리콜과 같은 부동액과 부식을 막아주고 유체와 시스템의 수명을 길게 해주는 첨가제 및 물을 섞은 혼합물이다.
- 시스템의 목적은 엔진 블록에서 열을 빼어 자동차의 라디에이터(radiator)로 보내고 여기서 핀 코일을 통해 흐르는 공기 중으로 열을 내보내는 것이다. 냉매가 엔진에서 나올 때 온도는 125℃(257℉) 정도이다. 시스템의 주요 요소는 물 펌프, 엔진 앞에 설치된 라디에이터, 엔진 안의 냉각유로이다.
- 유체를 운반하기 위해 다음과 같은 여러 종류의 관을 사용한다.
  - 강철 또는 구리의 강체 중공 원형 튜브로 라디에이터에서 물 펌프 및 엔진 블록까지 연결한다. 튜브는 보통 내경 약 10 mm (0.40 in)로 작다.
  - 유체는 물 펌프에서 엔진 안에 매우 복잡한 형상의 통로를 통해 흐른다. 이 통로는 냉매가 실린더 주위를 흐를 수 있도록 블록 안에 주물로 제작되고, 연소열은 금속 실린더 벽을 통해 엔진을 통과해 순환하는 유체로 이동한다.
  - 유체는 내경이 좀 더 큰 약 40 mm(1.6 in)의 고무호스를 통해 엔진 블록에서 라디에이터로 흐른다.
  - 유체는 보통 라디에이터 위에 있는 매니폴드(manifold)로 들어가고 여기에서 라디에이터 내부의 일련의 좁은 사각형의 채널들로 분배된다.
  - 유체는 라디에이터 바닥에 모인 후 펌프의 흡입구로 들어온다.
- 라디에이터 바닥에서 엔진 윗면까지의 높이차는 약 500 mm (20 in)이다. 시스템에서 유체는 약 100 kPa(15 psi)로 가압되어 끓는점이 높아져 유체가 액체상태를 유지한 채 많은 열을 수송할 수 있게 한다.
- 펌프는 펌프입구에서 출구로 유체압력을 증가시켜 시스템 전체 유동저항을 극복할 수 있게 한다.

이제 조사한 시스템을 설명하고 동료 및 교사와 이를 논의해보자. 7−13장에서 이러한 시스템들을 다시 사용하기 때문에 논의한 내용을 보관하도록 하자.

학습을 시작하기 전에

이 단원에서 유체 유동 시스템의 거동과 성능을 해석하는 방법을 배울 것이다. 이어 다음 장에서는, 한 위치에서 원하는 곳으로 필요한 유량을 흘려보내는 파이프, 밸브, 부속품, 펌프로 구성된 시스템을 해석하고 설계하는 공부를 하게 되므로 이 단원에서 유체 유동의 여러 특성들을 배우기 위한 기초를 닦을 것이다.

6.1 목표

이 장을 학습한 후에 다음의 항목들을 수행할 수 있다.

1. 체적 유량, 중량 유량, 질량 유량 및 이들 단위를 정의한다.
2. 정상 유동과 연속 법칙을 정의한다.
3. 연속 방정식을 쓰고 이 식을 사용하여 유체 유동 시스템의 두 점 사이에 체적 유량, 면적 및 유속의 관계식을 유도한다.
4. 다섯 종류의 상용 파이프 및 튜브, 즉 강 파이프, 연성 철 파이프, 강 튜브, 구리 튜브, 플라스틱 파이프 및 튜브를 설명한다.
5. 특정 속도로 주어진 유량을 이송하기에 적절한 파이프 또는 튜브의 치수를 정한다.
6. 다양한 종류의 시스템에 적절한 유속과 일반적인 체적 유량을 설명한다.
7. 유체 유동 시스템과 관련된 위치 에너지, 운동 에너지, 유동 에너지를 정의한다.
8. 에너지 보존법칙을 적용하여 베르누이 방정식을 유도하고 이 식의 사용 한계를 설명한다.
9. 압력 수두, 위치 수두, 속도 수두, 총 수두 항들을 정의한다.
10. 베르누이 방정식을 유동 시스템에 적용한다.

11. 토리첼리 이론을 정의하고, 이를 적용하여 탱크에서 나오는 유량과 탱크가 비워지는 시간을 계산한다.

6.2 유량과 연속 방정식

6.2.1 유량

시스템에서 흐르는 단위시간당 유체의 양은 다음 3개의 항으로 표현할 수 있다.

Q 체적 유량은 단위시간당 단면을 지나가는 유체의 체적이다.
W 중량 유량은 단위시간당 단면을 지나가는 유체의 중량이다.
M 질량 유량은 단위시간당 단면을 지나가는 유체의 질량이다.

위 3개의 항 중에 가장 기본적인 것은 체적 유량 Q이고 다음과 같이 계산한다.

▶ 체적 유량

$$Q = Av \tag{6-1}$$

여기서 A는 단면적이고, v는 유동의 평균 속도이다. Q의 단위를 SI 단위계를 사용하여 유도하면 다음과 같다.

$$Q = Av = \mathrm{m^2 \times m/s = m^3/s}$$

중량 유량 W는 Q와 다음의 관계가 있다.

▶ 중량 유량

$$W = \gamma Q \tag{6-2}$$

여기서 γ는 유체의 비중량이다. 그리고 W의 SI 단위는 아래와 같다.

$$W = \gamma Q = \mathrm{N/m^3 \times m^3/s = N/s}$$

질량 유량 M은 Q와 다음의 관계가 있다.

▶ 질량 유량

$$M = \rho Q \tag{6-3}$$

표 6.1 유량 – 정의 및 단위

Symbol	Name	Definition	SI Units	U.S. Customary System Units
Q	Volume flow rate	$Q = Av$	$\mathrm{m^3/s}$	$\mathrm{ft^3/s}$
W	Weight flow rate	$W = \gamma Q$	N/s	lb/s
		$W = \gamma Av$		
M	Mass flow rate	$M = \rho Q$	kg/s	slugs/s
		$M = \rho Av$		

여기서 ρ는 유체의 밀도이다. 그러므로 M의 SI 단위는 아래와 같다.

$$M = \rho Q = \mathrm{kg/m^3} \times \mathrm{m^3/s} = \mathrm{kg/s}$$

표 6.1은 이 세 종류의 유량을 요약하고 SI 단위계와 미국관습단위계의 표준단위를 보여준다. 초당 세제곱미터 및 초당 세제곱피트는 매우 큰 유량이므로 분당 리터(L/min), 시간당 세제곱미터(m^3/h) 및 분당 갤런(gal/min 또는 gpm: 이 책에서는 gal/min 사용)과 같이 다른 단위들을 종종 사용한다. 유용한 변환식은 다음과 같다.

▶ 체적 유량에 대한 변환계수

$$1.0\ \mathrm{L/min} = 0.060\ \mathrm{m^3/h}$$
$$1.0\ \mathrm{m^3/s} = 60000\ \mathrm{L/min}$$
$$1.0\ \mathrm{gal/min} = 3.785\ \mathrm{L/min}$$
$$1.0\ \mathrm{gal/min} = 0.2271\ \mathrm{m^3/h}$$
$$1.0\ \mathrm{ft^3/s} = 449\ \mathrm{gal/min}$$

표 6.2는 여러 종류의 시스템에 대한 대표적인 체적 유량을 보여준다. 다음은 문제 풀이에서 단위를 일치시키기 위해 한 시스템에서 다른 시스템으로 단위를 변환하는 예제이다.

표 6.2 여러 종류의 시스템의 대표적인 체적 유량

	Flow rate		
Type of system	**(m^3/h)**	**(L/min)**	**(gal/min)**
Reciprocating pumps—heavy fluids and slurries	0.90–7.5	15–125	4–33
Industrial oil hydraulic systems	0.60–6.0	10–100	3–30
Hydraulic systems for mobile equipment	6.0–36	100–600	30–150
Centrifugal pumps in chemical processes	2.4–270	40–4500	10–1200
Flood control and drainage pumps	12–240	200–4000	50–1000
Centrifugal pumps handling mine wastes	2.4–900	40–15 000	10–4000
Centrifugal fire-fighting pumps	108–570	1800–9500	500–2500

예제 6.1 45 gal/min을 ft^3/s로 변환하시오.

해설 $Q = 45\ \mathrm{gal/min}\left(\dfrac{1.0\ \mathrm{ft^3/s}}{449\ \mathrm{gal/min}}\right) = 1.002 \times 10^{-1}\ \mathrm{ft^3/s} = 0.1002\ \mathrm{ft^3/s}$

예제 6.2 800 L/min을 m^3/s로 변환하시오.

해설 $Q = 800\ \mathrm{L/min}\left(\dfrac{1.0\ \mathrm{m^3/s}}{60000\ \mathrm{L/min}}\right) = 0.013\ \mathrm{m^3/s}$

예제 6.3 50 gal/min을 L/min으로 변환하시오.

해설 $Q = 50\ \text{gal/min}\left(\dfrac{3.785\ \text{L/min}}{1.0\ \text{gal/min}}\right) = 189.25\ \text{L/min}$

6.2.2 연속 방정식

닫힌 파이프 시스템에서 유체의 유동속도를 계산하는 방법은 연속 법칙에 따른다. 그림 6.2의 파이프를 생각해보자. 유체는 단면 1에서 단면 2로 일정한 비율로 흐른다. 따라서 주어진 시간 동안 어떤 단면을 지나가는 유체의 양은 일정하다. 이를 정상 유동이라 한다. 단면 1과 단면 2 사이에서 더해지거나, 저장되거나, 제거되는 유체가 없다면, 주어진 시간 동안 단면 2를 지나가는 유체의 질량은 단면 1을 지나는 질량과 같다. 이것을 질량 유량 항으로 다음과 같이 나타낸다.

$$M_1 = M_2$$

또는 $M = \rho A v$이므로 다음 식으로 표현할 수 있다.

▶ **유체 연속 방정식**

$$\rho_1 A_1 v_1 = \rho_2 A_2 v_2 \tag{6-4}$$

식 (6−4)는 연속 법칙의 수학적 표현식이며 연속 방정식이라 불린다. 이 식을 사용하여 정상 유동이 흐르는 시스템의 두 단면에서 유체밀도, 유동면적, 유동속도를 연관시킨다. 이 식은 기체나 액체에 관계없이 모든 유체에 대해 적용된다. 만약 그림 6.2의 파이프의 유체가 비압축성이라 할 수 있는 액체라면 식 (6−4)의 ρ_1과 ρ_2항은 같기 때문에 없앨 수 있다.

그러면 액체에 대한 연속 방정식은 다음과 같이 쓸 수 있다.

▶ **액체 연속 방정식**

$$A_1 v_1 = A_2 v_2 \tag{6-5}$$

$Q = Av$이므로,

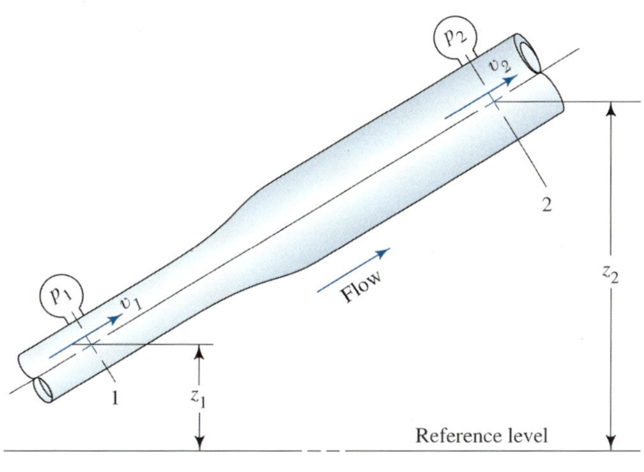

그림 6.2 속도, 압력 및 높이 변화를 보여주는 유체 배관 시스템의 일부

$$Q_1 = Q_2$$

식 (6−5)는 액체에 적용되는 연속 방정식이다. 이 식은 정상 유동에서 체적 유량은 모든 단면에서 같다는 것을 말한다. 작은 오차는 있지만 100 m/s 이하의 저속 기체 유동에서도 사용할 수 있다.

예제 6.4 그림 6.2에서 단면 1과 2의 파이프 내경이 각각 50 mm와 100 mm이다. 70℃ 물이 단면 1에서 평균유속 8.0 m/s로 흐르고 있다. 다음을 계산하시오.

a. 단면 2에서 유속
b. 체적 유량
c. 중량 유량
d. 질량 유량

해설 a. 단면 2에서의 유속은 식 (6−5)로부터

$$A_1 v_1 = A_2 v_2$$

$$v_2 = v_1\left(\frac{A_1}{A_2}\right)$$

$$A_1 = \frac{\pi D_1^2}{4} = \frac{\pi (50\ \text{mm})^2}{4} = 1963\ \text{mm}^2$$

$$A_1 = \frac{\pi D_2^2}{4} = \frac{\pi (100\ \text{mm})^2}{4} = 7854\ \text{mm}^2$$

이다. 단면 2에서의 유속은

$$v_2 = v_1\left(\frac{A_1}{A_2}\right) = \frac{8.0\ \text{m}}{\text{s}} \times \frac{1963\ \text{mm}^2}{7854\ \text{mm}^2} = 2.0\ \text{m/s}$$

이다. 액체의 정상 유동에서 유동면적이 증가하면 유속은 감소한다. 이것은 압력과 높이에 무관하다.

b. 체적 유량 Q

표 6.1로부터 $Q = Av$이다. 연속 법칙에 의해 단면 1이나 단면 2의 조건을 사용하여 Q를 구할 수 있다. 단면 1의 체적 유량은 다음과 같다.

$$Q = A_1 v_1 = 1963\ \text{mm}^2 \times \frac{8.0\ \text{m}}{\text{s}} \times \frac{1\ \text{m}^3}{(10^3\ \text{mm})^2} = 0.0157\ \text{m}^3/\text{s}$$

c. 중량 유량 W

표 6.1로부터 $W = \gamma Q$이다. 70℃에서 물의 비중량은 9.59 kN/m^{3}이다.
따라서 중량 유량은 다음과 같다.

$$W = \gamma Q = \frac{9.59\ \text{kN}}{\text{m}^3} \times \frac{0.0157\ \text{m}^3}{\text{s}} = 0.151\ \text{kN/s}$$

d. 질량 유량 M

표 6.1로부터 $M = \rho Q$이다. 70℃에서 물의 밀도는 978 kg/m^{3}이다. 따라서 질량 유량은 다음과 같다.

$$M = \rho Q = \frac{978\ \text{kg}}{\text{m}^3} \times \frac{0.0157\ \text{m}^3}{\text{s}} = 15.36\ \text{kg/s}$$

예제 6.5 공기배관 시스템의 한 단면에서 14.7 psia, 100°F 공기가 평균 속도 1200 ft/min으로 흐르고 덕트는 12 in 정사각형이다. 다른 단면에서 덕트는 직경 18 in의 원형이며 속도는 900 ft/min으로 측정된다. (a) 원형 단면에서 공기 밀도와 (b) 시간당 파운드 단위로 중량 유량을 구하시오. 14.7 psia, 100°F에서 공기 밀도는 2.20×10^{-3} slug/ft^{3}이며 비중량은 7.09×10^{-2} lb/ft^{3}이다.

해설 기체에 대한 연속 방정식 (6−4)에 따라

$$\rho_1 A_1 v_1 = \rho_2 A_2 v_2$$

이다. 두 단면의 면적을 계산하면 ρ_2를 구할 수 있다.

$$\rho_2 = \rho_1\left(\frac{A_1}{A_2}\right)\left(\frac{v_1}{v_2}\right)$$

$$A_1 = (12\ \text{in})(12\ \text{in}) = 144\ \text{in}^2$$

$$A_2 = \frac{\pi D_2^2}{4} = \frac{\pi(18\ \text{in})^2}{4} = 254\ \text{in}^2$$

a. 원형 단면에서 공기 밀도는 다음과 같다.

$$\rho_2 = (2.20\times 10^{-3}\ \text{slugs/ft}^3)\left(\frac{144\ \text{in}^2}{254\ \text{in}^2}\right)\left(\frac{1200\ \text{ft/min}}{900\ \text{ft/min}}\right)$$

$$\rho_2 = 1.66\times 10^{-3}\ \text{slugs/ft}^3$$

b. 단면 1에서 중량 유량은 $W = \gamma_1 A_1 v_1$로부터 구할 수 있다.

$$W = \gamma_1 A_1 v_1$$

$$W = (7.09\times 10^{-2}\ \text{lb/ft}^3)(144\ \text{in}^2)\left(\frac{1200\ \text{ft}}{\text{min}}\right)\left(\frac{1\ \text{ft}^2}{144\ \text{in}^2}\right)\left(\frac{60\ \text{min}}{\text{h}}\right)$$

$$W = 5100\ \text{lb/h}$$

6.3 상용 파이프와 튜브

널리 사용되는 여러 종류의 표준 파이프와 튜브를 이 절에서 설명한다. 부록 F−I에 미국단위 또는 미터단위로 주어진 자료는 선정된 크기와 종류의 파이프에 대한 실제 외경, 내경, 벽 두께 및 유동면적 자료이다. 이보다 훨씬 더 많은 종류의 상용 파이프와 튜브가 있다(참고문헌 2−5, 인터넷 자료 2−15 참조). 치수는 외경, 내경 및 벽 두께에 대해 인치(in)와 밀리미터(mm) 단위로 나타낸다. 계산 시 일치된 단위를 유지하도록 유동면적은 제곱피트(ft^2)와 제곱미터(m^2)로 나타낸다. 또 내경에 대한 자료는 단위를 일치시키기 위해 미국관습단위계에 대해 ft로 주어진다.

특정 용도에 대한 파이프와 튜브를 기술하는 것은 설계자의 책임이며 이것은 시스템의 비용, 사용기간, 안전 및 성능에 상당한 영향을 미친다. 많은 응용분야에서는 미국 정부기관이나 다음의 단체에 의해 확립된 코드 및 표준을 반드시 따라야 한다.

미국수도협회(AWWA; American Water Works Association)
미국화재스프링클러협회(AFSA; American Fire Sprinkler Association)
미국방화협회(NFPA; National Fire Protection Association)
미국재료시험학회(ASTM International, 구 American Society for Testing and Materials)
미국위생안전기관(NSF International, 구 National Sanitation Foundation)

미국배관자재협회(IAPMO; International Association of Plumbing and Mechanical Officials)

또 다음과 같은 여러 국제 단체의 규격도 참고해야 한다.

국제표준화기구(ISO; International Organization for Standardization)
영국표준규격(BS; British Standards)
유럽표준규격(EN; European Standards)
독일표준규격(DIN; German Standards)
일본표준규격(JIS; Japanese Standards)

6.3.1 강 파이프

일반적으로 사용되는 파이프라인은 보통 강 파이프로 구성된다. 표준크기는 파이프 공칭치수(nominal pipe size, NPS)와 스케줄 번호(schedule number)로 지정된다. 공칭치수는 표준 명칭일 뿐이며 계산에 사용되지 않는다. 스케줄 번호는 파이프의 허용작동압력 및 강의 허용응력과 관계가 있다. 스케줄 번호는 10에서 160까지의 범위를 가지며 숫자가 클수록 더 두꺼운 벽 두께를 표시한다. 공칭치수가 같은 파이프는 모든 스케줄에 대해 외경이 같기 때문에 스케줄이 커지면 내경이 작아진다. 강 파이프에서 가장 완결된 계열은 스케줄 40과 80이다. 이 두 스케줄에 대한 자료는 SI 단위계와 미국관습단위계로 부록 F에 주어진다. 파이프의 최소허용 벽 두께를 계산하는 방법은 참고문헌 1의 ANSI/ASME 표준 B31.1: Power Piping을 참조하도록 한다.

미터단위의 파이프 공칭치수 표준 파이프 공칭치수(NPS)와 스케줄 번호에 따라 표준 파이프를 제작하는 오랜 관습 때문에 파이프 시스템이 미터단위로 기술되더라도 종종 이를 사용한다. 그런 경우를 위해 이와 동등한 DN 세트가 국제표준기구(Intenational Standards Organization, ISO)에 의해 확립되었다. 기호 DN은 mm 단위의 공칭직경(nominal diameter)을 지정하기 위해 사용된다. 부록 F는 DN 명칭을 NPS 명칭과 함께 보여준다. 예를 들어 DN 50-mm Schedule 40 강 파이프는 2-in Schedule 40 강 파이프와 같은 치수를 가진다.

6.3.2 강 튜브

표준 강 튜브(강관)는 유압 시스템, 응축기, 열교환기, 엔진연료 시스템, 산업용 유체공정 시스템에 사용된다. 표준치수인치는 외경과 벽 두께를 인치 단위로 지정한다. 여러 벽 두께 값에 대해 1/8 in에서 2 in까지 표준치수를 부록 G.1에 표로 나타내었다. 다른 직경과 벽 두께도 이용가능하다. 부록 G.1의 자료는 표에 동등한 미터 변환자료를 열거하였기 때문에 미터 문제에 대해서도 이를 선택하여 사용할 수 있다.

미터 단위계로 일하는 설계자는 편리한 미터치수로 만들어진 튜브를 기술해야 한다. 부록 표 G.2는 외경과 벽 두께의 표본 세트 자료를 보여주며, 훨씬 더 많은 선택이 가능하다(인터넷 자료 13 참조).

6.3.3 구리 튜브

구리개발협회(Copper Development Association, CDA)는 미국관습단위로 만든 구리 튜브(동관)에 대한 표준을 개발하였다. 여섯 종류의 CDA 구리 튜브가 있으며, 어느 것을 선택하여 사용하는지는 응용분야의 환경, 유체압력 및 유체 성질에 달려있다. 사용가능한 모든 종류와 치수에 대한 자세한 사항은 인터넷 자료 3을 참조하라. 배관 치수는 Properties 절에 있다. 다음에 대표적인 용도에 대해 간략히 기술한다.

1. K형: 급수, 연료오일, 천연가스, 압축공기에 대해 사용
2. L형: K형과 비슷하지만 더 얇은 벽 두께를 가짐
3. M형: K형과 L형과 비슷하지만 더 얇은 벽 두께를 가짐. 대부분의 급수 및 적당한 압력의 열 응용에 사용
4. DWV형: 수도 배관 설비의 배수, 하수, 배출(vent)에 사용
5. ACR형: 공기조화, 냉매, 천연가스, 액화석유가스(LPG), 압축공기
6. OXY/MED형: 산소 또는 의료가스 배관, 의료용 압축공기 및 진공응용에 사용. K형 및 L형과 비슷한 치수에서 이용 가능하지만 청결도가 더 높은 특수공정으로 제작됨

구리 튜브는 연질열처리조건(soft annealed condition)이나 냉간인발(hard drawn)로 이용 가능하다. 인발 튜브(drawn tubing)는 경도와 강도가 더 높고, 직선 형태를 유지하며 좀 더 고압에 사용할 수 있다. 열처리 튜브(annealed tubing)는 코일이나 특수형상으로 가공하기 쉽다. K형, L형, M형, DWV형에 대한 공칭 또는 표준치수들은 모두 실제 외경보다 1/8 in 작다. 벽 두께는 유형마다 다르기 때문에 내경 및 유동면적이 변한다. 이 치수 시스템을 때로는 구리튜브치수(copper tube sizes, CTS)라고 한다. ACR형에 대한 공칭치수는 외경과 같다. 부록 H에 K형의 치수로 외경, 내경, 벽 두께, 유동면적 자료를 미국관습단위 및 SI 단위로 제공한다.

편리한 SI 미터 단위로 만들어진 구리 튜브도 이용 가능하며 일부 표본자료를 부록 G.2에 실었다. 좀 더 완전한 세트의 자료는 인터넷 자료 13을 참고하라.

6.3.4 연성주철 파이프

물, 가스, 하수관은 종종 강도, 연성이 좋고 비교적 다루기 쉬운 연성주철로 만든다. 많은 응용분야에서 주철(cast iron) 대신 연성주철이 사용된다. 지상이나 지하에 편리한 설치를 위해 파이프와 함께 표준이음매(standard fitting)가 공급된다. 여러 등급의 연성주철 파이프가 있어 압력 범위에 따라 시스템에 사용할 수 있다. 150 psi(1.03 MPa)에 사용되는 공칭치수 4 in에서 48 in까지의 시멘트 라이닝된 Class 150 파이프에 대한 치수가 부록 I에 있다. 실제 내경과 외경은 공칭치수보다 더 크다. 다른 내부 라이닝 및 코팅을 한 파이프도 이용 가능하다. 인터넷 자료 4는 모든 치수, 라이닝, 코팅, 및 클래스에 대한 자료를 제공한다. 부록 I는 상용 연성주철 파이프 일부 표본에 대한 자료를 제공한다. 강 파이프와 비슷하게 연성주철 파이프에 대한 호칭은 대략 내경과 같은 공칭 인치－치수이다. 문제 풀이에는 표에 있는 실제 값을 사용해야 한다. 편의를 위해 부록 표에 인치 기반 자료가 동등한 미터값으로 변환되었다.

6.3.5 플라스틱 파이프와 튜브

플라스틱 파이프와 튜브는 가볍고, 설치가 쉽고, 부식과 화학적 저항력이 크고, 유동특성이 매우 좋은 장점을 가지고 있어 다양한 응용에 넓게 사용된다. 예를 들어 물과 가스의 배관, 하수, 오일가스 생산, 관개, 채광 및 많은 산업 응용에 사용된다. 많은 종류의 플라스틱이 사용되는데, 폴리에틸렌(PE), 교차결합 폴리에틸렌(PEX), 폴리아미드(PA), 폴리프로필렌(PP), 폴리비닐클로라이드(PVC), 클로리네이티드 폴리비닐 클로라이드(CPVC), 폴리비닐리덴 플루오리드(PVDF), food－grade 비닐 및 나일론 등이 있다(인터넷 자료 6－9, 14 참조).

플라스틱 파이프와 튜브는 수십 년 동안 특수 호칭 표준이 일반화된 금속 파이프와 같은 시장에서 사용되기 때문에 많은 플라스틱 제품들은 현존하는 NPS, 연성주철 파이프치수(ductile Iron Pipe sizes,

DIPS) 또는 CTS 표준들을 사용한다. 특정 제조사의 외경, 내경, 벽 두께 및 유동면적에 대한 자료는 확인하여야 한다.

또 플라스틱 파이프는 편리한 미터치수로도 만들어진다. 부록 G.3은 상용 PVC 플라스틱 파이프에 대한 치수의 예를 보여준다. 훨씬 많은 치수 값은 인터넷 자료 14에서 볼 수 있다. 부록 G.3은 치수 및 유동면적뿐 아니라 주어진 치수에 대한 압력등급도 보여준다. 상용으로 사용되는 압력등급은 6 bar(87 psi), 10 bar(145 psi), 16 bar(232 psi)이다. 표에 있는 직경, 벽 두께와 압력등급 사이의 관계를 살펴보자.

다른 플라스틱 파이프 시스템은 표준 내경 치수비(Standard Dimension Ratio, SIDR) 또는 표준 치수비(Standard Dimension Ratio, SDR)이다. SIDR 시스템은 최소 벽 두께에 대한 평균 내경비(ID/t)를 기준으로 한다. 이것은 내경이 중요한 요소로 사용되는 분야에 적용된다. 내경은 일정하게 유지되고 압력, 구조 및 취급 조건에 맞는 벽 두께에 따라 외경이 변한다. SDR은 최소 벽 두께에 대한 평균 외경비(OD/t)를 기준으로 한다. SDR 시스템은 외경이 일정하게 유지되고 내경과 벽 두께는 변한다. 파이프의 압력등급이 이 비와 직접적인 관계가 있기 때문에 SDR 시스템이 유용하다. 예를 들어 정수력 설계응력 등급이 1250 psi(11 MPa)인 플라스틱 파이프에 대해 SDR 등급에 대한 압력등급은 다음과 같다.

SDR	Pressure Rating
26	50 psi (345 kPa)
21	62 psi (427 kPa)
17	80 psi (552 kPa)
13.5	100 psi (690 kPa)

이 압력등급은 73°F(23℃) 물에 대한 것이다. 일반적으로 플라스틱 파이프와 튜브는 250 psi(1380 kPa) 등급까지 구할 수 있다(인터넷 자료 6 참조).

6.3.6 유압 호스

신축성이 강화된 호스는 유압 시스템이나 호스가 유연해야만 하는 산업 응용에 광범위하게 사용된다. 호스 재질은 부틸고무, 합성고무, 실리콘고무, 열가소성 탄성중합체 및 나일론이 사용된다. 편조강화는 강선, 케블러, 폴리에스터 및 섬유를 사용하여 만든다. 산업 응용으로 스팀, 압축공기, 화학물 수송, 냉각수, 가열기, 연료 수송, 윤활유, 냉매, 제지원료, 유압핸들용 유체, 프로판, 물, 음식 및 음료가 있다. SAE 국제표준 J517 유압 호스는 압력등급과 유량에 따라 많은 표준유형과 치수를 정의하고 있다. 치수에는 내경 3/16, 1/4, 5/16, 3/8, 1/2, 5/8, 3/4, 1, $1\frac{1}{4}$, $1\frac{1}{2}$, 2, $2\frac{1}{2}$, 3, $3\frac{1}{2}$ 및 4 in가 있다. 압력등급은 35 psig에서 10,000 psig(240 kPa−69 MPa) 이상까지의 범위로 고압의 유압 시스템 및 유압잭 응용에서 저압의 흡입관과 회수관 및 저압 유체 이송 응용까지 사용할 수 있다(인터넷 자료 11, 12 참조).

6.4 파이프와 튜브에서 권장 유속

유체 시스템에서 적절한 유속을 선택하는 데 영향을 미치는 요소들이 많이 있다. 이 중 중요한 것은 유체의 종류, 유동 시스템의 길이, 파이프나 튜브 종류, 허용되는 압력강하, 파이프나 튜브에 연결되는 기기(예: 펌프, 밸브 등), 온도, 압력 및 소음이다.

6.2절에서 연속 방정식을 설명할 때 유로가 감소하면 유동의 속도가 증가함을 배웠다. 그러므로 작은 튜브에서 속도가 높고, 큰 튜브에서 속도가 낮다. 나중에 설명하지만 유속이 증가하면 에너지 손실과 압력강하가 급격히 증가한다. 이런 이유로 속도를 낮게 유지하는 것이 바람직하다. 그러나 큰 파이프와 튜브는 비용이 많이 들기 때문에 어느 정도 한계가 필요하다.

그림 6.3은 대표적인 펌프 유체 파이프 시스템에서 파이프 크기를 체적 유량 함수로 나타낸 매우 개략적인 지침을 제공한다. 이 자료는 최고 효율점 근처에서 가동되는 많은 상용 원심 펌프에 대해 정격 체적 유량 해석과 흡입 및 배출 연결부의 크기를 관찰하여 얻은 것이다. 일반적으로 유속은 흡입관에서 더 낮게 유지되고 펌프로 들어가는 유동이 흡입구 통로를 적절히 채워지도록 한다. 낮은 속도는 또한 펌프 입구에 비교적 고압을 유지하도록 만들어 순액체가 펌프로 들어오게 하면서, 흡입관에서 에너지 손실을 억제하는 데 도움이 된다. 낮은 압력은 공동 현상(cavitation)이라 부르는 손상 조건을 발생시켜, 과도한 소음, 상당한 성능 감소 및 펌프와 임펠러 표면의 빠른 부식을 일으킨다. 13장에서 공동 현상에

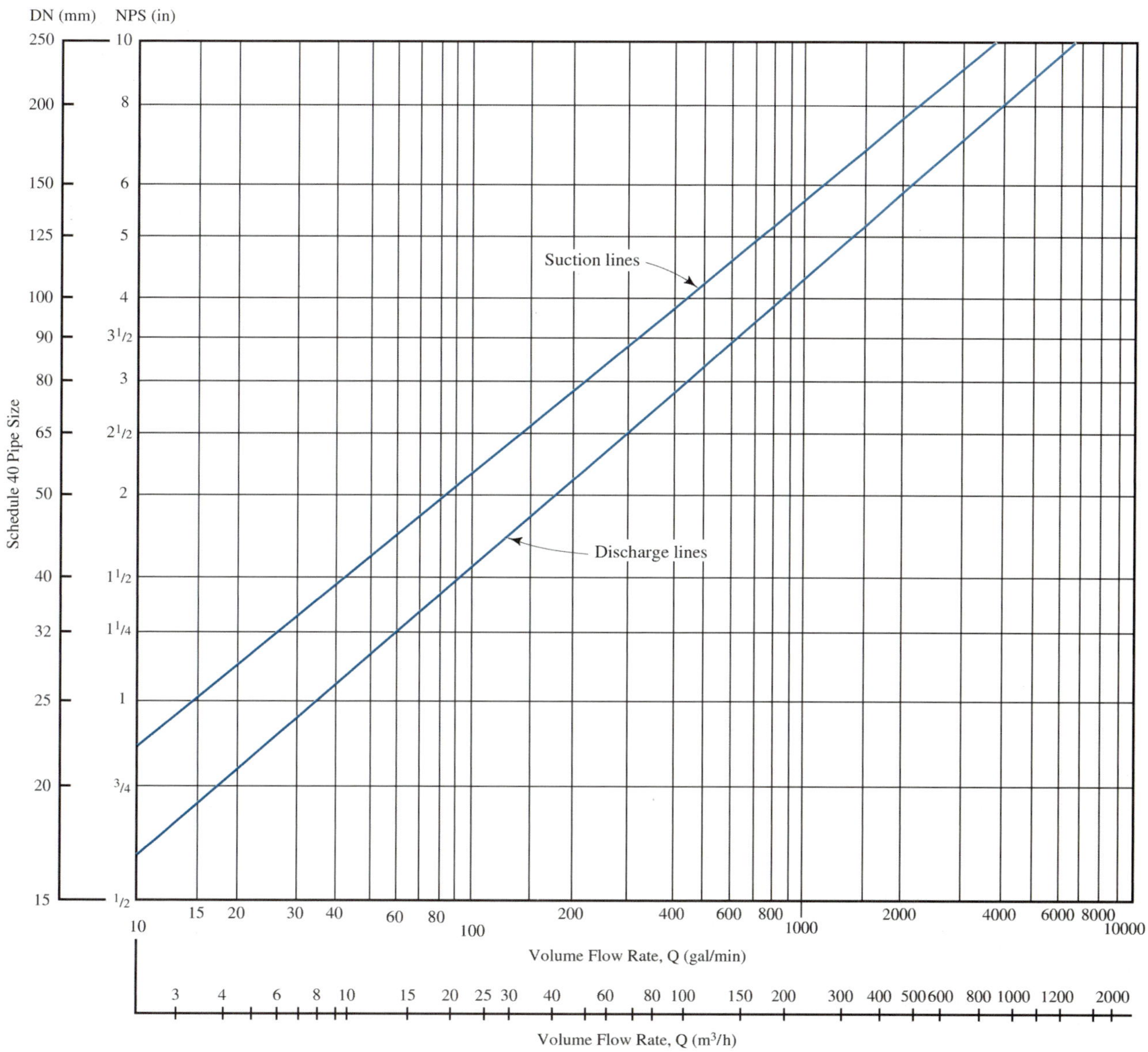

그림 6.3 파이프-치수 선택 시 유용한 그래프

대해 전체적으로 다룰 것이다.

그림 6.3에 선으로 표시된 치수보다 한 치수 크거나 작은 것은 시스템 성능에 큰 영향을 미치지 않는다. 일반적으로 공간, 비용 또는 주어진 펌프 연결에 어려움이 없다면 낮은 속도를 갖는 큰 파이프 치수를 선호한다.

다음 자료에서 보듯이 그림 6.3에서 권장한 파이프 치수에서 유속은 일반적으로 작은 파이프보다 더 낮고, 큰 파이프보다 더 높다.

Volume Flow Rate		Suction Line			Discharge Line		
		Pipe	Velocity		Pipe	Velocity	
gal/min	m^3/h	Size (in)	ft/s	m/s	Size (in)	ft/s	m/s
10	2.3	1	3.7	1.1	¾	6.0	1.8
100	22.7	2½	6.7	2.0	2	9.6	2.9
500	114	5	8.0	2.4	3½	16.2	4.9
2000	454	8	12.8	3.9	6	22.2	6.8

시스템에서 에너지 손실, 중요점에서의 압력, 펌프 동력과 수명주기 비용을 고려하여 타당한 최적 성능의 파이프의 최종 치수를 기술하는 책임은 시스템 설계자에게 있다.

그림 6.3의 체적 유량에 대한 자료는 미국관습단위계인 gal/min 단위와 SI 단위계의 m^3/h로 주는데, 대부분 제조사들이 이 단위를 사용하여 펌프 용량을 표시하기 때문이다. 이 책의 계산에서는 유량을 표준단위인 ft^3/s와 m^3/s로 변환한 후 사용해야 한다.

특정 시스템에 대한 권장 유속 그림 6.3은 일반적인 유체 배관 시스템에 적용하는 자료이다. 유체 유동 시스템을 설계할 때 산업에 실제 적용하여 얻은 정보를 찾아 참고하는 것이 좋다.

예를 들어 유압 시스템에 대한 권장 유속은 다음과 같다(인터넷 자료 11, 15 참조).

Type of Service	Recommended Range of Velocity	
	ft/s	m/s
Suction lines	2–4	0.6–1.2
Return lines	4–13	1.5–4.0
Discharge lines	7–25	2.1–7.6

흡입관은 유압 유체를 저장소에서 펌프 입구부로 이송한다. 배출관은 펌프 출구에서 나오는 고압유체를 액추에이터나 유압모터와 같은 작동기기로 보낸다. 회수관은 액추에이터, 압력 방출 밸브 또는 유체모터에서 나오는 유체를 저장소로 되돌린다.

미국 육군기술자단체 설명서 '액체공정파이핑'에서 일반 액체 사용 응용에 권장하는 유속은 1.2 m/s−3.078 m/s(3.9 ft/s−9.8 ft/s) 범위이다. 특정 응용에서는 더 큰 속도도 허용된다(참고문헌 6 참조).

예제 6.6 최대 유속이 5.0 m/s일 때, 외경 50 mm, 벽 두께 2.5 mm의 표준 강 튜브를 통해 이송할 수 있는 최대 체적 유량(L/min)을 구하시오.

해설 체적 유량에 대한 정의를 사용하면,

$$Q = Av$$
$$A = 1.963\times10^{-3}\ \text{m}^2$$

이다. 그러므로 유량은 다음과 같다.

$$Q = (1.963\times10^{-3}\ \text{m}^2)(5.0\ \text{m/s}) = 9.817\times10^{-3}\ \text{m}^3/\text{s}$$

단위를 L/min으로 바꾸면

$$Q = 9.817\times10^{-3}\ \text{m}^3/\text{s}\left(\frac{60000\ \text{L/min}}{1.0\ \text{m}^3}\right) = 589\ \text{L/min}$$

예제 6.7 최대 유속 6.0 m/s로 물 192 m^3/h를 보내기 위해 표준 Schedule 40 강 파이프에 요구되는 치수를 구하시오.

해설 Q와 v를 알고 있기 때문에 면적을 구할 수 있다.

$$Q = Av$$
$$A = Q/v$$

먼저 체적 유량의 단위를 m^3/s로 변환한다.

$$Q = 192\ \text{m}^3/\text{h}(1\ \text{h}/3600\ \text{s}) = 0.0533\ \text{m}^3/\text{s}$$

그러므로

$$A = \frac{Q}{v} = \frac{0.0533\ \text{m}^3/\text{s}}{6.0\ \text{m/s}} = 0.00888\ \text{m}^2 = 8.88\times10^{-3}\ \text{m}^2$$

이다. 면적이 이보다 작으면 속도가 6.0 m/s보다 커지므로 이것이 최소 허용면적이다. 따라서 유동면적이 $8.88\times10^{-3}\ \text{m}^2$보다 표준 DN 파이프를 부록 F에서 찾으면 유동면적이 $1.291\times10^{-2}\ \text{m}^2$인 표준 DN 125-mm Schedule 40 강 파이프가 적절하다. 이 파이프에 물 0.0533 m^3/s가 흐를 때 실제 유속은

$$v = \frac{Q}{A} = \frac{0.0533\ \text{m}^3/\text{s}}{1.291\times10^{-2}\ \text{m}^2} = 4.13\ \text{m/s}$$

이다. 만약 다음으로 작은 파이프(DN 100-mm Schedule 40 파이프)를 사용하면 속도는 다음과 같다.

$$v = \frac{Q}{A} = \frac{0.0533\ \text{m}^3/\text{s}}{8.213\times10^{-3}\ \text{m}^2} = 6.49\ \text{m/s}\ (\text{너무 빠름})$$

예제 6.8 발전플랜트 냉각 시스템으로 물 400 gal/min을 공급하는 펌프 유체 배관 시스템을 설계한다. 그림 6.3을 사용하여 시스템의 흡입관과 배출관으로 Schedule 40 파이프를 선택하시오. 그리고 각 파이프에 대해 유동의 실체 평균 속도를 계산하시오.

해설 $Q = 400$ gal/min일 때 그림 6.3에서 다음이 선택된다.

흡입관, 4-in Schedule 40: $A_s = 0.8840\ \text{ft}^2$ (부록 F)

배출관, 3-in Schedule 40: $A_d = 0.05132\ \text{ft}^2$ (부록 F)

각 파이프에서 실제 평균 유속은 다음과 같다.

$$v_s = \frac{Q}{A_s} = \frac{400\ \text{gal/min}}{0.08840\ \text{ft}^2}\,\frac{1\ \text{ft}^3/\text{s}}{449\ \text{gal/min}} = 10.08\ \text{ft/s}$$

$$v_d = \frac{Q}{A_d} = \frac{400\ \text{gal/min}}{0.05132\ \text{ft}^2}\,\frac{1\ \text{ft}^3/\text{s}}{449\ \text{gal/min}} = 17.36\ \text{ft/s}$$

검토 이 치수와 속도는 일반 사용에 문제없지만 시스템의 에너지 손실을 제한하기 위해 좀 더 낮은 속도가 바람직한 상황도 있다. 흡입관과 배출관에 다음으로 큰 표준 Schedule 40 파이프 치수를 선택할 때 속도를 계산하시오.

흡입관, 5-in 스케줄 40: $A_s = 0.1390\ \text{ft}^2$ (부록 F)

배출관, 31/2-in 스케줄 40: $A_d = 0.06868\ \text{ft}^2$ (부록 F)

각 파이프에서 실제 평균 유속은

$$v_s = \frac{Q}{A_s} = \frac{400\ \text{gal/min}}{0.1390\ \text{ft}^2}\,\frac{1\ \text{ft}^3/\text{s}}{449\ \text{gal/min}} = 6.41\ \text{ft/s}$$

$$v_d = \frac{Q}{A_d} = \frac{400\ \text{gal/min}}{0.06868\ \text{ft}^2}\,\frac{1\ \text{ft}^3/\text{s}}{449\ \text{gal/min}} = 12.97\ \text{ft/s}$$

펌프 연결부가 처음 선택한 대로 4-in 및 3-in 라면, 이 파이프를 펌프와 연결하기 위해 축소부와 확대부가 설계되어야 한다.

6.5 에너지 보존 – 베르누이 방정식

그림 6.2에서 보여준 것처럼 파이프라인 문제의 해석은 시스템 안의 모든 에너지를 고려한다. 에너지는 생성도 소멸도 되지 않지만 한 형태에서 다른 형태로 변환될 수 있다는 것을 물리학에서 배웠다. 이를 에너지 보존 법칙이라 한다.

파이프 유동 문제를 해석할 때에 세 가지 형태의 에너지를 늘 고려해야 한다. 유동 시스템 파이프 안에 그림 6.4와 같은 유체요소를 생각하자. 높이 z에 있으며, 속도 v와 압력 p를 가진다. 유체 요소는 다음 형태의 에너지를 보유한다.

1. **위치 에너지:** 높이에 의한 것으로 요소의 어떤 기준 레벨에 대한 위치 에너지는

$$\text{PE} = wz \tag{6-6}$$

여기서 w는 요소의 무게이다.

2. **운동 에너지:** 속도에 의한 것으로 요소의 운동 에너지는

$$\text{KE} = wv^2/2g \tag{6-7}$$

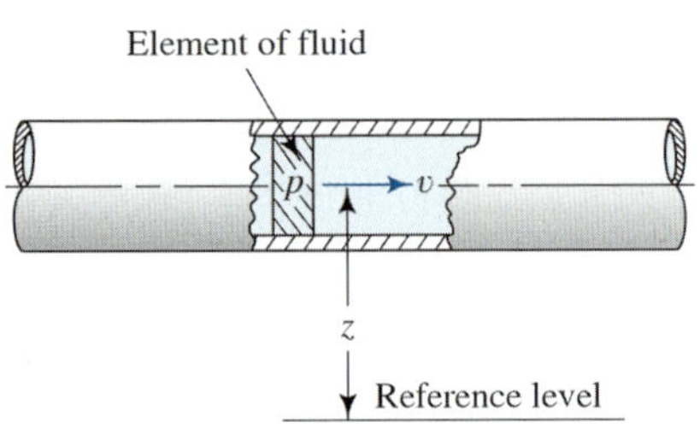

그림 6.4 파이프에서 유체 높이

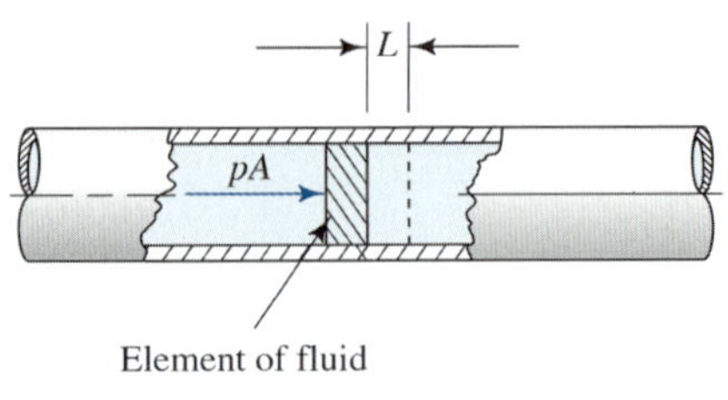

그림 6.5 유동 에너지

3. **유동 에너지**: 때로는 압력에너지 또는 유동 일이라 하며, 유체요소가 압력 p의 단면을 가로질러 이동하기 위해 필요한 일의 양을 나타낸다. 유동 에너지의 약자는 FE이며 다음으로부터 계산된다.

$$\mathrm{FE} = wp/\gamma \tag{6-8}$$

식 (6−8)은 다음과 같이 유도된다. 그림 6.5는 단면을 가로질러 움직이는 파이프 안의 유체요소를 보여준다. 요소에 작용하는 힘은 pA이다. 여기서 p는 단면에서 압력이고 A는 단면적이다. 단면을 가로질러 움직이는 요소에서 힘은 요소 길이와 같은 거리 L만큼 움직인다. 그러므로 한 일은

$$\text{일} = pAL = pV$$

이다. 여기서 V는 유체의 체적이다. 요소의 무게는 다음과 같다.

$$w = \gamma V$$

여기서 γ는 유체의 비중량이다. 따라서 요소의 체적은

$$V = w/\gamma$$

이므로, 식 (6−8)의 유동 에너지는 다음과 같다.

$$\text{유동 에너지} = pV = pw/\gamma$$

유체요소가 가지는 이 세 가지 형태의 에너지 합은 E이다.

$$E = \mathrm{FE} + \mathrm{PE} + \mathrm{KE}$$
$$E = wp/\gamma + wz + wv^2/2g$$

각 항은 에너지 단위로 표현된다. SI 단위로 Newton−meters(N·m)이고 미국관습단위로 foot−pounds(ft-lb)이다.

이제 그림 6.6에서 단면 1에서 단면 2로 움직이는 유체요소를 생각해보자. 두 단면에서의 p, z, v 값은 다르다. 단면 1에서 총 에너지는

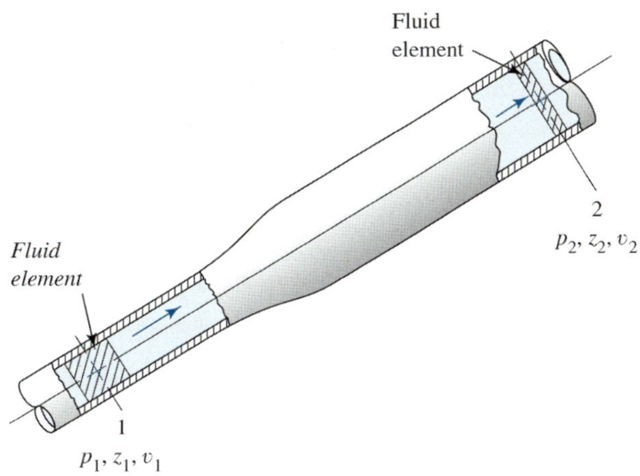

그림 6.6 베르누이 방정식에 사용하는 유체요소

$$E_1 = \frac{wp_1}{\gamma} + wz_1 + \frac{wv_1^2}{2g}$$

이다. 단면 2에서 총 에너지는

$$E_2 = \frac{wp_2}{\gamma} + wz_2 + \frac{wv_2^2}{2g}$$

이다. 단면 1과 단면 2 사이에서 유체에 추가 또는 손실된 에너지가 없다면 에너지 보존 법칙에 의해 다음 식이 성립한다.

$$E_1 = E_2$$

$$\frac{wp_1}{\gamma} + wz_1 + \frac{wv_1^2}{2g} = \frac{wp_2}{\gamma} + wz_2 + \frac{wv_2^2}{2g}$$

요소 중량 w는 보통 모든 항에 있기 때문에 나누어 없애면 다음과 같다.

▶ **베르누이 방정식**

$$\frac{p_1}{\gamma} + z_1 + \frac{v_1^2}{2g} = \frac{p_2}{\gamma} + z_2 + \frac{v_2^2}{2g} \tag{6-9}$$

이 식을 베르누이 방정식(Bernoulli's equation)이라 한다.

6.6 베르누이 방정식 해석

베르누이 방정식 (6−9)의 각 항은 에너지를 유체요소의 중량으로 나눈 결과이다. 그러므로,

베르누이 방정식의 각 항은 유동 시스템에서 유체의 단위중량당 유체가 보유하는 에너지의 한 형태이다.

각 항에 대한 단위는 "단위중량당 에너지"이다. SI 단위로는 N · m/N이고 미국관습단위로는 lb · ft/lb 이다.

분모와 분자 양쪽에 힘(또는 중량) 단위가 있어 서로 상쇄할 수 있다. 그 결과 단위는 meter(m) 또는 foot(ft)로 간단해지고 높이라고 해석할 수 있다. 유체 유동 해석에서는 이 항들을 보통 기준 위치로부터 높이를 말하는 "수두(head)"로 표현한다. 특히,

p/γ를 압력 수두라고 한다.
z를 위치 수두라고 한다.
$v^2/2g$를 속도 수두라고 한다.
이들 3개 항의 합을 총 수두라고 한다.

베르누이 방정식의 각 항은 높이를 나타내기 때문에 그림 6.7과 같은 그림은 세 종류의 에너지 사이 관계를 시각화하는 데 도움을 준다. 유체가 위치 1에서 위치 2로 이동할 때 각 항의 값은 변한다. 에너지가 손실되거나 유체에 추가되지 않았다면, 총 수두는 일정하게 유지된다. 베르누이 방정식은 유체가 시스템을 통해 흐를 때 압력 수두, 위치 수두, 속도 수두의 값들이 어떻게 변하는지를 구할 때 사용한다.

그림 6.7에서 단면 2의 속도 수두는 단면 1의 값보다 작다. 이것은 연속 방정식으로 알 수 있다.

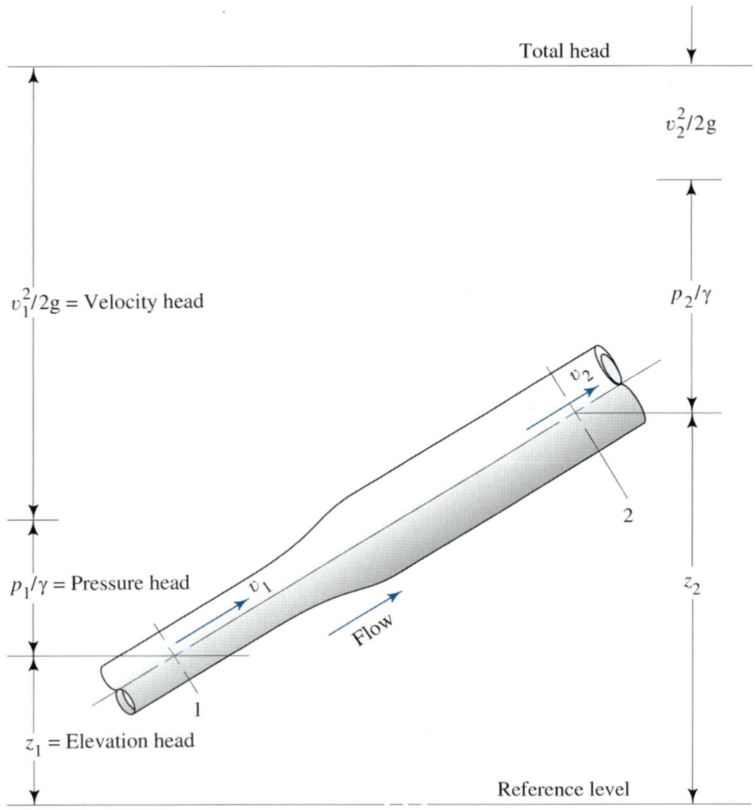

그림 6.7 압력 수두, 위치 수두, 속도 수두, 총 수두

$$A_1 v_1 = A_2 v_2$$
$$v_2 = v_1 (A_1/A_2)$$

$A_1 < A_2$이므로 v_2는 v_1보다 작다. 그리고 속도는 속도 수두 항 $v_2^2/2g$의 제곱근이므로 $v_1^2/2g$보다 훨씬 작다.

일반적으로 단면 크기가 확대되면 그림 6.7에서와 같이 속도 수두가 줄어들기 때문에 압력 수두는 증가한다. 이것이 그림 6.7에 대한 설명이다. 그러나 실제 변화는 위치 수두 변화에도 영향을 받는다. 이 경우 점 1과 점 2 사이에 위치 수두는 증가한다.

요약하면,

베르누이 방정식은 유체 유동 시스템에서 두 점 사이에 위치 수두, 압력 수두, 속도 수두의 변화를 설명한다. 두 점 사이에 에너지의 손실이나 추가가 없다고 가정하며, 따라서 총 수두는 일정하게 유지된다.

베르누이 방정식을 쓸 때 두 기준점에서의 압력을 모두 절대압으로 표시하든지 모두 계기 압력으로 표시해야만 한다. 즉 양쪽 모두 반드시 같은 기준 압력을 가져야 한다. 대부분 문제들은 계기 압력을 사용하는 것이 편리하다. 이렇게 하면 유체 시스템에서 대기에 노출 부분의 압력이 영이 되기 때문이다. 또한 대부분 압력은 주변 대기압에 대한 계기 압력으로 측정된다.

6.7 베르누이 방정식의 제한조건

베르누이 방정식은 많은 실제문제에 적용할 수 있지만, 이를 적절히 적용하려면 이해해야만 하는 제한조건이 여러 개 있다.

1. 두 단면 위치에서 유체의 비중량이 같다고 가정하기 때문에 오직 비압축 유체에 대해 유효하다.
2. 이 식은 유체의 총 에너지가 일정함을 뜻하기 때문에 두 단면 위치 사이에 시스템에 에너지를 더하거나 추출하는 기계가 없어야 한다.
3. 유체로 열전달이 없어야 한다.
4. 마찰로 인한 에너지 손실이 없어야 한다.

실제로는 이 제한조건을 모두 만족시키는 시스템은 없다. 그러나 베르누이 방정식을 사용할 때 생기는 오차를 무시할 만한 시스템이 많다. 또 대략적인 계산만 필요한 경우 이 식을 사용하여 빠르게 계산할 수 있다. 7장에서 베르누이 방정식을 일반 에너지 방정식으로 확장하면 제한조건 2와 4를 제거할 수 있다.

6.8 베르누이 방정식의 응용

베르누이 방정식의 사용 방법을 설명하기 위해 여러 예제를 소개한다. 다양한 유형의 문제를 모두 다룰 수 있는 특별한 해법은 없지만, 여기에서 유체 유동 문제에 일반적인 접근방법을 설명한다.

베르누이 방정식 적용 절차

1단계 문제에서 알고 있는 것이 무엇인지, 어떤 것을 구할 것인지 정한다.

2단계 베르누이 방정식에 사용할 시스템에서 2개의 단면 위치를 정한다. 한 단면 위치는 많은 자료값을 알고 있는 곳으로, 두 번째 단면 위치는 계산할 곳으로 선택한다.

3단계 선택한 2개의 단면에 대해 베르누이 방정식을 쓴다. 유동방향으로 식을 작성하는 것이 중요하다. 유동은 식 좌변 단면에서 우변 단면으로 흘러가야만 한다.

4단계 베르누이 방정식에서 압력 수두, 위치 수두, 속도 수두 항에 대한 하첨자 표시를 확실히 한다. 시스템의 그림에서 기준점들이 어디에 있는지 표시해야 한다.

5단계 가능하면 식 양변에 같은 항이나 0(영)인 항을 소거하여 식을 간단히 만든다.

6단계 방정식을 대수적으로 풀어 원하는 항을 구한다.

7단계 알고 있는 값을 대입하여 계산 결과를 얻는다. 계산할 때 단위 사용에 주의를 기울인다.

프로그램 예제

예제 6.9 그림 6.7에서 10℃ 물이 단면 1에서 단면 2로 흐른다. 단면 1에서 직경 25 mm, 계기 압력 345 kPa이고 유속은 3.0 m/s이다. 단면 2는 직경 50 mm이고 단면 1보다 2.0 m 위에 있다. 시스템의 에너지 손실이 없다고 가정할 때 압력 p_2를 계산하시오.

다음으로 넘어가기 전에 문제로부터 알 수 있는 항을 열거하시오.

해설

$D_1 = 25\ \text{mm}$ $v_1 = 3.0\ \text{m/s}$ $z_2 - z_1 = 2.0\ \text{m}$

$D_2 = 50\ \text{mm}$ $p_1 = 345\ \text{kPa(gage)}$

압력 p_2를 구해야 한다. 즉, 두 단면 사이에 높이와 유동면적의 변화로 단면 1의 압력과 달라진 단면 2의 압력을 계산하는 문제이다.

문제를 풀기 위해 베르누이 방정식을 사용할 것이다. 식을 쓸 때 두 단면의 어떤 것을 사용해야 되는가?

당연히 단면 1과 2를 선택한다. 단면 1에서 p_1, v_1, z_1을 알고 있다. 모르는 압력 p_2는 단면 2에 있다.

이제 베르누이 방정식을 쓰자. [식 (6−9) 참조]

이 식은 다음과 같다.

$$\frac{p_1}{\gamma}+z_1+\frac{v_1^2}{2g}=\frac{p_2}{\gamma}+z_2+\frac{v_2^2}{2g}$$

좌변 세 항은 단면 1을, 우변 세 항은 단면 2를 표현한다.

p_2를 다른 변수 항들로 풀이하자.

p_2에 대한 방정식 해는 다음과 같다.

$$\frac{p_1}{\gamma}+z_1+\frac{v_1^2}{2g}=\frac{p_2}{\gamma}+z_2+\frac{v_2^2}{2g}$$

$$\frac{p_2}{\gamma}=\frac{p_1}{\gamma}+z_1+\frac{v_1^2}{2g}-z_2-\frac{v_2^2}{2g}$$

$$p_2=\gamma\left(\frac{p_1}{g}+z_1+\frac{v_1^2}{2g}-z_2-\frac{v_2^2}{2g}\right)$$

이 결과는 맞다. 그러나 위치 수두와 속도 수두를 함께 묶는 것이 편리하다. 그렇게 하여 유사한 양의 값의 차를 고려한다. 또 $\gamma(p_1/\gamma)=p_1$이므로 p_2에 대한 최종 해는 다음과 같다.

$$p_2=p_1+\gamma\left(z_1-z_2+\frac{v_1^2-v_2^2}{2g}\right) \tag{6-10}$$

이 식의 우변 항들에 대한 값을 모두 알고 있는가?

γ, v_2, g 외의 모든 값은 주어져 있다. 물론 $g=9.81\ \text{m/s}^2$이다. 시스템에 10℃ 물이 흐르기 때문에 $\gamma=9.81\ \text{kN/m}^3$이다. v_2는 어떻게 구할까?

연속 방정식을 사용한다.

$$A_1v_1=A_2v_2$$

$$v_2=v_1(A_1/A_2)$$

이제 v_2를 계산하자.

아래와 같이 구하면 $v_2=0.75\ \text{m/s}$이다.

$$A_1=\pi D_1^2/4=\pi(25\ \text{mm})^2/4=491\ \text{mm}^2$$

$$A_2=\pi D_2^2/4=\pi(50\ \text{mm})^2/4=1963\ \text{mm}^2$$

$$v_2=v_1(A_1/A_2)=3.0\ \text{m/s}(491\ \text{mm}^2/1963\ \text{mm}^2)=0.75\ \text{m/s}$$

이제 알고 있는 값들을 식 (6−10)에 대입한다.

$$p_2=345\ \text{kPa}+\frac{9.81\ \text{kN}}{\text{m}^3}\left(-2.0\ \text{m}+\frac{(3.0\ \text{m/s})^2-(0.75\ \text{m/s})^2}{2(9.81\ \text{m/s}^2)}\right)$$

$z_1-z_2=-2.0\ \text{m}$임을 주목하자. z_1이나 z_2 어느 값도 알지 못하지만 z_2가 z_1보다 2.0 m 더 크다는 것은 알 수 있다. 그러므로 차 z_1-z_2는 음수가 된다.

이제 p_2에 대한 계산을 완결하자.

최종 해는 $p_2 = 329.6$ kPa이다. 이것은 p_1보다 15.4 kPa 작다. 상세한 풀이는 아래와 같다.

$$p_2 = 345\ \text{kPa} + \frac{9.81\ \text{kN}}{\text{m}^3}\left(-2.0\ \text{m} + \frac{(9.0-0.563)\ \text{m}^2/\text{s}^2}{2(9.81)\ \text{m}/\text{s}^2}\right)$$

$$p_2 = 345\ \text{kPa} + \frac{9.81\ \text{kN}}{\text{m}^3}(-2.0\ \text{m} + 0.43\ \text{m})$$

$$p_2 = 345\ \text{kPa} - 15.4\ \text{kN/m}^2 = 345\ \text{kPa} - 15.4\ \text{kPa}$$

$$p_2 = 329.6\ \text{kPa}$$

압력 p_2는 계기 압력이다. 계기 압력인 p_1에서 계산하였기 때문이다. 이후 문제에서는 특별히 언급하지 않으면 계기 압력으로 가정한다.

6.8.1 대기에 노출된 탱크, 저장소, 노즐

그림 6.8은 사이펀(siphon)으로 탱크나 저장소로부터 유체를 끌어올려 파이프 끝의 노즐로 보내는 유체 유동 시스템을 보여준다. 탱크 수면(점 A)과 노즐에서 분출되는 유체의 자유흐름(점 F)은 고체로 경계를 짓지 않고 대기에 노출되어 있다. 그러므로 그 단면에서 압력은 계기 압력 0(영)이다. 다음 규칙을 사용한다.

기준점에서 유체가 대기에 노출되면 압력은 0이고 압력 수두는 베르누이 방정식에서 삭제된다.

유체를 공급하는 탱크는 파이프 안의 유동면적에 비해 매우 크다고 가정할 수 있다. $v = Q/A$이므로 탱크 표면에서 속도는 매우 작다. 더욱이 속도를 제곱하여 속도 수두 $v^2/2g$를 구한다. 1.0보다 작은 수를 제곱하면 훨씬 더 작은 수가 된다. 이런 이유로 다음의 규칙을 도입한다.

탱크나 저장소의 표면에서 속도 수두는 거의 영이므로 베르누이 방정식에서 삭제된다.

6.8.2 두 기준점이 같은 파이프 안에 있을 때

그림 6.8에서 보듯이 여러 관심 위치 점들(점 B−E)이 유동면적이 균일한 파이프 내부에 있다. 이 문제에 가정된 정상 유동 조건하에 속도는 파이프 모든 곳에서 같다. 그러면 정상 유동일 때 다음 규칙을 적용한다.

베르누이 방정식의 두 기준점이 모두 같은 크기의 파이프 안에 있다면 식 양변에 있는 속도 수두 항은 같으므로

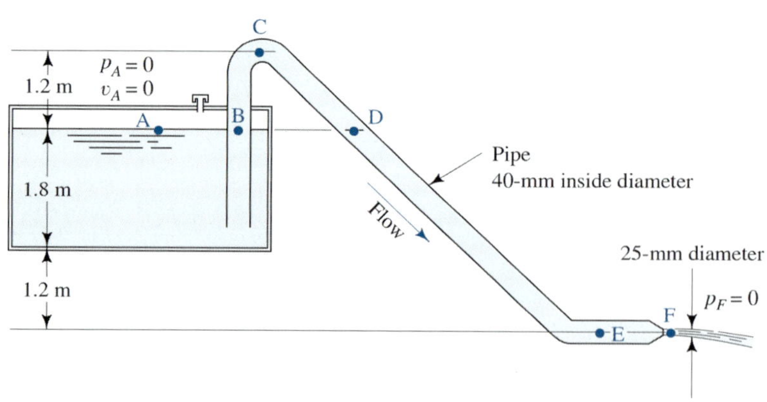

그림 6.8 예제 6.10의 사이펀

삭제할 수 있다.

6.8.3 두 기준점의 높이가 같을 때

마찬가지로 두 기준점이 같은 높이에 있을 때 다음 규칙을 적용할 수 있다.

베르누이 방정식의 두 기준점이 모두 같은 높이에 있을 때 위치 수두 항 z_1과 z_2는 같아서 삭제할 수 있다.

6.8.1−6.8.3절에서 기술한 4개의 규칙은 베르누이 방정식을 단순화하고 대수계산을 더 쉽게 만든다. 예제 6.10에서 이들을 사용한다.

프로그램 예제

예제 6.10 그림 6.8은 수영장에서 물을 퍼 올리는데 사용하는 사이펀을 보여준다. 사이펀을 구성하는 튜브의 내경이 40 mm이고 끝에 25-mm 직경의 노즐이 붙어있다. 시스템에서 에너지 손실이 없다고 가정하고 사이펀을 통해 흘러가는 체적 유량과 점 B−E에서 압력을 계산하시오.

해설 이 문제 풀이의 첫 단계는 베르누이 방정식을 사용하여 체적 유량 Q를 계산하는 것이다. 이 계산을 위해 가장 편리한 두 점은 A와 F이다. 점 A에 대해 알고 있는 것은 무엇인가?

점 A는 수영장 물의 자유표면이다. 그러므로 $p_A = 0$ Pa이다. 또 수영장의 표면적이 매우 크기 때문에 표면에서 물의 속도는 거의 영이다. 그러므로 $v_A = 0$이라 가정할 수 있다.

점 F에 대해 알고 있는 것은 무엇인가?

점 F는 노즐 바깥의 물의 자유 흐름이다. 흐름이 대기압에 노출되어 있어 압력 $p_F = 0$ Pa이다. 또한 점 F는 점 A 아래 3.0 m에 있다.

이제 점 A와 F에 대한 베르누이 방정식을 쓰자.

식을 쓰면 다음과 같다.

$$\frac{p_A}{\gamma} + z_A + \frac{v_A^2}{2g} = \frac{p_F}{\gamma} + z_F + \frac{v_F^2}{2g}$$

위의 정보를 적용하면 이 식이 어떻게 간단해지는가?

$p_A = 0$ Pa, $p_F = 0$ Pa 그리고 v_A는 거의 영이므로, 식으로부터 이것들을 삭제한다. 남아있는 항은 다음과 같다.

$$\cancelto{0}{\frac{p_A}{\gamma}} + z_A + \cancelto{0}{\frac{v_A^2}{2g}} = \cancelto{0}{\frac{p_F}{\gamma}} + z_F + \frac{v_F^2}{2g}$$

$$z_A = z_F + \frac{v_F^2}{2g}$$

체적 유량을 구하는 것이 목적이므로 속도를 구해야 한다. 이제 v_F에 대해 푼다.

다음을 얻는다.

$$v_F = \sqrt{(z_A - z_F)2g}$$

$z_A - z_F$는 얼마인가?

그림 6.8로부터 $z_A - z_F = 3.0$ m이다. z_A가 z_F보다 크므로 차이는 양수이다. 이제 v_F값을 풀이할 수 있다.

결과는 다음과 같다.

$$v_F = \sqrt{(3.0\ \text{m})(2)(9.81\ \text{m/s}^2)} = \sqrt{58.9}\ \ \text{m/s} = 7.67\ \ \text{m/s}$$

이제 Q를 어떻게 계산하는가?

체적 유량의 정의 $Q = Av$를 사용하여 체적 유량을 계산한다.

결과는 아래와 같다.

$$Q = A_F v_F$$

$$v_F = 7.67\ \ \text{m/s}$$

$$A_F = \pi(25\ \ \text{mm})^2/4 = 491\ \ \text{mm}^2$$

$$Q = 491\text{mm}^2\left(\frac{7.67\ \text{m}}{\text{s}}\right)\left(\frac{1\ \text{m}^2}{10^6\ \text{mm}^2}\right) = 3.77\times10^{-3}\ \ \text{m}^3/\text{s}$$

이제 문제의 첫 부분을 끝냈다. 베르누이 방정식을 사용하여 p_B를 구하자. 어떤 두 점을 사용할 것인가?

점 A와 B가 가장 좋다. 위에서 보여준 것처럼 점 A를 사용하면 식이 매우 간단해지고 p_B를 찾고 있기 때문에 점 B를 선택해야만 한다.

점 A와 B에 대한 베르누이 방정식을 쓴 뒤, 앞에서 한 것과 같이 식을 간단히 하고 p_B를 구한다.

다음은 하나의 가능한 풀이과정이다.

$$\cancelto{0}{\frac{p_A}{\gamma}} + z_A + \cancelto{0}{\frac{v_A^2}{2g}} = \frac{p_B}{\gamma} + z_B + \frac{v_B^2}{2g}$$

$p_A = 0$ Pa 그리고 $v_A = 0$이므로,

$$z_A = \frac{p_B}{\gamma} + z_B + \frac{v_B^2}{2g}$$

$$p_B = \gamma[(z_A - z_B) - v_B^2/2g] \tag{6-11}$$

$z_A - z_B$는 얼마인가?

두 점이 같은 높이에 있기 때문에 이 값은 영이다. v_B를 구할 수 있는가?

연속 방정식을 사용하여 v_B를 계산할 수 있다.

$$Q = A_B v_B$$

$$v_B = Q/A_B$$

직경 40-mm 튜브의 면적은 부록 J에서 찾을 수 있다. v_B에 대한 계산을 완결하자.

결과는 다음과 같다.

$$v_B = Q/A_B$$

$$Q = 3.77\times10^{-3}\ \ \text{m}^3/\text{s}$$

$$A_B = 1.257\times10^{-3}\ \ \text{m}^2\ \ (\text{부록 J})$$

$$v_B = \frac{3.77\times10^{-3}\ \text{m}^3}{\text{s}}\times\frac{1}{1.257\times10^{-3}\ \text{m}^2} = 3.00\ \text{m/s}$$

이제 모든 자료를 가지고 있으므로 식 (6−11)로부터 p_B를 계산한다.

점 B의 압력은 아래와 같다.

$$p_B = \gamma[(z_A - z_B) - v_B^2/2g]$$

$$\frac{v_B^2}{2g} = \frac{(3.00)^2\ \text{m}^2}{\text{s}^2}\times\frac{\text{s}^2}{(2)(9.81)\ \text{m}} = 0.459\ \text{m}$$

$$p_B = (9.81\ \text{kN/m}^3)(0-0.459\ \text{m})$$

$$p_B = -4.50\ \text{kN/m}^2$$

$$p_B = -4.50\ \text{kPa}$$

음의 부호는 p_B가 대기압보다 4.50 kPa 낮다는 것을 의미한다. 정지 상태의 유체에 적용되는 같은 높이의 점들은 같은 압력을 가진다는 개념이 운동하는 유체를 다룰 때에는 적용되지 않는다는 것을 알아두자.

다음은 압력 p_C, p_D, p_E에 대한 풀이를 보여준다. p_B에 대해 사용한 것과 매우 유사한 방법으로 풀이한다. 다음을 보기 전에 p_C의 해를 구하라.

답은 $p_C = -16.27$ kPa이다. 베르누이 방정식을 사용하자.

$$\frac{p_A^{\nearrow 0}}{\gamma} + z_A + \frac{v_A^{2\nearrow 0}}{2g} = \frac{p_C}{\gamma} + z_C + \frac{v_C^2}{2g}$$

$p_A = 0$, $v_A = 0$이므로 점 C의 압력은 다음 과정으로 구한다.

$$z_A = \frac{p_C}{\gamma} + z_C + \frac{v_C^2}{2g}$$

$$p_C = \gamma[(z_A - z_C) - v_C^2/2g]$$

$$z_A - z_C = -1.2\ \text{m}\ (z_C\text{는 } z_A \text{ 보다 크므로 음수이다})$$

$$v_C = v_B = 3.00\ \text{m/s}\ (A_C = A_B\text{이므로})$$

$$\frac{v_C^2}{2g} = \frac{v_B^2}{2g} = 0.459\ \text{m}$$

$$p_C = (9.81\ \text{kN/m}^3)(-1.2\ \text{m} - 0.459\ \text{m})$$

$$p_C = -16.27\ \text{kN/m}^2$$

$$p_C = -16.27\ \text{kPa}$$

다음을 보기 전에 p_D에 대한 계산을 완결하자.

답은 $p_D = -4.50$ kPa이다. 점 B와 D에서 높이와 속도가 같기 때문에 p_B와 같다. 베르누이 방정식에 의한 풀이가 이를 말해준다.

이제 p_E를 구하자.

점 E에서 압력은 24.93 kPa이다. 베르누이 방정식을 사용하자.

$$\frac{p_A^{\nearrow 0}}{\gamma} + z_A + \frac{v_A^{2\nearrow 0}}{2g} = \frac{p_E}{\gamma} + z_E + \frac{v_E^2}{2g}$$

$p_A=0,\ v_A=0$이므로 다음을 얻는다.

$$z_A=\frac{p_E}{\gamma}+z_E+\frac{v_E^2}{2g}$$

$$p_E=\gamma\left[(z_A-z_E)-v_E^2/2g\right]$$

$$z_A-z_E=+3.0\ \text{m}$$

$$v_E=v_B=3.00\ \text{m/s}$$

$$\frac{v_E^2}{2g}=\frac{v_B^2}{2g}=0.459\ \text{m}$$

$$p_E=(9.81\ \text{kN/m}^3)(3.0\ \text{m}-0.459\ \text{m})$$

$$p_E=24.93\ \text{kN/m}^2$$

$$p_E=24.93\ \text{kPa}$$

예제 6.10의 결과 요약

1. 노즐로부터 유속, 사이펀에 의해 보내지는 체적 유량은 유체의 자유표면과 노즐 출구 사이의 높이차에 의존한다.
2. 점 B의 압력은 대기압에 있는 점 A와 같은 높이에 있는데도 불구하고 대기압보다 낮다. 식 (6−11)에서 베르누이 방정식은 점 B에서의 압력 수두가 속도 수두 양만큼 감소한다는 것을 보여준다. 즉, 에너지 일부가 운동 에너지로 변환되어 점 B에서 압력이 더 낮아진다.
3. 정상 유동일 때 튜브의 크기가 같으면 모든 점에서 유동 속도가 같다.
4. 점 C가 가장 높이 있으므로 점 C에서 압력이 시스템에서 가장 낮다.
5. 점 D에서 압력은 점 B의 압력과 같다. 두 점이 같은 높이에 있고 두 점에서 속도 수두가 같기 때문이다.
6. 점 E가 가장 낮은 위치에 있으므로 점 E에서 압력이 시스템에서 가장 높다.

6.8.4 벤투리 유량계와 미지 속도의 닫힌 시스템

그림 6.9는 유체 유동 시스템에서 유속을 측정하는 데 사용하는 벤투리 유량계(Venturi meter)를 보여준다. 벤투리 유량계에 대한 좀 더 상세한 설명은 15장에서 한다. 그러나 이 기기에 대한 해석은 베르누이 방정식을 기반으로 한다. B에서 단면의 직경이 줄어 유속이 증가하고 이에 상응하여 압력이 감소한다. 유속은 점 A와 B 사이의 압력차에 따른다. 그러므로 그림에 보여주는 차압 마노미터(differential manometer)를 사용하는 것이 편리하다. 다음 문제풀이에서 연속 방정식과 베르누이 방정식을 조합해야만 유속을 구할 수 있음을 볼 것이다.

예제 6.11 그림 6.9의 벤투리 유량계로 60℃ 물이 흐른다. 유량계의 내부 치수가 그림에 나타나 있다. 마노미터 게이지 유체의 비중은 1.250이다. 단면 A에서 유속과 물의 체적 유량을 계산하시오.

해설 문제 풀이는 이 절의 처음에 요약한 각 단계별 순서대로 하지만 프로그램 예제에서 익힌 방법은 사용하지 않을 것이다.

1. 먼저 어떤 항목을 알고 있고 어떤 것을 구할 것인지 정한다. 점 A와 B 사이의 높이차를 알고 있고, 점 A와 B 사이의 압력차는 마노미터로부터 알 수 있다. 단면 A와 B의 크기를 알고 있다.

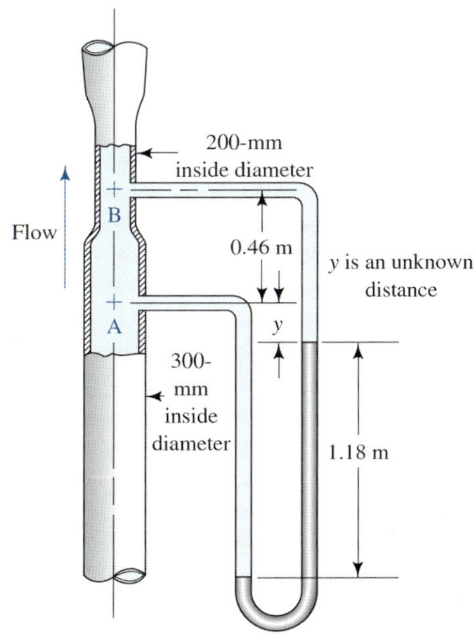

그림 6.9 예제 6.11에 대한 벤투리 유량계

시스템의 어떤 위치에서도 속도를 알지 못한다. 특히 이 문제에서 점 A의 속도를 구하고자 한다.

2. 베르누이 방정식에 사용할 단면을 정한다. 당연히 점 A와 B를 선택한다.
3. 점 A와 B 사이에 베르누이 방정식을 적용한다.

$$\frac{p_A}{\gamma}+z_A+\frac{v_A^2}{2g}=\frac{p_B}{\gamma}+z_B+\frac{v_B^2}{2g}$$

60℃ 물에 대한 비중량 γ은 9.65 kN/m^3 (부록 A).

4. 방정식을 간단히 한다. 가능하다면 0(영)인 항과 식 양변이 같은 항을 삭제한다. 여기에서는 식이 그리 간단해지지 않는다.
5. 방정식을 대수적으로 풀어 원하는 항을 구한다. 이 단계는 상당히 노력이 필요하다. 양쪽의 속도를 모르지만 점 A와 B 사이의 압력차와 높이차를 알고 있다. 그러므로 양쪽의 압력 항과 높이 항을 식의 좌변으로 모아 차의 형태로 만드는 것이 편리하다. 다음에 두 속도 항을 우변으로 옮긴다. 결과는 다음과 같다.

$$\frac{p_A-p_B}{\gamma}+(z_A-z_B)=\frac{v_B^2-v_A^2}{2g} \tag{6-12}$$

6. 결과를 계산하라. 여러 단계를 거쳐야 한다. 높이차는

$$z_A-z_B=-0.46\ \text{m} \tag{6-13}$$

B가 A보다 높기 때문에 값은 음수이다. 이 값이 나중에 식 (6-12)에 사용될 것이다.

압력 수두차 항은 마노미터에 대한 식으로 구한다. 게이지 유체의 비중량 γ_g를 사용한다.

$$\gamma_g=1.25(\gamma_w\ 4℃)=1.25(9.81\ \text{kN/m}^3)=12.26\ \text{kN/m}^3$$

점 A에서 마노미터의 오른쪽 다리에 있는 게이지 유체 위치까지 수직거리가 그림 6.9 자료에 없어 새로운 문제가 된다. 이 문제에서는 이것을 단순히 미지의 거리 y 또는 다른 변수기호를 사용하여 나타내면 소거시킬 수 있다.

이제 A에서 시작하는 마노미터 식을 쓰자.

$$p_A+\gamma(y)+\gamma(1.18\ \text{m})-\gamma_g(1.18\ \text{m})-\gamma(y)-\gamma(0.46\ \text{m})=p_B$$

미지의 변수 y를 포함하는 두 항은 소거된다.

압력차 $p_A - p_B$에 대해 풀면 다음과 같다.

$$p_A - p_B = \gamma(0.46\ \text{m} - 1.18\ \text{m}) + \gamma_g(1.18\ \text{m})$$

$$p_A - p_B = \gamma(-0.72\ \text{m}) + \gamma_g(1.18\ \text{m})$$

식 (6-12)를 보면 실제로 $(p_A - p_B)/\gamma$가 필요하다. 위 식의 양변을 γ로 나누면 원하는 항을 얻을 수 있다.

$$\frac{p_A - p_B}{\gamma} = -0.72\ \text{m} + \frac{\gamma_g(1.18\ \text{m})}{\gamma}$$

$$= -0.72\ \text{m} + \frac{12.26\ \text{kN/m}^3(1.18\ \text{m})}{9.65\ \text{kN/m}^3}$$

$$(p_A - p_B)/\gamma = -0.72\ \text{m} + 1.50\ \text{m} = 0.78\ \text{m} \tag{6-14}$$

이제 식 (6-12)의 좌변 전체를 구하였다. 그러나 우변에는 2개의 미지수, v_A와 v_B가 여전히 남아 있다. 미지수 하나를 없애려면 이 두 변수들이 관계된 다른 독립 식이 필요하다. 편리한 식이 연속방정식이다.

$$A_A v_A = A_B v_B$$

v_B를 v_A 항으로 나타내면 다음을 얻는다.

$$v_B = v_A(A_A/A_B)$$

직경 200 mm와 300 mm 단면의 면적은 부록 J에서 알 수 있다. 그러면

$$v_B = v_A(7.069\times 10^{-2}/3.142\times 10^{-2}) = 2.25 v_A$$

v_B^2이 필요하므로

$$v_B^2 = 5.06 v_A^2$$

그러면

$$v_B^2 - v_A^2 = 5.06 v_A^2 - v_A^2 = 4.06 v_A^2 \tag{6-15}$$

이제 식 (6-12)로 돌아가 이 결과와 위치 수두 차 [식 (6-13)] 및 압력 수두 차 [식 (6-14)]를 대입하면 해를 구할 수 있다. 식 (6-12)는 다음과 같이 된다.

$$0.78\ \text{m} - 0.46\ \text{m} = 4.06 v_A^2/2g$$

v_A를 구하면

$$v_A = \sqrt{\frac{2g(0.32\ \text{m})}{4.06}} = \sqrt{\frac{2(9.81\ \text{m/s}^2)(0.32\ \text{m})}{4.06}}$$

$$v_A = 1.24\ \text{m/s}$$

이다. 문제에서 묻는 체적 유량은 다음과 같다.

$$Q = A_A v_A = (7.069\times 10^{-2}\ \text{m}^2)(1.24\ \text{m/s}) = 8.77\times 10^{-2}\ \text{m}^3/\text{s}$$

6.9 토리첼리의 정리

예제 6.10의 사이펀 해석에서 사이펀으로 유출되는 유속은 유체의 자유표면과 사이펀 출구 사이의 높이차에 의존한다. 이러한 관찰의 고전적 응용을 그림 6.10에서 보여준다. 유체는 탱크측면으로부터 매끈하고 둥근 노즐을 통해 흘러나간다. 노즐 출구 유속을 구하기 위해 유체 표면 위의 기준점과 노즐에

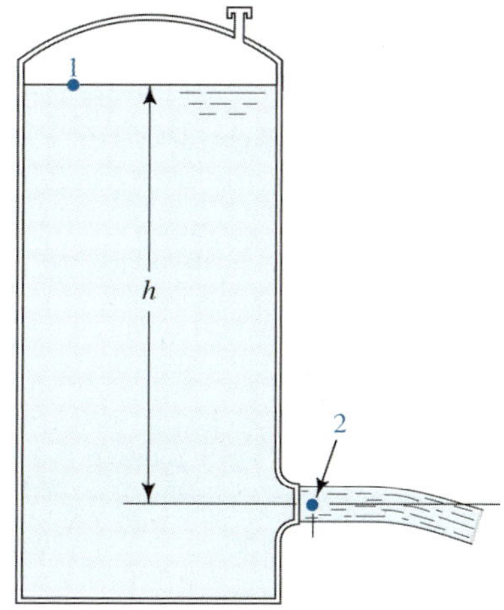

그림 6.10 탱크로부터 흘러나오는 유동

서 분출되는 제트 안의 한 점 사이에 베르누이 방정식을 써보자.

$$\frac{p_1}{\gamma}+z_1+\frac{v_1^2}{2g}=\frac{p_2}{\gamma}+z_2+\frac{v_2^2}{2g}$$

그러나 $p_1=p_2=0$이고 v_1은 거의 영이다. 그러므로

$$\cancelto{0}{\frac{p_1}{\gamma}}+z_1+\cancelto{0}{\frac{v_1^2}{2g}}=\cancelto{0}{\frac{p_2}{\gamma}}+z_2+\frac{v_2^2}{2g}$$

이다. v_2를 구하면 다음과 같다.

$$v_2=\sqrt{2g(z_1-z_2)}$$

$h=(z_1-z_2)$라 두면, 다음 식을 얻는다.

▶ 토리첼리의 정리

$$v_2=\sqrt{2gh} \qquad (6-16)$$

1645년에 이것을 근사적으로 발견한 Evangelista Torricelli를 기념하여 식 (6−16)을 토리첼리의 정리(Torricelli's Theorem)라고 한다(인터넷 자료 1 참조).

예제 6.12 그림 6.10의 탱크에서 유체 깊이 h가 5.00 m일 때 노즐 출구 유속을 계산하시오.

해설 이것은 토리첼리의 정리를 직접 적용하는 문제이다.

$$v_2=\sqrt{2gh}=\sqrt{(2)(9.81\ \text{m/s}^2)(5.0\ \text{m})}=9.91\ \text{m/s}$$

예제 6.13 그림 6.10의 탱크에서 깊이 3.0 m부터 0.50 m 범위에 대해 0.50 m 간격으로 노즐 출구 유속과 체적 유량을 계산하시오. 노즐에서 제트의 직경은 50 mm이다.

해설 예제 6.12와 같은 풀이과정으로 주어진 깊이에서 속도를 구할 수 있다. 그러면 $h=3.0$ m에서 $v_2=7.67$ m이다. 체적 유량은 이 속도에 제트 면적을 곱하여 계산한다.

$$A_j=1.963\times10^{-3}\ \text{m}^2\ (\text{부록 J})$$

그러면

$$Q=A_jv_2=(1.963\times10^{-3}\ \text{m}^2)(7.67\ \text{m/s})=1.51\times10^{-2}\ \text{m}^3/\text{s}$$

같은 방법으로 다음 자료를 구할 수 있다.

Depth h (m)	v_2(m/s)	Q (m^3/s)
3.0	7.67	1.51×10^{-2}
2.5	7.00	1.38×10^{-2}
2.0	6.26	1.23×10^{-2}
1.5	5.42	1.07×10^{-2}
1.0	4.43	0.87×10^{-2}
0.5	3.13	0.61×10^{-2}

그림 6.11은 깊이에 대한 속도와 체적 유량의 그래프이다.

토리첼리의 정리의 관심 있는 또 다른 응용이 그림 6.12에 나타나 있다. 여기서 유체제트가 위로 분출된다. 에너지 손실이 없다면 제트는 탱크에 있는 유체의 자유표면 높이까지 올라간다. 물론 이 높이에서 흐름의 속도는 영이다. 베르누이 방정식으로 이것을 설명할 수 있다. 처음 점 2에서 제트의 속도에 대한 식을 얻는다.

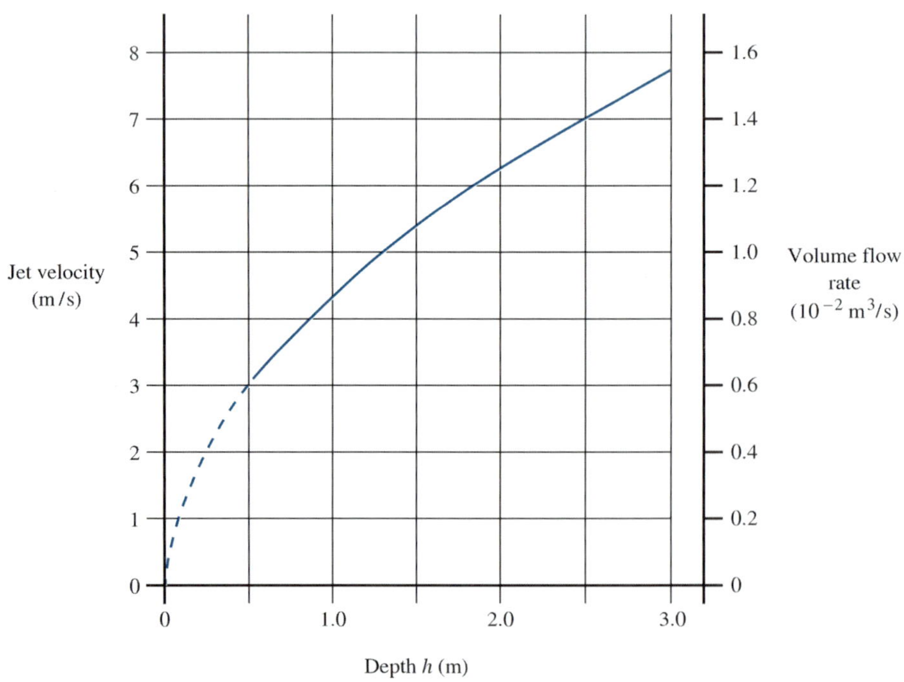

그림 6.11 유체 깊이 대 제트 속도 및 체적 유량

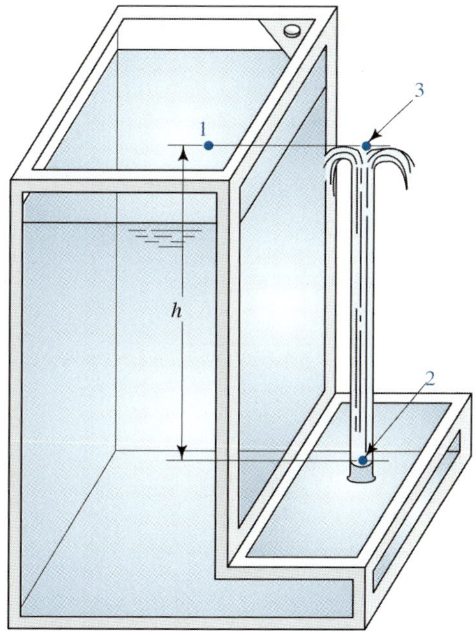

그림 6.12 수직제트

$$\frac{p_1}{\gamma} + z_1 + \frac{v_1^2}{2g} = \frac{p_2}{\gamma} + z_2 + \frac{v_2^2}{2g}$$

이것은 토리첼리의 정리를 처음 전개할 때의 상황과 같다. 그러면 식 (6−16)과 같이

$$v_2 = \sqrt{2gh}$$

이다. 이제 점 2와 유체의 자유표면 높이지만 유체흐름 안에 있는 점 3 사이에 베르누이 방정식을 써보자.

$$\frac{p_2}{\gamma} + z_2 + \frac{v_2^2}{2g} = \frac{p_3}{\gamma} + z_3 + \frac{v_3^2}{2g}$$

그러나 $p_2 = p_3 = 0$이므로 v_3에 대해 정리하면 다음과 같다.

$$v_3 = \sqrt{v_2^2 + 2g(z_2 - z_3)}$$

식 (6−16)으로부터, $v_2^2 = 2gh$이다. 또한 $(z_2 - z_3) = -h$이므로,

$$v_3 = \sqrt{2gh + 2g(-h)} = 0$$

이다. 이 결과는 물줄기가 탱크 안에 있는 유체의 자유표면 높이까지만 도달함을 증명해준다.

제트를 더 높이 보내기 위해(예: 장식용 분수), 저장소의 유체 상부에 압력을 높여주거나 또는 펌프를 사용하여 더 높은 압력을 만들어주어야 한다.

예제 6.14 그림 6.13과 유사한 시스템을 사용하여, 제트가 노즐로부터 40.0 ft까지 올라가기 위해 필요한 물 위의 공기 압력을 계산하시오. 길이 $h = 6.0$ ft이다.

해설 베르누이 방정식을 사용하여 노즐 출구 유속에 대한 식을 공기압력 함수로 나타낸다.

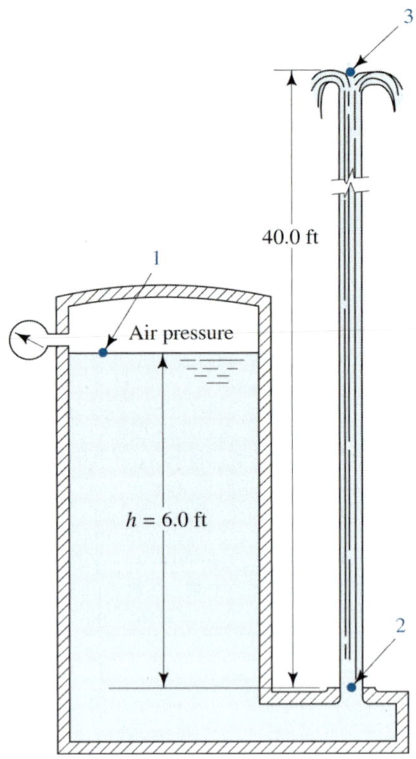

그림 6.13 수직제트를 내보내는 가압 탱크
(문제 6.93–6.94에 대한 그림)

$$\frac{p_1}{\gamma}+z_1+\frac{v_1^2}{2g}\overset{0}{}=\frac{p_2}{\gamma}\overset{0}{}+z_2+\frac{v_2^2}{2g}$$

여기서 $v_1=0$, $p_2=0$이다. v_2에 대해 풀면

$$v_2=\sqrt{2g[(p_1/\gamma)+(z_1-z_2)]}$$

이전과 같이 $h=(z_1-z_2)$라 두면 다음과 같다.

$$v_2=\sqrt{2g[(p_1/\gamma)+h]} \tag{6-17}$$

이 식은 토리첼리의 정리와 비슷하다. 위에서 $v=\sqrt{2gh}$에 대해 제트는 높이 h까지 올라감을 보였다. 그러므로 가압 시스템에서 제트는 $[(p_1/\gamma)+h]$ 높이까지 올라간다고 유추할 수 있다. 이 문제에서 $h=6.0$ ft에서 40.0 ft 높이를 원한다면,

$$p_1/\gamma+h=40.0\ \text{ft}$$

$$p_1/\gamma=40.0\ \text{ft}-h=40.0\ \text{ft}-6.0\ \text{ft}=34.0\ \text{ft}$$

그리고

$$p_1=\gamma(34.0\ \text{ft})$$

$$p_1=(62.4\ \text{lb/ft}^3)(34.0\ \text{ft})(1\ \text{ft}^2)/(144\ \text{in}^2)$$

$$p_1=14.73\ \text{psig}$$

4장에서 이런 응용에서의 압력 수두 p/γ를 위압 수두(piezometric head)로 정의하였다. 그러면 노즐 위로 총 수두는 $p_1/\gamma+h$이다.

6.10 떨어지는 수두로 인한 유동

앞에서 말한 대로 이 책에서 다루는 대부분의 문제는 유량이 일정한 경우이다. 그러나 6.9절에서 유량은 유동을 일으키는 데 사용할 수 있는 압력 수두의 크기에 달려있다. 예제 6.13 결과를 나타낸 그림 6.11의 그래프를 보면, 유체가 탱크에서 흘러나와 유체의 깊이가 감소할 때, 오리피스에서 분출되는 속도와 체적 유량이 비선형적으로 감소함을 보여준다.

이 절에서는 깊이 감소에 따른 속도 변화를 고려하여 탱크를 완전히 비우는 데 필요한 시간을 계산하는 방법을 알아본다. 그림 6.14에서 보여주는 탱크바닥에 매끈한 둥근 노즐이 있으며, 이를 통해 유체가 방출된다. 주어진 유체 높이는 h에 대해 토리첼리의 정리를 적용하면 제트에서 유속은 다음과 같다.

$$v_j = \sqrt{2gh}$$

노즐을 통해 흘러나가는 체적 유량은 $Q = A_j v_j$이고, 단위는 초당 세제곱미터(m^3/s) 또는 초당 세제곱피트(ft^3/s)이다. 작은 양의 시간 dt 동안 노즐을 통해 흐르는 유체 체적은

$$\text{유출 체적} = Q(dt) = A_j v_j(dt) \tag{6-18}$$

반면 유체가 탱크에서 나가기 때문에 유체면은 작은 양의 거리 dh 만큼 떨어진다. 그러면 탱크에서 없어지는 유체 체적은

$$\text{감소 체적} = -A_t dh \tag{6-19}$$

이 두 체적은 같아야만 한다. 그러면

$$A_j v_j(dt) = -A_t dh \tag{6-20}$$

시간 dt에 대해 풀면,

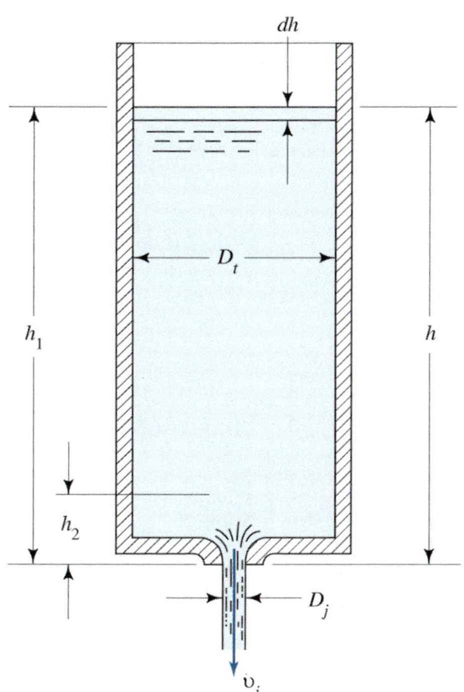

그림 6.14 수두가 떨어질 때 탱크 유출 유동
(문제 6.95–6.106에 대한 그림)

$$dt = \frac{-(A_t/A_j)}{v_j} dh \tag{6-21}$$

토리첼리의 정리로부터 $v_j = \sqrt{2gh}$ 를 대입하면,

$$dt = \frac{-(A_t/A_j)}{\sqrt{2gh}} dh \tag{6-22}$$

이다. h를 포함하는 항들을 분리하여 다시 쓰면 다음과 같다.

$$dt = \frac{-(A_t/A_j)}{\sqrt{2g}} h^{-1/2} dh \tag{6-23}$$

유체면이 깊이 h_1에서 깊이 h_2로 떨어지는 데 필요한 시간은 식 (6−23)을 적분하여 구한다.

$$\int_{t_1}^{t_2} dt = \frac{-(A_t/A_j)}{\sqrt{2g}} \int_{h_1}^{h_2} h^{-1/2} dh \tag{6-24}$$

$$t_2 - t_1 = \frac{-(A_t/A_j)}{\sqrt{2g}} \frac{(h_2^{1/2} - h_1^{1/2})}{\frac{1}{2}} \tag{6-25}$$

h를 포함하는 두 항을 바꾸면 음의 부호가 없어진다. 동시에 분모의 1/2을 정리하면 다음을 얻는다.

▶ 탱크를 비우는 데 걸리는 시간

$$t_2 - t_1 = \frac{2(A_t/A_j)}{\sqrt{2g}} (h_1^{1/2} - h_2^{1/2}) \tag{6-26}$$

식 (6−26)을 사용하면 h_1에서 h_2까지 탱크를 비우는 데 필요한 시간을 계산할 수 있다.

예제 6.15 그림 6.14의 탱크에 대해 유체면 높이를 3.0 m에서 0.50 m까지 배수하기 위해 필요한 시간을 계산하시오.

해설 식 (6−26)을 사용하기 위해 필요한 면적은

$$A_t = \pi(1.50\ \text{m})^2/4 = 1.767\ \text{m}^2$$

$$A_j = \pi(0.05\ \text{m})^2/4 = 0.001963\ \text{m}^2$$

이 두 면적의 비는

$$\frac{A_t}{A_j} = \frac{1.767\ \text{m}^2}{0.001963\ \text{m}^2} = 900$$

이제 식 (6−26)에서

$$t_2 - t_1 = \frac{2(A_t/A_j)}{\sqrt{2g}} (h_1^{1/2} - h_2^{1/2})$$

$$t_2 - t_1 = \frac{2(900)}{\sqrt{2(9.81\ \text{m/s}^2)}} [(3.0\ \text{m})^{1/2} - (0.5\ \text{m})^{1/2})]$$

$$t_2 - t_1 = 417\ \text{s}$$

이것은 6분 57초와 같다.

6.10.1 가압 배수탱크

그림 6.14의 탱크가 유체 위쪽에 압력이 있도록 밀봉되었다면 위압 수두 p/γ를 실제 유체 깊이에 더한 후 식 (6−25)를 사용하여 계산해야 한다.

6.10.2 노즐 종류의 영향

식 (6−26)을 유도할 때 노즐에서 분출되는 유체 제트의 직경은 노즐의 직경과 같다고 가정하였다. 이것은 그림 6.10, 6.12, 6.14에서 보여주는 충분히 둥근 노즐에 대해서는 거의 사실이다. 그러나 노즐이 더 날카로워지면 제트의 최소 직경이 구멍의 직경보다 상당히 작아진다. 예를 들어 그림 6.15는 탱크에서 칼날 오리피스(sharp−edged orifice)를 통해 흐르는 유동을 보여준다. 식 (6−26)의 A_j에 대한 적절한 면적은 최소직경의 값이다. 이 점을 축류(vena contracta)라 부르는 이 점은 오리피스의 약간 바깥쪽에 나타난다. 이 칼날 오리피스에 대해 잘 맞는 근사식은 $A_j = 0.62A_0$이다.

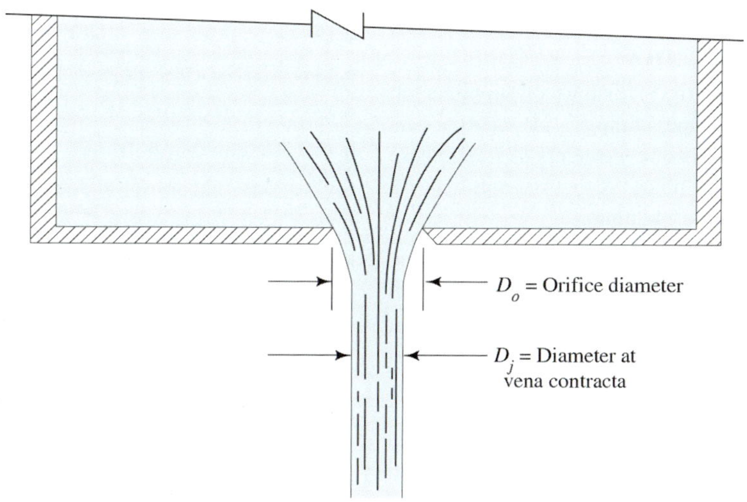

그림 6.15 칼날 오리피스 유동

참고문헌

1. American Society of Mechanical Engineers. 2012. *ANSI/ASME Standard B31.1-2012: Power Piping*. New York: Author.
2. Menon, E. Shashi. 2005. *Piping Calculations Manual.* Clinton, NC: Construction Trades Press.
3. Nayyar, Mohinder. 2002. *Piping Databook.* Clinton, NC: Construction Trades Press.
4. Nayyar, Mohinder. 2000. *Piping Handbook,* 7th ed. Clinton, NC: Construction Trades Press.
5. Silowash, Brian. 2010. *Piping Systems Manual.* Clinton, NC: Construction Trades Press.
6. U.S. Army Corps of Engineers. 1999. *Liquid Process Piping* (Engineer Manual 1110-1-4008). Washington, DC: Author.

인터넷 자료

1. **The MacTutor History of Mathematics Archive:** An archive of over 1000 biographies and history topics, including biographies of Daniel Bernoulli and Evangelista Torricelli. From the home page, select *Biographies Index,* then the first letter of the last name, then scan the list for the specific person.
2. **TubeNet.org:** A listing of the dimensions, properties, and suppliers of steel pipe and tubing along with many other types of fluid-flow-related data. From the left side of the home page, select the region of interest: U.S., Europe, or Asia.
3. **Copper Development Association:** A professional association of the copper industry; the site offers a large amount of data on sizes, pressure ratings, and physical characteristics of copper tubing. A *Copper Tube Handbook* or parts of it can be downloaded from the site.
4. **Ductile Iron Pipe Research Association:** Technical infor-

mation about ductile iron pipe including dimensions, flow performance data, and comparison with other types of pipe.

5. **Stainless Tubular Products:** A supplier of stainless steel pipe, tubing, fittings, flanges, and stock materials.
6. **Plastics Pipe Institute:** An association representing all segments of the plastics piping industry, promoting the effective use of plastics piping for water and gas distribution, sewer and wastewater, oil and gas production, industrial and mining uses, power and communications, ducts, and irrigation. Includes a list of members that manufacture plastic pipe from which much data for sizes and application information can be found.
7. **Charter Plastics:** A supplier of polyethylene plastic pipe and tubing for many applications including industrial and municipal uses such as water distribution, sewer applications, and chemical service.
8. **Expert Piping Supply:** A supplier of polyethylene, polypropylene, PVC, CPVC, copper, and steel pipe in a wide range of diameters and wall thicknesses.
9. **Independent Pipe Products, Inc.:** Listings of suppliers of high-density polyethylene pipe fittings in many size classifications that match the outside diameters of steel pipes, ductile iron pipes, and copper tubes. Also lists suppliers of other types and materials of pipe and tubing.
10. **The Piping Tool Box:** A site containing data and basic information for piping system design. It includes U.S. and metric data for piping dimensions, fluid flow and pressure loss in pipes, piping standards, piping design strategy, and many other related topics. It is part of The Engineering Toolbox site. Select *Piping Systems*.
11. **Hydraulic Supermarket.com:** From the home page, select *Technical Library* for access to an extensive set of articles and technical data related to hydraulic systems and components, maintenance and troubleshooting, application guidelines, and formulas. From the home page, select *Product Library* for lists of suppliers of products for hydraulic systems such as pumps, valves, and actuators.
12. **Eaton Hydraulics:** Manufacturer of hydraulic systems and components, including hydraulic and industrial hose under the brand names Aeroquip and Weatherhead. From the home page, select *Products & Solutions*, then *Hydraulics*.
13. **Parker Steel Company:** Producer of metric round seamless and hydraulic tubing from carbon steel, stainless steel, alloy steel, aluminum, brass, copper, titanium, and nickel alloys.
14. **Epco Plastics:** Supplier of industrial plastics including piping, tubing, fittings, valves, and accessories in both U.S. and metric sizes. Also includes the Comer Spa product line of ABS, PVC, PE, and PP metric plastic pipe.
15. **Industrial Hydraulic Service, Inc.:** This site includes tables of data for sizing tubing for hydraulic systems in U.S. Customary and metric sizes considering flow rate and pressure ratings.

연습문제

단위변환계수

6.1 체적 유량 5.0 gal/min을 m^3/s로 변환하시오.

6.2 889 gal/min을 m^3/s로 변환하시오.

6.3 9750 gal/min을 m^3/s로 변환하시오.

6.4 98.2 gal/min을 m^3/s로 변환하시오.

6.5 체적 유량 250 L/min을 m^3/s로 변환하시오.

6.6 5875 L/min을 m^3/s로 변환하시오.

6.7 18500 L/min을 m^3/s로 변환하시오.

6.8 779 gal/min을 L/min으로 변환하시오.

6.9 9520 gal/min을 L/min으로 변환하시오.

6.10 32.5 cm^3/s를 m^3/s로 변환하시오.

6.11 0.596 cm^3/s를 m^3/s로 변환하시오.

6.12 0.125 m^3/s를 L/min으로 변환하시오.

6.13 6.58×10^{-3} m^3/s를 L/min으로 변환하시오.

6.14 57.15×10^{-6} m^3/s를 L/min으로 변환하시오.

6.15 779 gal/min을 ft^3/s로 변환하시오.

6.16 42 gal/min을 ft^3/s로 변환하시오.

6.17 3650 gal/min을 ft^3/s로 변환하시오.

6.18 8.50 gal/min을 ft^3/s로 변환하시오.

6.19 225 ft^3/s를 gal/min으로 변환하시오.

6.20 0.072 ft^3/s를 gal/min으로 변환하시오.

6.21 8.95 ft^3/s를 gal/min으로 변환하시오.

6.22 0.079 ft^3/s를 gal/min으로 변환하시오.

6.23 표 6.2에 제시된 원심소방펌프에 대한 체적 유량 범위가 일반적으로 500−2500 gal/min이다. 이 범위를 ft^3/s와 m^3/s로 표시하시오.

6.24 표 6.2에 제시된 산업용 오일 유압 시스템 펌프에 대한 체적 유량 범위가 일반적으로 3−30 gal/min이다. 이 범위를 ft^3/s와 m^3/s로 표시하시오.

6.25 주거용 심정펌프(deep−well pump)가 950 gal/h의 물을 공급한다. 이 유량을 ft^3/s로 표시하시오.

6.26 소형 펌프가 액체비료 0.96 gal/h를 공급한다. 이 유량을 ft^3/s로 표시하시오.

6.27 소형 정량펌프가 수처리용 화학물질을 24 h당 15.6 gal을 공급한다. 이 유량을 ft^3/s로 표시하시오.

6.28 소형 정량펌프가 폐수를 희석시키기 위한 물 22.5 mL/min을 공급한다. 이 유량을 m^3/s로 표시하시오.

Note: 다음 문제들을 풀기 위해 필요한 유체 물성치, 파이프와 튜브의 치수나 환산계수들은 부록에 있는 값을 사용하시오. 모든 문제에 에너지 손실은 없다고 가정한다. 다른 말이 없다면, 주어진 파이프 치수는 실제 내경을 표시한다.

유체 유량

6.29 10℃ 물이 0.098 m^3/s로 흐른다. 중량 유량과 질량 유량을 계산하시오.

6.30 유압 시스템에서 직경 30 cm의 파이프를 통해 오일(sg=0.80)이 60 m/s로 흐른다. 중량 유량과 질량 유량을 구하시오.

6.31 액체냉매(sg=0.98)가 중량 유량 20.5 N/h로 흐른다. 체적 유량과 질량 유량을 구하시오.

6.32 문제 6.31의 냉매가 기화되면 비중량이 12.50 N/m^3이 된다. 중량 유량이 28.5 N/h로 유지된다고 할 때 체적 유량을 계산하시오.

6.33 팬이 640 ft^3/min(CFM)의 공기를 공급한다. 공기의 밀도가 1.20 kg/m^3일 때 slugs/s 단위의 질량 유량과 lb/h 단위의 중량 유량을 구하시오.

6.34 용광로용 큰 송풍기가 비중량 0.075 lb/ft^3인 공기 47,000 ft^3/min(CFM)를 공급한다. 중량 유량과 질량 유량을 계산하시오.

6.35 용광로의 효율적인 연소를 위해 1200 lb/h의 공기가 필요하다. 공기의 비중량이 0.062 lb/ft^3일 때 필요한 체적 유량을 구하시오.

6.36 탱크에서 펌프로 1.65 gal/min의 물을 배출한다. 탱크에 있는 7425 lb 물을 다 비우는 데 걸리는 시간은 얼마인가?

연속 방정식

6.37 직경 20 cm 파이프를 통해 0.20 m^3/s의 물이 배출될 때 파이프에서 속도를 계산하시오.

6.38 직경 30 cm 파이프를 통해 15 m 수두에서 4 m/s 속도로 물이 흐른다. 수평으로 놓여있는 파이프를 통해 흐르는 유체 유량을 ft^3/s로 나타내시오.

6.39 내경이 300 mm에서 150 mm로 축소되는 원형단면 파이프를 통해 물 2000 L/min이 흐를 때 각 단면에서 유동의 평균 속도를 계산하시오.

6.40 직경 30 mm 노즐이 직경 60 mm 파이프 끝에 연결되어 있다. 유량이 4.0 m^3/s일 때 양 끝에서 유동속도를 구하시오.

6.41 그림 6.16은 부록 G.2에 있는 치수가 다른 3개의 표준 강 튜브로 제작한 조립품을 보여준다. 왼쪽 큰 튜브를 통해 물 0.072 m^3/s가 흘러간다. 티(tee)에서 2개의 작은 관으로 갈라진다. 50-mm 튜브에서 속도가 12.0 m/s이면, 100-mm 튜브에서 속도는 얼마인가?

6.42 직경 25 mm 노즐이 50-mm 직경의 파이프 끝에 연결되어 있다. 유량이 12.50 m^3/s일 때 큰 단면에서의 속도를 계산하시오.

6.43 직경 65 mm 노즐이 파이프에 연결되어 있다. 노즐 팁에서 유량이 4.0 m^3/s일 때 파이프에서 속도를 ft/s로 계산하시오.

6.44 외경 1.525-mm×벽 두께 1.5 mm(부록 G.2)의 표준 강 튜브가 19.7 L/min의 오일을 수송한다. 유속을 구하시오.

6.45 오일 유압 시스템의 배출관에 권장되는 유속은 8.0에서 25.0 ft/s 범위이다. 펌프가 30 gal/min 오일을 공급할 때 부록 표 G.1로부터 강 튜브의 가장 작은 공칭치수와 가장 큰 공칭치수를 기술하시오.

6.46 문제 6.45에서 유량 30 gal/min인 흡입관에 유속을 2.0 ft/s와 7.0 ft/s 사이로 유지하기 위해 필요한 파이프의 적절한 공칭치수를 기술하시오.

6.47 표 6.2는 원심소방펌프의 체적 유량은 일반적으로 1800 L/min−9500 L/min 범위이다. 각 유량에 대해 최대 유속

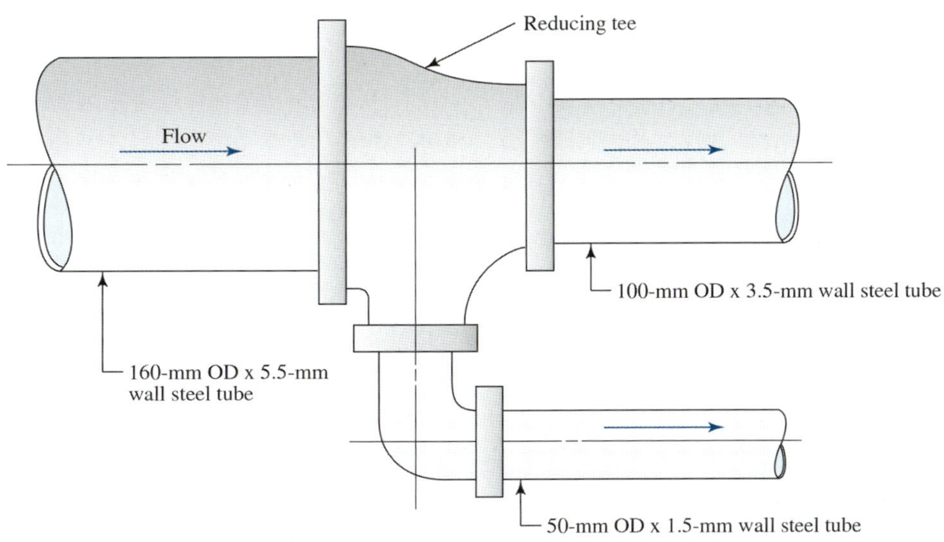

그림 6.16 문제 6.41

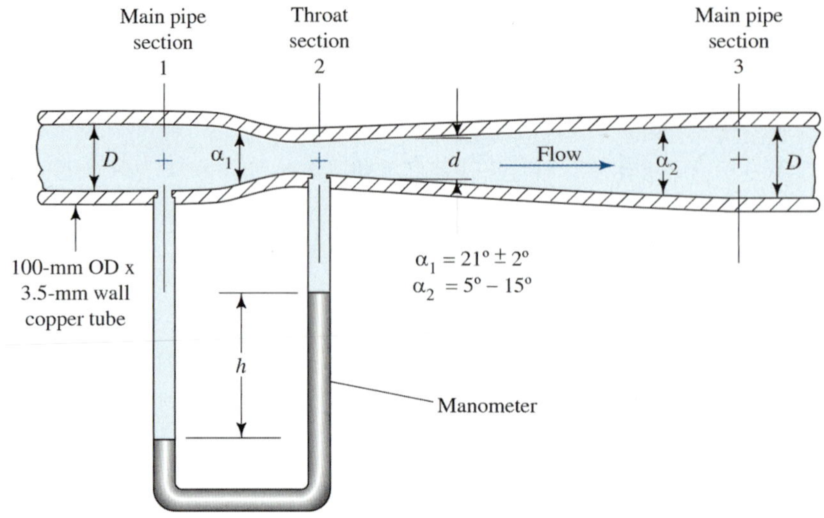

그림 6.17 문제 6.58의 벤투리미터

이 2.0 m/s로 유지되는 Schedule 40 강 파이프의 최소 DN 공칭치수를 기술하시오.

6.48 문제 6.47에서 Schedule 80 DN 파이프를 사용할 때 치수를 기술하시오.

6.49 DN 50 Schedule 40 파이프를 통해 400 L/min 유체가 흐를 때 유속을 구하시오.

6.50 문제 6.49에서 DN 50 Schedule 80 파이프를 대해 유속을 구하시오.

6.51 직경 45-cm 파이프를 통해 0.45 m^3/s의 물이 배출될 때 유속을 계산하시오.

6.52 문제 6.51에서 4-in Schedule 80 파이프일 때 유속을 계산하시오.

6.53 부록 G.2의 표준 유압스틸튜브 목록에서 최대속도 0.30 m/s로 오일 2.80 L/min을 수송할 수 있는 최소치수를 선정하시오.

6.54 표준 6-in Schedule 40 강 파이프로 95 gal/min의 물을 수송한다. 파이프는 2개의 3-in 표준파이프로 나뉘고, 유량도 똑같이 나뉘어 흘러간다. 세 파이프 모두에 대해 유속을 계산하시오.

문제 6.55-6.57에서 주어진 체적 유량을 수송하기 위해 펌프배관 시스템의 흡입관과 배출관에 적절한 Schedule 40 파이프 치수를 기술하기 위해 그림 6.3 사용한다. 주어진 유량에 대해 곡선 위와 아래 양쪽에 대한 파이프 치수를 선정하고 각각에 대해 실제 유속을 구하시오.

6.55 $Q = 800$ gal/min일 때

6.56 $Q = 2000$ gal/min일 때

6.57 $Q = 60$ m^3/h일 때

6.58 벤투리미터(venturi meter)는 유동 시스템에 축소부를 만들어 유속을 측정하는 기기이다. 그림 6.17은 그 중의 한 종류를 보여준다. 주 파이프 단면이 외경 100-mm×벽 두께 3.5-mm인 표준 유압구리튜브이고, 이곳에서 유속이 3.0 m/s일 때 체적 유량을 계산하시오. 이 체적 유량에 대해 최소 15.0 m/s의 유속이 요구되는 목 단면에 사용할 치수를 기술하시오.

6.59 그림 6.18의 유동 노즐을 사용하여 유속을 측정한다. 직경 4.60 in 노즐이 14-in Schedule 40 파이프 안에 설치되어 있다면, 물 7.50 ft^3/s가 시스템을 통해 흐를 때 단면 1과 단면 2 노즐목에서 유속을 계산하시오.

Note: 나머지 모든 문제에서 에너지 손실은 영이라 가정한다. 에너지 손실이 있는 시스템은 7－13장에서 다룬다.

베르누이 방정식

6.60 그림 6.19와 같이 제작된 튜브에 0.11 m^3/s의 가솔린(sg＝0.67)이 흐른다. 축소 전의 압력이 415 kPa일 때 작은 직경의 튜브에서 압력을 계산하시오.

6.61 그림 6.20과 같이 제작된 단면을 통해 점 A에서 점 B로 10℃ 물 0.37 m^3/s가 흐른다. A에서 압력이 66.2 kPa일 때 B에서 압력을 계산하시오.

6.62 그림 6.21의 시스템을 통해 흐르는 5℃ 물의 체적 유량을 구하시오.

6.63 그림 6.22의 속도 75 ft/s의 제트를 만드는 노즐 바로 앞 큰 단면에서 압력을 구하시오. 물은 180°F이다.

6.64 비중량 50.0 lb/ft^3인 케로신 10 gal/min이 표준 1-in Schedule 40 강 파이프에서 표준 2-in Schedule 40 강 파이프로 흐른다. 이 두 파이프 사이의 압력차를 계산하시오.

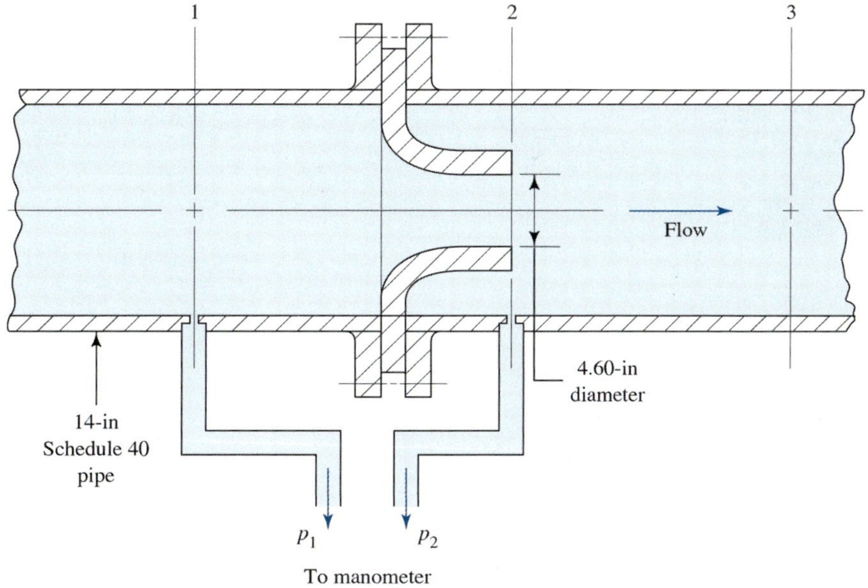

그림 6.18 문제 6.59의 노즐미터

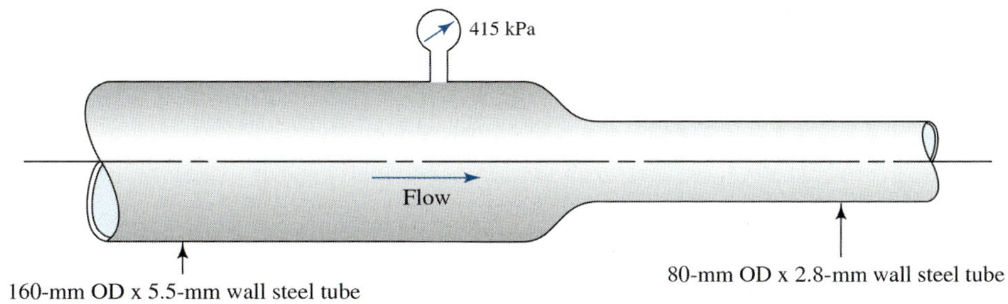

그림 6.19 문제 6.60

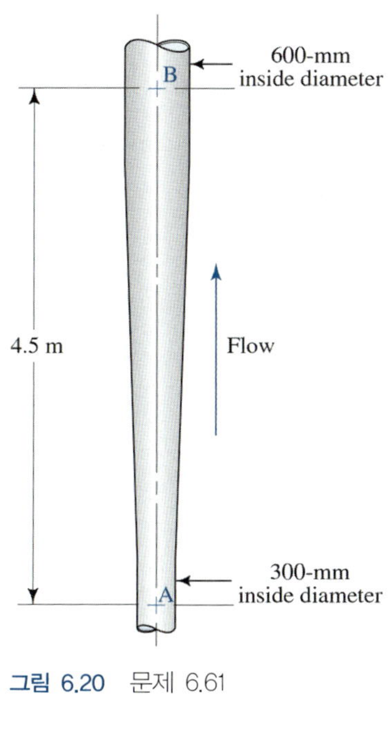

그림 6.20 문제 6.61

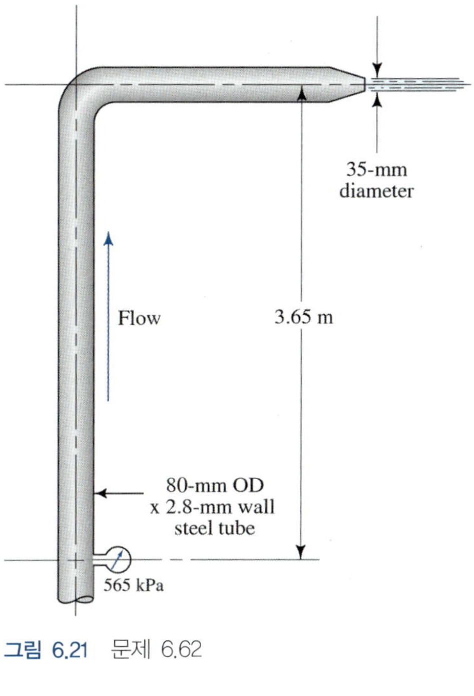

그림 6.21 문제 6.62

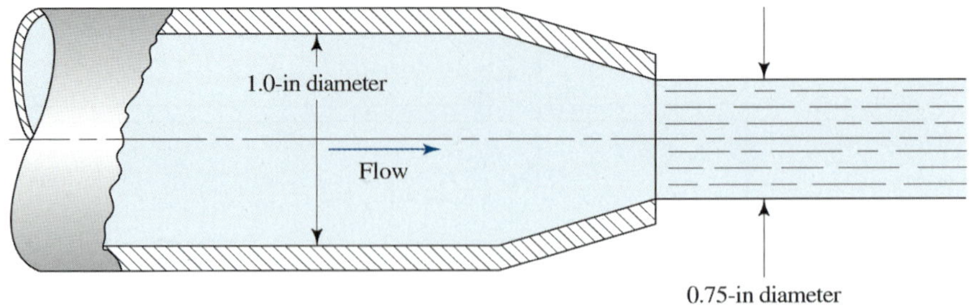

그림 6.22 문제 6.63

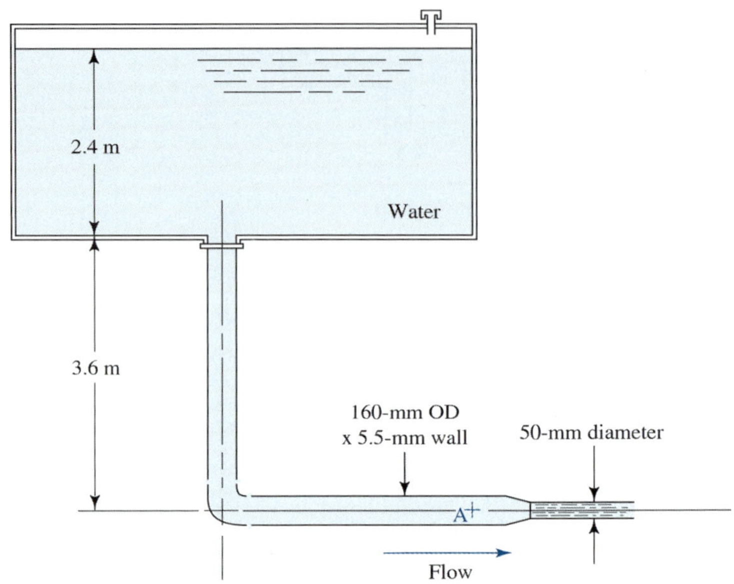

그림 6.23 문제 6.65

6.65 그림 6.23의 시스템에 대해 (a) 노즐에서 나가는 물의 체적 유량과 (b) 점 A에서 압력을 구하시오.

6.66 그림 6.24의 시스템에 대해 (a) 노즐에서 나가는 물의 체적 유량과 (b) 점 A와 B에서 압력을 구하시오.

6.67 그림 6.25의 탱크에 대해 노즐에서 나가는 물의 체적 유량을 계산하시오. 탱크 물 상부는 압력 20 psig로 밀봉되어 있다. 깊이 h는 8 ft이다.

6.68 그림 6.25의 밀봉된 탱크 안의 공기압력을 구하시오. 노즐에서 나가는 유속은 20 ft/s이다. 깊이 h는 10 ft이다.

6.69 그림 6.26의 사이펀에 대해 (a) 노즐을 통해 나가는 물의 체적 유량과 (b) 점 A와 점 B에서 압력을 구하시오. 거리 X=4.6 m이고 Y=0.90 m이다.

6.70 그림 6.26의 사이펀에서 체적 유량 7.1×10^{-3} m^3/s을 얻기 위해 필요한 거리 X를 구하시오.

6.71 그림 6.26의 사이펀에서 체적 유량이 5.6×10^{-3} m^3/s이라고 가정하자. 시스템의 최소허용압력이 −18 kpa(게이지)일 때 최대허용거리 Y를 구하시오.

6.72 그림 6.27의 사이펀에서 (a) 탱크에서 유출되는 오일의 체적 유량과 (b) 점 A, B, C, D에서 압력을 구하시오.

6.73 그림 6.28과 같이 특별 제작된 리듀서(reducer)의 점 A에서 압력은 50.0 psig이고 점 B에서 압력은 42.0 psig이다. 점 B에서 물의 유속을 구하시오.

6.74 그림 6.29와 같이 제작된 확대관 A에서 압력은 25.6 psig이고 B에서 압력은 28.2 psig이다. 오일(sg=0.90)의 체적 유량을 계산하시오.

6.75 그림 6.30은 시스템 두 점 사이의 압력차를 측정하는 마노미터를 보여준다. 마노미터의 높이차 h가 250 mm일 때 시스템의 체적 유량을 계산하시오. (이런 형태를 벤투리미터라 하고 유량을 측정하는 데 사용한다.)

6.76 그림 6.30의 벤투리미터에서 직경 25-mm 단면에서 물의 유속이 10 m/s일 때 마노미터의 높이차 h를 구하시오.

6.77 비중량 8.64 kN/m^3인 오일이 그림 6.31과 같이 특별 제작된 시스템을 통해 점 A에서 B로 흐른다. 오일의 체적 유량을 계산하시오.

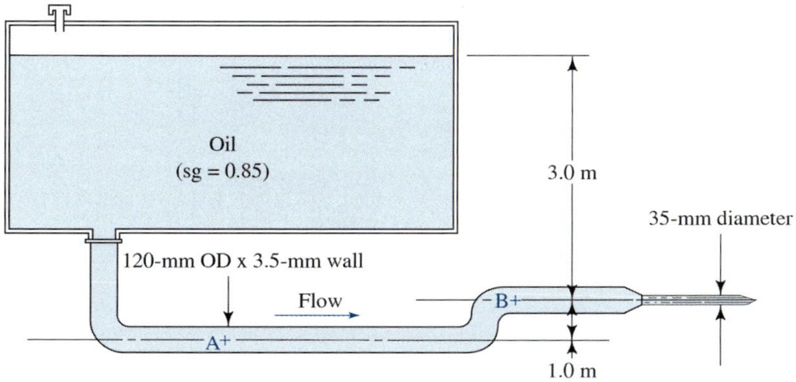

그림 6.24 문제 6.66

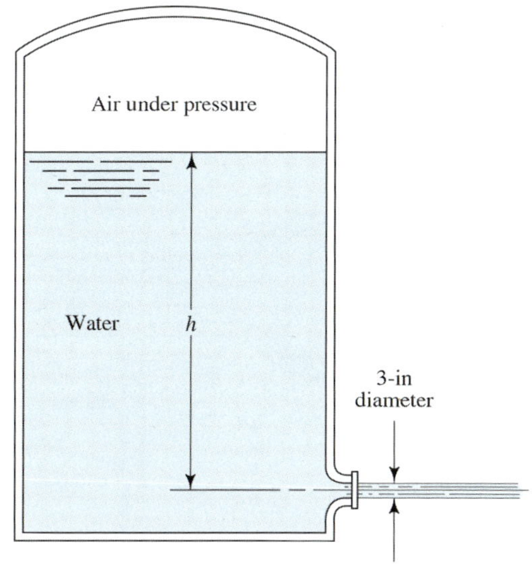

그림 6.25 문제 6.67 및 6.68

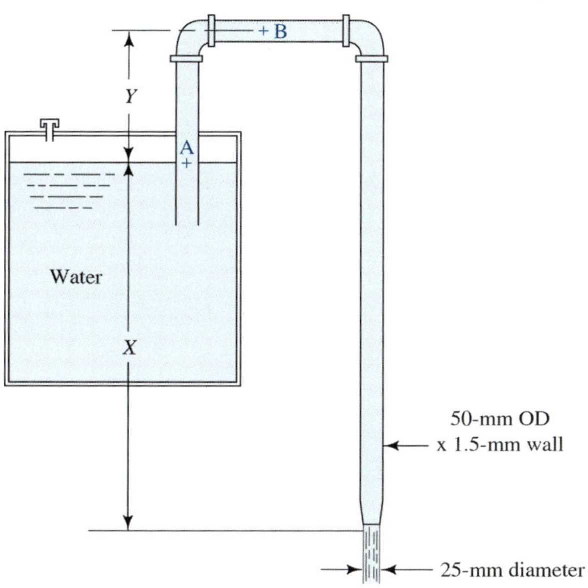

그림 6.26 문제 6.69, 6.70 및 6.71

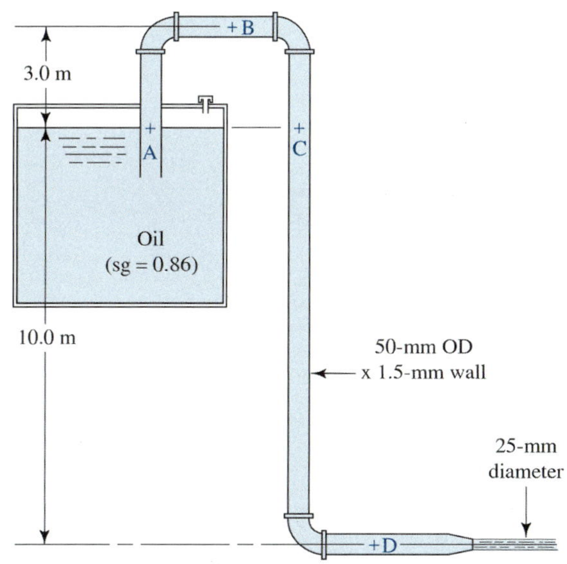

그림 6.27 문제 6.72 및 6.83

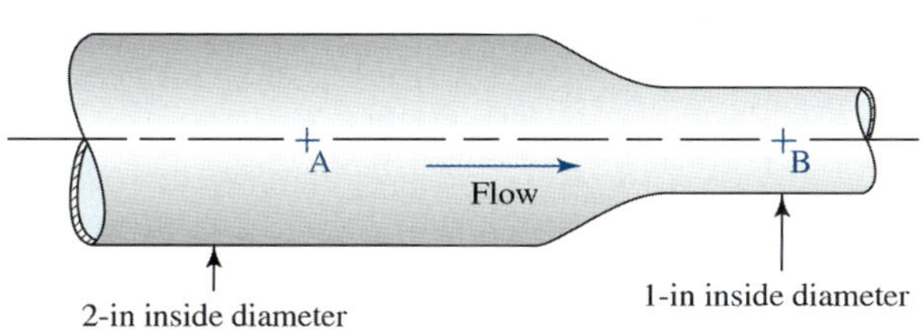

그림 6.28 문제 6.73 및 6.84

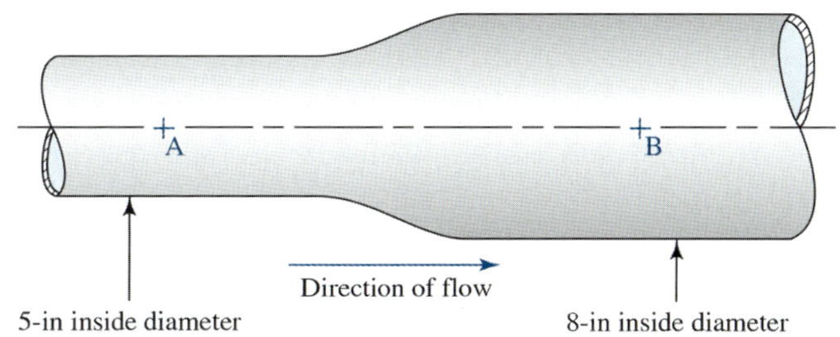

그림 6.29 문제 6.74

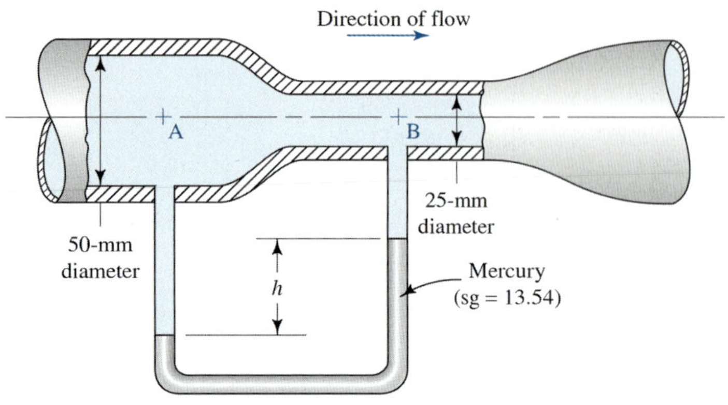

그림 6.30 문제 6.75 및 6.76

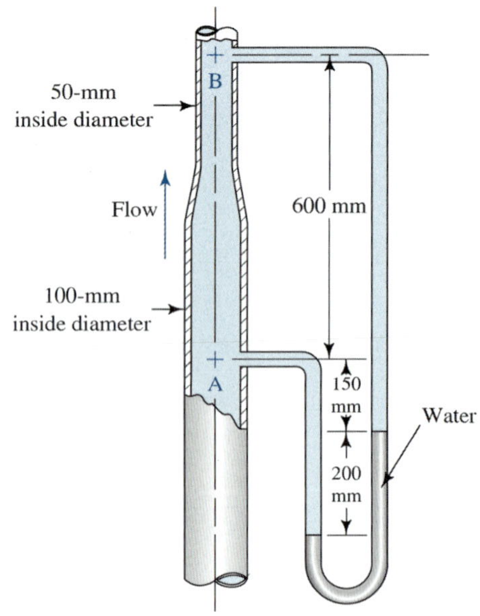

그림 6.31 문제 6.77

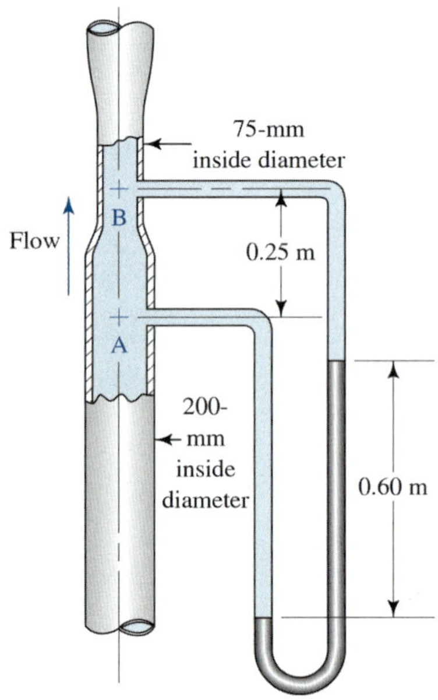

그림 6.32 문제 6.78

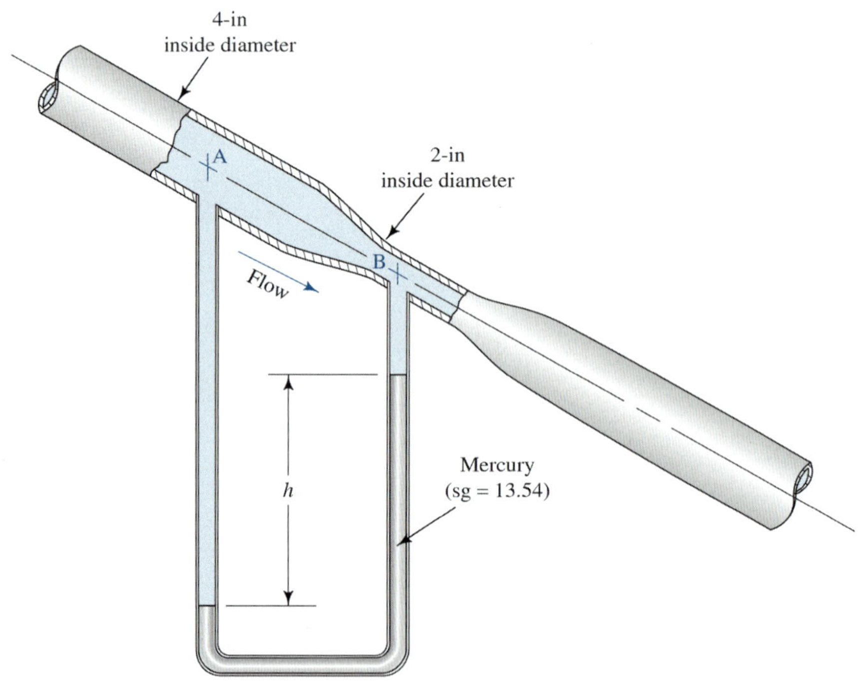

그림 6.33 문제 6.79 및 6.80

6.78 그림 6.32의 벤투리미터가 오일(sg = 0.90)을 수송한다. 마노미터 유체의 비중은 1.40이다. 오일의 체적 유량을 계산하시오.

6.79 비중 0.90인 오일이 그림 6.33의 벤투리미터를 통해 아래로 흘러 내린다. 마노미터의 높이차 h는 28 in이다. 오일의 체적 유량을 계산하시오.

6.80 비중 0.90인 오일이 그림 6.33의 벤투리미터를 통해 아래로 흘러 내린다. 직경 2-in의 단면에서 유속이 10.0 ft/s일 때 마노미터의 높이차 h를 계산하시오.

6.81 그림 6.34와 같이 제작된 리듀서에 가솔린(sg = 0.67)이 4.0 ft^3/s로 흐른다. 축소 전 압력이 60 psig일 때 직경 3-in 단면에서 압력을 계산하시오.

6.82 그림 6.35의 시스템을 통해 A에서 B로 비중량 55.0 lb/ft^3인 오일이 흐른다. 오일의 체적 유량을 계산하시오.

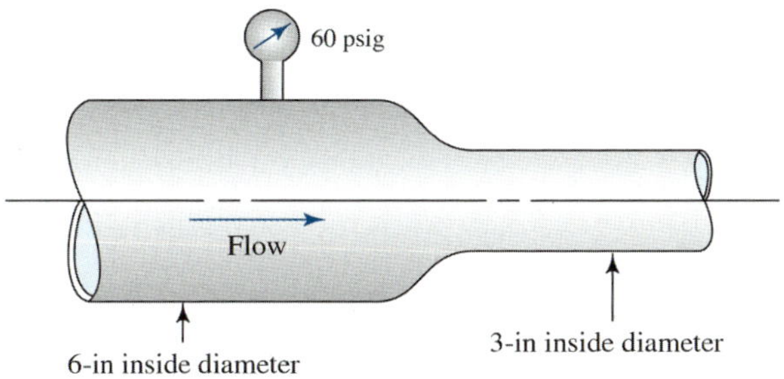

그림 6.34 문제 6.81

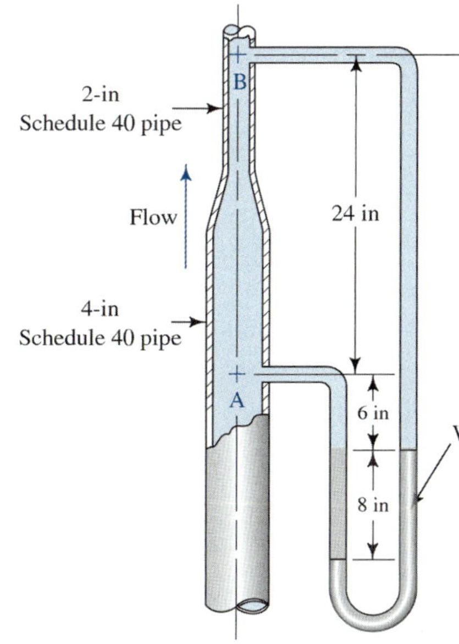

그림 6.35 문제 6.82

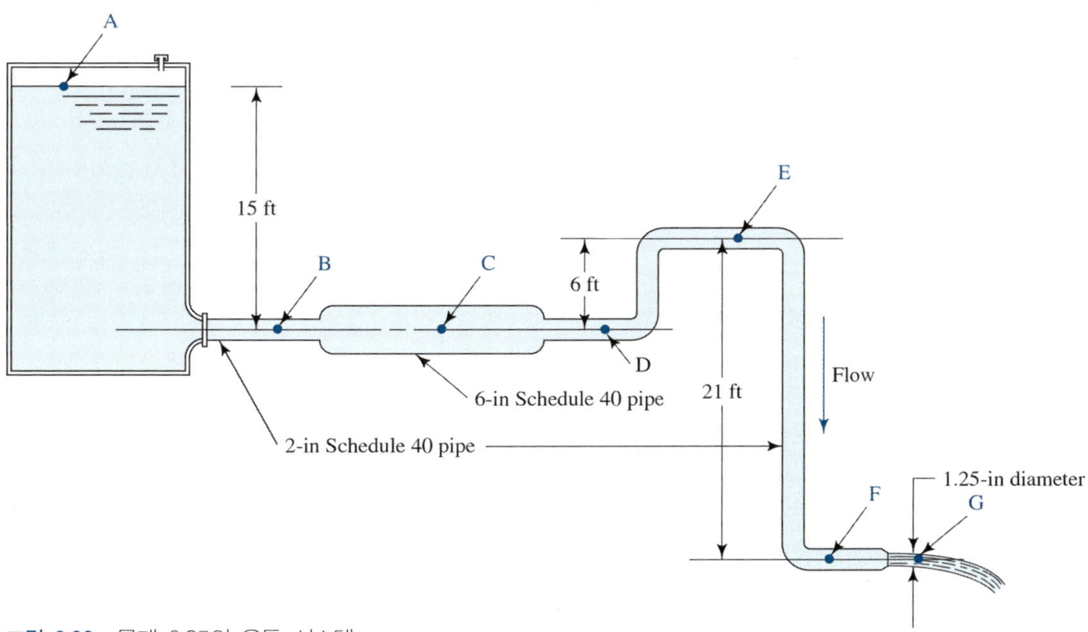

그림 6.36 문제 6.85의 유동 시스템

6.83 문제 6.72에서 해석한 그림 6.27의 사이펀 시스템에 대해 위치 수두, 압력 수두, 속도 수두, 총 수두를 그래프로 그리시오.

6.84 문제 6.73에서 해석한 그림 6.28의 리듀서에 대해 위치 수두, 압력 수두, 속도 수두, 총 수두를 그래프로 그리시오.

6.85 그림 6.36은 물이 탱크에서부터 치수와 높이가 변하는 파이프 시스템을 통해 흐르는 시스템을 보여준다. 점 A−G에 대해 위치 수두, 압력 수두, 속도 수두, 총 수두를 계산하시오. 이 값들을 그림 6.7과 유사하게 그래프로 그리시오.

6.86 그림 6.37은 유속을 측정하기 위해 U자형 마노미터를 가진 벤투리미터를 보여준다. 유동이 없을 때 양쪽 수은주의 높이는 같고, 수은주 맨 윗면은 목 아래 300 mm에 있다. 유동이 생겨 수은이 목 쪽으로 이동할 때 벤투리미터를 통해 흐르는 체적 유량을 계산하시오. 마노미터에서 높이차 h는 왼쪽 수은주가 아래로 $h/2$ 움직이고 오른쪽이 $h/2$ 올라가며 생긴다.

6.87 그림 6.38의 탱크에서 깊이가 10.0 ft에서 2.0 ft까지 변할

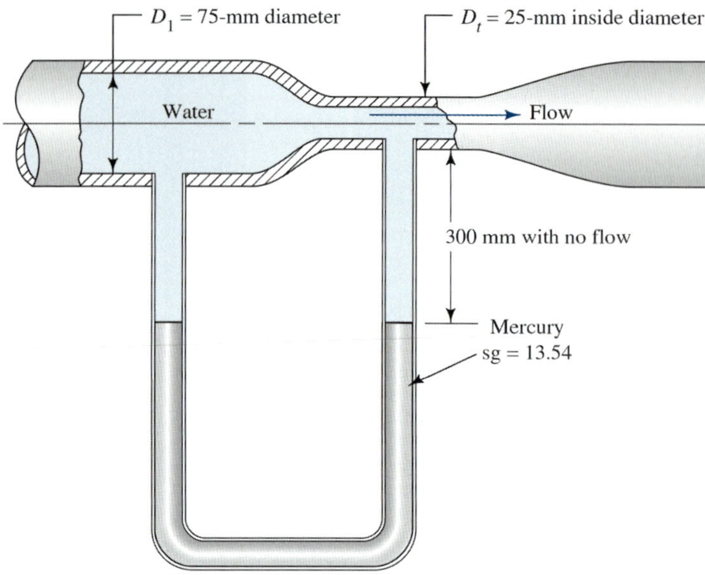

그림 6.37 문제 6.86의 벤투리미터

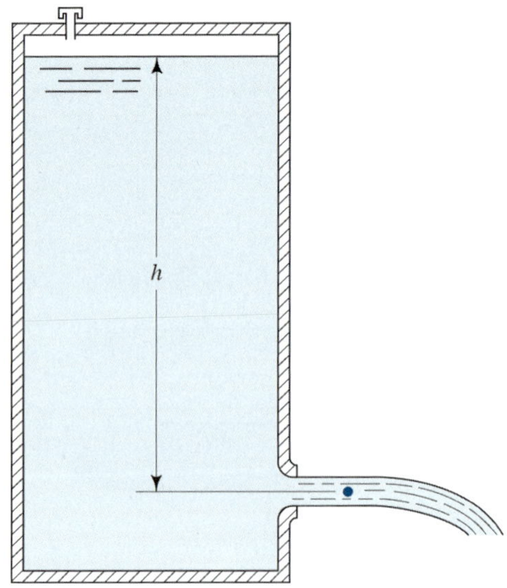

그림 6.38 문제 6.87–6.88 의 탱크

때, 2.0-ft 간격으로 노즐 출구에서 나가는 유속을 계산하시오. 이후 깊이가 영이 될 때까지 0.5 ft 간격으로 계산하시오. 깊이 대 속도 그래프를 그리시오.

6.88 그림 6.37의 탱크로부터 200 gal/min의 물을 배출하는 데 필요한 유체의 깊이는 노즐 출구 위로 얼마인가? 노즐의 직경은 3-in이다.

토리첼리의 정리

6.89 유체 깊이가 주어진 탱크로부터 대기에 열려있는 오리피스를 통해 흘러나가는 유속을 구하는 토리첼리의 정리를 유도하시오.

6.90 토리첼리의 정리를 사용하여 문제 6.88을 푸시오.

6.91 그림 6.39의 조건에서 유체제트는 얼마나 높이 올라갈 수 있는가?

6.92 그림 6.40의 조건에서 유체제트는 얼마나 높이 올라갈 수

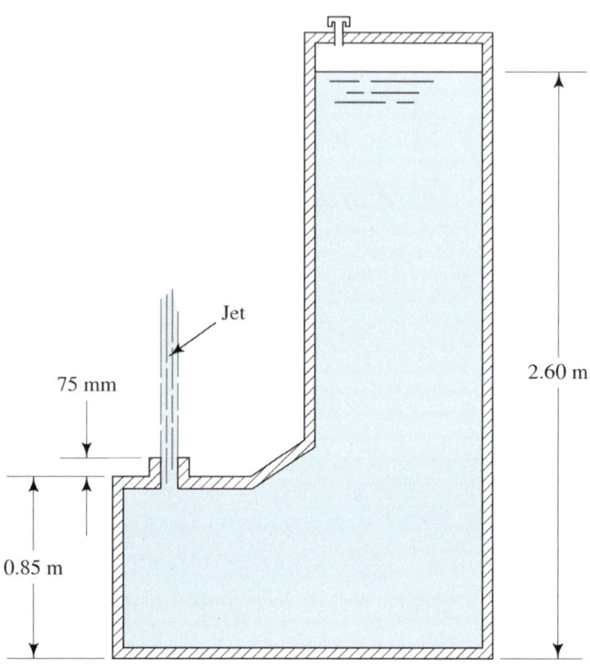

그림 6.39 문제 6.91

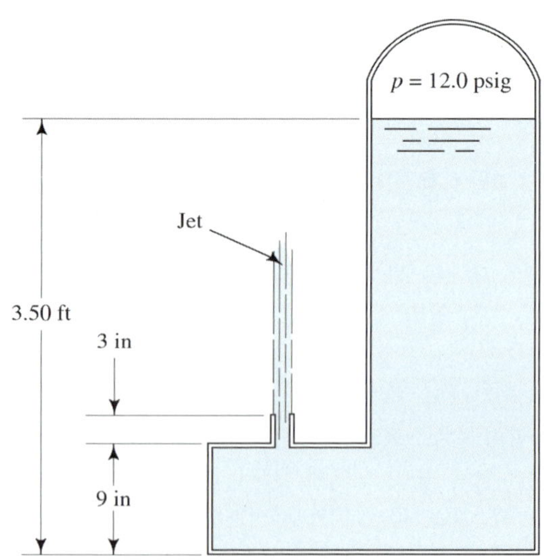

그림 6.40 문제 6.92

있는가?

6.93 제트가 높이 28.0 ft까지 올라가기 위해 그림 6.12의 물 상부에 요구되는 압력은 얼마인가? 물 깊이는 4.50 ft이다.

6.94 제트가 높이 9.50 m까지 올라가기 위해 그림 6.13의 물 상부에 요구되는 압력은 얼마인가? 물 깊이는 1.50 m이다.

떨어지는 수두로 인한 유동

6.95 그림 6.14의 처음 깊이 2.68 m인 탱크가 완전히 비워질 때까지 걸리는 시간을 계산하시오. 탱크 직경은 3.00 m이고 오리피스 직경은 150 mm이다.

6.96 그림 6.14의 처음 깊이 55 mm인 탱크가 완전히 비워질 때까지 걸리는 시간을 계산하시오. 탱크 직경은 300 mm이고 오리피스 직경은 20 mm이다.

6.97 그림 6.14의 처음 깊이 15 ft인 탱크가 완전히 비워질 때까지 걸리는 시간을 계산하시오. 탱크 직경은 12 ft이고 오리피스 직경은 6 in이다.

6.98 그림 6.14의 처음 깊이 18.5 in인 탱크가 완전히 비워질 때까지 걸리는 시간을 계산하시오. 탱크 직경은 22.0 in이고 오리피스 직경은 0.50 in이다.

6.99 그림 6.14의 처음 깊이 2.68 m인 탱크에서 깊이가 1.50 m로 줄어드는 데 걸리는 시간을 계산하시오. 탱크 직경은 2.25 m이고 오리피스 직경은 50 mm이다.

6.100 그림 6.14의 처음 깊이 1.38 m인 탱크에서 깊이가 225 mm로 줄어드는 데 걸리는 시간을 계산하시오. 탱크 직경은 1.25 m이고 오리피스 직경은 25 mm이다.

6.101 그림 6.14의 처음 깊이 38 in인 탱크에서 깊이가 12.5 in로 줄어드는 데 걸리는 시간을 계산하시오. 탱크 직경은 6.25 ft이고 오리피스 직경은 0.625 in이다.

6.102 그림 6.14의 처음 깊이 23.0 ft인 탱크에서 깊이가 21.0 ft로 줄어드는 데 걸리는 시간을 계산하시오. 탱크 직경은 46.5 ft이고 오리피스 직경은 8.75 in이다.

6.103 문제 6.97에서 탱크가 밀봉되어 있고 탱크 물 상부 압력이 5.0 psig인 경우에 대해 풀이하시오.

6.104 문제 6.101에서 탱크가 밀봉되어 있고 탱크 물 상부 압력이 2.8 psig인 경우에 대해 풀이하시오.

6.105 문제 6.96에서 탱크가 밀봉되어 있고 탱크 물 상부 압력이 20 kPa(게이지)인 경우에 대해 풀이하시오.

6.106 문제 6.100에서 탱크가 밀봉되어 있고 탱크 물 상부 압력이 35 kPa(게이지)인 경우에 대해 풀이하시오.

보충문제

6.107 어느 마을에 사람들이 마을 중심에서 1200 m 떨어진 호수에서 손으로 물을 길어 나른다. 나중에 호수 면이 마을 고도보다 3 m 높다는 것을 알았다. 그래서 어떤 사람이 단순히 배관라인만 있어도 물을 공급할 수 있을지 궁금하기 시작하였다. 내경 20-mm인 유연한 플라스틱 라인을 호수에서 마을까지 설치한다면, 모든 손실을 무시한 이론 유량은 얼마가 될까?

6.108 욕조를 개조하여 스파 욕조로 만드는 설계를 한다. 직경 12 mm인 6개의 출구노즐이 있으며 각 노즐의 출구속도는 12 m/s이다. 한 대의 펌프로 모든 노즐에 공급할 때 펌프 유량은 얼마인가? 펌프로 들어가는 흡입관이 하나이고, 펌프입구 속도를 2.5 m/s까지로 제한할 때 파이프의 최소직경은 얼마인가?

6.109 간단한 탄산음료 시스템은 가압 CO_2로 바닥에 놓여있는 탱크 안의 청량음료(sg = 1.08)를 직경 0.27-in의 출구로 내보내 컵을 채우게 한다. 그림 6.41과 같이 음료탱크가 거의 비워있을 때 6초 안에 16 oz 컵을 채우기 위해 요구되는 CO_2 압력을 구하시오. (그림 6.41 참조)

6.110 장난감 회사 기획팀이 새로운 물총을 기획한다. 직경 5-mm의 노즐로 수직으로 높이 7 m까지 쏘아 올릴 수 있게 만들려고 한다. 사람들은 오랫동안 쏠 수 있으면서 물탱크가 그렇게 크거나 무겁지 않은 물총을 좋아한다. 이 물총의 탱크에 3 L를 채울 수 있다면 얼마나 오랫동안 물총을 쏠 수 있는가?

6.111 "에어브러시" 페인터, 진공 시스템, 기화기(carburetor), 물침대 배수 등 많은 실용적인 기기에 사용되는 벤투리 튜브에 베르누이 방정식이 적용된다. 이런 시스템 중의 하나인 비료 분무 시스템을 그림 6.42에 보여준다. 포트 A는 벤투리를 통해 바로 나가는 물 공급부와 연결되어 있다. 벤투리 목에 있는 포트 B는 그 아래에 있는 농축비료 통의 공급부와 연결되어 있다. 포트 C는 식물에 희석된 비료 용액을 뿌려주는 분무노즐이다. 직경 10 mm인 포트 A는 12 L/min을 흘려 보내는 180 kPa의 물 공급부와 연결되어 있다. 계량밸브가 완전히 잠겨있을 때 직경 3.5 mm의 목에서 진공압력을 구하시오. 계량밸브가 열리면 아래 통 안에 있는 농축비료에 어떤 일이 일어나는지 설명하시오.

6.112 세계공동기구 본부의 장식용 분수는 물줄기가 직선으로 쏘아 올라가도록 설계되었다. 분수가 공기 중으로 적어도 50 ft는 올라가도록 설계하려면 노즐입구에서 압력이 얼마가 되어야 하는가? 노즐의 입구직경은 5.0 in이고, 출구직경은 2.0 in이다.

6.113 유제품 가공설비에 사용되는 혼합밸브를 개발하려고 한다. 밸브의 정격유량은 밀크초콜릿 10 gal/min이다. 밸브에 우유와 초콜릿 시럽을 각각 공급하는 2개의 분리된 입구라인이 있다. 초콜릿 시럽에 대한 우유의 적절한 비인 16:1로 혼합이 되도록 밸브를 제작해야 한다. 설계 시작으로, 각 라인에서 속도를 최대 8.0 ft/s로 제한할 때 우유, 시럽 및 밀크초콜릿 라인의 최소 반경을 구하시오.

6.114 화재 현장에서 진화작업 중에 소방차가 후진하다 사고로

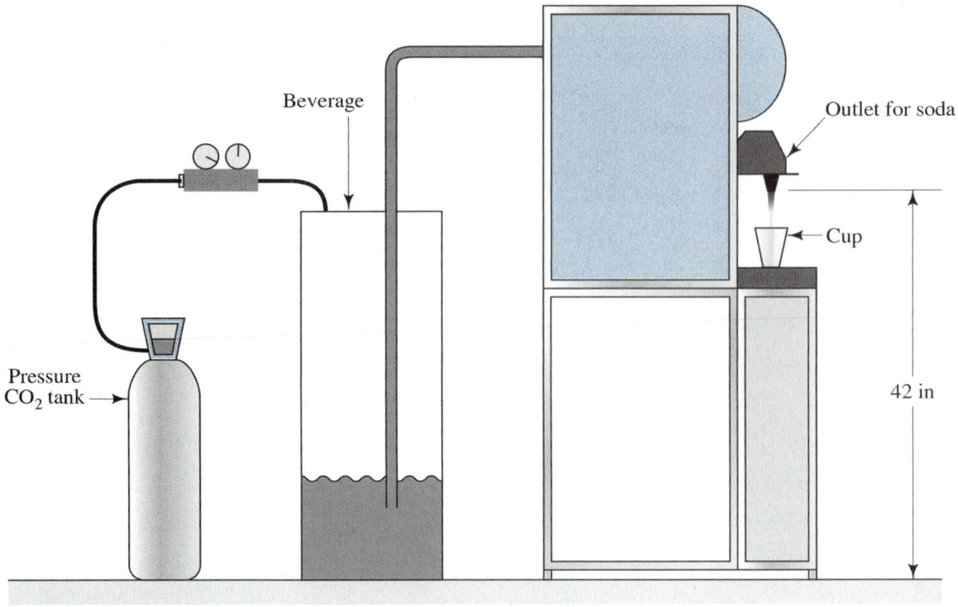

그림 6.41 문제 6.109

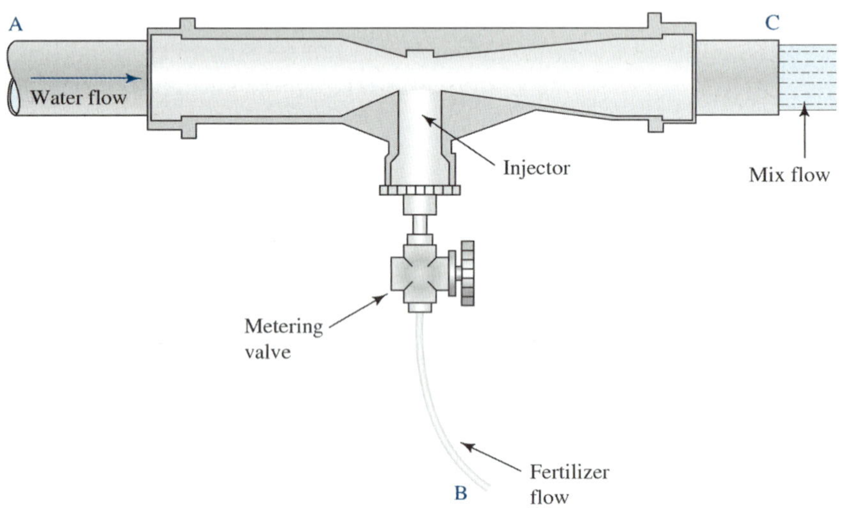

그림 6.42 문제 6.111

소화전을 망가뜨려 급수전을 사용한다. 급수전과 연결하는 라인의 직경은 6 in이지만 내부 배관으로 물 배출구에서 유효직경은 4 in이다. 급수전에서 공급되는 물의 유량이 1000 gal/min이라면 물이 도달할 수 있는 높이는 얼마인가?

6.115 후원에 있는 야외수영장의 물을 비우려고 하지만 수영장 바닥에 있는 하수구가 작동하지 않는다. 호스의 내경이 0.5 in이고, 그림 6.43과 같이 수치가 주어질 때 수영장에서 배출되는 유량을 구하시오. 어떤 조건에서 호스로부터 배수가 시작되는가? 수영장 수면이 내려가면 유량은 어떻게 되는가?

6.116 가정에서 사용할 수 있는 고압세척기에 표시된 사양은 1300 psi, 2 gpm이다. 그러나 알다시피 노즐에서 나오면 물의 압력은 대기압(0 게이지)이다. 그렇다면 고압세척기의 주요 특징은 노즐에서 분출되는 속도이다. 어떤 손실도 무시한다면 사양에 기술된 유량에서 직경 0.062 in인 노즐 출구로부터 분출되는 물줄기의 속도는 얼마인가?

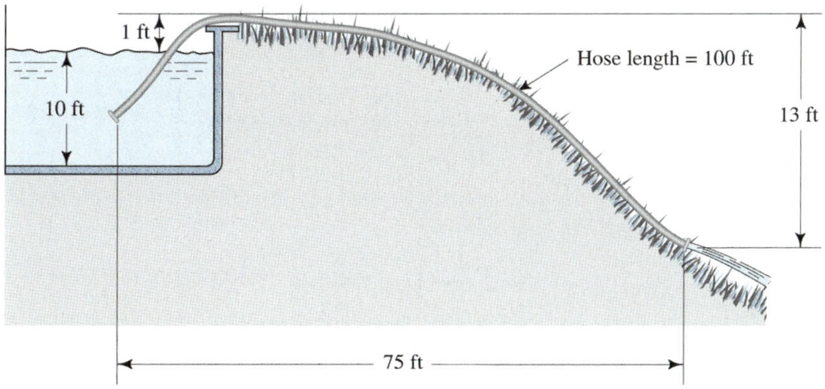

그림 6.43 문제 6.115

베르누이 방정식과 토리첼리의 정리를 사용하는 해석 프로젝트

1. 압력, 속도, 높이에 대한 값이 주어질 때 압력 수두, 속도 수두, 위치 수두 값을 계산하는 스프레드시트를 만드시오.
2. 베르누이 방정식을 사용할 때 했던 것처럼 다른 것과 비교하기 위해 수두 성분들의 여러 조합을 나란히 적을 수 있게 프로젝트 1의 스프레드시트를 개선하시오.
3. 프로젝트 1의 스프레드시트에 체적 유량과 파이프 치수가 주어질 때 유속을 계산할 수 있도록 만드시오.
4. 식 (6−26)을 사용하여 탱크 치수와 노즐 직경에 대한 값이 주어질 때 탱크 안의 유체 수위가 떨어지는 데 걸리는 시간을 계산하는 스프레드시트를 만드시오. 문제 6.95−6.102에 이를 적용하시오.
5. 프로젝트 4의 스프레드시트에 시스템에서 가해주는 압력을 추가하시오. 문제 6.103−6.106에 이를 적용하시오.
6. 유체 깊이와 유체 상부 압력이 있는 경우에 대한 토리첼리의 정리를 사용하여 오리피스에서 나오는 유속을 계산하는 스프레드시트를 만드시오. 문제 6.90−6.94에 이를 적용하시오.

일반 에너지 방정식

개요

6장에서 소개되었던 베르누이 방정식에 항을 더함으로써 유체 유동 시스템 내 에너지를 분석할 수 있는 능력을 확장시킬 수 있다. 이 장에서는 전에 무시했던 다양한 형태의 에너지를 고려할 것이다.

- 유체가 파이프를 통해 흐를 때 마찰로 인해 시스템에서 에너지가 손실된다.
- 유체가 밸브 또는 부속품을 통해 흐를 때 복잡한 경로를 따라 이동해야 하는 경우, 가·감속 또는 방향 전환으로 인해 에너지가 소멸된다.
- 시스템 내 펌프는 유체를 이동하게 하는 추진력을 제공하고, 유체 압력을 증가시킴으로써 시스템에 에너지를 추가시킨다.
- 다른 역학 시스템을 구동하는 데 에너지를 사용하는 유체 모터 또는 터빈으로 인해 시스템에서 에너지가 제거된다.

베르누이 방정식에 이 항들을 더하면 6.7절에서 확인된 많은 제한 사항들을 제거하게 되고 베르누이 방정식을 일반 에너지 방정식으로 변환할 수 있다. 이 식은 다음 7–13장을 공부하면서 적용할 것이다.

에너지 손실 및 부가가 발생하는 경우의 한 예로 산업용 유체 분배 시스템을 보여주는 그림 7.1을 참조한다. 흡입 파이프가 유체를 저장 창고에서 끌어내 유체가 왼쪽부터 흘러간다. 인라인 펌프가 유체에 에너지를 추가하고 배출 파이프로 흘러 들어가게 한다. 그리고 나머지 배관 시스템을 통해 흘러가게 한다. 흡입 파이프는 배출 파이프보다 크다. 펌프 제조업체가 제공하는 펌프 흡입구와 배출구의 크기가 파이프 크기와 다르다면, 점진적 리듀서 또는 점진적 확대가 필요하다. 이것은 일반적인 경우이다. 그 때 유체가 티(Tee)를 계속해서 지나가고 분기 배관의 밸브를 열어 유체를 끌어낼 수 있다. 유체는 티를 떠난 후 배출 파이프를 차단하는 밸브를 통과하여 흐른다. 밸브 바로 하류에는 유체를 분기시켜 90도 엘보와 또 다른 밸브를 통해 흐르게 하는 밸브 너머 배출 파이프는 절연되어 있고 길고 똑바른 파이프라인을 통과해 최종점에 도달하게 된다.

각 밸브, 티, 엘보, 리듀서 및 확대는 유체에서 에너지의 또 다른 티가 있다. 손실되는 것을 유발한다. 또한 유체는 파이프 직선 길이를 통해 흐르고, 마찰로 인해 에너지가 손실된다. 앞으로 시스템을 설계하고, 파이프 크기와 밸브, 부속품의 종류를 정하고, 시스템 내 다양한 위치에서의 압력을 분석하고, 펌프 용량과 시스템에 필요한 펌프를 결정해야 한다. 7–13장에서 배울

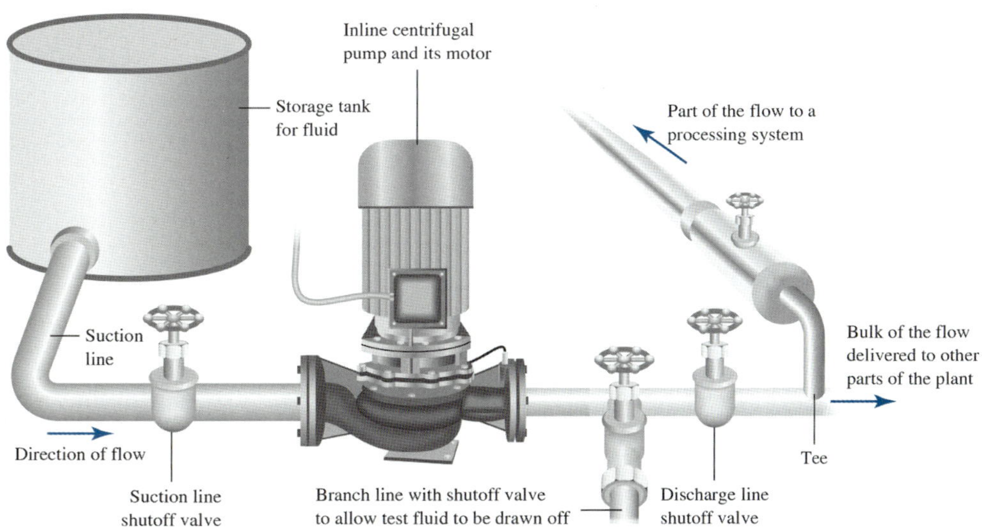

그림 7.1 펌프, 밸브, 티 및 기타 부속품을 갖는 전형적인 산업용 파이프라인 설치 시스템에서 성능을 분석하기 위하여 에너지 방정식을 사용할 수 있다.

내용들이 이런 일들을 할 수 있도록 해준다. 이 장에서는 시스템에서 발생하는 에너지 변화를 분석하는 법, 압력 변화, 펌프를 통해 유체로 전달되는 동력, 펌프 효율을 계산하는 법을 배울 것이다. 유체 모터 또는 터빈이 있는 시스템에서 유체로부터 손실되는 에너지, 유체 모터 또는 터빈에 의해 전달되는 동력 그리고 이들의 효율을 계산하는 방법을 배울 것이다.

탐구

6장 개요에서 논의된 유체 유동 시스템에 대해서 다시 생각하도록 하자. 아마도 집의 유체 분배 시스템, 잔디 스프링클러 시스템, 유체 동력 시스템에 대한 배관, 공장에서의 유체 분배 시스템을 고려하였을 것이다. 각각의 시스템에서 다음의 질문들에 답해보자.

- 이들 시스템은 밸브 또는 다른 유동 제어 밸브에서 발생한 에너지 손실을 어떻게 포함시킬 수 있는가?
- 시스템 내 흐르는 유체는 어떻게 방향을 바꿀 수 있는가?
- 유체가 흘러가는 경로가 작거나 크게 변하는 곳이 존재하는가?
- 유체가 흐르게 하는 에너지를 전달시키거나 유체 압력을 증가시키는 펌프를 가지고 있는가?
- 유체로부터 에너지를 추출하여 축동력으로 쓰는 유체 모터 또는 터빈이 있는가?

유체가 직관과 튜브를 흐를 때는 항상 압력 강하가 있는 관계로 에너지 손실이 있을 것이다.

입문 개념

6장에서 유체 유동 시스템을 해석하는 방법을 배웠다. 따라서 체적 유량, 중량 유량, 질량 유량을 계산할 수 있어야 한다. 질량 유량이 정상 상태에서 일정해야 한다는 연속 방정식을 다양하게 쓸 수 있어야 한다. 액체가 시스템 내에서 흐를 때 다음과 같은 체적 유량식이 가장 빈번하게 사용될 것이다.

$$Q_1 = Q_2$$

$Q = Av$이기 때문에 다음과 같다.

$$A_1 v_1 = A_2 v_2$$

이 관계를 이용하여 체적 유량과 파이프 면적을 안다면 속도를 구할 수 있다.

시스템 내 흐르는 유체 단위 질량당 유체 에너지를 다음과 같이 나타낼 수 있다.

P/γ: 압력 수두
z: 위치 수두
$v^2/2g$: 속도 수두

이 세 항의 합은 전체 수두이다. 이 항들은 베르누이 방정식에 함께 쓴다.

$$\frac{P_1}{\gamma} + z_1 + \frac{v_1^2}{2g} = \frac{P_2}{\gamma} + z_2 + \frac{v_2^2}{2g}$$

여기서 하첨자 1과 2는 서로 다른 두 점을 의미한다. 그러나 6.7절에서 배운 것처럼 베르누이 방정식에는 몇 가지 제약성이 있다.

1. 베르누이 방정식은 비압축성 유체에만 적용 가능하다.
2. 관심 있는 두 영역 내에 펌프, 유체 모터, 터빈 등과 같은 기계 장치가 존재하지 않아야 한다.
3. 유체 시스템 내 마찰 또는 밸브와 부속품에 의한 난류로 발생하는 에너지 손실이 없어야 한다.
4. 유체 내로 또는 유체로부터의 열전달이 없어야 한다.

실제로는 어떤 시스템도 위의 제약성을 모두 만족할 수는 없다. 그러므로 모든 종류의 에너지 손실, 펌프로 인한 에너지 추가, 유체 모터 또는 터빈으로 인한 에너지 제거를 고려할 수 있는 일반 에너지 방정식을 고려해야 한다.

7.1 목표

이 장을 학습한 후에 다음의 항목들을 수행할 수 있다.

1. 시스템 내에서 어떤 에너지 손실이 있는지 파악한다.
2. 시스템 내에서 에너지가 추가되는 방식을 파악한다.
3. 시스템으로부터 에너지가 제거되는 방식을 파악한다.
4. 에너지 손실, 에너지 추가, 에너지 제거를 고려하여 베르누이 방정식을 일반 에너지 방정식으로 확장한다. 또한 이 식을 다양한 실제 문제에 적용한다.
5. 펌프를 구동하는 데 필요한 동력 및 펌프의 효율로 유체에 추가되는 동력을 계산한다.
6. 유체 모터에 전달되는 동력, 기계 시스템을 구동하기 위해 모터에 실제로 사용되는 동력 및 유체 모터의 효율을 계산한다.

7.2 에너지 손실 및 추가

이 절의 목적은 일반적으로 유체 유동 시스템의 다양한 유형의 장치 및 구성요소를 설명하는 것이다. 그런 장치 및 구성요소는 대부분의 유체 유동 시스템에서 발견할 수 있으며, 유체에 에너지를 추가하거나 유체에서 에너지를 제거하거나 유체에서 바람직하지 않은 에너지 손실을 유발할 수 있다.

이 절에서는 이러한 장치를 개념적으로 설명할 것이다. 펌프, 유체 모터, 파이프 및 터빈의 유체 흐름으로 인한 마찰 손실, 유로의 크기 변화로 인한 에너지 손실 및 밸브 및 부속품으로 인한 에너지 손실에 대해 설명하게 된다.

이후 장에서는 파이프 및 특정 유형의 밸브 및 부속품에서 에너지 손실량을 계산하는 방법에 대해 자세히 학습한다. 펌프 성능 곡선을 적절히 적용하는 방법을 배우게 된다.

7.2.1 펌프

펌프는 유체에 에너지를 추가하는 기계 장치의 일반적인 예이다. 전기 모터 또는 다른 주요한 동력 장치는 펌프 내의 회전축을 구동한다. 그런 다음 펌프는 이 운동 에너지를 유체에 전달하여 유체를 흐르게 하고 유체 압력을 증가시킨다.

많은 구성이 펌프 설계에 사용된다. 그림 7.1에 표시된 시스템에는 프로세스 배관과 인라인 파이프가 장착된 원심 펌프가 내장되어 있다. 그림 7.2와 7.3은 1500−5000 psi 범위의 매우 높은 압력을 생산할 수 있는 2가지 유형의 유체 펌프를 보여준다. 13장에서는 다양한 방식으로 선정 및 적용과 더불어 여러 종류의 펌프를 광범위하게 논의하고 있다.

7.2.2 유체 모터

유체 모터, 터빈, 회전 액추에이터 및 선형 액추에이터는 유체의 형태로 에너지를 전달하고 이를 작업 형태로 전달하여 축의 회전 및 피스톤의 선형 이동을 유발한다.

많은 유체 모터는 그림 7.2와 7.3에 보여지는 펌프와 동일한 기본 구성을 가지고 있다. 펌프와 유체 모터의 주요 차이점은 모터로 작동할 때 유체가 장치의 회전 요소를 구동한다는 점이다. 반대로 펌프는 그렇지 않다. 그림 7.2의 기어 온 기어(gear-on-gear) 형식과 같은 일부 펌프는 장치를 통과하는 유체 흐름을 강제로 작동시켜 모터 역할을 할 수 있다. 다른 유형에서는 밸브 배열의 변경 또는 회전 소자 구성이 필요하다.

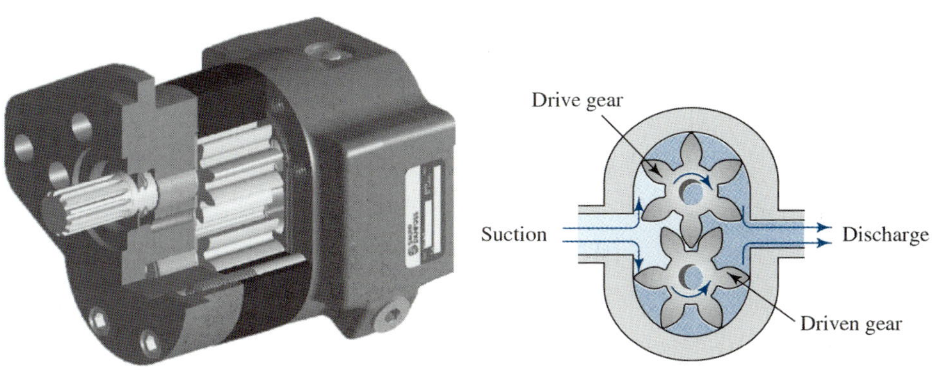

(a) Cutaway (b) Sketch of flow path

그림 7.2 기어 펌프 (a) 펌프의 단면도(출처: Danfoss Power Solutions Ames, IA); (b) Meshing gear의 스케치 및 유체의 흐름 경로(출처: Machine Design Magazine).

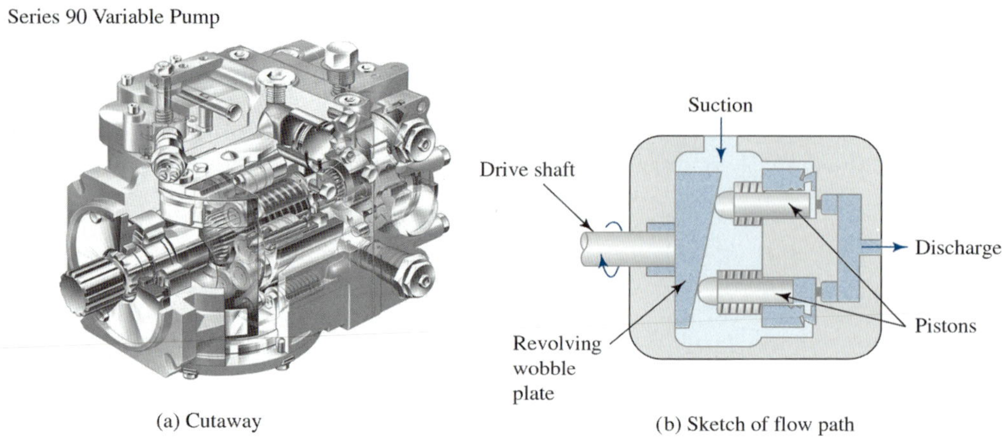

그림 7.3 피스톤 펌프 (a) 펌프의 단면도(출처: Danfoss Power Solutions Ames, IA); (b) 펌프와 유체 흐름 단면 스케치 및 유체의 흐름 경로(출처: Machine Design Magazine).

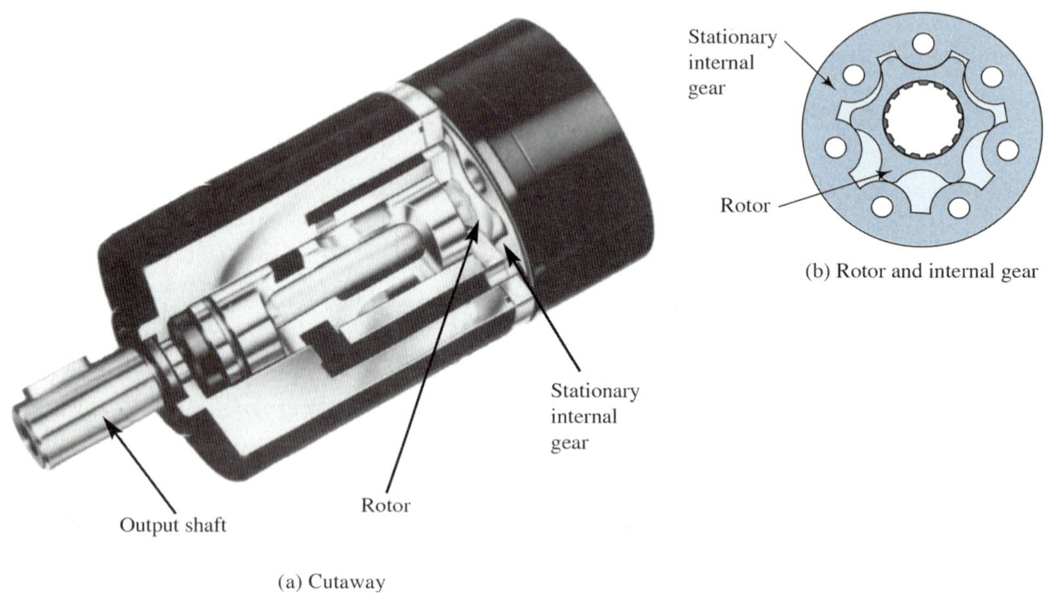

그림 7.4 유압 모터 (a) 모터 단면도(출처: Danfoss Power Solutions, Ames, IA); (b) 로터와 내부 기어(출처: Machine Design Magazine)

그림 7.4에 표시된 유압 모터는 건설 장치 및 트럭의 바퀴, 운반 장치, 컨베이어, 농기계, 특수기계 및 자동화 장비의 회전 구성 요소를 위한 구동장치로 사용된다. 설계에는 특수한 형태의 고정 내부 기어가 내장되어 있다. 회전 구성 요소는 외부 기어와 같고, 이는 내부 기어보다 톱니가 하나 적은 제로터라고도 한다. 외부 기어는 내부 기어 중심 주위의 원형 궤도에서 회전한다. 2단 기어 사이의 캐비티에 들어가는 고압 유체는 로터에 작용하며, 출력 축을 회전시키는 토크를 형성한다. 출력 토크의 크기는 회전식 기어의 입력과 출력 측의 압력 차이에 따라 달라지게 된다. 회전 속도는 모터의 변위(회전당 부피)와 모터를 통과하는 유체 유량의 함수이다. 그림 7.5는 유체 동력 실린더 또는 선형 액추에이터의 내부가 보이도록 도시되었다.

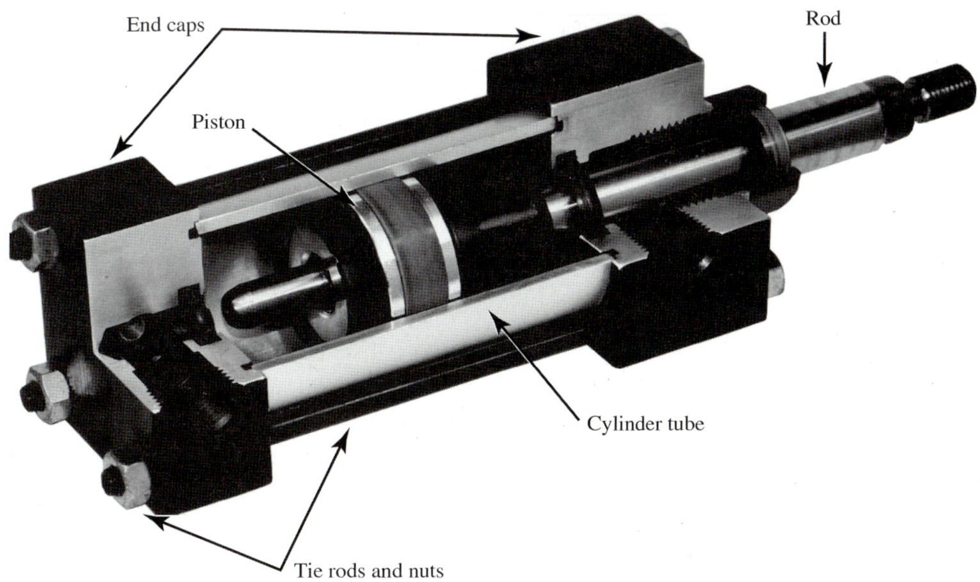

그림 7.5 유체 동력 실린더(출처: Norgren, Inc.)

7.2.3 유체 마찰

움직이는 유체는 유동에 마찰 저항을 제공한다. 시스템 내 에너지의 일부는 열에너지로 변환되며, 이는 유체가 흐르는 파이프의 벽면을 통해 소산된다. 에너지 손실 크기는 유체 특징, 유체 속도, 파이프 크기, 파이프 벽 거칠기, 파이프 길이 등에 의존하게 된다. 다음 장에서 마찰로 인한 에너지 손실을 계산할 수 있는 방법을 배우게 될 것이다.

7.2.4 밸브와 부속품

시스템에서 유체 방향 또는 유량을 제어하는 요소는 일반적으로 유체 내 국부적 난류를 일으켜 에너지가 열로 방출된다. 제한이 있거나 유동 속도 변화 또는 방향 변화가 일어날 때마다 이러한 에너지 손실이 발생한다. 대형 시스템에서는 밸브 및 부속품으로 인한 손실량의 크기가 대개 파이프의 마찰 손실에 비해 작다. 따라서 이러한 손실은 부손실이라고 할 수 있다.

7.3 에너지 손실 및 추가 사항 명명법

시스템 내 유체의 단위 중량당 에너지 측면에서 에너지 손실과 추가에 대해 설명할 것이다. 이는 6장에서 설명한 바와 같이 수두로 알려져 있다. 에너지 손실과 추가를 나타낼 때 수두(head)의 약자로서 기호 h를 사용할 것이다. 이후 절에서 구체적으로 다음과 같은 용어를 사용할 것이다.

h_A = 펌프와 같은 기계적 장치를 사용하여 유체에 추가되는 에너지; 이것은 흔히 펌프의 총 수두라고 부른다.

h_R = 유체 모터와 같은 기계적 장치에 의해 유체로부터 분리된 에너지

h_L = 배관에서의 마찰 또는 밸브 및 부속품에서 발생된 부손실로 인한 에너지 손실

열전달이 유체 내 또는 유체로부터 미치는 영향은 현재 다루고 있는 문제들에서 무시될 수 있으므로 고려하지 않을 것이다. 열에너지는 열역학과 열전달 과목에서 다루게 된다.

유체 마찰, 밸브 및 부속품에 의해 발생하는 에너지 손실의 크기는 유체의 속도 수두에 정비례한다. 이것은 수학적으로 다음과 같이 표현될 수 있다.

$$h_L = K(v^2/2g)$$

여기서 K는 저항계수이다. Darcy 방정식을 사용하여 8장에서 유동체의 유체 마찰값을 결정하는 법을 배울 것이다. 10장에서는 밸브, 부속품, 파이프 단면적 또는 방향 변화에 따라 K를 결정하는 법을 배울 것이다. 이들 대부분은 실험을 통해 결정된다.

7.4 일반 에너지 방정식

이 책에서 사용되는 일반 에너지 방정식은 에너지 손실과 추가 발생으로 인한 문제를 해결하게 하는 베르누이 방정식의 확장형이다. 에너지 방정식의 논리적 해석은 유동 시스템을 나타내는 그림 7.6에서 볼 수 있다. E_1'와 E_2'는 섹션 1과 2에서의 단위 중량당 유체가 가지는 에너지를 의미한다. 각각의 에너지 추가, 분리 및 손실이 h_A, h_R, h_L로 표시된다. 그러한 시스템에 관해 에너지 보존 원리에 대한 표현식은

$$E_1' + h_A - h_R - h_L = E_2' \qquad (7-1)$$

이다. 단위 중량당 유체가 가지는 에너지는 다음과 같다.

$$E' = \frac{p}{\gamma} + z + \frac{v^2}{2g} \qquad (7-2)$$

이때 식 (7－1)은 다음 식으로 표현된다.

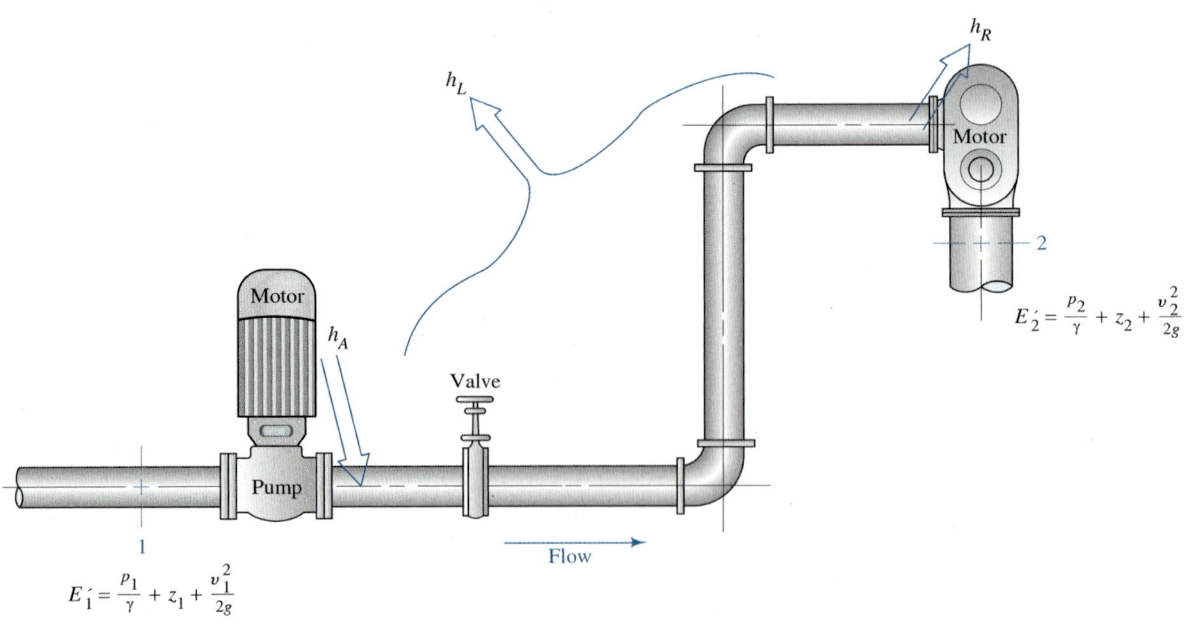

그림 7.6 일반 에너지 방정식을 설명하기 위한 유체 유동 시스템

▶ 일반 에너지 방정식

$$\frac{p_1}{\gamma}+z_1+\frac{v_1^2}{2g}+h_A-h_R-h_L=\frac{p_2}{\gamma}+z_2+\frac{v_2^2}{2g} \tag{7-3}$$

위 식은 이 책에서 가장 많이 사용할 수 있는 에너지 방정식의 형태이다. 베르누이 방정식과 마찬가지로, 식 (7−3)의 각 항은 시스템 내에서 유체의 단위 중량당 양을 나타낸다. SI 단위로는 N·m/N 또는 미국관습단위는 lb-ft/lb 또는 ft이다.

일반적인 에너지 방정식은 등식의 왼쪽에 있는 기준 지점에서 오른쪽의 기준 지점으로, 즉 유동의 방향으로 작성되어야 한다. 식 (7−3)의 왼쪽 항은 섹션 1의 단위 중량이 섹션 2에 도달하기 전에 에너지 추가($+h_A$), 에너지 감소($-h_R$) 또는 에너지 손실($-h_L$)을 가진다는 것을 보여주기 때문에 대수학적인 부호는 중요하다. 거기서 오른쪽 항이 의미하는 것처럼 단위 중량당 다른 에너지들을 보여준다.

예를 들어 그림 7.6에서 기준 지점은 압력 수두, 위치 수두, 속도 수두를 나타내는 지점 1과 2를 의미한다. 유체가 지점 1을 벗어난 후에는 에너지가 추가되는 펌프로 들어가게 된다. 전기 모터와 같은 원동기가 펌프를 구동하고, 펌프 임펠러는 유체로 에너지($+h_A$)를 전달한다. 유체는 에너지($-h_L$)가 손실되는 밸브, 엘보 및 파이프로 구성된 파이프 시스템을 통과하게 된다. 2번 지점에 도달하기 전에 유체는 유체 모터를 통해 흐르며, 이는 외부 장치를 구동하기 위한 일부 에너지($-h_R$)를 제거한다. 일반 에너지 방정식은 이러한 모든 에너지를 고려할 수 있다.

특정한 문제에서, 일반 에너지 방정식의 모든 항이 필요하지 않을 수 있다. 예를 들어 한 영역 사이에 기계적 장치가 없는 경우 h_A와 h_R은 0이 되어 방정식에서 제거할 수 있다. 만약 에너지 손실이 너무 작아서 무시할 수 있다면, h_L도 제거할 수 있다. 이러한 조건이 모두 만족된다면 식 (7−3)은 베르누이 방정식과 같게 된다.

프로그램 예제

예제 7.1 **그림 7.7과 같이 파이프 시스템을 통해 대형 탱크에서 1.20 ft^3/s의 유량으로 물이 흐른다. 밸브, 엘보, 파이프 입구 및 유체 마찰로 인해 시스템에서 손실된 총 에너지양을 계산하시오.**

해설 베르누이 방정식과 유사한 접근 방법을 사용하여, 2개의 영역을 선택하고 다음 패널을 보기 전에 일반 에너지 방정식을 작성하시오.

압력, 속도 및 높이에 대한 정보를 알 수 있는 섹션은 탱크의 표면과 파이프 출구에 있는 유체의 자유로운 흐름이다. 이것을 섹션 1과 섹션 2라고 하자. 최종적인 일반 에너지 방정식[식 (7−3)]은 다음과 같다.

$$\frac{p_1}{\gamma}+z_1+\frac{v_1^2}{2g}+h_A-h_R-h_L=\frac{p_2}{\gamma}+z_2+\frac{v_2^2}{2g}$$

이 항들 중의 몇 개 항은 0이다. 어떤 항이 0인지를 결정해서 에너지 방정식을 단순화시키도록 한다.

다음 항들의 값은 0이다.

$p_1=0$ 대기에 노출되어 있는 대형 탱크 표면

$p_2=0$ 대기에 노출되어 있는 유체의 자유 흐름

$v_1=0$ (대략적으로) 탱크의 큰 표면적

$h_A=h_R=0$ 시스템 내 기계 장치가 없음

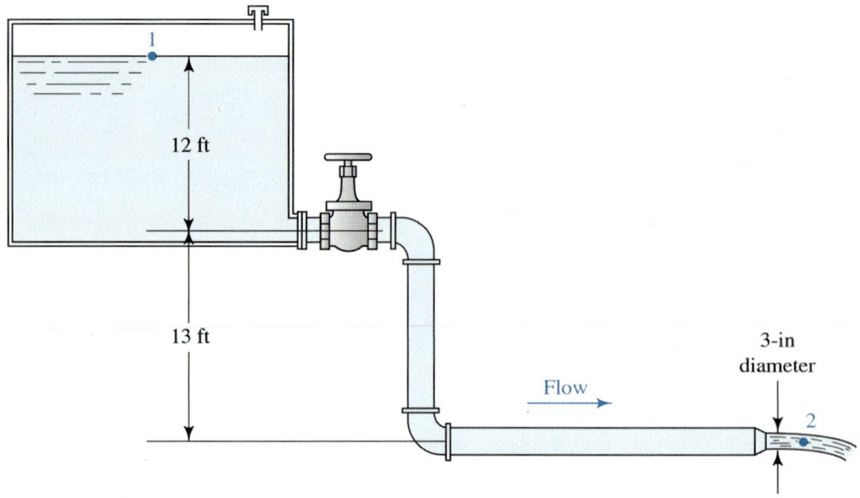

그림 7.7 예제 7.1에 대한 파이프 시스템

그러므로 에너지 방정식은 다음과 같이 쓸 수 있다.

$$\cancelto{0}{\frac{p_1}{\gamma}} + z_1 + \cancelto{0}{\frac{v_1^2}{2g}} + \cancelto{0}{h_A} - \cancelto{0}{h_R} - h_L = \cancelto{0}{\frac{p_2}{\gamma}} + z_2 + \frac{v_2^2}{2g}$$

$$z_1 - h_L = z_2 + v_2^2/2g$$

현재 시스템에서 에너지 손실을 찾아야 하므로, h_L에 대한 방정식으로 바꿔서 작성하는 것이 좋다.

$$h_L = (z_1 - z_2) - v_2^2/2g$$

이제 lb-ft/lb 단위로 h_L을 결정하기 위해 방정식의 오른쪽 항들을 결정해 주도록 하자.

답은 $h_L = 15.75$ lb-ft/lb이다. 이 답이 어떻게 구해졌는지 살펴보자. 먼저

$$z_1 - z_2 = +25 \text{ ft}$$

$$v_2 = Q/A_2$$

이다.

Q는 1.20 ft^3/s, 3 in 직경 제트 면적은 0.0491 ft^2이기 때문에

$$v_2 = \frac{Q}{A_2} = \frac{1.20 \text{ ft}^3}{\text{s}} \times \frac{1}{0.0491 \text{ ft}^2} = 24.4 \text{ ft/s}$$

$$\frac{v_2^2}{2g} = \frac{(24.4)^2 \text{ ft}^2}{\text{s}^2} \times \frac{\text{s}^2}{(2)(32.2) \text{ ft}} = 9.25 \text{ ft}$$

이다. 이때 시스템 내 총 에너지 손실량은 다음과 같이 쓸 수 있다.

$$h_L = (z_1 - z_2) - v_2^2/2g = 25 \text{ ft} - 9.25 \text{ ft}$$

$$h_L = 15.75 \text{ ft, or } 15.75 \text{ lb-ft/lb}$$

프로그램 예제

예제 7.2 그림 7.8에 보이는 펌프를 통한 체적 유량은 $0.014\ m^3/s$이다. 펌핑된 오일은 0.86의 비중을 가진다. 펌프에 의해 오일로 전달되는 에너지를 시스템 내 오일의 단위 중량에 따라 계산하시오. 시스템 내 에너지 손실은 유체가 파이프를 통해 흐를 때 체크 밸브와 마찰 손실에 의해 발생한다. 손실의 크기는 1.86 N·m/N이다.

압력 게이지가 설치된 영역을 고려해서 필요한 항만을 포함시킨 에너지 방정식을 작성하시오.

해설

$$\frac{p_A}{\gamma}+z_A+\frac{v_A^2}{2g}+h_A-h_L=\frac{p_B}{\gamma}+z_B+\frac{v_B^2}{2g}$$

유체 모터는 없는 관계로 h_R은 0이다.

이 문제의 목표는 오일에 가해지는 에너지 추가량을 계산하는 것이다. 다음 패널을 보기 전에 h_A에 대해 작성해 보자.

$$h_A=\frac{p_B-p_A}{\gamma}+(z_B-z_A)+\frac{v_B^2-v_A^2}{2g}+h_L \tag{7-4}$$

관계있는 항들끼리 그룹지어 쓰게 되면, 이후 계산을 할 때 수월할 것이다.

식 (7−4)는 펌프의 총 수두 h_A가 시스템에서 펌프가 수행해야 하는 모든 작업의 척도임을 나타낸다. 펌프로 향하는 입구의 점 A에서의 압력을 점 B까지의 압력까지 증가시켜야 한다. 점 A와 점 B 사이의 높이차만큼 유체를 상승시켜야 한다. 유체를 빠르게 흐르게 하기 위해 펌프 입구(흡입관이라고 함)의 더 큰 파이프의 속도에서 펌프 출구(배출관이라고 함)의 작은 파이프의 속도만큼 에너지를 공급해야 한다. 또한 체크 밸브 및 배출관의 마찰로 인한 시스템의 에너지 손실을 고려해야 한다.

식 (7−4)의 각 항을 개별적으로 평가한 다음 마지막에 결합하는 것이 좋다. 첫 번째 항은 점 A에서의 압력 수두와 점 B에서의 압력 수두 간의 차이이다. γ값은 무엇인가?

펌핑되는 유체의 비중을 사용해야 한다는 것을 기억하도록 하자. 이 경우 오일의 비중은

$$\gamma=(sg)(\gamma_w)=(0.86)(9.81\ kN/m^3)=8.44\ kN/m^3$$

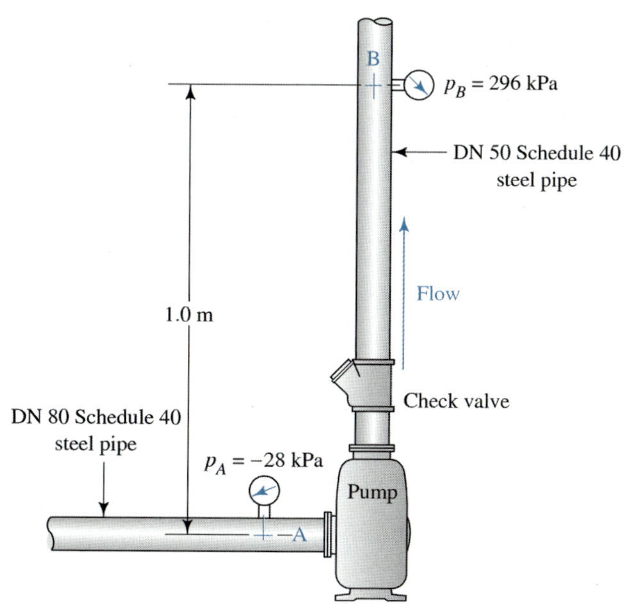

그림 7.8 예제 7.2에 대한 펌프 시스템

$(p_B - p_A)/\gamma$를 완성해서 표현하도록 하자.

$p_B = 296$ kPa, $p_A = -28$ kPa이기 때문에

$$\frac{p_B - p_A}{\gamma} = \frac{[296-(-28)]\text{ kN}}{\text{m}^2} \times \frac{\text{m}^3}{8.44\text{ kN}} = 38.4\text{ m}$$

이다. 다음으로 높이차 $z_B - z_A$를 계산하도록 하자.

$z_B - z_A = 1.0$ m이다. 점 B가 점 A보다 높은 위치에 있으므로 $z_B > z_A$이다. 결과는 $z_B - z_A$가 양수임을 보여준다.

속도 수두차 $(v_B^2 - v_A^2)/2g$을 계산하도록 하자.

각 속도를 결정하기 위해 체적 유량 및 연속 방정식의 정의를 사용할 수 있다:

$$Q = Av = A_A v_A = A_B v_B$$

그런 다음 부록 F에서 흡입(DN 80 Schedule 40)과 배출(DN 50 Schedule 40) 유동 면적을 이용하여 속도를 구하게 되면

$$v_A = Q/A_A = (0.014\text{ m}^3/\text{s})/(4.768\times10^{-3}\text{ m}^2) = 2.94\text{ m/s}$$

$$v_B = Q/A_B = (0.014\text{ m}^3/\text{s})/(2.168\times10^{-3}\text{ m}^2) = 6.46\text{ m/s}$$

가 된다. 마침내 다음 식을 얻을 수 있다.

$$\frac{v_B^2 - v_A^2}{2g} = \frac{[(6.46)^2 - (2.94)^2]\text{ m}^2/\text{s}^2}{2(9.81\text{ m/s}^2)} = 1.69\text{ m}$$

식 (7−4)의 유일한 나머지 항은 1.86 N · m/N 또는 1.86 m로 주어지는 에너지 손실 h_L이다. 이제 이 모든 조건을 결합하면 h_A 계산을 완료할 수 있다.

시스템에 더해지는 에너지는 다음과 같다.

$$h_A = 38.4\text{ m} + 1.0\text{ m} + 1.69\text{ m} + 1.86\text{ m} = 42.9\text{ m, or }42.9\text{ N}\cdot\text{m/N}$$

다시 말해서 펌프는 오일 단위 N당 42.9 N · m을 운송하게 된다.

7.5 펌프에 필요한 동력

힘은 일하는 비율로 정의된다. 유체역학에서는 이 설명을 수정할 수 있으며, 힘은 에너지가 전달되는 수단이라고 생각할 수 있다. 먼저 SI 단위로 동력의 기본 개념을 전개한다. 다음으로 미국관습단위로도 표현하게 된다.

SI 단위로서의 에너지는 J 또는 N · m이다. SI 단위로서의 동력은 W로, 1.0 N · m/s 또는 1.0 J/s이다.

예제 7.2에서 펌프를 통해 오일의 단위 N당 42.9 N · m 에너지를 전달한다는 것을 확인했다. 오일에 공급되는 동력을 계산하려면 주어진 시간 내에 얼마나 많은 N이 펌프를 통해 흐르는지 결정해야 한다. 이것은 6장에서 정의한 중량 유량이라 하며 N/s 단위로 표시된다. 힘은 유체의 N당 전달된 에너지에 중량 유량을 곱하여 계산된다. 이것은 다음과 같다.

$$P_A = h_A W$$

$W = \gamma Q$이므로

▶ **펌프에 의해 유체에 가해지는 동력**

$$P_A = h_A \gamma Q \qquad (7-5)$$

이다. 여기서 P_A는 유체에 가해지는 동력, γ는 펌프를 통해 흐르는 유체의 비중량, Q는 유체의 체적 유량이다.

예제 7.2 자료를 이용해서, 펌프에 의해 오일로 전달되는 동력은 다음과 같다.

$$P_A = h_A \gamma Q$$

예제 7.2에서

$$h_A = 42.9\ \text{N} \cdot \text{m/N}$$
$$\gamma = 8.44\ \text{kN/m}^3 = 8.44 \times 10^3\ \text{N/m}^3$$
$$Q = 0.014\ \text{m}^3/\text{s}$$

이 값들을 식 (7−5)에 대입하게 되면, 다음과 같다.

$$P_A = \frac{42.9\ \text{N} \cdot \text{m}}{\text{N}} \times \frac{8.44 \times 10^3\ \text{N}}{\text{m}^3} \times \frac{0.014\ \text{m}^3}{\text{s}}$$
$$= 5069\ \text{N} \cdot \text{m/s}$$

1.0 W = 1.0 N · m/s이므로

$$P_A = 5069\ \text{W} = 5.07\ \text{kW}$$

이다.

7.5.1 미국관습단위계에서의 동력

미국관습단위계에서의 에너지 표준 단위는 lb-ft이다. 동력에 대한 단위는 lb-ft/s이다.

동력을 마력(hp)으로 많이 표현하기 때문에 다음과 같이 쓸 수 있다.

$$1\ \text{hp} = 550\ \text{lb-ft/s}$$

식 (7−5)에서 가해지는 에너지 h_A는 시스템 내 흐르는 유동 피트에 의해 표현된다. 유체의 비중량 lb/ft^{3}과 체적 유량 ft^3/s로 표현하면 중량 유량 γQ lb/s가 산출된다. 마침내 $P_A = h_A \gamma Q$ 동력 방정식에서 동력은 lb-ft/s로 표현된다.

이 단위들을 SI 단위로 변환하기 위하여 다음 요소들을 사용한다.

$$1\ \text{lb-ft/s} = 1.356\ \text{W}$$
$$1\ \text{hp} = 745.7\ \text{W}$$

7.5.2 펌프의 기계적 효율

효율이라는 용어는 펌프에 의해 유체로 공급된 동력과 펌프로 공급되는 동력의 비율을 나타내는 데 사용된다. 펌프 구성 요소의 기계적 마찰로 인한 에너지 손실, 펌프의 유체 마찰 및 펌프의 과도한 유체 난류로 인해 모든 입력 동력이 유체로 전달되지 않는다. 따라서 기계적 효율에 대해 기호 e_M을 사용하면

▶ 펌프 효율

$$e_M = \frac{\text{유체로 공급된 동력}}{\text{펌프로 공급된 동력}} = \frac{P_A}{P_I} \tag{7-6}$$

e_M은 항상 1보다 작다.

예제 7.2 자료를 계속 사용하면 e_M을 구하고 펌프에 입력되는 동력을 계산할 수 있다. 상업적으로 이용가능한 펌프의 경우, e_M의 값은 성능 자료의 일부로 게시된다. 이 문제에서 펌프 효율이 82%라고 가정하면

$$P_I = P_A/e_M = 5.07/0.82 = 6.18\ \text{kW}$$

펌프의 기계적 효율값은 펌프의 설계뿐만 아니라 작동 조건, 특히 총 수두 및 유량에 따라 달라질 수 있다. 그림 7.2 및 7.3에서 유압 시스템에 사용되는 펌프의 경우, 효율은 약 70% 내지 90% 범위이다. 주로 액체를 이송하거나 순환시키는 데 사용되는 원심 펌프의 효율은 약 50%에서 85%까지이다.

펌프 성능에 대한 더 많은 자료와 논의는 13장을 참조하는 것이 좋다. 용적형 유체 동력 펌프의 효율값은 원심 펌프의 효율값과 다르게 보고된다. 자주 사용되는 값은 전체 효율 e_o와 체적 효율 e_v이다. 이러한 효율성에 대한 자세한 내용은 13장에서 자세히 설명된다. 일반적으로 전체 효율은 이 섹션의 다른 유형의 펌프에 대해 논의된 기계적 효율과 유사하다. 체적 효율은 펌프의 실제 전달량과 회전당 변위량과 펌프의 회전 속도를 곱한 이상적인 전달량과 비교한 것이다. 유체 동력 시스템의 작동이 모든 작동 조건을 통해 유체의 거의 균일한 유량에 의존하기 때문에 높은 체적 효율이 요구된다.

다음 프로그램 예제는 펌프 효율을 측정하기 위한 가능한 설정을 보여준다.

프로그램 예제

예제 7.3 그림 7.9에 제시된 펌프 테스트 배치의 경우 500 gal/min 오일($\gamma = 56.0\ \text{lb/ft}^3$)을 펌핑할 때 입력 동력이 3.85 hp로 측정되는 경우 펌프의 기계적 효율을 결정한다.

해설 시작하려면 이 시스템의 에너지 방정식을 작성하시오.

그림 7.9에서 1과 2로 표시된 점들을 사용하여 다음 식을 세운다.

$$\frac{p_1}{\gamma} + z_1 + \frac{v_1^2}{2g} + h_A = \frac{p_2}{\gamma} + z_2 + \frac{v_2^2}{2g}$$

펌프에 의해 유체에 가해지는 동력을 구해야 하므로 h_A에 대해 풀어야 한다.

다음과 같은 방정식을 사용한다.

$$h_A = \frac{p_2 - p_1}{\gamma} + (z_2 - z_1) + \frac{v_2^2 - v_1^2}{2g} \tag{7-7}$$

개별적으로 각 용어를 풀어서 결과를 결합하는 것이 편리하다. 압력계는 압력차를 측정하기 때문에 $(p_2 - p_1)/\gamma$를 계산할 수 있다. 3장에서 설명한 절차를 사용하여 점 1과 점 2 사이에 압력계 방정식을 쓴다.

점 1에서 다음 식을 얻을 수 있다.

$$p_1 + \gamma_o y + \gamma_m(20.4\ \text{in}) - \gamma_o(20.4\ \text{in}) - \gamma_o y = p_2$$

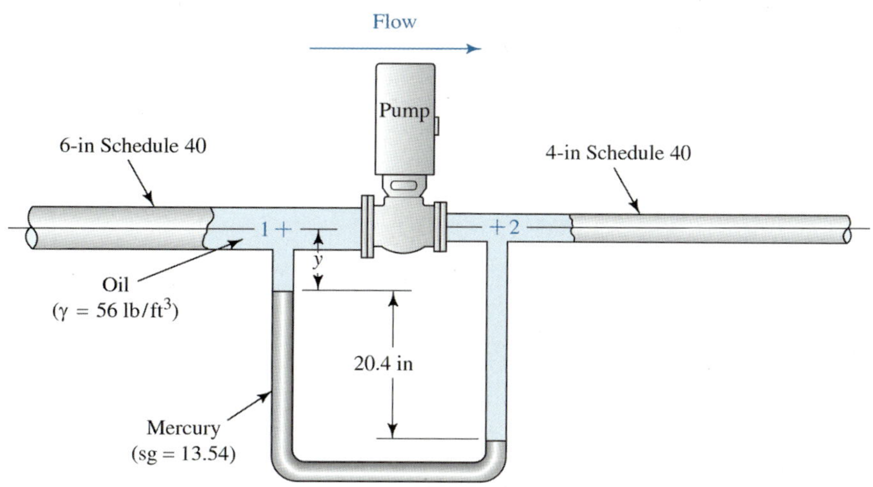

그림 7.9 예제 7.3에 대한 펌프 테스트 시스템

여기서 y는 점 1로부터 압력계 왼쪽 지역 수은 기둥 꼭대기점까지 거리이다. 또한 방정식에서 γ_o는 오일의 비중량이고 γ_m은 수은 계기 유체 비중량이다.

식 (7−7)에서 얻으려고 한 결과는 $(p_2-p_1)/\gamma_o$이다. 이것을 풀고 계산하자.

정확한 식은 $(p_2-p_1)/\gamma_o=24.0$ ft이다.

$$\gamma_m=(13.54)(\gamma_w)=(13.54)(62.4\ \text{lb/ft}^3)=844.9\ \text{lb/ft}^3$$

$$p_2=p_1+\gamma_m(20.4\ \text{in})-\gamma_o(20.4\ \text{in})$$

$$p_2-p_1=\gamma_m(20.4\ \text{in})-\gamma_o(20.4\ \text{in})$$

$$\frac{p_2-p_1}{\gamma_o}=\frac{\gamma_m(20.4\ \text{in})}{\gamma_o}-20.4\ \text{in}=\left(\frac{\gamma_m}{\gamma_o}-1\right)20.4\ \text{in}$$

$$=\left(\frac{844.9\ \text{lb/ft}^3}{56.0\ \text{lb/ft}^3}-1\right)20.4\ \text{in}=(15.1-1)(20.4\ \text{in})$$

$$\frac{p_1-p_2}{\gamma_o}=(14.1)(20.4\ \text{in})\left(\frac{1\ \text{ft}}{12\ \text{in}}\right)=24.0\ \text{ft}$$

식 (7−7)에서 다음 항은 z_2-z_1이다. 그 값은 무엇인가?

그것은 0이다. 양쪽 점은 같은 높이에 있기 때문에, 이 값들은 원래 식에서 생략될 수 있다. 다음으로 $(v_2^2-v_1^2)/2g$을 계산하자.

$(v_2^2-v_1^2)/2g=1.99$ ft이다.

$$Q=(500\ \text{gal/min})\left(\frac{1\ \text{ft}^3/\text{s}}{449\ \text{gal/min}}\right)=1.11\ \text{ft}^3/\text{s}$$

부록 F에서 $A_1=0.2006\ \text{ft}^2$과 $A_2=0.0884\ \text{ft}^2$을 사용해서

$$v_1=\frac{Q}{A_1}=\frac{1.11\ \text{ft}^3}{\text{s}}\times\frac{1}{0.2006\ \text{ft}^2}=5.55\ \text{ft/s}$$

$$v_2=\frac{Q}{A_2}=\frac{1.11\ \text{ft}^3}{\text{s}}\times\frac{1}{0.0884\ \text{ft}^2}=12.6\ \text{ft/s}$$

$$\frac{v_2^2 - v_1^2}{2g} = \frac{(12.6)^2 - (5.55)^2}{(2)(32.2)} \frac{\text{ft}^2}{\text{s}^2} \frac{\text{s}^2}{\text{ft}} = 1.99\ \text{ft}$$

이 값들을 식 (7−7)에 대입하여 h_A를 계산하자.

$$h_A = 24.0\ \text{ft} + 0 + 1.99\ \text{ft} = 25.99\ \text{ft}$$

오일로 전달되는 동력 P_A를 계산할 수 있다.

결과는 $P_A = 2.95$ hp이다.

$$P_A = h_a \gamma Q = 25.99\ \text{ft}\left(\frac{56.0\ \text{lb}}{\text{ft}^3}\right)\left(\frac{1.11\ \text{ft}^3}{\text{s}}\right)$$

$$P_A = 1620\ \text{lb-ft/s}\left(\frac{1\ \text{hp}}{550\ \text{lb-ft/s}}\right) = 2.95\ \text{hp}$$

마지막 단계는 펌프 기계적 효율 e_M을 계산하는 것이다.

식 (7−6)으로부터

$$e_M = P_A/P_I = 2.95/3.85 = 0.77$$

이다. 퍼센트로 표현하면, 펌프 효율은 77%이다.

7.6 유체 모터로 전달되는 동력

유체 모터 또는 터빈과 같은 기계장치로 유체에 의해 전달되는 에너지는 일반 에너지 방정식에서 h_R 항으로 표시된다. 이것은 장치를 통과할 때 유체의 각 단위 중량에 의해 전달되는 에너지의 척도이다. h_R에 중량 유량 W를 곱함으로써 공급된 동력을 구할 수 있다.

▶ 유체에서 모터로 전달되는 동력

$$P_R = h_R W = h_R \gamma Q \qquad (7-8)$$

P_R은 유체에서 유체 모터로 전달되는 동력이다.

7.6.1 유체 모터의 기계적 효율

펌프에 대한 설명에서처럼 유체 모터의 에너지 손실은 기계적 마찰과 유체 마찰에 의해 발생한다. 따라서 모터로 전달되는 모든 동력이 궁극적으로 장치의 출력으로 변환되는 것은 아니다. 기계적 효율은 다음과 같다.

▶ 모터 효율

$$e_M = \frac{\text{모터로부터 출력된 동력}}{\text{유체로부터 공급된 동력}} = \frac{P_O}{P_R} \qquad (7-9)$$

여기서 다시 e_M은 1보다 작아야 한다.

동력 단위에 대해서는 7.5절을 참조하라.

프로그램 예제

예제 7.4 10℃ 물은 그림 7.10 유체 모터를 통해 115 L/min의 속도로 흐른다. 점 A에서의 압력은 700 kPa이고 점 B에서의 압력은 125 kPa이다. 배관의 마찰로 인해 4.0 N·m/N의 에너지 손실이 발생하는 것으로 추정된다. 점 A에서 유체 모터에 들어가는 튜브는 외경 25 mm 및 벽 두께가 2.0 mm인 표준 유압 강관이다. 점 B에서 모터를 떠나는 튜브는 외경 80 mm이고 벽 두께는 2.8 mm이다. 부록 G.2를 참조하자.

(a) 물에 의해서 유체 모터에 전달되는 동력을 계산하시오.

(b) 유체 모터의 기계적 효율이 85%라고 할 때, 출력 동력을 계산하시오.

해설 먼저 에너지 방정식을 세우고 문제를 풀어본다.

점 A와 점 B를 기준점으로 선택함으로써 다음 식을 얻는다.

$$\frac{p_A}{\gamma}+z_A+\frac{v_A^2}{2g}-h_R-h_L=\frac{p_B}{\gamma}+z_B+\frac{v_B^2}{2g}$$

h_R 값은 출력 동력 값을 결정하기 위해 필요하다. 이 항에 대해 에너지 방정식을 다시 쓰도록 하자.

위 결과와 아래 방정식을 비교해보자.

$$h_R=\frac{p_A-p_B}{\gamma}+(z_A-z_B)+\frac{v_A^2-v_B^2}{2g}-h_L \tag{7-10}$$

다음 패널을 보기 전에 N · m/N 또는 m 단위를 사용함으로써 이 방정식의 각 항에 대한 값을 구해보자.

1. $\dfrac{p_A-p_B}{\gamma}=\dfrac{(700-125)(10^3)\text{N}}{\text{m}^2}\times\dfrac{\text{m}^3}{9.81\times10^3\ \text{N}}=58.6\ \text{m}$

2. $z_A-z_B=1.8\ \text{m}$

3. $(v_A^2-v_B^2)/2g$을 풀면

$$Q=115\ \text{L/min}\times\frac{1.0\ \text{m}^3/\text{s}}{60000\ \text{L/min}}=1.92\times10^{-3}\ \text{m}^3/\text{s}$$

$$v_A=\frac{Q}{A_A}=\frac{1.92\times10^{-3}\ \text{m}^3}{\text{s}}\times\frac{1}{3.464\times10^{-4}\ \text{m}^2}=5.543\ \text{m/s}$$

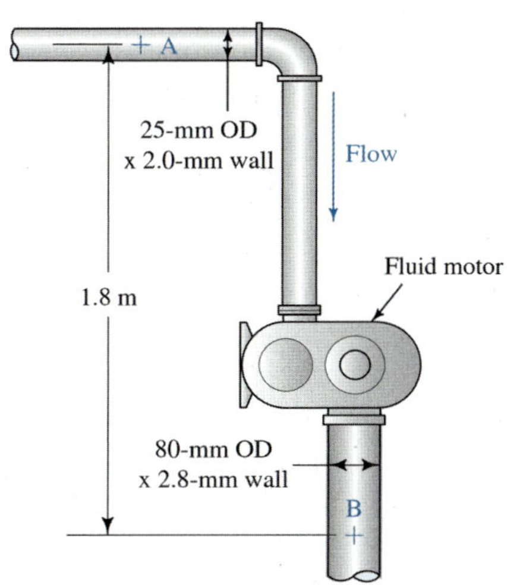

그림 7.10 예제 7.4에 대한 유체 모터

$$v_B = \frac{Q}{A_B} = \frac{1.92 \times 10^{-3}\ \mathrm{m^3}}{\mathrm{s}} \times \frac{1}{4.347 \times 10^{-3}\ \mathrm{m^2}} = 0.442\ \mathrm{m/s}$$

$$\frac{v_A^2 - v_B^2}{2g} = \frac{(5.543)^2 - (0.442)^2}{(2)(9.81)} \frac{\mathrm{m^2}}{\mathrm{s^2}} \frac{\mathrm{s^2}}{\mathrm{m}} = 1.56\ \mathrm{m}$$

4. $h_L = 4.0\ \mathrm{m}$ (주어진 값)

h_R에 대한 식 (7−10)을 완성하라.

유체에 의해 터빈으로 전달되는 에너지는 다음과 같다.

$$h_R = (58.6 + 1.8 + 1.56 - 4.0)\ \mathrm{m} = 57.96\ \mathrm{m}$$

이 문제의 (a)를 계산하기 위하여, P_R을 계산하라.

알려진 값들을 식 (7−8)에 대입함으로써

$$P_R = h_R \gamma Q$$

$$P_R = 57.96\ \mathrm{m} \times \frac{9.81 \times 10^3\ \mathrm{N}}{\mathrm{m^3}} \times \frac{1.92 \times 10^{-3}\ \mathrm{m^3}}{\mathrm{s}} = 1092\ \mathrm{W}$$

$$P_R = 1.092\ \mathrm{kW}$$

이것은 물에 의해 유체 모터에 전달되는 동력이다. 모터에 의해 발생하는 가장 많은 동력은 얼마인가?

모터 효율은 85%이기 때문에, 출력 동력은 0.928 kW이다. 식 (7−9), $e_M = P_o/P_R$을 사용하면

$$P_O = e_M P_R = (0.85)(1.092\ \mathrm{kW})$$

$$P_O = 0.928\ \mathrm{kW}$$

이다.

연습문제

관의 치수 또는 유체의 성질에 관한 자료는 부록을 참조할 필요가 있다. 특별히 명시하지 않는 한 에너지 손실이 없다고 가정하자.

7.1 수평 파이프는 0.79 비중을 갖는 오일을 운반한다. 파이프를 따라 2개의 압력 게이지가 각각 71.5 psig와 60.5 psig일 때 두 게이지 사이의 에너지 손실을 계산하시오.

7.2 40°F 물은 그림 7.11에 표시된 조립된 리듀서를 통해 아래쪽으로 흐른다. 지점 A에서 속도는 15 ft/s이고 압력은 50 psig이다. 지점 A와 B 사이의 에너지 손실은 25 lb-ft/lb이다. 점 B에서 압력을 계산하시오.

7.3 그림 7.12 탱크에서 나오는 물의 체적 유량을 구하시오. 탱크는 물 위에서 140 kPa 압력으로 밀봉된다. 물이 노즐을 통해 흐를 때 2.0 N · m/N의 에너지 손실이 있다.

7.4 긴 DN 150 Schedule 강 파이프는 그림 7.13과 같이 저장소에서 대기로 0.085 $\mathrm{m^3/s}$의 물을 배출한다. 파이프의 에너지 손실을 계산하시오.

7.5 그림 7.14는 특정 장치로 인한 에너지 손실을 결정하는 설정을 보여준다. 입구는 2.0-in Schedule 40 파이프를 통과하고 출구는 4-in Schedule 40 파이프이다. 물이 0.20 $\mathrm{ft^3/s}$에서 상향으로 흐르는 경우 A와 B 지점 사이의 에너지 손실을 계산하시오. 계기 유체는 수은(sg = 13.54)이다.

7.6 물이 밸브를 통해 흐를 때의 에너지 손실을 결정하기 위한 시험 장치가 그림 7.15에 나와 있다. 40°F에서 0.10 $\mathrm{ft^3/s}$의 물이 흐르는 경우 에너지 손실을 계산하시오. 또한 에너지 손실이 $K(v^2/2g)$로 예상되는 경우 저항계수 K를 계산하시오.

7.7 그림 7.16의 설정은 밸브의 에너지 손실을 측정하는 데 사용된다. 오일의 유속은 1.2 m/s이다. 에너지 손실이 $K(v^2/2g)$로 표현되는 경우 K의 값을 계산하시오.

7.8 그림 7.17과 같이 개방 탱크에서 물 위의 500 kPa의 공기가 있는 곳으로 펌프를 옮기고 있다. 2250 L/min을 펌핑하는 경우 펌프가 물로 공급하는 동력을 계산하시오. 각 탱크의 표면 높이는 같다고 가정한다.

7.9 문제 7.8(그림 7.17)에서 왼쪽 탱크도 밀봉되고 물 위의 공기 압력이 68 kPa이면 펌프 동력을 계산하시오.

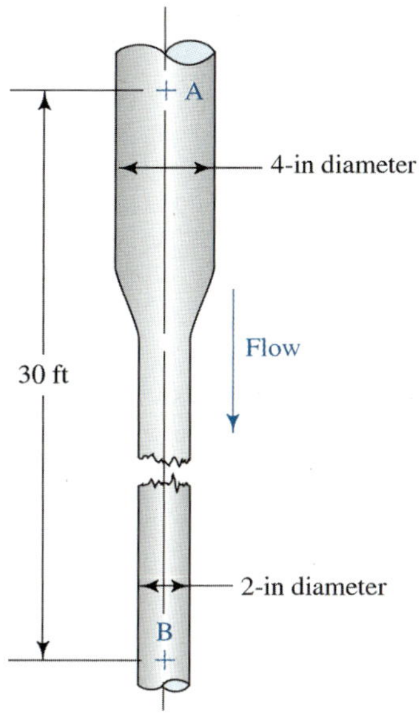

그림 7.11 문제 7.2

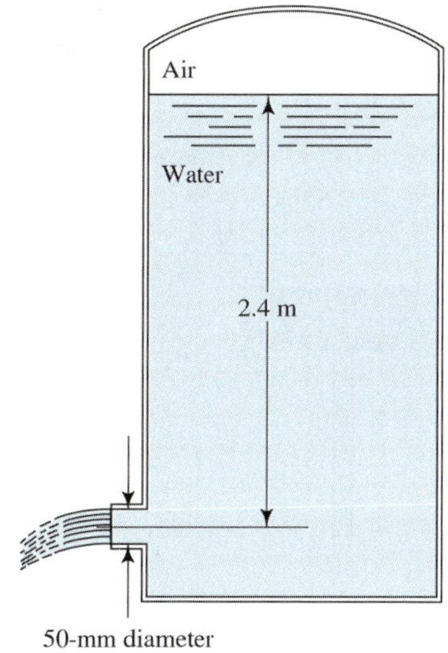

그림 7.12 문제 7.3

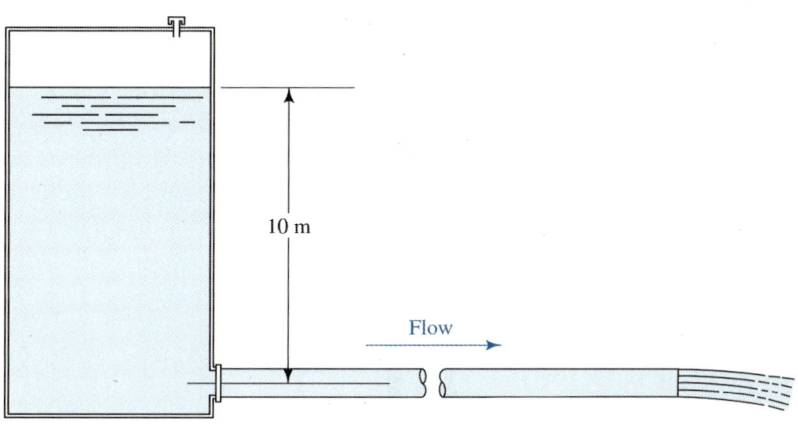

그림 7.13 문제 7.4

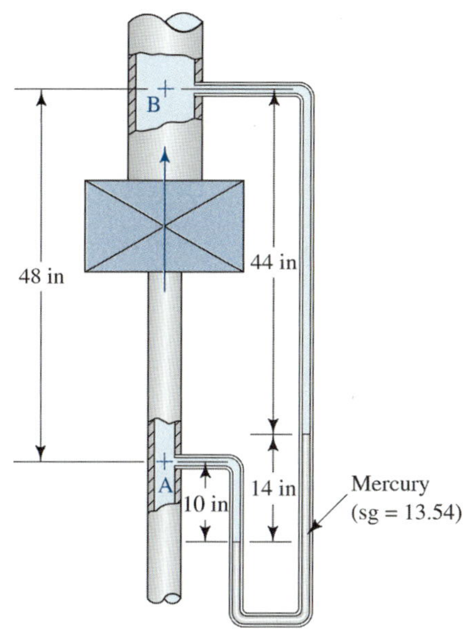

그림 7.14 문제 7.5

7.10 상업적으로 이용 가능한 배수 펌프는 20 ft의 수직 상승을 통해 2800 gal/h의 물을 전달할 수 있다. 펌프 유입구는 수면 바로 아래에 있으며 배출물은 $1\frac{1}{4}$-in Schedule 40 파이프을 통해 대기로 배출된다. (a) 펌프가 물에 전달하는 동력을 계산하고, (b) 펌프가 0.5 hp를 끌어올리면 이때 효율을 계산하시오.

7.11 그림 7.18에 스케치된 시스템에서 작동할 때 수심이 깊은 심정 펌프가 1-in Schedule 40 파이프를 통해 745 gal/h의 물을 전달한다. 10.5 lb-ft/lb 에너지 손실이 배관 시스템에서 발생한다. (a) 펌프가 물에 공급하는 동력을 계산하시오. (b) 펌프가 1 hp를 끌어오는 경우 효율을 계산하시오.

7.12 펌프 테스트에서 펌프 흡입구의 흡입 압력은 대기압보다 30 kPa 낮다. 입구에서 750 mm 높이의 지점에서 배출 압력은 520 kPa이다. 유압 강관은 80 mm 외경×2.8 mm 벽두께의 흡입 및 배출관 모두에 사용된다. 물의 체적 유량이 75 L/min인 경우, 펌프가 물에 공급하는 동력을 계산하시오.

7.13 그림 7.19 펌프는 비중 0.85 유압유를 75 L/min의 속도로 전달한다. A에서의 압력은 −275 kPa이고 B에서의 압력

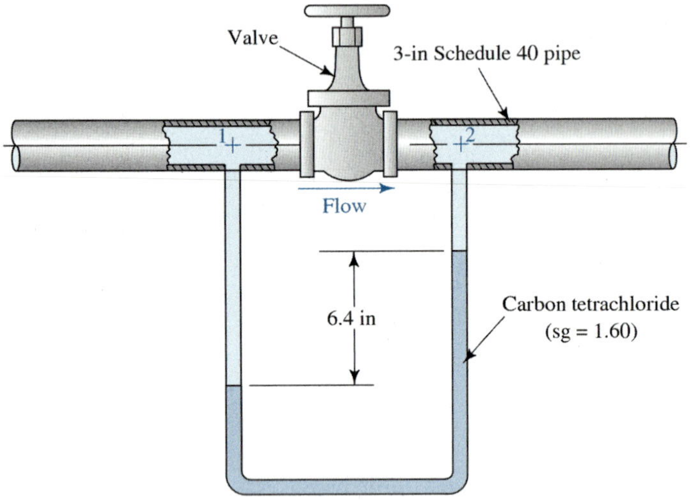

그림 7.15 문제 7.6

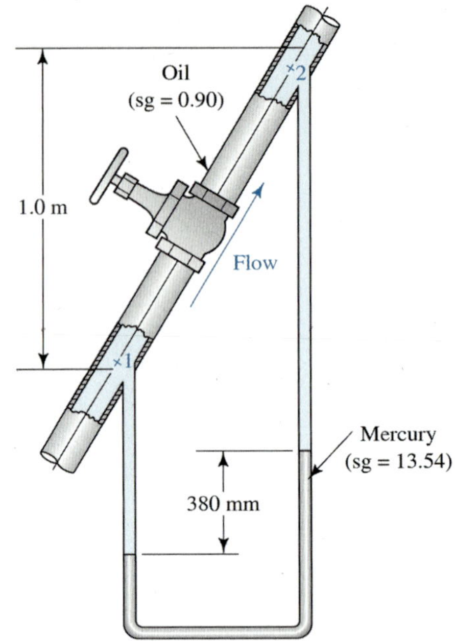

그림 7.16 문제 7.7

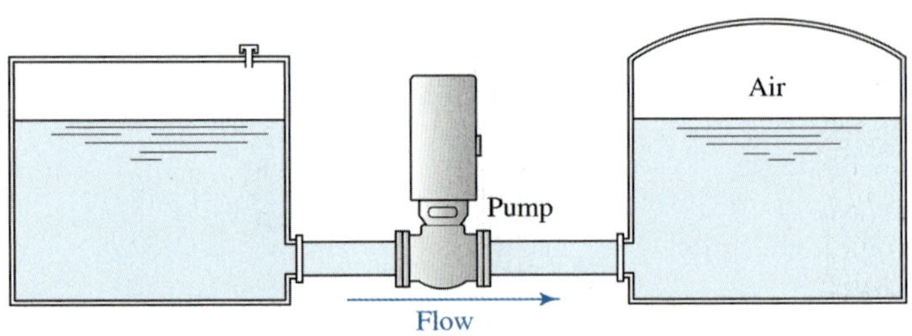

그림 7.17 문제 7.7과 7.8

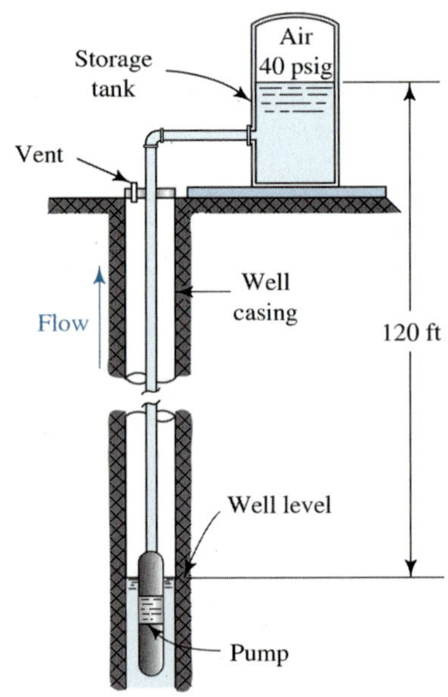

그림 7.18 문제 7.11

은 275 kPa이다. 시스템의 에너지 손실은 배출 파이프의 속도 수두의 2.5배이다. 펌프가 오일에 전달하는 동력을 계산하시오.

7.14 그림 7.20 펌프는 하부 저장소에서 상부 저장소로 2.0 ft^3/s의 속도로 물을 공급한다. 흡입 파이프 입구와 펌프 사이의 에너지 손실은 6 lb-ft/lb이고 펌프 배출구와 상부 저장소 사이의 에너지 손실은 12 lb-ft/lb이다. 두 파이프 모두 6-in Schedule 강 파이프이다. (a) 펌프 입구에서의 압력, (b) 펌프 출구에서의 압력, (c) 펌프의 총 수두, (d) 펌프에 의해 물에 공급된 동력을 계산하시오.

7.15 문제 7.14를 반복하되, 하부 저장소의 높이가 그보다 아래가 아닌 펌프 위의 10 ft라고 가정하시오. 다른 모든 자료는 동일하게 유지된다.

7.16 그림 7.21은 지하 저장 드럼에서 840 L/min 원유(sg= 0.85)를 처리 시스템의 첫 번째 단계로 전달하는 펌프를 보여준다. (a) 시스템의 총 에너지 손실이 4.2 N · m/N의

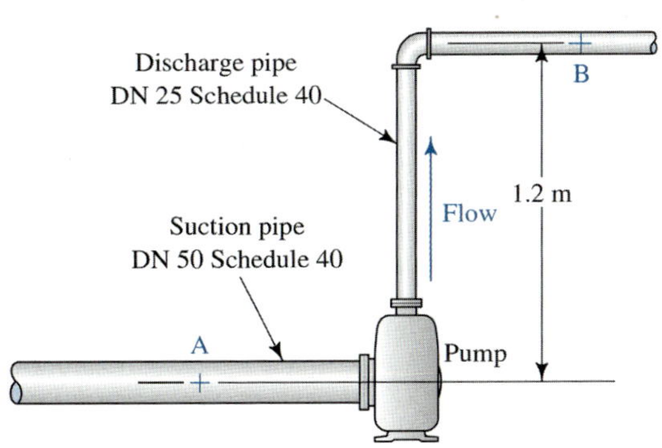

그림 7.19 문제 7.13

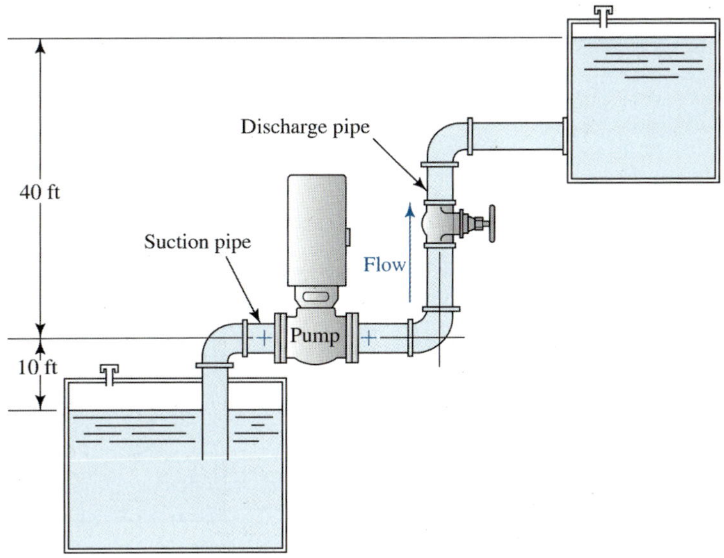

그림 7.20 문제 7.14와 7.15

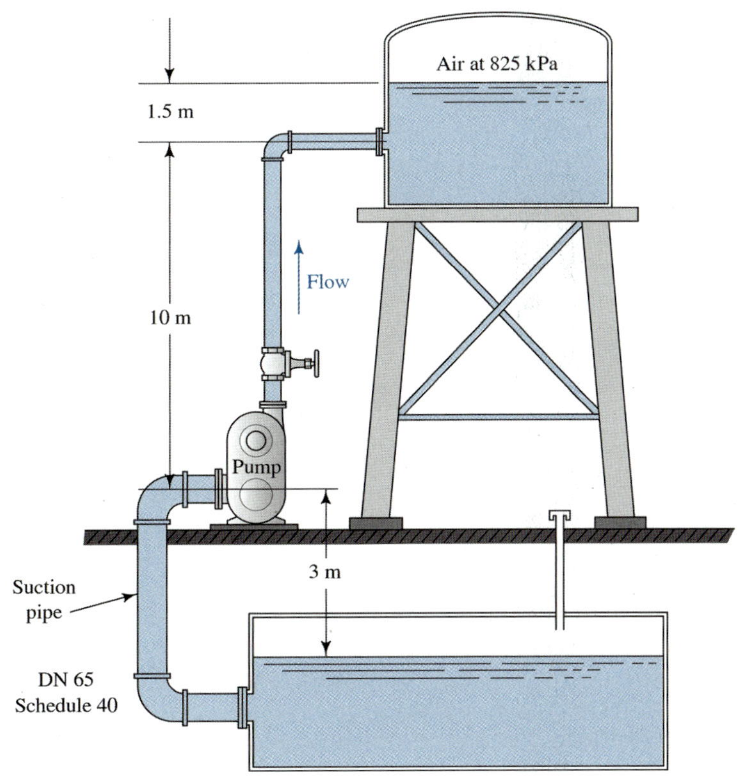

그림 7.21 문제 7.16

오일 유량인 경우 펌프에 의해 공급되는 동력을 계산하시오. (b) 흡입 파이프의 에너지 손실이 1.4 N · m/N인 경우 흐르는 동안 펌프 입구에서 압력을 계산하시오.

7.17 그림 7.22는 밀링 기계의 커터에 60 L/min 수성 냉각재 (sg = 0.95)를 순환시키는 데 사용되는 수중 펌프를 보여준다. 배출구는 DN 20 Schedule 40 강 파이프를 통해 이루어진다. 3.0 N · m/N 배관으로 인한 총 에너지 손실을 가정할 때 펌프에 의해 생성된 전체 수두와 냉각수로 전달되는 동력을 계산하시오.

7.18 그림 7.23은 자동 싱크대에 있는 작은 펌프를 세탁물 싱크

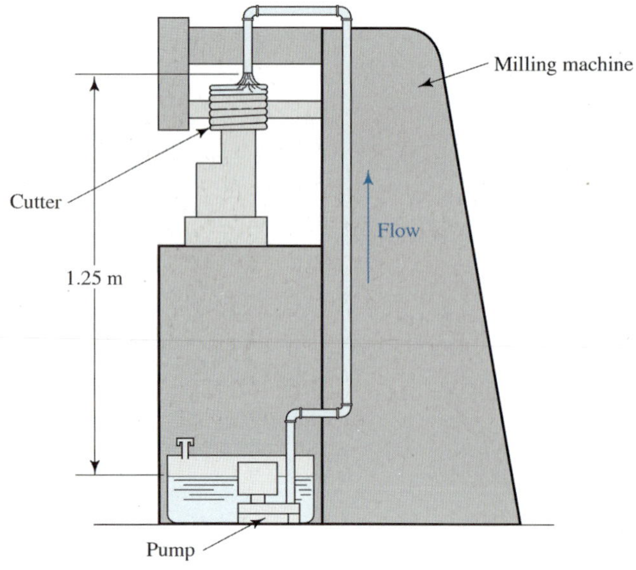

그림 7.22 문제 7.17

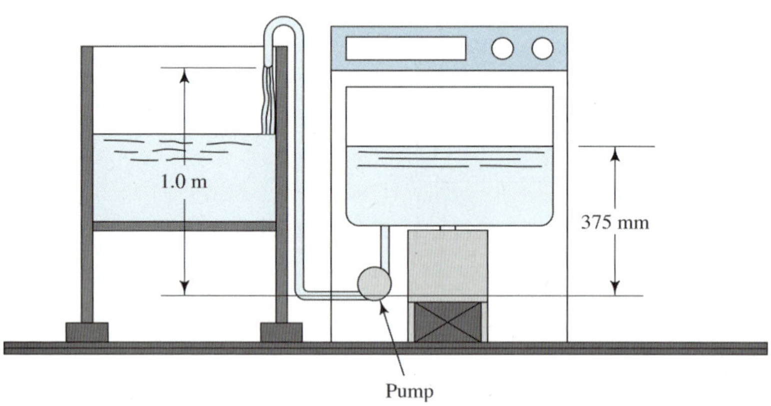

그림 7.23 문제 7.18

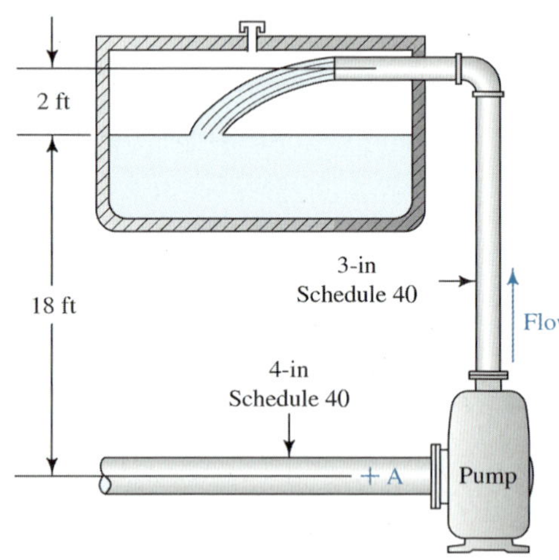

그림 7.24 문제 7.19

대에 배출하는 모습이다. 세탁기 통은 직경 525 mm, 깊이 250 mm이다. 펌프 위의 평균 수두는 그림과 같이 375 mm이다. 배출 호스의 내경은 18 mm이다. 호스 시스템의 에너지 손실은 0.22 N · m/N이다. 펌프가 90초 동안 튜브를 비우는 경우 펌프의 총 수두를 계산하시오.

7.19 그림 7.24 시스템에서 펌핑되는 물은 계량 중인 탱크로 배출된다. 10초 동안 556 lb의 물이 수집되는 것으로 나타난다. A에서의 압력이 대기압보다 2.0 psi 아래라면 펌프에 의해 물로 전달되는 마력을 계산하시오. 에너지 손실을 무시하시오.

7.20 기어 펌프의 제조업체 등급에 따르면 총 수두 길이가 257 ft인 9.1 gal/min 오일(sg = 0.90)을 펌핑할 때 펌프를 구동하는 데 0.85 hp가 필요하다. 펌프의 기계적 효율을 계산하시오.

7.21 자동차 연료 펌프의 사양은 수은 진공 150 mm의 흡입 압력과 30 kPa의 배출 압력으로 40초 동안 1.0 L의 가솔린을 펌핑해야 한다고 규정하고 있다. 펌프 효율이 60%라고 가정하면 엔진에서 소비되는 전력을 계산하시오. 그림 7.25를 참조하시오. 흡입 및 배출관은 동일한 크기이다. 고도 변화는 무시될 수 있다.

7.22 그림 7.26은 유압 시스템용 회로의 배열을 보여준다. 펌프는 저장소에서 0.90 비중으로 오일을 끌어 유압 실린더로 전달한다. 실린더의 내경은 5.0 in이며, 15초 동안 피스톤은 11,000 파운드의 힘을 가하면서 20 in를 움직여야 한다. 흡입 파이프에서 11.5 lb-ft/lb 에너지 손실이 있는 것으로 추정되며, 35.0 lb-ft/lb이다. 두 파이프 모두 3/8-in

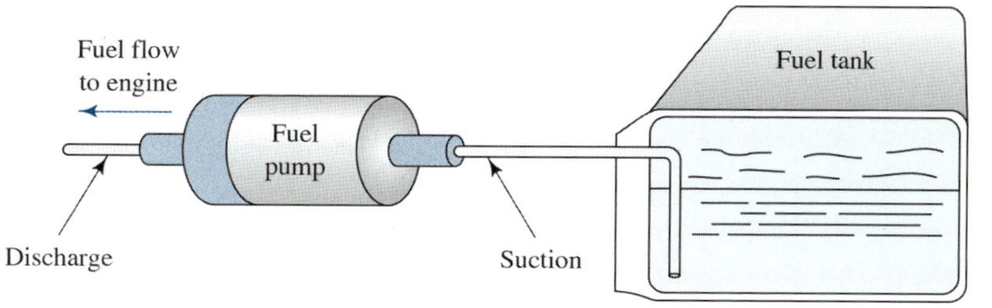

그림 7.25 문제 7.21에 대한 자동차 연료 펌프

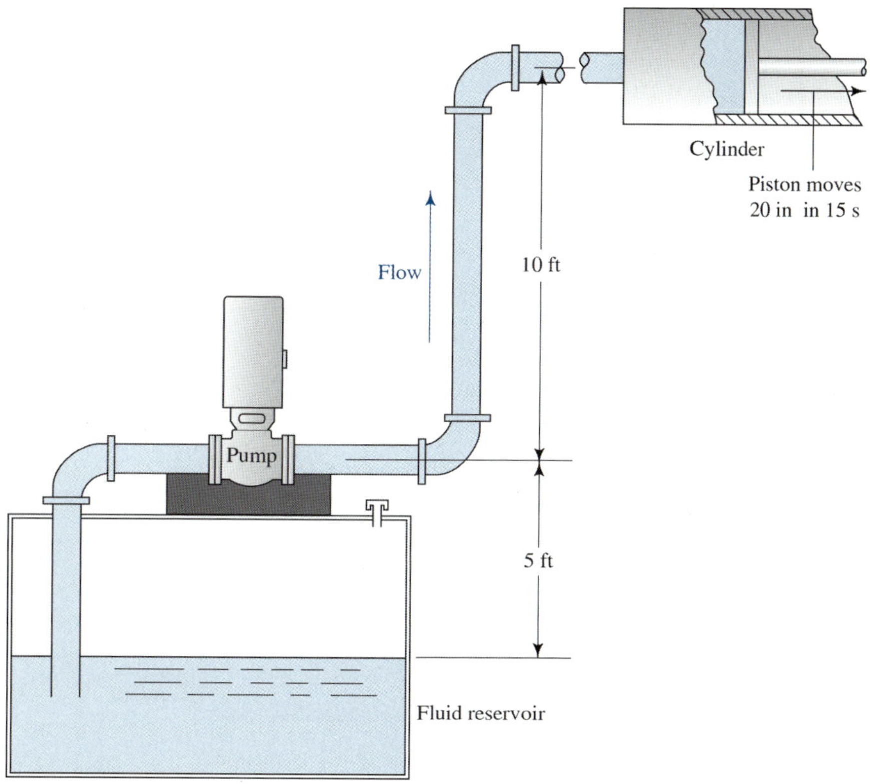

그림 7.26 문제 7.22

Schedule 80 강 파이프이다. 다음을 계산하시오.

(a) 펌프를 통과하는 체적 유량

(b) 실린더에서의 압력

(c) 펌프 출구에서의 압력

(d) 펌프 입구에서의 압력

(e) 펌프에 의해서 오일에 전달되는 동력

7.23 그림 7.27 유압 모터에서 A에서의 압력이 6.8 MPa이고 B에서의 압력이 3.4 MPa이면 공급되는 동력을 계산하시오. 모터 흡입구는 25 mm 외경×1.5 mm 벽 두께를 가진 유압 강 튜브이고 출구는 50 mm 외경×2.0 mm 벽 두께를 가진 튜브이다. 유체는 오일(sg=0.90)이고 유속은 점 B에서 1.5 m/s이다.

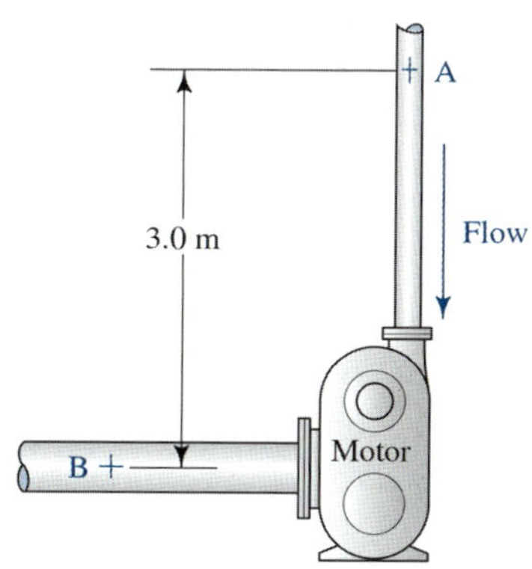

그림 7.27 문제 7.23

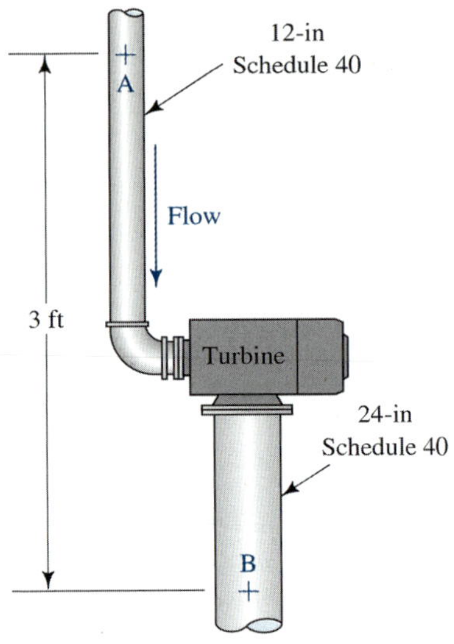

그림 7.28 문제 7.24

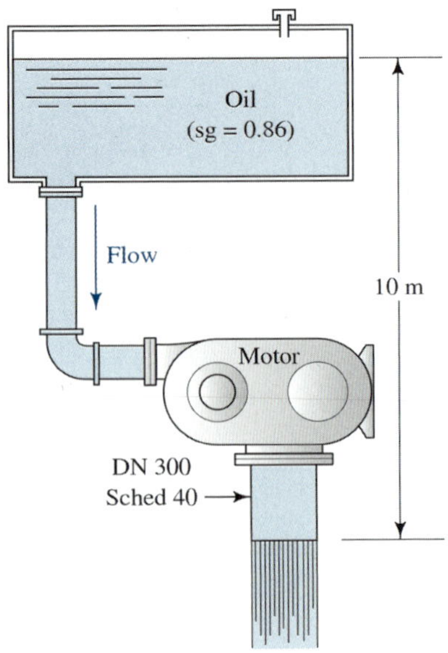

그림 7.29 문제 7.25

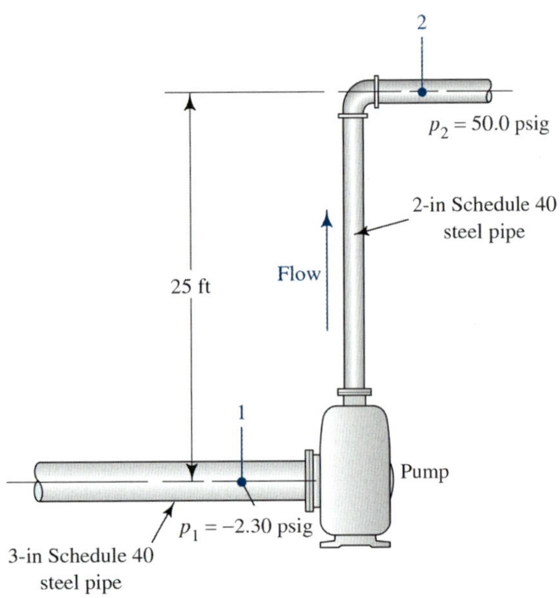

그림 7.30 문제 7.26와 7.27

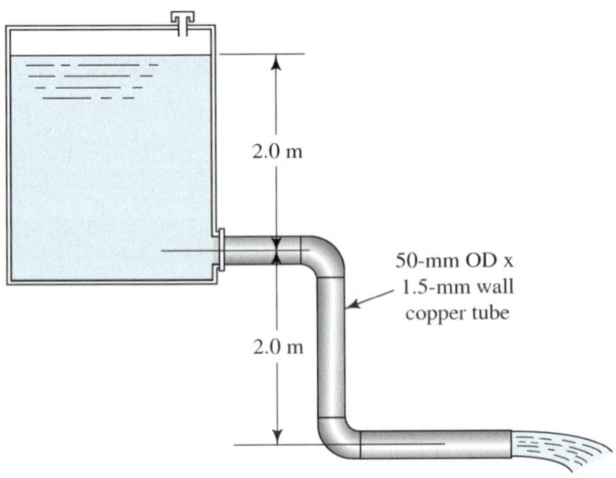

그림 7.31 문제 7.28

7.24 A에서의 압력이 21.4 psig이고 B에서의 압력이 −5 psig일 때 물은 3400 gal/min 속도로 그림 7.28에 표시된 터빈을 통해 흐른다. A와 B 사이의 마찰 에너지 손실은 12 in 파이프의 속도 수두의 2배이다. 물이 터빈에 전달하는 동력을 결정하시오.

7.25 체적 유량이 0.25 m^3/s일 때 그림 7.29 유체 모터로 공급되는 동력을 계산하시오. 배관 시스템에는 1.4 N · m/N의 에너지 손실이 있다. 모터의 효율이 75%이면 이때 출력을 계산하시오.

7.26 3.40 lb-ft/lb의 에너지 손실이 점 1과 점 2 사이에서 발생하면 그림 7.30 펌프가 60.0 lb/ft^3의 비중량을 갖는 유체에 전달해야 하는 마력 hp는 얼마인가? 펌프는 40 gal/min의 유체를 전달한다.

7.27 문제 7.26의 펌프가 75% 효율을 가지고 작동한다면, 펌프에 대한 입력 동력은 얼마인가?

7.28 그림 7.31의 시스템은 600 L/min 물을 공급한다. 배출구는 대기로 직접 들어간다. 이때 시스템의 에너지 손실을 결정하시오.

그림 7.32 문제 7.29

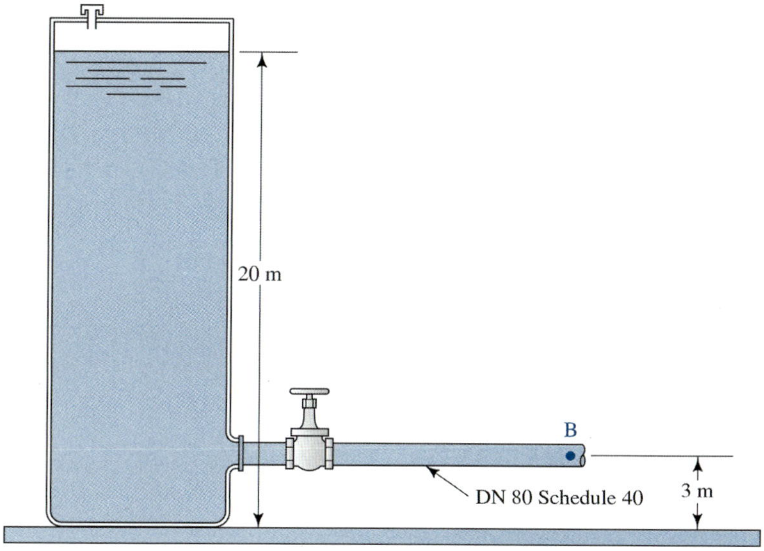

그림 7.33 문제 7.30

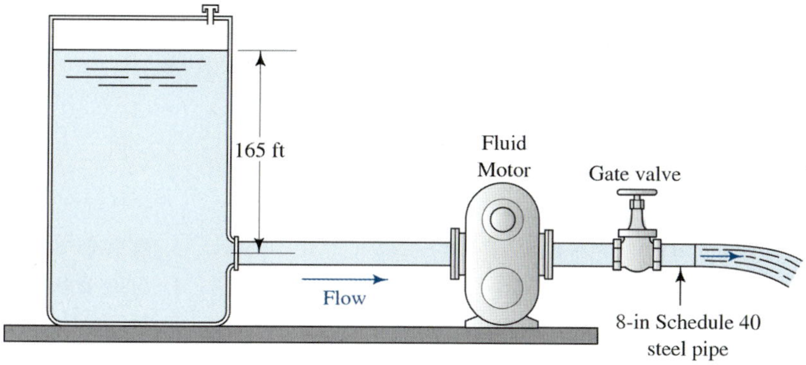

그림 7.34 문제 7.31과 7.32

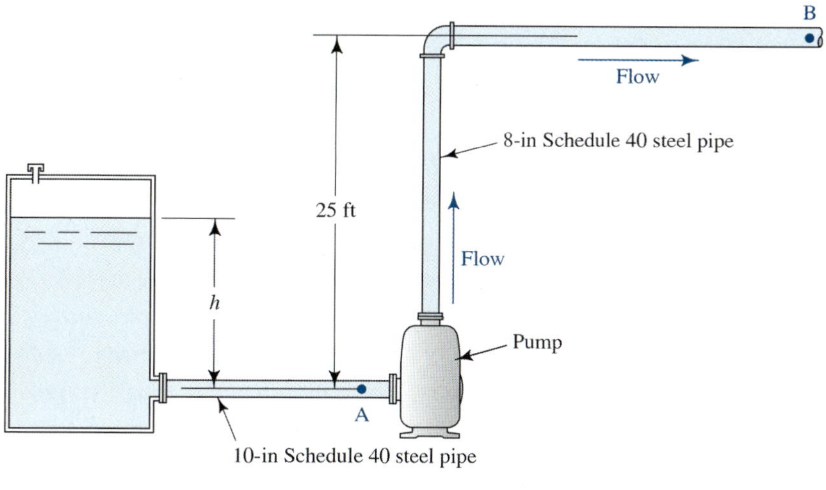

7.29 등유(sg = 0.823)는 그림 7.32의 파이프에서 0.060 m^3/s로 흐른다. 시스템에서 총 에너지 손실이 4.60 N · m/N이면 B에서 압력을 계산하시오.

7.30 60°F 물은 큰 저장소에서 유체 모터를 통해 그림 7.33에 표시된 시스템에서 1000 gal/min 속도로 흐른다. 모터가 유체에서 37 마력을 제거하면 시스템에서 발생하는 에너지 손실을 계산하시오.

7.31 그림 7.34는 펌프가 저장소로부터 50°F에서 1500 gal/min

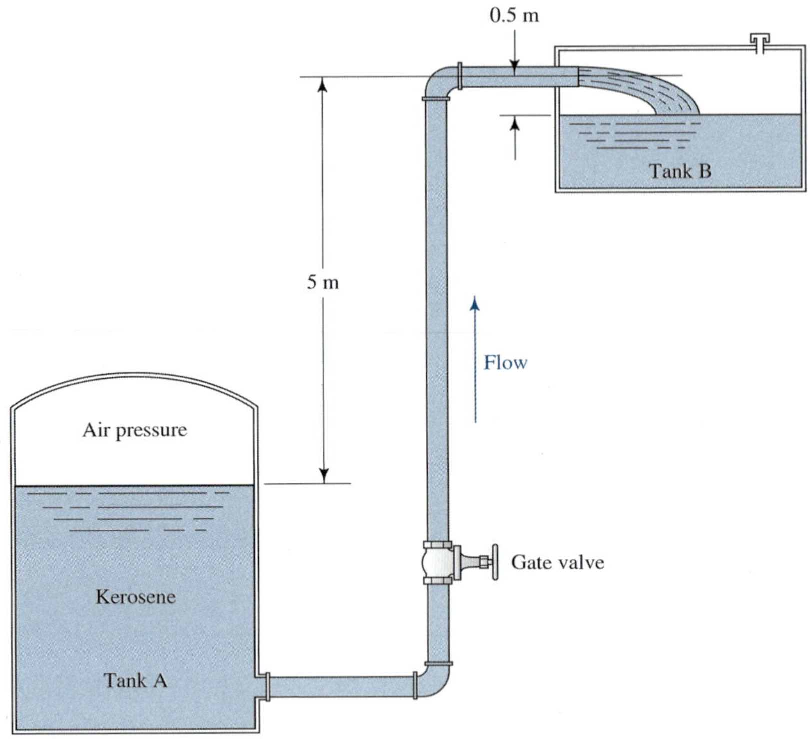

그림 7.35 문제 7.33과 7.34

의 물을 끌어와서 B 지점으로 전달하는 화재 방지 시스템의 일부를 보여준다. 저장소 입구와 펌프의 입구에서 A 지점 사이의 에너지 손실은 0.65 lb-ft/lb이다. A 지점에서 최소 5.0 psig의 압력을 유지하기 위해 필요한 깊이 h를 지정하시오.

7.32 문제 7.31 조건에 대해, 그리고 점 A에서의 압력이 5.0 psig라고 가정하면, 점 B에서 85 psig의 압력을 유지하기 위해 물에 펌프가 전달하는 동력을 계산하시오. 펌프와 점 B 사이의 에너지 손실은 28.0 lb-ft/lb이다.

7.33 그림 7.35에서 25℃의 등유는 유압 구리 튜브(50 mm 외경×1.5 mm 벽 두께)와 밸브를 통해 하부 탱크에서 상부 탱크로 500 L/min으로 흐른다. 유체 위의 압력이 100 kPa 게이지인 경우 시스템에서 얼마나 많은 에너지 손실이 발생하는가?

7.34 그림 7.35 시스템을 문제 7.33에서 분석한 경우, 에너지 손실은 튜브의 속도 수두에 비례한다고 가정하자. 1000 L/min 유량을 발생시키는 데 필요한 탱크의 압력을 계산하시오.

문제 7.35–7.40에 대한 일반적인 자료

그림 7.36은 마찰 부품을 밀어내는 데 사용되는 유압 프레스용 유체 동력 시스템의 다이어프램을 보여준다. 다음 자료가 주어진다.

1. **유체는 오일(sg=0.93)이다.**
2. **체적 유량은 175 gal/min이다.**
3. **펌프에 대한 입력 동력은 28.4 hp이다.**
4. **펌프 효율은 80%이다.**
5. **점 1에서 점 2까지의 에너지 손실은 2.80 lb-ft/lb이다.**
6. **점 3에서 점 4까지의 에너지 손실은 28.50 lb-ft/lb이다.**
7. **점 5에서 점 6까지의 에너지 손실은 3.50 lb-ft/lb이다.**

7.35 프레스에 의해 유체로부터 제거되는 동력을 계산하시오.

7.36 펌프 입구에서 점 2에서의 압력을 계산하시오.

7.37 펌프 출구에서 점 3에서의 압력을 계산하시오.

7.38 프레스 입구에서 점 4에서의 압력을 계산하시오.

7.39 프레스 출구에서 점 5에서의 압력을 계산하시오.

7.40 6장의 그림 6.3과 문제 7.35–7.39 결과와 비교하여 시스템의 흡입 및 배출 라인 크기의 적합성을 평가하자.

7.41 그림 7.37에서 보여지는 휴대용의 가압 연료 캔은 피트 스탑(pit stop) 동안 경주용 자동차에 연료를 공급하는 데 사용된다. 8초에 40 gal 이상의 연료를 공급하려면 필요한 압력은 얼마인가? 연료의 비중은 0.76이다. 4.75 lb-ft/lb 에너지 손실이 노즐에서 발생한다.

7.42 Crocker 교수는 산 꼭대기에 산장을 세우고 있으며 그림 7.38과 같은 수계를 제안했다. 산장의 분배 탱크는 물 위에서 30.0 psig의 압력을 유지한다. 배관에는 15.5 lb-ft/lb의 에너지 손실이 있다. 펌프가 40 gal/min의 물을 공급할 때 펌프에 의해 물로 전달되는 마력을 계산하시오.

7.43 문제 7.42에 설명된 Crocker 교수의 펌프가 72% 효율을

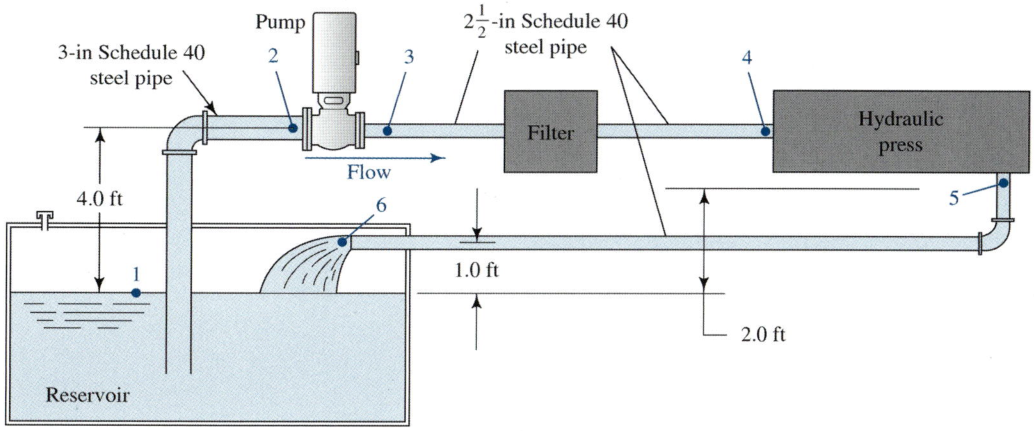

그림 7.36 문제 7.35–7.40

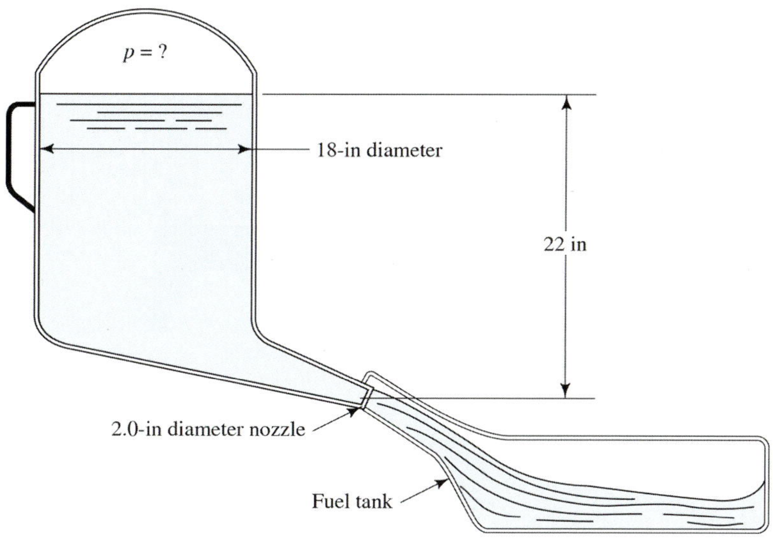

그림 7.37 문제 7.41

가진다면 펌프를 구동하는 데 필요한 모터의 크기는 얼마인가?

7.44 그림 7.39의 시험 배치는 유체 모터의 입구와 출구 사이의 압력 차를 측정한다. 유압유(sg=0.90)의 유속은 135 gal/min이다.

7.45 문제 7.44의 유체 모터가 78% 효율을 가진다면 모터는 얼마나 많은 전력을 전달하는가?

그림 7.38 문제 7.42–7.43

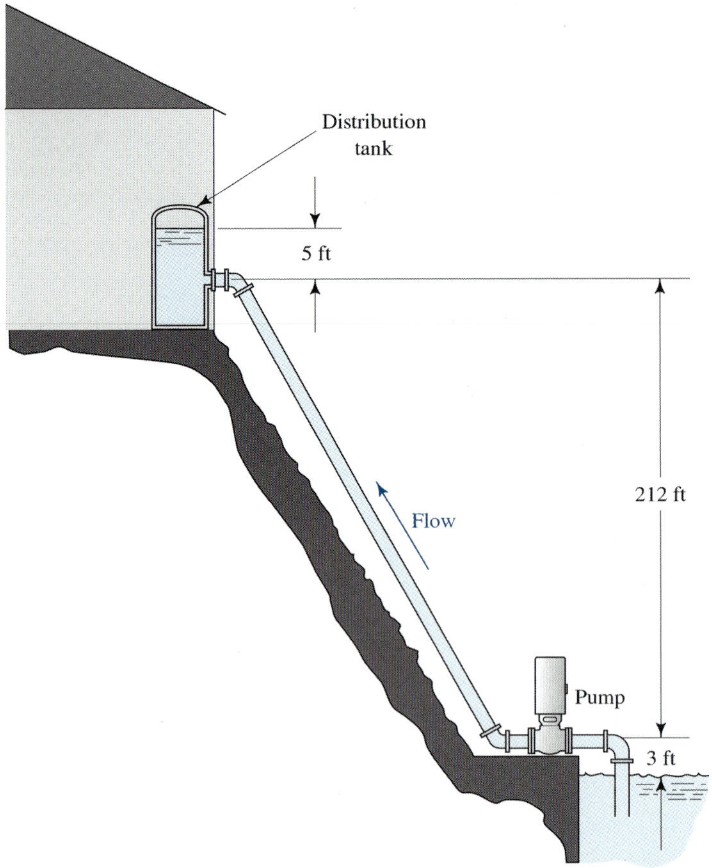

그림 7.39 문제 7.44–7.45

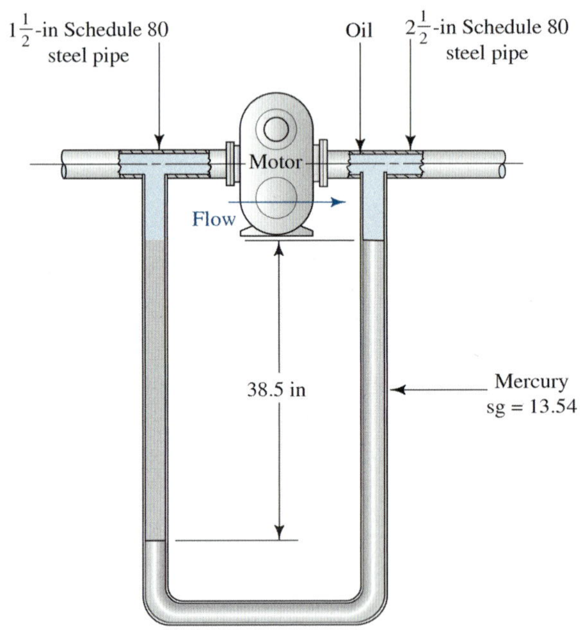

보충문제

7.46 간단한 관개 시스템을 필요로 하는 마을에서는 빗물 수집을 위한 수영장을 마련한 다음 고정된 자전거 프레임에 장착된 간단한 인간 구동식 펌프를 사용하여 건기에 물을 농작물에 전달한다. 그림 7.40에 요구된 양력이 2.5 m이고, 선의 총 손실이 1.8 m, 65% 효율의 펌프장을 가정할 때 페

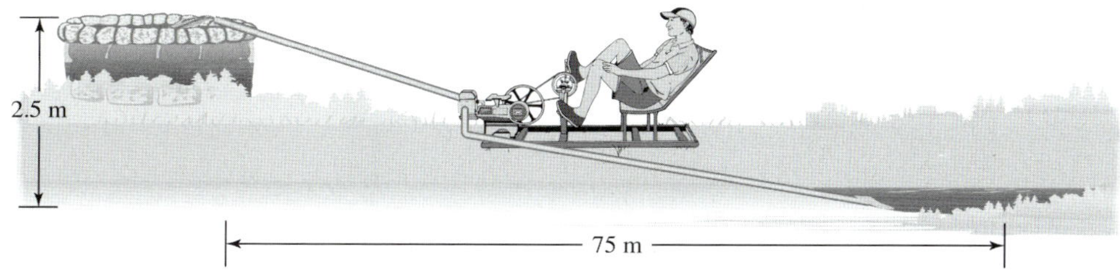

그림 7.40 문제 7.46

그림 7.41 문제 7.48

달 밟기로 125 W를 생산하는 사람이 어떤 유량을 L/min으로 흘러줘야 할까?

7.47 새로운 제트 스키 개발 팀원으로서 새로운 프로토 타입을 테스트하고 있다. 무게는 320 파운드이고 펌프를 구동하는 70 마력 엔진이 장착되어 있다. 고정식 테스트 스탠드에서 펌프는 펌프와 동일한 레벨로 설정된 개방 탱크에서 물을 꺼내고 백 엔드를 겨냥한 직경 4.25 인치의 배출구를 통해 배출한다. 시스템이 정격 출력에서 엔진이 작동할 때 물이 빠져 나올 것으로 예상하는 경우, 시스템은 82% 효율을 가진다고 하면 어떤 속도(mph)로 물이 분출되는가?

7.48 소방차는 엔진을 사용하여 82% 효율의 펌프를 구동한다. 그림 7.41과 같이 물이 스프레이 팁 위의 15 m 높이에 도달해야 한다. 출구 속도의 수직 성분만 높이에 기여하고, 수직 성분은 피크에서 제로이다. 다음의 값들을 구하시오.

(a) 스프레이 팁으로부터 최대 높이까지 도달하기 위해 필요한 출구 속도

(b) 스프레이 팁 직경이 45 mm라고 하면 체적 유량

(c) 물이 지상 탱크의 열린 탱크에서 인출되는 경우 펌프에 의해 물에 첨가되는 동력

(d) 엔진이 비효율적일 때 펌프가 필요로 하는 동력

7.49 집에는 분수 주변의 지하수를 고지대에서 제거해야 하는 배수 펌프가 있다. 그림 7.42에 표시된 시스템에서 1600 gal/h의 유속을 달성하려면 손실이 총 3.8 ft인 경우 얼마나 많은 전력이 필요한가? 많은 양의 물을 가져오는 폭풍이 가끔 전기를 차단하므로 이 장치에는 12 V 배터리 백업이 제공된다. 배터리가 800 Wh 에너지를 저장할 수 있다면 이 시스템을 배터리 백업으로 얼마나 오래 실행할 수 있는가?

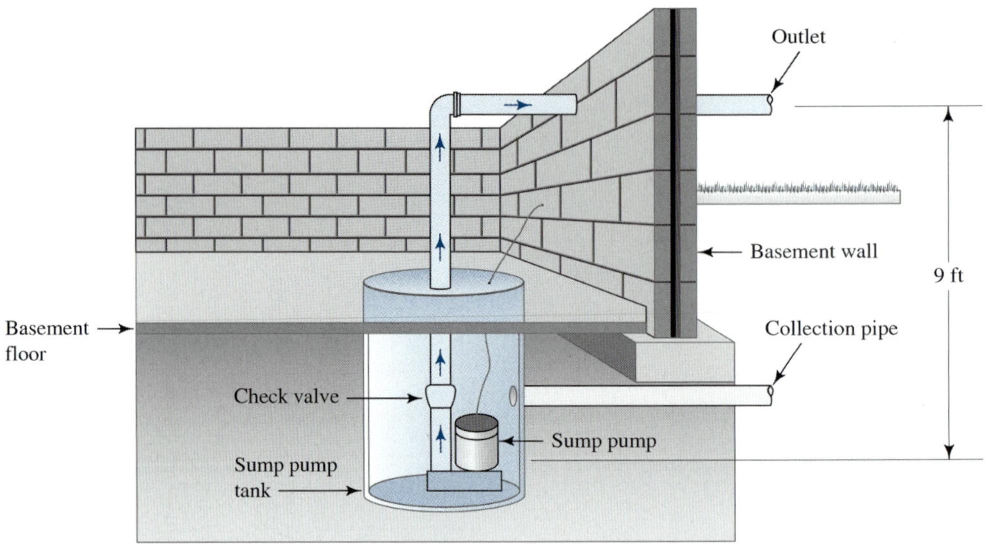

그림 7.42 문제 7.49

7.50 문제 6.107에서 한 마을에 수원의 튜브를 통해 물이 잠정적으로 전달되는 것과 관련하여 초기 계산이 이루어졌다. 손실은 고려하지 않았고 이론 유속은 9.64×10^{-3} m^3/s로 결정되었다. 문제를 다시 해결하고 예상 손실을 포함시키시오. 호수는 해발 3 m 상공에 있었고 선의 직경은 20 mm였다. 수두 손실이 2.8 m로 추산되는 경우 호수에서 마을로 유출될 유속을 결정하시오. 어떤 결론을 내릴 수 있는가?

7.51 한 시내가 캠퍼스의 특정 부분을 통과하며, 이곳에서 물은 단지 8 m 거리에서 약 2.5 m 떨어지게 되는데, 낙하 전후의 시내는 약 3 m 넓이이다. 지속 가능 클럽은 귀하에게 이 에너지를 활용할 수 있는 가능성에 관해 질문했다. 정확히 측정하기는 어렵지만 이 지점에서 대략적인 유량은 150 L/min이다. 전체 시스템 효율성을 60%로 가정할 때 생성될 수 있는 와트수를 결정하시오. 이것을 가능하게 하는 배열을 스케치하시오.

7.52 고온 튜브는 물이 7 m/s에서 나오는 직경이 각각 8 mm인 40개의 콘센트를 가져야 한다. 각각의 outlet을 마치 물 표면에 있는 것처럼 처리하고 대기압 형태로 배출하면 1/2 HP 펌프가 적절한가? 그렇다면 이 선택에 대해 여전히 충분한 동력을 제공할 수 있는 최소 효율성은 얼마인가?

7.53 대형 치퍼/분쇄기는 상업용 나무 트리밍 회사가 사용할 수 있도록 설계되어야 한다. 그것은 끌기 위해 큰 트럭 뒤에 있는 트레일러에 설치될 것이다. 장치의 회전 블레이드는 유압 시스템의 중간 공작 기계 유압 오일에서 작동하는 유체 모터에 의해 구동되는 대형 플라이휠에서 돌출되어 있다. 이것은 토크와 속도의 극단적이고 갑작스런 변화를 감안할 때 유체 모터가 훌륭히 적용된 경우이다. 이 모터에서 회전 블레이드를 구동하려면 평균 80 HP가 필요하다. 87% 효율을 가진 모터의 경우 1200 psi 오일이 얼마나 필요한가? 모터 출구가 대기압이고 입구와 같은 크기라고 가정하자. 답은 gal/min로 표시하시오.

CHAPTER 8

Reynolds수, 층류, 난류 및 마찰로 인한 에너지 손실

개요

모든 배관 시스템에서는 유체의 종류, 속도 및 고정된 파이프 벽면의 표면 특성에 영향을 받아 유체 내에서 발생하는 마찰로 인한 에너지 손실(energy loss)이 존재한다. 이러한 마찰 손실은 열전달을 향상시키기 위해 길고, 작은 직경의 파이프를 활용하는 가정용 지열 냉난방 시스템(그림 8.1) 등에서 매우 중요해질 수 있다.

이 장에서는 실제 파이프라인 시스템에서 유체가 흐를 때 발생하는 에너지 손실을 분석하는 기술을 익히게 된다. 다만, 에너지 손실의 형태 중 직선 파이프 및 튜브에서의 마찰에 의한 에너지 손실만을 다룬다. 다음 장에서는 밸브, 파이프 연결재, 파이프 면적 변화 및 형상 등에 따라 발생하는 추가적인 에너지 손실을 분석하는 기술을 배우게 될 것이다. 그리고 11, 12, 13장에서는 유동을 발생시키는 펌프와 함께, 앞서 언급한 여러 종류의 에너지 손실이 복합적으로 나타나는 더욱 복잡한 배관 시스템의 분석 방법을 배우게 된다.

마찰 손실을 계산하는 첫 번째 단계는 유동을 층류(laminar flow) 또는 난류(turbulent flow)로 구분하는 것이다. 이 장에서 소개할 레이놀즈수(Reynolds number)는 유체 속도, 파이프 크기 및 유체의 점도(viscosity)에 따라 결정된다. 낮은 Reynolds수의 유동은 느리고 부드럽게 나타나며 층류라고 불린다. 높은 Reynolds수를 가진 유동은 빠르고, 매우 복잡하고, 거칠어 보이며, 이를 난류라고 부른다. 유체 점도는 Reynolds수의 중요한 요소이기 때문에 2장의 내용을 복습해야 한다.

마찰 손실은 파이프를 따라 유체의 압력을 감소시키며 이로 인해 펌프가 유체에 전달해야 하는 동력의 양을 증가시킨다. 수도꼭지로부터 긴 길이의 파이프, 튜빙, 정원 호스 또는 소화 호스의 출구까지 물이 흐르는 동안 압력이 감소하는 것을 관찰할 수 있다.

탐구

수도꼭지에서 물의 유동을 관찰함으로써 속도 변화에 따라 유동 특성이 어떻게 변하는지 확인해보자.

- 매우 느린 유량으로 수도꼭지를 틀었을 때 물줄기의 형상을 설명해보자.
- 그런 다음 천천히 수도꼭지를 완전히 열고 물줄기의 특성이 어떻게 변하는지 관찰해보자.
- 유속이 낮아질 때 물줄기의 형상이 변화하는 것을 관찰하면서 천천히 그리고 주의 깊게 수도꼭지를 닫아보자.
- 느린 유속부터 빠른 유속까지 변화하는 특성을 관찰할 수 있는 다른 종류의 유체 유동 시스템을 고려해보자.
- 물의 유동과 비교하여 차가운 오일이 흐를 때는 어떻게 되는가? 차가운 오일은 물보다 점도가 훨씬 높고, 유사한 속도에

그림 8.1 가정용 지열 냉난방 시스템에서 긴 배관에서 발생하는 에너지 손실 및 압력 강하를 예측하기 위해 유체의 거동을 이해해야 한다.(출처: Gunnar Assmy/Fotolia)

서 물에 비해 부드럽게 흐르는 것을 알 수 있다.

- 인터넷 자료 1을 확인하여 유량 및 파이프의 길이에 대한 압력 강하 차트를 확인해보자.

입문 개념

매우 낮은 속도로 수도꼭지에서 물이 흐를 때 유동은 부드럽고 안정적으로 나타난다. 물줄기는 비교적 균일한 직경을 가지고 있으며 물줄기 내부에서 발생하는 혼합현상은 관찰되지 않는다. 이것은 유체가 한 층에서 인접한 층으로 거의 또는 전혀 혼합되지 않고 연속된 층 내에서 흐르고 있는 것처럼 보이기 때문에 층류(laminar flow)라 불리며, 층(layer)에서 유래된 용어이다. 수도꼭지가 거의 완전히 열릴 때 물의 속도가 다소 빨라진다. 이때, 유체 요소들이 유동 내에서 복잡하게 혼합되는 거동이 나타난다. 이것은 난류(turbulent flow)의 전형적인 형태이다.

층류를 관찰한 후 수도꼭지를 천천히 열어 보았을 때를 다시 생각해보자. 유속이 증가할 때, 물줄기를 따라 나타나는 물결과 함께 유동이 교란되는 것을 관찰할 수 있는가? 물줄기 자체는 부드럽게 유동하지만, 물줄기의 단면은 안팎으로 진동하는 것처럼 보이게 된다. 이 유동 영역은 유동이 층류에서 난류로 전환하는 천이 영역(transition zone)이라고 한다. 더 높은 유속에서 이러한 유동 진동 현상은 심화되고, 결국 유동은 완전히 난류가 된다. 이러한 수도꼭지에서의 유동 사례는 유동의 특성에 대한 유속의 중요성을 보여준다.

유체 점도(fluid viscosity) 또한 중요하다. 2장에서 점도 η(그리스어 eta) 및 동점도 ν(그리스어 nu)를 정의했다. $\nu = \eta/\rho$이고, ρ는 유체의 밀도이다. 일반적인 관찰을 통해 점도가 낮은 유체가 점도가 높은 유체보다 쉽게 흐를 수 있다는 것을 알 수 있다. 복습을 위해 다음 질문을 살펴보자.

- 비교적 낮은 점도를 가진 유체는 어떤 것이 있는가?
- 비교적 높은 점도를 가진 유체는 어떤 것이 있는가?
- 온도가 증가하면 고점도 유체의 유동 용이성과 관련하여 어떤 일이 발생하는가?
- 고점도 유체의 온도가 감소하면 어떤 일이 발생하는가?

엔진 윤활유와 같은 고점도의 유체를 가열하면 점도가 낮아지고 더욱 쉽게 흐를 수 있다. 이것은 자동차 엔진이 초기에 예열된 후에 발생한다. 반대로 오일의 온도를 낮추면 점성이 증가하고 유동은 느려진다. 이것은 엔진을 끄고 차가운 차고에 밤새 차를 주차한 후에 발생한다. 이러한 관찰은 유동 특성이 유체 점도에 의존한다는 개념을 설명한다. 차가운 오일과 같이 점성이 큰 유체의 흐름은 층류가 되기 쉽고 물과 같은 점도가 낮은 유체의 유동은 난류가 될 가능성이 높다.

또한, 이 장에서는 유로의 크기가 유동 특성에 영향을 미친다는 것을 알게 된다. 6장에서 논의한 것처럼 원형파이프 및 튜브를 통한 유체 유동을 다루게 된다. 이러한 파이프의 내경은 유동 특성을 결정하는 데 중요한 역할을 한다.

그림 8.2는 원형파이프 내에서 층류를 가시화하는 1가지 방법을 나타낸다. 그림에 나타난 유체의 동심원 부분은 매끈한 직선 유로를 형성하며 흐른다. 이러한 유동에서 유동층의 경계를 가로지르는 유동의 혼합은 거의 발생하지 않는다. 물론, 실제 유체에서 이러한 층은 무한히 많은 수로 구성될 것이다.

층류를 가시화하는 또 다른 방법은 그림 8.3에 나타난다. 이 그림은 깨끗한 유리관 내부에서의 물 유동과 같은 투명한 유체 유동을 나타낸다. 염료와 같이 색이 있는 유체가 주입되면 유동이 층류일 경우 염료의 유동은 직선으로 유지된다. 즉, 염료의 유동은 다른 유체 영역과 혼합되지 않는다.

층류와는 대조적으로 난류는 유체의 상호 혼합과 함께 복잡하고 거친 유동 형태를 나타낸다. 그림 8.4는 염료가 난류 유동으로 주입될 때, 기존의 유체 내부에서 즉시 혼합되는 것을 보여준다. 실제로, 난류를 생성하는 중요한 이유는 다음과 같은 응용 분야에서 혼합을 증진시키는 것이다.

1. 두 종류 또는 그 이상의 유체를 혼합
2. 화학반응 촉진
3. 유체 내외부로의 열전달 증진

개수로 유동은 유체의 한쪽 면이 대기 중에 노출되는 유동의 한 형태이다. 그림 8.5는 유체를 개수로를 통해 배출하여 낮은 수조로 떨어뜨릴 수 있는 저장소를 보여준다. 이러한 형태의 분

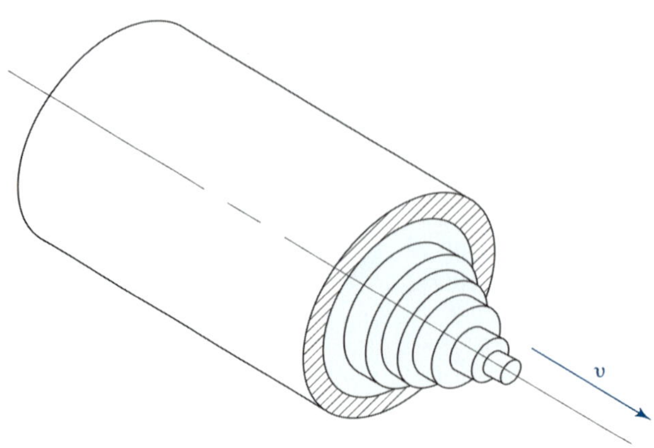

그림 8.2 원형파이프 내 층류 개념

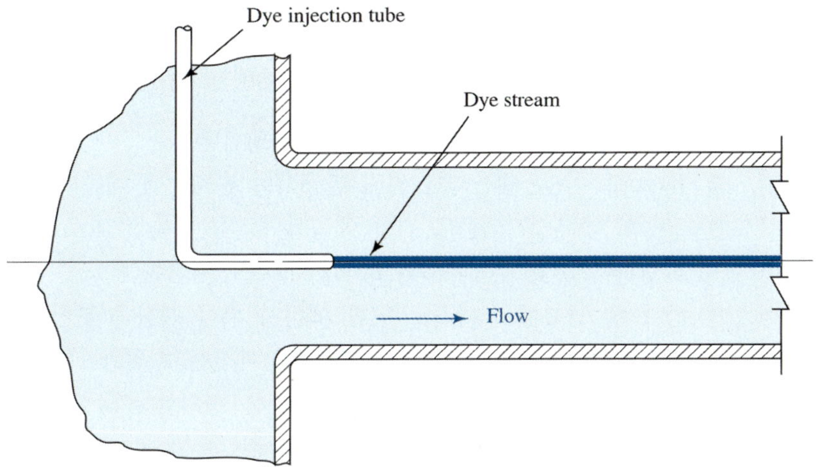

그림 8.3 층류에서의 염료 거동

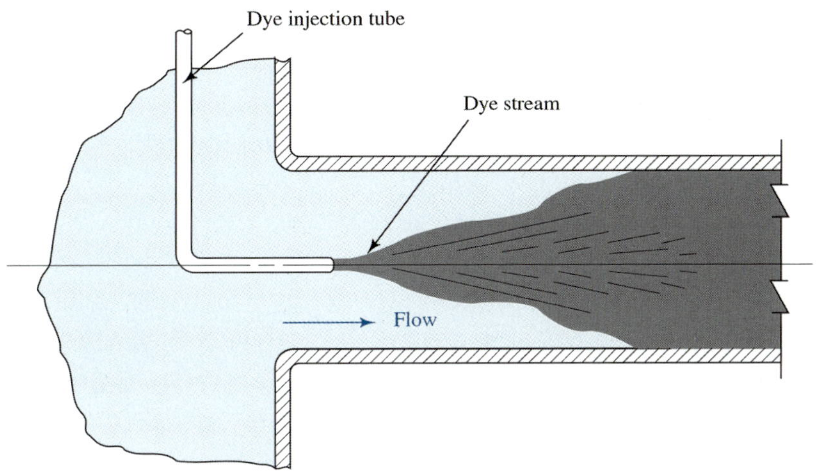

그림 8.4 난류에서의 염료 혼합 거동

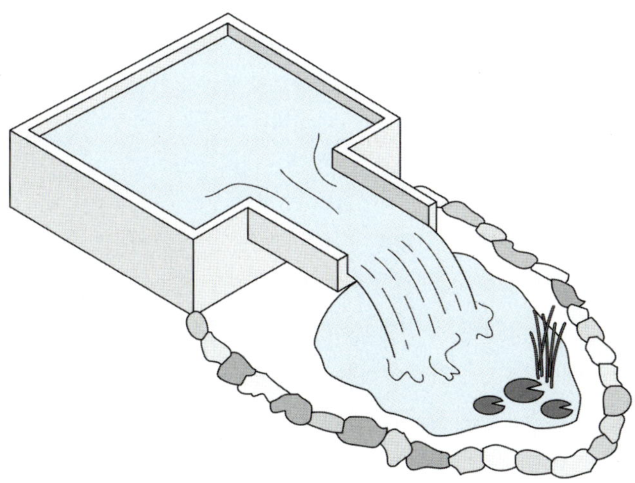

그림 8.5 벽면에 흐르는 고요한(층류) 유동

수를 본 적이 있는가? 원형파이프에서의 유동과 마찬가지로, 층류는 부드럽게 층을 이루는 것으로 보일 것이다. 채널에서 수조로 방출되는 유동은 매끈한 판형으로 나타날 것이다. 나이아가라 폭포나 빠른 속도로 떨어지는 물의 다른 유동을 본 적이 있는가? 14장에서는 개수로 유동에 대해 다룰 것이다.

8.1 목표

이 장을 학습한 후에 다음의 항목들을 수행할 수 있다.

1. 층류 및 난류 유동의 형상에 대해 설명한다.
2. Reynolds수를 계산하기 위해 활용되는 관계식에 대해 설명한다.
3. 유동이 층류인지 난류인지를 예측할 수 있는 특정 Reynolds수 값을 규정한다.
4. 원형파이프 및 튜브에서의 Reynolds수를 계산한다.
5. 층류 및 난류에서 마찰로 인한 에너지 손실 계산을 위한 Darcy 방정식을 설명한다.
6. 층류에서 마찰로 인한 에너지 손실을 계산하기 위한 Hagen－Poiseuille 방정식을 설명한다.
7. Darcy 방정식에서 사용되는 마찰계수를 정의한다.
8. Moody 선도를 이용하여 특정 Reynolds수 및 파이프의 상대거칠기 값에 대한 마찰계수를 결정한다.
9. Swamee 및 Jain이 개발한 방정식을 사용한 마찰계수를 계산한다.
10. 원형파이프, 호스, 튜브에서 유동 마찰로 인한 에너지 손실 계산 및 일반 에너지 방정식에서의 에너지 손실을 활용한다.
11. 원형파이프 내 물 유동에 국한된 경우에서, 마찰로 인한 에너지 손실을 계산하기 위해 Hazen－Williams 공식을 활용한다.

8.2 Reynolds수

에너지 손실 측면에서 유체의 거동은 유동의 층류 및 난류 여부에 크게 의존한다. 이러한 이유로 유동을 실제로 관찰하지 않고도 유동의 형태를 예측하는 방법이 필요하다. 실제로, 불투명한 배관 내부의 유체를 직접적으로 관찰하는 것은 불가능하다. 원형파이프 내부에서 흐르는 유동 특성이 다음 4가지의 변수에 의존한다는 것은 실험 및 이론적으로 검증할 수 있다. 유체 밀도 ρ, 유체 점도 η, 배관 직경 D, 및 유동 평균속도. Osborne Reynolds는 층류 및 난류 유동의 여부가 무차원수인 Reynolds수(N_R)의 크기로 예측될 수 있다는 것을 최초로 제안했다. 이에 대한 자세한 내용은 인터넷 자료 1을 참고한다. 다음의 방정식은 Reynolds수의 기본 정의를 나타난다.

▶ Reynolds수－원형 단면

$$N_R = \frac{vD\rho}{\eta} = \frac{vD}{\nu} \tag{8-1}$$

위 방정식의 2개의 우변항은 $\nu = \eta/\rho$ 정의에 따라 서로 동일하다.

Reynolds수가 무차원수라는 것을 확인하기 위해서는 일관된 단위를 사용해야 한다. 표 8.1은 SI 미터계 및 미국관습단위계를 나타낸다. N_R 계산 시 자료를 입력하기 전에 표준 단위로 변환하는 것을 추천한다. 물론, 주어진 자료로 계산을 한 후, 단위 변환을 하는 것도 가능하다. 2장의 2.1절 및 2.2절에 나타난 점도에 관한 설명을 복습하라. 그리고 단위 변환계수에 대해서는 부록 K를 참조하도록 한다.

Reynolds수가 무차원수인 것은 표준 SI 단위를 식 (8－1)에 대입함으로써 증명할 수 있다.

$$N_R = \frac{vD\rho}{\eta} = v \times D \times \rho \times \frac{1}{\eta}$$

$$N_R = \frac{\text{m}}{\text{s}} \times \text{m} \times \frac{\text{kg}}{\text{m}^3} \times \frac{\text{m} \cdot \text{s}}{\text{kg}}$$

위 식에서 모든 단위가 소거되기 때문에 N_R은 무차원수이다.

Reynolds수는 유체역학 및 열전달 연구에서 활용되는 유용한 무차원수들 중의 하나이다. 차원해석(dimensional analysis)이라고 불리는 방법이 무차원수를 결정하기 위해 활용될 수 있다(참고문헌 1 참조).

Reynolds수는 유체 요소에 작용하는 점성력에 대한 관성력의 비율이다. 관성력은 뉴턴의 제2법칙($F = ma$)으로부터 유도될 수 있다. 2장에서 논의된 것처럼 점성력은 전단 응력과 면적의 곱으로 나타낸다.

높은 Reynolds수의 유동은 일반적으로 유속이 높고, 점도가 낮기 때문에 난류가 될 가능성이 높다. 또한, 높은 점도 및 낮은 유속의 유체는 낮은 Reynolds수를 가지며 층류일 가능성이 높다. 다음 절에서는 주어진 유동 시스템이 난류인지 층류인지를 예측할 수 있는 정량적 자료가 소개된다.

표 8.1 Reynolds수의 계산을 위해 사용되는 물리량들의 표준 단위

Quantity	SI Units	U.S. Customary Units
Velocity	m/s	ft/s
Diameter	M	ft
Density	kg/m^3 or $N{\cdot}s^2/m^4$	$slugs/ft^3$ or $lb{\cdot}s^2/ft^4$
Dynamic viscosity	$N{\cdot}s/m^2$ or Pa·s or kg/m·s	$lb{\cdot}s/ft^2$ or slugs/ft·s
Kinematic viscosity	m^2/s	ft^2/s

Reynolds수 공식은 비원형 단면, 개수로 및 유체에 잠긴 물체 주위의 유동 등 경우에 따라 달라질 수 있다. 이러한 상황에 대해서는 이 책의 다른 부분에서 논의될 것이다.

8.3 임계 Reynolds수

배관 내부 유동의 실제 응용에서 유동의 Reynolds수가 2000보다 작은 값을 가지면, 유동은 층류로 정의할 수 있다. 또한 Reynolds수가 4000보다 크다면 유동은 난류로 가정할 수 있다. 2000에서 4000 사이의 Reynolds수 범위에서 유동이 난류인지 층류인지를 구분하는 것은 불가능하다. 그러므로 이 영역은 임계 영역(critical region)이라고 불린다. 일반적인 응용분야에서 유동은 층류 또는 난류 영역에 포함될 것이다. 그러므로 이러한 불확실한 영역의 존재는 큰 문제를 야기하지는 않는다. 어떤 시스템에서 유동이 임계 영역에 존재한다면 일반적인 조치로 유동을 명확하게 층류 또는 난류로 만들기 위해 유량 또는 배관 직경을 변화시킬 수 있다.

만약 외란(external disturbance)을 최소화할 수 있다면, 약 50,000 정도의 Reynolds수에서도 층류 유동을 유지하는 것이 가능하다. 하지만 N_R이 4000보다 크다면, 유동 영역에서의 미약한 외란에 의해서도 유동은 층류에서 난류로 급격히 변할 것이다. 따라서 이 책에서는 실제 응용분야를 다룰 것이기 때문에 다음과 같이 가정할 수 있다.

$N_R < 2000$이면 유동은 층류이다.

$N_R > 4000$이면 유동은 난류이다.

예제 8.1 25℃ 글리세린이 화학공정장치 내부의 원형 유로에서 흐를 때 유동이 층류인지 난류인지를 결정하시오. 유로의 직경은 150 mm이다. 평균 유속은 3.6 m/s이다.

해설 먼저 식 (8-1)을 사용하여 Reynolds수를 계산한다.

$$N_R = vD\rho/\eta$$

$$v = 3.6 \text{ m/s}$$

$$D = 0.15 \text{ m}$$

$$\rho = 1258 \text{ kg/m}^3 \text{ (부록 B 참조)}$$

$$\eta = 9.60 \times 10^{-1} \text{ Pa} \cdot \text{s (부록 B 참조)}$$

Reynolds수는 다음과 같다.

$$N_R = \frac{(3.6)(0.15)(1258)}{9.60 \times 10^{-1}} = 708$$

N_R이 708이기 때문에 (2000보다 작다.) 유동은 층류이다. 위 식에서 각 변수는 N_R을 계산하기 전에 SI 단위로 표현되었다.

예제 8.2 70℃ 물이 외경 32 mm, 벽 두께 2.0 mm인 구리 튜브를 흐른다면 이 유동이 층류인지 난류인지를 결정하시오. 유량은 285 L/min이다.

해설 식 (8-1)을 사용하여 Reynolds수를 계산한다.

$$N_R = \frac{vD\rho}{\eta} = \frac{vD}{\nu}$$

구리 튜브에 대해, D=28 mm=0.028 m, A=6.158×10^{-4} m^2 (부록 G.2 참조).

$$v = \frac{Q}{A} = \frac{285 \text{ L/min}}{6.158 \times 10^{-4} \text{ m}^2} \times \frac{1 \text{ m}^3\text{/s}}{60000 \text{ L/min}} = 7.71 \text{ m/s}$$

$$\nu = 4.11 \times 10^{-7} \text{ m}^2\text{/s (부록 A 참조)}$$

$$N_R = \frac{(7.71)(0.028)}{4.11 \times 10^{-7}} = 5.25 \times 10^5$$

Reynolds수가 4000보다 크기 때문에 유동은 난류이다.

예제 8.3 60℉의 SAE 10 오일이 2-in Schedule 40 강 배관에서 흐른다면 유동이 임계 영역에 존재하기 위한 평균 유속의 범위를 결정하시오. 오일의 비중은 0.89이다.

해설 유동이 $2000 < N_R < 4000$이면 임계 영역에 존재한다. 먼저 Reynolds수 공식을 사용하여 속도에 관한 식을 얻는다.

$$N_R = \frac{vD\rho}{\eta}$$

$$v = \frac{N_R \eta}{D\rho} \tag{8-2}$$

다음 η, D, ρ 값을 찾는다.

$$D = 0.1723 \text{ ft (부록 F 참조)}$$

$$\eta = 2.10 \times 10^{-3} \text{ lb-s/ft}^2 \text{ (부록 D 참조)}$$

$$\rho=(sg)(1.94\ \text{slugs/ft}^3)=(0.89)(1.94\ \text{slugs/ft}^3)=1.73\ \text{slugs/ft}^3$$

위의 값을 식 (8-2)에 대입하면 다음과 같다.

$$v=\frac{N_R(2.10\times10^{-3})}{(0.1723)(1.73)}=(7.05\times10^{-3})N_R$$

$N_R=2000$에 대해 유속은

$$v=(7.05\times10^{-3})(2\times10^3)=14.1\ \text{ft/s}$$

$N_R=4000$에 대해 유속은

$$v=(7.05\times10^{-3})(4\times10^3)=28.2\ \text{ft/s}$$

그러므로 $14.1<v<28.2$ ft/s이면, 유동은 임계 영역에 존재할 것이다.

8.4 Darcy 방정식

다음의 에너지 방정식에서

$$\frac{p_1}{\gamma}+z_1+\frac{v_1^2}{2g}+h_A-h_R-h_L=\frac{p_2}{\gamma}+z_2+\frac{v_2^2}{2g}$$

h_L은 시스템의 에너지 손실로 정의된다. 에너지 손실의 한 요소는 흐르는 유체의 마찰로 인해 발생한다. 마찰은 파이프 및 튜브에서의 유동의 경우, 유동의 속도 수두 및 유로직경 대비 길이비에 비례한다. 이는 Darcy 방정식에 의해 수학적으로 다음과 같이 표현된다.

▶ 에너지 손실에 대한 Darcy 방정식

$$h_L=f\times\frac{L}{D}\times\frac{v^2}{2g} \tag{8-3}$$

여기서

h_L = 마찰로 인한 에너지 손실 (N·m/N, m, lb-ft/lb, 또는 ft)
L = 유로 길이 (m or ft)
D = 파이프직경 (m or ft)
v = 평균 유속 (m/s or ft/s)
f = 마찰계수 (무차원)

Darcy 방정식은 원형 단면의 긴 직관에서 층류 및 난류에 대한 마찰 에너지 손실을 계산하기 위해 활용될 수 있다. 층류 및 난류 유동에서의 차이점은 다음 절에 설명될 것처럼 무차원 마찰계수 f의 계산 방법이다. 정해진 크기의 파이프를 통한 주어진 체적 유량에서의 유속은 $Q=Av$ 방정식에 의해 결정된다는 것을 명심한다. 이 방정식의 활용법을 익혔으므로, 인터넷 자료 2에 나열된 웹사이트를 유용하게 사용할 수 있다.

8.5 층류에서의 마찰 손실

층류 유동이 존재할 때, 유체는 수많은 층으로 이루어져 흐르는 것처럼 보인다. 유체의 점성으로 인해 유체 각 층 사이에 전단응력이 발생한다. 에너지는 이러한 전단응력에 의해 발생하는 마찰력에 의해 유체로부터 손실된다. 층류가 매우 질서정연하고 규칙적이기 때문에 에너지 손실 및 유체 시스템의 측정 가능한 변수들 사이의 관계식을 유도할 수 있다. 이러한 관계식을 다음의 Hagen–Poiseuille 방정식으로 나타낼 수 있다.

▶ Hagen–Poiseuille 방정식

$$h_L = \frac{32\eta L v}{\gamma D^2} \tag{8-4}$$

위 식에 포함되는 변수는 점도 및 비중량을 포함하는 유체 물성치, 길이 및 파이프 직경을 포함하는 배관 형상 및 평균 유속에 의해 특정되는 유체의 동적 거동이다. Hagen–Poiseuille 방정식은 수많은 실험을 통해 검증되어 왔다. 식 (8–4)로부터 층류에서의 에너지 손실은 파이프 표면의 조도(roughness)와는 관계없다는 것을 알 수 있다. 유체 내의 점성 마찰 손실(viscous friction loss)이 에너지 손실의 크기를 좌우한다.

Hagen–Poiseuille 방정식은 층류 유동에서만 적용된다($N_R < 2000$). 층류 유동에서의 마찰 에너지 손실은 식 (8–3)의 Darcy 방정식으로도 계산될 수 있다. h_L에 대한 두 관계식이 서로 동일하다면, 마찰계수의 값을 다음과 같이 결정할 수 있다.

$$f \times \frac{L}{D} \times \frac{v^2}{2g} = \frac{32\eta L v}{\gamma D^2}$$

$$f = \frac{32\eta L v}{\gamma D^2} \times \frac{D2g}{Lv^2} = \frac{64\eta g}{vD\gamma}$$

$\rho = \gamma / g$이기 때문에 다음의 식을 얻을 수 있다.

$$f = \frac{64\eta}{vD\rho}$$

Reynolds수가 $N_R = vD\rho / \eta$로 정의되므로 층류 마찰계수는 다음과 같다.

▶ 층류에서의 마찰계수

$$f = \frac{64}{N_R} \tag{8-5}$$

요약하면, 층류유동에서의 마찰로 인한 에너지 손실은 Hagen–Poiseuille 방정식

$$h_L = \frac{32\eta L v}{\gamma D^2}$$

또는 Darcy 방정식으로부터 구할 수 있다.

$$h_L = f \times \frac{L}{D} \times \frac{v^2}{2g}$$

여기서 $f = 64/N_R$이다.

예제 8.4 25℃ 글리세린이 30 m 길이의 표준 DN 150-mm Schedule 80 파이프를 통해 평균 유속 4.0 m/s로 흐를 때 발생하는 에너지 손실을 구하시오.

해설 먼저 Reynolds수 계산을 통해 유동이 층류인지 난류인지를 결정해야 한다.

$$N_R = \frac{vD\rho}{\eta}$$

부록 B로부터 25℃ 글리세린에 대해

$$\rho = 1258 \text{ kg/m}^3$$
$$\eta = 9.60 \times 10^{-1} \text{ Pa} \cdot \text{s}$$

이며, Reynolds수는

$$N_R = \frac{(4.0)(0.1463)(1258)}{9.60 \times 10^{-1}} = 767$$

이다. $N_R < 2000$이기 때문에 유동은 층류이다.

Darcy 방정식을 사용해서, 다음의 결과를 얻을 수 있다.

$$h_L = f \times \frac{L}{D} \times \frac{v^2}{2g}$$

$$f = \frac{64}{N_R} = \frac{64}{767} = 0.0835$$

$$h_L = 0.0835 \times \frac{30}{0.1463} \times \frac{(4.0)^2}{2(9.81)} \text{ m} = 13.96 \text{ m}$$

위의 각 방정식에서 각 항은 SI 단위로 표현되는 것을 명심한다. 따라서 h_L의 단위는 m 또는 N·m/N이다. 이것은 30 m 길이의 파이프를 흐르는 글리세린에 대해 13.96 N·m의 에너지가 글리세린 1 N에 의해 손실된다는 것을 의미한다.

8.6 난류에서의 마찰 손실

원형파이프 내 유체의 난류 유동에서 마찰로 인한 에너지 손실을 계산하기 위해 Darcy 방정식을 활용하는 것은 매우 편리하다. 난류는 매우 혼란스럽고, 끊임없이 변화하는 유동 형태이다. 이러한 이유로 f의 값을 결정하기 위해 실험자료에 의존해야 한다.

수많은 실험을 통해, f는 2개의 다른 무차원수, 즉 Reynolds수 및 배관의 상대 조도(relative roughness)에 따라 결정된다는 것이 밝혀져 왔다. 상대 조도는 파이프 벽면의 평균 조도 ε(그리스어, epsilon)에 대한 파이프직경의 비율이다. 그림 8.6은 표면 불규칙 구조의 최대높이(peak)로서 파이프 벽면 조도를 나타낸다. 파이프의 표면 조건은 파이프 재질 및 제조방법에 따라 결정된다. 조도가 다소 불규칙한 값이기 때문에 평균을 취하는 방법이 전체 조도값을 측정하기 위해 사용된다.

상업적으로 활용되는 파이프 및 튜빙에 대해 평균 조도 ε의 설계값은 표 8.2에 나타난다. 이 표에 나타난 값들은 최초로 출고된 깨끗한 상태의 파이프에서의 조도값이다. 그러므로 조도값의 설계값 대비 차이를 감안해야 한다. 파이프가 일정시간 사용된 후에, 조도는 벽면에 침전물 생성 및 부식으로 인해 변하게 된다.

유리관(glass tubing)은 수력학적으로 매끈한 내부 표면을 가지며, 매우 낮은 조도값을 나타낸다. 그러므로 상대조도 D/ε는 무한대에 가깝다. 플라스틱 파이프 및 튜빙은 거의 유리관만큼 매끈한 표면을 가지며, 이 책에 수록된 조도값을 사용할 것이다. 하지만, 앞서 언급한 조도의 변화가 고려되어야 한다.

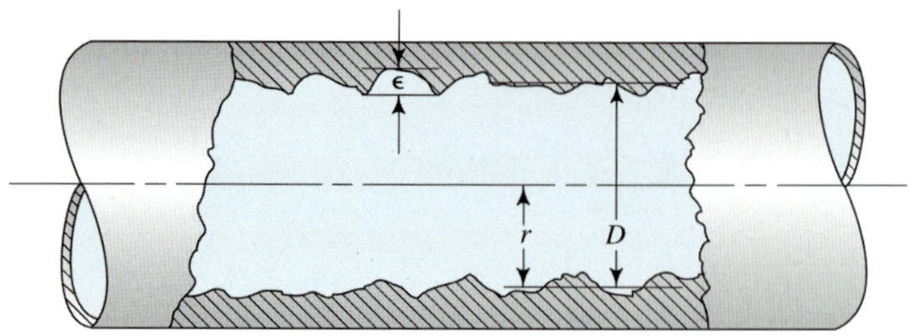

그림 8.6 파이프 벽면 조도(이해를 위해 과장됨)

표 8.2 파이프 조도–설계 값

Material	Roughness ε (m)	Roughness ε (ft)
Glass	Smooth	Smooth
Plastic	3.0×10^{-7}	1.0×10^{-6}
Drawn tubing; copper, brass, steel	1.5×10^{-6}	5.0×10^{-6}
Steel, commercial or welded	4.6×10^{-5}	1.5×10^{-4}
Galvanized iron	1.5×10^{-4}	5.0×10^{-4}
Ductile iron—coated	1.2×10^{-4}	4.0×10^{-4}
Ductile iron—uncoated	2.4×10^{-4}	8.0×10^{-4}
Concrete, well made	1.2×10^{-4}	4.0×10^{-4}
Riveted steel	1.8×10^{-3}	6.0×10^{-3}

구리, 황동 및 일부의 강관은 매우 매끈한 표면을 형성시키며, 내부 굴대(internal mandrel)를 거쳐 최종 형상 및 크기로 인발된다. 표준 강 파이프(Schedule 40 및 Schedule 80 등) 및 용접용 강관에 대해, 상업용 강 또는 용접용 강에 대한 조도값을 사용한다. 아연 강판은 부식 저항성을 위해 야금접합된 아연 코팅을 보유하고 있다. 연성 철 파이프는 부식 방지 및 표면 조도를 개선하기 위해 시멘트 모르타르로 내부 코팅된다. 이 책에서 다른 언급이 없다면 코팅된 연성 철판의 조도값을 사용한다. 일부 제조업체에서 생산하는 연성 철 파이프는 강철에 근접하는 매끈한 내부 표면을 보유한다. 잘 만들어진 콘크리트 파이프는 테이블에 수록된 것처럼 코팅된 연성 철판의 값과 유사한 조도값을 가질 수 있다. 하지만 조도값의 범위는 넓게 분포하며, 제조업체로부터 자료를 획득해야 한다. 리베트강(Rivetted steel)은 대직경 파이프라인에서 사용된다.

8.6.1 Moody 선도

마찰계수를 계산하기 위해 가장 널리 활용되는 방법 중의 하나는 그림 8.7에 나타난 Moody 선도(Moody diagram)를 활용하는 것이다. 이 선도는 상대조도 D/ε에 따른 일련의 매개 변수 곡선과 함께 Reynolds수 N_R에 대한 마찰계수 f의 값을 도시한다. 이 선도는 L. F. Moody(참고문헌 2 참고)의 실험자료로부터 생산되었다.

매우 넓은 범위의 값들이 포함되기 때문에 f 및 N_R은 로그 스케일로 도시된다. 차트의 좌측 끝에 있는 직선은 2000보다 작은 Reynolds수(층류)에 대한 $f = 64/N_R$ 관계를 나타낸다. $2000 < N_R < 4000$ 영역에서 그래프가 존재하지 않는 이유는 이 영역이 층류와 난류 사이의 임계 영역이기 때문이다. 이 영

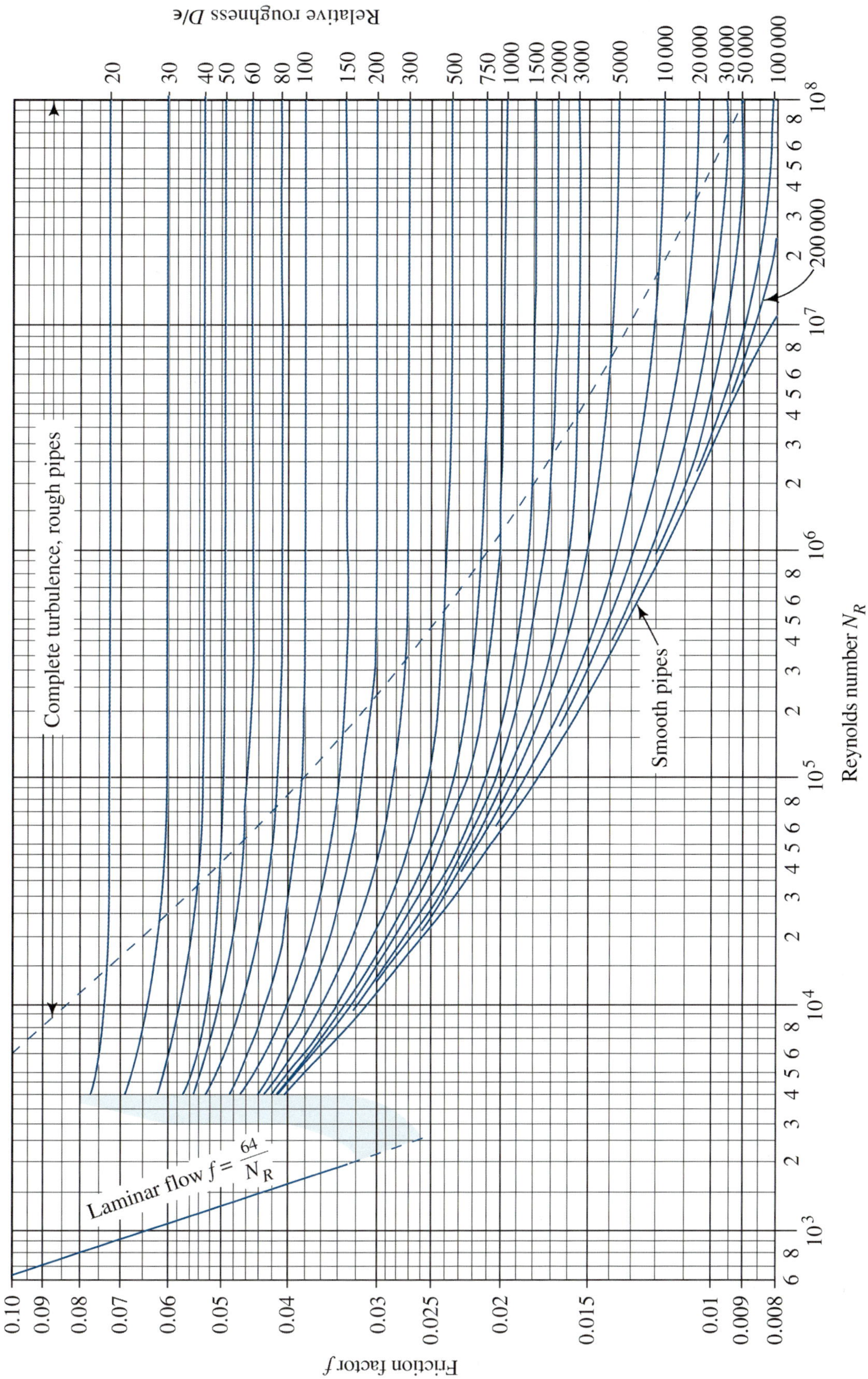

그림 8.7 Moody 선도(출처: Pao, R.H.E. *Fluid Mechanics*, p. 284. Copyright 9c. 1961. Reprinted by permission of the author.)

역에서 유동의 형태를 예측하는 것은 불가능하다. 층류에서 난류로 변화하는 영역의 마찰계수는 음영처리된 영역 범위 내에 존재한다. $N_R = 4000$ 이상의 영역에서 상이한 D/ε 값에 대한 마찰계수 곡선들이 나타난다. 이러한 곡선들로부터 다음의 중요한 특성을 알 수 있다.

1. 주어진 Reynolds수에서 상대 조도 D/ε이 증가함에 따라 마찰계수 f는 감소한다.
2. 주어진 상대조도 D/ε에서 마찰계수는 완전 난류 영역(zone of complete turbulence)에 도달할 때까지 Reynolds수의 증가에 따라 감소한다.
3. 완전 난류 영역에서 Reynolds수의 변화는 마찰계수에 영향을 미치지 않는다.
4. 상대 조도 D/ε이 증가함에 따라 완전 난류 영역이 시작하는 지점의 Reynolds수는 감소한다.

그림 8.8은 여러 영역들이 존재하는 Moody 선도의 단순도이다. 좌측의 층류 영역(laminar zone)은 이미 논의하였다. 선도를 대각선 아래로 가로지르는 점선의 우측은 완전 난류 영역을 나타낸다. 난류에서 주어진 Reynolds수에 대해 가장 낮은 마찰계수는 매끈한 파이프(smooth pipes) 선에 해당한다.

매끈한 파이프 선과 완전 난류 영역의 시작을 나타내는 점선 사이에 해당하는 영역은 천이 영역(transition zone)이다. 이 영역에서 다수의 D/ε 선들이 도시된다. 그러므로 마찰계수를 타당하게 계산하기 위해 주의를 기울여야 한다. 예를 들어, 상대 조도 500에 대한 마찰계수는 $N_R = 4000$일 때 0.042로부터 완전 난류 영역이 시작되는 $N_R = 6.0 \times 10^5$일 때 0.024로 감소한다.

그림 8.7을 활용하여 주어진 Reynolds수 및 상대 조도에 대한 다음의 마찰계수 값을 검증함으로써 Moody 선도를 올바르게 해석하고 있는지를 검토해보자.

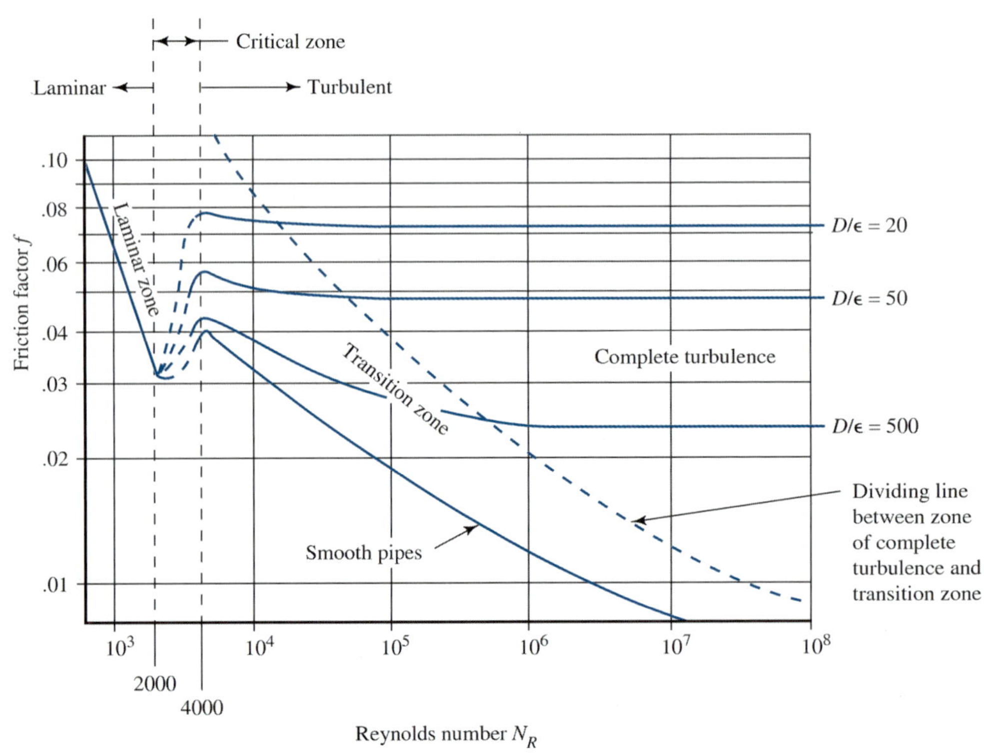

그림 8.8 Moody 선도의 부분별 설명

N_R	D/ε	f
6.7×10^3	150	0.0430
1.6×10^4	2000	0.0284
1.6×10^6	2000	0.0171
2.5×10^5	733	0.0223

Reynolds수 2000에서 4000 사이의 임계 영역은 이 영역 내에서 유동의 형태가 예측될 수 없기 때문에 가능한 피하는 것이 바람직하다. 음영 영역은 상대 조도의 값에 따라 마찰계수가 어떻게 변화하는지를 나타낸다. 낮은 D/ε(큰 값의 파이프 벽면 조도를 의미함)값에서 마찰계수는 유동이 층류에서 난류로 변함에 따라 매우 크게 증가한다. 예를 들어, $D/\varepsilon=20$인 파이프 유동에 대해 마찰계수는 층류 영역의 끝인 $N_R=2000$에서 0.032로부터 난류 영역의 시작인 $N_R=4000$에서 약 0.077로 증가한다. 약 240%의 증가이다. 더욱이 이러한 현상이 발생하는 Reynolds수의 값은 예측할 수 없다. 에너지 손실이 마찰계수에 비례하기 때문에 이러한 크기의 변화는 유체 시스템에 심각한 영향을 미친다.

상대 조도가 D/ε로 정의되기 때문에 높은 상대 조도 값은 낮은 ε값을, 즉 매끈한 파이프를 의미한다는 것을 명심해야 한다. 매끈한 파이프로 표시된 곡선은 D/ε이 극도로 커서 거의 무한대 값에 근접하는 유리와 같은 재질을 위해 사용된다.

일부 문헌 및 참고자료는 상대 조도를 표현하기 위해 ε/D, ε/r 또는 r/ε 등의 다른 수식을 사용한다. 여기서 r은 파이프 반경이다. 하지만 계산 및 보간법을 더욱 쉽게 적용하는 데 이 책에서 사용된 수식이 비교적 적합하다고 판단된다.

8.6.2 Moody 선도의 활용

Moody 선도는 난류 영역에서 마찰계수 값을 결정하기 위해 사용된다. 이때, Reynolds수 및 상대 조도 값이 주어져야 한다. 그러므로 요구되는 기본 자료는 파이프 내경, 파이프 재질, 유속, 및 유체의 종류와 점도를 결정하기 위한 유체의 온도이다. 다음의 예제들은 f를 구하기 위한 과정을 설명한다.

예제 8.5 160°F의 물이 1-in Schedule 40 강 파이프에서 30 ft/s의 속도로 흐를 때, 마찰계수 f를 구하시오.

해설 먼저 유체의 층류 및 난류 여부를 결정하기 위해 Reynolds수를 계산한다.

$$N_R = \frac{vD}{\nu}$$

부록 F에 의해 $D=1.049$ in$=0.0874$ ft. 부록 A.2에서 물의 점성은 $\nu=4.38\times10^{-6}$ ft²/s이므로,

$$N_R = \frac{(30.0)(0.0874)}{4.38\times10^{-6}} = 5.98\times10^5$$

그러므로 유동은 난류이다. 다음으로 상대조도를 계산한다. 표 8.2로부터 $\varepsilon=1.5\times10^{-4}$ ft이므로 상대조도는 다음과 같다.

$$\frac{D}{\varepsilon} = \frac{0.0874\ \text{ft}}{1.5\times10^{-4}\ \text{ft}} = 583$$

D/ε이 무차원수이기 때문에 D 및 ε의 단위는 동일해야 한다는 것을 명심한다.

최종 단계는 다음과 같다.

1. Moody 선도의 가로축에서 Reynolds수를 찾는다.

$$N_R = 5.98 \times 10^5$$

2. $D/\varepsilon = 583$인 곡선에 도달할 때까지 수직선을 그린다. $N_R = 5.98 \times 10^5$ 수직선에 $D/\varepsilon = 500$ 및 750 곡선 사이의 점을 보간해야 한다.
3. 수평선을 그려 왼쪽의 마찰계수 값 $f = 0.023$을 구할 수 있다.

예제 8.6 예제 8.5에서 물의 유속이 0.45 ft/s이고, 다른 모든 조건이 동일할 때, 마찰계수 f를 구하시오.

해설

$$N_R = \frac{vD}{\nu} = \frac{(0.45)(0.0874)}{4.38 \times 10^{-6}} = 8.98 \times 10^3$$

$$\frac{D}{\varepsilon} = \frac{0.0874}{1.5 \times 10^{-4}} = 583$$

그림 8.7에서 $f = 0.0343$이다.

이 값은 D/ε곡선의 곡선부에 위치하고, 마찰계수 값은 예제 8.5에서 구한 값에 비해 현저히 증가한다는 것을 명심한다.

예제 8.7 25℃의 에틸알코올이 표준 DN 40 Schedule 80 강 파이프 내에서 5.3 m/s의 속도로 흐를 때 마찰계수 f를 결정하시오.

해설 Reynolds수를 계산하기 위해 다음 방정식을 사용한다.

$$N_R = \frac{vD\rho}{\eta}$$

부록 B로부터 $\rho = 787\ \text{kg/m}^3$ 및 $\eta = 1.00 \times 10^{-3}\ \text{Pa} \cdot \text{s}$이다. 또한 DN 40 Schedule 80 강 파이프에 대해 D=0.0381 m이다. Reynolds수는

$$N_R = \frac{(5.3)(0.0381)(787)}{1.00 \times 10^{-3}} = 1.59 \times 10^5$$

그러므로 유동은 난류이다. 강 파이프에 대해 $\varepsilon = 4.6 \times 10^{-5}$ m이므로 상대조도는 다음과 같다.

$$D/\varepsilon = \frac{0.0381\ \text{m}}{4.6 \times 10^{-5}\ \text{m}} = 828$$

그림 8.7로부터 $f = 0.0225$이다. 이 값을 결정하기 위해서는 N_R과 D/ε에 대해 모두 보간법을 적용해야 한다. 그러므로 약간의 차이는 존재할 수 있다. 하지만 그래프의 해당부분에서 ±0.0005 이내로 마찰계수 f의 값을 결정할 수 있어야 한다.

다음은 일반적인 유체 배관 상황을 나타내는 프로그램 예제이다. 풀이의 한 부분으로서 마찰로 인한 에너지 손실이 계산되어야 한다.

프로그램 예제

예제 8.8 그림 8.9는 산업용 저장탱크를 나타낸다. 이 탱크로부터 25℃의 물이 대량 식품 생산 공정 시스템까지 수평길이 100 m의 배관으로 공급된다. 파이프는 DN 50 Schedule 40 강 파이프이며, 설계 공급 유량은 520 L/min이다. 저장탱크로부터 공정 시스템까지 배관 내에서 발생하는 압력 강하를 구하시오.

해설 먼저 이 문제를 풀기 위한 계획을 수립하시오.

접근 방법:

1. 저장탱크로부터 출구지점을 점 A로 정의하고 수평파이프의 출구지점을 점 B로 표시한다. 문제의 목적은 $p_A - p_B$, 즉 점 A와 B 사이에 압력 강하를 계산하는 것이다.
2. 파이프 내 마찰로 인한 에너지 손실을 고려하여 압력 강하를 계산하기 위해 에너지 방정식을 사용한다.
3. Darcy 방정식을 사용하여 에너지 손실을 구한다.

점 A와 점 B 사이에 적용되는 에너지 방정식을 기술하고, 압력 강하에 대한 수식을 풀어보자.

에너지 방정식은

$$p_A/\gamma + z_A + v_A^2/2g - h_L = p_B/\gamma + z_B + v_B^2/2g$$

$z_A = z_B$ 및 $v_A = v_B$이므로, 위 방정식으로부터 해당하는 항들이 소거될 수 있다. 압력 강하는 다음과 같다.

$$p_A - p_B = \gamma h_L$$

파이프 내에서 마찰로 인한 에너지 손실을 어떻게 계산할 수 있겠는가?

Darcy 방정식이 사용될 수 있다.

$$h_L = f \times \frac{L}{D} \times \frac{v^2}{2g}$$

계산을 완료하기 위해 요구되는 자료를 결정한다.

주어진 자료는 $L = 100$ m, $Q = 520$ L/min, 파이프는 DN 50 Schedule 40 강 파이프, $g = 9.81$ m/s^2 및 유체는 25℃ 물이며 이때 $\gamma = 9.78$ kN/m^{3}이고, 동점도는 $\nu = 8.94 \times 10^{-7}$ m^2/s 이다.
DN 50 강 파이프에 대해 부록 F로부터 $D = 52.5$ mm$= 0.0525$ m이고, $A = 2.168 \times 10^{-3}$ m^{2}이다.
유속은 다음과 같이 계산된다.

$$v = \frac{Q}{A} = \frac{520 \text{ L/min}}{2.168 \times 10^{-3} \text{ m}^2} \times \frac{1.0 \text{ m}^3/\text{s}}{60000 \text{ L/min}} = 4.00 \text{ m/s}$$

마찰계수를 결정하기 위해 Reynolds수 계산이 필요하다.

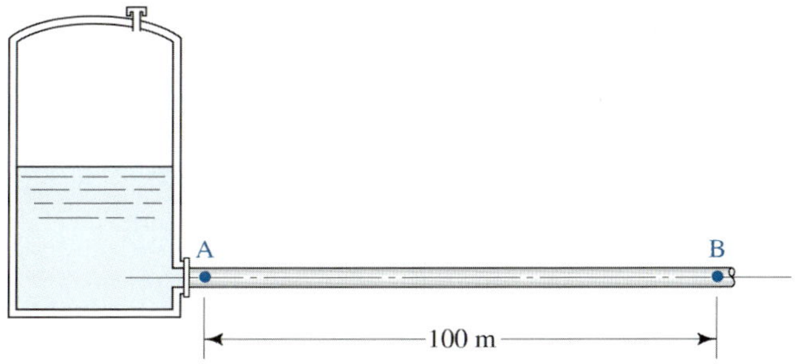

그림 8.9 예제 8.8

$$N_R = \frac{vD}{\nu} = \frac{(4.00\ \text{m/s})(0.0525\ \text{m})}{8.94 \times 10^{-7}\ \text{m}^2/\text{s}} = 2.349 \times 10^5$$

유동은 난류이고, 마찰계수 f를 결정하기 위해 Moody 선도를 활용한다. 표 8.2로부터 깨끗한 강 파이프의 조도 $\varepsilon = 4.6 \times 10^{-5}$ m이다. 상대조도는 다음과 같다.

$$D/\varepsilon = 0.0525\ \text{m}/4.6 \times 10^{-5}\ \text{m} = 1141$$

Moody 선도로부터 $f = 0.0203$이다.

그러므로 h_L의 값은 다음과 같다.

$$h_L = f \times \frac{L}{D} \times \frac{v^2}{2g} = 0.0203 \times \frac{100}{0.0525} \times \frac{(4.00)^2}{2(9.81)} = 31.53\ \text{m}$$

파이프 내에서의 압력 강하에 대한 계산을 통해 $p_A - p_B = 308.4$ kPa이다. 상세한 계산 과정은 다음과 같다.

$$p_A - p_B = \gamma h_L = (9.78\ \text{kN/m}^3)(31.53\ \text{m}) = 308.4\ \text{kN/m}^2 = 308.4\ \text{kPa}$$

8.7 파이프 유동 문제를 위한 소프트웨어 활용

유체 시스템을 완전히 이해하기 위한 계산은 지루하고 반복적인 작업일 수 있다. 그러므로 이러한 작업은 소프트웨어를 활용하여 수행하는 것을 추천한다. 이 책에서 제안하는 계산을 자동화할 수 있는 프로그램은 Engineered Software Incorporated의 PIPE－FLO®이다. 유용한 소프트웨어를 사용할 때, 사용자에게는 수행 중인 계산을 완벽하게 이해할 책임이 따르며, 이 프로그램도 마찬가지이다. 이 책에서 소개되는 많은 문제들은 이 소프트웨어를 이용해 효과적이고 효율적으로 풀 수 있으며, 이러한 문제들은 이 책의 13장을 통해 제시될 것이다. 원리를 익히는 과정에서 이 소프트웨어를 수동계산의 보충 용도로 사용하는 것은 이해를 도울 뿐만 아니라 사용자가 소프트웨어를 책임 있게 사용하도록 준비하게 한다. 학생들은 다음의 웹사이트에 접속하여 소프트웨어 데모(demo)버전을 무료로 다운로드할 수 있다.

http://www.eng-software.com/appliedfluidmechanics

다운로드 방법 및 다른 유용한 자료는 위 사이트에서 이용 가능하다. 소프트웨어 데모버전은 파이프의 수, 유체 종류 등에 제한이 있으나, 이 책에서 다루는 대부분의 문제들에 대해서는 이런 제한과 무관하게 작동할 것이다. 그리고 소프트웨어 풀이에 명시된 결과는 수동계산을 통해 획득한 결과와 동일하다. 소프트웨어에 대한 설명, 실습문제 및 도움말 기능은 소프트웨어에 내장되어 있기 때문에 이 책에서 관련된 설명은 최소화할 것이다. 하지만 각각의 주요한 새로운 기능에 대해 이 책은 활용절차를 안내하는 예제문제를 제공하고, 올바른 활용을 위한 점검사항들을 제공할 것이다. 또한 데모버전은 위의 웹사이트에 나열된 매우 복잡한 시스템을 포함한 모든 파이프 모델에 대한 읽기가 가능하다.

예제 8.9 PIPE－FLO® 소프트웨어를 사용하여, 25℃ 물이 4 m/s로 흐르는 DN 50 Schedule 40, 길이 100 m의 수평 파이프에서의 압력 강하를 계산하시오. Reynolds수 및 마찰계수 등의 풀이와 관련된 모든 값들을 제시하시오.

해설 1. PIPE－FLO®에서 새 프로젝트(new project)를 열고 단위, 유체 영역 및 파이프 사양 등 모든 주요 데이터를 초기화하기 위해 툴바에서 "System" 메뉴를 선택한다.

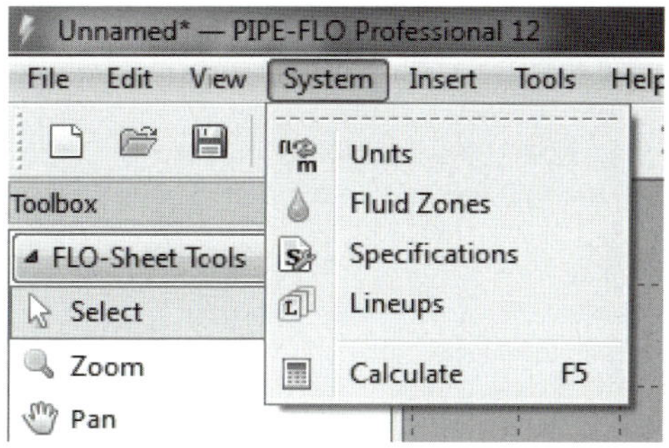

2. "Units" 메뉴에서 전체 파이프 시스템에 대한 단위를 선택할 수 있다. 이 문제에 대해 아래 그림처럼 SI 단위를 선택한다. PIPE−FLO®는 새 프로젝트 시작 시 영국단위(English unit)로 기본설정이 되어 있으며, 이 메뉴를 통해 어떠한 단위도 설정 가능하다. 모든 개별 변수의 단위는 모델을 사용할 때 언제든지 드롭다운을 통해 쉽게 변경할 수 있다.

Quantity Type	Unit
Pressure	kPa
Length	m
Elevation	m
Volumetric Flow	L/min
Dynamic Viscosity	Pa*s
Density	kg/m³
Velocity	m/s
Pipe Diameter	mm
Roughness	m
Temperature	°C
Power	kW
Flow Coefficient	Cv

3. "Fluid Zones" 메뉴에서는 유체의 종류를 정의한다. 이 책에서 PIPE−FLO®를 활용하는 모든 문제는 단일 유체 영역(시스템에 한 개의 유체만 존재)으로 제한된 데모버전의 제약조건을 따른다. "System" 메뉴 아래에서 "Fluid Zones"을 선택하고 "New"를 선택한 후 "Water"를 선택한다. 좌측 박스에서 유체를 선택하고 초기 온도 및 압력 정보를 입력하면 PIPE−FLO®에서는 자체 내장된 데이터베이스에 기반하여 나머지 정보를 자동으로 나타낸다. 이 값들은 이 책의 부록 또는 외부 참고문헌에서 수동으로 찾을 수 있는 값들이다. 이러한 물성치 데이터베이스는 편리하며 유용하다. 또한 온도 등의 유체의 상태를 수정할 수 있고, 관련된 모든 물성치들은 자동으로 업데이트 된다. 이 문제를 해결하기 위해 25℃ 및 101 kPa(abs)을 입력하라. PIPE−FLO®에서 절대 압력은 "kPa a"로 기술된다. 또한 명확성 및 편리성을 위해 유체의 명칭을 수정할 수 있다. 다음 그림처럼 유체영역(fluid zone) 명칭을 "Water @ 25C"로 수정하라.

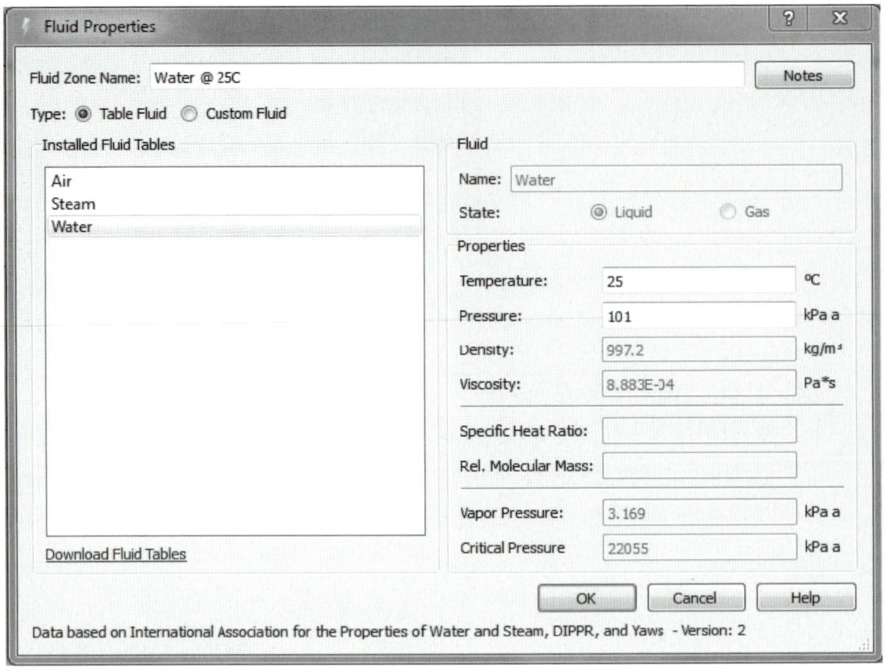

4. 이제 파이프의 종류를 지정하라. 이 문제를 위해, "main pipe specification" 메뉴에서 상용 강 파이프 입력은 "Steel A53-B36.10"을 선택하고, Schedule 입력은 숫자 "40"을 선택한다. 다양한 Schedule 목록에 대한 풀다운 메뉴를 나타내기 위해 파이프 명칭 좌측에 있는 작은 삼각형을 사용한다. 창에 나타나는 조도계수는 이 책의 표 8.2에 기술된 값과 동일하다. 특별한 경우에 사용자는 조도계수를 직접 입력할 수도 있다. 유체 영역과 마찬가지로, 아래 그림에서 볼 수 있는 것처럼 파이프 명칭도 변경 가능하다. 여기서는 "Schedule 40"으로 변경한다. 아직 파이프의 크기를 선택하지 않았으며, 이 메뉴 내에는 관련된 옵션이 없는 것을 알 수 있다. 파이프의 크기는 차후에 입력할 것이다. 여기서는 일단 파이프 종류만을 설정한다.

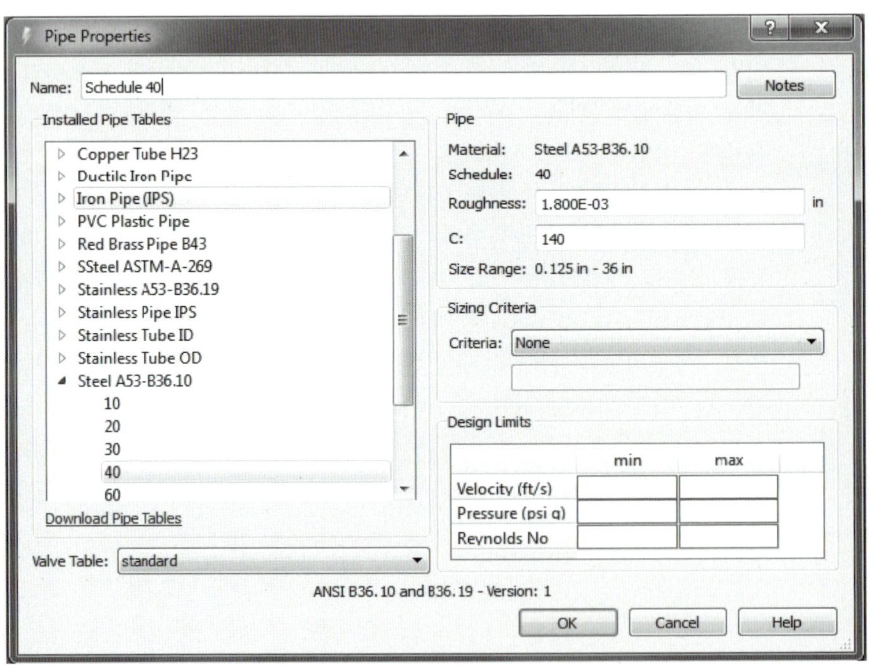

5. 모든 시스템 데이터를 초기화하고, 시스템 구축을 시작하자. 압력 강하를 결정하기 위해 수평관 파이프 유동을 모델링하는 여러 가지 방법이 있다. 한쪽 끝단에 물공급 탱크를 배치하고, 반대편 끝단에 "Flow Demand"를 배치하도록 한다. 좌측의 "Toolbox"에서 "Tank"를 FLO－Sheet®로 명명된 배경 화면에 클릭하여 드래그한다. 이 탱크는 수평 파이프를 모델링하기 위한 임의의 압력 소스로 사용할 것이다. FLO－Sheet®에 있는 탱크를 클릭하면, 화면 우측에 "Property Grid"가 나타난다. 탱크 높이를 0 m로 입력하고, 표면 압력은 750 kPa, 액체 수위는 10 m 및 유체 영역을 앞서 명명했던 "Water @ 25C"로 입력한다. 100 m 길이의 파이프에서의 압력 강하를 계산해야 하기 때문에 이러한 입력값들은 현 단계에서 임의의 값이다. 개별적인 세팅에 대한 세부사항은 더욱 완성된 모델이 구축된 후에 설명할 것이다. 기본설정인 탱크 아이콘은 개방 탱크를 나타낸다. Property grid 내에 "Symbol Setting"을 선택하여 이 아이콘을 가압된 탱크로 변환하고, 아래 그림처럼 폐쇄된 탱크(closed tank) 아이콘을 선택하라. 더욱 세부적인 사항은 추후에 완전한 시스템 모델과 함께 설명할 것이다. 하지만 아이콘들이 생성될 모델을 더욱 정확히 반영하기 위해 필요 시 변환되야 한다는 점을 명심하도록 한다. 예를 들어 개방 탱크 아이콘이 가압 탱크를 나타내기 위해 사용되어서는 안 된다.

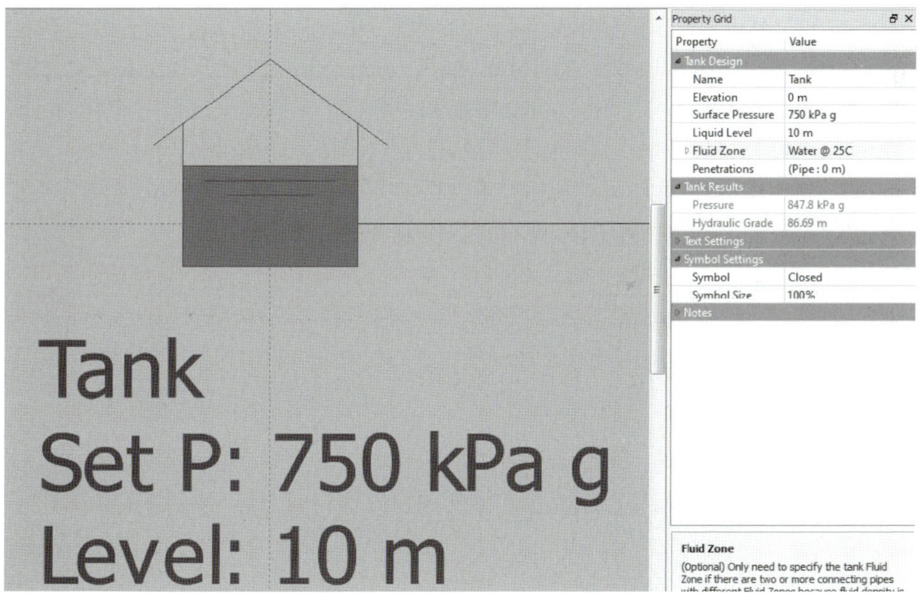

6. 다음으로 파이프를 모델에 추가하라. 좌측 "Toolbox" 메뉴에서 "Pipe"를 선택하고, FLO－Sheet®에서 탱크를 클릭한 다음 파이프를 우측으로 드래그하고, 다시 FLO－Sheet®를 클릭한다. 파이프의 위치는 신경 쓰지 않아도 된다; 파이프가 배치된 후에 탱크에 대해 수행했던 절차와 마찬가지로 파이프의 특성을 쉽게 수정할 수 있다. 설정된 파이프의 종류를 선택하고 사이즈를 입력한다. 이 문제에서는 DN 50 Schedule 40 파이프가 사용된다. 파이프의 실제 사이즈는 Property Grid 내에 "Size" 열을 드롭다운하여 확인할 수 있다. 파이프 내경이 52.5 mm로 설정된 것을 볼 수 있다. 파이프의 길이(length)를 100 m로 입력하라. 6장에서 DN 50 Schedule 40 파이프는 2-in Schedule 40 파이프와 동일하다는 것을 이미 설명했다.

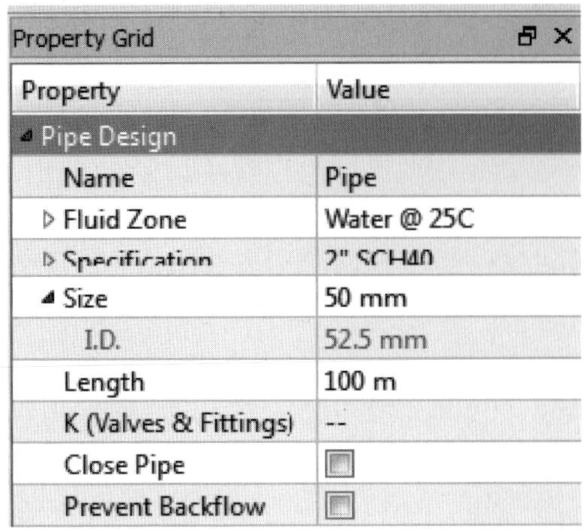

7. PIPE－FLO®는 완전한 시스템을 구축할 수 있다. 또한 어떠한 시스템의 일부분(segment)을 모델링하는 방법을 제공한다. 이 문제의 경우 파이프 내에서 발생하는 압력 강하만 고려한다. 파이프 하류의 구성요소를 모델링하는 대신, 세부적인 시스템 정보 없이 파이프 하류를 나타내는 파이프 끝 부분에서 "Flow Demand"를 입력한다. Flow demand는 "Basic Devices" 섹션의 툴박스에서 확인할 수 있다. 파이프의 끝에 Flow demand를 배치한 후 높이(elevation), 유량 및 유동 형태 값을 입력해야 한다. 이 예제에 대해, 파이프가 수평이므로 높이는 0으로 입력하고 유속 4 m/s에 해당하는 유량을 계산하라. 유량은 520.3 L/min을 입력하고 이 Flow demand에서 유동이 시스템으로부터 배출되는 형태이므로 유동 형태는 "Flow out"을 선택하라.

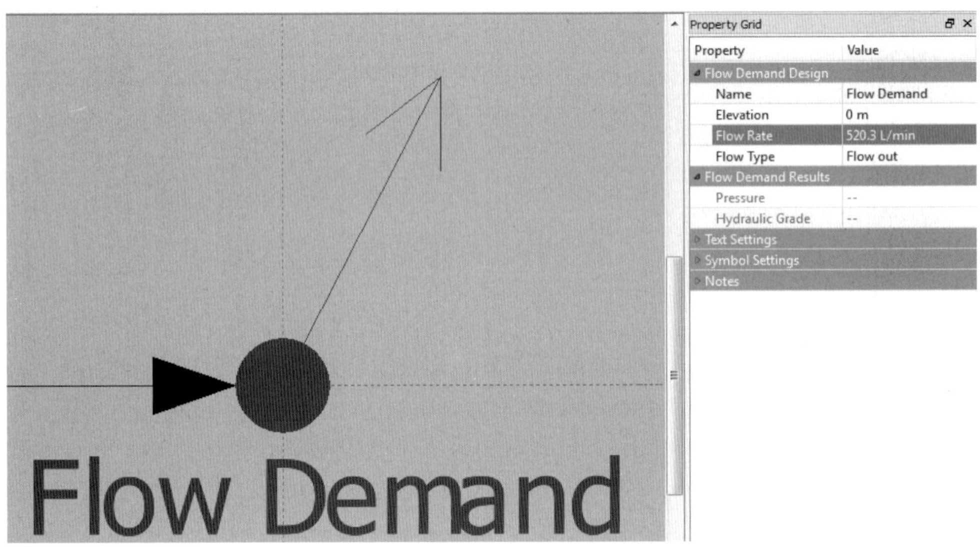

8. 최종 단계는 시스템의 결과를 계산하는 것이다. 툴바에서 계산기 모양의 버튼을 클릭한다.

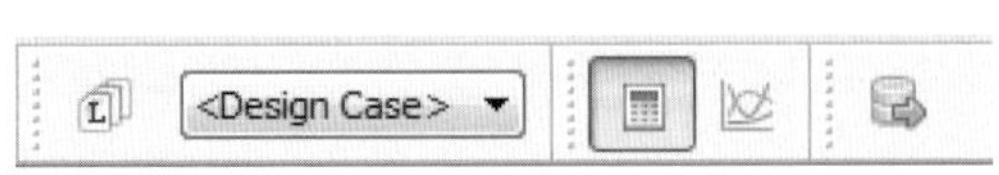

FLO－Sheet® 내의 특정 아이템에 대한 계산 정보를 보기 위해 "Device View Options"의 Property Grid에서 원하는 아이템을 선택하라. 원하는 아이템의 우측 박스를 체크하면, 그 아이템에 대한 계산

정보가 FLO－Sheet®에 나타날 것이다. 이 문제를 해결하기 위해, 모든 데이터를 선택하라. Property Grid에서 "Device View Options"를 나타내기 위해 먼저 FLO－Sheet® 배경화면을 클릭하고, 어떠한 시스템 요소도 선택되지 않은 것을 확인해야 한다.

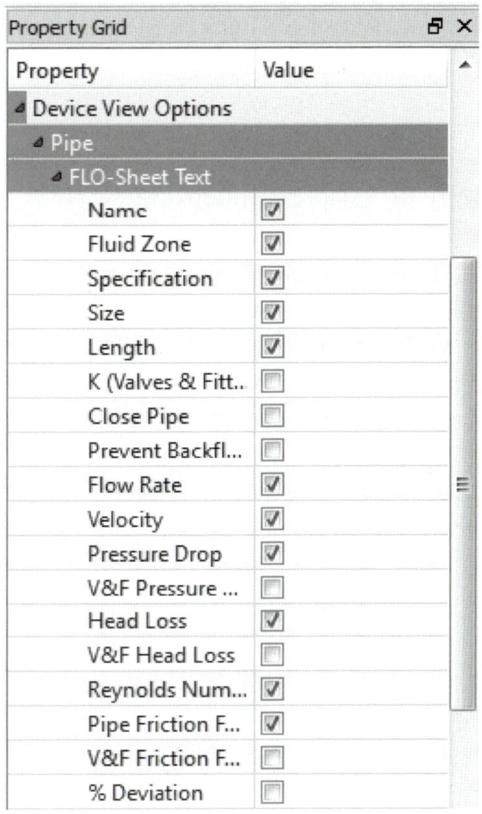

최종 결과가 파이프 아래에 텍스트 형태로 나타날 것이다. 파이프를 통한 압력 강하는 309.8 kPa로 나타나고, Reynolds수는 236,068, 마찰계수는 0.02033, 수두 손실은 31.68 m이다.

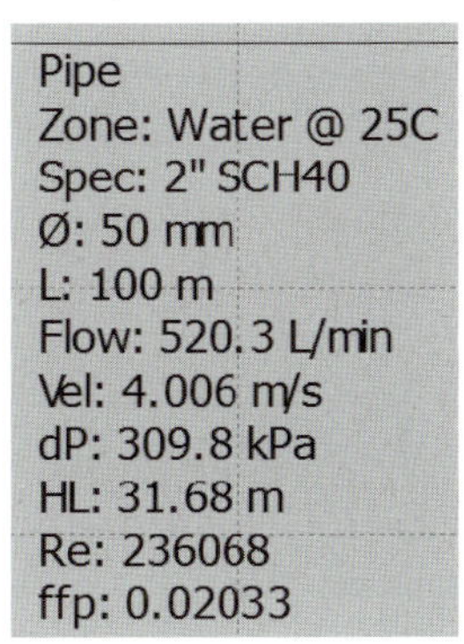

L＝파이프 길이
Flow＝체적 유량, Q
Vel＝유동 속도, v
dP＝압력 강화, Δp
HL＝수두 손실, h_L
Re＝Reynolds수, N_R
ffp＝마찰계수, f

8.8 마찰계수 방정식

그림 8.7의 Moody 선도는 수동 계산에 의해 문제를 풀 때 마찰계수 값을 결정할 수 있는 편리하고 정확한 수단이다. 하지만 컴퓨터 또는 프로그램이 가능한 계산기를 통해 자동으로 계산이 수행되기 위

해서는 반드시 마찰계수 계산을 위한 방정식이 필요하다. Moody의 연구에서 활용된 방정식들은 수치적 접근의 기초가 된다.[1)] 이러한 방정식들은 반복계산법(iterative approach)을 요구하기 때문에 계산하기 복잡하다. 여기서 마찰계수의 값을 반복계산 없이 직접적으로 구할 수 있는 2개의 방정식을 소개한다. 이 중 하나는 층류 유동, 다른 하나는 난류 유동 계산을 위해 사용된다.

Reynolds수가 2000보다 작은 층류 유동 영역(laminar flow zone)에서 f는 식 (8−5)로부터 구할 수 있다.

$$f = 64/N_R$$

8.4절에서 도출된 이 관계식은 Moody 선도의 좌측의 직선 부분을 나타낸다.

Reynolds수가 2000에서 4000 사이의 임계 영역에 존재하는 유동에 대해 f의 값을 예측하는 것은 불가능하다.

다음의 방정식으로부터 난류 유동에서 마찰계수의 값을 직접 계산할 수 있다. 이 방정식은 P.K. Swamee 및 A. K. Jain에 의해 개발되었으며, 참고문헌 3을 참조한다.

▶ 난류 유동을 위한 마찰계수

$$f = \frac{0.25}{\left[\log\left(\frac{1}{3.7(D/\varepsilon)} + \frac{5.74}{N_R^{0.9}}\right)\right]^2} \tag{8-7}$$

식 (8−7)은 상대 조도 D/ε 범위 $100-1\times10^6$ 및 Reynolds수 범위 $5\times10^3-1\times10^8$에서 약 $\pm1.0\%$의 오차로 f값을 계산할 수 있다. 이 식은 Moody 선도의 거의 전체 난류 영역에서 활용 가능하다. 마찰계수를 계산하기 위한 다른 방정식들도 존재한다. 참고문헌 5에는 이러한 연구 논문 중 일부에 대한 검토가 포함되어 있다.

요약 이 책에서는 Reynolds수 및 상대 조도가 주어질 때, 마찰계수 f를 계산하기 위해 층류 유동에서는 식 (8−5)를, 난류 유동에서는 식 (8−7)을 사용할 것이다.

예제 8.10 어떠한 유동에 대해 Reynolds수가 1×10^5이고, 상대 조도 2000일 때 마찰계수를 계산하시오.

해설 이 유동이 난류 영역에 속하기 때문에 식 (8−7)을 사용한다.

$$f = \frac{0.25}{\left[\log\left(\frac{1}{3.7(2000)} + \frac{5.74}{(1\times10^5)^{0.9}}\right)\right]^2}$$

$$f = 0.0204$$

이 값은 그림 8.7에서 얻을 수 있는 값과 유사하다.

---

1) 이러한 방정식을 개발하기 위해 다수의 연구자들이 연구를 수행하였다. 이 중 가장 주목할 만한 연구자는 C. F. Colebrook, L. Prandtl, H. Rouse, T. van Karman 및 J. Nikuradse이고, 이들의 논문은 참고문헌 2의 서지 목록에서 찾을 수 있다.

8.9 물 유동에 대한 Hazen–Williams 공식

마찰로 인한 에너지 손실을 계산하기 위해 제공된 Darcy 방정식은 어떠한 뉴턴 유체 (Newtonian fluid)에 대해서도 적용 가능하다. 파이프라인 시스템 내 물 유동의 특수한 경우에 적용될 수 있는 간편한 접근법이 있다.

Hazen–Williams 공식은 물 시스템의 설계 및 분석을 위해 활용되는 가장 유명한 공식 중의 하나이다. 이 공식은 직경이 2.0 in에서 6.0 ft 이하의 파이프 내 물 유동에서 사용 가능하다. 유속은 10.0 ft/s를 초과해서는 안 된다. 또한 60°F의 물에 대해 개발된 공식이기 때문에 물의 온도가 이 온도보다 과도하게 낮거나 높다면 이 공식은 오차를 발생시킬 것이다.

Hazen–Williams 공식은 단위에 따라 다르게 나타난다. 미국관습단위계에서의 공식은 다음과 같다.

▶ Hazen–Williams 공식, 미국관습단위

$$v = 1.32 C_h R^{0.63} s^{0.54} \tag{8-8}$$

여기서

v = 평균 유속 (ft/s)
C_h = Hazen–Williams 계수 (무차원)
R = 유로 수력 반경 (ft)
$S = h_L/L$ 비율: 에너지 손실/유로 길이 (ft/ft)

공식에서 수력 반경을 사용함으로써 원형 단면 파이프뿐만 아니라 비원형 단면 파이프에 대해서도 적용이 가능하다. 원형파이프에 대해서는 $R = D/4$를 사용한다. 자세한 내용은 9장에서 논의된다.

계수 C_h는 파이프 또는 유로의 표면 조건에만 의존한다. 표 8.3은 파이프 종류에 따른 C_h의 값을 나타낸다. 일부 값들은 새로 제작된 깨끗한 조건의 파이프에 대한 값이고, 설계값은 사용 후 시간이 지남에 따라 발생하는 파이프 표면 이물질의 침전이 고려된 값이다. 매끈한 파이프일수록 거친 파이프에 비해 높은 C_h값을 갖는다.

SI 단위에서 Hazen–Williams 공식은 다음과 같다.

▶ Hazen–Williams 공식, SI 단위

$$v = 0.85 C_h R^{0.63} s^{0.54} \tag{8-9}$$

표 8.3 Hazen–Williams 계수 C_h

Type of Pipe	C_h: average for New, Clean Pipe	C_h: design Value
Steel, ductile iron, or cast iron with centrifugally applied cement or bituminous lining	150	140
Plastic, copper, brass, glass	140	130
Steel, cast iron, uncoated	130	100
Concrete	120	100
Corrugated steel	60	60

여기서

v = 평균 유속 (m/s)

C_h = Hazen-Williams 계수 (무차원)

R = 유로 수력 반경 (m)

$S = h_L/L$ 비율: 에너지 손실/유로 길이 (m/m)

전과 동일하게 체적 유량은 $Q = Av$ 공식을 통해 계산할 수 있다.

예제 8.11 새롭게 제작된 깨끗한 6-in Schedule 40 강 파이프 내의 물 유동에서 20 ft 수두의 에너지 손실이 1000 ft 길이에서 발생하기 위한 유속을 구하시오. 이 속도에서 체적 유량을 계산하고 강 파이프에서 설계 C_h값을 사용하여 유속을 다시 계산하시오.

해설 식 (8-8)을 사용하면 다음과 같다.

$$s = h_L/L = (20\ \text{ft})/(1000\ \text{ft}) = 0.02$$

$$R = D/4 = (0.5054\ \text{ft})/4 = 0.126\ \text{ft}$$

$$C_h = 130$$

$$v = 1.32 C_h R^{0.63} s^{0.54}$$

$$v = (1.32)(130)(0.126)^{0.63}(0.02)^{0.54} = 5.64\ \text{ft/s}$$

$$Q = Av = (0.2006\ \text{ft}^2)(5.64\ \text{ft/s}) = 1.13\ \text{ft}^3/\text{s}$$

이제 설계 C_h값을 적용한다.

유속 및 체적 유량은 모두 C_h값에 정비례한다는 것을 확인한다. 파이프가 사용 후 $C_h = 100$인 설계값으로 변질된다면, 1000 ft 파이프 길이에 대해 20 ft 수두의 에너지 손실이 발생하기 위한 유속 및 체적 유량은 다음과 같다.

$$v = (5.64\ \text{ft/s})(100/130) = 4.34\ \text{ft/s}$$

$$Q = (1.13\ \text{ft}^3/\text{s})(100/130) = 0.869\ \text{ft}^3/\text{s}$$

8.10 Hazen-Williams 공식의 다른 형태

식 (8-8) 및 (8-9)를 통해 단위길이당 에너지 손실이 주어질 때 파이프 종류 및 유로 크기에 따른 유속을 구할 수 있다. 체적 유량은 $Q = Av$를 사용해서 간단히 계산할 수 있다. 종종 다음과 같은 다른 형태의 계산이 요구된다.

1. 에너지 손실이 특정값으로 정해져 있을 때 주어진 유량을 흘리기 위해 요구되는 파이프 사이즈 결정
2. 파이프의 종류, 길이 및 직경이 정해져 있을 때 주어진 유량에 대한 에너지 손실의 결정

표 8.4는 위의 값들을 결정하기 위한 Hazen-Williams 공식의 다양한 형태를 나타낸다.

8.11 Hazen-Williams 공식 계산 도표

그림 8.10에 나타난 계산 도표(Nomograph)는 Hazen-Williams 공식을 가시적으로 활용할 수 있는 방법을 제공한다. 주어진 물리량들을 연결하는 직선을 도시하고, 이 직선과 계산이 요구되는 물리량의 축이 교차되는 지점의 값을 읽음으로써 원하는 값을 획득할 수 있다. 이 계산 도표는 $C_h = 100$의

표 8.4 Hazen-Williams 공식의 다른 형태

U.S. Customary Units	SI Units
$v = 1.32C_hR^{0.63}s^{0.54}$	$v = 0.85C_hR^{0.63}s^{0.54}$
$Q = 1.32AC_hR^{0.63}s^{0.54}$	$Q = 0.85AC_hR^{0.63}s^{0.54}$
$h_L = L\left[\dfrac{Q}{1.32AC_hR^{0.63}}\right]^{1.852}$	$h_L = L\left[\dfrac{Q}{0.85AC_hR^{0.63}}\right]^{1.852}$
$D = \left[\dfrac{2.31Q}{C_hs^{0.54}}\right]^{0.380}$	$D = \left[\dfrac{3.59Q}{C_hs^{0.54}}\right]^{0.380}$
Note: Units must be consistent:	
v in ft/s	v in m/s
Q in ft^3/s	Q in m^3/s
A in ft^2	A in m^2
h_L, L, R, and D in ft	h_L, L, R, and D in m
s in ft/ft (dimensionless)	s in m/m (dimensionless)

Hazen－Williams 계수 값에 대해 구축된 것임을 반드시 명심하도록 한다. 실제 파이프 조건에서 다른 C_h값이 요구된다면 다음의 공식들이 계산 도표의 결과를 환산하기 위해 사용될 수 있다. 하첨자 “100”은 계산 도표로부터 읽은 값을 나타낸다. 하첨자 “c”는 주어진 C_h에서의 결과값을 나타낸다.

$$v_c = v_{100}(C_h/100) \quad [\text{속도}] \tag{8-10}$$

$$Q_c = Q_{100}(C_h/100) \quad [\text{체적 유량}] \tag{8-11}$$

$$D_c = D_{100}(100/C_h)^{0.38} \quad [\text{파이프 직경}] \tag{8-12}$$

$$s_c = s_{100}(100/C_h)^{1.85} \quad [\text{수두 손실/길이}] \tag{8-13}$$

위 도표에서 점선은 $C_h = 100$에 대해 예제 8.11의 자료를 사용하여 계산도표에 표시한 것이다.

그림 8.10과 같은 계산 도표의 주된 용도 중 하나는 정해진 에너지 손실에 대해 주어진 유량이 흐르도록 파이프의 크기를 결정하는 것이다. 이것은 편리한 설계도구이다(참고문헌 4 참고).

예제 8.12 **그림 8.10을 사용하여 1000 ft 길이의 Schedule 40 강 파이프에서 수두 손실 4.0 ft를 초과하지 않고, 1.20 ft^3/s의 체적 유량으로 물을 흘리기 위한 파이프의 크기를 결정하시오. C_h값을 구하기 위해 설계값을 사용하시오.**

해설 표 8.3에서 $C_h = 100$으로 나타난다. 이제 그림 8.10을 사용해서 체적 유량 선에서 $Q = 1.20$ ft^3/s 및 에너지 손실 선에서 $s = (4.0 \text{ ft})/(1000 \text{ ft})$를 지나는 직선을 그릴 수 있다. 이 직선은 파이프 크기 선에서 9.7 in와 교차한다. 부록 F에 나타난 표준 Schedule 40 파이프 중 이보다 큰 최소 파이프는 내경 10.02 in의 공칭 10-in 파이프이다. 그림 8.10으로 돌아가서 $Q = 1.20$ ft^3/s 및 $D = 10.02$ in에 해당하는 직선을 그리면 $v = 2.25$ ft/s의 평균 유속을 읽을 수 있다. 이 값은 물 분배 시스템에서 비교적 낮은 값이고, 파이프는 다소 크다고 볼 수 있다. 파이프라인이 길다면 파이프 비용이 과도하게 높게 책정될 것이다.

만약 유속이 같은 유량에서 약 6.0 ft/s로 증가할 수 있다면, 6-in 파이프의 경우 1000 ft 길이에서 약 37 ft의 수두 손실을 나타낸다. 그러므로 10-in 파이프 대비 낮은 파이프 비용과 추가적인 수두 손실을 극

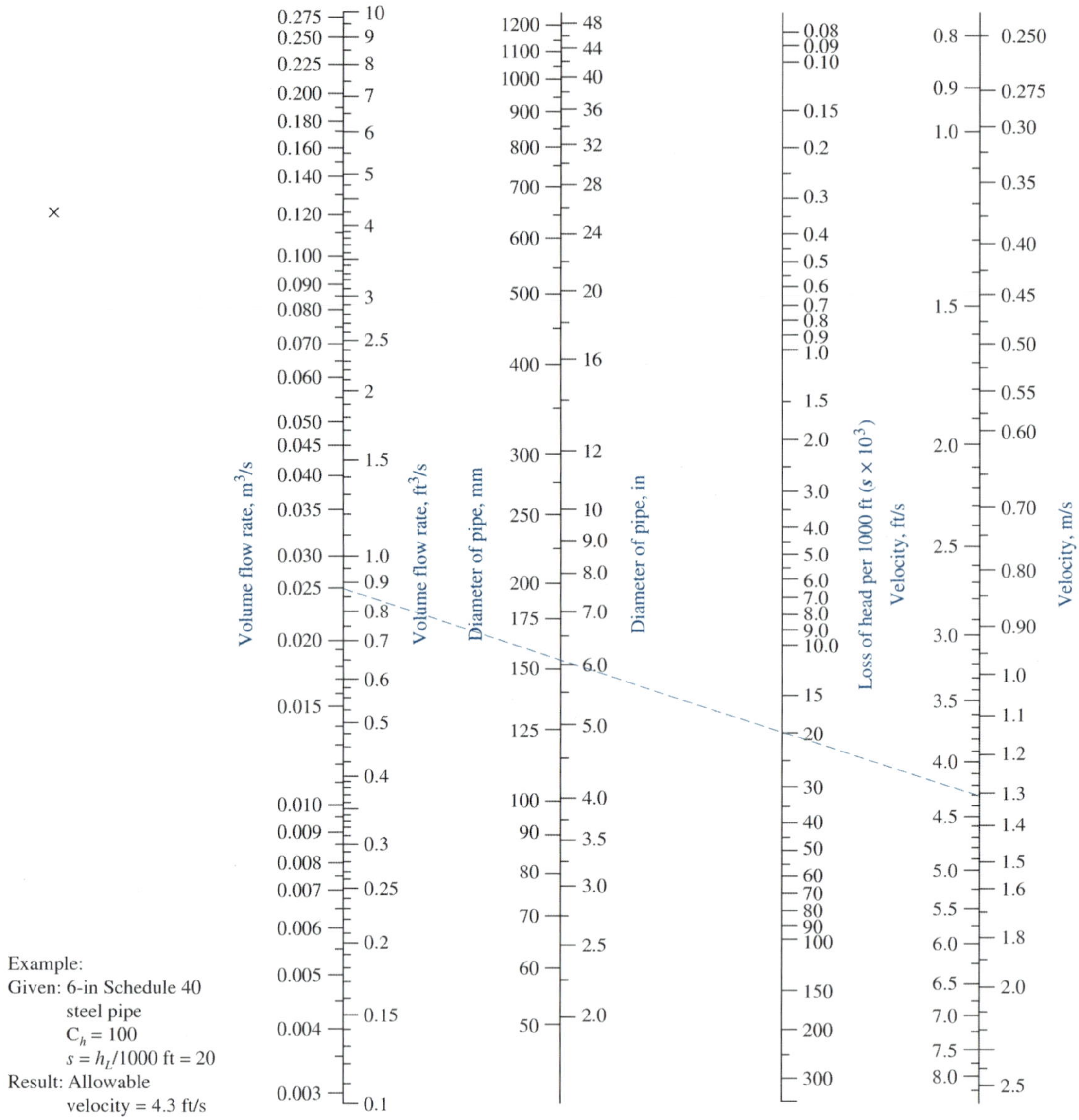

그림 8.10 C_h=100에 대한 Hazen-Williams 공식 계산 도표

복하기 위해 요구되는 높은 에너지 비용이 고려되어야 한다.

참고문헌

1. Mory, Mathieu, 2011. *Fluid Mechanics for Chemical Engineering.* New York: John Wiley & Sons.
2. Moody, L. F. 1944. Friction Factors for Pipe Flow. *Transactions of the ASME* 66(8): 671–684. New York: American Society of Mechanical Engineers.
3. Swamee, P. K., and A. K. Jain. 1976. Explicit Equations for Pipeflow Problems. *Journal of the Hydraulics Division* 102(HY5): 657–664. New York: American Society of Civil Engineers.
4. McGhee, T. J., T. McGhee, and E. W. Steel. 1990. *Water Supply and Sewerage*, 6th ed. New York: McGraw-Hill.
5. Avci, Atakan, and Irfan Karagoz. 2009. A Novel Explicit Equation for Friction Factor in Smooth and Rough Pipes, *ASME Journal of Fluids Engineering* 131(061203).

인터넷 자료

1. **The MacTutor History of Mathematics Archive:** An archive of over 1000 biographies and history topics, including the biography of Osborne Reynolds. From the home page, select *Biographies Index,* then the first letter of the last name, then scan the list for the specific person.
2. **1728 Software Systems-Flowrate:** An online calculator that solves the flow rate equation, $Q=Av$, for one unknown when any two of the three variables, pipe diameter, velocity of flow, or flow rate are entered. The site includes many other calculators and general technical resources.
3. **Engineered Software, Inc. (ESI):** www.eng-software.com Developer of the PIPE-FLO® software for calculating the performance of pipe line systems as an aid in understanding the interaction of pipelines, pumps, components, and controls and to design, optimize, and troubleshoot piping systems. A special demonstration version of PIPE-FLO® created for this book can be accessed by users of this book at
   http://www.eng-software.com/appliedfluidmechanics.

연습문제

다음의 문제들을 풀기 위해 아래 열거된 참고문헌을 활용해야 한다.

- **부록 A-C: 액체 물성치**
- **부록 D: 유체 점도**
- **부록 F-J: 파이프 및 튜브 형상 정보**
- **부록 K: 단위 변환계수**
- **부록 L: 표면 기하학적 성질**

Reynolds수

8.1 4-in 연성 철 파이프가 100°F의 글리세린(sg=1.26)을 0.45 ft^3/s 유량으로 운송한다. 이 유동은 층류인가, 난류인가?

8.2 벽 두께 0.082 in의 2-in 강 튜브 내에 160°F의 물이 흐를 때 이 유동이 난류가 되기 위한 최소 속도를 ft/s로 계산하시오.

8.3 DN 100 Schedule 80 강 파이프에서 45℃의 연료 오일 유동이 층류로 유지되기 위한 최대 체적 유량을 계산하시오. 연료 오일에 대해 sg=0.950 및 점도=3.5×10^{-2} Pa · s를 사용하시오.

8.4 다음의 유체에 대해 2-in Schedule 40 강 파이프 내에서 체적 유량이 0.45 ft^3/s일 때 유동의 Reynolds수를 계산하시오.

(a) 60°F 물
(b) 77°F 아세톤
(c) 77°F 캐스터 오일(castor oil)
(d) 210°F의 SAE 10 오일(sg=0.87)

8.5 다음의 유체에 대해 6 L/min의 유량을 수송할 때 유동이 층류로 유지되는 미터단위 유압 동관의 최소 크기를 결정하시오.

(a) 40℃ 물
(b) 25℃ 휘발유(sg=0.68)
(c) 0℃ 에틸 알코올(sg=0.79)
(d) 25℃ 중유

8.6 어떤 시스템에서 SAE 10 oil(sg=0.89)이 DN 80 Schedule 40 강 파이프를 통해 850 L/min 유량으로 운송되어야 한다. 효율적인 시스템의 운전을 위해 Reynolds수는 약 5×10^4으로 유지되어야 한다. 이러한 조건을 달성하기 위해 필요한 오일의 가열 온도를 구하시오.

8.7 부록 C로부터 자동차 유압 오일 및 중형 공작기계 유압 오일은 212°F에서 거의 유사한 동점도를 갖고 있다. 하지만 상이한 점도 지수로 인해 104°F에서의 두 오일의 점도는 상당히 차이가 난다. 두 오일이 5-in Schedule 80 강 파이프에서 10 ft/s의 속도로 흐를 때 위의 각 온도에 대한 유동 Reynolds수를 계산하시오. 이때 유동은 층류인가, 난류인가?

8.8 10℃ 물이 65 mm 외경×2.5 mm 벽 두께의 표준 유압 강 튜브 내에서 525 L/min의 유량으로 흐를 때 Reynolds수를 계산하시오. 유동은 층류인가, 난류인가?

8.9 60℃의 벤젠(sg=0.86)이 DN 25 Schedule 80 강 파이프에서 45 L/min의 유량으로 흐르고 있다. 유동은 층류인가, 난류인가?

8.10 80℃의 뜨거운 물이 28 mm 외경×1.5 mm 벽 두께의 표준 유압 동관을 통해 30.0 L/min으로 식기세척기로 유입되고 있다. 유동은 층류인가, 난류인가?

8.11 18-in 연성 철 파이프로 구성된 물 배관이 있다. 파이프 내에서 50°F의 물이 28.5 ft^3/s로 흐를 때 Reynolds수를 계산하시오.

8.12 엔진 크랭크케이스는 SAE 10 자동차 오일(sg=0.88)을 포함하고 있다. 이 오일은 오일펌프에 의해 벽 두께 0.032 in의 1/8-in 강 튜브를 따라 엔진의 다른 부분으로 분배된다. 오일 펌핑의 용이성은 오일 점도에 크게 영향을 받는다. 40°F에서 유속 0.85 gal/h의 오일 유동의 Reynolds수를 구하시오.

8.13 문제 8.12를 오일 온도 160°F에 대해 계산하시오.

8.14 85°F의 프로필알코올이 3-in K형 동관에서 흐를 때 유동이 난류가 되기 위한 체적 유량은 대략 얼마인가?

8.15 SAE 30 오일(sg=0.89)이 25 mm 외경×1.2 mm 벽 두께의 유압 강 파이프를 통해 60 L/min의 체적 유량으로 흐르고 있다. 오일의 온도가 110℃라면 이 유동은 층류인가, 난류인가?

8.16 오일 온도가 0℃일 때 문제 8.15를 계산하시오.

8.17 50 mm 외경×1.5 mm 벽 두께의 튜브에 대해서 문제 8.15를 계산하시오.

8.18 오일 온도가 0℃일 때 문제 8.17을 계산하시오.

8.19 펀치프레스의 윤활 시스템은 벽 두께 0.082 in의 5/16-in 강관을 통해 경 윤활유(부록 C 참조) 4.52 gal/min을 전달한다. 프레스 작동 직후의 윤활유 온도는 104°F이다. 윤활유 유동의 Reynolds수를 구하시오.

8.20 문제 8.19에서 프레스가 일정시간 작동된 후 윤활유는 212°F까지 가열된다. 이 온도에서 윤활유 유동의 Reynolds수를 계산하시오. 윤활유가 가열될 때 작동 측면에서 발생하는 문제점을 논하시오.

8.21 어떤 시스템은 77°F의 에틸렌글리콜을 최대 유속 10.0 ft/s에서 500 gal/min의 유량으로 운송하도록 설계된다. 이 조건을 만족하기 위한 최소 크기의 표준 Schedule 40 강 파이프를 결정하시오. 그 다음, 선택된 파이프에 대해 Reynolds수를 구하시오.

8.22 Reynolds수가 2000에서 4000 사이인 유동 영역은 층류 및 난류의 구분이 불가능하기 때문에 임계 영역으로 정의된다. 그러므로 유체 유동 시스템 작동 시 이 영역에서의 운전은 가급적 피해야 한다. 3/4-in K형 동관 내에서 60°F의 물 유동이 임계 영역에 존재하게 되는 체적 유량을 gal/min 단위로 계산하시오.

8.23 문제 8.22에 나타난 물 배관은 저온 물 분배 배관이다. 시스템의 다른 부분에서는 동일한 사이즈의 배관이 180°F의 물을 운송한다. 이 배관에서의 유동이 임계 영역에 존재하기 위한 체적 유량의 범위를 계산하시오.

8.24 유제품에서 100°F의 우유는 1.30 센티스토크(centistokes)의 동점도를 보유한 것으로 보고된다. 우유가 0.065 in 벽 두께의 1¼ in 강 파이프를 45 gal/min의 유량으로 흐를 때 Reynolds수를 계산하시오.

8.25 청량음료 공장에서 음료를 제조하기 위해 사용되는 농축 시럽은 80°F에서 17.0 센티스토크의 동점도를 갖고 있다. 이 시럽이 1-in K형 동관을 통해 215 L/min의 유량으로 흐를 때 Reynolds수를 계산하시오.

8.26 어떤 특정 제트 연료는 1.20 센티스토크의 동점도를 갖고 있다. 이 연료가 200 L/min의 유량으로 0.065 in 벽 두께의 1-in 강 파이프를 통해 엔진으로 운송될 때 유동의 Reynolds수를 계산하시오.

에너지 손실

8.27 원유가 60 m 길이의 DN 25 Schedule 80 강 파이프를 통해 0.64 m/s로 수직하향으로 흐르고 있다. 오일의 비중은 0.86이고 온도는 0℃이다. 파이프의 상단과 하단에서의 압력차를 계산하시오.

8.28 75℃의 물이 15 mm 외경×1.2 mm 벽 두께의 표준 유압 동관을 12.9 L/min의 유량으로 흐르고 있다. 관이 수평으로 배치되어 있을 때 45 m 떨어진 두 지점에서의 압력차를 계산하시오.

8.29 연료오일이 4-in Schedule 40 강 파이프 내에서 층류로 존재할 수 있는 최대 유량으로 흐르고 있다. 오일의 비중이 0.895이고 역학점도가 8.3×10^{-4} lb-s/ft^{2}이라면 파이프 100 ft 길이에서 발생하는 에너지 손실을 계산하시오.

8.30 어떤 3-in Schedule 40 강 파이프의 길이는 5000 ft이고 지점 A와 B 사이에서 윤활유를 운송한다. 이때 Reynolds수는 800이다. 지점 B는 A보다 20 ft 높다. 오일의 비중은 0.90이고 역학점도는 4×10^{-4} lb-s/ft^{2}이다. 지점 A에서의 압력이 50 psig라면 지점 B에서의 압력을 계산하시오.

8.31 60℃의 벤젠이 DN 25 Schedule 80 강 파이프를 20 L/min으로 흐르고 있다. 벤젠의 비중량은 8.62 kN/m^{3}이다. 파이프가 수평으로 배치된다면 100 m 떨어진 두 지점에서의 압력차이를 계산하시오.

8.32 어떤 파이프의 유효 벽면 조도를 결정하기 위한 실험으로 10℃, 225 L/min 유량의 물 유동이 이 파이프로 인가된다. 파이프는 표준 40 mm 외경×2.0 mm 벽 두께를 갖고 있다. 파이프에 수평 30 m 거리로 배치된 두 개의 압력계는 각각 1035 kPa 및 669 kPa의 압력값을 기록하고 있다. 이 파이프의 유효 벽면 조도값을 계산하시오.

8.33 그림 8.11과 같이 80°F의 물이 6-in Schedule 40 강 파이프 550 ft를 통해 저장 탱크로부터 흐르고 있다. 마찰로 인한 에너지 손실을 고려하여 체적 유량 2.50 ft^3/s의 유량을 조성하기 위해 파이프 입구에서 요구되는 수두 h를 계산하시오.

8.34 어떤 물 배관은 18-in 직경의 콘크리트 압력 파이프로 구성된다. 이 파이프에서 50°F의 물이 15 ft^3/s로 흐를 때 1-mi 길이의 파이프에서 마찰로 인해 발생하는 압력 강하를 계산하시오.

8.35 그림 8.12는 방화 시스템의 한 부분을 나타낸다. 이 시스템에서 펌프는 수조로부터 60°F의 물을 흡입하여 지점 B로 1500 gal/min 유량의 물을 전달한다.

a. 지점 A에서의 압력이 5.0 psig가 되기 위한 탱크 내 수위 h를 계산하시오.

b. 지점 A에서의 압력이 5.0 psig라고 가정하여, 지점 B에서의 압력이 85 psig가 되기 위해 펌프로부터 물에 인가되는 동력을 계산하시오. 마찰로 인한 에너지 손실은 고려하되, 그 외의 에너지 손실은 무시하시오.

8.36 수중 심정 펌프는 그림 8.13에서 볼 수 있는 것처럼, 1-in Schedule 40 강 파이프를 통해 60°F의 물을 745 gal/h의 유량으로 운송한다. 파이프의 전체 길이가 140 ft라면 펌프에서 물로 전달되는 동력을 계산하시오.

8.37 그림 8.14처럼 한 농장에서 60°F의 물이 가압 저장탱크로

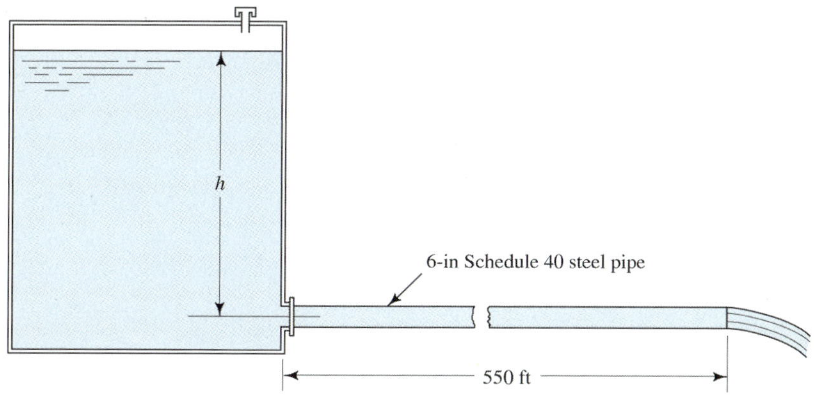

그림 8.11 문제 8.33

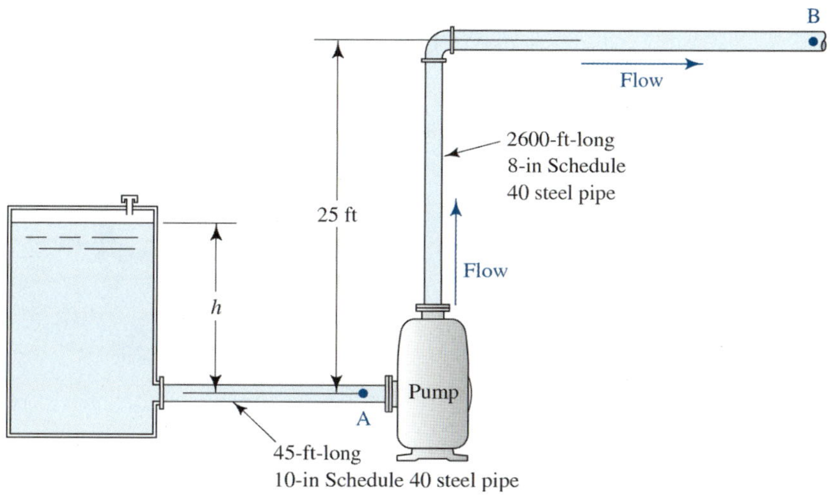

그림 8.12 문제 8.35

부터 300 ft 길이의 1.5-in Schedule 40 강 파이프를 통해 가축 급수 구유로 운송된다. 75 gal/min의 물 유동을 조성하기 위해 요구되는 탱크 내 물 상부의 공기 압력을 계산하시오.

8.38 그림 8.15는 액체 형태의 잔디 비료를 운송하기 위한 시스템을 나타낸다. 호스 끝의 노즐은 140 kPa의 압력에서 효과적으로 작동한다. 호스는 내경 25 mm의 매끈한 플라스틱이다. 비료의 비중은 1.10, 점도는 2.0×10^{-3} Pa · s이다. 호스의 길이가 85 m라면 (a) 펌프로부터 비료 용액에 공급되는 동력을 결정하시오. (b) 펌프 출구에서의 압력을 결정하시오. 펌프의 흡입측에서 발생하는 에너지 손실은 무시한다. 유량은 95 L/min이다.

8.39 1200 L/min으로 원유(sg = 0.93)를 수송하는 파이프라인이 DN 150 Schedule 80 강관으로 구성되어 있다. 양수장은 3.2 km 거리로 배치된다. 원유의 온도가 10℃일 때, (a) 양수장 사이에서 발생하는 압력 강하를 계산하시오. (b) 각 펌프의 입구에서 동일한 압력을 유지하기 위해 요구되는 동력을 계산하시오.

8.40 문제 8.39의 파이프라인에 대해 원유가 100℃로 가열되어 점도가 감소한 상황을 고려하시오.

a. 이러한 변화는 펌프 동력에 어떤 영향을 미치는가?

b. 문제 8.39에서와 동일한 압력 강하를 유지하기 위해 양수장 간의 거리는 얼마나 떨어져 있어야 하는가?

8.41 그림 8.16과 같이 10℃의 물이 수조로부터 파이프를 통해 900 L/min의 유량으로 흐르고 있다. 마찰로 인한 에너지 손실만을 고려하고 이외의 에너지 손실은 무시하여 B 지점에서의 압력을 결정하시오.

8.42 그림 8.17의 시스템에서 60°F의 물을 50 gal/min 유량으로 탱크까지 펌핑하기 위해 필요한 펌프 동력을 계산하시오. 탱크 내 공기의 압력은 40 psig이다. 225 ft 길이의 배출 파이프에서의 마찰 손실만을 고려하시오. 그 다음, 에너지 손실을 감소시키고 펌프 동력을 5.0 hp 이하로 줄이

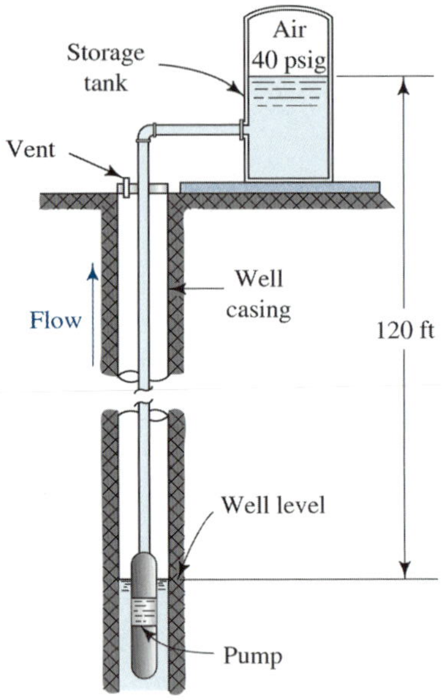

그림 8.13 문제 8.36

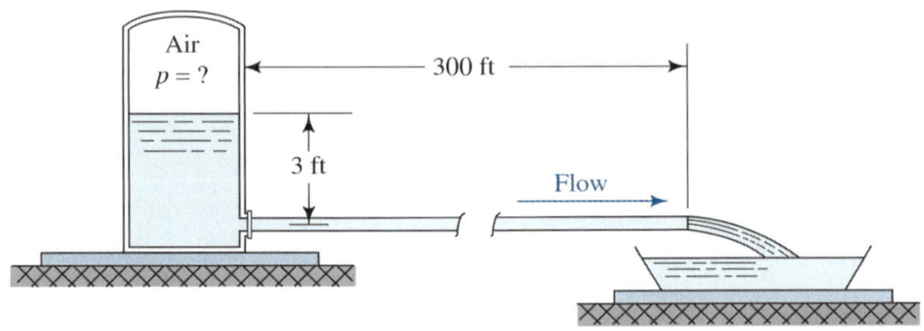

그림 8.14 문제 8.37

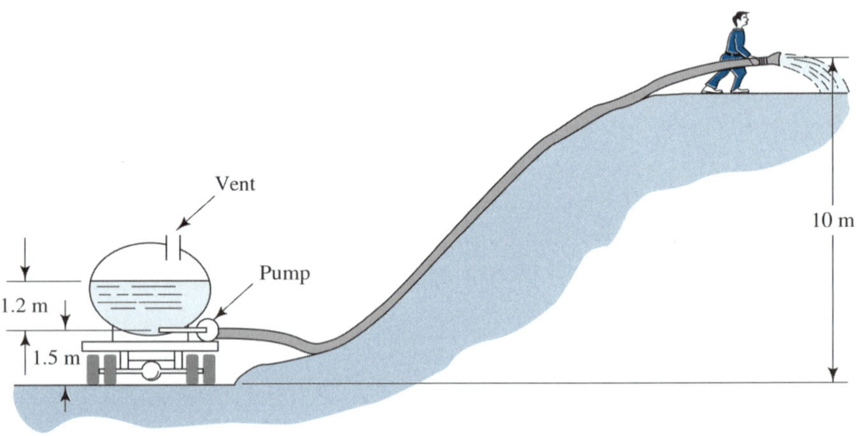

그림 8.15 문제 8.38

기 위해 더 큰 배관을 사용하여 시스템을 재설계하시오.

8.43 연료 오일(sg = 0.94)이 $1\frac{1}{2}$-in Schedule 40 강 파이프를 통해 60 gal/min의 유량으로 가열로에 전달되고 있다. 파이프가 수평이고, 오일 온도가 85°F일 때, 40.0 ft 떨어진 두 지점 사이의 압력차를 계산하시오.

8.44 그림 8.18은 오염된 물을 공기 중으로 분사하여 물의 산소 함량을 증가시키고 휘발성 물질을 증발시키기 위해 사용되는 시스템을 나타낸다. 물의 노즐 직전 B 지점에서의 압력은 효율적인 노즐 성능을 위해 25.0 psig로 유지되어야 한다. A 지점(펌프 입구)에서의 압력은 −3.50 psig이다. 체적 유량은 0.50 ft^3/s이다. 유체의 점도는 4.0×10^{-5} lb · s/ft^2이다. 유체의 비중은 1.026이다. 펌프 배출 배관에서의 마찰에 의한 에너지 손실을 고려하여 펌프로부터 유체로 전달되는

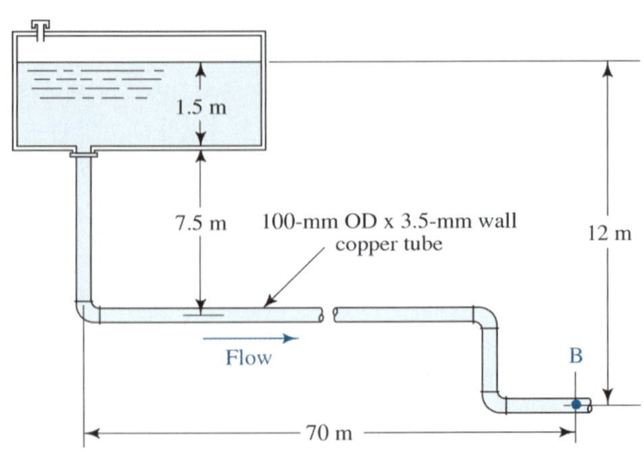

그림 8.16 문제 8.41

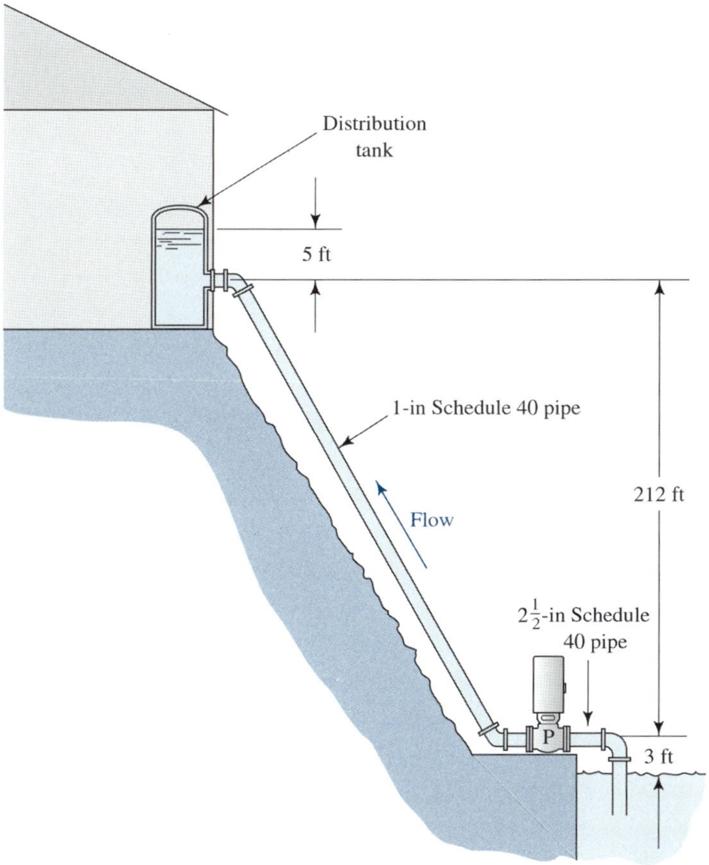

그림 8.17 문제 8.42

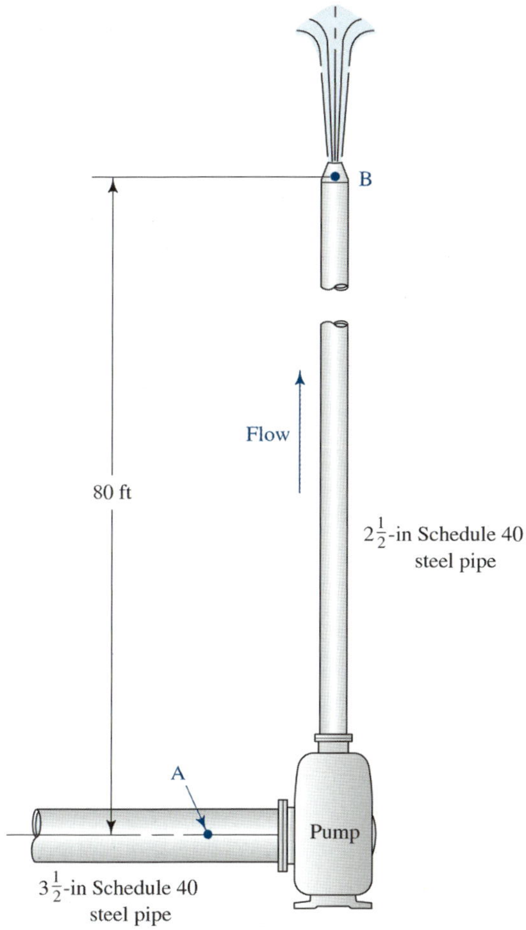

그림 8.18 문제 8.44

동력을 계산하시오.

8.45 화학공정 시스템에서 동관 내 60°F 글리세린(sg = 1.24) 유동이 Reynolds수 약 300의 층류로 유지되고 있다. 0.90 ft^3/s의 유량을 형성하기 위한 최소 표준 K형 동관을 결정하시오. 선정된 튜브 내에서 0.90 ft^3/s의 유량이 유지되고, 파이프가 수평이라면 55.0 ft 떨어진 두 지점에서의 압력 강하를 계산하시오.

8.46 저수지에 고여있는 60°F의 물이 펌프 출구로부터 210 ft 높이에 위치한 저장소로 펌핑되고 있다(그림 8.19 참고). 펌프로부터 저장소까지의 파이프는 8-in Schedule 40 강 파이프이며 길이는 2500 ft이다. 4.00 ft^3/s의 유량으로 물이 펌핑되고 있을 때, 펌프 출구에서의 압력을 계산하시오. 배출관에서의 마찰 손실만을 고려한다.

8.47 문제 8.46의 펌프에 대해 펌프 입구 압력이 −2.36 psig일 때 펌프로부터 물에 전달되는 동력을 계산하시오.

8.48 50°F의 휘발유가 10-in Schedule 40 강 파이프를 통해 4.25 ft^3/s의 유량으로 지점 A에서 B까지 흐르고 있다. 지점 B는 A보다 85 ft 높은 위치에 있고, 지점 B의 압력은 40.0 psig로 유지되어야 한다. 파이프 내에서의 마찰 손실을 고려하여 지점 A에서의 압력을 계산하시오.

8.49 그림 8.20은 윤활유의 안정성을 시험하기 위해 104°F의 중장비용 공작기계 윤활유를 300 gal/min으로 재순환 시키는 펌프를 나타낸다. 4-in 파이프의 총 길이는 25.0 ft이며 3-in 파이프의 총 길이는 75.0 ft이다. 펌프로부터 윤활유에 전달되는 동력을 계산하시오.

8.50 25℃의 아마인유가 20 mm 외경×1.2 mm 벽 두께의 표준 유압 동관에서 3.65 m/s의 유속으로 흐르고 있다. 어떤 두 지점 사이의 거리가 17.5 m이고 상류 지점이 하류 지점보다 1.88 m 높이에 위치할 때, 두 지점 사이의 압력 차를 계산하시오.

8.51 25℃ 글리세린이 80 mm 외경×2.8 mm 벽 두께의 직선 유압 동관을 통해 180 L/min의 유량으로 흐르고 있다. 어떤 두 지점 사이의 거리가 25.8 m이고 상류 지점이 하류 지점보다 0.68 m 아래에 위치할 때 두 지점 사이의 압력 차를 계산하시오.

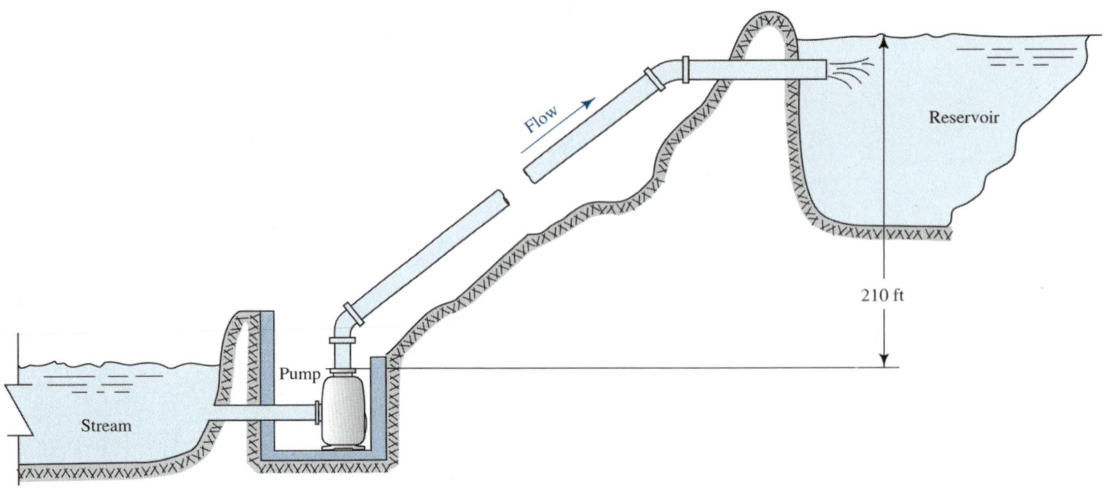

그림 8.19 문제 8.47

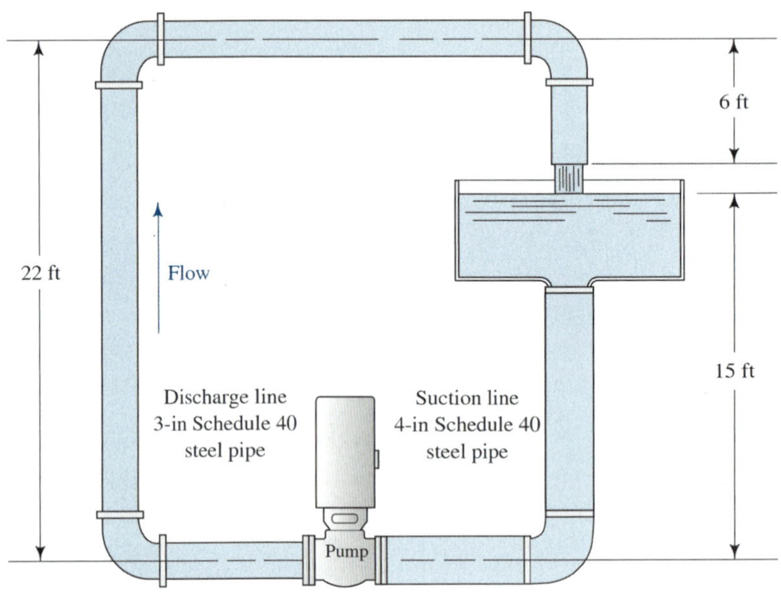

그림 8.20 문제 8.49

중요: 문제 8.52-8.62에 대해 마찰계수를 계산하기 위해 8.7절의 마찰계수 방정식을 사용하시오.

8.52 75℃의 물이 15 mm 외경×1.2 mm 벽 두께의 표준 유압 동관을 12.9 L/min의 유량으로 흐른다.

8.53 60℃의 벤젠(sg=0.88)이 DN 25 Schedule 80 강 파이프에서 20 L/min의 유량으로 흐른다.

8.54 80°F의 물이 6-in 코팅된 연성 철 파이프에서 2.50 ft^3/s의 유량으로 흐른다.

8.55 50°F의 물이 내경 18.0-in 콘크리트 파이프에서 15.0 ft^3/s의 유량으로 흐른다.

8.56 60°F의 물이 10-in Schedule 40 강 파이프에서 1500 gal/min의 유량으로 흐른다.

8.57 점도가 2.0×10^{-3} Pa · s인 어떤 액체 비료 용액(sg=1.10)이 25 mm 내경의 매끈한 플라스틱 호스를 통해 95 L/min의 유량으로 흐른다.

8.58 100℃의 원유(sg=0.93)가 DN 150 Schedule 80 강 파이프에서 1200 L/min의 유량으로 흐른다.

8.59 65℃의 물이 DN 40 Schedule 40 강 파이프에서 10 m/s의 유속으로 흐른다.

8.60 25℃의 프로필알코올이 80 mm 외경×2.8 mm 벽 두께의 표준 유압 동관에서 0.026 m^3/s의 유량으로 흐른다.

8.61 70°F의 물이 12-in 내경의 콘크리트 파이프에서 3.0 ft^3/s의 유량으로 흐른다.

8.62 77°F의 중유가 6-in Schedule 40 강 파이프에서 12 ft/s

의 유속으로 흐른다.

Hazen–Williams 공식을 사용한 에너지 손실 계산

특별한 언급이 없다면 계수 C_h에 대해 표 8.3의 설계값을 사용하시오. 다양한 형태의 공식 또는 그림 8.10의 계산 도표를 사용하시오.

8.63 1.50 ft^3/s 유량의 물이 길이 550 ft의 6 in 시멘트라이닝 연성 철 파이프에서 흐른다. 에너지 손실을 계산하시오.

8.64 120 mm 외경×3.5 mm 벽 두께의 표준 유압 동관을 통해 1000 L/min의 물이 45 m 길이를 흐를 때 에너지 손실을 계산하시오.

8.65 18-in 내경의 콘크리트 압력 파이프가 있다. 이 파이프에서 물이 7.50 ft^3/s의 유량으로 흐르고 있을 때 1-mile 길이를 통한 에너지 손실을 계산하시오.

8.66 방화시스템은 길이 1000 ft의 10-in Schedule 40 강 파이프를 포함한다. 이 파이프에서 물이 2300 gal/min의 유량으로 흐를 때 에너지 손실을 계산하시오.

8.67 150 mm 외경×4.5 mm 벽 두께의 표준 유압 동관에서 1200 L/min 유량의 물이 100 m 길이를 흐를 때 에너지 손실을 계산하시오.

8.68 80 ft 길이의 $2\frac{1}{2}$-in Schedule 30 강 파이프를 통해 0.20 ft^3/s의 물이 흐를 때 에너지 손실을 계산하시오.

8.69 2500 ft 길이의 공칭 8-in 파이프에서 2.0 ft^3/s 유량의 물 유동을 형성시켜야 한다. 일반 Schedule 40 강 파이프 및 원심시멘트 코팅 연성 철 파이프에서의 수두 손실을 계산하시오.

8.70 1200 ft 길이의 파이프를 통해 300 gal/min 유량의 물을 수두 손실 10 ft 이하로 운송하기 위한 새로 제작된 매끈한 Schedule 40 강 파이프의 크기를 결정하시오. 이 파이프에 대해 예측되는 수두 손실을 계산하시오.

8.71 문제 8.70에서 선정된 파이프에 대해 1000 ft 길이에서 100 gal/min 유량의 물이 흐를 때 새로 제작된 매끈한 2 in Schedule 40 강 파이프와 3 in Schedule 40 강 파이프에서 발생하는 수두 손실을 계산하시오.

8.72 문제 8.70에서 선정된 파이프에 대해 새로 제작된 매끈한 파이프가 아닌 설계 C_h값을 사용하여 수두 손실을 계산하시오.

8.73 새로 제작된 매끈한 2-in 및 3-in 크기의 Schedule 40 강 파이프에서 물이 100 gal/min으로 흐를 때 수두 손실을 비교하시오.

보충문제

8.73 문제 6.107에서 마을로 흐르는 물의 이론적인 유량은 배관에서 발생하는 어떠한 손실도 고려하지 않고 계산되었다. 문제 7.50에서는 2.8 m의 가정값이 배관에서의 손실값으로 포함되었고, 그 결과 유량은 6.22×10^{-4} m^3/s로 나타났다. 이제 이 문제를 다시 풀어 실제 발생하는 손실을 결정할 것이다. 1200 m 길이, 20-mm 내경의 유연하고 매끈한 튜브 내에서 25℃의 물이 흐르고 있다. 위의 배관 손실에 대한 가정값을 검토해보자. 6.22×10^{-4} m^3/s의 유량을 가정하면 실제 손실은 얼마인가? 이 배관을 설치하기 위해 기존의 제안에 대해 어떤 결론을 내릴 수 있는가? 왜 손실을 계산하는 것이 중요한가?

8.74 77°F의 중유를 수송하기 위해 파이프라인이 필요하다. 이 파이프라인 길이는 총 80 mi이 필요하고, 초기에 제안된 양수장의 거리는 2 mi이다. 유량은 750 gal/min이 필요하며 6-in Schedule 80 강 파이프로 제작될 것이다. 양수장 사이에서의 압력 강하 및 각 펌프 입구에서의 압력을 동일하게 유지하기 위해 필요한 펌프 동력을 계산하시오. 그리고 이 설계에 대해 논하시오.

8.75 25℃의 중유가 DN 125 Schedule 40 파이프에서 수평길이 15 km를 200 m^3/h의 유량으로 펌핑되고 있다. 배관의 최대 작동 압력은 계기 압력 4800 kPa로 제한되고, 펌프 입구에서 요구되는 최소 압력은 절대 압력 70 kPa이다. 파이프 전체에서 필요한 양수장의 개수를 결정하고 이에 대한 설계를 도시하시오. 파이프를 Schedule 80 또는 160으로 교체한다면 어떤 이득이 있겠는가?

8.76 스포츠 및 레크레이션 분야에서의 중요성으로 인해 다양한 공에서 발생하는 공기의 유체 효과에 대한 많은 연구가 이루어져 왔다. 예를 들어, 골프공은 작용하는 유동 특성 및 결과적인 항력을 크게 개선하기 위해 딤플 처리된다. 17장에서 정지된 유체를 통해 운동하는 구형 물체에 대한 Reynolds수는 식 (8−1)의 표준 Reynolds수에서 D의 값을 구의 직경으로 대입하면 얻을 수 있다. 다음의 공들에 대해 해수면 표준 조건(부록 E 참조)에서 공기에 대한 Reynolds수를 계산하시오.

	Diameter	Velocity
Volleyball serve:	8.5 in	55 mph
Cricket pitch:	7 cm	135 km/h
Baseball pitch:	2.88 in	95 mph
Musket ball shot:	13 mm	440 m/s

8.77 어떤 주어진 시스템에서 프로젝트를 위해 사용된 파이프가 미리 지정된 2 in 사이즈가 아닌 1-in Schedule 40 파이프였다는 것이 밝혀졌다. 일부의 팀원들은 어쨌든 시스템에 1/2 계수가 내장되어 있기 때문에 문제가 되지 않을 것이라고 말했다. 다른 팀원들은 배관을 교체해야 한다고 말한다. 60℃의 물이 150 gal/min으로 100 ft 길이의 수평

관을 흐를 때, 각 사이즈 파이프에 대한 수두 손실을 구하시오. 그리고 공사현장에서 이 실수로 인해 발생할 수 있는 차이점에 대해 논하시오.

8.78 "층류"분수는 자체적인 표면 장력에 의해 유지되는 부드러운 형상으로 인한 아름다움으로 인해 매우 인기가 있다. 웹사이트에서 "층류분수(laminar fountain)"의 영상을 확인하시오. 난류를 층류로 전환하기 위해 유로는 큰 직경으로 전환된 다음, 다수의 작은 직경으로 세분된다. 이는 직선기(straightener)로 불린다. 20℃ 물 8 m^3/h의 유량이 흐르는 내경 25 mm 파이프에 대한 Reynolds수를 계산하시오. 이 유동은 75 mm 파이프로 유입되고 내경 3 mm 다수의 플라스틱 음료 빨대가 유로에 채워진다. 작은 직경의 파이프에서 난류였던 유동이 큰 직경의 세분된 파이프에서 층류로 바뀌었는가?

8.79 수위 25 ft의 탱크로부터 75°F의 물이 1-in Schedule 40 파이프에서 20 gal/min의 유량으로 길이 100 ft의 수평 직선유로를 통해 흐를 때 이를 PIPE-FLO®를 사용하여 모델링하시오. 계산된 파이프 내 압력 강하, Reynolds수 및 마찰계수를 FLO-Sheet®에 나타내시오.

컴퓨터를 이용한 공학 과제

1. 식 (8-5) 및 (8-7)을 사용하여 파이프 내 유체 유동에서의 마찰계수를 계산하기 위한 프로그램을 작성하시오. 프로그램은 Reynolds수 및 상대 조도를 계산해야 한다. 다음과 같은 과정을 수행해야 한다.
   a. $N_R < 2000$이면, $f = 64/N_R$ [식 (8-5)]를 사용한다.
   b. $2000 < N_R < 4000$이면 유동은 임계 영역 내에 있고 마찰계수 f값이 계산될 수 없다. 프로그램 사용자에게 이러한 메시지를 출력한다.
   c. $N_R > 4000$이면 유동은 난류이다. 식 (8-7)을 사용하여 f를 계산한다.
   d. N_R, D/ε, 및 f의 값을 출력한다.
2. 1번의 프로그램을 통합하여 특정 사이즈의 파이프를 통한 유체 유동에 대한 압력 강하를 계산할 수 있는 향상된 프로그램을 작성하시오. 압력 강하 계산을 위한 두 지점의 거리를 입력할 수 있어야 하고, 두 지점 간의 상대적인 높이도 입력할 수 있어야 한다. 이 프로그램은 문제 8.27, 8.28, 8.31에서 요구된 바와 같은 분석을 수행할 수 있어야 한다. 또한 이 프로그램은 8.29와 같은 문제를 풀기 위해 에너지 손실을 계산할 수 있어야 한다.
3. 표 8.4에 나열된 Hazen-Williams 공식의 모든 형태를 계산할 수 있는 프로그램을 작성하시오. 프로그램은 사용자가 어떤 단위 시스템을 사용할지, 어떤 값들이 알려져 있는지 및 획득해야 하는 값이 무엇인지를 지정할 수 있어야 한다.
4. 표 8.4에 나열된 Hazen-Williams 공식의 모든 형태를 풀 수 있는 스프레드시트를 생성하시오. 스프레드시트의 각 부분들은 유속, 수두 손실, 또는 파이프 내경의 값들을 구분하여 계산할 수 있어야 한다. 미국관습단위 및 SI 단위에서의 값들을 모두 제공하시오.

CHAPTER 9

원형 단면 배관에서의 속도 분포 및 비원형 단면 배관에서의 유동

개요

6－8장에서는 원형 단면 파이프 및 튜브에서의 유체 유동을 고려했다. 에너지 손실 분석에서 유속을 사용할 때, $v = Q/A$로부터 계산된 평균 유속을 사용했다. 이는 매우 편리하고 Reynolds 수 및 저항계수(10장에서 다룬다.) 등 다수의 부수적인 변수들은 이러한 평균 유속에 기초하여 계산된다. 또한 파이프 내 특정 지점에서의 유속에 대해 주의를 기울일 필요가 없다.

이 장에서는 6－8장에서 다루어지지 않은 새로운 2가지 주제를 다루게 될 것이다. 상대적으로 덜 빈번하게 발생하는 상황을 다루게 되지만 유체 유동의 본질에 대한 더 깊은 이해를 할 수 있게 될 것이다.

유체가 파이프 또는 다른 형상의 유로를 흐를 때, 유속은 유로 단면에서 균일하게 나타나지 않는다. 따라서 유속 분포의 본질 및 층류와 난류에서 원형파이프 또는 튜브 내 국부 지점에서의 유체 속도를 예측하는 방법을 배울 것이다.

원형이 아닌 유로에서의 유동은 어떨까? 인체 내부의 심혈관계, 순환계 및 호흡기 계통에서 발생하는 유체 유동이 그러한 사례가 될 수 있다. 이러한 인체 내 유체 시스템에서 에너지 손실 및 압력 분포는 한 사람의 건강을 판단하는 데 고려되어야 하는 요소이다. 심혈관계의 경우, 그림 9.1과 같이 시스템 내에서 에너지 손실이 과도해지면 펌프 역할을 하는 심장에 스트레스가 가해진다. 제일 위의 그림은 거의 원형 단면을 갖고 있는 건강한 동맥을 나타낸다. 콜레스테롤은 동맥 벽 주변에 균일하게 분포하지 않고 국부적으로 쌓여 응고하게 된다. 그러므로 유로는 비원형이 된다. 콜레스테롤의 축적은 동맥의 단면적을 감소시켜 유동 저항 및 압력 손실을 증가시키게 된다. 이 결과로 인체의 모든 부분에 적정 수준의 혈액 유동을 전달하기 위해 심장에서 더 높은 압력을 발생시켜야 한다.

건물, 자동차 엔진 등의 내부에 있는 덕트는 정사각형, 직사각

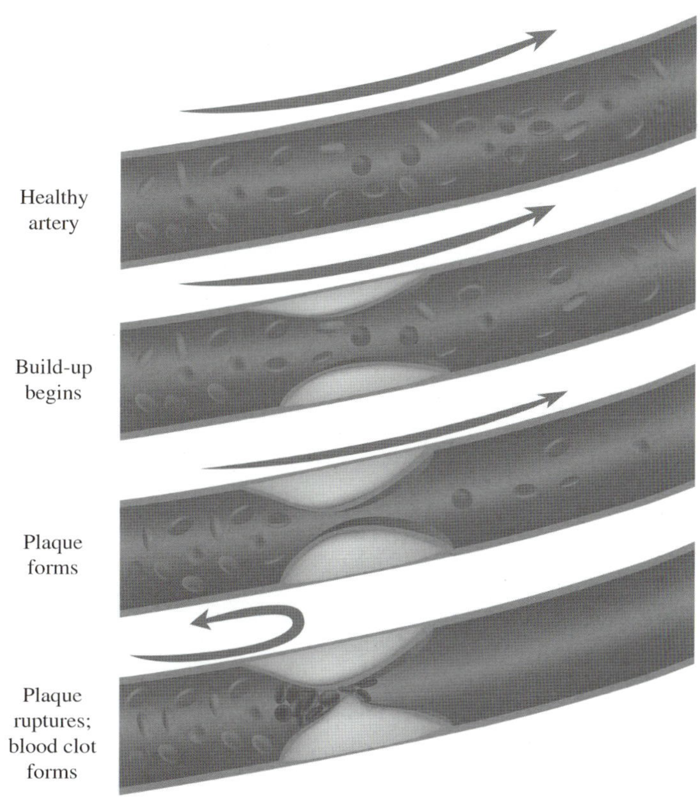

그림 9.1 이 그림에서는 혈관벽에 축적되는 콜레스테롤로 인해 동맥을 통한 혈액 유동이 제한되는 일반적인 의학적 조건이 나타난다.(출처: Alia Medical Images/Fotolia)

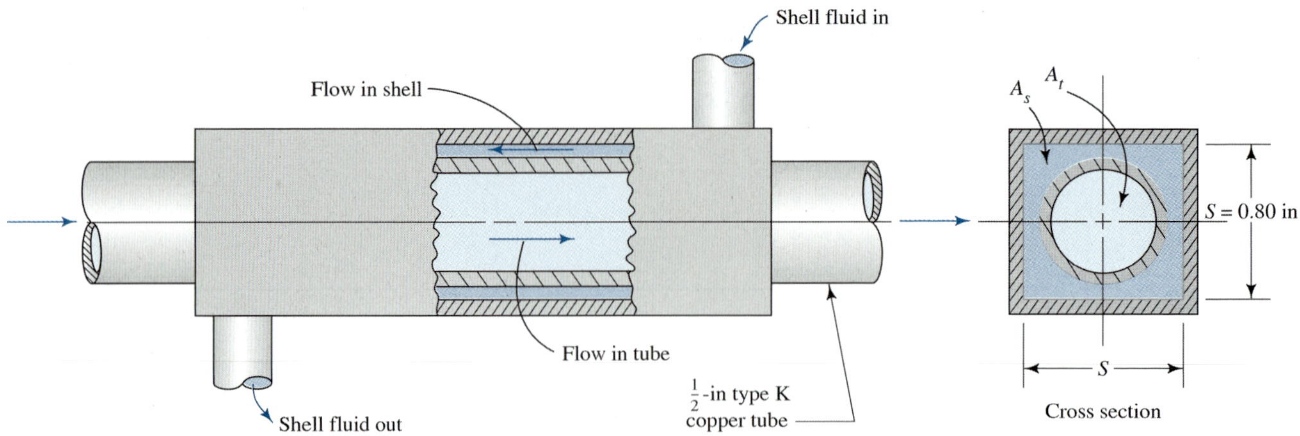

그림 9.2 쉘앤튜브 열교환기

형, 타원형 또는 주어진 공간에 맞추기 위해 매우 독특한 형태를 가지고 있다. 어떤 형태의 열교환기는 그림 9.2에 나타난 것처럼, 원형 또는 사각 형태의 단면을 가진 큰 직경의 튜브 중심에 작은 튜브가 삽입되어 있는 튜브 내 튜브(tube with in a tube) 형태로 제작된다. 고온 공정 유체가 원형 단면의 작은 튜브 내부로 흐르고, 내부 튜브의 외측과 외부 튜브의 내측 사이의 공간으로 냉각수가 흐른다. 저온수의 유동 영역은 그림에서 파란색 부분이다. 이 장에서는 비원형 단면에서의 유동을 분석하는 방법을 배우게 될 것이다. 이는 유속, Reynolds수, 마찰로 인한 에너지 손실을 포함한다.

탐구

원형 단면이 아닌 유로를 갖는 배관의 예를 살펴보자. 집이나 학교에 있는 냉동공조(HVAC) 시스템에서 후드 아래 또는 자동차 계기판 내부의 덕트 및 의류 건조기로부터 습기를 집 밖으로 배출하는 덕트 등이 그 예가 될 수 있다. 산업체에서 일하거나 제조 공장을 방문한다면 자동화 설비, 가열로, 열처리 설비 또는 다른 공정 시스템에서 비원형 단면 유동 시스템의 예를 찾아볼 수 있다.

입문 개념

이 장에서는 원형파이프 내에서 유동의 속도가 단면 내의 국부 지점에 따라 변화하는 것을 보여준다. 파이프 벽면에서의 속도는 실제로 0이다. 이는 이 지점에서 유체가 정지된 파이프와 접촉하고 있기 때문이다. 벽면으로부터 떨어진 지점에서 유체의 속도는 증가하고, 파이프의 중심에서 최댓값에 도달한다.

파이프 내부에서 유체의 속도가 어떻게 변화하는지를 알아야 하는 이유는 무엇일까? 중요한 이유 중 하나는 열전달 연구에 있다. 예를 들어 동관 내부에서 고온의 물이 흐를 때, 물로부터 튜브 벽면으로 열이 전달되고, 이 열은 주변의 공기로 전달된다. 이때 전달되는 열의 양은 튜브 벽면 근처의 얇은 층(thin layer) 내 물의 속도에 의존한다. 이 층은 경계층(boundary layer)이라 한다.

배관에서의 유량 측정은 또 다른 예이다. 15장에서 공부하게 될 특정 형태의 유량 측정장치는 유체 내부의 좁은 지점에서의 국부 속도를 감지한다. 이런 장치를 사용하여 $Q = Av$ 식으로부터 체적 유량을 결정하기 위해 한 지점에서의 국부 유속이 아닌 전체 배관에서의 평균 유속 값을 필요로 한다. 이때, 배관의 직경을 가로질러 다수의 지점에서 유속을 측정하고, 이에 대한 평균을 계산해야 함을 알게 될 것이다.

이전 장에서 수행한 계산의 대부분은 파이프의 내경에 의존했다. 이 장에서는 9.5절에서 논의될 것처럼 수력 반경(hydraulic radius) R의 계산을 통해 비원형 단면 배관의 크기를 특성화할 수 있음을 배우게 될 것이다.

9.1 목표

이 장을 학습한 후에 다음의 항목들을 수행할 수 있다.

1. 층류 및 난류로 존재하는 원형파이프, 튜브 또는 호스 내 유동에서의 속도 분포를 설명한다.
2. 난류 유동 내에서 층류 경계층(laminar boundary layer)을 설명한다.
3. 원형 단면 내 주어진 반경방향 지점에서 유동의 국부 속도를 계산한다.

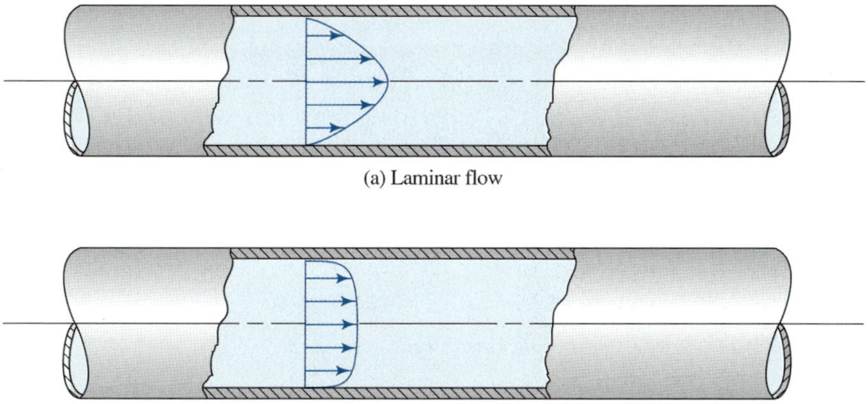

(a) Laminar flow

(b) Turbulent flow

그림 9.3 파이프 유동에서의 속도 분포

4. 비원형 단면 내 유동의 평균 유속을 계산한다.
5. 단면의 크기를 특정하기 위해 수력 반경을 사용하여 비원형 단면 유동의 Reynolds수를 계산한다.
6. 비원형 단면 내에서의 유체 유동에 대한 에너지 손실을 결정한다. 이때 상대 조도 및 Darcy 방정식의 특수한 형태를 고려하게 된다.

9.2 속도 분포

원형파이프, 튜브 또는 호스 내 유동에서 단면을 가로지르는 국부 속도의 크기는 매우 불균일하다. 그림 9.3은 층류 및 난류에서 속도 분포의 일반적인 형상을 나타낸다. 2장에서 정지해 있는 고체 경계면에 접촉하는 유체의 속도는 0이라는 것을 알았다. 이는 어떠한 배관 내부 벽면에서도 마찬가지다. 유체의 속도는 벽면에서 멀어질수록 증가하여 원형파이프의 중심에서 최대가 된다.

그림 8.2에서 층류는 서로 미끄러지는 유체의 일련의 동심원 층으로 생각할 수 있었다. 이 매끈한 유동은 속도 분포를 포물선 형상으로 만든다.

반대로, 난류를 유체 입자들의 상호 혼합 및 이로 인한 입자들 간의 운동량 전달을 동반하는 혼란스러운 유동으로 표현했다. 이 결과 난류 유동에서는 단면의 대부분의 영역에서 상대적으로 균일한 속도 분포를 나타낸다. 여전히 파이프 벽면에서의 유속은 0이다. 국부 유속은 벽면 근처에서 급격히 증가하고, 중심부에서는 상대적으로 서서히 증가한다.

9.3 층류 속도 분포

층류 속도 분포의 규칙성으로 인해 유로 내부의 어떠한 점에서도 국부 유속을 계산할 수 있는 하나의 방정식을 정의할 수 있다. 중심으로부터 반경 r의 거리에 있는 지점에서의 국부 유속 U는 최대 반경이 r_o, 평균 유속이 v일 때 다음의 방정식으로 계산할 수 있다.

$$U = 2v[1 - (r/r_o)^2] \tag{9-1}$$

예제 9.1 예제 8.1에서 25℃ 글리세린이 150-mm 내경의 화학공정 장치의 원형파이프를 통해 평균 유속 3.6 m/s로 흐를 때 Reynolds수는 708로 나타났다. 그러므로 유동은 층류이다. 이 파이프의 벽면에서 중심까지 15 mm 간격으로 속도 분포를 계산하시오. 이 결과로부터 파이프 중심에서 반경 r에 대한 유속 U의 그래프를 도시하시오.

해설 식 (9−1)을 사용하여 U를 계산할 수 있다. 먼저 최대 반경 r_o를 다음과 같이 계산한다.

$$r_o = D/2 = 150/2 = 75 \text{ mm}$$

식 (9−1)로부터 $r = 75$ mm$= r_o$에서 $r/r_o = 1$이고 $U = 0$이다. 이 결과는 고체 경계에서의 유체 속도가 그 경계의 속도와 동일하다는 관찰과 일치한다.

$r = 60$ mm에서

$$U = 2(3.6 \text{ m/s})[1 - (60/75)^2] = 2.59 \text{ m/s}$$

유사한 방법을 활용하여 다음의 값들을 계산할 수 있다.

r (mm)	r/r_o	U (m/s)
75	1.0	0 (at the pipe wall)
60	0.8	2.59
45	0.6	4.61
30	0.4	6.05
15	0.2	6.91
0	0.0	7.20 (middle of the pipe)

파이프의 중앙에서 국부 유속은 평균 유속의 2.0배라는 점을 주목한다. 그림 9.4는 r에 대한 U의 그래프를 나타낸다.

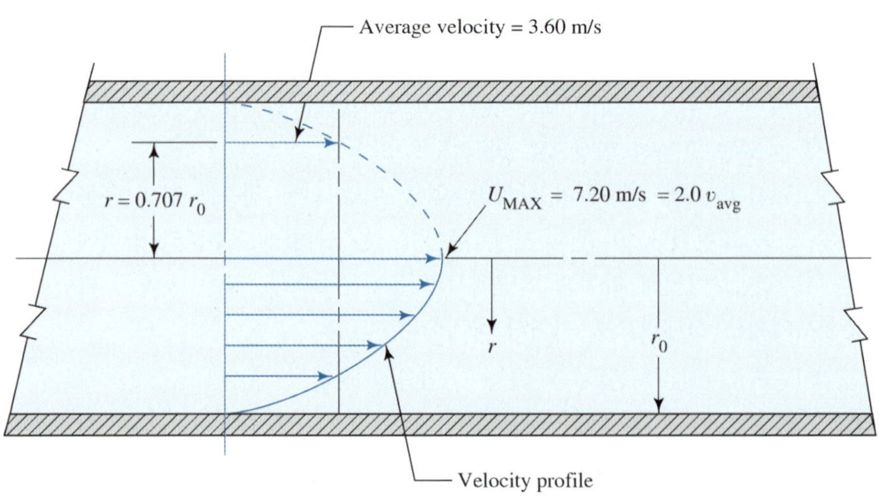

그림 9.4 예제 9.1 및 9.2 결과. 층류에서의 속도 분포

예제 9.2 층류 유동에서 국부 속도 U가 평균 속도 v와 동일해지는 반경방향 위치를 결정하시오. 그리고 속도 분포 그래프에 이 지점을 표시하시오.

해설 식 (9−1)에서 $U = v$인 조건으로 식의 좌변과 우변을 U로 나누면 다음의 결과를 얻는다.

$$1 = 2[1 - (r/r_o)^2]$$

위 식을 r에 대해 풀면 다음과 같다.

$$r = \sqrt{0.5}\, r_o = 0.707 r_o$$

예제 9.1의 자료에서 국부 유속은 다음의 위치에서 평균 유속 3.6 m/s와 동일한 값을 갖는다.

$$r = 0.707(75 \text{ mm}) = 53.0 \text{ mm}$$

이 지점의 반경방향 위치는 그림 9.4에 나타난다.

9.4 난류 속도 분포

난류 유동에서의 속도 분포는 층류에서의 포물선 분포와는 현저히 다르다. 그림 9.5에 나타난 것처럼, 파이프 벽면 근처에서의 유속은 벽면에서 0이고 단면의 대부분의 영역에서 거의 균일한 분포를 형성하면서 급격히 증가한다. 이러한 속도 분포의 실제 형상은 마찰계수 f에 따라 변하며, 마찰계수는 Reynolds수 및 파이프의 상대 조도에 따라 변화한다. 유속 분포에 대한 방정식(참고문헌 1)은 다음과 같다.

$$U = v[1 + 1.43\sqrt{f} + 2.15\sqrt{f}\, \log_{10}(1 - r/r_o)] \qquad (9-2)$$

그림 9.6은 다양한 Reynolds수에서 층류 및 난류 속도 분포에 대한 비교이다.

위 방정식의 다른 형태는 파이프 벽면으로부터의 거리 $y = r_o - r$을 정의함으로써 도출할 수 있다. 로그항의 인수는 다음과 같이 표현된다.

$$1 - \frac{r}{r_o} = \frac{r_o}{r_o} - \frac{r}{r_o} = \frac{r_o - r}{r_o} = \frac{y}{r_o}$$

식 (9−2)는 다음과 같다.

$$U = v[1 + 1.43\sqrt{f} + 2.15\sqrt{f}\, \log_{10}(y/r_o)] \qquad (9-3)$$

식 (9−2) 또는 (9−3)을 계산할 때, 0의 로그는 정의되지 않는다. 식 (9−2)에서 r이 r_o에 접근하는 것으로 표현할 수 있으나 두 변수가 동일한 값을 가질 순 없다. 이와 유사하게, 식 (9−3)에서 y는 0에 접근할 뿐 0이 되진 않는다. 최대 속도는 파이프의 중심에서 나타나고($r = 0$ 또는 $y = r_o$),

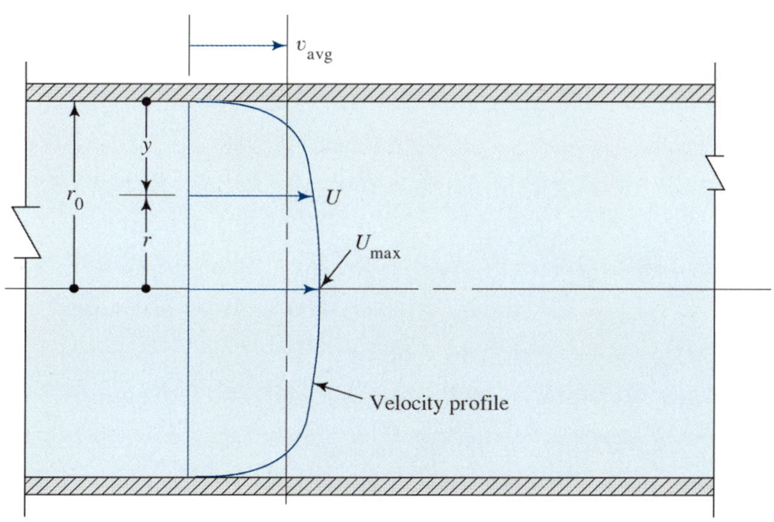

그림 9.5 난류 속도 분포의 일반적인 형태

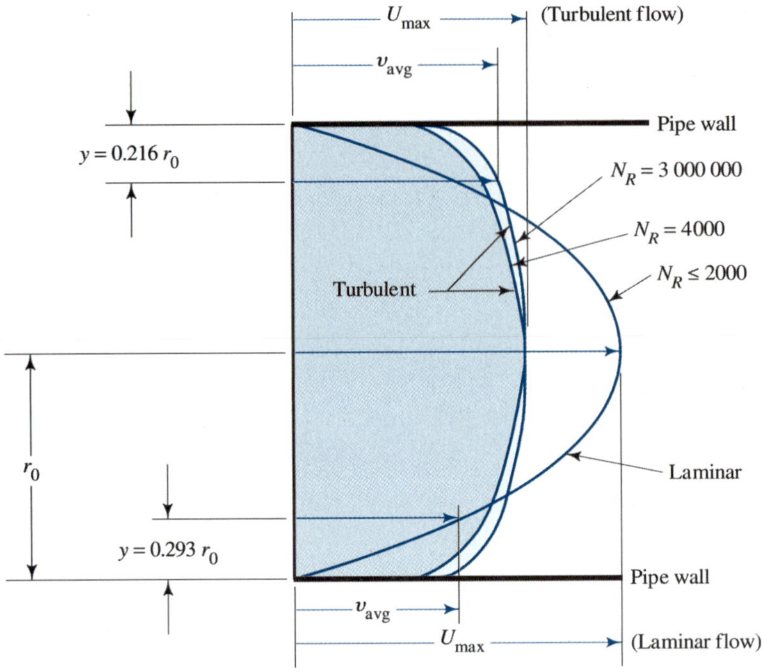

그림 9.6 매끈한 파이프에서 층류 및 난류 속도 분포(출처: Miller, R.W. *Flow Measurement Engineering Handbook*, 3/e © 1983. Reprinted with permission of McGraw-Hill Companies, Inc.)

그 값은 다음과 같이 계산된다.

$$U_{\max} = v(1 + 1.43\sqrt{f}) \tag{9-4}$$

예제 9.3 특수 제작된 플라스틱 파이프는 50.0 mm의 내경을 갖고 있고, 이 파이프 내에서 50℃의 벤젠(sg=0.86)이 110 L/min의 유량으로 흐르고 있다. 유동 평균 유속, 최대 속도 및 여러 지점에서의 속도 분포를 계산하시오. 파이프 벽으로부터 거리에 따른 속도 그래프를 도시하고, 평균 속도에 해당하는 유속이 어느 지점에서 나타나는지 표시하시오.

해설 주어진 자료는 다음과 같다.

$$Q = 110\ \text{L/min}$$
$$D = 50.0\ \text{mm} = 0.050\ \text{m}$$
$$50℃\ 벤젠\ (sg = 0.86)$$

식 (9-3) 또는 (9-4)를 적용하기 위해 Reynolds수 계산 및 플라스틱 파이프에 대한 마찰계수 계산을 수행해야 한다.

벤젠의 밀도는 다음과 같다.

$$\rho = sg \times \rho_w = (0.86)(1000\ \text{kg/m}^3) = 860\ \text{kg/m}^3$$

부록 D로부터 점도는 $\eta = 4.2 \times 10^{-4}$ Pa·s이다.

평균 유속은 다음과 같이 구할 수 있다.

$$v = Q/A$$

$$Q = 110\ \text{L/min}\left[\frac{1\ \text{m}^3/\text{s}}{60000\ \text{L/min}}\right] = 1.83 \times 10^{-3}\ \text{m/s}$$

$$A = \pi D^2/4 = \pi(0.050 \text{ m})^2/4 = 1.963 \times 10^{-3} \text{ m}^2$$
$$v = Q/A = (1.83 \times 10^{-3} \text{ m/s})/(1.963 \times 10^{-3} \text{ m}^2) = 0.932 \text{ m/s}$$

이제 Reynolds수를 계산하자. $N_R = vD\rho/\eta$

$$N_R = \frac{(0.932)(0.050)(860)}{4.2 \times 10^{-4}} = 9.54 \times 10^4 \text{ (난류)}$$

다음 표 8.2의 조도값 $\varepsilon = 3.0 \times 10^{-7}$ m로부터 상대 조도 D/ε의 값을 계산할 수 있다.

$$D/\varepsilon = 0.050/3.0 \times 10^{-7} = 1.667 \times 10^5$$

Moody 선도로부터 $f = 0.018$이다.

식 (9−4)로부터 최대 속도는 다음과 같이 구할 수 있다.

$$U_{\max} = v(1 + 1.43\sqrt{f}) = (0.932 \text{ m/s})(1 + 1.43\sqrt{0.018})$$
$$U_{\max} = 1.111 \text{ m/s (파이프 중심에서)}$$

식 (9−3)은 국부 지점에서의 속도 분포를 결정하기 위해 사용될 수 있다. 튜브 벽면($y = 0$)에서의 속도가 0이라는 것은 이미 확인하였다. 또한 위치에 따른 속도의 변화율은 튜브 중심보다 벽면 근처에서 현저히 크다. 그러므로 먼저 $y = 0.5$ mm에서 $y = 2.5$ mm까지 0.5 mm 간격으로 계산을 수행할 것이다. 다음으로 $y = 10$ mm 위치까지는 2.5 mm 간격으로 계산을 수행할 것이다. 최종적으로 튜브 중심 근처에서의 계산은 5.0 mm 간격으로 충분하다. $y = 1.0$ mm에서 유속은 다음과 같다($r_o = 25$ mm)

$$U = v[1 + 1.43\sqrt{f} + 2.15\sqrt{f}\,\log_{10}(y/r_o)]$$
$$U = (0.932 \text{ m/s})[1 + 1.43\sqrt{0.018} + 2.15\sqrt{0.018}\,\log_{10}(1/25)]$$
$$U = 0.735 \text{ m/s}$$

같은 방법으로 다음의 값들을 계산할 수 있다.

y (mm)	y/r_o	U (m/s)
0.5	0.02	0.654
1.0	0.04	0.735
1.5	0.06	0.782
2.0	0.08	0.816
2.5	0.10	0.842
5.0	0.20	0.923
7.5	0.30	0.970
10.0	0.40	1.004
15.0	0.60	1.051
20.0	0.80	1.085
25.0	1.00	1.111 (U_{max} at center of tube)

그림 9.7은 유속에 대한 y값의 그래프이다. 일반적으로 속도 분포는 이러한 형태로 도시된다. 그래프가 대칭이기 때문에 속도 분포의 아래쪽 절반만 표시된다. 이 그래프에서 평균 유속에 해당하는 국부 유속은 대략 튜브 벽면으로부터 5.4 mm 지점에서 나타나고, 이 지점은 튜브 반경의 약 22% 지점에 해당한다.

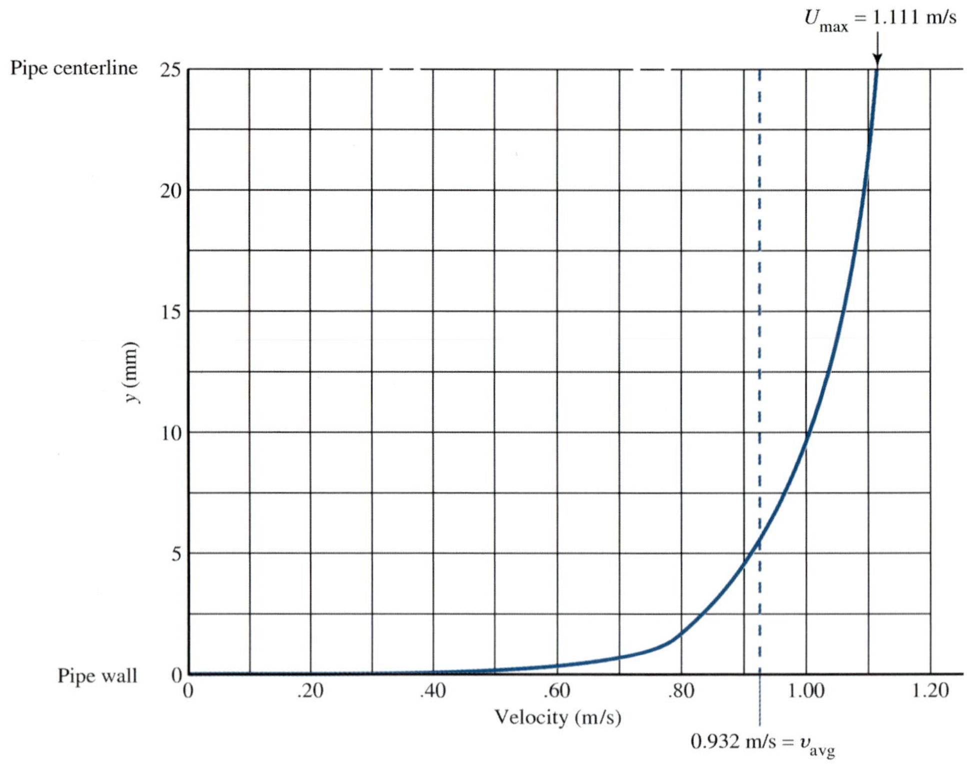

그림 9.7 예제 9.3의 난류 유동에 대한 속도 분포

9.5 비원형 단면에서의 유동

이 절에서는 비원형 단면에서의 유체 유동 계산이 6−8장에서 도출된 계산과 어떻게 다른지 설명할 것이다. 평균 유속, 단면의 특성 크기로 활용되는 수력 반경(hydraulic radius), Reynolds수 및 마찰 에너지 손실에 대해 논의한다. 여기서 고려되는 모든 유동 파이프 단면은 액체로 가득차 있다. 개수로 유동 또는 부분적으로 채워진 단면에서의 비원형 단면 유동은 14장에서 다룬다.

9.5.1 평균 유속

체적 유량의 정의 및 6장에서 처음 사용된 연속 방정식(continuity equation)은 원형파이프, 튜브 및 호스뿐만 아니라 비원형 단면에서도 활용 가능하다.

$$Q = Av$$
$$v = Q/A$$
$$A_1 v_1 = A_2 v_2$$

위 식에서 비원형 단면의 특수한 형상에 대한 전체 단면적을 계산하기 위해 주의가 필요하다.

예제 9.4 그림 9.8은 내부 튜브에서 흐르는 유체로부터 튜브 외측 및 튜브를 감싸는 사각 쉘 사이에서 흐르는 유체로 열을 전달하는 열교환기를 나타낸다. 이러한 장치는 쉘앤튜브 열교환기로 불린다. 튜브 내측 및 쉘측에서 모두 유속이 8.0 ft/s가 되기 위한 체적 유량을 계산하시오.

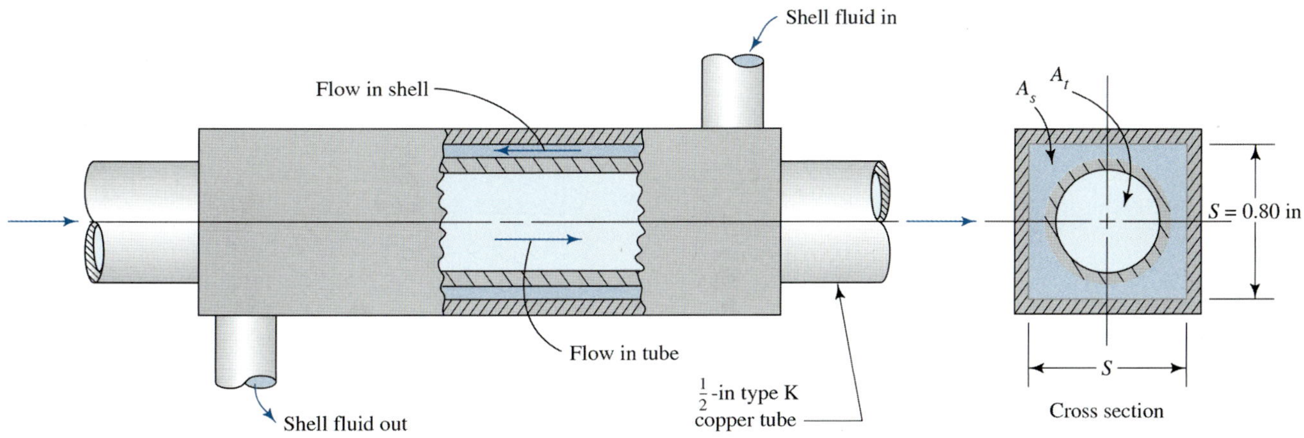

그림 9.8 쉘앤튜브 열교환기

해설 쉘과 튜브 각 유로에 대해 $Q=Av$ 식을 적용하여 체적 유량을 구할 수 있다.

a. 1/2-in K형 동관 내부: 부록 H로부터 튜브 형상 정보를 찾을 수 있다.

$$\text{외경}=0.625\ \text{in}$$

$$\text{내경}=0.527\ \text{in}$$

$$\text{벽 두께}=0.049\ \text{in}$$

$$A_t,\ \text{튜브 내 유동 면적}=1.515\times10^{-3}\ \text{ft}^2=0.01212\ \text{ft}^3/\text{s}$$

그러므로 튜브 내 체적 유량은 다음과 같다.

$$Q_t=A_tv=(1.515\times10^{-3}\ \text{ft}^2)(8.0\ \text{ft/s})=0.01212\ \text{ft}^3/\text{s}$$

단위를 gal/min으로 변환하면 다음과 같다.

$$Q_t=0.01212\ \text{ft}^3/\text{s}\frac{449\ \text{gal/min}}{1.0\ \text{ft}^3/\text{s}}=5.44\ \text{gal/min}$$

b. 쉘측: 쉘측에서의 유동 면적은 사각 쉘 면적 및 튜브 외각 면적의 차이이다.

$$A_s=S^2-\pi OD^2/4$$

$$A_s=(0.80\ \text{in})^2-\pi(0.625\ \text{in})^2/4=0.3332\ \text{in}^2$$

단위를 ft^2으로 변환하면 다음과 같다.

$$A_s=0.3332\ \text{in}^2\frac{1.0\ \text{ft}^2}{144\ \text{in}^2}=2.314\times10^{-3}\ \text{ft}^2$$

그러므로 체적 유량은 다음과 같다.

$$Q_s=A_sv=(2.314\times10^{-3}\ \text{ft}^2)(8.0\ \text{ft/s})=0.01851\ \text{ft}^3/\text{s}$$

$$Q_s=0.01851\ \text{ft}^3/\text{s}\frac{449\ \text{gal/min}}{1.0\ \text{ft}^3/\text{s}}=8.31\ \text{gal/min}$$

튜브측에 대한 쉘측 유량의 비율은 다음과 같다.

$$Q_s/Q_t=8.31/5.44=1.53$$

9.5.2 비원형 단면의 수력 반경

그림 9.9는 일반적인 비원형 단면의 예를 나타낸다. 각 단면들은 쉘앤튜브 열교환기 (a), 공기분배 덕트 (b), (c), 쉘앤튜브 열교환기 또는 기계 내부 유로 (d)를 나타낸다.

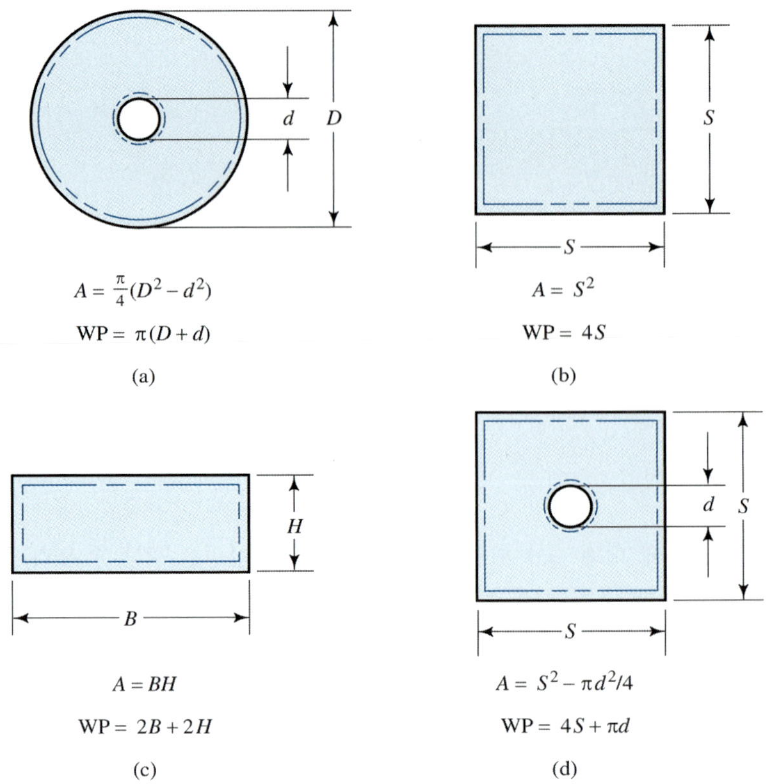

그림 9.9 비원형 단면의 예

비원형 단면의 특성길이는 수력 반경(hydraulic radius) R이라고 불리며, 단면이 유체와 접하는 윤변(wetted perimeter)에 대한 유동 단면적의 비율로 나타난다.

▶ 수력 반경

$$R = \frac{A}{WP} = \frac{\text{유동 단면적(area)}}{\text{윤변(wetted perimeter)}}$$

R의 단위는 SI 단위계에서 미터이고 미국관습단위계에서는 피트이다. 수력 반경을 계산할 때 단면적은 단면의 형상으로부터 명확하게 계산해야 한다.

윤변은 유체와 접하는 단면 경계의 길이의 합으로 정의한다.

각 형상에 대한 면적 A 및 윤변 WP에 대한 표현식은 그림 9.9에 기술되어 있다. 각 형상에 대해 유체는 단면의 음영처리된 부분으로 흐른다. 점선은 윤변을 구성하는 경계에 인접하여 표시된다.

예제 9.5 그림 9.10에서 외부 사각 덕트의 내부 길이가 250 mm, 내부 튜브의 외경이 150 mm일 때 단면의 수력 반경을 구하시오.

해설 전체 유동 면적은 사각 및 원형 면적의 차이다.

$$A = S^2 - \pi d^2/4 = (250)^2 - \pi(150)^2/4 = 44\ 829\ \text{mm}^2$$

윤변은 사각 덕트의 네 변의 길이 및 원형 튜브의 외부 원주의 합이다.

$$WP = 4S + \pi d = 4(250) + \pi(150) = 1471\ \text{mm}$$

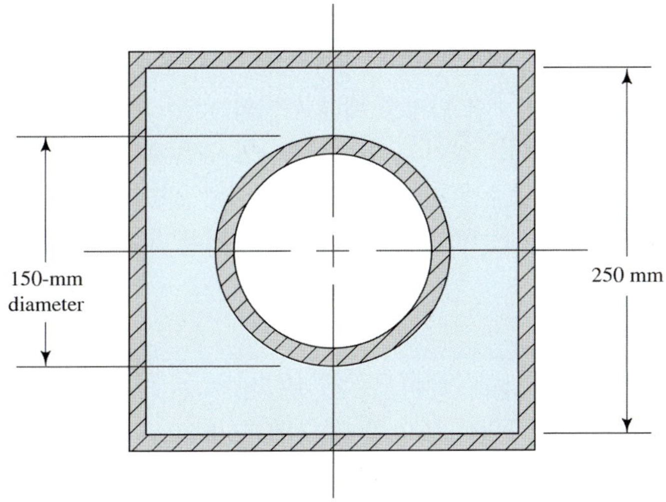

그림 9.10 예제 9.5–9.7 덕트의 단면

그러므로 수력 반경 R은 다음과 같다.

$$R = \frac{A}{WP} = \frac{44829\ \text{mm}^2}{1471\ \text{mm}} = 30.5\ \text{mm} = 0.0305\ \text{m}$$

9.5.3 비원형 단면에서의 Reynolds수

유체가 파이프의 단면을 완전히 채우고 압력을 받고 있을 때, 유동의 평균 유속은 다음과 같은 체적 유량 및 전체 유동 면적의 방정식으로 결정될 수 있다.

$$v = Q/A$$

위 식에서 면적은 수력 반경을 계산하기 위해 사용된 면적과 동일하다.

비원형 단면에서의 유동에 대한 Reynolds수는 원형파이프 및 튜브에서와 매우 유사한 방법으로 계산할 수 있다. 식 (8−1)에서 직경 D를 비원형 단면 수력 반경의 4배인 4R로 대입하면 Reynolds수를 구할 수 있다. 결과는 다음과 같다.

▶ **Reynolds수–비원형 단면**

$$N_R = \frac{v(4R)\rho}{\eta} = \frac{v(4R)}{\nu} \tag{9-6}$$

위 식은 원형 단면의 수력 반경을 계산함으로써 검증할 수 있다.

$$R = \frac{A}{WP} = \frac{\pi D^2/4}{\pi D} = \frac{D}{4}$$

위에서 $D = 4R$이므로 $4R$은 원형파이프에서의 D와 동등하다. 그러므로 유사성에 의해 비원형 단면에서 특성 길이로 $4R$을 사용하는 것은 타당하다. 이 접근 방식은 비원형 단면의 종횡비(aspect ratio)가 원형 단면의 종횡비와 큰 차이가 없는 한 합리적인 결과를 제공할 것이다. 이 책에서 종횡비는 단면의 높이에 대한 폭의 비율이다. 그러므로 원형 단면의 종횡비는 1.0이다. 그림 9.9에 나타난 단면들의 종횡비는 모두 1.0과 큰 차이를 나타내지 않는다.

위의 유사성이 적용되지 않는 단면 형태의 예는 폭이 높이보다 4배 이상 큰 값을 갖는 사각 단면이다. 이러한 단면 형상에서 수력 반경은 대략 높이의 1/2이다. 그림 9.9(a)와 유사한 형상의 환형 단면(annular shape)은 두 파이프 사이의 공간이 좁다면 높은 종횡비를 나타낼 것이다. 하지만 이처럼 파이프 사이의 공간이 작을 때, 수력 반경을 결정하기 위해 일반적인 자료를 적용하기는 어렵다. 이러한 단면의 경우 파이프에 대한 성능테스트를 추천한다. 비원형 단면에서의 유동에 대한 추가정보는 참고문헌 2, 3에서 얻을 수 있다.

예제 9.6 그림 9.10에 나타난 단면을 통해 흐르는 25℃ 에틸렌글리콜 유동의 Reynolds수를 계산하시오. 체적 유량은 0.16 m^3/s이다. 예제 9.5에 주어진 크기 정보를 사용하시오.

해설 Reynolds수는 식 (9−6)으로부터 계산할 수 있다. 예제 9.5로부터 단면에 대한 유동 면적 및 수력 반경은 다음과 같다. $A = 44829\ mm^2$ 및 $R = 0.0305\ m$. 부록 B에서 $\eta = 1.62\times10^{-2}\ Pa\cdot s$, $\rho = 1100\ kg/m^3$이다. 면적의 단위는 m^2으로 변환해야 한다.

$$A = (44829\ mm^2)(1\ m^2/10^6\ mm^2) = 0.0448\ m^2$$

평균 유속은 다음과 같다.

$$v = Q/A = \frac{0.16\ m^3/s}{0.0448\ m^2} = 3.57\ m/s$$

이제 Reynolds수를 계산할 수 있다.

$$N_R = \frac{v(4R)\rho}{\eta} = \frac{(3.57)(4)(0.0305)(1100)}{1.62\times10^{-2}}$$

$$N_R = 2.96\times10^4$$

9.5.4 비원형 단면에서의 마찰 손실

마찰 손실을 위한 Darcy 방정식은 단면 형상이 원형인 단면에서 사용한 파이프직경 대신에 수력 반경으로 표시된다면 비원형 단면에서도 사용할 수 있다. 수력 반경을 계산한 후에 식 (9−6)으로 Reynolds수를 계산할 수 있다. Darcy 방정식에서 D를 $4R$로 대체하면 다음과 같은 결과를 얻을 수 있다.

▶ 비원형 단면에 대한 Darcy 방정식

$$h_L = f\frac{L}{4R}\frac{v^2}{2g} \qquad (9-7)$$

상대 조도 D/ε은 $4R/\varepsilon$이 된다. 비원형 단면에서도 마찰계수 f는 Moody 선도에서 결정할 수 있다.

예제 9.7 그림 9.10의 단면형상을 지닌 50 m 길이 파이프에서의 압력 강하를 결정하시오. 유체는 25℃ 에틸렌글리콜이며 체적 유량은 0.16 m^3/s이다. 단면에서 외부 사각 배관 내변의 길이는 250 mm이고, 튜브의 외경은 150 mm이다. 조도값을 위해 상용 강 파이프에 비해 다소 매끈한 $\varepsilon = 3\times10^{-5}$ m를 사용하시오.

해설 예제 9.5 및 9.6에서 면적, 유속, 수력 반경 및 Reynolds수는 다음과 같이 계산되었다.

$$A = 0.0448\ m^2$$

$$v = 3.57\ \text{m/s}$$
$$R = 0.0305\ \text{m}$$
$$N_R = 2.96 \times 10^4$$

유동은 난류이고, 파이프 내에서 50 m 떨어진 두 지점 사이의 에너지 손실을 계산하기 위해 Darcy 방정식을 사용할 수 있다. 마찰계수를 결정하기 위해 먼저 상대 조도를 구해야 한다.

$$4R/\varepsilon = (4)(0.0305)/(3 \times 10^{-5}) = 4067$$

Moody 선도로부터 $f = 0.0245$이다. 그러므로 배관에서의 마찰에 의한 수두 손실은 다음과 같다.

$$h_L = f \times \frac{L}{4R} \times \frac{v^2}{2g} = 0.0245 \times \frac{50}{(4)(0.0305)} \times \frac{(3.57)^2}{(2)(9.81)}\text{m}$$
$$h_L = 6.52\ \text{m}$$

배관이 수평이므로 압력 강하는 다음과 같은 식으로 나타난다.

$$h_L = \Delta p/\gamma$$
$$\Delta p = \gamma h_L$$

여기서 Δp는 마찰 에너지 손실에 의해 발생하는 압력 강하이다. 부록 B로부터 $\gamma = 10.79\ \text{kN/m}^3$을 사용한다. 따라서 압력 강하 값은 다음과 같다.

$$\Delta p = \frac{10.79\ \text{kN}}{m^3} \times 6.52\ \text{m} = 70.4\ \text{kPa}$$

9.6 전산유체역학

이 책에서 제시한 분석 방법과 함께 제시된 유체 시스템은 잘 알려진 시스템들이며, 이에 적용되는 주요 원리들은 오랜 기간 실험적으로 테스트되어 왔다. 이러한 기본적인 원리를 따르는 시스템에서는 수동 계산을 충분히 적용할 수 있다. 하지만 많은 수의 구성요소, 수많은 세그먼트, 다양한 크기의 파이프를 포함하는 시스템에 대해 수동 계산을 하는 것은 오랜 시간을 요하는 지루한 작업일 수 있다. 그러므로 PIPE－FLO®와 같은 소프트웨어를 활용하는 것은 유용할 뿐만 아니라 시간을 절약해 준다(8장의 인터넷 자료 3 참조). 하지만 PIPE－FLO® 및 유사한 소프트웨어들은 이 책에서 제공되는 Darcy－Weisbach의 기본 원리 및 다른 원리들을 사용해서 단순히 계산과정을 자동화시켜주는 기능을 한다는 것을 명심하라.

이러한 계산 방법이 적용되기 어려운 수많은 분야가 존재한다. 이렇게 새롭고 테스트된 바 없는 유체 시스템은 고도의 복잡성을 지니고 있기 때문에 해석을 위해 이에 더욱 적합한 방법을 사용해야 한다. 이러한 분야에서는 전산유체역학(computational fluid dynamics, CFD)을 활용하여 시스템을 해석할 수 있다. 전산유체역학은 매우 짧은 시간에 매우 작은 유체요소들에 대한 엄청난 횟수의 계산을 수행하기 위해 컴퓨터를 활용한다. PIPE－FLO®와 같은 소프트웨어에서 시스템을 컴포넌트 수준으로 구분하여 계산했다면, CFD는 유체 유동을 훨씬 작은 유동 체적으로 구분하여 계산하며, 이 책에서 제시하는 컴포넌트들을 설계하기 위해 사용할 수 있다. 이러한 작은 유체요소는 해석을 위해 격자(grid or mesh)로 결합된다. 고체에서의 응력 및 변형 분석을 위해 사용하는 유한요소법(finite element analysis, FEA)과 유사한 방식으로, CFD는 유동 핵심 변수들을 나타내기 위해 다양한 색을 지닌 그래픽 출력을 생성한다. 그림 9.11 및 9.12는 글로브 밸브 내부에서의 유체 유동에 대한 CFD 해석 결과를 나타낸다. 이러한 밸브는 10장에서 설명된다. 두 그림은 동일한 밸브에서 해석된 것은 아니다.

그림 9.11은 밸브의 입구 및 출구를 통한 전체 유동 영역을 나타내며 밸브의 단면도면에 CFD 결과가

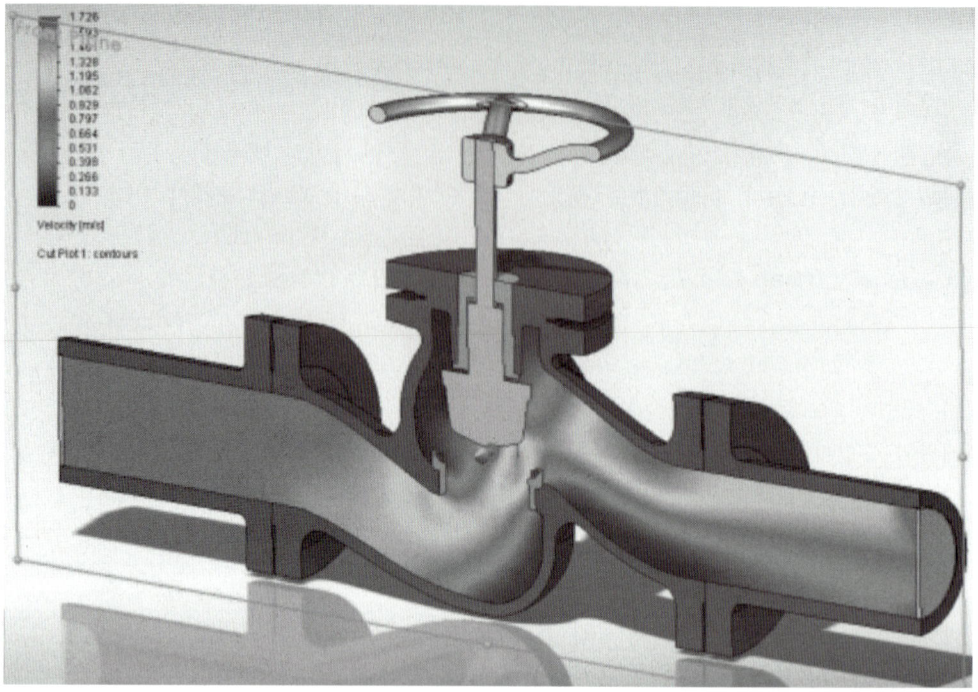

그림 9.11 전산유체역학(CFD)에 의해 계산된 글로브 밸브 내 유동(출처: Autodesk screen shots reprinted with the permission of Autodesk, Inc.)

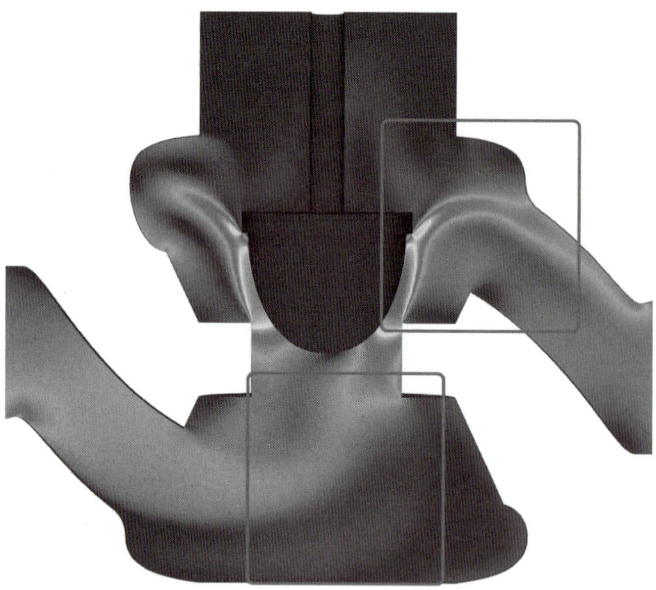

그림 9.12 글로브 밸브 시트(seat) 부근에서의 유동에 대한 CFD 해석(출처: Image and model courtesy of DASSAULT SYSTEMES SOLIDWORKS CORPORATION)

겹쳐져 있다. 색의 변화는 밸브를 통해 복잡한 경로를 이동하는 유체의 유속 및 압력 변화를 나타낸다.

그림 9.12는 글로브 밸브 내부의 포트 부분을 나타낸다. 유동은 좌측에서 유입되어 아래쪽을 흐른 후 밸브의 조절 가능한 구형 플러그와 고정된 시트 사이의 환형 통로를 통해 위쪽으로 흐른다. 유체는 밸브의 상부에서 합쳐져 아래쪽으로 흘러 밸브의 출구를 통해 배출된다. 높은 유속 및 현저한 압력 강하가 플러그 주변에서 발생하고, 유속 및 압력 강하 모두 밸브가 열리고 닫힐 때 광범위하게 변한다. 그림

에 표시된 사각형은 세부적인 밸브 설계 시 특별한 주의를 요하는 두 지점을 강조하여 나타낸다.

유체 유동 및 열전달을 지배하는 편미분 방정식은 매우 복잡할 뿐만 아니라, 서로 밀접하게 연결되어 (coupled) 있으며, 비선형이다. 이는 대부분의 경우에 일반적인 분석적 해(analytic solution) 도출을 불가능하게 한다. 전산유체역학은 이러한 분야에서 활용하기 위해 개발되었지만, 특별한 계산 기능, 값비싼 소프트웨어 및 고급 교육을 요한다. 하지만 최근에 CFD 소프트웨어는 AutoDesk 및 Solidworks와 같은 툴 내에 저렴한 모듈 형태로 탑재되었으며, 일반 개인용 컴퓨터에서 쉽게 실행 가능하다. CFD 소프트웨어 공급 업체에 대한 정보는 인터넷 자료 1−6에 나타난다. 참고문헌 4는 CFD의 광범위한 사용법을 포함하고 있다.

현재 많은 설계자들이 CFD를 활용하면서 CFD는 보편화되고 있다. 우주항공산업에서 CFD 활용사례는 날개 주변의 유동 해석 및 제트엔진에서 발생하는 터빈 블레이드 주변 유동 해석 등이다. 유체이송장치 분야에서 CFD 모델링은 밸브, 펌프, 팬, 송풍기 및 압축기의 설계에 활용된다. 자동차 엔진 설계자들은 흡입 및 배기 매니폴드에서 유동을 모의하기 위해 CFD를 사용한다. 플라스틱 사출 금형의 효율성은 용융된 플라스틱의 유동 통로 및 제품 공동에서의 유동 및 열전달의 특성에 크게 의존한다. CFD를 활용하여 설계단계에서 금형 내 유동을 모의할 수 있고, 이러한 유동 특성은 금형 성능 및 제품 품질에 영향을 미치게 된다. 또한 금형 유동 CFD 프로그램을 활용하여 용융 플라스틱의 비뉴톤 유체 거동 및 고체화 과정 동안의 특성 변화를 해석할 수 있다.

적합한 정확성을 얻기 위해 CFD 모델 내의 유체 요소는 매우 작아져야 하기 때문에 완성된 유한요소 모델은 말 그대로 수백만 개의 요소를 포함하게 된다. 고속 계산 및 효율적 컴퓨터 코드가 이러한 분석을 가능하게 한다. CFD를 통해 생산되는 결과는 유속 분포, 압력, 온도 변화 및 유선 등을 포함해야 하고, 그러한 결과는 사용자가 이를 해석하는 것을 돕기 위해 다양한 색상의 그래픽 형태로 출력된다.

다음은 CFD 활용을 위해 요구되는 단계이다.

1단계 3차원 캐드 소프트웨어를 사용해서 분석 대상의 3차원 형상을 정의한다.

2단계 사전에 주어진 압력, 속도, 온도 및 열전달 계수 등의 유체 내 경계 조건을 설정한다.

3단계 유체 각 요소에 대한 격자 크기를 입력한다. 일반적으로 0.1 mm 정도이다.

4단계 대부분의 상용 CFD 소프트웨어는 격자 및 완성된 유한요소 모델을 자동으로 생성한다.

5단계 고체(강, 알루미늄, 플라스틱 등) 및 유체(공기, 물, 오일 등) 구성 요소의 종류를 특정한다. 소프트웨어는 일반적으로 물질의 비열, 열전도도 및 열팽창계수 등의 필수적인 물성치를 포함하고 있다.

6단계 계산을 초기화한다. 이 초기화 과정은 매우 많은 계산 횟수로 인해 시간이 오래 걸린다. 초기화 시간은 모델의 복잡성에 따라 달라진다.

7단계 분석이 완료되면 사용자는 분석하고자 하는 요소와 관련된 출력 형태를 선택할 수 있다. 이러한 요소에는 유체 이동경로, 속도 분포, 등온선, 압력 분포 등이 있다.

인터넷 자료 1은 개인용 컴퓨터에서 실행 가능한 Autodesk Simulation이라는 CFD 소프트웨어에 대한 상세정보를 수록하고 있다. 이 소프트웨어는 Inventor, Mechanical Desktop, Solidworks, ProEngineer와 같은 3차원 캐드 설계 소프트웨어와 결합하여 캐드에서 작성된 고체 모델을 직접 입력받을 수 있다. 격자생성은 작은 요소 주변으로 최적 격자형상이 유지되도록 자동으로 이루어진다. 아음속, 천이음속 또는 초음속 영역에서 압축성 또는 비압축성 유동에 대한 층류 및 난류 유동 영역을 모두 분석할 수 있다. 또한 열전달 모드로 전도, 대류(자연 대류 또는 강제 대류) 또는 복사가 해석 가능하다.

CFD 소프트웨어의 활용은 새로운 제품 개발을 위한 시간을 획기적으로 단축시킬 수 있다. 설계자의 컴퓨터에 고체 모델 형태로 존재하는 설계형상의 유동 및 열전달 특성에 관한 모델링은 CFD 해석을 반복 수행하여 신속하게 성능을 개선하고 최적화시킬 수 있으며, 이에 따라 실제 모형을 제작하고, 실험하는 데 드는 시간 및 비용을 절약할 수 있다. 인터넷 자료 2－5는 다양한 CFD 소프트웨어 패키지를 소개한다. 이 중 일부는 범용으로 활용되는 반면 일부는 전자시스템 냉각 열분석, 엔진유동, 공력음향학(배관 내 유동 및 소음 분석 결합), 에어포일(airfoil) 분석, 폴리머 공정, 화재 모델링, 개수로 유동 해석, 가열, 배기 및 공기 조화, 해양 시스템 등의 분야에 특성화되어 있다.

참고문헌

1. Miller, R. W. 1996. *Flow Measurement Engineering Handbook,* 3rd ed. New York: McGraw-Hill.
2. Basniev, Kaplan S., Nikolay M. Dmitriev, George V. Chilingar, Misha Gorfunkle, and Amir G. Mohammed Hejad. 2012. *Mechanics of Fluid Flow.* New York: Wiley Publishing Co.
3. Crane Company. 2011. *Flow of Fluids through Valves, Fittings, and Pipe* (Technical Paper No. 410). Stamford, CT: Crane Company.
4. Biringen, Sedat, and Chuen-Yen Chow. 2011. *An Introduction to Computational Fluid Mechanics by Example.* New York: Wiley Publishing Co.

인터넷 자료

1. **Autodesk Simulation CFD:** Producer of computational fluid dynamics (CFD) software for analyzing fluid flow and thermal behavior for complex flow paths such as valves, manifolds, pumps, fans, and heat exchangers. Formerly known as CFD Software, it is now integrated within the broad Autodesk product line.
2. **ANSYS Fluent Software:** Producer of the computational fluid dynamics software packages ANSYS Fluent, ANSYS CFX, ANSYS CFD, and ANSYS Workbench, that include model building, applying a mesh, and post-processing.
3. **Flow Science, Inc.:** Producer of FLOW-3D™ software, with special emphasis on free surface flows, also handling external flows and confined flows and providing assistance in creating the geometry, preprocessing, and post-processing.
4. **CFD-Online:** An online center for computational fluid dynamics, listing CFD resources, events, news, books, and discussion forums.
5. **Solidworks Flow Simulation:** Producer of flow simulation software integrated within the Solidworks computer aided design and computer aided engineering packages. Analysis of fluid flow, heat transfer, and fluid forces applied to HVAC systems, electronics cooling, valves, fittings, and thermal comfort systems.

연습문제

속도 분포–층류

9.1 2-in Schedule 40 파이프 내에서 77°F의 캐스터 오일이 0.25 ft^3/s로 흐르고 있을 때 파이프 벽면으로부터 중심선까지의 속도 분포를 계산하고 이를 도시하시오. 0.20-in 간격으로 표시하고, 중심선에서의 속도를 포함하시오.

9.2 3/4-in K형 동관 내에서 60°F의 물이 0.50 gal/min으로 흐르고 있을 때 파이프 벽면으로부터 중심선까지의 속도 분포를 계산하고 이를 도시하시오. 0.05-in 간격으로 표시하고, 중심선에서의 속도를 포함하시오.

9.3 125 mm 외경×7.44 mm 벽 두께의 플라스틱 파이프 내에서 25℃의 휘발유(sg＝0.68)가 3.0 L/min으로 흐르고 있을 때 파이프 벽면으로부터 중심선까지의 속도 분포를 계산하고 이를 도시하시오. 8.0 mm 간격으로 표시하고, 중심선에서의 속도를 포함하시오.

9.4 50 mm 외경×1.5 mm 벽 두께의 표준 유압 강 파이프 내에서 110℃의 SAE 30 오일(sg＝0.89)이 25 L/min으로 흐르고 있을 때 파이프 벽면으로부터 중심선까지의 속도 분포를 계산하고 이를 도시하시오. 4.0 mm 간격으로 표시하고, 중심선에서의 속도를 포함하시오.

9.5 소형 속도 프로브가 파이프 벽면을 통해 삽입된다. DN 150 Schedule 80 파이프의 외부에서 이 프로브가 삽입된다고 가정하면, 유동이 층류일 때 평균 유속을 측정하기 위해 프로브가 삽입되어야 하는 길이는 몇 mm인가?

9.6 문제 9.5에서 설명된 프로브의 위치 정확도는 ±5.0 mm이다. 이때, 평균 유속 측정 오차를 계산하시오.

9.7 문제 9.5에서 설명된 속도 프로브를 활용하는 다른 방법은 프로브를 유속이 평균 유속의 2배가 되는 파이프의 중심에 위치시키는 것이다. 프로브를 파이프 중심에 위치시키기 위해 필요한 삽입 길이를 계산하시오. 프로브의 위치 정확도가 ±5.0 mm라면 평균 유속 측정 오차를 계산하시오.

9.8 기존의 고정장치는 문제 9.5에서 설명된 프로브를 파이프 외벽으로부터 정확히 60 mm 길이로 삽입시킨다. 프로브가 2.48 m/s로 유속을 측정할 때, 유동이 층류라고 가정하여 실제 평균 유속을 계산하시오. 유체가 동점도 850

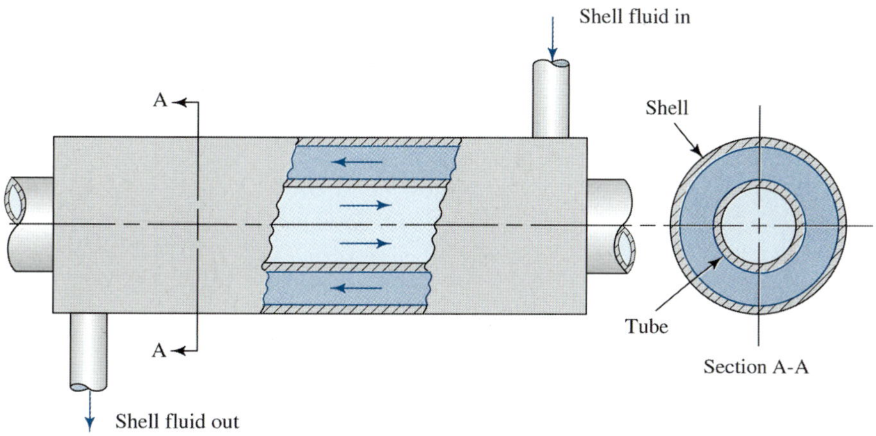

그림 9.13 쉘앤튜브 열교환기. 문제 9.19, 9.25, 9.38

centistokes의 중유라면, 유동이 실제로 층류인지를 검토하시오.

속도 분포–난류

9.9 16 mm 외경×1.5 mm 벽 두께의 플라스틱 파이프에서 12.9 L/min으로 흐르는 75℃ 물에 대해 식 (9–4)를 이용하여 예측되는 최대 유속을 계산하시오.

9.10 1.200 m 내경의 큰 파이프라인이 40℃의 SAE 10(sg=0.8)과 유사한 오일을 운송한다. 이 유동의 Reynolds수가 3.6×10^4이 되기 위한 체적 유량을 계산하시오. 파이프가 매끈한 강일 때, 그림 9.7과 유사한 방식으로 유속 분포 및 유속 자료를 계산하여 도시하시오.

9.11 문제 9.10을 오일의 유량은 동일하고 온도가 110℃일 때에 대해 계산하시오. 속도 분포 차이에 대해 토의하시오.

9.12 식 (9–3)을 활용하여 국부 유속 U가 평균 유속 v와 동일해지는 위치 y를 계산하시오.

9.13 문제 9.12의 결과는 난류에서의 평균 유속이 파이프 벽면으로부터 $0.216r_o$ 거리에서의 국부 유속과 동일할 것이라고 예측한다. 24-in Schedule 40 강 파이프에서 이 거리를 계산하시오. 이 파이프 내에서 50°F의 물이 16.75 ft^3/s의 체적 유량으로 흐르고 있다면 평균 유속이 나타나는 지점으로부터 거리 0.5 in인 두 지점에서의 유속을 계산하시오.

9.14 식 (9–4)를 활용하여 매끈한 파이프 내에서 Reynolds수 4000, 10^4, 10^5 및 10^6의 유동이 형성되고 있을 때, 각각의 최대 유속에 대한 평균 유속 비를 계산하시오.

9.15 식 (9–4)를 활용하여 8.00-in 내경의 콘크리트 파이프 내에서 Reynolds수 4000, 10^4, 10^5 및 10^6의 유동이 형성되고 있을 때, 각각의 최대 유속에 대한 평균 유속 비를 계산하시오.

9.16 식 (9–3)을 활용하여, 새로 생산된 매끈한 4-in Schedule 40 강 파이프 내에서 50°F의 물이 400 gal/min의 유량으로 흐르고 있을 때 속도 분포를 계산하여 도시하시오. 그림 9.7과 유사한 그래프를 큰 스케일로 도시하시오.

9.17 문제 9.16을 다른 모든 조건은 동일하고, 파이프 내벽이 조도 $\varepsilon=5.0\times10^{-3}$으로 거칠어진 상태에 대해 계산하시오. 비교를 위해 이 결과를 문제 9.16에서 도시한 그래프 위에 도시하시오.

9.18 문제 9.16 및 9.17에서 설명된 두 상황에 대해 수평파이프 내 250 ft 거리의 지점에서 발생하는 압력 강하를 계산하시오.

비원형 단면–평균 유속

9.19 그림 9.13에 나타나는 쉘앤튜브 열교환기는 2개의 표준 강 파이프로 제작된다. 외측관의 외경은 7/8 in이고 내측관의 외경은 1/2 in이다. 각 관의 벽 두께는 0.049 in로 동일하다. 두 관에서의 평균 유속이 같을 때 튜브에 대한 쉘에서의 체적 유량 비를 계산하시오.

9.20 그림 9.14는 내부에서 450 L/min 유량의 물이 흐르는 두 개의 DN 150 Schedule 40 파이프로 구성된 열교환기를 나타낸다. 이 배관들은 내부크기가 200 mm×400 mm인 사각 덕트 내에 삽입되어 있다. 파이프 내부에서의 유속을 계산하시오. 덕트 내에서 파이프 내부와 동일한 평균 유속을 형성시키기 위한 물의 체적 유량을 계산하시오.

9.21 그림 9.15는 쉘앤튜브 열교환기의 단면을 나타낸다. 각 내부 파이프 및 쉘에서 평균 유속이 동일하게 25 ft/s가 되기 위한 파이프 및 쉘에서의 체적 유량을 계산하시오.

비원형 단면–Reynolds수

9.22 비중량 12.5 N/m^3, 점도 2.0×10^{-5} Pa·s의 공기가 그림 9.16에 나타난 덕트의 음영처리된 영역을 150 m^3/h의 유량으로 흐르고 있다. 이 유동의 Reynolds수를 계산하시오.

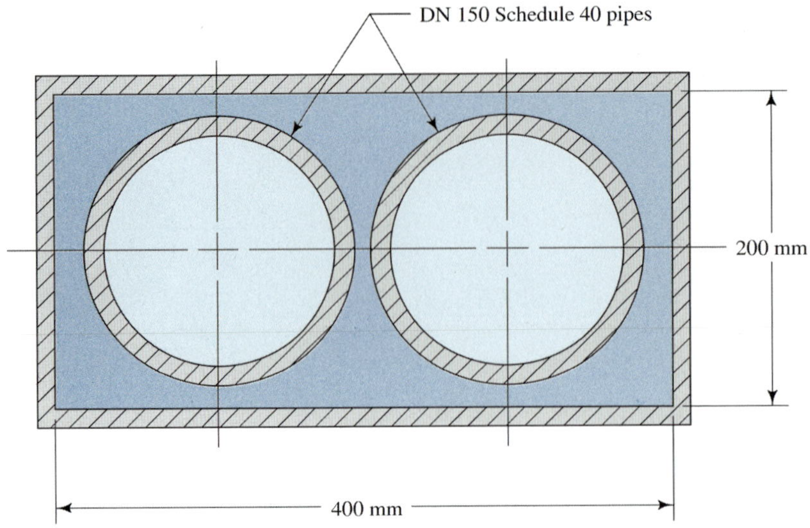

그림 9.14 문제 9.20, 9.26, 9.39

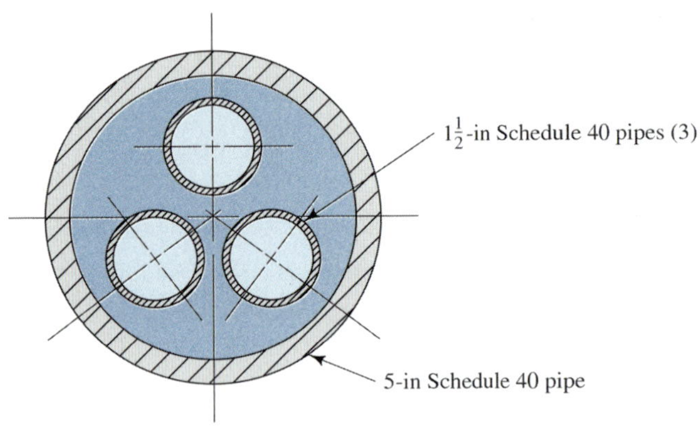

그림 9.15 문제 9.21, 9.27, 9.40

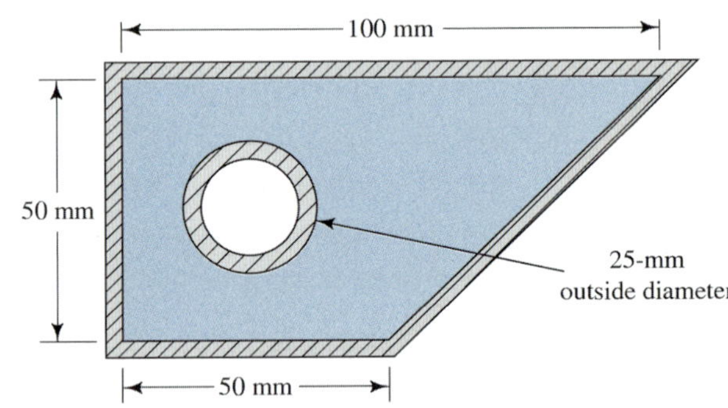

그림 9.16 문제 9.22

9.23 비중량 0.114 lb/ft^3, 점도 3.34×10^{-7} lb-s/ft^{2}의 이산화탄소가 그림 9.17의 덕트 내 음영처리된 영역에서 흐르고 있다. 체적 유량이 200 ft^3/min일 때, 유동의 Reynolds수를 계산하시오.

9.24 90°F의 물이 6-in Schedule 40 강 파이프 및 내부 길이 10.0 in의 정사각 덕트 사이에서 흐르고 있다. 덕트의 형상은 그림 9.10과 유사하다. 체적 유량이 4.00 ft^3/s일 때 Reynolds수를 계산하시오.

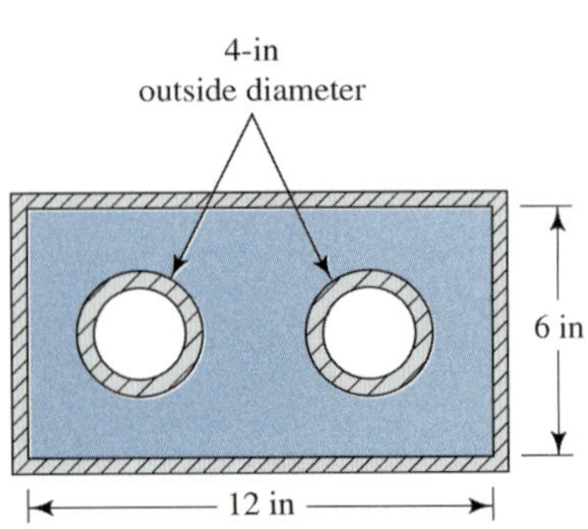

그림 9.17 문제 9.23

9.25 그림 9.13의 쉘앤튜브 열교환기를 참조하시오. 외측 튜브의 외경은 7/8 in이고, 내측 튜브의 외경은 1/2 in이다. 두 개의 튜브 모두 0.049 in의 벽 두께를 지닌 표준 강 파이프이다. 내측 튜브에서는 200°F의 물이 4.75 gal/min의 유량으로 흐르고, 쉘에서는 77°F의 에틸렌글리콜이 30.0 gal/min 유량으로 흐른다. 튜브 및 쉘에서의 유동에 대한 Reynolds수를 계산하시오.

9.26 그림 9.14와 같이 사각 덕트 내부에 2개의 DN 150 Schedule 40의 파이프가 배치된 배관을 고려하시오. 각 파이프에서는 20℃의 물이 450 L/min의 유량으로 흐르고 있다. 물의 Reynolds수를 계산하시오. 덕트에서는 70℃의 벤젠(sg = 0.862)이 흐를 때, 파이프 내 물 유동과 동일한 Reynolds수가 되기 위해 요구되는 벤젠의 체적 유량을 계산하시오.

9.27 그림 9.15의 내부 파이프에서는 200°F의 물이, 외부 파이프에서는 60°F의 물이 흐르고 있다. 각 파이프에서의 평균 유속은 25.0 ft/s로 동일하다. 각 파이프에 대한 Reynolds수를 계산하시오.

9.28 10℃의 물이 그림 9.18에 나타난 쉘에서 850 L/min의 유량으로 흐르고 있다. 쉘은 50 mm 외경×1.5 mm 벽 두께의 구리 튜브이고, 내부 튜브는 15 mm 외경×1.2 mm 벽 두께의 구리 튜브이다. 이 유동의 Reynolds수를 계산하시오.

9.29 그림 9.19는 전자 장치 냉각을 위해 사용되는 열교환기의 단면을 나타낸다. 77°F의 에틸렌글리콜이 음영처리된 영역을 흐르고 있다. Reynolds수가 1500이 되기 위해 요구되는 체적 유량을 계산하시오.

9.30 그림 9.20은 5개의 수직 튜브가 삽입된 사각 유로 내부에 50 m^3/h 유량의 공기가 흐르는 액체–공기 열교환기를 나타낸다. 각 튜브는 15 mm 외경×1.2 mm 벽 두께의 표준 유압 강 파이프이다. 공기의 밀도는 1.15 kg/m^3이고 점도는 1.63×10^{-5} Pa·s이다. 공기 유동의 Reynolds수를 계산하시오.

9.31 그림 9.21에 나타난 정사각 튜브 및 외부 덕트 사이에서 40℃의 글리세린(sg=1.26)이 흐르고 있다. 체적 유량이 0.10 m^3/s일 때 Reynolds수를 계산하시오.

9.32 그림 9.21에 나타난 정사각 튜브 내부에서 90℃의 물이 0.75 m^3/s의 유량으로 흐르고 있다. 튜브의 벽 두께는 2.77 mm이다. 이 유동에 대한 Reynolds수를 계산하시오.

9.33 그림 9.22에 나타난 전자회로용 열침원(heat sink)은 알루미늄 블록에 유로를 가공한 후 냉각수 유로를 형성시키기 위해 상부에 알루미늄판을 덮는 공정으로 제작된다. 이 유로 내에서 50°F의 물이 78.0 gal/min으로 흐를 때, Reynolds수를 계산하시오.

9.34 그림 9.23은 특수한 장치의 냉각수 유로 단면을 나타낸다. 이 유로 내에서 50°F의 물이 Reynolds수 1.5×10^5으로 흐르고 있을 때, 체적 유량을 계산하시오.

9.35 그림 9.24는 3/4 in 직경의 밀링 커터를 사용하는 주조품에서 가공된 유로의 단면을 나타낸다. 모든 필렛의 형상을 고려하여 유로의 수력 반경을 계산하시오. 그리고 이 유로에서 77°F의 아세톤이 Reynolds수 2.6×10^4으로 흐르고

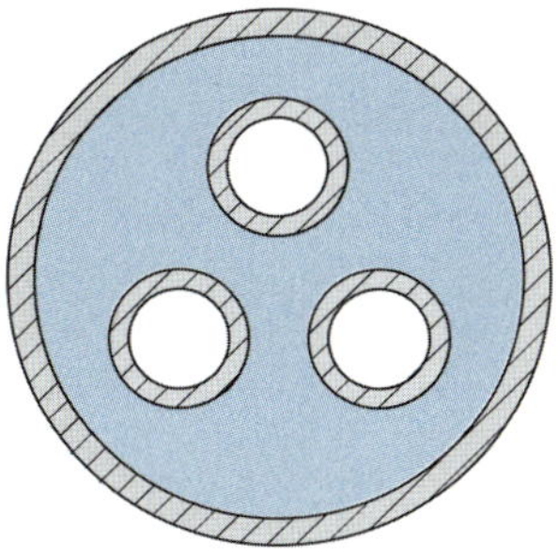

그림 9.18 문제 9.28, 9.41

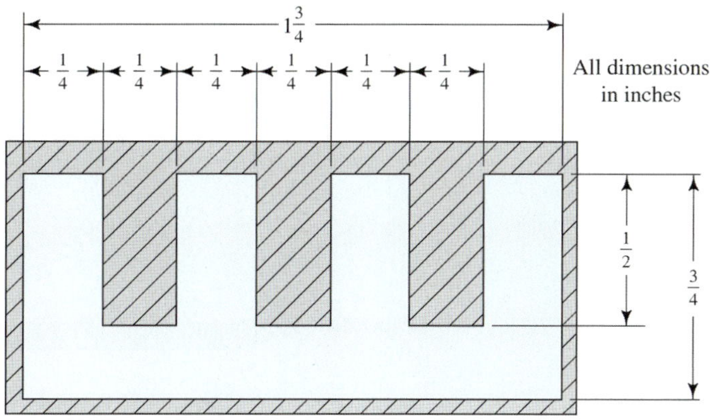

그림 9.19 문제 9.29, 9.42

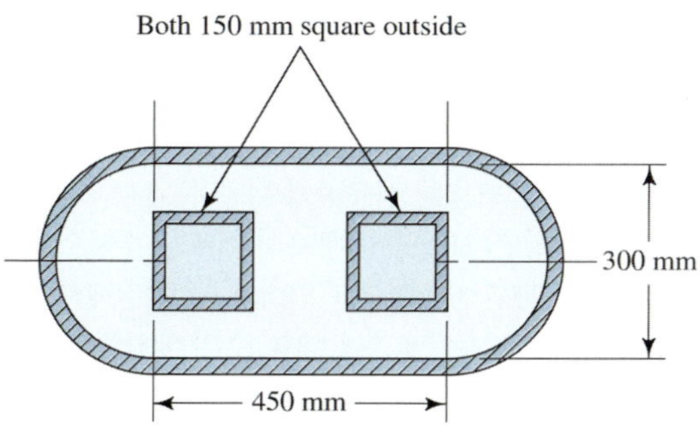

그림 9.21 문제 9.31, 9.32, 9.43, 9.44

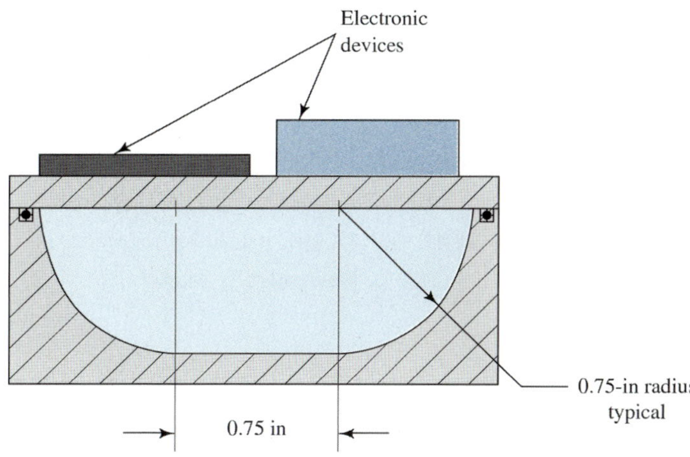

그림 9.22 문제 9.33, 9.45

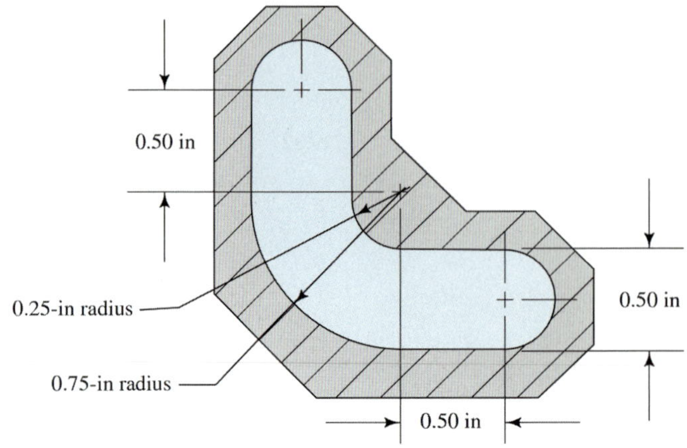

그림 9.23 문제 9.34, 9.46

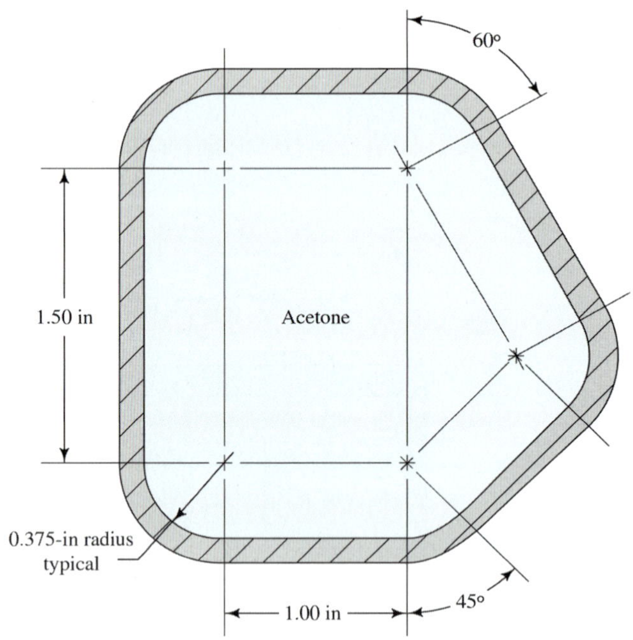

그림 9.24 문제 9.35

있을 때 체적 유량을 계산하시오.

9.36 가스터빈 엔진의 블레이드는 9.25에 나타난 것처럼 내부에 냉각 유로를 포함하고 있다. 각각의 냉각 유로에서 공기가 25.0 m/s의 평균 속도로 흐를 때, 공기의 전체 체적 유량을 계산하시오. 공기 유동은 모든 6개의 냉각 유로에서 동일하게 분배된다. 공기의 밀도가 1.20 kg/m^3, 점도가 1.50×10^{-5} Pa · s일 때, Reynolds수를 계산하시오.

비원형 단면-에너지 손실

9.37 그림 9.24에 나타난 시스템에 대해 덕트가 수평일 때, 덕트 내 30.0 ft 떨어진 두 지점에서의 압력차를 계산하시오. 조도 $\varepsilon = 8.5 \times 10^{-5}$ ft를 사용하시오.

9.38 문제 9.25에 설명된 쉘앤튜브 열교환기가 수평으로 배치되어 있을 때, 유체 내 5.25 m 떨어진 두 지점에서의 압력차를 두 개의 유체에 대해 모두 계산하시오.

9.39 문제 9.26에 설명된 시스템에 대해 덕트가 수평으로 배치되어 있을 때 덕트 내 3.80 m 떨어진 두 지점에서의 압력차를 두 개의 유체에 대해 모두 계산하시오. 모든 표면에 대해 강 파이프의 조도를 사용하시오.

9.40 문제 9.27에 설명된 시스템에 대해 파이프가 수평으로 배치되어 있을 때 배관 내 50.0 ft 떨어진 두 지점에서의 압력차를 작은 배관 및 큰 배관에 대해 모두 계산하시오. 모든 표면에 대해 강 파이프의 조도를 사용하시오.

9.41 문제 9.28에 설명된 쉘앤튜브 열교환기에 대해 쉘측 물 유

동의 압력 강하를 계산하시오. 모든 표면에 대해 구리의 조도를 사용하시오. 열교환기의 길이는 3.60 m이다.

9.42 문제 9.29에 설명된 열교환기에 대해 길이 57 in에 대한 압력 강하를 계산하시오.

9.43 문제 9.31에 설명된 글리세린에 대해 덕트 수평길이가 22.6 m일 때 압력 강하를 계산하시오. 모든 표면은 구리이다.

9.44 문제 9.32에 설명된 정사각 튜브 내 물 유동에 대해 길이 22.6 m에서 발생하는 압력 강하를 계산하시오. 모든 표면은 구리이고, 덕트는 수평으로 배치된다.

9.45 문제 9.33에 설명된 열침원의 길이가 105 in일 때 물 유동의 압력 강하를 계산하시오. 알루미늄 조도 $\varepsilon = 2.5 \times 10^{-5}$ ft를 사용하시오.

9.46 문제 9.34에 설명된 냉각유로의 길이가 45 in일 때, 물 유동에 대한 에너지 손실을 계산하시오. 강의 조도 ε를 사용하시오. 또한 냉각유로의 전체 길이에서 발생하는 압력차를 계산하시오.

9.47 그림 9.26에서 77°F의 에틸렌글리콜(sg = 1.10)이 튜브 및 사각 덕트 사이를 흐르고 있다. 이 유동의 Reynolds수가 8000일 때, 에틸렌글리콜의 체적 유량을 gal/min 단위로 계산하시오. 그리고 128 in 길이에 대한 에너지 손실을 계산하시오. 모든 배관 표면은 황동(brass)이다.

9.48 그림 9.27은 25℃ 메틸알코올이 3000 L/min의 유량으로 흐르는 덕트를 나타낸다. 덕트의 길이 2.25 m에서 발생하는 에너지 손실을 계산하시오. 덕트의 모든 표면은 매끈한 플라스틱이다.

9.49 어떤 가열로 열교환기(furnace heat exchanger)는 그림 9.28과 같은 단면을 지니고 있다. 고온의 기체가 흐르는 세 개의 얇은 유로 주변으로 공기가 흐르고 있다. 공기 온도는 140°F, 밀도는 2.06×10^{-3} slugs/ft^{3}이고 점도는 4.14×10^{-7} lb · s/ft^{2}이다. 공기 유속이 20 ft/s일 때, 공기 유동의 Reynolds수를 계산하시오.

9.50 그림 9.29는 내부 튜브에서 0°F의 에틸알코올이 흐르고, 튜브 및 외부 덕트 사이에서 77°F의 메틸알코올이 흐르는 시스템을 나타낸다. 시스템 내 모든 유로에서 유동의 Reynolds수가 3.5×10^4이 되기 위한 각 유체의 체적 유량을 계산하시오. 그리고 시스템이 수평으로 배치될 때 유로 내 10.5 ft 떨어진 두 지점에서의 압력 강하를 두 유체 모두에 대해 계산하시오. 모든 배관 표면은 구리이다.

9.51 그림 9.30에 나타난 단순한 열교환기는 $1\frac{3}{4}$-in 인발 강 파이프의 절단면에 편평한 판을 용접하여 제작된다. 40°F의 물이 반원형 공간을 흐르면서 평판을 냉각한다. 이 유동의 Reynolds수가 3.5×10^4이 되기 위한 체적 유량을 계산하시오. 그리고 파이프의 길이가 92 in일 때 에너지 손실을 계산하시오.

9.52 그림 9.31과 같은 어떤 장치의 세 면이 반으로 절단된 구리 튜브가 용접된 유로에 의해 냉각된다. 유로에서 77°F의 에틸렌글리콜이 평균 유속 15 ft/s로 흐를 때, 각 유로에

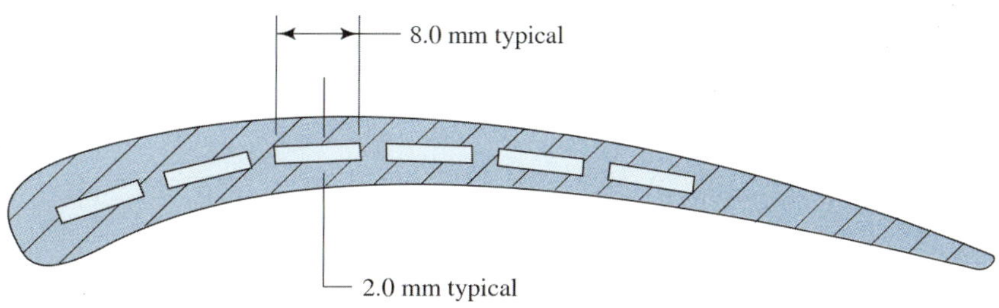

그림 9.25 문제 9.36

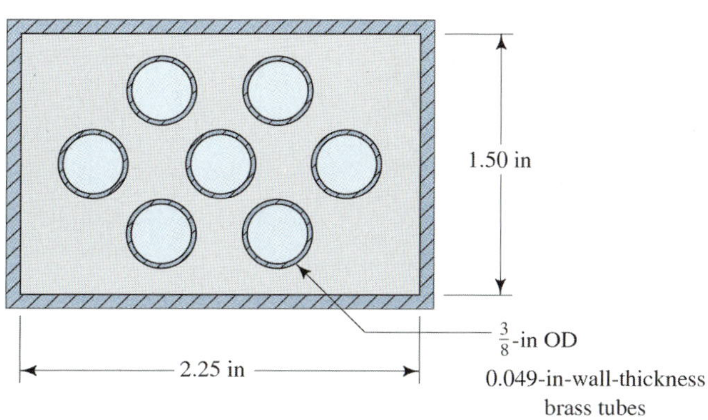

그림 9.26 문제 9.47

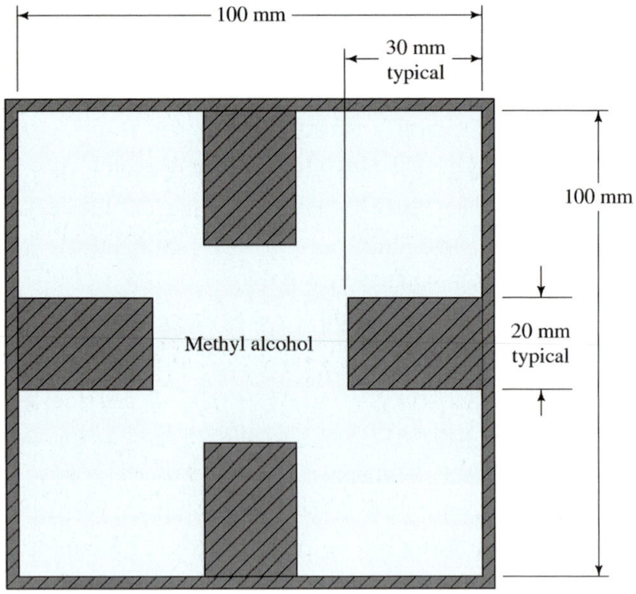

그림 9.27 문제 9.48

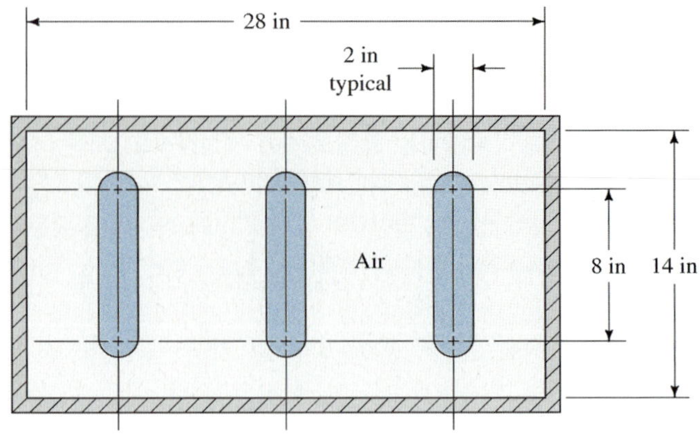

그림 9.28 문제 9.49

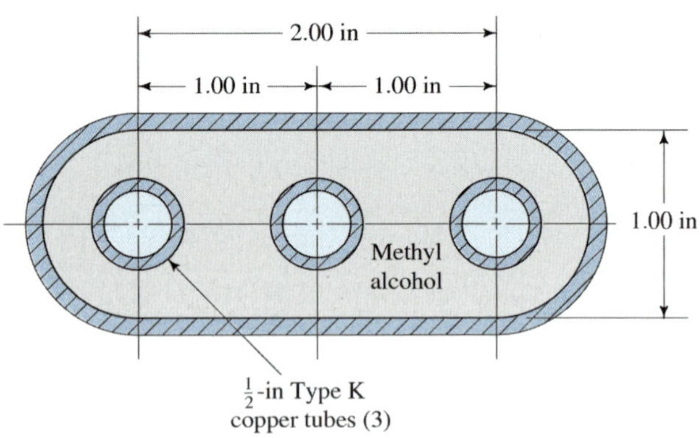

그림 9.29 문제 9.50

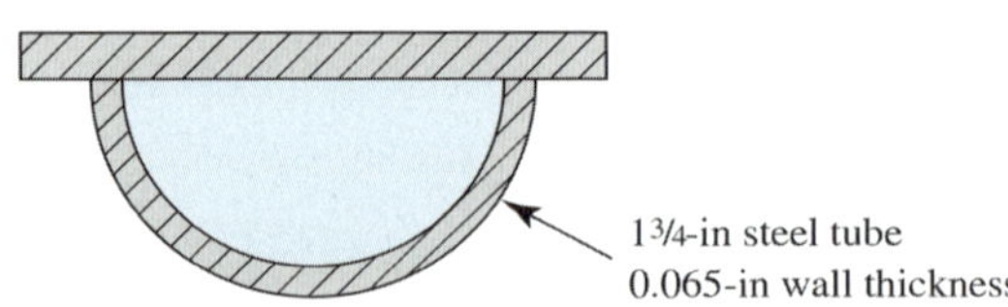

그림 9.30 문제 9.51

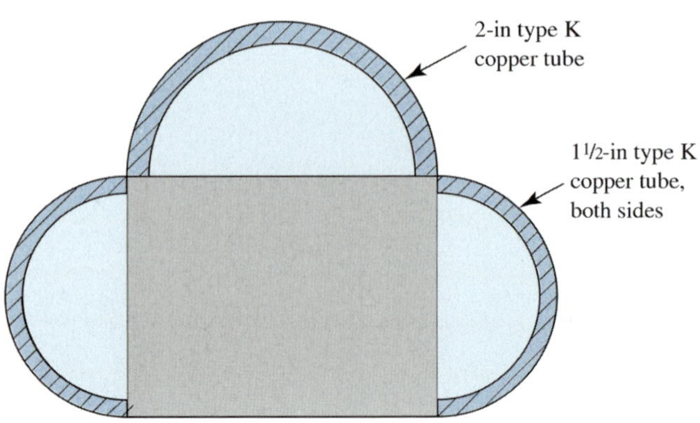

그림 9.31 문제 9.52

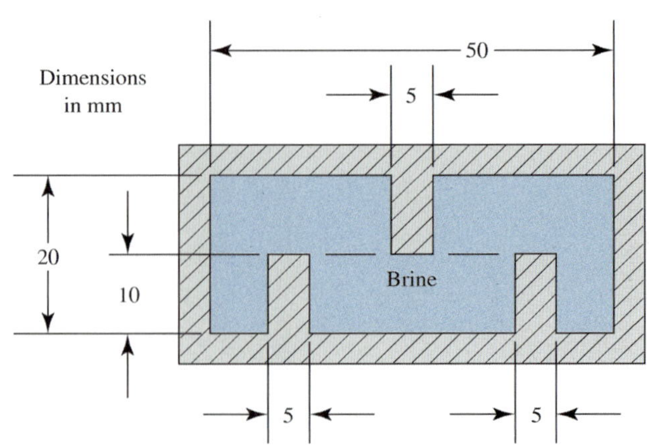

그림 9.32 문제 9.53

서의 Reynolds수를 계산하시오. 그리고 유로의 길이가 54 in일 때 에너지 손실을 계산하시오.

9.53 그림 9.32는 내부에 핀(fin)이 배치된 열교환기를 나타낸다. 이 열교환기 유로에서 0℃의 염수(brine, 20% NaCl)가 체적 유량 225 L/min으로 흐를 때 Reynolds수를 계산하시오. 염수의 비중은 1.10이다. 그리고 열교환기의 길이 1.80 m에 대한 에너지 손실을 계산하시오. 표면 조도는 상용 강 파이프와 유사하다고 가정하시오.

컴퓨터를 이용한 공학 과제

1. 식 (9－1)을 사용하여 파이프 내 층류 유동에서의 속도 분포를 계산할 수 있는 프로그램 또는 스프레드시트를 작성하시오. 평균 유속이 입력될 수 있고 반경방향 위치에 대한 속도 곡선을 도시하시오. 반경방향 속도 표시 위치의 간격은 입력될 수 있고, 중심선에서의 속도가 포함되어야 한다.
2. 과제 1을 유체 물성치, 체적 유량 및 파이프 사이즈에 대해 입력받을 수 있도록 수정하시오. 그리고 평균 유속, Reynolds수 및 속도 분포를 계산하시오.
3. 식 (9－2) 또는 (9－3)을 사용하여 파이프 내 난류 유동에서의 속도 분포를 계산할 수 있는 프로그램 또는 스프레드시트를 작성하시오. 평균 유속 및 마찰계수 값을 입력할 수 있다. 그리고 반경방향 위치에 대한 속도 곡선을 도시하시오. 반경방향 속도 표시 위치의 간격은 입력할 수 있고, 중심선에서의 속도가 포함되어야 한다.
4. 과제 3을 유체 물성치, 체적 유량, 파이프 벽면 조도 및 사이즈가 입력될 수 있도록 수정하시오. 그리고 평균 유속, Reynolds수, 상대조도, 마찰계수 및 속도 분포를 계산하시오.

CHAPTER 10

부손실

개요

6장에서 유체 유동 시스템 분석을 위해 모든 형태의 에너지에 대한 고려의 중요성을 소개했고, 베르누이 방정식을 배웠다. 7장에서는 실제 유동 시스템에서 일반적으로 발생하는 추가적인 에너지 손실을 고려하여 베르누이 방정식을 확장한 일반 에너지 방정식을 적용했다. 8장에서는 파이프 및 튜브를 통한 유동에서 마찰에 의한 에너지 손실의 크기를 계산하는 방법을 배웠다. 긴 파이프 시스템에서 마찰 손실은 매우 클 수 있다.

하지만 대부분의 파이프 시스템은 에너지 손실을 유발하는 또 다른 요소들을 포함한다; 밸브, 부속품(엘보(elbow), 티(Tee), 팽창부, 수축부 등), 파이프 입구 및 출구, 게이지, 유량계, 열교환기, 필터 및 여과기 등의 특수 장치

일반적으로 이러한 장치들에 의해 발생하는 손실을 부손실(minor losses)이라 부른다. 이러한 손실의 실제 크기는 상당히 클 수 있으며, 다수의 밸브 및 부속품이 존재하는 시스템을 고려하면, 이로 인해 축적되는 에너지 손실의 양은 상당할 수 있으므로 모든 부손실이 고려되어야 한다. 그림 10.1은 다수의 지점에서 부손실이 발생하는 산업용 배관 시스템을 나타낸다.

탐구

7장의 개요에 있는 그림 7.1을 다시 검토해보자. 이 그림은 저장 탱크로부터 유체를 활용하는 공정으로 유체를 이송하는 산업용 배관 시스템을 나타낸다. 그림에 나타난 유동을 제어하거나 유동 방향을 전환하기 위해 사용된 모든 요소들을 나열해보자. 이러한 요소들은 유체 유동에서 에너지 손실을 유발하는 장치의 예이다.

또한 주위에서 관찰할 수 있는 다른 유동 시스템을 설명해보고, 에너지 손실을 유발하는 다른 요소들과 배관의 경로를 확인해보자. 이러한 시스템을 동료나 교사, 시설 담당자와 토의해보자.

입문 개념

이 장에서는 수많은 종류의 유체 시스템 요소들이 존재하는 실제 파이프라인 문제를 분석하는 기술을 배우게 될 것이다. 베르누이 방정식이 소개되었던 6장에서의 목표와 비슷하다. 6–11장에서 파이프라인에서의 유체 유동과 관련된 개념들을 발전시켜 나갈 것이라고 언급한 바 있다. 최종 목표는 배관 시스템에서 유체의

그림 10.1 다수의 밸브, 엘보, 티, 게이지 및 유량계를 포함하는 산업용배관시스템은 이 장 및 11–13장에서 분석법을 다루게 될 실제 시스템의 한 예이다.(출처: Aleksey Stemmer/Fotolia)

거동을 분석하기 위해 관련된 개념들을 모두 고려하는 것이다. 11장에서 이 목표를 달성할 수 있을 것이다.

그림 7.1에 나타난 산업용 배관 시스템에서 검토한 유체 제어 요소들과 다음의 내용을 비교해보자.

1. 유체는 뒤쪽에 있는 저장 탱크로부터 흡입관이라 하는 파이프를 통해 펌프의 좌측으로 흐른다. 흡입관은 펌프 우측의 배출관보다 다소 크다는 것을 명심해야 한다. 이것은 펌핑되는 유체 시스템의 일반적인 구조이다. 또한 흡입관의 크기는 펌프의 흡입구보다 클 수 있고, 배출관 크기는 펌프의 배출구보다 클 수 있다.
2. 유동이 펌프에 근접함에 따라 유동은 흡입관의 차단 밸브를 지난다. 이 밸브는 펌프 유지 보수 및 교체 기간 동안 파이프 시스템을 펌프로부터 격리시키는 역할을 한다.
3. 만약 흡입관 크기가 펌프 제조업체에서 제공된 표준 연결구보다 크다면 흡입구 플랜지에서 파이프 크기는 점진 리듀서(gradual reducer)를 통해 축소될 수 있다. 결과적으로, 유동이 흡입관에서 펌프 흡입구쪽으로 흐름에 따라 유속은 다소 증가한다.
4. 전기모터에 의해 구동되는 펌프는 흡입관으로부터 유체를 끌어당겨 추가적인 에너지를 인가하고 배출관으로 밀어낸다. 이러한 배출관 내 유체는 더 높은 에너지를 지닌다. 즉, 더 높은 압력 수두를 보유하게 된다.
5. 배출관이 펌프 출구 크기보다 크기 때문에 배출관의 크기를 늘리는 확대(enlargement)가 필요할 수 있다. 유체는 확관부를 지남에 따라 유속이 감소한다.
6. 펌프 방출 플랜지 바로 우측에 그림의 앞쪽으로 향하는 다른 배관이 연결되는 티(Tee)가 있다. 이는 시스템의 운전원이 유동의 방향을 제어할 수 있도록 한다. 평상시에 유동은 주 배출관을 통해 흐른다. 이러한 유동은 티의 앞쪽 밸브가 닫혀 있을 때 형성된다. 하지만 이 밸브가 열릴 때, 유동의 전체 또는 일부는 티를 통해 분기 배관으로 흐르게 된다.
7. 분기 배관에 있는 밸브가 닫힌 상황을 가정해보자. 유체는 배출관으로 흐르고, 또 다른 밸브를 만난다. 평상시에 이 밸브는 완전 개방되어 있어, 유체가 목적지로 흘러가도록 한다. 펌프가 정지된 후 이 밸브를 닫을 수 있고, 이는 펌프 교체 또는 유지 보수 시 펌프 하류 파이프 시스템 내의 유체를 배출시키지 않고 작업을 가능하게 한다.
8. 배출관에 있는 밸브를 지난 후, 또 다른 티는 유동의 대부분이 플랜트의 다른 부분으로 이송되는 동안, 유동의 일부가 그림의 뒤쪽을 향하는 긴 파이프로 분기되어 흐르도록 한다. 유동의 일부가 이 분기 배관으로 흐른다고 가정하자.
9. 분기 배관을 통해 티를 빠져 나온 유체는 수직에서 수평으로 유동 방향을 전환시키는 엘보를 만난다.
10. 엘보 하류에서 짧은 길이의 파이프를 지나, 또 다른 밸브가 시스템의 나머지 부분을 제어하는 배관에 존재한다.
11. 이 부분에 운전원이 유체 유동의 유량을 측정할 수 있게 해주는 유량계(flow meter)가 있다.
12. 유량계를 지난 후 유체는 공정을 위해 긴 파이프를 통해 흐른다.

위에 나열된 내용에서 수많은 유동 제어장치를 확인할 수 있다. 에너지는 이러한 장치들에 의해 시스템으로부터 손실된다. 이러한 유체 시스템을 설계할 때, 반드시 에너지 손실을 고려해야 할 것이다.

이제, 파이프 시스템에서 에너지 손실을 발생시키는 주변에서 흔히 볼 수 있는 다른 시스템들에 대해 알아보자. 이러한 예들은 다음과 같다.

- 가정에 있는 배관 시스템을 고려하자. 물이 주공급점으로부터 어떻게 부엌 개수대로 공급되는지 추적해보자. 유동에 장애가 되는 요소(밸브 등), 방향을 전환하는 요소 또는 유속을 변화시키는 요소가 어떤 것이 있는지 적어보자.
- 잔디나 정원에 물을 주기 위해 물이 집 밖 수도꼭지로 어떻게 이동하는지 고려해보자. 유동이 스프링클러로 가는 모든 경로를 추적해보자.
- 물이 어떻게 도시 상수도 공급원 또는 저장소에서 각 가정으로 공급되는가?
- 자동차 엔진 내 냉각수가 어떻게 라디에이터로부터 엔진과 라디에이터 뒤쪽으로 이동하는가?
- 자동차 앞유리 세척액이 저장소에서 어떻게 앞유리로 공급되는가?
- 차 또는 트럭 내에서 가솔린이 어떻게 연료 탱크에서 엔진 흡입구로 공급되는가?
- 차의 에어컨 시스템에서 냉매가 어떻게 엔진에 부착된 압축기에서 자동차 냉각 시스템으로 흐르는가?
- 냉장고 내에서 냉매가 어떻게 냉각 시스템으로 이동하는가?
- 세탁기 내의 물이 어떻게 집 배관 시스템을 통해 세탁기 내부로 공급되는가?
- 세탁수가 어떻게 세면기에서 배출되어 하수도 배수관으로 펌핑되는가?
- 물총 장난감에서는 물이 어떻게 흐르는가?
- 갑판, 진입로 또는 선박에 쌓인 먼지를 제거하기 위해 사용되는 고압 세척 시스템을 본 적이 있는가? 이러한 시스템에서 유동의 경로를 추적해보자.
- 아파트 또는 호텔에서 사용되는 물은 어떻게 도시 상수도 공급 파이프로부터 각 아파트나 호텔로 공급되는가?
- 화재 발생 시 사람, 물건, 장비 등을 보호하기 위해 스프링클러 시스템을 통해 물이 공급될 때, 물이 상수도 공급 파이프에서 사무실 건물이나 창고로 공급되는 원리는 무엇인가?
- 유체 동력 시스템 내의 오일이 어떻게 펌프로부터 제어 밸브, 실린더 및 산업용 자동화 시스템, 제조 장치, 농업 기계 또는

비행기 착륙 기어를 구동하기 위한 다른 유체 동력 시스템으로 공급되는가?

- 엔진의 구동부를 윤활하기 위해 엔진오일은 오일 팬에서 어떻게 공급되는가?
- 제조 장치의 복잡한 부품 내의 윤활 유체가 구동부로 공급되는 원리는 무엇인가?
- 화학 공정 시스템 내에서 액체가 어떻게 시스템 내부에서 이동하는가?
- 우유, 주스 또는 청량음료는 병입 스테이션으로 최종 전달되는 시스템을 통해 어떻게 흘러 가는가?

다른 유체 시스템에는 어떤 것들이 있는가?

이제 이런 종류의 시스템에서 발생하는 에너지 손실을 분석하기 위한 방법을 배워보자. 이 장에서 부손실의 크기를 결정하는 방법을 배울 것이다. 여기에 포함된 내용은 유동 면적 변화, 방향 변화, 밸브 및 부속품으로 인한 에너지 손실을 분석하는 방법이다. 추가적인 정보를 제공하기 위해 장의 끝부분에 다수의 종합적인 참고자료가 포함될 것이다. 참고문헌 2, 3, 5−7, 9, 11 및 13을 참고하라.

10.1 목표

이 장을 학습한 후에 다음의 항목들을 수행할 수 있다.

1. 부손실의 원인에 대해 인식한다.
2. 저항계수(resistance coefficient)를 정의한다.
3. 다음 부손실 종류에 의한 에너지 손실을 결정한다.
   a. 유로 급 확대
   b. 유체가 파이프를 떠나 정지 저장소로 들어갈 때 출구 손실
   c. 유로의 점진적 확대
   d. 유로 급 축소
   e. 유로 점진적 축소
   f. 유체가 정지 저장소에서 파이프로 유입될 때 입구 손실
4. 축류(vena contracta)를 정의한다.
5. 밸브, 부속품 및 파이프 벤드에서의 에너지 손실 계산을 위한 등가길이법(equivalent-length technique)을 정의하고 활용한다.
6. 일반적인 유체 동력 시스템에서 발생하는 에너지 손실을 설명한다.
7. 유동계수(flow coefficient)를 활용하여 일부 유형의 밸브에서 에너지 손실을 계산하는 방법에 대해 설명한다.
8. 부손실을 포함하는 유체 유동 시스템을 분석하기 위한 PIPE−FLO® 소프트웨어를 활용한다.

10.2 저항계수

유동이 엘보 주변, 유동 단면의 확대 및 축소, 또는 밸브를 통해 흐를 때 에너지 손실은 속도 수두에 비례한다. 일반적으로 에너지 손실에 대한 실험 값들은 다음과 같은 저항계수(resistance coefficient) K의 식으로 표현된다.

▶ 저항계수를 사용한 부손실 식

$$h_L = K(v^2/2g) \tag{10-1}$$

식 (10−1)에서 h_L은 부손실, K는 저항계수, v는 부손실이 발생하는 지점 부근 파이프에서의 평균

유속이다. 확대 또는 축소와 같은 일부의 경우에 대해 유속의 값이 한 개 이상일 수 있다. 그러므로 어떤 유속값이 각 저항계수와 함께 사용되는지에 대해 아는 것이 중요하다.

저항계수는 에너지 손실과 속도 수두 사이의 비례계수이기 때문에 무차원수이다. 저항계수의 크기는 손실을 발생시키는 장치의 형상에 의존하며 어떤 경우에서는 유속에도 의존한다. 다음 절에서는 많은 종류의 부손실 조건에서의 에너지 손실을 계산하기 위해 K값을 결정하는 과정을 설명할 것이다.

에너지 방정식에서 알 수 있는 것처럼 식 (10−1)에서 속도 수두 $v^2/2g$는 일반적으로 SI 미터(또는 N · m/N) 또는 미국관습단위 피트(또는 ft-lb/lb)로 표현된다. K가 무차원수이기 때문에 에너지 손실의 단위는 속도 수두와 같다.

참고문헌 4는 유동 면적 변화 및 다른 부손실에 의해 발생하는 에너지 손실에서의 K값에 대한 폭넓은 토의 및 자료를 제공한다.

10.3 급 확대

유동이 작은 파이프에서 ㅑ급 확대(Sudden Enlargement)를 통해 큰 파이프로 흐를 때, 유속은 급격히 감소하고 생성되는 난류에 의해 에너지 손실이 발생한다(그림 10.2 참고). 수많은 실험을 통해 이러한 난류의 정도와 이로 인한 에너지 손실의 양은 두 파이프의 크기비 및 작은 파이프에서의 유속 크기에 의존한다는 것을 확인할 수 있다. 그러므로 이러한 부손실의 형태에 대해 식 (10−1)을 다음의 방정식으로 변환할 수 있다.

$$h_L = K(v_1^2/2g) \tag{10-2}$$

여기서 v_1은 확대 전단의 작은 파이프에서의 평균 유속이다. K값은 그림 10.3에 도시되어 있고, 표 10.1A에서 표 형태로 나타난다. 표 10.1B는 미터 단위값을 제공한다.

급 확대 구조를 통해 팽창하는 유동의 특성에 대해 몇 가지 단순화 가정을 적용하면, K을 다음의 식을 통해 이론적으로 예측하는 것이 가능하다.

$$K = [1 - (A_1/A_2)]^2 = [1 - (D_1/D_2)^2]^2 \tag{10-3}$$

하첨자 1과 2는 각각 그림 10.2에 나타난 작은 파이프 및 큰 파이프를 나타낸다. 이 식에서 얻은 K값은 유속 v_1이 약 1.2 m/s(4 ft/s)일 때의 실험 자료와 잘 일치한다. 더 높은 유속에서 K의 실제값

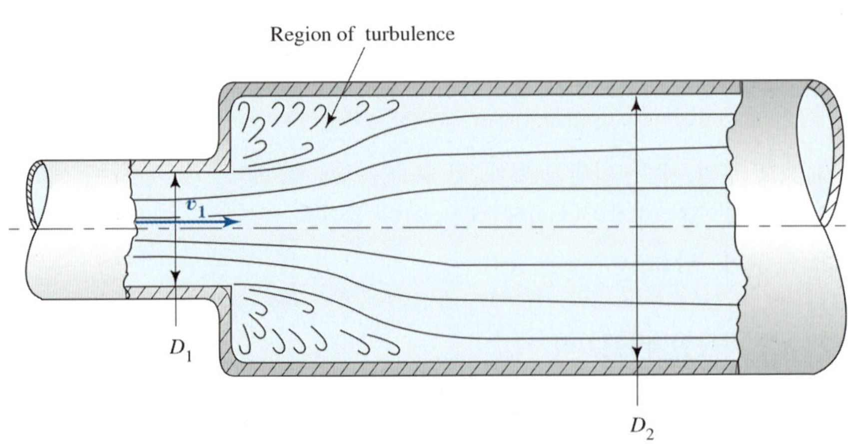

그림 10.2 급 확대

그림 10.3 저항계수–급 확대

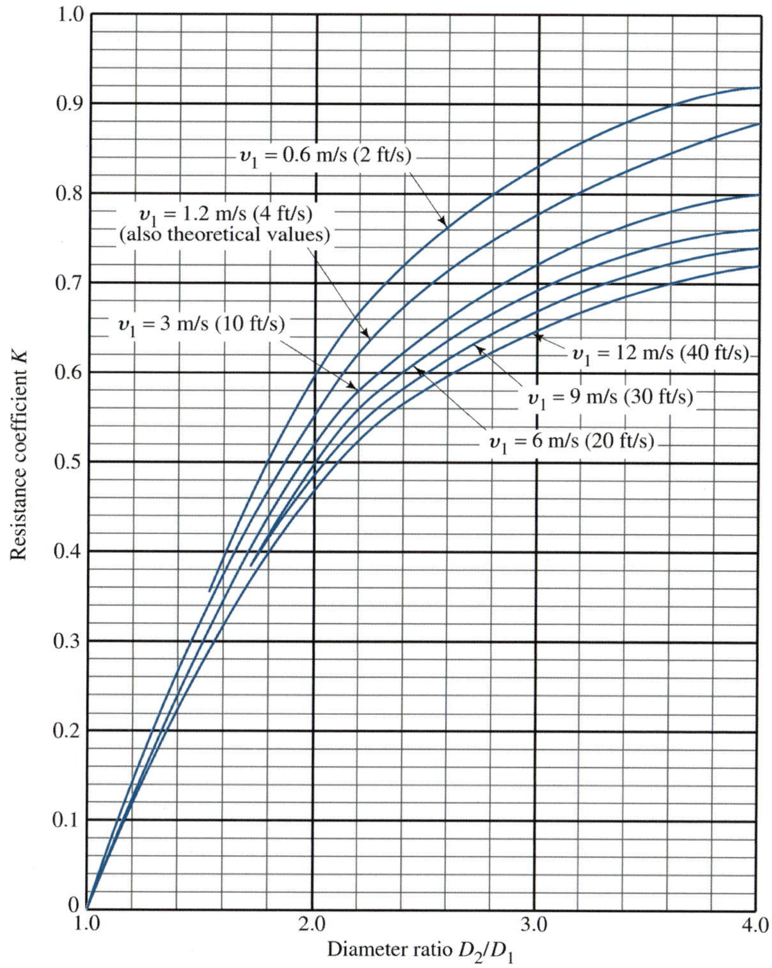

표 10.1A 저항계수–급 확대. 그림 10.3의 자료값

	Velocity v_1						
D_2/D_1	0.6 m/s 2 ft/s	1.2 m/s 4 ft/s	3 m/s 10 ft/s	4.5 m/s 15 ft/s	6 m/s 20 ft/s	9 m/s 30 ft/s	12 m/s 40 ft/s
1.0	0.0	0.0	0.0	0.0	0.0	0.0	0.0
1.2	0.11	0.10	0.09	0.09	0.09	0.09	0.08
1.4	0.26	0.25	0.23	0.22	0.22	0.21	0.20
1.6	0.40	0.38	0.35	0.34	0.33	0.32	0.32
1.8	0.51	0.48	0.45	0.43	0.42	0.41	0.40
2.0	0.60	0.56	0.52	0.51	0.50	0.48	0.47
2.5	0.74	0.70	0.65	0.63	0.62	0.60	0.58
3.0	0.83	0.78	0.73	0.70	0.69	0.67	0.65
4.0	0.92	0.87	0.80	0.78	0.76	0.74	0.72
5.0	0.96	0.91	0.84	0.82	0.80	0.77	0.75
10.0	1.00	0.96	0.89	0.86	0.84	0.82	0.80
∞	1.00	0.98	0.91	0.88	0.86	0.83	0.81

표 10.1B 저항계수–급 확대–미터 단위값

	Velocity v_1, m/s										
D_2/D_1	0.5	1.0	2.0	3.0	4.0	5.0	6.0	7.0	8.0	9.0	10.0
1.2	0.11	0.10	0.09	0.09	0.09	0.09	0.09	0.09	0.09	0.09	0.09
1.4	0.26	0.26	0.24	0.23	0.23	0.22	0.22	0.22	0.21	0.21	0.21
1.6	0.40	0.39	0.36	0.35	0.35	0.34	0.33	0.33	0.32	0.32	0.32
1.8	0.51	0.49	0.46	0.45	0.44	0.43	0.42	0.42	0.41	0.41	0.41
2.0	0.60	0.58	0.54	0.52	0.52	0.51	0.50	0.50	0.49	0.48	0.48
2.5	0.74	0.72	0.67	0.65	0.64	0.63	0.62	0.62	0.61	0.60	0.59
3.0	0.84	0.80	0.75	0.73	0.71	0.70	0.69	0.68	0.67	0.67	0.66
4.0	0.93	0.89	0.83	0.80	0.79	0.77	0.76	0.75	0.74	0.74	0.73
5.0	0.97	0.93	0.87	0.84	0.83	0.81	0.80	0.79	0.78	0.77	0.76
10.0	1.00	0.98	0.92	0.89	0.87	0.85	0.84	0.83	0.82	0.82	0.81
∞	1.00	1.00	0.94	0.91	0.89	0.87	0.86	0.85	0.84	0.83	0.82

D_2/D_1—ratio of diameter of larger pipe to diameter of smaller pipe; v_1—velocity in smaller pipe.
Source: Brater, Ernest F, et al. © 1996. *Handbook of Hydraulics*, 7th ed. New York: McGraw-Hill, Table 6–5.

은 이론값보다 작고, 더 낮은 유속에서는 K값이 이론값보다 크다. 유속이 주어진 상황이라면 그래프 또는 표에서의 실험값을 사용하기를 권장한다.

예제 10.1 2개의 구리 유압 튜브로 형성된 급 확대 구조를 통해 물이 100 L/min 유량으로 흐를 때 에너지 손실을 결정하시오. 작은 튜브는 25 mm 외경×1.5 mm 벽 두께이고, 큰 튜브는 80 mm 외경×2.8 mm 벽 두께이다. 튜브 크기 및 면적에 대해 부록 G.2를 참조하시오.

해설 급 확대 구조 전단 부분에 하첨자 1, 후단 부분에 하첨자 2를 사용하면 다음의 식을 얻을 수 있다.

$$D_1 = 22.0\ \text{mm} = 0.022\ \text{m}$$

$$A_1 = 3.801\times10^{-4}\ \text{m}^2$$

$$D_2 = 74.4\ \text{mm} = 0.0744\ \text{m}$$

$$A_2 = 4.347\times10^{-3}\ \text{m}^2$$

$$v_1 = \frac{Q}{A_1} = \frac{100\ \text{L/min}}{3.801\times10^{-4}\ \text{m}^2}\times\frac{1\ \text{m}^3/\text{s}}{60000\ \text{L/min}} = 4.385\ \text{m/s}$$

$$\frac{v_1^2}{2g} = \frac{(4.385)^2}{(2)(9.81)}\text{m} = 0.980\ \text{m}$$

K값을 찾기 위해 직경비가 필요하다. 직경비는 다음과 같다.

$$D_2/D_1 = 74.4/22.0 = 3.382$$

그림 10.3으로부터 $K = 0.740$임을 알 수 있다. 그러므로 에너지 손실은 다음과 같다.

$$h_L = K(v_1^2/2g) = (0.740)(0.980\ \text{m}) = 0.725\ \text{m}$$

이 결과는 0.725 N·m의 에너지가 급 확대 구조를 거치면서 물의 각 뉴턴으로부터 소실된다는 것을 나타낸다.

다음 문제는 1과 2 사이에서 발생하는 압력차 계산 과정을 설명한다.

예제 10.2 예제 10.1에서 급 확대 구조 전단과 후단에서의 압력차를 결정하시오.

해설 먼저 에너지 방정식은 다음과 같다.

$$\frac{p_1}{\gamma}+z_1+\frac{v_1^2}{2g}-h_L=\frac{p_2}{\gamma}+z_2+\frac{v_2^2}{2g}$$

p_1-p_2에 대해 풀면 다음과 같다.

$$p_1-p_2=\gamma[(z_2-z_1)+(v_2^2-v_1^2)/2g+h_L]$$

급 확대 구조가 수평으로 놓인다면 $z_2-z_1=0$이다. 만약 수직으로 놓여 있더라도, 1과 2 지점 사이의 거리는 일반적으로 매우 짧기 때문에 무시할 수 있다. 이제 큰 파이프에서의 유속을 계산하면 다음과 같다.

$$v_2=\frac{Q}{A_2}=\frac{100\ \text{L/min}}{4.347\times10^{-3}\ \text{m}^2}\times\frac{1\ \text{m}^3/\text{s}}{60000\ \text{L/min}}=0.383\ \text{m/s}$$

물의 비중량 $\gamma=9.81\ \text{kN/m}^3$ 및 예제 10.1의 결과 $h_L=0.725\ \text{m}$를 적용하면 압력차는 다음과 같다.

$$p_1-p_2=\frac{9.81\ \text{kN}}{\text{m}^3}\left[0+\frac{(0.383)^2-(4.385)^2}{(2)(9.81)}\text{m}+0.725\ \text{m}\right]$$
$$=-2.43\ \text{kN/m}^2=-2.43\ \text{kPa}$$

그러므로 p_2는 p_1보다 2.43 kPa 높다.

10.4 출구 손실

그림 10.4와 같이 유체가 파이프로부터 큰 저장소나 탱크로 배출될 때, 유속은 거의 0으로 감소할 것이다. 이 과정에서 $v_1^2/2g$로 나타나는 파이프 내 유체의 운동 에너지는 소실된다. 그러므로 이러한 상황에서 에너지 손실은 다음과 같다.

$$h_L=1.0(v_1^2/2g) \tag{10-4}$$

이는 출구 손실이라 불린다. $K=1.0$은 파이프가 탱크 벽면에 연결되어 있는 출구의 형상과 관계없이 사용할 수 있다.

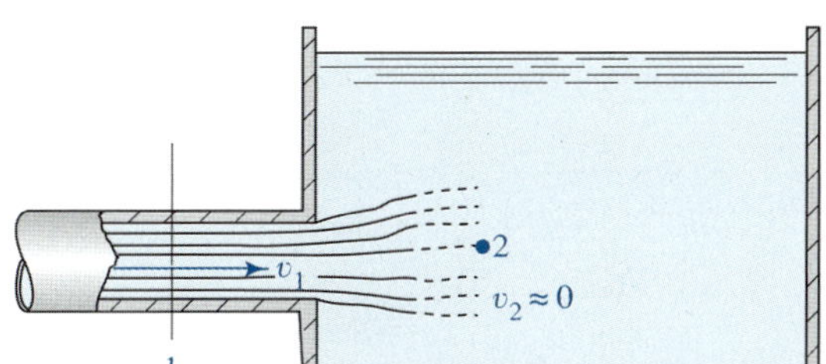

그림 10.4 파이프에서 정지된 저장소로의 유동에 대한 출구 손실

예제 10.3 25.0 mm 외경×1.5 mm 벽 두께의 구리 유압 튜브로부터 큰 탱크로 100 L/min 유량의 물이 배출될 때 에너지 손실을 계산하시오.

해설 식 (10−4)를 사용하면 다음과 같다.

$$h_L = 1.0(v_1^2/2g)$$

예제 10.1의 계산으로부터 다음의 값을 얻을 수 있다.

$$v_1 = 4.385 \text{ m/s}$$

$$v_1^2/2g = 0.740 \text{ m}$$

그러므로 에너지 손실은 다음과 같다.

$$h_L = (1.0)(0.740 \text{ m}) = 0.740 \text{ m}$$

10.5 점진적 확대

작은 파이프로부터 큰 파이프로의 전환이 사각 모서리에 의한 급 확대보다 점진적으로 일어난다면, 에너지 손실은 줄어들 것이다. 이는 일반적으로 그림 10.5에서처럼 두 파이프 사이에 원추형 구조를 배치함으로써 이루어진다. 원추형 구조의 경사진 벽면은 유동의 감속 및 팽창 동안 유체를 경사진 방향으로 유도하는 특성을 나타낸다. 그러므로 벽면 각도가 감소함에 따라 유동 분리 영역의 크기 및 난류의 양은 감소한다. 이러한 점진적 확대 구조에서 에너지 손실은 다음의 식으로 계산된다.

$$h_L = K(v_1^2/2g) \tag{10-5}$$

여기서 v_1은 확대 구조 전단의 작은 파이프에서의 유속이다. K의 크기는 파이프 직경비 D_2/D_1 및 원추각 θ에 의존한다. θ 및 D_2/D_1의 변화에 따른 K값은 그림 10.6 및 표 10.2에 주어진다.

식 (10−5)에서 계산되는 에너지 손실은 확대 구조의 벽면에서 발생하는 마찰 손실을 포함하지 않는다. 상대적으로 가파른 원추각에서 변환 길이는 짧다. 그러므로 벽면 마찰 손실은 무시할 수 있다. 그러나 원추각이 감소함에 따라 변환 길이는 증가하고 벽면 마찰이 중요해질 수 있다. 벽면 마찰 손실 및 확대로 인한 손실을 모두 고려하면, 원추각 약 7°에서 최소 에너지 손실이 발생하는 결과를 얻을 수 있다.

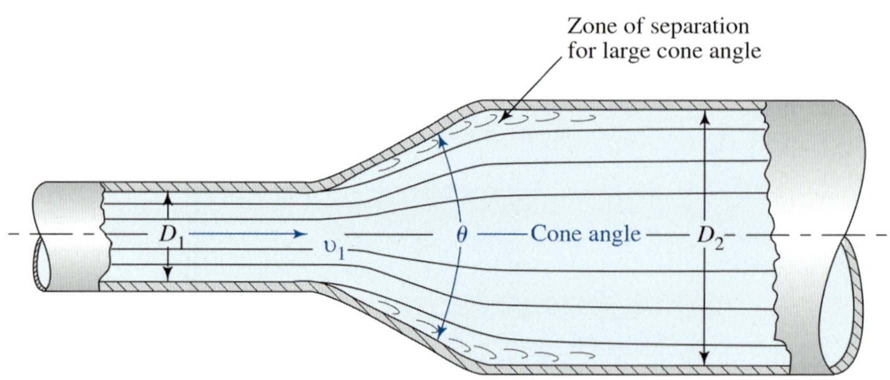

그림 10.5 점진적 확대

그림 10.6 저항계수–점진적 확대

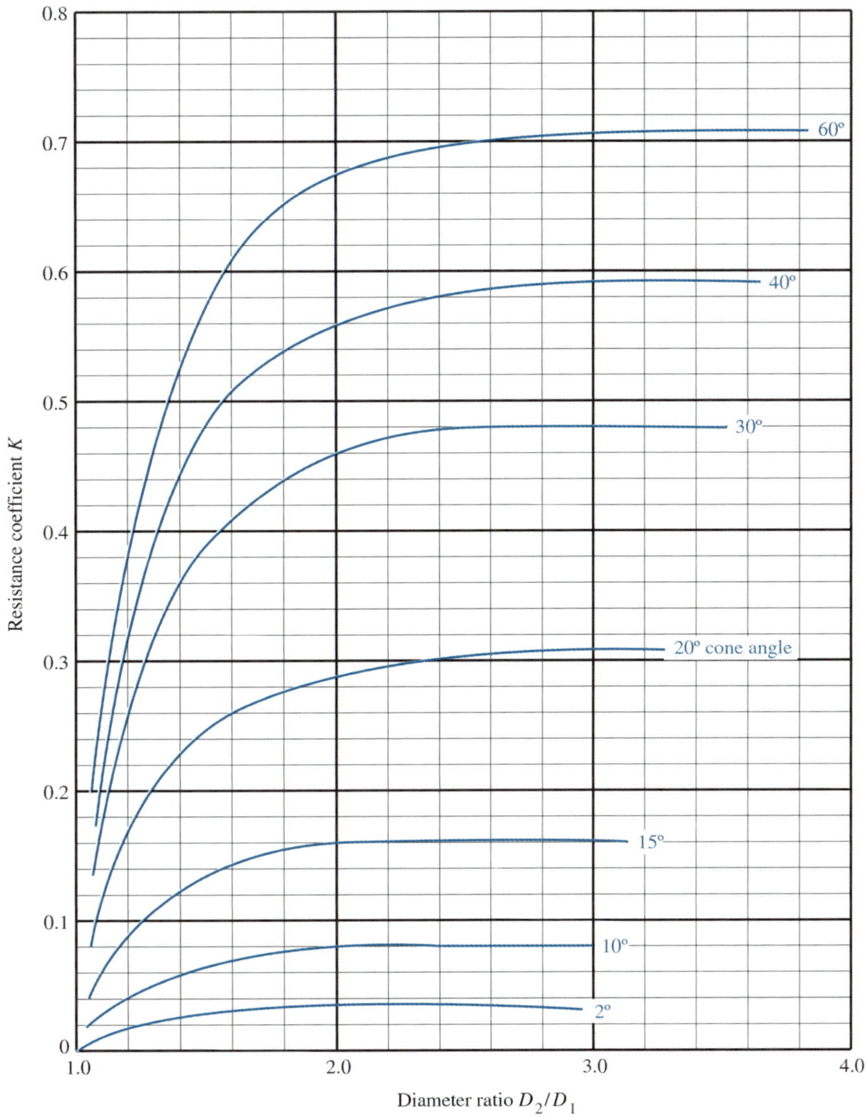

표 10.2 저항계수–점진적 확대

	Angle of Cone θ											
D_2/D_1	2°	6°	10°	15°	20°	25°	30°	35°	40°	45°	50°	60°
1.1	0.01	0.01	0.03	0.05	0.10	0.13	0.16	0.18	0.19	0.20	0.21	0.23
1.2	0.02	0.02	0.04	0.09	0.16	0.21	0.25	0.29	0.31	0.33	0.35	0.37
1.4	0.02	0.03	0.06	0.12	0.23	0.30	0.36	0.41	0.44	0.47	0.50	0.53
1.6	0.03	0.04	0.07	0.14	0.26	0.35	0.42	0.47	0.51	0.54	0.57	0.61
1.8	0.03	0.04	0.07	0.15	0.28	0.37	0.44	0.50	0.54	0.58	0.61	0.65
2.0	0.03	0.04	0.07	0.16	0.29	0.38	0.46	0.52	0.56	0.60	0.63	0.68
2.5	0.03	0.04	0.08	0.16	0.30	0.39	0.48	0.54	0.58	0.62	0.65	0.70
3.0	0.03	0.04	0.08	0.16	0.31	0.40	0.48	0.55	0.59	0.63	0.66	0.71
∞	0.03	0.05	0.08	0.16	0.31	0.40	0.49	0.56	0.60	0.64	0.67	0.72

Source: Brater, Ernest F, Horace W. King, James E. Lindell, and C. Y. Wei. 1996. *Handbook of Hydraulics,* 7th ed. New York: McGraw-Hill, Table 6–6.

예제 10.4 작은 구리 유압 튜브로부터 큰 튜브로 원추각 30°의 점진적 확대 구조를 통해 100 L/min 유량의 물이 흐를 때, 에너지 손실을 계산하시오. 작은 튜브는 25 mm 외경×1.5 mm 벽 두께이고, 큰 튜브는 80 mm 외경 ×2.8 mm 벽 두께이다.

해설 부록 G.2 및 이전 예제의 계산으로부터 다음의 값들을 구할 수 있다.

$$v_1 = 4.385 \text{ m/s}$$

$$v_1^2/2g = 0.980 \text{ m}$$

$$D_2/D_1 = 74.4/22.0 = 3.382$$

그림 10.6에서 $K = 0.48$을 찾을 수 있다. 그러므로 에너지 손실은 다음과 같다.

$$h_L = K(v_1^2/2g) = (0.48)(0.980 \text{ m}) = 0.470 \text{ m}$$

예제 10.1의 급 확대와 비교하여, 에너지 손실은 30° 원추각의 점진적 확대 구조를 사용할 때 35% 감소한다.

디퓨저 확대 구조는 다른 용어로 디퓨저(diffuser)라고 한다. 디퓨저의 기능은 작은 파이프로부터 큰 파이프로 유동 형성에 따른 감속에 의해 속도 수두 $v^2/2g$로 대표되는 유체의 운동 에너지를 압력 수두 p/γ로 대표되는 압력 에너지로 전환하는 것이다. 디퓨저는 급 확대 또는 점진적 확대 구조일 수 있다. 하지만 이 용어는 일반적으로 점진적 확대의 경우에 사용된다.

이상적인 디퓨저에서는 유속이 감소함에 따라 에너지 손실이 없다. 물론 어떠한 디퓨저도 이러한 이상적인 방식으로 작동하지 않는다. 만약 이상적인 디퓨저를 가정한다면, 팽창 후 유체의 이론적 최대압력이 베르누이 방정식에 의해 다음과 같이 계산될 수 있다.

$$p_1/\gamma + z_1 + v_1^2/2g = p_2/\gamma + z_2 + v_2^2/2g$$

디퓨저가 수평 평면에 놓인다면 높이 항이 제거될 수 있다. 이상적인 디퓨저에서 발생하는 압력 증가는 다음과 같다.

▶ 압력 회복–이상적 디퓨저

$$\Delta p = p_2 - p_1 = \gamma(v_1^2 - v_2^2)/2g$$

이를 압력 회복(pressure recovery)이라 부른다.
실제 디퓨저에서는 에너지 손실이 발생하고, 다음의 일반 에너지 방정식을 사용해야 한다.

$$p_1/\gamma + z_1 + v_1^2/2g - h_L = p_2/\gamma + z_2 + v_2^2/2g$$

이때 압력 증가는 다음과 같다.

▶ 압력 회복–실제 디퓨저

$$\Delta p = p_2 - p_1 = \gamma[(v_1^2 - v_2^2)/2g - h_L]$$

에너지 손실은 이 절에 나타난 자료값 및 절차를 활용하여 계산할 수 있다. 이상적인 디퓨저에 대한 실제 디퓨저에서의 압력 회복비는 디퓨저의 효율을 의미한다.

10.6 급 축소

그림 10.7에 나타난 급 축소로 인한 에너지 손실은 다음의 식으로부터 계산된다.

$$h_L = K(v_2^2/2g) \tag{10-6}$$

여기서 v_2는 축소 구조 하류의 작은 파이프에서의 유속이다. 저항계수 K는 그림 10.8 및 표 10.3에 나타난 것처럼 두 파이프의 직경비 및 유속에 의존한다.

급 축소로 인해 에너지가 손실되는 메커니즘은 매우 복잡하다. 그림 10.9는 유동이 수렴함에 따라 발

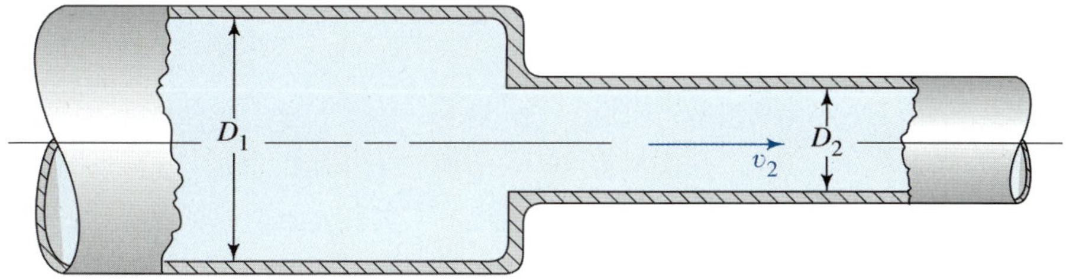

그림 10.7 급 축소

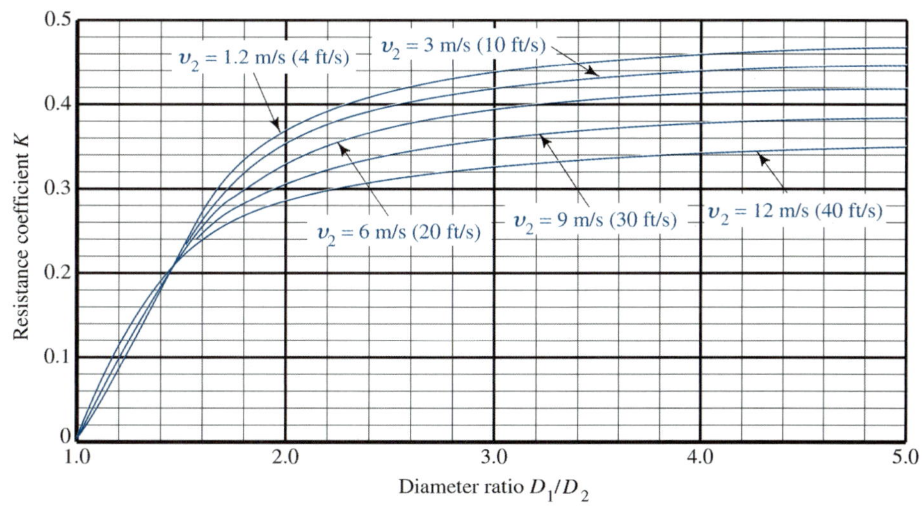

그림 10.8 저항계수–급 축소

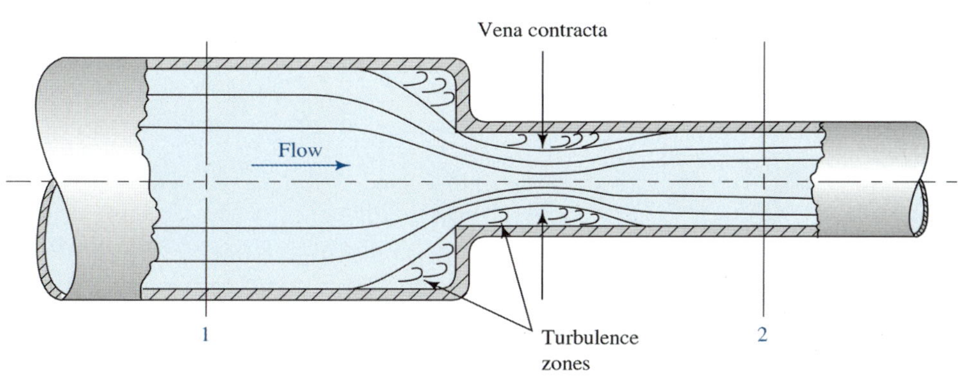

그림 10.9 급 축소 구조에서 형성되는 축류 영역(vena contracta)

표 10.3A 저항계수–급 축소–그림 10.8에 대한 자료값

	Velocity v_2								
D_1/D_2	0.6 m/s 2 ft/s	1.2 m/s 4 ft/s	1.8 m/s 6 ft/s	2.4 m/s 8 ft/s	3 m/s 10 ft/s	4.5 m/s 15 ft/s	6 m/s 20 ft/s	9 m/s 30 ft/s	12 m/s 40 ft/s
1.0	0.0	0.0	0.0	0.0	0.0	0.0	0.0	0.0	0.0
1.1	0.03	0.04	0.04	0.04	0.04	0.04	0.05	0.05	0.06
1.2	0.07	0.07	0.07	0.07	0.08	0.08	0.09	0.10	0.11
1.4	0.17	0.17	0.17	0.17	0.18	0.18	0.18	0.19	0.20
1.6	0.26	0.26	0.26	0.26	0.26	0.25	0.25	0.25	0.24
1.8	0.34	0.34	0.34	0.33	0.33	0.32	0.31	0.29	0.27
2.0	0.38	0.37	0.37	0.36	0.36	0.34	0.33	0.31	0.29
2.2	0.40	0.40	0.39	0.39	0.38	0.37	0.35	0.33	0.30
2.5	0.42	0.42	0.41	0.40	0.40	0.38	0.37	0.34	0.31
3.0	0.44	0.44	0.43	0.42	0.42	0.40	0.39	0.36	0.33
4.0	0.47	0.46	0.45	0.45	0.44	0.42	0.41	0.37	0.34
5.0	0.48	0.47	0.47	0.46	0.45	0.44	0.42	0.38	0.35
10.0	0.49	0.48	0.48	0.47	0.46	0.45	0.43	0.40	0.36
∞	0.49	0.48	0.48	0.47	0.47	0.45	0.44	0.41	0.38

표 10.3B 저항계수–급 축소–미터 단위값

	Velocity v_2, m/s										
D_1/D_2	0.5	1.0	2.0	3.0	4.0	5.0	6.0	7.0	8.0	9.0	10.0
1.1	0.03	0.04	0.04	0.04	0.04	0.04	0.05	0.05	0.05	0.05	0.05
1.2	0.07	0.07	0.07	0.08	0.08	0.08	0.09	0.09	0.10	0.10	0.10
1.4	0.17	0.17	0.17	0.18	0.18	0.18	0.18	0.19	0.19	0.19	0.19
1.6	0.26	0.26	0.26	0.26	0.26	0.26	0.25	0.25	0.25	0.25	0.24
1.8	0.34	0.34	0.34	0.33	0.32	0.31	0.31	0.30	0.29	0.29	0.28
2.0	0.38	0.38	0.37	0.36	0.35	0.34	0.33	0.33	0.32	0.31	0.30
2.2	0.40	0.40	0.39	0.38	0.37	0.36	0.35	0.35	0.34	0.33	0.32
2.5	0.42	0.42	0.41	0.40	0.39	0.38	0.37	0.36	0.35	0.34	0.33
3.0	0.44	0.44	0.43	0.42	0.41	0.40	0.39	0.38	0.37	0.36	0.35
4.0	0.47	0.46	0.45	0.44	0.43	0.42	0.41	0.40	0.38	0.37	0.36
5.0	0.48	0.48	0.46	0.45	0.45	0.44	0.42	0.41	0.39	0.38	0.37
10.0	0.49	0.48	0.47	0.46	0.46	0.44	0.43	0.42	0.41	0.40	0.39
∞	0.49	0.49	0.47	0.47	0.46	0.45	0.44	0.43	0.42	0.41	0.40

D_1/D_2—ratio of diameter of larger pipe to diameter of smaller pipe; v_2—velocity in smaller pipe.

Source: Brater, Ernest F, Horace W. King, James E. Lindell, and C. Y. Wei. 1996. *Handbook of Hydraulics*, 7th ed. New York: McGraw-Hill, Table 6–7.

생되는 현상을 나타낸다. 그림에 표시된 선들은 유선이라 불리는 유동 내 유체입자의 이동경로를 나타낸다. 축소 지점으로 접근함에 따라 유선은 곡선 유로에서처럼 거동하고 축소 지점을 지난 유선들의 거리는 점점 좁아진다. 그리하여, 유동의 유효 최소 단면은 작은 파이프의 직경보다 작아진다. 이러한 최소 유동 면적이 나타나는 부분을 축류 영역(vena contracta)이라 부른다. 축류 영역을 지나 유동은 감속하여 파이프를 채우기 위해 팽창해야 한다. 축소 및 이어지는 팽창에 의해 유발되는 난류는 에너지 손실을 발생시킨다.

급 축소에 의한 손실계수 값(그림 10.8)을 급 확대의 경우(그림 10.3)와 비교해보면, 급 축소 구조에서의 에너지 손실이 다소 작다는 것을 알 수 있다. 일반적으로 주어진 직경비에서 유체를 가속시키는 것은 감속시키는 것보다 적은 양의 난류를 발생시킨다.

예제 10.5 큰 직경의 구리 유압 튜브로부터 급 축소 구조를 지나 작은 튜브로 흐르는 100 L/min 유량의 물 유동에서의 에너지 손실을 결정하시오. 큰 튜브는 80 mm 외경×2.8 mm 벽 두께이고, 작은 튜브는 25 mm 내경×2.5 mm 벽 두께이다. 튜브 크기 및 유량은 이전 예제에서 사용된 값들과 동일하다.

해설 식 (10−6)으로부터 에너지 손실은 다음과 같이 나타난다.

$$h_L = K(v_2^2/2g)$$

구리 튜브에 대해 $D_1 = 74.4$ mm, $D_2 = 22.0$ mm, $A_2 = 3.801 \times 10^{-4}$ m^{2}이다. 이를 통해 다음의 값들을 계산할 수 있다.

$$D_1/D_2 = 74.4/22.0 = 3.383$$

$$v_2 = \frac{Q}{A_2} = \frac{100\ \text{L/min}}{3.801 \times 10^{-4}\ \text{m}^2} \times \frac{1\ \text{m}^3/\text{s}}{60000\ \text{L/min}} = 4.385\ \text{m/s}$$

$$v_2^2/2g = 0.980\ \text{m}$$

그림 10.7로부터 $K = 0.415$를 찾을 수 있다. 그러므로 에너지 손실은 다음과 같이 계산된다.

$$h_L = K(v_2^2/2g) = (0.415)(0.980\ \text{m}) = 0.407\ \text{m}$$

10.7 점진적 축소

축소에 의한 에너지 손실은 점진적 축소 구조를 통해 상당히 감소될 수 있다. 그림 10.10은 이러한 점진적 축소 구조를 나타낸다. 이 구조는 연결 지점에서 직경이 급격히 변화하는 두 파이프 사이에 원추형 구조를 삽입하여 형성된다. 각 θ는 원추각(cone angle)이라고 한다.

그림 10.11은 원추각별 직경비에 따른 저항계수(참고문헌 8)를 나타낸다. 에너지 손실은 식 (10−6)을 통해 계산되고, 여기서 저항계수는 축소 후 작은 파이프에서의 속도 수두에 기초한다. 이러한 자료는 Reynolds수가 1.0×10^5보다 큰 유동에 대해 적용된다. 원추각 15° −40° 에서 K값은 0.05 이하의 매우 낮은 값을 나타낸다. 60° 정도의 원추각에서 K는 0.08보다 작다.

원추각 15° 이하에서는 원추각이 감소함에 따라, 그림 10.12에 나타난 것처럼 저항계수가 증가한다. 이러한 원인은 K값에 대한 자료값이 유동 박리에 의한 국부 난류 및 파이프 마찰 효과를 모두 포함하고 있기 때문이다. 상대적으로 작은 원추각에 대해 두 직경 사이의 전환 길이는 매우 길어지고, 이는 마찰 손실을 증가시키게 된다.

원추형 구조와 작은 파이프의 접합 지점에 라운드 가공을 하는 것은 저항계수를 그림 10.11에 나타난

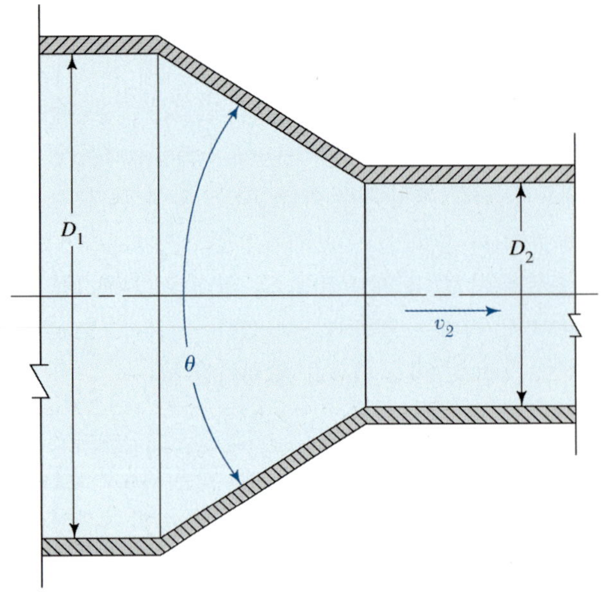

그림 10.10 점진적 축소

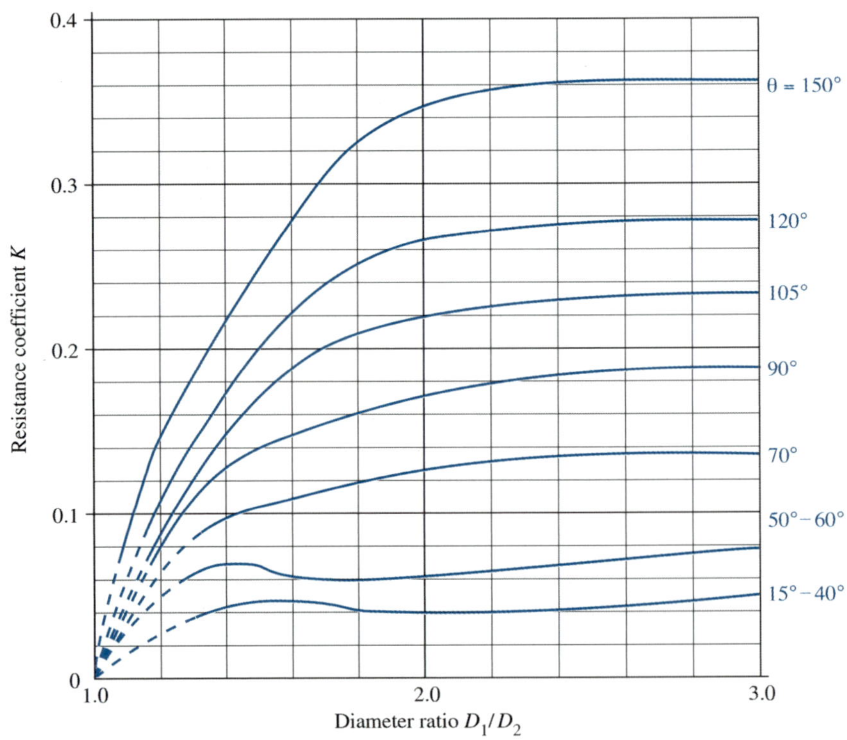

그림 10.11 저항계수–점진적 축소(15°)

값보다 감소시킬 수 있다. 예를 들어, 그림 10.13과 같은 원추각 120° 및 $D_1/D_2 = 2.0$인 축소 구조에서 접합 지점에 $0.05(D_2)$로 라운드 가공을 하면 K값은 약 0.27에서 0.10으로 감소한다.

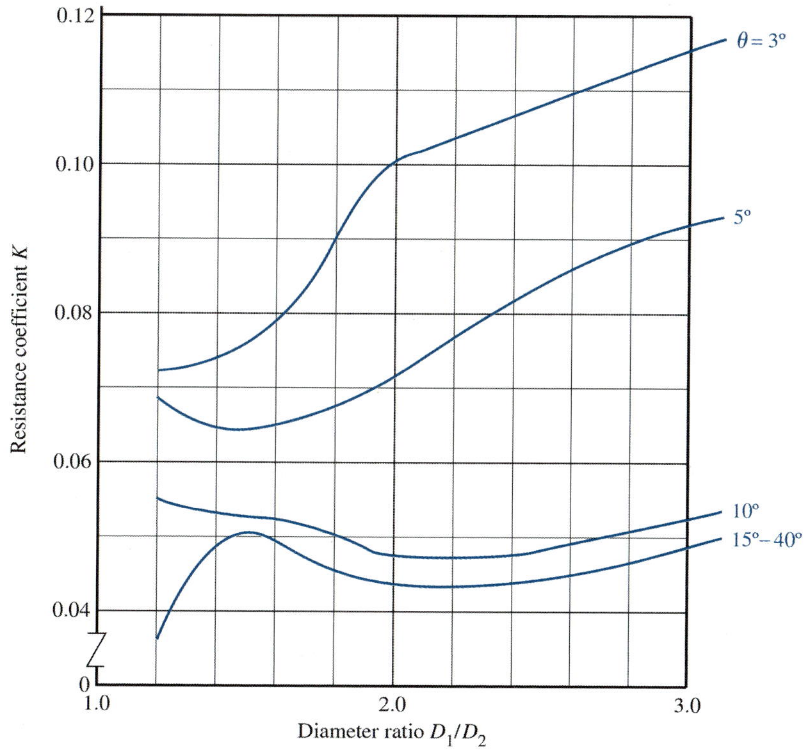

그림 10.12 저항계수–점진적 축소($\theta < 15°$)

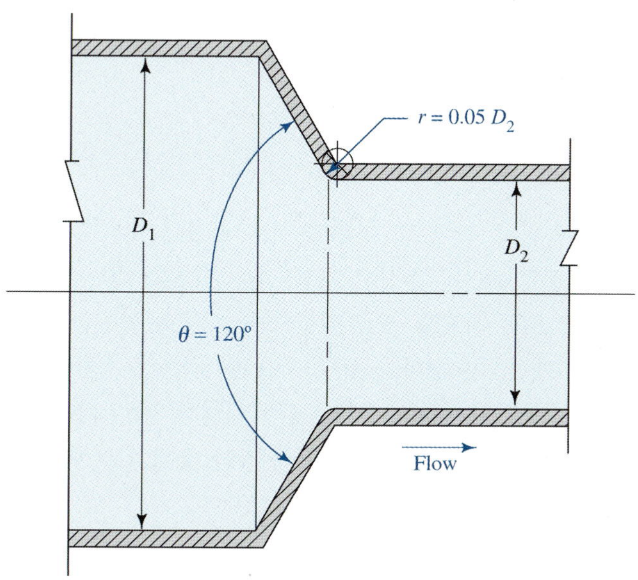

그림 10.13 작은 직경 지점에서 라운드 가공된 점진적 축소 구조

10.8 입구 손실

축소의 특수한 경우는 유체가 상대적으로 큰 저장소 또는 탱크에서 파이프로 유입될 때 발생한다. 이러한 구조에서 유체는 무시할 만한 속도로부터 파이프 내의 유속으로 가속해야 한다. 이러한 가속의 용이성이 에너지 손실의 양을 결정한다. 그러므로 입구 저항계수의 값은 입구의 형상에 의존한다.

그림 10.14는 4종류의 상이한 입구 구조 및 이때 제안되는 K값을 나타낸다. 그림에서 유선은 파이프

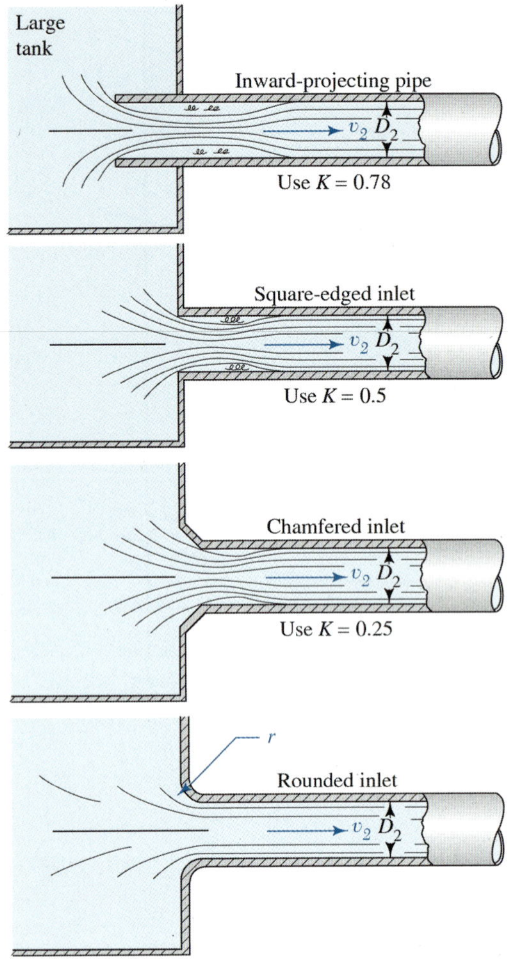

r/D_2	K
0	0.50
0.02	0.28
0.04	0.24
0.06	0.15
0.10	0.09
>0.15	0.04 (Well-rounded)

그림 10.14 입구 저항계수

로의 유체 유동을 나타내고, 튜브 내 축류 영역의 형성에 의한 난류가 에너지 손실의 주된 원인이라는 것을 보여준다. 그림에서 에너지 손실이 가장 심한 구조는 내부로 삽입된 입구이다. 참고문헌 2에서는 이 구조에 대해 $K=0.78$을 사용할 것을 권장한다. 내부로 삽입된 입구에서의 저항계수에 대한 더 정확한 계산은 참고문헌 8에서 주어진다. $r/D_2>0.15$인 라운드 가공이 잘된 입구에서는 축류 영역이 나타나지 않고 에너지 손실이 매우 적다. 이 구조에 대해 $K=0.04$를 사용할 것이다.

요약하면, 그림 10.14로부터 저항계수 값을 선정한 후에 입구에서의 에너지 손실을 다음의 식으로 계산할 수 있다.

$$h_L = K(v_2^2/2g) \tag{10-7}$$

여기서 v_2는 작은 파이프 내 유속이다.

예제 10.6 다음 (a) 및 (b)의 입구 조건에서 저장소로부터 25 mm 외경×1.5 mm 벽 두께의 구리 유압 튜브로 100 L/min의 유량이 유입될 때 에너지 손실을 결정하시오.

(a) 내부로 삽입된 튜브 구조

(b) 라운드 가공이 잘된 입구 구조

해설 (a) 입구 조건: $D_2 = 22.0$ mm, $A_2 = 3.801 \times 10^{-4}$ m^{2}이므로 다음의 값을 얻을 수 있다.

$$v_2 = \frac{Q}{A_2} = 4.385 \text{ m/s (예제 10.1)}$$

$$v_2^2/2g = 0.980 \text{ m}$$

내부로 삽입된 튜브 구조에 대해 $K = 0.78$ 이므로 에너지 손실은 다음과 같다.

$$h_L = (0.78)(0.980 \text{ m}) = 0.764 \text{ m}$$

(b) 라운드 가공이 잘된 입구에서 $K = 0.04$이므로 에너지 손실은 다음과 같다.

$$h_L = (0.04)(0.980 \text{ m}) = 0.039 \text{ m}$$

10.9 밸브 및 부속품에 대한 저항계수

다양한 종류의 밸브 및 부속품은 유체 유동 시스템의 다양한 사양 및 설치를 위해 여러 제조업체에서 제공된다. 밸브는 유량을 제어하기 위해 사용되며, 글로브 밸브, 앵글 밸브, 게이트 밸브, 버터플라이 밸브, 체크 밸브 및 기타 다양한 종류의 밸브들이 있다(그림 10.15−10.22 참조).

부속품은 유동의 방향을 전환하거나 유로의 크기를 변화시키는 데 사용된다. 여러 형태의 엘보, 티, 리듀서, 노즐 및 오리피스 등이 이에 포함된다(그림 10.23, 10.24 참조).

저항이 밸브 또는 부속품의 형상에 의존하기 때문에 선정된 부품의 형태 및 크기에 따라 저항을 결정하는 것이 중요하다. 또한 각 제조업체별로 다른 형태의 자료를 제공하기도 한다.

이 책에서 활용되는 자료는 참고문헌 2를 참고한다. 이 참고문헌에는 훨씬 더 많은 밸브 및 부속품에 대한 정보가 수록되어 있다. 또한 인터넷 자료 1을 참조하고 참고문헌 2, 6, 10, 12 및 13은 밸브에 대한 더욱 확장된 토의 및 정보를 제공한다.

밸브 또는 부속품에 의한 유체 유동에서의 에너지 손실은 앞서 설명되었던 부손실처럼 식 (10−1)을 통해 계산된다. 하지만 저항계수 K를 결정하는 방법이 다르다. K값은 다음의 형태로 나타난다.

$$K = (L_e/D)f_T \tag{10-8}$$

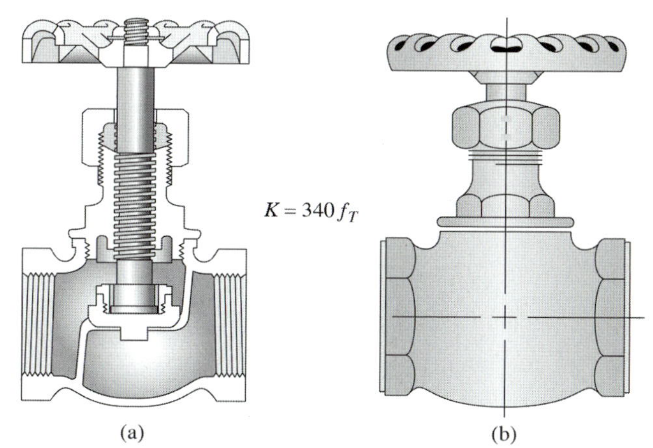

그림 10.15 글로브 밸브(출처: "Flow of Fluids Through Valves, Fittings and Pipe, Technical Paper 410" 2009. Crane Co. All Rights Reserved)

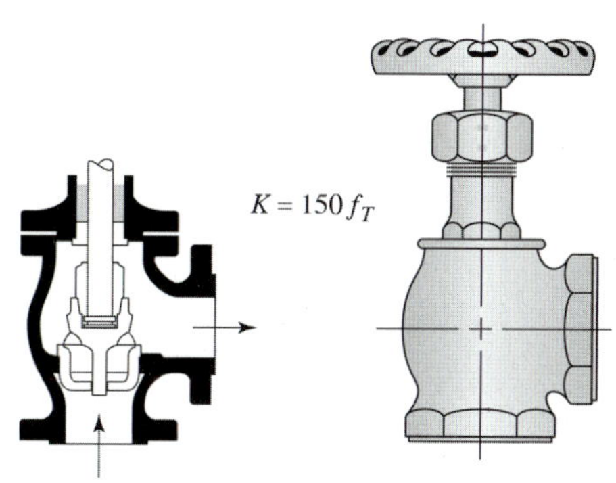

그림 10.16 앵글 밸브(출처: "Flow of Fluids Through Valves, Fittings and Pipe, Technical Paper 410" 2009. Crane Co. All Rights Reserved)

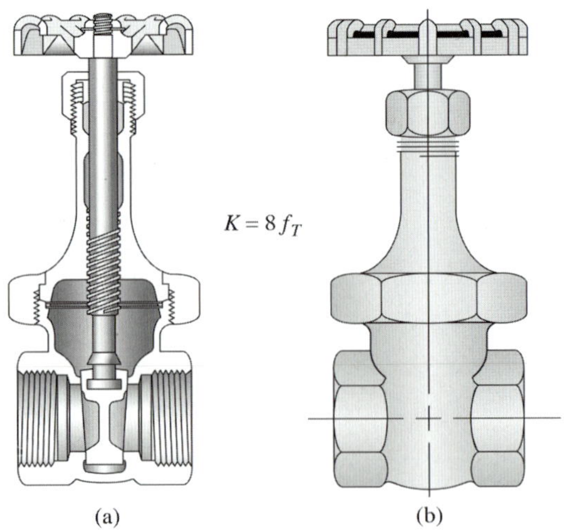

그림 10.17 게이트 밸브(출처: "Flow of Fluids Through Valves, Fittings and Pipe, Technical Paper 410" 2009. Crane Co. All Rights Reserved)

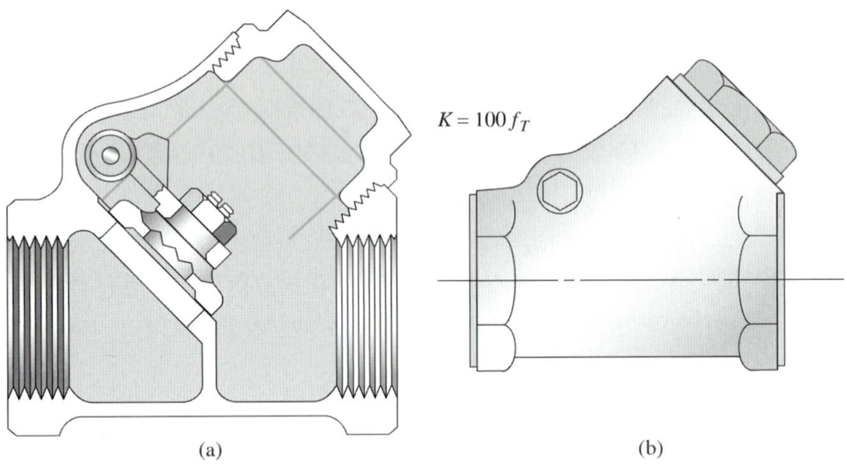

그림 10.18 체크 밸브(출처: "Flow of Fluids Through Valves, Fittings and Pipe, Technical Paper 410" 2009. Crane Co. All Rights Reserved)

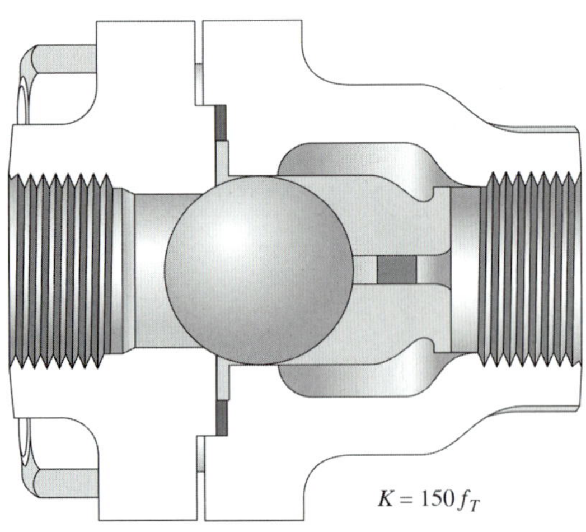

그림 10.19 체크 밸브–볼형(출처: "Flow of Fluids Through Valves, Fittings and Pipe, Technical Paper 410" 2009. Crane Co. All Rights Reserved)

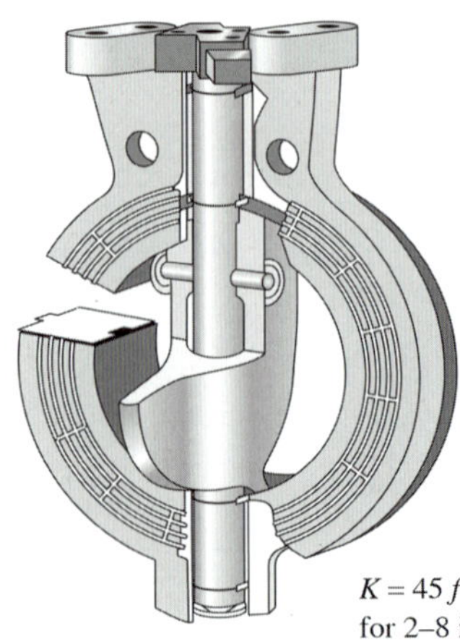

그림 10.20 버터플라이 밸브(출처: "Flow of Fluids Through Valves, Fittings and Pipe, Technical Paper 410" 2009. Crane Co. All Rights Reserved)

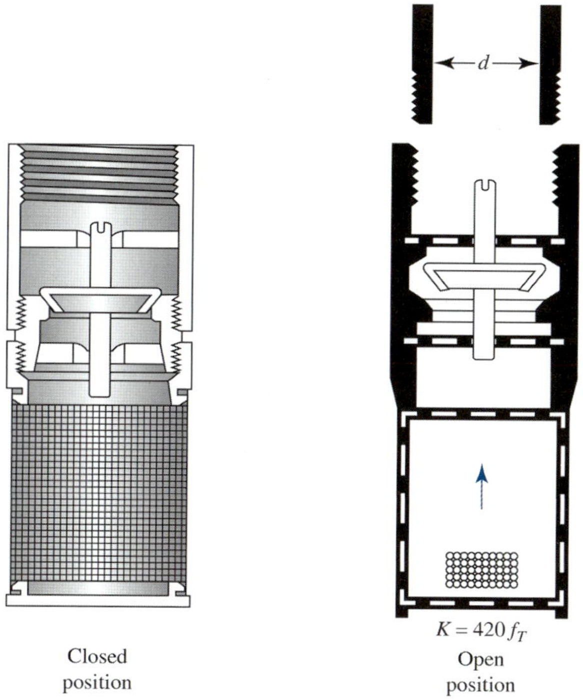

그림 10.21 여과기가 부착된 푸트 밸브–포핏 디스크형(출처: "Flow of Fluids Through Valves, Fittings and Pipe, Technical Paper 410" 2009. Crane Co. All Rights Reserved)

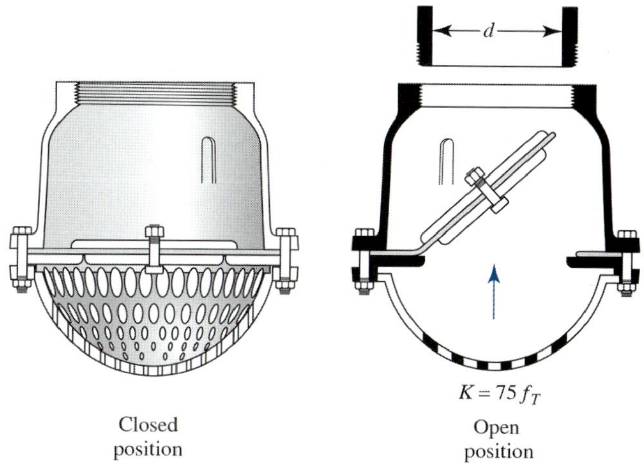

그림 10.22 여과기가 부착된 푸트 밸브–힌지 디스크형(출처: "Flow of Fluids Through Valves, Fittings and Pipe, Technical Paper 410" 2009 Crane Co. All Rights Reserved)

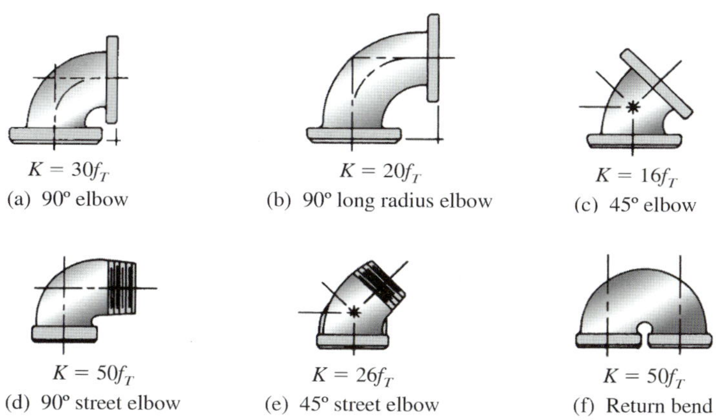

그림 10.23 파이프 엘보(출처: "Flow of Fluids Through Valves, Fittings and Pipe, Technical Paper 410" 2009 Crane Co. All Rights Reserved)

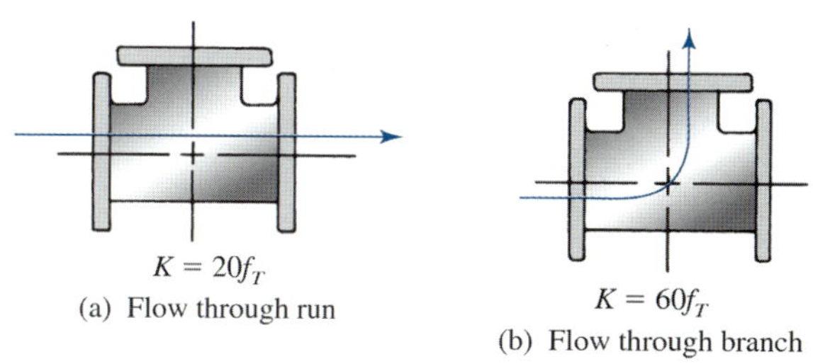

그림 10.24 표준 티(출처: "Flow of Fluids Through Valves, Fittings and Pipe, Technical Paper 410" 2009 Crane Co. All Rights Reserved)

등가길이비로 불리는 L_e/D는 표 10.4에 나타나고, 주어진 밸브 또는 부속품의 종류에 따라 상수값으로 나타난다. L_e는 등가길이(equivalent length)라고 하며, 이는 밸브와 동일한 저항을 지닌 동일한 직경의 직관 길이를 의미한다. D는 파이프의 실제 내경이다.

f_T는 밸브 또는 부속품이 연결되는 파이프에서의 마찰계수로 완전 난류 영역에 해당하는 값이다. 그림 8.7의 Moody 선도에서 완전 난류 영역은 마찰계수가 Reynolds수에 무관한 우측 영역에 놓인다. 선도를 대각선으로 가로지르는 점선은 좌측의 천이 지점과 완전 난류 영역을 구분한다.

표 10.4 파이프 직경에 대한 등가길이(L_e/D)로 표현된 밸브 및 부속품에서의 저항

Type	Equivalent Length in Pipe Diameters L_e/D
Globe valve—fully open	340
Angle valve—fully open	150
Gate valve—fully open	8
—¾ open	35
—½ open	160
—¼ open	900
Check valve—swing type	100
Check valve—ball type	150
Butterfly valve—fully open, 2–8 in	45
—10–14 in	35
—16–24 in	25
Foot valve—poppet disc type	420
Foot valve—hinged disc type	75
90° standard elbow	30
90° long radius elbow	20
90° street elbow	50
45° standard elbow	16
45° street elbow	26
Close return bend	50
Standard tee—with flow through run	20
—with flow through branch	60

(Reprinted with permission from "Flow of Fluids Through Valves, Fittings and Pipe, Technical Paper 410" 2011. Crane Co. All Rights Reserved.)

f_T의 값은 파이프 및 밸브의 크기에 따라 변하므로 마찰계수 K값도 이에 따라 변한다. 표 10.5는 새로 생산된 매끈한 표준 상용 강 파이프에 대한 f_T의 값을 나타낸다.

일부의 시스템 설계자들은 밸브에 해당하는 등가 파이프 길이를 계산하여 이 값을 실제 파이프 길이에 조합하는 것을 선호한다. 식 (10−8)을 L_e에 대해 나타내면 다음과 같다.

$$L_e = KD/f_T \tag{10-9}$$

또한 $L_e = (L_e/D)D$의 식으로도 계산할 수 있다. 하지만 이러한 계산식은 파이프 내 유동이 완전 난류 영역에 속할 때만 사용할 수 있다는 것을 명심해야 한다.

파이프가 새롭게 생산된 매끈한 Schedule 40 상용 강 파이프가 아니라면 상대 조도 D/ε 계산이 필요하고, 이를 적용하여 Moody 선도로부터 완전 난류 영역에서의 마찰계수 f_T를 계산해야 한다.

표 10.5 새롭게 생산된 매끈한 상용 Schedule 40 강 파이프의 완전 난류 영역에서의 마찰계수

Nominal Pipe Size		Friction factor, f_T	Nominal Pipe Size		Friction factor, f_T
U.S. (in)	Metric (mm)		U.S. (in)	Metric (mm)	
½	DN 15	0.026	3, 3½	DN 80, DN 90	0.017
¾	DN 20	0.024	4	DN 100	0.016
1	DN 25	0.022	5, 6	DN 125, DN 150	0.015
1¼	DN 32	0.021	8	DN 200	0.014
1½	DN 40	0.020	10–14	DN 250 to DN 350	0.013
2	DN 50	0.019	16–22	DN 400 to DN 550	0.012
2½	DN 65	0.018	24–36	DN 600 to DN 900	0.011

식 (10–8)을 사용한 밸브 및 부속품에 의해 유발되는 에너지 손실의 계산 절차

1. 표 10.4에서 해당하는 밸브 또는 부속품에 대한 L_e/D값을 찾는다.
2. a. 파이프가 새롭게 생산된 매끈한 Schedule 40 강이면 표 10.5에서 f_T를 찾는다.
   b. 다른 재질 또는 Schedule의 파이프이면 표 8.2에서 파이프 벽면 조도 ε을 결정한다.
   D/ε을 계산한다.
   그림 8.7의 Moody 선도를 사용하여 완전 난류 영역에서의 f_T를 결정한다.
3. $K = f_T(L_e/D)$를 계산한다.
4. $h_L = K(v_p^2/2g)$를 계산한다. 여기서 v_p는 파이프 내 유속이다.

예제 10.7 6-in Schedule 40 강 파이프에 부착된 완전히 개방된(fully open) 글로브 밸브에 대한 저항계수 K를 결정하시오.

해설 표 10.4에서 완전 개방된 글로브 밸브에서의 등가길이비 L_e/D가 340인 것을 찾을 수 있다. 표 10.5로부터 6-in 파이프에서 $f_T = 0.015$이다. K는 다음과 같이 계산된다.

$$K = (L_e/D)f_T = (340)(0.015) = 5.10$$

파이프에 대해 $D = 0.5054$ ft를 사용하면 등가길이는 다음과 같다.

$$L_e = KD/f_T = (5.10)(0.5054\ \text{ft})/(0.015) = 172\ \text{ft}$$

또는 유동이 완전 난류 영역에 속할 때, 등가길이는 다음과 같이 계산된다.

$$L_e = (L_e/D)D = (340)(0.5054\ \text{ft}) = 172\ \text{ft}$$

예제 10.8 4-in Schedule 40 강 파이프 내에서 오일(sg = 0.87)이 400 gal/min의 유량으로 흐르고 있을 때 완전 개방된 글로브 밸브에 의해 발생하는 압력 강하를 계산하시오.

해설 글로브 밸브 설치도가 그림 10.25에 나타난다. 압력 강하를 결정하기 위한 유동 내 두 지점에서의 에너지 방정식은 다음과 같다.

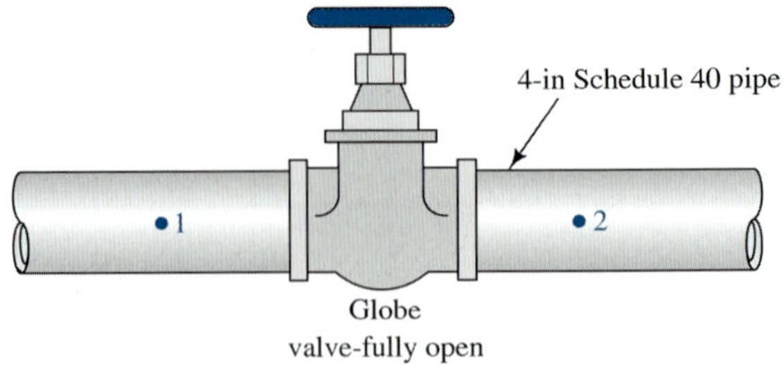

그림 10.25 예제 10.8의 글로브 밸브

$$\frac{p_1}{\gamma}+z_1+\frac{v_1^2}{2g}-h_L=\frac{p_2}{\gamma}+z_2+\frac{v_2^2}{2g}$$

식에서 에너지 손실 h_L은 오직 밸브에 의한 부손실을 의미한다. 압력 강하는 p_1과 p_2의 차이이다. 이 차이에 대해 위 방정식을 풀면 다음과 같다.

$$p_1-p_2=\gamma\left[(z_2-z_1)+\frac{v_2^2-v_1^2}{2g}+h_L\right]$$

$z_1=z_2$ 및 $v_1=v_2$이므로 다음의 식을 얻을 수 있다.

$$p_1-p_2=\gamma h_L$$

식 (10−1)을 사용하여 h_L을 다음과 같이 결정할 수 있다.

$$h_L=K\times\frac{v^2}{2g}=f_T\times\frac{L_e}{D}\times\frac{v^2}{2g}$$

유속 v는 4-in 파이프에서 유동의 평균 속도이다. $D=0.3355$ ft, $A=0.0884$ ft^{2}이므로 유속은 다음과 같다.

$$v=\frac{Q}{A}=\frac{400\ \text{gal/min}}{0.0884\ \text{ft}^2}\times\frac{1\ \text{ft}^3/\text{s}}{449\ \text{gal/min}}=10.08\ \text{ft/s}$$

표 10.5에서 4-in 파이프에 대해 $f_T=0.016$이고 글로브 밸브에 대해 $L_e/D=340$이므로 저항계수 및 에너지 손실은 다음과 같이 계산된다.

$$K=f_T\frac{L_e}{D}=(0.016)(340)=5.44$$

$$h_L=K\times\frac{v^2}{2g}=(5.44)\frac{(10.08)^2}{(2)(32.2)}\text{ft}=8.58\ \text{ft}$$

오일의 비중량 $\gamma=(0.870)(62.4\ \text{lb/ft}^3)$이므로 압력 강하는 다음과 같다.

$$p_1-p_2=\gamma h_L=\frac{(0.870)(62.4)\ \text{lb}}{\text{ft}^3}\times 8.58\ \text{ft}\times\frac{1\ \text{ft}^2}{144\ \text{in}^2}$$

$$p_1-p_2=3.24\ \text{psi}$$

그러므로 유동이 밸브를 통과할 때 발생하는 압력 강하는 3.24 psi이다. 또한 8.58 lb-ft의 에너지가 밸브를 통해 오일의 각 파운드당 열로 소실된다.

예제 10.9 6-in 무코팅 연성 철 파이프에 연결된 표준 티를 통해 500 m^3/h 유량의 물이 흐를 때 에너지 손실을 계산하시오. 유동은 분기된다.

에너지 손실 계산 절차를 활용하시오.

해설 1. 표 10.4에서 $L_e/D = 60$이다.

2. 연성 철 파이프에서 조도는 $\varepsilon = 2.4 \times 10^{-4}$ m(표 8.2)이고, $D = 0.159$ m(부록 I)이다.
상대 조도는 $D/\varepsilon = (0.159 \text{ m})/(2.4 \times 10^{-4} \text{ m}) = 663$이다.

Moody 선도로부터 완전 난류 영역 $f_T = 0.022$이다.

3. 저항계수는 $K = f_T(L_e/D) = (0.022)(60) = 1.32$이다.

4. 파이프 내 유속은 다음과 같다.

$$v_p = \frac{Q}{A} = \frac{500 \text{ m}^3}{h} \frac{1\text{h}}{3600\text{s}} \frac{1}{0.01993 \text{ m}^2} = 6.97 \text{ m/s}$$

그러므로 에너지 손실은 다음과 같이 계산된다.

$$h_L = K(v_p^2/2g) = (1.32)(6.97 \text{ m/s})^2/[(2)(9.81 \text{ m/s}^2)] = 3.27 \text{ m}$$

10.10 표준 밸브의 응용

앞 절에서 유체 분배 시스템에서 활용되는 다양한 종류의 밸브에 대해 살펴보았다. 그림 10.15−10.24는 이러한 밸브들의 도면 및 사진을 나타낸다. 저항은 밸브 내에서의 유동 경로에 크게 의존한다. 더 좁은 유동 경로를 형성하는 밸브는 더욱 큰 에너지 손실을 유발할 것이다. 그러므로 낮은 에너지 손실을 지닌 효율적인 시스템을 설계하고자 한다면 밸브 종류를 주의 깊게 선정해야 한다. 이 절에서는 밸브들의 일반적인 특성을 설명한다. 다른 종류의 밸브에 대해서도 유사한 자료를 찾아봐야 한다. 인터넷 자료 1−6을 참고하자.

글로브 밸브 그림 10.15는 글로브 밸브의 내부 구조 및 외부 형상을 나타낸다. 핸들을 회전시키면 밀봉 장치가 시트를 수직으로 들어 올린다. 이 밸브는 가장 흔히 쓰이는 밸브 중의 하나이고, 상대적으로 저렴하다. 하지만 이 밸브는 에너지 손실 측면에서 가장 성능이 떨어지는 밸브 중의 하나이다. 저항계수 K는 다음과 같다.

$$K = f_T(L_e/D) = 340 f_T$$

이 값은 표 10.4에 나열된 값 중 가장 높은 값에 속한다. 그러므로 이 밸브는 에너지 손실에 의해 발생되는 문제가 크지 않을 때 활용될 것이다. 이러한 에너지 손실은 유체가 밸브 입구로부터 출구까지 복잡한 경로를 이동해야 하기 때문에 발생한다. 먼저 상향으로 이동한 후 밸브 시트 부근에서 하향으로 이동한다. 그리고 유체가 출구로 이동하기 위해 다시 회전하게 된다. 이 과정에서 많은 양의 난류가 발생한다.

글로브 밸브의 또 다른 용도는 시스템에서 유량을 조절(스로틀, throttle)하는 것이다. 스로틀이라는 용어는 유체의 유량을 제어하기 위해 유동에 인위적으로 저항을 추가한다는 의미이다. 정원 호스에 있는 수도꼭지가 그러한 예가 될 수 있다. 정원이나 잔디에 최대 유량의 물을 공급하기 위해 밸브를 완전히 개방할 수 있다. 밸브를 부분적으로 닫는다면 스프레이로 분사하거나 개를 씻기는 용도로 물의 유량을 줄일 수 있다. 부분적으로 밸브를 닫는 것은 더 큰 저항을 인가하고, 입출구에서의 압력 강하는 증가시킬 것이다. 결과적으로 유량이 감소한다. 그림 9.11 및 9.12에 나타난 글로브 밸브를 통한 유동의 CFD 결과를 참고하라. 유체가 큰 에너지 손실을 야기하는 복잡한 경로로 흐르는 것을 볼 수 있다.

만약 글로브 밸브가 스로틀링을 필요로 하지 않는 상용 배관 시스템에 사용된다면, 그것은 에너지가 낭비될 수 있다. 이 경우에는 낮은 L_e/D 값을 지닌 보다 효율적인 밸브를 고려해야 한다.

앵글 밸브 그림 10.16은 앵글 밸브의 외부 형상 및 내부 유로를 나타낸다. 구조는 글로브 밸브와 매우 유사하다. 그러나 유체가 밸브의 하단 포트를 통해 들어와서 시트를 지나 우측으로 빠져 나가기 때문에 유로는 비교적 단순하다. 이 밸브에서의 저항계수 K는 다음과 같다.

$$K = f_T(L_e/D) = 150 f_T$$

게이트 밸브 그림 10.17에서 닫힌 상태의 게이트 밸브를 볼 수 있다. 핸들을 회전하면 게이트가 유동 경로로부터 수직으로 상승한다. 완전 개방될 때, 유체 유동 내에서 난류를 유발할 만한 유동 경로 내 장애물이 매우 적다. 그러므로 이 밸브는 에너지 손실 관점에서 가장 효율적인 밸브 형태 중의 하나이다. 저항계수 K는 다음과 같다.

$$K = f_T(L_e/D) = 8 f_T$$

동일한 설치 조건에서 완전 개방된 게이트 밸브는 글로브 밸브에서 발생하는 에너지 손실의 약 2.4% (8/340×100%)의 에너지 손실을 나타낼 것이다. 그러므로 밸브 가격의 증가는 시스템 수명 동안 에너지 절약에 의해 보상될 수 있다.

게이트 밸브는 부분적으로 닫힌 상태에서 게이트를 어느 정도 유동 경로로 이동시킴으로써 스로틀링에 활용될 수 있다. 표 10.4에서 부분적으로 닫힌 조건에서의 등가길이비 값을 볼 수 있다. 이 결과는 매우 비선형적이고 스로틀링을 통해 원하는 유량을 얻기 위해서는 주의 깊은 밸브 조절이 필요하다는 것을 명심하자.

나이프 게이트 밸브(Knife gate valve)라고 불리는 변형된 게이트 밸브는 일부 공급자로부터 생산되는 표준 부품이다. 이 밸브의 설계는 게이트가 두꺼운 형태 대신에 얇은 시트 형태로 제작된다는 점을 제외하면 그림 10.17의 게이트 밸브와 유사하다. 이러한 두 밸브의 운전특성 및 K값은 유사하다. 일부의 사용자들은 고밀도 유체나 많은 양의 고체입자를 포함하는 슬러리 등을 제어할 때 나이프 게이트 밸브의 사용을 선호한다.

체크 밸브 체크 밸브의 기능은 유동이 단일 방향으로만 흐르게 하는 것이다. 그림 10.26에 체크 밸브의 일반적인 활용이 나타난다. 그림에서 배수 펌프(sump pump)는 가정 또는 빌딩 외부의 지하 지역을 건조하게 유지하기 위해 지하에 있는 웅덩이로부터 유체를 이동시킨다. 펌프는 웅덩이에서 물을 끌어들여 배출관을 통해 밀어낸다. 웅덩이 내에서 물의 수위가 일정한 수준 이하로 낮아지면 펌프는 차단된다. 이때 파이프 내에 있는 물이 펌프를 통해 역류하여 웅덩이를 다시 채우지 않아야 한다. 펌프의 방출 포트 바로 하류에 체크 밸브를 설치하는 것은 이러한 역류를 방지한다. 체크 밸브는 출구측 압력이 입구측 압력을 초과할 때 즉시 닫히게 된다.

그림 10.18 및 10.19에서 볼형 및 스윙형 두 종류의 체크 밸브를 볼 수 있다. 이외에도 다른 형태의 다양한 디자인들이 존재한다. 스윙 체크가 열릴 때 유체 유동은 적당한 저항을 받는다. 저항계수는 다음과 같다.

$$K = f_T(L_e/D) = 100 f_T$$

볼 체크는 유체가 완전히 볼 주변으로 흐르기 때문에 더욱 큰 저항을 유발한다. 하지만 볼 체크는

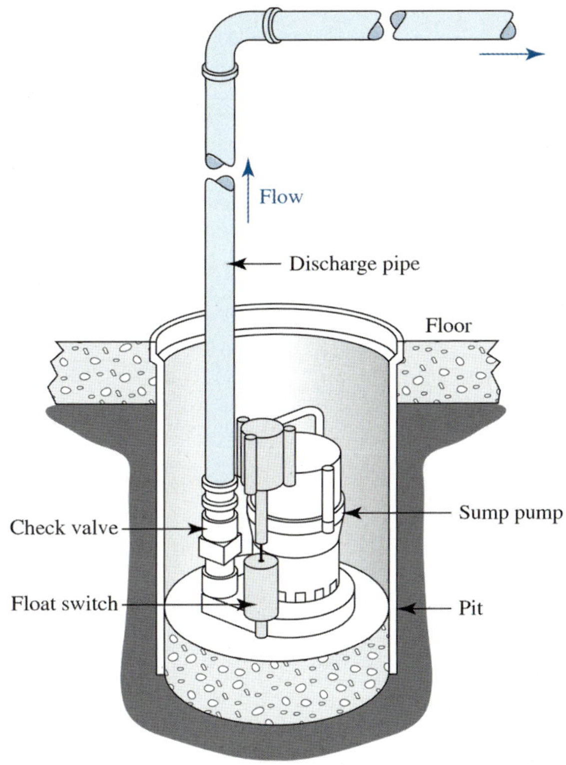

그림 10.26 체크 밸브가 부착된 배수 펌프 시스템

일반적으로 스윙 체크에 비해 작고 단순하다. 저항계수는 다음과 같다.

$$K = f_T(L_e/D) = 150f_T$$

체크 밸브의 중요한 특성 중 하나는 밸브를 완전히 개방하기 위해 특정값의 최소 유속이 요구된다는 것이다. 이 값보다 낮은 유량에서 부분적으로 개방된 밸브는 더 큰 저항 및 높은 에너지 손실을 발생시킬 것이다. 특정 밸브에서 요구되는 최소 유속을 알기 위해서는 제조업체에 문의해야 한다.

버터플라이 밸브 그림 10.20은 일반적인 버터플라이 밸브의 단면 사진이다. 이 그림에서 상대적으로 얇고 매끈한 디스크는 수직축에 대해 회전한다. 밸브가 완전히 개방되면 디스크의 얇은 두께에 해당하는 부분만이 유동과 접하여 작은 유동 저항을 유발한다. 밸브를 닫기 위해 핸들을 1/4회전 시키게 된다. 이러한 핸들의 회전은 종종 원격으로 모터에 의해 이루어지기도 한다. 완전 개방된 버터플라이 밸브의 저항계수는 다음과 같다.

$$K = f_T(L_e/D) = 45f_T$$

이 값은 2 in에서 8 in의 비교적 작은 밸브에서의 값이다. 10 in에서 14 in에 대해 계수값은 $35f_T$이다. 16 in에서 24 in의 큰 밸브에 대해 저항계수는 $25f_T$이다.

여과기가 부착된 푸트 밸브 푸트 밸브는 체크 밸브와 비슷한 기능을 한다. 이 밸브는 그림 10.27에 나타난 것처럼 탱크 또는 저장소에서 펌프로 물을 이송시키는 흡입관의 입구에서 활용된다. 이 밸브에는 일반적으로 배관시스템에 외부 이물질의 유입을 방지하기 위해 내부 여과기가 장착된다. 이는

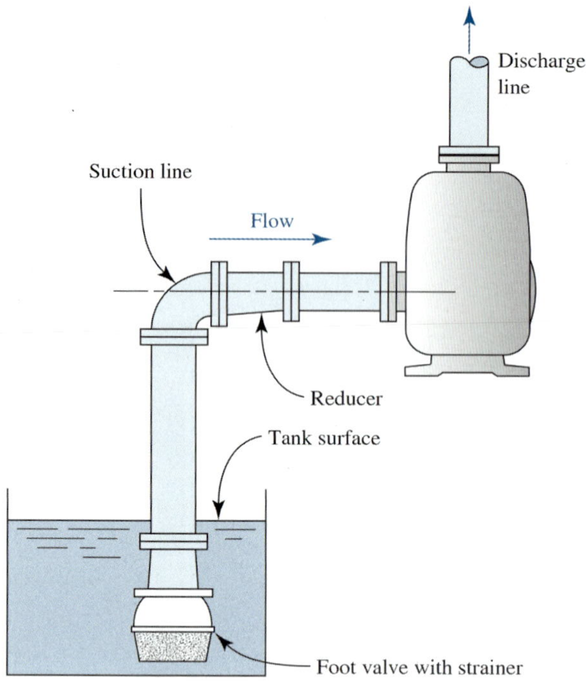

그림 10.27 흡입관에 푸트 밸브가 부착된 펌핑 시스템

열린 웅덩이, 자연 호수 또는 개울로부터 물을 펌핑할 때 필수적이다. 호수에는 물고기가 살고 있기 때문이다.

그림 10.21 및 10.22에 나타난 두 종류의 푸트 밸브의 저항계수는 다음과 같다.

$$K = f_T(L_e/D) = 420 f_T \quad \text{포핏 디스크형}$$

$$K = f_T(L_e/D) = 75 f_T \quad \text{힌지 디스크형}$$

포핏 디스크형은 내부 구조가 글로브 밸브와 유사하지만 훨씬 협소하다. 힌지형은 스윙 체크 밸브와 유사하다. 이 밸브에서는 사용 과정에서 여과기가 막힐 수 있기 때문에 일부 추가적인 저항을 고려해야 한다. 다른 형태의 밸브 및 부속품에 대한 이해를 위해 인터넷 자료 1−6을 참고하자. 밸브 및 부속품에 대한 더욱 자세한 정보는 참고문헌 2에서 볼 수 있다.

10.11 파이프 벤드

상용 엘보를 설치하는 것보다 파이프 또는 튜브를 구부리는(벤딩) 것이 훨씬 편리하다. 벤드에서의 유동 저항은 파이프 내경 D에 대한 벤드 반경 r의 비율에 의존한다. 그림 10.28은 r/D값이 약 3일 때 90° 벤드에서 발생할 수 있는 최소 저항을 나타낸다. 이 저항은 L_e/D의 등가길이비의 식으로 주어진다. 그러므로 저항계수 계산을 위해 식 (10−8)이 사용되어야 한다. 그림 10.28에 나타난 저항은 벤드 저항 및 벤딩된 파이프의 길이에 의한 저항을 모두 포함한다(참고문헌 1 참조).

r/D값을 계산할 때, r은 평균 반경(mean radius)이라 불리는 파이프 또는 튜브 중심선에 대한 반경으로 정의된다(그림 10.29). 즉 R_o가 벤드 외측에 대한 반경, R_i가 벤드 내측에 대한 반경, D_o가 파이프 또는 튜브의 외경이라면 r은 다음과 같이 계산된다.

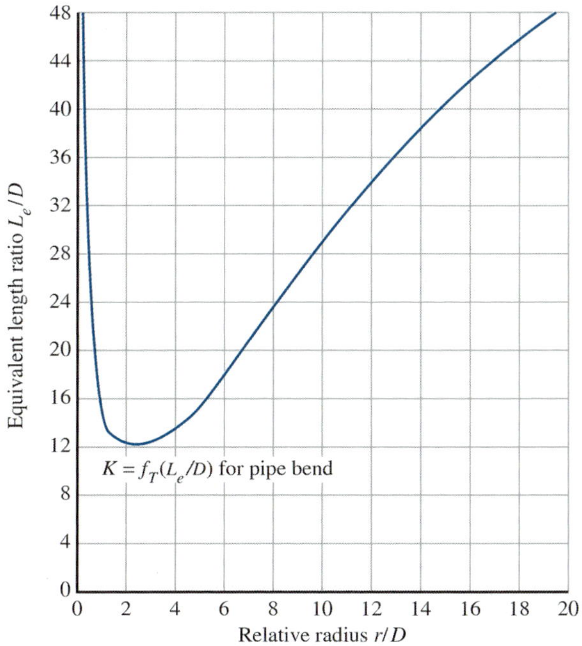

그림 10.28 90° 벤딩된 파이프에서의 저항(출처: Beij, K. H., Pressure Losses for Fluid Flow in 90 Degree Pipe Bends. 1938. *Journal of Research of the National Bureau of Standards* 21: 1-18 참고문헌 1 참조)

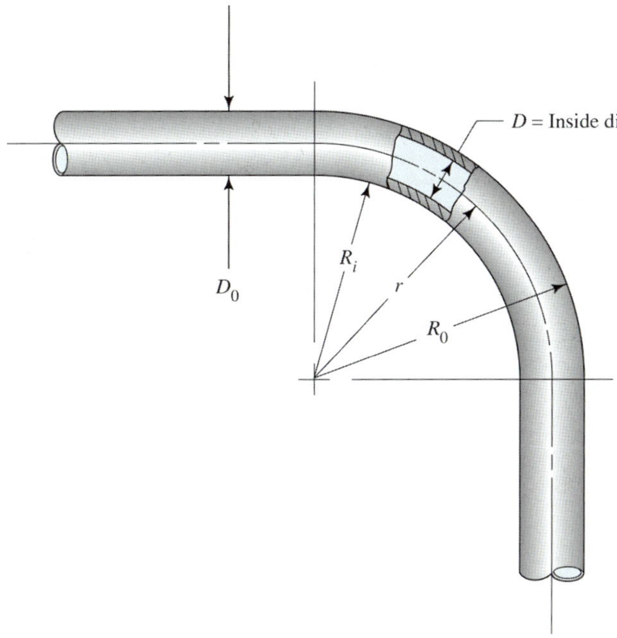

그림 10.29 90° 파이프 벤드

$$r = R_i + D_o/2$$
$$r = R_o - D_o/2$$
$$r = (R_o + R_i)/2$$

예제 10.10 액체 프로판 분배 시스템은 32 mm 외경×2.0 mm 벽 두께의 강 유압 튜브로 만들어진다. 이 시스템에서는 다른 장치와 맞추기 위해 다수의 90° 벤드가 튜브를 필요로 한다. 설계사양은 각 밴드의 내부에서의 반경이 200 mm가 되도록 요구하고 있다. 시스템이 25℃ 프로판을 160 L/min의 유량으로 이송할 때 각 벤드에서 발생하는 에너지 손실을 계산하시오.

해설 에너지 손실을 계산하기 위해 그림 10.28에 나타난 벤드에서의 L_e/D값에 대한 Darcy 방정식이 사용되어야 한다. 먼저 r/D를 결정하자. D는 튜브 내경이고 r은 튜브의 중심선에 대한 벤딩 반경이다. 부록 G.2로부터 $D = 28.0\ \text{mm} = 0.028\ \text{m}$이다. 반경 r에 대한 식은 다음과 같다.

$$r = R_i + D_o/2$$

여기서 튜브의 외경 $D_o = 32.0\ \text{mm}$임을 부록 G.2에서 찾을 수 있다. r 및 r/D의 값은 다음과 같다.

$$r = 200\ \text{mm} + (32.0\ \text{mm})/2 = 216\ \text{mm}$$
$$r/D = 216\ \text{mm}/28.0\ \text{mm} = 7.71$$

그림 10.28에서 등가길이비는 23임을 알 수 있다.

Darcy 방정식으로부터 에너지 손실을 계산하기 위해 유속을 계산해야 한다.

$$v = \frac{Q}{A} = \frac{160\ \text{L/min}}{6.158\times10^{-4}\ \text{m}^2}\ \frac{1.0\ \text{m}^3/\text{s}}{60000\ \text{L/min}} = 4.33\ \text{m/s}$$

상대 조도는 다음과 같다.

$$D/\varepsilon = (0.028\ \text{m})(1.5\times10^{-6}\ \text{m}) = 18\ 667$$

그림 8.7의 Moody 선도에서 완전 난류 영역에 대한 마찰계수 $f_T = 0.0108$을 찾을 수 있다. 저항계수는 다음과 같이 계산된다.

$$K = f_T\left(\frac{L_e}{D}\right) = 0.0108(23) = 0.248$$

이를 통해 에너지 손실은 다음과 같다.

$$h_L = K\frac{v^2}{2g} = 0.248\frac{(4.33)^2}{(2)(9.81)} = 0.237\ \text{m} = 0.237\ \text{N}\cdot\text{m/N}$$

90° 와 다른 각도의 벤드 참고문헌 2는 90° 와 다른 각도의 벤드에 대한 저항계수 K값을 계산하기 위해 다음의 공식을 추천한다.

$$K_B = (n-1)[0.25\pi f_T(r/D) + 0.5K] + K \tag{10-10}$$

여기서 K는 그림 10.28에 나타난 90° 벤드에 대한 저항값이다. 이 방정식 활용의 예는 다음 예제에서 알 수 있다.

예제 10.11 예제 10.10에 설명된 강 유압 튜빙이 열교환기 제작을 위해 $4\frac{1}{2}$ 회전수로 감겨 있을 때 발생할 수 있는 에너지 손실을 계산하시오. 벤드의 내부 반경은 200 mm로 동일하고, 다른 조건도 모두 동일하다.

해설 먼저 예제 10.10에서 계산된 일부 자료를 활용하자.

$$r/D = 7.71$$
$$f_T = 0.0108$$
$$K = 0.248$$
$$v = 4.33\ \text{m/s}$$

식 (10−10)을 활용하여 완전한 코일에 대한 K_B값을 계산할 수 있다. 코일에서의 단일 회전수는 4개의 90° 벤드를 포함하고 있다. 그러므로 n의 값은 다음과 같다.

$$n = 4.5\ \text{revolutions}\ (4.0\ 90^\circ\ \text{bends/rev}) = 18$$

전체 벤드 저항 K_B는 다음과 같다.

$$K_B = (n-1)[0.25\pi f_T(r/D) + 0.5K] + K$$
$$K_B = (18-1)[0.25\pi(0.0108)(7.71) + 0.5(0.248)] + 0.248$$
$$K_B = 3.47$$

이를 통해 에너지 손실을 다음과 같이 계산할 수 있다.

$$h_L = K_B(v^2/2g) = 3.47(4.33)^2/[2(9.81)] = 3.32\ \text{N}\cdot\text{m/N}$$

10.12 유체 동력 밸브에서의 압력 강하

유체 동력 분야는 액체 유압유 유동 및 공압 시스템(pneumatic systems)이라 불리는 공기 유동 시스템을 포괄한다. 액체 유압유는 일반적으로 석유 오일의 일부 형태이지만, 다양한 혼합 및 합성된 물질들이 사용될 수 있다. 이 책에서는 액체 유압유를 단순히 오일로 취급할 것이다.

생산 시스템 내의 자동화 장치를 작동시키는 유체 동력 시스템은 익숙하게 느껴질 수 있다. 이러한 시스템은 조립 및 포장 시스템을 통해 제품을 이동시킨다. 그리고 이 시스템은 큰 힘을 방출하는 단조 시스템을 가동시킨다. 또한 부품 또는 제품을 들어 올리는 데 사용되기도 한다. 그리고 금속 절삭, 클램핑, 슬리팅, 재료의 압축 및 스크류, 볼트, 너트, 못, 꺽쇠와 같은 고정 장치를 작동시키는 등의 다양한 기능을 수행하는 공정을 가동시킨다.

다른 활용 분야는 농업 및 건축 분야 장치이다. 건설 현장에서 활용되는 불도저를 고려해보자. 토지의 상태와 설계 목적에 맞게 불도저 블레이드의 높이는 유체 동력 제어를 활용하여 운전자에 의해 조절된다. 과도하게 쌓여있는 흙을 제거하기 위해 앞쪽 끝 로더는 흙을 들어 트럭에 싣게 된다. 다수의 유압식 액추에이터가 해당하는 연결 시스템을 구동하여 버킷이 흙을 들어 올린 후 트럭으로 안전하게 흙을 옮겨 담을 수 있도록 한다. 그리고 트럭은 짐칸에 부착된 유압 실린더를 구동시켜 다른 지역으로 흙을 비운다. 농업에서 대부분의 신식 트랙터와 수확장치는 부품을 들어 올리고 내릴 때, 회전 모터를 구동할 때, 그리고 그 자체가 움직일 때 유압 시스템을 활용한다.

액체 유압 시스템의 일반적인 요소는 다음과 같다.

- 시스템에 적절한 압력 및 요구되는 작업을 수행하기 위해 적절한 체적 유량을 공급하기 위한 펌프
- 펌프에 유체를 전달하고, 작업을 마친 유체가 회수되는 탱크 또는 저장소. 대부분의 유체 동력 시스템은 유체가 연속적으로 순환하는 폐쇄 회로로 구성되어 있다.
- 유동 관리를 위한 단방향 또는 다방향 제어 밸브
- 유압 실린더로 불리는 선형 액추에이터. 이 장치는 시스템을 구동하기 위해 필요한 힘과 운동을 제공한다.
- 유체 모터로 불리는 회전 액추에이터. 이 장치는 회전 운동을 필요로 하는 절삭공구, 교반기, 휠, 연결장치 등을 구동하기 위해 사용된다.
- 시스템 전체 부분에서의 압력을 적절하고 안전한 범위로 유지하기 위한 압력 제어 밸브
- 적절한 선형 속도 또는 회전 각속도 유지를 위해 액추에이터에 정확한 체적 유량을 공급하는 유량 조절장치

유체 동력 시스템에 대한 제조업체 자료를 위해 인터넷 자료 5를 참고하자. 참고문헌 14는 유체 동력 시스템에 대한 종합적인 정보를 제공한다.

유체 동력 시스템은 특정 작업을 수행하기 위해 여러 방식으로 배치된 다수의 부품들로 구성된다. 또한 이러한 시스템은 이 책에서 언급하는 대부분의 사례에서 가정한 것처럼 정상 유동 상황에서 작동되지 않는다. 그러므로 앞에서 논의한 일반적인 목적의 유체 제어장치와는 다른 해석 방법이 유체 동력 부품들에 대해 적용된다.

하지만 이전에 논의했던 에너지 손실에 대한 원리는 여전히 적용된다. 유동 방향의 변화, 유로 사이즈의 변화, 밸브 내부에서의 저항 및 유체가 파이프 및 튜브를 통해 유동하면서 생기는 마찰로 인한 에너지 손실을 고려해야 한다.

유체 동력 시스템의 예 그림 10.30에 나타난 유체 동력 시스템을 고려해보자. 시스템의 기본 목적 및 작동 특성은 다음과 같다.

우측 하중의 전진 액추에이션: 그림 10.30(a)

- 이 시스템의 기능은 그림에 있는 하중에 선형 액추에이션 운동을 인가하면서 20,000 lb의 힘을 가하는 것이다.
- 오일 유압 선형 액추에이터가 힘을 발생시킨다.
- 유체는 용적형 펌프(positive displacement pump)에 의해 탱크로부터 액추에이터로 유입된다.
- 유체는 펌프를 떠나 방향 제어 밸브로 흐른다. 하중을 구동시키고자 할 때, 유동은 밸브를 통해 포트 P로부터 포트 A로 흐른다(P－A).
- 유량 제어 밸브는 시스템이 하중에 대해 최적 성능을 유지하도록 방향 제어 밸브 및 액추에이터 사이에 배치된다.
- 유체는 액추에이터 말단의 피스톤으로 흐른다.
- 유체 압력은 피스톤의 면에 작용하여 하중을 이동시키고 성형 작업을 수행하는 데 필요한 힘을 가한다.
- 동시에 액추에이터 말단에 있는 유체는 실린더로부터 배출되고 방향 조절 밸브로 유입되어 다시 탱크로 들어간다.
- 안전 밸브(pressure relief valve)로 불리는 보호 장치는 펌프 및 방향 제어 밸브 사이의 배관에 배치되어 시스템의 압력이 안전 밸브에서 설정된 압력을 초과하지 못하도록 하는 역할을 한다. 압력이 설정값 이상으로 증가할 때, 이 밸브는 개방되고 유체를 탱크로 유입시킨다. 유동은 방향제어 밸브를 통해 유지될 수 있지만 압력은 시스템에 안전 밸브가 없을 때보다 낮아질 것이다.

피스톤 봉의 좌측으로의 회귀 액추에이션: 그림 10.30(b)

회귀 작동에서는 하중이 상대적으로 작고, 성형 작업을 하지 않기 때문에 훨씬 작은 힘이 요구된다. 작동 순서는 다음과 같다.

- 방향 제어 밸브는 유동의 방향을 변화시키기 위해 우측으로 이동된다. 펌프에서 포트 P로 유입되는 유체는 포트 B로 향하고 액추에이터의 말단으로 흐른다.
- 유체가 실린더로 흐름에 따라 피스톤은 초기 원위치를 향해 왼쪽으로 힘을 받는다.
- 동시에 피스톤 말단에 있는 유체는 실린더에 있는 포트 A로부터 밸브의 포트 A로 이동하고, 탱크로 유입된다.
- 이 작업을 수행하기 위해 상대적으로 작은 압력이 요구되기 때문에 안전 밸브는 열리지 않는다.

시스템의 정지 위치: 그림 10.30(c)

- 하중이 원위치로 복귀하면 작업이 완료되고 새로운 사이클 시작을 위한 신호가 입력될 때까지 그 위치에 정지해 있어야 한다. 이를 위해 중앙에 밸브가 위치해야 한다.
- 펌프에서 나온 유동은 즉시 탱크로 들어간다.
- 포트 A 및 포트 B는 밸브 내에서 차단되고 액추에이터로부터 밸브로 유입되는 유동은 존재하지 않는다. 이는 액추에이터를 정지시킨다.
- 다른 성형 스트로크 조건이 갖추어지면 방향 제어 밸브는 좌측으로 이동하고, 사이클이 재시작된다.

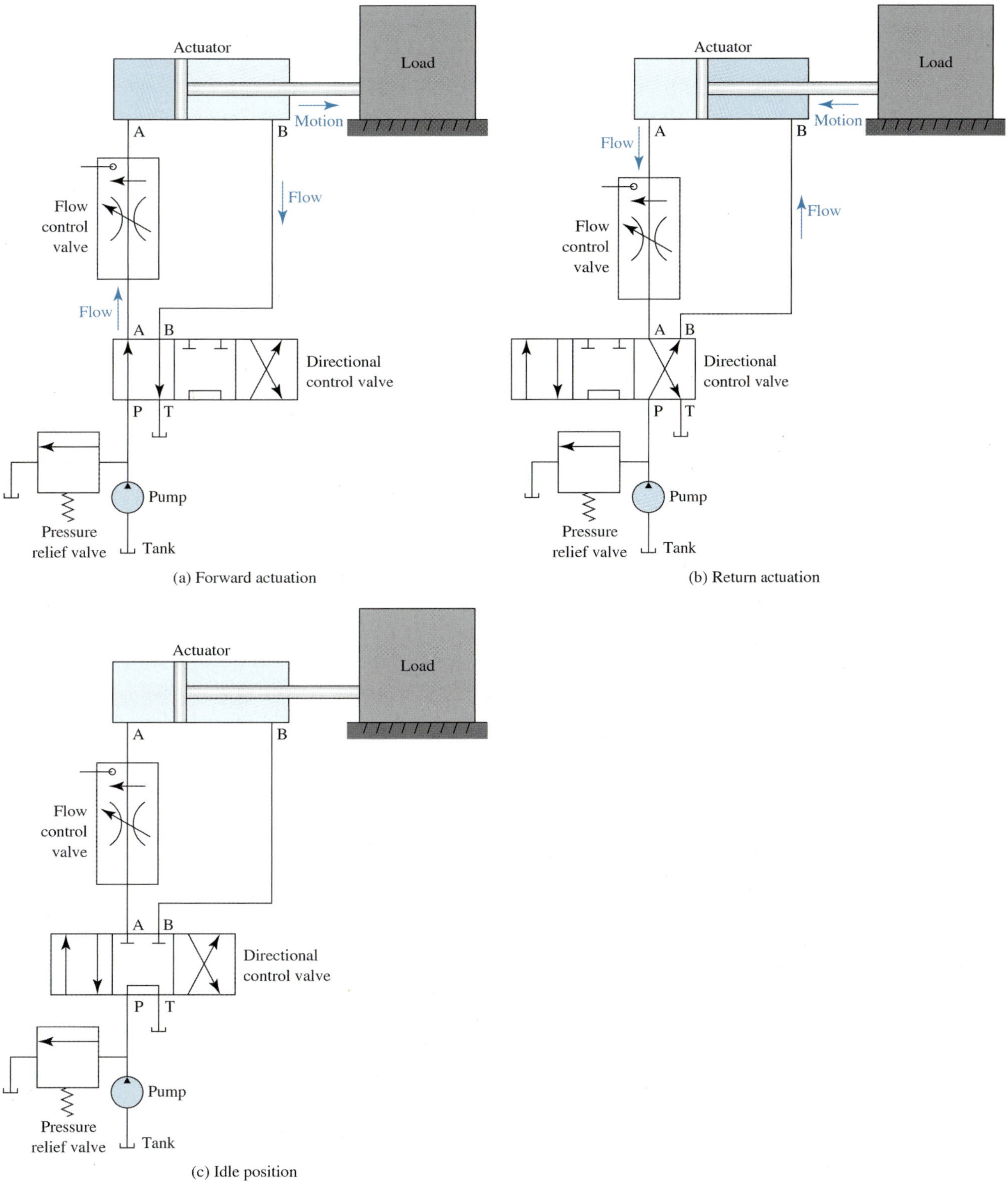

그림 10.30 유체 동력 시스템

유체 동력 시스템에서의 압력 및 에너지 손실 및 추가

이제 이 시스템에서 에너지가 추가되고 손실되는 지점과 압력이 어떻게 임계점에서 변화하는지를 알아보자.

1. 탱크 내에 있는 유체를 가지고 시작해보자. 유체는 정지해 있고, 탱크는 유체 표면 위에서 대기압에 노출되어 있다고 가정하자.
2. 펌프가 유체를 당길 때, 흡입관은 탱크 내 정지 유체를 배관 내부의 유속으로 가속시켜야 한다. 그러므로 입구의 구조에 따라 입구 손실이 발생할 것이다. 파이프는 단순히 유압유에 잠겨 있거나 펌프 및 밸브로 외부 이물질 유입을 차단하기 위해 여과기가 입구에 부착되어 있을 수 있다.
3. 유체가 펌프의 흡입구로 흐르면서 파이프 내에서 마찰 손실이 생길 것이다.
4. 유로를 따라 파이프 내 엘보 또는 벤드에서의 에너지 손실이 발생할 수 있다.
5. 펌프 입구에서 공동 현상(cavitation)이 발생하지 않고 적절한 유체의 공급이 이루어질 수 있는지 확인하기 위해 펌프 입구 압력을 고려해야 한다.
6. 펌프는 유동을 발생시키고, 시스템 작동에 필요한 유체 압력을 증가시키기 위해 유체에 에너지를 공급해야 한다. 이러한 에너지는 전기 모터 또는 엔진과 같은 원동기로부터 발생한다. 입력 에너지의 일부는 펌프의 체적 효율 및 역학적 효율로 인해 소실된다(7장 및 13장 참고). 펌프의 전체 효율은 다음과 같이 정의된다.

$$\text{전체 효율 } e_o = (\text{체적 효율 } e_v)(\text{역학적 효율 } e_M)$$
$$\text{입력 동력 } P_I = (\text{유체로 전달되는 동력})/e_o$$

7. 유체가 펌프를 떠나 방향 제어 밸브로 유입됨에 따라 엘보, 티 또는 벤드를 포함하는 배관 시스템에서의 마찰 손실이 발생한다. 이러한 손실은 밸브의 포트 P에서의 압력을 펌프 출구에서의 압력에 비해 낮아지게 할 것이다.
8. 펌프 방출 압력이 안전 밸브의 설정값을 초과하여 안전 밸브가 구동된다면 이 밸브에 의한 압력 강하가 존재할 것이다. 이 압력은 실제로 배출관 압력 p_d로부터 탱크 내 대기압 p_T까지 감소한다. 이 과정 동안 많은 양의 에너지가 손실된다. 안전 밸브 입구 및 출구에 대해 에너지 방정식을 적용하면 에너지 손실은 다음과 같다.

$$h_L = (p_d - p_T)/\gamma$$

9. 방향 제어 밸브에서 유체는 포트 P로부터 포트 A로 흐른다. 유체가 포트 내에서 그리고 유체를 적절한 출구 포트로 유도하는 밸브 내 이동형 스풀 주변에서 다수의 저항 및 방향 전환을 해야 하기 때문에 이 밸브 내에서 에너지 손실이 발생한다. 이러한 에너지 손실은 밸브를 통한 압력 강하를 발생시킨다. 압력 강하의 양은 밸브의 설계에 의존한다. 제조업체의 문서는 일반적으로 이러한 압력 강하의 크기를 계산할 수 있는 자료를 포함하고 있다. 그림 10.31은 유량에 대한 밸브를 통한 압력 강하 그래프를 나타낸다. 유체 동력 산업분야에서는 앞서 논의된 표준 유동 분배 밸브에서 저항계수 값을 구하는 것보다 이러한 그래프가 선호된다.
10. 포트 A로부터 유량 제어 밸브로 유체가 흐름에 따라 배관 내에서 에너지 손실이 발생할 것이다.
11. 유량 조절 밸브는 액추에이터의 좌측 말단에 있는 실린더로의 유체 유동이 하중을 원하는 속도로 이동할 수 있게 유량을 제어한다. 제어는 시스템 운전 동안 설정될 수 있는 조절 가능한 내부 저항 요소들에 영향을 받게 된다. 이러한 저항은 에너지 손실을 발생시키고, 밸브에서의 압력 강하를 유발한다.
12. 유체가 실린더의 A로 유입되고 B로부터 유출됨에 따라 액추에이터에서 에너지 손실이 발생한다.
13. 탱크로 돌아오는 유동 경로에서 배관 내 에너지 손실이 발생한다.
14. 유체가 포트 B를 통해 탱크로 유입될 때 방향 제어 밸브에서는 더욱 큰 에너지 손실이 발생한다.

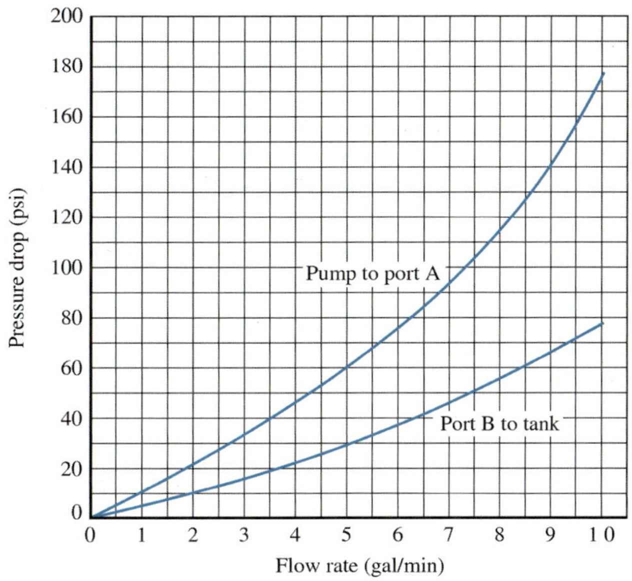

그림 10.31 방향 제어 밸브에서의 압력 강하

이 손실의 원인은 앞서 9번에서 설명한 내용과 유사하다.

위의 요약은 비교적 단순한 유체 동력 시스템에서 유압 유체가 에너지를 얻거나 손실할 수 있는 14가지 경우를 설명한다. 각 에너지 손실은 시스템의 성능에 영향을 미치는 압력 강하를 유발한다.

하지만, 유체 동력 시스템 설계자들은 항상 각각의 압력 강하를 분석하지는 않는다. 운전의 과도적인 특성으로 인해 모든 합리적인 조건하에서 액추에이터에 충분한 압력과 유동이 존재하는지가 매우 중요하다. 설계자가 예측하기 힘든 상황을 해결하기 위해 기본적인 시스템 설계보다 초과 용량으로 설계하는 것은 드문 일이 아니다. 앞서 설명된 회로에서처럼 중요한 압력 강하는 안전 밸브, 방향 제어 밸브 및 유량 제어 밸브에서 발생된다. 이러한 장치들은 주의 깊게 분석할 것이다. 다른 요소들은 초기 단계에서만 계산할 것이다. 많은 경우에 배관 시스템의 실제 구조는 설계 단계에서 정의되지 않는다. 이는 기계 내 장치들을 적절히 배치할 수 있는 숙련된 기술자들의 몫이다. 시스템이 작동하게 되면 일부의 세부적인 조절이 수행될 수 있다.

이러한 과정은 단일 또는 소수의 시스템으로 구성되는 특수 목적 시스템의 설계에 가장 많이 적용된다. 시스템이 제조 분야 또는 매우 중요한 응용을 위해 설계될 때 시스템 분석 및 성능 최적화에 더 많은 시간이 할애된다. 항공 제어 시스템과 건축 및 농기계 장치를 위한 액추에이터가 그 예가 될 수 있다.

10.13 C_v를 사용하는 밸브 유량계수

액체, 공기 및 기타 기체를 제어하기 위해 사용되는 밸브의 생산 업체들은 유량계수 C_V를 사용하여 밸브의 성능을 평가하는 것을 선호한다. 이러한 유량계수에 대한 기초개념은 유량계수가 1.0인 밸브에서는 1.0 psi 압력 강하에 대해 1.0 gal/min의 유량을 통과시킨다는 것이다. 이러한 유량계수는 테스트하기 편리하며 다양한 밸브의 전체적인 성능을 평가하는 신뢰성 있는 수단이다.

기본 액체 유동 방정식은 다음과 같다.

$$Q = \text{gal/min 단위의 유동} = C_V\sqrt{\Delta p/sg} \qquad (10-10)$$

여기서 Δp의 단위는 lb/in^2이다. Δp는 밸브의 상류 및 하류에서의 압력 강하 값인 $p_U - p_D$이다. sg는 유체의 비중이다. C_V는 무차원 계수가 아님을 유의해야 한다. 식 (10−10)을 풀면 C_V의 단위를 알 수 있다.

$$C_V = \frac{Q}{\sqrt{\Delta p/sg}} \frac{\text{gal/min}}{(\text{psi})^{1/2}}$$

C_V값은 종종 단위 없이 제시되지만 식 (10−10)에서 이 계수가 단위를 지닌 값임을 이해해야 한다.

식 (10−10)은 압력 강하에 대해 다음과 같이 풀 수 있다.

$$\Delta p = sg(Q/C_V)^2$$

제조업체 카탈로그에 제시되는 자료는 일반적으로 완전 개방된 밸브의 C_V값이다. 하지만 밸브는 유량 조절을 위해 종종 수동 또는 자동으로 부분적으로 닫힌 상태에서 사용된다. 그러므로 다수의 제조업체는 완전히 닫힌 상태에서 완전 열린 상태까지 밸브 스템의 회전수의 함수로 유효 C_V값을 제공한다. 또는 C_V값이 비율의 형태로 제공될 수 있다(예: 50% 개방, 60% 개방 등). 이러한 자료는 밸브의 내부 부품의 구조에 크게 의존하며 특히 플러그(plug)로 불리는 잠금 장치의 구조에 의존한다. 11장, 12장 및 13장에서 제어 밸브에 대해 더욱 자세하게 알아볼 것이다.

밸브를 제어 밸브로 사용할 때 일반적으로 밸브의 유량 중간 범위에서 작동되도록 선정하여 유량의 상하조절이 가능하게 한다. 일부의 밸브는 개방될 때 시트로부터 분리되는 뾰족한 스템을 사용하여 스템 주변에서의 유동 면적을 점진적으로 확장할 수 있다. 이러한 종류의 밸브를 니들 밸브(needle valve)라고 부르며 고정밀 장치, 제약 생산 및 기타 중요한 응용 분야에 활용된다.

공기나 다른 기체의 유동을 제어하기 위해 밸브의 사용자는 기체의 압축성 및 밸브를 통한 전체적인 압력차 효과를 고려해야 한다. 기체 유동에 대해 앞으로 논의될 것처럼, 기체에서 하류 압력에 대한 상류 압력의 비가 임계압력비(critical pressure ratio)에 도달하면 하류 압력의 감소에 따른 유량의 증가는 발생하지 않는다. 이러한 임계압력비에서 노즐 또는 밸브를 통한 유속은 국부 조건에서의 기체 내 음속과 같아진다.

예제 10.12 특수하게 설계된 1/2 in 니들 밸브의 C_V값이 1.5이다. 이 밸브를 통해 60°F의 물이 5.0 gal/min의 유량으로 흐를 때 압력 강하를 계산하시오.

해설 식 (10−10)을 활용할 수 있다. 이 식은 단위가 있는 식이다. Δp는 단위 psi, Q는 단위 gal/min, C_V는 앞서 설명한 단위를 가지고 있다. 비중 sg는 단위가 없으며 물의 비중은 sg = 1.0이다. 그러므로 압력 강하는 다음과 같이 계산된다.

$$\Delta p = sg\left(\frac{Q}{C_V}\right)^2 = 1.0\left(\frac{5.0}{1.5}\right)^2 = 11.1 \text{ psi}$$

예제 10.13 특수하게 설계된 4 in 플라스틱 버터플라이 밸브의 C_V값은 550이다. 이 밸브를 통해 77°F의 테레빈(turpentine)이 875 gal/min의 유량으로 흐를 때 압력 강하를 계산하시오.

해설 식 (10−10)을 활용할 수 있다. Δp는 단위 psi, Q는 단위 gal/min, C_V는 앞서 설명한 단위를 가지고 있다. 테레빈의 비중은 sg=0.87이다(부록 B 참고). 그러므로 압력 강하는 다음과 같이 계산된다.

$$\Delta p = \mathrm{sg}\left(\frac{Q}{C_V}\right)^2 = (0.87)\left(\frac{875}{550}\right)^2 = 2.20 \ \mathrm{psi}$$

미터 단위 유량계수 K_V 미터 단위에 대해서는 다른 형태의 유량계수 식이 사용되고 이를 C_V 대신 K_V로 정의한다. 이 값은 밸브를 통한 압력 강하가 1 bar일 때 흐를 수 있는 물의 유량을 m^3/h의 단위로 나타낸 것이다.

C_V 및 K_V값을 환산하기 위해 다음의 식을 활용하자.

$$C_V = 1.156K_V$$

10.14 플라스틱 밸브

플라스틱 밸브는 매우 우수한 부식 저항성 및 오염 제어가 요구되는 수많은 산업 영역에서 활용된다. 식품 공정, 제약 생산, 화학 공정, 수족관, 관수, 농약 이송 및 정수 등이 그 예이다. 사용되는 물질은 6장의 6.3.5절에서 논의된 플라스틱 파이프 및 튜빙에 사용되는 물질들과 유사하다: 폴리비닐클로라이드(PVC), 염화폴리비닐클로라이드(CPVC), 폴리불화비닐리덴(PVDF), 폴리에틸렌(PE) 및 폴리프로필렌(PP or PPL). 시트 및 밀봉재는 일반적으로 폴리테트라플루오로에틸렌(PTFE), 에틸렌 프로필렌 디엔 단량체(EPDM), 부나−N(NBR or Nitrile), 또는 바이톤(DuPont Dow Elastomers의 상표) 및 플루오렐(3M 주식회사의 상표)과 같은 플루오로카본 탄성체(FKM)로 제작된다.

일반적으로 온도 및 압력 범위는 플라스틱 밸브가 금속 밸브에 비해 낮다. 예를 들어 PVC는 약 140°F(60℃); CPVC는 190°F(88℃); PP는 250°F(121℃); EPDM은 300°F(149℃); FKM은 400°F(204℃) 및 PTFE는 500°F(260℃)이다. 저온 한계는 대부분의 밀봉 재료에 대해 −80°F(−62℃)까지이다. 플라스틱 밸브의 압력 범위는 중간 온도 범위에서 100 psi에서 225 psi(690 kPa−1550 kPa)이며 설계 및 크기에 의존한다.

다음은 활용 가능한 플라스틱 밸브의 종류를 나타낸다. 대부분의 경우에 일반적인 설계는 그림 10.15−10.20에 나타난 금속 밸브와 유사하다. 더욱 자세한 설명 및 성능 자료를 위해 인터넷 자료 6−8을 참고하자.

볼 밸브 개폐 작동을 위해 가장 자주 사용되는 볼 밸브는 완전 닫힌 상태에서 완전 개방 상태로 구동하기 위해 1/4회전을 필요로 한다. 회전하는 구형 볼에는 일반적으로 낮은 에너지 손실과 압력 강하를 유지하기 위해 파이프 또는 튜브와 동일한 직경의 구멍이 가공된다. 이 밸브는 접착제나 프랜지, 유니온 또는 스크루 체결 구조로 파이프나 튜브에 연결된다. 일부 볼 밸브는 구멍의 형상을 조절하여 유량의 비례 제어가 가능하도록 설계된다. 인터넷 자료 6을 참고하자.

버터플라이 밸브 그림 10.20에 나타난 금속 밸브와 유사하다. 플라스틱 버터플라이 디스크는 핸들의 1/4회전으로 간단히 개방 및 폐쇄가 조절된다. 구동은 수동, 전기 또는 공압에 의해 이루어질 수 있다. 밸브를 회전시키기 위한 토크는 폐쇄 및 개방에 따라 급격히 변화하고, 큰 밸브의 경우 전력 구동 장치 또는 기어 구조를 필요로 할 수 있다. 유동 영역과 접하는 모든 부품은 비부식성 재질로 제작된다. 디스크 축은 일반적으로 스테인리스 강으로 제작되고 유체와 접촉하지 않는다. 대부분의 밸브는 매우 얇고 표준 파이프 프랜지 결합이 가능하여 설치 및 제거가 용이하다. 일부 설계는 기존의 금속 밸브를 대체할 수 있다.

다이어프램 밸브 일반적으로 EPDM, PTFE 또는 FKM 플루오로카본 탄성체로 제작되는 다이어프램(diaphragm)은 핸드휠이 회전할 때 시트로부터 분리되어 상승하도록 설계된다. 반대 방향 회전은 밸브를 밀봉한다. 이 밸브는 개폐 및 유량 조절 작동에 모두 적합하다. 다이어프램은 황동 핸드 휠 축 및 다른 부품들을 유동 영역으로부터 분리시킨다. 습윤부 재질은 특정 유체에 대한 부식 저항성 및 온도 조건을 고려하여 선정된다. 이 밸브의 끝단이 접착제 또는 프랜지, 유니온이나 스크류 체결에 의해 파이프 또는 튜브와 연결된다.

스윙 체크 밸브 그림 10.18에 나타난 도면과 유사하게 설계된다. 이 밸브는 올바른 유동 방향에 대해서는 쉽게 열리고, 역류에 대해서는 신속히 닫힌다. 모든 습윤부는 디스크의 회전축인 핀을 포함해서 부식 저항성 플라스틱으로 제작된다. 외부 체결부는 일반적으로 스테인리스 강으로 제작된다. 상부 덮개(bonnet)는 밸브 세척 및 밀봉재 교체를 위해 쉽게 제거될 수 있다.

퇴적물 여과기 여과기는 제품의 품질 또는 민감한 장치를 보호하기 위해 유동으로부터 입자 형태의 불순물을 제거하는 역할을 한다. 유체는 여과기를 통과할 때 천공형 또는 망형태의 필터를 지나게 된다. 플라스틱 망은 거친 먼지와 잔해를 제거하기 위해 1/32 in에서 3/16 in(0.8 mm−4.8 mm)의 천공을 지니도록 제작된다. 스테인리스 강 망은 큰 천공을 가지도록 제작될 수도 있고, 1인치의 1/1000에 해당하는(약 0.05 mm 또는 50 μm) 개구(opening)를 지닌 325 메쉬 이하로 제작될 수도 있다. 망은 주기적인 세척을 위해 제거될 수 있어야 한다. 더욱 상세한 정보 및 여과기에서의 유량계수 C_V에 대한 정보를 위해 인터넷 자료 6을 참고하자.

플라스틱 밸브에서의 C_V에 대한 샘플값 표 10.6은 이 책에 수록된 문제에 활용할 수 있는 플라스틱 밸브에 대한 대표적인 샘플값을 제공한다. 미터단위 크기는 미국관습단위 크기와 일치하지 않는다. 최종 설계는 해당 밸브에 대한 제조업체의 자료에 기초해야 한다(인터넷 자료 6−8 참고).

10.15 PIPE−FLO® 소프트웨어에서의 K값 활용

실제 유체 유동 시스템에서 유량 및 유동 방향을 제어하는 엘보, 밸브 또는 기타 장치를 활용하지 않는 경우는 거의 없다. PIPE−FLO®는 8장에서 설명된 직선 파이프뿐만 아니라 여러 종류의 밸브, 부속품 및 다른 상용 부품이 부착된 시스템을 분석할 수 있다. 예제 10.14에서 우리는 모든 부품이 이 프로그램의 라이브러리에 존재할 때 PIPE−FLO®에서 부손실을 해석하는 일반적인 방법을 보여줄 것이다. 예제 10.15에서는 사용자 지정 K값 입력이 필요한 시스템(예: 열교환기, 필터 및 특수 공정 장치)을 해석하는 방법을 설명할 것이다.

이러한 문제들에서는 파이프 마찰 손실에 추가로 부속품을 포함하는 파이프라인에서 압력 강하의 계산을 요구한다. 방법은 8장에서 소개된 가압 탱크가 유발하는 유동에 대한 해석 방법과 유사하다. 탱크 압력 및 탱크 내 유체의 깊이에 대한 임의의 값이 선택된다. 파이프 입구에서의 압력은 유체 깊이에 의해 생성되는 정수력 수두로 인해 탱크 압력보다 높다는 것을 명심해야 한다. 시스템 성능을 계산한 후

표 10.6 여러 종류 및 크기에 따른 플라스틱 밸브의 C_V값 샘플값

Ball valve				Butterfly valve			
Size (in)	C_V	Size (mm)	K_V	Size (in)	C_V	Size (mm)	K_V
1/2	12	20	21	1½	90	50	100
3/4	25	25	32	2	115	63	150
1	37	32	70	3	330	90	390
1½	120	50	150	4	550	110	540
2	170	63	390	6	1150	160	1120
3	450	90	510	8	2280	225	2840
4	640	110	590	10	4230	280	4350
6	1400	160	1510	12	5600	315	5190
Diaphragm valve				**Swing check valve**			
Size (in)	C_V	Size (mm)	K_V	Size (in)	C_V	Size (mm)	K_V
1/2	5	20	8	—			
3/4	9	25	13	¾	25	25	35
1	15	32	30	1	40	32	52
1½	34	50	56	1½	80	50	100
2	65	63	95	2	115	63	150
3	160	90	215	3	330	90	360
4	275	110	280	4	500	110	610
6	700	160	650	6	1240	160	1420
				8	2300	225	1560

에 파이프라인 내에서의 압력 강하 값이 화면에 표시되도록 할 수 있다.

예제 10.14 77°F의 등유가 유속 6 ft/s로 흐르는 50 ft 길이의 4 in Schedule 40 강 파이프에서 압력 강하를 계산하기 위해 PIPE-FLO® 소프트웨어를 사용하시오. 배관을 따라 4개의 표준 90° 엘보, 1개의 나이프 게이트 밸브 및 탱크에 직각으로 꺾인 파이프 입구가 존재한다. 엘보가 설치되어 있는 벤드는 모두 같은 높이의 수평면에 위치한다. Reynolds수 및 마찰계수 등 풀이와 관련된 모든 값들을 명시하시오. 유동은 등유 상부로 50.0 psig 가압된 탱크에 의해 발생되고, 탱크의 깊이는 7.0 ft이다.

해설

1. PIPE-FLO®에서 새 프로젝트를 열고, 8장의 예제에서와 동일한 방식으로 단위 및 파이프 사양 등의 모든 중요 자료값을 초기화하기 위해 툴바에서 "SYSTEM" 메뉴를 선택하라. "fluid zone"에서 "NEW"를 선택하고 설명에 따라 ESI 웹사이트로부터 등유 및 다양한 다른 유체의 물성치를 다운로드하라. 그 후 유체 영역을 77°F 등유로 초기화하라.
2. FLO-Sheet®에 폐쇄형 가압 탱크를 위치시키고 파이프를 도시하라. 파이프의 길이는 property grid에서 정의했던 것을 기억하고, 파이프의 실제 배치는 중요하지 않다. 아래 그림은 엘보를 나타내는 4지점을 보여준다. 원하는 코너에서 마우스를 클릭하고 파이프를 그리면 이러한 화면이 나타난다. 문제에서 엘보가 수평면상에 위치하므로 파이프의 높이는 0 ft로 입력하라. 파이프를 클릭한 후에

property grid에서 이 값을 입력할 수 있다. 파이프 내 유속을 정의하기 위해 파이프의 출구에 flow demand를 추가하라. 6 ft 유속 및 0.3355 ft^2 유동 면적을 사용하여 유량은 238 gal/min으로 계산된다. Flow demand에 대한 property grid 내 "Set Flow" 카테고리에서 이 값을 사용하라.

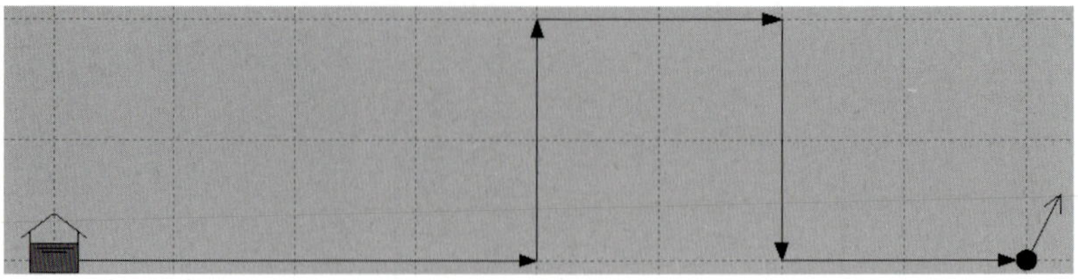

3. 기본 시스템이 갖추어졌으므로, 파이프를 따라 설치되는 요소들을 추가해야 한다. 이러한 구성 요소들은 PIPE－FLO®에서 파이프의 일부로 간주되기 때문에 FLO－Sheet®에서 별도로 그려지지 않는다. 대신에 해당하는 파이프에 대한 property grid 내 값으로 입력된다. 파이프를 클릭하고, property grid 내 "K (Valves & Fittings)" 박스에서 "…" 버튼을 클릭하면 화면에 아래의 테이블이 나타난다.

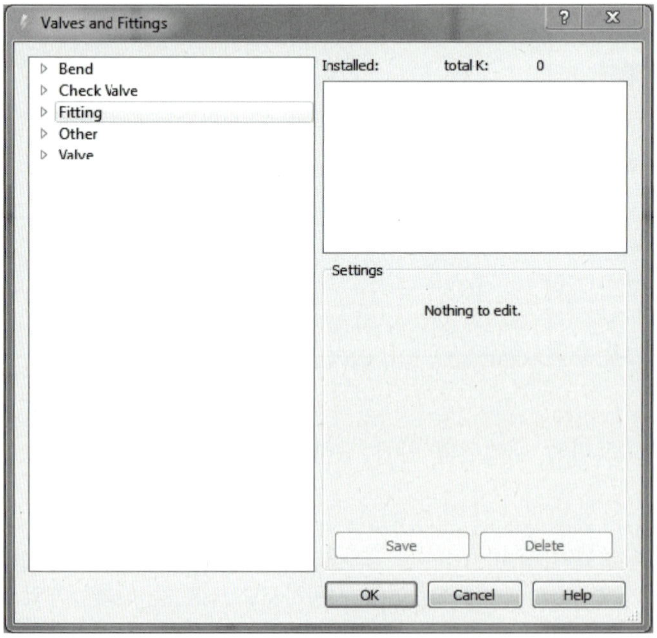

4. 특정 부속품이나 밸브를 선택하기 위해 원하는 요소를 포함하는 카테고리를 드롭다운하고 그 요소를 선택하라. 또한 이 요소의 개수를 선택하고 시스템에 이 요소를 추가하기 위해 "ADD"를 선택하라. 복수의 부속품과 밸브를 동시에 입력할 수 있다. 90° 표준 엘보는 "Fitting" 카테고리 아래에 위치한다. 개수 (4)를 선택하고 "Add"를 클릭하라. 비슷하게 나프 게이트 밸브 및 개수를 선택하고 "Add"를 클릭하라. 만약 필요로 하는 요소 인지가 불분명하다면 PIPE－FLO®에 표시되는 "K"값이 수동 계산으로 얻어진 값과 동일한지 검증할 수 있다. 직각으로 꺾인 파이프 입구는 "Fitting" 카테고리에서 찾을 수 있다; 이전과 동일한 방식으로 추가하라. 완료되면 "Valves and Fittings" 박스에 아래와 같이 나타난다.

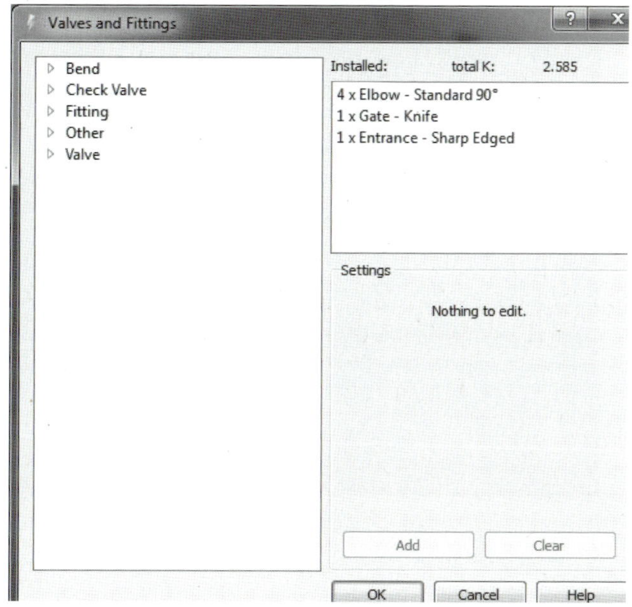

5. FLO－Sheet®로 돌아가서 추가된 요소들에 대한 기호가 표시되는지 확인하라. 이러한 기호들은 이동시키거나 변경시킬 수 있어서 이들을 적절한 위치로 옮길 수 있고 사용자가 원하는 대로 수정할 수 있다. 파이프 입구 기호는 나타나지 않는다. 그러므로 이 요소가 시스템에 포함되었는지를 반드시 확인하라. 또한 시스템 내에서 개수와 관계없이 엘보 기호는 하나만 표시된다. 즉 화면의 엘보 아이콘은 엘보들의 존재를 나타내고 개수를 나타내지는 않는다. 최종 시스템 배치도는 아래 그림과 같다. 계산은 화면에 나타난 그래픽 이미지가 아닌 워크시트에 입력된 값에 기초하여 수행된다는 것을 기억하라.

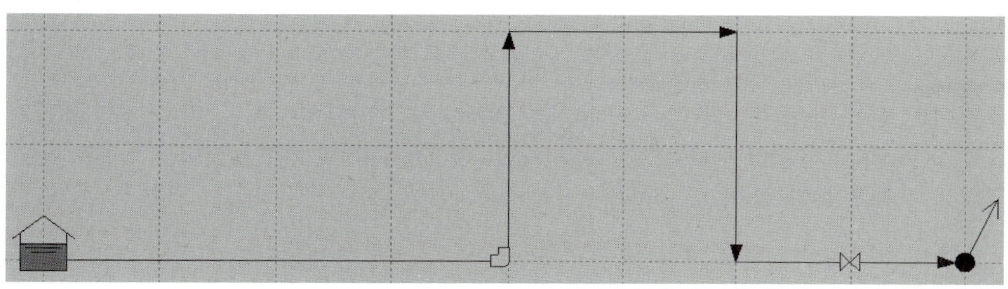

6. PIPE－FLO®가 엘보, 밸브 및 입구를 파이프의 일부분으로 처리하기 때문에 개별 요소에 대한 결과는 주어지지 않으며, 파이프 및 모든 구성 요소에 대한 결과가 합쳐져서 나타난다. 각 개별 요소에 대한 결과를 획득하기 위해 단일 파이프를 개별 요소 전용으로 지정하거나 수동 계산을 수행해야 한다. 50 ft 파이프를 통한 전체 시스템에서의 압력 강하를 계산하기 위해 8장의 예제에서와 같이 “CALCULATE”를 선택하라. 주어진 값들은 부손실 및 파이프 마찰 손실을 모두 고려한 결과를 반영할 것이다. 마찰계수, Reynolds수 등의 일부 값들은 바로 나타나지 않으므로 property grid 내 “Device View Options”에서 이러한 항목들을 추가해야 한다.

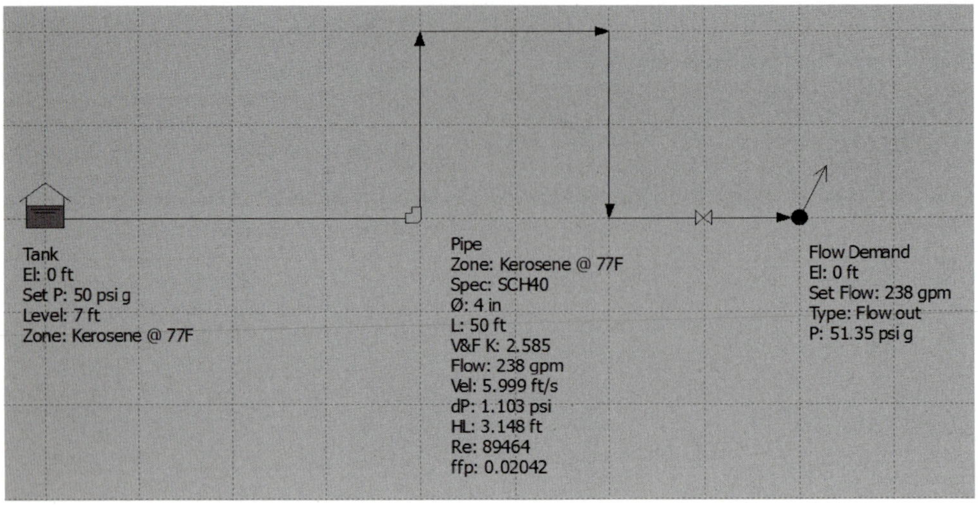

이 시스템에서의 전체 수두 손실은 3.15 ft이고, 압력 강하는 1.10 psi이다. Reynolds수 및 마찰계수는 각각 89464 및 0.0204이다. 직접 손으로 계산해보고 위의 계산과 비교하여 문제 풀이를 완료할 수 있다.

시스템에서 사용자 정의 K값 사용 예제 10.14에서는 표준 *K*값이 이 책 및 다른 참고문헌에 수록되어 있었고, PIPE–FLO® 데이터베이스에 포함되어 있는 표준 엘보 및 밸브를 시스템 요소로 사용했다. 하지만 시스템에서 특수한 부품이 활용되고 이를 고려해야 하는 상황이 있을 수 있다. 일반적으로 그러한 특수 부품에 대해 제조업체는 *K*값을 제공한다. 또한 PIPE–FLO®는 그러한 사용자 정의 *K*값을 목록에 추가할 수 있다.

예제 10.15 직선, 수평 DN 150 Schedule 40 파이프에서의 마찰 및 "K" 값이 0.75인 필터로 인한 압력 강하를 계산하시오. 전체 파이프 길이는 15 m이고, 이 파이프 내에서 25℃의 물이 3 m/s로 흐른다. 탱크 압력은 500 kPa(g)이고 물의 깊이는 5.0 m이다.

해설
1. PIPE–FLO®에서 새 프로젝트를 열고 단위, 유체 영역, 파이프 사양 등의 중요 값을 초기화하기 위해 툴바에서 "SYSTEM"메뉴를 선택하라.
2. 문제에 명시된 값들에 따라 탱크, 파이프 및 flow demand에 입력하라.
3. 이전 예제에서 설명된 엘보 또는 밸브를 입력한 것과 같은 방식으로 부속품 및 밸브를 삽입하기 위해 사용되는 메뉴로 가서, "Other" 카테고리를 선택하라. 이 드롭다운 메뉴에서 "Fixed K" 옵션을 찾아 클릭하라. 여기서 장치의 "K"값을 입력할 수 있고, 설명을 추가할 수 있다. PIPE–FLO®에서는 이 방법을 이용하여 어떠한 장치도 생성시킬 수 있으며 "K"값을 정의할 수 있다. 또한 "Valves and Fitting" 메뉴에서 이 장치에 해당하는 명칭을 정의할 수도 있다. 이 문제에 대해 설명칸에 "Custom Filter"를 입력하고 "K"값에 "0.75"를 입력하라. PIPE–FLO®는 FLO–Sheet®에 이 필터에 대한 그래픽 기호를 추가하지 않는다는 것을 명심하라. 그러므로 단순히 유동 회로의 그래픽 출력에 의존하지 말고, "Valve and Fitting" 메뉴에서 시스템에 원하는 부품이 추가되었는지를 확인하는 것이 매우 중요하다.

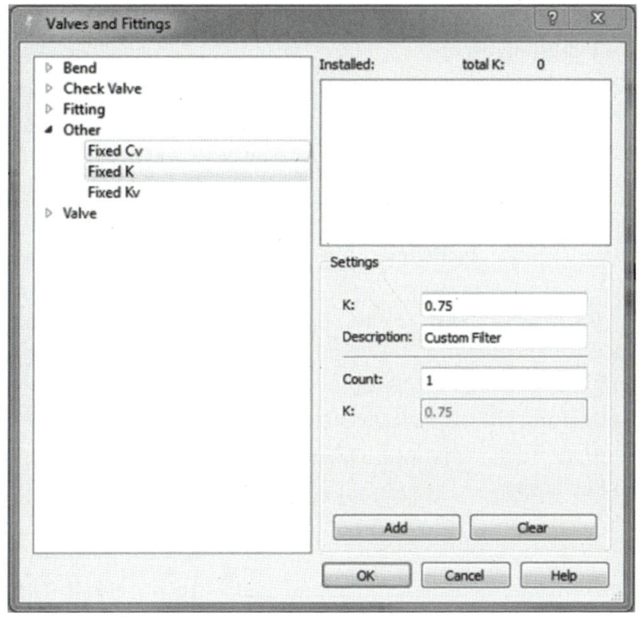

4. FLO−Sheet®로 돌아가서 파이프 내 압력차 및 다른 변수들을 계산하기 위해 "CALCULATE"를 선택하라. PIPE−FLO® 계산 결과가 당신이 수계산을 통해 결과를 검증할 수 있는 변수들을 출력하는지 확인하라.

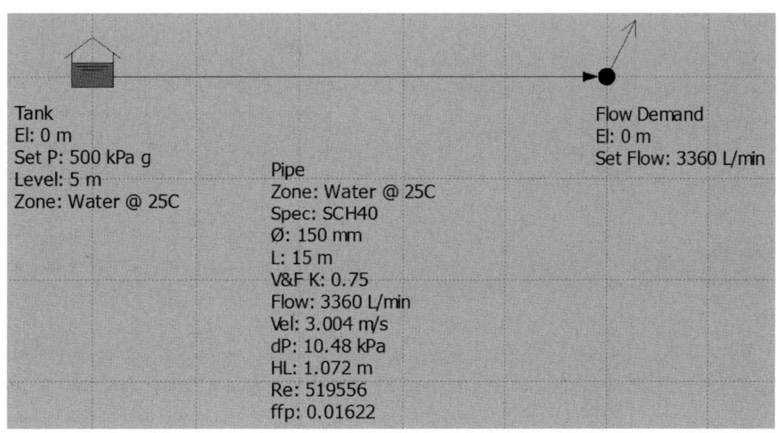

5. 계산 결과, 파이프를 통한 압력 강하는 10.48 kPa, 전체 수두 손실은 1.072 m, 마찰계수는 0.016이다.

참고문헌

1. Beij, K. H. 1938. Pressure Losses for Fluid Flow in 90 Degree Pipe Bends. *Journal of Research of the National Bureau of Standards* 21: 1–18.
2. Crane Co. 2011. *Flow of Fluids through Valves, Fittings and Pipe* (Technical Paper No. 410). Stamford, CT: Author.
3. The Hydraulic Institute. 1990. *Engineering Data Book,* 2nd ed. Parsippany, NJ: Author.
4. Brater, Ernest, C. Y. Wei, Horace W. King, and James E. Lindell. 1996. *Handbook of Hydraulics*, 7th ed. New York: McGraw-Hill.
5. Crocker, Sabin, and R. C. King. 1972. *Piping Handbook*, 6th ed. New York: McGraw-Hill.
6. Dickenson, T. C. 1999. *Valves, Piping, and Pipelines Handbook*, 3rd ed. New York: Elsevier Science.
7. Frankel, Michael. 2010. *Facility Piping Systems Handbook*, 3rd ed. New York: McGraw-Hill.

8. Idelchik, I. E. 2008. *Handbook of Hydraulic Resistance*, 3rd ed. Mumbai, India: Jaico Publishing House.
9. Nayyar, Mohinder L. 2000. *Piping Handbook*, 7th ed. New York: McGraw-Hill.
10. Skousen, Philip L. 2011. *Valve Handbook*, 3rd ed. New York: McGraw-Hill.
11. Willoughby, David A., Rick Sutherland, and R. Dodge Woodson. 2009. *Plastic Piping Handbook*. New York: McGraw- Hill.
12. Smith, Peter, and R. W. Zappe. 2004. *Valve Selection Handbook*, 5th ed. Houston, TX: Gulf.
13. Ruiz de, Burton A. 2013. *Handbook of Valves: Design, Selection, & Uses.* Nottingham, UK: Auris Reference.
14. Klette, Patrick J. 2010. *Fluid Power Systems.* Orland Park, IL: American Technical Publishers.

인터넷 자료

1. **Crane Energy Flow Solutions:** Manufacturer of numerous types of valves for piping applications in the refining, oil, gas, pulp, paper, wastewater treatment, and chemical process industries. Brands include Crane, Jenkins, Pacific, Krombach, and others. The site offers a valve selection guide. The useful reference *Crane Technical Paper 410* (Reference 2) can be ordered through this site. From the home page, select either *Products* or *Brands.*
2. **Flow of Fluids:** A special website for the Publication, Flow of Fluids Through Valves, Fittings and Pipe—Crane Technical Paper 410, the guide to understanding the flow of fluids through valves, pipes, and fittings. Other useful publications can be acquired from this site, operated by Engineered Software, Inc. (See also Internet resource 3.)
3. **Engineered Software, Inc. (ESI):** www.eng-software.com Developer of the PIPE-FLO® fluid flow analysis software to design, optimize, and troubleshoot fluid piping systems, as demonstrated in this book. A special demonstration version of PIPE-FLO® created for this book can be accessed by users of this book at http://www.eng-software.com/appliedfluidmechanics.
4. **Zurn Industries:** Manufacturer of control valves, faucets, strainers, pressure regulators, pressure relief valves, backflow preventers, and other devices for commercial and residential plumbing applications.
5. **Eaton Hydraulics:** Manufacturer of fluid power valves, pumps, actuators, and other components for fluid power systems for industrial, agricultural, construction, mining, marine, and lawn and garden care applications. Brands include Eaton, Vickers, Char-Lynn, Hydro-Line, Aeroquip, and others.
6. **Hayward Flow Control:** Manufacturer of plastic piping components for commercial and industrial applications. Products include ball valves, butterfly valves, diaphragm valves, check valves, control valves, pipeline strainers, pumps, and filters. Data sheets for each product include flow resistance data expressed as flow coefficients C_V. Sizes include ½ in to 24 in. Division of Hayward Industries, Inc.
7. **Kerotest Company:** From the home page, select *Products* to learn more about this manufacturer's fluid flow products such as alloy steel needle valves, Polyball plastic ball valves, gate valves, strainers and other products. Flow resistance data are given as flow coefficients, C_V.
8. **Thermoplastic Valves, Inc.:** Manufacturer of a diverse line of thermoplastic valves for industries such as water filtration, irrigation, chemical processing, pharmaceutical production, food processing, and others. Products include ball valves, butterfly valves, check valves, diaphragm valves, and strainers. Flow resistance data are given as flow coefficients C_V.

연습문제

10.1 파이프 직경이 200 mm에서 400 mm로 급 확대되고 작은 파이프에서의 유량이 0.25 m^3/s일 때 급 확대로 인한 에너지 손실을 계산하시오.

10.2 파이프 내 유량이 200 L/s이고 직경이 150 mm에서 300 mm로 급 확대될 때, 수두 손실을 계산하시오.

10.3 유량이 0.23 ft^3/s인 배관에서 표준 1-in Schedule 80 파이프에서 $3\frac{1}{2}$-in Schedule 80 파이프로 급 확대가 일어날 때 에너지 손실을 계산하시오.

10.4 유량이 0.75 m^3/s인 배관에서 파이프 직경이 325 mm에서 650 mm로 급 확대될 때 에너지 손실을 계산하시오.

10.5 파이프의 직경이 240 mm에서 480 mm로 급 확대된다. 출구 유속이 0.181 m/s일 때, 유량을 계산하시오.

10.6 25 mm 외경×2.0 mm 벽 두께의 구리 유압 튜브가 80 mm 외경×2.8 mm 벽 두께의 튜브로 점진적 확대될 때 에너지 손실을 계산하시오. 작은 튜브에서 유속은 3 m/s이고 확대 원추각은 20° 이다.

10.7 문제 10.6에서 원추각이 60° 로 증가하는 조건에서 에너지 손실을 계산하시오.

10.8 원추각이 2° 에서 60° 로 증가하는 급 확대 구조들에 대해 그림 10.5의 각도 증가분에 따른 에너지 손실값들을 계산하시오. 각 케이스에 대해 50°F의 물이 60 gal/min의 유량으로 2-in Schedule 40 강 파이프에서 8-in Schedule 40 파이프로 흐른다.

10.9 문제 10.8의 결과를 원추각에 대한 에너지 손실 그래프로 나타내시오.

10.10 문제 10.8에서 각 원추각에 대한 확대 구조의 길이를 계산하시오. 확대 구조 중간 지점에서의 속도, 직경 및 Reynolds수를 사용하여 이 길이의 파이프에서 발생하는 마찰로 인한 에너지 손실을 계산하시오. 60°F 물의 물성치를 사용하시오.

10.11 문제 10.10으로부터 구한 마찰 에너지 손실을 문제 10.8에서 구한 점진적 확대로 인한 에너지 손실에 더하시오. 그리고 문제 10.9의 그래프에 원추각에 따른 합산된 에너지 손실 그래프를 도시하시오.

10.12 확대 구조는 다른 용어로 디퓨저라고 한다. 디퓨저는 유체의 운동 에너지($v^2/2g$)를 압력 에너지(p/γ)로 전환하기 위해 사용된다. 이상적인 디퓨저에서는 에너지 손실이 발생하지 않기 때문에 베르누이 방정식을 통해 확대 구조 하류의 압력을 계산할 수 있다. 20℃의 물이 25 mm 외경×2.0 mm 벽 두께의 구리 튜브로부터 80 mm 외경×2.8 mm 벽 두께의 튜브로 이상적 디퓨저를 통해 흐를 때 구조 하류에서의 압력을 계산하시오. 체적 유량은 150 L/min이고 디퓨저 전단의 유체 압력은 500 kPa이다.

10.13 문제 10.12에서 디퓨저가 실제 디퓨저일 때 출구 압력을 계산하시오. 확대는 급 확대 구조이다.

10.14 문제 10.12에서 디퓨저가 실제 디퓨저일 때 출구 압력을 계산하시오. 확대는 원추각 (a) 60° (b) 30° 및 (c) 10°로 점진적 확대 구조이다. 이 결과를 문제 10.12 및 10.13의 결과와 비교하시오.

10.15 0.04 m^3/s의 물이 DN 150 표준 Schedule 40 파이프로부터 대형 저장소로 흘러 들어갈 때 에너지 손실을 계산하시오.

10.16 1.50 ft^3/s의 물이 6-in 표준 Schedule 40 파이프로부터 대형 저장소로 흘러 들어갈 때 에너지 손실을 계산하시오.

10.17 비중 0.87의 오일이 4-in 파이프로부터 급 축소 구조에 의해 2-in 파이프로 흐를 때 에너지 손실을 계산하시오. 큰 파이프에서 유속은 4.0 ft/s이다.

10.18 문제 10.17의 조건에 대해 축소 전단의 압력이 80 psig일 때 작은 파이프에서의 압력을 계산하시오.

10.19 참 또는 거짓을 판정하시오. 직경비가 3.0인 급 축소 구조에서 에너지 손실은 유속이 증가함에 따라 감소한다.

10.20 DN 125 Schedule 80 강 파이프로부터 DN 50 Schedule 80 파이프로의 급 축소 유동에 대한 에너지 손실을 계산하시오. 유량은 500 L/min이다.

10.21 DN 125 Schedule 80 강 파이프로부터 DN 50 Schedule 80 파이프로의 유량 500 L/min의 유량에 대한 점진 축소로 인한 에너지 손실을 계산하시오. 축소 구조 원추각은 105°이다.

10.22 4-in Schedule 80 강 파이프로부터 $1\frac{1}{2}$-Schedule 80 파이프로의 급 축소 유동에 대한 에너지 손실을 계산하시오. 유량은 250 gal/min이다.

10.23 4-in Schedule 80 강 파이프로부터 $1\frac{1}{2}$-in Schedule 80 파이프로의 점진적 축소 유동에 대한 에너지 손실을 계산하시오. 유량은 250 gal/min이고, 축소 구조의 원추각은 76°이다.

10.24 문제 10.22에 대해 그림 10.11 및 10.12에 열거된 원추각들에 대한 점진적 축소로 인한 에너지 손실을 계산하시오.

10.25 문제 10.22 및 10.24에 설명된 각 축소 구조에 대해 이 구조의 물리적 형상을 나타내는 도면을 작성하시오.

10.26 그림 10.11 및 10.12에서 점진적 축소 구조에서의 최소 에너지 손실(K는 약 0.04)은 원추각이 15° −40° 일 때 나타난다. 6-in에서 4-in로 축소되는 연성 철 파이프를 축소하여 원추각의 양 극단에 대한 축소 구조의 도면을 작성하시오.

10.27 문제 10.26에 설명된 6-in에서 3-in로 축소되는 연성 철 파이프에서 원추각이 120° 일 때 저항계수는 몇이 되는가? 이 축소 구조에 대한 도면을 작성하시오.

10.28 50 gal/min의 물유동이 탱크로부터 외경 2-in, 벽 두께 0.065-in의 강 튜브로 유입될 때 에너지 손실을 계산하시오. 튜브 입구는 사각 모서리 형태로 탱크 벽면에 부착되어 있다.

10.29 물이 다음의 구조로 저장소에서 파이프로 3 m/s의 유속으로 유입될 때 에너지 손실을 계산하시오.
(a) 저장소 내부로 삽입된 파이프
(b) 사각 모서리 형태의 입구
(c) 모따기 가공된 입구 또는 (d) 라운드 가공된 입구

10.30 DN 250 Schedule 40 파이프에 부착된 완전 개방 글로브 밸브의 등가길이를 미터 단위로 계산하시오.

10.31 10.30의 문제를 완전 개방 게이트 밸브에 대해 계산하시오.

10.32 100°F의 물이 10 ft/s의 유속으로 흐르는 2-in Schedule 40 강 파이프에 부착된 볼형 체크 밸브에 대한 저항계수 K를 계산하시오.

10.33 650 gal/min의 오일(sg=0.90)이 흐르는 5-in Schedule 40 강 파이프에 부착된 완전 개방 앵글 밸브에서의 압력차를 계산하시오.

10.34 15℃ 물이 750 L/min의 유량으로 DN 65 Schedule 40 강 파이프 내에 90° 표준 엘보를 지날 때 발생하는 압력강하를 계산하시오.

10.35 문제 10.34를 스트리트 엘보(street elbow)에 대해 계산하시오.

10.36 문제 10.34를 대곡 엘보(long radius elbow)에 대해 계산하시오.

10.37 어떤 단순한 열교환기가 그림 10.32와 같이 2개의 1/2-in Schedule 40 강 파이프에 리턴 벤드(close return bend)를 부착하여 제작된다. 77°F의 에틸렌글리콜이 12.5 gal/min의 유량으로 흐를 때 열교환기의 입구 및 출구 압력차를 계산하시오.

10.38 문제 10.37에 설명된 열교환기에 대한 변경 설계안이 그림 10.33에 나타난다. 전체 유로 배관은 벽 두께 0.065-in의 3/4-in 강 튜브이다. 이 튜브의 내경은 0.620-in로 1/2-in

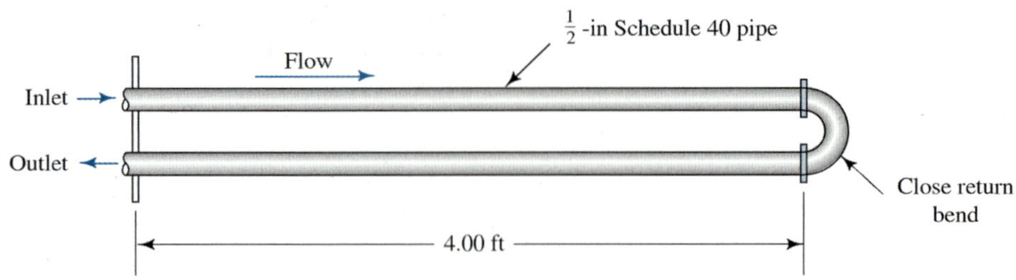

그림 10.32 문제 10.37

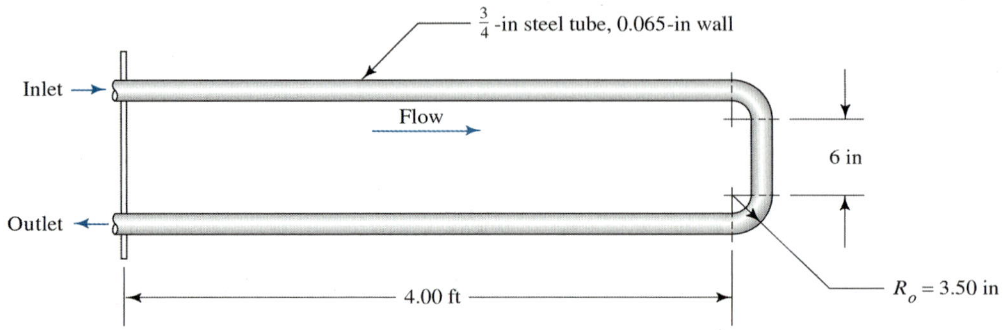

그림 10.33 문제 10.38

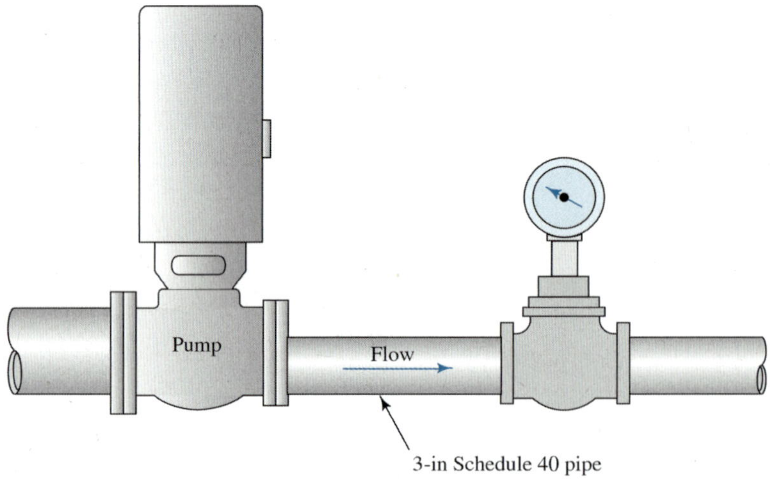

그림 10.34 문제 10.39

Schedule 40 파이프($D = 0.622$ in)보다 작다. 리턴 벤드는 2개의 90° 벤드 및 짧은 직관으로 구성된다. 이 설계에서의 입구 및 출구 압력차를 계산하고 이 결과를 문제 10.37과 비교하시오.

10.39 어떤 펌프 파이프 시스템이 그림 10.34에 나타난 것처럼 펌프 출구에서의 압력을 측정하기 위해 1개의 티를 포함한다. 하지만 압력 게이지 쪽 배관으로의 유동은 존재하지 않는다. 50°F의 물이 0.40 ft^3/s로 티를 통해 흐를 때 에너지 손실을 계산하시오.

10.40 25℃의 중유를 운송하는 파이프 시스템이 그림 10.35와 같이 배치된다. 티의 하부는 평상시에 캡으로 막혀 있지만, 파이프 세척을 위해 이 캡은 제거될 수 있다. 0.08 m^3/s의 유량이 흐를 때, 이 티를 통한 에너지 손실을 계산하시오.

10.41 25 mm 외경×2.0 mm 벽 두께의 구리 튜브가 공장 내 세척 시스템에 80℃ 고온의 물 250 L/min을 공급한다. 시스템 내 다수 지점에 90° 벤드의 설치가 필요하다. 이 벤드의 외측 반경이 300 mm일 때 각 벤드에서 발생하는 에너지 손실을 계산하시오.

10.42 25 mm 외경×2.00 mm 벽 두께의 구리 튜브 내 90° 벤드에서 최소 에너지 손실이 발생하기 위한 벤드 중심선에

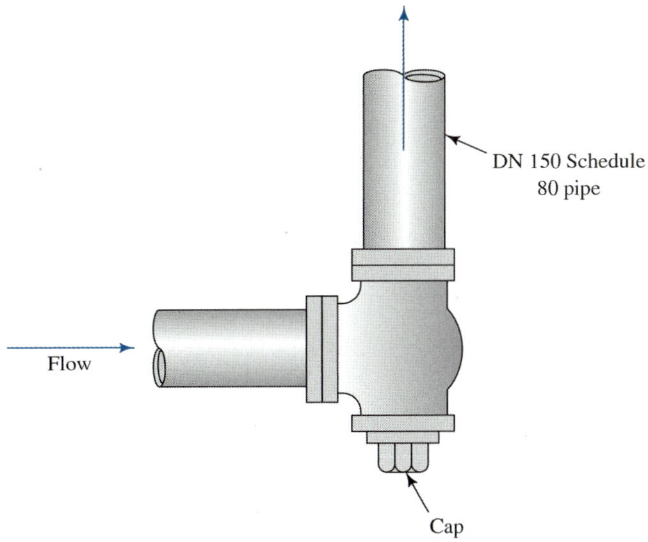

그림 10.35 문제 10.40

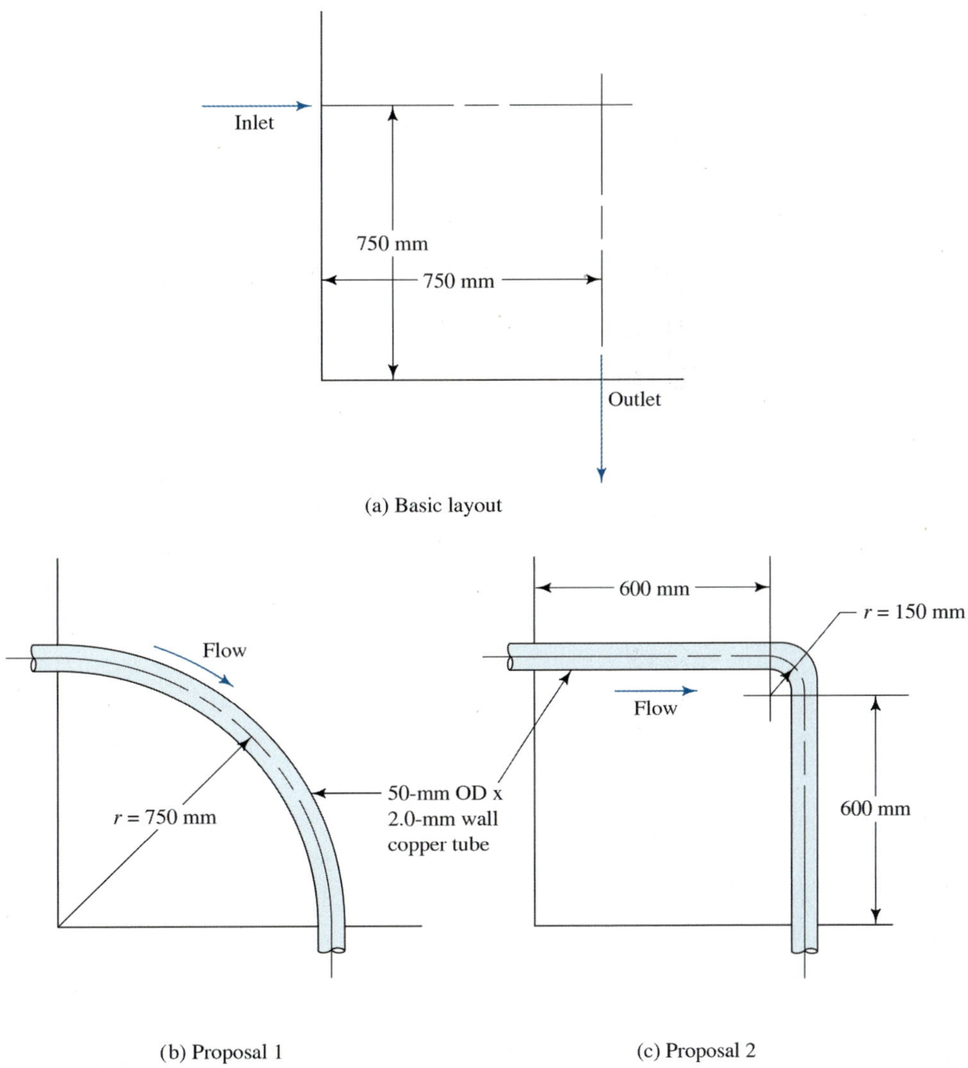

그림 10.36 문제 10.43

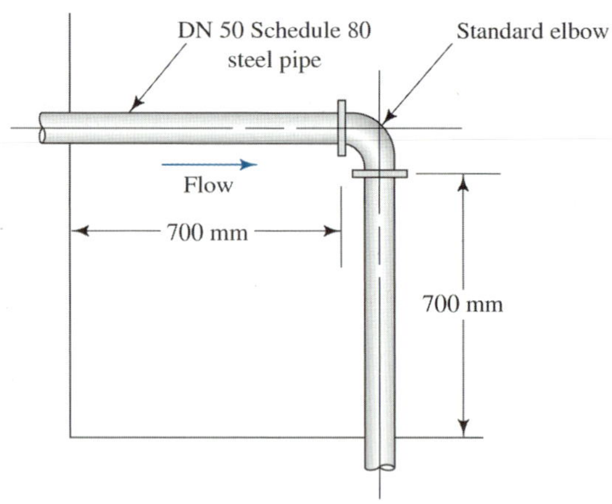

그림 10.37 문제 10.44

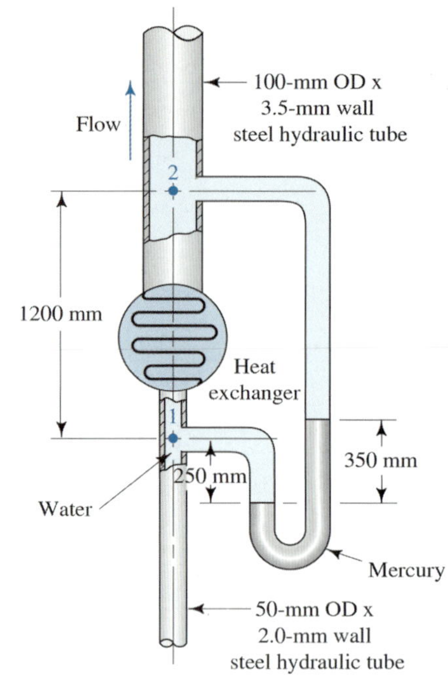

그림 10.38 문제 10.46

대한 반경을 mm 단위로 계산하시오. 이러한 벤드에서 80℃의 물이 250 L/min으로 흐를 때 에너지 손실을 계산하시오. 이 결과를 문제 10.41의 결과와 비교하시오.

10.43 그림 10.36(a)에 나타난 입구(inlet) 및 출구(outlet)는 50 mm 외경×2.0 mm 벽 두께의 구리 튜브로 연결되며, 25℃ 프로필알코올 750 L/min이 흐르고 있다. 이 그림의 (b) 및 (c)에 나타난 배관 구조에 대한 에너지 손실을 각각 계산하시오. 벤드 및 직선 튜브에서의 마찰로 인한 손실을 모두 포함하시오.

10.44 문제 10.43에서 제안된 2개의 배관 구조에서 발생하는 에너지 손실과 그림 10.37에 나타난 배관 구조에서의 에너지 손실을 비교하시오.

10.45 10℃의 물이 40 L/min의 유량으로 외경 20 mm, 벽 두께 1.5 mm의 상용 강 튜브 내 90° 벤드를 흐를 때 발생하는 에너지 손실을 계산하시오. 벤드 중심선에서의 반경은 150 mm이다.

10.46 그림 10.38은 열교환기로 인한 에너지 손실을 계산하기 위한 실험 셋업이다. 50℃의 물이 6.0×10^{-3} m^3/s의 유량으로 수직 상향 유동하고 있다. 지점 1과 2 사이에서 발생하는 에너지 손실을 계산하시오. 입구 튜브에서의 유속에 기초하여 열교환기의 저항계수를 계산하시오.

10.47 유체 동력 시스템에서 사용되는 강 튜브 내 90° 벤드에서의 에너지 손실을 계산하시오. 튜브의 외경은 1/2 in, 벽 두께는 0.065 in이다. 평균 벤드 반경은 2.00 in이다. 그리고 유압 오일의 유량은 3.5 gal/min이다.

10.48 유체 동력 시스템에서 사용되는 강 튜브 내 90° 벤드에서의 에너지 손실을 계산하시오. 튜브의 외경은 $1\frac{1}{4}$-in, 벽 두께는 0.083 in이다. 평균 벤드 반경은 3.25 in이다. 그리고 유압 오일의 유량은 27.5 gal/min이다.

10.49 문제 10.47에 대해 주어진 튜브가 6회전된 코일 형태일 때 마찰계수 및 에너지 손실을 계산하시오. 평균 벤드 반경은 동일하게 2.00 in이다.

10.50 문제 10.48에 대해 주어진 튜브가 8.5회전된 코일 형태일 때 마찰계수 및 에너지 손실을 계산하시오. 평균 벤드 반경은 동일하게 3.50 in이다.

10.51 문제 10.47과 유사한 튜브가 복잡한 기계에 연결된다. 어떤 지점에서 튜브는 60°의 각도로 벤딩되어야 한다. 이 벤드에서의 에너지 손실을 계산하시오.

10.52 문제 10.48과 유사한 튜브가 복잡한 기계에 연결된다. 어떤 지점에서 튜브는 60°의 각도로 벤딩되어야 한다. 이 벤드에서의 에너지 손실을 계산하시오.

10.53 어떤 유체 동력 시스템에는 그림 10.30(a)와 유사한 방향 제어 밸브가 장착된다. 유압 오일이 밸브를 통해 펌프 출구로부터 포트 A로 5.0 gal/min의 유량으로 흐를 때 밸브에서의 압력 강하를 계산하시오.

10.54 문제 10.53을 유량 7.5 gal/min 및 10.0 gal/min에 대해 계산하시오.

10.55 문제 10.53에 대해 압력 강하를 $\Delta p=\gamma h_L$ 및 $h_L=K(v^2/2g)$로 나타낸다면 해당하는 저항계수 K를 계산하시오. 오일의 비중은 0.90이다. K계수는 5/8-in 외경, 벽 두께 0.065 in의 강 파이프에서의 속도 수두에 기초한다.

10.56 문제 10.55를 유량 7.5 gal/min 및 10.0 gal/min에 대해

계산하시오.

10.57 문제 10.53에 대해 10.13절에서 정의된 유량계수 C_V를 계산하시오.

10.58 문제 10.57을 유량 7.5 gal/min 및 10.0 gal/min에 대해 계산하시오(문제 10.54 참고).

문제 10.59–10.70에 대해 표 10.6의 샘플값을 활용하시오.

10.59 2-in 플라스틱 볼 밸브에서 150°F의 물이 150 gal/min의 유량으로 흐르고 있다. 밸브를 통한 압력 강하를 계산하시오.

10.60 4-in 플라스틱 볼 밸브에서 120°F의 물이 600 gal/min의 유량으로 흐르고 있다. 밸브를 통한 압력 강하를 계산하시오.

10.61 3/4-in 플라스틱 볼 밸브에서 80°F의 물이 10 gal/min의 유량으로 흐르고 있다. 밸브를 통한 압력 강하를 계산하시오.

10.62 $1\frac{1}{2}$-in 플라스틱 버터플라이 밸브에서 77°F의 사염화탄소(Carbon tetrachloride)가 60 gal/min의 유량으로 흐르고 있다. 밸브를 통한 압력 강하를 계산하시오.

10.63 3-in 플라스틱 버터플라이 밸브에서 77°F의 휘발유가 300 gal/min의 유량으로 흐르고 있다. 밸브를 통한 압력 강하를 계산하시오.

10.64 10-in 플라스틱 버터플라이 밸브에서 77°F의 액체 프로판이 5000 gal/min의 유량으로 흐르고 있다. 밸브를 통한 압력 강하를 계산하시오.

10.65 $1\frac{1}{2}$-in 플라스틱 다이어프램 밸브에서 77°F의 사염화탄소가 60 gal/min의 유량으로 흐르고 있다. 밸브를 통한 압력 강하를 계산하시오.

10.66 3-in 플라스틱 다이어프램 밸브에서 77°F의 휘발유가 300 gal/min의 유량으로 흐르고 있다. 밸브를 통한 압력 강하를 계산하시오.

10.67 6-in 플라스틱 버터플라이 밸브에서 77°F의 액체 프로판이 1,500 gal/min의 유량으로 흐르고 있다. 밸브를 통한 압력 강하를 계산하시오.

10.68 3/4-in 플라스틱 스윙 체크 밸브에서 77°F의 바닷물이 18 gal/min의 유량으로 흐르고 있다. 밸브를 통한 압력 강하를 계산하시오.

10.69 3-in 플라스틱 스윙 체크 밸브에서 77°F의 등유가 300 gal/min의 유량으로 흐르고 있다. 밸브를 통한 압력 강하를 계산하시오.

10.70 8-in 플라스틱 스윙 체크 밸브에서 77°F의 글리세린이 3,500 gal/min의 유량으로 흐르고 있다. 밸브를 통한 압력 강하를 계산하시오.

보충문제(PIPE-FLOW® 활용)

10.71 25℃ 등유를 유속 3 m/s로 이송하는 DN 100 Schedule 40 수평 파이프 20 m에서 발생하는 압력 강하를 계산하기 위해 PIPE-FLO®를 활용하시오. 파이프에는 탱크로부터 직각으로 꺾인 모서리 형태의 입구가 존재하고, 2개의 표준 90° 엘보 및 완전 개방된 글로브 밸브가 포함된다. Reynolds수 및 마찰계수 등의 풀이와 관련된 모든 값들을 출력하시오.

10.72 필터를 포함하는 파이프 내에서의 수두 손실 및 압력 강하를 계산하기 위해 PIPE-FLO®를 활용하시오. 파이프는 수평이며, 6-in Schedule 40 파이프이다. 파이프의 전체 길이는 45 ft이고 필터 제조업체는 필터의 K값이 0.82임을 제시한다. 60°F의 물이 시스템을 통해 9 ft/s의 유속으로 흐른다. 탱크에서의 압력은 75 psig이다.

컴퓨터를 이용한 공학 과제

다음 과제들의 목적은 유체 동력 시스템의 설계자가 설계한 시스템에 대해 적절한 강 튜브의 크기를 선정할 수 있도록 돕는 것이다. 또한 일부 과제는 에너지 손실을 계산하고 튜브에서의 벤드로 인한 손실이 실제 시스템에서 활용가능한 수준으로 낮다는 것을 검증하는 데 도움이 된다.

1. 여러분의 회사는 산업용 자동화 시스템 시장에 출시할 특수 목적의 유체 동력 시스템을 설계한다. 이 시스템을 제작하기 위해 활용되는 일반적인 기술은 펌프, 제어 밸브 및 시스템 액추에이터와 강 튜브를 90° 벤드를 사용하여 연결한다. 다양한 크기의 튜브가 유압오일의 설계유량에 따라 시스템 내에서 사용된다. 부록 G.1에 나열된 각 크기의 강 튜브에 대해 최적 벤드 반경 차트를 작성하도록 요청 받는다. 유압 시스템이 고압으로 작동되기 때문에 각 크기 튜브에 대한 벽 두께는 항상 표에 수록된 최댓값을 활용할 것이다. 그림 10.28에 따르면 최소 저항은 벤드의 상대 반경비가 약 3.0일 때 나타난다. 벤드 반경을 1/2 in에 가장 가까운 반경으로 반올림하여 최적 벤드 반경 표를 작성하시오. 또한 어떠한 벤드의 상대 반경비가 2.0보다 작지 않도록 하시오. 스프레드시트에 작성하는 것을 추천한다.
2. 6.4절에서는 유체 동력 시스템 내 배출관에서의 유속 범위를 7−25 ft/s로 추천한다. 평균값은 16 ft/s이다. 설계 체적 유량에 대해 유속이 위의 평균값으로 되는 배출관의 내경을 결정하기 위한 스프레드시트를 작성하시오. 다음 적절한 강 튜브를 선정하기 위해 부록 G.1을 참고하고, 유체 동력 시스템에서의 고압 조건을 고려하여 벽 두께는 최댓값을 사용하시오. 선정된 튜브에 대해 설계 유량이 흐를 때 발생하는 실제 유속값을 계산하시오.
3. 과제 1에서 사용된 튜브 사이즈에 대해 밸브, 부속품 및 벤

드에 대한 부손실 계산에 필요한 에너지 손실 방정식에서 사용되는 f_T의 값을 결정하시오. 예제 10.9를 참고하시오. 각 사이즈의 튜브에 대해 강 튜빙의 조도를 사용하여 D/ε을 계산할 수 있다. 다음 Moody 선도를 활용하여 완전 난류 영역에서의 마찰계수를 결정할 수 있다. 과제 1에서 작성한 스프레드시트에 이 값을 나열하거나 개별적인 스프레드시트를 작성하시오.

4. 다음의 과정에 따라 주어진 벤드에서의 에너지 손실 계산을 수행하도록 과제 1－3을 통합하시오.
   - 유체 동력 시스템에서 요구되는 체적 유량에 대해 권장되는 범위의 유속이 배출관에서 흐르도록 하는 적절한 배관 크기를 결정하시오.
   - 선정된 크기의 튜브에 대해 완전 난류 영역에서의 마찰계수 f_T를 결정하시오.
   - 식 $K = f_T(L_e/D)$로부터 벤드에 대한 저항계수 K를 계산하시오.
   - 선정된 사이즈의 튜브에서 주어진 체적 유량에 대한 실제 유속을 계산하시오.
   - $h_L = K(v^2/2g)$ 식을 활용하여 벤드에서 발생하는 에너지 손실을 계산하시오.
5. 각 사이즈의 튜브에 대해 과제 1을 반복하되, 튜브 벽 두께를 최솟값으로 사용하시오. 이러한 튜브는 탱크로부터 오일을 유입시켜 펌프 입구로 전달하는 흡입관에 사용될 수 있다. 흡입관에서의 압력은 매우 낮다.
6. 과제 2를 반복하여 수행하되, 흡입관에서의 유속이 3.0 ft/s가 되도록 하는 흡입관의 크기를 추천하시오.
7. 과제 1－6을 SI 미터 단위계를 사용하여 다시 수행하시오. 체적 유량은 교수가 지정한 적절한 단위로 나타내시오. 유속의 단위는 m/s여야 한다.

CHAPTER 11

시리즈 파이프라인 시스템

개요

이 장은 파이프와 튜브에서의 유체 유동의 특정 측면을 고려한 이전 6−10장에 대한 마지막 마무리라고 볼 수 있다. 이 장에서는 에너지 방정식 이용, 층류 및 난류 확인, 파이프 마찰 손실 평가 및 부손실 검사를 통해 펌프, 밸브, 부속품 및 마찰로 인한 에너지 손실의 조합을 포함할 수 있는 시리즈 파이프라인 시스템을 분석하도록 하자.

시리즈 파이프라인 시스템은 유체가 시스템 전체에서 단일 유로를 따라 흐르는 시스템이다.

이 장에서 시리즈 파이프라인 시스템의 세 가지 다른 클래스를 식별하고, 분석하는 기술을 연습할 수 있는 능력을 습득할 수 있다. 대부분의 실제 시스템에는 여러 요소가 포함되어 있기 때문에 계산이 많이 복잡해질 수 있다. 시리즈 시스템 분석의 기본 원칙을 숙지한 후에 유체 유동 시스템의 계산 지원 분석을 사용하여 대부분의 계산을 수행할 수 있는 능력을 습득해야 한다.

그림 11.1에 산업 배관 시스템이 제시되어 있다. 수동핸들 작동기의 밸브는 유동을 시작하거나 중지하는 등 시스템의 여러 부분으로 유동을 유도하는 데 사용된다. 엘보, 확대 및 파이프 섹션이 모두 연결되어 있고 하나의 펌프가 유체를 시스템으로 전달한다.

탐구

6−10장을 검토하여 제시되었던 분석 도구를 상기해보자. 연속 방정식, 일반 에너지 방정식, 마찰 및 부손실로 인한 에너지 손실 등이 있다. 7장에서 묘사된 파이프라인 시스템을 연구하고 에너지 손실이 발생하는 위치를 파악해보자. 여러 종류의 배관 요소에서 층류 및 난류 유형 및 에너지 손실을 확인한 8−10장의 개요를 검토하도록 하자.

입문 개념

10장 개요의 토론을 생각해보자. 유체 유동의 경로를 따라 실제 시스템을 검사하고, 시스템에서 발생하는 부손실 종류를 확인했다. 각 밸브, 부속품 또는 유로의 크기나 방향이 변경되면 시스템에서 에너지가 손실된다. 유체로부터 방출되는 열의 형태로 에너지가 손실되어 결과적으로 시스템을 통한 압력이 감소한다. 손실 에너지는 펌프에 의해 처음으로 시스템으로 전달되었거나 에너지원이 더 높은 고도 또는 메인 라인의 고압에 있었기 때문이다. 이로 인한 에너지 손실은 낭비지만 시스템을 구성하는 요소들은 시스템이 작동하는 데 필수적이다. 이러한 구성 요소의 에너지 손실을 줄이면 일반적으로 더 작은 펌프 및 모터를 사용할 수 있거나 주어진 시스템이 더 큰 출력을 낼 수 있다.

시스템 분석 및 설계 문제는 다음과 같이 세 가지로 분류될 수 있다.

그림 11.1 다양한 종류와 크기의 파이프, 밸브 및 부속품이 포함된 실제 산업 배관 시스템

Class Ⅰ: 시스템은 파이프 크기, 부손실 유형 및 시스템 유체 체적 유량과 관련하여 완벽하게 정의될 수 있다. 일반적인 목표는 관심 지점의 압력을 계산하거나, 펌프의 총 수두를 계산하거나, 유체 원천의 고도를 계산하여 시스템의 선택된 지점에서 원하는 유량 또는 압력을 산출하는 것이다.

Class Ⅱ: 시스템은 고도, 파이프 크기, 밸브 및 부속품, 시스템 주요 지점에서 허용되는 압력 강하에 대해 완벽하게 정의될 수 있다. 주어진 시스템에서 전달할 수 있는 유체 체적 유량을 알 수 있다.

Class Ⅲ: 시스템의 일반적인 레이아웃은 원하는 체적 유량과 함께 알려져 있다. 주어진 유체 체적 유량을 운반하는 데 필요한 파이프 크기가 결정되어야 한다.

이 세 가지 클래스를 분석하고 설계하는 방법을 연구할 때 시스템의 바람직한 요소가 무엇인지도 알아야 한다. 주어진 용도에 사용할 더 나은 밸브는 어떤 유형인가? 압력을 평가하는 시스템의 위치는 어디에 위치해야 하는가? 유체 출입과 관련하여 시스템에 펌프를 배치해야 되는 곳은 어디가 되어야 하는가? 펌프가 전달할 수 있는 수두 총량은 얼마인가? 시스템 다른 부분에서 적절한 속도의 흐름은 무엇인가? 이러한 문제 중 일부는 이전 장에서 이미 제기되었다. 이제 제안된 시스템의 수용 가능성을 평가하고 개선을 권고하기 위해 이들을 사용하게 될 것이다.

11.1 목표

이 장을 학습한 후에 다음의 항목들을 수행할 수 있다.

1. 시리즈 파이프라인 시스템을 식별한다.
2. 주어진 시스템이 위에서 서술한 세 가지 경우 중 어느 경우인지 결정한다.
3. 주어진 유량을 가지는 시스템에 대하여 파이프, 부손실, 펌프 또는 저장소의 어떤 조합으로도 Class I 시스템의 총 에너지 손실, 고도 차이 또는 압력차를 계산한다.
4. 시스템의 압력 차와 위치 수두를 알 때 속도 또는 체적 유량을 Class II 시스템에 대해 결정한다.
5. 제한 압력 강하가 지정되거나 고도 차이를 알 때 주어진 유체 유량이 흐르기 위해 필요한 파이프 크기를 Class III 시스템에 대해 결정한다.
6. PIPE-FLO® 소프트웨어를 이용하여 시리즈 파이프라인 시스템의 성능을 분석한다.

11.2 Class I 시스템

이번 장은 그림 11.2에 제시된 바와 같은 시리즈 시스템을 다룰 예정이다. 각 저장소의 자유 표면을 기준점으로서 사용하여 정의되는 에너지 방정식은 식 (11-1)과 같다.

$$\frac{p_1}{\gamma}+z_1+\frac{v_1^2}{2g}+h_A-h_L=\frac{p_2}{\gamma}+z_2+\frac{v_2^2}{2g} \tag{11-1}$$

주어진 방정식의 왼쪽 세 항들은 점 1에서 압력 수두, 위치 수두, 속도 수두에 의한 에너지를 나타낸다. 오른쪽 항들은 점 2에서의 에너지를 나타낸다. h_A는 펌프에 의해 유체에 추가되는 에너지이다. 이런 종류의 에너지는 보통 펌프에 의한 총 수두라 하며, 펌프를 선택할 때 기본적으로 고려되는 인자들 중 하나이다. h_L은 점 1에서 점 2까지 시스템에서의 총 에너지 손실을 나타낸다. 총 에너지 손실에 영향을 미치는 인자들은 몇 가지가 있다. 이 문제에서는 6개의 인자들이 고려되었다.

$$h_L=h_1+h_2+h_3+h_4+h_5+h_6 \tag{11-2}$$

여기서

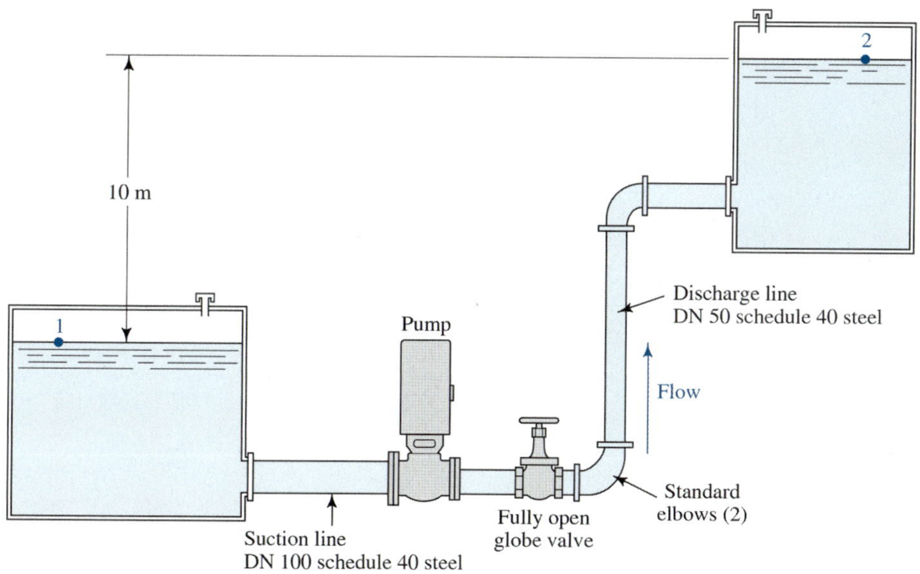

그림 11.2 예제 11.1에 대한 시스템

h_L = 단위 질량당 총 에너지 손실

h_1 = 입구 손실

h_2 = 흡입관(suction line)에서의 마찰 손실

h_3 = 밸브에서의 에너지 손실

h_4 = 2개의 90° 엘보에서의 에너지 손실

h_5 = 배출관(discharge line)에서의 마찰 손실

h_6 = 출구 손실

시리즈 파이프라인에서 총 에너지 손실은 개별적인 부손실과 모든 파이프에서의 마찰 손실의 합과 같다. 이것은 에너지 방정식이 두 기준점 사이에서 시스템의 모든 에너지에 대한 접근법이라는 원칙과 일치한다.

Class I 시스템 분석에 대한 접근 방식은 일반적으로 많은 유형의 에너지 손실이 존재할 것이라는 점을 제외하고는 이전 장에서 사용된 것과 동일하다. 다음의 프로그램 예제는 Class I 문제의 해결책을 보여준다.

프로그램 예제

예제 11.1 그림 11.2에서 효율이 76%인 경우 펌프에 공급되는 동력을 계산하시오. 25℃ 메틸알코올은 54 m^3/h의 속도로 흐르고 있다. 흡입관은 15 m 길이의 표준 DN 100 Schedule 40 강 파이프이다. 배출관의 DN 50 Schedule 40 강 파이프의 총 길이는 200 m이다. 저수조 1의 입구는 사각형 형태이며, 엘보는 표준이라고 가정한다. 밸브는 완전히 열린 글로브 밸브이다.

시스템의 에너지 방정식으로부터 해를 구하시오.

해설 저수조의 표면을 기준점으로 하면

$$\frac{p_1}{\gamma}+z_1+\frac{v_1^2}{2g}+h_A-h_L=\frac{p_2}{\gamma}+z_2+\frac{v_2^2}{2g}$$

$p_1 = p_2 = 0$이고, v_1과 v_2가 거의 0이므로 위의 방정식은 다음과 같이 간략히 쓸 수 있다.

$$z_1 + h_A - h_L = z_2$$

이 문제는 펌프에 공급되는 동력을 구하는 것이므로 펌프의 총 수두 h_A를 구하면 된다.

$$h_A = z_2 - z_1 + h_L$$

전체 에너지 손실 h_L에는 여섯 가지 요인이 있다. 이들을 열거하고 각각을 평가하기 위한 공식을 적는다.

다음 항목이 포함되어야 한다. 아래 첨자 s는 흡입관, 아래 첨자 d는 배출관을 의미한다.

$h_1 = K(v_s^2/2g)$	입구 손실
$h_2 = f_s(L/D)(v_s^2/2g)$	흡입관에서의 마찰 손실
$h_3 = f_{dT}(L_e/D)(v_d^2/2g)$	밸브
$h_4 = f_{dT}(L_e/D)(v_d^2/2g)$	2개의 90° 엘보
$h_5 = f_d(L/D)(v_d^2/2g)$	배출관에서의 마찰 손실
$h_6 = 1.0(v_d^2/2g)$	출구 손실

흡입 또는 배출의 속도 수두가 각 에너지 손실에 필요하므로 이 값을 계산할 필요가 있다.

아래와 같은 과정을 따라서 $v_s^2/2g = 0.17$ m, $v_d^2/2g = 2.44$ m이다.

$$Q = \frac{54.0\ \text{m}^3}{\text{hr}} \times \frac{1\ \text{hr}}{3600s} = 0.015\ \text{m}^3/\text{s}$$

$$v_s = \frac{Q}{A_s} = \frac{0.015\ \text{m}^3}{s} \times \frac{1}{8.213 \times 10^{-3}\ \text{m}^2} = 1.83\ \text{m/s}$$

$$\frac{v_s^2}{2g} = \frac{(1.83)^2}{2(9.81)}\ \text{m} = 0.17\ \text{m}$$

$$v_d = \frac{Q}{A_d} = \frac{0.015\ \text{m}^3}{s} \times \frac{1}{2.168 \times 10^{-3}\ \text{m}^2} = 6.92\ \text{m/s}$$

$$\frac{v_d^2}{2g} = \frac{(6.92)^2}{2(9.81)}\ \text{m} = 2.44\ \text{m}$$

흡입관과 배출관에서의 마찰 손실과 배출관에서의 부손실을 결정하기 위해 각 파이프에 대한 Reynolds 수, 상대 거칠기 및 마찰계수, 그리고 전체 난류 영역에서의 마찰계수가 필요하다. 밸브 및 파이프 부속품이 포함된 배출관도 포함하여 값을 찾으시오.

25℃ 메틸알코올은 $\rho = 789\ \text{kg/m}^3$이고, $\eta = 5.60 \times 10^{-4}\ \text{Pa} \times \text{s}$이다. 흡입관에서

$$N_R = \frac{vD\rho}{\eta} = \frac{(1.83)(0.1023)(789)}{5.60 \times 10^{-4}} = 2.64 \times 10^5$$

이다. 유동이 난류인 관계로 f_s는 그림 8.7 Moody 선도를 통해 구해야 한다. $\varepsilon = 4.6 \times 10^{-5}$ m인 강철 배관에 대해

$$D/\varepsilon = 0.1023/(4.6 \times 10^{-5}) = 2224$$

$$N_R = 2.64 \times 10^5$$

이므로 $f_s = 0.018$이다.

배출관에 대해서는

$$N_R = \frac{vD\rho}{\eta} = \frac{(6.92)(0.0525)(789)}{5.60\times10^{-4}} = 5.12\times10^5$$

배출관에서도 역시 난류인 관계로 다음과 같다.

$$D/\varepsilon = 0.0525/(4.6\times10^{-5}) = 1141$$
$$N_R = 5.12\times10^5$$
$$f_d = 0.020$$

표 10.5의 완전 난류 영역에서 DN 50 배출관에 대하여 $f_{dT} = 0.019$이다.

에너지 손실 계산으로 돌아와서, 입구 손실 h_1을 계산하도록 하자.

$h_1 = 0.09$ m이다. 사각 입구에 대해서 $K = 0.5$이므로

$$h_1 = 0.5(v_s^2/2g) = (0.5)(0.17\text{m}) = 0.09\text{m}$$

이다. 흡입관에서 마찰 손실 h_2를 계산해보자.

$h_2 = 0.45$m이다.

$$h_2 = f_s \times \frac{L}{D} \times \frac{v_s^2}{2g} = f_s\left(\frac{15}{0.1023}\right)(0.17)\ \text{m}$$
$$h_2 = (0.018)\left(\frac{15}{0.1023}\right)(0.17)\ \text{m} = 0.45\ \text{m}$$

배출관에서 에너지 손실 h_3를 계산하도록 하자.

10장에서의 자료로부터 완전 개방 글로브 밸브에서의 등가길이 비율 L_e/D은 340이다. 마찰계수 f_{dT}는 0.019이다. 따라서

$$h_3 = f_{dT} \times \frac{L_e}{D} \times \frac{v_d^2}{2g} = (0.019)(340)(2.44)\ \text{m} = 15.76\ \text{m}$$

이다. 2개의 90° 엘보에서의 에너지 손실 h_4를 계산하도록 하자.

표준 90° 엘보에 대해, $L_e/D = 30$이다. 앞에서와 같이 $f_{dT} = 0.019$이다. 따라서

$$h_4 = 2f_{dT} \times \frac{L_e}{D} \times \frac{v_d^2}{2g} = (2)(0.019)(30)(2.44)\ \text{m} = 2.78\ \text{m}$$

이다. 배출관에서의 마찰 손실 h_5를 계산하도록 하자.

$$h_5 = f_d \times \frac{L}{D} \times \frac{v_d^2}{2g} = (0.02)\left(\frac{200}{0.0525}\right)(2.44)\ \text{m} = 185.9\ \text{m}$$

출구 손실 h_6를 계산하도록 하자.

출구 손실은 다음과 같다.

$$h_6 = 1.0(v_d^2/2g) = 2.44\ \text{m}$$

개별 에너지 손실을 모두 계산하였으므로 전체 에너지 손실 h_L이 계산될 수 있다.

$$h_L = h_1 + h_2 + h_3 + h_4 + h_5 + h_6$$
$$h_L = (0.09 + 0.45 + 15.76 + 2.78 + 185.9 + 2.44)\ \text{m}$$

$$h_L = 207.4 \text{ m}$$

에너지 방정식에서 펌프 전체 수두는

$$h_A = z_2 - z_1 + h_L$$

$$h_A = 10 \text{ m} + 207.4 \text{ m} = 217.4 \text{ m}$$

펌프에 제공되는 출력 P_A를 계산하도록 하자.

$$\text{출력값} = \frac{h_A \gamma Q}{e_M} = \frac{(217.4 \text{ m})(7.74 \times 10^3 \text{ N/m}^3)(0.015 \text{ m}^{3/s})}{0.76}$$

$$P_A = 33.2 \times 10^3 \text{ N} \cdot \text{m/s} = 33.2 \text{ kW}$$

파이프라인 시스템 설계의 일반 원리 주어진 시스템의 특정 요구 사항이 파이프라인 시스템의 일부 기능을 결정할 수 있지만, 다음 가이드 라인은 효율적인 시스템을 합리적으로 설계하는 데 도움이 된다.

1. 7장에서 펌프가 시스템에서 필요로 하는 동력은

$$P_A = h_A \gamma Q$$

로 계산되며, 여기서 h_A는 펌프의 총 수두를 나타낸다. 에너지 손실은 총 수두에 많은 영향을 미치므로 최소화해야 한다.

2. 펌프의 입구에서의 압력에 특히 주의를 기울여 실제 압력을 높게 유지해야 한다. 흡입관의 최종 설계는 13장에서 자세히 설명한 대로 유효 흡입 수두(NPSH)를 계산하여 펌프의 흡입 포트에서 공동 현상이 발생하지 않는지 확인해야 한다.
3. 합리적인 물리적 크기와 구성 요소의 비용을 유지하면서 에너지 손실을 최소화하도록 시스템 구성 요소를 선택해야 한다.
4. 파이프 크기를 선택할 때 6장의 6.4절에서 주어진 시스템 유형에 대한 권장 사항에 따라야 한다. 그림 6.3은 일반적인 유체 이송 시스템의 흡입 및 배출관의 대략적인 크기를 결정하는 데 사용해야 한다. 매우 큰 파이프 크기는 파이프의 길이가 긴 경우 또는 에너지 손실을 최소화해야 하는 경우에 명시되어야 한다.
5. 선택한 파이프 크기가 펌프 흡입 및 배출 연결의 크기와 다른 경우 10장에서 논의된 것처럼 간단한 저손실 점진적 축소 또는 확대를 사용할 수 있다. 이 유형의 표준 구성 요소는 다양한 종류의 배관에 상업적으로 제공된다.
6. 흡입관의 길이는 가능한 한 짧아야 한다.
7. 시스템 설계가 시스템 제어를 원하는 매개 변수로 유지하기 위해 유량을 조절하도록 요구하지 않는 한 낮은 손실의 차단 및 게이트 또는 버터플라이 밸브와 같은 제어 밸브를 권장한다. 그런 다음 글로브 밸브를 지정할 수 있다. 더 작은 시스템에서는 제어 밸브로서 니들 밸브를 사용하는 것이 좋다.
8. 펌프의 수리 또는 제거를 허용하기 위해 펌프의 양쪽에 차단 밸브를 배치하는 것이 종종 바람직하다.

그림 11.2, 예제 11.1에 분석된 시스템 비판 방금 결론지은 문제 해결 방법은 유체 유동 시스템 설계자에게 제안된 설계를 평가하고 시스템 개선에 대한 합리적 결정을 내리는 데 유용한 정보를 제공한다. 예제 11.1에서 분석된 시스템에 방금 제시된 원칙을 적용하려고 한다. 펌프가 요구하는 동력을 극적으로 줄이고 흡입관의 설계를 조정하기 위해 시스템을 재설계하는 몇 가지 방법을 제안하는 것이 목표이다. 다음은 몇 가지 관찰 사항이다.

1. 제1저장소와 펌프 사이의 흡입관의 길이는 15 m로 주어지면 지나치게 길어 보인다. 흡입관이 실제처럼 짧을 수 있도록 펌프를 저장소 근처로 재배치할 것을 권고한다.
2. 펌프로의 입구 전에 흡입관에 밸브를 설치하여 저장소를 배수시키지 않고 펌프를 제거하거나 정비하는 것이 바람직할 수 있다. 밸브가 완전히 열린 상태에서 정상 작동 중에 에너지 손실이 작아지도록 게이트 밸브를 사용해야 한다.
3. 흡입관의 적절한 크기를 결정하기 위해 6.4절과 그림 6.3을 참조하라. 54.0 m^3/s의 체적 유량의 경우 대략 DN 80 mm 파이프 크기가 제안된다. 예제 11.1에서 사용된 DN 100 크기는 허용 가능하며 흡입관 속도 1.83 m/s는 0.17 m의 매우 낮은 속도 수두와 그에 따른 마찰 손실을 발생시켜 흡입관에 바람직하다.
4. 200 m 길이의 배출관에서의 에너지 손실은 DN 50 파이프에서 6.92 m/s의 높은 유속으로 인해 매우 크다. 그림 6.3은 약 DN 65 배출관의 크기를 제시한다. 그러나 길이가 길기 때문에 속도를 3.15 m/s로 하고 0.504 m의 속도 수두를 생성하는 DN 80 Schedule 40 강 파이프를 지정한다. DN 50 파이프의 원래 속도 수두인 2.44 m에 비해 거의 5배 감소하는 것이다. 에너지 손실은 거의 비례하여 감소할 것이다.
5. 배출관의 글로브 밸브는 저항이 작은 타입으로 교체되어야 한다. 등가길이 비율 $L_e/D=340$은 모든 종류의 밸브 중에서 가장 높은 편에 속한다. 완전 개방 게이트 밸브는 $L_e/D=8$이며, 42배 이상 감소한 것이다.

설계 변화 요약 이상으로 다음과 같은 변화들이 제안된다.

1. 흡입관 길이를 15 m에서 1.5 m로 줄인다. 2개 저장소가 같은 위치에 있어야 한다고 가정하면, 13.5 m 길이의 여분이 배출관에 추가되어 합계 213.5 m가 된다.
2. 흡입관에 완전 개방 글로브 밸브를 추가한다.
3. 배출관을 DN 50에서 DN 80 Schedule 40으로 증가시킨다. 그럼 $v_d=3.15$ m/s가 되고 속도 수두는 0.504 m이다.
4. 배출관의 글로브 밸브를 완전 개방 게이트 밸브로 교체한다.

이상의 설계 변화를 거치게 되면 펌프에 의해 추가되는 에너지는 217.4 m에서 37.1 m로 감소하게 된다. 펌프에 제공되는 동력도 33.2 kW에서 5.66 kW로, 거의 6배 감소하게 된다.

11.3 Class I 문제에 대한 스프레드시트

Class I 시리즈 파이프라인 문제에 대한 해법 절차는 시스템이 완전히 정의되고 분석이 반복 또는 값의 추정 없이 최종 솔루션으로 이어진다는 점에서 직접적이다. 그러나 그것은 많은 계산을 요구하는 성가신 면도 있다. 여러 시스템을 설계하거나 설계자가 주어진 설계에 대해 몇 가지 수정을 시도하려면 많은 시간이 걸릴 수 있다. 스프레드시트 사용 시 기본 데이터만 입력하면 대부분의 계산을 수행하여 절차가 크게 향상된다.

유체유동 문제를 해결하기 위한 컴퓨터 보조 방식을 구현하기 전에 프로그램의 기본 원리 및 분석 기술을 이해하는 것이 중요하다. 오류가 있는 값을 입력하거나 결과를 잘못 해석할 경우, 시스템 작동 상태가 좋지 않거나 장비가 손상되거나 부상을 입을 수 있는 것과 같은 심각한 위험이 발생할 수 있다. 이 장의 스프레드시트는 수업 지도자의 지침에 따라 다운로드할 수 있다. 또한 스프레드시트의 설계도 변경해서 사용할 수 있다. 문제해결 과정에서 스프레드시트를 사용하는 데 있어 중요한 목표는 전산 도구를 사용함으로써 작업을 좀 더 쉽고 빠르게 하여 복잡한 설계 문제에 정확하고 최적의 솔루션을 제공할 수 있다는 것이다.

8-13장에서 사용되는 PIPE-FLO® 소프트웨어와 같이 상업적으로 이용 가능한 분석 소프트웨어를 사용하면 스스로 작성한 스프레드시트나 기타 컴퓨터 보조 기능보다 훨씬 많은 기능을 제공한다. 따라서 두 접근법을 모두 사용할 수 있다. 요약하면 유체역학의 원리를 이해하고 계산 보조 도구를 사용하여 생산성을 향상시키는 데 익숙해야 한다.

그림 11.3은 Class I 시리즈 파이프라인 문제에 대한 스프레드시트 사용에 한 가지 접근법을 보여준다. 이는 그림 11.2와 비슷한 시스템을 모델링하도록 설계되었다. 그림 11.2에서는 펌프가 일부 출처의 유체를 흡입하여 대상 지점으로 전달한다. 표시된 값은 펌프를 구동하는 데 필요한 동력을 계산하는 예제 11.1과 동일하다. 스프레드시트 값을 예제 값과 비교해보라. 사소한 차이점은 대부분 반올림으로 인한 것과 마찰계수가 스프레드시트에 의해 계산되지만, 예제에 대한 Moody 선도에서 수동으로 읽혀진다는 점이다.

스프레드시트는 다소 다양하지만 기능은 다음과 같이 설명될 수 있다.

Class I 시리즈 파이프라인 펌프에 필요한 동력을 계산하는 스프레드시트의 기능(SI 단위)

1. 적절한 셀에 입력해야 하는 값은 음영으로 식별된다.
2. 시트 왼쪽 상단에 시스템 식별 정보를 입력할 수 있다.
3. 시트 오른쪽 상단에 에너지 방정식에 사용할 2개의 기준점에 대한 설명을 입력한다.
4. 그 다음 시스템 값을 입력한다. 먼저 체적 유량을 m^3/s 단위로 입력한다. 그런 다음 양쪽 기준점에 압력과 높이를 입력한다. 예제에서 두 기준점이 저장소의 자유 표면에 있기 때문에 압력은 0이다. 기준 높이는 저장소 1 표면을 기준으로 정한다. 그러므로 점 1의 높이는 0 m이고, 점 2의 높이는 10 m이다.
5. 필요한 속도 값을 주의 깊게 조사하라. 예제에서 두 기준점의 속도는 탱크 자유 표면에 있으므로 0이다. 0 값은 수동으로 입력해야 한다. 기준점 중 하나 또는 전체가 파이프 내 있으면 속도가 필요하다. 셀 참조 B20은 파이프 1에서의 유속에 대한 것이다. 셀 참조 E20은 파이프 2 속도가 계산되는 것이다. 파이프에 대한 적절한 데이터가 입력된 후 올바른 속도 및 속도 수두값이 시스템 데이터 셀에 표시된다.
6. 유체 특성 값을 입력하라. 비중량 및 동점도는 Reynolds수와 펌프에 필요한 동력을 계산하는 데 필요하다. 유체 점도와 밀도만 알면 $\mu = \eta / \rho$에서 동점성도를 계산할 수 있다.
7. 파이프 값이 입력된다. 예제와 같은 두 가지 파이프 크기를 갖는 시스템에 대한 조항이 마련되어 있다. 펌핑된 시스템은 더 큰 흡입 파이프와 더 작은 배출 파이프를 갖는 것이 일반적이다. 각각에 대해 음영 영역에 유량 직경, 벽 거칠기 및 직선 파이프의 전체 길이를 입력해야 한다. 그럼 다음 음영 처리되지 않은 영역의 값을 계산한다. 마찰계수는 8장 식 (8-7) Swamee-Jain 식에 의해

APPLIED FLUID MECHANICS	CLASS I SERIES SYSTEMS
Objective: ***Pump Power***	*Reference points for the energy equation:*
Example Problem 11.1	Point 1: At surface of lower reservoir
Figure 11.2	Point 2: At surface of upper reservoir

System Data:	**SI Metric Units**		
Volume flow rate: Q =	*0.015 m^3/s*	*Elevation at point 1 =*	*0 m*
Pressure at point 1 =	*0 kPa*	*Elevation at point 2 =*	*10 m*
Pressure at point 2 =	*0 kPa*	*If Ref. pt. is in pipe: Set v1 "= B20" OR Set v2 "= E20"*	
Velocity at point 1 =	*0 m/s →*	Vel head at point 1 =	0 m
Velocity at point 2 =	*0 m/s →*	Vel head at point 2 =	0 m

Fluid Properties:		May need to compute $\nu = \eta/\rho$
Specific weight =	*7.74 kN/m^3*	*Kinematic viscosity = 7.10E-07 m^2/s*

Pipe 1: DN 100 Schedule 40 steel pipe		***Pipe 1: DN 80 Schedule 40 steel pipe***		
Diameter: D =	*0.1023 m*	*Diameter: D =*	*0.0525 m*	
Wall roughness: ϵ =	*4.60E-05 m*	*Wall roughness: ϵ =*	*4.60E-05 m*	*[See Table 8.2]*
Length: L =	*15 m*	*Length: L =*	*200 m*	
Area: *A* =	8.22E-03 m^2	Area: *A* =	2.16E-03 m^2	[$A = \pi D^2/4$]
D/ϵ =	2224	*D/ϵ* =	1141	Relative roughness
L/D =	147	*L/D* =	3810	
Flow velocity =	1.82 m/s	Flow velocity =	6.93 m/s	[$v = Q/A$]
Velocity head =	0.170 m	Velocity head =	2.447 m	[$v^2/2g$]
Reynolds No. =	2.63E+05	Reynolds No. =	5.13E+05	[$N_R = vD/\nu$]
Friction factor: *f* =	0.0182	Friction factor: *f* =	0.0198	Using Eq. 8–7

Energy Losses in Pipe 1:		Qty.			
Pipe: $K_1 = f(L/D)$ =	*2.67*	1	Energy loss h_{L1} =	0.453 m	Friction
Entrance loss: K_2 =	*0.50*	1	Energy loss h_{L2} =	0.085 m	
Element 3: K_3 =	*0.00*	1	Energy loss h_{L3} =	0.000 m	
Element 4: K_4 =	*0.00*	1	Energy loss h_{L4} =	0.000 m	
Element 5: K_5 =	*0.00*	1	Energy loss h_{L5} =	0.000 m	
Element 6: K_6 =	*0.00*	1	Energy loss h_{L6} =	0.000 m	
Element 7: K_7 =	*0.00*	1	Energy loss h_{L7} =	0.000 m	
Element 8: K_8 =	*0.00*	1	Energy loss h_{L8} =	0.000 m	

Energy Losses in Pipe 2:		Qty.			
Pipe: $K_1 = f(L/D)$ =	75.35	1	Energy loss h_{L1} =	184.40 m	Friction
Globe valve: K_2 =	*6.46*	1	Energy loss h_{L2} =	15.81 m	
2 std elbows: K_3 =	*0.57*	2	Energy loss h_{L3} =	2.79 m	
Exit loss: K_4 =	*1.00*	1	Energy loss h_{L4} =	2.45 m	
Element 5: K_5 =	*0.00*	1	Energy loss h_{L5} =	0.00 m	
Element 6: K_6 =	*0.00*	1	Energy loss h_{L6} =	0.00 m	
Element 7: K_7 =	*0.00*	1	Energy loss h_{L7} =	0.00 m	
Element 8: K_8 =	*0.00*	1	Energy loss h_{L8} =	0.00 m	

	Total energy loss h_{Ltot} =	205.98 m
Results:	Total head on pump: h_A =	216.0 m
	Power added to fluid: P_A =	25.08 kW
	Pump efficiency =	*76.00 %*
	Power input to pump: P_I =	32.99 kW

그림 11.3 Class I 시리즈 파이프라인 시스템에 대한 스프레드시트, 예제 11.1에 대한 자료값

서 결정된다.

8. 에너지 손실은 스프레드시트에서 처리된다. 에너지 손실은 각 요소에 대해 적절한 저항계수를 사용하여 계산된다. 파이프 마찰에 대한 K는 자동으로 계산된다. 부손실의 경우 위에서 설명한 대로 차트에서 값을 얻거나 계산해야 한다. 이것들은 음영 영역에 입력되고 각 요소에 대한 간략한 설명이 나열될 수 있다. 2개의 파이프 각각에서 8개의 손실을 위한 공간이 제공된다. 사용되지 않는 셀의 값을 0으로 입력해야 한다. 8장과 10장에서 다음을 기억하는 것이 좋다.
   - 파이프 마찰의 경우 $K = f(L/D)$이다. 여기서 f는 마찰계수, L은 직선 파이프 길이, D는 파이프 직경이다. 이 값은 데이터 섹션에서 계산되었으므로 스프레드시트에서 자동으로 계산된다.

- 유로의 크기 변화로 인한 부손실의 K값에 대해서는 10.3−10.8절을 참고해야 한다. 이 값을 적절한 파이프에 입력해야 한다. 주어진 속도의 부손실에 대한 기준 속도로 사용되는 속도를 기록해야 한다. 확대 및 축소에 대한 K 요인은 작은 파이프의 속도 수두를 기반으로 한다.
- 밸브, 부속품 및 굴곡으로 인한 부손실은 $K = f_T(L_e/D)$로 표시된다. 여기서 f_T는 요소가 연결된 파이프 크기, 유형에 대한 완전 난류 영역의 마찰계수이다. 표 10.5는 강 파이프에 대한 자료의 출처이다. 다른 유형의 파이프 또는 튜빙에 대해서는 10.9절에 나와 있는 방법을 사용할 수 있다. 상대 거칠기는 Moody 선도에서 완전 난류 영역의 마찰계수 f값을 찾는 데 사용된다. 등가 길이 비율의 값은 표 10.4 또는 그림 10.28에 나와 있다.

9. 결과는 시트의 맨 아래에 자동으로 계산된다. 총 에너지 손실은 두 파이프의 모든 파이프 마찰과 부손실의 합이다.
10. 펌프 전체 수두 h_A는 에너지 방정식을 통해 결정될 수 있다.

$$h_A = \frac{p_2 - p_1}{\gamma} + (z_2 - z_1) + \frac{v_2^2 - v_1^2}{2g} + h_L$$

스프레드시트는 시트 윗부분에 표시된 적절한 값들을 이용하여 필요한 계산을 하게 된다.

11. 유체에 가해지는 동력은 다음과 같다.

$$P_A = h_A \gamma Q$$

12. 펌프 효율 e_M은 %로 표시된다.
13. 펌프에 대한 출력 입력은

$$P_I = P_A / e_M$$

으로 계산된다.

Class I 시리즈 파이프라인 문제의 다른 형태는 이 형태를 이용하여 충분히 다룰 수 있다. 단위가 다른 경우에는 다른 스프레드시트가 이용되어야 한다. 왜냐하면 $g = 9.81\ \mathrm{m/s^2}$과 같이 특정한 단위 체계에 부합되는 값들이 있기 때문이다.

예를 들어 문제의 목적이 하류 기준점 B에서의 압력을 알 때 특정 상류점 A에서의 압력을 구하는 것이라면, 상류 압력에 대해 에너지 방정식은 다음과 같이 쓰일 수 있다.

$$p_A = p_B + \gamma\left[(z_B - z_A) + \frac{v_B^2 - v_A^2}{2g} + h_L\right]$$

최종 결과에서 이 조건을 평가하도록 스프레드시트를 구성해야 한다. 이 조건 설정에 대해 펌프 또는 유체 모터가 시스템에 없다고 가정한다.

11.4 Class II 시스템

Class II 시스템은 주어진 시스템에 의해 이송될 수 있는 유체량을 알고자 하는 것이다. 그 시스템은 높이, 파이프 크기, 밸브, 부속품 그리고 시스템 내 중요한 지점에서 허용 가능한 압력 강하에 의해 완벽하게 결정될 수 있다.

압력 강하는 시스템의 에너지 손실과 직접적으로 관련되어 있으며 에너지 손실은 일반적으로 유체가 시스템을 통과할 때 유체 속도 수두에 비례한다는 것을 알고 있다. 속도 수두가 $v^2/2g$이기 때문에 에너지 손실은 속도 제곱에 비례한다. 따라서 이 문제들을 다룰 때 설계자로서의 임무는 속도가 얼마나 높은지 제한된 압력 강하가 이루어지는지를 결정하는 것이다.

이제 Class II 시스템을 설계하기 위한 세 가지 접근 방식을 제안할 것이다. 이 접근 방식들은 다양한 복잡성과 최종 결과의 정밀도를 가지고 있다. 다음 목록은 각 방법에서 사용되는 시스템의 유형과 그 방법에 대한 간략한 개요를 제공한다. 각 방법에 대한 자세한 내용은 예제 11.2–11.4에 나온다.

방법 II–A 파이프 마찰 손실만을 고려한 시리즈 시스템에 사용되는 직접 해법은 마찰계수의 직접 계산을 포함하는 Swamee–Jain 방정식에 기반한다. 이 접근법은 8.8절에 소개되어 있다. 예제 11.2를 참조하라.

방법 II–B 이 방법은 상대적으로 작은 부손실이 비교적 큰 파이프 마찰 손실과 함께 존재하는 시리즈 시스템에 사용되며 방법 II–A 과정에 몇 가지 단계가 추가된다. 부손실은 초기에 무시되고, 방법 II–A에서 사용된 동일한 방정식이 허용되는 속도 및 체적 유량을 추정하는 데 사용된다. 그런 다음 적당히 낮은 체적 유량이 결정되고 부손실이 도입되며, 시스템은 성능에 대한 Class I 시스템으로 분석된다. 결과가 만족스러우면 문제는 끝난다. 그렇지 않은 경우 만족스러운 결과가 얻어질 때까지 다른 체적 유량을 시도해야 한다. 예제 11.3의 스프레드시트를 참고하라. 이 방법은 시행착오가 필요하다.

방법 II–C 이 방법은 파이프 마찰 손실과 비교하여 부손실이 크고 분석에서 높은 수준의 정밀도가 요구되는 시리즈 시스템에 사용되며 가장 시간이 많이 걸리는 작업이다. 전체 시스템 및 파이프 마찰계수에 따른 유동 속도 표현의 대수 분석을 필요로 한다. 마찰계수는 속도(Reynolds수)에 따라 다르므로 이 2개의 양 모두 알 수 없다. 분석을 완료하기 위해 반복 과정이 사용된다. 반복은 제어 단계의 "시행 착오적인" 방법으로 반복의 각 단계에서 압력 강하 한계를 충족시키기 위해 흐름의 제한 속도를 좀 더 정확하게 예측할 수 있다. 이 과정은 일반적으로 2–4회 반복된다. 예제 11.4를 참조하라.

예제 11.2 오일은 배관의 100 m당 최대 압력 강하가 60 kPa인 수평 DN 150 Schedule 40 강 파이프를 통해 공급되어야 한다. 오일 비중은 0.880이고 점도는 9.5×10^{-3} Pa·s이다. 오일의 최대 허용 체적 유량을 계산하시오.

해설 그림 11.4는 시스템을 보여준다. 이것은 체적 유량이 주어지지 않고, 다시 말해 속도를 모른다는 점에서 Class II 시리즈 파이프라인 문제이다. 여기서는 방법 II–A가 사용된다. 왜냐하면 파이프 마찰 손실만이 존재하기 때문이다.

1단계 시스템에 대한 에너지 방정식을 쓰시오.

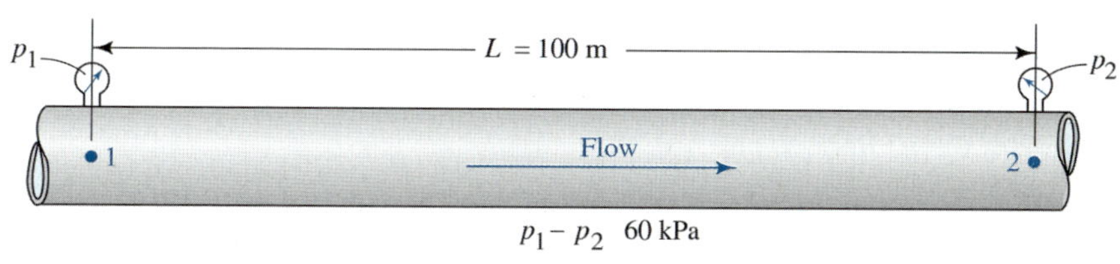

그림 11.4 예제 11.2 파이프 기준점들

2단계 에너지 손실 h_L에 대해 방정식을 재구성하시오.

3단계 시스템에 대한 다음의 값들을 결정하시오.

파이프 직경 D

상대 거칠기 D/ε

파이프 길이 L

유체 동점도 $\mu=\eta/\rho$

4단계 체적 유량을 결정하기 위해 다음의 방정식을 사용하시오. 이때 모든 단위는 같은 체계로 기술되어야 한다.

$$Q=-2.22D^2\sqrt{\frac{gDh_L}{L}}\log\left(\frac{1}{3.7D/\varepsilon}+\frac{1.784\nu}{D\sqrt{gDh_L/L}}\right) \tag{11-3}$$

결과 에너지 방정식을 기술하기 위해 그림 11.3에 주어진 점 1과 2를 사용한다.

$$\frac{p_1}{\gamma}+z_1+\frac{v_1^2}{2g}-h_L=\frac{p_2}{\gamma}+z_2+\frac{v_2^2}{2g}$$

이 문제에서 $z_1=z_2$, $v_1=v_2$는 몇 가지 항들을 지울 수 있다.

$$\frac{p_1}{\gamma}-h_L=\frac{p_2}{\gamma}$$

h_L에 대해 다음과 같이 쓸 수 있다.

$$h_L=\frac{p_1-p_2}{\gamma}=\frac{60\ \text{kN}}{\text{m}^2}\times\frac{\text{m}^3}{(0.88)(9.81\ \text{kN})}=6.95\ \text{m}$$

필요한 다른 데이터들은 다음과 같다.

파이프 직경 $D=0.1541$ m [부록 F]

파이프 벽 거칠기 $\varepsilon=4.6\times10^{-5}$ m [표 8.2]

상대 거칠기 $D/\varepsilon=(0.1541\ \text{m})/(4.6\times10^{-5}\ \text{m})=3350$

파이프 길이 $L=100$ m

유체 동점도

$$\rho=(0.88)(1000\ \text{kg/m}^3)=880\ \text{kg/m}^3\text{이므로}$$

$$\nu=\eta/\rho=(9.5\times10^{-3}\ \text{Pa}\cdot\text{s})/(880\ \text{kg/m}^3)=1.08\times10^{-5}\ \text{m}^2/\text{s}$$

이 값들을 식 (11-3)에 대입하면

$$Q=-2.22(0.1541)^2\sqrt{\frac{(9.81)(0.1541)(6.95)}{100}}$$
$$\times\log\left[\frac{1}{(3.7)(3350)}+\frac{(1.784)(1.08\times10^{-5})}{(0.1541)\sqrt{(9.81)(0.1541)(6.95)/100}}\right]$$
$$Q=0.057\text{m}^3/\text{s}$$

설명 그러므로 이 파이프 내 오일 체적 유량이 0.057 m³/s보다 작은 경우, 100 m 길이에 대한 압력 강하는 60 kPa보다 작을 것이다.

Class II 시리즈 파이프 문제 방법 II–A에 대한 스프레드시트 그림 11.5는 방법 II–A에 필요한 계산들을 수월하게 하기 위한 단순한 스프레드시트를 보여준다.

그 특징은 다음과 같다.

1. 표제는 스프레드시트의 성격을 식별하고 문제의 번호 또는 기타 설명을 음영 처리된 영역에 입력할 수 있게 한다.
2. 시스템 데이터는 2개의 기준점에서 압력과 높이로 구성된다. 주어진 문제가 허용가능한 압력차 Δp를 제공하면 한 지점에서 압력 값을 할당한 다음 두 번째 지점에서 $p_2 = p_1 + \Delta p$를 통해 압력을 계산할 수 있다.
3. 에너지 손실은 스프레드시트에서 다음 식을 이용하여 계산된다.

$$h_L = (p_1 - p_2)/\gamma + z_1 - z_2$$

   이것은 에너지 방정식에서 얻어지는 것으로 2개의 기준점에서 속도가 같다는 가정이 필요하다.
4. 비중량, 동점도와 같은 유체 물성치가 입력된다.
5. 직경, 거칠기, 길이와 같은 파이프 자료값이 입력된다.
6. 식 (11–3)에 필요한 면적, 상대 거칠기에 대한 계산은 스프레드시트를 통해 수행된다.
7. 식 (11–3)을 이용하여 결과들이 계산된다. 최대 허용 체적 유량과 그때의 속도는 스프레드시트 아래 오른쪽에 제시된다. 이 값들은 예제 11.2 값들과 매우 유사하다.

Class II 시리즈 파이프라인 문제 방법 II–B에 대한 스프레드시트 그림 11.6에는 방법 II–A 스프레드시트 확장판인 방법 II–B에 대한 스프레드시트가 제시된다. 사실 스프레드시트 첫 번째 부분은 부손실이 고려되지 않는 허용 체적 유량을 구하기 위한 그림 11.5와 동일하다. 부손실을 포함하는 스프레드시트 하부 부분에서 더 낮은 체적 유량이 가정된다. 명백하게 방법 II–A에서 고려된 마찰 손실에 부손실이 추가되면, 허용가능한 더 낮은 체적 유량이 발생하게 된다. 이 방법은 본질적으로 2단계 과정이며, 두 번째 단계에서 하나 이상의 반복이 필요할 수 있다.

방법 II–B 사용법을 설명하기 위해 다음과 같은 새로운 예제를 만든다. 예제 11.2에서 동일한 기본 자료값을 취하여, 2개의 표준 엘보와 완전 개방 버터플라이 밸브로 인한 부손실을 추가한다.

APPLIED FLUID MECHANICS		CLASS II SERIES SYSTEMS	
Objective: Volume Flow Rate		**Method II-A: No minor losses**	
Example Problem 11.2 Figure 11.4		Uses Eq. (11–3) to find maximum allowable volume flow rate to maintain desired pressure at point 2 for a given pressure at point 1	
System Data:	SI Metric Units		
Pressure at point 1 =	*120* kPa	*Elevation at point 1 =*	*0* m
Pressure at point 2 =	*60* kPa	*Elevation at point 2 =*	*0* m
Energy loss: h_L =	*6.95* m		
Fluid Properties:		May need to compute $\nu = \eta/\rho$	
Specific weight =	*8.63 kN/m³*	*Kinematic viscosity = 1.08E-05 m²/s*	
Pipe Data: DN 150 Schedule 40 steel pipe			
Diameter: D =	*0.1541 m*		
Wall roughness: ϵ =	*4.60E-05 m*		
Length: L =	*100 m*	***Results: Maximum values***	
Area: A =	*0.01865 m²*	Volume flow rate: Q =	0.0569 m³/s
D/ϵ =	*3350*	Velocity: v =	3.05 m/s

그림 11.5 Class II 시리즈 파이프라인 문제 방법 II–A에 대한 스프레드시트

APPLIED FLUID MECHANICS	CLASS II SERIES SYSTEMS
Objective: Volume Flow Rate	**Method II–A: No minor losses**
Example Problem 11.3 Figure. 11.7	Uses Eq. (11–3) to estimate the allowable volume flow rate to maintain desired pressure at point 2 for a given pressure at point 1

System Data: SI Metric Units			
Pressure at point 1 =	120 kPa	*Elevation at point 1 =*	0 m
Pressure at point 2 =	60 kPa	*Elevation at point 2 =*	0 m
Energy loss: h_L =	6.95 m		
Fluid Properties:		May need to compute $\nu = \eta/\rho$	
Specific weight =	*8.63 kN/m³*	*Kinematic viscosity = 1.08E-05 m²/s*	
Pipe Data: DN 150 Schedule 40 steel			
Diameter: D =	*0.1541 m*		
Wall roughness: ϵ =	*4.60E-05 m*		
Length: L =	*100 m*	***Results: Maximum values***	
Area: A =	*0.01865 m²*	Volume flow rate: Q =	0.0569 m³/s
D/ϵ =	*3350*	Velocity: v =	3.05 m/s

CLASS II SERIES SYSTEMS			*Volume flow rate: Q =*	*0.0538 m³/s*	
Method II-B: *Use results of Method II-A; include minor losses; then pressure at point 2 is computed*			Given: Pressure p_1 =	120 kPa	
			Pressure p_2 =	**60.18 kPa**	
			NOTE: Should be >	**60 kPa**	
Additional Pipe Data:			***Adjust estimate for Q until p_2 is greater than desired pressure.***		
L/D =	649				
Flow velocity =	2.88 m/s		Velocity at point 1 =	2.88 m/s	|→ If velocity is in pipe:
Velocity head =	0.424 m		Velocity at point 2 =	2.88 m/s	|→ Enter "=B24"
Reynolds No. =	4.12E+04		Vel. head at point 1 =	0.424 m	
Friction factor: f =	0.0228		Vel. head at point 2 =	0.424 m	
Energy Losses in Pipe 1:		Qty.			
Pipe: $K_1 = f(L/D)$ =	*14.76*	*1*	Energy loss h_{L1} =	6.26 m	Friction
2 std elbows: K_2 =	*0.45*	*2*	Energy loss h_{L2} =	0.38 m	
Butterfly valve: K_3 =	*0.68*	*1*	Energy loss h_{L3} =	0.29 m	
Element 4: K_4 =	*0.00*	*1*	Energy loss h_{L4} =	0.00 m	
Element 5: K_5 =	*0.00*	*1*	Energy loss h_{L5} =	0.00 m	
Element 6: K_6 =	*0.00*	*1*	Energy loss h_{L6} =	0.00 m	
Element 7: K_7 =	*0.00*	*1*	Energy loss h_{L7} =	0.00 m	
Element 8: K_8 =	*0.00*	*1*	Energy loss h_{L8} =	0.00 m	
			Total energy loss h_{Ltot} =	6.93 m	

그림 11.6 Class II 시리즈 파이프라인 문제 방법 II–B에 대한 스프레드시트

예제 11.3 오일은 그림 11.7 배관 시스템을 통해 점 1과 점 2 사이에서 60 kPa 최대 압력 강하를 통해 전달되어야 한다. 오일의 비중은 0.880이고, 점도는 9.5×10^{-3} Pa·s이다. 오일의 최대 허용 체적 유량을 구하시오.

해설 주어진 시스템은 예제 11.2 시스템과 유사하다. DN 150 Schedule 40 강 파이프의 전체 길이는 수평면에서 100 mm이다. 밸브 및 2개의 엘보 추가는 파이프 마찰 손실뿐만 아니라 고려되어야 하는 적당한 에너지 손실량을 제공한다.

초기에 부손실을 무시하고 식 (11−3)을 사용하여 허용가능한 체적 유량의 대략적인 계산을 수행한다. 이것은 그림 11.6 스프레드시트의 상단 부분에서 수행되며 예제 11.2의 경우 그림 11.5에 나와 있는 솔루션과 동일하다. 이것은 방법 II−B의 출발점이다.

그림 11.6 아래쪽 부분 특징은 다음과 같다.

1. 허용가능한 체적 유량의 개정된 추정치가 초기 추정의 계산 바로 아래 오른쪽 상단에 입력된다. 수정된 견적은 초기 견적보다 낮아야 한다.
2. 스프레드시트는 스프레드시트 상부로부터 공지된 파이프 값 및 Q에 대한 새로운 추정된 값을 사용하여 "추가 파이프 값"을 계산한다.

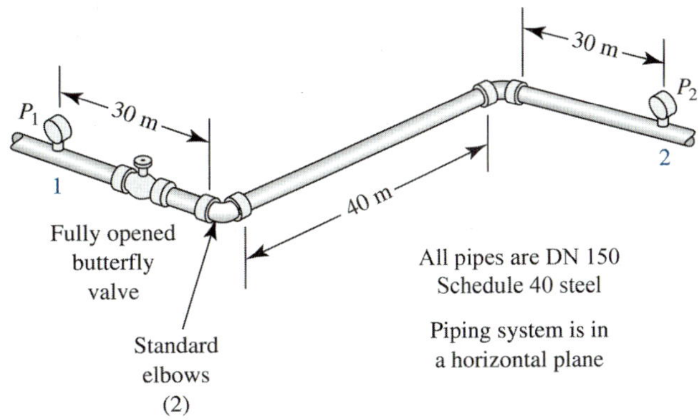

그림 11.7 예제 11.3에 대한 파이프 시스템

3. 스프레드시트 가운데 오른쪽에서 기준점 1과 2의 속도를 입력해야 한다. 파이프에 있으면 이 문제에 있는 것처럼 셀 참조 "=B24"를 입력할 수 있다. 그 이유는 파이프 속도가 계산되기 때문이다. 다른 문제는 속도가 0인 저장소 표면과 같은 다른 곳의 기준점을 가질 수 있다. 그런 다음 음영 처리된 영역에 적절한 값을 입력해야 한다.
4. 이제 "파이프 1의 에너지 손실" 섹션에서 부손실에 대한 데이터를 추가해야 한다. 파이프 마찰 손실에 대한 K 계수는 알려진 데이터로부터 자동으로 계산된다. 다른 두 K 인자에 대한 값은 Class I 스프레드시트에서 사용된 것과 유사한 방식으로 음영 영역에 결정되고 입력되어야 한다. 이 문제는 DN 150 파이프 f_T값에 달라진다. 이 값은 표 10.5에서처럼 0.015이다.
   - 엘보(표준): $K = f_T(L_e/D) = (0.015)(30) = 0.45$
   - 버터플라이 밸브: $K = f_T(L_e/D) = (0.015)(45) = 0.675$
5. 스프레드시트는 총 에너지 손실을 계산하고, 이 값을 사용하여 기준점 2에서의 압력을 계산한다. 방정식은 에너지 방정식으로부터 유도된다.

$$p_2 = p_1 + \gamma[z_1 - z_2 + v_1^2/2g - v_2^2/2g - h_L]$$

6. p_2 계산된 값은 스프레드시트의 상단 부분에 입력된 대로 원하는 값보다 커야 한다. 이 값은 제한된 유량률에 대한 현재 추정치의 수용가능성에 대한 시각적 신호를 주기 위해 가정된 유량률에 가깝게 배치된다. 압력값이 수용 가능한 값이 될 때까지 Q의 값을 신속하게 조정할 수 있다.

결과 그림 11.6의 스프레드시트는 그림 11.7 시스템을 통한 0.0538 m^3/s의 체적 유량이 점 2에서의 압력이 최소 허용가능한 값보다 약간 큰 60.18 kPa이 되도록 한다.

방법 II-C: Class II 시리즈 파이프 문제에 대한 반복 접근 방법 II-C는 매뉴얼 반복 과정으로서 소개된다. 시스템 압력 강하를 특정 양으로 제한하면서 최대 체적 유량을 결정할 때 부손실이 주요한 역할을 하는 Class II 시스템에 사용된다. 파이프 마찰이 유일한 손실인 경우를 제외하고 모두 Class II 시스템과 마찬가지로 직접적으로 해결할 수 있는 것보다 많은 미지수가 있다. 반복 과정은 만족스러운 설계나 분석을 위해 필요한 선택을 안내하는 데 사용된다.

Class II 시스템에서는 마찰계수와 유속 모두를 알 수 없다. 서로 의존하기 때문에 직접적인 해결책은 없다.

시스템 유동의 다른 주요 미지수 근삿값을 계산하기 위해 하나의 미지수, 마찰계수를 추정하는 최종 사이클을 용이하게 하는 문제가 설정되면 반복은 가장 효율적으로 진행된다. 이 절차는 f의 시험값의 정확성을 확인하는 수단을 제공하며 추가 주기가 필요할 경우 사용할 새로운 시험값을 나타낸다. 이것은 반복시행과 다음 단계에 대한 지침이 없는 "시행착오"를 구별한다.

전체 반복과정은 예제 11.4에 나와 있다. 다음 단계별 절차가 사용된다.

1개의 파이프 Class II 시스템에 대한 해법 절차

1단계 시스템에 대한 에너지 방정식 쓰기

2단계 압력 수두, 위치 수두와 같이 알려진 값 정하기

3단계 속도 v와 마찰계수 f를 이용하여 에너지 손실 표시하기

4단계 f를 이용하여 속도 구하기

5단계 속도를 이용하여 Reynolds수 구하기

6단계 상대 거칠기 D/ε 계산하기

7단계 난류 영역에서 D/ε과 Reynolds수를 이용하여 마찰계수 f 초깃값 선정하기

8단계 4단계 방정식을 이용하여 속도 구하기

9단계 5단계 방정식을 이용하여 Reynolds수 구하기

10단계 9단계 Reynolds수와 상대 거칠기를 이용하여 Moody 선도로부터 마찰계수 구하기

11단계 새로 계산된 f값이 8단계에서 사용된 값과 다르다면, 새로운 값을 이용하여 8−11단계를 반복하기

12단계 반복 과정을 통해 f값이 더 이상 변하지 않는다면, 그 값을 이용하여 8단계에서 구한 속도 정하기

프로그램 예제

예제 11.4 80°F의 물이 그림 11.8과 같이 고도의 저장소에서 관개수로로 공급된다. 배수로로의 물의 유속을 계산하시오.

해설 에너지 방정식을 작성하여 해법 절차의 1단계부터 시작한다. A와 B를 기준점으로 사용하고 방정식을 최대한 단순화한다.

아래 풀이를 여러분들의 풀이와 비교해보자.

$$\frac{p_A}{\gamma}+z_A+\frac{v_A^2}{2g}-h_L=\frac{p_B}{\gamma}+z_B+\frac{v_B^2}{2g}$$

$p_A=p_B=0$이고, v_A는 거의 0에 가깝기 때문에

$$z_A-h_L=z_B+(v_B^2/2g)$$

$$z_A-z_B=(v_B^2/2g)+h_L \qquad (11-4)$$

점 B에서의 유체 속도는 파이프 내부 속도와 같다.

높이차 z_A-z_B는 40 ft로 알려져 있다. 그러나 에너지 손실 h_L이 미지수 v_B와 연관되어 있어서 반복법을 이용하여 해를 구해야 한다. 3단계를 수행한다.

전체 에너지 손실 h_L에는 네 가지 요인이 있다.

$$h_L=h_1+h_2+h_3+h_4$$

$$h_1=1.0(v_B^2/2g) \qquad \text{(입구 손실)}$$

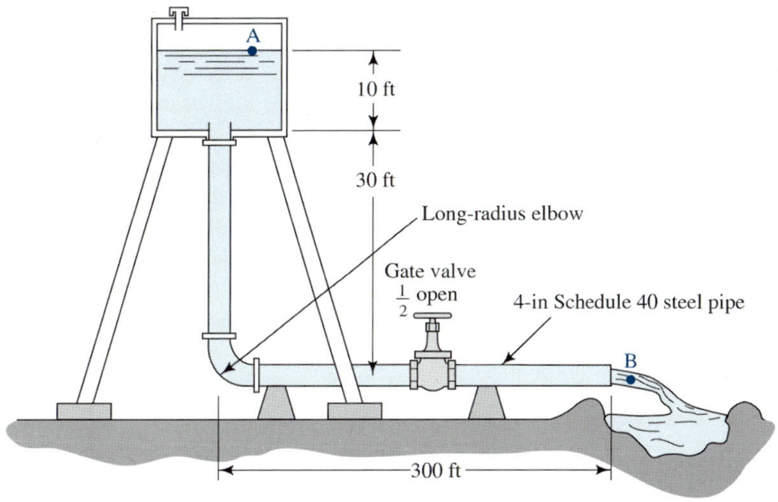

그림 11.8 예제 11.4에 대한 파이프라인 시스템

$$h_2 = f(L/D)(v_B^2/2g) \qquad \text{(파이프 마찰 손실)}$$
$$= f(330/0.3355)(v_B^2/2g)$$
$$= 985f(v_B^2/2g)$$
$$h_3 = f_T(L_e/D)(v_B^2/2g) \qquad \text{(긴 반경 엘보)}$$
$$= 20f_T(v_B^2/2g)$$
$$h_4 = f_T(L_e/D)(v_B^2/2g) \qquad \text{(절반 열린 게이트 밸브)}$$
$$= 160f_T(v_B^2/2g)$$

표 10.5로부터 4-in 강 파이프에 대해서 $f_T = 0.016$임을 알 수 있다.

따라서

$$h_L = (1.0 + 985f + 20f_T + 160f_T)(v_B^2/2g)$$
$$= (3.88 + 985f)(v_B^2/2g) \qquad (11-5)$$

이 식을 식 (11−4)에 대입하고, v_B에 대해 정리하도록 하자.

$$v_B = \sqrt{2580/(4.88 + 985f)}$$
$$z_A - z_B = (v_B^2/2g) + h_L$$
$$40\ \text{ft} = (v_B^2/2g) + (3.88 + 985f)(v_B^2/2g)$$
$$= (4.88 + 985f)(v_B^2/2g)$$
$$v_B = \frac{2g(40)}{4.88 + 985f} = \sqrt{\frac{2580}{4.88 + 985f}} \qquad (11-6)$$

식 (11−6)은 4단계의 결과이다. 이제 5단계와 6단계를 하도록 하자.

$$N_R = \frac{v_B D}{\mu} = \frac{v_B(0.3355)}{9.15 \times 10^{-6}} = (0.366 \times 10^5)v_B \qquad (11-7)$$
$$D/\varepsilon = (0.3355/1.5 \times 10^{-4}) = 2235$$

7단계는 반복법의 시작이다. 이 시스템에서 마찰계수의 가능한 범위는 얼마인가?

$D/\varepsilon=2235$이기 때문에 Reynolds수가 아주 높다고 했을 때 f의 최솟값은 0.0155이다. 그리고 Reynolds수가 4000일 때 최댓값은 0.039이다. f의 초깃값은 이 범위 안에 있어야 한다. $f=0.020$을 이용하고 8단계와 9단계를 수행하도록 하자.

식 (11－6)과 (11－7)을 이용하여 속도와 Reynolds수를 구할 수 있다.

$$v_B=\frac{2580}{4.88+(985)(0.02)}=\sqrt{105.0}=10.25 \text{ ft/s}$$

$$N_R=(0.366\times10^5)(10.25)=3.75\times10^5$$

10단계를 하도록 하자.

$f=0.0175$라는 값을 가진다. 이 값은 초깃값과 다르므로 8단계－11단계를 되풀이해야 한다.

다시 초깃값을 $f=0.0175$라고 하면,

$$v_B=\frac{2580}{4.88+(985)(0.0175)}=\sqrt{116.6}=10.8 \text{ ft/s}$$

$$N_R=(0.366\times10^5)(10.8)=3.94\times10^5$$

이 값들로부터 $f=0.0175$이다. 따라서 v_B에 대한 값은 옳다.

그러므로

$$v_B=10.8 \text{ ft/s}$$

$$Q=A_Bv_B=(0.0884 \text{ ft}^2)(10.8 \text{ ft/s})=0.955 \text{ ft}^3/\text{s}$$

11.5 Class III 시스템

Class III 시리즈 파이프라인 시스템은 에너지 손실로 인해 지정된 최대 압력 강하로 주어진 유체의 체적 유량을 전달할 파이프의 크기를 알고자 하는 시스템이다.

Class III 시리즈 시스템을 설계하기 위한 접근 방법을 계획하기 위해 Class II 시리즈 파이프라인 시스템을 논의하는 데 사용된 논리와 유사한 논리를 사용할 수 있다. 압력 강하는 시스템의 에너지 손실과 직접적으로 관련이 있으며 에너지 손실은 일반적으로 유체가 시스템을 통과할 때 유체의 속도 수두에 비례한다는 것을 알고 있다. 속도 수두가 $v^2/2g$이기 때문에 에너지 손실은 속도의 제곱에 비례한다. 속도는 차례로 $A=\pi D^2/4$ 면적에 반비례한다.

따라서 에너지 손실은 유동 직경 4차항에 반비례한다. 파이프 크기는 파이프라인 시스템에서 얼마나 많은 에너지 손실이 발생하는지에 대한 주요 요소이다. 설계자로서의 임무는 배관이 얼마나 작을 수 있는지를 결정하는 것이며, 여전히 제한된 압력 강하의 목표를 충족시키는 것이다. 불필요하게 큰 파이프를 사용할 필요는 없다. 배관의 크기가 증가할수록 비용도 증가하기 때문이다. 그러나 파이프 크기가 너무 작으면 과도한 에너지 손실로 인해 시스템 수명 동안 높은 운영 비용이 발생하게 된다. 총 수명주기 비용을 고려할 필요가 있다.

Class III 시스템을 설계하기 위한 2가지 다른 접근법을 제안한다.

방법 III-A 이 단순화된 접근 방식은 파이프 마찰로 인한 에너지 손실만 고려한다. 에너지 방정식에 대한 기준점이 설계될 파이프와 일정 거리 떨어져 있다고 가정한다. 두 점 사이에 높이 차이가 있을 수 있다. 그러나 유량 직경이 2개의 기준점에서 동일하기 때문에 속도 또는 속도 수두에는 차이가 없다. 따라서 에너지 방정식을 쓰고 에너지 손실을 구할 수 있다.

$$\frac{p_1}{\gamma}+z_1+\frac{v_1^2}{2g}-h_L=\frac{p_2}{\gamma}+z_2+\frac{v_2^2}{2g}$$

그러나 $v_1=v_2$이므로

$$h_L=\frac{p_1-p_2}{\gamma}+z_1-z_2$$

이 값은 다른 시스템 자료값과 함께 다음 설계 방정식에 입력할 수 있다.(참고문헌 12, 13 참고)

$$D=0.66\left[\varepsilon^{1.25}\left(\frac{LQ^2}{gh_L}\right)^{4.75}+\nu Q^{9.4}\left(\frac{L}{gh_L}\right)^{5.2}\right]^{0.04} \tag{11-8}$$

결과는 압력 강하를 원하는 값으로 제한하기 위해 파이프에 사용할 수 있는 최소 유량 직경이다. 일반적으로 이 제한값보다 약간 큰 내부 파이프 직경을 가진 표준 파이프 또는 튜브를 지정한다.

예제 11.5 60℉에서 0.5 ft^3/s의 물을 운반하고 수평 파이프 100 ft 길이에 대해 2 psi까지 압력 강하를 제한하는 새로운 청정 Schedule 40의 필요한 크기를 계산하시오.

해설 먼저 한계 에너지 손실을 계산한다. 높이 차이는 0이다.

$$h_L=(p_1-p_2)/\gamma+(z_1-z_2)=(2.00\ \text{lb/in}^2)(144\ \text{in}^2/\text{ft}^2)/(62.4\ \text{lb/ft}^3)+0=4.62\ \text{ft}$$

식 (11-8)에 다음과 같이 자료가 필요하다.

$Q=0.50\ ft^3/s$ $\quad L=100\ ft$ $\quad g=32.2\ ft/s^2$,

$h_L=4.62\ ft$ $\quad \varepsilon=1.5\times10^{-4}\ ft$ $\quad \nu=1.21\times10^{-5}\ ft^2/s$

위 값을 식 (11-8)에 대입한다.

$$D=0.66\left[(1.5\times10^{-4})^{1.25}\left(\frac{100\times0.50^2}{32.2\times4.62}\right)^{4.75}+(1.21\times10^{-5})(0.50)^{9.4}\left(\frac{100}{32.2\times4.62}\right)^{5.2}\right]^{0.04}$$

$$D=0.309\ \text{ft}$$

위의 결과는 파이프가 $D=0.309$ ft보다 커야함을 나타낸다. 다음으로 큰 표준 파이프 크기는 내경이 $D=0.3355$ ft인 4-in Schedule 40 강 파이프이다.

Class III 시리즈 파이프라인 문제들에 대한 방법 III-A 스프레드시트 명백하게 식 (11-8)은 계산하기가 번거롭고 계산 오류의 기회가 크다. 계산을 수행하기 위해 스프레드시트를 사용하면 이 문제가 완화된다.

그림 11.9는 스프레드시트의 예를 보여준다. 이것의 특징들은 다음과 같다.

- 문제 식별 및 주어진 값이 왼쪽에 나열된다. 허용가능한 압력 강하가 주어지면, 예제 11.5에서와 같이 점 2의 압력에 임의의 값을 지정하고 점 2의 압력을 다음과 같이 설정한다.

$$p_2=p_1+\Delta p$$

- 스프레드시트는 예제 11.5 해설에 표시된 방법을 사용하여 허용가능한 에너지 손실을 계산한다.

APPLIED FLUID MECHANICS	
Objective: Minimum Pipe Diameter	
Example Problem 11.5	
System Data:	***SI Metric Units***
Pressure at point 1 =	*102 psig*
Pressure at point 2 =	*100 psig*
Elevation at point 1 =	*0 ft*
Elevation at point 2 =	*0 ft*
Allowable Energy Loss: h_L =	4.62 ft
Volume flow rate: Q =	*0.5 ft³/s*
Length of pipe: L =	*100 ft*
Pipe wall roughness: ϵ =	*1.50E-04 ft*

CLASS III SERIES SYSTEMS	
Method III-A: *Uses Eq. (11–8) to compute the minimum size of pipe of a given length that will flow a given volume flow rate of fluid with a limited pressure drop (no minor losses)*	
Fluid Properties:	
Specific weight =	62.4 lb/ft³
Kinematic viscosity =	1.21E-05 ft²/s
Intermediate Results in Eq. (11–8):	
L/gh_L =	0.672878
Argument in bracket:	5.77E-09
Final Minimum Diameter:	
Minimum diameter: D =	0.3090 ft

그림 11.9 Class III 시리즈 파이프라인 문제들에 대한 방법 III–A 스프레드시트

- 유체 특성 값은 스프레드시트의 오른쪽 상단에 입력한다.
- 중간 결과는 단순히 참조용으로 보고된다. 그것들은 식 (11–8)의 인자를 나타내며 계산 절차에 대한 점검으로 수식을 수동으로 사용할 수 있다. 스프레드시트를 직접 작성하는 경우 프로그래밍이 복잡하기 때문에 식 (11–8) 해결 방정식의 형식을 신중히 확인해야 한다. 부품으로 분해하면 최종 방정식이 단순해진다.
- 최종 최소 직경은 식 (11–8)에서 계산한 결과이며, 압력 강하에 명시된 제한과 함께 주어진 체적 유량을 지탱할 수 있는 파이프의 최소 허용 크기를 나타낸다.

방법 III–B 부손실이 고려되어야 할 때 방법 III–A의 적당한 확장이 사용될 수 있다. 방법 III–A의 결과로 선택된 표준 파이프 크기는 일반적으로 최소 허용 직경보다 약간 크다. 그러므로 약간의 부손실로 인한 추가 에너지 손실은 허용된 것보다 크게 전체 압력 강하를 유발하지 않을 것이다. 선택된 파이프 크기는 여전히 허용된다.

파이프 크기 임시 사양을 작성한 후, 분석에 부손실을 추가하고 시스템 끝의 결과 압력을 검토하여 원하는 한계 내에 있는지 확인할 수 있다. 결과 입력이 한계 내에 있지 않다면 크기가 큰 파이프를 간단하게 조정하여 사용할 수 있는 디자인이 되도록 한다. 스프레드시트를 사용하여 위 과정들을 구현하면 계산이 매우 빨라진다.

그림 11.10은 디자인 철학을 구현한 스프레드시트를 보여준다. 이는 실제로 이 장에서 이미 설명한 2개의 스프레드시트의 조합이다. 윗부분은 그림 11.9와 동일하며, 방법 III–A를 사용하여 문제 11.5를 훑어보기 위해 사용되었다. 그로부터 부손실 없이 원하는 양의 유체를 운반할 파이프 크기를 추정한다.

스프레드시트의 아랫부분은 Class I 시리즈 파이프라인 문제에 대해 그림 11.3과 유사한 기법을 사용한다. 하나의 파이프 크기만 포함하면 단순화된다. 그 목적은 점 1의 압력이 주어질 때 시스템의 점 2에서의 압력을 계산하는 것이다. 부손실이 포함된다.

다음 과정은 스프레드시트 사용을 예로 들어 설명한다.

APPLIED FLUID MECHANICS		CLASS III SERIES PIPE LINE SYSTEMS	
Objective: Minimum Pipe Diameter		**Method III-A:** *Uses Eq.(11–8) to compute the minimum size of pipe of a given length that will flow a given volume flow rate of fluid with a limited pressure drop (no minor losses)*	
Example Problem 11.6			
System Data:	***SI Metric Units***	***Fluid Properties:***	
Pressure at point 1 =	102 psig	*Specific weight =*	62.4 lb/ft^3
Pressure at point 2 =	100 psig	*Kinematic Viscosity =*	1.21E-05 ft^2/s
Elevation at point 1 =	0 ft	**Intermediate Results in Eq. (11–8):**	
Elevation at point 2 =	0 ft	L/gh$_L$ =	0.672878
Allowable Energy Loss: h_L =	4.62 ft	Argument in bracket:	5.77E-09
Volume flow rate: Q =	0.5 ft^3/s	**Final Minimum Diameter:**	
Length of pipe: L =	100 ft	Minimum diameter: D =	0.3090 ft
Pipe wall roughness: ϵ =	1.50E-04 ft		

CLASS III SERIES SYSTEMS			*Specified pipe diameter: D =*	*0.3355* ft
Method III-B: *Use results of Method III-A; specify actual diameter; include minor losses; then pressure at point 2 is computed*			4-in schedule 40 steel pipe	
			If velocity is in the pipe, enter "=B23" for value	
Additional Pipe Data:			Velocity at point 1 =	5.66 ft/s
Flow area: A =	0.08840 ft^2		Velocity at point 2 =	5.66 ft/s
Relative roughness: D/ϵ =	2237		Vel. head at point 1 =	0.497 ft
L/D =	298		Vel. head at point 2 =	0.497 ft
Flow velocity =	5.66 ft/s		***Results:***	
Velocity head =	0.497 ft		*Given pressure at point 1 =*	102 psig
Reynolds No. =	1.57E+05		*Desired pressure at point 2 =*	100 psig
Friction factor: f =	0.0191		***Actual pressure at point 2 =***	***100.48 psig***
			(Compare actual with desired pressure at point 2)	
Energy Losses in Pipe:		Qty.		
Pipe friction: $K_1 = f(L/D)$ =	*5.70*	*1*	Energy loss h_{L1} =	2.83 ft
Two long rad. elbows: K_2 =	*0.32*	*2*	Energy loss h_{L2} =	0.32 ft
Butterfly valve: K_3 =	*0.72*	*1*	Energy loss h_{L3} =	0.36 ft
Element 4: K_4 =	*0.00*	*1*	Energy loss h_{L4} =	0.00 ft
Element 5: K_5 =	*0.00*	*1*	Energy loss h_{L5} =	0.00 ft
Element 6: K_6 =	*0.00*	*1*	Energy loss h_{L6} =	0.00 ft
Element 7: K_7 =	*0.00*	*1*	Energy loss h_{L7} =	0.00 ft
Element 8: K_8 =	*0.00*	*1*	Energy loss h_{L8} =	0.00 ft
			Total energy loss h_{Ltot} =	3.51 ft

그림 11.10 Class III 시리즈 파이프라인 문제들에 대한 방법 III–B 스프레드시트

부손실을 가진 Class III 시리즈 파이프라인 문제 방법 III–B에 대한 스프레드시트

- 초기에 부손실을 무시하고 스프레드시트의 상부를 사용하여 허용되는 압력 강하보다 적은 유량으로 주어진 유량을 운반하는 데 필요한 파이프 크기를 추정한다. 이는 앞의 예제에서 설명한 방법 III–A와 동일하다.
- "지정 파이프 직경 D"라는 셀의 하단 스프레드시트의 오른쪽 상단 부분에 다음 큰 표준 파이프 크기를 입력한다.
- 스프레드시트는 추가적 파이프 자료(additional pipe data) 부분 값들을 계산해준다.
- 오른쪽 열에 나열된 속도는 일반적으로 분석 중인 파이프에 있으며 일반적으로 동일하다. 셀 B23에 대한 참조는 파이프 데이터로부터 계산된 속도를 자동으로 입력한다. 그러나 분석 중인 시스템에 파이프 외부의 기준점이 있으면 실제 속도를 입력해야 한다. 그러면 기준점에서의 속도 수두가 계산된다.
- 파이프 에너지 손실을 나타내는 섹션은 이전 스프레드시트 해법 절차에서 수행한 것처럼 각 부손실에 대한 저항계수 K를 입력해야 한다. 파이프 마찰 손실에 대한 K 계수는 파이프 자료로부터 자동으로 계산된다.

- 결과 섹션에는 점 1의 주어진 압력과 점 2의 원하는 압력이 스프레드시트의 맨 위에 있는 초기 자료에서 취한다. 점 2에서의 실제 압력은 에너지 방정식으로부터 구해진다.

$$p_2 = p_1 - \gamma(z_1 - z_2 + v_1^2/2g - v_2^2/2g - h_L)$$

- 시스템 설계자로서 점 2의 실제 압력을 나열된 원하는 압력과 비교해야 한다.
- 실제 압력이 원하는 압력보다 큰 경우 만족스러운 결과를 얻으며 지정된 파이프 크기가 허용될 수 있다.
- 실제 압력이 원하는 압력보다 낮으면 다음 큰 표준 파이프 크기를 선택하고 스프레드시트 계산을 반복한다. 새로운 배관 유량이 입력되면 모든 계산이 자동으로 이루어지 때문에 이 단계는 사실상 즉시 가능하다.
- 손실이 큰 부손실이 많이 없는 한, 이 크기의 파이프는 허용되어야 한다. 그렇지 않은 경우 만족스러운 해결책이 달성될 때까지 더 큰 파이프를 계속 지정한다. 또한 부손실로 인한 에너지 손실의 크기를 조사한다. 밸브와 부속품을 좀 더 효율적이고 저손실 설계로 변경하면 더 작은 파이프 크기를 사용해야 한다.

다음에 나오는 예제는 이런 스프레드시트 사용법을 예시로 보여준다.

예제 11.6 예제 11.5에서 100 ft 직선 파이프에 완전히 열린 버터플라이 밸브와 2개의 긴 반경 엘보를 추가하여 해설을 확장하시오. 이러한 부손실이 추가되어 4-in Schedule 40 강 파이프 크기가 2.00 psi로 입력 강하되는 것을 제한하는지 확인하시오.

해설 2.00 psi의 압력 강하를 시뮬레이션하기 위해 점 1의 압력을 102 psig로 설정했다. 그런 다음 점 2에서 결과값이 100 psig 이상인지 확인한다.

그림 11.10 스프레드시트에서 계산이 나타나 있다. 각 부손실에 대해 8장과 10장에서 정의된 대로 저항계수 K가 계산된다. 파이프 마찰 손실에 대하여

$$K_1 = f(L/D)$$

마찰계수 f는 식 (8−7)을 사용하는 스프레드시트에 의해 계산된다.
엘보와 버터플라이 밸브에 대하여 10장의 방법이 적용된다.

$$K = f_T(L_e/D)$$

L_e/D과 f_T의 값은 표 10.4와 10.5에 각각 발견된다.

결과 결과는 시스템 끝의 지점 2에서의 압력이 100.48 psig임을 보여준다. 따라서 설계는 만족스럽다. 파이프 마찰로 인한 에너지 손실은 총 에너지 손실 3.51 ft에서 2.83 ft이다. 엘보와 밸브는 아주 작은 부손실을 가져온다.

11.6 시리즈 파이프라인 시스템에 대한 PIPE-FLO® 예제들

이전 장에서 제시된 PIPE−FLO® 문제는 유체 압력만으로 시스템의 흐름을 생성하고 강 파이프 및 단일 밸브 또는 부속품을 통한 에너지 손실을 포함한다. 이 섹션에서는 PIPE−FLO® 2가지 새로운 응용프로그램에 대해 설명한다. 하나는 중력을 사용하여 구리 튜브를 통해 유동을 유도하고 다른 하나는 펌프를 사용하여 두 탱크 사이에 원하는 유속을 제공한다. 각각의 경우에 몇 가지 부손실을 유로에 포

함한다.

다음 예제는 PIPE－FLO®에서 구리 튜빙 사용에 대한 지침이며 시스템은 입력 에너지로 엄격하게 위치 수두를 사용한다. 문제는 대규모 시스템에서 일반적으로 필요한 절차인 전체 시스템의 단 하나의 섹션에 대한 분석이다.

예제 11.7 구리 튜브를 통한 중력 유동

10℃ 물이 그림 11.11의 시스템을 통해 1.5×10^{-2} m^3/s의 속도로 큰 저장소에서 흐른다. PIPE－FLO®를 사용하여 점 B에서 튜브의 압력을 계산하시오.

그림 11.11 예제 11.7에 대한 구리 튜브를 통한 중력 유동 문제

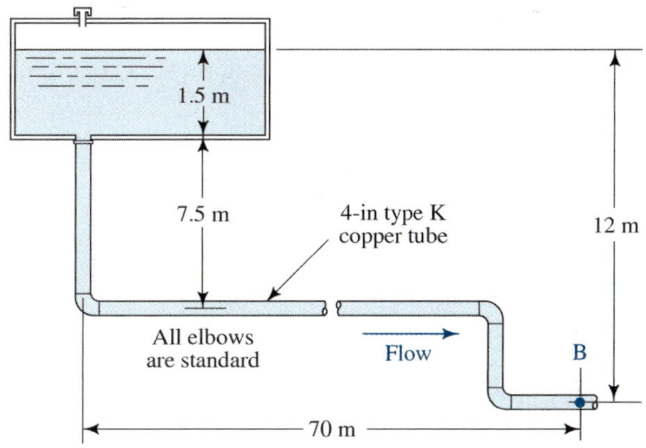

해설 1. 먼저 PIPE－FLO® 시스템 메뉴를 사용하여 문제가 정의한 단위 및 유체 구역을 설정한다.

2. 파이프 사양의 경우 "Copper tube H23" 드롭 다운 메뉴(시스템/사양/신규)를 선택한다. 가파른 파이프에 대해 "Schedule 40"이 선택되는 방식과 유사하게 K 유형 구리 튜빙에 대해 "K"를 두 번 클릭하고 선택한다. K 유형을 선택한 후 파이프 특성 상자의 오른쪽에 나타나는 조도값을 확인하고 이 값이 좋은 체크포인트임을 이해하고 수동으로 조정할 수 있다.

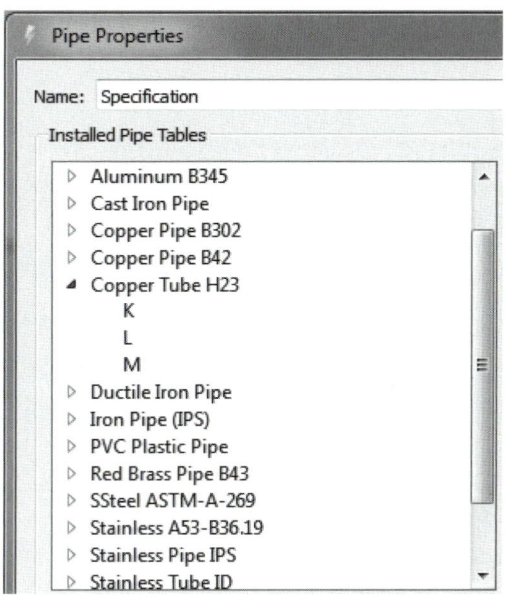

3. 그런 다음 FLO-Sheet®에 탱크를 놓고 속성 표에 변수를 설정한다. 또한 그림 11.11과 같이 파이프를 상대적인 모양으로 그린다. 파이프의 속성 표에 있는 "밸브 및 피팅" 범주 아래에 3개의 엘보와 파이프 입구를 포함한다.
4. "기본 장치"에서 "유동 요구"를 선택하고 점 B에 삽입하여 이 섹션이 시스템의 나머지 부분에 연결되는 지점을 나타낸다. 이 지점을 지나서 유량을 지정한다. 이것은 단순히 문제에 대해 주어진 총 유량이다. 이 방법을 사용하면 이 섹션만 독립적으로 분석할 수 있다.
5. 모든 구성 요소를 입력한 후 "계산"을 선택하여 문제 설명문에 필요한 모든 답을 표시한다. 오른쪽의 "장치보기 옵션" 메뉴를 통해 이전 예제에서와 같이 각 구성 요소에 표시된 값을 켜야 한다는 것을 기억한다.
6. 시스템 결과 및 전체 설정이 아래에 나와 있다. 점 B의 파이프 압력은 86.76 kPa 게이지이다. 열린 탱크의 수면 아래에 파이프 12 m가 있기 때문에 가능한 계기 압력이다. 그러나 물이 탱크에서 빠져나와 파이프와 부속품을 통해 에너지가 손실되면 압력이 다소 낮아진다. 파이프를 통한 압력 강하는 72.05 kPa이다.

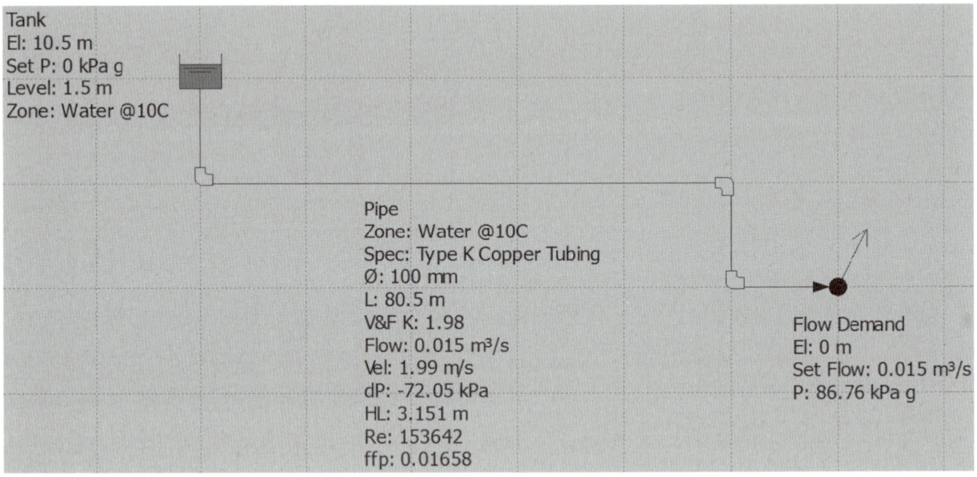

직접 이 문제를 해결하고 여기에 표시된 PIPE-FLO® 결과로 응답을 확인하는 것이 좋다(참고: 이 문제는 이 장의 11.1 연습 문제와 동일하다).

대부분 산업 시스템은 펌프를 사용하여 유량을 제어한다. PIPE-FLO®는 특정 시판용 펌프를 사용하여 고급 펌프 계산이 가능하다. 소프트웨어는 간단한 분석을 수행할 수도 있지만, 빠른 분석 및 설계를 위해 이론적인 펌프의 크기를 조정할 수 있다. 이 사이징 펌프 기능을 사용하면 흡입 및 배출 포트의 높이와 시스템의 배관 특성에 따라 펌프용 체적 유량을 입력할 수 있다.

다음 예제는 펌프를 사용하는 시리즈 파이프 시스템을 통한 유동을 분석하기 위해 가이드를 제공하며 수두 추가, 유량, 흡입 압력 및 배출 압력의 가장 일반적인 매개 변수만을 보고한다. 13장에서는 PIPE-FLO® 소프트웨어의 좀 더 자세한 기능을 설명하는 문제를 소개한다.

예제 11.8 PIPE-FLO®에서 사이징 펌프 사용하기

그림 11.12에 도시된 펌프는 하부 저장소로부터 상부 저장소로 2.0 ft^3/s의 속도로 물을 전달한다. 흡입 및 배출 파이프는 모두 6-in Schedule 강 파이프이다. 펌프에 이르는 흡입관의 길이는 12 ft이고, 24 ft의 배출 파

이프는 펌프 배출구에서 상부 탱크까지 뻗어 있다. 3개의 표준 90° 엘보 및 완전 개방 게이트 밸브가 있다. 하부 탱크 내부의 유체면의 깊이는 10 ft이다. PIPE-FLO®를 사용하여 (a) 펌프 흡입구의 입력 (b) 펌프 배출구의 압력 (c) 펌프의 총 수두를 계산하시오.

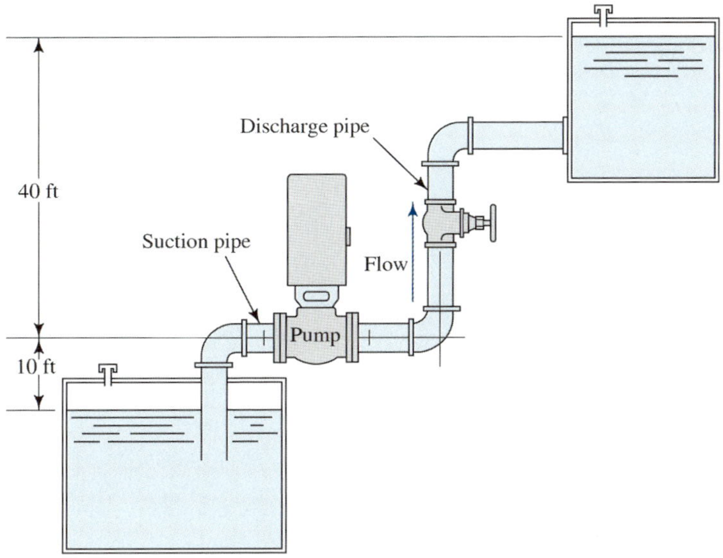

그림 11.12 예제 11.8에 대한 펌프 유체 유동 시스템

해설

1. 이전 장의 PIPE-FLO®를 사용한 예제와 같은 방식으로 PIPE-FLO®에서 새 프로젝트를 열고 도구 모음에서 "시스템" 메뉴를 선택하여 단위, 유체 영역 및 파이프 사양과 같은 모든 주요 값을 초기화한다.
2. 탱크를 문제에 배치하고 속성 표에서 초깃값을 채운다.
3. 사이징 펌프를 삽입하려면 도구 상자의 "펌프" 메뉴에서 "크기 조절 펌프"를 선택하고 FLO-Sheet®에 놓는다. 앞에서 설명한 것처럼 사용자가 요청하는 유일한 값은 펌프의 상대적 위치와 원하는 체적 유량을 정의하는 흡입 및 배출 상승이다. 이 유속은 유속에 대한 값 상자를 선택한 후 오른쪽에 나타나는 "..." 버튼을 두 번 클릭하여 체적 유량의 형태로 지정할 수 있다. 이 특정 예에서 체적 유속은 2.0 ft^3/s로 주어졌다. 하부 탱크의 밑면이 0 ft의 높이로 설정되었고, 탱크의 유체면이 10 ft로 주어졌기 때문에 펌프 흡입 및 배출 높이는 펌프가 수평으로 보이기 때문에 20 ft가 된다.

Sizing Pump Design	
Name	Sizing Pump
Suction Elevation	20 ft
Discharge Elevation	20 ft
Flow Rate	2 ft^3/s

4. 파이프 섹션, 엘보, 파이프 입구, 파이프 출구 및 완전 개방 게이트 밸브를 과거 예제에서 제시된 것과 동일한 방식으로 추가하여 이 문제를 계산한다.
5. 모든 구성 요소와 정보를 입력한 후에는 속성 표에 있는 "장치보기 옵션" 아래의 각 구성 요소에 대해 표시할 정보를 켜야 한다.
6. 이 문제에서 펌프의 경우 총 수두, 흡입 압력 및 배출 압력을 표시해야 한다. 13장에서 다른 요소들이 요구될 것이다. 문제의 결과는 다음과 같다.

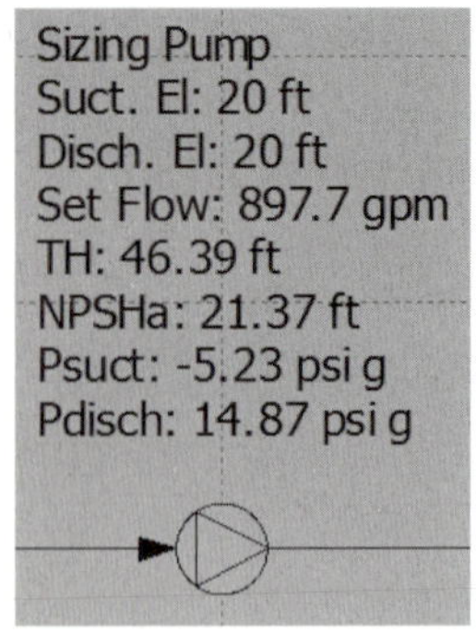

7. 다음 출력값에 유의한다.
   a. 펌프가 하부 탱크의 표면에서 펌프의 흡입 입구 포트까지 10 ft의 유체를 상승시켜 흡입 파이프의 에너지 손실을 극복해야 하기 때문에 펌프 입구에 음의 계기 압력 −5.23 psig가 발생한다.
   b. 펌프 배출구의 압력은 14.87 psig이다. 그 결과 펌프는 유체를 상부 탱크로 상승시키고 배출 파이프, 엘보 및 밸브의 에너지 손실을 극복하는 데 필요한 20.1 psi만큼 유체의 압력을 증가시킨다.
   c. 펌프의 총 수두값(46.39 ft)은 주어진 파이프 시스템의 탱크 사이에서 2.0 ft^3/s의 물을 이동할 때 펌프가 유체에 전달해야 하는 에너지 양의 척도이다. 13장에서 이것이 펌프 선택을 위한 필수 데이터 요소라는 것을 알게 될 것이다.

11.7 구조적 결성을 위한 파이프라인 설계

파이프 시스템 및 지지대는 유동, 압력 강하 및 펌프 전력 요구 사항을 충족시키는 것 외에도 강도 및 구조적 결합을 위해 설계되어야 한다. 다음에 의해 생성된 스트레스에 대해 고려해야 한다.

- 내부 압력
- 파이프와 유체 무게로 인한 정적 힘
- 파이프 내 유체 흐름으로 인한 동적 힘(16장 참조)
- 지진 활동, 온도 변화, 설치 절차 또는 기타 특수한 조건으로 인해 발생하는 외부 부하

미국기계학회, 미국수자원협회, 미국화재방호협회 및 다른 기관에서도 위의 고려 사항에 대한 표준을 개발한다. 참고문헌 1−17과 인터넷 자료 2−10을 참고하라.

파이프 시스템 설계의 다른 세부 사항 및 실제 고려 사항은 참고문헌 3 및 6−11에 제시되어 있으며, 이 끝에 나열된 다양한 인터넷 자료에서 논의된다.

구조적 결합 평가는 내부 압력으로 인한 배관 응력, 관 및 그 내용물의 무게로 인한 정적 하중, 풍하중, 설치 과정, 열팽창 및 수축, 급속 밸브 작동으로 인한 수격 현상과 같은 유압 과도 현상, 부식 등으로 인한 파이프 장기손실, 압력 사이클링, 외부 하중과 다른 장치와의 결합에 따른 요인, 충격하중, 지진 발생에 대한 동적 성능, 유동에 의한 진동 및 다른 구조물이나 장비에 의한 진동으로 인한 배관 고장의 원인이 된다.

배관 재료의 신중한 선택은 작동 온도, 연성, 인성, 내충격성, 햇빛으로부터의 자외선 복사에 대한 저항성, 흐르는 유체와의 호환성, 대기 환경의 설치, 도료 또는 기타 부식 방지 코팅, 단열, 파이프 연결 및 밸브, 부속품, 압력 게이지 및 유량 측정 장치의 설치 등을 고려해야 한다.

파이프 또는 튜빙의 공칭 크기는 일반적으로 이 장에서 설명한 유동 고려 사항에 따라 결정된다. 압

력 등급(벽 두께의 함수)은 내부 압력, 작동 온도에서 파이프 재료의 허용 응력, 파이프 실제 벽 두께, 벽 두께에 대한 허용차, 파이프 제조 방법, 공차를 고려한 계산을 기반으로 한다. 장기 부식 및 벽 두께 보정 계수가 포함된다. 다음 배우게 될 방정식은 참고문헌 1에서 가져온 것으로 자세한 내용과 관련 자료는 해당 문서를 참조해라. 참고문헌 14는 이러한 방정식의 사용과 예제에 대한 설명을 제공한다. 이 방정식은 내부 압력을 가진 얇은 벽 실린더에 대한 고전 접선(후프) 응력 해석을 기반으로 한다.

기본 벽 두께 계산

$$t = \frac{pD}{2(SE + pY)} \tag{11-9}$$

여기서

t = 기본 벽 두께 (in 또는 mm)
p = 설계 압력
D = 외경
S = 허용 인장력
E = 축방향 결합 인자
Y = 물질 또는 온도에 따른 보정 인자

단위를 맞추는 것에 주의해서 연습할 필요가 있다.

온도가 100°F에서 1500°F(38℃에서 816℃)까지 변화할 때 다양한 재료에 대한 허용 응력값은 참고문헌 1에 나와 있다. 예를 들어 탄소강 파이프의 경우 400°F까지의 온도에서 S = 20.0 ksi(138 MPa)이다.

E의 값은 파이프가 어떻게 만들어지느냐에 달려 있다. 예를 들어 이음매 없는 강철 및 니켈 합금 파이프의 경우 $E = 1.00$이다. 전기 저항 용접 강 파이프의 경우, $E = 0.85$. 용접된 니켈 합금 파이프의 경우, $E = 0.80$이다.

900°F 이하의 온도에서 강철, 니켈 합금 및 비철 금속의 경우 Y값은 0.4이다. 고온에서는 0.7 정도이다.

기본 벽 두께는 다음과 같다.

$$t_{min} = t + A \tag{11-10}$$

여기서 A는 배관의 화학적 특성과 유체 및 배관의 설계 수명에 근거한 부식 여유량이다. 때때로 사용되는 값 중 하나는 2 mm 또는 0.08 in이다.

상업용 배관은 일반적으로 벽 두께에 대한 공차 +0/−12.5%로 생산된다.

그러므로 공칭 최소 벽 두께는 다음과 같이 계산된다.

$$\begin{aligned} t_{nom} &= t_{min}/(1-0.125) = t_{min}/(0.875) \\ &= 1.143 t_{min} \end{aligned} \tag{11-11}$$

식 (11−9)−(11−11)을 결합할 경우 다음 식을 얻을 수 있다.

$$t_{nom} = 1.143\left[\frac{pD}{2(SE + pY)} + A\right] \tag{11-12}$$

배관 설치 및 작동으로 인한 응력 배관상의 외부 응력은 후프 및 내부 유체 압력에 의해 생성되는 총 방향 응력과 결합한다. 파이프와 유체의 무게 때문에 지지대 사이의 수평 파이프는 연장 및 압축성 굽힘 응력을 받는다. 파이프의 수직 길이는 지지 방법에 따라 인장 또는 압축 응력을 경험한다. 한 파이프의 비틀림 전단 응력은 파이프 축을 중심으로 비틀림 모멘트를 발휘하는 파이프 배치의 오프셋 분기에 의해 생성될 수 있다. 이러한 응력 대부분은 적당한 횟수의 사이클에서만 정적 또는 완만하게 변한다. 그러나 빈번한 압력 또는 온도 순환, 기계 진동 또는 유동에 의한 진동으로 인해 피로를 일으킬 수 있는 반복적인 응력이 발생할 수 있다.

외부 응력을 최소화하고 파이프 구속과 압력 및 온도 변화로 인한 팽창 및 수축을 균형있게 유지하기 위해 파이프 시스템에 대한 지원을 신중하게 설계해야 한다. 펌프 및 대형 밸브 및 기타 중요 장비는 일반적으로 몸체 바로 아래 또는 입구 및 출구 연결부에서 지지된다. 배관은 지면이나 견고한 구조 부재에 하중을 전달하는 안장형 받침대에서 지지할 수 있다. 일부 지지대는 파이프에 고정되어 있고 다른 지지대는 파이프가 팽창과 수축 중에 움직일 수 있도록 롤러가 있다. 지지대는 일정한 간격으로 배치되어야 하며, 길이가 적당한 길이로 굽힘 응력과 처짐을 제한해야 한다. 일부 설계자는 지지점 사이에서 0.10 in(2.5 mm) 이상의 굽힘 처짐을 제한한다. 상승된 파이프는 천장 빔이나 지붕 구조물에 부착된 행거에 의해 지지될 수 있다. 일부 행거에는 파이프에 균등한 힘을 유지하면서 일시적인 상태로 인해 배관이 움직일 수 있도록 스프링이 있다. 일부 설치에서는 배관 전기적 절연이 필요할 수 있다. 인터넷 자료 7 및 8은 상업적으로 이용 가능한 다양한 클램프, 행거, 지지대를 보여준다.

마지막으로 배관을 설치한 후 설계 압력의 약 1.5배에 해당하는 정수압을 사용하여 청소 및 압력 테스트를 실시하게 된다. 장기간에 걸쳐 중요한 누출이나 파이프 고장이 발생하지 않도록 주기적으로 테스트한다.

참고문헌

1. American Society of Mechanical Engineers. 2012. *ASME B31.3, Process Piping Code.* New York: Author.
2. Becht, Charles, IV. 2009. *Process Piping: The Complete Guide to ASME B31.3,* 3rd ed. New York: ASME Press.
3. Willoughby, David. 2009. *Plastic Piping Handbook.* New York: McGraw-Hill.
4. Crane Co. 2011. *Flow of Fluids through Valves, Fittings, and Pipe* (Technical Paper No. 410). Stamford, CT: Author.
5. Hardy, Ray T., and Jeffrey L. Sines. 2012. *Piping Systems Fundamentals,* 2nd ed. Lacey, WA: ESI Press, Engineered Software, Inc.
6. Heald, C. C., Ed. 2002. *Cameron Hydraulic Data*, 19th ed. Irving, TX: Flowserve, Inc.
7. Lin, Shun Dar, and C. C. Lee. 2007. *Water and Wastewater Calculations Manual,* 2nd ed. New York: McGraw-Hill.
8. Mohitpour, M., H. Golshan, and A. Murray. 2007. *Pipeline Design and Construction: A Practical Approach,* 3rd ed. New York: ASME Press.
9. Nayyar, Mohinder. 2002. *Piping Databook.* New York: McGraw-Hill.
10. Silowash, Brian. 2010. *Piping Systems Manual.* New York: McGraw-Hill.
11. Nayyar, Mohinder. 2000. *Piping Handbook,* 7th ed. New York: McGraw-Hill.
12. Pritchard, Philip J. 2011. *Fox and McDonald's Introduction to Fluid Mechanics,* 8th ed. New York: John Wiley & Sons.
13. Swamee, P. K., and A. K. Jain. 1976. Explicit Equations for Pipeflow Problems. *Journal of the Hydraulics Division* 102 (HY5): 657–664. New York: American Society of Civil Engineers.
14. U.S. Army Corps of Engineers. 1999. *Liquid Process Piping* (Engineer Manual 1110-1-4008). Washington, DC: Author. (See Internet resource 2.)
15 Frankel, Michael. 2009. *Facility Piping Systems Handbook*, 3rd ed. New York: McGraw-Hill.
16. Smith, Peter. 2007. *Fundamentals of Piping Design,* Vol. I. Houston, TX: Gulf Publishing Co.
17. Boterman, Rutger, and Peter Smith. 2008. *Advanced Piping Design,* Vol. II. Houston, TX: Gulf Publishing Co.

인터넷 자료

1. **Engineered Software, Inc. (ESI):** www.eng-software.com Developer of the PIPE-FLO® fluid flow analysis software to design, optimize, and troubleshoot fluid piping systems, as demonstrated in this book. A special demonstration version of PIPE-FLO® created for this book can be accessed by users of this book at http://www.eng-software.com/appliedfluidmechanics

2. **The Piping Designers.com:** A site containing data and basic information for piping system design. It includes data for piping dimensions, piping fittings, CAD tools, flanges, piping standards, and many other related topics. From the *Pipes &Piping Tools* page, the entire document listed as Reference 14 can be read or downloaded. Numerous links to commercial suppliers of piping, fittings, pumps, and valves are listed on the site.
3. **PipingDesigners.com:** This site contains the document, "Overview of Process Plant Piping System Design," an excellent set of 133 presentation slides created by Vincent A. Carucci, of Carmagen Engineering, Inc. Use the search box on the home page and search on *Process Plant Piping.* The presentation is made available by ASME International as part of its ASME Career Development Series.
4. **National Fire Protection Association:** Developer and publisher of codes and standards for fire protection including NFPA 13, *Standard for the Installation of Sprinkler Systems*. Also, publishes other references pertinent to the study of fluid mechanics, such as *The Fire Pump Handbook.*
5. **Ultimate Fire Sprinkler Guide:** A huge set of links to sources for components for fire sprinkler systems and similar industrial pumped piping systems. Included are pipe, fittings, pumps, valves, and many others.
7. **Anvil International:** Manufacturer of pipe fittings, pipe hangers, and supports. Site includes an extensive amount of design information on pipe hangers, sizes and weights of pipe, seismic effects, and thermal considerations.
8. **Cooper B-Line:** Manufacturer of pipe hangers, anchor systems, and supports for piping and electrical cables.
9. **eCompressedair:** From the bottom of the home page, select *Main Library,* then select *Piping Systems* for an extensive set of documents giving guidelines for the design and installation of piping for compressed air systems for industrial applications.
10. **American Water Works Association:** An international non-profit scientific and educational society dedicated to the improvement of drinking water quality and supply. It is the authoritative resource for knowledge, information, and advocacy for improving the quality and supply of drinking water in North America and beyond.

연습문제

Class I 시스템

11.1 물이 그림 11.13에 주어진 바와 같이 $1.5 \times 10^{-2}\ m^3/s$ 유량으로 큰 저장소에서 흐르고 있다. 점 B에서의 압력을 구하시오.

11.2 그림 11.14 시스템에서 20℃ 등유는 밀폐된 탱크 A 압력을 등유보다 높게 함으로써 탱크 A에서 저장소 B로 강제 이송되어야 한다. DN 50 Schedule 40 강 파이프의 전체 길이는 48 m이다. 엘보는 표준이다. 유속이 435 L/min일 때 탱크 A에서 필요한 압력을 계산하시오.

11.3 그림 11.15는 유압 회로의 일부를 보여준다. 체적 유량이 60 gal/min인 경우 점 B의 압력은 200 psig이여야 한다. 유압 유체는 비중이 0.9이며 점도는 $6.0 \times 10^{-5}\ lb \cdot s/ft^2$이다. A와 B 사이의 파이프 길이는 50 ft이다. 엘보는 표준이다. A에서 펌프 출구의 압력을 구하시오.

11.4 그림 11.16은 B에서의 압력이 500 psig이고 유속이 750 gal/min인 대형 유압 시스템의 일부를 보여준다. 유체는 중간 공작 기계 유압 오일이다. 4-in 파이프의 전체 길이는 40 ft이다. 엘보는 표준이다. 6-in 파이프의 마찰로 인한 에너지 손실은 무시한다. 오일이 (a) 104°F (b) 212°F일 때 각각 A에서 필요한 압력을 구하시오.

11.5 그림 11.17의 시스템에서 오일은 $0.015\ m^3/s$의 속도로 흐르고 있다. 시스템의 데이터는 다음과 같다.

- 오일 비중량$=8.8\ kN/m^3$

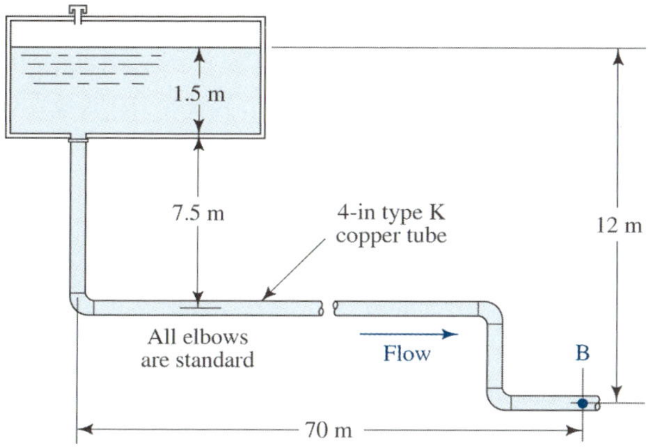

그림 11.13 문제 11.1

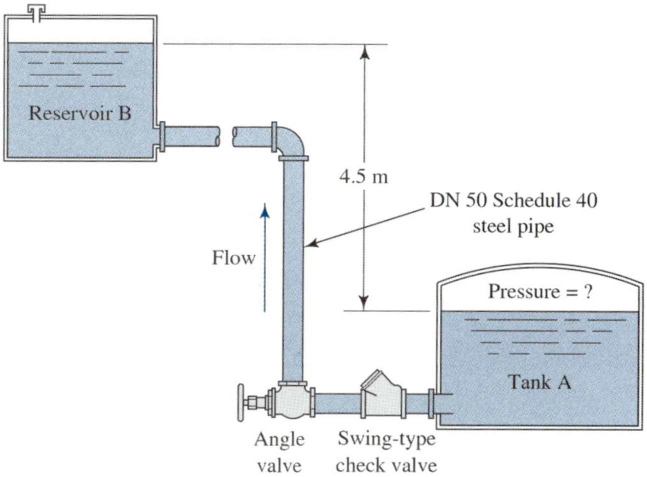

그림 11.14 문제 11.2

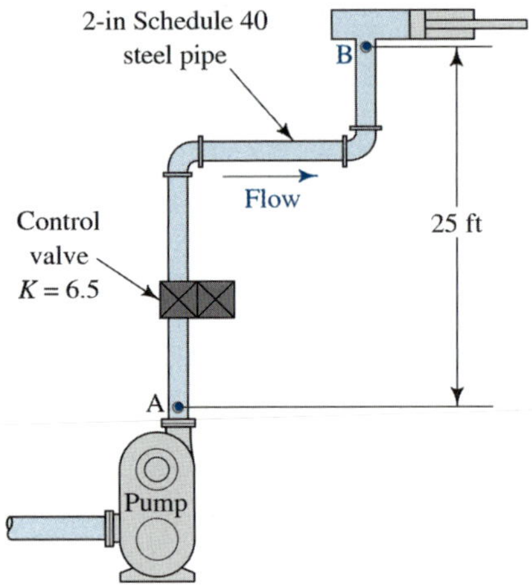

그림 11.15 문제 11.3

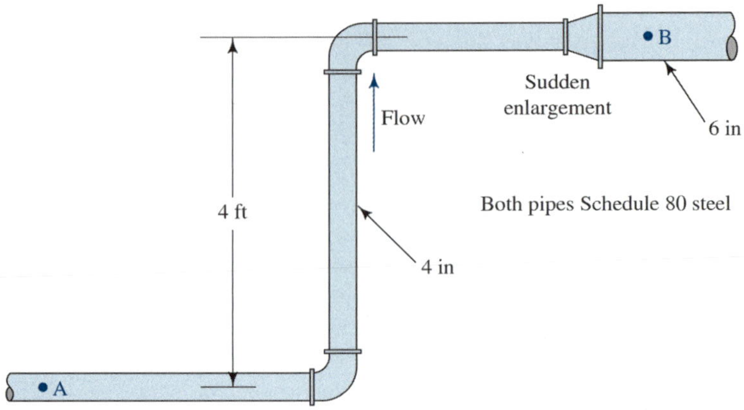

그림 11.16 문제 11.4

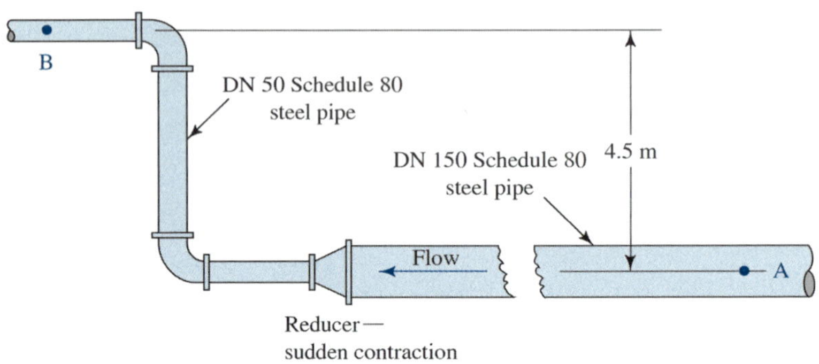

그림 11.17 문제 11.5

- 오일 동점도 = 2.12×10^{-5} m^2/s
- DN 150 파이프 길이 = 180 m
- DN 50 파이프 길이 = 8 m
- 엘보는 긴 반경 타입
- B에서의 압력 = 12.5 MPa

모든 파이프에서의 마찰과 부손실을 고려할 때, A에서의 압력을 구하시오.

11.6 그림 11.18에 나타난 시스템의 경우, 10℃의 물이 0.03 m^3/s의 유량으로 A에서 B로 흐를 때 두 저장소 표면 사이의 수직거리를 계산하시오. 엘보는 표준이다. 3-in 파이프의 전체 길이는 100 m이고, 6-in 파이프 경우에는 300 m이다.

11.7 액체 냉매가 그림 11.19 시스템을 통해 1.70 L/min의 속도로 흐른다. 냉매의 비중은 1.25이고 점도는 3×10^{-4} Pa · s이다. 점 A와 점 B 사이의 압력차를 계산하시오. 유압관은 외경 15 mm, 벽 두께 1.5 mm 및 총 길이 30 m 강철로 되어 있다.

Class II 시스템

11.8 100°F의 물이 25 ft 길이의 4-in Schedule 80 강 파이프에 흐르고 있다. 파이프 마찰로 인한 에너지 손실이 30 ft-lb/lb로 제한되는 경우 최대 허용 체적 유량을 계산하시오.

11.9 유압 오일은 외경 50 mm 및 벽 두께 1.5 mm인 강 파이프에 흐르고 있다. 튜브에서 30 m 떨어진 두 지점 사이에 68 kPa의 압력 강하가 관찰된다. 오일의 비중은 0.90이고 점도는 3.0×10^{-3} Pa · s이다. 오일의 유속을 계산하시오.

11.10 가공 공장에서 77°F의 에틸렌글리콜은 길이가 5000 ft인 6-in 코팅 연성 철제 파이프에 흐른다. 이 거리에서 파이프는 55 ft 떨어지면 압력은 250 psig에서 180 psig로 떨어진다. 파이프의 유동 속도를 계산하시오.

11.11 15℃의 물은 7.5 m 길이의 수직 튜브에서 아래로 흐르고 있다. 상단의 압력은 550 kPa이고 하단의 압력은 585 kPa이다. 볼형 체크 밸브가 바닥 근처에 설치된다. 유압 튜브는 외경 32 mm 및 벽 두께 2.0 mm 인발 강(drawn steel)이다. 물의 체적 유량을 계산하시오.

11.12 77°F 테레빈유는 4-in 코팅 연성 철제 파이프에서 A에서 B로 흐른다. 지점 B는 지점 A보다 20 ft 높고 파이프 전체 길이는 60 ft이다. 2개의 90° 긴 반경 엘보가 A와 B

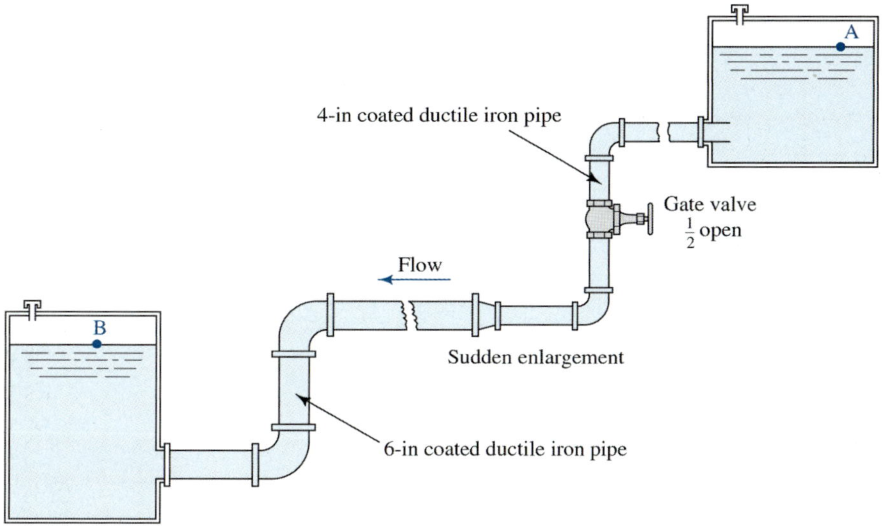

그림 11.18 문제 11.6

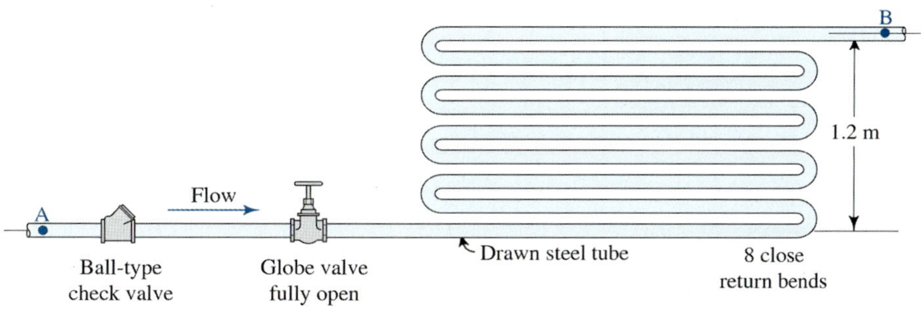

그림 11.19 문제 11.7

사이에 설치되어 있다. A의 압력이 120 psig이고 B의 압력이 105 psig라고 할 때 테레빈유의 체적 유량을 계산하시오.

11.13 2중 벽과 창문을 청소할 수 있도록 설계된 장치는 그림 11.20 시스템과 유사하다. 바닥에서의 압력이 (a) 20 psig 및 (b) 80 psig인 경우 노즐에서의 유속을 결정하시오. 상기 노즐은 출구 속도 수두에 기초하여 0.15의 손실 계수 K를 갖는다. 튜브는 매끄러운 알루미늄으로 되어 있으며 0.5-in의 내경을 가진다. 90° 굽힘은 6.0-in의 반경을 갖는다. 직선 튜브의 전체 길이는 20.0 ft이고 유체는 100°F의 물이다.

11.14 그림 11.21 시스템에서 25℃ 등유가 흐르고 있다. 외경 50 mm×1.5 mm 벽 구리 튜브의 총 길이는 30 m이다. 2개의 90° 벤드는 반경이 300 mm이다. 150 kPa 압력이 탱크 A의 등유보다 높게 유지되면 탱크 B로의 체적 유량을 계산하시오.

11.15 그림 11.22 시스템을 통해 40℃ 물이 A에서 B로 흐른다. 2개의 저장소 표면 사이의 수직 거리가 10 m인 경우 물의 체적 유량을 결정하시오. 엘보는 표준이다.

11.16 비중이 0.93이고 점도가 9.5×10^{-3} Pa·s인 오일이 그림 11.23 개방형 탱크로 유입된다. 50 mm 튜빙의 전체 길이

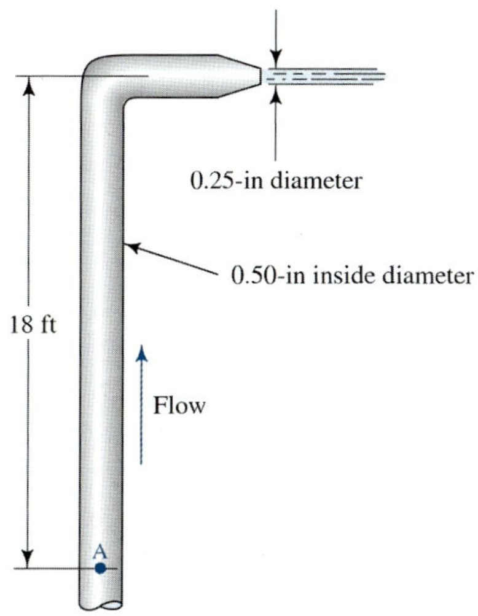

그림 11.20 문제 11.13

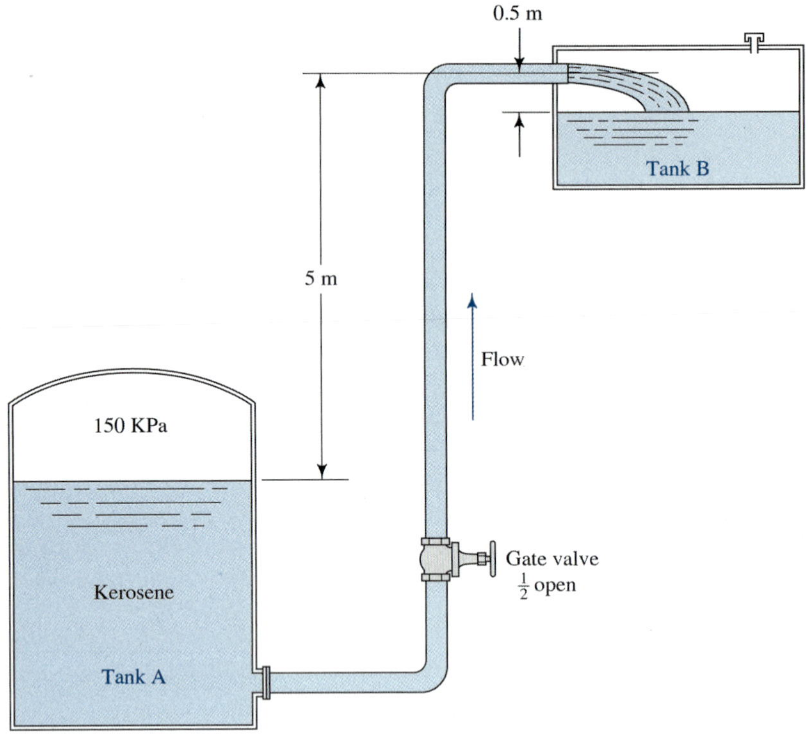

그림 11.21 문제 11.14

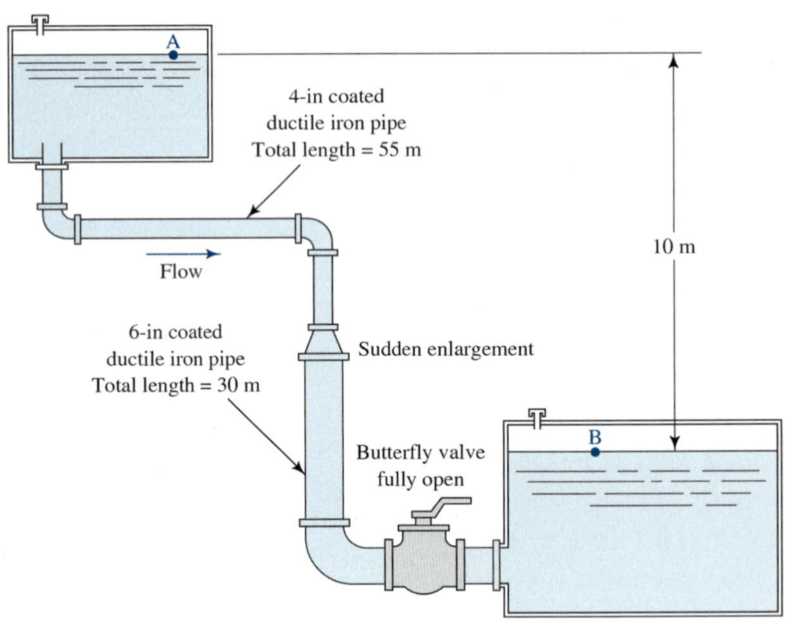

그림 11.22 문제 11.15

는 30 m이다. 100 mm 튜빙의 경우 총 길이는 100 m이다. 엘보는 표준이다. 점 A에서의 압력이 175 kPa이면 탱크로 유입되는 체적 유량을 결정하시오.

Class III 시스템

11.17 유량이 0.5 ft^3/s일 때 1000 ft당 10 psi인 최대 압력 강하로 160°F 물을 운반하는 새로운 Schedule 80 강 파이프의 필요한 크기를 결정하시오.

11.18 압력이 150 kPa인 히터에서 개방 탱크로 80℃에서 0.06

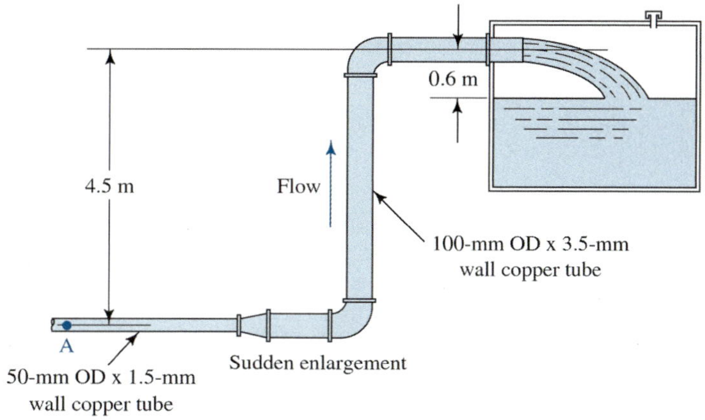

그림 11.23 문제 11.16

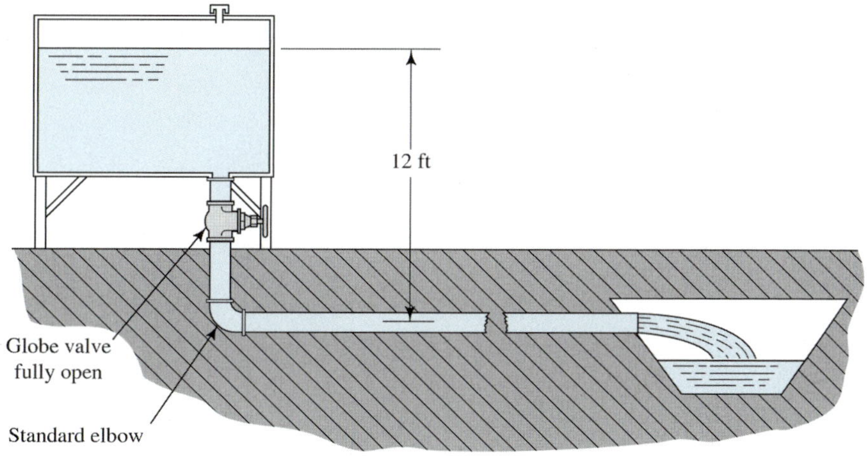

그림 11.24 문제 11.20

m^3/s의 물을 이송하려면 부록 G.2 기반에서 표준 유압 동관 크기는 얼마나 필요한가? 물은 튜브의 끝에서 대기로 방출된다. 튜브는 수평이며 길이는 30 m이다.

11.19 60°F 물은 2 mi 간격으로 중력에 의해 13,500 gal/min의 체적 유량으로 흐른다. 상단은 하단보다 130 ft 높다. 어떤 크기의 콘크리트 파이프가 필요한가? 파이프 양단의 압력은 무시할 수 있다고 가정하자.

11.20 그림 11.24 탱크는 하수도로 배수되어야 한다. 표시된 시스템을 통해 최소 400 gal/min의 물을 80°F로 운반할 새로운 Schedule 40 강 파이프 크기를 결정하시오. 파이프 전체 길이는 75 ft이다.

모든 시스템에 대한 연습문제

11.21 그림 11.25는 저장 탱크에서 수송용 트럭으로 흐르는 가솔린을 나타낸다. 휘발유의 비중은 0.68이고 온도는 25℃이다. 트럭에 1500 L/min 유량을 생성하기 위해 탱크에서 필요한 길이 h를 결정하시오. 파이프가 짧으므로 파이프 마찰로 인한 에너지 손실을 무시하고, 부손실을 고려하시오.

Note: 그림 11.26은 냉각재가 콜렉터 탱크에서 상승된 탱크로 펌핑하는 데 사용되는 시스템을 보여준다. 펌프는 30 gal/min을 공급한다. 냉각수는 필요에 따라 중력에 의해 기계로 다시 흐른다. 냉각재의 비중은 0.92이고 점도는 3.6×10^{-5} lb · s/ft^{2}이다. 이 시스템은 문제 11.22 – 11.24에서 사용된다.

11.22 그림 11.26 시스템의 경우 펌프 입구의 압력을 계산하시오. 필터는 흡입관의 속도 수두를 기준으로 1.85의 저항계수를 갖는다.

11.23 그림 11.26 시스템에서 펌프의 총 수두와 냉각수로 전달하는 동력을 계산하시오.

11.24 그림 11.26 시스템에서 유체를 기계로 되돌리기 위해 필요한 Schedule 40 강 파이프의 크기를 지정하시오. 기계 I은 20 gal/min, 기계 II는 10 gal/min이 필요하다. 유체는 0 psig인 기계의 파이프에서 나온다.

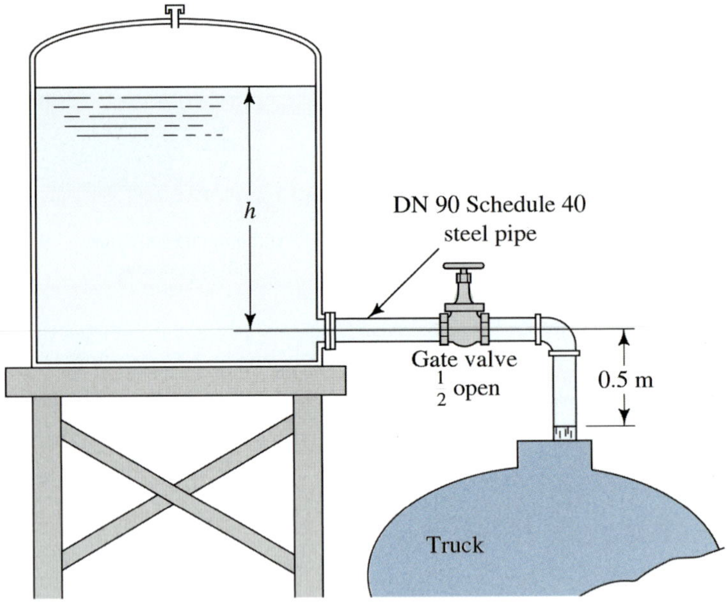

그림 11.25 문제 11.21

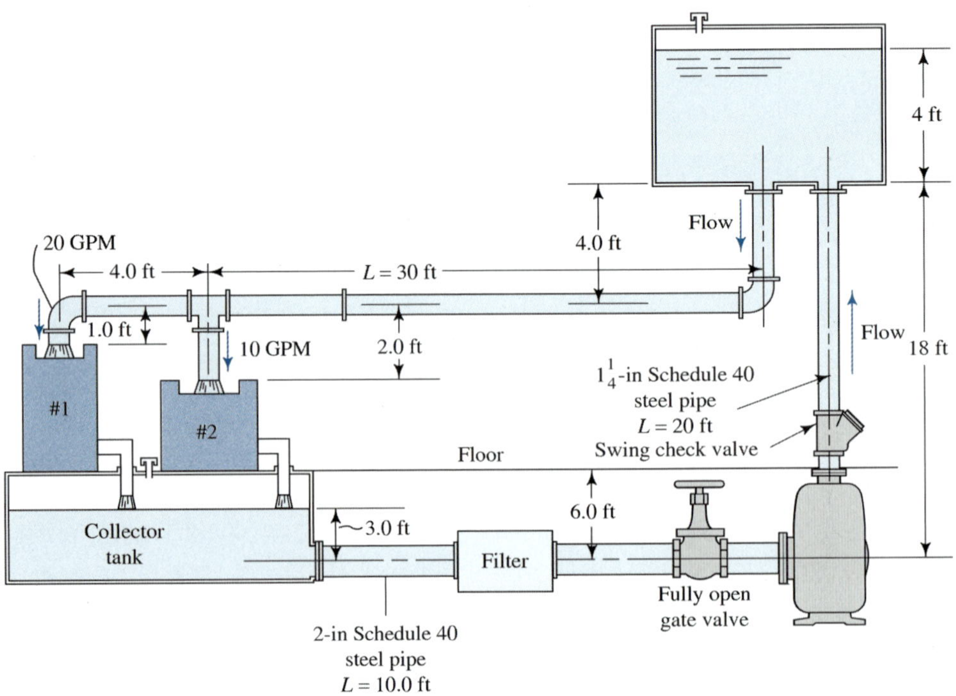

그림 11.26 문제 11.22–11.24

11.25 스프레이 노즐 제조업체는 노즐에 공급하는 파이프 최대 압력 강하가 100 ft 파이프당 10.0 psi가 되도록 규정한다. 노즐에 공급하는 1-in Schedule 80 강 파이프를 통과할 수 있는 최대 허용 유속을 계산하시오. 파이프는 수평이며 유체는 60°F의 물이다.

11.26 100 gal/min 체적 유량에서 8.0 psi 이하의 압력 강하로 수평 배관의 77°F에서 120 ft까지 가솔린을 운반하는 데 필요한 새로운 Schedule 40 강 파이프의 크기를 지정하시오.

11.27 그림 11.27을 참조하시오. 80℃ 물은 475 L/min 속도로 탱크에서 펌핑된다. 펌프의 입구에서 압력을 계산하시오.

11.28 문제 11.27에서 그림 11.27 시스템을 분석한 경우, 펌프 입구의 압력을 높이기 위해 시스템을 변경하는 것이 바람직하다. 체적 유량은 475 L/min으로 유지해야 하지만 다른 것은 변경할 수 있다. 문제 11.27 결과와 비교하기 위해

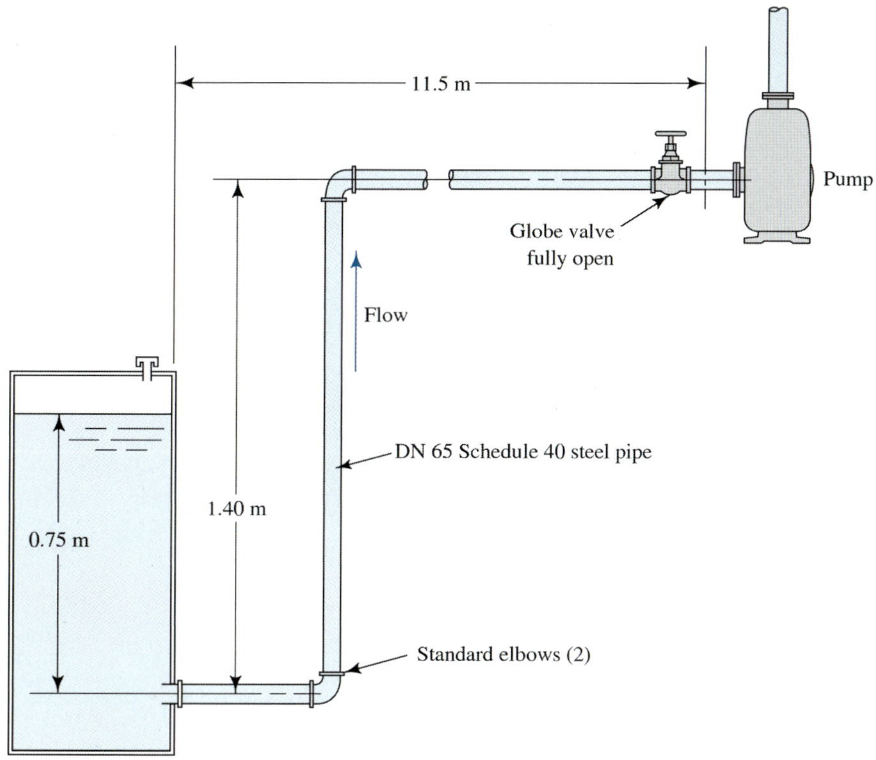

그림 11.27 문제 11.27–11.28

시스템을 재설계하고 펌프 입구의 압력을 재계산하시오.

11.29 수질 오염 제어 프로젝트에서 오염된 물은 수직으로 80 ft 위로 펌핑된 다음 공기 중으로 분무되어 물의 산소 함량을 높이고 휘발성 물질을 증발시킨다. 시스템은 그림 11.28에 그려져 있다. 오염된 물의 비중은 64.0 lb/ft^{3}이고 점도는 4.0×10^{-5} lb · s/ft^{2}이다. 유량은 0.50 ft^3/s이다. 펌프 입구의 압력은 대기압보다 3.50 psi만큼 낮다. 배출 파이프의 총 길이는 82 ft이며 배출 파이프의 속도 수두를 기준으로 하는 노즐 저항계수는 32.6이다. 펌프가 유체에 전달하는 동력을 계산하시오. 펌프 효율이 76%인 경우 펌프 입력 동력을 계산하시오.

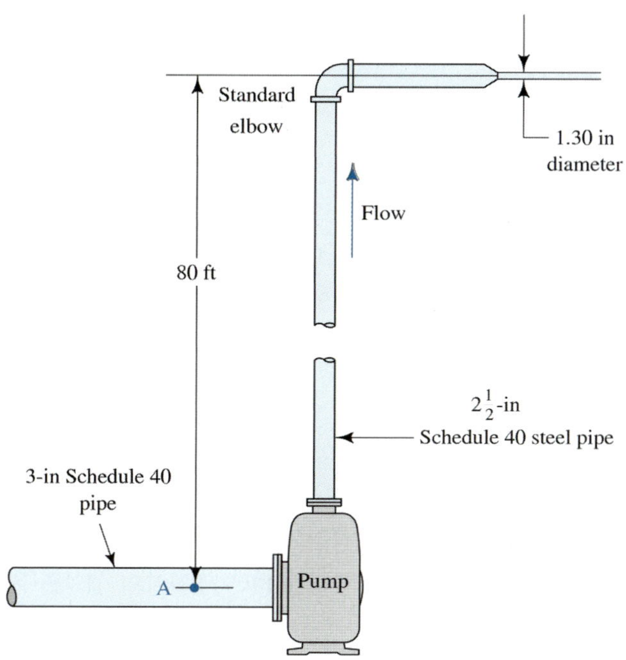

그림 11.28 문제 11.29–11.30

11.30 문제 11.29를 반복하되 $2\frac{1}{2}$ in 파이프 대신 배출관에 3 in Schedule 40 강 파이프를 사용하시오. 두 가지 설계를 위해 펌프에서 전달되는 동력을 비교하시오.

11.31 10℃ 물은 그림 11.29와 같이 건물 옥상의 탱크로 전달된다. 엘보는 표준이다. 200 L/min의 A 지점에서 압력은 얼마인가?

11.32 그림 11.29 점 A에서의 압력이 300 kPa이면 탱크로 전달된 10℃에서의 물의 체적 유량을 계산하시오.

11.33 그림 11.29 시스템 설계를 변경하여 글로브 밸브를 완전 개방 게이트 밸브로 교체하시오. 그런 다음 A 지점의 압력이 300 kPa이면 탱크로 전달되는 10℃에서 물의 체적 유량을 계산하시오. 결과를 문제 11.32 결과와 비교하여 밸브 변경의 효과를 입증하시오.

11.34 그림 11.30 시스템에서 탱크 A에서 탱크 B로 77°F에 250 gal/min의 메틸알코올을 공급하는 것이 바람직하다. 파이프의 전체 길이는 110 ft이다. 탱크 A에 필요한 압력을 계

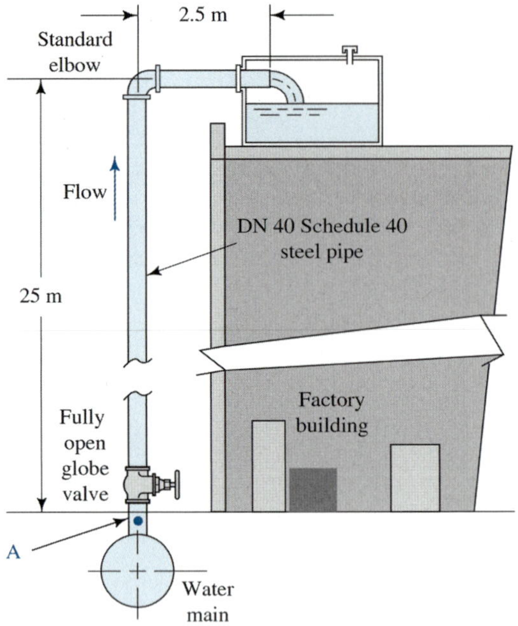

그림 11.29 문제 11.31–11.33

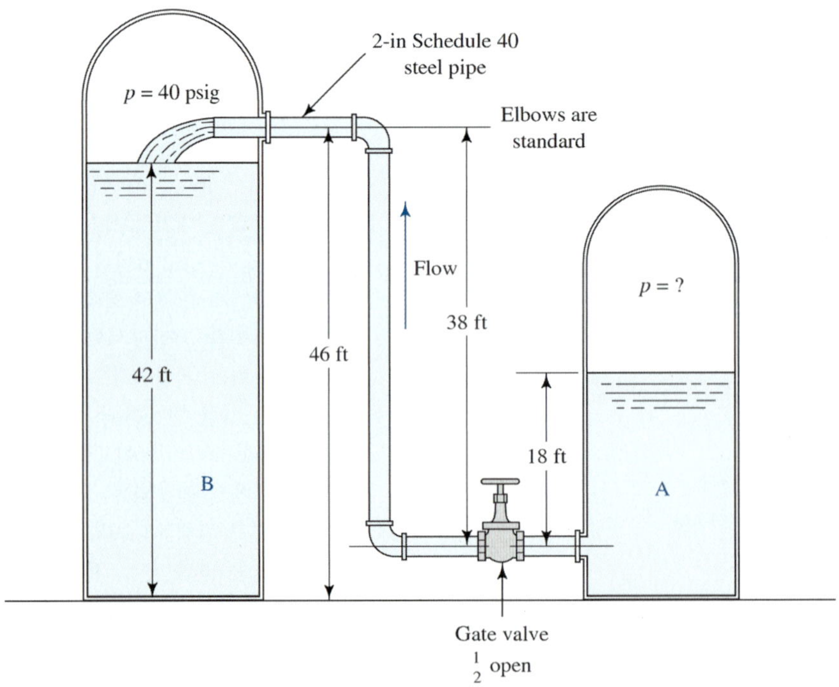

그림 11.30 문제 11.34–11.37

산하시오.

11.35 그림 11.30에 표시된 시스템의 경우 탱크 A 압력이 125 psig인 경우 발생하는 77°F 에틸알코올의 체적 유량을 계산하시오. 파이프의 총 길이는 110 ft이다.

11.36 문제 11.35를 반복하되, 밸브가 완전히 열려 있는 것으로 가정하시오.

11.37 문제 11.35를 반복하되, 밸브가 완전히 열리고 엘보가 표준이 아닌 긴 반경 유형이라고 가정하시오. 결과를 문제 11.35–11.36 결과와 비교하시오.

11.38 그림 11.31은 메인 라인에서 공장으로 15℃ 물을 공급

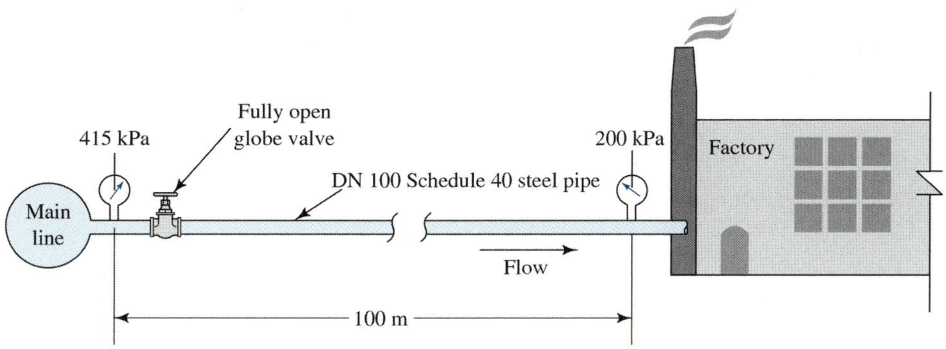

그림 11.31 문제 11.38–11.41

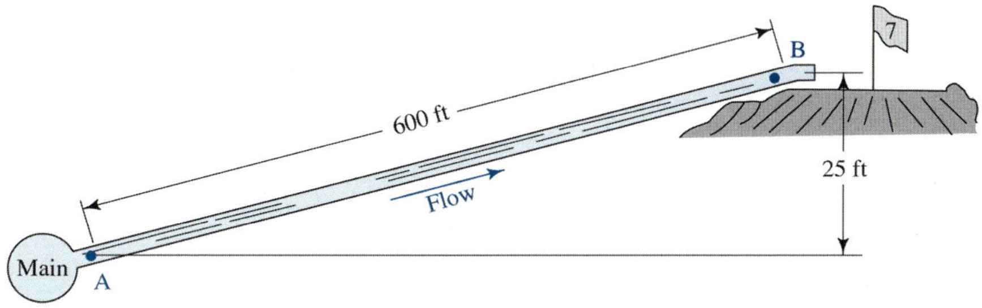

그림 11.32 문제 11.43

하는 DN 100 Schedule 40 강 파이프를 보여준다. 메인 라인의 압력은 415 kPa이다. 공장에서의 압력이 200 kPa 이상이어야 하는 경우 최대 허용 유량을 계산하시오.

11.39 문제 11.38을 반복하되 글로브 밸브를 완전히 열린 버터플라이 밸브로 교체하시오.

11.40 문제 11.38을 반복하되 DN 125 Schedule 40 파이프를 사용하시오.

11.41 문제 11.38을 반복하되 글로브 밸브를 버터플라이 밸브로 교체하고 DN 125 Schedule 40 강 파이프를 사용하시오. 문제 11.38−11.41 결과와 비교하시오.

11.42 가정용 전기 드릴을 펌프의 구동 축에 고정시킴으로써 작은 후행 변위 펌프를 구동하는 것이 바람직하다. 펌프는 1회전당 60°F 물을 1.0 in^3씩 공급하며 펌프는 2100 rpm으로 회전한다. 펌프 배출구는 내경이 0.75 in이며 100 ft의 매끄러운 플라스틱 호스를 통해 흐른다. 드릴 모터에서 얻을 수 있는 최대 출력이 0.20 마력인 경우 호스의 배출구까지 얼마나 멀리 떨어질 수 있는가? 펌프의 효율은 75%이다. 호스의 마찰 손실을 고려하되, 다른 손실은 무시하시오.

11.43 그림 11.32는 골프 과정에서 퍼팅 그린에 물을 전달하는 파이프를 보여준다. 메인의 압력은 80 psig이고 스프링클러 시스템에 적절히 공급하기 위해서는 B점에서 최소 60 psig을 유지해야 한다. 60°F에서 0.50 ft^3/s의 물을 공급하기 위해 Schedule 40 강 파이프의 필요한 크기를 지정하시오.

11.44 문제 11.43을 반복하되, 시스템에 다음 요소들이 추가되는 것을 고려하시오.

- 수도 인근에 있는 완전 개방 게이트 밸브
- 그린 근처 완전 개방 게이트 밸브 (그러나 B점보다는 상류에 있음)
- 3개의 표준 90° 엘보
- 2개의 표준 90° 엘보
- 하나의 스윙형 체크 밸브

11.45 상업용 빌딩의 배수 펌프는 150.4 ft 높이에 기름통에 앉아 있다. 펌프는 172.8 ft 고도에서 물을 배출하는 파이프 시스템을 통해 40 gal/min 물을 전달한다. 펌프 배출 시의 압력은 15.0 psig, 유체는 60°F의 물이다. 시스템에 다음 요소가 포함된 경우 플라스틱 파이프 크기를 지정하시오.

- 볼형 체크 밸브
- 8개의 표준 엘보
- 55.3 ft 길이 파이프

파이프는 Schedule 40 강 파이프이다.

11.46 문제 11.46에 디자인된 시스템에 대하여 펌프 전체 수두를 계산하시오.

11.47 그림 11.33은 25℃에서 프로필알코올을 대형 탱크의 바닥에서 채취하여 중력에 의해 시스템의 다른 부분으로 옮긴 화학 처리 시스템의 일부를 보여준다. 두 탱크 사이의 길이는 7.0 m이다. 필터는 라인에 설치되며 파이프 속도 수

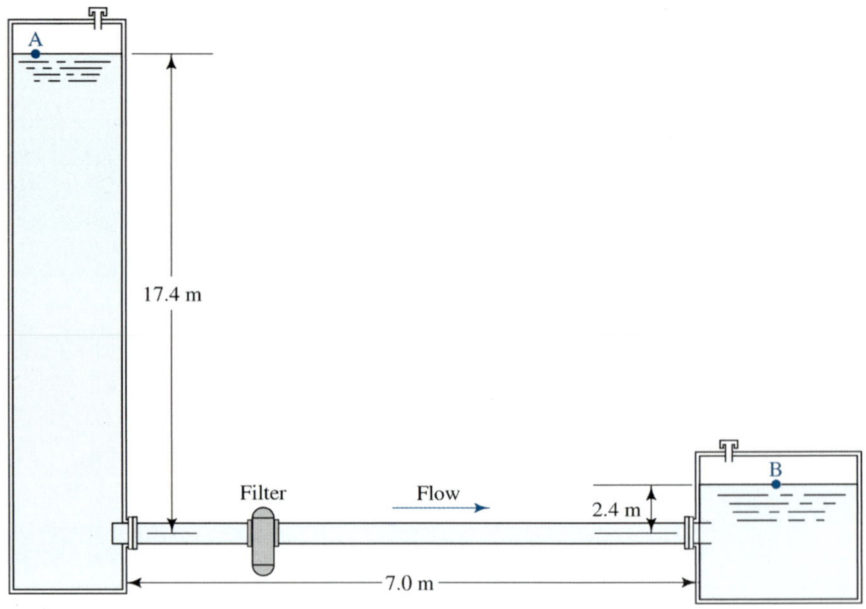

그림 11.33 문제 11.47–11.50

두를 기준으로 8.5의 저항계수 *K*를 갖는 것으로 알려져 있다. 그려진 스테인리스 강 튜빙을 사용해야 한다. 부록 G.2에서 150 L/min 체적 유량을 허용하는 튜빙의 표준 크기를 지정하시오.

11.48 문제 11.47에 설명된 시스템에 대해 그리고 그 문제에서 발견된 튜브 크기를 사용하여 큰 탱크의 높이가 12.8 m로 떨어지면 튜브를 통과하는 기대 체적 유량을 계산하시오.

11.49 문제 11.47에 설명된 시스템에 대해 해당 문제에 있는 튜브 크기를 사용하여 A의 대형 탱크에서 유체 위의 압력이 −32.5 kPa 게이지인 경우 튜브를 통과하는 예상 체적 유량을 계산하시오.

11.50 문제 11.47에 설명된 시스템의 경우, 그 문제에서 발견된 튜브 크기를 사용하여 반 개방 게이트 밸브가 필터 앞에 있는 라인에 배치되면 튜브를 통과하는 예상 체적 유량을 계산하시오.

보충문제 (PIPE-FLO®)

11.51 작동유로 20℃ 등유를 사용하여 그림 11.11에 나온 시스템을 분석하시오. PIPE−FLO® 소프트웨어를 사용하여 B점에서 800 L/min 유량을 얻는 압력을 결정하시오. Reynolds 수와 마찰계수와 같은 모든 중요 값을 보고하시오.

11.52 그림 11.12에 묘사된 펌프는 하부 저장소에서 220 gal/min 유량으로 상부 저장소로 물을 전달한다. 3-in Schedule 40 강 파이프가 펌프 앞으로 10 ft, 펌프 뒤로 32 ft 길이로 있다. 3개의 표준 90° 엘보 및 완전 개방 게이트 밸브가 있다. 하부 저장소 안의 유체 깊이는 3 ft이다. PIPE−FLO®을 이용해서 다음을 계산하시오.

(a) 펌프 입구에서의 압력

(b) 펌프 출구에서의 압력

(c) 펌프에서의 총 수두

(d) 펌프에 의해 전달되는 동력

컴퓨터를 이용한 공학 과제

1. 밸브 및 부속품으로 인한 마찰 및 부손실로 인한 에너지 손실을 포함하여 Class I 파이프라인 시스템을 분석하기 위한 프로그램 또는 스프레드시트를 작성하시오.
2. 마찰만으로 인한 에너지 손실을 고려하여 제한된 압력 강하로 주어진 파이프에서 유속과 체적 유량을 결정하기 위한 프로그램 또는 스프레드시트를 작성하시오. 11.4절과 예제 11.2에서 설명한 계산 방법을 사용하시오.
3. 예제 11.5에 설명된 Class III 해법 절차를 사용하여 제한된 압력 강하로 지정된 유속을 수행하는 데 필요한 파이프 크기를 결정하기 위한 프로그램 또는 스프레드시트를 작성하시오.
4. 압력 강하가 제한된 특정 유속을 수행하는 데 필요한 파이프 크기를 결정하기 위한 프로그램 또는 스프레드시트를 작성하시오. 마찰로 인한 에너지 손실과 부손실을 고려하시오. 예제 11.6에 설명된 것과 유사한 방법을 사용하시오.

CHAPTER 12

병렬 및 분기 파이프라인 시스템

개요

병렬 및 분기 파이프라인 시스템은 유체가 출발점에서 목적지 지점으로 흐를 때 취하는 경로가 하나 이상인 시스템이다. 그림 12.1에 예가 나와 있다. 이것은 상업용 상점, 사무실 건물, 학교, 복합 주택 시설 또는 산업 플랜트와 같은 건물에서 화재 예방을 위한 스프링클러 시스템의 일부이다. 건물에서 사용되는 물은 공급원에서 시작되어 건물 밑에 더 큰 직경의 파이프를 통해 스프링클러 시스템으로 들어간다. 헤더라고 하는 이 파이프는 특정 압력의 물을 모든 분기 파이프에 제공한다. 분기의 시작에서 물의 흐름이 나타나면 밸브, 엘보, 티가 있는 직선 길이의 파이프를 통해 각 지점이 스프링클러 헤드로 연결되는 것을 시각화할 수 있다. 각 분기는 서로 다른 부속을 가질 수 있다. 설치 후 분기로 이끄는 모든 밸브가 열리면 파이프가 물로 채워져 완전히 가압된다.

이제 2개 이상의 스프링클러 헤드가 화재 또는 연기 탐지기에 의해 작동될 때 어떤 일이 발생하는지 고려해보자. 물은 헤드를 통해 흘러 나와 지역에 뿌려져 화재를 진압한다. 서로 다른 헤드는 제어가 필요한 영역에 따라 상이한 용량을 가질 수 있다. 따라서 각 파이프를 통과하는 유속은 다를 수 있다. 그러나 연속성의 원칙으로 모든 헤드의 모든 유출이 주 헤더를 통과해야 한다는 것을 알 수 있다. 시스템의 모든 부분에서 유량을 균형 있게 조정하여 각각의 물이 원하는 양을 받도록 하려면 수동 또는 자동으로 조절할 수 있는 제어 밸브가 필요하다.

시스템 내의 압력 분포는 어떠한가? 각 지점의 시작 부분에서의 압력(헤더의 압력)은 본질적으로 동일하다. 그런 다음 유동이 배관 회로를 통해 진행되면 마찰과 밸브와 부속품의 부손실로 인해 에너지가 손실되어 압력이 떨어진다. 분기의 끝부분에는 스프링클러 헤드가 열릴 때 유량에 대한 설계값을 전달하기 위해 일정 최소 압력을 요구하도록 설계된다. 물이 스프링클러 헤드를 떠날 때 유체의 압력은 대기압과 동일하므로 각 라인의 전체 압력 강하는 헤더 압력에서 대기압까지이다.

모든 분기의 끝에 있는 모든 스프링클러 헤드가 동시에 열리면 어떻게 되는지 시각화해보자. 위에서 언급했듯이 각 분기점은 헤더부터 헤드에서 배출되는 흐름까지 Δp는 동일하다. 압력과 헤더와의 관계, $\Delta p = \gamma h_L$ 또는 $h_L = \Delta p/\gamma$를 사용하면 각 지점의 물이 동일한 손실을 경험할 수 있다고 할 수 있다. 그러나 앞에서 설명한 여러 가지 디자인이 다르기 때문에 서로 다른 전체 저항이 각 분기에 있다. 시스템이 각 분기에서 서로 다른 저항으로 작동할 수 있는 유일한 방법은 각 분기를 통과하는 유량의 양을 조정하는 것이다.

이제 일부 분기를 통한 유속은 스프링클러 헤드가 제공하는 공간에서 화재를 제어하는 데 필요한 것보다 낮을 수 있지만 다른 분기의 유동은 필요할 때보다 클 수 있다. 이러한 상황은 일반적으로 시스템을 설치한 후에 조정할 수 있는 각 라인에 제어 밸브를 배치하여 조정된다. 물론 시스템은 원래 각 지점을 통해 합리적인 유량을 생산하기 위해 설계되었을 것이다. 예를 들어 그림 12.1에서 일부 분기 파이프가 다른 분기 파이프보다 크다.

그림 12.1 병렬 및 분기 파이프라인 시스템에서 유체는 회로를 통해 진행할 수 있는 대체 경로를 가지고 있다. 그것들은 매우 일반적이며 특별한 분석이 필요하다.

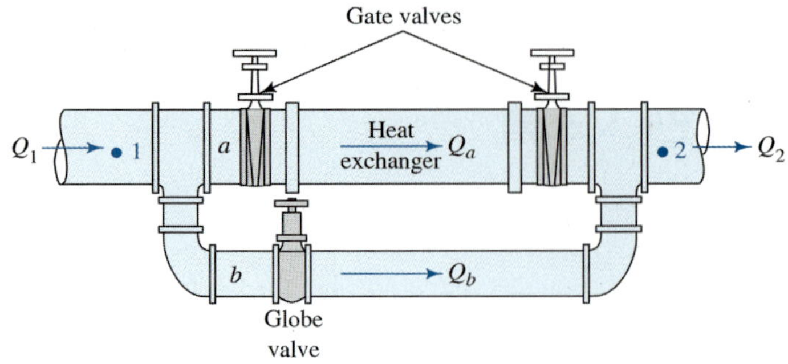

그림 12.2 2개의 분기를 갖는 병렬 파이프 시스템

또한 각 제어 밸브는 설치 후 기술자에 의해 시스템이 균형을 유지할 수 있도록 밸브에서 발생할 수 있는 압력 강하 범위를 제어하는 기능을 갖도록 지정된다.

분기는 헤더로부터 하류 어딘가에 다시 연결되지 않기 때문에 방금 설명한 스프링클러 시스템을 분기 시스템이라고 한다. 그림 12.2는 2개 이상의 분기 라인이 다시 연결되는 병렬 시스템이라고 하는 다른 접근법을 보여준다. 이 장에서는 분기 및 병렬 시스템에 대해 다룬다.

탐구

- 집, 차 또는 직장에서 평행 또는 분기 유동 시스템의 예를 찾아보자.
- 발견한 시스템을 스케치해보자. 주 파이프, 모든 분기, 사용된 파이프 또는 튜브의 크기, 모든 밸브 또는 부속품을 나타내도록 한다.
- 어떤 지점에서 분기는 다시 연결되거나 분리된 상태로 유지되는가?

입문 개념

평행 배관 시스템의 분석은 7−11장의 에너지 방정식을 기반으로 하지만 추가 관측 및 고려 사항이 있다. 예를 들어 그림 12.2를 보고, 자신이 왼쪽에서부터 시스템으로 들어가는 유체 흐름의 작은 부분이라고 상상해보자. 그러면 자신이 점 1에 있다는 것을 발견할 수 있다. 여기서 총 체적 유량은 Q라고 하며, 자신은 그것의 일부이다. 그런 다음 교차점에 들어갈 때 결정을 해야 한다. 목적지까지 가는 동안 어느 쪽으로 가는가? 유동의 다른 모든 부분은 동일한 결정을 내려야 한다.

물론 유동의 일부는 그림에서 a와 b라고 불리는 교차점에서 멀어지는 2개의 분기로 나뉜다. 이 유량을 각각 Q_a 및 Q_b라고 한다. 이 장에서 결정해야 할 중요한 사항은 유체가 각 분기로 얼마나 흐르고 있는지와 유체가 회로를 완료하고 목적지에서 끝날 때 얼마나 많은 압력 강하가 발생하는지이다. 이 경우 두 경로가 시스템의 오른쪽에서 다시 결합되어 출구 파이프를 통해 목적지인 점 2로 흐른다. 여기서 체적 유량을 Q_2라고 한다.

정상 흐름의 원리를 병렬 시스템에 적용하면 다음 결론에 도달하게 된다.

▶ 병렬 시스템에 대한 연속 방정식

$$Q_1 = Q_2 = Q_a + Q_b \tag{12-1}$$

첫 번째 부분인 $Q_1 = Q_2$는 총 유량을 고려할 때 특정 단면에서 체적 유량이 동일하다는 것을 의미한다. 점 1과 2 사이의 시스템에서 유체가 추가되거나 제거되지 않는다. 두 번째 부분은 분기 흐름, $Q_a + Q_b$가 첫 번째 티에 들어오는 총 체적 유량과 합쳐져야 함을 정의한다. 이것은 왼쪽 연결부로 흐르는 모든 유체가 어딘가로 이동해야 하므로 두 부분으로 나뉘어 논리적으로 보일 것이다. 따라서 분기로부터의 모든 유동이 Q_2로 계속되는 전체 유동을 위해 올바른 교차점에 모여 있어야 한다는 것을 알아야 한다.

이제 시스템 전체의 압력 강하를 고려해보자. 점 1에서 압력 p_1이 발생하고, 점 2에는 다른 압력 p_2가 존재한다. 압력 강하는 $p_1 - p_2$이다. 압력을 분석하려면 점 1과 2 사이의 에너지 방정식을 사용하라.

$$\frac{p_1}{\gamma} + z_1 + \frac{v_1^2}{2g} - h_L = \frac{p_2}{\gamma} + z_2 + \frac{v_2^2}{2g}$$

압력 강하 $p_1 - p_2$에 대한 풀이는 다음과 같다.

$$p_1 - p_2 = \gamma[(z_2 - z_1) + (v_2^2 - v_1^2)/2g + h_L]$$

이 형태의 에너지 방정식은 점 1과 2 사이의 압력차는 높이 차이, 속도 수두의 차이 및 시스템에서 흐르는 유체의 단위 중량당 에너지 손실에 달려 있다는 것을 뜻한다. 그림 12.2에 나타난 시스템에서 유체의 어떤 요소가 점 2에 도달하면 각각의 경로에 관계없이 단위 높이당 동일한 에너지 상승, 동일한 속도 변화 및 동일한 높이 변화를 경험하게 된다. 시스템의 오른쪽에 있는 접합부에서 수렴하는 모든 요소는 단위 중량당 동일한 총 에너지를 갖는다. 즉 그들은 모두 같은 수두를 가진다. 따라서 유체의 각 단위 중량에는 동일한 양의 에너지가 있어야 한다.

이것은 다음 식으로 표현될 수 있다.

▶ **병렬 시스템에 대한 수두 손실 방정식**

$$h_{L_{1-2}} = h_a = h_b \quad (12-2)$$

식 (12−1)과 (12−2)는 병렬 파이프라인 시스템에 대한 지배 방정식들이다. 시스템의 주어진 구성에 대해 각 시스템의 유동은 총 시스템 유동이 이 방정식을 만족할 때까지 자동으로 조정된다. 일반적으로 더 많은 유체가 더 낮은 저항을 갖는 분기를 통과하고 더 적은 유동이 더 높은 저항 분기를 통과할 것이다. 2개 이상의 분기가 있는 시스템의 경우 이 방정식을 확장할 수 있으며 이러한 시스템은 종종 네트워크라 하고 이 장의 뒷부분에서 분석한다.

종종 산업용 애플리케이션에서의 목표는 위에서 설명한 스프링클러 시스템과 마찬가지로 각 분기에서 원하는 유량을 생성하는 것이다. 제어 밸브는 이러한 목표를 달성한다. 예를 들어 그림 12.2의 경우 정상적인 작동은 유체가 열교환기를 통해 낮은 저항으로 흐르도록 하기 위해 분기 a 두 게이트 밸브를 완전히 열어야 한다. 분기 b의 글로브 밸브도 닫힐 것이다. 열교환기를 통한 더 낮은 유동이 요구되는 경우 글로브 밸브는 분기 b를 따라 약간의 유동을 허용하도록 개방될 수 있다. 밸브는 다른 유속을 얻기 위해 조정될 수 있다. 분기 a에 있는 2개의 게이트 밸브는 열교환기를 청소 또는 교체하기 위해 제거할 수 있으며 추가 유량 제어에도 사용할 수 있다.

12.1 목표

이 장을 학습한 후에 다음의 항목들을 수행할 수 있다.

1. 시리즈 파이프라인 시스템과 병렬 또는 분기 파이프라인 시스템들 사이의 차이점을 파악한다.
2. 병렬 또는 분기 파이프라인 시스템에서 유량과 수두 손실 사이의 관계에 대해 서술한다.
3. 2개의 분기가 있는 병렬 파이프라인 시스템에서 총 유량과 시스템이 정확히 주어졌을 때 각 분기마다 발생하는 유량을 계산하고, 시스템에서 발생하는 수두 손실을 계산한다.
4. 2개의 분기가 있는 시스템에서 시스템에 대한 압력 강하가 주어졌을 때 각 분기마다 발생하는 유량과 전체 유동을 결정한다.
5. 병렬과 분기 파이프라인 시스템을 분석하기 위하여 PIPE−FLO® 프로그램을 이용한다.
6. Hardy Cross 기법을 사용하여 3개 이상의 분기를 갖는 네트워크의 모든 분기에서 유속을 계산한다.

12.2 2개의 분기를 갖는 시스템

일반적인 병렬 파이프 시스템은 그림 12.2와 2개의 분기를 갖는 경우이다. 하부 분기가 추가되어 일부 유체가 열교환기를 우회할 수 있다. 분기는 열교환기를 격리하기 위해 사용할 수도 있어 장비를 수리하는 동안 연속 유동이 가능하다. 이러한 유형의 시스템에 대한 분석은 상대적으로 간단하고 직선적인데 일부 반복은 전형적으로 필요하다. 속도가 알려지지 않았기 때문에 마찰계수도 알 수 없다.

2개 이상의 분기를 갖는 병렬 시스템은 미지수와 관련있는 방정식의 수보다 많은 미지수가 있기 때문에 더 복잡하다. 이에 대한 해법 절차는 12.4절에 설명되어 있다.

다음 예제가 프로그래밍된 형태로 제공된다. 수행된 세부 사항은 물론 해법 절차의 논리에도 주의를 기울여야 한다.

방법 A – 총 유량 및 분기의 형태를 알 때 두 가지 분기를 갖는 시스템에 대한 해법

예제 12.1이 그 예이다. 문제의 해법은 다음과 같다.

1. 식 (12−1)에 서술된 것처럼 총 유량을 2개 분기관의 유량 합계와 같게 한다. 분기 영역과 평균 속도의 곱으로 분기 유동을 표현한다. 이는 다음 식과 같다.

$$Q_a = A_a v_a, \quad Q_b = A_b v_b$$

2. 그 지점에서의 유속과 마찰계수에 관해 각 분기에서의 수두 손실을 나타낸다. 마찰과 부손실로 인한 모든 심각한 손실을 포함한다.
3. 각 분기에 대한 상대적인 거칠기를 계산하고, 각 분기에 대한 마찰계수의 값을 추정하고 알 수 없는 속도에 관해 각 분기에서의 수두 손실의 계산을 완료한다.
4. 식 (12−2)에 서술된 바와 같이 두 가지 분기의 수두 손실에 대한 식을 서로 동일시한다.
5. 4단계 방정식으로부터 다른 항들에 관해 속도를 구한다.
6. 5단계에서 나온 결과를 1단계의 유속 방정식으로 대체하고 알려지지 않은 속도 중 하나를 계산한다.
7. 5단계에서 구한 관계식으로부터 두 번째 알려지지 않은 속도를 구한다.
8. 2단계에서 사용된 마찰계수의 값의 정확성에 의문이 있는 경우 각 분기의 Reynolds수를 계산하고 Moody 선도에서 마찰계수를 다시 계산하거나 식 (8−7)에서 마찰계수의 값을 계산한다.
9. 마찰계수 값이 크게 변경된 경우 마찰계수의 새 값을 사용하여 3−8단계를 반복한다.
10. 만족할 만한 정밀도가 얻어지면 각 분기에서 현재 알려진 속도를 사용하여 해당 분기의 체적 유량을 계산한다. 체적 유량의 합계가 시스템의 총 유량과 동일한지 확인한다.
11. 두 분기 속도를 사용하여 분기에서 수두 손실을 계산하고 3단계에서 적절한 관계를 사용한다. 이 수두 손실은 전체 분기 시스템의 수두 손실과 동일하다. 원하는 경우 시스템에서 $\Delta p = \gamma h_L$을 이용하여 압력 강하를 계산한다.

프로그램 예제

예제 12.1 그림 12.2에서 60°F의 100 gal/min의 물이 섹션 1의 2-in Schedule 40 강 파이프로 흐르고 있다. 분기 a의 열교환기는 파이프의 속도 수두를 기준으로 손실계수 $K=7.5$를 가진다. 세 밸브는 모두 열린다. 분기 b는 $1\frac{1}{4}$-in Schedule 40 강 파이프로 구성된 우회관이다.

엘보는 표준이다. 분기 b의 점 1과 점 2 사이의 파이프 길이는 20 ft이다. 열교환기의 크기 때문에 분기 a의 파이프 길이는 매우 짧으며 마찰 손실은 무시할 수 있다. 이런 배열에 대해 (a) 각 분기마다 체적 유량과 (b) 점 1과 2 사이의 압력 강하를 결정하시오.

해설 1단계를 적용하면 식 (12−1)은 2개의 체적 유량과 관련이 있다. 이 방정식들에서 미지수가 얼마나 되는가?

v_a와 v_b 2개의 속도가 미지수이다. $Q = Av$이기 때문에 식 (12−1)은 다음과 같다.

$$Q_1 = A_a v_a + A_b v_b \tag{12-3}$$

주어진 자료에서 $A_a = 0.02333\ \text{ft}^2$, $A_b = 0.01039\ \text{ft}^2$, $Q_1 = 100$ gal/min이다. ft³/s 단위로써 Q_1을 표현하면

$$Q_1 = 100\ \text{gal/min} \times \frac{1\ \text{ft}^3/\text{s}}{449\ \text{gal/min}} = 0.223\ \text{ft}^3/\text{s}$$

이다. 2단계를 사용함으로써 v_a, v_b와 관계있는 다른 방정식들을 만들어 보도록 하자.

식 (12−2)는 두 분기의 수두 손실이 같다고 한다. 수두 손실 h_a, h_b는 속도 v_a, v_b에 따라 다르므로, 이 식을 (12−3)과 함께 사용하여 속도를 계산할 수 있다. 이제 각 지점에 대한 속도에 관해 수두 손실을 나타내자.

분기 a에 대하여 다음과 같은 식을 써야 한다.

$$h_a = 2K_1(v_a^2/2g) + K_2(v_a^2/2g)$$

$K_1 = f_{aT}(L_e/D) =$ 각 게이트 밸브에 대한 저항계수

$K_2 =$ 열교환기에 대한 저항계수$=7.5$ (문제에 주어짐)

다음과 같은 값이 주어진다.

$f_{aT} =$2-in Schedule 40 강 파이프에 대해서는 0.019 (표 10.5)

$L_e/D =$완전 개방 게이트 밸브에 대해서는 8 (표 10.4)

따라서

$$K_1 = (0.019)(8) = 0.152$$

$$h_a = (2)(0.152)(v_a^2/2g) + 7.5(v_a^2/2g) = 7.80(v_a^2/2g) \quad (12-4)$$

이다. 분기 b에 대해서는

$$h_b = 2K_3(v_b^2/2g) + K_4(v_b^2/2g) + K_5(v_b^2/2g)$$

$K_3 = f_{bT}(L_e/D) =$각 엘보에 대한 저항계수

$K_4 = f_{bT}(L_e/D) =$글로브 밸브에 대한 저항계수

$K_5 = f_b(L_b/D) =$20 ft의 L_b를 가지는 파이프에 대한 분기 b에서의 마찰 손실

f_b값은 정해져 있지 않고 반복 계산에 의해서 결정된다. 주어진 자료는 다음과 같다.

$f_{bT} = 1\frac{1}{4}$-in Schedule 40 강 파이프에 대해 0.021(표 10.5)

$L_e/D =$각 엘보에 대하여 30(표 10.4)

$L_e/D =$완전 개방 글로브 밸브에 대하여 340(표 10.4)

그리고 나서,

$$K_3 = (0.021)(30) = 0.63$$

$$K_4 = (0.021)(340) = 7.14$$

$$K_5 = f_b(20/0.1150) = 173.9f_b$$

이다. 따라서

$$h_b = (2)(0.63)(v_b^2/2g) + (7.14)(v_b^2/2g) + f_b(173.9)(v_b^2/2g)$$

$$h_b = (8.40 + 173.9f_b)(v_b^2/2g)$$

이다. 이 방정식은 부가적인 미지수 f_b를 가지고 있다. 11장 Class II 시리즈 파이프라인 시스템에서 사용된 반복 과정이 사용될 수 있다. 분기 b에 대한 상대적 거칠기는 f_b에 대한 첫 번째 초깃값을 결정하는 데 도움이 된다.

$$D/\varepsilon = (0.1150/1.5\times10^{-4}) = 767$$

그림 8.7 Moody 선도에서 마찰계수에 대한 예측은 $f_b = 0.023$이다. 이것을 h_b에 대한 방정식에 대입하게 되면

$$h_b = [8.40 + 173.9(0.023)](v_b^2/2g) = 12.40(v_b^2/2g) \quad (12-5)$$

이다. 해법 절차의 3단계를 이제 끝냈다. 4단계 및 5단계에서 v_b를 이용하여 v_a에 대한 방정식을 이용할 수 있다.

$v_a = 1.261v_b$ 관계식을 가질 수 있다.

$$h_a = h_b$$

$$7.80(v_a^2/2g) = 12.40(v_b^2/2g)$$

v_a에 대한 식은

$$v_a = 1.261v_b \tag{12-6}$$

이 경우 속도들을 계산하기 위하여 식 (12−3)과 (12−6)을 결합할 수 있다(6, 7단계).

위 식에 대한 해는 $v_a = 5.60$ ft/s, $v_b = 7.06$ ft/s이다. 자세한 풀이 과정은 다음과 같다.

$$Q_1 = A_a v_a + A_b v_b \tag{12-3}$$

$$v_a = 1.261v_b \tag{12-6}$$

$$Q_1 = A_a(1.261v_b) + A_b v_b = v_b(1.261A_a + A_b)$$

v_b에 대해서 풀면

$$v_b = \frac{Q_1}{1.261A_a + A_b} = \frac{0.223\ \mathrm{ft^3/s}}{[(1.261)(0.02333) + 0.01039]\ \mathrm{ft^2}}$$

$$v_b = 5.60\ \mathrm{ft/s}$$

$$v_a = (1.261)(5.60)\ \mathrm{ft/s} = 7.06\ \mathrm{ft/s}$$

f_b에 대한 예측값을 이용하여 이 값들을 이용할 수 있기 때문에 이 예측의 정확도를 확인해야 한다.

분기 b에 대한 Reynolds수를 구할 수 있다.

$$N_{Rb} = v_b D_b / \nu$$

부록 A, 표 A.2로부터 $\nu = 1.21 \times 10^{-5}$ ft²/s.

$$N_{Rb} = (5.60)(0.1150)/(1.21 \times 10^{-5}) = 5.32 \times 10^4$$

이 값과 이전의 상대 거칠기 767을 사용하여 Moody 선도에서 새로운 값 $f_b = 0.0248$을 산출한다. 이것은 가정된 0.023의 값과 상당히 다르므로 3−8단계에 대한 계산을 반복할 수 있다.

결과는 다음과 같이 요약된다.

$$h_b = [8.40 + 173.9(0.0248)](v_b^2/2g) = 12.71(v_b^2/2g) \tag{12-5}$$

$$h_a = 7.80(v_a^2/2g)\ \text{(첫 풀이의 값과 동일)}$$

2개의 분기에서의 수두 손실을 같게 함으로써 다음 식을 얻는다.

$$h_a = h_b$$

$$7.80(v_a^2/2g) = 12.71(v_b^2/2g)$$

$$v_a = 1.277v_b$$

이것을 v_b에 대한 식에 대입하면

$$v_b = \frac{0.223\ \mathrm{ft^3/s}}{[(1.277)(0.02333) + 0.01039]\ \mathrm{ft^2}} = 5.55\ \mathrm{ft/s}$$

$$v_a = 1.277v_b = 1.277(5.55) = 7.09\ \mathrm{ft/s}$$

이다. 분기 b에 대한 Reynolds수를 다시 계산하면

$$N_{Rb} = v_b D_b / \nu$$

$$N_{Rb} = (5.55)(0.1150)/(1.21 \times 10^{-5}) = 5.27 \times 10^4$$

이다. f_b값에 대한 큰 차이는 없다. 따라서 위에 계산된 두 속도의 값은 정확하다. 이제 각 지점의 체적 유량과 전체 시스템의 수두 손실 및 압력 강하를 찾는 10, 11단계를 완료할 수 있다.

이제 Q_a와 Q_b 체적 유량을 계산하도록 하자(10단계).

$$Q_a = A_a v_a = (0.02333\ \text{ft}^2)(7.09\ \text{ft/s}) = 0.165\ \text{ft}^3/\text{s}$$
$$Q_b = A_b v_b = (0.01039\ \text{ft}^2)(5.55\ \text{ft/s}) = 0.0577\ \text{ft}^3/\text{s}$$

이 값을 gal/min으로 단위로 바꾸게 되면 $Q_a = 74.1$ gal/min, $Q_b = 25.9$ gal/min이다.

압력 강하는 어떻게 될까?

점 1과 2를 기준점으로 사용하여 에너지 방정식을 쓸 수 있다. 속도와 높이가 이 지점에서 동일하므로 에너지 방정식은 간단하다.

$$\frac{p_1}{\gamma} - h_L = \frac{p_2}{\gamma}$$

압력 강하는

$$p_1 - p_2 = \gamma h_L$$

h_L은 어떻게 계산될까?

$h_{L_{1-2}} = h_a = h_b$이므로 식 (12−4) 또는 (12−5)를 사용할 수 있다. 식 (12−4)를 사용하면

$$h_a = 7.80(v_a^2/2g) = (7.80)(7.09)^2/64.4\ \text{ft} = 6.09\ \text{ft}$$

이 값은 2개의 티에서 부손실을 무시한 것이다.

$$p_1 - p_2 = \gamma h_L = \frac{62.4\ \text{lb}}{\text{ft}^3} \times 6.09\ \text{ft} \times \frac{1\ \text{ft}^2}{144\ \text{in}^2} = 2.64\ \text{psi}$$

그림 12.2에 표시된 시스템에서 파이프 b 글로브 밸브가 닫히면 모든 유량은 열교환기를 통과하며 압력 강하는 11장에서 논의한 Class I 시리즈 파이프라인 시스템 분석을 사용하여 계산할 수 있다. 유사하게 파이프 a 내의 게이트 밸브가 폐쇄되면 모든 유동은 우회관을 통과한다.

방법 B – 시스템을 가로지르는 압력 강하를 알고 각 분기 및 총 체적 유량이 계산될 때 두 가지 분기가 있는 시스템에 대한 해법

예제 12.2가 그 예이다. 문제의 해법은 다음과 같다.

1. $h_L = \Delta p/\gamma$ 관계의 알려진 압력 강하 Δp를 사용하여 시스템 전체의 총 수두 손실을 계산한다.
2. 그 지점의 속도와 마찰계수의 관점에서 각 분기에서의 수두 손실에 대한 표현을 작성한다.
3. 각 분기에 대한 상대 거칠기를 계산하고, 마찰계수에 대한 합리적인 추정치를 가정하여 각 분기의 속도로 수두 손실에 대한 계산을 완료한다.
4. 각 분기의 수두 손실 크기를 1단계에서 찾은 총 수두 손실과 같게 하려면 3단계에서 구한 식을 사용하여 각 분기의 속도를 구한다.
5. 3단계에서 사용된 마찰계수 값의 정확성에 의문이 있는 경우 각 분기의 Reynolds수를 계산하고 그림 8.7의 Moody 선도에서 마찰계수를 재평가한다. 식 (8−7)로부터 마찰계수의 값을 계산할 수 있다.
6. 마찰계수 값이 크게 변경된 경우 마찰계수에 대한 새 값을 사용하여 3, 4단계를 반복한다.
7. 만족할 만한 정밀도가 얻어지면 각 분기에서 현재 알려진 속도를 사용하여 해당 분기의 체적 유량

을 계산한다. 그런 다음 시스템의 총 유량과 동일한 체적 유량의 합계를 계산한다.

프로그램 예제

예제 12.2 그림 12.3에서 도시된 구성은 대형 기계의 베어링에 윤활유를 공급하는 데 사용된다. 베어링은 유량에 대한 제한 역할을 한다. 두 베어링의 저항계수는 11.0과 4.0이다. 각 분기 라인은 15 mm 외경×1.2 mm 벽 두께, 인발 강 파이프 튜브이다. 튜빙에 있는 4개의 굽은 각각의 평균 반경이 100 mm이다. 이 굴곡의 영향을 포함시키지만, 선이 짧기 때문에 마찰 손실을 배제한다.

(a) 각 베어링당 오일 유량을 결정하시오.

(b) L/min 단위로 총 유량을 결정하시오.

오일의 비중은 0.881이고, 동점는 2.5×10^{-6} m^2/s이다. 시스템은 한 평면에 있고, 모든 높이는 같다.

해설 병렬 시스템을 통한 수두 손실 h_L과 각 수두 손실 h_a, h_b를 관련시키는 식을 작성한다.

$$h_L = h_a = h_b \tag{12-8}$$

1단계를 통해 이들 수두 손실 값을 결정한다.

에너지 방정식에서 h_L을 구할 수 있다.

$$\frac{p_1}{\gamma}+z_1+\frac{v_1^2}{2g}-h_L=\frac{p_2}{\gamma}+z_2+\frac{v_2^2}{2g}$$

$z_1=z_2$, $v_1=v_2$이므로

$$\frac{p_1}{\gamma}-h_L=\frac{p_2}{\gamma}$$

$$h_L=(p_1-p_2)/\gamma \tag{12-9}$$

주어진 자료를 이용하면

$$h_L=\frac{(275-195)\ \text{kN}}{\text{m}^2}\times\frac{\text{m}^3}{(0.881)(9.81)\ \text{kN}}$$

$$h_L=9.26\ \text{m}$$

2단계를 통해 h_a, h_b에 대한 표현을 쓰도록 하자.

벤드와 베어링에서의 손실을 고려한다면

$$h_a=2K_1(v_a^2/2g)+K_2(v_a^2/2g) \tag{12-10}$$

$$h_b=2K_1(v_b^2/2g)+K_3(v_b^2/2g) \tag{12-11}$$

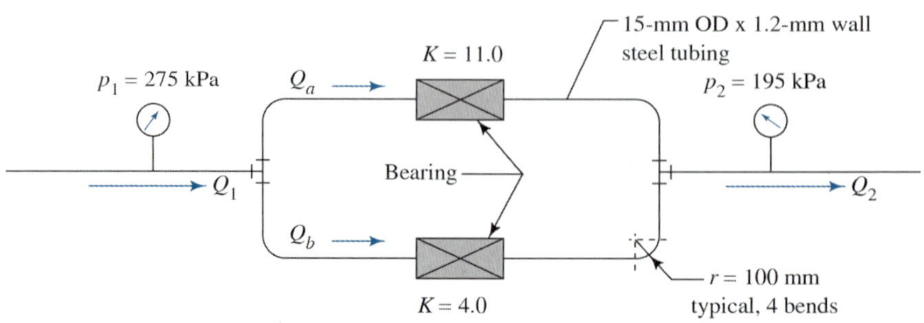

그림 12.3 예제 12.2에 대한 병렬 시스템

여기서

$K_1 = f_T(L_e/D)$ = 각 배관에서의 저항계수

K_2 = 분기관 a 베어링에 대한 저항계수 = 11.0 (문제에 주어짐)

K_3 = 분기관 b 베어링에 대한 저항계수 = 4.0 (문제에 주어짐)

f_T = 강 파이프 완전 난류 영역에서의 마찰계수

(L_e/D) = 각 배관에 대한 등가길이비

벤드에 대한 상대 반경은 다음과 같다.

$$r/D = (100\ \text{mm})/(12.6\ \text{mm}) = 7.94$$

그림 10.28에서 $L_e/D = 23.6$

완전한 난류 영역에서의 마찰계수는 상대 거칠기와 Moody 선도를 사용하여 결정할 수 있으며, 상대 거칠기 곡선의 오른쪽 끝에서 수평선에 접근하여 판독할 수 있다.

$$D/\varepsilon = 0.0126\ \text{m}/1.5\times10^{-6}\ \text{m} = 8400$$

Moody 선도에서 $f_T = 0.0124$이다.

이제 모든 저항 요소를 평가하고 분기의 속도 수두 측면에서 각 분기의 에너지 손실을 표현하여 3단계를 완료할 수 있다.

$$K_1 = f_T(L_e/D) = (0.0124)(23.6) = 0.293$$

$$K_2 = 11.0$$

$$K_3 = 4.0$$

$$h_a = (2)(0.293)(v_a^2/2g) + 11.0(v_a^2/2g)$$

$$h_a = 11.59v_a^2/2g \qquad (12-12)$$

$$h_b = (2)(0.293)(v_b^2/2g) + 4.0(v_b^2/2g)$$

$$h_b = 4.59v_b^2/2g \qquad (12-13)$$

4단계를 끝내기 위하여, v_a, v_b를 계산하도록 하자.

$h_L = 9.26$ m이다.

$h_L = h_a = h_b$이므로 식 (12−12)와 (12−13)은 v_a와 v_b에 대해 직접 쓸 수 있다.

$$h_a = 11.59v_a^2/2g$$

$$v_a = \sqrt{\frac{2gh_a}{11.59}} = \sqrt{\frac{(2)(9.81)(9.26)}{11.59}}\ \text{m/s} = 3.96\ \text{m/s}$$

$$h_b = 4.59v_b^2/2g$$

$$v_b = \sqrt{\frac{2gh_b}{4.59}} = \sqrt{\frac{(2)(9.81)(9.26)}{4.59}}\ \text{m/s} = 6.29\ \text{m/s}$$

7단계에 따라 체적 유량을 구하도록 하자.

$Q_a = 29.6$ L/min, $Q_b = 47.1$ L/min이고, 총 체적 유량은 76.7 L/min이다. 각 튜브의 면적은 $1.247\times10^{-4}\ \text{m}^2$이다.

$$Q_a = A_a v_a = 1.247\times10^{-4}\ \text{m}^2 \times 3.96\ \text{m/s} \times \frac{60000\ \text{L/min}}{\text{m}^3/\text{s}}$$

$$Q_a = 29.6\ \text{L/min}$$

이와 유사하게

$$Q_b = A_b v_b = 47.1 \text{ L/min}$$

이다. 따라서 총 체적 유량은 다음과 같다.

$$Q_1 = Q_a + Q_b = (29.6 + 47.1) \text{ L/min} = 76.7 \text{ L/min}$$

12.3 PIPE-FLO®에서의 병렬 파이프라인 시스템과 압력 경계

평행 파이프라인 시스템의 분석 및 설계에 소프트웨어를 사용하는 것은 계산의 지루한 특성 때문에 특히 유용하다. 이 예제는 PIPE-FLO®를 사용하여 아래에 표시된 병렬 시스템의 결과를 모델링하고 결정하기 위한 지침을 제공하며 장 끝에 있는 연습문제 12.3과 같은 수동 솔루션에 대해 반복된다.

예제 12.3 그림 12.4에 보이는 분기된 파이프 시스템에서 10℃의 유량 850 L/min의 물이 압력 1000 kPa인 점 A에서 DN 100 Schedule 40 파이프로 흐르고 있다. 유동이 2개의 DN 50 Schedule 40 파이프로 나누어지고, 점 B에서 다시 합쳐지게 된다.

(a) 각 분기에서의 유량을 결정하시오.

(b) 점 B에서의 압력을 구하시오.

시스템의 아래쪽 분기에서의 부손실 효과를 추가하고, 아래쪽 파이프의 총 길이는 60 m이다. 엘보는 표준이다. 모든 구성 요소가 동일한 수평면에 있다고 가정한다.

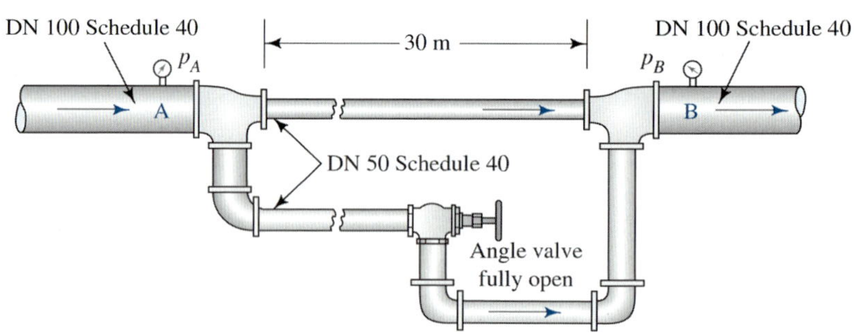

그림 12.4 예제 12.4에 대한 병렬 파이프라인 시스템

해설 1. 먼저 "시스템" 메뉴를 사용하여 시스템의 단위, 유체 구역 및 파이프 사양을 설정한다.

2. 문제는 이 분석 영역이 더 큰 시스템의 하위 집합임을 나타낸다. 이와 같은 경우에는 "압력 경계"라고 불리는 PIPE-FLO®와 함께 사용할 수 있는 다른 옵션을 이용하는 것이 도움이 된다. 이 옵션은 기본적으로 시스템의 주어진 지점에서 압력에 대한 사용자 중심값을 지정한다. 설계도에 표시된 탱크 또는 명시적인 유체 공급 장치가 없지만 "압력 경계"는 유체가 여전히 사용가능하고 이 시작 지점에서 흐르도록 보장한다. 유체 요구량은 유체 유량을 정의하기 위해 문제에 통합된다. 이 예에서는 위의 시스템에서 점 A를 나타내기 위해 압력 경계가 사용된다. 이 지점의 압력은 1000 kPa로 설정된다.

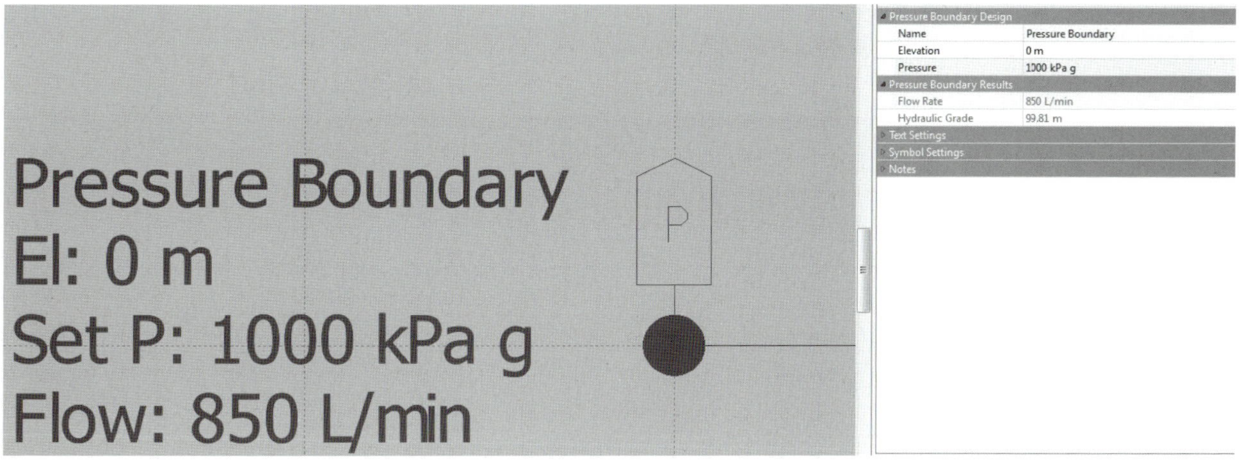

3. 이 예제의 주요 새로운 특징은 배관 시스템의 병렬 특성이다. 파이프의 분할 또는 수렴을 수행하려면 "노드"를 사용해야 한다. 노드는 2개의 파이프가 분리되거나 함께 나오는 시스템의 지점 역할을 한다. 이 경우 노드는 문제 그림에 표시된 Tee 자를 나타낸다. 문제의 필요한 지점에 노드를 만들려면 압력 경계에서 파이프를 FLO−Sheet®의 임의의 점으로 그리고 "점"이 나타날 때까지 두 번 클릭한다. 점이 나타나면 노드가 만들어진다. 노드의 등록 정보에서 유일한 입력은 해발 고도이다. 이 경우 "0"을 입력한다.
4. 압력 경계를 노드에 연결하지 않아도 되도록 압력 경계를 노드에 배치하는 것이 이상적이다. 그러나 PIPE−FLO®는 압력 경계가 노드에 위치하는 것을 허용하지 않는다. 이것은 엔지니어링 소프트웨어를 사용하기 전에 원리를 완전히 이해하는 중요성의 예이다. 이 문제를 소프트웨어 구조에 맞추려면 1 mm 길이의 파이프를 삽입하자. 실제로 시스템에는 그러한 파이프가 없지만 모델 생성을 허용하고 관련 손실을 무시할 수 있는 수준으로 유지한다는 목표를 충족시킨다. 아래 그림은 파이프의 짧은 단면이 있는 노드에 연결된 압력 경계를 나타낸다.

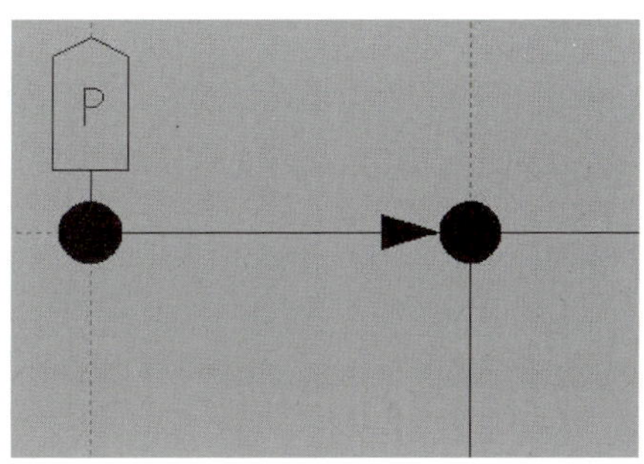

5. 이 시점에서 나머지 파이프 시스템은 이전 문제에서와 같이 그려질 수 있다. 2개의 파이프가 수렴된 곳에서는 다른 노드를 사용해야 한다. 이렇게 하려면 직선 파이프를 그린 후에 마우스를 두 번 클릭하고 파이프의 아래쪽 섹션을 동일한 노드에 연결한다.
6. 앞서 언급했듯이 유량 요구량은 시스템을 통해 설정된 유체의 유동을 나타내기 위해 사용될 것이다. 유량 요구량은 그림 12.4의 점 B를 나타낸다. 유량 요구에 대한 특성 표에 850 L/min 값을 입력한다. 시스템에 유체를 나타내는 탱크가 없더라도 PIPE−FLO®는 유체 영역 메뉴에 설정된 유체가 압력 경계로 인해 시스템을 통해 실제로 흐르고 있다고 가정하자.
7. 그림 12.4와 같이 적절한 개수의 엘보 (3)과 밸브를 포함시켜야 한다. 밸브는 "밸브 및 부속품" 메뉴

의 "밸브" 섹션 아래에 있다. 이것은 "글로브-각도 90°" 밸브라고 불린다. 이전 문제의 부속품 및 밸브처럼 항목을 입력한다.

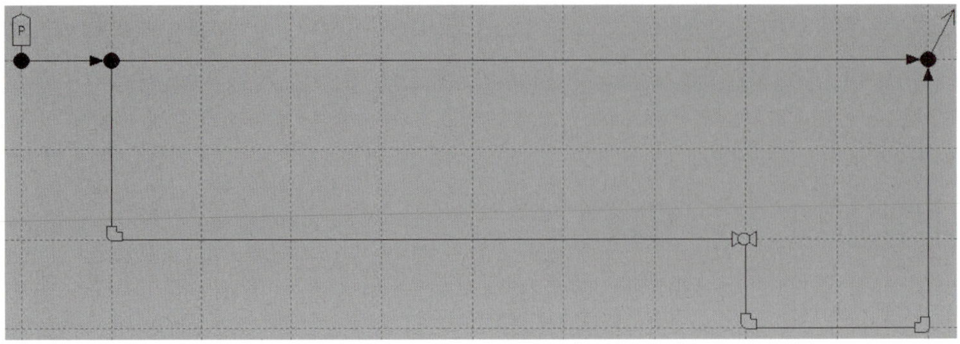

8. 시스템이 그려지고 모든 필수 구성 요소를 입력하면 모든 구성 요소를 "정의"한 후 앞의 예제에서와 같이 계산한다. 결과는 아래와 같다.

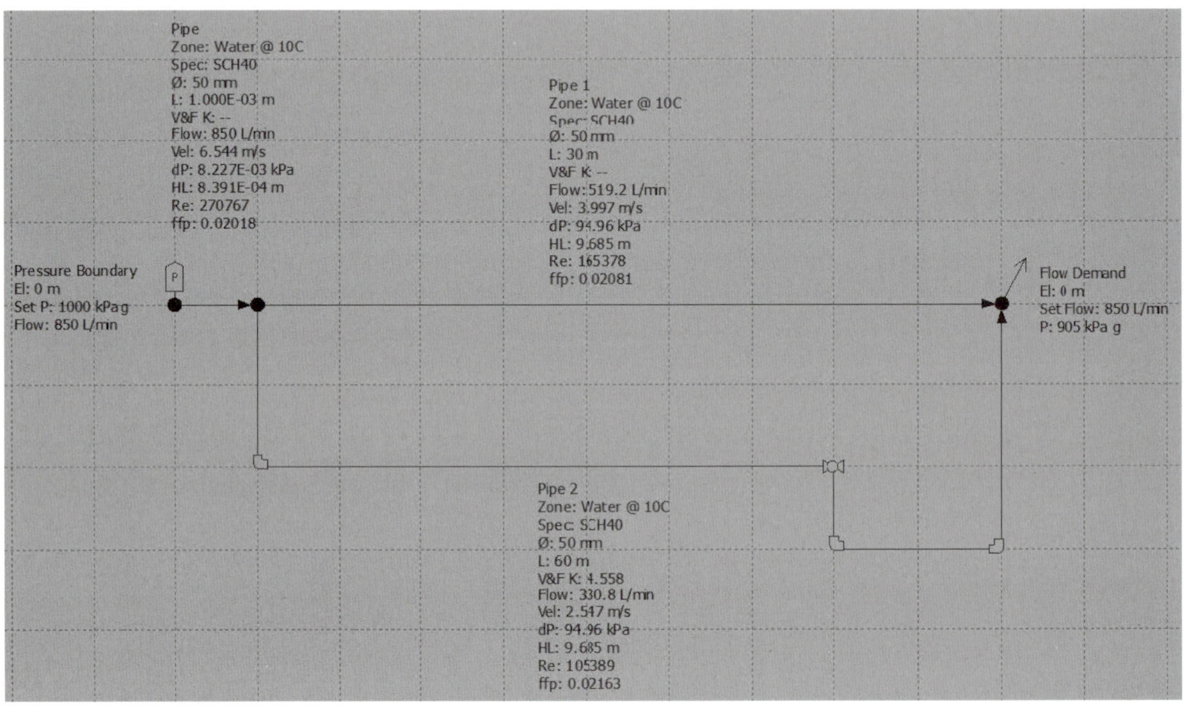

9. 전술한 바와 같이, 압력 경계와 노드 사이의 파이프의 짧은 단면에 대해 나타낸 값은 짧은 길이 때문에 무시할 수 있는 것으로 간주된다.

   결과 요약:

   a. 각 분기에 걸리는 전체 압력 강하는 95 kPa이다.

   b. 점 B에서의 압력은 1000 kPa−95 kPa=905 kPa이다.

   c. 위아래 섹션을 통한 유량은 519, 331 L/min이다.

해답을 검증하고 소프트웨어 모델이 수작업 분석 해법을 복제한다는 것을 입증하기 위해 예제 12.3을 직접 손으로 사용해야 한다.

진전된 시스템 해석과 설계에 대한 PIPE-FLO® 이용 위의 예제 문제는 일반적으로 많은 계산과 주의 깊은 분석이 필요한 병렬 파이프라인 문제를 분석하기 위해 PIPE-FLO® 또는 기타 소프트웨어를 사용하는 가치를 보여준다. 또한 여러 가지 작동 조건을 고려할 때와 산업 응용 분야의 전형적인 복잡한 시스템의 경우 분석이 훨씬 더 어렵고 시간소모적이다. 보다 복잡한 시스템은 교육용 버전 또는 정식 버전의 소프트웨어를 사용하여 분석할 수 있으며 해당 기능을 탐색하는 것이 좋다. 펌프 사이징의 포함은 13장에서 주어진 시스템 설계에 적합한 펌프를 선택하는 예제로 설명한다.

소프트웨어의 또 다른 중요한 용도는 제어 밸브를 사용하는 배관 시스템을 설계하고 분석하는 것이다. 예를 들어 열교환기 후 유체 온도를 조절하기 위해 우회 병렬 파이프라인을 사용하는 그림 12.2 시스템을 다시 생각해보자. 예제 12.1은 두 분기를 통한 유속을 계산하는 방법을 보여준다. 하나는 열교환기 자체를 통과하고, 다른 하나는 우회 라인을 통과하여 하나의 시스템을 구성하게 된다. 하부 분기에서 글로브 밸브를 조정함으로써 작업자가 유체 온도 하류를 변경할 수 있다는 점을 알아야 한다. 글로브 밸브를 부분적으로 닫음으로써 유동 저항이 높아져 밸브에 더 높은 압력 강하가 발생한다. 더 높은 저항은 밸브를 포함하는 라인을 통한 유동의 감소 및 열교환기를 통한 유동의 결과적인 증가를 야기한다. 결과적으로 하류에서 유체는 적당한 온도를 가지게 된다.

산업 생산 공정에서는 일반적으로 구형 밸브를 FCV라고 하는 자동 유량 제어 밸브로 교체하는 것이 바람직하다. 온도 센서를 사용하여 시스템의 주요 지점에서 유체의 상태를 모니터링하고 원하는 조건과 비교할 수 있다. 조건이 허용 범위를 벗어나면 제어신호가 FCV로 피드백되어 유체 특성을 원하는 범위로 가져오도록 자동으로 위치를 조정한다. FCV는 운전자가 수동으로 작업을 수행하는 것과 유사한 방식으로 밸브 내부의 시트에 대해 밸브의 플러그를 자동으로 움직이는 구동 시스템을 포함한다.

유량 제어 밸브의 제조사는 플러그의 다양한 위치에서 유량계수에 대한 데이터를 개발하고 그 데이터를 사용자에게 제공한다. 시스템 설계자는 시스템이 경험할 것으로 예상되는 조건 범위에 걸친 C_V 값의 범위를 갖는 FCV를 선택할 것이다. C_V의 공칭 설계값은 그 범위의 중간 지점 근처에 있을 것이고 위와 아래의 조정을 허용한다.

유량 제어 밸브의 또 다른 적용은 그림 12.1에서 보여지는 방호용 스프링클러 시스템과 유사한 개방 시스템용이다. 식량 생산 또는 화학공정에서 블렌딩 시스템에 다른 비용을 제공하는 시스템의 사용을 고려하자. 공급 원료의 성질 또는 원하는 제품 특성에 따라 각 공급 라인의 유량 제어 밸브를 자동으로 조정할 수 있다.

참고문헌 1에는 유량 제어 밸브를 사용하는 배관 시스템의 설계 및 분석에 대한 광범위한 내용이 포함되어 있다.

12.4 3개 이상의 분기 시스템 – 네트워크

파이프 유동 시스템에서 3개 이상의 분기가 있을 때를 네트워크라고 한다. 미지수와 관련있는 독립 방정식의 수보다 미지수가 더 많기 때문에 네트워크는 불확실하다. 예를 들어 그림 12.5에는 3개의 속도 미지수가 각 파이프에 하나씩 있다.

시스템을 설명할 수 있는 식은

$$Q_1 = Q_2 = Q_a + Q_b + Q_c \tag{12-14}$$

$$h_{L_{1-2}} = h_a = h_b = h_c \tag{12-15}$$

세 번째 독립 방정식은 세 가지 속도를 명시적으로 풀 때 필요하며 아무것도 사용할 수 없다.

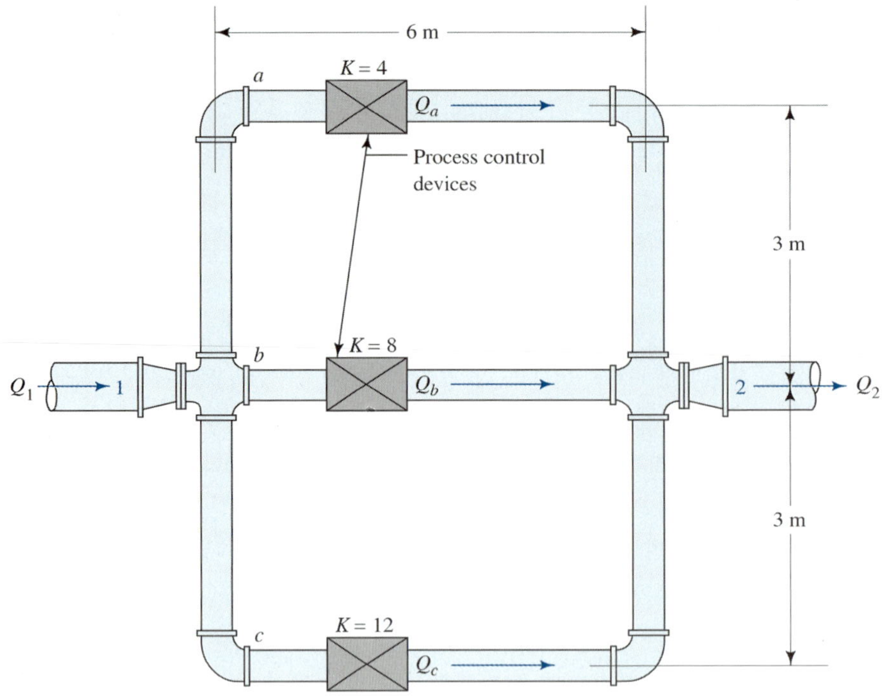

Note: Inlet and outlet pipes: DN 50 Sch. 40
Branch pipes a, b, and c: DN 25 Sch. 40
Elbows are standard

그림 12.5 3개의 분기를 가지는 네트워크

그림 12.5와 같은 시스템 분석을 완료하는 합리적인 접근법은 반복 절차에 기반하여 Hardy Cross에 의해 개발되었다(참고문헌 2 참조). 이 절차는 정확한 유속을 매우 빠르게 수렴한다. 여전히 많은 계산이 필요하지만 계산기나 디지털 컴퓨터에서 사용하기 위해 규칙적인 방식으로 설정할 수 있다.

교차 기법은 시스템 내의 각 파이프에 대한 수두 손실 항이 다음과 같은 형태로 표현될 것을 요구한다.

$$h = kQ^n \tag{12-16}$$

여기서 k는 전체 파이프에 대한 등가 저항이고, Q는 파이프 내 유량이다. 교차 기술에 관해 일반적인 토론을 따르는 예제에서 이러한 표현의 생성을 설명할 것이다.

마찰 손실과 부손실은 속도 수두 $v^2/2g$에 비례함을 상기하자. 연속 방정식을 이용하여 체적 유량에 관해 속도를 나타낼 수 있다. 즉,

$$v = Q/A$$

그리고

$$v^2 = Q^2/A^2$$

이다. 이 식은 식 (12−16) 형태의 방정식을 유도하는 데 이용될 수 있다.

교차 반복 기법은 시스템의 각 분기에서의 체적 유량에 대한 초기 추정이 필요하다. 이러한 예상을 하는 데 도움이 되는 두 가지 요인들은 다음과 같다.

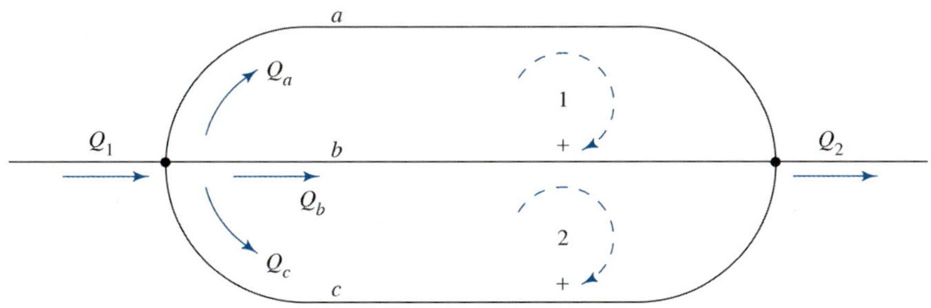

그림 12.6 파이프 네트워크 분석을 위한 교차 기술 적용을 위한 폐회로

1. 네트워크의 각 접합점에서 접합점으로 흐르는 유량의 합은 전체 유량과 같아야 한다.
2. 유체는 네트워크를 통해 최소 저항의 경로를 따르는 경향이 있다. 따라서 k값이 낮은 파이프는 높은 값을 갖는 파이프보다 더 높은 유속을 나타낸다.

네트워크는 반복 과정의 시작 이전에 폐회로의 집합으로 분할되어야 한다. 그림 12.6은 그림 12.5와 같이 3－파이프 시스템의 개략도를 보여준다. 시계 방향으로 그려진 점선 화살표는 다음 규칙에 따라 각 회로의 여러 파이프에서 유량 Q와 수두 손실 h 부호를 정의하는 데 도움이 된다.

회로의 주어진 파이프 흐름이 시계 방향이면 Q와 h는 양수이다.
흐름이 시계 반대 방향이면 Q와 h는 음수이다.

그림 12.6의 회로 1의 경우, h_a 및 Q_a는 양이고 h_b와 Q_b는 음이다. 각 반복주기가 끝날 때 생성되는 체적 유량(ΔQ로 표시)에 대한 조정을 올바르게 계산하려면 신호가 중요하다. 파이프 b는 두 회로에서 공통적으로 사용된다. 따라서 이 회로의 유량에 각 회로의 조정 ΔQ를 조정해야 한다.

파이프 네트워크의 흐름을 분석하기 위한 교차 기술은 아래 단계별로 제공된다. 다음 소개되는 프로그램 예제는 기술이 적용된 예이다.

파이프 네트워크 해석을 위한 교차 기술

1. 각 파이프에서의 에너지를 $h = kQ^2$ 형태로 표시하기
2. 각 접합점 입구의 유량이 각 접합점 출구의 유량과 같다는 조건하에 각 파이프에서의 유량값을 예상하기
3. 네트워크를 몇 개의 폐회로로 나누기
4. 각 파이프에 대하여 예상된 Q를 이용하여 수두 손실 $h = kQ^2$를 계산하기
5. 각 회로를 따라 다음과 같은 기호 정의를 사용하여 수두 손실 h를 더하기
   유동이 시계방향이면, h와 Q는 양수이다.
   유동이 반시계방향이면, h와 Q는 음수이다.
   합계는 $\sum h$이다.
6. 각 파이프에 대하여 $2kQ$를 계산한다.
7. 모든 값을 양수로 가정하고 각 회로에 대한 $2kQ$를 더하기. 합계는 $\sum(2kQ)$이다.
8. 각 회로에 대하여 ΔQ를 계산하기

$$\Delta Q = \frac{\sum h}{\sum (2kQ)} \tag{12-17}$$

9. 각 파이프에 대하여 $Q' = Q - \Delta Q$를 계산하기
10. 8단계에서 구하는 ΔQ가 무시할 만큼 작아질 때까지 4−8단계를 반복하기. Q' 값은 새로운 반복 단계에서 사용된다.

프로그램 예제

예제 12.4 **그림 12.5는 시스템에서 물 600 L/min (0.01 m^3/s)이 DN 50 파이프를 통해 시스템으로 유입되거나 유출되는 경우 각 분기를 통해 15℃에서 물의 체적 유량을 결정한다.**

해설 각 파이프 수두 손실은 이제 절차의 1단계로서 $h = kQ^2$의 형태로 표현되어야 한다. 먼저 분기를 고려하여 수두 손실에 대한 표현을 작성한다.

분기의 총 수두 손실은 2개의 엘보(각각 $L_e/D = 30$), 제한(파이프의 속도 수두를 기준으로 $K = 4.0$) 및 파이프 마찰로 인한 것이다. 그때

$$h_a = 2(f_{aT})(30)(v_a^2/2g) + 4.0(v_a^2/2g) + f_a(L_a/D_a)(v_a^2/2g)$$

(엘보) (제한) (마찰)

파이프 유동에 대한 마찰계수 f_a는 Reynolds수에 의존하게 되며, 즉 유량의 함수이다. 이것이 네트워크 분석의 목표이기 때문에 현재로서는 이 값을 명시적으로 결정할 수 없다. 또한 유량은 일반적으로 유동 시스템의 각 세그먼트마다 다를 수 있으므로 마찰계수에 대해 다른 값을 갖게 된다. 이 분석에서 각 파이프의 체적 유량 비율을 가정한 후 마찰계수의 값을 계산함으로써 이 점을 고려할 것이다. 이것은 교차 기법에 고유한 단계이다. Swamee−Jain 방법을 사용하여 식 (8−7)로부터 마찰계수를 계산한다. 그런 다음, 체적 유량의 값이 정체됨에 따라 각 시험에 대한 마찰계수의 값을 재계산할 것이다.

먼저 가능한 한 많은 계산을 완료하여 h_a의 방정식을 단순화한다.

어떤 값을 결정할 수 있는가?

분기 a에 대한 전체 파이프 길이는 12 m이고, DN 25 Schedule 40 파이프의 직경은 $D = 0.0266$ m, $A = 5.574 \times 10^{-4}$ m^2이다. 표 10.5로부터 DN 25 Schedule 40 파이프에 대하여 완전 난류 영역에서 $f_{aT} = 0.022$라는 것을 확인할 수 있다. 15℃ 물의 동점도는 1.15×10^{-6} m^2/s이다. 앞서 볼 수 있듯이 체적 유량을 방정식에 대입할 수 있다.

$$v_a^2 = Q_a^2/A_a^2$$

이제 이 값들을 h_a에 대한 방정식에 대입하고 가능한 단순화하도록 하자.

$$h_a = [60(f_{aT}) + 4.0 + (f_a)(12/0.0266)](v_a^2/2g)$$

$$h_a = [60(f_{aT}) + 4.0 + 451(f_a)](Q_a^2/2gA^2)$$

$$h_a = [60(0.0022) + 4.0 + 451(f_a)]\left[\frac{Q_a^2}{2(9.81)(5.574 \times 10^{-4})^2}\right]$$

$$h_a = [5.32 + 451(f_a)](1.64 \times 10^5)Q_a^2 \quad (12-18)$$

체적 유량을 이용하여 Reynolds수를 표현하고 상대 거칠기의 값을 계산하는 것 또한 편리하다.

3개의 분기 모두 크기와 유형이 같기 때문에 이러한 계산은 모든 분기에 동일하게 적용된다. 네트워크에 다른 파이프를 사용하는 경우에는 이러한 계산은 다시 수행해야 한다. DN 25 강 파이프에 대하여

$$D/\varepsilon = (0.0266 \text{ m})/(4.6 \times 10^{-5} \text{ m}) = 578$$

다음과 같이 Reynolds수를 계산할 수 있다.

$$N_{Ra} = \frac{v_a D_a}{\nu} = \frac{Q_a D_a}{A_a \nu} = \frac{Q_a(0.0266)}{(5.574\times10^{-4})(1.15\times10^{-6})}$$

$$N_{Ra} = (4.15\times10^{7})Q_a \tag{12-19}$$

유사한 과정을 통해 다른 2개의 파이프에서의 수두 손실 h_a, h_b에 대한 표현을 작성하도록 하자.

아래 식과 유도한 식을 비교해보자. 분기 b와 c에서의 파이프 크기는 분기 a와 같다.
분기 b에 대해서

$$h_b = \underset{(\text{제한})}{8.0(v_b^2/2g)} + \underset{(\text{마찰})}{f_b(L_b/D_b)(v_b^2/2g)}$$

$$h_b = [8.0 + f_b(6/0.0266)](Q_b^2/2gA^2)$$

$$h_b = [8.0 + 225.6(f_b)](1.64\times10^{5})Q_b^2 \tag{12-20}$$

분기 c에 대해서

$$h_c = \underset{(\text{엘보})}{2(f_{cT})(30)(v_c^2/2g)} + \underset{(\text{제한})}{12.0(v_c^2/2g)} + \underset{(\text{마찰})}{f_c(L_c/D_c)(v_c^2/2g)}$$

$$h_c = [60(f_{cT}) + 12.0 + f_c(12/0.0266)(v_c^2/2g)$$

$$h_c = [60(0.022) + 12.0 + 451f_c](Q_c^2/2gA^2)$$

$$h_c = [13.32 + 451(f_c)](1.64\times10^{5})Q_c^2 \tag{12-21}$$

방정식 (12－18)－(12－21)은 교차 반복 과정이 계속되면서 수두 손실 계산에 사용하는 것이다. 마찰계수에 대한 값을 알고 있거나 가정하면 수두 손실 방정식을 식 (12－16)의 형태로 줄일 수 있다. 부차적 변화가 유량 분포 및 총 수두 손실에 거의 영향을 미치지 않기 때문에 다양한 마찰계수에 대해 합리적인 값을 가정하는 것이 종종 만족스럽다. 그러나 각 시험을 위해 각 파이프에 대해 새로운 마찰계수가 계산되는 좀 더 완벽한 해법 절차를 시연할 것이다.

2단계는 각 지점에서의 체적 유량을 산정해야 한다. 어느 파이프가 가장 큰 유속을 가져야 하고 어느 파이프가 가장 적어야 할까?

마찰계수에 대한 최종값은 저항값의 크기에 영향을 미칠 수 있지만 파이프 b는 저항이 가장 작으므로 가장 큰 흐름을 유지해야 한다. 파이프 c는 가장 큰 저항을 가지며 최소한의 흐름을 유지해야 한다. 유속에 대해 다른 값의 많은 첫 번째 추정치가 가능하지만 다음을 알고 있다.

$$Q_a + Q_b + Q_c = Q_1 = 0.01 \text{ m}^3/\text{s}$$

초기 가정으로 다음을 이용하자.

$$Q_a = 0.0033 \text{ m}^3/\text{s},\ Q_b = 0.0036 \text{ m}^3/\text{s},\ Q_c = 0.0031 \text{ m}^3/\text{s}$$

3단계는 이미 그림 12.6에 나와 있다. 4단계를 완료하려면 각 파이프의 마찰계수 값이 필요하다. 체적 유량에 대해 가정된 값으로 Reynolds수와 마찰계수를 계산할 수 있다. 이제 그것을 하도록 하자.

식 (12－21)과 $D/\varepsilon = 578$을 이용하여 다음 식들을 얻을 수 있다.

$$N_{Ra} = (4.15\times10^{7})Q_a = (4.15\times10^{7})(0.0033 \text{ m}^3/\text{s}) = 1.37\times10^{5}$$

$$N_{Rb} = (4.15\times10^{7})Q_b = (4.15\times10^{7})(0.0036 \text{ m}^3/\text{s}) = 1.49\times10^{5}$$

$$N_{Rc} = (4.15\times10^{7})Q_c = (4.15\times10^{7})(0.0031 \text{ m}^3/\text{s}) = 1.29\times10^{5}$$

각 파이프에 대한 마찰계수를 계산하기 위하여 식 (9－5)를 이용할 수 있다.

$$f_a = \frac{0.25}{\left[\log_{10}\left(\frac{1}{3.7(D/\varepsilon)} + \frac{5.74}{N_{Ra}^{0.9}}\right)\right]^2}$$

$$f_a = \frac{0.25}{\left[\log_{10}\left(\frac{1}{3.7(578)} + \frac{5.74}{(1.37\times 10^5)^{0.9}}\right)\right]^2} = 0.0241$$

비슷한 방식으로 우리는 $f_a = 0.0240$, $f_b = 0.0242$를 계산한다. 이 값들은 크기가 아주 가깝고 정밀도가 높지 않을 수 있다. 그러나 네트워크 파이프 사이에서 더 큰 차이가 발생하고 반복 기법의 정확도는 마찰계수를 평가하는 정확도에 따라 달라진다.

이제 마찰계수들과 Q에 대한 예상값들을 식 (12−18), (12−20), (12−23)에 대입해서 k_a, k_b, k_c를 계산하도록 하자.

$$h_a = [5.32 + 451(f_a)](1.64\times 10^5)Q_a^2 = k_aQ_a^2$$

$$h_a = [5.32 + 451(0.0241)](1.64\times 10^5)Q_a^2 = 2.655\times 10^6 Q_a^2$$

이때 $k_a = 2.655\times 10^6$이다. 계산을 마무리하면 h_a는 다음과 같다.

$$h_a = 2.655\times 10^6(0.0033)^2 = 28.91$$

유사하게 분기 b에 대하여

$$h_b = [8.0 + 225.6(f_b)](1.64\times 10^5)Q_b^2 = k_bQ_b^2$$

$$h_b = [8.0 + 225.6(0.0240)](1.64\times 10^5)Q_b^2 = 2.20\times 10^6 Q_b^2$$

$$h_b = 2.20\times 10^6(0.0036)^2 = 28.53$$

분기 c에 대하여

$$h_c = [13.32 + 451(f_c)](1.64\times 10^5)Q_c^2 = k_cQ_c^2$$

$$h_c = [13.32 + 451(0.0242)](1.64\times 10^5)Q_c^2 = 3.974\times 10^6 Q_c^2$$

$$h_c = 3.974\times 10^6(0.0031)^2 = 38.19$$

이것으로 4단계가 끝났다. 다음으로 5단계를 하자.

회로 1:

$$\sum h_1 = h_a - h_b = 28.91 - 28.53 = 0.38$$

회로 2:

$$\sum h_2 = h_b - h_c = 28.53 - 38.19 = -9.66$$

이제 6단계를 하자.

3개의 파이프에 대해 수정된 값들은 다음과 같다.

$$2k_aQ_a = (2)(2.655\times 10^6)(0.0033) = 17523$$

$$2k_bQ_b = (2)(2.20\times 10^6)(0.0036) = 15850$$

$$2k_cQ_c = (2)(3.974\times 10^6)(0.0031) = 24639$$

여기서 반올림 차이가 발생할 수 있다. 이제 7단계를 하자.

회로 1:

$$\sum(2kQ)_1 = 17523 + 15850 = 33373$$

회로 2:

$$\Sigma(2kQ)_2 = 15850 + 24639 = 40489$$

이제 8단계를 통해 각 회로에서 보정값인 ΔQ를 계산할 수 있다.

회로 1:

$$\Delta Q_1 = \frac{\Sigma h_1}{\Sigma(2kQ)_1} = \frac{0.38}{33373} = 1.14 \times 10^{-5}$$

회로 2:

$$\Delta Q_2 = \frac{\Sigma h_2}{\Sigma(2kQ)_2} = \frac{-9.66}{40489} = -2.39 \times 10^{-4}$$

ΔQ에 대한 값은 Q에 대한 원래 가정된 값의 오류의 예상값이다. ΔQ의 크기가 Q에 대해서 가정된 값의 1% 미만이 될 때까지 과정을 반복하도록 하자. 특수 상황은 ΔQ에 대한 다른 판단 기준을 통해 처리하도록 하자.

9단계는 이렇게 끝날 수 있다. 다음 패널을 보기 전에 Q_a에 대한 새 값을 계산하자.

계산은 다음과 같다.

$$Q_a' = Q_a - \Delta Q_1 = 0.0033 - 1.14 \times 10^{-5}$$
$$= 0.00329 \text{ m}^3/\text{s}$$

Q_b보다 Q_c를 먼저 계산하도록 하자. 부호에 주의하도록 하자.

$$Q_c' = Q_c - \Delta Q_2 = -0.0031 - (-2.39 \times 10^{-4})$$
$$= -0.00286 \text{ m}^3/\text{s}$$

Q_c가 회로 2에서 반시계 방향으로 흐르기 때문에 Q_c가 음수라는 것에 주의한다. Q_c' 계산은 Q_c 절댓값이 감소해야 하는 것으로 해석할 수 있다.

Q_b에 대한 수정값을 계산하도록 하자. 파이프 b는 각 회로에 모두 있다는 것을 기억하자.

ΔQ_1와 ΔQ_2는 Q_b에 적용되어야 한다.

회로 1:

$$Q_b' = Q_b - \Delta Q_1 = -0.0036 - 1.14 \times 10^{-5}$$

이것은 Q_b에 대한 절댓값 증가를 가지고 온다.

회로 2:

$$Q_b' = Q_b - \Delta Q_2 = +0.0036 - (-2.39 \times 10^{-4})$$

이것은 또한 Q_b를 증가시킨다. 그리고 실제로 Q_b는 ΔQ_1과 ΔQ_2의 합으로 절댓값이 증가한다. 다시 말해서

$$Q_b' = 0.0036 + 1.14 \times 10^{-5} + 2.39 \times 10^{-4}$$
$$= 0.00385 \text{ m}^3/\text{s}$$

이다. 3개의 파이프에서 유량의 절댓값은 0.01 m^3/s, 즉 총 유량 Q와 같아야 한다는 것을 기억하자.

Q_a', Q_b', Q_c'을 사용하여 유량에 대한 새로운 추정치와 4−8단계를 반복하여 계산할 수 있다. 4번의 반복 주기에 대한 결과는 표 12.1에 요약되어 있다. 표를 보기 전에 계산을 해보자.

4번째 시도에서 ΔQ의 값은 Q의 각 값의 1% 미만임을 알 수 있다. 이는 적절한 정도의 정확도이다. 그 결과는 다음과 같다.

$$Q_a = 3.402 \times 10^{-3}\ \mathrm{m^3/s} = 0.003402\ \mathrm{m^3/s} = 204.1\ \mathrm{L/min}$$

$$Q_b = 3.785 \times 10^{-3}\ \mathrm{m^3/s} = 0.003785\ \mathrm{m^3/s} = 227.1\ \mathrm{L/min}$$

$$Q_c = 2.813 \times 10^{-3}\ \mathrm{m^3/s} = 0.002813\ \mathrm{m^3/s} = 168.8\ \mathrm{L/min}$$

총 유량은 $Q = 600$ L/min이다. 다시 한 번 더 낮은 저항을 갖는 분기가 더 큰 유속을 지니고 있음을 확인한다.

표 12.1

Trial 1

Circuit	Pipe	Q (m^3/s)	N_R	f	k	$h = kQ^2$	$2kQ$	ΔQ	%Chg
1	a	3.300E − 03	1.37E + 05	0.0241	2.66E + 06	28.933	17535		0.38
	b	−3.600E − 03	1.50E + 05	0.0240	2.20E + 06	−28.518	15843		−0.35
					Summations:	0.415	33379	1.244E − 05	
2	b	3.600E − 03	1.50E + 05	0.0241	2.20E + 06	28.518	15843		−6.64
	c	−3.100E − 03	1.29E + 05	0.0242	3.98E + 06	−38.201	24646		7.71
					Summations:	−9.6830	40489	−2.391E − 04	

Trial 2

Circuit	Pipe	Q (m^3/s)	N_R	f	k	$h = kQ^2$	$2kQ$	ΔQ	%Chg
1	a	3.288E − 03	1.37E + 05	0.0241	2.66E + 06	28.7196	17471.66		−3.43
	b	−3.852E − 03	1.60E + 05	0.0239	2.20E + 06	−32.5987	16927.42		2.93
					Summations:	−3.8792	34399.08	−1.128E − 04	
2	b	3.852E − 03	1.603E + 05	0.0239	2.20E + 06	32.5987	16927.42		−0.003
	c	−2.861E − 03	1.191E + 05	0.0243	3.98E + 06	−32.6040	22793.25		0.005
					Summations:	−0.0053	39720.67	−1.334E − 07	

Trial 3

Circuit	Pipe	Q (m^3/s)	N_R	f	k	$h = kQ^2$	$2kQ$	ΔQ	%Chg
1	a	3.400E − 03	1.42E + 05	0.0241	2.65E + 06	30.6858	18048.74		−0.04
	b	−3.739E − 03	1.56E + 05	0.0240	2.20E + 06	−30.7382	16442.14		0.04
					Summations	−0.0523	34490.88	−1.518E − 06	
2	b	3.739E − 03	1.556E + 05	0.0240	2.20E + 06	30.7382	16442.14		−1.27
	c	−2.861E − 03	1.191E + 05	0.0243	3.98E + 06	−32.6010	22792.21		1.66
					Summations:	−1.8628	39234.35	−4.748E − 05	

Trial 4

Circuit	Pipe	Q (m^3/s)	N_R	f	k	$h = kQ^2$	$2kQ$	ΔQ	%Chg
1	a	3.402E − 03	1.42E + 05	0.0241	2.65E + 06	30.7127	18056.51		−0.66
	b	−3.785E − 03	1.58E + 05	0.0240	2.20E + 06	−31.4908	16640.17		0.59
					Summations:	−0.7781	34696.68	−2.242E − 05	
2	b	3.785E − 03	1.58E + 05	0.0240	2.20E + 06	31.4908	16640.17		−0.03
	c	−2.813E − 03	1.17E + 05	0.0243	3.99E + 06	−31.5424	22424.29		0.05
					Summations:	−0.0516	39064.46	−1.321E − 06	

Final flows in L/min

Circuit	Pipe	Q	
1	a	204.1 L/min	
	b	−227.1 L/min	Total Q = 600.0 L/min
2	a	227.1 L/min	
	b	−168.8 L/min	

표 12.1에 나와 있는 예제 12.4의 데이터에 대한 교차 기법의 반복 과정 결과가 컴퓨터의 스프레드시트를 사용하여 발견된다. 이렇게 하면 이러한 문제에서 일반적으로 요구되는 반복 계산이 용이하다. 분석할 네트워크에 많은 수의 파이프와 회로가 있는 경우 특히 다른 컴퓨터 기반 계산 소프트웨어 패키지를 사용하여 이점을 얻을 수 있다.

많은 네트워크 분석 컴퓨터 프로그램이 상업적으로 이용가능하다. 인터넷 자료 1−8을 참고하자. 이들 중 일부는 일반적인 목적이지만 다른 일부는 석유, 가스 생산 및 처리 또는 화학 처리 시스템과 같은 특정 산업 분야에 중점을 두고 있다. 인터넷 자료 1에 나열된 소프트웨어는 이 책에서 유체역학의 기본 원리를 배우는 동안 발생하는 문제의 범위에 맞게 특별 버전을 사용하여 강조 표시된다. 이 소프트웨어의 전체 산업용 버전은 상당히 큰 용량을 가지며 사실상 모든 주요 배관 시스템 설계 및 분석 프로젝트에 적용할 수 있다.

참고문헌

1. Hardee, Ray T. and Jeffrey I. Sines. 2012. *Piping System Fundamentals,* 2nd ed. Lacey WA: ESI Press, Engineered Software, Inc.
2. Cross, Hardy. 1936 (November). *Analysis of Flow in Networks of Conduits or Conductors* (University of Illinois Engineering Experiment Station Bulletin No. 286). Urbana: University of Illinois.

인터넷 자료

1. **Engineered Software, Inc.:** *www.eng-software.com* It is the producer of the PIPE-FLO® fluid flow analysis software for liquids, compressible fluids, and pulp and paper stock. PUMPFLO® software aids in the selection of centrifugal pumps using manufacturers' electronic pump catalogs. A large database of physical property data for process chemicals and industrial fluids is available. A special demonstration version of PIPEFLO® created for this book can be accessed by users of this book at http://www.eng-software.com/appliedfluidmechanics.
2. **Tahoe Design Software:** A producer of HYDROFLO™, HYDRONET™, and PumpBase™ software for analyzing series, parallel, and network piping systems. PumpBase™ aids in the selection of centrifugal pumps from a large database of manufacturers' performance curves.
3. **ABZ, Inc.:** It is the producer of Design Flow Solutions® software for solving a variety of fluid flow problems, including series, parallel, and network systems. A provider of engineering and consulting services to the power industry.
4. **SimSci-Esscor—Invensys Operations Management:** A provider of software for fluid flow system design and analysis, including the Process Engineering Suite (PES) that includes the INPLANT simulator for designing and analyzing plant piping systems. The PIPEPHASE software models single-and multiphase flow in oil and gas networks and pipeline systems.
5. **EPCON Software:** The producer of System 7 Process Explorer, Engineer's Aide SINET fluid flow simulation software, and CHEMPRO Engineering Suite for pipeline network analysis and process engineering in liquid, gas, and multiphase systems. It includes a large physical property database.
6. **KORF Technology:** A UK-based producer of KORF *Hydraulics* software for calculating flow rates and pressures in pipes and piping networks for liquids and isothermal, compressible, and two-phase fluids.
7. **Applied Flow Technology:** The producer of AFT Titan, AFT Arrow, AFT Fathom, and AFT Mercury software packages that can analyze piping and ducting systems for liquids, air, and other compressible fluids.
8. **Autodesk Plant Design:** The Plant Design Suite of software is used for analyzing and designing piping systems, based on industry-standard piping formats.

연습문제

2개의 분기를 갖는 시스템

12.1 그림 12.7은 A에서의 압력이 700 kPa이고 B에서의 압력이 550 kPa인 분기형 시스템을 보여준다. 각 분기의 길이는 60 m이다. 교차로에서의 손실을 무시하고 모든 엘보를 고려한다. 시스템이 8.80 kN/m^3 비중량을 갖는 오일을 운송하는 경우, 총 체적 유량을 계산하시오. 오일의 동점도는 4.8×10^{-6} m^2/s이다.

12.2 그림 12.2 시스템과 예제 12.1 데이터를 사용하여 (a) 각 분기 물의 체적 유량과 (b) 첫 번째 게이트 밸브가 1/2 닫힌인 경우 점 1과 점 2 사이의 압력 강하를 결정하시오. 다른 밸브는 크게 벌어진다.

12.3 그림 12.8 분기형 시스템에서 10℃에서 850 L/min 물이 점 A에서 DN 100 Schedule 40 파이프에서 흐르고 있다. 이 흐름은 그림과 같이 2개의 DN 50 Schedule 40 파이프로 분리된 다음 B점에서 다시 결합한다. 다음을 계산하시오.

(a) 각 분기에서의 유량

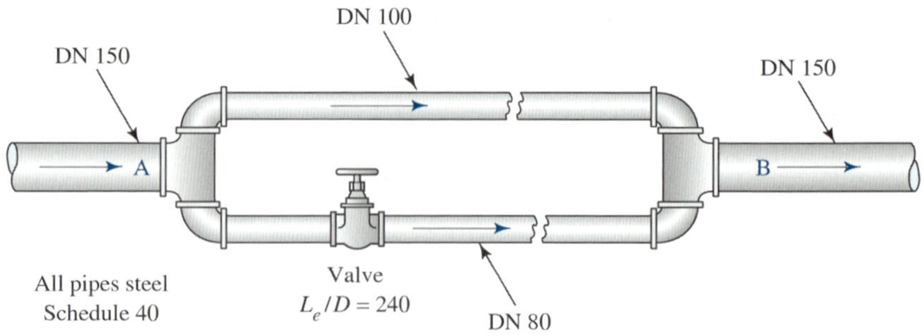

그림 12.7 문제 12.1

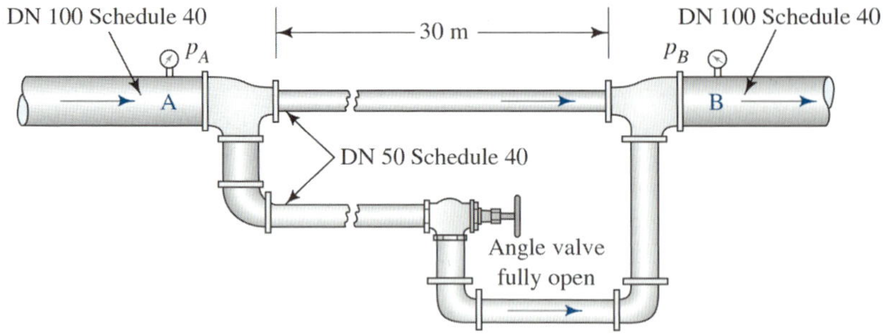

그림 12.8 문제 12.3과 12.8

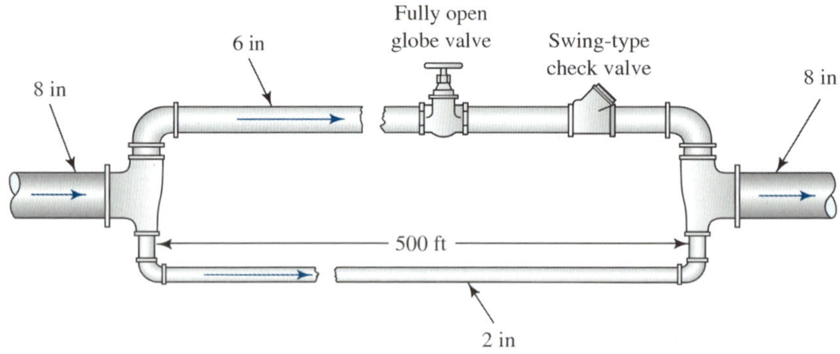

그림 12.9 문제 12.4와 12.7

(b) A와 B 사이의 압력차

시스템의 하부 지점에서 부손실의 영향을 포함시키시오. 하단 분기 파이프 길이는 60 m이다. 엘보는 표준이다.

12.4 그림 12.9에 보이는 분기형 파이프 시스템에서 140°F에서 1350 gal/min 벤젠(sg=0.87)이 8-in 파이프에 흐르고 있다. 6-in 및 2-in 파이프의 체적 유량을 계산하시오. 모든 파이프는 표준 Schedule 40 강 파이프이다.

12.5 160 mm 파이프는 그림 12.10과 같이 100 mm와 50 mm 파이프로 분기된다. 두 파이프 모두 수력 동배관이며 길이는 30 m이다. (유체는 10℃ 물이다.) 밸브의 저항계수 K가 각 분기에서 500 L/min으로 동일한 체적 유량을 얻기 위해 얼마나 필요한지 결정하시오.

12.6 그림 12.11 시스템에서 점 A의 압력은 20 psig에서 일정하게 유지된다. 점 B에서 파이프에서 빠져나가는 총 체적 유량은 어떤 밸브가 열려 있거나 닫혀 있는지에 따라 달라진다. 각 엘보에 대해서는 $K=0.9$를 사용하고, 티에 있는 에너지 손실을 무시하시오. 또한 각 분기 길이가 짧은 점을 고려해서 각 분기에서의 마찰 손실을 무시하도록 하자. 분기 1의 강 파이프는 2-in Schedule 40이고, 분기 2는 4-in Schedule 40이다. 다음 조건에서 체적 유량을 계산하시오.

a. 양쪽 밸브가 모두 열려 있는 경우

b. 분기 2에서의 밸브만 열려 있는 경우

c. 분기 1에서의 밸브만 열려 있는 경우

12.7 교차 기법을 이용하여 문제 12.4를 풀이하시오.

12.8 교차 기법을 이용하여 문제 12.3을 풀이하시오.

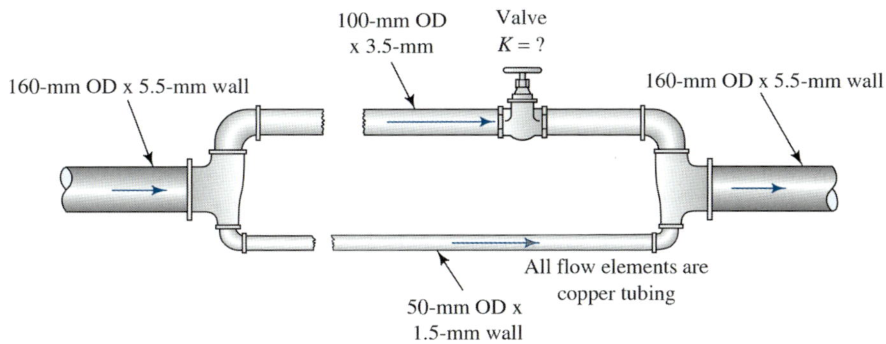

그림 12.10 문제 12.5

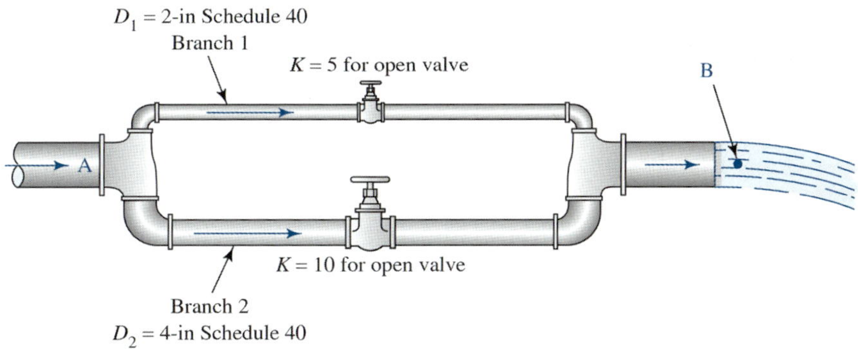

그림 12.11 문제 12.6

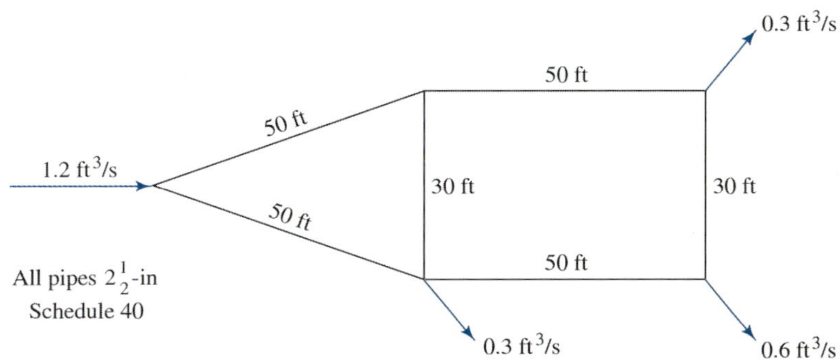

그림 12.12 문제 12.9

네트워크

Note: 부손실은 무시한다.

12.9 그림 12.12의 각 파이프에서 60°F 물 유량을 구하시오.

12.10 그림 12.13은 15℃ 물이 흐르는 스프레이 린스 시스템을 나타낸다. 모든 파이프는 3-in K유형 구리 튜브이다. 각 배관의 유량을 결정하시오.

12.11 그림 12.14는 소규모 산업 단지의 물 분배 네트워크를 나타낸다. 60°F에서 15.5 ft^3/s의 물이 점 A에서 시스템에 유입된다. 제조공장에서는 C, E, F, G, H, I 지점에서 표시된 유량을 배출한다. 시스템의 각 파이프에서 유량을 결정하시오.

12.12 그림 12.15는 자동 가공 시스템의 5가지 공작 기계에 냉각수를 전달하기 위한 네트워크를 나타낸다. 그리드는 7.5 m ×15 m 직사각형이다. 모든 파이프는 벽 두께가 0.065-in 강 튜브로 그려져 있다. 파이프 1과 3은 직경 2-in이고 파이프 2는 직경 $1\frac{1}{2}$-in이며 다른 모든 직경은 1-in이다. 냉각재의 비중은 0.92이고 점도는 2.00×10^{-3} Pa · s이다. 각 파이프의 흐름을 결정하시오.

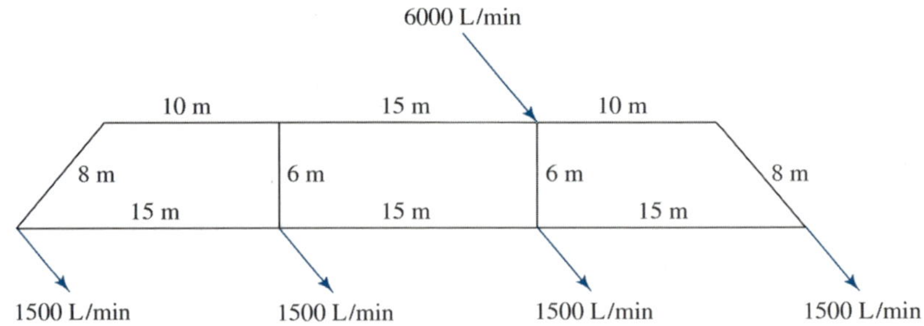

그림 12.13 문제 12.10

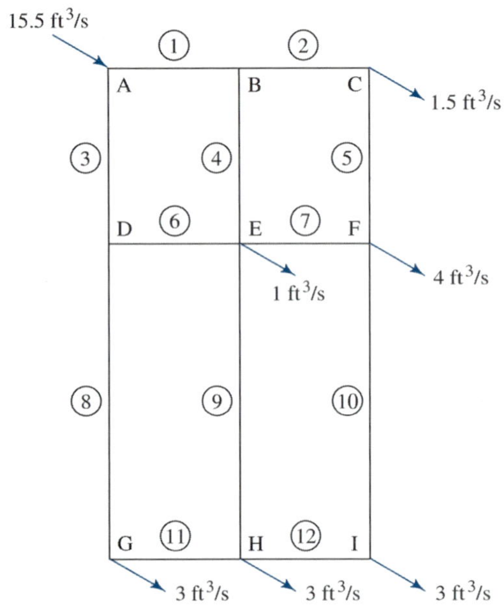

Pipe Data
All pipes Schedule 40

Pipe no.	Length (ft)	Size (in)
1	1500	16
2	1500	16
3	2000	18
4	2000	12
5	2000	16
6	1500	16
7	1500	12
8	4000	14
9	4000	12
10	4000	8
11	1500	12
12	1500	8

그림 12.14 문제 12.11

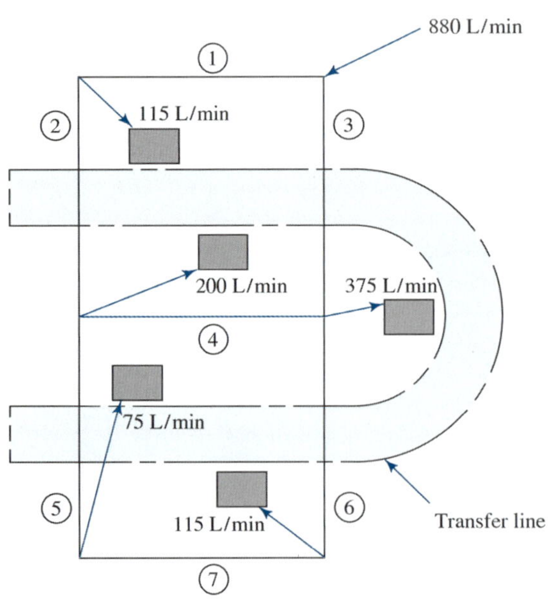

Pipe data
All pipes 7.5 m long
All pipes steel tubing
Wall thickness = 0.065 in

Pipe no.	Outside diameter (in)
1	2
2	$1\frac{1}{2}$
3	2
4	1
5	1
6	1
7	1

그림 12.15 문제 12.12

보충문제 (PIPE–FLO®)

12.13 PIPE–FLO® 소프트웨어를 사용하여 문제 12.4를 재해석하시오. 각 분기당 체적 유량과 FLO–Sheet® 시트의 기타 모든 관련값을 나타내시오.

컴퓨터를 이용한 공학 과제

1. 예제 12.1에 나와 있는 두 가지 유형의 병렬 파이프라인 시스템을 분석하기 위한 프로그램이나 스프레드시트를 작성하시오. 속도와 마찰계수의 관점에서 지점 손실을 표현하는 것과 같은 예비 분석의 일부는 프로그램에 자료를 입력하기 전에 수행할 수 있다.
2. 과제 1에서 프로그램을 향상시켜 8장의 방정식 (8–7)을 사용하여 마찰계수를 계산한다.
3. 예제 12.2에 나와 있는 유형의 2가지 분기가 있는 병렬 파이프라인 시스템을 분석하기 위한 프로그램 또는 스프레드시트를 작성하시오. 과제 1에서 설명한 것과 유사한 방법을 사용하시오.
4. 과제 3에서 프로그램을 향상시켜 8장의 방정식 (8–7)을 사용하여 마찰계수를 계산한다.
5. 파이프 흐름 네트워크의 분석을 수행하기 위해 12.4절에서 수행하고 예제 12.4에 설명한 대로 교차 기법을 사용하는 스프레드시트 또는 프로그램을 작성하시오. 다음의 선택적 접근법을 취할 수 있다.
   a. 과제 1 또는 2에서 프로그램의 대안으로 2가지 분기가 있는 단일 회선 네트워크를 고려하시오.
   b. 문제 12.9–12.12에서 설명한 것과 유사한 2개 이상의 회로로 구성된 네트워크를 구성하시오.

CHAPTER 13

펌프의 선택과 적용

개요

펌프는 그림 13.1과 같이 액체를 파이프 시스템에서 전달하는 데 사용된다. 원하는 체적 유량율을 전달하면서 높이 변화, 압력 수두나 속도 수두의 차이에 의해 발생하는 총 동압 수두(total dynamic head, h_a)를 생성해야 한다. 이 장을 학습함으로써, 시스템 요구사항을 충족하는 적절한 펌프를 지정할 수 있어야 한다. 또한, 펌프의 흡입구와 출구의 파이프 시스템을 효율적으로 설계할 수 있어야 한다. 펌프 입구와 출구 압력은 펌프의 적절한 작동을 보장하기 위해 반드시 측정되어야 한다. 이 장에서 다루는 대부분의 응용 사례들은 산업환경, 유체 동력 시스템, 급수장치, 가전제품 등의 유사한 상황과 관련되어 있다.

이 장에서는 펌프의 성능을 해석하는 방법과 주어진 상황에 맞는 적절한 펌프를 선택하는 방법을 배우게 된다. 또한, 펌프 구동에 필요한 에너지를 최소화하는 효율적인 시스템을 디자인하는 방법도 배울 것이다.

탐구

- 여러 다른 종류의 펌프들을 나열해보자.
- 각각의 펌프와 펌프가 작동하는 시스템에 대하여 최대한 자세히 기술해보자.
- 펌프의 기능, 적용 유체의 종류, 유체의 공급원, 최종 배출지, 밸브와 접합부 등을 포함한 파이프 시스템 등에 대해 기술해보자.

입문 개념

이전 장에서 펌프의 일반적인 적용 사례들이 언급되었다. 7장에서는 일반적인 에너지식이 소개되었고, 이를 이용하여 펌프에 의해 유체에 더해지는 에너지 h_a를 정하는 방법을 배웠다. 일반적인 에너지식에서 h_a를 구하면 다음과 같다.

▶ 펌프 총 수두

$$h_a = \frac{p_2 - p_1}{\gamma} + z_2 - z_1 + \frac{v_2^2 - v_1^2}{2g} + h_L \quad (13-1)$$

여기에서 h_a를 펌프 총 수두(total head on the pump)라고 한다. 일부 펌프 제조업체는 이를 총 동압 수두(total dynamic head, *TDH*)라고도 한다.

이 식은 펌프가 시스템에서 수행하는 일을 전체적으로 기술한 것이라고 볼 수 있다.

- 유체 압력을 p_1에서 목표 지점 압력 p_2로 증가시킨다.
- 유체 높이를 z_1에서 목표 지점 높이 z_2로 상승시킨다.
- 유체 속도를 v_1에서 목표 지점 속도 v_2로 상승시킨다.
- 파이프에서의 마찰, 밸브, 접합부, 공정 부품, 유동의 면적이나 방향의 변화 등으로 인한 에너지 손실을 극복한다.

이 장에서는 11장과 12장에서 논의한 기술을 이용하여 h_a값

그림 13.1 펌프는 대부분의 유체 시스템에서 중요한 역할을 한다. 특히 그림과 같이 여러 펌프가 동시에 구동되는 경우, 각 펌프가 어떻게 작동하고 시스템에서 다른 부분들과 어떻게 연관되는지 이해하는 것은 매우 중요하다.(출처: ekipa/Fotolia)

을 정하기 위한 적절한 분석을 수행해야 한다.

또한 펌프에 의해 유체에 전달되는 일률(P_A)을 계산하는 방법도 배웠다.

▶ 펌프에 의해 유체에 전달되는 일률

$$P_A = h_a \gamma Q \tag{13-2}$$

기계적 마찰과 난류유동 등으로 인해 펌프에서는 불가피한 에너지 손실이 있다. 따라서 유체에 결국 전달되는 에너지의 양보다 더 큰 일률이 펌프 구동에 필요하다. 7장에서 펌프에 입력할 일률 P_I를 결정하기 위해 펌프 효율 e_M을 적용하는 방법을 배웠다.

▶ 펌프 효율(Pump Efficiency)

$$e_M = P_A/P_I \tag{13-3}$$

▶ 펌프 입력 일률(Power Input to a Pump)

$$P_I = P_A/e_M \tag{13-4}$$

앞에서 나열한 펌프들에 대하여 식 (13-1)을 이용하여 다음 질문들에 답해보자.

- 펌프 입구에 도달하는 유체는 어디에서 흘러왔는가?
- 유동의 공급원 지점은 어떤 높이, 압력, 속도를 가지는가?
- 유체는 어떤 종류인가?
- 온도는 얼마인가?
- 유체는 물처럼 낮은 점도를 가지는가 아니면 오일처럼 높은 점도를 가지는가?
- 펌프의 종류가 무엇인가?
- 펌프는 어떻게 구동되는가? 전기모터인가? 벨트 구동 방식인가? 엔진에 의해 구동하는가?
- 펌프 입구로 유체를 유도하는 흡입관은 어떤 요소로 이루어져 있는가? 파이프, 밸브, 엘보 등을 기술하라.
- 유체는 어디로 전달되는가? 그곳에서의 높이, 압력, 속도를 기술하라.
- 유체를 펌프에서 목적지까지 전달하는 배출관은 어떤 요소로 이루어져 있는가? 파이프, 밸브, 엘보 등을 기술하라.

이 장에서는 여러 종류의 펌프에 대해 논의한다. 일부는 7장에서 언급되었다.

- 원심 펌프(centrifugal pump): 공급원에서 목적지까지 유체를 전달하는 가장 일반적인 펌프
- 용적형 펌프(positive displacement pump): 매우 높은 압력을 요구하는 유체 동력 시스템용 펌프
- 격막 펌프(diaphragm pump): 건설 현장 오수용 펌프
- 분사 펌프(jet pump): 농가 우물에서 식수 공급용 펌프
- 프로그레시브 캐비티 펌프(progressive cavity pump): 무겁고 점도가 높은 유체를 재료 공정 시스템 등으로 보내는 펌프

이번 장에서 펌프 성능을 해석하는 방법과 적용 사례에 알맞은 펌프를 선택하는 방법을 배울 것이다. 유체 유동 시스템이 어떻게 펌프 성능에 영향을 미치는지도 알게 될 것이다. 이는 펌프에 의한 일을 줄임으로써 펌프 구동에 필요한 에너지를 최소화하는 효율적인 시스템을 디자인하는 데 도움을 줄 것이다.

13.1 목표

펌프는 유체 유동 시스템에서 액체를 전송하며, 그 종류는 매우 다양하다. 적절한 펌프를 선택하고 적용하기 위해서는 성능 특성 및 용도를 잘 이해하고 있어야 한다.

이 장을 학습한 후에 다음의 항목들을 수행할 수 있다.

1. 펌프 선택에 필요한 변수들을 나열한다.
2. 주어진 펌프에 대하여 지정해야 할 정보 유형을 나열한다.
3. 기본 펌프 분류를 설명한다.
4. 회전식 용적형 펌프의 여섯 가지 유형을 나열한다.
5. 왕복 용적형 펌프의 세 가지 유형을 나열한다.
6. 카이네틱 펌프의 세 가지 유형을 나열한다.
7. 원심 펌프의 주요 특징을 설명한다.
8. 깊은 우물 분사 펌프와 얕은 우물 분사 펌프를 설명한다.
9. 회전식 용적형 펌프의 성능 곡선을 설명한다.

10. 원심 펌프의 성능 곡선을 설명한다.
11. 속도, 임펠러 직경, 유량, 총 수두 유량, 펌프 구동에 필요한 일률 등의 관계를 알려주는 원심 펌프의 Affinity law를 기술한다.
12. 펌프의 동작점과 시스템 저항 곡선(System resistance curve, SRC)이 어떻게 연관되는지 기술한다.
13. 펌프의 필요 유효 흡입 수두(Net positive suction head required, $NPSH_R$)를 정의하고, 펌프 성능 관련 중요성을 논의한다.
14. 유효 흡입 수두 관련 유체의 증기압의 중요성에 대해 기술한다.
15. 주어진 유체와 흡입관 디자인에 대해, 가용 유효 흡입 수두($NPSH_A$)를 계산한다.
16. 원심 펌프의 비속도(specific speed)를 정의하고 펌프 선택 시 활용한다.
17. 원심 펌프에서 유체의 증가된 점도가 성능에 미치는 영향을 기술한다.
18. 병렬 펌프 연결과 직렬 펌프 연결의 성능을 기술한다.
19. 바람직한 흡입관 디자인의 특징에 대해 기술한다.
20. 바람직한 배출관 디자인의 특징에 대해 기술한다.
21. 펌프 자체의 도입 비용뿐 아니라, 펌프의 수명주기 비용(life cycle cost, LCC), 전체 시스템의 비용, 운영 비용 등을 고려한다.

13.2 펌프 선택 관련 매개변수

어떤 목표로 펌프를 선택할 때, 다음의 요소들이 반드시 고려되어야 한다.

1. 펌핑되는 액체의 특성
2. 필요한 유량(체적 유량)
3. 펌프 흡입구 조건
4. 펌프 배출구 조건
5. 펌프의 총 수두(h_a)
6. 펌프가 유체를 전달하는 시스템의 유형
7. 동력원 유형(전기 모터, 디젤 엔진, 증기 터빈 등)
8. 공간, 무게 및 위치 제한
9. 환경 조건, 규정 및 표준
10. 펌프 구입 및 설치 비용
11. 펌프 운전 비용
12. 펌핑 시스템의 총 수명주기 비용(LCC)

유체의 성질은 펌핑 시 온도, 비중, 점도, 펌프 부품을 부식-침식시키는 경향, 펌핑 온도에서의 증기압 등에 의해 특징지어진다. 증기압은 유체 표면에서 증기가 생성되는 압력을 말한다. 증기압은 액체 온도가 올라갈수록 높아지며, 펌프 입구 압력은 반드시 유체 증기압보다 높아야 한다. 증기압은 13.11절에서 자세히 논의된다.

펌프가 선정되면 다음 사항이 지정되어야 한다.

1. 펌프 유형 및 제조업체
2. 펌프의 크기

3. 흡입 연결부의 크기 및 유형(플랜지, 나사)
4. 배출 연결부의 크기 및 유형
5. 작동 속도
6. 드라이버 사양(예: 전기 모터의 경우 필요한 동력, 속도, 전압, 위상, 주파수, 프레임 크기, 케이스 유형)
7. 연결 장치 유형, 제조업체 및 모델 번호
8. 설치부 세부 사항
9. 필수적인 특수 재료 및 액세서리가 요구되는지 여부
10. 축 밀봉설계 및 밀봉재료

펌프 카탈로그 및 제조사 판매원은 펌프나 액세서리 장비의 선택을 돕는 정보를 제공한다.

13.3 펌프의 유형

펌프는 보통 용적형 펌프와 카이네틱 펌프로 분류된다. 표 13.1은 각 유형의 분류를 보여준다. 용적형 펌프는 펌프축의 각 회전당 또는 펌핑 요소의 각 주기당 일정한 부피의 유체를 전송한다. 보통 적정 체적 유량에 대해 매우 높은 압력을 가할 수 있다. 카이네틱 펌프는 임펠러라 불리는 회전부로부터 펌프를 통과하는 유체에 운동 에너지를 전달함으로써 작동한다. 일부 에너지는 펌프 배출구에서 압력 에너지로 변환된다. 가장 흔히 사용되는 카이네틱 펌프는 원심 펌프이다. 분사 펌프 또는 배출 펌프는 원심 카이네틱 펌프의 특별한 유형이며 이후 논의될 것이다. 인터넷 자료 1에 펌프의 방향 관련(수평, 수직, 인라인), 펌프 드라이브 관련(일체형 이음, 분리형 이음, 자기 드라이브), 베어링 지지대나 결합부와 같은 기계적 디자인 관련 등 더욱 광범위한 펌프 분류가 제시되어 있다.

표 13.1 펌프 유형 분류

- Positive displacement
  - Rotary
    - Gear
    - Vane
    - Screw
    - Progressing cavity
    - Lobe or cam
    - Flexible tube (peristaltic)
  - Reciprocating
    - Piston
    - Plunger
    - Diaphragm
- Kinetic
  - Radial flow (centrifugal)
  - Axial flow (propeller)
  - Mixed flow
- Jet or ejector type

13.4 용적형 펌프

용적형 펌프는 펌프 로터나 드라이브의 회전마다 정해진 양만큼의 유체를 전달할 수 있다. 하우징,

로터, 피스톤, 베인 등 부품들 간의 간극으로 인한 경미한 미끄러짐으로 인해 발생하는 압력차는 펌프의 유량에 약간의 영향을 미칠 뿐이다. 대부분의 용적형 펌프는 매우 넓은 점도 범위의 액체를 다룰 수 있고 고압 유체를 전달할 수 있다.

13.4.1 기어 펌프

7장의 그림 7.2는 유체 동력 시스템이나 오일 전송에 쓰이는 기어 펌프의 전형적인 배열을 보여준다. 하우징 내부에서 맞물려져 역회전하는 2개의 기어로 구성된다. 기어 톱니의 바깥 주변부는 하우징의 내측면에 딱 맞춰져 있다. 유체는 공급원으로부터 흡입구를 통해 빨려 들어가고, 배출구에서 톱니 사이 공간을 통해 고압으로 시스템에 전송된다. 전송 압력은 시스템의 저항에 따라 달라진다. 그림 (a)에 상용 기어 펌프가 도시되어 있다. 기어 펌프는 시스템 압력을 1500~4000 psi(10.3~27.6 MPa) 정도로 높일 수 있다. 전송량은 기어의 크기, 4000 rpm까지 가능한 회전 속도에 따라 달라진다. 크기에 따라 1~50 gal/min(4~190 L/min)의 전송량이 가능하다(인터넷 자료 8, 9 참조).

기어 펌프는 유동이 일정하고(작은 맥동), 높은 점도의 유체를 사용할 수 있으며, 양방향으로 사용이 가능하다는 장점이 있다. 그러나 적당한 압력 범위에서만 사용 가능하고, 고체를 함유한 유체는 사용해서는 안 된다는 제약 사항이 있다.

13.4.2 유체 동력용 피스톤 펌프

그림 7.3은 축 피스톤 펌프를 보여준다. 이 피스톤 펌프는 피스톤을 왕복시키는 캠처럼 작용하는 회전 경사판을 이용한다. 피스톤은 흡입 밸브를 통해 교대로 유체를 실린더로 유입시킨다. 그리고 배출 밸브를 통해 유출시킨다. 경사판 각도(그리고 피스톤 행정)를 변경시키며, 유동량을 0으로부터 최댓값까지 변경시킬 수 있다. 펌프의 회전 속도도 유량을 변경시킬 수 있다. 압력은 5000 psi(34.5 MPa) 정도까지 가능하다(인터넷 자료 8, 9 참조).

많은 유량을 내보낼 수는 없지만, 매우 높은 압력을 생산할 수 있는 것이 큰 장점이다. 배출 유동에 압력 맥동이 있어서, 보통 낮은 점도의 유체에 이용하고 움직이는 부품에는 심한 마모가 발생할 수 있다는 것이 단점이다.

13.4.3 베인 펌프

베인 펌프 또한 유체 동력에 사용된다(그림 13.2 참고). 하우징 내부에 슬라이드 베인들을 포함하는 편심 로터로 구성되어 있다. 하우징 내 캠 링이 베인의 반경 방향 위치를 제어한다. 유체는 좌측 흡입구로 들어가 2개의 연속된 베인 사이 공간에 갇힌 후, 배출구로 이동한다. 베인은 흡입구 방향으로 들어감에 따라 다시 로터 내 공간으로 들어간다. 가변유량형 베인 펌프는 캠 링 및 하우징과 로터의 상대적 위치를 변경시킴으로써 유량을 0에서 최댓값으로 변경할 수 있다. 가변 유량은 수동, 전자, 유압, 공압 등의 방법으로 변경 가능하며, 시스템의 필요에 따라 유체 동력의 성능을 맞출 수 있다. 회전 속도 역시 조절하여 직접적으로 유량을 변경시킬 수 있다. 보통 압력은 2000~4000 psi(13.8~27.6 MPa) 범위가 가능하다(인터넷 자료 8–9 참조).

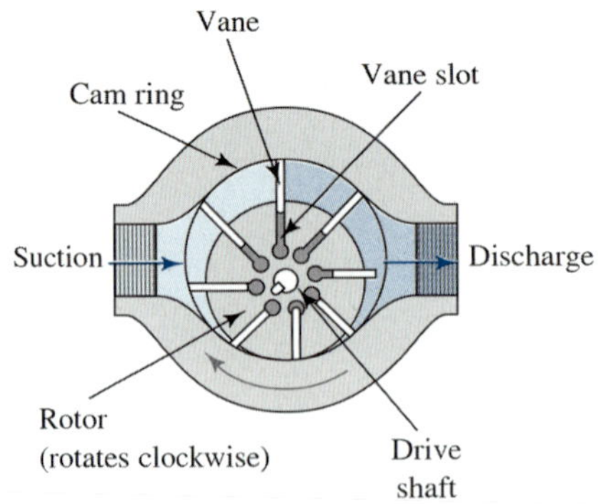

그림 13.2 베인 펌프(출처: Machine Design Magazine)

13.4.4 스크류 펌프

기어 펌프, 피스톤 펌프, 베인 펌프의 공통적인 단점은 맥동하는 흐름을 배출한다는 것이다. 이는 매번 가둬진 양만큼의 유체를 내보내기 때문에 발생한다. 그림 13.3의 스크류 펌프는 이런 문제로부터 자유롭다. 중심부에 스레드형 파워 로터가 2개의 아이들러 로터와 맞닿아 하우징 내부에 축방향으로 이동하는 공간을 형성한다. 이는 연속적인 균일한 흐름을 만들어낸다. 이러한 형식을 언타임드(untimed) 다중스크류 펌프라고 한다. 타임드(timed) 다중스크류 펌프는 정밀동기식 타이밍 기어가 사용되며 이는 하우징과의 접촉을 방지한다. 스크류 펌프는 보통 3000 psi(20.7 MPa)에서 작동하며, 고속으로 운영 가능하고 대부분의 유압 펌프 대비 조용하다(인터넷 자료 11 참조).

이처럼 고압에서 사용 가능하고 조용한 스크류 펌프는 큰 범위의 점도에서도 이용되고 여러 종류의 유체에 사용 가능하도록 다양한 재료로 만들 수 있다. 그러나 보통 연마재나 고형분이 포함된 유체에는 사용하지 않는다.

13.4.5 프로그레시브 캐비티 펌프

그림 13.4의 프로그레시브 캐비티 펌프(progressive cavity pump) 또한 부드럽고 연속적인(맥동하지 않는) 유동을 생산한다. 대체적으로 유압기기보다는 공정 유체에 사용된다. 중심부의 긴 회전자가 고정자 내부에서 회전함에 따라 사이의 공간이 배출구 쪽으로 이동하며 유동을 발생시킨다. 회전자는 보통 마모 내성을 높이기 위해 두꺼운 층의 크롬 도금을 한 강철로 만들어진다. 대부분의 경우에 고정자는 천연고무 혹은 몇 가지 종류의 합성고무로 만들어진다. 미끄러짐을 줄이고 효율을 높이기 위해 금속 회전자와 고무 고정자는 압축 맞춤되어 있다. 성능은 회전자–고정자 조합의 크기에 영향을 받고, 회전속도에 비례한다. 보통 유량은 1860 gal/min(7040 L/min)까지 가능하고, 압력은 900 psi(6.2 MPa)까지 가능하다.

다음과 같은 다양한 종류의 유체에 적용할 수 있다. 맑은 물, 무거운 고형분이 포함된 슬러리, 접착제나 시멘트 회반죽과 같은 고점도 유체, 실리콘 카바이드나 석회분 슬러리와 같은 연마액, 샴푸나 피부 크림과 같은 의약용품, 세척용액이나 비료와 같은 부식성 화학 물질, 사과 소스나 빵 반죽과 같은 음식 등. 보통 상대적으로 낮은 속도에서 작동하고 시동 시 높은 토크가 필요하다(인터넷 자료 14 참조).

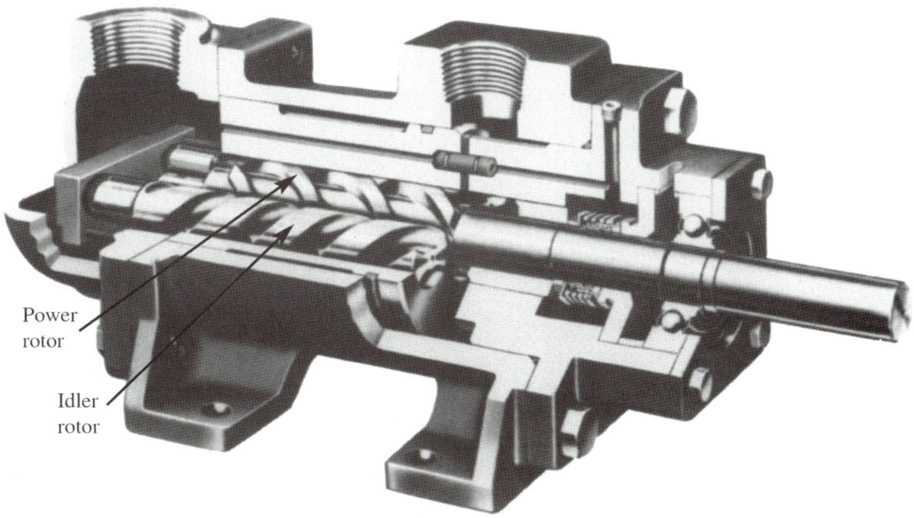

(a) Cutaway of pump assembly

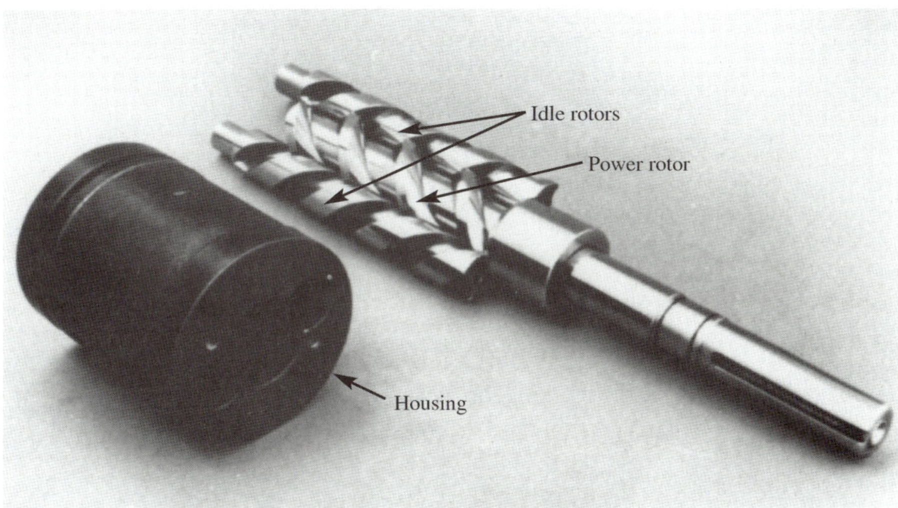

(b) Power rotor, idler rotors, and housing

그림 13.3 스크류 펌프(출처: Imo Pump three-screw technology, courtesy of Colfax Fluid Handling)

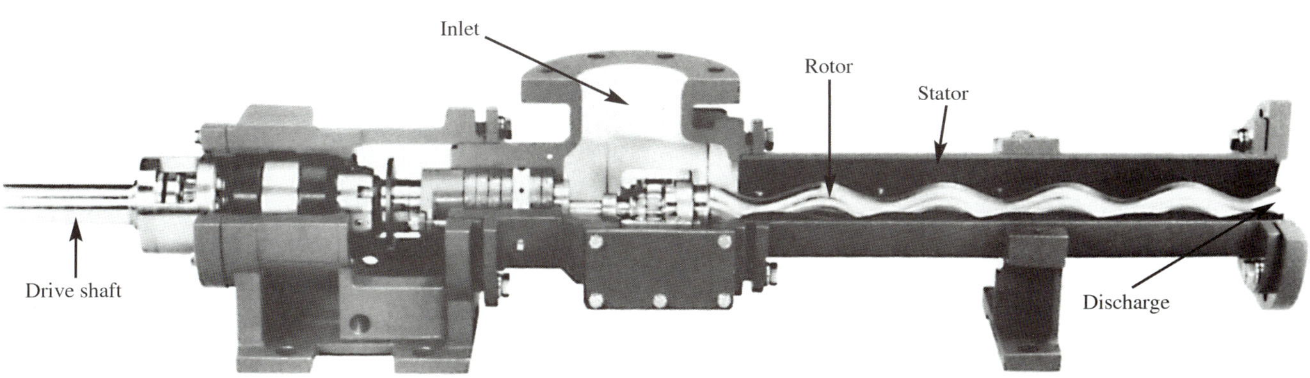

그림 13.4 프로그레시브 캐비티 펌프(출처: Robbins & Myers, Inc.)

13.4.6 로브 펌프

그림 13.5의 로브 펌프(lobe pump)는 캠 펌프라고도 하며 기어 펌프와 유사한 방식으로 작동한다. 2개의 반대 방향으로 회전하는 로터들은 각각 2개 이상의 로브(lobe, 돌출부)를 갖는다. 로브는 다른 로터의 로브나 하우징과 맞추어져 있다. 로브 사이의 공간에 의해 유체는 흐른다. 장점으로 매우 낮은 맥동, 슬러리 내 큰 고형분도 다룰 수 있는 점, 셀프프라이밍 등이 있다. 단점으로 로터를 동기화하는 데 이용되는 타이밍 기어가 마모되는 점이 있다.

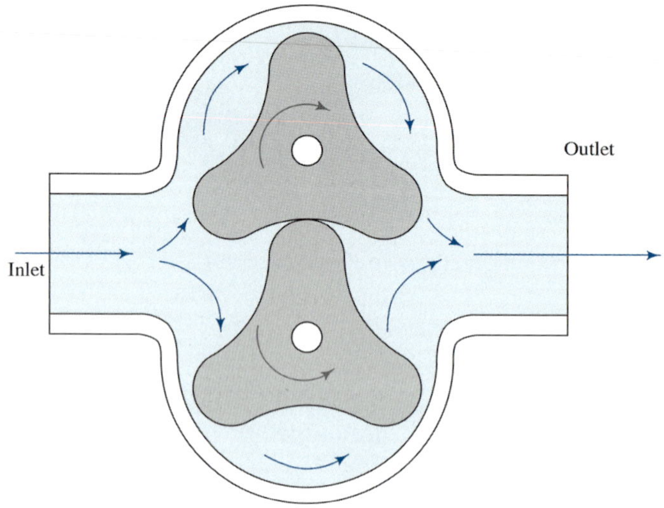

그림 13.5 로브 펌프

13.4.7 유체 전달을 위한 피스톤 펌프

그림 13.6에 나타난 바와 같이, 유체 전달에 사용되는 피스톤 펌프는 단동 펌프(single-acting simplex)와 복동 펌프(double-acting duplex) 방식으로 나뉜다. 원리적으로는 유체 동력용 피스톤 펌프와 유사하나, 보통 유량이 많고 압력이 낮은 경우에 사용된다. 또한 이전에 설명된 경사판보다는 크랭크에 의해 구동된다.

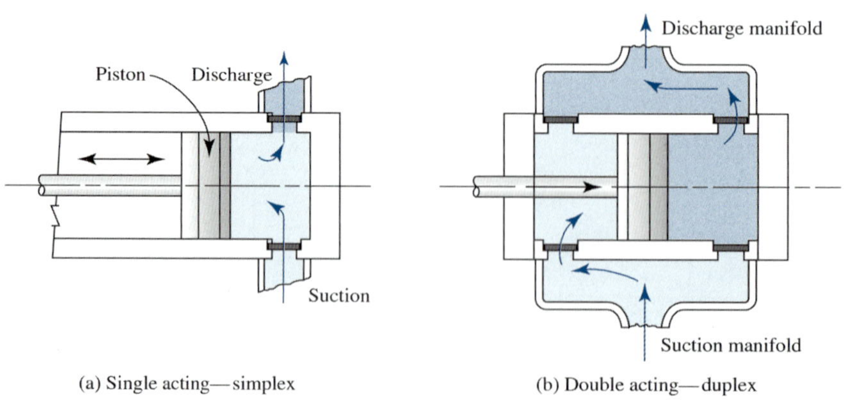

그림 13.6 유체 전달을 위한 피스톤 펌프

13.4.8 격막 펌프

그림 13.7의 격막 펌프에서는 왕복하는 피스톤 로드가 공간 내 유연한 격막을 이동시킨다. 로드가 왼쪽으로 이동할 때 유체를 배출하고, 오른쪽으로 이동할 때 흡입한다. 격막만이 유체와 닿으므로, 구동부

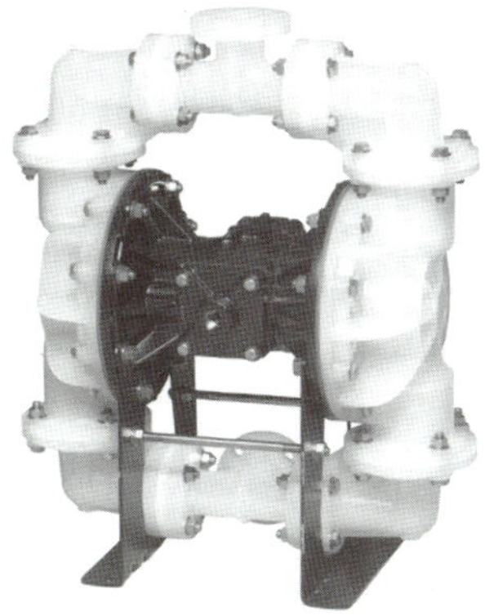

(a) Diaphragm pump with nonmetallic housing.

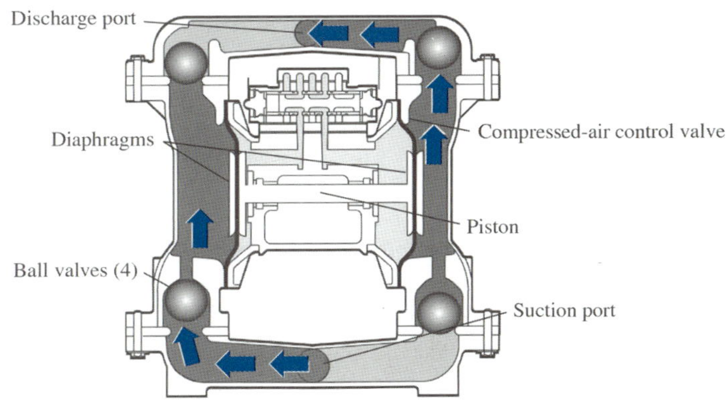

(b) Diagram of the flow through a double-piston diaphragm pump.

그림 13.7 격막 펌프(출처: Warren Rupp, Inc.)

는 오염되지 않는다는 것이 장점이다. 흡입−배출 밸브는 교대로 열리고 닫힌다(인터넷 자료 15 참조).

대형 격막 펌프는 건설, 채광, 석유 및 가스, 식품 가공, 화학 공정, 폐수 공정 등의 산업에 이용된다. 대부분은 펌프의 양측에 2개의 격막이 있는 복동형이다. 병렬 흡입−배출 포트, 체크 밸브는 무거운 고형분이 있는 경우에도 상대적으로 부드럽게 유동을 발생시킨다. 고무와 유사한 다양한 재료로 격막을 만들 수 있다. 그 예로 부나−N, 네오프렌, 나일론, PTFE, 폴리프로필렌, 그 외 많은 특수 탄성폴리머 등이 있다. 재료는 유체와의 호환성을 고려해 선택해야 한다. 이러한 펌프는 대부분 방향제어 밸브에 의해 제어되는 압축 공기에 의해 구동된다.

작은 유량에 사용되는 소형 격막 펌프는 화학공정에서의 계량, 초소형 전자공학 관련 생산공정, 의료기기 등에서 사용된다. 대부분 전자기장을 이용하여 격막을 구동하는 왕복 동작을 만들어낸다.

13.4.9 연동 펌프

그림 13.8의 연동 펌프는 펌핑 사이클 동안 유체가 유연한 튜브 내에 완전히 갇힌다는 점에서 특별하

(a) Peristaltic pump with variable-speed drive system.

(b) Peristaltic pump with case open to show tubing and rotating drive rollers.

그림 13.8 연동 펌프(출처: Watson−Marlow Pumps Group)

다. 튜브는 회전롤러들과 고정된 하우징 사이에 위치한다. 롤러는 튜브 속 유체를 짜낸다. 이는 효율적으로 제품 오염을 방지하므로 화학, 의약, 식품, 인쇄, 수처리 등의 산업에서 이점을 가진다. 적용 유체의 알칼리성, 산성, 용제 성격 등에 따라 호환성을 고려해 튜브 재료를 결정한다. 보통 네오프렌, PVC, PTFE, 실리콘, PPS, 다양한 조합의 열가소성 탄성중합체 등이 이용된다(인터넷 자료 16 참조).

13.4.10 용적형 펌프의 성능 자료

이 절에서는 직동식 왕복 펌프와 로터리 펌프의 일반적인 특성에 대해 논의한다.

용적형 펌프의 경우 유량이 회전자의 회전 속도에 비례하므로 계량이 가능하다. 따라서 물, 유체동력 시스템의 유압오일, 화학 물질, 페인트, 가솔린, 윤활제, 접착제, 일부 식품 등에 적합하다. 일반적으로 유량이 일정하고 높은 압력을 요구하는 경우에 적용 가능하다. 일부 설계는 맥동 흐름을 야기하고, 고형물이나 연마재에 의한 손상 가능성이 있고, 릴리프 밸브를 필요로 한다는 단점이 있다.

13.4.11 왕복 펌프의 성능

가장 간단한 형태의 왕복 펌프(그림 13.6)는 피스톤이 밸브로부터 멀어지며 흡입 밸브를 통해 실린더로 유체를 끌어들인다. 피스톤이 밸브 방향으로 이동할 때는 흡입 밸브는 닫히고 배출밸브를 통해 유체가 밀려 나간다. 이런 방식을 단동 펌프라고 한다. 그림 13.9(a)에 시간에 따른 배출량이 나타나 있다. 간헐적인 배출량은 종종 바람직하지 않다. 이에 반하여, 복동식은 2개의 피스톤이 교대로 흡입하고 배출하므로, 그림 13.9(b)와 같이 간헐성이 줄어든다. 피스톤 개수를 3개 이상으로 늘리면 배출량이 더욱 부드러워진다. 유압 시스템은 보통 5개 또는 6개의 피스톤을 이용한다.

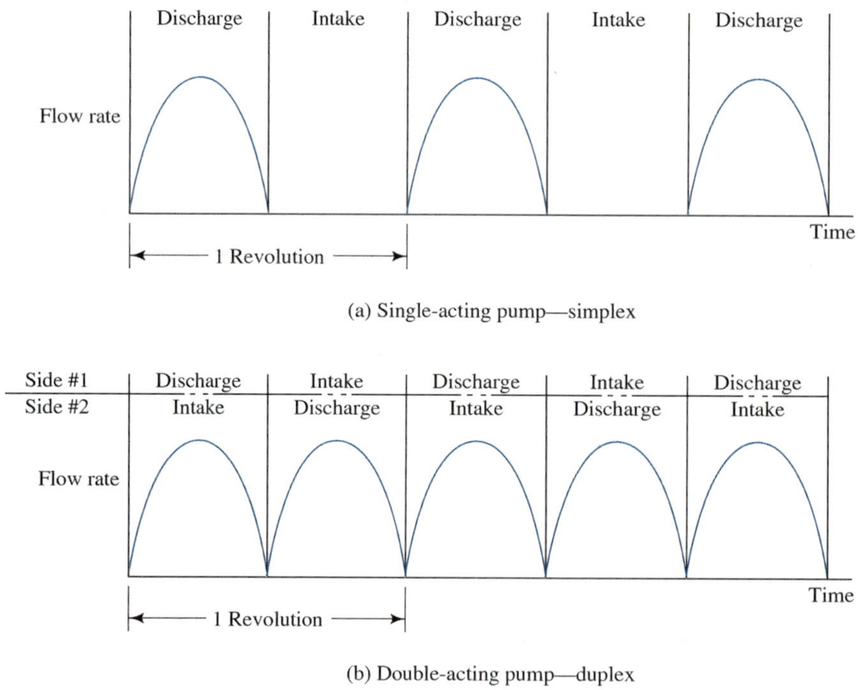

그림 13.9 단동 펌프와 복동 펌프의 유체 배출량

13.4.12 로터리 펌프의 성능

그림 13.10은 기어/베인/스크류/로브 펌프와 같은 로터리 펌프의 전형적인 성능 곡선을 보여준다. 유량, 효율, 필요 동력을 배출압에 대하여 나타내고 있다. 압력이 증가함에 따라, 유량이 조금 감소함을 알 수 있다. 이는 내부에서 고압측에서 저압측으로 일어나는 내부 누출 때문에 발생하지만, 중요한 사항은 아니다. 펌프 구동에 필요한 동력은 배출압과 거의 선형적인 관계를 보인다. 또한, 펌프 흡입 유동 조건이 자유 유동일 경우, 로터리 펌프의 용적형 설계 특성상 유량도 회전 속도와 거의 선형적인 관계를 갖는다.

용적형 펌프의 효율은 그림 13.10과 같이 보통 두 가지 방식으로 보고된다. 체적 효율은 펌프가 전달하는 체적 유량율과 이론 전달량의 비이다. 이론값은 펌프의 회전당 변위에 회전 속도를 곱합으로써 구한다. 이 효율은 보통 90%와 100% 사이에서 변한다. 압력이 증가함에 따라 그리고 유량이 감소함에 따라 체적 효율은 감소한다. 종합 효율은 유체에 전달된 일률과 펌프에 입력된 동력의 비이다. 종합 효율에는 체적 효율, 움직이는 부품에서의 기계적 마찰, 펌프를 흐르는 유동에서 발생하는 에너지 손실 등이 포함되어 있다. 디자인 조건으로 작동하면, 용적형 로터리 펌프는 80−90%의 종합 효율을 보인다.

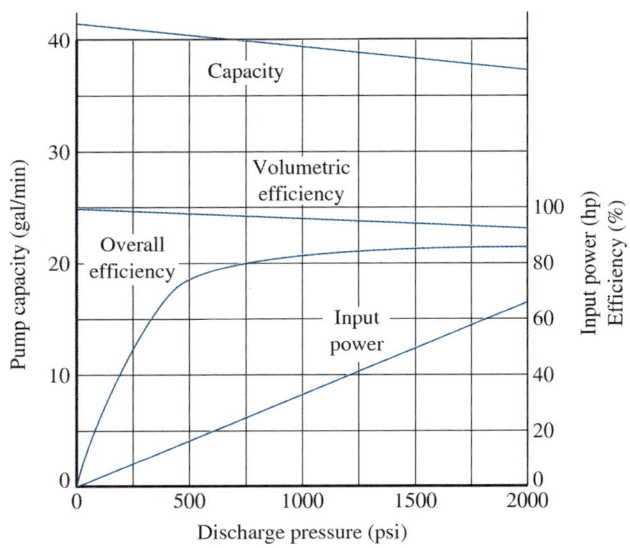

그림 13.10 용적형 로터리 펌프의 성능 곡선

13.5 카이네틱 펌프

카이네틱 펌프는 회전하는 임펠러를 이용해 유체를 가속시킴으로써 유체에 에너지를 전달한다. 그림 13.11은 가장 흔한 형태의 카이네틱 펌프인 방사형 유동 원심 펌프의 기본 구성을 보여준다. 그림 13.11(a)의 전체 형상은 전면에 펌프, 후면에 구동 모터, 그리고 중간에서 이들을 연결하는 하우징 내의 펌프 축과 모터 축을 보여준다. 이들은 모두 견고한 하부판에 장착되어 있고, 바닥 또는 다른 기계에 단단하게 고정될 수 있다. 그림 13.11(b)는 우측에 흡입구, 상단에 배출구를 가진 펌프의 단면도를 보여준다. 유체는 임펠러의 중심부로 들어가 베인에 의해 바깥쪽으로 흘러 나간다. 임펠러 바깥에서 유체는 나선형 모양의 볼류트를 지나가며 감속한다. 이때 운동 에너지의 일부는 압력으로 변환한다. 펌프 축, 베어링, 밀봉, 하우징은 효율, 신뢰성, 수명 등에 매우 중요하다. 그림 13.11(c)에서는 개방 방사형 임펠러가 펌프 케이스에 장착되어 있다. 배출구가 좌측에 위치하고 있고 인터넷

(a) Centrifugal pump with drive motor on a mounting base.

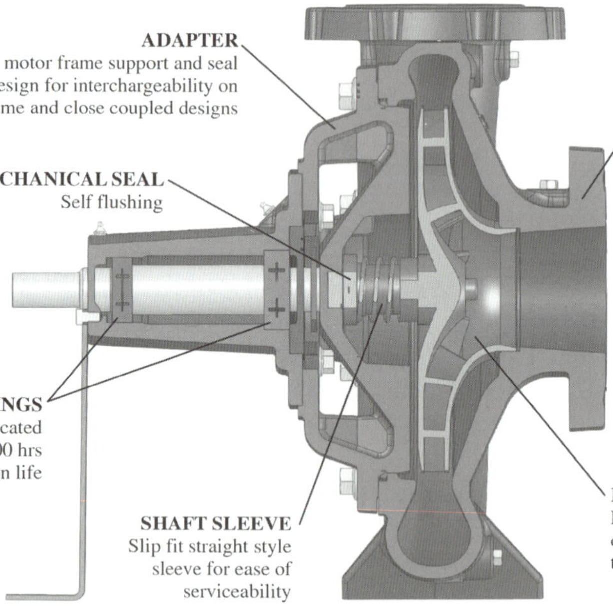

(b) Cutaway view of a centrifugal pump with an enclosed type impeller.

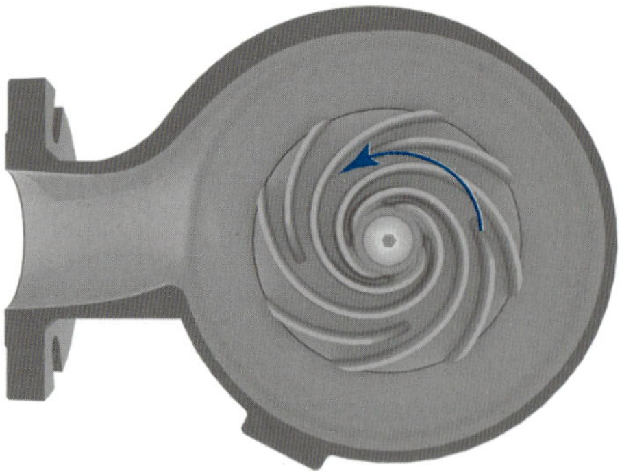

(c) Radial, open-type impeller in the rear part of its pump case. Fluid enters at the center of the impeller (called the eye), is thrown radially outward by the vanes, travels around the volute, and exits through the discharge port at the left. Rotation is counterclockwise. The front part of the case contains the suction port and completes the volute.

그림 13.11 원심 펌프와 관련 부품(출처: Crane Pumps and Systems, Inc.)

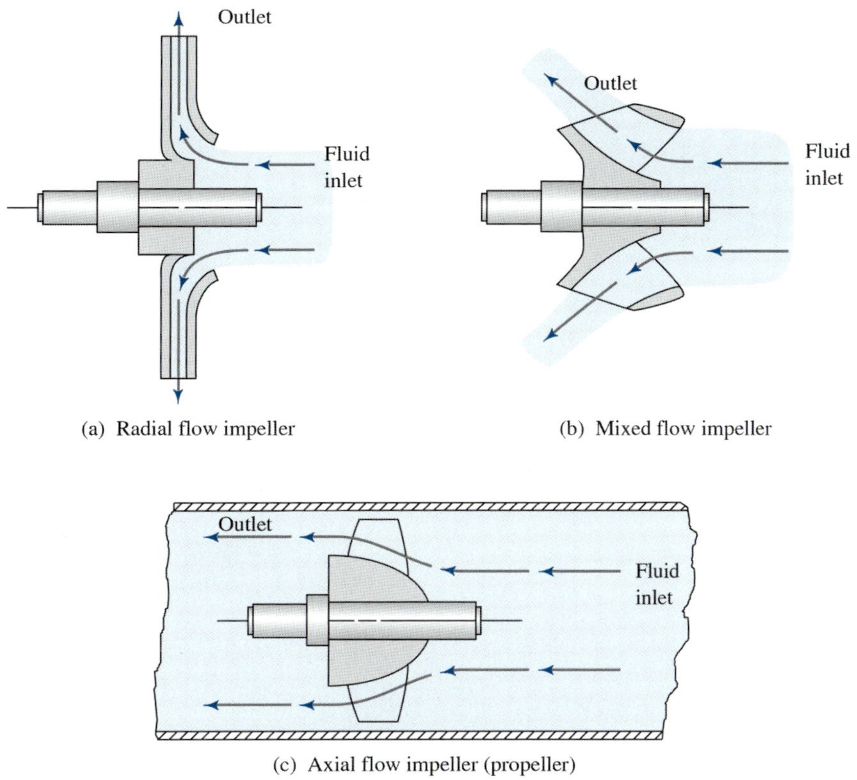

그림 13.12 카이네틱 펌프에 쓰이는 세 가지 방식의 임펠러

자료 7에 다양한 형태의 원심 펌프의 정보와 사진이 제공된다.

그림 13.12는 방사류, 축류, 혼류 임펠러의 기본 디자인을 보여준다. 축류를 위한 프로펠러 형태 펌프는 프로펠러의 축방향으로 유체를 가속하는 프로펠러 날의 유체역학적 작용에 의존한다. 혼류 펌프는 방사형과 프로펠러형 두 방식을 모두 포함한다. 세 가지 유형의 임펠러의 작동 모드는 13.15절에서 논의된다.

13.5.1 분사 펌프

가정용 수도 시스템에서 자주 사용되는 분사 펌프는 제트 또는 이젝터 부분과 원심 펌프로 구성된다. 그림 13.13은 전형적인 깊은 우물용 분사 펌프 구성을 보여준다. 주 펌프와 모터는 지상 우물 정상에 위치하고 제트 부분은 수면 근처에 위치한다. 펌프는 압력 파이프를 통해 우물의 노즐로 물을 보낸다. 노즐 이후 제트는 진공을 만들고 이는 우물물이 제트와 함께 빨려 올라가게 한다. 결합된 유동은 디퓨저를 통해 흐르며 유속이 느려진다. 이때 운동 에너지의 일부는 압력으로 변환한다. 디퓨저가 흡입 파이프 내부에 있으므로 물은 펌프 입구로 흘러가 임펠러로 들어간다. 일부는 배출되고 나머지는 다시 제트 부분으로 순환된다.

우물이 펌프로부터 약 6.0 m(20 ft) 이내로 얕은 경우에는, 제트 부분이 펌프 내부에 포함될 수 있다. 이 경우 그림 13.14처럼 단일 흡입관을 통해 물을 끌어올릴 수 있다.

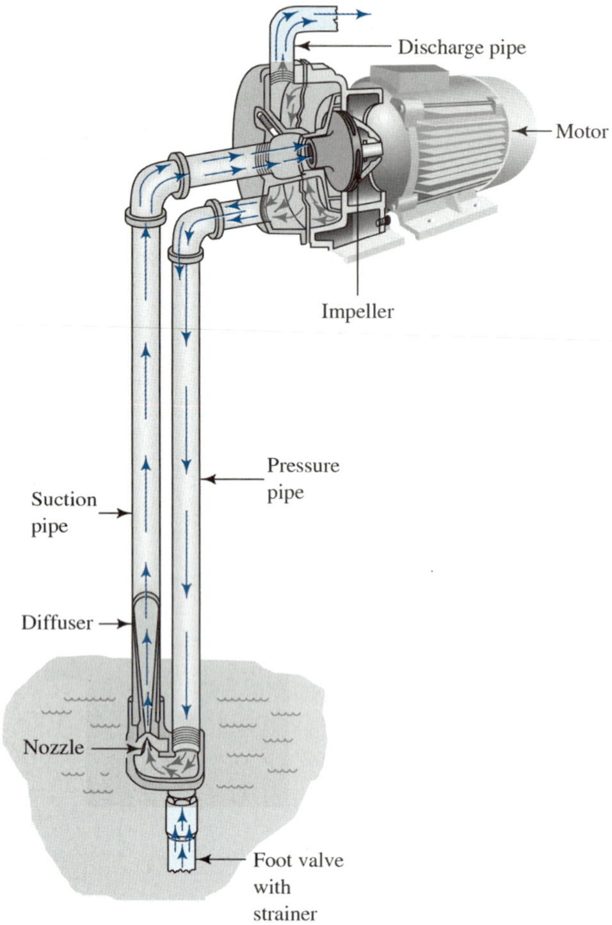

그림 13.13 깊은 우물 분사 펌프

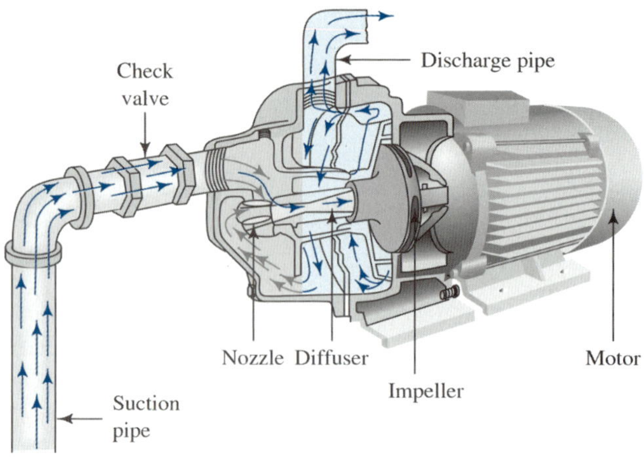

그림 13.14 얕은 우물 분사 펌프

13.5.2 수중 펌프

수중 펌프는 원심 펌프, 구동 모터, 흡입 및 배출 장치 등 전체 장비가 유체에 잠길 수 있도록 설계되었다. 그림 13.15는 방수된 전기 연결을 통해 밀봉된 수직축 모터가 일체형으로 위쪽에 장착되는 디자인을 보여준다. 이러한 펌프는 건설 현장, 광산, 맨홀, 산업용 탱크, 폐수 처리 시설, 선상 화물창 등에서 폐수를 제거하는 데 유용하다. 일반적으로 이러한 펌프는 유동이 자유롭게 펌프에 닿을 수 있도록 해주는 구조물로 지지한다. 흡입구는 내마모성 임펠러의 중심으로 물이 흘러 들어가도록 바닥에 위치한다. 임펠러는 물에 섞인 큰 고형분도 다룰 수 있도록 특별히 설계된다. 배수는 좌측의 배출 포트를 통해 이루어진다.

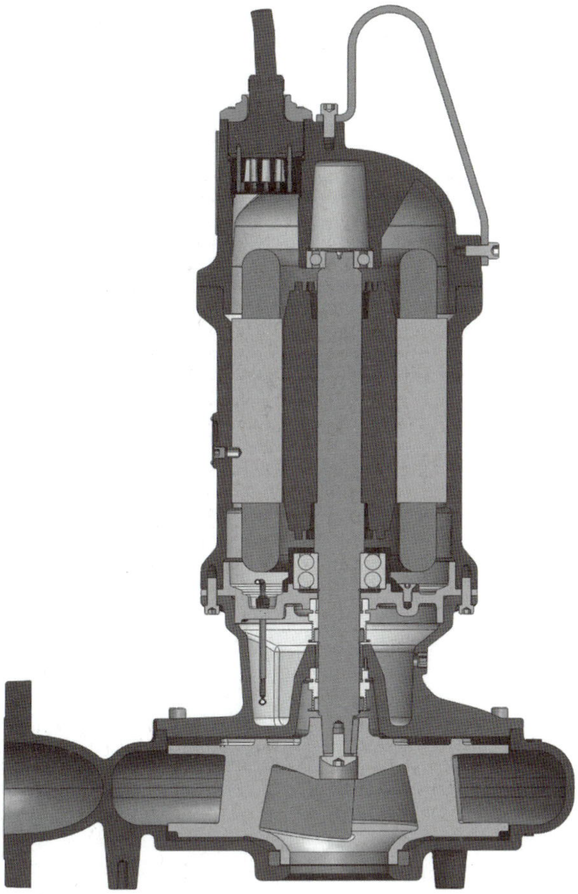

그림 13.15 고형분을 다룰 수 있는 수중 펌프. 유체는 바닥의 중심부를 통해 들어가고 좌측 배출구로 나간다.
(출처: Crane Pumps and Systems)

13.5.3 소형 원심 펌프

지금까지 논의된 원심 펌프들은 매우 큰 용량으로 주로 산업용으로 고안되었다. 세탁기나 식기세척기 같은 소형 가전 제품이나 분수나 기계 냉각 시스템 같이 크기가 작은 장비 등에 사용되는 적은 용량의 제품들도 존재한다. 그림 13.16은 그 한 예이고, 인터넷 자료 7에 많은 예들이 제시된다.

그림 13.16 가전 제품 등에 이용되는 작은 용량의 원심 펌프
(출처: Crane Pumps & Systems, Piqua, OH)

13.5.4 셀프프라이밍 펌프

유체가 임펠러로 흘러가 안정된 유동이 형성되기 위해서는 펌프가 시작될 때 흡입 포트에 적절한 유동 조건이 필수적이다. 프라이밍(priming, 마중물)은 이 과정을 설명한다. 펌프 프라이밍에서는 임펠러의 중심선 위에 유체원을 위치시키고 중력에 의존하여 흡입 포트를 넘치게 하는 방법이 선호된다. 그러나 펌프 아래의 유체원에서 유체를 끌어야 하는 일이 자주 필요하다. 이는 펌프가 부분 진공을 발생시키게 하고 동시에 흡입 파이프에 모이는 공기를 배출하게 한다(인터넷 자료 7 참조).

그림 13.17은 다양한 셀프프라이밍 펌프 중 한 유형을 보여준다. 확대된 입구 챔버는 흡입 포트 내 체크 밸브의 작용을 통해 펌프 셧다운 시 하우징 내 액체를 가둔다. 펌핑된 물의 일부는 펌프 작동을 유지하기 위해 재순환하기도 한다. 동시에 공기는 배출 포트를 통해 나가며, 이 과정은 액체 유동이 완전해질 때까지 계속 된다. 이러한 펌프는 보통 낮은 높이에 적용되나, 25 ft까지 유체를 끌어올릴 수 있다.

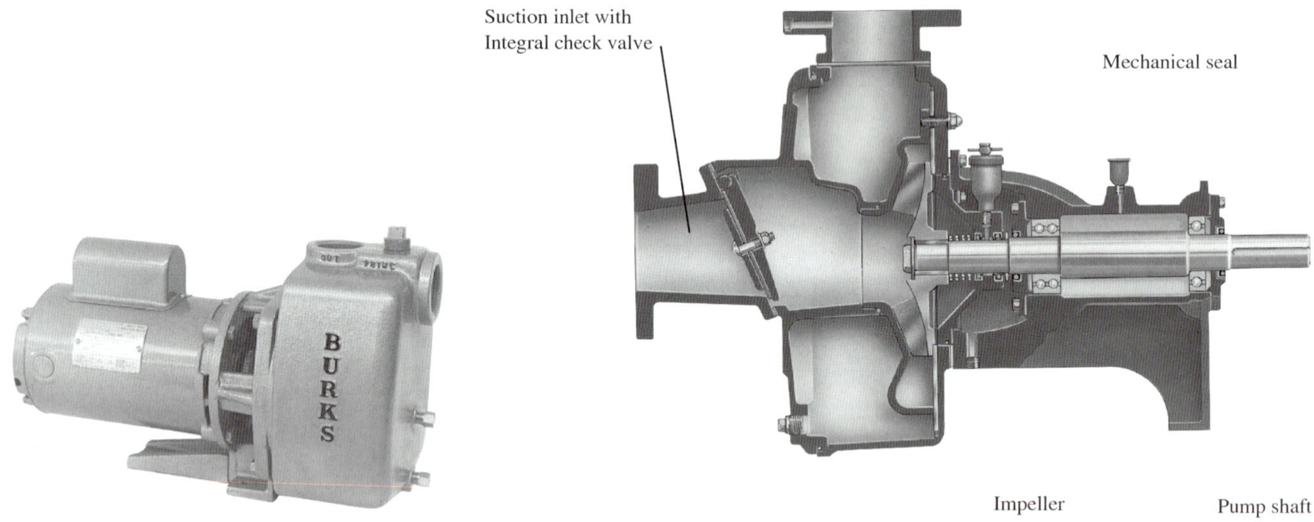

(a) Pump with motor. (b) Cutaway view showing internal components of a self-priming pump

그림 13.17 셀프프라이밍 펌프(출처: Crane Pumps & Systems)

13.5.5 기둥 펌프

적당한 깊이의 탱크, 웅덩이 등에서 유체를 끌어올릴 때, 그림 13.18과 같은 기둥 펌프가 유용하다. 그림 13.18(b)는 탱크 하단에 위치하는 흡입 포트, 임펠러, 케이스, 배출 포트 등으로 구성된 펌프부 단면도를 보여준다. 우측에는 유체를 이동시키는 수직 배출관이 있다. 흡입구로의 자유로운 유동을 돕기 위해 짧은 다리와 같은 지지 구조물이 포함될 수 있다. 좌측의 긴 기둥은 상단의 모터와 펌프를 연결하는 구동축을 포함한다(인터넷 자료 7 참조).

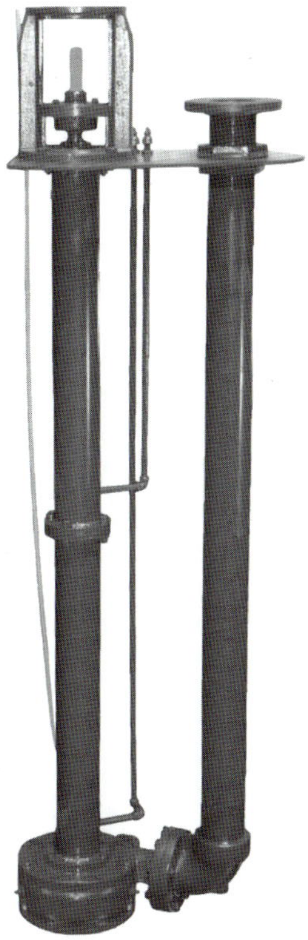

(a) Column pump designed to be installed in a tank or pit. Vertical drive motor mounts on the structure at the top and connects to the pump shaft. (Source: Crane Pumps & Systems, Piqua, OH)

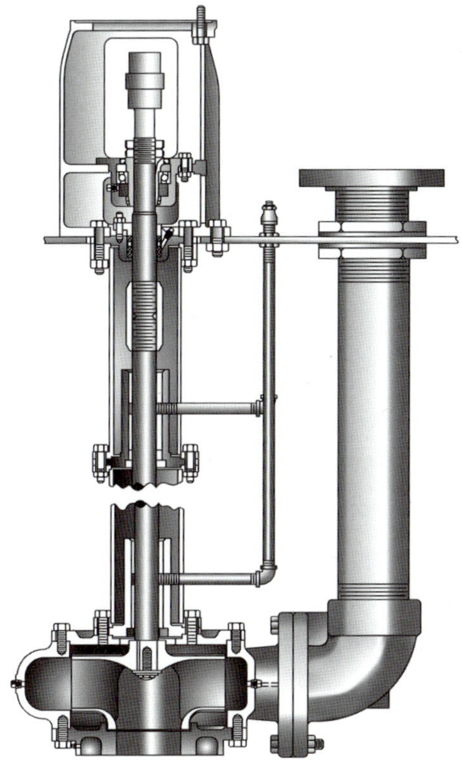

(b) Column pump—section view. Fluid enters the eye of the impeller at the bottom, exits to the right from the case and flows upward through the discharge pipe.

그림 13.18 기둥 펌프(출처: Crane Pumps & Systems)

13.5.6 원심 그라인더 펌프

다양한 고형분을 포함하는 액체를 펌핑할 필요가 있을 때는 그라인더를 내장한 수중 펌프가 적절하다. 그림 13.19는 탱크나 구덩이 바닥에 위치해 하수, 세탁물, 식기세척기 등의 유출물이나 다른 폐수에 적용할 수 있는 펌프의 예이다. 그림 13.19(b)는 유체가 임펠러로 흘러 들어가고 결국 배출 파이프를 통해 나가기 전에, 고형분의 크기를 줄이는 그라인더의 부분 단면도를 보여준다. 그라인더는 임펠러 축의 하단에 붙어 있다. 그림 13.19(c)는 그라인더 절단기를 보여준다. 이러한 펌프에는 플로트 스위치(float switch)가 장착되어 있어, 구덩이 내 수위를 자동으로 조절할 수 있다(인터넷 자료 7 참조).

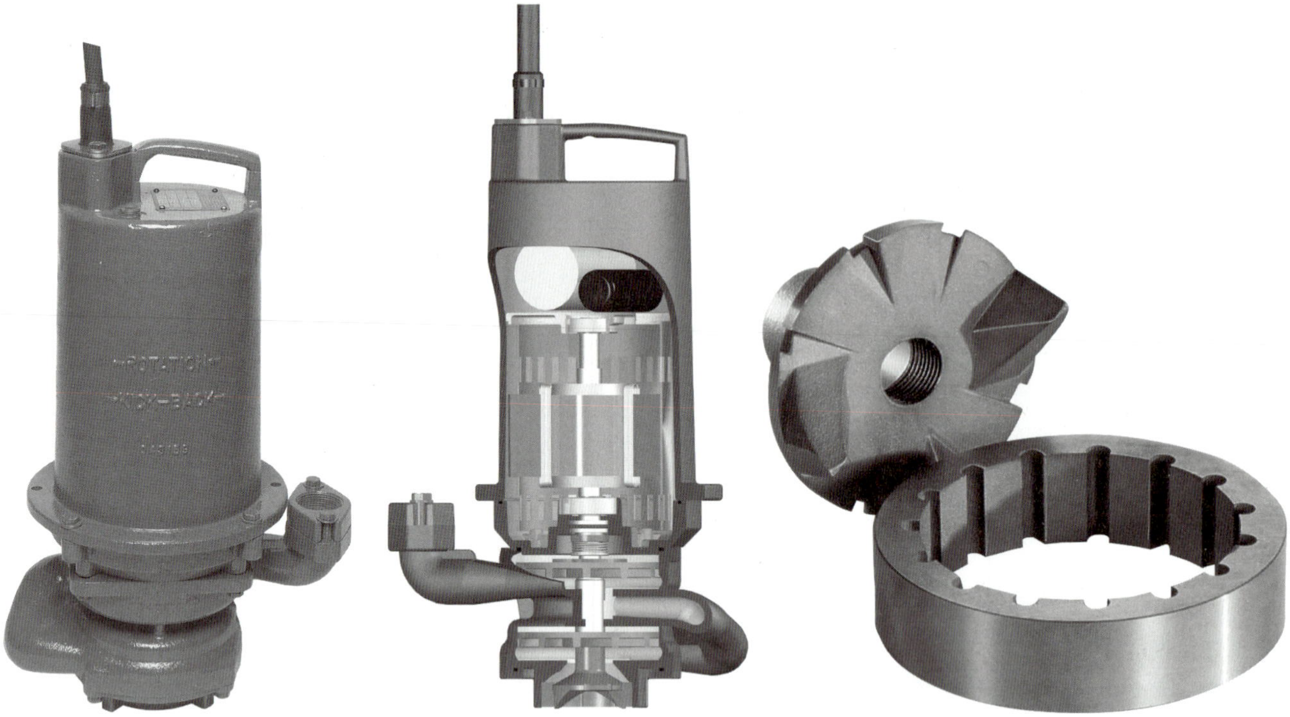

(a) Exterior view of pump.

(b) Cutaway view. Solids-laden fluid enters at the bottom and passes through grinder cutters before entering the impeller and outward through the discharge port.

(c) Grinder cutters for a centrifugal grinder pump.

그림 13.19 원심 그라인더 펌프(출처: Crane Pumps & Systems)

13.6 원심 펌프의 성능 자료

원심 펌프는 용적형 방식이 아니기 때문에, 펌프가 발생시키는 압력과 유량 사이에 강한 연관 관계가 있다. 이는 성능 평가를 복잡하게 하는 요인이 된다. 그림 13.20은 펌프 총 수두 h_a와 유량 또는 배출

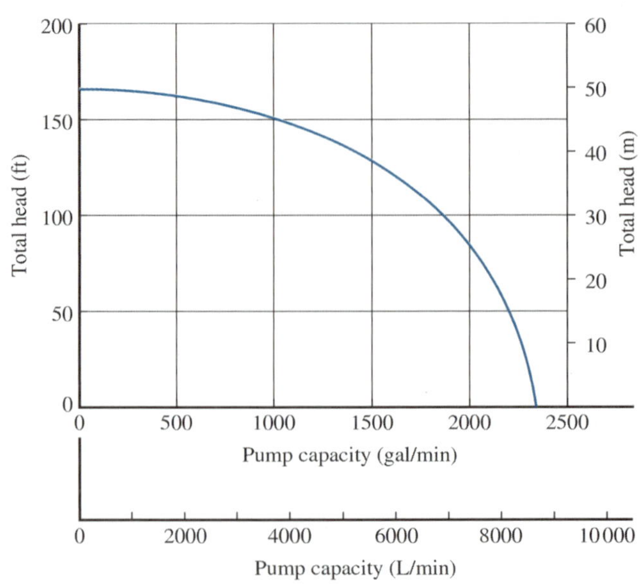

그림 13.20 펌프 총 수두와 용량의 관계를 보여주는 원심 펌프의 성능 곡선

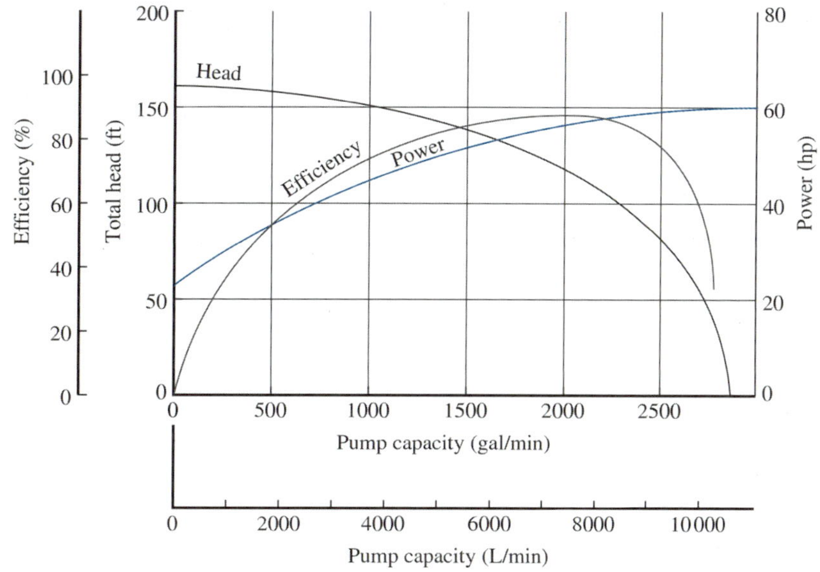

그림 13.21 원심 펌프의 성능 곡선

유량 Q의 전형적인 관계를 보여준다. 총 수두 h_a는 7장에서 논의하였듯이 일반적인 에너지식에서 계산된다. 이는 유체가 단위 중량당 펌프 통과 시 받는 에너지를 나타낸다[식 (13−1) 참고].

그림 13.11과 같이 회전하는 임펠러와 펌프 케이스 사이에는 큰 간격이 있다. 총 수두가 증가함에 따라 유량이 감소하는 것은 이 때문이다. 실제로 컷오프 수두일 때 모든 펌프의 입력 에너지가 수두를 유지하는 데 쓰이고 유동은 완전히 멈춘다. 물론 일반적인 작동 수두는 컷오프 수두보다 매우 낮아 큰 유량을 얻을 수 있다.

펌프의 성공적인 작동을 위해서는 효율과 필요 동력이 중요하다. 그림 13.21은 좀 더 완전한 펌프 성능을 보여준다. 수두, 효율, 동력 곡선들을 유량에 비교하고 있다. 통상적으로 효율 곡선의 정점 인근에서 작동해야 한다. 이때 원심 펌프의 효율은 보통 60−80%이다.

13.7 원심 펌프의 Affinity law

대부분의 원심 펌프는 다른 속도로 작동함으로써 유량을 변화시킬 수 있다. 게다가 같은 크기의 펌프 케이스에 다른 직경의 임펠러를 탑재할 수도 있다. 유량, 수두, 동력이 속도 또는 임펠러 직경에 의해 변하는 원리를 이해하는 것은 중요하다. 이 관계를 Affinity law라 부르며 다음에 기술된다. 기호 N은 임펠러의 회전 속도이며 보통 분당 회전수(rpm)로 표시한다.

속도가 변할 때:

a. 유량은 속도에 비례한다.

$$\frac{Q_1}{Q_2}=\frac{N_1}{N_2} \tag{13-5}$$

b. 총 수두는 속도의 제곱에 비례한다.

$$\frac{h_{a_1}}{h_{a_2}}=\left(\frac{N_1}{N_2}\right)^2 \tag{13-6}$$

c. 펌프에 필요한 동력은 속도의 세제곱에 비례한다.

$$\frac{P_1}{P_2} = \left(\frac{N_1}{N_2}\right)^3 \tag{13-7}$$

임펠러 직경이 변할 때:

a. 유량은 임펠러 직경에 비례한다.

$$\frac{Q_1}{Q_2} = \frac{D_1}{D_2} \tag{13-8}$$

b. 총 수두는 임펠러 직경의 제곱에 비례한다.

$$\frac{h_{a_1}}{h_{a_2}} = \left(\frac{D_1}{D_2}\right)^2 \tag{13-9}$$

c. 펌프에 필요한 동력은 임펠러 직경의 세제곱에 비례한다.

$$\frac{P_1}{P_2} = \left(\frac{D_1}{D_2}\right)^3 \tag{13-10}$$

속도가 변할 때, 그리고 임펠러 직경이 약간 변할 때, 효율은 거의 영향을 받지 않는다(인터넷 자료 10 참조).

예제 13.1 성능 값이 그림 13.21과 같고, 임펠러 직경이 13 in인 펌프가 1750 rpm의 회전 속도로 작동하고 있다. 먼저, 1500 gal/min의 유량을 낼 경우의 수두와 필요 동력을 계산하시오. 그리고 1250 rpm에서의 성능을 계산하시오.

해설 그림 13.21에서 $Q_1 = 1500$ gal/min일 경우,

$$총\ 수두 = 130\ \text{ft} = h_{a_1}$$

$$동력 = 50\ \text{hp} = P_1$$

속도가 1250 rpm으로 바뀔 경우, 새로운 성능은 다음과 같이 Affinity law를 이용하여 구할 수 있다.

$$유량:\ Q_2 = Q_1(N_2/N_1) = 1500(1250/1750) = 1071\ \text{gal/min}$$

$$수두:\ h_{a_2} = h_{a_1}(N_2/N_1)^2 = 130(1250/1750)^2 = 66.3\ \text{ft}$$

$$동력:\ P_2 = P_1(N_2/N_1)^3 = 50(1250/1750)^3 = 18.2\ \text{hp}$$

회전 속도 감소에 따라 펌프 작동에 필요한 동력이 크게 감소함에 유의하자. 유량과 가용 수두가 적당하면 펌프의 작동 속도를 줄임으로써 에너지를 크게 절감할 수 있다. 변속 구동에 대해서는 13.14.1절을 참고하자.

이러한 계산은 펌프의 성능에만 적용 가능함에 유의하자. 펌프에서의 변화는 유동 시스템의 동작에 영향을 주므로, 시스템 수두 곡선에 변화를 주고 따라서 새로운 작동점이 결정되어야 한다. 이는 13.13절과 13.15절에서 논의한다.

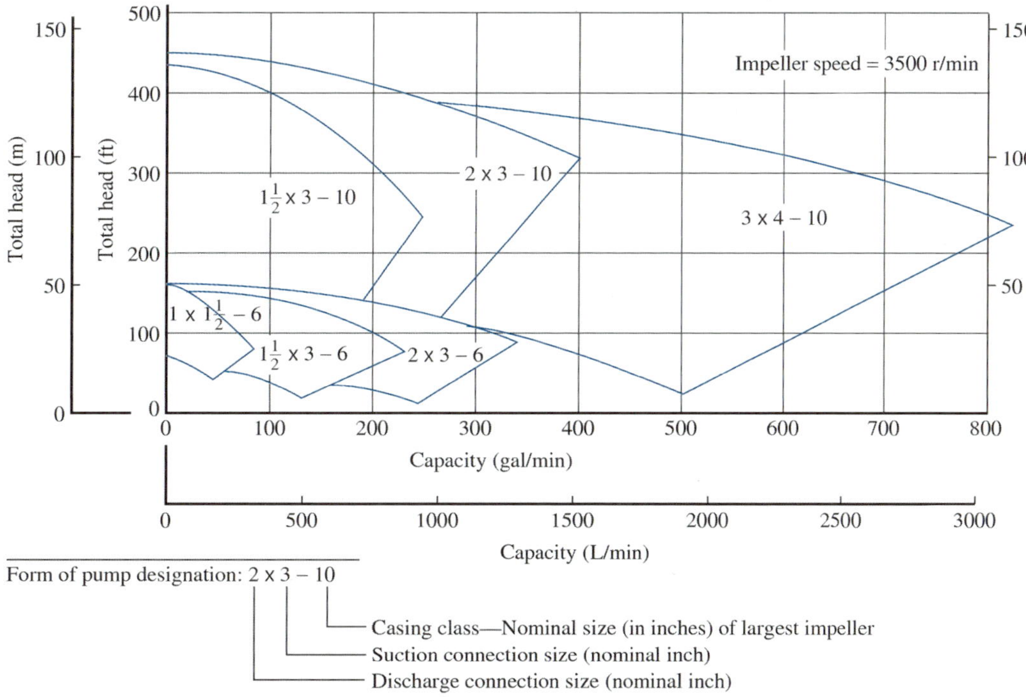

그림 13.22 한 원심 펌프 라인에 대한 복합 평가 도표

13.8 생산자가 제공하는 원심 펌프 자료

주어진 시스템에서 작동할 적절한 펌프를 선택할 때, 시스템의 체적 유량에 해당하는 용량, 총 수두 h_a정보가 필요하다. 펌프 제작사는 몇 가지 기본 펌프 크기에 대하여 임펠러의 직경이나 속도를 다르게 적용함으로써, 큰 범위의 유량이나 수두를 고려할 수 있다. 많은 산업용 원심 펌프 제작사들이 주어진 크기의 펌프에 대하여 유용한 자료를 제공하기 위해 지정 시스템을 사용한다. 예를 들어, 2×3−10 지정 시스템은 배출 연결에서 2-in, 흡입 연결에서 3-in, 그리고 케이스는 임펠러 직경 10 in 이하를 다룰 수 있다는 의미이다.

그림 13.22는 3500 rpm으로 작동하는 어떤 원심 펌프 라인의 복합 평가 도표이다. 이는 펌프 크기 선택을 빠르게 할 수 있도록 돕는다. 각각의 크기에 대하여, 제작사는 좀 더 완전한 성능 도표를 제공한다. 그림 13.22는 특정 제작사의 자료가 아님에 유의하자. 그러나 인터넷 자료 5−10, 12의 목록에 나타나듯이 이는 전형적인 형태이다.

13.8.1 임펠러 크기의 효과

그림 13.23은 2×3−10 원심 펌프가 임펠러 크기 변화에 대하여 어떤 성능 변화를 보이는지 알려준다. 같은 케이스 내에서 6 in와 10 in 사이에 다섯 가지 임펠러 크기에 대하여 유량과 수두의 관계 곡선을 보여준다. 작동 속도는 3500 rpm이고 이는 보통의 2극 AC 전기 모터의 최대 부하 속도에 해당한다. 사용자는 특정 시스템의 필요에 맞는 펌프 성능을 위해 종종 임펠러의 직경을 잘라내는 방식으로 펌프를 수정하기도 한다.

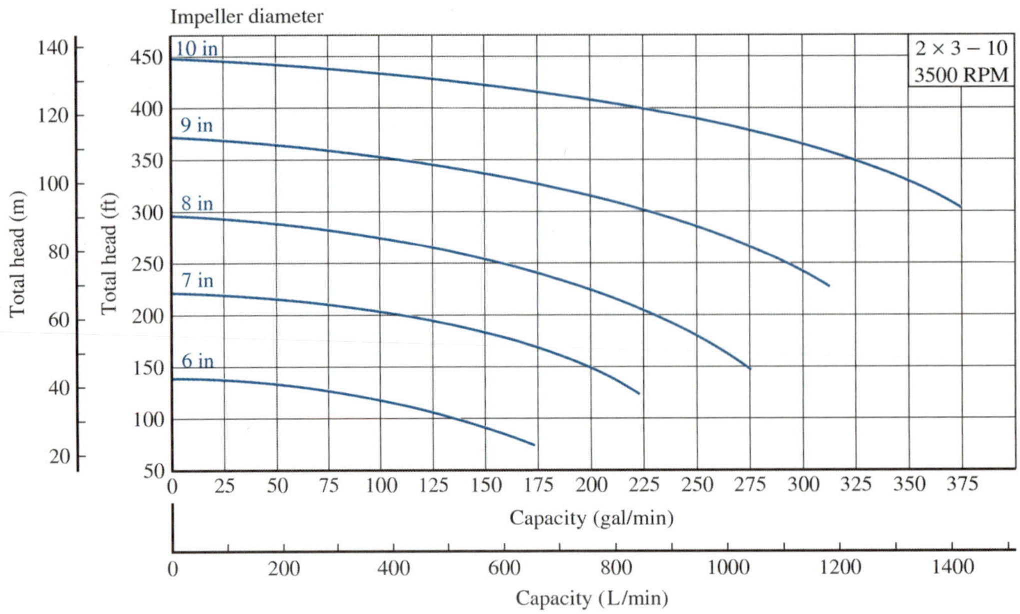

그림 13.23 3500 rpm 회전 시 2×3-10 원심 펌프의 임펠러 직경에 따른 펌프 성능 변화

13.8.2 속도의 효과

그림 13.24는 같은 2×3−10 펌프가 3500 rpm이 아닌 1750 rpm(4극 AC 모터의 전형적인 속도)으로 작동할 때의 성능을 보여준다. 각 임펠러 크기별 최대 총 수두를 비교하면, 속도가 2배 증가함에 따라 수두가 4배 증가하므로(속도의 제곱에 비례) Affinity law를 확인할 수 있다. 곡선을 총 수두 값 0으로 연장하여 해당하는 유량을 추정하면(extrapolation), 최대 유량을 구할 수 있고 속도가 2배 증가함에 따라 유량도 2배 증가함을 확인할 수 있다.

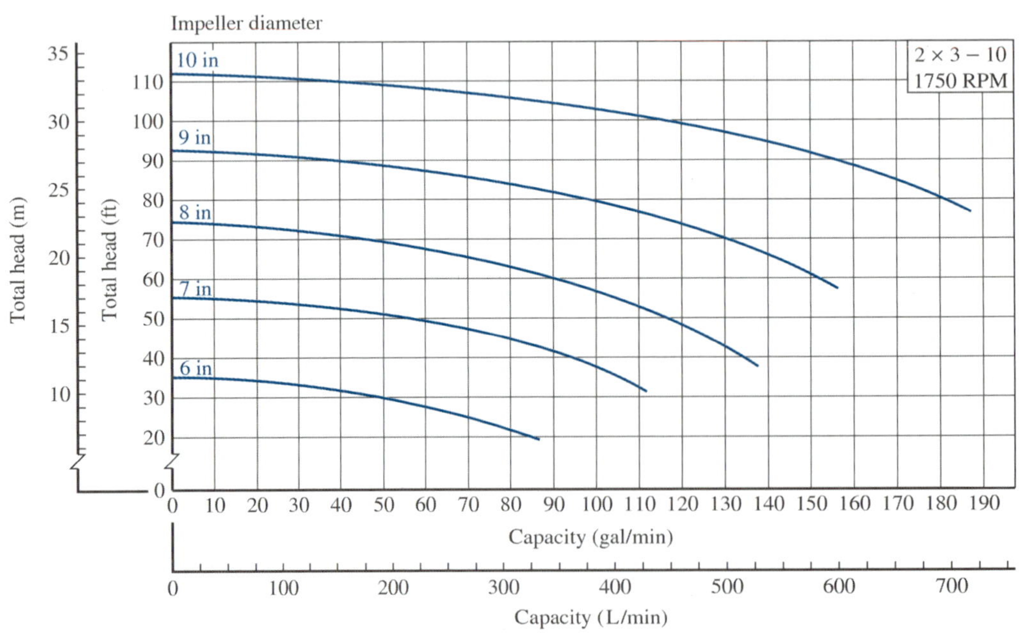

그림 13.24 1750 rpm 회전 시 2×3-10 원심 펌프의 임펠러 직경에 따른 펌프 성능 변화

13.8.3 필요 동력

그림 13.25는 그림 13.23과 유사하나, 펌프를 3500 rpm으로 구동하는 데 필요한 동력이 추가로 나타나 있다. 먼저 원하는 총 수두와 유량을 나타내는 지점을 찾고 여기에 해당하는 동력을 동력 곡선으로부터 찾으면 된다.

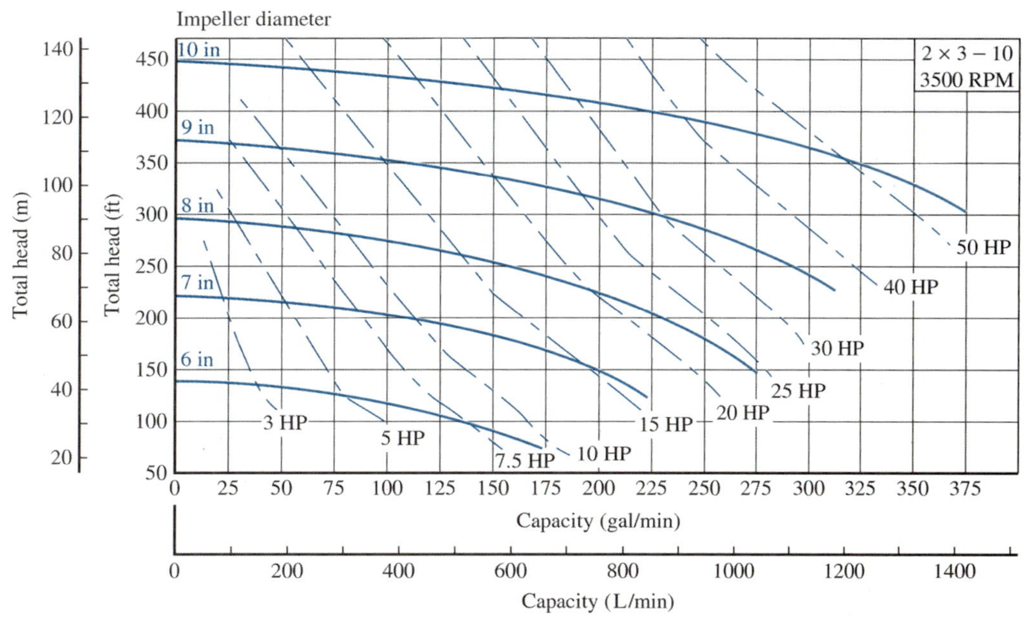

그림 13.25 2×3–10 원심 펌프가 3500 rpm일 때 임펠러 직경과 필요 동력에 따른 성능 도표

13.8.4 효율

그림 13.26은 그림 13.23과 유사하나, 효율 정보가 추가로 나타나 있다. 펌프의 최대 효율이 도표의 우측 상부에 나타남에 유의하자. 펌프는 최고 효율 지점(BEP, best efficiency point) 근처에서 작동하

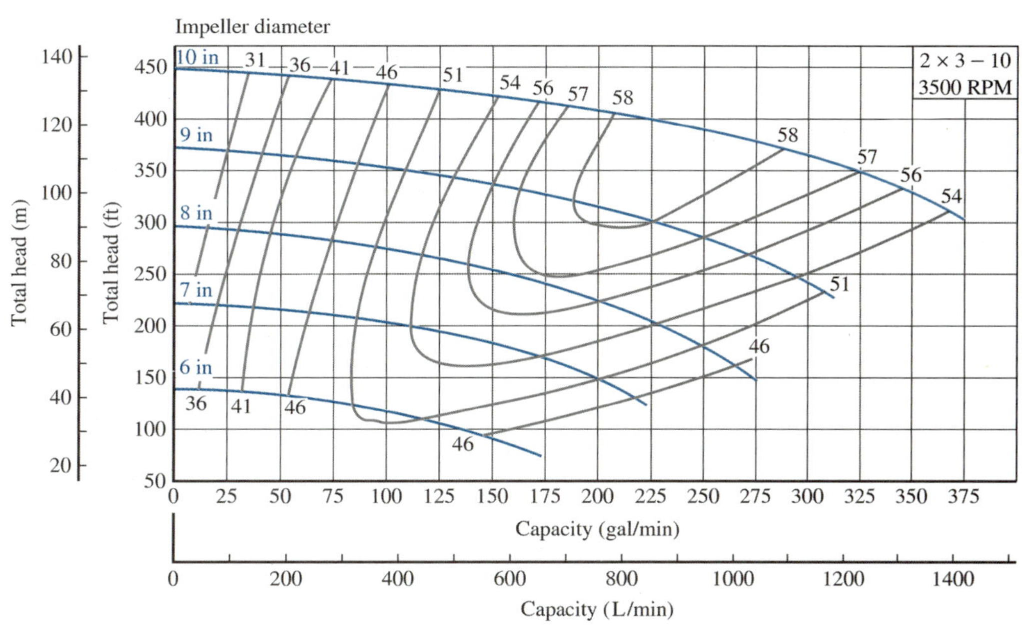

그림 13.26 2×3–10 원심 펌프가 3500 rpm일 때 임펠러 직경과 효율에 따른 성능 도표

는 것이 바람직하다. 도표에 나타난 자료는 펌프가 사용되는 시스템이 어떤 작동 조건에서 동작하는지를 아는 것이 중요함을 나타낸다. 효율은 BEP보다 낮거나 높은 경우 크게 감소한다. 다른 성능에 관한 문제도 함께 나타날 수 있고 펌프의 수명이나 베어링 등에 영향을 미칠 수 있다. 이와 관련하여 이후에 자세히 소개된다.

13.8.5 필요 유효 흡입 수두

필요 유효 흡입 수두(net positive suction head required, $NPSH_R$)는 펌프를 적용할 때 고려해야 할 중요한 요소이며, 13.9절에서 다시 논의할 것이다. $NPSH_R$은 펌프 입구 압력과 관련된다. 가장 중요한 점은 낮은 $NPSH_R$이 바람직하다는 것이다. 먼저 도표에서 총 수두와 유량을 찾은 후에 해당하는 $NPSH_R$을 곡선에서 찾으면 된다. 그림 13.27은 그림 13.23에서 사용된 펌프의 유량 범위에서 $NPSH_R$곡선을 보여준다. 이 곡선들은 그림 13.28과 같이 다른 곡선들 아래에 위치한다.

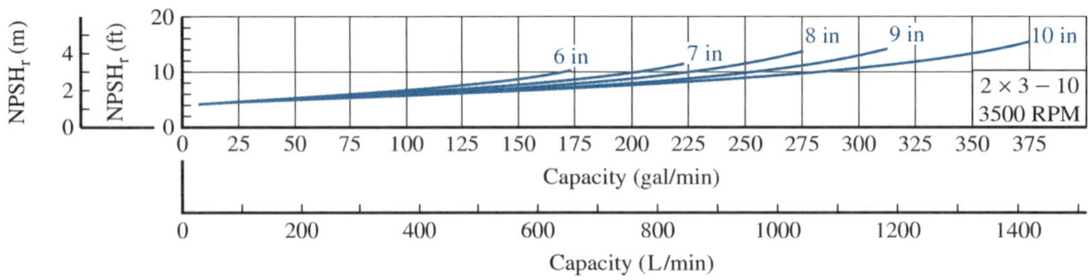

그림 13.27 2×3-10 원심 펌프가 3500 rpm일 때 임펠러 직경과 필요 유효 흡입 수두에 따른 성능 도표

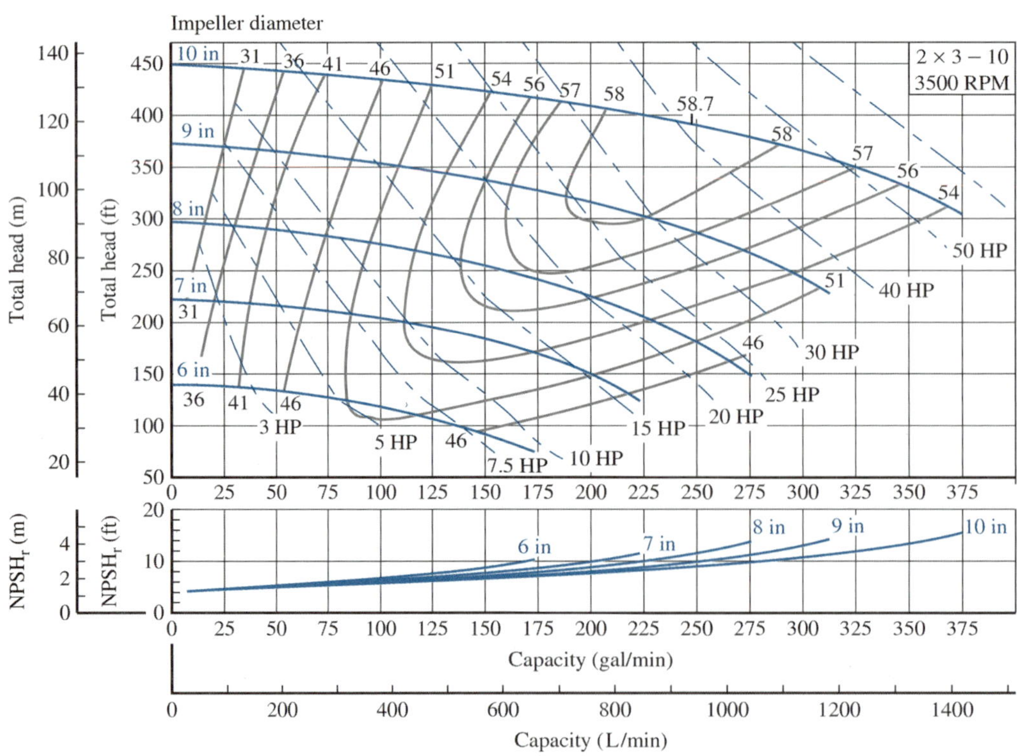

그림 13.28 2×3-10 원심 펌프가 3500 rpm일 때 종합 성능 도표(출처: Reprinted by permission of ITT Corporation)

13.8.6 종합 성능 도표

그림 13.28은 위에서 언급된 정보를 1개의 도표에 모두 표시한다. 사용자는 중요한 매개변수들을 한 번에 확인할 수 있다. 도표는 복잡해 보이지만, 위에서 따로 보았던 그림들을 고려하면 해석할 수 있다. 다음 예제는 도표 보는 법을 설명한다.

예제 13.2 최소 유량 200 gal/min, 총 수두 300 ft의 물을 전달하기 위한 원심 펌프를 선정하고, 성능 특성을 기술하시오.

해설 그림 13.28에서 임펠러 직경 9 in의 2×3−10 원심 펌프는 유량 229 gal/min, 수두 300 ft를 전달한다. 이 경우, 효율은 58.0%이고 이 펌프의 최대 효율에 가깝다. 약 30 hp 동력이 필요하고, 흡입구에서 $NPSH_R$은 약 8.8 ft의 물이다.

13.8.7 추가 성능 도표

그림 13.29~13.34는 크기가 $1\frac{1}{2}$×3−6에서 6×8−17 사이인 여섯 가지 중형 원심 펌프의 종합 성능 도표를 보여준다. 최대 유량은 약 110 gal/min(416 L/min)에서 거의 3500 gal/min(13250 L/min)까지이다. 총 수두는 700 ft(213 m)까지 펌프에 의해 생성될 수 있다. 그림 13.29−13.32는 회전 속도 1750−1780 rpm에서, 그리고 그림 13.28, 13.33, 13.34는 회전 속도 3500−3560 rpm에서 작동하는 펌프이다.

그림 13.35와 13.36은 더 작은 크기의 원심 펌프에 대한 성능 곡선을 보여준다. 보통 이러한 펌프들은 한 가지 임펠러 크기만 공급하므로 그림 13.21과 유사한 방식으로 성능 매개변수를 보여준다. 총 수두, 효율, 필요 동력, $NPSH_R$ 등의 곡선들이 펌프 유량에 대하여 나타나 있다. 각 펌프는 최대 효율일 때 약 19 gal/min의 유량을 전달한다. 그림 13.35의 펌프는 총 수두 32 ft, 유량 19 gal/min을 제공하고, 그림 13.36의 이보다 더 큰 펌프는 같은 유량에서 총 수두 43 ft를 제공한다.

주어진 상황에 적절한 펌프를 선정하기 위해서는, 이러한 도표로부터 성능 자료를 이해할 수 있는 능력을 길러야 한다. 여러 설계 프로젝트가 이 장의 뒷부분에 기술되어 있다. 이들은 특정 시스템의 요구에 부응하는 유량, 수두 등을 만족하는 펌프를 지정하게 한다. 먼저 도표에서 총 수두와 유량점을 찾은 후에, 이에 해당하는 필요 동력, 효율, $NPSH_R$을 종합 도표에서 찾으면 된다.

인터넷 자료 5−10, 12는 다양한 유형과 크기의 원심 펌프에 대하여 온라인 성능 곡선을 제공한다. 일부는 총 수두와 유량을 입력 정보로 받고, 이에 해당하는 적절한 펌프를 찾아준다. 이 책에서 소개될 소프트웨어 PIPE−FLO®는 다양한 원심 펌프 제작사들의 펌프 성능 자료를 포함하며, 13.14절에서 기술되듯이 주어진 시스템에 대한 해석을 통해 적절한 펌프를 자동으로 찾아주는 기능이 있다. 12장의 인터넷 자료에 소개되는 다른 소프트웨어 패키지들도 비슷한 펌프 선정 기능이 포함되어 있다.

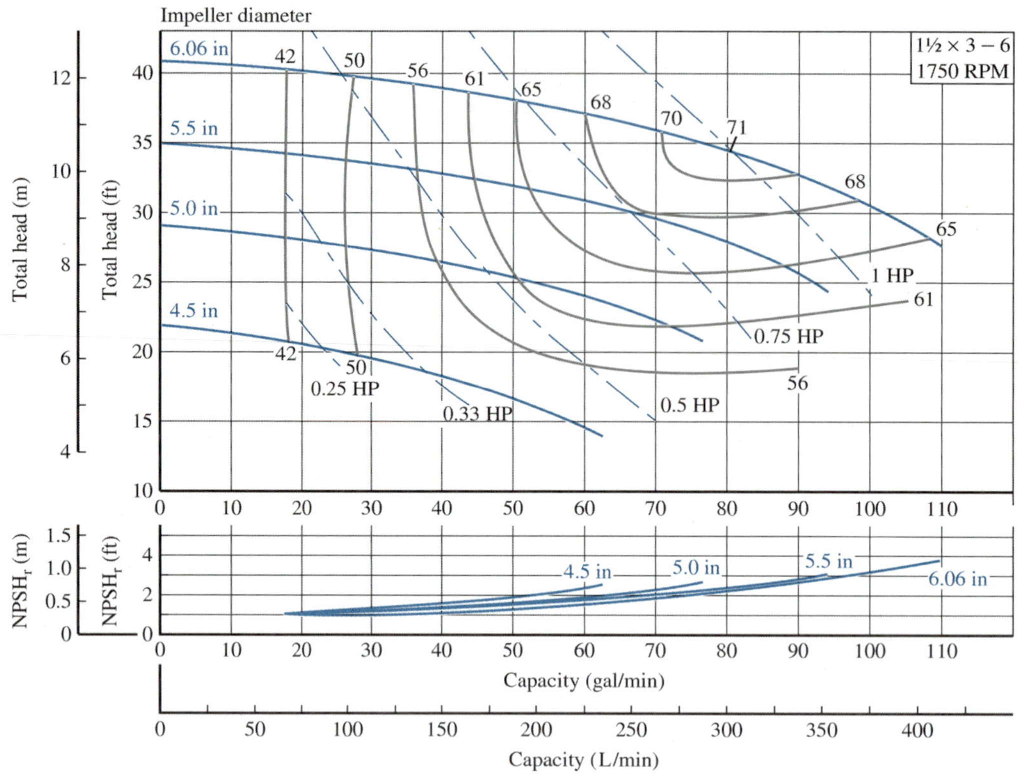

그림 13.29 $1\frac{1}{2}$×3–6 원심 펌프가 1750 rpm일 때 종합 성능 도표(출처: Reprinted by permission of ITT Corporation)

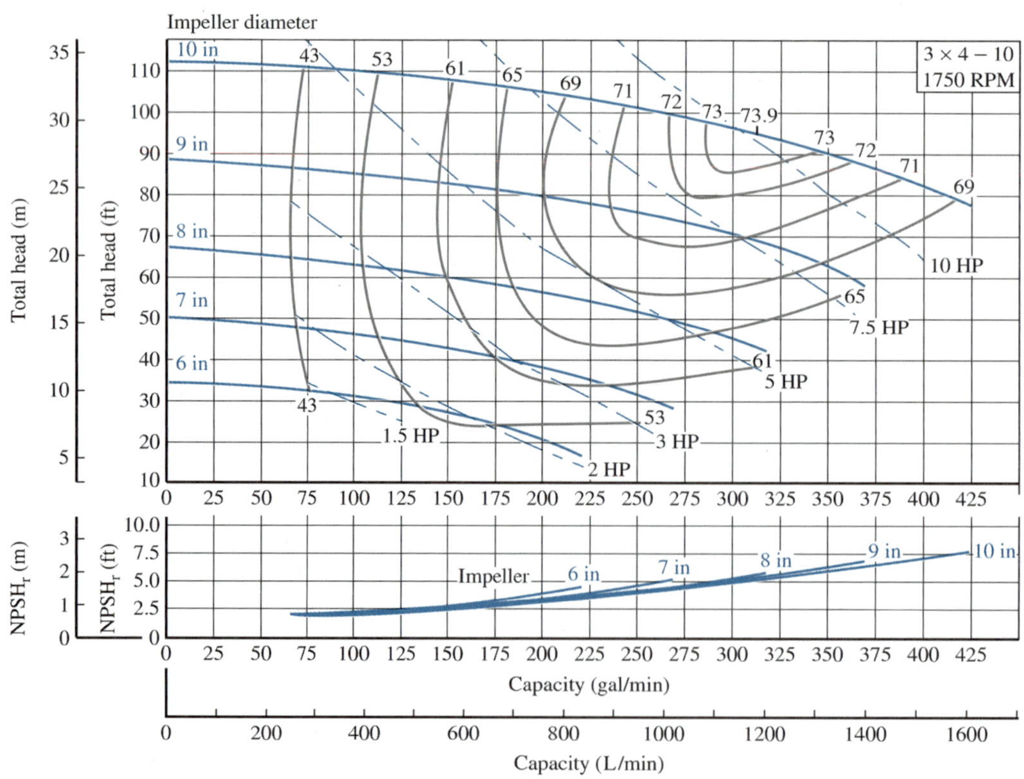

그림 13.30 3×4–10 원심 펌프가 1750 rpm일 때 종합 성능 도표(출처: Reprinted by permission of ITT Corporation)

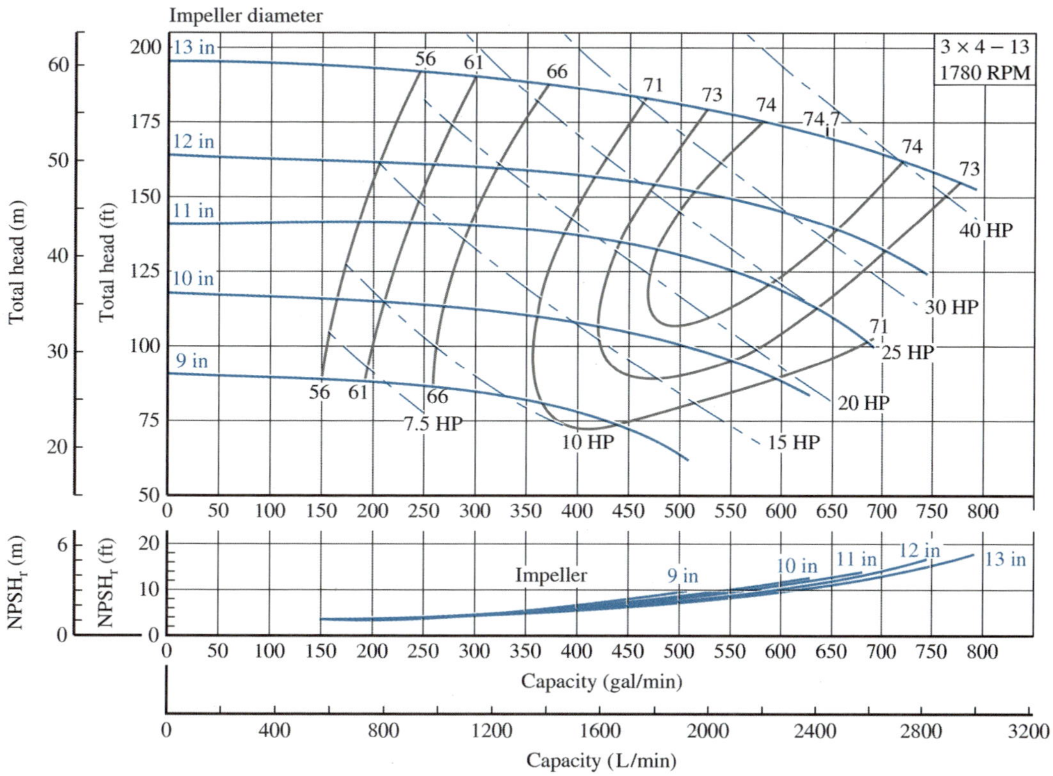

그림 13.31 3×4–13 원심 펌프가 1780 rpm일 때 종합 성능 도표(출처: Reprinted by permission of ITT Corporation)

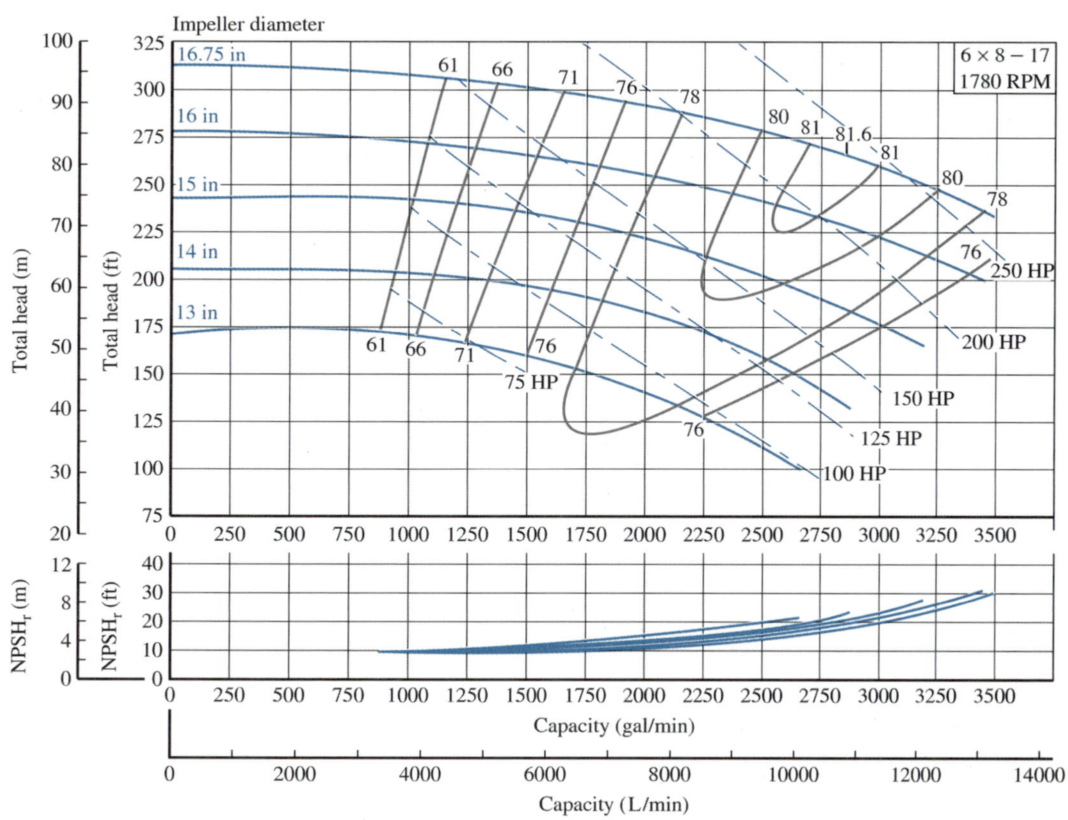

그림 13.32 6×8–17 원심 펌프가 1780 rpm일 때 종합 성능 도표(출처: Reprinted by permission of ITT Corporation)

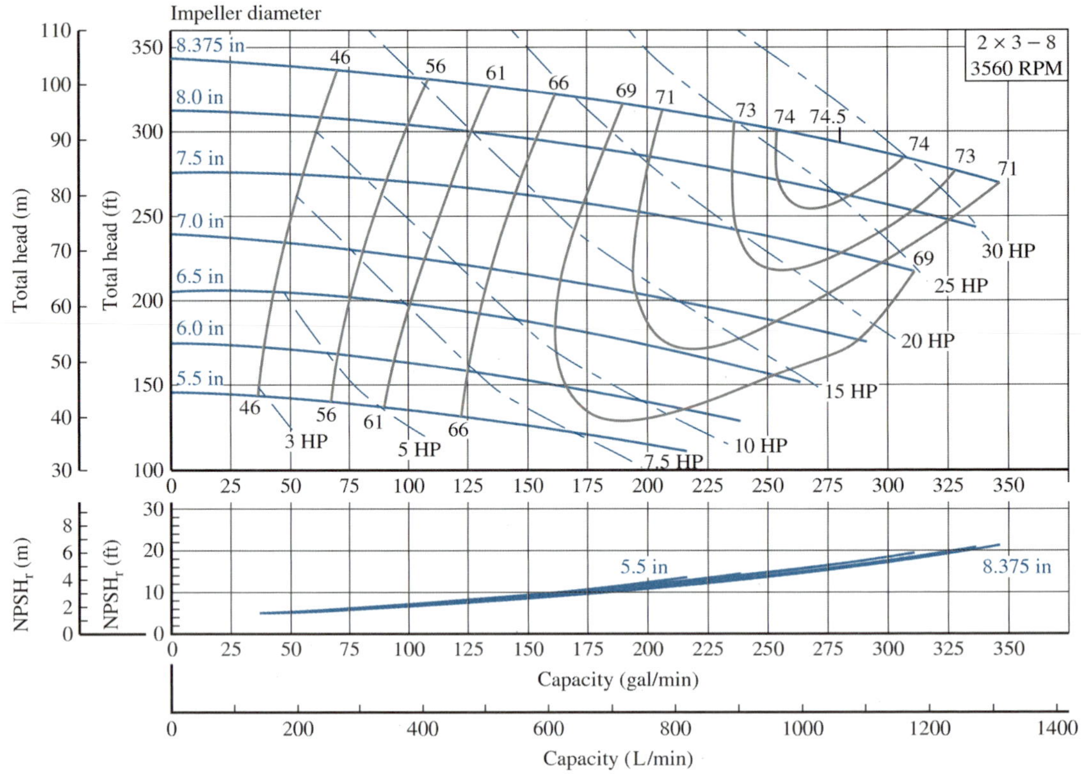

그림 13.33 2×3–8 원심 펌프가 3560 rpm일 때 종합 성능 도표(출처: Reprinted by permission of ITT Corporation)

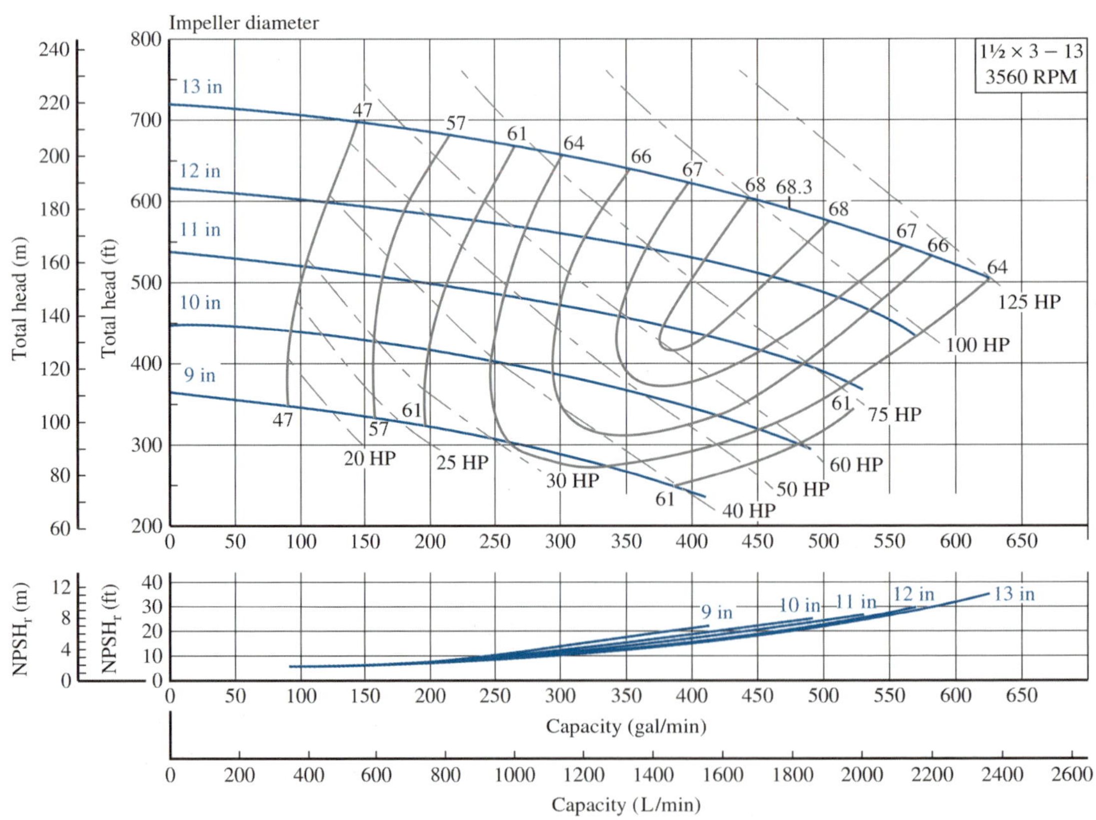

그림 13.34 $1\frac{1}{2}$×3–13 원심 펌프가 3560 rpm일 때 종합 성능 도표(출처: Reprinted by permission of ITT Corporation)

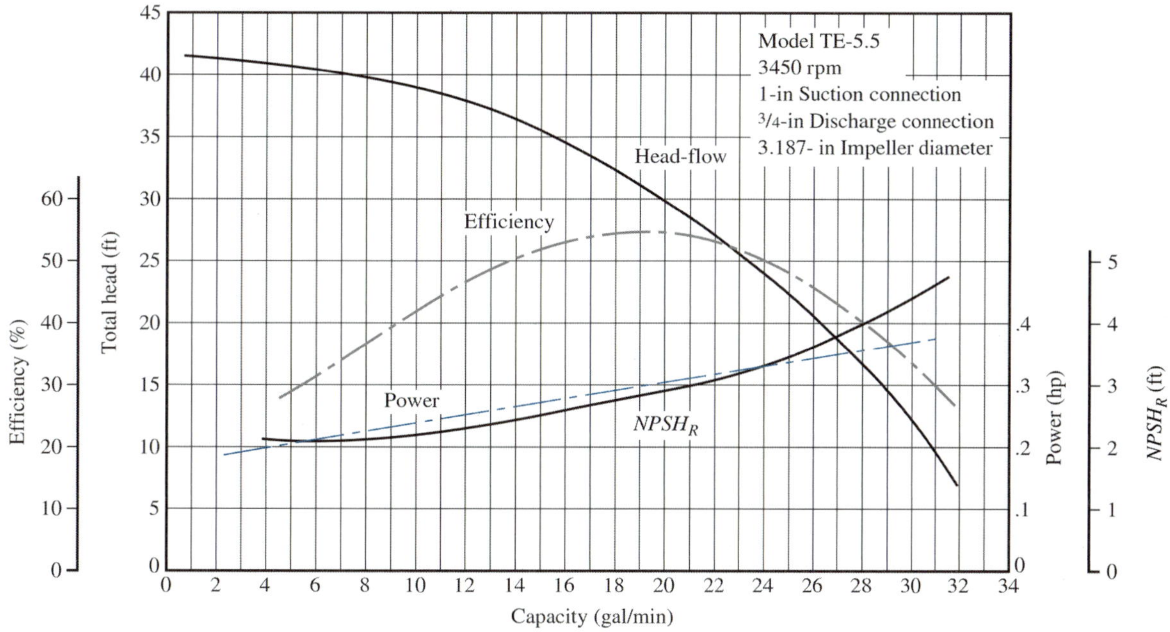

그림 13.35 Model TE-5.5 원심 펌프(출처: Reprinted by permission of March Manufacturing, Inc., Glenview, IL)

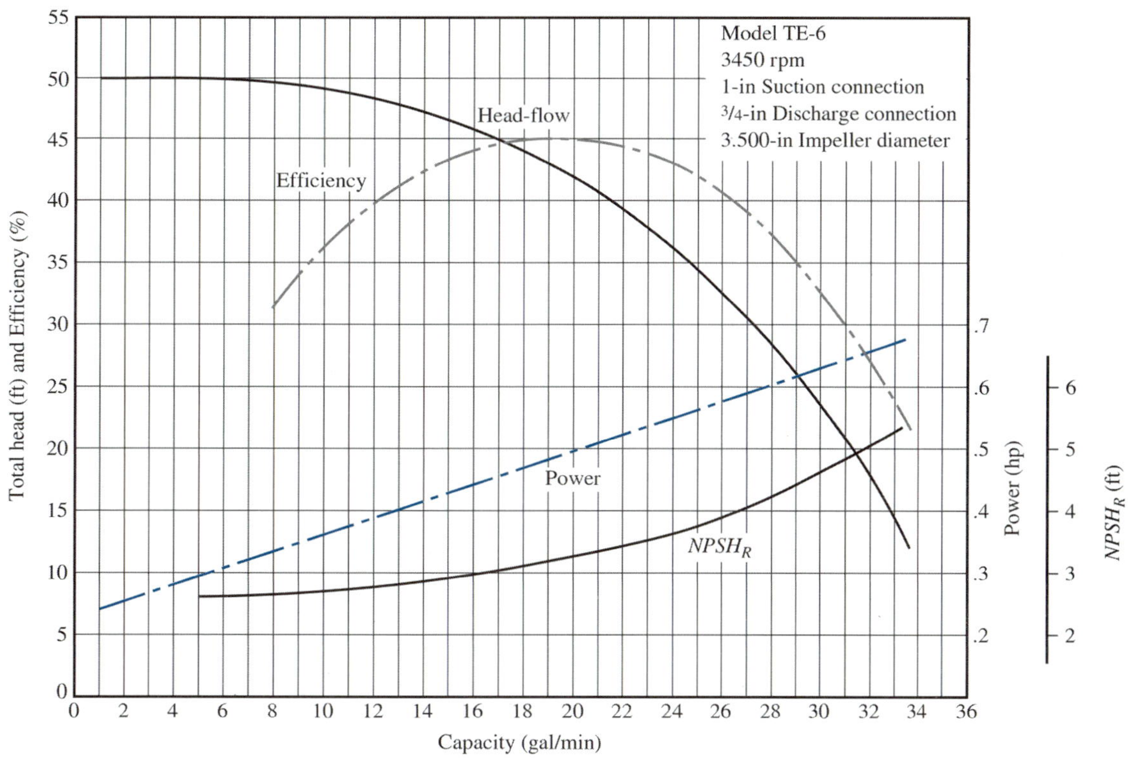

그림 13.36 Model TE-6 원심 펌프(출처: Reprinted by permission of March Manufacturing, Inc., Glenview, IL)

13.9 유효 흡입 수두

앞 절에서 기술된 원심 펌프 성능의 여러 측면들은 유효 흡입 수두(NPSH)의 중요성을 강조한다. 이 절에서 그 개념이 더 자세히 소개된다. 기본적으로 고려할 사항들은 다음과 같다.

1. 펌프에 심각한 손상을 가할 수 있는 공동 현상(저압으로 인한 액체 기화 현상) 조건 방지
2. 공동 현상 발생 시 펌핑되는 유체의 증기압이 미치는 영향
3. NPSH에 영향을 미치는 배관 시스템 설계 고려 사항
4. 선정된 펌프의 $NPSH_R$ 조건 만족 여부

펌프에 이르는 파이프(흡입관), 펌프, 그리고 배출관의 모든 유동이 액체로 가득해야 한다. 이를 위해서는 펌프 흡입구에서의 유체 압력이 가장 중요한 요소이다. 흡입 파이프 시스템의 설계는 반드시 충분히 높은 압력을 제공함으로써 공동 현상이 일어나지 않도록 하고, 이로 인한 기포가 발생하는 것을 피해야 한다. 기포 발생의 경향은 유체 자체의 특성, 온도, 흡입구 압력 등에 연관된다. 이러한 요소들은 이 절에서 논의될 것이다.

13.9.1 공동 현상

펌프 입구에서 흡입 압력이 너무 낮으면 끓는 현상과 유사하게 액체 내에 기포가 발생한다. 기포 발생은 팬에 물을 넣고 온도를 올려가면서 관찰할 수 있다. 팬의 바닥 부분의 몇 지점에서 기포가 발생할 것이다. 계속 가열하면 기포가 더 많이 발생하며, 기포는 상승하여 표면에서 빠져나가 주변 공기로 확산한다. 결국 물은 지속적이고 신속한 기화로 완전 비등하게 된다.

기포 생성에 압력이 미치는 영향을 이해하기 위해, 먼저 끓이는 실험을 낮은 고도에서 수행해보자. 개방된 팬이면 압력 조건은 대기압과 같은 101 kPa(14.7 psi)이다. 이때 물의 비등점은 대략 100℃(212°F)이다. 그러나 고지대에서는 대기압이 현저하게 낮아지고, 비등점 또한 낮아진다. 예를 들어, 부록 표 E.3(대기의 성질)에 따르면 5000 ft(1524 m)에서 대기압이 12.2 psi(84.3 kPa)이다. 이는 "1마일 높이 도시(Mile-High City)"라 불리는 콜로라도 덴버의 고도에 해당하고, 이곳에서 물은 약 94℃(201°F)에서 끓는다.

이 간단한 실험을 펌프 흡입구 조건과 연관지어 보자. 펌프가 유체를 아래에서부터 끌어올리거나 흡입 파이프에 과도한 에너지 손실이 있는 경우에 펌핑되는 유체에 기포가 발생할 정도로 압력이 낮을 수 있다. 이제 유체가 펌프를 통과할 때의 현상을 고려해보자. 그림 13.11의 방사형 원심 펌프를 다시 보자.

유체는 임펠러의 중앙에 위치한 흡입 포트를 통해 펌프로 유입된다. 이곳이 압력이 가장 낮은 지점이다. 임펠러의 회전은 유체를 베인을 따라 케이스 바깥쪽으로 가속시키고 이를 볼류트라고 한다. 이 과정에서 유체의 압력은 계속 올라간다. 흡입구에서 과하게 낮은 압력으로 인해 기포가 발생했다면, 이들은 고압 영역에서 붕괴하게 된다. 붕괴하는 기포는 큰 에너지를 방출하고, 이는 임펠러 베인에 충격을 가해 표면을 빠르게 침식시킨다.

공동 현상이 발생하면, 체적 유량이 감소하며 펌프의 성능은 심각하게 저하된다. 펌프는 진동하고, 마치 액체에 자갈이 함께 흐르는 듯한 시끄러운 소리를 낸다. 이 현상이 지속되면, 펌프는 짧은 시간 안에 손상된다. 펌프를 신속하게 끄고, 공동 현상의 원인을 파악해서 다시 작동하기 전에 수정해야 한다. 13.10절과 13.13절에서 논의되듯이 작동 환경에서 공동 현상이 일어나지 않는지 반드시 확인해야 한다.

표 13.2 물의 증기압과 증기압 수두

Temperature °C	Vapor Pressure kPa (abs)	Specific Weight (kN/m³)	Vapor Pressure Head (m)
0	0.6105	9.806	0.06226
5	0.8722	9.807	0.08894
10	1.228	9.804	0.1253
20	2.338	9.789	0.2388
30	4.243	9.765	0.4345
40	7.376	9.731	0.7580
50	12.33	9.690	1.272
60	19.92	9.642	2.066
70	31.16	9.589	3.250
80	47.34	9.530	4.967
90	70.10	9.467	7.405
100	101.3	9.399	10.78

Temperature °F	Vapor Pressure (psia)	Specific Weight (lb/ft³)	Vapor Pressure Head (ft)
32	0.08854	62.42	0.2043
40	0.1217	62.43	0.2807
50	0.1781	62.41	0.4109
60	0.2563	62.37	0.5917
70	0.3631	62.30	0.8393
80	0.5069	62.22	1.173
90	0.6979	62.11	1.618
100	0.9493	62.00	2.205
120	1.692	61.71	3.948
140	2.888	61.38	6.775
160	4.736	61.00	11.18
180	7.507	61.58	17.55
200	11.52	60.12	27.59
212	14.69	59.83	35.36

13.9.2 증기압

증기압 p_{vp}는 어떤 조건에서 기포가 생성하는지를 알려주는 유체 특성이다. 이는 보통 kPa(abs) 또는 psia 단위의 절대 압력으로 보고된다. 물질이 기포와 액체상태로 평형상태에서 동시에 존재할 때, 열에너지에 의한 기포 생성과 분자 간의 인력에 의한 기포에서 액체로의 응축 현상이 균형을 이룬다. 이 조건에서 액체의 압력을 증기압이라고 정의한다. 증기압이 상대적으로 높아서 대기압 조건에서 신속하게 증발하는 경우 액체는 휘발성을 갖는다고 한다. 다음은 여섯 가지의 흔한 액체를 휘발성이 큰 순서로 나열한 것이다: 물, 사염화탄소, 아세톤, 휘발유, 암모니아, 프로판. 다른 종류의 유체들에 대하여 증기압을 측정하기 위해, ASTM International은 여러 표준을 정립한 바 있다. 다음의 유효 흡입 수두에 관한 논의에서 증기압 p_{vp}보다는 증기압 수두 h_{vp}를 이용하는 것이 적절하다. 여기에서 $h_{vp}=p_{vp}/\gamma$이고 이는 m이나 ft 단위의 액체의 증기압 수두이다. 이는 임의의 온도에서 증기압을 그 온도에서 액체의 비중량으로 나눔으로써 구해진다.

온도가 증가하면 모든 액체의 증기압 수두는 빠르게 증가한다. 표 13.2는 물의 증기압과 증기압 수두를 보여준다. 그림 13.37은 네 가지 유체(물, 사염화탄소, 휘발유, 프로판)에 대하여 증기압 수두와 온도의 관계 곡선을 SI 단위와 미국관습단위로 나타낸 것이다. 이보다 높은 온도에서 이 유체들을 펌핑할 경우 NPSH를 신중히 고려해야 한다.

13.9.3 NPSH

펌프 제작사들은 공동 현상을 피하는 데 지켜야 할 흡입 압력을 결정하기 위해 각각의 펌프 설계안을 시험한다. 그 결과가 작동 조건(체적 유량과 펌프 총 수두)에 따른 필요 유효 흡입 수두($NPSH_R$)이다. 펌프 시스템 설계자는 반드시 가용 유효 수두(available net positive suction head, $NPSH_A$)가 필요 유효 수두($NPSH_R$)보다 훨씬 큰 것을 확인해야 한다.

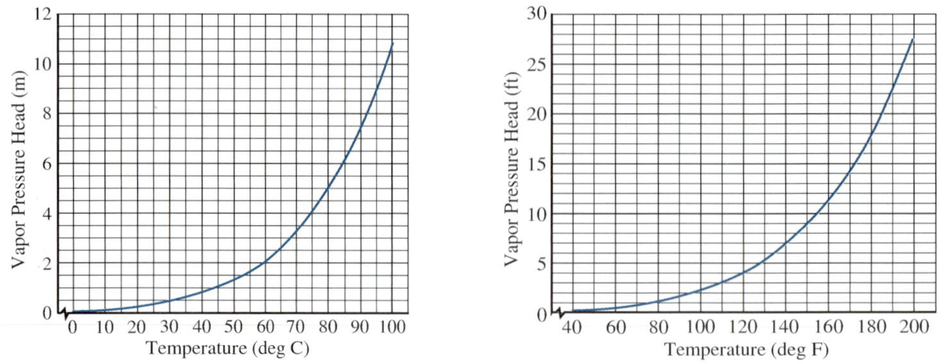

(a) Water

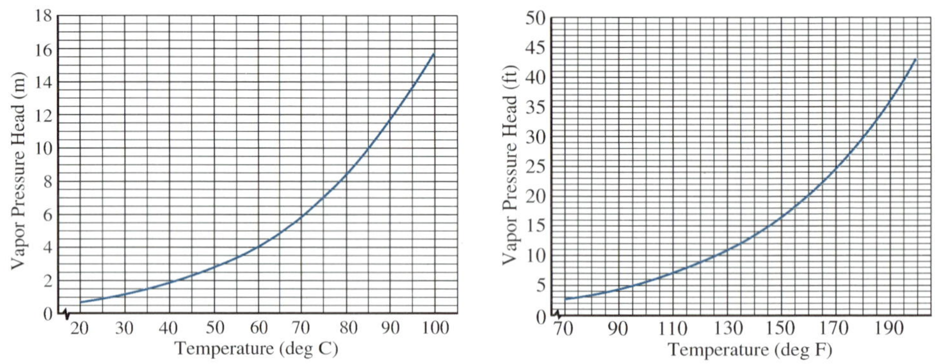

(b) Carbon Tetrachloride

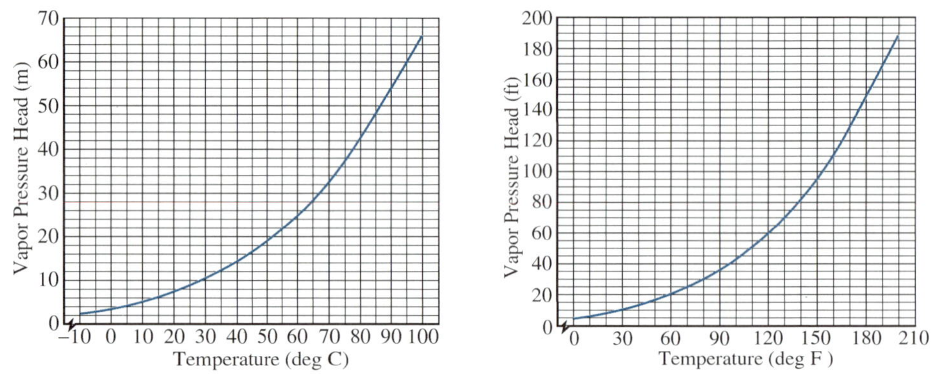

(c) Gasoline*

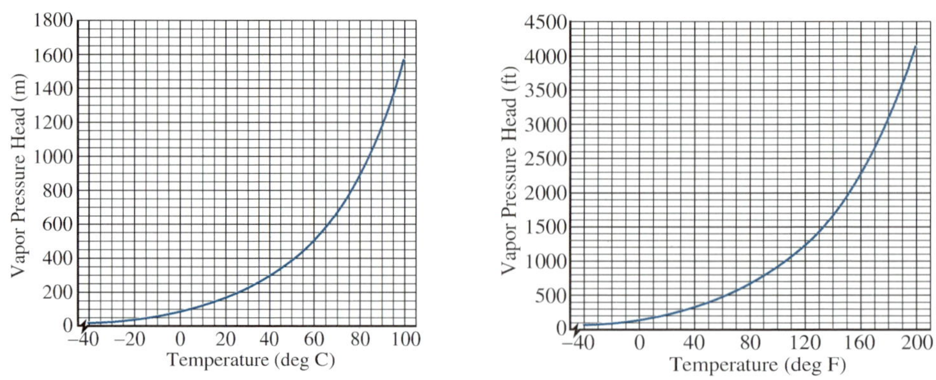

(d) Propane

그림 13.37 4가지 유체에 대한 증기압 수두와 온도의 관계. 휘발유는 조성이 다양하고 이에 따라 기후나 고도에 따른 휘발성이 다양하므로 근사치이다.

$NPSH_R$에 대한 $NPSH_A$의 최소 10% 여유 표준은 ANSI(American National Standards Institute)와 HI(Hydraulic Institute)가 함께 설정했다. NPSH 여유값 M은 다음과 같이 정의할 수 있다.

▶ NPSH 여유값

$$M = \text{NPSH}_\text{A} - \text{NPSH}_\text{R} \tag{13-11}$$

여유값은 100%까지 높일 수 있는데, 이는 홍수 조절, 송유관, 전력과 같은 아주 중요한 시스템에 사용된다. 일부 설계자들은 대형 펌핑 시스템에서 5.0 ft의 여유분을 요구한다(참고: ANSI/HI 9.6.1, Standard for Centrifugal and Vertical Pumps for NPSH Margin).

이 책의 설계 문제들에 대해서는 다음과 같이 최소 10% 여유분을 적용해야 한다.

$$\text{NPSH}_\text{A} > 1.10\,\text{NPSH}_\text{R} \tag{13-12}$$

$NPSH_A$ 계산 $NPSH_A$값은 펌핑되는 유체의 증기압, 흡입 파이프에서 에너지 손실, 유체 저수조의 높이, 저수조에서 유체에 가해지는 압력 등에 의해 결정된다.

▶ NPSH 구하기

$$\text{NPSH}_\text{A} = h_{sp} \pm h_s - h_f - h_{vp} \tag{13-13}$$

각 항들은 그림 13.38에 나타나 있고, 다음과 같이 정의된다. 그림 13.38(a)는 펌프보다 높은 곳에 설치된 가압 저수조의 경우를 포함한다. 그림 (b)는 펌프 아래에 있는 개방된 저수조에서 물을 끌어올리는 경우를 보여준다.

p_{sp} = 저수조 유체 위 정압(절대 압력)

h_{sp} = 저수조 유체 위 정압 수두(절대 압력); $h_{sp} = p_{sp}/\gamma$ (액체의 m 또는 ft의 길이 단위로 표시)

h_s = 저수조 표면과 펌프 흡입관의 중앙선의 높이 차이(m 또는 ft의 길이 단위로 표시)

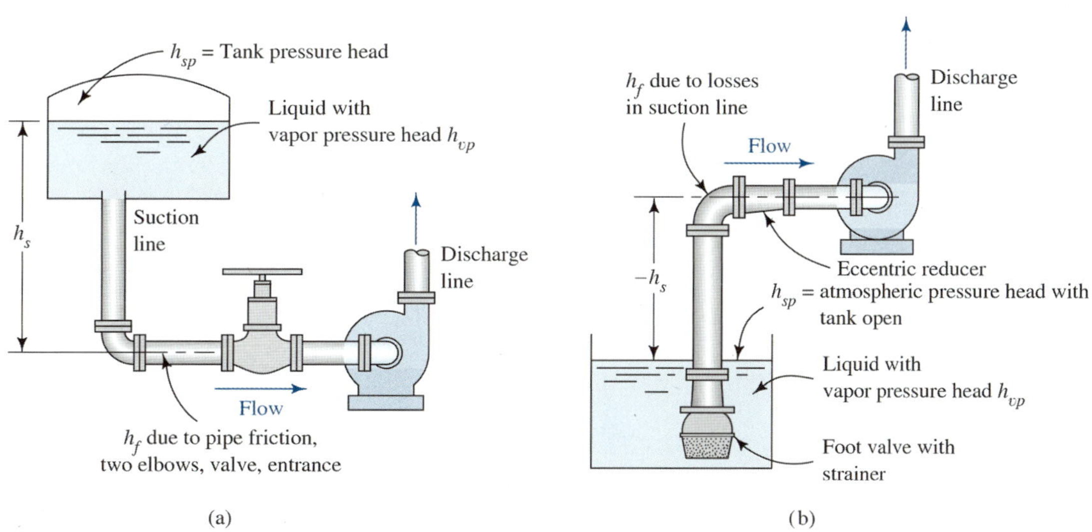

그림 13.38 펌프 흡입관 세부 사항과 NPSH 계산을 위한 용어 정의

펌프가 저수조 아래에 있으면 h_s는 양수[그림 13.38(a)]

펌프가 저수조 위에 있으면 h_s는 음수[그림 13.38(b)]

h_f =흡입 파이프에서의 마찰 손실이나 부손실로 인해 발생하는 수두 손실(m 또는 ft의 길이 단위로 표시)

p_{vp} =펌핑 온도에서 액체의 증기압(절대 압력)

h_{vp} =펌핑 온도에서 액체의 증기압 수두; $h_{vp} = p_{vp}/\gamma$ (m 또는 ft의 길이 단위로 표시)

식 (13−13)에서 시스템의 속도 수두 관련 항은 포함하지 않음에 유의하자. 파이프에 비하여 저수조는 훨씬 크므로, 저수조에서의 유체 속도는 0에 가깝다고 가정한다. 흡입 파이프에서의 속도 수두는 식 유도 과정에서는 포함되지만, 상쇄되어 최종식에는 나타나지 않는다.

펌프 속도의 $NPSH_R$에 대한 효과 펌프 카탈로그에 있는 $NPSH_R$자료는 물에 대한 값이고, 나열된 작동 속도에만 적용된다. 펌프가 다른 속도에서 작동하는 경우에 $NPSH_R$은 다음과 같이 계산할 수 있다.

$$(NPSH_R)_2 = \left(\frac{N_2}{N_1}\right)^2 (NPSH_R)_1 \tag{13-14}$$

여기에서, 첨자 1은 카탈로그 자료값이고, 첨자 2는 새로운 작동 속도에서의 조건이다. N은 펌프 속도 rpm이다. 이는 가변 속도 펌프가 구동할 때 매우 중요한 식이다.

예제 13.3 그림 13.38(a)에 보여진 시스템에 대한 $NPSH_A$를 구하시오. 유체 저수조는 폐쇄형 탱크이고 수면 압력은 −20 kPa이고 온도는 70℃이다. 대기압은 100.5 kPa이고 탱크 내 수위는 펌프 입구보다 2.5 m 높다. 파이프는 DN 40 Schedule 40 강 파이프이고 총 길이는 12.0 m이다. 엘보는 표준 형식이고, 밸브는 완전히 열린 글로브 밸브이다. 유량은 95L/min이다. 또한, 이 시스템의 펌프에 대한 최대 허용 $NPSH_R$을 구하시오.

해설 식 (13−13)을 이용하여, 먼저 h_{sp}를 구한다.

절대 압력=대기압+탱크 상대 압력

$$p_{abs} = 100.5\ \text{kPa} - 20\ \text{kPa} = 80.5\ \text{kPa}$$

여기에서

$$h_{sp} = p_{abs}/\gamma$$

$$= \frac{80.5 \times 10^3\ \text{N/m}^2}{9.59 \times 10^3\ \text{N/m}^3} = 8.39\ \text{m}$$

탱크 높이를 고려하면

$$h_s = +2.5\ \text{m}$$

이다. 마찰 손실 h_f를 구하기 위해서 속도, Reynolds수, 마찰계수를 구해야 한다.

$$v = \frac{Q}{A} = \frac{95\ \text{L/min}}{1.314 \times 10^{-3}\ \text{m}^2} \times \frac{1.0\ \text{m}^3/\text{s}}{60{,}000\ \text{L/min}} = 1.21\ \text{m/s}$$

$$N_R = \frac{vD}{\nu} = \frac{(1.21)(0.0409)}{4.11 \times 10^{-7}} = 1.20 \times 10^5\ (\text{turbulent})$$

$$\frac{D}{\varepsilon}=\frac{0.0409\ \mathrm{m}}{4.6\times10^{-5}\ \mathrm{m}}=889$$

그러므로 그림 8.7로부터 $f=0.0225$. 표 10.5로부터 $f_T=0.020$.

$$\underset{\text{(파이프)}}{h_f=f(L/D)(v^2/2g)}+\underset{\text{(엘보)}}{2f_T(30)(v^2/2g)}+\underset{\text{(밸브)}}{f_T(340)(v^2/2g)}+\underset{\text{(입구)}}{1.0(v^2/2g)}$$

속도 수두는 다음과 같다.

$$\frac{v^2}{2g}=\frac{(1.21\ \mathrm{m/s})^2}{2(9.81\ \mathrm{m/s^2})}=0.0746\ \mathrm{m}$$

그러므로 마찰 손실은 다음과 같다.

$$\begin{aligned}h_f&=(0.0225)(12/0.0409)(0.0746)+(0.020)(60)(0.0746)+(0.020)(340)(0.0746)+0.0746\\&=(0.0746\ \mathrm{m})[(0.0225)(12/0.0409)+(0.020)(60)+(0.020)(340)+1.0]\\&=1.16\ \mathrm{m}\end{aligned}$$

마지막으로 표 13.2에서 물의 증기압을 이용하면,

$$h_{vp}=3.25\ \mathrm{m}(70℃)$$

이다. 이들을 조합하면

$$\mathrm{NPSH_A}=8.39\ \mathrm{m}+2.5\ \mathrm{m}-1.16\ \mathrm{m}-3.25\ \mathrm{m}=6.48\ \mathrm{m}$$

이다. 최대 허용 $\mathrm{NPSH_R}$은 식 (13−12)를 이용하여 다음과 같이 나타낼 수 있다.

$$\mathrm{NPSH_A}>1.10\ \mathrm{NPSH_R}$$

따라서 정리하면 다음과 같다.

$$\mathrm{NPSH_R}<\mathrm{NPSH_A}/1.10 \qquad (13-15)$$

$$\mathrm{NPSH_R}<6.48\ \mathrm{m}/1.10=5.89\ \mathrm{m}$$

이 결과는 NPSH값 5.89 m 이하를 만족하는 펌프는 사용 가능하다는 것을 알려준다.

13.10 흡입관 세부 사항

흡입관은 유체 공급원으로부터 펌프 입구까지의 모든 유동 시스템을 뜻한다. 흡입관을 설계할 때는 13.9절에서 논의한 바와 같이 충분한 유효 흡입 수두를 만족하기 위해 큰 주의를 기울여야 한다. 또한, 보조 장치를 설치할 때는 특별한 조건을 적용할 필요도 있다. 유동 조건을 모니터하고 공동 현상 발생 경향을 파악하기 위해, 펌프 주변의 흡입관에 압력계를 설치하는 것이 중요하다.

그림 13.38은 유체를 펌프에 공급하기 위한 두 가지 방법을 보여준다. 그림 13.38(a)는 펌프를 공급 저수원보다 낮게 설치함으로써 양수두를 얻는다. 이는 만족스러운 NPSH를 보장한다는 점에서 도움이 된다. 게다가 펌프가 시동 시에 언제나 물기둥으로 프라임되는 이점도 있다(마중물이 가득 찬다).

그림 13.38(b)는 펌프가 액체를 끌어올려야 하는 경우로, 흡입 리프트(suction lift) 조건이 발생한다. 대부분의 용적형 펌프는 8 m(26 ft) 정도의 유체를 끌어올릴 수 있다. 그러나 대부분의 원심 펌프는 흡입관에 유체를 채움으로써 인위적으로 프라임해주어야 한다. 이는 유체 공급원으로부터 유체가 흡입되도록, 시동 시에 액체를 보조적으로 공급하거나 또는 펌프 케이싱에서 진공을 빨아들이는 방식으로 수행할 수 있다. 펌프 가동이 되면 유동이 보존된다. 13.5.4절의 셀프프라이밍 원심 펌프를 참고하라.

유체가 아주 깨끗하지 않으면 펌프 흡입구나 흡입 파이프의 어느 지점에 여과기를 설치함으로써 펌프와 궁극적으로 유체가 전달되는 곳으로부터 쓸모 없는 잔해들을 제거해주어야 한다. 펌프까지 액체 기둥을 유지해주는 체크 밸브 역할의 흡입구 푸트 밸브(여과기가 포함된 유형: 그림 10.21, 10.22)는 펌프로의 자유 유동을 도우며 펌프가 멈출 때는 닫힌다. 이는 시동될 때마다 프라임할 필요가 없게 해준다. 펌프 인근에서 밸브가 필요할 때는 열렸을 때 거의 저항이 없는 게이트 밸브가 선호된다. 에어포켓이 생기지 않도록, 밸브 스템은 수평으로 설치되어야 한다.

흡입관의 파이프 크기는 반드시 펌프 입구 연결보다 커야 하고, 유동 속도 및 마찰을 줄이기 위해서도 다소 커질 이유가 있다. 흡입관에서의 기포나 에어포켓은 펌프 유량을 줄이고 프라임을 잃게 하므로, 그 생성 가능성을 파이프 정렬을 통해 제거해야 한다. 긴 파이프는 위쪽으로 펌프를 향해야 한다. 수평 연결에서 엘보는 피해야 한다. 리듀서가 필요한 경우 그림 13.38(b)와 같은 편심형이어야 한다. 동심 리듀서의 경우 공급 파이프의 일부가 펌프 입구보다 위에 위치하게 되어 에어포켓이 생길 수 있다.

6장의 6.4절과 그림 6.3에서 주어진 체적 유량을 전달하기 위해 필요한 파이프의 크기 범위를 논의했다. 일반적으로 펌프 입구에 이르는 파이프에서의 에너지 손실을 최소화하기 위해서는 큰 크기의 파이프와 낮은 속도의 유동이 바람직하다. 그러나 실제 적용에서는 비용을 고려하여 작은 크기의 파이프와 이로 인한 높은 속도의 유동이 선택된다.

이처럼 실제 적용 시에는 파이프, 밸브, 접합부의 가격, 이러한 장치들을 적용할 수 있는 물리적 가용 공간, 펌프의 흡입 연결부에 흡입 파이프를 연결하는 일 등을 고려해야 한다. 파이프 시스템에 관한 추가 정보는 참고자료 3−7, 11−18을 참조한다. 특히 참고자료 15는 흡입관 설계의 세부 사항이 잘 논의되어 있다.

13.11 배출관 세부 사항

일반적으로 배출관은 펌프 수두를 최소화하기 위해 되도록이면 짧고 반듯해야 한다. 엘보는 가능하면 표준 또는 긴 반경을 가진 유형이어야 한다. 파이프 크기는 유동 속도나 마찰 손실을 고려하여 선정한다. 6장의 그림 6.3은 주어진 체적 유량을 전달하기 위한 파이프 크기 범위를 논의한다. 보통 에너지 손실을 최소화하기 위해 큰 파이프와 낮은 속도가 선호된다. 그러나 실제 적용 시에는 비용 문제로 작은 파이프에 높은 속도가 고려될 수 밖에 없다.

배출관은 수리 또는 펌프 교체를 위해 펌프 가까이에 밸브를 포함해야 한다. 이 밸브는 흡입관 밸브와 함께 사용되어 펌프를 차단시킨다. 작은 저항을 위해, 게이트 혹은 버터플라이 밸브가 선호된다. 수리 중에 유동이 제어되어야 하면 글로브 밸브가 선호된다. 이는 배출 시 부드러운 유동 조절을 가능하게 해준다. 결국 시스템 수두를 증가시키고, 펌프 유량을 감소시킨다.

그림 13.39와 같이 필요 시에 다른 장치가 배출관에 추가될 수 있다. 압력 릴리프 밸브는 유동이 막히거나 갑자기 밸브가 닫힐 때, 펌프 및 다른 장비를 보호해 준다. 체크 밸브는 차단 밸브와 펌프 사이에 위치하여 펌프가 작동하지 않을 때 펌프로의 역류를 막는다. 펌프 배출 포트에 확대기가 이용될 때

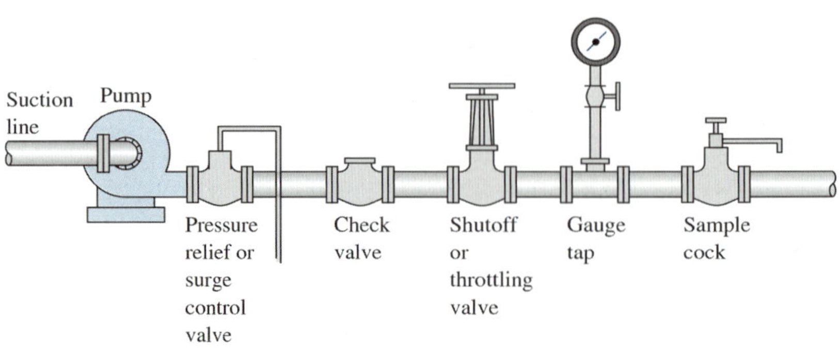

그림 13.39 배출관 세부 사항

펌프와 체크 밸브 사이에 설치되어야 한다. 측정을 위해 차단 밸브가 설치된 탭이 배출관에 설치되어야 한다. 이는 흡입관의 압력계와 함께 작업자가 펌프의 총 수두를 계산하고 이를 설계 조건과 비교할 수 있도록 돕는다. 작업을 방해하지 않으며 유동을 테스트하기 위해 콕을 이용하여 소량의 유체를 끌어내기도 한다. 그림 13.1과 7장의 그림 7.1은 실제 설치를 보여준다.

많은 산업 파이프에서 제조와 관련된 다른 공정 장치가 시스템의 배출관에 설치된다. 예를 들어, 열교환기, 필터, 여과기, 유체 동력 작동기, 스프레이 헤드, 기계 윤활 시스템 등이 있다. 이러한 장치들은 시스템에 추가적인 저항이 된다. 더욱이 작업 공정의 요구가 변화하고 공급원이나 목적지 수조의 수위가 변하고 펌핑되는 제품의 특성이 변함에 따라 시스템의 유량 요구량도 계속적으로 변하게 된다. 석유, 가스, 화학, 식품 가공, 기계 윤활 시스템 등에서 압력, 유량, 유체 온도, 점도 등은 연속적으로 모니터링되고 조정된다. 결과적으로 대부분의 이러한 시스템은 시스템의 요구가 변함에 따라 유동을 조정하는 유동 제어 밸브를 필요로 한다. 제어 밸브는 탱크 수위, 압력, 온도 등의 작업에 필요한 측정을 모니터하기 위해 시스템에 설치한 센서나 작동자의 입력값에 반응하는 밸브 작동기에 의해 자동으로 제어될 수 있고, 수동으로 작동될 수도 있다. 제어 밸브에 관한 자세한 논의는 13.15절에 제시된다.

13.12 시스템 저항 곡선

펌프의 작동점은 어느 시스템에 설치되어 특정 총 수두에 대하여 작동할 때 전달하는 체적 유량으로 결정한다. 보통의 파이프 시스템은 앞에서 논의된 몇 가지 요소들을 포함한다. 이들은 흡입 및 배출관 설계에 포함이 되고, 밸브, 엘보, 공정 요소, 직관 연결부 등이다. 펌프는 다음의 임무를 수행해야 한다.

1. 더 낮은 곳의 탱크 등의 공급원으로부터 더 높은 곳에 위치한 탱크나 목적지로 유체를 끌어 올리는 일
2. 공급원 유체의 압력을 목적지의 압력으로 높이는 일
3. 파이프 마찰, 밸브, 접합부 등의 저항을 극복하는 일
4. 13.11절에 소개되는 공정 요소들의 저항을 극복하는 일
5. 원하는 유량을 달성하기 위해 시스템 수두에 변화를 가하는 유동 제어 밸브의 작동 관련 에너지를 공급하는 일

첫 번째 두 아이템은 시스템의 정수두(static head, h_0)의 요소로, 이는 펌프가 유동이 시작될 때 저항을 극복하는 것과 관련된다. 정수두는 다음과 같이 정의된다.

▶ 총 정수두

$$h_0 = (p_2 - p_1)/\gamma + (z_2 - z_1) \tag{13-16}$$

펌프는 지정된 유량을 시스템에 공급하고 더 높은 수두에 대하여 작동해야 한다. 파이프, 밸브, 접합부, 시스템의 공정 요소 등을 통해 유동이 흐르기 시작할 때, 에너지 손실로 인하여 더 많은 수두가 발생한다. 에너지 손실은 파이프의 속도 수두($v^2/2g$)에 비례하므로, 체적 유량의 제곱에 따라 증가하게 된다. 따라서 그림 13.40의 시스템 저항 곡선(system resistance curve, SRC)의 변화는 2차 곡선의 패턴을 보인다.

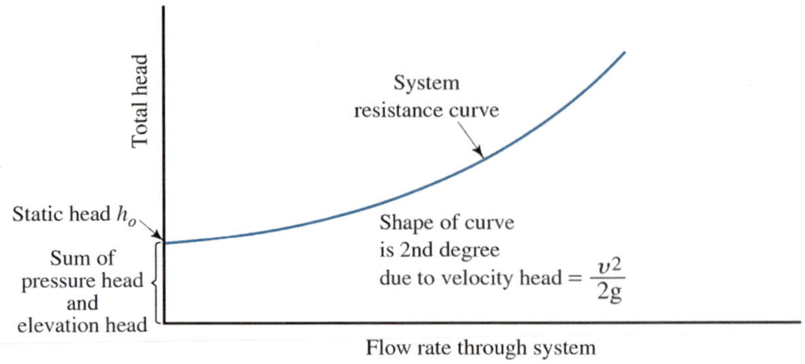

그림 13.40 펌핑 유체 유동의 시스템 저항 곡선의 일반적인 형태

그림 13.41에서 펌프는 유체를 통풍구가 있는 아래 탱크에서 더 높은 곳의 가압 탱크로 상승시켜야 한다. 이 경우의 시스템 곡선을 도출해보자. 일단, 제어 밸브 없이 정상 유동(steady flow) 조건에서 해석한다. 변하는 유량과 제어 밸브가 있는 시스템은 이후에 논의한다. 곡선을 위한 데이터는 예제 13.4에서 결정된다.

예제 13.4 그림 13.41은 통풍구가 있는 아래 저수조에서 60°F의 물을 225 gal/min의 유속과 35.0 psig의 압력으로 높은 곳의 탱크로 보내도록 설계된 펌프 시스템을 보여준다. 흡입관은 8.0 ft의 강철 파이프이고, 배출관은 360 ft의 파이프이다. 파이프 크기는 그림에 제시되어 있다. 이 적용 사례에서, 유량을 0에서 250 gal/min까지 50 gal/min 단위로 변화시키며 수두값을 계산하여 SRC를 구하시오.

해설 목표: 그림 13.41의 펌프 시스템에 대하여 SRC를 구한다.

조건: 유체−60°F의 물, $\gamma = 62.4\ \text{lb/ft}^3$, $\nu = 1.21 \times 10^{-5}\ \text{ft}^2/\text{s}$; $h_{vp} = 0.5917$ ft(부록 A.2, 표 13.2)

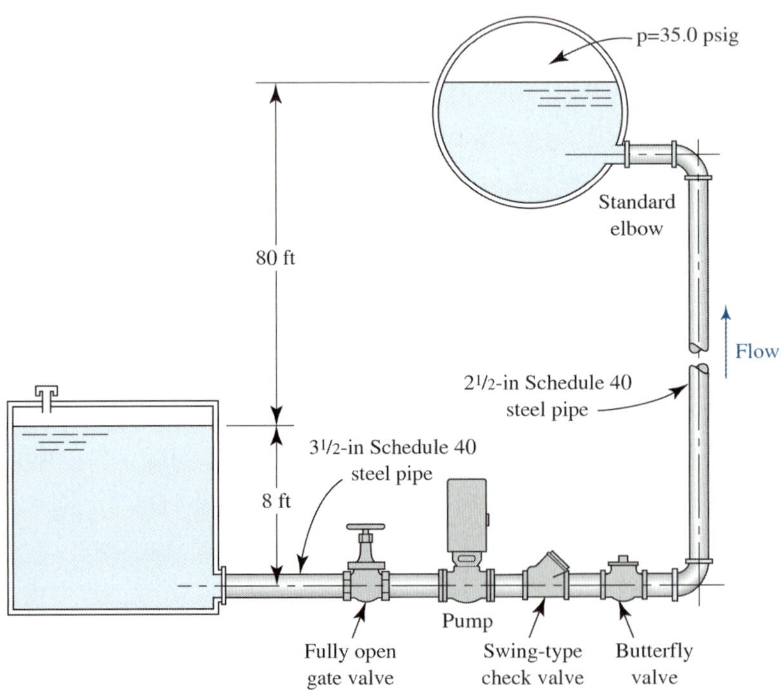

그림 13.41 예제 13.4의 시스템

APPLIED FLUID MECHANICS	CLASS I SERIES SYSTEMS
Objective: ***System Curve***	*Reference points for the energy equation:*
Example Problem 13.4	Point 1: Surface of lower reservoir
Figure 13.41	Point 2: Surface of upper reservoir

System Data: **U.S. Customary Units**			
Volume flow rate: Q =	*0.5011 ft^3/s*	*Elevation at point 1 =*	*0 ft*
Pressure at point 1 =	*0 psig*	*Elevation at point 2 =*	*80 ft*
Pressure at point 2 =	*35 psig*	*If Ref. pt. is in pipe: Set v_1" = B20" OR Set v_2" = E20"*	
Velocity at point 1 =	*0.00 ft/s →*	Vel. head at point 1 =	*0.00 ft*
Velocity at point 2 =	*0.00 ft/s →*	Vel. head at point 2 =	*0.00 ft*

Fluid Properties:		May need to compute $\nu = \eta/\rho$	
Specific weight =	*62.40 lb/ft^3*	*Kinematic viscosity =*	*1.21E-05 ft^2/s*

Pipe 1: 3½-in Schedule 40 steel pipe		***Pipe 2: 2½-in Schedule 40 steel pipe***		
Diameter: D =	*0.2957 ft*	*Diameter: D =*	*0.2058 ft*	
Wall roughness: ϵ =	*1.50E-04 ft*	*Wall roughness: ϵ =*	*1.50E-04 ft*	
Length: L =	*8 ft*	*Length: L =*	*360 ft*	
Area: *A* =	0.06867 ft^2	Area: *A* =	0.03326 ft^2	[$A = \pi D^2/4$]
D/ϵ =	1971	*D/ϵ* =	1372	Rel. roughness
L/D =	27	*L/D* =	1749	
Flow velocity =	7.30 ft/s	Flow velocity =	15.06 ft/s	[$v = Q/A$]
Velocity head =	0.827 ft	Velocity head =	3.524 ft	[$v^2/2g$]
Reynolds No. =	1.78E+05	Reynolds No. =	2.56E+05	[$N_R = vD/\nu$]
Friction factor: *f* =	0.0192	Friction factor: *f* =	0.0197	Using Eq. 8–7

Energy Losses in Pipe 1:		Qty.	Total K		
Pipe: K_1 =	*0.519*	*1*	*0.519*	Energy loss h_{L1} =	0.43 ft
Entrance: K_2 =	*0.500*	*1*	*0.500*	Energy loss h_{L2} =	0.41 ft
Gate valve: K_3 =	*0.136*	*1*	*0.136*	Energy loss h_{L3} =	0.11 ft
Element 4: K_4 =	*0.000*	*1*	*0.000*	Energy loss h_{L4} =	0.00 ft
Element 5: K_5 =	*0.000*	*1*	*0.000*	Energy loss h_{L5} =	0.00 ft
Element 6: K_6 =	*0.000*	*1*	*0.000*	Energy loss h_{L6} =	0.00 ft
Element 7: K_7 =	*0.000*	*1*	*0.000*	Energy loss h_{L7} =	0.00 ft
Element 8: K_8 =	*0.000*	*1*	*0.000*	Energy loss h_{L8} =	0.00 ft
Energy Losses in Pipe 2:		Qty.	Total K		
Pipe: K_1 =	34.488	1	34.488	Energy loss h_{L1} =	121.53 ft
Check valve: K_2 =	*1.800*	*1*	*1.800*	Energy loss h_{L2} =	6.34 ft
Butterfly valve: K_3 =	*0.810*	*1*	*0.810*	Energy loss h_{L3} =	2.85 ft
Standard elbow: K_4 =	*0.540*	*2*	*1.080*	Energy loss h_{L4} =	3.81 ft
Exit loss: K_5 =	*1.000*	*1*	*1.000*	Energy loss h_{L5} =	3.52 ft
Element 6: K_6 =	*0.000*	*1*	*0.000*	Energy loss h_{L6} =	0.00 ft
Element 7: K_7 =	*0.000*	*1*	*0.000*	Energy loss h_{L7} =	0.00 ft
Element 8: K_8 =	*0.000*	*1*	*0.000*	Energy loss h_{L8} =	0.00 ft
				Total energy loss h_{Ltot} =	139.01 ft
			Results:	Total head on pump: h_A =	299.8 ft

그림 13.42 표에 의한 펌프의 총 수두 계산(예제 13.4의 작동점)

유량 범위: $Q=0$에서 250 gal/min까지 50 gal/min씩 증가

에너지식의 두 기준점을 아래 저수조의 표면과 위 탱크의 표면으로 잡는다.

공급원: 아래 저수조; $p_1=0$ psig, 펌프 입구 대비 높이=8.0 ft

목적지: 위 저수조; $p_2=35$ psig, 펌프 입구 대비 높이=88 ft

흡입 파이프는 $3\frac{1}{2}$ in Schedule 40 강철 파이프, D=0.2957 ft, A=0.06868 ft^2, L=8.0 ft

배출 파이프는 $2\frac{1}{2}$ in Schedule 40 강철 파이프, D=0.2058 ft, A=0.03326 ft^2, L=360 ft

1단계 그림 13.41은 구성도를 보여준다.

2단계 정수두에 대하여 $z_2-z_1=88.0\ \text{ft}-8.0\ \text{ft}=80.0$ ft; $p_2=35.0$ psig; $p_1=0$

결국

표 13.3 시스템 저항 곡선(SRC)의 데이터 포인트

Q (gal/min)	Q (cfs)	h_a (ft)
0	0	160.8
50	0.111	168.6
100	0.223	189.9
150	0.334	224.1
200	0.445	271.3
225	0.501	299.8 (Design point)
250	0.557	331.4

$$\frac{P_2}{\gamma} = \frac{35.0\ \text{lb}}{\text{in}^2} \times \frac{\text{ft}^3}{62.4\ \text{lb}} \times \frac{144\ \text{in}^2}{\text{ft}^2} = 80.77\ \text{ft}$$

총 정수두 $h_0 = (p_2 - p_1)/\gamma + (z_2 - z_1) = 80.77\ \text{ft} + 80\ \text{ft} = 160.77\ \text{ft}$

3단계 각 유량에 대하여 총 수두를 계산하기 위해서는, 11장에서 논의한 그림 13.42와 같은 표를 이용하여 계산하는 것이 편리하다. 그림의 자료값은 설계 유량인 225 gal/min에서의 총 동압 수두 h_a에 대한 값이다.

$$h_a = (z_2 - z_1) + p_2/\gamma + h_L = 80.0\ \text{ft} + 80.8\ \text{ft} + 139.0\ \text{ft} = 299.8\ \text{ft}$$

4단계 유량을 0에서 250 gal/min으로 50 gal/min씩 증가시키며(0에서 0.111 ft^3/s씩 0.557 ft^3/s으로 증가시키며), 표를 이용하여 계산한 결과가 표 13.3에 나와 있고 이들이 SRC의 각 점에 해당한다.

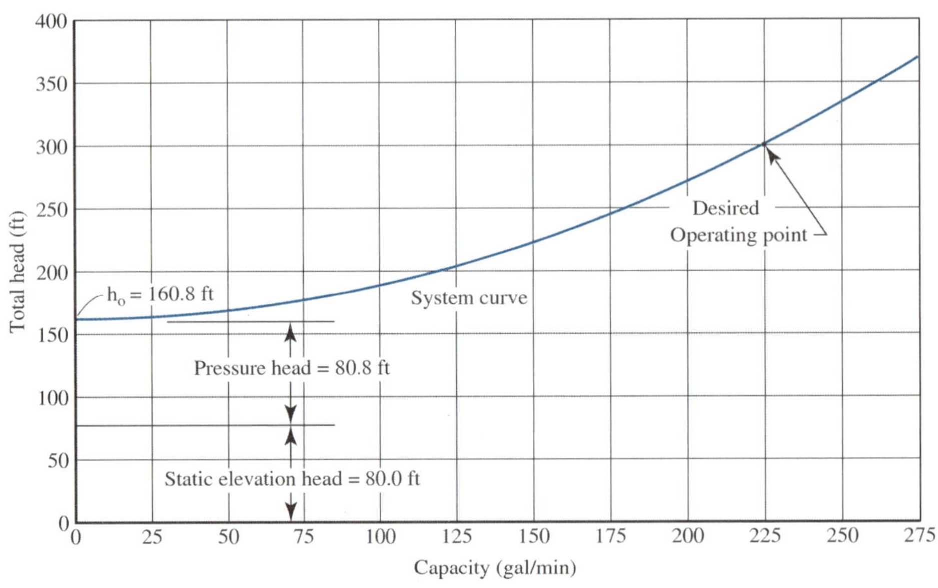

그림 13.43 예제 13.4의 시스템 곡선. 시스템은 그림 13.41에 보여짐

5단계 그림 13.43은 이에 해당하는 SRC를 보여준다.

유량 0에 해당하는 좌축의 정수두값 160.77 ft, 2차 곡선 형태, 설계 유량 225 gal/min에서의 총 수두 299.8 ft에 유의하라.

13.13 펌프의 선택과 시스템의 작동점

펌프를 지정하는 데 필요한 기본 정보로는 설계 유량과 이에 따른 총 수두가 있다. 이를 알기 위해서 펌프가 작동할 시스템을 먼저 설계한 뒤, 앞 절에서 소개하고 예제 13.4에서 설명한 방법을 이용하여 SRC를 결정한다. 다음 예제는 그림 13.41의 시스템의 설계를 확장하여 펌프를 선정하는 과정을 포함하고, 선정된 펌프에 대한 작동 매개변수들을 정하는 것이다.

여기에서 소개되는 다른 개념은 예제 13.4에서 분석된 시스템에서 사용될 펌프의 작동점을 결정하는 것이다. 작동점을 찾기 위해서는 수두-유량의 펌프 성능 곡선을 SRC에 겹쳐 볼 수 있다. 두 곡선의 교차점이 작동점이 된다. 그림 13.44는 작동점을 찾는 일반적인 예이다. 다음은 적합한 펌프를 찾는 과정이다.

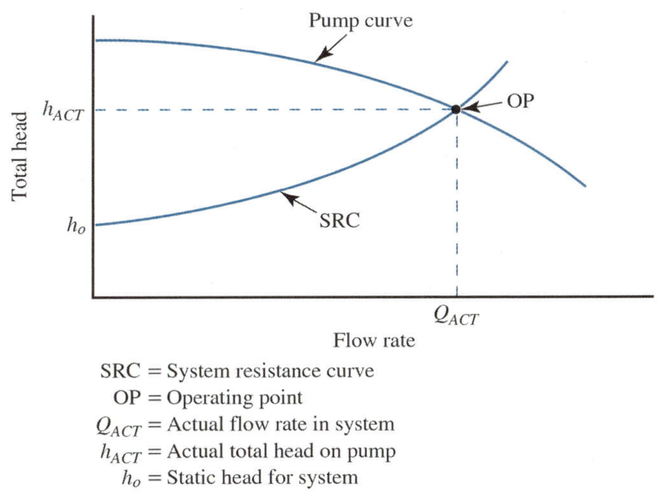

그림 13.44 유체 유동 시스템에서 펌프의 작동점을 찾는 일반적인 예

펌프 선정을 위한 가이드라인

원하는 유량, 기대되는 펌프 총 수두와 함께 원하는 시스템에서의 작동점이 주어진 경우

1. 설계점에서 효율이 높고, 작동점이 BEP(best efficiency point) 인근인 펌프를 찾는다.
2. ANSI와 HI가 함께 정한 표준에 의하면, 원심 펌프의 POR(preferred operating region)은 BEP의 70-120%이다(ANSI/HI 9.6.3-2012, Standard for Centrifugal and Vertical Pumps for Allowable Operating Region).
3. 선정된 펌프에 대하여 모델명, 속도, 임펠러 크기, 흡입 포트 및 배출 포트의 크기를 지정한다.
4. 실제 작동점에서 필요 동력, 실제 전달 유량, 효율, $NPSH_R$을 결정한다. 또한, 설치 시 호환성을 파악하기 위해 펌프의 유형, 장착 요구사항, 흡입-배출관의 유형 및 크기를 점검한다.
5. 식 (13-13)을 이용하여 시스템의 $NPSH_A$를 계산한다.
6. 모든 예상되는 작동 조건에 대하여 $NPSH_A > 1.10 NPSH_R$임을 확인한다.
7. 필요 시에 펌프와 연결 파이프의 크기가 다르면 연결 방법을 제공한다. 면적 변화가 작은 리듀서나 익스팬더를 사용하여 시스템의 추가적인 에너지 손실을 최소화한다(그림 7.1, 13.38, 13.39).

예제 13.5 그림 13.41의 펌프 및 유동 시스템에서 예제 13.4와 같이 60°F의 물을 최소 225 gal/min의 유량 299.8 ft의 총 수두로 전달하는 적절한 펌프를 선택하시오. 그리고 이 시스템에서 펌프의 작동점을 정하시오. 이 작동점에서의 효율, 펌프 구동 동력, $NPSH_R$을 정하시오. $NPSH_A$를 정하기 위해 시스템의 흡입관 부분을 분석하고, 선택된 펌프에 적절한지 확인하시오. 선정된 펌프를 장착하기 위해 파이프 시스템의 조정사항들을 제시하시오.

해설 예제 13.4로부터 225 gal/min의 유량 299.8 ft의 총 수두로 전달하는 펌프를 선택해야 한다.

1단계 그림 13.28은 3500 rpm에서 작동하는 2×3−10 원심 펌프에 대한 성능 곡선을 보여준다. 희망하는 작동점은 임펠러 크기 8 in와 9 in 곡선 사이에 위치한다. 최소 유량 225 gal/min보다 약간 큰 용량을 보이는 9 in 임펠러를 선택한다. 작동점 인근에서 다음 자료값을 찾는다.

- 펌프 효율은 약 58%로 이 펌프의 BEP 근처 값이다.
- 흡입 포트는 3 in이고 배출 포트는 2 in이다.

2단계 그림 13.45는 예제 13.4의 결과인 그림 13.43의 SRC에 선정된 펌프의 곡선을 추가로 보여준다. 펌프 곡선과 SRC 곡선의 교차점이 이 시스템에서의 펌프의 작동점에 해당한다.

3단계 그림 13.45에서 작동점은

$$\text{유량 } Q = 229 \text{ gal/min}$$
$$\text{총 수두 } h_a = 303 \text{ ft}$$
$$\text{입력 동력 } P = 30.0 \text{ hp}$$
$$NPSH_R = 8.8 \text{ ft}$$

4단계 이제 다음 식을 이용하여, 시스템의 펌프 흡입 포트에서의 $NPSH_A$를 계산할 수 있다.

$$NPSH_A = h_{sp} \pm h_s - h_f - h_{vp}$$

저수원 물 위의 압력은 $p_{sp} = 14.7$ psia(대기압)이라고 가정하자. 그러면

$$h_{sp} = \frac{p_{sp}}{\gamma} = \frac{14.7 \text{ lb}}{\text{in}^2}\frac{144 \text{ in}^2}{\text{ft}^2}\frac{\text{ft}^3}{62.4 \text{ lb}} = 33.9 \text{ ft}$$

$h_s = +8.0$ ft(펌프가 저수원 수위 아래에 있으므로 양수)

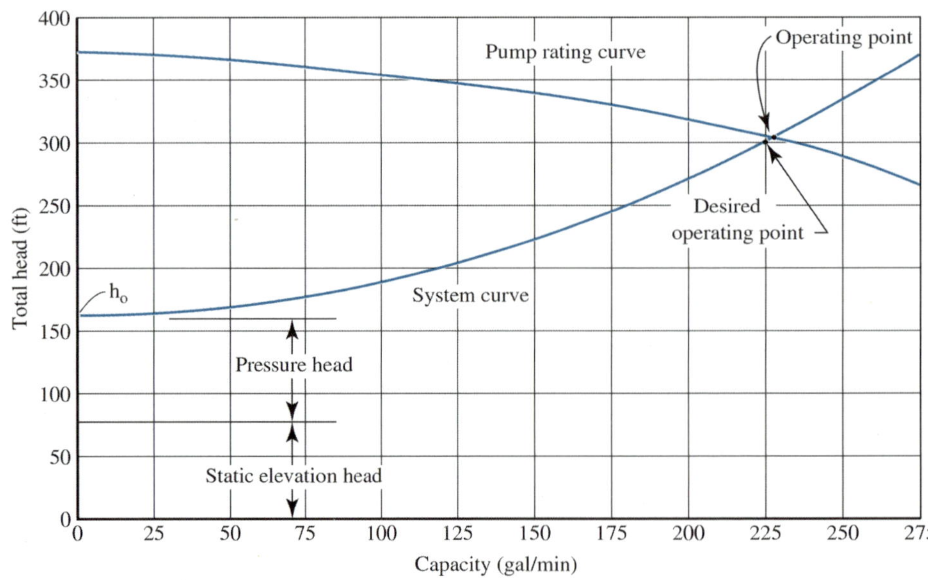

그림 13.45 예제 13.5의 작동점

h_f = 흡입관에서 총 에너지 손실 = 입구 손실 + 밸브 손실 + 파이프 손실

$h_f = 0.421\ \text{ft} + 0.114\ \text{ft} + 0.436\ \text{ft} = 0.971\ \text{ft}$(값은 그림 13.42에서 찾는다.)

$h_{vp} = 0.5917\ \text{ft}$(표 13.2)

수두 손실값 h_f는 유량 225 gal/min이 아닌 229 gal/min으로 그림 13.42를 이용하여 결정한다.

$$NPSH_A = 33.9\ \text{ft} + 8.0\ \text{ft} - 0.971\ \text{ft} - 0.5917\ \text{ft} = 40.34\ \text{ft}$$

5단계 $NPSH_A$는 선택된 펌프의 $NPSH_R$과 비교할 수 있다. $NPSH_A$는 $NPSH_R$보다 최소 10% 이상 커야 한다.

$$1.10\ NPSH_R = 1.10(8.8\ \text{ft}) = 9.68\ \text{ft}$$

$NPSH_A = 40.34$ ft이므로 펌프는 사용 가능하다.

6단계 이제, 그림 13.41의 시스템에 선택된 펌프를 설치하는 데 다른 문제는 없는지 확인해야 한다. 흡입-배출 파이프의 크기가 펌프 포트의 크기와 다르다. $3\frac{1}{2}$ in Schedule 40 흡입 파이프에서 3 in 흡입 포트로, 크기가 점진적으로 변하는 리듀서가 반드시 사용되어야 한다. 2 in 배출 포트에서 $2\frac{1}{2}$ in Schedule 40 배출 파이프로 크기가 점진적으로 커지는 익스팬더도 사용되어야 한다. 이들이 유발하는 에너지 손실 역시 계산되어야 한다. 각각의 직경 비율은 1.2정도이다. 익스팬더의 손실은 그림 10.6, 리듀서의 손실은 그림 10.11을 참조한다. 변화각 15°에 대하여 익스팬더의 K는 0.09, 리듀서의 K는 0.03이다. 추가적인 에너지 손실은

$h_{Ls} = 0.03(v^2/2g) = 0.03(0.842\ \text{ft}) = 0.025\ \text{ft}$

$h_{Ld} = 0.09(v^2/2g) = 0.09(3.587\ \text{ft}) = 0.323\ \text{ft}$

이 값들은 흡입관, 배출관의 다른 에너지 손실 대비 무시할 만큼 작다. 그러므로, 펌프 선정이나 성능에 중요한 영향을 미치지 않는다. 또한 $NPSH_A$도 여전히 수용 가능하다.

13.14 상용 펌프 선택을 위한 PIPE-FLO®의 사용

앞에서 주어진 시스템에서 일반적인 펌프 크기 조정을 위해 PIPE-FLO®를 사용하는 법을 논의하였다. 이 소프트웨어를 이용하여 시스템에 상용 펌프를 적용하였을 때 실제 성능을 예측할 수도 있다. 이를 위해, PIPE-FLO®는 많은 펌프 생산 업체로부터 펌프 성능 곡선 및 다른 데이터를 수집하여 소프트웨어에 통합했다. 이 교재에서 사용하는 데모버전은 한정된 수의 펌프에 대한 샘플 카탈로그를 사용한다. 정식버전은 학교 학습용으로 신청 가능하며 더 많은 펌프를 포함하며 생산 업체 및 모델명도 포함한다. PIPE-FLO®의 다른 편리한 특징은 어떤 입력 조건에 기반하여 파이프의 크기를 권장사항을 제공하는 것이다. 다음 예제는 주어진 시스템에서 상용 펌프의 사용을 안내하고, 파이프의 크기 계산 기능 사용을 보여준다.

예제 13.6 PIPE-FLO®를 이용한 펌프의 선택

80°F의 물이 강을 흘러가고, 저장 탱크는 강보다 130 ft 위에 위치한다. 탱크는 100 gal/min 유량을 전달하는 펌프를 이용하여 강으로부터 물을 끌어올려 저장한다. 펌프의 입구와 배출구 높이는 모두 15 ft이다. 강의 깊이는 13 ft이고, 탱크 수위는 15 ft이다. 파이프는 Schedule 40 플라스틱 PVC를 사용하고, 파이프 총 길이는 155 ft이다. 속도 8 ft/s에 대하여 파이프 크기를 설계하시오. 다양한 사용을 위해 분배되도록, 탱크 내 압력은 30 psi이다. 2개의 90° 표준 엘보, 하나의 푸트 밸브가 흡입관에 있다. 2개의 45° 표준 엘보가 배출 라인에 있다. PIPE-FLO®를 이용하여 펌프 총 수두를 계산하고, 상용 펌프를 선정하여 펌프

곡선을 그리고, 주요 시스템 설계 결정을 요약하시오.

해설 1. 먼저 "System" 메뉴를 선택하여, 단위, 유체 영역, 파이프를 설정한다. 평균 속도 8 ft/s의 파이프를 설계해야 하므로 파이프 설정 시 이를 고려해야 한다. 파이프 지정 메뉴의 "Sizing Criteria"에서 "Design Velocity"를 선택하고 8 ft/s를 입력한다. 이는 후에 유량이 결정되면 파이프 크기 결정을 돕는다. 다음 그림을 참조한다.

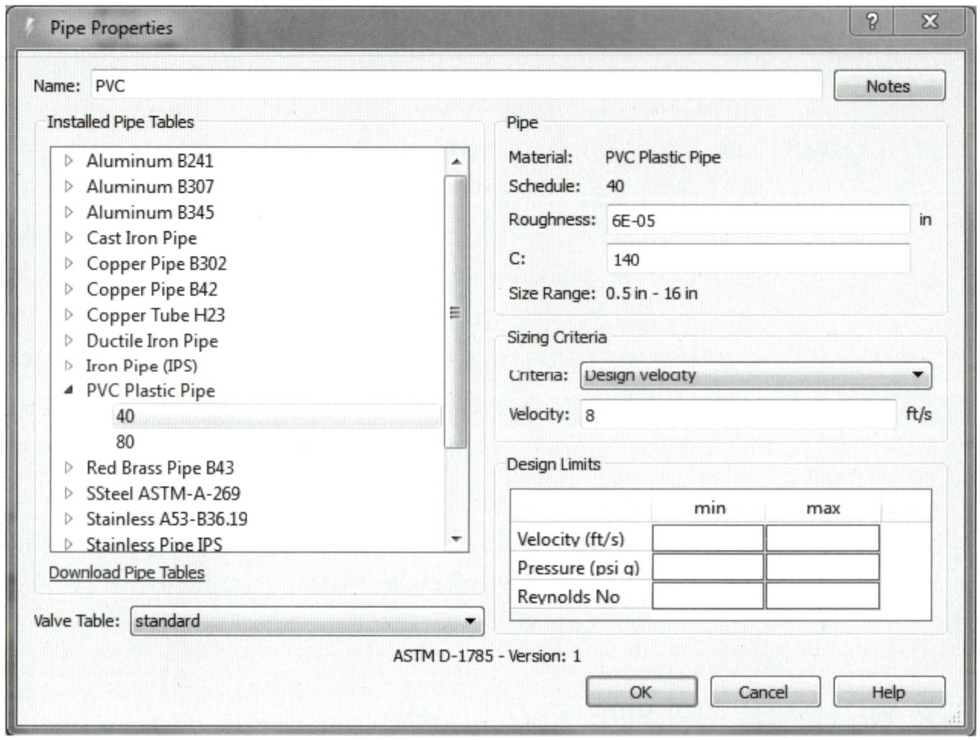

2. 시스템에 2개의 "tank"를 설정한다. 심볼 위에서 오른쪽 클릭을 하고 "CHANGE SYMBOL"을 선택한다. 하나의 탱크를 강으로 바꾸고 다른 탱크는 closed 탱크로 바꾼다. Properties grid에서의 두 아이템에 대한 문제에서 제시한 값들을 반드시 포함시킨다.
3. Properties grid에서 sizing pump를 추가하고 자료값을 입력한다.
4. 강에서 펌프까지 파이프로 연결한다. 이 파이프 길이를 15 ft로 가정한다. 파이프 크기는 아직 지정되지 않았으므로, 적정 크기를 계산하기 위해 PIPE-FLO®의 "Design for Velocity" 기능을 이용할 수 있다. 이를 위해, 파이프를 클릭하고 property grid에서 적절한 값을 입력한다. 파이프 크기를 계산하기 위해서는, property grid의 파이프 크기 박스 오른쪽 "…" 버튼을 클릭한다. 스크린에 크기 계산이 나타나고, 필요 정보를 입력하면 계산된 크기를 보여준다. 이 예제에서 100 gal/min과 8 ft/s의 유량 및 속도는 2.5 in Schedule 40 파이프를 추천한다. 파이프가 완전히 결정될 때까지 푸트 밸브와 엘보 관련 값 등을 property grid에서 계속 입력한다. 이를 위해 다음 그림을 참고한다.

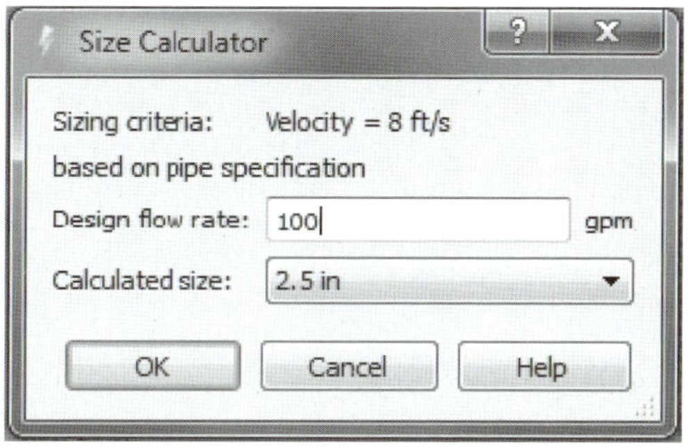

5. 펌프에서 저장 탱크까지의 배출 파이프에 대해서도 같은 과정을 반복한다. 이 파이프의 총 길이를 140 ft로 가정한다. 이때 반드시 모든 접합부, 밸브를 포함시켜야 한다.
6. 모든 데이터가 입력되면 펌프의 총 수두, 흡입 압력, 배출 압력 등을 계산하기 위해 PIPE-FLO® 계산을 실행시킨다. 이 계산 값은 실제 결과를 예측하기 위해 적절한 상용 펌프를 선정하는 데 도움을 준다. 중간까지의 결과가 아래에 제시된다. 시스템 그림과 sizing pump 값의 확대된 그림에서 보이듯 총 수두는 218 ft이다.

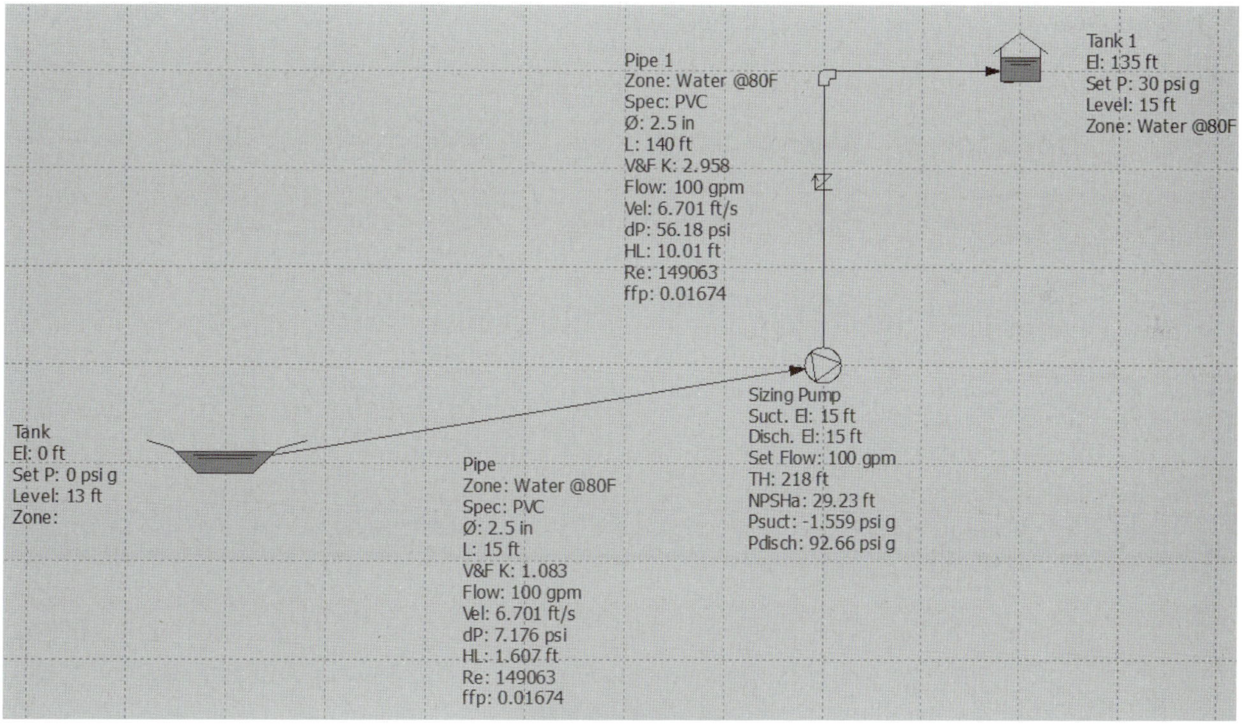

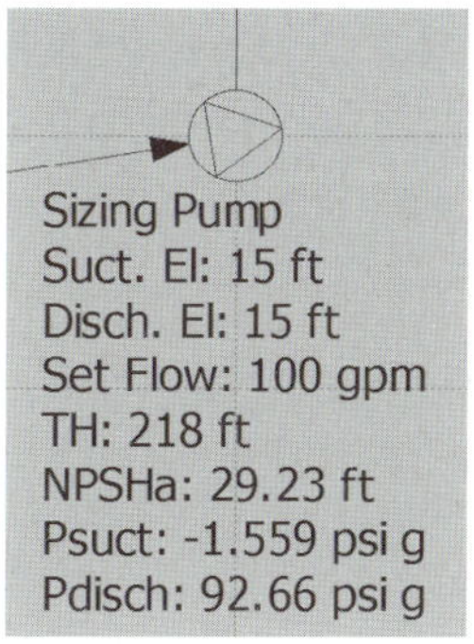

7. 이제 시스템의 초깃값이 확립되었다. 이 결과는 상용 펌프를 선정하는 데 이용된다. 이를 위해 sizing pump에서 오른쪽을 클릭하고, 메뉴에서 "Select Catalog Pump …"를 선택한다. 스크린에 펌프 선택 메뉴가 나타난다. 데모버전에서 이들은 실제 펌프가 아니지만, 상용 펌프와 유사한 전형적인 유형들이다. 정식버전은 실제 펌프의 곡선을 보여주고 펌프를 지정 및 조달할 수 있게 한다.
8. "Select Catalog"의 drop-down box에서 "Sample Catalog.60."을 선택한다. 이는 미국 전력망에 맞는 60 Hz 모터가 적용된 펌프의 샘플 카탈로그이다. 미국 이외 지역을 위해 50 Hz 옵션도 선택 가능하다. "Types" 메뉴에서, 모든 펌프 제작사가 보이도록 모든 박스를 체크한다. "Speeds" 메뉴에서 3600과 1800 옵션을 선택한다. 이는 펌프 구동에 사용되는 대부분의 AC 모터들의 표준 속도에 해당한다. 실제 속도는 이보다 약간 낮고, 펌프 데이터에 나타나 있다. 펌프 곡선은 같은 "Pump Selection" 메뉴 아래 모든 적용 가능한 펌프에 대하여 나타난다. 다음 그림을 참고한다.

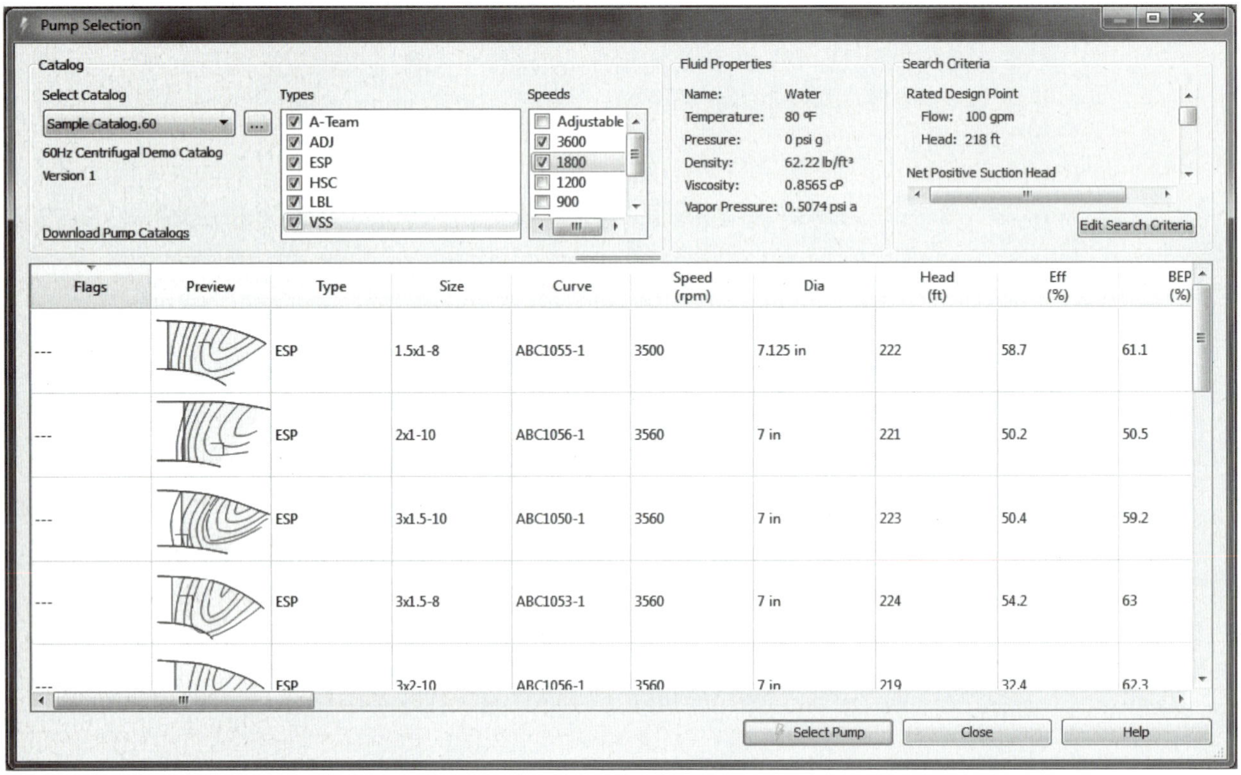

9. PIPE-FLO®는 펌프의 작동점에서 효율에 따라 최적의 펌프가 우선적으로 표시되도록 리스트를 자동으로 정렬한다. 샘플 펌프 곡선이 보여지고, 사용자 시스템에서 지정한 펌프가 사용되는 지점이 곡선에서 표시된다. 이 예제에서는 리스트의 첫 번째 펌프를 선택하고 PIPE-FLO®의 추천을 따른다.
10. 시스템에서 사용되는 펌프를 강조 표시하고, 아래쪽의 "Select Pump"를 클릭한다. 이는 자동으로 문제의 "sizing pump"를 선택된 상용 펌프로 교체한다. 펌프가 교체된 후에 "Calculate" 버튼을 다시 누르면, 상용 펌프의 동력과 효율 등의 데이터가 FLO-Sheet®에 제시된다. 이 예제의 결과는 다음과 같다.

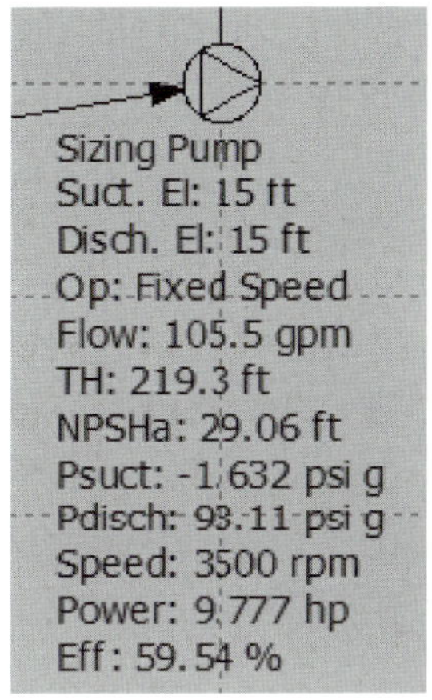

11. PIPE−FLO®는 사용자가 모든 요소의 이름을 입력하게 하기 때문에, 상용 펌프가 선택된 후에 그 이름을 교정하지는 않는다. Sizing pump에서 상용 펌프로 변경이 되었는지를 확인하기 위해서는, 계산된 값을 보아야 한다. 동력이나 효율값은 sizing pump에는 없으므로 이들이 리스트되어 있으면, 사용자는 상용 펌프로 변경되었음을 알 수 있다.
12. 요약: 펌프 지정 및 주요 성능 매개변수들은 다음과 같다.
    a. 작동점: 유량 100 gal/min, 총 수두 218 ft
    b. 펌프: $1\frac{1}{2}\times1\times8$ 원심 펌프, ESP 유형, 펌프 곡선 ABC1055−1
    c. 펌프 속도: 3500 rpm, 임펠러 직경: 7.125 in
    d. BEP: 61.1%
    e. 작동점에서 효율: 58.7%(BEP 좌측으로 96% 이내)
    f. 희망하는 유량 8.0 ft/s에 기반하여 흡입 및 배출 파이프는 플라스틱 $2\frac{1}{2}$-in Schedule 40 파이프로는 선정, 실제 유속은 6.70 ft/s
    g. 펌프 입구에서 면적이 점진적으로 변하는 리듀서는 $2\frac{1}{2}$-in, 펌프 배출구에서 익스팬더는 $1\frac{1}{2}$-in−$2\frac{1}{2}$-in를 사용한다.
    h. 펌프 흡입구에서 $NPSH_A$는 29.06 ft로 계산된다.
    i. 펌프의 $NPSH_R$는 추가적인 작동값으로 소프트웨어에서 파악할 수 있다.

13.15 대체 시스템 작동 모드

13.9−13.14절에서 단일 유로에 고정된 유량, 압력, 지면으로부터의 높이 조건에서 작동하는 펌프 시스템에 대한 해석과 설계를 고려했다. 원심 펌프의 성능, 시스템 저항 곡선, 주어진 시스템에서의 펌프의 작동점, NPSH, 효율, 펌프 작동에 필요한 동력 등 주요 시스템 작동 관련 원칙에 대해 논의했다. 이는 유체 유동 시스템의 작동을 이해하기 위한 기본 원리가 된다.

다양한 산업 응용 분야에서 시스템 작동을 위해 여러 대체 모드가 빈번하게 사용된다. 이들은 기본 원리로부터 계산되지만, 추가적인 특성들을 포함하여 다른 방식의 해석을 수행해야 한다. 이 절에서는 이와 관련하여 다음 사항들을 논의한다.

- 시스템 작동자가 제어 밸브를 사용하여 수동 또는 자동으로 시스템의 동작을 조정하고 이를 통해 다양한 요구를 충족함
- 시스템 작동을 미세하게 조정하고 제품 또는 공정 요구에 부응하기 위해 가변 속도 드라이브를 이

용하여 유량을 연속적으로 변경
- 유체 점도가 펌프 성능에 미치는 영향
- 펌프의 병렬 연결 작동
- 펌프의 직렬 연결 작동
- 다단 펌프

참고문헌 7과 인터넷 자료 2는 이 책과 호환되는 용어 및 분석 방법을 사용하여 보다 광범위한 내용을 제공한다. 몇 가지 다른 참고문헌들도 추가적인 내용들을 다룬다(참고문헌 3−6, 9−20). 참고문헌 8은 광범위한 자료를 제공한다(점도, 밀도, 비중, 증기압과 같은 유체 특성 자료, 증기 자료, 밸브 및 접합부에서의 마찰 손실, 강철 및 주철 파이프 자료, 전기 배선, 모터, 제어 장치). 이 주제들과 관련된 다른 참고문헌들은 11장의 참고문헌 부분에 제시된다.

13.15.1 제어 밸브의 사용

13.13절에서 펌프의 작동점은 시스템에 장착되어 특정 총 수두에 대하여 전달하는 체적 유량으로 정의하였다. 파이프 시스템은 흡입−배출관 설계와 관련하여 앞 절에서 논의한 여러 요소들을 포함한다(밸브, 엘보, 공정 요소, 직선 파이프의 연결 등). 밸브는 시스템에 장착되어 필요 시에 파이프관을 차단시키는 역할을 하므로, 차단 밸브라고 불린다. 보통 게이트 밸브나 버터플라이 밸브와 같이 저항이 낮은 유형이 사용되고, SRC 계산 시 완전히 열린 상태에서 적용된다.

그러나 여러 요구를 만족시키기 위해 유량을 변화시킬 필요가 있을 때는 수동 또는 자동으로 작동하는 제어 밸브가 사용된다. 제어 밸브의 초기 크기는 시스템에서 기대되는 최고 유량과 최저 유량의 중간값에 기반하여 결정한다. 그리고 더 높거나 낮은 유량을 제공하기 위해 밸브를 조금 더 열거나(낮은 저항) 더 닫을 수(높은 저항) 있다.

공급자로부터 제어 밸브의 전체 작동 영역에서의 성능 데이터를 얻어야 한다. 이는 보통 10장에서 논의된 유량계수 C_v로 주어진다. 미국관습단위로 유량 Q는 gal/min, 압력은 psi를 사용하여, 유량계수는 다음과 같이 정의된다.

$$C_v = \frac{Q}{\sqrt{\Delta p/sg}}$$

예를 들어, 밸브의 유량계수가 1이면, 물이 1.0 gal/min의 유량으로 밸브를 통해 흐르며 1.0 psi의 압력 강하가 일어난다. 위 식을 변형한 다음과 같은 식이 유용하다.

$$Q = \text{gal/min 단위의 유량} = C_v\sqrt{\Delta p/sg}$$

$$\Delta p = sg(Q/C_v)^2$$

표준 단위를 사용하면, 유량계수로 C_v 대신 K_v를 사용한다. 이는 밸브를 통하여 1 bar의 압력 강하가 일어날 때의 물의 유량을 m^3/h로 표현한다. 다음 식을 이용하여 C_v와 K_v사이에 변환이 가능하다.

$$C_v = 1.156\ K_v$$

이제 시스템 중간점에서 지정한 제어 밸브와 다른 모든 요소들을 사용하여 SRC 모델을 계산할 수 있고, 그림 13.46에서 작동점 A를 위한 적정 펌프를 선택할 수 있다. 작동점에서 유량은 시스템에서 요구되는 공칭 유량이고 이로 인한 펌프의 총 수두는 도표에서 파악할 수 있다. 같은 값에 대해 그림 13.46

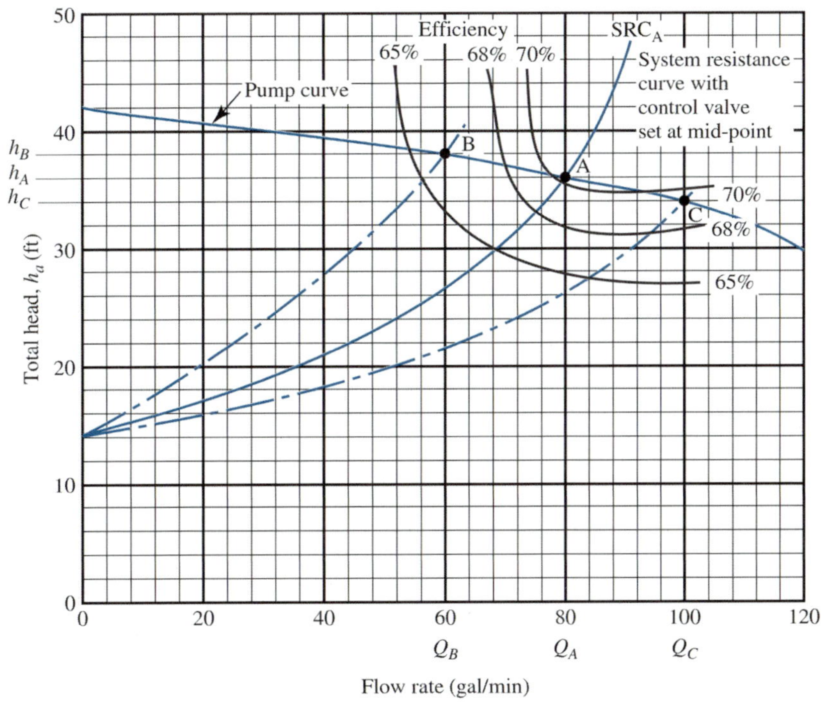

그림 13.46 가변 제어 밸브를 포함하는 시스템의 작동점 그래프

은 $Q = 80$ gal/min, $h_a = 36.0$ ft를 알려준다.

시스템 작동자가 80 gal/min 대신 60 gal/min의 유량을 원하는 경우에 수행해야 할 작업들에 대해 고려해보자. 제어 밸브는 약간 더 닫혀야 할 것이다. 이는 시스템의 유동에 더 큰 저항을 가하게 되고, 제어 밸브를 통한 압력 강하는 증가하게 된다. 유량이 줄고 펌프 총 수두는 증가한다. SRC 곡선은 새로운 작동점 B를 지나가게 된다. 이 지점에서 펌프 총 수두는 38.2 ft이고 증가된 2.2 ft는 제어 밸브에서 소산된다.

시스템에서 예를 들어 100 gal/min정도의 더 큰 유량을 요구하면, 제어 밸브는 더 열려서 저항을 낮추게 된다. 이 경우 시스템 곡선은 오른쪽으로 이동해서 점 C를 지나게 된다. 이때 펌프 총 수두는 33.5 ft로 점 A 대비 2.5 ft 감소한다.

제어 밸브 세팅이 변하면, 펌프 작동의 다른 측면들도 영향을 받는다. 그림 13.46은 위에서 고려된 작동점 인근에서의 펌프 효율 곡선을 보여준다. 초기 작동점 A는 펌프의 BEP에 매우 가까운 70%의 효율을 보인다. 점 C에서 효율은 68%로, 점 B에서는 66%로 떨어진다. 60 gal/min 내지 100 gal/min의 유량은 Hydraulic Institute 표준에서 제시하는 권장범위의 대략적인 한도에 해당한다(BEP의 70–120%).

제어 밸브의 작동은 본질적으로 펌프가 생산한 시스템 에너지의 소산을 야기한다. 따라서 제어 기능 수행은 비용을 초래한다. 그림 13.47은 제어 밸브로 인한 에너지 손실을 보여준다. 곡선 A는 그림 13.46에서 중간점에서 사용되는 제어 밸브가 포함된 시스템의 경우이다. 곡선 D는 같은 시스템에서 제어 밸브가 없는 경우이다. 이 두 곡선에서의 총 수두 차이는 제어 기능을 수행하기 위해 필요한 추가적인 에너지를 의미하고 이를 통해 추가 비용을 계산할 수 있다. 참고문헌 7은 제어 밸브의 유형, 특정 시스템을 위한 크기 선정, 작동 시 초래되는 비용 등에 관한 광범위한 논의를 제공한다.

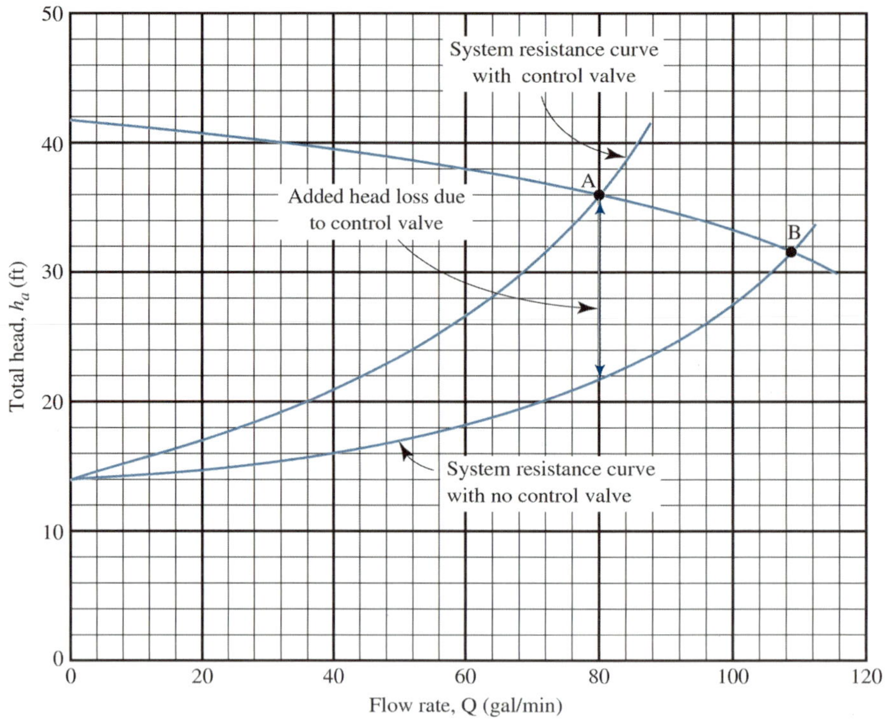

그림 13.47 펌프 시스템에서 제어 밸브로 인한 수두 손실

13.15.2 가변 속도 드라이브

가변 속도 드라이브를 이용하여 제어 밸브를 대체할 수 있다. 여러 유형의 기계식 가변 속도 드라이브와 표준 AC 전기 모터를 위한 가변 주파수 전자식 제어장치가 존재한다. 미국을 비롯한 많은 나라에서 표준 AC 전원은 60 Hz(초당 60주기)를 사용한다. 유럽 및 일부 국가는 50 Hz를 사용한다. AC 모터의 속도는 AC 전류의 주파수에 비례하므로, 주파수를 변경해서 모터 속도를 제어할 수 있다. Affinity law에 의해 모터 속도가 감소하면 펌프 유량도 감소한다. 이를 이용하면, 제어 밸브 그리고 이에 따른 에너지 손실 없이 펌프의 유량을 변경할 수 있다. 필요 동력 또한 속도 감소의 세제곱에 비례하는 장점이 있다. 물론, 가변 속도 드라이브는 추가 비용을 야기하므로 시스템 전체의 사용 기간을 고려한 비용을 계산할 필요가 있다(참고문헌 7, 10).

원심 펌프가 장착된 시스템에 가변 속도 드라이브가 설치될 경우 그 영향은 그림 13.48의 시스템 곡선의 성격에 의해 파악된다. 그림 (a)는 마찰 손실만을 포함하는 시스템 곡선을 보여준다. 그림 (b)는 높이 변화와 공급원과 목표지 사이의 압력 차이로 인해 큰 정수두가 있는 경우이다. 마찰 손실만 존재할 때, 펌프 성능의 변화는 일정한 효율 곡선을 따르는 경향이 있다. 이는 13.7절의 affinity law가 적용됨을 의미한다. 유동 변화는 속도 변화에, 수두 변화는 속도 변화의 제곱에, 동력의 변화는 속도 변화의 세제곱에 비례한다.

높은 정수두에 대한 시스템 곡선의 경우[그림 13.48(b)], 펌프 성능 곡선은 다른 효율 영역으로 이동한다. 따라서 이 경우에는 필요 동력에 대하여 affinity law가 엄밀하게는 적용되지 않는다. 그러나 원심 펌프에서 가변 속도 드라이브를 사용하는 방법이 펌프 용량을 변경할 수 있는 방법 중 가장 적은 에너지 손실을 위한 방법이다.

에너지 절감 이외에도 다음과 같은 혜택들이 있다.

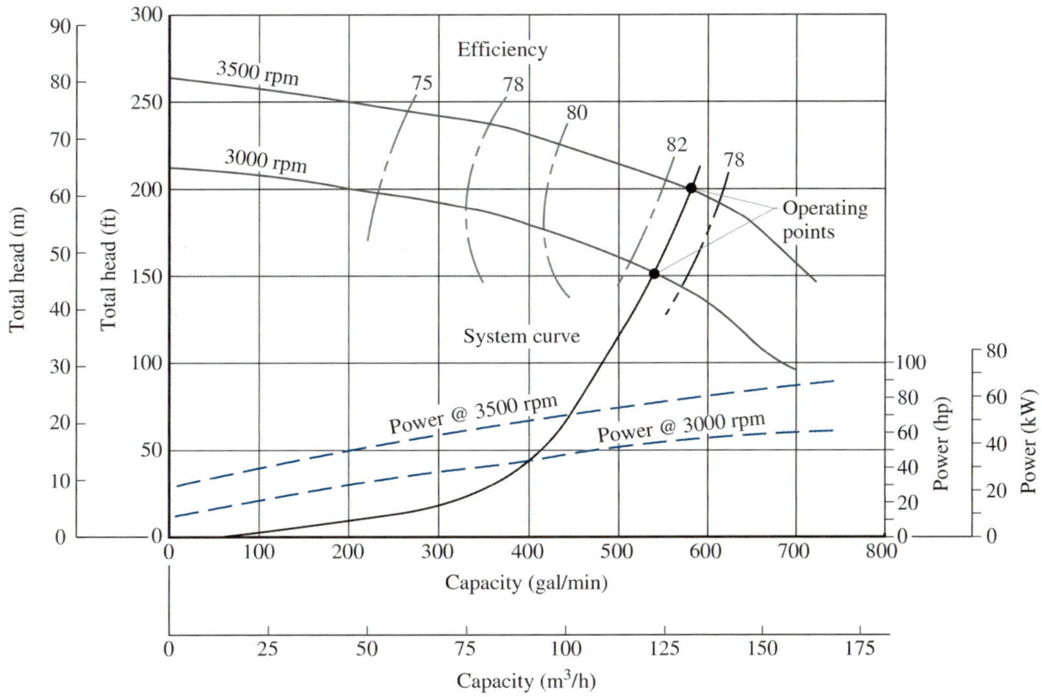

(a) System curve with pure friction losses.

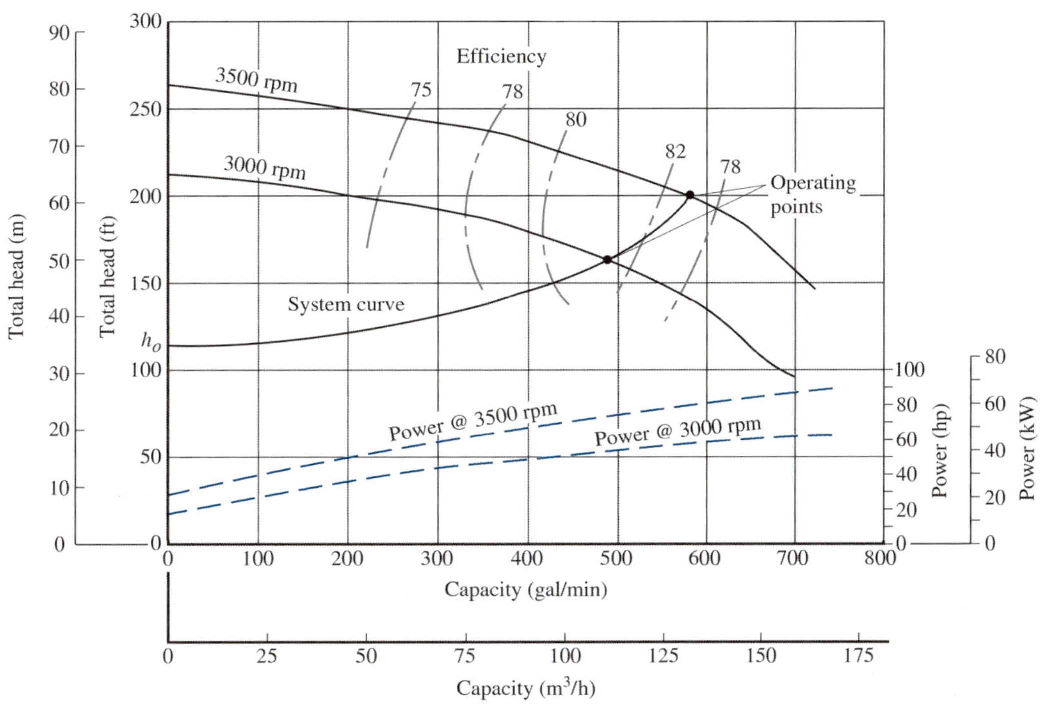

(b) System curve with high static head.

그림 13.48 시스템 곡선 유형별, 펌프 성능에 대한 속도 변화의 효과

- 개선된 공정 제어: 펌프 전달 유량을 요구량에 가깝게 맞출 수 있어서 제품 품질을 개선할 수 있다.
- 변화율 제어: 가변 속도 드라이브는 최종 속도뿐 아니라 속도 변화율도 제어 가능하다. 이는 압력 급등을 막는다.
- 마모 감소: 낮은 속도는 밀봉이나 베어링에 가해지는 힘을 크게 낮춘다. 이는 전체 시스템의 수명

과 신뢰성을 향상시킨다.

펌프를 큰 속도 범위에서 작동시키면, 바람직하지 않은 결과를 야기할 수 있다. 유동은 진동을 야기할 수 있는데, 이는 유동 속도에 영향을 받는다. 펌프, 마운트 구조물, 파이프 지지 시스템, 연결 장치 등에 공명이 발생할 수 있다. 전체 속도 영역에서의 시스템 작동을 모니터링해서 이런 조건들을 확인해야 한다. 종종 공진은 진동 댐퍼, 진동 방지제, 다른 파이프 지지대 등을 사용하여 극복할 수 있다.

유체 시스템에서 저속 또는 고속 유동의 영향도 확인해야 한다. 체크 밸브의 완전 개방 또는 내부 부품의 완전한 폐쇄 상태는 일정 최저 유량을 필요로 한다. 또한 유속이 낮을 때, 고형 슬러리가 시스템의 원하지 않는 영역에 고이기도 한다. 펌프와 드라이브를 저속에서 작동하면 이들의 윤활이나 냉각을 저해하므로 보조 장치를 필요로 한다. 정상 속도보다 빠르면 원동기의 전달력 대비 높은 동력을 필요로 하고 커플링 등 구동 장치 부품에 큰 하중을 가하게 된다.

13.15.3 유체 점도의 영향

원심 펌프의 성능 평가 곡선(예: 그림 13.28~13.36)은 물을 이용하여 얻어진다. 물과 점도가 비슷한 유체에 대해서 이 곡선은 비교적 정확하다. 그러나 점도가 더 높은 유체에 대해서는 다음과 같은 일이 발생한다.

- 펌프 구동을 위한 동력의 증가
- 동일 수두에 대한 유량 감소
- 효율 감소

그림 13.49는 원하는 작동점에 대하여 별도의 보정 없이 높은 점도의 유체를 펌핑할 때 효율, 동력, 유량 등에 나타나는 효과를 보여준다. Q_w는 수두 H가 주어졌을 때 60°F(15.6℃) 정도의 시원한 물에 대한 펌프의 용량을 나타낸다. 같은 수두일 때 높은 점도 유체에 대하여 펌프는 더 낮은 유량 Q_{vis}를 보낼 수 있고, 효율은 더 떨어지며, 필요 동력은 증가한다.

참고문헌 8은 다른 점도의 유체를 사용할 때 해당 성능을 계산하기 위한 보정계수를 제공한다.

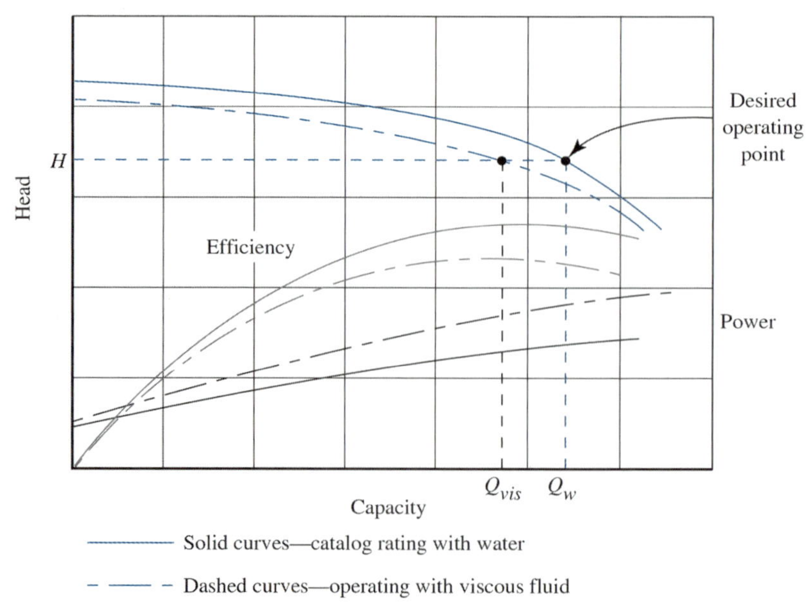

그림 13.49 유체의 점도가 높아질 때 펌프에 미치는 영향

PIPE－FLO® 등 일부 펌프 선택용 소프트웨어는 사용자가 점도를 입력하면 보정계수를 자동으로 적용해서 펌프 성능 곡선을 조정한다(인터넷 자료 2 참고).

성능에 대한 점도의 효과를 다음 예를 통해 확인해보자. 750 gal/min의 시원한 물을 100 ft 수두에 대하여 전송할 때, 효율은 82%이고 필요 동력은 23 hp이다. 동점도가 약 2.33×10^{-3} ft^2/s (2.16×10^{-4} m^2/s; 1000 SUS)인 경우에 다음의 성능이 예측된다.

1. 100 ft 수두에 대하여, 유량은 600 gal/min으로 감소
2. 750 gal/min 유량을 얻기 위해서는 수두가 88 ft로 증가
3. 88 ft 수두와 750 gal/min 유량에 대하여 펌프 효율은 51%, 필요 동력은 30 hp

이는 매우 큰 변화이다. 이 점도는 중장비용 윤활유, 무거운 작동 유체, 글리세린 등에 해당하는 값이다.

13.15.4 병렬 펌프 작동

많은 유체 유동 시스템은 큰 유량 변화를 필요로 하며, 이를 하나의 펌프로 수행하려면 해당 작동점이 BEP에서 크게 벗어나게 된다. 예를 들어 큰 호텔의 경우, 객실 점유율이나 하루 중 시간대에 따라 물 사용량이 크게 변한다. 산업계에서도 작동 유체나 냉각 유체의 필요량이 크게 변하는 경우가 많다.

자주 사용되는 해결책은 2개 이상의 펌프를 병렬로 사용하는 것이다. 이들은 같은 입구 소스를 사용하고, 공통 매니폴드와 전체 시스템으로 전송한다. 그림 13.1은 3개의 펌프를 병렬로 연결한 시스템을 보여준다. 병렬 시스템의 성능을 예측하기 위해서는 응용 사례의 펌프 곡선과 시스템 곡선의 관계를 이해할 수 있어야 한다. 이론적으로 펌프가 2개로 늘면 시스템의 용량은 두 배로 늘어난다. 그러나 파이프 시스템에서 유량이 늘면, 수두가 생성되므로 각 펌프는 감소된 유량을 전달하게 된다.

그림 13.50은 이 점을 보여준다. 펌프 1은 더 낮은 성능 곡선을 보이며, 수두 H_1에 대하여 실제적 최대 유량에 가까운 Q_1을 전송한다. 더 큰 유량이 필요하면, 같은 펌프를 추가하면 된다. 그러나 시스템 곡선이 보여주듯 마찰이나 부손실에 의한 에너지 손실도 증가하게 된다. 결국, 수두 H_2에 대하여 유량 Q_2를 전송한다. 그러나 펌프 1에 더 높은 수두가 적용되고, 유량은 Q_1'로 감소한다. 새로운 평형 조건에서 펌프 1과 펌프 2는 같은 유량을 전송한다. 예상되는 모든 유량 조건에서 효율이 만족스러운 펌

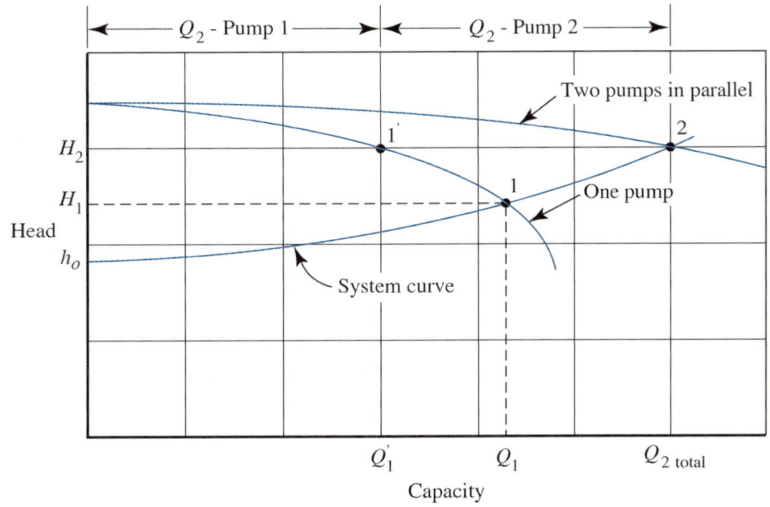

그림 13.50 병렬 연결 시 펌프 2개의 성능

프가 선택되어야 한다.

3개 이상의 펌프에 대해서도 비슷한 분석이 가능하다. 그러나 추가적인 어려움이 발생할 수 있으므로 모든 수두, 유량 조합에 대해서 각 펌프의 작동 조건에 대한 신중한 고려가 필요하다. 어떤 설계자들은 2개의 동일한 펌프를 사용하며, 이 중 하나는 늘 일정한 유량을 보내게 설정한다. 다른 펌프에는 가변 속도 드라이브를 적용하여 요구량에 연속적으로 대응하게 한다. 이러한 시스템은 특별한 분석을 필요로 하며, 펌프 제작사에 의뢰해야 한다.

13.15.5 직렬 펌프 작동

한 펌프의 배출구를 다른 펌프의 입구에 연결시키면, 같은 유량에 대하여 2개의 펌프의 등급 합에 해당하는 총 수두를 얻을 수 있다. 이 방법은 매우 높은 수두에 대한 작동을 가능하게 한다.

그림 13.51은 직렬 연결 시 2개의 펌프의 작동을 보여준다. 각 펌프는 명백하게 같은 유량 Q_{total}을 전달한다. 펌프 1은 공급원에서 유체를 끌어들이고, 압력을 증가시켜 최대 압력 상태에서 펌프 2로 전달한다. 펌프 1은 흡입관과 초기 압력 상승에 의한 수두 H_1에 대하여 작동한다. 펌프 2는 펌프 1에서 배출된 유체에 압력을 더하여 최종 목표지로 전송한다. 펌프 2에 대한 수두 H_2는 펌프 조합 상태 작동점에서의 총 동압 수두 TDH와 H_1의 차이이다.

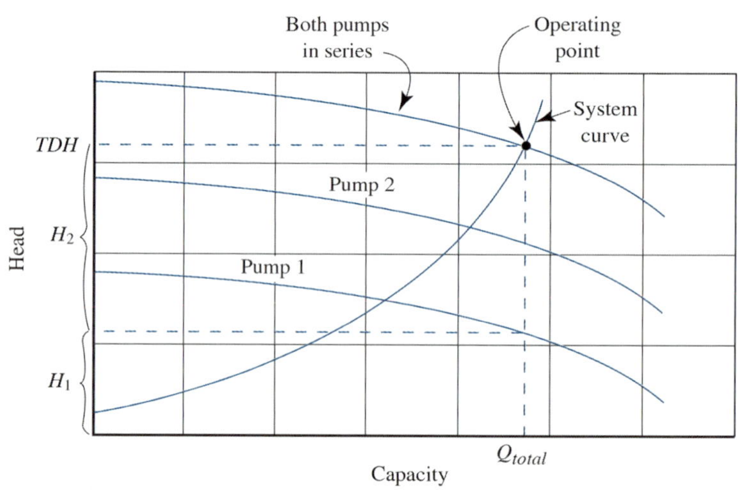

그림 13.51 직렬 연결 시 펌프 2개의 성능

13.15.6 다단 펌프

직렬 연결 펌프 시스템과 유사한 성능을 다단 펌프 시스템으로 얻을 수 있다. 2개 이상의 임펠러가 같은 하우징 내에 조합되어 유체는 연속적으로 임펠러들을 통과하게 된다. 각 단에서 유체 압력이 증가하여 높은 총 수두가 얻어진다.

13.16 펌프 유형 선택과 비속도

그림 13.52는 주어진 여건에서 적절한 유형의 펌프를 결정하는 하나의 방법을 보여준다. 이러한 도표에서 일반적인 결론을 얻을 수 있지만, 영역별 경계는 적정값이라는 점이다. 같은 조건에 대해 두 가지 이상의 유형이 만족스러운 성능을 보일 수 있다. 이럴 때는 비용, 크기, 흡입 조건, 유체의 종류 등이

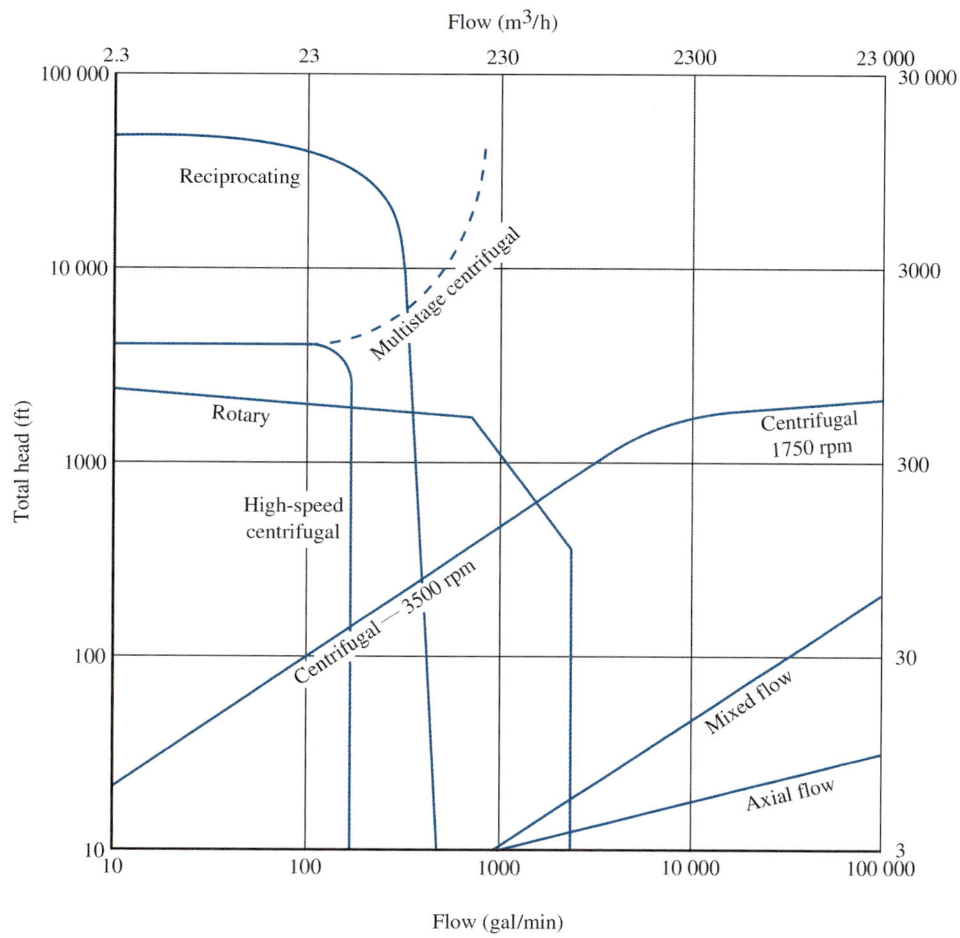

그림 13.52 펌프 선택 도표

선택에 도움을 줄 수 있다. 일반적으로

1. 왕복 펌프는 500 gal/min 이하 유량 조건, 그리고 매우 낮은 값으로부터 50000 ft 이하 수두까지 사용된다.
2. 원심 펌프는 대체로 높은 용량, 보통 수두의 광범위한 조건에서 사용된다.
3. 1단 원심 펌프는 낮은 유량과 보통 수두 조건에서 3500 rpm 작동이 경제적이다.
4. 다단 원심 펌프는 높은 수두 조건에서 적절하다.
5. 로터리 펌프(기어, 베인)는 보통 용량과 높은 수두 또는 높은 점도 유체일 때 적용된다.
6. 3500 rpm 이상의 표준 전기 모터에 의해 작동하는 특수형 고속 원심 펌프는 높은 수두와 보통의 용량 조건에 적절하다. 이러한 펌프는 스팀터빈이나 가스터빈에 의해 구동하기도 한다.
7. 혼합류 혹은 축류 펌프는 매우 높은 유량과 낮은 수두 조건에서 사용된다. 홍수 조절, 건설 현장 수처리 등에 사용될 수 있다.

펌프 유형 선택에 유용한 다른 매개변수로 다음과 같이 정의되는 비속도(specific speed)가 있다.

$$N_s = \frac{N\sqrt{Q}}{H^{3/4}} \tag{13-17}$$

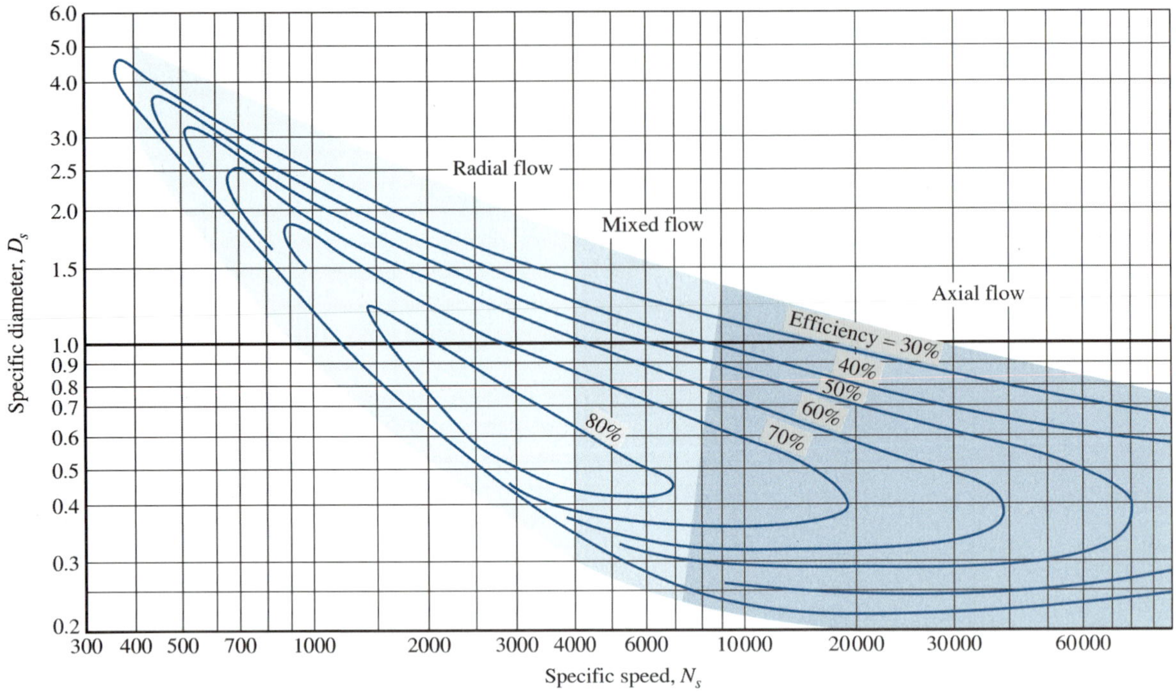

$N_s = \dfrac{N\sqrt{Q}}{H^{3/4}}$ $\quad D_s = \dfrac{DH^{1/4}}{\sqrt{Q}}$ $\quad N$ = Rev/min $\quad H$ = Head, ft

Q = Flow, U.S. gpm $\quad D$ = Diameter, in

그림 13.53 펌프 선택을 돕는 원심 펌프에서의 비속도–비직경 그래프(Excerpted by special permission from *Chemical Engineering*, April 3, 1978. Copyright ©1978 by McGraw–Hill, Inc., New York)

여기에서,

N = 임펠러의 회전 속도(rpm)

Q = 펌프 통과 유량(gal/min)

H = 펌프에 대한 총 수두(ft)

비속도는 1.0 gal/min의 유량을 1.0 ft 수두에 대하여 펌핑할 때 기하학적으로 유사한 임펠러의 회전 속도로 간주하면 된다(참고문헌 8 참고). 미국 외 다른 국가에서는 다른 단위를 사용하기도 한다. 펌프 설계자는 자료에서 어떤 단위를 사용하는지 언제나 확인해야 한다.

비속도는 종종 비직경과 함께 사용되어 그림 13.53과 같은 도표를 만든다. 비직경은 다음과 같이 정의된다.

$$D_s = \frac{DH^{1/4}}{\sqrt{Q}} \tag{13-18}$$

여기에서 D는 임펠러 직경(단위: in)이다. Q와 H는 위에서 정의되었다.

그림 13.53에서 비속도 400에서 4000 사이의 경우 방사류 원심 펌프가 추천됨을 알 수 있다. 혼류 펌프는 4000에서 7000 사이에서 사용된다. 축류 펌프는 7000에서 60000 이상에서 사용된다. 임펠러 유형의 형태는 그림 13.12를 참고한다.

13.17 펌프 유체 시스템의 수명주기 비용

수명주기 비용(life cycle cost, LCC)은 펌프 유체 시스템의 도입, 유지, 작동에 필요한 비용을 이루는 모든 요소를 고려하여 계산한다. 좋은 설계는 다음 사항들을 종합적으로 고려하여 LCC를 최소화하려 노력한다.

1. 펌프, 파이프, 밸브 및 관련 부품, 제어 부품 등의 초기 구매 비용
2. 시스템을 설치하여 작동 가능하게 하는 비용
3. 기대 수명 기간 동안 펌프와 보조 장치들을 구동하는 데 소요되는 에너지 비용
4. 노동 및 감독 등 시스템 관리와 관련되는 운영 비용
5. 시스템의 수명기간 동안 설계 조건에서 펌프가 작동되도록 하는 유지 보수 비용
6. 펌프 고장이나 보수기간 제품 생산 손실 비용
7. 펌프 및 관련 장비에서 유출되는 유체로 인한 환경 비용
8. 수명이 끝난 후, 펌프 처분 및 위치 청소에 따른 비용

참고문헌 9에 이와 관련된 더 자세한 사항 및 LCC의 더 큰 맥락이 제시되어 있다.

에너지 비용 최소화 긴 시간 동안 연속적으로 사용되는 펌프의 경우, 총 LCC 중 에너지 비용 비중이 가장 높다. 일주일에 5일, 하루에 8시간씩 작동하는 펌프도 1년 총 작동 시간은 2000시간이 넘는다. 전력 생산과 같이 항상 작동하는 시스템에 사용되는 펌프는 1년에 8000시간 넘게 사용된다. 따라서 펌프 작동에 필요한 에너지의 최소화는 좋은 유체 시스템 설계의 주요 목표 중 하나이다. 다음 항목은 에너지 비용을 절감하고 신뢰성 높은 작동을 보장하는 시스템 설계 접근 방식들을 요약한다. 몇 가지는 이 장에서 이미 언급한 바 있다.

1. 파이프 시스템에 대하여 제안된 설계에 대해 신중하고 완전한 분석을 수행하라. 이를 통해 에너지 손실 발생 지점을 찾고 펌프의 설계 작동점을 정확하게 예측할 수 있다.
2. 파이프, 밸브, 접합부에서의 에너지 손실은 속도 수두에 비례하므로 속도의 제곱에 비례한다. 따라서 속도를 줄이면 에너지 손실과 펌프에 필요한 총 동압 수두를 크게 줄일 수 있다. 이로써 펌프의 크기 및 가격을 줄일 수 있다.
3. 시스템의 흡입 및 배출관에 실용적으로 가장 큰 크기의 파이프를 사용해서 유동 속도를 최소화해야 한다. 큰 파이프는 더 비싸고, 이에 따라 더 비싼 밸브와 접합부를 사용해야 한다. 그러나 보통의 경우 수명 기간 중 에너지 절감은 이러한 추가 비용을 만회한다. 그림 13.54는 시스템 비용, 운영 비용을 파이프 크기에 대하여 개념적으로 보여준다. 다른 실제적인 고려사항으로 파이프 크기와 펌프 흡입 및 배출 포트의 크기 사이의 관계이다. 일부 설계자들은 포트 크기보다 한 사이즈 더 큰 파이프 크기를 추천한다.
4. 시스템의 수두와 용량 요구량에 적합한 펌프를 신중하게 찾아야 한다. 이는 펌프가 BEP점에서 가깝게 작동하도록 하고, 과하게 큰 펌프를 사용해서 낮은 효율로 작동하지 않도록 한다.
5. 애플리케이션에 가장 효율적인 펌프를 사용하고, 펌프는 BEP점에 가장 가깝게 작동한다.
6. 펌프를 구동하기 위해 고효율 전기 모터나 다른 원동기를 사용한다.
7. 공정의 요구량에 맞는 유량을 맞추기 위해서는 가변 속도 드라이브를 고려한다(13.15.2절).
8. 유량 변화가 심한 시스템에는 2개 이상의 펌프를 병렬로 사용한다(13.15.4절).
9. 마모, 표면 부식, 유체 누출 등으로 인한 성능 저하를 최소화하기 위해 펌프와 파이프의 정비를 철

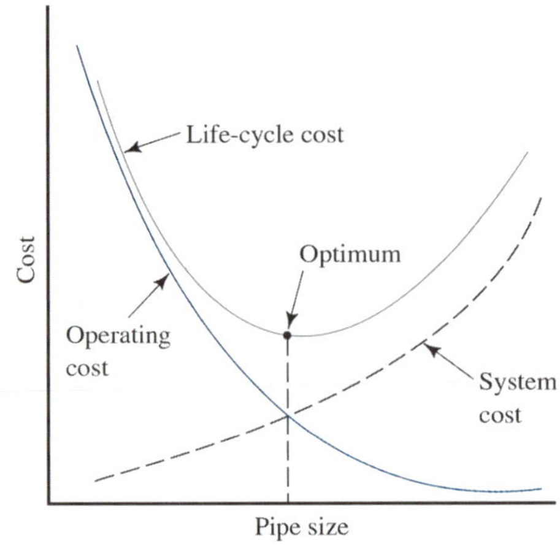

그림 13.54 펌프 유체 분배에 따른 수명 주기 비용 원리

저히 한다. 정기적으로 펌프 성능을 모니터링함으로써 정상 작동 상태를 상시적으로 확인하고 비정상 상태를 즉각적으로 대처한다.

13.17.1 다른 실용적인 고려사항

1. 시간이 지남에 따라, 원심 펌프의 내부 부속품들은 마모된다. 임펠러와 케이싱 사이의 최적의 간격을 위해 마모환(wear rings)이 제공된다. 링이 마모되면서 간격이 커지고 펌프 성능은 저하된다. 펌프 제작사의 추천 주기에 맞추어 정기적으로 링을 교체하면 펌프를 설계 성능 상태로 복원시킬 수 있다. 임펠러 표면은 유체에 의해 마모될 수 있다. 이 경우 임펠러를 교체할 수 있다.
2. 펌프를 BEP점으로부터 먼 작동점에서 운영하면 베어링, 밀봉, 마모환 등에 걸리는 하중이 높아지고 이에 따라 펌프 수명이 단축된다.
3. 펌프 및 구동 시스템을 단단히 지지하는 것은 만족스러운 작동과 수명에 매우 중요하다.
4. 구동 모터와 펌프의 신중한 정렬은 조기 고장을 야기하는 펌프 축의 과도한 처짐을 방지하는 데 필수적이다. 펌프 제작사의 추천을 따르고 정렬을 정기적으로 체크해야 한다.
5. 흡입관에서 펌프 입구까지는 유동이 와류나 소용돌이 없이 부드럽게 흘러야 한다. 설계자들은 직경보다 최소 10배 긴 직선 파이프(10×D)를 밸브나 접합부와 펌프 입구 사이에 장착하기를 추천한다. 그러나 리듀서가 필요한 경우 펌프에 바로 장착해야 한다.
6. 펌프와는 독립적으로 파이프나 밸브를 지지해야 한다. 파이프의 무게가 펌프 케이싱에 하중을 전달해서는 안 된다. 큰 하중은 베어링이나 축의 처짐을 야기하고 이는 임펠러와 케이싱의 간격에 영향을 준다.
7. 펌프 베어링에 깨끗한 오일, 그리스 또는 다른 윤활액을 사용해야 한다.
8. 펌프가 유체 없이 혹은 유체에 공기가 함유된 상태로 작동하지 않도록 한다. 이를 위해서는 탱크, 기름통, 저수조 등 유체원으로부터 유체를 끌어들이는 흡입관의 신중한 설계가 필수적이다.

참고문헌

Note: 11장에 제시된 참고문헌들도 펌프와 펌프 시스템을 다루고 있으므로 확인하길 권장한다.

1. ASTM International. 2008. *ASTM D323-08 Standard Test Method for Vapor Pressure of Petroleum Products (Reid Method)*. DOI: 10.1520/D0323-08. West Conshohocken, PA: Author.
2. ______. 2012. *ASTM D4953-06(2012). Standard Test Method for Vapor Pressure of Gasoline and Gasoline-Oxy-*

genate Blends (Dry Method). DOI: 10.1520/D4953-06(2012). West Conshohocken, PA: Author.

3. Bachus, Larry. 2003. *Know and Understand Centrifugal Pumps.* New York: Elsevier Science.
4. Bloch, Heinz P. 2011. *Pump Wisdom: Problem Solving for Operators and Specialists.* New York: Wiley.
5. Bloch, Heinz P., and Allan R. Budris. 2010. *Pump User's Handbook: Life Extension.* Boca Raton, FL: CRC Press.
6. Gülich, Johann F. 2010. *Centrifugal Pumps,* 2nd ed. New York: Springer Science+Business Media.
7. Hardee, Ray T., and Jeffrey L. Sines. 2012. *Piping Systems Fundamentals,* 2nd ed. Lacey, WA: ESI Press - Engineered Software, Inc.
8. Heald, C. C., ed. 2002. *Cameron Hydraulic Data*, 19th ed. Irving, TX: Flowserve, Inc.
9. Hydraulic Institute and Europump. 2001. *Pump Life Cycle Costs: A Guide to LCC Analysis for Pumping Systems.* Parsippany, NJ: Hydraulic Institute.
10. Hydraulic Institute and Europump. 2004. *Variable Speed Pumping: A Guide to Successful Applications.* Parsippany, NJ: Hydraulic Institute.
11. Hydraulic Institute. 1990. *Engineering Data Book,* 2nd ed. Parsippany, NJ: Author.
12. Hydraulic Institute. 2012. *Pump Standards.* Parsippany, NJ: Author. [Individual standards or complete sets for centrifugal pumps, reciprocating pumps, rotary pumps, vertical pumps, and air-operated pumps.]
13. Hydraulic Institute and Pump Systems Matter™. 2008. *Optimizing Pumping Systems.* Parsippany, NJ: Author.
14. Jones, Garr M., and Sanks, Robert L. 2008. *Pumping Station Design*, 3rd ed. New York: Elsevier.
15. Karassik, Igor J., Joseph P. Messina, Paul Cooper, and Charles C. Heald. 2008. *Pump Handbook*, 4th ed. New York: McGraw-Hill.
16. Manning, Noah D. 2013. *Fluid Power Pumps and Motors: Analysis, Design, and Control.* New York: McGraw-Hill.
17. Menon, E., and Shashi. 2009. *Working Guide to Pumps and Pumping Stations.* New York: Elsevier.
18. Michael, A. M., S. D. Khepar, and S. K. Sondhi. 2008. *Water Wells and Pumps*. New York: McGraw-Hill.
19. Rishel, J. B. 2010. *HVAC Pump Handbook.*, 2nd ed. New York: McGraw-Hill.
20. Volk, Michael. 2005. *Pump Characteristics and Applications,* 2nd ed. Boca Raton, FL: CRC Press.

인터넷 자료

Note: 배관 시스템 설계 소프트웨어들은 대체로 펌프 선택 기능도 포함하고 있다.

1. **Hydraulic Institute:** An association of pump manufacturers and users that provides product standards and a forum for the exchange of industry information in the engineering, manufacture, and application of pumping equipment.
2. **Engineered Software, Inc. (ESI):** www.eng-software.com Producer of the PIPE-FLO® and PUMP Base® software for analyzing fluid flow piping systems and selecting optimum pumps for such systems, as featured in this book. An extensive list of pump suppliers' catalogs is included from which selections can be made. A special demonstration version of PIPE-FLO® can be accessed at http://www.eng-software.com/appliedfluidmechanics
3. **Pumps & Systems Magazine:** A publication serving pump users and manufacturers, with special emphasis on operation and maintenance of pumps and systems.
4. **Animated Software Company—Pumps:** Producer of *All About Pumps*, a set of graphical images of over 75 different types of pumps with animation showing fluid flow and mechanical action.
5. **Armstrong Pumps, Inc.:** Manufacturer of pumps for residential and commercial applications including HVAC, hydronic systems, and fire protection. Performance curves are available on the website.
6. **Bell & Gossett:** Manufacturer of centrifugal pumps for HVAC, hydronic, water systems, and industrial applications.
7. **Crane Pumps and Systems:** Manufacturer of a wide variety of centrifugal pump designs and configurations marketed under the brand names of Barnes, Burks, Prosser, Deming, Weinman, and Crown.
8. **Eaton Hydraulics:** Manufacturer of hydraulic pumps, motors, and valves under the brands Eaton, Vickers, Char-Lynn, HydroKraft, and Hydro-Line. Division of Eaton Corporation.
9. **Flowserve Corporation:** Manufacturer of centrifugal and rotary pumps under several brand names such as Flowserve, Durco, Pacific, Worthington, and others. Applications in the power generation, oil and gas, chemical processing, water resources, marine, pulp and paper, mining, primary metals, and general industry markets. A leader in the chemical processing and corrosion-resistant pump field.
10. **Goulds Pumps:** Manufacturer of a wide range of centrifugal pumps for water and wastewater, agricultural, irrigation, boiler feed, HVAC, and general industry applications. A subsidiary of ITT Industries, Inc.
11. **IMO Pump Company**: Manufacturer of screw and gear pumps for industries such as oil transport, hydraulic machinery, refinery, marine, aircraft fuel handling, and fluid power. A subsidiary of Colfax Corporation.
12. **March Pumps:** Manufacturer of small-and medium-capacity centrifugal pumps.
13. **Moyno, Inc.:** Manufacturer of the Moyno brand of progressing cavity pump used in environmental, specialty chemical, pulp and paper, building materials, food and beverage, mining, and many other applications. A part of Robbins & Myers, Inc., Process and Flow Control Group.
14. **Seepex Pumps:** Manufacturer of progressive cavity pumps for industrial applications.

15. **Warren Rupp, Inc.:** Manufacturer of diaphragm pumps under the SandPIPER and Marathon brands for the chemical, paint, food processing, construction, mining, and general industry markets. A unit of Idex Corporation.
16. **Watson-Marlow Pumps Group:** Manufacturer of peristaltic pumps for the chemical, printing, water treatment, mining, science, and general industry markets. Also produces smalldiaphragm pumps for gases and liquids. A unit of Spirax-Sarco Engineering Company.

연습문제

13.1 펌프를 선택할 때 고려사항 열두 가지를 제시하시오.

13.2 펌프에 대하여 지정하여야 할 열 가지를 제시하시오.

13.3 용적형 펌프에 대하여 설명하시오.

13.4 회전식 용적형 펌프의 네 가지 예를 쓰시오.

13.5 왕복 용적형 펌프의 세 가지 예를 쓰시오.

13.6 카이네틱 펌프를 설명하시오.

13.7 카이네틱 펌프의 세 가지 유형은 무엇인가?

13.8 카이네틱 펌프의 세 가지 유형별로, 임펠러의 작동 및 유동의 일반적인 경로를 설명하시오.

13.9 분사 펌프를 설명하시오.

13.10 얕은 우물 분사 펌프와 깊은 우물 분사 펌프의 차이를 설명하시오.

13.11 단동 왕복 펌프와 복동 왕복 펌프의 차이를 설명하시오.

13.12 용적형 회전 펌프에 대하여 펌프 용량 대 배출 압력 곡선의 형태를 설명하시오.

13.13 원심 펌프에 대하여 총 수두 대 펌프 용량의 곡선의 형태를 설명하시오.

13.14 문제 13.13의 곡선에 효율과 필요 동력 그래프를 추가하시오.

13.15 펌프에서 affinity laws가 뜻하는 것은 무엇인가?

13.16 원심 펌프에서 임펠러의 회전 속도가 50% 감속하면, 용량은 어떻게 변하는가?

13.17 원심 펌프에서 임펠러의 회전 속도가 50% 감속하면, 총 수두는 어떻게 변하는가?

13.18 원심 펌프에서 임펠러의 회전 속도가 50% 감속하면, 펌프 구동에 필요한 동력은 어떻게 변하는가?

13.19 원심 펌프의 케이싱 크기가 정해진 상태에서 임펠러의 직경이 40%만큼 감소하면, 용량은 어떻게 변하는가?

13.20 원심 펌프의 케이싱 크기가 정해진 상태에서 임펠러의 직경이 35%만큼 감소하면, 총 수두는 어떻게 변하는가?

13.21 원심 펌프의 케이싱 크기가 정해진 상태에서, 임펠러의 직경이 45%만큼 감소하면, 펌프 구동에 필요한 동력은 어떻게 변하는가?

13.22 원심 펌프 지정에 사용되는 다음 숫자들을 각각 설명하시오($1\frac{1}{2}\times3-6$).

13.23 그림 13.22의 펌프 라인에서 총 수두가 300 ft일 때, 100 gal/min의 물을 배출하기 위한 펌프의 적절한 사이즈를 제시하시오.

13.24 그림 13.22의 펌프 라인에서 총 수두가 25 m일 때, 600 L/min의 물을 배출하기 위한 펌프의 적절한 사이즈를 제시하시오.

13.25 그림 13.28에 제시된 $2\times3-10$ 원심 펌프의 성능 곡선을 참고하여, 시스템 수두가 200 ft이고 임펠러 직경이 8 in인 경우 다음의 펌프 성능을 설명하시오(기대 용량, 필요 동력, 효율, $NPSH_R$).

13.26 그림 13.28에 제시된 $2\times3-10$ 원심 펌프의 성능 곡선에 대하여, 시스템 수두가 어떤 값일 때 임펠러 직경이 8 in인 펌프는 최고 효율을 보일 것인가? 펌프 용량, 필요 동력, 효율, $NPSH_R$ 등을 기술하시오.

13.27 문제 13.26의 결과를 이용하여, 시스템 수두가 15% 증가할 때 펌프 성능이 어떻게 변하는지 기술하시오.

13.28 그림 13.28에 제시된 $2\times3-10$ 원심 펌프의 성능 곡선에 대하여, 각각의 임펠러 크기에 대하여 총 수두와 용량이 어떤 값일 때 효율이 최대가 되는지 기술하시오.

13.29 임펠러 크기가 정해진 원심 펌프에 대하여, 용량 변화에 따라 $NPSH_R$가 어떻게 변하는지 기술하시오.

13.30 원심 펌프에서 유량 변동이 필요한 경우, 제어 밸브 대신 가변 속도 드라이브를 사용하면 어떤 장점이 있는가?

13.31 원심 펌프에서 용량, 효율, 필요 동력 등이 유체의 점도가 증가함에 따라 어떤 변화를 보이는지 기술하시오.

13.32 2개의 동일한 원심 펌프가 병렬 연결되어 특정 수두에 대해 작동하고 있다면, 이는 같은 수두에 대하여 동일한 원심 펌프 1개를 사용하는 경우와 비교하여 총 용량이 어떻게 다른가?

13.33 2개의 펌프를 직렬로 연결하는 경우 그 효과를 기술하시오.

13.34 다음 각각의 경우에 대하여, 그림 13.52를 참고하여 적절한 펌프를 1개 이상 제시하시오.

(a) 물 500 gal/min, 총 수두 80 ft
(b) 물 500 gal/min, 수두 800 ft
(c) 점성 접착제 500 gal/min, 수두 80 ft
(d) 물 80 gal/min, 수두 8000 ft
(e) 물 80 gal/min, 수두 800 ft
(f) 물 8000 gal/min, 수두 200 ft
(g) 물 8000 gal/min, 수두 60 ft
(h) 물 8000 gal/min, 수두 12 ft

13.35 그림 13.34의 $1\frac{1}{2}\times3-13$ 원심 펌프의 성능 곡선을 이용하여, 펌프가 12 in 직경의 임펠러를 사용하여 시스템 수두 750 ft에 대하여 작동하는 경우 용량을 결정하시오. 비속도 및 비직경을 계산한 후, 이를 그림 13.53 그래프에서 지정하시오.

13.36 그림 13.32의 6×8−17 원심 펌프의 성능 곡선을 이용하여, 펌프가 15 in 직경의 임펠러를 사용하여 시스템 수두 350 ft에 대하여 작동하는 경우 용량을 결정하시오. 비속도 및 비직경을 계산한 후, 이를 그림 13.53 그래프에서 지정하시오.

13.37 그림 13.52에서 16500 gal/min의 물을 65 ft 수두에 대하여 전달하는 경우 혼류 펌프를 추천한다. 이 펌프가 비속도 6500으로 작동하는 경우, 펌프의 적정 작동 속도를 계산하시오.

13.38 펌프가 2250 rpm으로 작동하며 5500 gal/min의 물을 125 ft 총 수두에 대하여 전달할 때, 비속도를 계산하시오.

13.39 펌프가 2230 rpm으로 작동하며 12000 gal/min의 물을 450 ft 총 수두에 대하여 전달할 때, 비속도를 계산하시오.

13.40 펌프가 3550 rpm으로 작동하며 650 gal/min의 물을 325 ft 총 수두에 대하여 전달할 때, 비속도를 계산하시오.

13.41 펌프가 5400 rpm으로 작동하며 650 gal/min의 물을 225 ft 총 수두에 대하여 전달할 때, 비속도를 계산하시오. 이를 문제 13.40 및 그림 13.52와 비교하시오.

13.42 4극 전기 모터를 사용하여 펌프를 1750 rpm으로 구동하고자 한다. 다음 각각의 경우에 대해 식 (13−17)을 사용하여 비속도를 계산하시오. 그림 13.53에 기반하여 축 펌프, 혼류 펌프, 방사류 펌프 중 사용할 펌프를 추천하시오.

(a) 물 500 gal/min, 총 수두 80 ft
(b) 물 500 gal/min, 수두 800 ft
(c) 물 3500 gal/min, 수두 80 ft
(d) 물 80 gal/min, 수두 8000 ft
(e) 물 80 gal/min, 수두 800 ft
(f) 물 8000 gal/min, 수두 200 ft
(g) 물 8000 gal/min, 수두 60 ft
(h) 물 8000 gal/min, 수두 12 ft

13.43 유효 흡입 수두(NPSH)를 정의하시오.

13.44 가용(available) NPSH와 필요(required) NPSH의 차이점을 기술하시오.

13.45 온도가 올라가면, 물의 증기압은 어떻게 변하는가?

13.46 펌프 시스템을 설계하고 작동할 때, NPSH가 중요한 이유를 기술하시오.

13.47 펌프 시스템의 어느 지점에서 NPSH가 계산되는가? 그 이유는?

13.48 펌프가 액체를 끌어올리는 경우, 저수조의 높이를 높이는 것이 중요한 이유는?

13.49 펌프 시스템에서 흡입관에 상대적으로 큰 파이프를 사용하는 이유는?

13.50 흡입관의 크기를 펌프 가까이에서 줄여야 할 때 편심 리듀서(eccentric reducer)를 사용하는 이유는?

13.51 어떤 펌프가 6250 rpm으로 작동하는 경우 7.50 ft의 NPSH를 필요로 하면, 3230 rpm으로 작동하는 경우에 필요로 하는 NPSH는?

13.52 물의 온도가 80°F, 대기압이 14.4 psia인 경우, 문제 7.14에서 펌프의 가용 NPSH는? 물의 온도가 180°F인 경우도 계산하시오.

13.53 펌프가 140°F 물을 펌프 입구 대비 4.8 ft 낮은 곳에 있는 탱크로부터 끌어올릴 때, 가용 NPSH를 구하시오. 흡입관 손실은 2.2 lb-ft/lb이고 대기압은 14.7 psia이다.

13.54 펌프가 25℃ 벤젠을 펌프 입구 대비 2.6 m 높은 곳에 있는 탱크로부터 끌어들인다. 흡입관의 수두 손실은 0.8 N · m/N, 대기압은 98.5 kPa(abs), 벤젠의 증기압은 13.3 kPa이다. 가용 NPSH를 구하시오.

13.55 그림 13.38(b) 시스템의 가용 NPSH를 구하시오. 유체는 물 80℃이고 대기압은 101.8 kPa이다. 탱크의 수위는 펌프 입구 대비 2.0 m 낮다. 흡입관의 수직 부분은 DN 80 Schedule 40 강철 파이프를 사용한다. 수평 부분은 DN 50 Schedule 40 파이프 1.5 m를 사용한다. 엘보는 긴 반경 유형을 사용한다. 리듀서 부분 손실은 무시한다. 푸트 밸브와 여과기는 힌지 · 디스크형이다. 유량은 300 L/min이다.

13.56 펌프가 사염화탄소를 150°F에서(sg = 1.48) 펌프 입구보다 3.6 ft 낮은 곳에 있는 탱크에서 끌어올릴 때, 가용 NPSH를 계산하시오. 흡입관에서 총에너지 손실은 1.84 ft이고, 대기압은 14.55 psia이다.

13.57 펌프가 사염화탄소를 65℃에서(sg = 1.48) 펌프 입구보다 1.2 m 낮은 곳에 있는 탱크에서 끌어올릴 때, 가용 NPSH를 계산하시오. 흡입관에서 총에너지 손실은 0.72 m이고, 대기압은 100.2 kPa(abs)이다.

13.58 펌프가 가솔린을 40℃에서(sg = 0.65) 펌프 입구보다 2.7 m 낮은 곳에 있는 지하탱크에서 끌어올릴 때, 가용 NPSH를 계산하시오. 흡입관에서 총 에너지 손실은 1.18 m이고, 대기압은 99.2 kPa(abs)이다.

13.59 펌프가 가솔린을 110°F에서(sg = 0.65) 펌프 입구보다 4.8 ft 높은 곳에 있는 외부탱크에서 끌어올릴 때, 가용 NPSH를 계산하시오. 흡입관에서 총 에너지 손실은 0.87 ft이고, 대기압은 14.28 psia이다.

13.60 문제 13.56을 펌프가 유체면보다 44 in 낮은 경우에 대하여 계산하시오.

13.61 문제 13.59를 펌프가 유체면보다 27 in 높은 경우에 대하여 계산하시오.

13.62 문제 13.57을 펌프가 유체면보다 1.2 m 낮은 경우에 대하여 계산하시오.

13.63 문제 13.58을 펌프가 탱크 아래 설치되어 유체면보다 0.65 m 낮은 경우에 대하여 계산하시오.

13.64 펌프가 프로판을 110°F에서(sg = 0.48) 펌프 입구보다 30 in 높은 곳에 있는 탱크로부터 끌어들인다. 흡입관 에너지 총

손실은 0.73 ft이고 대기압은 14.32 psia이다. 가용 NPSH가 최소 4.0 ft이게 하는 탱크 내 프로판 위 압력을 결정하시오.

13.65 펌프가 프로판을 45℃에서(sg=0.48) 펌프 입구보다 1.84 m 낮은 곳에 있는 탱크로부터 끌어들인다. 흡입관 에너지 총 손실은 0.92 m이고 대기압은 98.4 kPa(abs)이다. $NPSH_A$가 최소 1.50 m이게 하는 탱크 내 프로판 위 압력을 결정하시오.

보충문제 (PIPE–FLO® ONLY)

13.66 PIPE–FLO® 데모 소프트웨어에 제공되는 샘플 카탈로그에서 다음을 만족하는 펌프를 선택하시오. 30℃ 물을 저수조보다 20 m 높은 저장 타워로 1800 L/min 유량으로 끌어올리는 시스템이고, 펌프는 저수조와 같은 높이에 위치한다. 흡입부에서 8 m의 DN 100 Schedule 40 파이프를 사용하고 앵글 푸트 밸브와 2개의 표준 엘보를 사용한다. 배출관에서는 30 m의 DN 80 파이프를 사용하고 완전히 열린 글로브 밸브와 4개의 표준 90도 엘보를 사용한다. 펌프를 지정하고, $NPSH_R$, $NPSH_A$, 펌프 효율, 펌프 배출 압력, 펌프 총 수두를 PUMP–FLO®의 FLO–Sheet®에 기반하여 결정하시오.

설계문제

어떤 공급원으로부터 목적지까지 유체를 전달하는 몇 가지 시스템이 나열될 것이다. 각각에 대하여 다음 사항들을 포함하여 시스템을 완벽하게 정의하시오.

- **파이프 크기 및 유형**
- **펌프의 위치**
- **시스템 모든 부분에서 파이프의 길이**
- **밸브와 접합부**
- **적정 성능을 위한 펌프의 사양**
- **파이프 레이아웃 렌더링 스케치**
- **시스템에 필요한 재료 목록**
- **주요 지점 압력 분석**

분석 과정을 위해서 13.12절과 예제 13.4를 참고한다. 우수한 기술보고서 작성 방식을 사용하여 결과를 보고서 형태로 작성하시오.

1. 그림 13.55에 제시된 열교환기 아래 웅덩이의 140°F 물을 냉각탑 상부로 끌어올리는 시스템을 설계하시오. 최소 유량은 200 gal/min이다.
2. 그림 13.56에 제시된 온수기의 80℃ 물을 세탁 시스템으로 전달하는 시스템을 설계하시오. 최소 유량은 750 L/min(198 gal/min)이다.
3. 강에서 90°F 물을 강 수면보다 55 ft 높은 곳에 있는 탱크로 끌어올리는 펌프 시스템을 설계하시오. 최소 유량은 1500 gal/min이다. 탱크는 강 둑으로부터 125 ft 떨어져 있다.
4. 그림 7.38에 제시된 크로터 교수의 오두막을 위한 물 시스템을 다음과 같이 설계하시오. 최소 유량은 40 gal/min이고, 분배 탱크는 물보다 30 psig 높은 압력으로 유지해야 하며, 오두막은 공급원으로부터 150 ft만큼 떨어져 있다. 경사로의 기울기는 수직으로부터 약 30도이다. 물은 80°F이다.

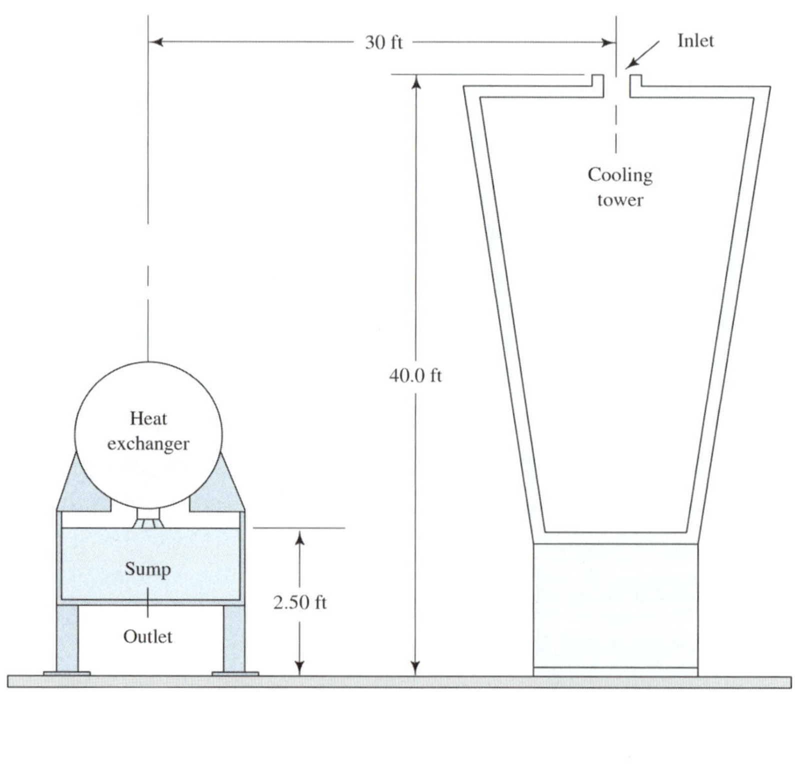

그림 13.55 설계문제 1

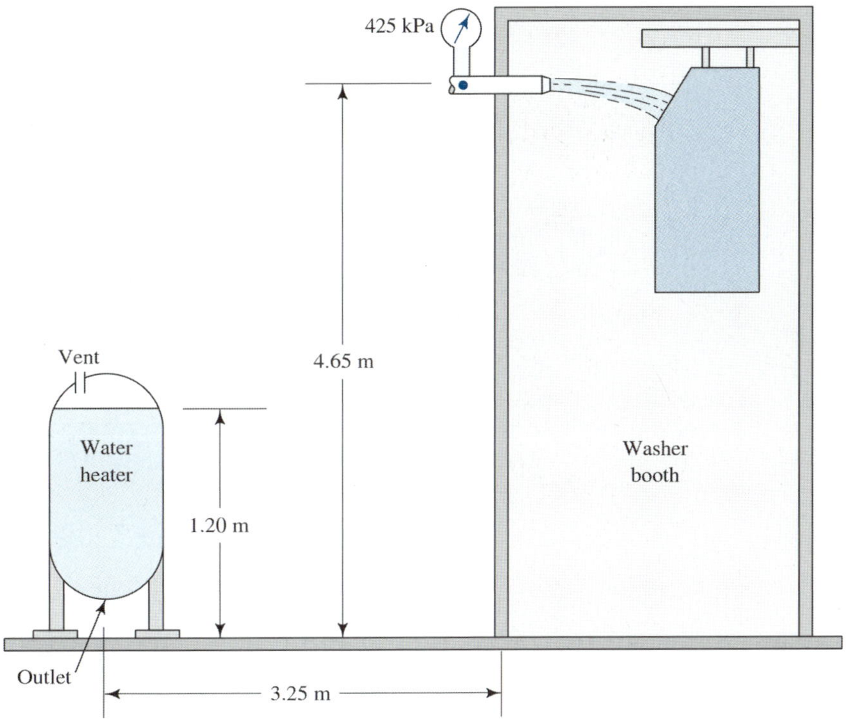

그림 13.56 설계문제 2

5. 그림 7.35와 유사한 시스템을 설계하시오. 25℃ 등유 위 공기의 압력 400 kPa이 유동을 일으킨다. 두 탱크 간 수평 거리는 32 m이다. 최소 유량은 500 L/min이다.

6. 그림 8.12와 유사한 소방 시스템을 설계하시오. 60°F 물의 최소 유량이 1500 gal/min이고, B에서 압력이 최소 85 psig이다. 탱크에서 물의 깊이는 5.0 ft이다. 지정된 파이프 길이들은 무시하고, 스스로 결정하시오. 필요한 밸브를 추가하고, 흡입관을 다시 설계하시오.

7. 그림 8.18 및 연습문제 8.44와 유사한 시스템을 설계하시오. 주어진 파이프의 크기 및 펌프 입구 압력은 무시하고, 적절한 밸브를 추가한다. 펌프는 오염수를 펌프 입구 중심선보다 30 in 낮은 연못으로부터 끌어들인다. 100°F 물의 증기압을 이용한다.

8. 그림 7.22와 유사한 시스템을 설계하시오. 물 기반 절삭제(sg = 0.95)를 60 L/min 유량으로 밀링머신의 커터로 전달한다. 점도 및 증기압이 40℃ 물보다 10% 높다고 가정한다. 펌프가 잠겨있고 그 흡입구가 최소 75 mm 깊이에 있다고 가정한다. 배출관 총 길이는 1.75 m이다.

9. 그림 7.21과 유사한 시스템을 설계하시오. 100°F 물 840 L/min을 지하 저장 탱크로부터 압력이 500 kPa인 가압 저장 탱크로 전달한다. 제시된 파이프의 크기는 무시하고, 새롭게 설계하시오. 적절한 밸브를 추가한다.

10. 그림 13.57 시스템에 적절한 펌프를 지정하시오. 다음과 같이 작동하는 직렬/병렬 시스템의 조합이다.

- 탱크에서 160°F 물을 275 gal/min으로 4 in 흡입관을 통해 펌프가 끌어들인다. 흡입관 총길이는 10 ft이다.
- 3-in 배출관은 물을 대형 열교환기로 15 ft 상승시킨다. 배출 라인의 총 길이는 40 ft이다.
- 유동은 2개의 분기로 나뉜다. 주 분기는 3-in 라인으로 대형 열교환기로 흘러간다. 열교환기는 파이프의 속도 수두에 근거한 K계수가 12이다. 이 분기의 총 파이프 길이는 8 ft이다.
- 1-in 라인은 열교환기 주변의 우회로로 총 길이가 30 ft이다.
- 두 라인은 오른쪽에서 만나서 짧은 3-in 파이프를 통해 대기로 배출된다.
- 모든 파이프는 Schedule 40 강철이다.

이 시스템이 작동하기 위해, 다음을 결정하시오.

a. 펌프 입구 압력
b. 펌프 입구에서 가용 NPSH
c. 분기 이전에 점 A에서 압력
d. 열교환기 라인에서 체적 유량
e. 우회로 라인에서 체적 유량
f. 펌프에 대한 총 수두
g. 펌프에 의해 물에 가해지는 동력(일률)

최소 275 gal/min을 전달하는 시스템에 적합한 펌프를 선정한다. 선택된 펌프에 대하여 다음을 결정하시오.

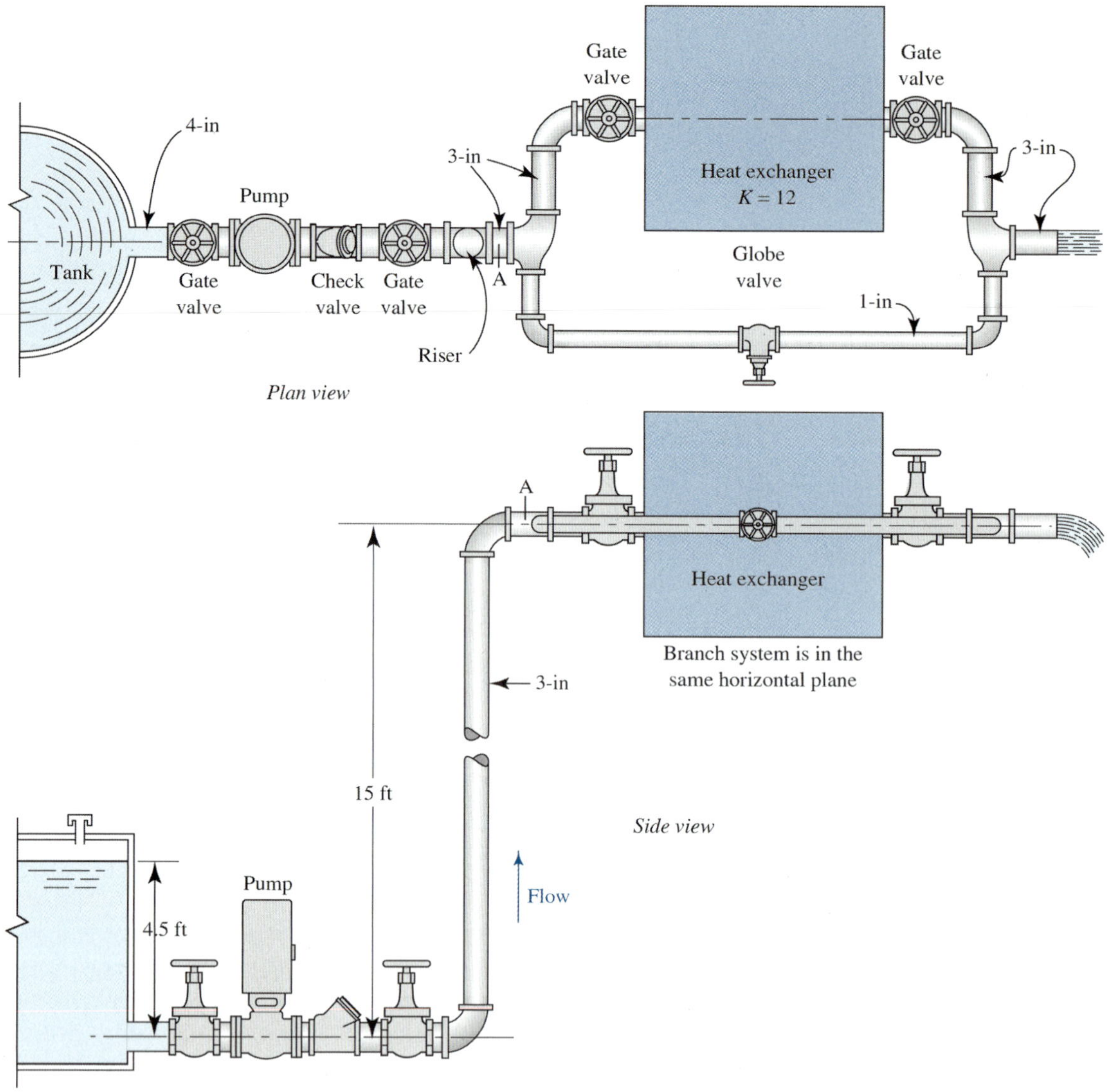

그림 13.57 설계문제 10의 시스템

h. 이 작동 조건에서 펌프에 의해 생성된 실제 기대되는 유량

i. 펌프에 입력되는 동력

j. 필요 NPSH

k. 이 작동 조건에서의 효율

11. 소방차가 100°F 물 1250 gal/min을 전달하도록 설계하고자 한다. 호수, 강, 또는 연못에 흡입 호스를 넣어서 물을 얻는다. 배출은 노즐 출구에서 150 psi 압력을 요구하는 워터건을 통해서이다. 공급원은 트럭으로부터 200 ft 떨어져 있고, 길보다 10 ft만큼 낮다. 펌프는 길보다 40 in 높은 트럭의 가운데 플랫폼에 장착된다. 워터건은 펌프 위 6.5 ft 지점에서 연결된다. 흡입 호스 크기, 호스로부터 펌프로의 단단한 연결 파이프 디자인, 워터건으로의 배출 파이프 디자인, 밸브 접합부 디자인 등을 결정하시오.

종합설계문제

당신이 회사의 플랜트 엔지니어라고 가정하자. 회사는 새로운 제조 설비를 계획하고 있다. 새 공장에는 동일한 저수조로부터 냉각액을 제공받는 5개의 공작 기계가 포함되는 자동 기계 가공 라인이 포함된다. 당신은 냉각액이 철도 탱크 차량으로 공장에 도착한 후, 사용 후 오염된 냉각액이 협력 업체에 의해 공장으로부터 최종적으로 제거되는 전체 과정 설계를 책임진다.

공장의 전체 레이아웃은 그림 13.58과 같다. 다음 자료, 설계 요건, 제약 등이 적용된다.

1. 새로운 냉각액은 탱크가 대당 15,000 gal씩 공장으로 배송된다. 새 냉각액 보관 탱크가 지정되어야 한다.

2. 자동 기계가공 시스템을 위한 저수조의 용량은 1000 gal이다.

3. 1000 gal 탱크는 평균적으로 일주일에 한 번 비워진다. 예정

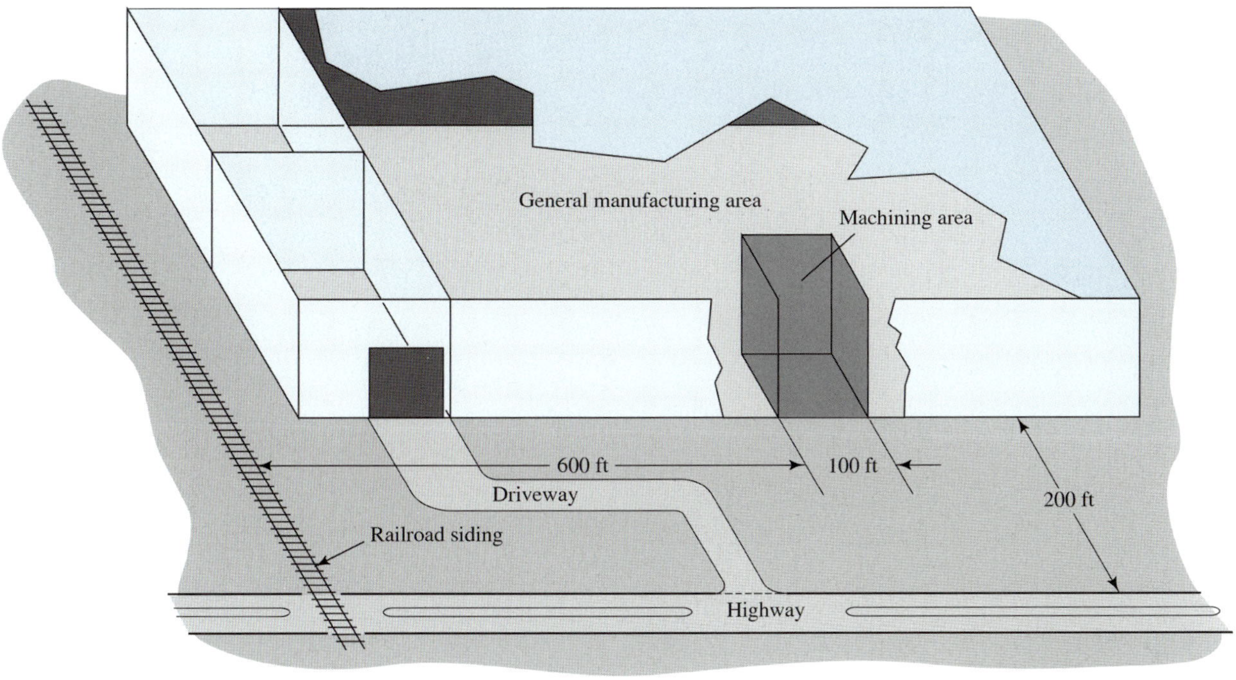

그림 13.58 종합설계문제를 위한 공장 빌딩 계획도

보다 냉각액이 빠르게 오염되는 비상사태 시 덤프가 가능하다.

4. 오염액은 트럭에 의해 한 달에 한 번 채취된다.
5. 오염된 냉각액 저장 탱크가 지정되어야 한다.
6. 공장은 일주일에 7일, 하루에 2교대로 운영되도록 설계된다.
7. 정비는 보통 3교대 중에 이루어진다.
8. 빌딩은 콘크리트 바닥에 1개 층이다.
9. 바닥은 철로와 같은 높이이다.
10. 기계가공 시스템 공급용 1000 gal 저수조를 제외하고는, 다른 탱크는 공장 내부 혹은 지하에 설치하지 않는다.
11. 지붕 상단은 바닥으로부터 32 ft 높이이다. 지붕은 저장 탱크를 지지할 수 있도록 만들어진다.
12. 빌딩은 Dayton, Ohio에 위치한다. 이곳의 외부 기온은 −20°F에서 +105°F 사이이다.
13. 지하동 결선(frost line)은 표면 30 in 아래이다.
14. 냉각액은 물과 수용성 오일의 용액으로 비중은 0.94, 빙점은 0°F이다. 부식성은 물과 거의 동일하다.
15. 냉각액의 점도와 증기압이 어느 온도에서나 물의 1.50배라고 가정한다.
16. 기계를 공급하는 시스템을 설계할 필요는 없다.
17. 냉각액 저장고나 배송 시스템은 그림 13.59와 같은 기능을 가지도록 요구된다.

시스템 디자이너인 당신은 다음 작업을 완료해야 한다.

a. 모든 저장 탱크의 위치 및 크기를 지정한다.
b. 유형이나 모든 파이프의 크기 및 필요한 길이 등 파이프 시스템의 레이아웃을 지정한다.
c. 밸브, 엘보, 접합부의 숫자, 유형, 크기 등을 지정한다.
d. 펌프의 개수, 유형, 용량, 필요 수두, 필요 동력 등을 지정한다.
e. 완전한 흡입 라인 시스템 등 펌프의 장착 요건을 지정한다. 당신 설계의 $NPSH_A$를 계산하고, 지정된 펌프의 $NPSH_R$가 적절함을 보인다.
f. 모든 탱크를 채우고 비우는 데 걸리는 시간을 계산한다.

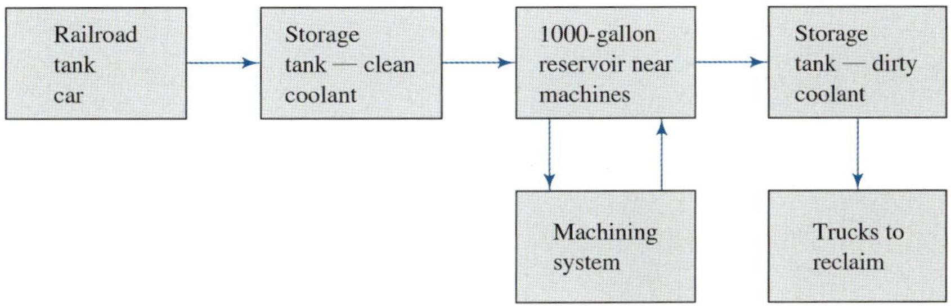

그림 13.59 냉각액 시스템의 블록 다이어그램

g. 설계의 레이아웃을 상단도, 측면도, 입체 투영도 등으로 스케치한다.
h. 마찰이나 부손실 등 에너지 손실을 포함하여 시스템의 모든 부분을 분석한다.
i. 시스템에 대한 서술 설명, 스케치, 재료 목록, 사양을 만족하는 설계임을 보이는 분석 등을 포함하여, 설계 결과를 깔끔하고 완벽하게 보고서로 작성하여 제출한다.

CHAPTER 14

개수로 유동

개요

개수로(open channel)는 수면이 대기에 노출되어 있는 유동 시스템을 말한다. 예를 들면 건물 위의 빗물받이, 폭우 배수관, 강과 하천 등이 개수로가 된다. 개수로 유동을 해석하기 위해서는 지금까지 배운 파이프 유동 해석 방법과 약간 다른 특별한 기법이 필요하다.

그림 14.1은 농장에 물을 공급하는 관개 하천을 보여준다. 물이 중력에 의해서 흐르고 있다.

입문 개념

앞에서 배운 폐쇄유로(closed conduit)와 달리 개수로는 유체의 수면이 대기에 노출되어 있는 유동 시스템이다. 개수로 유동은 자연에서도 발생하지만 도시의 급수 및 배수 시스템에서도 다양하게 발생한다.

강과 하천은 자연적인 개수로 유동이다. 건물 위와 거리 양쪽에 있는 빗물받이, 지하에 설치되는 폭우 배수관은 빗물을 모은 후 하천, 인공수로 또는 운하로 물을 흘려 보낸다. 산업현장에서는 열교환기 또는 기계가공 시스템을 거친 냉각수를 흘려 보낼 때 개수로 유동을 종종 사용한다.

개수로 단면 형상은 유량을 결정하는 중요한 요소이다. 이에 수력 반경(hydraulic radius) R을 이용하여 단면 형상을 기술하는 방법을 다룰 것이다. 수력 반경은 유동 단면적 A와 윤변(wetted perimeter, WP)에 의해 결정된다. 이 용어들은 9장에서 비원형 유로를 다룰 때 사용되었다. 그림 14.2는 흔히 볼 수 있는 개수로의 단면 형상과 A와 WP를 계산하는 공식을 보여준다.

탐구

- 주위에서 개수로가 있는 곳을 관찰한다.
- 빗물받이, 자연하천, 배수구를 찾아본다.
- 어떤 새로운 개수로를 찾을 수 있는가?

여러분이 찾은 개수로의 단면 형상을 스케치하고, 유체가 원하는 방향으로 흐르기 위해 유로가 어떻게 경사져 있는지 기술해보자.

- 개수로는 무엇을 하기 위해 사용되는가?
- 유로를 따라 흐르는 유체는 무엇인가?
- 유동이 부드럽게 흐르는가, 고요하게 흐르는가, 아니면 복잡한 난류 유동인가?
- 유로 단면 형상은 어떠하고 치수는 얼마인가?
- 유로 단면이 유로를 따라 일정한가? 아니면 유로를 따라 변하는가?
- 유로 내 유체는 얼마나 깊은가? 유체가 얼마나 깊어야 넘쳐 흐르는가?
- 유체의 깊이가 증가하면 유동 흐름은 모양이 어떻게 변하는가?
- 유로가 경사면에 설치되어 있는지 감지할 수 있는가?

이 장은 개수로 유동을 해석하는 몇 가지 방법을 다룬다. 개수로 유동에 대한 주제는 매우 방대하다. 개수로 유동에 대한

그림 14.1 관개수로는 수면이 대기에 노출되어 있는 개수로의 좋은 예이다. 유로에 설치된 위어(wier)는 유량을 측정하는 데 사용된다.(출처: Ruud Morijn/Fotolia)

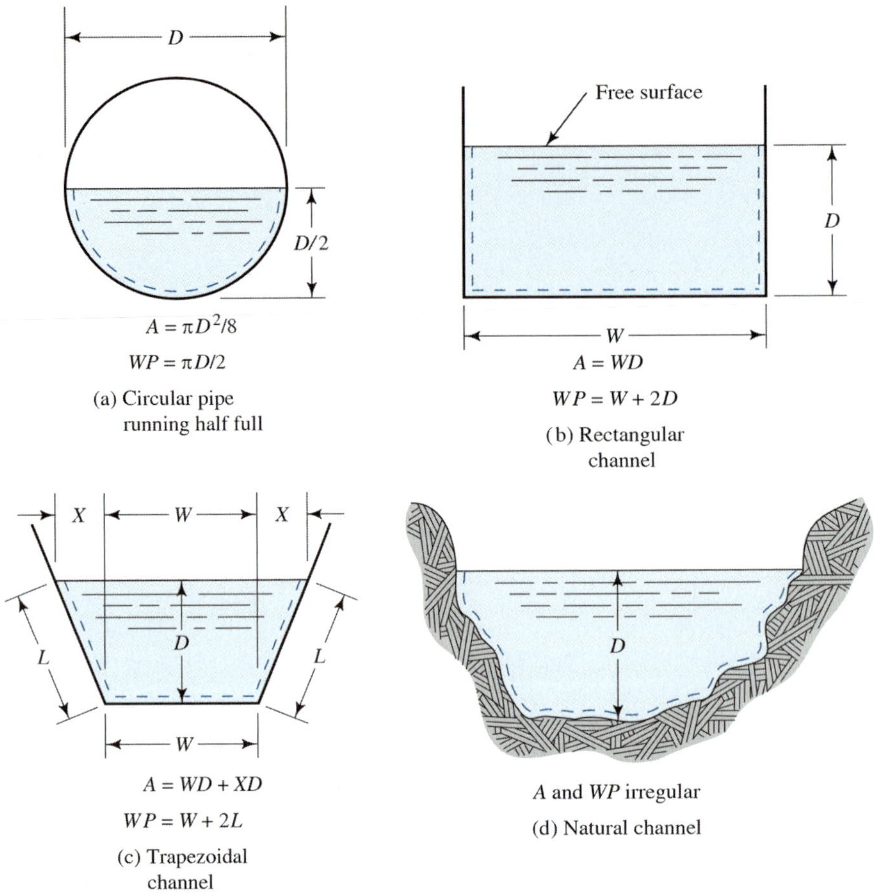

그림 14.2 개수로의 단면적 예

보다 많은 내용은 참고문헌 3−5, 7−11, 13−15를 참조한다.

개수로 유량을 측정하는 것은 자연하천 모니터링을 통한 홍수 예측, 저수지로부터 배출되는 물의 양 측정, 수질 오염 제어에 중요하다. 개수로 유동 측정은 14.10절에서 다룬다.

14.1 목표

이 장을 학습한 후에 다음의 항목들을 수행할 수 있다.

1. 개수로의 수력 반경을 계산한다.
2. 균일 유동과 변화 유동을 설명한다.
3. 균일 유동을 해석하기 위한 Manning 방정식을 사용한다.
4. 개수로의 슬로프를 정의하고 계산한다.
5. 개수로의 유량계수를 계산한다.
6. 개수로의 정상 수심을 계산한다.
7. 유체가 정해진 유량을 균일 유동으로 흐르게 하기 위한 개수로를 설계한다.
8. 수력 수심과 Froude수를 정의한다.
9. 임계 유동, 아임계 유동, 초임계 유동을 설명한다.
10. 개수로 유동에 대한 비에너지를 정의한다.

11. 임계 수심, 대응 수심, 공액 수심을 정의한다.
12. 수력 도약을 설명한다.
13. 개수로 유량을 측정하는 데 사용되는 위어와 플륨을 설명한다.

14.2 개수로 유동의 분류

개수로 유동을 몇 가지 유형으로 분류할 수 있다.

체적 유량이 일정하게 유지되고 수심이 유로 위치에 따라 변하지 않으면 균일 정상 유동(uniform steady flow)이 발생한다. 이 유동이 형성되기 위해서는 유로 단면이 일정해야 한다. 유로 단면이 일정하면 prismatic이라 한다. 그림 14.3은 측면에서 볼 때 균일 유동을 보여준다. 수면이 유로 바닥과 평행함을 볼 수 있다.

체적 유량은 일정하지만 수심이 유로 위치에 따라 다르면 정상 변화 유동(varied steady flow)이라 한다. 유로 단면이 일정하지 않을 때 이 유동이 발생한다.

체적 유량이 시간에 따라 변하면 비정상 변화 유동(unsteady varied flow)이라 한다. 이 경우, 유로 단면이 일정하지 않더라도 수심은 유로 위치에 따라 달라진다.

변화 유동은 급 변화 유동(rapidly varying flow)과 점진 변화 유동(gradually varying flow)으로 나뉠 수 있다. 그림 14.4는 유로 위치에 따라 수심이 변하는 모습을 보여준다.

- 영역 1 유체가 탱크로부터 방출되어 흐르기 시작한다. 수문(sluice gate) 근처에서는 유체가 가속

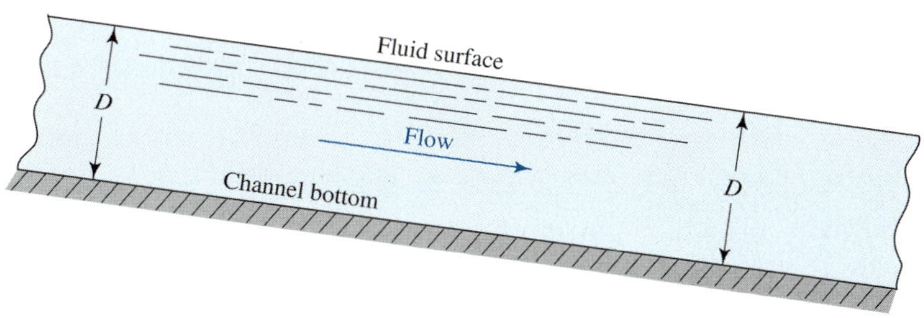

그림 14.3 균일 정상 유동 - 측면

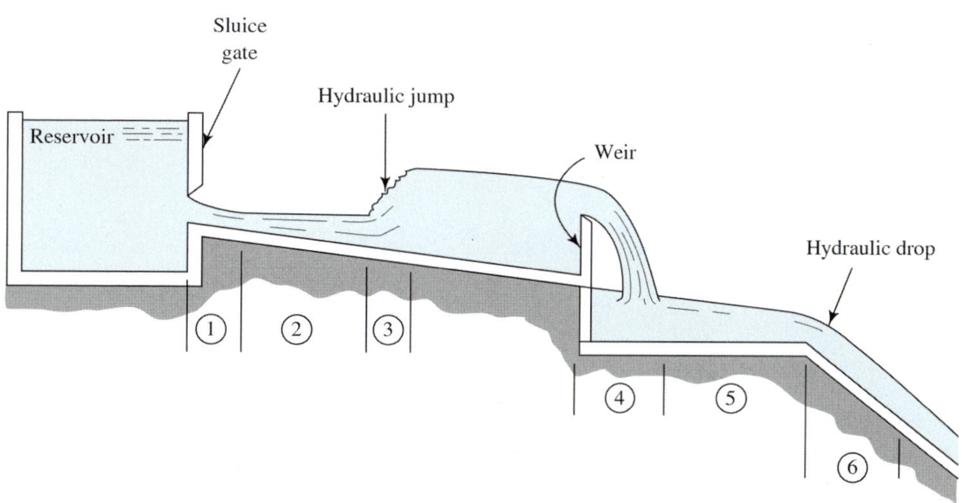

그림 14.4 변화 유동이 발생하는 조건

되고 급 변화 유동이 발생한다. 이곳에서의 유속은 매우 빠르다.

- 영역 2 수문에 비교적 가까운 곳에서 수심이 크게 변하지 않으면 점진 변화 유동이 발생한다. 만약 유로 단면이 일정하고 유로가 충분히 길다면 균일 유동이 발생할 수 있다.
- 영역 3 수력 도약(hydraulic jump)은 개수로 유동에서 발생하는 흥미로운 현상이다. 도약 이전에는 유동이 매우 빠르고 수심이 얕다. 도약 중에는 강한 난류가 발생하며 많은 에너지가 소산된다. 도약 이후에는 유동이 상당히 느려지고 수심이 깊어진다. 수력 도약에 대한 자세한 내용은 이 장의 뒷부분에서 다룬다.
- 영역 4 위어(weir)는 유로 단면을 급격히 변화시키는 유동 장애물로, 유동을 조절하거나 유량을 측정하는 데 사용된다. 유체가 위어 위를 지나면서 유동은 급격히 변하고 하류에 폭포가 생성된다.
- 영역 5 유로 단면이 일정하면 위어 하류에서는 영역 2와 같이 점진 변화 유동이 생성된다.
- 영역 6 수력 강하(hydraulic drop)는 유로 경사각이 갑자기 증가할 때 발생한다. 유동은 중력에 의해 가속되고 급변화 유동이 된다.

14.3 개수로 유동의 수력 반경과 Reynolds수

개수로 유동에서의 특성길이는 수력 반경(hydraulic radius)이다. 수력 반경은 유동 단면적과 윤변(wetted perimeter)의 비로 주어진다.

▶ 수력 반경

$$R = \frac{A}{WP} = \frac{\text{유동 단면적}}{\text{윤변}} \tag{14-1}$$

R은 SI 단위로 미터이고 영국 단위로는 피트이다.

수력 반경에 사용되는 유동 단면적은 개수로 형상에 의해 결정된다. 그림 14.2(a), 14.2(b), 14.2(c)는 주로 사용되는 몇 가지 개수로 형상을 보여준다. 그림 14.2(d)와 같은 자연하천의 경우에는 형상을 정확히 알기 어렵기 때문에 수력 반경을 근사적으로 얻는다. 윤변은 개수로 단면에서 유체가 고체면과 접촉하는 총 길이이다. 그림 14.2에는 각 개수로에 대한 유동 단면적 A와 윤변 WP에 대한 식이 주어져 있다. 각 그림에서 음영진 영역은 유체가 흐르는 단면이다. 벽면 근처에 그려진 파선은 유체가 벽면에 접촉하는 곳, 즉 윤변을 계산하는 데 사용되는 곳이다. 수면의 길이는 WP 계산에 포함되지 않는다. 다음은 수력 반경 R을 계산하는 예제이다.

예제 14.1 그림 14.2(c)는 사다리꼴의 단면을 갖는 개수로를 보여준다. $W=4$ ft, $X=1$ ft, $D=2$ ft일 때, 이 개수로에 대한 수력 반경을 계산하시오.

해설 유동 단면적은 다음과 같이 계산된다.

$$A = WD + 2(XD/2) = WD + XD$$
$$= (4)(2) + (1)(2) = 10 \text{ ft}^2$$

윤변을 계산하기 위해 피타고라스 정리를 이용하여 L 값을 얻는다.

$$WP = W + 2L$$
$$L = \sqrt{X^2 + D^2} = \sqrt{(1)^2 + (2)^2} = 2.24 \text{ ft}$$
$$WP = 4 + 2(2.24) = 8.48 \text{ ft}$$

따라서 수력 반경은 다음과 같다.

$$R = A/WP = 10\ \text{ft}^2/8.48\ \text{ft} = 1.18\ \text{ft}$$

유체가 채워진 원형파이프에 대한 Reynolds수는 다음과 같다.

$$N_R = \frac{vD}{\nu} \tag{14-2}$$

여기서 v = 평균 유속, D = 파이프 직경, ν = 유체의 동점도이다. $N_R < 2000$이면 층류 유동이 발생하고 $N_R > 4000$이면 난류 유동이 발생한다. Reynolds수는 유체의 점성 효과와 유체의 관성력의 상대적인 비를 의미한다.

개수로 유동에서는 수력 반경 R을 특성 길이로 사용한다. 9장에서는 유체가 가득 채워진 원형파이프의 경우 $D = 4R$이었다. 비원형 유로 경우에도 D 대신에 $4R$을 근사적으로 사용하는 게 편리하였다. 그러나 개수로 유동에서는 이러한 방법을 사용하지 않는다. 개수로 유동에 대한 Reynolds수는 다음과 같다.

▶ 개수로 유동에 대한 Reynolds수

$$N_R = \frac{vR}{\nu} \tag{14-3}$$

실험에 의하면(참고문헌 4 참조), $N_R < 500$이면 층류 유동이 발생한다. N_R이 500 − 2000 사이인 구간은 천이 영역이고, $N_R > 2000$이면 난류 유동이 발생한다.

14.4 개수로 유동의 종류

Reynolds수, 층류, 난류라는 용어만으로는 개수로 유동의 모든 특징을 설명하기에 충분하지 않다. 관성력 대비 점성력 효과 이외에 중력 대비 관성력 효과 또한 중요하다. 중력 대비 관성력 효과는 Froude수 N_F로 정의된다.

▶ Froude수

$$N_F = \frac{v}{\sqrt{g y_h}} \tag{14-4}$$

여기서 y_h는 수력 수심으로 다음과 같이 주어진다.

▶ 수력 수심

$$y_h = A/T \tag{14-5}$$

여기서 T는 수면의 너비이다.

Froude수가 1.0이면($v = \sqrt{g y_h}$) 임계 유동(critical flow), $N_F < 1.0$이면 아임계 유동(subcritical flow), $N_F > 1.0$이면 초임계 유동(supercritical flow)이라 한다. 자세한 내용은 14.8절을 참조한다.

따라서 개수로 유동은 다음과 같이 네 종류로 구분할 수 있다.

1. 아임계 유동—층류: $N_R < 500$, $N_F < 1.0$
2. 아임계 유동—난류: $N_R > 2000$, $N_F < 1.0$
3. 초임계 유동—난류: $N_R > 2000$, $N_F > 1.0$
4. 초임계 유동—층류: $N_R < 500$, $N_F > 1.0$

유동은 층류와 난류 사이의 천이 영역에 해당할 수도 있다. 그러나 천이 영역에서는 유동이 불안정하여 유동을 특징짓기 어렵다. 이에 대해서는 참고문헌 12와 17을 참조한다.

층류와 난류에 대해서는 파이프 유동에서 다루었다. 유동이 층류이면 유체가 매우 잔잔하고 혼합이 거의 없다. 따라서 층류에 주입한 물감은 그 형태를 유지하면서 흐른다. 반면 난류 유동에서는 유체 혼합이 매우 활발하게 일어난다. 따라서 난류 내 물감은 급격히 유체 안으로 퍼진다.

14.5 균일 정상 유동

그림 14.3은 개수로에서 균일 정상 유동을 보여준다. 수면이 유로 바닥과 평행을 이루고 있다. 유로 바닥의 슬로프(slope)를 S라 하고 수면의 슬로프를 S_w 라고 하면 $S = S_w$ 이다. 이론적으로 균일 유동은 유로의 단면 형상이 일정할 때(prismatic)만 일어난다. 또한 S도 유로를 따라 일정해야 한다. 만약 유로의 단면 또는 슬로프가 변하면 유동 단면적이 확대되거나 축소된다.

유로 슬로프 S는 몇 가지 방법으로 측정할 수 있다. 슬로프는 유로의 수평 이동거리(L) 대비 수직 하강거리(h)의 비로 정의된다($S = h/L$). 대부분의 개수로는 슬로프가 작다. 자연 하천이나 배수 구조물은 일반적으로 슬로프가 0.001일 정도로 매우 작다. 슬로프는 퍼센트로 나타내기도 한다. 0.001 = 0.1 퍼센트이다. $\sin\theta = h/L$을 이용하여 슬로프를 각도로 나타내기도 한다. 요약하면, 슬로프가 0.001인 경우

1. 수평 이동거리 1000 m일 때 수직 하강거리는 1 m이다.
2. 슬로프는 0.1 퍼센트이다.
3. $\sin\theta = 0.001$이다. 따라서 $\theta = \sin^{-1}(0.001) = 0.057°$이다.

각도는 매우 작은 값을 가지므로 각도를 기울기로 사용하는 경우는 드물다.

균일 유동에서 유체를 흐르게 하는 힘은 그림 14.5에서 보는 바와 같이 유체의 무게이다. 주어진 유체의 무게를 w, 유로 슬로프를 θ라고 하면, 주어진 유체에 작용하는 무게 힘은 $w\sin\theta$이다. 균일 유동에서는 유체가 가속되지 않는다. 따라서 유체 무게에 대한 반대의 힘이 작용해야 한다. 이 힘은 유체와 유로 벽면 사이의 마찰이다.

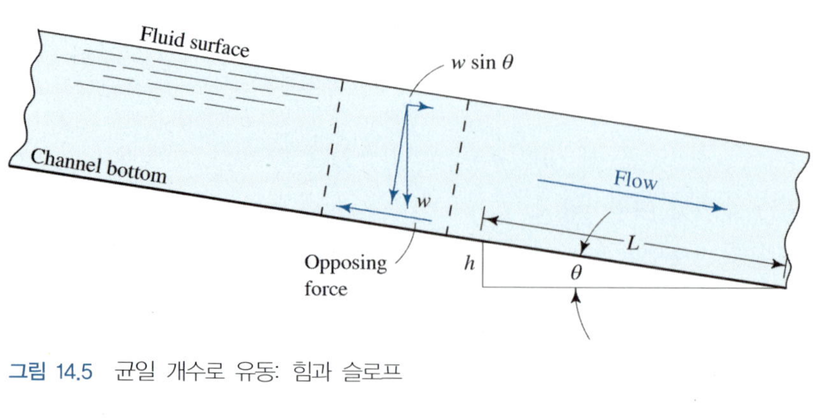

그림 14.5 균일 개수로 유동: 힘과 슬로프

유체 무게와 벽면 마찰을 같게 하면 유체의 평균 유속을 계산할 수 있다. Robert Manning은 다음의 방정식을 제시하였다.

▶ Manning 방정식 - SI 단위

$$v = \frac{1.00}{n} R^{2/3} S^{1/2} \qquad (14-6)$$

위 식에서 수력 반경 R이 m 단위를 갖는다면 평균 유속 v는 m/s 단위를 갖는다. 슬로프 $S = h/L$은 단위가 없다. 마지막으로 n은 조도계수이다. n값은 유로 표면 조건에 따라 달라지는데, 마치 파이프에서 벽면 조도와 유사한 기능을 한다.

개수로에 흔히 사용되는 재료와 자연 하천에 대한 n값은 표 14.1에 정리되어 있다. 더 다양한 n값과 그에 대한 토의는 참고문헌 4를 참조한다. 표 14.1에 정리된 값들은 개수로 유동을 예측하는 데 사용되는 평균 값들이다. 실제 조도계수는 평균 값과 차이가 날 수 있다.

체적 유량은 질량 방정식을 사용하여 다음과 같이 계산된다.

$$Q = Av \qquad (14-7)$$

식 (14-6)을 식 (14-7)에 대입하면 유량을 유로에 대한 물리적 매개변수들을 이용하여 표현할 수 있다.

표 14.1 Manning 조도계수 n

Channel Description	n
Glass, copper, plastic, or other smooth surfaces	0.010
Smooth, unpainted steel, planed wood	0.012
Painted steel or coated cast iron	0.013
Smooth asphalt, common clay drainage tile, trowel-finished concrete, glazed brick	0.013
Uncoated cast iron, black wrought iron pipe, vitrified clay sewer tile	0.014
Brick in cement mortar, float-finished concrete, concrete pipe	0.015
Formed, unfinished concrete, spiral steel pipe	0.017
Smooth earth	0.018
Clean excavated earth	0.022
Corrugated metal storm drain	0.024
Natural channel with stones and weeds	0.030
Natural channel with light brush	0.050
Natural channel with tall grasses and reeds	0.060
Natural channel with heavy brush	0.100

▶ 유량 - SI 단위

$$Q = \left(\frac{1.00}{n}\right) A R^{2/3} S^{1/2} \qquad (14-8)$$

유량 Q의 단위는 m^3/s이고 유동 면적 A의 단위는 m^2, 수력 반경의 단위는 m이다.

위 식은 다음 형태로 쓸 수 있다.

$$AR^{2/3} = \frac{nQ}{S^{1/2}} \tag{14-9}$$

식 (14−9)의 왼쪽 항은 유로 형상만의 함수이다. 따라서 유량, 슬로프, 유로 표면의 종류가 정해지면, 유로의 기하학적 형태를 알 수 있다. 또는 유로의 크기와 형상이 정해지면, 정상 유량(normal discharge) Q를 계산할 수 있다. 정상 상태일 때 수심을 정상 수심(normal depth)이라고 한다.

균일 유동 문제에서는 주 계산 대상이 유량, 수심, 유로 단면 형상, 유로 슬로프, 조도계수이다. 이 값들은 수식 (14−6)−(14−9)을 이용하면 얻을 수 있다.

14.5.1 Manning 방정식(미국관습단위)

엄밀하게 맞는 것은 아니지만, 단위가 없는 조도계수 n을 SI 단위의 Manning 방정식[식 (14−6)] 또는 미국관습단위의 Manning 방정식에 사용하는 것이 편리하다.

▶ Manning 방정식(미국관습단위)

$$v = \frac{1.49}{n} R^{2/3} S^{1/2} \tag{14-10}$$

수력 반경 R이 피트 단위이면 유속은 ft/s 단위이다.

식 (14−8)과 식 (14−9)에 대응하는 식은 다음과 같다.

▶ 정상 유량

$$Q = Av = \left(\frac{1.49}{n}\right) AR^{2/3} S^{1/2} \tag{14-11}$$

$$AR^{2/3} = \frac{nQ}{1.49 S^{1/2}} \tag{14-12}$$

위 식에서 유동 면적 A의 단위가 ft^2이고 수력 반경 R의 단위가 ft이면, 유량 Q의 단위는 ft^3/s가 된다.

예제 14.2 일반 점토로 만든 배수관이 있다. 배수관의 내부 직경은 200 mm이고 배수관은 1000 m 수평거리에 1 m 하강한다. 유체가 배수관을 절반 채우면서 흐를 경우 유량은 얼마인가?

해설 식 (14−8)을 이용한다.

$$Q = \left(\frac{100}{n}\right) AR^{2/3} S^{1/2}$$

슬로프 $S = 1/1000 = 0.001$. 표 14.1에 의하면 점토의 경우 $n = 0.013$이다. 그림 14.6은 절반 채워진 유로 단면을 보여준다.

$$A = \frac{1}{2}\left(\frac{\pi D^2}{4}\right) = \frac{\pi D^2}{8} = \frac{\pi (200)^2}{8}\ \text{mm}^2 = 5000\pi\ \text{mm}^2$$

$$= 15708\ \text{mm}^2 = 0.0157\ \text{m}^2$$

$$WP = \pi D/2 = 100\pi\ \text{mm}$$

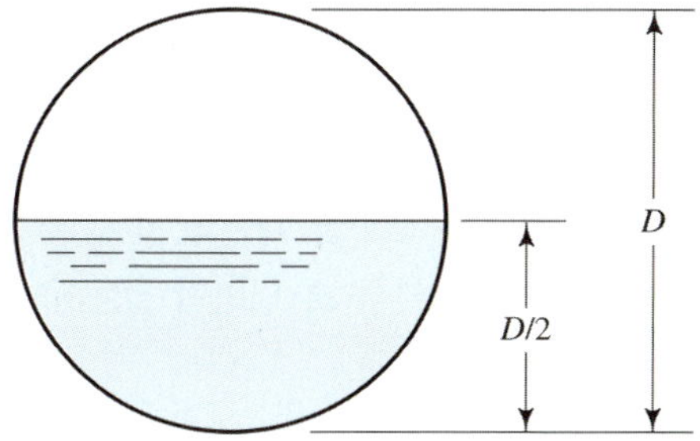

그림 14.6 예제 14.2에서 물이 절반 채워진 배수관

따라서 다음을 얻는다.

$$R = A/WP = 5000\pi \ \text{mm}^2/100\pi \ \text{mm} = 50 \ \text{mm} = 0.05 \ \text{m}$$

식 (14−8)을 계산하면 유량은 다음과 같다.

$$Q = \frac{(0.0157)(0.05)^{2/3}(0.001)^{1/2}}{0.013}$$

$$Q = 5.18 \times 10^{-3} \ \text{m}^3/\text{s}$$

예제 14.3 그림 14.7이 보여주는 개수로에 대하여, 수심이 2 ft이면서 유량이 50 ft^3/s가 되기 위한 최소 유로 슬로프를 계산하시오. 유로 바닥과 측면은 마감처리가 안 된 콘크리트이다.

해설 슬로프 S를 계산하기 위해 식 (14−11)을 사용한다.

$$Q = \left(\frac{1.49}{n}\right) AR^{2/3} S^{1/2}$$

$$S = \left(\frac{Qn}{1.49AR^{2/3}}\right)^2 \tag{14-13}$$

표 14.1에 의하면 조도계수 $n = 0.017$이다. A와 R의 값은 그림 14.2를 참조하여 다음과 같이 계산할 수 있다.

$$A = (4)(2) + (2)(2)(2)/2 = 12 \ \text{ft}^2$$

$$WP = 4 + 2\sqrt{4+4} = 9.66 \ \text{ft}$$

$$R = A/WP = 12/9.66 = 1.24 \ \text{ft}$$

따라서 식 (14−13)은 다음과 같이 계산된다.

$$S = \left[\frac{(50)(0.017)}{(1.49)(12)(1.24)^{2/3}}\right]^2 = 0.00169$$

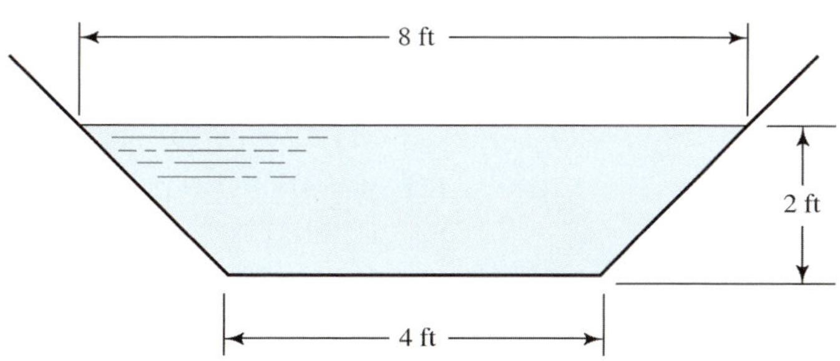

그림 14.7 예제 14.3에 대한 사다리꼴형 유로

유로는 1000 ft 길이에 최소한 1.69 ft 하강해야 한다.

예제 14.4 마감처리가 안 된 콘크리트를 이용하여 사각형 유로를 만들고, 유로 슬로프가 1.2 퍼센트일 때 물이 5.75 m^3/s 유량으로 흐르게 하고자 한다. 수심은 유로 너비의 절반이다. 사각형의 유로 크기를 결정하시오.

해설 식 (14−9)를 이용하여 유로 형상을 결정한다.

$$AR^{2/3} = \frac{nQ}{S^{1/2}} = \frac{(0.017)(5.75)}{(0.012)^{1/2}} = 0.892$$

그림 14.8은 유로의 단면을 보여준다. $y = b/2$이므로 A와 R은 b로 표현할 수 있다.

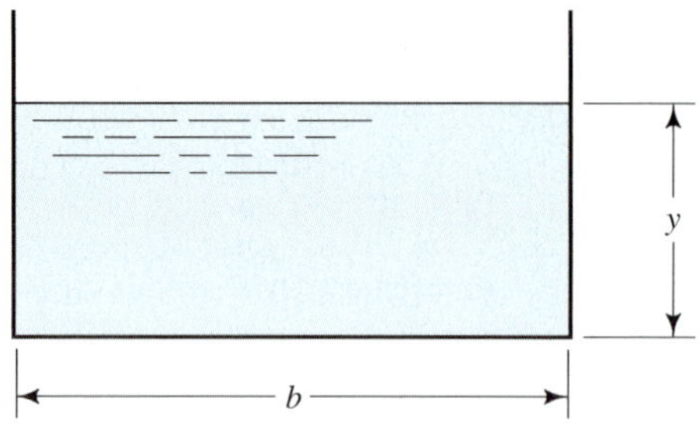

그림 14.8 예제 14.4에 대한 사각형 유로

$$A = by = \frac{b^2}{2}$$

$$WP = b + 2y = 2b$$

$$R = A/WP = \frac{b^2}{(2)(2b)} = \frac{b}{4}$$

따라서 다음을 얻는다.

$$AR^{2/3} = 0.892$$

$$\frac{b^2}{2}\left(\frac{b}{4}\right)^{2/3} = 0.892$$

$$\frac{b^{8/3}}{5.04} = 0.892$$

$$b = (4.50)^{3/8} = 1.76 \text{ m}$$

유로의 너비는 1.76 m이다.

예제 14.5 예제 14.4에서 유로의 너비를 2 m로 결정하였다. 최대 유량은 12 m^3/s로 예상된다. 이 유량에 대한 수심을 계산하시오.

해설 식 (14−9)를 이용하면

$$AR^{2/3} = \frac{nQ}{S^{1/2}} = \frac{(0.017)(12)}{(0.012)^{1/2}} = 1.86$$

그림 14.8에서 $b = 2$ m를 이용하여 A와 R을 y로 표현한다.

$$A = 2y$$

$$WP = 2 + 2y$$

$$R = A/WP = 2y/(2+2y)$$

따라서 다음을 얻는다.

$$1.86 = AR^{2/3} = 2y\left(\frac{2y}{2+2y}\right)^{2/3}$$

y값을 구하는 것은 쉽지 않으므로 다음의 반복 과정을 통해 y값을 얻는다.

y (m)	*A* (m²)	*WP* (m)	*R* (m)	*R*$^{2/3}$	*AR*$^{2/3}$	Required Change in *y*
2.0	4.0	6.0	0.667	0.763	3.05	Make *y* lower
1.5	3.0	5.0	0.600	0.711	2.13	Make *y* lower
1.35	2.7	4.7	0.574	0.691	1.86	*y* is OK

유량이 12 m^3/s일 때 수심은 1.35 m이다.

14.6 전형적인 개수로 형상

원형, 사각형, 사다리꼴형, 삼각형의 개수로가 자주 사용된다. 표 14.2는 전형적인 개수로에 대한 기하학적 특징을 계산하는 공식을 보여준다.

이 중에서 사다리꼴형 개수로가 주로 사용된다. 사다리꼴형 개수로는 윤변 대비 유동 단면적이 상대적으로 크다. 또한 측면 경사는 재료 안정성 측면에서도 좋다.

측면 슬로프는 수평선을 기준으로 한 각도 또는 수직거리 대비 수평거리 비율인 피치로 정의된다. 표 14.2에서 피치는 z값이 된다. 사다리꼴형 개수로의 경우 $z=1\sim3$의 값을 갖는다.

사다리꼴형 유로에서 측면 슬로프가 90° 또는 $z=0$이 되면 사각형 유로가 된다. 콘크리트는 종종 사각형으로 만들어진다. 사다리꼴형 유로에서 바닥의 너비가 0이 되면 삼각형 유로가 된다. 단순한 도랑은 종종 삼각형 유로 형태이다.

원형 개수로의 경우, 수심에 따른 단면 데이터는 그림 14.9에 주어진 그래프를 통해 쉽게 얻을 수 있다. 왼쪽 그림은 원형관에 수심이 y인 단면의 반을 보여준다. 그래프에서 수직축은 y/D값이다. 곡선 A는 A/A_f값으로, A는 유동 단면적이고 A_f는 원형관의 단면적($=\pi D^2/4$)이다. $y/D=0.65$이면 $A/A_f=0.7$이 된다. 예를 들면 $D=2$ ft라고 하자. 이 경우 A와 A_f는 다음과 같이 계산된다.

$$A_f = \pi D^2/4 = \pi(2.00\ \text{ft})^2/4 = 3.14\ \text{ft}^2$$
$$A = (0.70)A_f = (0.70)(3.14\ \text{ft}^2) = 2.20\ \text{ft}^2$$

비슷한 방법으로 $y/D=0.65$일 때, $WP/WP_f=0.6$, $R/R_f=1.16$이다. 따라서

$$WP_f = \pi D = \pi(2.00\ \text{ft}) = 6.28\ \text{ft}$$
$$WP = (0.60)WP_f = (0.60)(6.28\ \text{ft}) = 3.77\ \text{ft}$$

이다. 그리고

$$R_f = D/4 = (200\ \text{ft})/4 = 0.50\ \text{ft}$$
$$R = (1.16)R_f = (1.16)(0.50\ \text{ft}) = 0.580\ \text{ft}$$

이다.

표 14.2 개수로 단면 치수

Section	Area A	Wetted Perimeter WP	Hydraulic Radius R
Rectangle 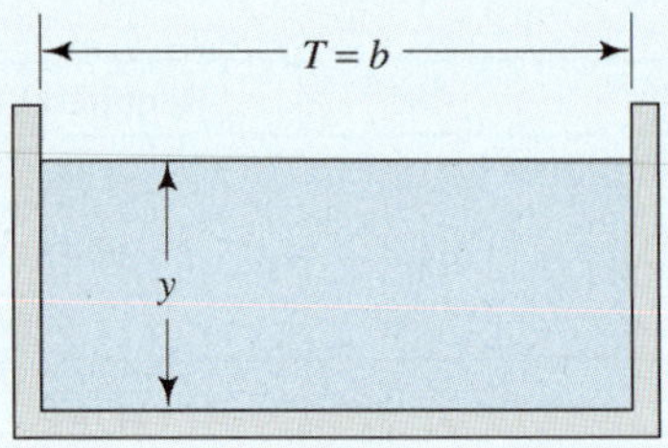	by	$b + 2y$	$\frac{by}{b + 2y}$
Triangle 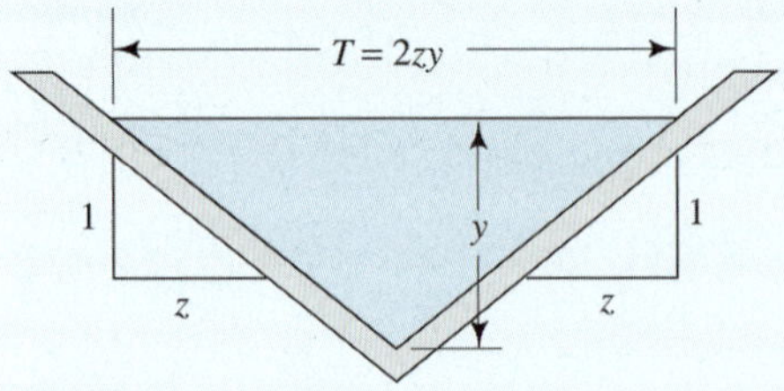	zy^2	$2y\sqrt{1 + z^2}$	$\frac{zy}{2\sqrt{1 + z^2}}$
Trapezoid 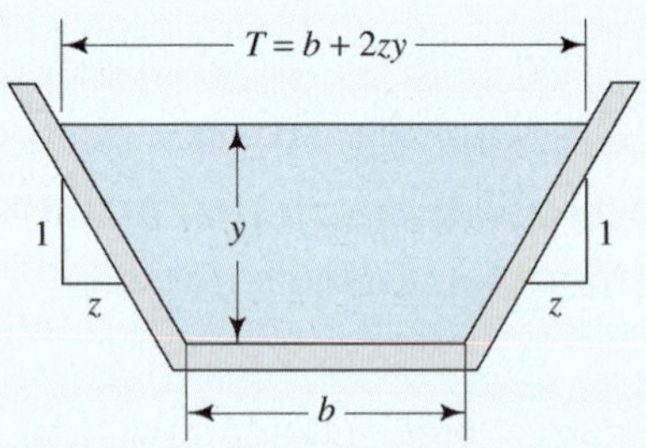	$(b + zy)y$	$b + 2y\sqrt{1 + z^2}$	$\frac{(b + zy)y}{b + 2y\sqrt{1 + z^2}}$
Circle 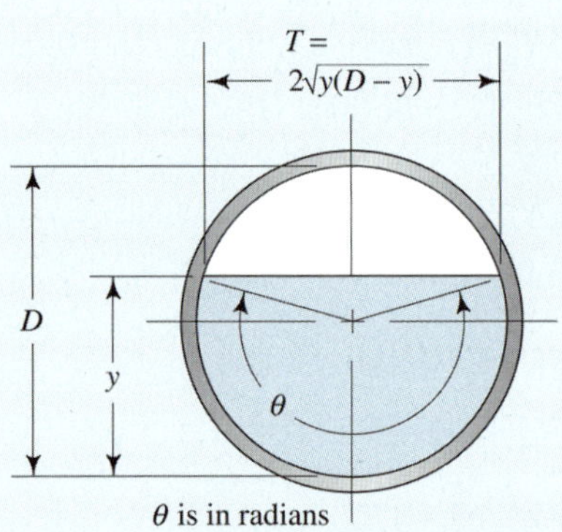	$\frac{(\theta - \sin\theta)\,D^2}{8}$	$\theta D/2$	$\left[\frac{(\theta - \sin\theta)}{\theta}\right]\frac{D}{4}$

Note: θ must be in radians.
For $y < D/2$, $\theta = \pi - 2\sin^{-1}[1 - (2y/D)]$
For $y > D/2$, $\theta = \pi + 2\sin^{-1}[(2y/D) - 1]$

원형관에 유체가 일부 채워져 있는 경우에 대한 A, WP, R값은 복잡한 방정식을 풀어서 구해야 하나, 그림 14.9를 통해 간단히 구할 수 있다. 인터넷 자료 1을 이용하면 방정식을 직접 풀 수 있다.

그림 14.10은 다른 모양의 개수로를 보여준다. 자연하천은 보통 2차 함수로 근사할 수 있다. 삼각형

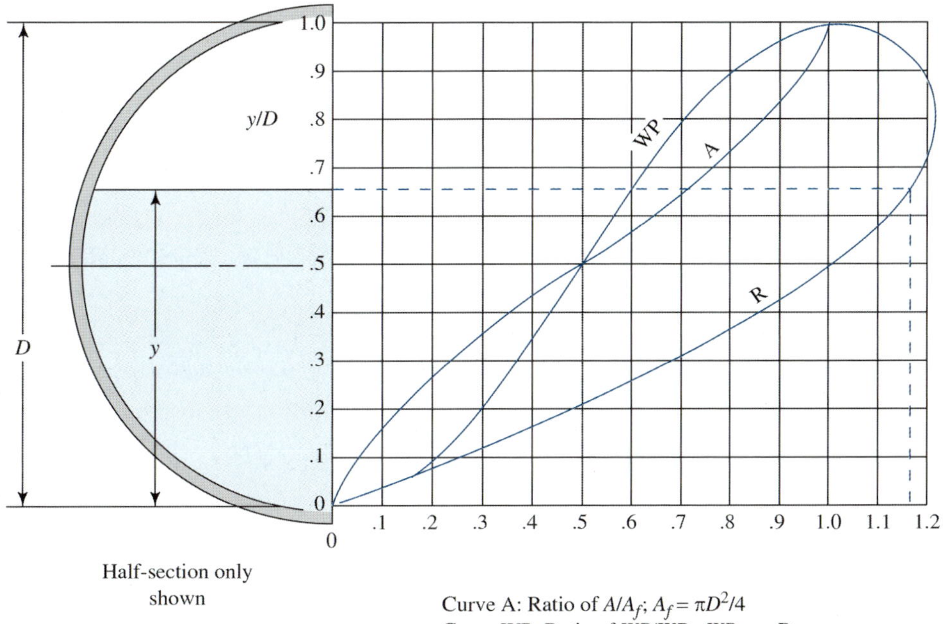

Curve A: Ratio of A/A_f; $A_f = \pi D^2/4$
Curve WP: Ratio of WP/WP_f; $WP_f = \pi D$
Curve R: Ratio of R/R_f; $R_f = D/4$

Example: $D = 2.0$ ft; $y = 1.30$ ft; $y/D = 0.65$

$A_f = 3.14\ \text{ft}^2$; $A/A_f = .7$; $A = 0.7(3.14) = 2.20\ \text{ft}^2$
$WP_f = 6.28$ ft; $WP/WP_f = 0.6$; $WP = 0.6(6.28) = 3.77$ ft
$R_f = 0.50$ ft; $R/R_f = 1.16$; $R = 1.16(0.50) = 0.580$ ft

그림 14.9 부분적으로 채워진 원형관 치수

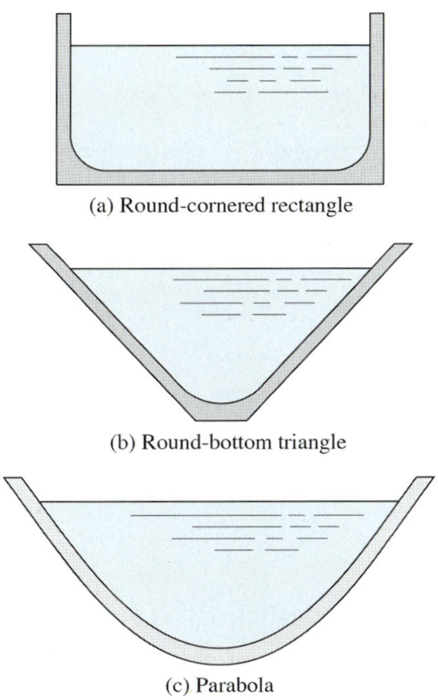

그림 14.10 개수로의 다른 형상

유로는 바닥을 둥글게 하는 것이 좀 더 현실적이다. 사각형 유로의 경우에는 모서리를 둥글게 하면 성능이 좋아지고 유지보수도 쉬어진다. 그러나 제작하기가 어렵다는 단점이 있다. 이 세 유로에 대한 방정식은 참고문헌 4에서 찾을 수 있다.

14.7 가장 효율적인 개수로 모양

통수능(conveyance)이라는 용어는 개수로의 유량을 의미한다. 통수능은 Manning 방정식을 통해 얻을 수 있다. SI 단위의 경우 식 (14−8)을 사용한다.

$$Q = \left(\frac{1.00}{n}\right) AR^{2/3} S^{1/2}$$

유로 슬로프 S를 제외한 오른쪽 항에 있는 변수들은 유로 설계와 관련 있다. 따라서 통수능 K를 다음과 같이 정의한다.

▶ 통수능 - SI 단위

$$K = \left(\frac{1.00}{n}\right) AR^{2/3}$$

미국관습단위로는 다음과 같이 표현된다.

▶ 통수능 - 미국관습단위

$$K = \left(\frac{1.49}{n}\right) AR^{2/3} \tag{14-15}$$

Manning 방정식은 다음과 같다.

$$Q = KS^{1/2} \tag{14-16}$$

유로의 통수능은 주어진 유동 단면적에서 윤변이 가장 작을 때 최대가 된다. 이 기준에 의하면, 원형 관에서는 유체가 절반 채워져 있는 경우가 통수능 측면에서 가장 효율적이다. 표 14.3은 다른 개수로에 대하여 가장 효율적인 디자인을 보여준다.

14.8 임계 유동과 비에너지

개수로 유동에서 에너지는 유로 단면에서 유체가 갖는 에너지를 통상 다룬다. 유체의 전체 에너지는 유로 바닥을 기준으로, 수심에 의한 위치 에너지와 유속에 의한 운동 에너지로 구성된다.

전체 에너지 E는 다음과 같다.

$$E = y + v^2/2g \tag{14-17}$$

여기서 y는 수심이고 v는 평균 유속이다. 식 (14−17) 각 항의 단위는 유체의 단위 질량당 에너지이다. 개수로 유동에서는 E를 종종 비에너지(specific energy)라고 한다. 비에너지를 $v = Q/A$를 이용하여 다음과 같이 쓸 수 있다.

$$E = y + Q^2/2gA^2 \tag{14-18}$$

표 14.3 가장 효율적인 개수로 단면

Section	Area A	Wetted Perimeter WP	Hydraulic Radius R
Rectangle (half of a square) 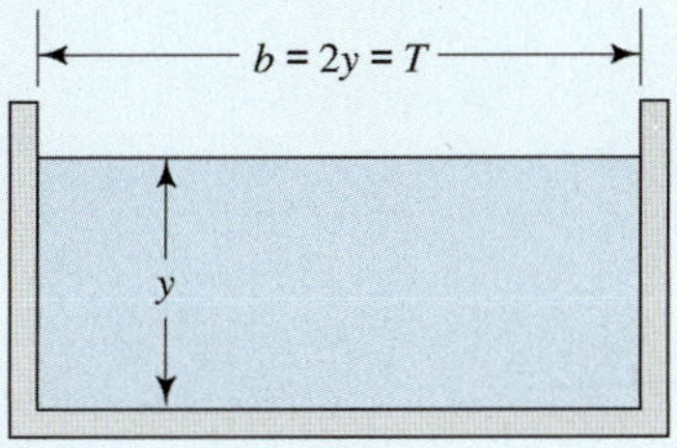	$2.0y^2$	$4y$	$y/2$
Triangle (half of a square) 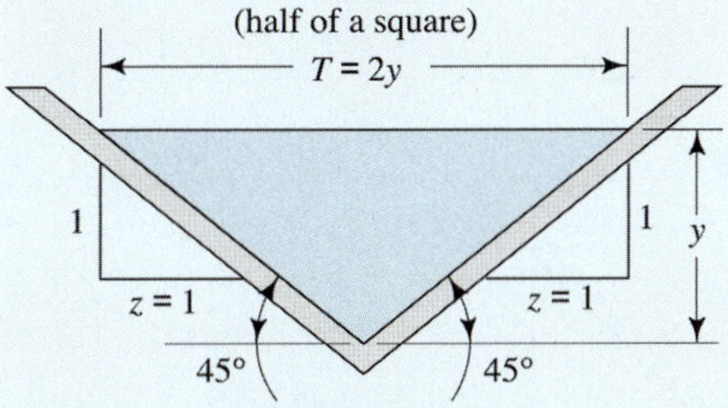	y^2	$2.83y$	$0.354y$
Trapezoid (half of a hexagon) 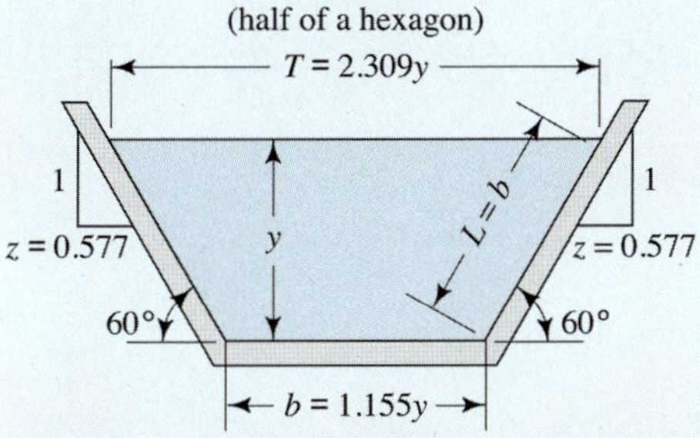	$1.73y^2$	$3.46y$	$y/2$
Semicircle• 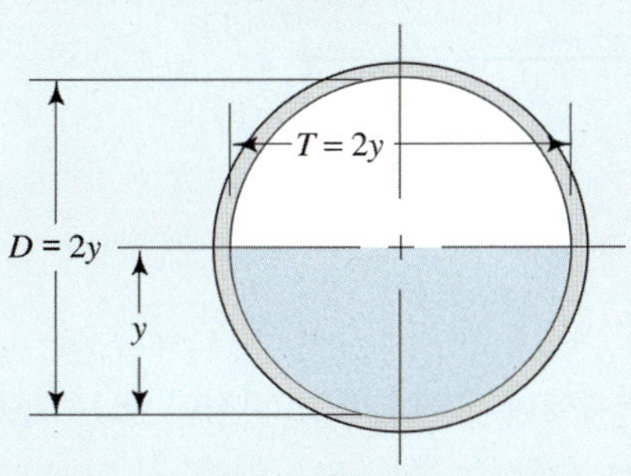	$\frac{1}{2}\pi y^2$	πy	$y/2$

유동 단면적 A는 수심의 함수이므로 식 (14－18)을 통해 비에너지는 수심의 함수임을 알 수 있다. 수심 y와 비에너지 E 사이의 관계 그래프로 개수로 유동이 가능한 영역을 확인할 수 있다. 그림 14.11은 주어진 유로 단면에서 유량이 일정할 때 비에너지 곡선을 보여준다.

그래프에서 45° 라인은 $E = y$ 선이다. 비에너지 곡선 위에 있는 임의의 점에서 비에너지는 위치 에너

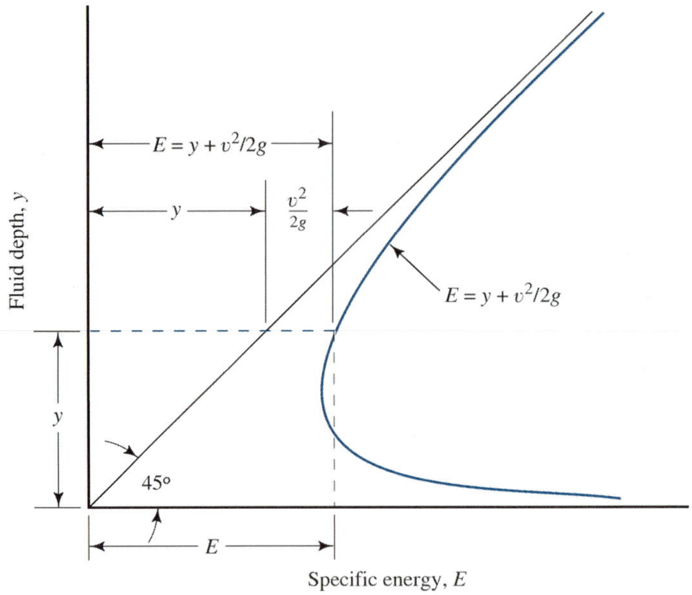

그림 14.11 수심에 따른 비에너지 변화

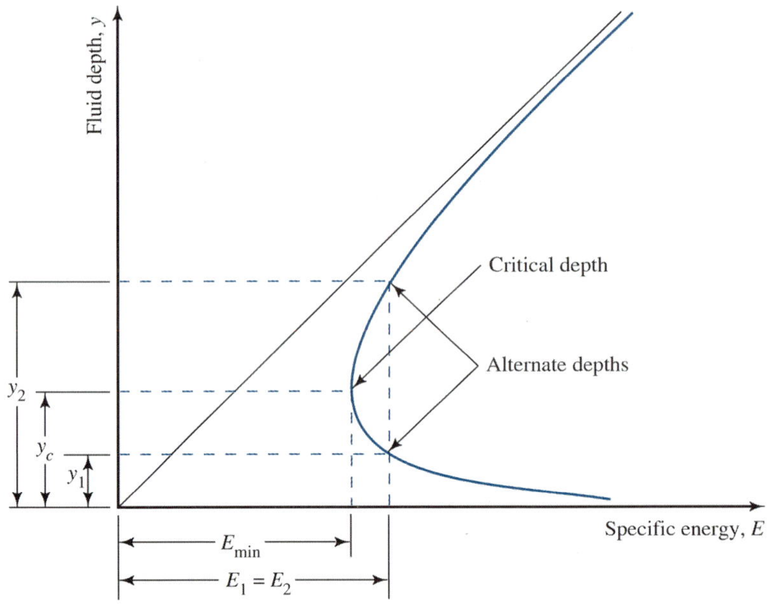

그림 14.12 임계 수심과 대응 수심

지 y와 운동 에너지 $v^2/(2g)$의 합이 된다. 그래프를 보면 비에너지가 최소인 지점이 있는데, 이 지점은 임계 유동(critical flow), 즉 $N_F=1$이다. Froude수 N_F에 대해서는 식 (14−4)를 참조한다.

비에너지가 가장 낮을 때의 수심을 임계 수심(critical depth) y_c라 한다. 수심이 y_c보다 크면 아임계 유동(subcritical flow), 반대로 수심이 y_c보다 작으면 초임계 유동(supercritical flow)이라고 한다. 최소 비에너지보다 높은 각 비에너지에 대하여 2개의 다른 수심이 존재할 수 있음을 유의한다. 그림 14.12에서 y_c보다 작은 y_1과 y_c보다 큰 y_2는 같은 비에너지를 갖고 있다. y_1의 경우에는 초임계 유동이며, 에너지의 많은 부분이 유속에 의한 운동 에너지이다. 수심이 더 깊은 y_2의 경우에는 유속이 느리고 운동 에너지가 차지하는 비중이 작다. 두 수심 y_1과 y_2를 비에너지 E에 대한 대응 수심(alternate depths)이라 한다.

14.9 수력 도약

수력 도약(hydraulic jump)의 중요성을 이해하기 위해 그림 14.13을 보자. 물이 경사면을 따라 방수로 바닥에 도착하면 방수로에서 초임계 유동이 생성될 정도로 유속이 매우 빠르다. 이 높은 유속이 방수로를 거쳐 하천까지 지속된다면, 유로 측면과 바닥에서의 침식이 심각할 것이다. 그러나 유로를 잘 설계하면 그림에서 보여주는 바와 같이 수심이 y_1에서 y_2로 갑자기 증가하는 수력 도약이 발생하게 된다. 이 경우 두 가지 이점이 있다. 첫째, 유속이 상당히 감소하여 유로 벽면이 침식되는 경향이 감소한다. 둘째, 높은 유속에 의한 과도한 운동 에너지가 수력 도약에 의해 소산된다. 그 이유는 도약 중 유동은 매우 강한 난류이기 때문이다.

수력 도약이 일어나기 위해서는 도약 이전의 유동이 초임계 유동이어야 한다. 다시 말하면 그림 14.13에서 y_1이 임계 수심보다 작아야 하고 Froude수는 1보다 커야 한다. 수력 도약 이후 수심 y_2는 다음 식을 이용하여 계산한다.

$$y_2 = (y_1/2)\left(\sqrt{1+8N_{F_1}^2}-1\right) \tag{14-19}$$

수력 도약 중 발생한 에너지 소산(손실)은 y_1과 y_2에 의해 결정된다.

$$E_1 - E_2 = \Delta E = (y_2 - y_1)^3/4y_1y_2 \tag{14-20}$$

그림 14.14는 비에너지 곡선을 이용하여 수력 도약 과정 중 일어나는 현상을 설명해준다. 유체는 수심 y_1에서 비에너지 E_1을 가지고 도약하기 시작한다. 도약이 일어나면 수심이 갑자기 증가한다. 에너지 소산이 없다면 수심은 y_1에 대한 대응 수심 y_2'이 될 것이다. 그러나 에너지 소산 ΔE가 발생하여 실제 수심은 비에너지 E_2에 해당하는 y_2가 된다. y_2는 아임계 유동 영역에 해당하고 도약 이후 유동은 고요해진다. 도약 이후 실제 수심을 공액 수심(sequent depth)이라고 한다.

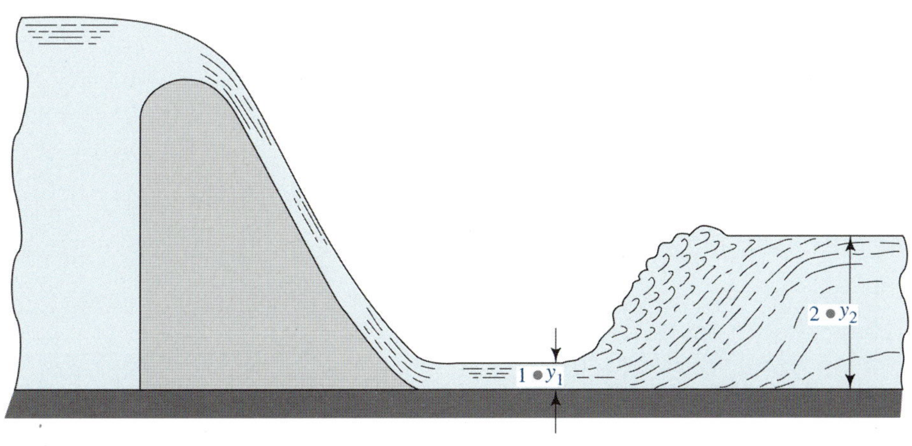

그림 14.13 방수로 바닥에서 발생한 수력 도약

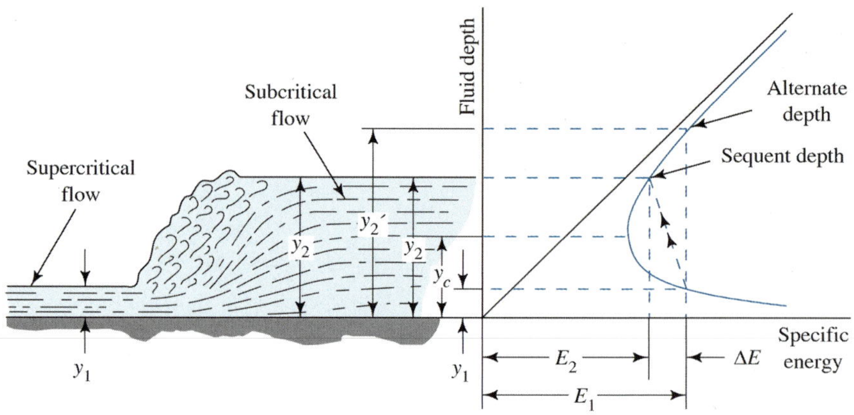

그림 14.14 수력 도약에서 수심과 에너지

다음 예제는 수력 도약을 다룬다.

예제 14.6 그림 14.15에서 보는 바와 같이 물이 수문을 통해 18 m^3/s 유량이 방출된다. 방수로는 사각형으로 폭이 3 m이고 마감처리가 안 된 콘크리트로 만들어져 있다. 수심이 1 m인 지점에서 수력 도약이 발생하였다. 다음을 구하시오.

a. 도약 전 유속
b. 도약 후 수심
c. 도약 후 유속
d. 도약으로 인한 에너지 소산

해설 a. 도약 전 유속은 다음과 같다.

$$v_1 = Q/A_1$$
$$A_1 = (3)(1) = 3\ \text{m}^2$$
$$v_1 = (18\ \text{m}^3/\text{s})/3\ \text{m}^2 = 6.0\ \text{m/s}$$

b. 식 (14−19)를 이용하여 y_2를 계산한다.

$$y_2 = (y_1/2)(\sqrt{1+8N_{F_1}^2} - 1)$$

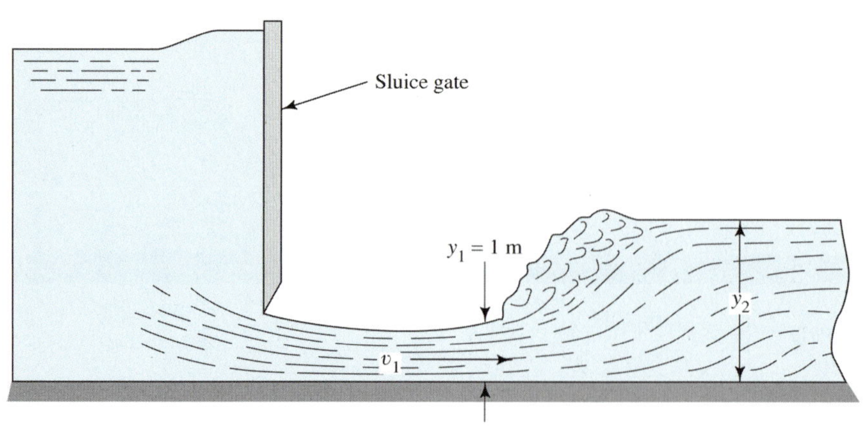

그림 14.15 예제 14.6에서의 수력 도약

$$N_{F_1} = v_1/\sqrt{gy_h}$$

수력 수심은 A/T로, T는 수면의 너비이다. 사각형 유로의 경우 $y_h = y$이다. 따라서 Froude수는 다음과 같다.

$$N_{F_1} = 6.0/\sqrt{(9.81)(1)} = 1.92$$

유동은 초임계 유동 영역에 있다. 공액 수심 y_2는 다음과 같다.

$$y_2 = (1/2)(\sqrt{1+(8)(1.92)^2} - 1) = 2.26 \text{ m}$$

c. 질량 방정식을 이용하면 도약 후 유속은 다음과 같이 계산된다.

$$v_2 = Q/A_2 = (18 \text{ m}^3\text{/s})/(3)(2.26) \text{ m}^2 = 2.65 \text{ m/s}$$

d. 식 (14−20)으로부터 다음을 얻는다.

$$\Delta E = (y_2 - y_1)^3/4y_1y_2$$

$$= \frac{(2.26-1.0)^3}{(4)(1.0)(2.26)} \text{ m} = 0.221 \text{ m}$$

이는 0.221 N·m의 에너지가 도약에 의하여 소산되었음을 의미한다.

14.10 개수로 유동 측정

개수로 유동에서는 유체의 수면이 대기에 노출되어 있다. 개수로 유동의 예로 자연하천, 부분적으로 채워진 하수도, 폐수 관리 시스템, 폭우 배수 구조물이 있다. 산업적으로는 기계가공 시 냉각수 배출 및 회수에 개수로가 사용된다. 개수로 유동 측정은 위와 같은 경우에 중요하다.

개수로 유동을 측정하는 데 널리 사용되는 두 장치는 위어(weir)와 수로(flume)이다. 두 장치 모두 유동 단면적을 변화시켜 수위를 변화시키는데, 장치 내 수위는 유체 유량과 관련이 있다. 액체의 체적 유량은 위어와 수로를 통해 측정할 수 있다. 이에 대해서는 참고문헌 1, 2, 4, 6, 16을 참조한다.

14.10.1 위어

위어(weir)는 개수로에 설치된 특수 장벽으로, 유체가 위어 위로 흐르면서 제트 유동이 형성된다. 그림 14.16은 위어가 있는 개수로 유동을 보여준다. 위어 마루(crest)는 예리한 형상을 가지고 있으며 위어는 종종 얇은 금속 판으로 만들어진다.

그림 14.17은 네 종류의 위어 모양을 보여준다. 각 위어에 대하여 위어 크기와 마루 위 수두 H를 이용하여 유량을 계산하는 식이 있다. 그림 14.1은 관개수로에 사용되는 축소 사각 위어를 보여준다. 유량

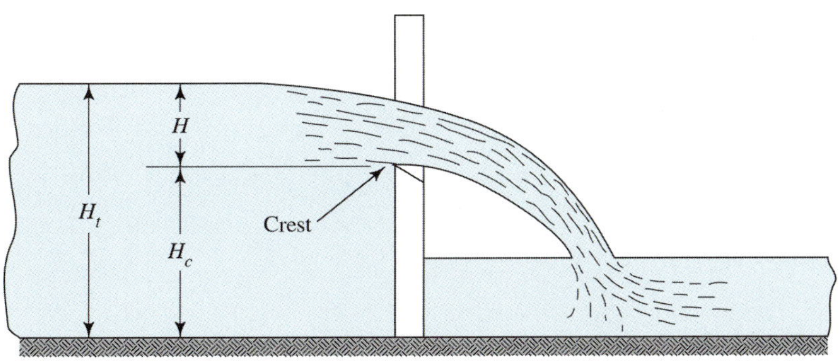

그림 14.16 위어 위 유동

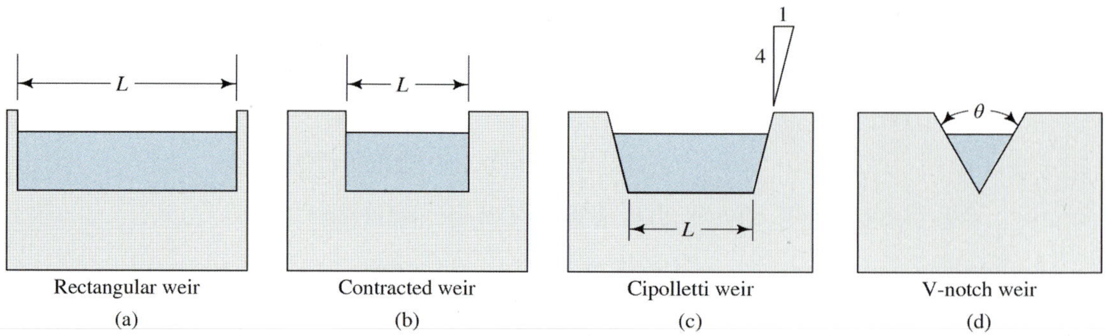

그림 14.17 위어의 노치 형상

을 측정하기 위해서는 위어부터 최소한 $4H_{max}$ 거리의 상류에서 수두 H를 측정해야 한다. 이렇게 하는 이유는 그림 14.16에서 보는 바와 같이 유체가 위어에 다가오면서 수면이 낮아지기 때문이다. 좀 더 자세한 내용은 참고문헌 1, 2, 4, 6, 16을 참조한다.

수두는 유로 측벽에 설치된 스태프 게이지(staff gage)라 불리는 고정식 게이지로 측정할 수 있다. 이 게이지는 수면이 마루에 위치할 때 수두를 0으로 측정한다. 부유식 측정 장치는 수면 위치를 실시간으로 측정하고 기록할 수 있다. 전자식 측정 장치도 흐르는 유체의 수면 위치를 측정하는 데 사용될 수 있다. 상업적으로 구입 가능한 장치에 대해서는 인터넷 자료 2와 6을 참조한다.

사각 위어의 경우, 마루 길이 L이 유로의 너비까지 확장될 수 있다. 사각 위어의 표준 설계 지침은 다음과 같다.

1. 유로 바닥부터 마루까지의 높이 $H_c \geq 3H_{max}$
2. 마루 위 최소 수두 $H_{min} > 0.2$ ft
3. 마루 위 최대 수두 $H_{max} < L/3$

유량 방정식은 다음과 같이 주어진다.

▶ 사각 위어

$$Q = 3.33LH^{3/2} \tag{14-21}$$

여기서 L과 H의 단위는 ft이고 Q의 단위는 ft^3/s이다.

축소 위어(contracted weir)는 사각 모양을 하고 있는데, 위어가 유로 측벽에서 최소 $2H_{max}$ 안쪽으로 확장되어 있다. 유체가 축소 위어를 통과할 때 유동단면적이 작아진다. 축소 위어의 표준 설계 지침은 다음과 같다.

1. 유로 바닥부터 마루까지의 높이 $H_c \geq 2H_{max}$
2. 마루 위 최소 수두 $H_{min} > 0.2$ ft
3. 마루 위 최대 수두 $H_{max} < L/3$

유량 방정식은 다음과 같다.

▶ 축소 위어

$$Q = 3.33(L - 0.2H)H^{3/2} \tag{14-22}$$

여기서 L과 H의 단위는 ft이고 Q의 단위는 ft^3/s이다.

사다리꼴 위어도 유로 측벽으로부터 최소 $2H_{max}$ 만큼 위어가 안쪽으로 확장되어 있다. 여기에 더하여 그림 14.17(c)에서 보는 바와 같이 위어가 경사져 있다. 이 위어에 대한 설계 지침은 축소 위어와 같다. 유량 방정식은 다음과 같이 주어진다.

▶ 사다리꼴 위어

$$Q = 3.367LH^{3/2} \tag{14-23}$$

상업적으로 구매 가능한 사다리꼴 위어에 대해서는 인터넷 자료 10을 참조한다.

V−노치(notch)는 사각 노치에 비하여 높은 수두를 형성하므로, 삼각 위어는 유량이 낮을 때 주로 사용한다. V−노치의 각도는 유량 함수의 인자 중 하나로, 35~120° 값을 사용할 수 있지만 60° 또는 90°를 주로 사용한다. 인터넷 자료 9와 13은 상업적으로 구매할 수 있는 V−노치 위어를 보여준다. 삼각 위어에 대한 이론적인 유량 방정식은 다음과 같이 주어진다.

$$Q = \frac{8}{15} C \sqrt{2g} \tan(\theta/2) H^{5/2} \tag{14-24}$$

여기서 θ는 노치 측면 사이의 각도이다. 위 식은 다음과 같이 단순화할 수 있다.

▶ 삼각 위어

$$Q = 4.28C \tan(\theta/2) H^{5/2} \tag{14-25}$$

C값은 수두 H에 영향을 약간 받긴 하지만, 대개 0.58값을 갖는다. 이 값과 $\theta = 60°$ 또는 $\theta = 90°$를 사용하면 다음을 얻는다.

▶ 60° V−노치 위어

$$Q = 1.43H^{5/2} \quad (60° \text{ 노치}) \tag{14-26}$$

▶ 90° V−노치 위어

$$Q = 2.48H^{5/2} \quad (90° \text{ 노치}) \tag{14-27}$$

14.10.2 플륨

임계 유동 플륨(critical flow flume)은 유동 단면적을 축소시켜 임계 유동을 발생시키는 장치이다. 임계 유동이 형성되면 유량과 수심 사이에는 명확한 관계가 존재하게 된다. 상업적으로 구입할 수 있는 플륨에 대해서는 인터넷 자료 8−10을 참조한다. 가장 널리 사용되는 임계 유동 플륨은 그림 14.18이 보여주는 Parshall 플륨이다. 유량은 목(throat) 너비 L과 플륨의 축소 지점에서 측정되는 수두 H에 의해 결정된다.

Parshall 플륨에 대한 유량 방정식은 실험을 통해 제시된다. 표 14.4는 플륨 크기에 따른 유량 방정식

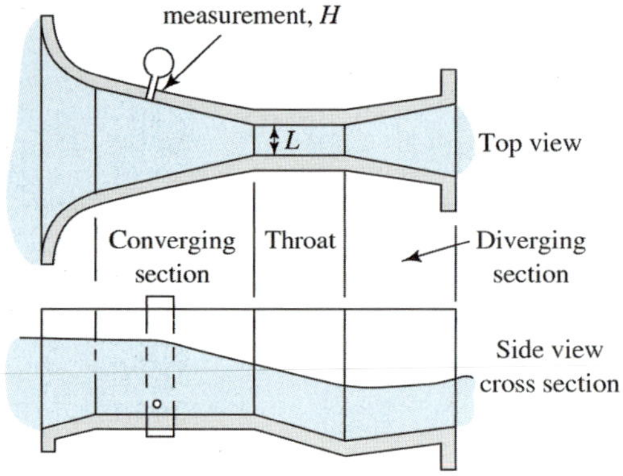

그림 14.18 Parshall 플륨

표 14.4 Parshall 플륨에 대한 유량 방정식

Throat Width L	Flow Range (ft^3/s) Min.	Max.	Equation (H and L in ft, Q in (ft^3/s))
3 in	0.03	1.9	$Q = 0.992H^{1.547}$
6 in	0.05	3.9	$Q = 2.06H^{1.58}$
9 in	0.09	8.9	$Q = 3.07H^{1.53}$
1 ft	0.11	16.1	$Q = 4.00\,LH^n$, n=1.55
2 ft	0.42	33.1	n=1.55
4 ft	1.3	67.9	n=1.58
6 ft	2.6	103.5	n=1.59
8 ft	3.5	139.5	n=1.61
10 ft	6	200	$Q = (3.6875L + 2.5)H^{1.6}$
20 ft	10	1000	
30 ft	15	1500	
40 ft	20	2000	
50 ft	25	3000	

을 보여주고 있다(미국관습단위). 다음을 이용하여 유량 Q를 SI 단위로 표현할 수 있다.

$$1.0\ ft^3/s = 0.02832\ m^3/s$$

긴목 플륨(long-throated flume)은 Parshall 플륨에 비하여 단순하고 저렴하여 다양한 형상으로 제작될 수 있다. 긴목 플륨은 사각형, 사다리꼴형, 원형 유로에 설치될 수 있다. 표 14.5는 플륨 단면을 보여주는데, 플륨 바닥이 경사져 올라가다가 수평인 목 영역을 지난 후 수직으로 하강한다. 각 플륨에 대한 유량 방정식도 주어져 있다. Y는 유로의 최대 깊이이다. 긴목 플륨에 대한 다양한 토의와 자료는 참고문헌 2, 6, 16을 참조한다.

표 14.5 긴목 플륨 자료

Design A		Design B		Design C	
Rectangular channels: $Q = b_c K_1 (H + K_2)^n$					
b_c	0.500 ft	b_c	1.000 ft	b_c	1.500 ft
L	0.750 ft	L	1.000 ft	L	2.250 ft
p_1	0.125 ft	p_1	0.250 ft	p_1	0.500 ft
K_1	3.996	K_1	3.696	K_1	3.375
K_2	0.000	K_2	0.004	K_2	0.011
n	1.612	n	1.617	n	1.625
H_{min}	0.057 ft	H_{min}	0.082 ft	H_{min}	0.148 ft
H_{max}	0.462 ft	H_{max}	0.701 ft	H_{max}	1.500 ft
Q_{min}	0.020 ft^3/s	Q_{min}	0.070 ft^3/s	Q_{min}	0.255 ft^3/s
Q_{max}	0.575 ft^3/s	Q_{max}	2.100 ft^3/s	Q_{max}	9.900 ft^3/s
Trapezoidal channels: $Q = K_1 (H + K_2)^n$					
b_1	1.000 ft	b_1	1.000 ft	b_1	2.000 ft
b_c	2.000 ft	b_c	4.000 ft	b_c	5.000 ft
L	0.750 ft	L	1.000 ft	L	1.000 ft
p_1	0.500 ft	p_1	1.500 ft	p_1	1.500 ft
K_1	9.290	K_1	14.510	K_1	16.180
K_2	0.030	K_2	0.053	K_2	0.035
n	1.878	n	1.855	n	1.784
H_{min}	0.400 ft	H_{min}	0.579 ft	H_{min}	0.580 ft
H_{max}	0.893 ft	H_{max}	0.808 ft	H_{max}	1.456 ft
Q_{min}	1.900 ft^3/s	Q_{min}	6.200 ft^3/s	Q_{min}	6.800 ft^3/s
Q_{max}	8.000 ft^3/s	Q_{max}	11.000 ft^3/s	Q_{max}	33.000 ft^3/s
Circular channels: $Q = D^{2.5} K_1 (H/D + K_2)^n$					
D	1.000 ft	D	2.000 ft	D	3.000 ft
b_c	0.866 ft	b_c	1.834 ft	b_c	2.940 ft
L_a	0.600 ft	L_a	1.100 ft	L_a	1.350 ft
L_b	0.750 ft	L_b	1.800 ft	L_b	3.600 ft
L	1.125 ft	L	2.100 ft	L	2.700 ft
p_1	0.250 ft	p_1	0.600 ft	p_1	1.200 ft
K_1	3.970	K_1	3.780	K_1	3.507
K_2	0.004	K_2	0.000	K_2	0.000
n	1.689	n	1.625	n	1.573
H_{min}	0.069 ft	H_{min}	0.140 ft	H_{min}	0.180 ft
H_{max}	0.599 ft	H_{max}	1.102 ft	H_{max}	1.343 ft
Q_{min}	0.048 ft^3/s	Q_{min}	0.283 ft^3/s	Q_{min}	0.655 ft^3/s
Q_{max}	1.689 ft^3/s	Q_{max}	8.112 ft^3/s	Q_{max}	15.448 ft^3/s

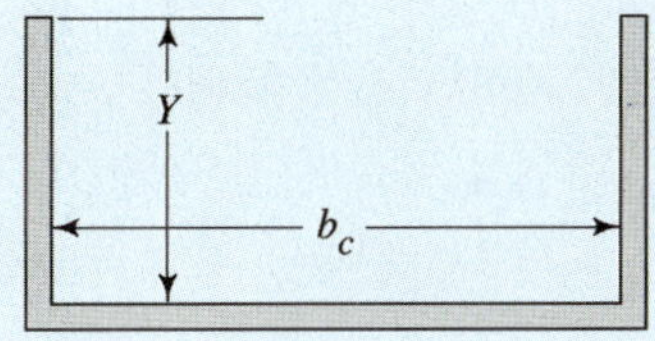

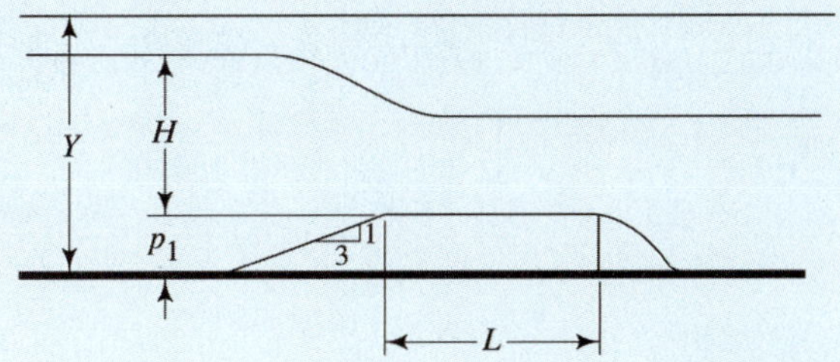

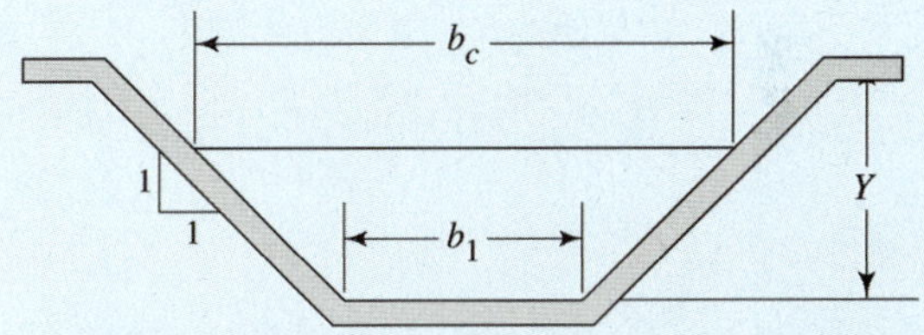

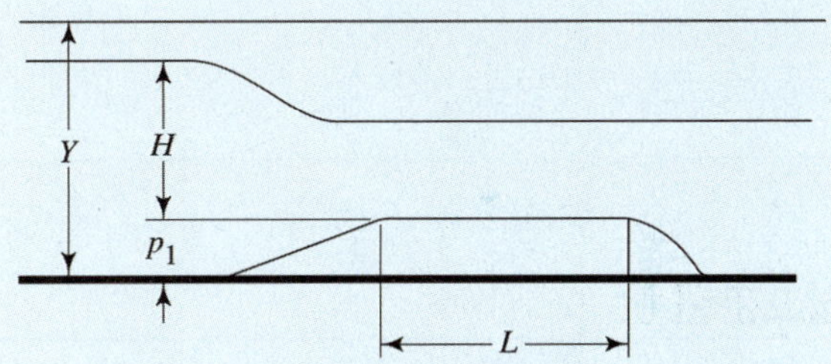

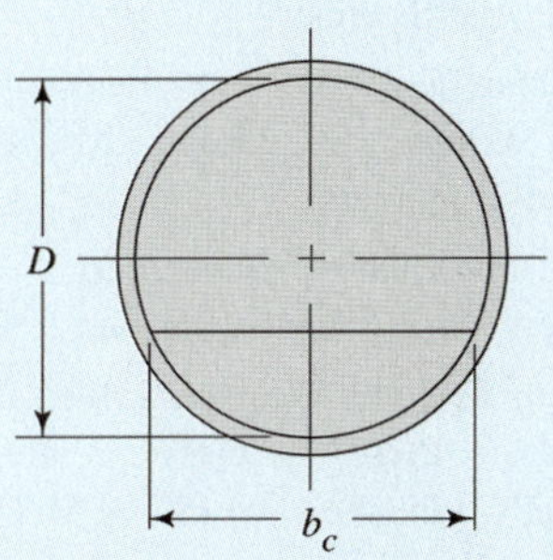

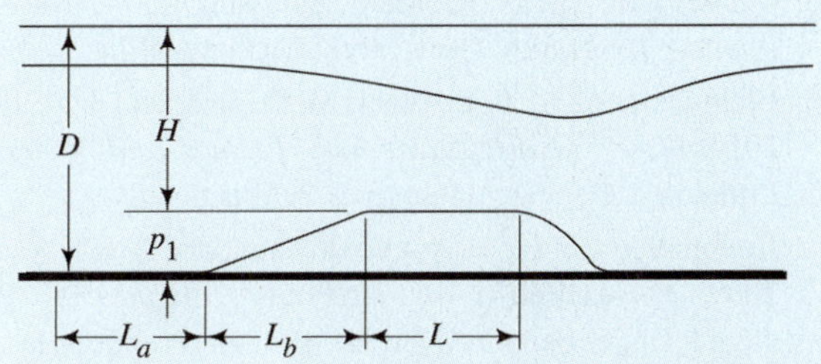

예제 14.7 개수로에서 물 유량은 2.5−6.0 ft^3/s으로 예상된다. 이 범위의 유량을 측정하기 위한 긴목 플륨을 표 14.5로부터 선정하시오. 또한 몇몇 수두 H에 대한 유량 Q를 계산하시오.

해설 주어진 유량 범위를 고려하면 사각형 유로의 경우에는 디자인 C, 사다리꼴형 유로의 경우에는 디자인 A, 원형 유로의 경우에는 디자인 B가 적절하다. 이 예제는 사각형 유로를 선택한다. 유량 방정식은 표 14.5로부터 다음과 같이 주어진다.

$$Q = K_1 (H + K_2)^n$$

$$Q = 9.29 (H + 0.03)^{1.878}$$

수두 $H = 0.5 - 0.8$ ft 범위에서 유량은 다음과 같이 계산된다.

Head *H* (ft)	Flow *Q* (ft^3/s)
0.50	2.820
0.60	3.901
0.70	5.114
0.80	6.547

유량이 정해지면 수두를 다음 식으로도 구할 수 있다.

$$H = \left(\frac{Q}{K_1}\right)^{1/n} - K_2$$

최소 유량과 최대 유량에 해당하는 수두는 각각 다음과 같이 계산된다.

$Q = 2.5\ ft^3/s$일 때 $H = 0.467$ ft

$Q = 6.0\ ft^3/s$일 때 $H = 0.762$ ft

참고문헌

1. Baker, R. C. 2004. *Introductory Guide to Flow Measurement.* New York: ASME Press.
2. Bos, Marinus. G. 1991. *Flow Measuring Flumes for Open Channel Systems*. St. Joseph, MI: American Society of Agricultural Engineers.
3. Chanson, Hubert. 2004. *Hydraulics of Open Channel Flow*, 2nd ed. New York: Elsevier Science & Technology.
4. Chow, Ven. T. 2009. *Open Channel Hydraulics.* Caldwell, NJ: Blackburn Press. [A classic reference for open-channel flow, initially published in 1959 by McGraw-Hill.]
5. Chow, Ven T., D. R. Maidment, and L. W. Mays. 1988. *Applied Hydrology.* New York: McGraw-Hill.
6. Clemmens, A. J., T. L. Wahl, M. G. Bos, and J. A. Replogle. 2010. *Water Measurement with Flumes and Weirs*, 3rd ed. Littleton, CO: Water Resources Publications.
7. Houghtalen Robert J., A. OsmanAkan, and Ned H. C. Hwang. 2009. *Fundamentals of Hydraulic Engineering Systems*, 4th ed. Upper Saddle River, NJ: Pearson/Prentice-Hall.
8. Jain, C. Subhash. 2000. *Open-Channel Flow.* New York: Wiley.
9. Mays, Larry W. 1999. *Hydraulic Design Handbook.* New York: McGraw-Hill.
10. Mays, Larry W. 2010. *Water Resources Engineering*, 2nd ed. New York: Wiley.
11. Montes, S. 1998. *Hydraulics of Open Channel Flow.* Reston, VA: American Society of Civil Engineers.
12. Munson, Bruce R., Alric P. Rothmayer, Theodore H. Okiishi, and Wade W. Huebsch. 2012. *Fundamentals of Fluid Mechanics*, 7th ed. New York: Wiley.
13. Prakash, Anand. 2004. *Water Resources Engineering.* Reston, VA: American Society of Civil Engineers.
14. Simon, A. L., and S. F. Korom. 2002. *Hydraulics*, 5th ed. San Diego, CA: Simon Publications.
15. Sturm, Terry. 2009. *Open Channel Hydraulics*, 2nd ed. New York: McGraw-Hill.
16. U.S. Bureau of Reclamation and the U.S. Department of Agriculture. 2001. *Water Measurement Manual*, 3rd ed. Washington, DC: U.S. Department of the Interior.
17. White, Frank. M. 2010. *Fluid Mechanics*, 7th ed. New York: McGraw-Hill.

디지털 출판

1. Bengston, Harlan. 2012. *The Manning Equation for Open Channel Flow Calculations* (Kindle Edition). Amazon Digital Services, Inc.
2. Bengston, Harlan. 2012. *Partially Full Pipe Flow Calculations with Spreadsheets.* Amazon Digital Services, Inc.

인터넷 자료

1. **LMNO Engineering, Research, and Software, Ltd.:** LMNO Engineering is a software development and consulting firm. The site lists numerous software products for open-channel flow, pipe flow, flow measurement, hydrology, and groundwater calculations. Some programs are free, including those for flow in rectangular and triangular channels, calculations for the Manning equation, circular culvert geometry, the V-notch weir, and the Cipolletti weir.
2. **Teledyne ISCO:** Manufacturers of flow meters, velocity meters, and depth measurement devices for open channel flow.
3. **U.S. Bureau of Reclamation—Water Resources Research Laboratory:** The Water Resources Research Laboratory provides hydraulic testing, analysis, and research services and applies hydraulic modeling expertise to the solution of water resources, hydraulics, and fluid mechanics problems.
4. **U.S. Bureau of Reclamation—WinFlume:** The U.S. Bureau of Reclamation, in cooperation with the U.S. Water Conservation Laboratory and the International Institute for Land Reclamation and Improvement, developed a computer program called WinFlume to design and calibrate long-throated flume and broad-crested weir flow measurement structures. The software can be downloaded from this site.
5. **U.S. Bureau of Reclamation—Water Measurement Manual:** The U.S. Bureau of Reclamation, in cooperation with the U.S. Department of Agriculture, has published the *Water Measurement Manual* as a guide to effective water measurement practices for better water management. This document contains extensive information about the design, installation, and operation of flumes and weirs and can be viewed from this site.
6. **Marsh-McBirney—A Hach Company Brand:** Manufacturer of a variety of flow meters for open-channel flow using electromagnetic, radar, ultrasonic, and pressure measurement techniques. Velocity, level, and depth measurements are combined to indicate volume flow rate. Some devices are portable and can be used in streams, canals, drainage structures, and rivers.
7. **HawsEDC:** The website describes engineering services, online calculators, and specialized tools for AutoCAD, mostly for applications in the civil engineering field. Calculators are given for flow in open channels such as trapezoidal and partially full circular pipes. Basic weir calculations can also be made.
8. **Plasti-Fab, Inc.:** Manufacturer of a variety of corrosion-resistant, fiberglass-reinforced plastic flumes including Parshall, Palmer-Bowlus, Trapezoidal, Cutthroat, RBC h/hs/hl, and Step Flumes that can be installed in an existing channel.
9. **Tracom Fiberglass Products:** Manufacturer of seven types of flumes for open channel flow monitoring: H/HS/HL-type, Parshall, Cutthroat, Palmer-Bowlus, Trapezoidal, RBC, and Montana flumes with a large range of sizes to measure openchannel flows from 0.07 gal/min to over 50 000 gal/min. Also makes a variety of fiberglass weir boxes with 22½, 30, 45, 60, 90, and 120 degree V-notches.
10. **Openchannelflow.com (OCF):** Manufacturer of flumes and weirs for the measurement, conditioning, and control of the flow of water. Included are flume types of H/HS/HL, Parshall, Cutthroat, Trapezoidal, RBC, and Montana. Weir plates of 30, 60, 90, and 120 degree V-notches, and Cipolletti standard types are offered along with a variety of weir boxes.

연습문제

14.1 직경이 450 mm인 원형 배수관에 물이 절반 채워져 있을 때 수력 반경을 계산하시오.

14.2 사각형 유로의 바닥 너비는 5.5 m이다. 수심이 0.85 m일 때 수력 반경을 계산하시오.

14.3 산업단지 내 배수로는 그림 14.2(c)와 같은 사다리형 유로이다. 바닥 너비가 3.5 ft이고 측면이 수평으로부터 60° 기울어져 있다. 수심이 1.5 ft일 때 수력 반경을 계산하시오.

14.4 측면이 45° 기울어져 있을 때 문제 14.3을 다시 계산하시오.

14.5 사다리꼴형 개수로가 있다. 바닥 너비가 150 mm이고 측면은 15 mm 수평 이동거리에 10 mm 하강한다. 즉, 그림 14.2(c)에서 $X/D = 1.5$이다. 수심이 62 mm일 때 수력 반경을 계산하시오.

14.6 그림 14.19에서 수심이 2 in 수력 반경을 계산하시오.

14.7 그림 14.19에서 수심이 3.5 in 수력 반경을 계산하시오.

14.8 그림 14.20에서 수심이 0.8 m일 때 수력 반경을 계산하시오.

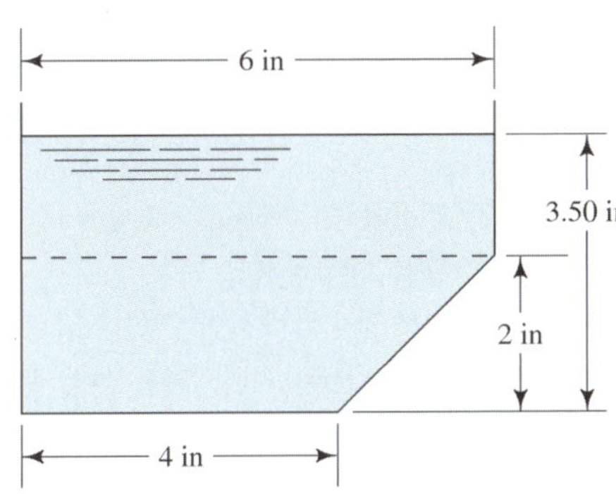

그림 14.19 문제 14.6, 14.7, 14.11

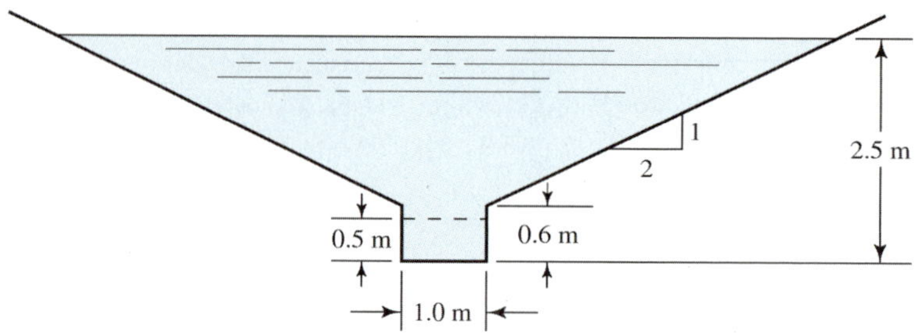

그림 14.20 문제 14.8, 14.9, 14.14

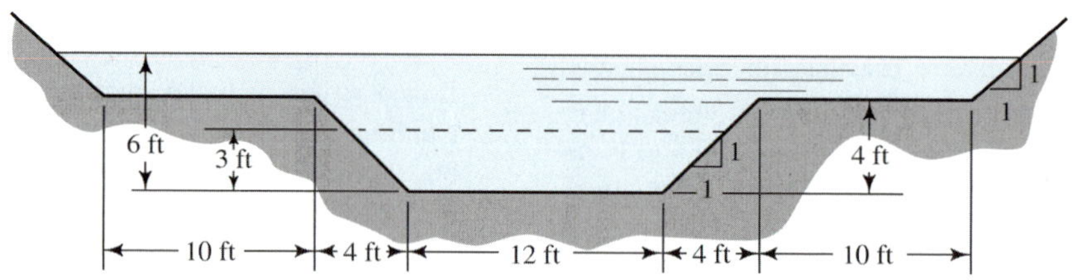

그림 14.21 문제 14.15

14.9 그림 14.20에서 수심이 2.5 m일 때 수력 반경을 계산하시오.

14.10 물이 사각형의 마감처리가 안 된(unfinished) 콘크리트를 따라 흐른다. 유로의 너비는 3.5 m이다. 수심이 2.0 m일 때 정상 유량과 Froude수를 계산하시오. 유로의 기울이는 0.1%이다.

14.11 그림 14.19 형태의 알루미늄 유로가 있다. 수심 3.5 in일 때 물의 정상 유량을 계산하시오. $n=0.013$을 사용한다. 유로는 60 ft 수평 이동거리에 4 in 하강한다.

14.12 고속도로 밑 원형 배수관의 직경은 6 ft이고 물결 모양의 금속으로 만들어져 있다. 배수관은 500 ft 수평 이동거리에 1 ft 하강한다. 배수관이 물로 절반 채워져 흐를 때 정상 유량을 계산하시오.

14.13 나무를 이용하여 5000 L/min 물을 수송할 수 있는 수로를 만들고자 한다. 수로는 바닥 너비가 205 mm이고 최대 수심이 250 mm인 직사각형이다. 예상된 유량을 만족하기 위한 수로의 슬로프를 계산하시오.

14.14 갑작스런 폭우에 대비하기 위해 그림 14.20과 같은 도시 배수로가 있다. 배수로는 마감처리가 안 된 콘크리트로 만들어져 있으며 슬로프는 0.5%이다. 보통 때는 물이 작은 사각 영역에 머물러 있으며 유로 상부는 많은 양의 물이 흐르게 하기 위한 것이다. 수심이 각각 0.5 m일 때와 2.5 m일 때 정상 유량을 계산하시오.

14.15 그림 14.21은 자연하천의 대략적인 단면이다. 하천의 지면은 잡초로 덮혀 있다. $n=0.04$를 사용한다. 평균 슬로프가 0.00015이다. 수심이 각각 3 ft이고 6 ft일 때 정상 유량은 얼마인가?

14.16 시멘트 벽돌로 만든 사각형 유로가 있다. 유로의 너비는 10 ft, 유량은 150 ft^3/s, 슬로프는 0.1%이다. 물의 수심은 얼마인가?

14.17 유로 바닥의 너비가 3 m이고 측벽이 수평선을 기준으로 40° 기울어진 사다리형 개수로가 있다. 유로는 마감처리가 안 된 콘크리트로 만들어져 있고 슬로프는 0.1%이다. 정상유량이 15 m^3/s일 때 수심을 계산하시오.

14.18 사각형 유로를 이용하여 2.0 m^3/s의 물을 수송하려고 한다. 유로는 20 m 수평 이동거리에 75 mm 하강한다. 최대 수심은 0.4 m이다. 유로의 표면이 흙손마감(trowel-finished) 콘크리트라면 유로의 너비는 얼마인가?

14.19 그림 14.22는 플로트마감(float-finished) 콘크리트로 만들어진 유로이다. 유로는 100 m 수평 이동거리에 0.1 m 하강한다. 수심이 1.5 m일 때 정상 유량과 Froude수를 계산하시오. 또한 이 정상 유량에 대한 임계수심을 계산하시오.

14.20 사각형 창고에 화재를 진압하기 위한 스프링클러가 설치되어 있다. 스프링클러의 물 유량은 1000 gal/min이다. 창고 바닥의 네 가장자리에는 물을 균일하게 배수하기 위한 유로가 설치되어 있다. 각 유로의 형상은 그림 14.23과 같다. 각 유로는 마감처리가 안 된 콘크리트로 만들어져 있으며, 슬로프는 1%, 유량은 250 gal/min이다. 이를 만족하기 위한 최소 수심 h를 구하시오.

14.21 문제 14.20에서 언급한 유로 중 두 유로의 유동은 배수조(sump)로 흘러간다. 배수조의 물은 점토 배수 타일로 만들어진 유로를 통해 폭우 하수도로 흘러간다. 500 gal/min의 물이 타일로 만들어진 유로의 절반을 채우면서 흐르게 할 때 점토 배수 타일 유로의 크기를 구하시오. 슬로프는 0.1%이다.

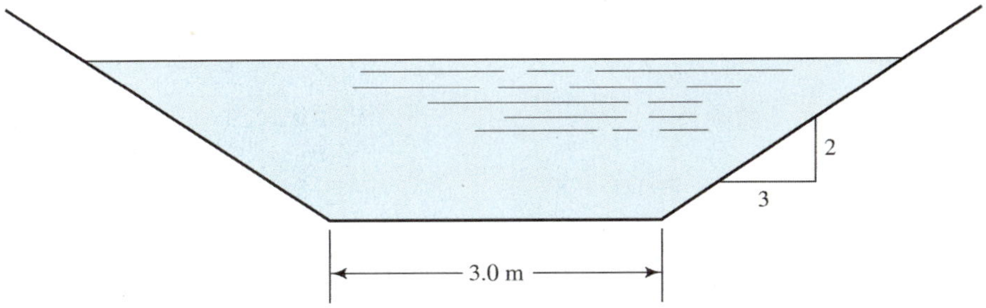

그림 14.22 문제 14.19

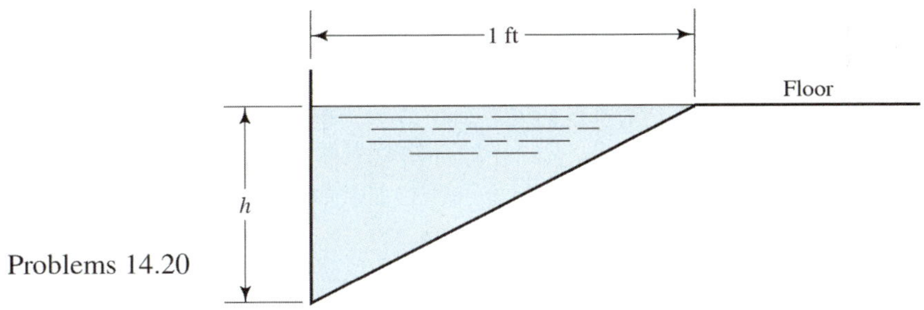

그림 14.23 문제 14.20, 14.21

14.22 바닥 너비가 1 m인 사각형 유로가 있다. 수심 0.1 m~0.2 m 범위에서 수심에 따른 유동 단면적과 수력 반경을 계산하고 그래프에 그리시오.

14.23 사각형 개수로를 이용하여 2 m^3/s의 물을 3 m/s로 수송하고자 한다. 유로 바닥 너비는 0.8 m이다. 유동의 수심과 수력 반경을 계산하시오.

14.24 그림 14.23 유로가 있다. 유로를 플로트마감(float−finished) 콘크리트로 만들고자 할 경우 필요한 슬로프를 계산하시오.

14.25 사각형 개수로를 이용하여 2 m^3/s의 물을 3 m/s로 수송하고자 한다. 유로 바닥 너비 0.5 m−2 m 범위에서 유로 바닥 너비에 따른 수심과 수력 반경을 계산하고 그래프에 그리시오.

14.26 문제 14.25의 각 경우에 대하여 유로를 플로트마감(float−finished) 콘크리트로 만들고자 할 경우 필요한 슬로프를 계산하시오. 유로 바닥 너비에 따른 슬로프를 그래프에 그리시오.

14.27 사다리꼴형 개수로가 있다. 바닥 너비는 2 ft이고 측벽의 피치 $z = 1.5$이다. 수심이 20 in일 때 유동 단면적과 수력 반경을 계산하시오.

14.28 문제 14.27 유로에 대하여 유로가 마감처리가 안 된 콘크리트로 만들어져 있다면, 슬로프가 0.005일 때 정상 유량을 구하시오.

14.29 문제 14.28을 다시 계산하시오. 단, 유로는 매끄러운 플라스틱으로 만들어져 있다.

14.30 사다리꼴형 개수로가 있다. 바닥 너비는 2 ft이고 측벽의 피치 $z = 1.5$이다. 수심 6 in−24 in 범위에서 수심에 따른 유동 단면적과 수력 반경을 계산하고 그래프에 그리시오.

14.31 문제 14.30의 각 경우에 대하여 유로가 마감처리가 안 된 콘크리트로 만들어져 있다면, 슬로프가 0.005일 때 정상 유량을 구하시오.

14.32 내부 직경이 375 mm인 원형 배수관이 있다. 수심이 225 mm일 때 유동 단면적과 수력 반경을 계산하시오.

14.33 문제 14.32를 다시 계산하시오. 단, 수심은 135 mm이다.

14.34 문제 14.32의 유로에 대하여 유로가 페인트 칠한 철로 만들어져 있다면, 슬로프가 0.12%일 때 정상 유량을 구하시오.

14.35 문제 14.33에서 유로가 페인트 칠한 철로 만들어져 있다면, 슬로프가 0.12%일 때 정상 유량을 구하시오. 결과를 문제 14.34 결과와 비교하시오.

14.36 1.25 ft^3/s의 물을 2.75 ft/s로 수송하려고 한다. 표 14.3은 널리 사용되는 개수로 형상이다. 표 14.3에 나타나 있는 각 유로 형상에 대하여 유로의 단면을 설계하시오.

14.37 문제 14.36에서 설계한 각 유로에 대하여 유로를 플로트마감(float−finished) 콘크리트로 만들고자 할 경우 필요한 슬로프를 계산하시오.

14.38 문제 14.36에서 설계한 각 유로에 대하여 Froude수를 계산하고 아임계 유동인지 초임계 유동인지 판별하시오.

문제 14.39~14.42 각 문제에 대하여 다음을 수행을 한다.

a. 임계 수심을 계산하시오.

b. 최소 비에너지를 계산하시오.

c. 비에너지 곡선을 그려시오.

d. 주어진 수심에 대한 비에너지와 이 비에너지에 대한 대응 수심을 구하시오.

e. (d)에서 얻어진 각 수심에 대한 유속과 Froude수를 구하시오.

f. (d)에서 얻어진 각 수심이 주어진 유량에 대한 정상 수심이기 위한 유로의 슬로프를 계산하시오.

14.39 너비 2 m인 사각형 유로를 통해 5.5 m^3/s 물을 수송한다. 유로는 마감처리가 안 된 콘크리트로 만들어져 있다. (d)에서 $y = 0.5$ m를 사용한다.

14.40 직경 1.2 m인 원형 유로를 통해 1.45 m^3/s 물을 수송한다. 유로는 마감처리된 콘크리트로 만들어진 배수 파이프이다. (d)에서 $y = 0.5$ m를 사용한다.

14.41 측벽 기울기 1:1.5 비율을 가지는 삼각형 유로를 통해 0.68 ft^3/s 물을 수송한다. 유로는 굴착된 매끄러운 지표면이다. (d)에서 $y = 0.25$ ft를 사용한다.

14.42 바닥 너비 3.0 ft와 측벽 기울기 1:0.75 비율을 가지는 사다리꼴형 유로를 통해 0.8 ft^3/s 물을 수송한다. 유로는 흙손마감(trowel-finished) 콘크리트로 만들어져 있다. (d)에서 $y = 0.05$ ft를 사용한다.

위어와 플륨

14.43 60° V-노치가 있다. 노치 최상부의 너비는 22 in이다. 물이 이 노치를 통해 흐를 수 있는 최대 유량을 계산하시오.

14.44 그림 14.17(b)와 같은 축소 위어가 있다. 15 ft^3/s 물을 통과시키기 위한 L을 계산하시오. 유로 바닥부터 마루까지의 높이는 3 ft이고, 마루 위 최대 수두는 18 in이다.

14.45 사각 위어가 있다. 마루 길이 $L = 6$ ft이고 유로바닥에서 마루까지의 높이는 2 ft이다. 마루 위 수두 H에 따른 유량 Q의 그래프를 그리시오. H는 0, 2, 4, 6, 8, 10, 12 in 값을 사용한다.

14.46 문제 14.45를 다시 그리시오. 단, 위어는 너비 6 ft 이상은 유로에 놓여 있다. 따라서 사각 위어는 축소 위어가 된다.

14.47 다음의 각 위어에서 수두 H가 18 in일 때 유량을 비교하시오.

a. 사각 위어: $L = 3$ ft, $H_c = 4$ ft

b. 축소 위어: $L = 3$ ft, $H_c = 4$ ft

c. 90° V-노치(최상부 너비 = 3 ft)

14.48 90° V-노치 위어에 대하여 H에 따른 Q 그래프를 그리시오. H는 0, 2, 4, 6, 8, 10, 12 in 값을 사용한다.

14.49 목 너비 9 in를 가지는 Parshall 플륨에 대하여, 최소 유량과 최대 유량에 해당하는 수두 H를 각각 계산하시오.

14.50 목 너비 8 in를 가지는 Parshall 플륨에 대하여, 최소 유량과 최대 유량에 해당하는 수두 H를 각각 계산하시오. 또한 H에 따른 Q 그래프를 그리시오.

14.51 50 ft^3/s 유량을 다룰 수 있는 Parshall 플륨의 목 너비는 4 ft~10 ft 범위를 갖는다. 각 Parshall 플륨의 목 너비에 대하여 50 ft^3/s 유량에 해당하는 수두 H를 비교하시오.

14.52 긴목 플륨이 표 14.5 디자인 C 사다리꼴형 유로에 놓여있다. 수두가 0.84 ft일 때 유량을 계산하시오.

14.53 긴목 플륨이 표 14.5 디자인 B 사다리꼴형 유로에 놓여있다. 수두가 0.80 ft일 때 유량을 계산하시오.

14.54 긴목 플륨이 표 14.5 디자인 A 사각형 유로에 놓여있다. 수두가 0.42 ft일 때 유량을 계산하시오.

14.55 긴목 플륨이 표 14.5 디자인 C 사각형 유로에 놓여있다. 수두가 0.65 ft일 때 유량을 계산하시오.

14.56 긴목 플륨이 표 14.5 디자인 B 원형 파이프에 놓여있다. 수두가 0.62 ft일 때 유량을 계산하시오.

14.57 긴목 플륨이 표 14.5 디자인 A 원형 파이프에 놓여있다. 수두가 0.22 ft일 때 유량을 계산하시오.

14.58 긴목 플륨이 표 14.5 디자인 B 사각형 유로에 놓여있다. 유량 2.0 ft^3/s에 해당하는 수두를 계산하시오.

14.59 긴목 플륨이 표 14.5 디자인 C 원형 파이프에 놓여있다. 유량 9.8 ft^3/s에 해당하는 수두를 계산하시오.

14.60 유량 30 gal/min~500 gal/min 범위를 담당할 수 있는 긴목 플륨을 표 14.5에서 선택하시오. 30 gal/min과 500 gal/min에 해당하는 수두를 각각 계산하시오. 이 두 유량 사이에 있는 4개 다른 유량에 대해서도 각각 수두를 계산하시오.

14.61 유량 50 m^3/h~180 m^3/h 범위를 담당할 수 있는 긴목 플륨을 표 14.5에서 선택하시오. 50 m^3/h과 180 m^3/h에 해당하는 수두를 각각 계산하시오. 이 두 유량 사이에 있는 4개 다른 유량에 대해서도 각각 수두를 계산하시오.

컴퓨터를 이용한 공학 과제

1. 표 14.2에 나타난 각 유로 단면에 대하여 유동 단면적, 윤변, 수력 반경을 계산하는 스프레드시트 또는 프로그램을 만드시오.
2. 표 14.3에 나타난 각 유로 단면에 대하여 유동 단면적, 윤변, 수력 반경을 계산하는 스프레드시트 또는 프로그램을 만드시오.
3. 표 14.2에 나타난 각 개수로에 대하여 슬로프가 주어지면 유량을 계산하는 스프레드시트 또는 프로그램을 만드시오. 각 유로의 유동 단면적, 윤변, 수력 반경을 계산하는 기능과 사용자가 Manning 조도계수 n을 선택할 수 있는 기능을 포함시킨다. 예제 14.2를 통해 수행한 작업을 검증한다.
4. 표 14.2에 나타난 각 개수로에 대하여 치수와 정상 유량이 주어지면 슬로프를 계산하는 스프레드시트 또는 프로그램을

만드시오. 예제 14.3을 통해 수행한 작업을 검증한다.

5. 사각형 개수로에 대하여 유로 너비, 정상 유량, 슬로프가 주어지면 정상 수심을 계산하는 스프레드시트 또는 프로그램을 만드시오. 시행 착오(trial and error) 방법을 사용한다. 예제 14.5를 통해 수행한 작업을 검증한다.
6. 사각 위어 유량[식 (14–21)], 축소 위어 유량[식 (14–22)], 사다리꼴형 위어 유량[식 (14–23)], 삼각(V–노치) 위어 유량[식 (14–26), 식 (14–27)]을 계산하는 스프레드시트 또는 프로그램을 만드시오.
7. 표 14.4에 나타난 표준 Parshall 플륨의 유량을 계산할 수 있는 스프레드시트 또는 프로그램을 만드시오.
8. 과제 6의 결과를 활용하여 연습문제 14.45–14.48을 풀이하시오.
9. 과제 7의 결과를 활용하여 연습문제 14.49–14.51을 풀이하시오.
10. 표 14.5에서 사각형 유로에서의 긴목 플륨에 대하여 수두 H를 입력하면 유량 Q를 계산하는 스프레드시트 또는 프로그램을 만드시오.
11. 과제 10에 유량 Q를 입력하면 수두 H를 계산하는 기능을 포함시킨다.
12. 표 14.5에서 사다리꼴형 유로에서의 긴목 플륨에 대하여 수두 H를 입력하면 유량 Q를 계산하는 스프레드시트 또는 프로그램을 만드시오.
13. 과제 12에 유량 Q를 입력하면 수두 H를 계산하는 기능을 포함시킨다.
14. 표 14.5에서 원형 유로에서의 긴목 플륨에 대하여 수두 H를 입력하면 유량 Q를 계산하는 스프레드시트 또는 프로그램을 만드시오.
15. 과제 14에 유량 Q를 입력하면 수두 H를 계산하는 기능을 포함시킨다.

CHAPTER 15

유동 측정

개요

유동 측정이란 기체/액체 속도, 체적 유량, 질량 유량을 측정하는 것을 말한다. 유동을 정확히 측정하는 것은 산업공정 제어, 유체 상거래, 엔진 및 냉장 시스템의 성능을 평가하는 데 필수적이다. 이에 필요한 유량계에는 실생활에서도 익숙하고 상업적으로 이용가능한 많은 형태의 유량계가 있다.

탐구

최근에 유동을 측정했던 경험을 상기해보고 동료들과 이야기를 나누어보자. 집, 학교, 직장, 쇼핑몰, 놀이공원, 자동차 안을 살펴보고, 다양한 종류의 유량계를 적어보자. 유량계에는 어떤 유체가 들어있는가? 무엇이 측정되고 있는가? 측정된 양이 어떤 방법으로 표시되고 있는가?

입문 개념

유동 측정은 기체 또는 액체의 속도, 체적 유량, 질량 유량을 측정하는 것을 말한다. 다음은 유동 측정과 관련된 예이다.

- 그림 15.1은 주유소에 설치된 유량계를 보여준다. 이 유량계를 이용하여 자동차에 주입된 가솔린 양을 측정할 수 있다.
- 기상예보관이 30 mph 바람을 동반한 소나기가 예상된다고 보도하고 있다.
- 화학실험실에서 반응공정에 가해지는 열량을 알기 위해 연료가 버너에 주입되는 질량 유량을 측정한다.
- **상거래와 회계** 유체 구입 시 수송된 유체 양을 정확히 측정하는 것은 중요하다. 주유소 유량계는 주기적으로 감시 기관의 점검을 받는다.
- **성능평가** 엔진은 연료가 필요하다. 엔진 성능을 평가하는 방법 중 하나는 주입된 연료 양 대비 엔진 출력을 측정하는 것이다. 자동차의 경우에는 통상 갤런당 마일 또는 리터당 킬로미터가 사용된다.
- **공정제어** 유체를 공정에 사용하는 모든 산업은 공정에 사용되는 핵심 유체의 질량 유량을 측정한다. 예를 들면 음료수의 경우, 소비자가 기대하는 맛을 유지하기 위해 여러 성분들의 양이 정확히 조절되어야 한다. 각 성분들의 유량을 지속적으로 모니터링하고 조절하는 것은 질 좋은 상품을 생산하는 데 매우 중요하다.
- **연구개발** 프레온 냉장고가 아닌 친환경 냉장고를 개발할 때, 공기조절장치/냉동장치를 통해 흐르는 냉매의 질량 유량에 따라 냉장 효과를 실험하는 것은 매우 중요하다.
- **의료** 환자에게 적절한 조치가 취해지는지 알기 위해 산소 유량, 수혈 유량, 약물 투입 유량 등을 세심하게 모니터링 해야

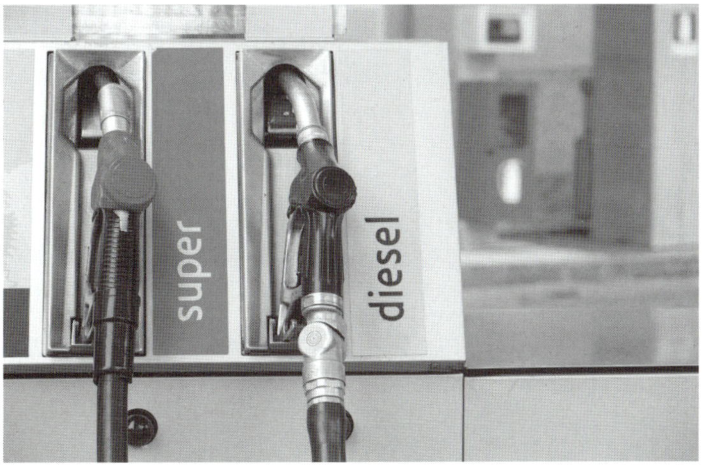

그림 15.1 생활에서 유량 측정이 중요한 경우를 생각해보자. 수도, 천연가스, 가솔린 양을 정확히 측정하는 것은 재정에 영향을 미친다.(출처: il–fede/Fotolia)

한다. 부정확한 유량 측정은 환자에게 매우 위험해질 수 있다.

이 장에서는 다양한 종류의 유동 측정 기기와 그 원리들을 배울 것이다. 이를 통해 주어진 조건에 맞는 유량 측정기를 선택할 수 있다. 상용 유량계를 사용하기 위해서는 해당 유량계의 작동 원리를 이해하는 것이 중요하다. 또한 다양한 종류의 유동 측정 기기와 자료들을 다룬다. 유동 측정에 대한 일관성과 정확성을 증진하기 위해 유동 측정 표준이 국내외적으로 정립되었다. ASME(미국기계학회)와 ISO(국제표준화기구)가 개발한 표준은 자료 1−13과 16에서 찾을 수 있다. 다양한 유량계에 대한 인터넷 자료는 이 장의 마지막에 정리되어 있다.

15.1 목표

이 장을 학습한 후에 다음의 항목들을 수행할 수 있다.

1. 유동 측정 시스템을 선정할 때 고려해야 할 여섯 가지 요소를 설명한다.
2. 네 종류의 가변 수두 유량계: 벤투리 튜브, 플로우 노즐, 오리피스, 플로우 튜브를 설명한다.
3. 유량계를 통해 유속과 체적 유량을 계산한다.
4. 로터미터 면적 유량계, 터빈 유량계, 전자기 유량계, 와류 유량계, 초음파 유량계를 설명한다.
5. 질량 유량을 측정하는 두 가지 방법을 설명한다.
6. 피토관을 이용하여 유속을 측정하는 방법을 설명한다.
7. 두 종류의 풍속계를 정의한다.
8. 일곱 종류의 수위 측정기를 설명한다.

15.2 유량계 선정 요소

유동을 측정할 수 있는 기기에는 많은 종류가 있다. 어떤 기기는 체적 유량을 직접 측정하기도 하지만 어떤 기기는 유체의 평균 유속을 측정한 후 $Q = Av$를 이용하여 체적 유량을 계산하기도 한다. 또한 어떤 기기는 유동을 직접적으로 측정하기도 하지만 어떤 기기는 보정을 하거나 유량 범위에 따른 유량계수를 적용해야 한다. 유량계의 출력 형태는 기기마다 다르다. 출력 형태는 압력, 수위, 기계적 계수, 연속 전기신호, 또는 전기펄스 등 다양하다. 유량계의 크기, 가격, 적용 압력, 사용 난이도 등도 다양하다. 다양한 유량계에 대한 도서, 핸드북, 표준에 대해서는 참고문헌 1−5, 14−21을 참고한다. 이 장에서 다루게 될 유량계에 대해서는 참고문헌 6−13, 상용 유량계의 제작회사와 공급자에 대해서는 인터넷 자료 1−19를 참고한다. 참고로 개수로 유동에 대한 유량계는 14장에서 다루었다.

유량계의 기본 종류와 표시 장치를 선정하기 위해 다음 사항을 고려한다.

15.2.1 범위

상업 유량계는 정밀 실험에 필요한 mL/s 유량에서 관개 용수 또는 도시 상하수도 시스템에 필요한 m^3/s 유량까지 측정할 수 있다. 유량계를 설치하기 위해서는 유량의 일반적인 크기와 그 변동 정도를 알아야 한다.

유동 측정에서 turndown 단어가 종종 사용된다. 이는 주어진 정확도 범위 내에서 유량계가 측정할 수 있는 최소 유량 대비 최대 유량의 비로서, 예상되는 모든 유량을 측정할 수 있는 능력을 나타낸다.

15.2.2 정확도

보통의 유량계는 5% 내의 유량 측정 정확도를 갖고 있다. 상용 유량계는 2% 정확도를 가지고 있고 어떤 유량계는 0.5% 정확도를 가지고 있다. 정확도가 좋을수록 유량계 가격은 상승한다.

15.2.3 압력 강하

유량계 구조는 종류에 따라 매우 다르기 때문에, 유체가 유량계를 통과할 때 발생하는 에너지 및 압력 손실도 다르다. 몇몇 유량계를 제외한 대부분의 유량계는 기계적 장치 또는 장애물을 유동 내에 설치하여(따라서 에너지 손실 발생) 유량을 측정한다.

15.2.4 표시 장치 종류

유동 표시 장치의 종류를 선택할 때, 원격 탐사 또는 기록이 필요한지, 유량계 출력이 자동제어 시스템에 연결되는지, 유량계 출력을 모니터링할 필요가 있는지, 측정 환경이 가혹한지를 고려해야 한다.

15.2.5 유체 종류

어떤 유량계는 유체의 물성치와 조건에 따라 성능이 달라지기도 한다. 일차적으로 유체가 기체인지 액체인지를 선택한다. 다른 고려사항으로는 유체의 점성, 온도, 부식성, 전기전도도, 광학적 투명도, 윤활 특성, 균질성이 있다. 슬러리와 다상 유동의 경우에는 특별한 유량계가 사용된다.

15.2.6 보정

어떤 유량계는 보정이 필요할 때가 있다. 이 경우 유량계 제조업체는 실제 유량과 눈금 사이의 관계를 그래프 또는 차트 형태로 보정 정보를 제공한다. 어떤 유량계는 보정된 눈금을 통해 유량을 바로 읽을 수 있도록 되어 있다. 가변 수두 유량계와 같은 기본 유량계의 경우에는 표준 기하학적 형태와 크기가 실험을 통해 정해져 있다. 이러한 실험값들로 차압과 같이 측정하기 쉬운 변수와 유량의 관계가 정해진다. 다양한 보정 요소들에 대한 정보는 참고문헌 1–13을 참고한다.

사용자가 유량계를 보정하는 경우에는 유량을 비교하기 위한 정확한 유량계가 필요하다. 보정을 위해 유량이 시간에 따라 일정하게 흐르게 한다. 그 후 얼마의 시간 동안 축적된 유체의 질량 또는 부피를 측정한다.

15.3 가변 수두 유량계

흐르는 유동에 어떤 방해물을 놓게 되면 방해물 전과 후에는 압력차가 발생한다. 방해물 전과 후의 유체 압력차를 측정하여 유량을 측정하는 유량계를 가변 수두 유량계라고 하며, 차압 유량계 또는 dp 유량계라고도 한다. 가변 수두 유량계로는 벤투리 튜브(Venturi tube), 플로우 노즐(flow nozzle), 오리피스(orifice), 플로우 튜브(flow tube)가 있다. 압력차와 체적 유량의 관계식을 유도하는 과정은 유량계 종류와 관계없이 같다. 가변 수두 유량계에 대한 다양한 기술적 자료와 정보에 대해서는 참고문헌 1–5, 상용 유량계 디자인에 대해서는 인터넷 자료 4, 7, 8, 10, 15를 참고한다.

15.3.1 벤투리 튜브

그림 15.2는 벤투리 튜브(ventri tube)의 기본 모습을 보여준다. 주 파이프 구역 1에서 들어온 유체는 목(throat)이라 하는 구역 2까지 오면서 속도가 빨라지고 압력이 하강한다. 그 후 유체는 유로 면적이 증가하는 구간을 지나 주 파이프 직경과 동일한 직경을 가지는 구역 3을 통과하게 된다. 구역 1과 구역 2 사이의 압력차는 차압 마노미터를 이용하여 측정한다. 물론 압력차를 측정할 때 다른 종류의 차압 게이

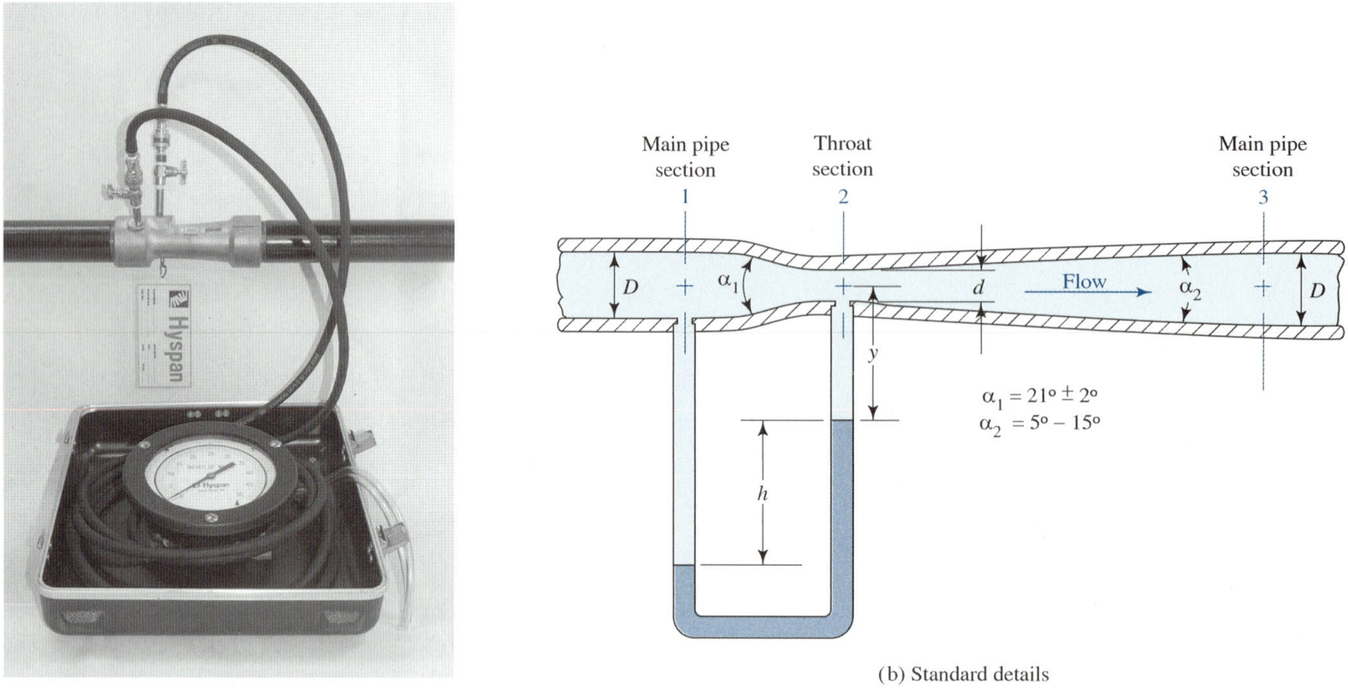

(a)

(b) Standard details of design

그림 15.2 파이프에 설치된 상용 벤투리 튜브 유량계와 유량 측정을 위한 차압 측정 기기

지도 사용할 수 있다. 산업용 벤투리 튜브에 대한 예는 인터넷 자료 20을 참고한다.

에너지 방정식과 질량 방정식을 사용하여 유량을 측정하는 식을 얻을 수 있다. 그림 15.2(b)의 구역 1과 2에 대해 다음 식이 적용된다.

$$\frac{p_1}{\gamma}+z_1+\frac{v_1^2}{2g}-h_L=\frac{p_2}{\gamma}+z_2+\frac{v_2^2}{2g} \tag{15-1}$$

$$Q=A_1v_1=A_2v_2 \tag{15-2}$$

이 두 방정식은 액체와 같은 비압축성 유체에 유효하다. 기체의 경우에는 압력에 따른 비중량 변화를 고려해야 한다. 이에 대해서는 참고문헌 5를 참고한다. 식 (15−1)과 (15−2)는 다음과 같이 전개된다.

$$\frac{v_2^2-v_1^2}{2g}=\frac{p_1-p_2}{\gamma}+(z_1-z_2)-h_L$$

$$v_2^2-v_1^2=2g[(p_1-p_2)/\gamma+(z_1-z_2)-h_L]$$

그러나 $v_2^2=v_1^2(A_1/A_2)^2$이므로 다음과 같이 쓸 수 있다.

$$v_1^2[(A_1/A_2)^2-1]=2g[(p_1-p_2)/\gamma+(z_1-z_2)-h_L]$$

$$v_1=\sqrt{\frac{2g[(p_1-p_2)/\gamma+(z_1-z_2)-h_L]}{(A_1/A_2)^2-1}} \tag{15-3}$$

여기서 두 가지 가정을 사용할 수 있다. 첫째, 벤투리 튜브는 보통 수평으로 설치되므로 높이차 z_1-z_2는 0의 값을 갖는다. 만약 유량계를 수직으로 비스듬히 설치할 때 높이차가 작지 않다면 높이차를 고려해야 한다. 둘째, h_L은 유체가 구역 1에서 구역 2로 흐를 때 발생하는 에너지 손실인데 통상 실험을 통해 얻어진다. 그러나 h_L을 생략하고 유량계수 C를 도입하면 식 (15−3)을 좀 더 편리하게 쓸 수 있다.

$$v_1 = C\sqrt{\frac{2g(p_1 - p_2)/\gamma}{(A_1/A_2)^2 - 1}} \tag{15-4}$$

식 (15−4)는 유량계 목에서의 유속이며, 이는 구역 1과 구역 2 사이의 압력차에 의해 결정된다. 이러한 이유로 이 유량계를 가변 수두 유량계라 한다.

일반적으로 유속보다는 체적 유량을 측정할 때가 많다. $Q = A_1 v_1$이므로 체적 유량은 다음과 같다.

$$Q = CA_1\sqrt{\frac{2g(p_1 - p_2)/\gamma}{(A_1/A_2)^2 - 1}} \tag{15-5}$$

유량계수 C는 에너지 손실이 없는 이상적인 유속 대비 실제 유속의 비율을 나타낸다. 따라서 C값은 항상 1보다 작다. 그림 15.2(b)는 Herschel 타입 벤투리 튜브를 보여준다. 에너지 손실을 최소화하기 위해 목까지 유로 면적이 부드럽게 감소하며, 목 이후부터는 긴 구간 동안 유로 면적이 부드럽게 증가한다. 그 결과 유량계수가 거의 1에 가깝다.

그림 15.3은 유동의 Reynolds수에 따른 유량계수를 보여준다. Reynolds수가 2×10^5 이상일 때에는 유량계수 C가 0.984이다. 이 유량계수는 유로 직경이 100 mm−1200 mm이며 일반 주물로 제작된 Herschel 타입 벤투리 튜브에 적용된다. 목 직경은 넓은 범위의 값을 가질 수 있으나, 유로 직경(D) 대비 목 직경(d) 비율 $\beta = d/D$는 0.30~0.75 사이의 값을 갖는다.

Reynolds수가 2×10^5보다 작은 경우에는 그림 15.3에서 C값을 찾는다.

유로 직경이 50 mm−250 mm인 작은 벤투리 튜브의 경우에는 재질의 가공 표면 조도가 일반 주물보다 우수하다. $N_R > 2\times10^5$ 이상일 경우 유량계수 C는 0.995값을 갖는다.

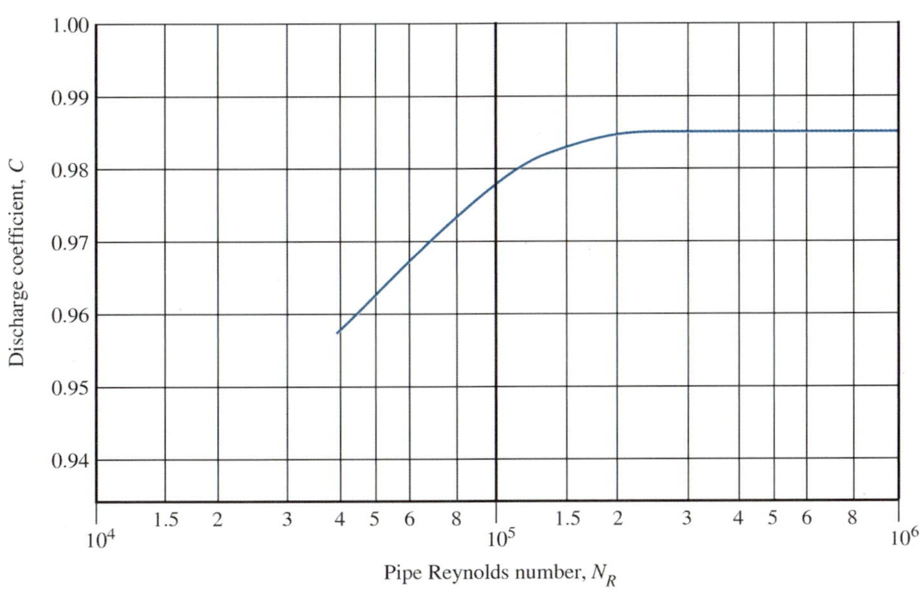

그림 15.3 일반 주물로 만들어진 Herschel 타입 벤투리 유량계에 대한 유량계수(출처: ASME Research Committee on Fluid Mechanics (1959). *Fluid Mechanics: Their Theory and Applications*, 5/e)

벤투리 튜브에 대한 자세한 내용과 기체 유량 측정에 대해서는 참고문헌 5, 6, 14－21을 참조한다. 이 책에서는 식 (15－4)와 식 (15－5)를 액체에 적용하는 것만을 다룬다.

마노미터를 이용하여 차압을 측정할 때 유량 방정식 파이프와 벤투리 튜브 목 사이의 압력차를 측정하기 위해 마노미터가 주로 사용된다. 예를 들면 그림 15.2(b)를 참조하여 다음의 기호를 사용한다.

γ_f =파이프를 흐르는 유체의 비중량

γ_m =마노미터 유체의 비중량

y =벤투리 튜브의 중심선부터 마노미터 유체 상부까지의 수직 거리

마노미터 방정식은 다음과 같이 쓸 수 있다.

$$p_1 + \gamma_f y + \gamma_f h - \gamma_m h - \gamma_f y = p_2$$

위 식에서 $\gamma_f y$ 항은 삭제된다.

이제 식 (15－4)에서 필요한 압력차 식을 얻어보자.

$$p_1 - p_2 = -\gamma_f h + \gamma_m h = \gamma_m h - \gamma_f h = h(\gamma_m - \gamma_f)$$

압력 수두를 얻기 위해 양변을 γ_f로 나눈다.

$$(p_1 - p_2)/\gamma_f = h(\gamma_m - \gamma_f)/\gamma_f = h(\gamma_m/\gamma_f - 1)$$

이 식을 식 (15－4)에 대입하면 다음을 얻는다.

$$v_1 = C\sqrt{\frac{2gh[(\gamma_m/\gamma_f) - 1]}{(A_1/A_2)^2 - 1}} \tag{15-6}$$

위에서 기술한 원리와 아래에 기술된 절차는 노즐, 오리피스, 플로우 튜브에 동일하게 적용된다.

벤투리, 노즐, 오리피스, 플로우 튜브를 통과하는 액체 유량을 계산하는 절차

1단계 다음의 데이터를 얻는다.

a. 파이프 내부 직경 D_1

b. 목 직경 d_2

c. 파이프를 흐르는 유체의 비중량 γ_f와 동점도 ν

d. 주 파이프와 목 사이의 차압 또는 수두 측정

i. Δp는 압력 단위로 측정

ii. 마노미터 높이차에 의한 압력 수두 측정

2단계 유량계에 대한 유량계수를 가정한다. 일반적인 주물로 제작된 Herschel 타입 유량계의 경우, Reynolds수가 2×10^5 이상이면 $C=0.984$를 사용한다. 노즐 유량계의 경우 15.3.2절, 오리피스 유량계의 경우 15.3.3절을 참조하여 유량계수를 얻는다.

3단계 식 (15－4) 또는 식 (15－6)을 이용하여 유속을 계산한다.

4단계 주 파이프에서 유체의 Reynolds수를 계산한다.

5단계 새로운 Reynolds수를 기반으로 유량계수 C를 업데이트한다.

6단계 5단계에서 얻은 유량계수 C값이 2단계에서 얻은 값과 많이 다를 경우, 업데이트된 C값을 가지

고 만족스러운 결과를 얻을 때까지 3–5단계를 반복한다.

7단계 $Q = A_1 v_1$ 식을 통해 체적 유량을 계산한다.

예제 15.1 Herschel 타입 벤투리 튜브[그림 15.2(b)]를 이용하여 온도가 140°F인 물의 유량을 측정하고자 한다. 물은 5-in Schedule 40인 철로 만들어진 파이프에 왼쪽에서부터 들어온다. 목 직경은 $d = 2.2$ in이다. 벤투리는 일반적인 주물로 만들어져 있다. 마노미터 유체는 수은(sg=13.54)이고 수은주 높이차는 $h = 7.4$ m이다. 물의 평균 유속(ft/s)과 체적 유량(gal/min)은 얼마인가?

해설 파이프 내 유속을 측정하기 위해 식 (15–6)을 사용하고 체적 유량을 계산하기 위해 $Q = A_1 v_1$ 식을 사용한다.

식 (15–6)에 사용되는 변수들의 값은 다음과 같다.

파이프 내 유체: 60℃ 물; $\gamma_f = 61.4\ \text{lb/ft}^3$, $\nu = 5.03 \times 10^{-6}\ \text{ft}^2\text{/s}$ (부록 A)

마노미터 유체: 수은 (sg=13.54); $\gamma_m = (13.54)(62.4\ \text{lb/ft}^3) = 844.9\ \text{lb/ft}^3$

파이프 치수: $D = 0.4206\ \text{ft}$, $A_1 = 0.1390\ \text{ft}^2$ (부록 F)

목 치수: $d = (2.2\ \text{in})(1\ \text{ft}/12\ \text{in}) = 0.1833\ \text{ft}$, $A_2 = \pi d^2/4 = 0.0264\ \text{ft}^2$

따라서 다음이 계산된다.

$$A_1/A_2 = (0.1390\ \text{ft}^2)/(0.0264\ \text{ft}^2) = 5.265$$

$$\beta = d/D = (0.1833\ \text{ft})/(0.4206\ \text{ft}) = 0.436$$

$0.30 < \beta < 0.75$이므로 권장 범위 내에 있다.

그림 15.3은 일반적인 주물로 제작된 벤투리 유량계의 유량계수 C를 보여준다. 파이프 내 물의 Reynolds수가 2.0×10^5보다 크다고 가정하면 $C = 0.984$로 예측할 수 있다. 이 값의 타당성은 Reynolds수가 계산된 후 살펴본다. $N_R < 2.0 \times 10^5$일 경우에는 그림 15.3을 이용하여 C값을 조절해야 한다.

먼저 $[(\gamma_m/\gamma_f) - 1]$ 값을 계산한다.

$$[(\gamma_m/\gamma_f) - 1] = [(844.9\ \text{lb/ft}^3/61.4\ \text{lb/ft}^3) - 1] = 12.76$$

수은주 높이를 m 단위로 환산한다.

$$h = (7.40\ \text{in})(1\ \text{ft}/12\ \text{in}) = 0.6167\ \text{ft}$$

식 (15–6)으로부터 유속 v를 계산할 수 있다.

$$v_1 = C\sqrt{\frac{2gh[(\gamma_m/\gamma_f) - 1]}{(A_1/A_2)^2 - 1}} = 0.984\sqrt{\frac{2(32.2\ \text{ft/s}^2)(0.6167\ \text{ft})(12.76)}{(5.265)^2 - 1}}$$

$$v_1 = 4.285\ \text{ft/s}$$

이제 Reynolds수를 계산하여 보자.

$$N_R = \frac{v_1 D}{\nu} = \frac{(4.285\ \text{ft/s})(0.4206\ \text{ft})}{5.03 \times 10^{-6}} = 3.58 \times 10^5$$

이 값은 초기에 가정했던 바와 같이 2×10^5보다 크다. 따라서 유량계수 $C = 0.984$ 가정은 타당하고 계산된 v_1값도 타당하다. 만약 Reynolds수가 2×10^5보다 작다면 그림 15.3으로부터 새로운 C값을 찾은 후 유속을 다시 계산해야 한다.

결과 이제 체적 유량 Q를 계산한다.

$$Q = A_1 v_1 = (0.1390\ \text{ft}^2)(4.285\ \text{ft/s}) = 0.596\ \text{ft}^3\text{/s}$$

유량을 gal/min으로 환산하면 다음과 같다.

$$Q = (0.596\ \text{ft}^3/\text{s})[(449\ \text{gal/min})/1.0\ \text{ft}^3/\text{s}] = 267\ \text{gal/min}$$

15.3.2 플로우 노즐

플로우 노즐(flow nozzle)은 짧은 실린더 형태를 하고 있으며 유로 면적이 부드럽고 완만하게 감소한다. 그림 15.4는 플로우 노즐을 보여준다. 미국기계학회(ASME)와 국제표준화기구(ISO)와 같은 단체는 플로우 노즐에 대한 몇 가지 표준 형상을 제시하였다. 이에 대한 사항은 참고문헌 5와 6을 참조한다.

식 (15－4)－(15－6)은 벤투리 튜브뿐 아니라 플로우 노즐과 오리피스에도 사용된다. 플로우 노즐은

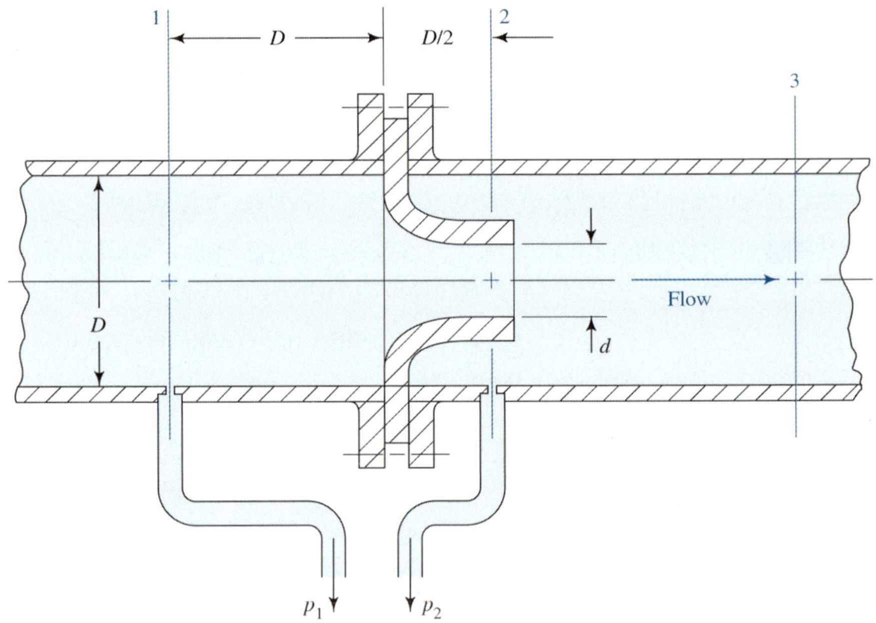

그림 15.4 플로우 노즐

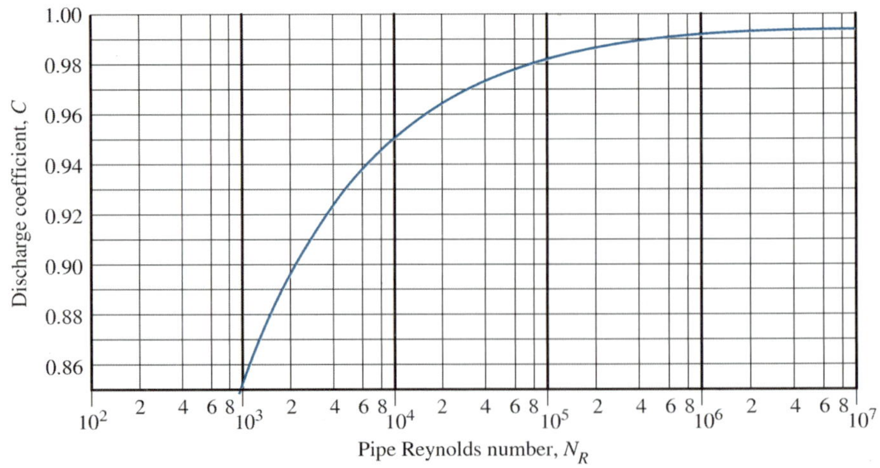

그림 15.5 플로우 노즐 유량계수(출처: ASME Research Committee on Fluid Mechanics (1959). *Fluid Mechanics: Their Theory and Applications*, 5/e)

부드럽고 완만한 축소 형상을 하고 있기 때문에 지점 1과 2 사이의 에너지 손실은 매우 작다. Reynolds수에 따른 유량계수 C의 변화는 그림 15.5에 나타나 있다. 높은 Reynolds수의 경우 C는 0.99보다 크다. 낮은 Reynolds수의 경우에는 유체가 노즐 목을 지나 갑작스럽게 팽창하여 에너지 손실이 크고 이로 인해 C가 작다.

참고문헌 13은 C를 계산하기 위해 다음 식을 제시하고 있다.

$$C = 0.9975 - 6.53\sqrt{\beta / N_R} \tag{15-7}$$

여기서 $\beta = d/D$이다. 그림 15.5는 $\beta = 0.50$일 때 식 (15−7)의 그래프를 그린 것이다.

기체의 압축성 효과를 고려한 플로우 노즐 선택과 응용은 참고문헌 1, 5, 18에서 찾을 수 있다.

15.3.3 오리피스

날카로운 홀(hole)을 가지며 정밀하게 가공된 평판을 오리피스(orifice)라고 한다. 그림 15.6은 오리피스 평판을 관통하는 여섯 종류의 보어(bore)를 보여준다. 평판을 용이하게 취급, 삽입, 인출하기 위해 원형 평판 위로 탭을 100−125 mm 확장한다. 그림 15.6(a)−(d)의 동심원 오리피스가 그림 15.6(g)처럼 파이프 플랜지 사이에 위치하면, 유체가 오리피스를 통과하면서 유동면적이 갑자기 축소되었다가 파이프의 원래 유동면적으로 돌아온다. 오리피스를 통과하는 유동 흐름은 축류(vena contracta)를 형성하여 유속이 빨라지고, 이로 인하여 오리피스 하류에서 압력이 하강한다. 축류에 대한 자세한 내용은 6.10절과 10.6절을 참조한다. 오리피스 전·후 사이의 차압을 측정하면 식 (15−5)을 이용하여 체적 유량을 얻을 수 있다.

오리피스 평판이 매우 얇으면(예를 들어 3.0 mm보다 작은 경우), 그림 15.6(a)에서 보는 바와 같이 보어홀(bore hole)을 직선으로 가공할 수 있다. 그러나 매우 얇은 평판은 설치 또는 사용 도중에 손상될 수 있다. 따라서 두께가 3.0−6.0 mm인 약간 두꺼운 평판이 종종 사용된다. 이 경우 그림 15.6(b)에서 보는 바와 같이 상류 부분은 짧고 직선인 보어홀을 가지고, 홀의 하류 부분은 테이퍼 릴리프(taper relief)를 가질 수 있다. 대안으로 하류에 직경이 다른 홀을 가공할 수도 있다[그림 15.6(c)]. 사분 보어(quadrant bore) 스타일은 평판의 전면에서 시작하는 사분원을 가지고 후반에는 짧은 직선의 보어홀을 가진다[그림 15.6(d)]. 이 형태는 $N_R < 4000$ 이하 층류로 흐르는 원유, 슬러리, 글리세린, 시럽 같은 고점성 유체에 적합하다. 편심 보어[그림 15.6(e)]와 단편 보어[그림 15.6(f)]는 동심 오리피스 뒤에 고체가 쌓일 수 있을 때 사용된다. 종이 펄프, 석유화학 유체, 하수 슬러지는 고체 입자를 포함하여 흐른다. 이와 같은 특수한 오리피스 경우에는 제작회사가 유량계수를 제공한다. 표준 오리피스 평판은 상업적으로 구할 수 있다. 이에 대해서는 인터넷 자료 1, 7, 8, 10, 13을 참조한다.

오리피스 평판을 사용한 상업용 조립품은 차압과 유량을 측정하는 하부 시스템을 통합하고 있다. 오리피스 평판은 통합된 조립품의 일부로, 조립품은 다음을 포함한다.

- 평판 앞·뒤 양면에 위치한 압력탭
- 차압 측정기를 쉽게 탑재할 수 있는 구조
- 차압 측정기와 원거리 신호전송기
- 차압 측정기를 수리할 때 사용되는 우회 유로 밸브
- 오리피스에서 예측 가능한 유동을 확보하기 위한 오리피스 전·후 직선 파이프
- 조립품과 다른 파이핑을 연결하는 플랜지, 오리피스를 연결하는 플랜지
- 유량과 출력신호를 선형화하는 차압기 내 마이크로프로세서

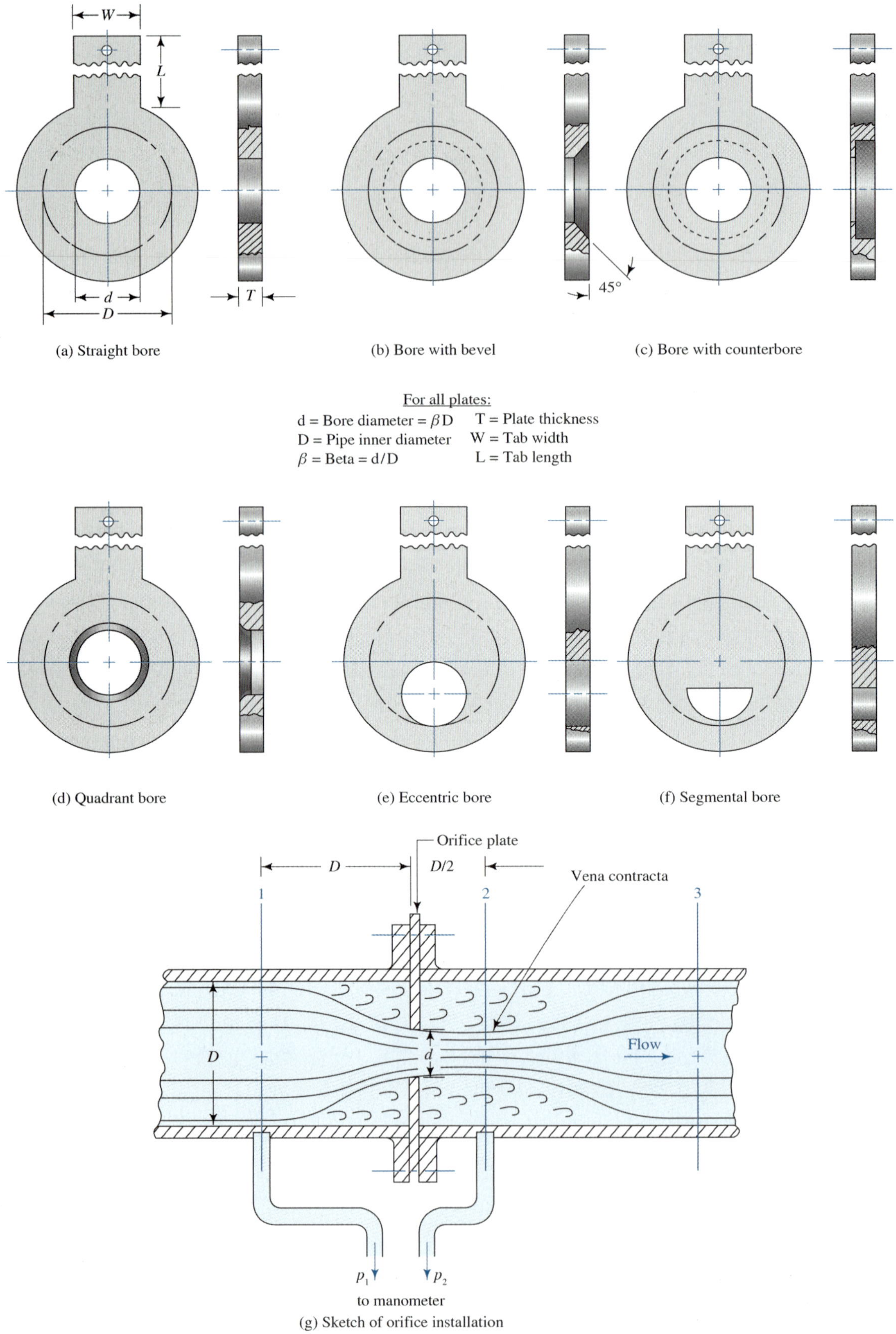

그림 15.6 오리피스 평판과 파이프 플랜지 사이로의 설치. 두 압력탭은 오리피스로부터 각각 D와 $D/2$ 떨어져 있음

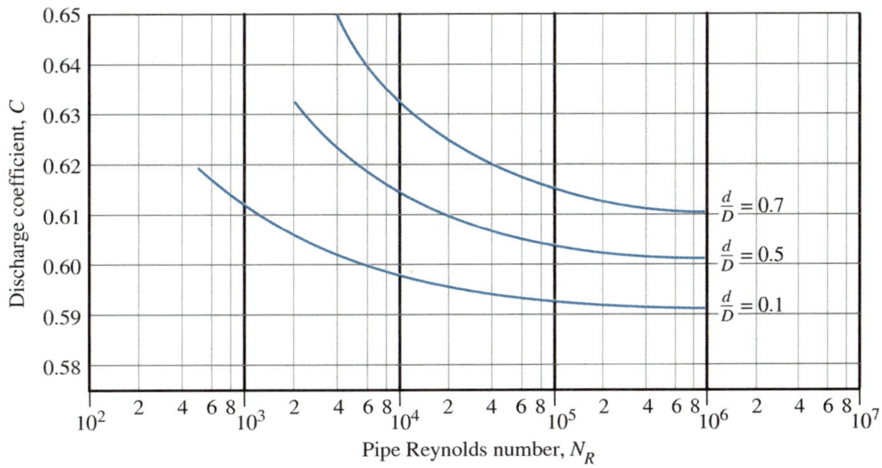

그림 15.7 오리피스 유량계수(출처: ASME Research Committee on Fluid Mechanics (1959). *Fluid Mechanics: Their Theory and Applications*, 5/e)

유량계수 C는 오리피스 형상의 작은 변화에도 영향을 받는다. 날카로운 홀을 가진 동심 오리피스에 대한 유량계수의 일반적인 곡선은 그림 15.7에 나타나 있다. D와 d는 각각 파이프 직경과 오리피스 직경이다. 두 직경의 비율 d/D의 효과는 그림 15.7에서 알 수 있다. 유체가 갑자기 축소되었다가 갑자기 확대되기 때문에 C값은 벤투리 튜브와 플로우 노즐에 비하여 매우 작다.

유량계수는 압력탭의 위치에도 영향을 받는다. 압력탭 위치에 대한 세 가지 경우가 표 15.1에 주어져 있다. 기체의 압축성 효과를 고려한 오리피스 선택과 응용은 참고문헌 1, 5, 14−16을 참조한다.

표 15.1 오리피스 유량계에서의 압력탭 위치

	Inlet Pressure Tap, p_1	Output Pressure Tap, p_2
1.	One pipe diameter upstream from plate	One-half pipe diameter downstream from inlet face of plate
2.	One pipe diameter upstream from plate	At vena contracta (see Reference 5)
3.	In flange, 1-in upstream from plate	In flange, 1-in downstream from outlet face of plate

15.3.4 플로우 튜브

변형된 가변 수두 유량계를 플로우 튜브(flow tube)라고 한다. 플로우 튜브는 벤투리, 노즐, 오리피스 유량계가 사용되는 환경에서도 사용할 수 있고 압력 손실이 작은 장점도 있다. 그림 15.8은 상업용 플로우 튜브 모습을 보여준다.

15.3.5 압력 손실

앞서 언급한 네 종류의 가변 수두 유량계에서는 유동 면적이 장애물을 통과한 후 파이프 직경으로 다시 복귀한다. 이에 대해서는 그림 15.2, 15.4, 15.6(g)에 설명되어 있다. p_1과 p_3 사이의 압력차는 유량계에 의하여 발생하며, 압력차는 에너지 방정식에서 얻을 수 있다.

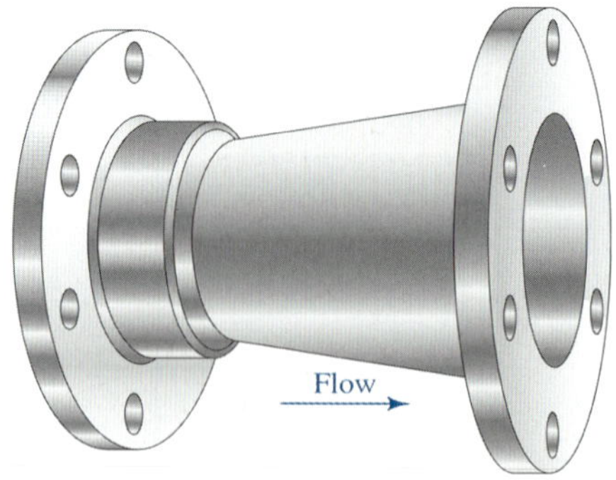

그림 15.8 플로우 튜브

$$\frac{p_1}{\gamma}+z_1+\frac{v_1^2}{2g}-h_L=\frac{p_3}{\gamma}+z_3+\frac{v_3^2}{2g}$$

두 지점의 파이프 직경이 같기 때문에 두 지점에서의 유속도 동일하다($v_1=v_2$). $z_1=z_3$라고 가정하면

$$p_1-p_3=\gamma h_L$$

압력 강하는 에너지 손실에 비례한다. 목 이후 벤투리 튜브의 부드러운 유선과 길고 완만한 확대부는 난류 증진을 최소화시키고, 이로 인해 에너지 및 압력 손실이 작다. 반면 확대부가 완만하지 않으면 압력 손실이 크기 때문에 오리피스는 압력 손실이 크다. 압력 손실이 가장 작은 것은 플로우 튜브이다. 그림 15.9는 가변 수두 유량계들의 압력 손실을 비교한 그래프이다.

15.4 가변 면적 유량계

그림 15.10은 흔히 볼 수 있는 가변 면적 유량계인 로터미터(rotameter)를 보여준다. 유체는 경사진 투명 튜브 안을 상향으로 흐른다. 플로트(float)는 튜브 안에서 자유롭게 움직일 수 있는데, 유체가 플로트에 가하는 힘과 플로트의 중력이 일치하는 곳에서 플로트의 위치가 결정된다. 유량이 달라지면 플로트 위치는 힘의 평형이 이루어지는 곳으로 움직인다. 이때 플로트와 튜브 사이의 간격도 달라진다. 투명 튜브 바깥쪽에는 유량 눈금이 새겨져 있어, 플로트가 멈춘 위치에서 유량을 읽도록 되어 있다.

그림 15.10과 같은 로터미터를 사용하기 위해서는 유체가 투명해야 한다. 플로터의 위치를 눈으로 확인할 수 있어야 하기 때문이다. 또한 투명 튜브는 재질상 고압에서 사용하는 데 한계가 있다. 이에 고압에서도 사용할 수 있도록 불투명한 튜브를 사용하기도 한다. 플로터의 위치를 통상 눈으로 확인하지만 전자기 방식으로 측정하기도 한다. 가변 면적 유량계에 대한 추가 정보는 인터넷 자료 11−15를 참조한다.

15.5 터빈 유량계

그림 15.11은 유체가 흐르면서 로터(rotor)를 회전시키는 터빈 유량계를 보여준다. 로터의 회전속도는 유체 유량에 의해 결정된다. 로터의 각 날개가 자기 코일을 지나치면 전압 펄스가 발생하고, 전압 펄스의 빈도수는 유량으로 환산된다. 터빈 유량계는 그 크기에 따라 0.02 L/min 정도의 매우 낮은 유량에서부터 수천 L/min 정도의 높은 유량도 측정할 수 있다. 터빈 유량계에 대한 추가 정보는 인터넷 자료 2, 3, 9, 11, 13−15를 참조한다.

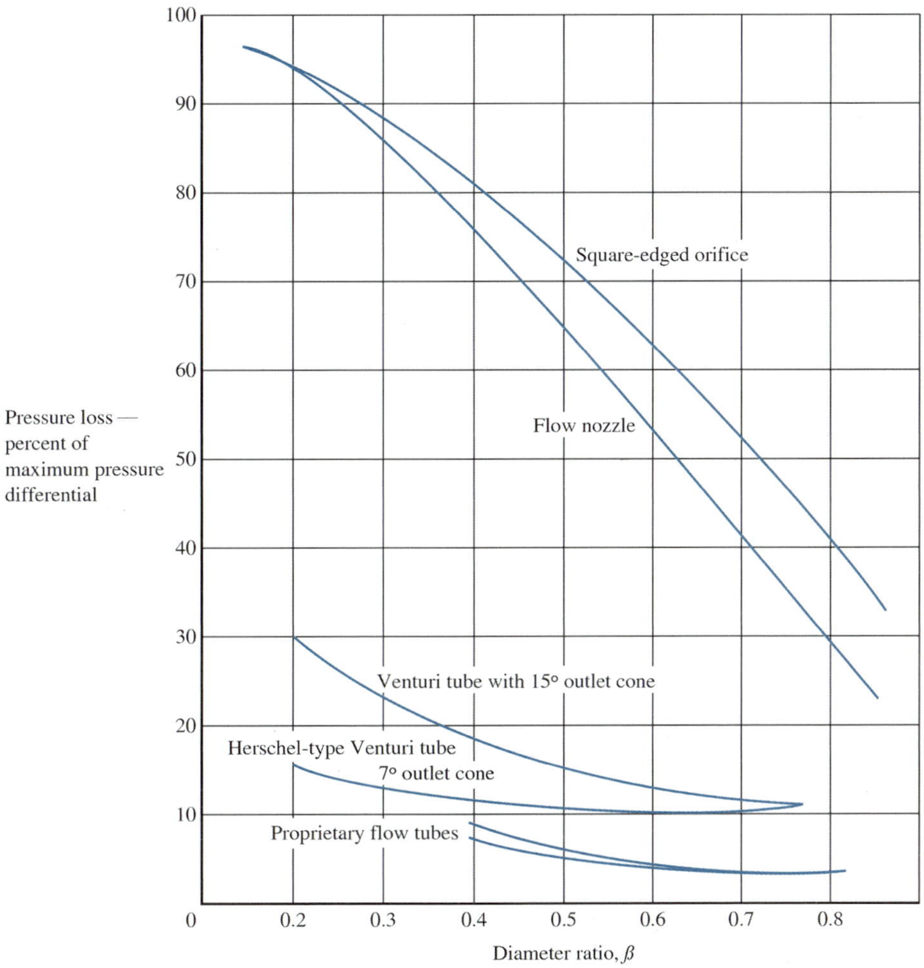

$$\beta = \frac{\text{Throat diameter}}{\text{Pipe diameter}} \text{ or } \frac{\text{Orifice diameter}}{\text{Pipe diameter}} = \frac{d}{D}$$

그림 15.9 다양한 가변 수두 유량계의 압력 손실 비교(출처: H. S. Ben, ed. *Fluid Mechanics: Their Theory and Applications*, 6/e, 1971, ASME)

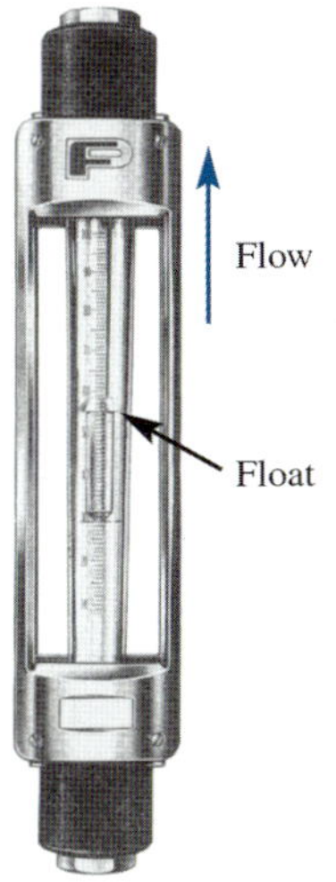

그림 15.10 로터미터(출처: ABB, Inc., Automation Technology Products, Warminster, PA)

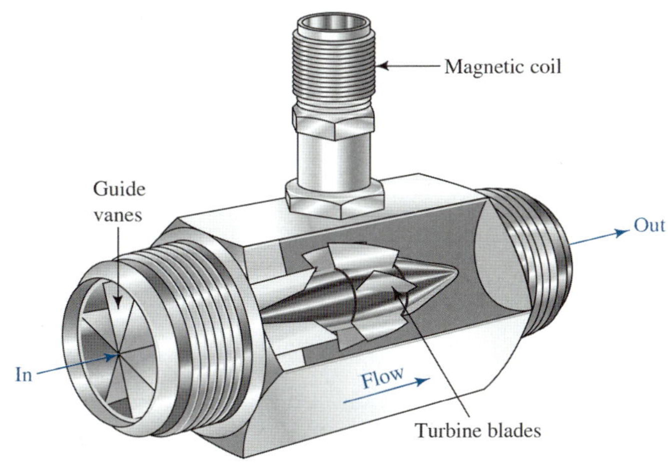

그림 15.11 터빈 유량계

15.6 와류 유량계

그림 15.12는 와류 유량계를 보여준다. 유동에 놓여 있는 무딘 물체는 와류(vortex)를 주기적으로 발생시키는데, 와류의 빈도수는 유속에 비례한다. 와류 유량계는 와류의 빈도수를 측정하여 유량을 측정하는 유량계이다. 와류 유량계에 대한 추가적인 자료는 참고문헌 8을 참조한다.

그림 15.12(b)는 와류 흘림(vortex shedding) 현상을 보여준다. 무딘 물체의 형상은 제작회사마다 다르다. 유체가 무딘 물체를 통과하면서 물체 양단에서 와류가 번갈아 가면서 발생한다. 이 현상을 발견한 Theodore von Karman을 기념하여, 일련의 와류 괘적을 Karman street이라고 한다. 무딘 물체 하류에서의 압력 변화를 전기신호로 측정하면 와류의 빈도수를 알 수 있다. 전기신호는 전압 펄스 또는 아날로그신호일 수 있다. 출력이 전압 펄스이면 제작업체는 단위 유량당 펄스 수를 나타내는 K－팩터를 제공한다.

와류 유량계는 깨끗한 액체, 더러운 액체, 기체, 증기 등 다양한 유체에서 사용될 수 있는데, 모든 유체에 대하여 K－팩터가 동일하다. 와류 유량계에 대한 추가적인 정보는 인터넷 자료 1, 4, 6, 9, 11, 15를 참조한다.

(a) Photograph of a vortex flowmeter

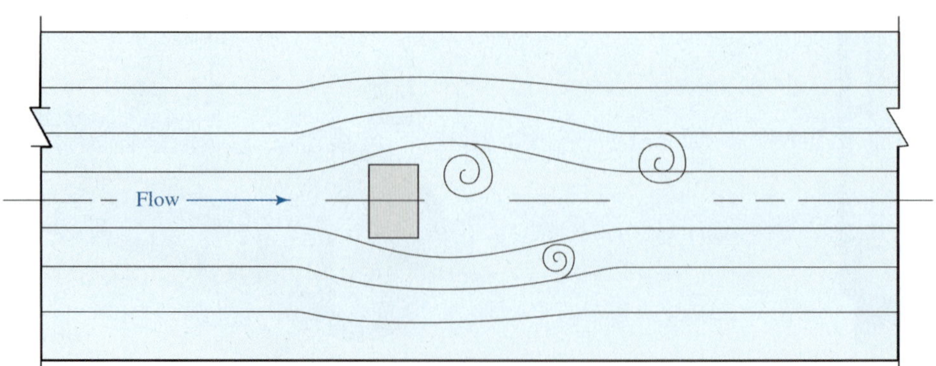

(b) Sketch of vortices shedding from a blunt body

그림 15.12 와류 유량계(출처: ABB, Inc., Automation Technology Products, Warminster, PA)

소용돌이 유량계(swirl meter)는 입구에서 소용돌이를 생성하는 형상을 가지고 있다. 소용돌이가 지나는 곳에 와류의 2차 유동을 만드는 와류 시스템이 있고, 와류의 빈도수는 압전 센서로 측정한다. 측정된 신호는 유량계가 유속으로 해석할 수 있는 형태로 전환된다. 상업용 소용돌이 유량계에 대해서는 인터넷 자료 4를 참조한다.

15.7 전자기 유량계

전자기 유량계의 장점 중 하나는 그림 15.13에서 보는 바와 같이, 어떠한 장애물이 유동에 설치되지

(a) Magnetic flowmeter

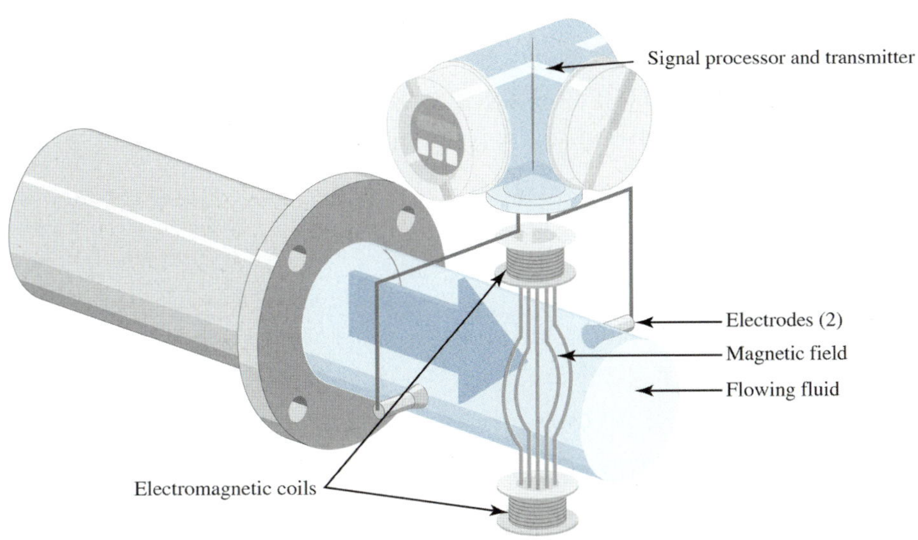

(b) Schematic diagram of a magnetic flowmeter

그림 15.13 전자기 유량계(출처: Endress+Hauser Flowtec AG, Reinach BL, Switzerland)

않고 유량을 측정할 수 있다는 것이다. 전자기 유량계는 움직이는 전도체가 자기장을 가로질러 통과할 때 전압이 발생하는 원리를 사용한다. 따라서 유체는 약간의 전도성을 가져야 한다. 전자기 유량계는 패러데이 전자기유도 법칙을 사용하는 좋은 예이다. 전자기 유량계는 비전도성 튜브, 튜브 상하에 위치한 2개의 전자기 코일, 튜브 좌우에 위치한 2개의 전극으로 구성되어 있다. 전극은 유체에 생성된 전압을 감지한다. 생성된 전압은 유속에 비례하므로 유체 유량이 클수록 생성된 전압도 높다. 전자기 유량계의 또 다른 장점 중 하나는 유량 출력 신호가 온도, 점도, 비중량, 난류에 영향을 받지 않는다는 것이다. 튜브의 크기는 2.5 mm−2.4 m로 다양하다.

전자기 유량계는 펄프, 종이, 채광용액, 2상유동, 음식, 음료, 오일, 의약품, 물, 하수, 화학공정 산업 전반의 액체와 같은 다양한 액체에 사용 가능하다. 또한 많은 양의 고체를 포함한 유체의 유량도 측정할 수 있다. 표준 전자기 유량계에 대해서는 참고문헌 9를 참조한다. 상용 유량계 제작회사와 공급자에 대해서는 인터넷 자료 1−4, 6, 11, 13, 15를 참조한다.

15.8 초음파 유량계

초음파 유량계는 파이프를 관통하는 물체 없이 유량을 측정할 수 있다. 초음파 발생기를 파이프 외벽에 부착하고 초음파를 파이프에 비스듬히 발사한다. 고주파 신호는 파이프 벽과 유체를 관통하게 되는데, 신호가 관통하는 시간은 유속에 따라 달라진다. 초음파 전송기와 수신기는 서로 파이프의 반대편에 설치된다. 어떤 초음파 유량계는 수신기와 전송기를 한 기기에 탑재하기도 하는데, 이 경우에는 발사된 초음파가 되돌아올 수 있도록 반사체를 사용한다.

다른 방법은 2개의 전송기/수신기 기기를 사용하는 것이다. 두 기기는 초음파를 각각 발사하고 상대편 기기에서 신호를 받는다. 유동 방향으로 발사된 신호가 수신기에 도착하는 시간은 유동 반대 방향으로 발사된 신호가 수신기에 도착하는 시간과 같지 않다. 두 신호의 시간차는 유속에 비례한다. 전송기, 반사체, 수신기는 다양한 각도로 설치될 수 있다.

유체에 포함된 고체 입자들은 초음파 강도에 영향을 미칠 뿐 아니라 초음파 통과 시간 측정에도 영향을 준다. 따라서 시간 전송차 유량계(transit−time meter)는 깨끗한 유체에서 가장 잘 작동한다.

다른 형태인 도플러 유량계는 더러운 유체, 슬러리, 초음파 진행을 방해하는 유체에서 사용될 수 있다. 발사된 초음파는 반대편 벽까지 완전히 전송되지 않는다. 고체 입자들로부터 반사된 초음파는 수신기로 돌아온다.

초음파 유량계는 유체 흐름을 방해하지 않고 유량을 측정하므로 유량계에 의한 압력 손실이 없다. 시간 전송차 초음파 유량계에 대해서는 참고문헌 10을 참조한다. 상용 초음파 유량계에 대해서는 인터넷 자료 1−3, 9, 11, 13, 15를 참조한다.

15.9 용적형 유량계

용적형 유량계로 흘러 들어가는 유체는 흘러 나갈 때까지 유량계 챔버 내에 완전히 채워지며, 유량계를 통과한 유체의 누적 체적량이 측정된다. 유량계 챔버는 다양한 형태가 될 수 있고 종종 제조회사들의 특허이기도 하다. 수도, 천연가스, 가솔린 양을 측정하는 기기가 대표적인 용적형 유량계이다.

가정이나 회사에서 사용하는 기체 유량계는 알려진 부피의 저압 천연가스를 지속적으로 포집하고 전달하는 유연한 격막을 사용한다. 다른 디자인으로는 원형 기어 맞물림, 타원형 기어 맞물림, 로브 로터, 왕복 피스톤 직선 운동, 뉴테이팅 디스크(nutating disk)가 있다. 뉴테이팅 디스크는 축에 일정 각도로 부착된 얇은 디스크를 가지고 있으며 하우징에 밀착 봉인된다. 유체가 하우징 안으로 들어오면서 축을 회전시킨다. 축이 한 번 회전할 때 유체 부피는 알려져 있으므로, 시간당 샤프트의 회전수를 측정하면 유량을 측정할 수 있다. 다양한 용적형 유량계에 대해서는 인터넷 자료 2, 3, 12, 15를 참조한다.

15.10 질량 유량 측정

지금까지 평균 유속 또는 체적 유량을 측정하는 기기를 살펴보았다. 그러나 어떤 경우에는 질량 유량을 측정해야 할 때가 있다. 예를 들면 식품공장은 생산량이 질량 단위로 종종 표시된다. 어떤 화학 공정의 경우에는 화학반응이 반응물의 질량에 민감하다. 또한 증기－물 유동에서 기포율 변화가 상당히 큰 경우에는 체적 유량을 측정하기 어렵다.

질량 유량을 측정하는 방법 중 하나는 앞서 기술한 체적 유량계를 사용하면서 밀도도 동시에 측정하는 것이다. 이때 질량 유량은 다음과 같이 계산된다.

$$M = \rho Q$$

즉 질량 유량은 밀도와 체적 유량의 곱으로 주어진다. 밀도를 알고 있거나 쉽게 측정할 수 있다면 위 계산은 아주 간단하다. 어떤 유체는 온도를 알면 밀도를 계산할 수 있다. 기체 같은 경우에는 밀도를 알기 위해 압력도 필요하다. 온도계와 압력 측정기를 사용하면 온도와 압력을 알 수 있다. 유체 비중은 비중계로 측정할 수 있고, 어떤 유체의 밀도는 밀도계로 측정할 수 있다. 체적 유량, 온도, 압력, 비중, 밀도에 대한 전기신호는 $M = \rho Q$를 계산하는 전자장비의 입력값이 될 수 있다. 그림 15.14는 이 개념을 보여준다. 각각의 측정 오차가 작아야 최종 결과의 오차가 작아진다.

질량 유량계의 측정신호와 질량 유량이 선형 관계에 있는 것이 바람직하다. 그림 15.15는 이를 만족하는 Coriolis 유량계를 보여준다. 공정 배관을 흐르는 유체는 유량계로 들어가고 연속적인 경로를 통해 2개의 튜브를 통과한다. 2개의 전자기 드라이버는 2개의 튜브가 역 위상으로 진동하면서 소리굽쇠와 비슷한 동작을 하도록 튜브를 진동시킨다. 두 튜브는 주기적으로 가까이 다가왔다가 다시 멀어진다. 유체는 튜브를 따라 흐르면서 동시에 드라이버 작동으로 인하여 튜브에 수직으로 움직인다. 그리고 두 튜브 움직임 사이에는 위상차가 발생한다. Coriolis 힘은 튜브를 따라 흐르는 유체의 질량 유량에 비례한다.

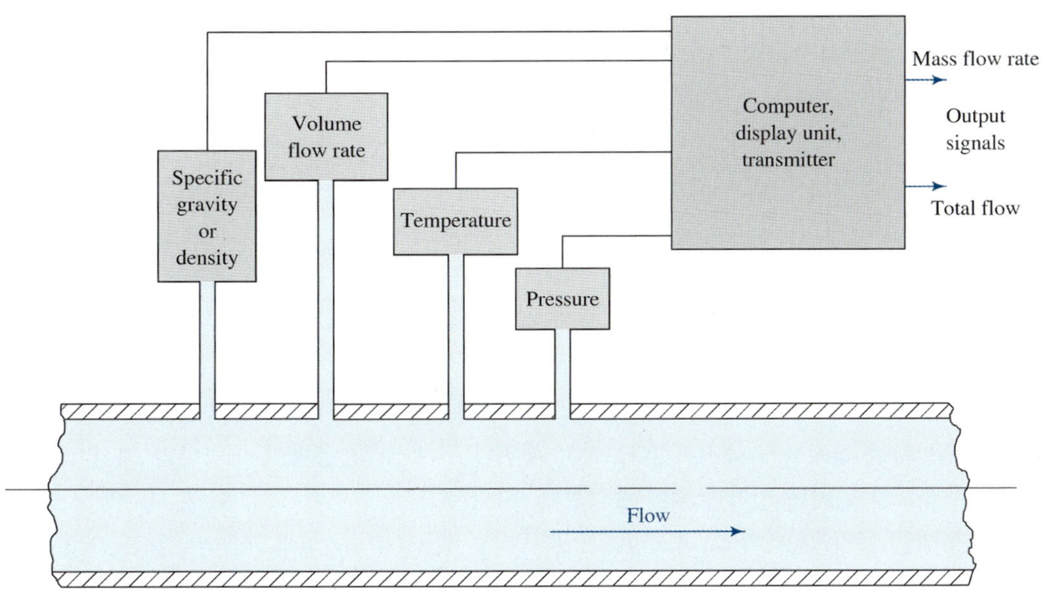

그림 15.14 다수의 센서를 이용하여 질량 유량을 측정하는 개략도

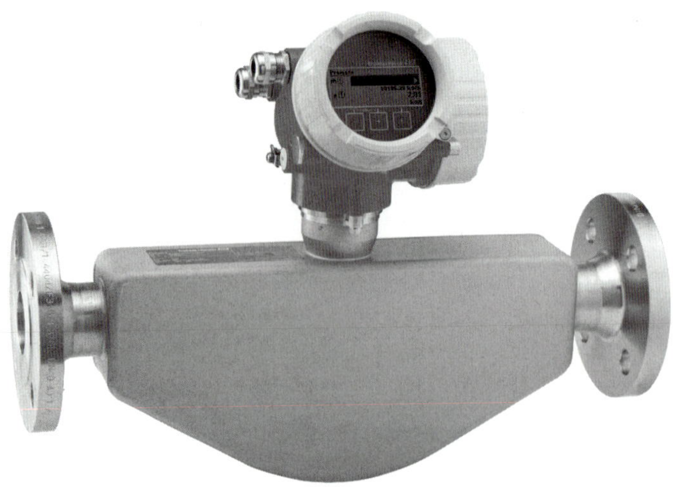

(a) Coriolis flowmeter-External view

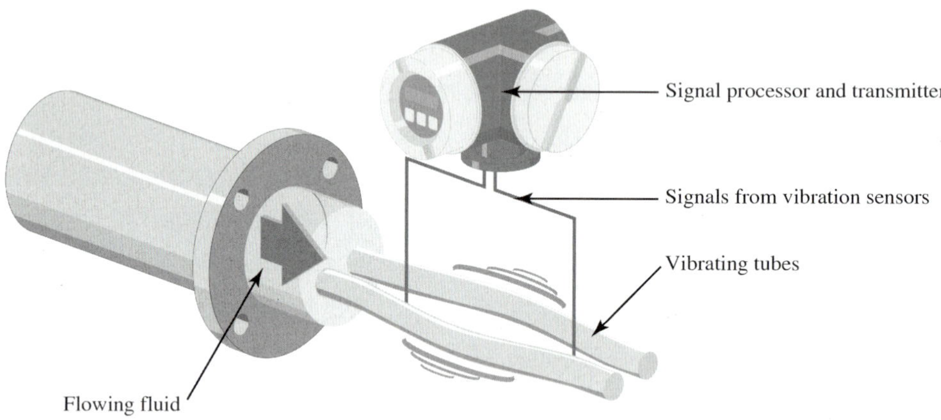

(b) Coriolis flowmeter-Schematic view

그림 15.15 Coriolis 질량 유량계(출처: Endress+Hauser Flowtec AG, Reinach BL, Switzerland)

드라이버 근처에 배치된 센서가 Coriolis 힘을 측정하고, 측정된 신호는 질량 유량으로 환산된다. 정확도는 측정된 유량의 0.2% 또는 최대 유량의 0.02%로 알려져 있는데, 이 중에서 큰 값이 정확도가 된다.

튜브 진동수는 튜브 내 유체 밀도 영향을 받으므로, 유체 밀도를 Coriolis 힘으로 측정할 수 있다. 질량 유량을 측정하는 데 필요한 물성치를 알기 위해 온도계가 유량계에 탑재될 수도 있다. 비전도성 유체, 고점성 액체, 고체 입자를 포함한 액체의 유량도 측정할 수 있다. Coriolis 유량계에 대해서는 참고문헌 11을 참조한다. 상용 유량계에 대해서는 인터넷 자료 1, 4, 6, 12, 15를 참조한다.

다른 형태의 질량 유량계는 저항 온도 센서(resistance temperature detector, RTD) 열기술을 사용한다. 한 센서는 유체 온도를 기준 온도로 측정한다. 다른 센서를 기준 온도 이상으로 가열시키고, 휘트스톤 브릿지(Wheatstone bridge)같은 전기회로를 통해 센서에 공급되는 동력을 실시간으로 조절하여 두 온도차를 일정하게 유지시킨다. 센서 주위의 유체 질량 유량이 증가하면 센서가 냉각되고, 이 경우 센서 온도를 올리는 인가 동력이 증가한다. 따라서 인가 동력과 질량 유량 사이에는 관계식이 존재한다. 이 방법은 공기, 천연가스, 프로판, 이산화탄소, 헬륨, 수소, 질소, 산소와 같은 다양한 기체의 질량 유량을 측정하는 데 사용된다. 열기술을 이용한 유량계에 대해서는 참고문헌 12를 참조한다.

또 다른 형태의 질량 유량계로 기체 층류 유량계가 있다(인터넷 자료 19 참조). 이 유량계는 8.5절에서 설명한 Hagen−Poiseuille 법칙을 이용한다. 유체는 제한 장치로서 작용하는 평행 층류 유동을 따라 흐르고, 이때 압력 강하가 일어난다. 유체의 비중량과 점성을 측정하는 온도계가 유량계 내부에 탑재되어 있다. 층류 유동에서는 에너지 손실과 압력 강하가 유속에 비례하는 관계를 활용하여, 층류 유동 시작 위치와 끝나는 위치 사이의 압력차를 측정하여 유속을 구한다. 이 유량계는 높은 수준의 측정 정확도를 확보하기 위해 보정 과정을 거친다.

질량 유량계 공급업체에 대해서는 인터넷 자료 1, 4, 6, 11−15, 19를 참조한다.

15.11 속도 프로브

공간상의 평균 유속보다 특정 위치에서 유속을 측정하는 장치를 속도 프로브(velocity probe)라고 한다. 이 절은 널리 사용되는 속도 프로브를 다룬다.

15.11.1 피토관

흐르는 유체가 정지한 물체를 만나 유동을 멈추면, 유체의 압력은 흐를 때에 비하여 상승한다. 압력 상승 정도는 유체의 속력과 관련이 있다. 그림 15.16은 피토관(pitot−tube)의 원리를 보여준다. 피토관은 내부가 빈 튜브로, 튜브의 팁은 유체가 흘러오는 방향을 향하고 있다. 피토관 팁에서의 유체 압력은 튜브 내에 유체 기둥을 만든다. 유체는 팁에서 정지상태에 있기 때문에 이 점을 정체점(stagnation point)이라고 한다. 에너지 방정식을 이용하면 정체점에서의 압력을 유속과 연관시킬 수 있다. 피토관에 의해 유동이 교란되지 않은 영역의 한 지점과 피토관 정체점을 각각 1과 s라고 명명하면 다음 방정식을 쓸 수 있다.

$$\frac{p_1}{\gamma}+z_1+\frac{v_1^2}{2g}-h_L=\frac{p_3}{\gamma}+z_3+\frac{v_3^2}{2g} \tag{15−8}$$

$v_s=0$, $z_1=z_2$ (또는 두 위치의 높이가 거의 같음), $h_L=0$ (또는 수두 손실이 거의 없음)이므로

$$\frac{p_1}{\gamma}+\frac{v_1^2}{2g}=\frac{p_s}{\gamma} \tag{15−9}$$

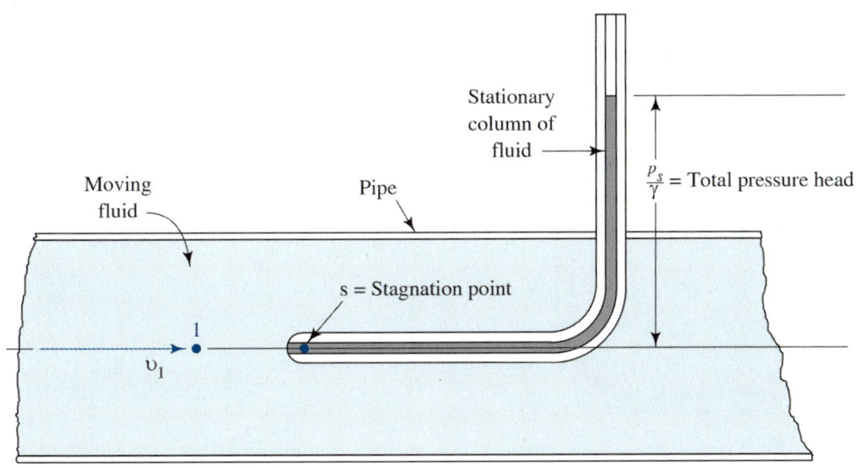

그림 15.16 피토관

이다. 식 (15−9)에 주어진 각 항은 다음과 같다.

p_1 = 주 유동 영역(피토관에 의해 교란되지 않는 영역)에서의 정압
p_1/γ = 정압 수두
p_s = 정체압 또는 전체 압력
p_s/γ = 전체 압력 수두
$v_1^2/2g$ = 동압 수두

전체 압력 수두는 정압 수두와 동압 수두의 합으로 주어진다. 식 (15−9)로부터 유속을 다음과 같이 얻을 수 있다.

$$v_1 = \sqrt{2g(p_s - p_1)/\gamma} \tag{15-10}$$

유속을 계산하기 위해서는 p_s와 p_1의 차이만 측정하면 된다. 이와 같은 이유로 대부분의 피토관은 그림 15.17에서 보는 바와 같이 한 장치에서 두 지점의 압력을 측정한다.

그림 15.17이 보여주는 장치는 정압과 정체압을 동시에 측정한다. 그림 15.17(b)는 피토관 내부를 보여준다. 작은 중앙 튜브는 한쪽이 열려 있고 그림 15.16에서 보여주는 정체점 역할을 한다. 정체 압력(또는 전체 압력)은 이 튜브를 통해 측정되고, 튜브의 끝에는 압력 측정 장치에 연결되는 전체 압력탭이 있다.

좀 더 큰 외부 튜브가 중앙 튜브를 둘러싸고 있어서 환형 유동이 외부 튜브를 통해 흐르게 된다. A-A 단면은 외부 튜브 벽에 반경 방향으로 작은 구멍들이 관통하고 있음을 보여준다(이 구멍들은 중앙 튜브 벽을 관통하지 않는다). 튜브의 방향이 유동 방향과 일치하면 이 작은 구멍들은 유동 방향에 수직이므로

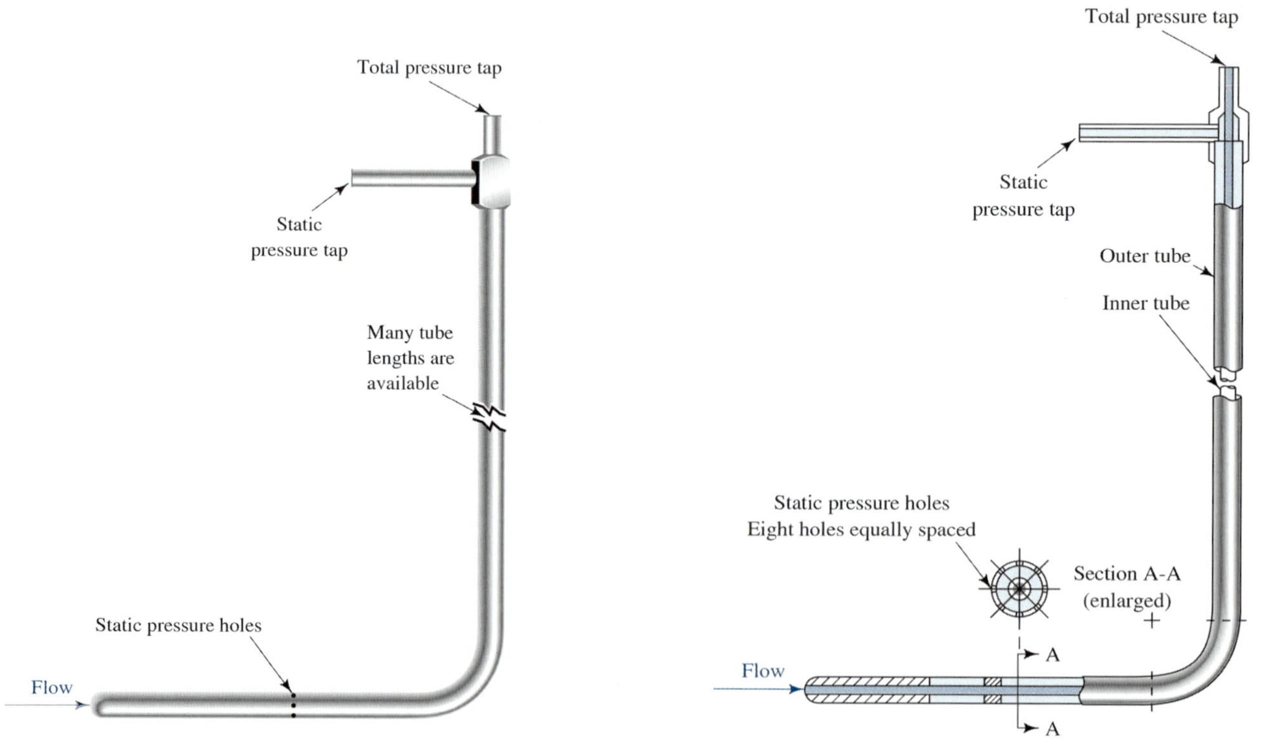

(a) Drawing of the external view of a pitot-static tube
(b) Drawing of the construction of a pitot-static tube

그림 15.17 피토관

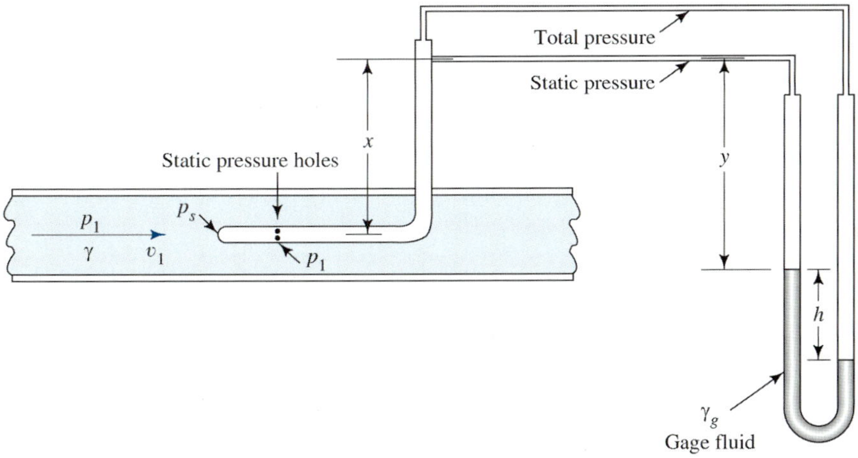

그림 15.18 피토관에 사용되는 차압 마노미터

이 구멍을 통해 정압(p_1)이 측정된다. 정압 측정탭이 튜브의 끝에 위치한다.

식 (15-10)은 압력차 $p_s - p_1$값이 필요하므로, 측정 장치가 p_1 또는 p_s값을 측정할 필요는 없다. 따라서 이 경우 차압 측정기를 사용하면 된다.

그림 15.18은 차압 마노미터를 보여준다. 마노미터의 높이차 h는 유속과 관련이 있다. 튜브의 정압홀(static pressure hole)부터 시작하여 마노미터를 지나 정체점 s까지의 경로를 생각하면 다음의 방정식을 쓸 수 있다.

$$p_1 - \gamma x + \gamma y + \gamma_g h - \gamma h - \gamma y + \gamma x = p_s$$

미지수 x와 y를 포함한 항은 사라지므로 $p_s - p_1$을 다음과 같이 얻을 수 있다.

$$p_s - p_1 = \gamma_g h - \gamma h = h(\gamma_g - \gamma) \tag{15-11}$$

위 식을 식 (15-10)에 대입하면 유속은 다음과 같이 계산된다.

$$v_1 = \sqrt{2gh(\gamma_g - \gamma)/\gamma} \tag{15-12}$$

파이프 내 평균 유속 측정 식 (15-10) 또는 식 (15-12)는 튜브 팁이 위치한 한 지점의 속력에 대한 것이다. 8장과 9장에서 본 바와 같이 유속은 파이프 단면 위치에 따라 변한다. 파이프 내 평균 유속을 측정하기 위해서는 피토관 팁을 이송시키면서 유속을 측정해야 한다. 그림 15.19는 파이프 내 평균 유속을 측정하기 위한 열 곳의 위치를 보여주고 있다. 파선으로 표현되는 동심 환형의 링들의 면적은 서로 같다. 따라서 식 (15-12)를 이용하여 열 곳의 각 지점에서 측정된 유속을 평균하면 평균 유속을 얻을 수 있다. 또한 $Q = Av$ 식을 이용하면 체적 유량을 계산할 수 있다.

사각관 내 평균 유속 측정 사각관 단면을 16-64개의 동일한 직사각형으로 균등 분할한다(분할 수는 유로 크기와 원하는 평균 유속 측정 정확도에 따라 달라진다). 각 직사각형의 중심에서 유속을 측정한 후, 이들을 평균하면 평균 유속을 얻을 수 있다. 좀 더 자세한 내용은 인터넷 자료 13을 참조한다.

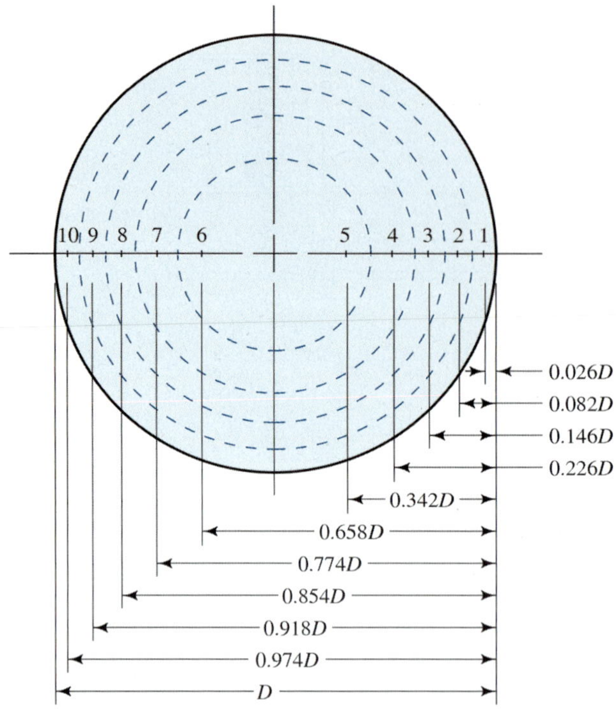

그림 15.19 파이프 내 평균 유속을 측정하기 위한 유속 측정 지점

예제 15.2 그림 15.18에서 파이프 내 유체는 60℃ 물이고 마노미터 게이지 유체는 비중 13.54를 갖는 수은이다. 마노미터의 높이차 h가 264 mm라면 물의 속도는 얼마인가?

해설 식 (15−12)를 사용하면

$$v_1 = \sqrt{2gh(\gamma_g - \gamma)/\gamma}$$

$$\gamma = 9.65\ \text{kN/m}^3\ (60℃\text{의 물})$$

$$\gamma_g = (13.54)(9.81\ \text{kN/m}^3) = 132.8\ \text{kN/m}^3\ (\text{수은})$$

$$h = 264\ \text{mm} = 0.264\ \text{m}$$

모든 항은 SI 단위이므로 유속은 m/s로 주어진다.

$$v_1 = \sqrt{\frac{(2)(9.81)(0.264)(132.8-9.65)}{9.65}}$$

$$= 8.13\ \text{m/s}$$

피토관에 형성된 차압은 그림 15.20에서 보는 바와 같이 전자장비를 통해서도 읽을 수 있다. 파이프나 사각관의 각 지점에서 측정된 압력을 저장하고, 평균 압력은 SI 단위나 미국관습단위로 자동적으로 계산된다.

15.11.2 컵 풍속계

그림 15.21은 공기 속도를 측정하는 컵 풍속계(cup anemometer)를 보여준다. 흐르는 공기는 컵을 움직이게 하고, 이로 인해 컵에 연결된 축이 회전한다. 축의 회전 속도는 공기 속도에 비례한다. 이에 대한 자세한 내용은 인터넷 자료 18을 참조한다.

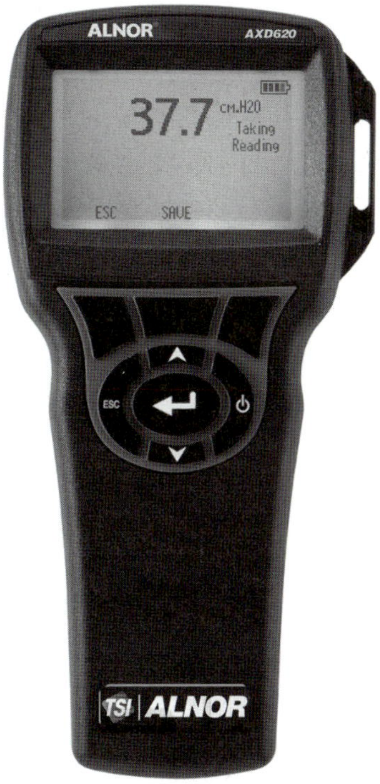

그림 15.20 전자장비를 이용한 피토관 측정 출력(출처: TSI Incorporated)

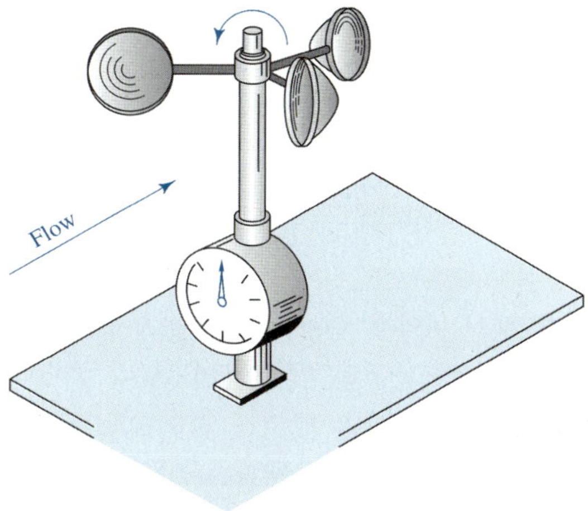

그림 15.21 회전 컵 풍속계

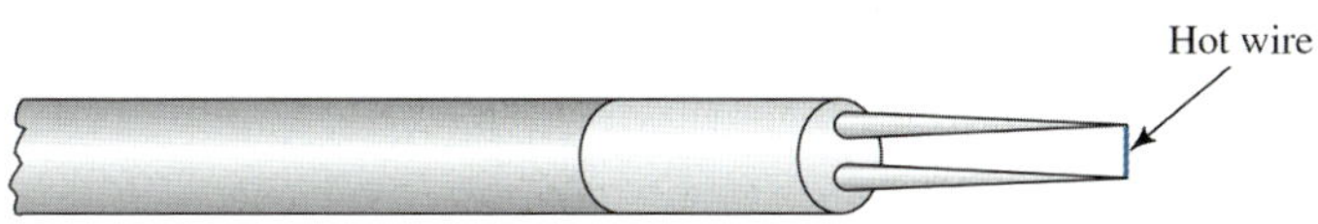

그림 15.22 열선 풍속계 팁

15.11.3 열선 풍속계

열선 풍속계(hot-wire anemometer)는 약 12 μm 직경을 가지는 매우 가느다란 전선을 사용한다. 전선은 그림 15.22에서 보는 바와 같이 두 지지대에 걸친 상태로 유동에 삽입된다. 전류는 전선을 가열시키지만, 흐르는 유체는 대류 열전달에 의하여 전선을 냉각시킨다. 냉각 정도는 유속에 의해 결정된다. 어떤 열선 풍속계는 전선에 일정한 전류를 가한다. 이 경우 유속이 변하면 전선의 온도가 변하고, 이에 따라 전선의 저항도 달라지게 된다. 저항이 변하는 정도를 측정하면 유속의 변화를 측정할 수 있다. 어떤 열선 풍속계는 유속에 상관없이 전선의 온도가 일정하게 유지되도록 전류를 조절한다. 이 경우 유속은 전류의 크기와 관련 있게 된다(인터넷 자료 17, 18 참조).

15.11.4 유동 가시화

복잡한 유체 시스템 내에서 유속 분포 및 유동 방향을 가시화하는 다양한 방법들이 있다. 인터넷 자료 17은 항온 풍속계(constant-temperature anemometry, CTA) 프로브, 입자 영상 유속계(particle image velocimetry, PIV), 레이저 도플러 유속계(laser Doppler anemometry, LDV), 전산유체역학(computational fluid dynamics, CFD), 레이저유도 형광(laser-induced fluorescence, LIF)과 같은 유동 가시화 방법을 기술하고 있다.

15.12 수위 측정기

대용량 저장 탱크는 많은 유체 시스템에서 사용된다. 이때 탱크 내 수위를 모니터링할 때가 종종 있다. 측정된 수위는 전기신호로 변환되어 수위를 자동으로 조절하는 데 사용될 수 있다. 액체와 고체를 포함한 탱크 내에서 수위를 측정하는 몇 가지 장비들이 있다(인터넷 자료 1, 11-13을 참조). 여기서는 수위를 측정하는 방법을 간략히 기술한다. 문제에 따라 어떤 형태의 수위 측정기를 사용할지는 공급자와 상의한다.

플로트형 타입 부력으로 인해 수면에 떠 있는 부유체의 위치는 수위 변화에 따라 움직인다. 부유체의 위치는 스위치를 작동시키고, 이로 인해 발생한 전기신호는 원거리로 전송된다. 플로트형은 수위가 상한치 또는 하한치에 도달했는지 감지할 때 흔히 사용된다.

압력 센싱 탱크 바닥에 압력 센서를 설치하고 $\Delta p = \gamma h$ 식을 사용하여 수위를 측정한다. 여기서 γ는 유체의 비중량이고 h는 압력 센서로부터 유체의 높이이다. 유체의 비중량이 온도나 유체의 혼합물에 따라 변하는 경우에는 주의가 필요하다. 탱크가 가압이 되었을 때는 수면 위 기체와 탱크의 바닥 사이의 차압을 측정하여 유체의 높이를 측정한다.

정전 용량 프로브 고주파의 교류가 센서에 전달되고, 장치를 통해 흐르는 교류의 크기는 물질의 정전 용량(capacitance)과 프로브가 물에 잠긴 깊이에 따라 달라진다. 이 장치는 대부분의 액체와 고체에 사용될 수 있으나, 각 물질에 대한 보정이 필요하다.

진동형 이 센서는 소리굽쇠 진동수가 접촉한 물질의 밀도에 따라 변하는 원리를 이용한다. 이 센서는 허용 가능한 가장 낮은 또는 높은 수위를 측정할 때 사용된다. 수위가 허용값보다 낮으면 물이 공급되고 반대로 허용값보다 높으면 물 공급이 중단된다.

초음파 공기 또는 기체 내 센서에서 발사된 초음파가 유체 또는 고체 면을 만나면 반사된다. 발사된 초음파가 되돌아오는 시간을 측정하면 초음파가 이동한 거리를 측정할 수 있고, 이 원리를 이용하여 수위를 측정한다. 수위 측정을 위한 음파의 진동수는 일반적으로 12 kHz−70 kHz 범위를 갖는다. 이 장치는 비접촉식으로 수위 센서를 탱크 내 유체에 넣을 수 없을 때 사용 가능하다. 단점으로는 먼지, 거품, 대기 소음, 난류 수면에 측정이 민감하다는 것이다. 고체 면이 원뿔이거나 경사진 경우에는 사용하는 데 주의가 필요하다. 또한 표면이 거친 재료의 경우에는 초음파가 산란될 수 있다.

레이더 레이더 수위 측정 센서는 초음파 대신에 6 GHz−26 GHz 주파수의 전자기파를 사용한다. 주파수는 전송기에 따라 다르다. 발사된 전자기파가 수면에 도달하면, 전자기파가 통과하는 물질의 유전 상수가 변하여 레이더가 수면에서 반사된다. 발사된 전자기파가 다시 도달하는 데 걸린 시간을 측정하면 전자기파가 이동한 거리를 알 수 있고, 이를 통해 수면의 위치를 측정할 수 있다.

유도 레이더 이 장치는 도파관(waveguide)이 레이더 장치에 설치되는 것을 제외하곤 레이더 수위 센서와 유사하다. 도파관은 레이더 위치에서 수위를 측정하고자 하는 물질까지 아래로 설치된다. 도파관은 일반적으로 매우 얇은 케이블이나 막대 형태로 되어 있으며, 탱크 측벽으로부터 탱크 직경의 1/3 정도 떨어져 있다. 케이블 형태의 도파관은 길이가 35 m 정도에 이르기도 한다. 막대 형태의 경우에는 길이가 2−4 m 정도이다. 100 MHz−1.5 GHz 펄스파가 도파관을 따라 아래로 내려가면서 그 형태를 유지한다. 유도 레이더는 높이가 높고 직경이 작은 탱크 또는 탱크 내부에 신호를 교란시킬 수 있는 장애물이 있는 경우에 효과적이다. 수면에서 반사된 신호는 도파관을 따라 다시 센서에 도달한다. 유도 레이더 수위 측정기는 온도, 압력, 밀도, 난류, 거품, 장애물, 탱크 형상, 먼지,

소음, 습도, 탱크 재료에 비교적 덜 민감하다.

15.13 컴퓨터를 이용한 자료 수집 및 처리

컴퓨터와 전자장비를 이용하면 유동 측정에 대한 자료를 수집, 처리, 기록하는 것이 어렵지 않다. 이 장에서 본 바와 같이, 많은 유량계가 유속에 비례하는 전기신호를 출력으로 사용한다. 전기신호는 유속에 따라 변하는 아날로그 전압이거나 전자적으로 빈도수를 측정할 수 있는 펄스 신호일 수 있다. 아날로그신호는 디지털 컴퓨터의 입력으로 사용될 수 있도록 A−D 변환기(analog-to-digital converter)를 통해 디지털신호로 변환된다.

특정 위치를 통과하는 유체의 총 양을 얻기 위해 컴퓨터는 일정 시간 동안 유량을 측정한 후 합산할 수 있다. 종합 측정 시스템은 압력, 온도, 수위, 유량을 측정하는 기기, 자동제어 컨트롤러, 인터페이스 유닛, 호스트 컴퓨터 등을 탑재하고 있다. 수위가 정상 범위 안에 있는지 모니터링하는 동안에 몇 가지의 측정 결과들이 비디오 장치에 동시에 표시된다. 포스트 컴퓨터는 플랜트 내 여러 지점에서 유동자료를 수집하고, 유동의 질 제어와 유체의 재고 관리를 위해 자료를 보유한다. 컴퓨터, 태블릿, 스마트폰으로 어디서나 유동을 모니터링하고 제어할 수 있도록 무선 시스템과 클라우딩 컴퓨터가 종종 사용된다.

참고문헌

1. American Society of Mechanical Engineers. 1971. *Fluid Meters: Their Theory and Application*, 6th ed. Howard S. Bean (Ed). New York: Author.
2. _______. 2000. *Method for Establishing Installation Effects on Flow Meters (Standard MFC-10M).* New York: Author.
3. _______. 2003. *Glossary of Terms Used in the Measurement of Fluid Flow in Pipes (Standard MFC-1M).* New York: Author.
4. _______. 1998. *Measurement of Liquid Flow in Closed Conduits by Weighing Method (Standard MFC-9M).* New York: Author.
5. _______. 2004. *Measurement of Fluid Flow in Pipes Using Orifice, Nozzle, & Venturi (Standard MFC-3M).* New York: Author.
6. ______. 2001. *Measurement of Fluid Flow Using Variable Area Meters (Standard MFC-18M-2001).* New York: Author.
7. _______. 2007. *Measurement of Liquid by Turbine Flowmeters (Standard MFC-22).* New York: Author.
8. _______. 1998. *Measurement of Fluid Flow in Pipes Using Vortex Flowmeters (Standard MFC-6M).* New York: Author.
9. _______. 2007. *Measurement of Fluid Flow in Closed Conduits by Means of Electromagnetic Flowmeters (Standard MFC-16).* New York: Author.
10. _______. 2011. *Measurement of Liquid Flow in Closed Conduits Using Transit-Time Ultrasonic Flowmeters (Standard MFC-5.1).* New York: Author.
11. _______. 2006. *Measurement of Fluid Flow in Pipes by Means of Coriolis Mass Flowmeters (Standard MFC-11).* New York: Author.
12. _______. 2010. *Measurement of Fluid Flow in Closed Conduits by Means of Thermal Mass Dispersion Flowmeters (Standard MFC-21.2).* New York: Author.
13. _______. 2006. *Measurement of Fluid Flow in Closed Conduits Using Multiport Averaging Pitot Primary Elements (Standard MFC-12M-2006).* New York: Author.
14. Baker, Roger C. 2005. *Flow Measurement Handbook.* Cambridge: Cambridge University Press.
15. Baker, Roger C. 2004. *An Introductory Guide to Flow Measurement, ASME Edition.* New York: American Society of Mechanical Engineers.
16. International Standards Organization, ISO. 2007. *Measurement of Fluid Flow—Procedures for the Evaluation of Uncertainties (ISO 5168:2005)* West Conshohocken, PA: ASTM International (Distributor).
17. Lee, T. W. 2008. *Thermal and Flow Measurements.* Boca Raton, FL: CRC Press.
18. Miller, Richard W. 1996. *Flow Measurement Engineering Handbook*, 3rd ed. New York: McGraw-Hill.
19. Spitzer, D. W. 2001. *Flow Measurement: Practical Guides for Measurement and Control*, 2nd ed. Research Triangle Park, NC: ISA—The Instrumentation, Systems, and Automation Society.
20. Spitzer, David W. 2004. *Industrial Flow Measurement*, 3rd ed. Research Triangle Park, NC: ISA—The Instrumentation, Systems, and Automation Society.
21. Upp, E. Loy, and Paul J. LaNasa. 2002. *Fluid Flow Measurement*, 2nd ed. Woburn, MA: Gulf Publishing, Butterworh-Heinmann.

인터넷 자료

1. **Endress+Hauser:** Manufacturer of measurement devices for fluid flow, level, pressure, temperature, and pH. Flowmeter types include orifice, magnetic, Coriolis, ultrasonic, vortex, and pitot tubes.
2. **BadgerMeter, Inc.:** Manufacturer of measurement devices for fluid flow including magnetic, turbine, ultrasonic, variable area, and a variety of positive-displacement designs based on oval gear geometry and oscillating piston styles.
3. **Flow Technology, Inc.:** Manufacturer of turbine, magnetic, and ultrasonic flowmeters and nutating disc and gear type positive-displacement meters for industrial, aerospace and defense, automotive, and oil and gas applications.
4. **ABB, Inc.:** A diversified company offering instrumentation and control products, including flow measurement, through their Automation Technology Products unit. From the home page, select *Products*, then *Measurement,* then *Flow Meters.* Flowmeter designs include, magnetic, vortex, swirl, variable-area, differential pressure, Coriolis mass, and thermal mass.
5. **Alnor Instruments, TSI Incorporated:** Manufacturer of the Alnor AXD Micromanometer, an electronic meter for measuring small differential pressures from pitot-static tubes and small mass flowmeters. From the home page, select *Products,* then *Categories,* then *Flowmeters.*
6. **Invensys Foxboro:** Manufacturer of a variety of flow measurement devices, including Coriolis mass flow, density, vortex, and magnetic. From the home page, select *Flow* to view the complete line of flowmeters. On the *Flow* page, select *View M&I Downloads and Tools* to access sizing software for selecting a suitable meter for a specific application considering flow rate range and fluid properties.
7. **Tri-Flo Tech, Inc.:** Manufacturer of orifice plates, venturi tubes, pitot tubes, nozzles, flow tubes, turbine meters, and other devices for measuring or controlling flow. From the home page, select *Products,* then *Industrial Flow Meters.*
8. **Wyatt Engineering:** Manufacturer of the Wyatt-Badger venturi tube, flow nozzles, Lo-Loss® flow tubes, and orifice plate type flow measurement devices. From the home page, select *Products.*
9. **Racine Federated, Inc.:** Manufacturer of several types of flow measurement devices under several brand names; Blancett turbine flowmeters, Dynasonics ultrasonic flowmeters, Flotech turbine flowmeters for hydraulic fluids, Hedland in-line flow meters, Preso differential pressure flowmeters and Racine vortex shedding flowmeters. From the home page, select *Divisions* to then select the desired type of flowmeter.
10. **PRC Flow Measurement & Control, Inc.:** Manufacturer of differential pressure flowmeters including venturi tubes, lowloss flow tubes, ASME flow nozzles, and orifice plates. Selection can be made from the home page.
11. **Omega Engineering, Inc.:** Supplier of flow measurement devices including variable-area, magnetic, turbine, paddlewheel, vortex, ultrasonic, and thermal mass. Velocity measurement devices include several styles of anemometers and pitot tubes. Also, offers numerous styles of temperature and level sensors. Select the desired type of meter from the home page.
12. **Brooks Instrument:** Manufacturer of several types of flowmeters, including thermal mass, Coriolis, variable-area, and oval gear positive-displacement. Also, offers several level measurement devices.
13. **Dwyer Instruments, Inc.:** Manufacturer of instruments for measuring flow, pressure, temperature, velocity and level, including manometers, digital manometers, pitot tubes, pressure gages, pressure transmitters, and variable-area, thermal mass, turbine, magnetic, orifice plate, and ultrasonic flowmeters.
14. **Cole-Parmer:** Supplier of numerous products for industrial use including flow measurement and fluid handling including variable area, thermal mass, turbine, and paddlewheel flowmeters. From the home page, select *Flow, Level, & Valves,* then select *flowmeters.*
15. **Instrumart:** Supplier of many types of flowmeters including magnetic, thermal mass, Coriolis, ultrasonic, vortex, turbine paddle wheel, variable-area, positive-displacement, and differential pressure. From the home page, select *Products*, then *Flow Meters.*
16. **Flow Control Network:** The online complement to *Flow Control* magazine covering all aspects of fluid-handling systems. The site can be searched for the websites and contact information of numerous companies that advertise in the magazine. An annual *Buyer's Resource* is published.
17. **Dantec Dynamics:** Manufacturer of anemometers and flowimaging systems using constant-temperature anemometry (CTA) probes, particle image velocimetry (PIV), laser Doppler anemometry (LDA), computational fluid dynamics (CFD), and laser-induced fluorescence (LIF) techniques. From the home page, select *Products & Services,* then *Fluid Mechanics,* then the type of system desired.
18. **R. M. Young Company:** Supplier of a variety of meteorological instruments including wind sensors, anemometers, barometric pressure, rain, temperature and humidity. From the home page, select *Products,* then the type of device desired.
19. **CME Flow:** Manufacturer of gas laminar flowmeters for flow rates from very low 0.01 L/min (0.00035 ft^3/min) to very high 1000 L/min (35 ft^3/min). It is a division of Aerospace Control Products. Select the type of meter from the home page.
20. **Hyspan Precision Products, Inc.:** A manufacturer of a wide variety of HVAC and industrial products including venturi flow measurement systems, expansion compensation systems, vibration eliminators, ball joints, and metal hose assemblies. From the home page, select Hyspan Barco Venturi Flow Measurement Systems for venturi sizes from ½ in to 30 in (13 mm to 760 mm), capable of handling flow rates from 0.2

gal/min (0.8 L/min) to over 40000 gal/min (155000 L/min).

복습문제

1. 유량계를 선정하고 사용하는데 고려해야 할 여섯 가지 요소를 기술하시오.
2. 유량계와 관련된 범위(range)를 정의하시오.
3. 유량계를 보정하는 세 가지 방법을 설명하시오.
4. 네 종류의 가변수두 유량계 이름을 쓰시오.
5. 벤투리 튜브를 설명하시오.
6. 벤투리 튜브에서 목(throat)은 무엇을 의미하는가?
7. 벤투리 튜브의 축소 구간 각도는 통상 얼마인가?
8. 벤투리 튜브의 확대 구간 각도는 통상 얼마인가?
9. 벤투리 튜브의 확대 구간과 축소 구간의 기울어진 각도가 다른 이유는 무엇인가?
10. 가변 수두 유량계와 관련된 유량계수에 대해 설명하시오.
11. 플로우 노즐에 대해 설명하고 어떻게 사용되는지 기술하시오.
12. 오리피스 유량계에 대해 설명하고 어떻게 사용되는지 기술하시오.
13. 플로우 튜브에 대해 설명하고 어떻게 사용되는지 기술하시오.
14. 벤투리, 플로우 노즐, 오리피스, 플로우 튜브 중에서 유량계수가 가장 낮은 것은 무엇인가? 그 이유는 무엇인가?
15. 유량계와 관련된 압력 손실을 설명하시오.
16. 벤투리, 플로우 노즐, 오리피스, 플로우 튜브를 압력손실 측면에서 우수한 순서로 정렬하시오.
17. 가변 면적 로터미터를 설명하시오.
18. 터빈 유량계를 설명하고 어떻게 사용되는지 기술하시오.
19. 와류 유량계를 설명하고 어떻게 사용되는지 기술하시오.
20. 전자기 유량계를 설명하고 어떻게 사용되는지 기술하시오.
21. 질량 유량을 측정하는 방법을 설명하시오.
22. 피토관에 대해 설명하고 어떻게 사용되는지 기술하시오.
23. 정체압(stagnation pressure)의 정의를 쓰고 베르누이 방정식으로부터 정체압을 유도하시오.
24. 정압 수두(static pressure head) 정의를 쓰시오.
25. 동압 수두(velocity pressure head) 정의를 쓰시오.
26. 피토관을 사용할 때 차압 마노미터가 함께 사용되는 이유는 무엇인가?
27. 피토관을 사용하여 파이프 내 유체의 평균 유속을 측정하는 방법을 기술하시오.
28. 컵 풍속계를 설명하시오.
29. 열선 풍속계를 설명하고 어떻게 사용되는지 기술하시오.
30. 수위 측정 기기들의 종류를 쓰시오.

연습문제

15.1 그림 15.2와 비슷한 벤투리 튜브가 있다. 입구 직경은 300 mm이고 목 직경은 150 mm이다. 90℃ 물이 흐를 때 지점 1과 2 사이의 차압이 65 kPa로 측정되었다. 체적 유량을 계산하시오.

15.2 비중량이 12.7 N/m^{3}이고 동점도가 1.3×10^{-5} m^2/s인 공기가 그림 15.4와 비슷한 플로우 노즐을 흐르고 있다. 계기 유체로 물을 사용하는 마노미터의 높이차가 81 mm로 측정되었다. 노즐 직경이 50 mm이고 입구의 내경이 100 mm이라면 체적 유량은 얼마인가?

15.3 그림 15.6과 비슷한 오리피스 유량계를 이용하여 77°F 케로신 유량을 측정하고자 한다. 파이프는 2-in Schedule 40이고 오리피스 직경은 1 in이다. 오피리스 전과 후의 압력차가 0.53 psi일 때 케로신의 체적 유량을 계산하시오.

15.4 날카로운 홀을 가지는 오리피스가 10 in 직경을 가지는 파이프에 연결되어 있다. 유체는 비중이 0.83이고 점도가 2.5×10^{-6} lb · s/ft^{2}인 암모니아이다. 체적 유량이 25 gal/min일 때 다음의 각 경우에 대하여 물 마노미터의 높이차를 계산하시오.

(a) 오리피스 직경이 1 in일 때

(b) 오리피스 직경이 7 in일 때

15.5 그림 15.4와 비슷한 플로우 노즐을 이용하여 120°F 물 유량을 측정하고자 한다. 파이프는 6-in Schedule 80 철이다. 노즐 직경은 3.5 in이다. 유량이 1800 gal/min일 때 노즐 전과 후의 압력차를 계산하시오.

15.6 그림 15.2와 비슷한 벤투리 튜브가 4-in Schedule 40 파이프에 연결되어 있다. 벤투리 튜브의 목 직경은 1.5 in이다. 77°F 케로신의 체적 유량이 600 gal/min일 때 유량계 전과 후의 압력차를 계산하시오.

15.7 직경이 50 mm인 날카로운 홀을 가지는 오리피스가 25℃ 에틸알코올 유량을 측정하기 위해 DN 100 Schedule 80 철 파이프에 설치되어 있다. 수은 마노미터의 높이차가 95 mm로 측정되었다. 에틸알코올의 체적 유량을 계산하시오.

15.8 직경이 5 cm인 오리피스를 사용하여 직경이 30 cm인 파이프 내 유체 유량을 측정하고자 한다. 유량계 전과 후의 수두차가 700 mm이고 유량계수가 0.65일 때 유량을 계산하시오.

15.9 77°F 아마인 기름의 유량을 측정하기 위해 플로우 노즐을 5-in K형 구리 튜브에 연결하고자 한다. 노즐 전과 후의 압력차는 수은주 0−8 in 범위의 압력을 측정할 수 있는 수은 마노미터로 측정한다. 예상되는 유량은 700−1000 gal/min이다. 이 경우에 대하여 노즐의 적절한 직경은 얼마인가?

15.10 65°F 물의 유량을 측정하고자 오리피스를 12 in 직경의 연성 철 파이프에 연결하고자 한다. 오리피스 전과 후의 압력차는 수은주 0−12 in 범위의 압력을 측정할 수 있는 수은 마노미터로 측정한다. 예상되는 유량은 1500−4000 gal/min이다. 이 경우에 대하여 오리피스의 적절한 직경은 얼마인가?

15.11 파이프 내 비중이 9.625인 유체의 유속을 측정하고자 피토관을 파이프에 삽입하였다. 피토관 차압을 측정하기 위

해 수은 마노미터를 사용하였고, 높이차가 1000 mm로 측정되었다. 수은의 비중이 13.6이라면 유체의 유속을 얼마인가?

15.12 피토관이 40℃ 물을 게이지 유체로 사용하는 마노미터에 연결되어 있다. 이 피토관을 이용하여 온도가 40℃이고 대기압 상태인 공기의 유속을 측정하고자 한다. 공기의 최대 유속은 25 m/s로 예상된다. 이 경우에 대하여 물 마노미터의 수주를 계산하시오.

15.13 파이프 내 55℃ 물의 유속을 측정하고자 피토관을 파이프에 삽입하였고, 차압이 45 kPa로 측정되었다. 물의 유속을 계산하시오.

15.14 파이프 내 가솔린 유동의 피토관 차압이 65 kPa로 측정되었다. 파이프 내 가솔린의 유속은 얼마인가? 가솔린의 비중량은 9.52 kN/m^{3}이다.

15.15 파이프 내 25℃ 물 유동의 피토관 차압이 52 kPa로 측정되었다. 파이프 내 물 유속은 얼마인가?

컴퓨터를 이용한 공학 과제

1. 식 (15−5)를 사용하여 가변 수두 유량계의 체적 유량을 계산하는 프로그램을 작성하시오. 주 파이프 면적, 목 면적, 직경비 β, Reynolds수를 계산하는 부분을 포함한다. 사용자가 유량계수 C를 입력한다. 노즐에 대해서는 식 (15−7)을 사용하여 C를 계산한다. 오리피스의 경우에는 Reynolds수와 직경비가 주어지면 그림 15.7로부터 C값을 찾는다. 사용자가 차압을 SI 단위 또는 미국관습단위로 입력할 수 있도록 하거나, 차압 마노미터의 수두를 입력할 수 있도록 한다.
2. 그림 15.19에서 보는 바와 같이 피토관을 이용하여 원형관 내부의 유량을 측정하고자 한다. 측정 지점은 모두 열 군데이다. 열 군데의 유속을 입력으로 받아들이는 프로그램을 작성하시오. 각 지점의 유속은 식 (15−12)를 통해 계산한다. 10개 지점의 유속을 평균하면 파이프 내 평균 유속을 얻을 수 있다. 최종적으로 $Q = Av$를 이용하여 체적 유량을 계산한다.

CHAPTER
16

운동하는 유체에 의한 힘

개요

유동에 노출되는 구조물들은 유동에 의해 발생하는 힘을 견딜 수 있도록 설계되어야 한다. 예를 들어 대부분의 사람들은 교량에서 교통량에 따른 수직 하중을 고려한다. 하지만 그림 16.1 및 16.2에 나타난 것처럼 역사적으로 다수의 교량이 강물 또는 바람에 의해 유발되는 측면 하중에 의해 파손되었다.

유체의 흐름이 초기 방향에서 벗어나거나 유속이 변할 때마다 이러한 변화를 위한 힘이 요구된다. 유체 유동을 포함하는 구조물을 안전하게 설계하기 위해 이러한 힘들의 크기 및 방향을 결정할 수 있어야 한다. 터빈 블레이드에 분사된 물이 터빈을 회전시켜 전력을 생산하는 경우와 같이 유체에 의한 힘은 우리가 원하는 운동을 유발할 수 있다.

탐구

- 유체의 운동에 의한 힘을 경험한 적이 있는가?
- 집, 차, 공장 또는 발전소나 수처리 시설과 같은 공공시설을 고려해보자.
- 유체가 초기 이동 방향에서 벗어나거나 유속이 변할 때 유체 운동에 의해 발생하는 힘의 영향을 설명해보자.

그림 16.1 강의 유동 감시 시스템의 지지 구조물은 수위가 높고 물살이 빠를 때 구조물이 유동 흐름을 전환시킴에 따라 발생하는 큰 힘을 견딜 수 있어야 한다.(출처: Daniel Loretto/Fotolia)

그림 16.2 곧 폭풍이 몰아칠 것 같은 길에 고속도로 표지판이 세워져 있다. 공기가 물보다 현저히 낮은 밀도를 지닐지라도 허리케인이나 토네이도 급의 속도로 이동할 때 막대한 피해를 유발할 수 있다.(출처: Vitaly Krivosheev/Fotolia)

유체 흐름의 방향이 바뀌거나 유속이 변할 때 발생되는 힘의 영향을 관찰할 수 있었던 최대한 많은 사례를 나열해보자. 다음의 예를 고려하도록 한다.

- 고속으로 달리는 차창 밖으로 손이나 머리를 내밀어 본 적이 있는가? 또는 애완견이 그렇게 한 적이 있는가?
- 폭풍 속을 걸어갈 때 바람에 의해 밀려난 적이 있는가?
- 보도로부터 먼지를 제거하기 위해 정원 호스에서 스프레이를 사용한 적이 있는가?
- 소방대원이 큰 물줄기가 고속으로 방출되는 소방호스의 노즐을 제어하기 위해 애쓰는 것을 본 적이 있는가? 이 호스를 고정시키려면 매우 많은 힘을 써야 한다. 만약 그들이 호스를 놓친다면 노즐은 격렬하게 움직이므로 매우 위험할 것이다.
- 바람은 또한 큰 피해를 줄 수 있다. 60 – 100 mi/h(96 – 160 km/h) 속도의 바람을 동반한 뇌우는 지붕을 파손시키고, 표지판을 넘어뜨리고, 트럭 및 가정집 건물을 전복시킬 수 있다. 토네이도 및 허리케인은 최대 300 mi/h(482 km/h)의 유속을 발생시킬 수 있고 거대한 폐허를 야기할 수 있다. 이러한 폭풍을 경험한 적이 있는가?
- 가스 터빈 엔진에서 고온의 연소 가스는 터빈 휠을 통해 팽창하여 비행기, 헬리콥터 또는 선박을 추진하기 위한 막대한 양의 동력을 생산한다.
- 노즐에서 배출되는 압축 공기 유동은 생산 시스템에서 제품을 운반하거나 금속 칩 및 다양한 잔해를 제거하기 위해 사용된다.
- 매우 높은 속도의 물줄기는 물분사 절단 시스템에서 카펫 및 옷감 등의 섬유 물질을 절단하는 데 사용된다.
- 압력이 있는 많은 양의 유체를 운반하는 파이프 시스템은 유체가 엘보를 지나거나 배관이 축소에 의해 저항을 겪을 때 큰 힘을 방출한다. 그러므로 유동 방향이 바뀌거나 유속의 크기가 바뀌는 부분은 확실히 지지되어야 한다.

당신이 나열한 목록에는 자동차, 트럭 또는 비행기가 공기 중에서 운행할 때 또는 선박이나 잠수함이 물속을 운행할 때 발생하는 항력(drag force)을 설명하는 항목이 포함되어 있을 수 있다. 이는 매우 중요한 개념이다. 하지만 항력의 개념은 다음 장에서 설명할 것이다. 이 장에서 논의되는 충격 형태의 힘과 항력이나 양력은 대체로 동시에 작용하게 된다. 다음의 예를 고려해보자.

- 범선의 항해 시 작용하는 바람은 물 위에서 선박을 추진할 수 있는 큰 힘을 유발한다. 동시에 선체 및 물의 상대 운동으로 인해 선체를 감속시키려는 항력이 작용한다.
- 자동차, 트럭, 선박 및 비행기에 작용하는 항력은 움직임을 지연시킨다. 그래서 이러한 항력을 극복하기 위해 추가적인 동력이 필요하다. 또한 트럭이나 여행 트레일러 또는 모터홈이 높은 유속의 바람으로 인해 강한 측면 방향 힘을 받을 때 도로에서 벗어날 수 있고, 심지어 뒤집어 질 수 있다.

이 장에서 유체 운동으로 인해 발생하는 힘의 기본 원리를 배우게 되고, 다양한 종류의 실용적인 문제가 제시될 것이다. 이후 17장에서 다양한 형태의 물체에 대한 항력 및 항공 장치에 작용하는 양력을 포함하여 이 주제를 확장시킬 것이다.

16.1 목표

이 장을 학습한 후에 다음의 항목들을 수행할 수 있다.

1. 유동의 방향이나 유속이 변화함에 따라 유체에 의해 방출되는 힘을 계산하기 위해 사용되는 힘의 방정식을 도출하고 뉴턴의 제2법칙 $F = ma$를 활용한다.
2. 충격량–운동량 법칙 및 힘의 방정식을 연계한다.
3. 유체의 유동 방향을 전환시키는 정지된 물체에 가해지는 힘을 계산하기 위해 힘의 방정식을 사용한다.
4. 파이프라인 내 벤드에 가해지는 힘을 계산하기 위해 힘의 방정식을 사용한다.
5. 펌프 임펠러의 날개와 같이 움직이는 물체에 대한 힘을 계산하기 위해 힘의 방정식을 사용한다.

16.2 힘의 방정식

물체의 속도나 방향이 변할 때마다 이러한 변화를 유발하기 위한 힘이 요구된다. 뉴턴의 운동 제2법칙은 수학식으로 표현된다. 가장 일반적인 형태는 다음과 같다.

$$F = ma \tag{16-1}$$

힘은 질량과 가속도의 곱과 같다. 가속도는 속도의 시간변화율이다. 하지만 속도가 크기와 방향을 동시에 지닌 벡터량이므로 크기나 속도 둘 중 한 요소의 변화는 가속도를 유발한다. 식 (16-1)에 따르면 이러한 변화를 유발하기 위해서는 외력이 작용해야 한다.

식 (16-1)은 질량이 일정하고 물체 전체의 가속도가 결정될 수 있는 강체에 사용하기 편리하다. 유체 유동 문제에서는 연속적인 유동이 가속을 겪게 된다. 그러므로 뉴턴 방정식의 다른 형태가 요구된다. 가속도가 속도의 시간변화율이므로 식 (16-1)은 다음과 같이 쓸 수 있다.

$$F = ma = m\frac{\Delta v}{\Delta t} \tag{16-2}$$

$m/\Delta t$ 항은 질량 유량으로 해석될 수 있다. 즉, 주어진 시간에 흐르는 유체의 질량이다. 6장에서의 유체 유동에 대한 논의에서 질량 유량은 기호 M으로 표시했다. 추가로 M은 체적 유량 Q와 다음의 관계가 있다.

$$M = \rho Q \tag{16-3}$$

여기서 ρ는 유체 밀도이다. 그러므로 식 (16-2)는 다음과 같이 쓸 수 있다.

▶ **힘의 방정식의 일반적 형태**

$$F = (m/\Delta t)\Delta v = M\Delta v = \rho Q\Delta v \tag{16-4}$$

위의 식은 속도 및 체적 유량 항을 포함하고 있기 때문에 유체 유동 문제에서 사용하는 힘의 방정식의 일반적 형태이다.

16.3 충격량-운동량 방정식

힘의 방정식인 식 (16-4)는 유체역학의 또 다른 원리인 충격량-운동량 방정식과 연결된다. 충격량은 일정 시간 동안 물체에 가해지는 힘으로 정의되고, 다음과 같이 나타난다.

$$\text{충격량} = F(\Delta t)$$

이러한 형태는 시간 Δt의 전체 변화에 의존하기 때문에 정상 유동 조건을 처리하는 데 적당하다. 시간에 따라 조건이 변할 때 충격량은 다음의 형태로 쓸 수 있다:

$$\text{충격량} = F(dt)$$

여기서 dt는 미소 시간 변화이다.

운동량은 물체의 질량과 속도의 곱으로 정의된다. 운동량 변화는 다음과 같다.

$$\text{운동량 변화} = m(\Delta v)$$

순간 운동량 변화는 다음과 같다.

$$\text{순간 운동량 변화} = m(dv)$$

이제 식 (16-2)는 다음의 형태로 재조합될 수 있다.

$$F(\Delta t) = m(\Delta v)$$

위의 식은 정상 유동 조건에서의 충격량-운동량 방정식이다. 순간 충격량-운동량 방정식은 다음과 같다.

$$F(dt) = m(dv)$$

16.4 힘의 방정식을 사용한 문제 풀이 방법

힘을 포함하는 문제는 힘이 작용하는 방향을 고려해야 한다. 식 (16-4)에서 힘과 속도는 모두 벡터량이다. 이 방정식은 모든 항들이 동일한 방향일 때만 성립된다. 이러한 이유로 특정 경우에 각 방향별로 개별적인 방정식이 사용된다. 일반적으로 3차원 수직방향을 x, y, z라 하면 개별적인 방정식이 각 방향에 따라 다음과 같이 표현된다.

▶ x, y, z 방향에서의 힘의 방정식

$$F_x = \rho Q \Delta v_x = \rho Q (v_{2_x} - v_{1_x}) \tag{16-5}$$

$$F_y = \rho Q \Delta v_y = \rho Q (v_{2_y} - v_{1_y}) \tag{16-6}$$

$$F_z = \rho Q \Delta v_z = \rho Q (v_{2_z} - v_{1_z}) \tag{16-7}$$

이는 이 책에서 사용되는 힘의 방정식의 형태이며 물리적 상황에 따라 방향이 선택된다. 특정 방향인 x에 대해 F_x는 이 방향으로 유체에 작용하는 전체 외력을 뜻한다. 그러므로 이는 고체 표면 및 유체 압력에 의해 방출되는 힘을 포함한 모든 외력의 산술합이다. Δv_x는 x방향에서의 속도 변화이다. 추가로 v_1은 유체가 장치로 유입되는 속도이고, v_2는 유체가 장치에서 배출되는 속도이다. v_{1_x}는 v_1의 x성분이고 v_{2_x}는 v_2의 x성분이다. 힘의 방정식을 활용하는 문제에 대한 세부적인 접근법은 주어진 자료의 특성에 의존한다. 일반적인 절차는 다음과 같다.

▶ 힘의 방정식을 사용하는 절차

1단계 자유 물체로 고려할 유체 유동의 부분을 지정한다. 이는 유체가 방향을 전환하거나 유동의 형상이 변하는 부분일 것이다.

2단계 힘의 방향에 대한 기준 축을 설정한다. 일반적으로 하나의 축은 유체 유동의 한 부분과 평행하도록 선정된다. 예를 들어 이 장의 예제에서 양의 x 및 y방향은 반력(reaction force)과 동일한 방향으로 선정된다.

3단계 자유 물체도에 유체에 작용하는 모든 외력을 지정하고 표시한다. 유동의 방향에 영향을 주는 모든 고체 표면은 힘을 방출한다. 또한 유동의 단면에 작용하는 유체 압력도 자유 물체 경계에서 유동에 평행한 방향으로 힘을 방출한다.

4단계 유동이 자유 물체로 유입되고 배출될 때 유속의 방향을 표시한다.

5단계 자유 물체도에 나타난 데이터를 사용하여 관련된 방향에 대한 힘의 방정식을 도출한다. 식 (16-5), (16-6) 또는 (16-7)을 사용한다.

6단계 값을 대입하고 필요한 물리량에 대해 푼다.

다음 절의 예제는 이러한 과정을 설명한다.

16.5 정지 물체에 작용하는 힘

유체의 자유 유동이 정지 물체에 의해 전환될 때 이 물체를 평형상태로 유지하기 위해서는 외력이 작용해야 한다.

예제 16.1 그림 16.3과 같이 20 ft/s의 속도로 분사되는 1 in 직경의 물 제트가 곡면 베인에 의해 90°로 방향 전환된다. 베인에 의해 물로 방출되는 x 및 y방향 힘을 계산하시오.

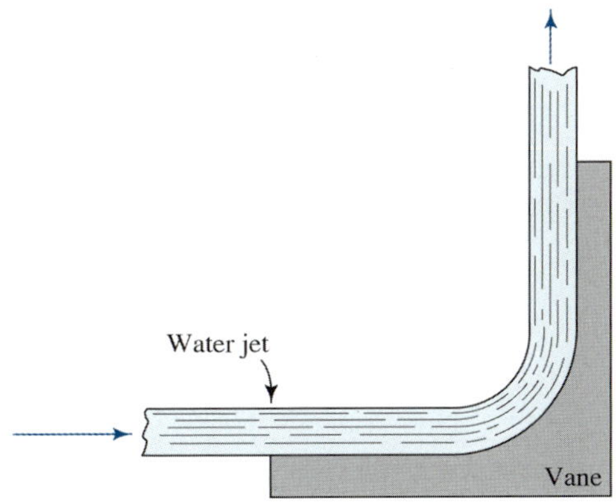

그림 16.3 곡면 베인에 의해 편향되는 물 제트

해설 그림 16.4의 힘 선도(force diagram)를 활용하여 x방향에 대한 힘의 방정식을 다음과 같이 쓸 수 있다.

$$F_x = \rho Q(v_{2_x} - v_{1_x})$$

$$R_x = \rho Q[0-(-v_1)] = \rho Q v_1$$

물의 체적 유량 Q는

$$Q = Av = (0.00545\ \text{ft}^2)(20\ \text{ft/s}) = 0.109\ \text{ft}^3/\text{s}$$

이다. $\rho = 1.94\ \text{slugs/ft}^3 = 1.94\ \text{lb}\cdot\text{s}^2/\text{ft}^4$을 가정하면 R_x는 다음과 같다.

$$R_x = \rho Q v_1 = \frac{1.94\ \text{lb}\cdot\text{s}^2}{\text{ft}^4} \times \frac{0.109\ \text{ft}^3}{\text{s}} \times \frac{20\ \text{ft}}{\text{s}} = 4.23\ \text{lb}$$

y방향에 대해 $v_2 = v_1$을 가정하면 힘은 다음과 같이 계산된다.

$$F_y = \rho Q(v_{2_y} - v_{1_y})$$

$$R_y = \rho Q(v_2 - 0) = (1.94)(0.109)(20)\ \text{lb} = 4.23\ \text{lb}$$

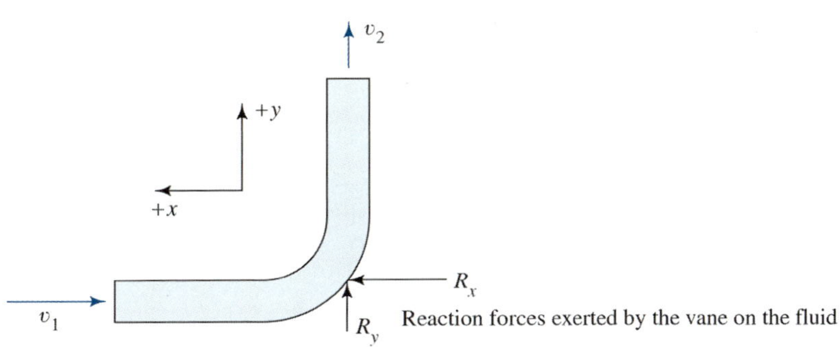

그림 16.4 베인에 의해 편향되는 유체에 대한 힘 선도

예제 16.2 장식용 분수에서 유속 8 m/s의 물이 0.05 m^3/s의 유량으로 그림 16.5와 같은 각진 수로에 의해 방향 전환된다. 수로에 작용하는 반력의 x 및 y방향 성분을 결정하시오. 또한 전체 합력의 크기 및 작용 방향을 계산하고 높이 변화는 무시한다.

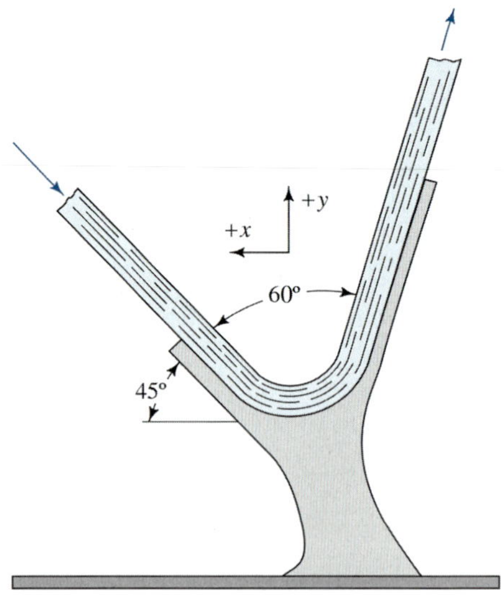

그림 16.5 물 제트를 편향시키는 장식용 분수

해설 그림 16.6은 속도 벡터의 x, y성분 및 R_x 및 R_y의 가정된 방향을 나타낸다. x방향에서 힘의 방정식은 다음과 같다.

$$F_x = \rho Q(v_{2_x} - v_{1_x})$$

v_{2_x} 및 v_{1_x}는 다음과 같다.

$$v_{2_x} = -v_2 \sin 15° \text{ (오른쪽 방향)}$$

$$v_{1_x} = -v_1 \cos 45° \text{ (오른쪽 방향)}$$

수조에서의 마찰을 무시하면 $v_2 = v_1$으로 가정할 수 있다. 유일한 외력은 R_x이다.

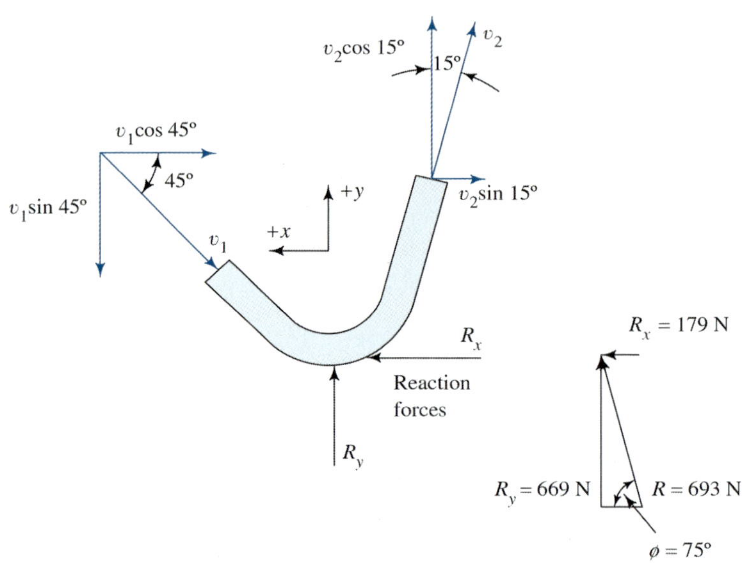

그림 16.6 베인에 의해 편향되는 유체에 대한 힘 선도

$$R_x = \rho Q[-v_2 \sin 15° - (-v_1 \cos 45°)]$$
$$= \rho Q v(-\sin 15° + \cos 45°) = 0.448\rho Q v$$

물에 대해 $\rho = 1000$ kg/m^{3}을 사용하면, R_x는 다음과 같다.

$$R_x = \frac{(0.448)(1000\text{ kg})}{\text{m}^3} \times \frac{0.05\text{ m}^3}{\text{s}} \times \frac{8\text{ m}}{\text{s}} = \frac{179\text{ kg}\cdot\text{m}}{\text{s}^2} = 179\text{ N}$$

y방향에서 힘의 방정식은 다음과 같다.

$$F_y = \rho Q(v_{2_y} - v_{1_y})$$

y방향 속도 성분은 다음과 같다.

$$v_{2_y} = v_2 \cos 15° \quad (\text{위 방향})$$
$$v_{1_y} = -v_1 \sin 45° \quad (\text{아래 방향})$$

그러므로 R_y는 다음과 같다.

$$R_y = \rho Q[v_2 \cos 15° - (-v_1 \sin 45°)]$$
$$= \rho Q v(\cos 15° + \sin 45°)$$
$$= (1000)(0.05)(8)(0.966 + 0.707)\text{ N}$$
$$R_y = 699\text{ N}$$

합력 R는 다음과 같다.

$$R = \sqrt{R_x^2 + R_y^2} = \sqrt{179^2 + 669^2} = 693\text{ N}$$

R의 방향은 다음의 식으로부터 얻을 수 있다.

$$\tan\phi = R_y/R_x = 669/179 = (3.74)$$
$$\phi = \text{Tan}^{-1}(3.74) = 75.0°$$

따라서 물에 대해 수조가 방출해야 하는 합력은 693 N이며, 방향은 그림 16.6과 같이 수평면과 75°의 각도를 이룬다. 이러한 합력값은 분수의 구조적 안전성 및 강성을 유지하기 위해 활용될 수 있다.

16.6 파이프라인 내 벤드에 작용하는 힘

그림 16.7은 체적 유량 Q의 유체가 흐르는 파이프 내 일반적인 90° 엘보를 나타낸다. 올바른 설치를 위해 배관을 평형상태로 고정시키는 데 필요한 힘을 아는 것이 중요하다. 다음의 예제는 이러한 상황에서의 문제 풀이 방법을 나타낸다.

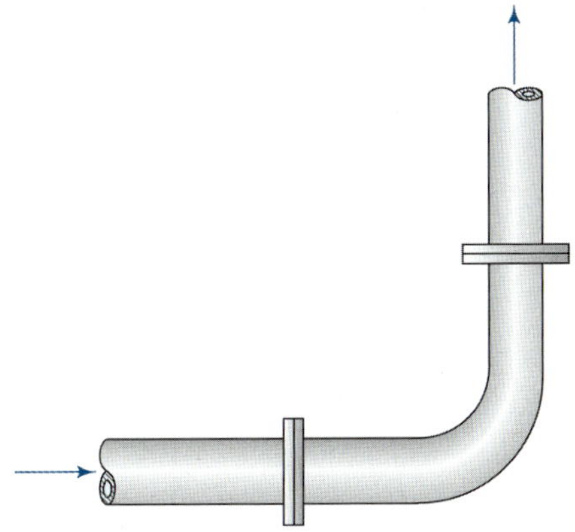

그림 16.7 파이프 엘보

예제 16.3 그림 16.7에 나타난 파이프를 평형상태로 유지하기 위해 파이프에 가해져야 하는 힘을 계산하시오. 엘보는 수평면상에 놓이고 15℃ 물이 3000 L/min 유량으로 흐르는 2개의 4 in Schedule 40 파이프에 연결된다. 파이프 입구 압력은 550 kPa이다.

해설 이 문제는 엘보 내부의 유체를 자유 물체로 고려하여 그림 16.8과 같은 힘 선도로 나타낼 수 있다. 힘은 검은색 벡터로 유동의 유속 방향은 파란색 벡터로 나타낸다. 모든 벡터의 방향에 대한 규칙이 설정되어야 하고 여기서 양의 x방향은 왼쪽, 양의 y방향은 윗쪽으로 가정한다. 힘 R_x 및 R_y는 평형을 유지하기 위해 요구되는 외부 반력이다. 힘 p_1A_1 및 p_2A_2는 유체 압력에 의한 힘이다. 이러한 두 방향의 힘은 개별적으로 분석된다.

다음의 식을 사용하여 x방향에서의 전체 외력을 나타낼 수 있다.

$$F_x = \rho Q(v_{2_x} - v_{1_x})$$

x방향 힘과 속도를 고려하여 다음의 식을 얻을 수 있다.

$$F_x = R_x - p_1A_1$$

$$v_{2_x} = 0$$

$$v_{1_x} = -v_1$$

R_x는 다음과 같다.

$$R_x - p_1A_1 = \rho Q[0 - (-v_1)]$$

$$R_x = \rho Q v_1 + p_1A_1 \tag{16-8}$$

주어진 자료로부터 $p_1 = 550$ kPa, $\rho = 1000$ kg/m^3, $A_1 = 8.213 \times 10^{-3}$ m^{2}이므로

$$Q = 3000\ \text{L/min} \times \frac{1\ \text{m}^3/\text{s}}{60000\ \text{L/min}} = 0.05\ \text{m}^3/\text{s}$$

$$v_1 = \frac{Q}{A_1} = \frac{0.05\ \text{m}^3/\text{s}}{8.213 \times 10^{-3}\ \text{m}^2} = 6.09\ \text{m/s}$$

$$\rho Q v_1 = \frac{1000\ \text{kg}}{\text{m}^3} \times \frac{0.05\ \text{m}^3}{\text{s}} \times \frac{6.09\ \text{m}}{\text{s}} = 305\ \text{kg}\cdot\text{m/s}^2 = 305\ \text{N}$$

$$p_1A_1 = \frac{550 \times 10^3\ \text{N}}{\text{m}^2} \times (8.213 \times 10^{-3}\ \text{m}^2) = 4517\ \text{N}$$

위의 식 (16−8)에 위의 값들을 대입하면 R_x는 다음과 같이 계산된다.

$$R_x = (305 + 4517)\ \text{N} = 4822\ \text{N}$$

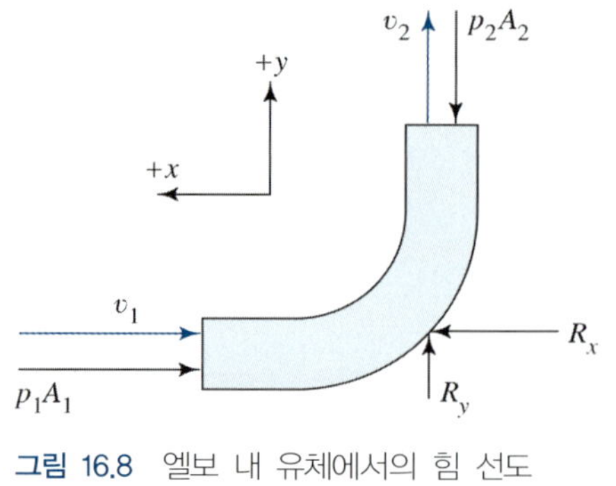

그림 16.8 엘보 내 유체에서의 힘 선도

y방향 전체 외력에 대한 방정식은 다음과 같다.

$$F_y = \rho Q(v_{2_y} - v_{1_y})$$

y방향 힘과 속도는

$$F_y = R_y - p_2 A_2$$
$$v_{2_y} = +v_2$$
$$v_{1_y} = 0$$

이다. 그러므로 R_y는 다음과 같다.

$$R_y - p_2 A_2 = \rho Q v_2$$
$$R_y = \rho Q v_2 + p_2 A_2$$

엘보에서의 에너지 손실을 무시하면, 입구 및 출구의 크기가 동일하기 때문에 $v_2 = v_1$, $p_2 = p_1$이다. 그러므로 R_y는 다음과 같이 계산될 수 있다.

$$\rho Q v_2 = 305 \text{ N}$$
$$p_2 A_2 = 4517 \text{ N}$$
$$R_y = (305 + 4517) \text{ N} = 4822 \text{ N}$$

힘 R_x 및 R_y는 유체가 엘보에서 90° 회전하기 때문에 나타나는 반력이다. 이러한 힘들은 엘보 지지 구조 또는 주배관과 연결되는 플랜지를 통해 공급될 수 있다.

예제 16.4 비중 0.93인 아마인유(Linseed oil)가 그림 16.9와 같이 유속 3 m/s, 압력 275 kPa로 축소 벤드 구조로 유입된다. 벤드는 수평면상에 있다. 이 벤드를 정지상태로 유지하기 위해 필요한 x 및 y방향 힘을 계산하시오. 벤드에서의 에너지 손실은 무시한다.

해설 그림 16.10과 같이 벤드 내 유체가 자유 물체로 고려된다. 먼저 x 및 y방향 힘의 방정식을 도출해야 한다.

x방향 힘의 방정식은 다음과 같다.

$$F_x = \rho Q(v_{2_x} - v_{1_x})$$

$$R_x - p_1 A_1 + p_2 A_2 \cos 30° = \rho Q[-v_2 \cos 30° - (-v_1)] \qquad (16-9)$$

$$R_x = p_1 A_1 - p_2 A_2 \cos 30° - \rho Q v_2 \cos 30° + \rho Q v_1$$

대수 부호는 그림 16.10에 나타나는 부호 규칙에 따라 주의 깊게 고려되어야 한다. 모든 힘과 속도항이 x방향 성분이라는 점에 주의한다.

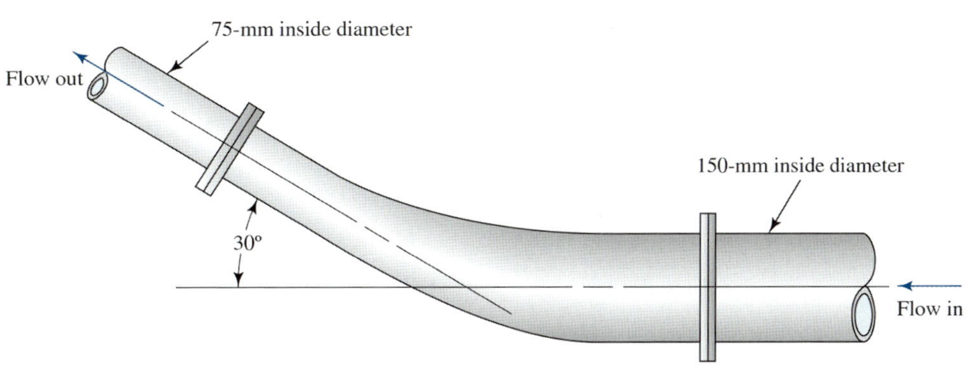

그림 16.9 축소 벤드

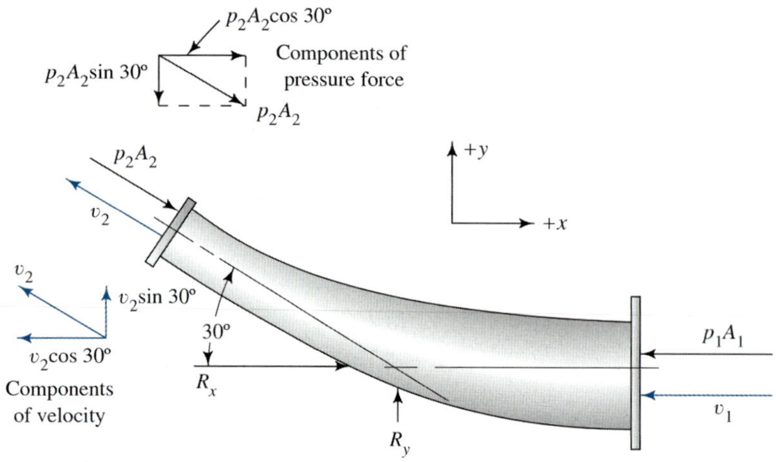

그림 16.10 축소 벤드 내 유체에 대한 힘 선도

y 방향에 대한 힘의 방정식은 다음과 같다.

$$F_y = \rho Q(v_{2_y} - v_{1_y})$$
$$R_y - p_2A_2 \sin 30° = \rho Q(v_2 \sin 30° - 0) \qquad (16-10)$$
$$R_y = p_2A_2 \sin 30° + \rho Q v_2 \sin 30°$$

이제 위 식들에 포함된 변수의 수치를 계산해야 한다. 유입 및 배출 파이프에 대해 $A_1 = 1.767 \times 10^{-2}\ \text{m}^2$, $A_2 = 4.418 \times 10^{-3}\ \text{m}^2$이다. 그리고 밀도, 비중량 및 체적 유량에 대해 다음과 같이 쓸 수 있다.

$$\rho = (\text{sg})(\rho_w) = (0.93)(1000\ \text{kg/m}^3) = 930\ \text{kg/m}^3$$
$$\gamma = (\text{sg})(\gamma_w) = (0.93)(9.81\ \text{kN/m}^3) = 9.12\ \text{kN/m}^3$$
$$Q = A_1v_1 = (1.767 \times 10^{-2}\ \text{m}^2)(3\ \text{m/s}) = 0.053\ \text{m}^3\text{/s}$$

질량 보존법칙에 의해 $A_1v_1 = A_2v_2$이므로 v_2는 다음과 같다.

$$v_2 = v_1(A_1/A_2) = (3\ \text{m/s})(1.767 \times 10^{-2}/4.418 \times 10^{-3}) = 12\ \text{m/s}$$

p_2값을 결정하기 위해 베르누이 방정식을 사용한다.

$$\frac{p_1}{\gamma} + z_1 + \frac{v_1^2}{2g} = \frac{p_2}{\gamma} + z_2 + \frac{v_2^2}{2g}$$

$z_1 = z_2$이므로 p_2는 다음과 같다.

$$p_2 = p_1 + \gamma(v_1^2 - v_2^2)/2g$$
$$= 275\ \text{kPa} + \left[\frac{(9.12)(3^2 - 12^2)}{(2)(9.81)} \times \frac{\text{kN}}{\text{m}^3} \times \frac{\text{m}^2}{\text{s}^2} \times \frac{\text{s}^2}{\text{m}}\right]$$
$$= 275\ \text{kPa} - 62.8\ \text{kPa}$$
$$p_2 = 212.2\ \text{kPa}$$

다음의 값들을 식 (16-9) 및 (16-10)에 대입할 수 있다.

$$p_1A_1 = (275\ \text{kN/m}^2)(1.767 \times 10^{-2}\ \text{m}^2) = 4859\ \text{N}$$
$$p_2A_2 = (212.2\ \text{kN/m}^2)(4.418 \times 10^{-3}\ \text{m}^2) = 938\ \text{N}$$
$$\rho Q v_1 = (930\ \text{kg/m}^3)(0.053\ \text{m}^3\text{/s})(3\ \text{m/s}) = 148\ \text{N}$$
$$\rho Q v_2 = (930\ \text{kg/m}^3)(0.053\ \text{m}^3\text{/s})(12\ \text{m/s}) = 591\ \text{N}$$

식 (16－9)로부터 R_x는 다음과 같다.

$$R_x = (4859 - 938\cos 30^\circ - 591\cos 30^\circ + 148)\ \text{N} = 3683\ \text{N}$$

식 (16－10)으로부터 R_y는 다음과 같다.

$$R_y = (938\sin 30^\circ + 591\sin 30^\circ)\ \text{N} = 765\ \text{N}$$

16.7 움직이는 물체에 작용하는 힘

터빈 및 기타 회전 기계의 날개는 고속 유체에 의해 움직이는 물체의 친숙한 예이다. 터빈 블레이드보다 빠른 속도로 분사되는 유체는 블레이드에 힘을 방출하여 가속시키거나 유용한 역학적 에너지를 생산하도록 해준다. 움직이는 물체에 대한 힘을 다룰 때 물체에 대한 유체의 상대 운동이 고려되어야 한다.

예제 16.5 그림 16.11(a)는 속도 v_0로 움직이고 있는 베인에 속도 v_1으로 충돌하는 물 제트를 나타낸다. $v_1 = 20$ m/s, $v_0 = 8$ m/s일 때, 베인이 물에 가하는 힘을 계산하시오. 물 제트의 직경은 50 mm이다.

해설 움직이는 베인을 포함하는 이 시스템은 그림 16.11(b)과 같이 유효 속도 v_e 및 유효 체적 유량 Q_e를 정의함으로써 동일한 정지 시스템으로 변환할 수 있다.

▶ 유효 속도 및 체적 유량

$$v_e = v_1 - v_0 \tag{16-11}$$

$$Q_e = A_1 v_e \tag{16-12}$$

여기서 A_1은 베인으로 유입되는 제트의 면적이다. 베인에 유효하게 힘을 생성시키는 유일한 원동력은 물 제트 및 베인의 속도차이다. 힘의 방정식은 v_e 및 Q_e의 식으로 다음과 같이 쓸 수 있다.

x방향에 대해

$$R_x = \rho Q_e v_e \cos\theta - (-\rho Q_e v_e)$$
$$= \rho Q_e v_e (1 + \cos\theta) \tag{16-13}$$

y방향에 대해

$$R_y = \rho Q_e v_e \sin\theta - 0 \tag{16-14}$$

문제에서 주어진 정보를 통해 v_e 및 Q_e는 다음과 같이 계산할 수 있다.

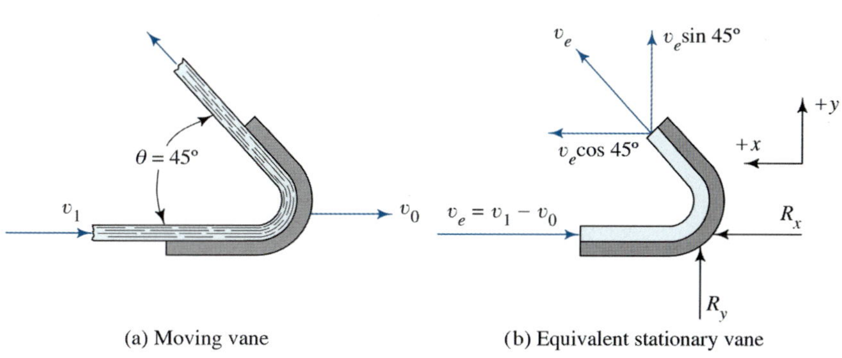

그림 16.11 문제 16.5

$$v_e = v_1 - v_0 = (20-8)\ \text{m/s} = 12\ \text{m/s}$$
$$Q_e = A_1 v_e = (1.964 \times 10^{-3}\ \text{m}^2)(12\ \text{m/s}) = 0.0236\ \text{m}^3/\text{s}$$

그러므로 식 (16−13), (16−14)로 반력은 다음과 같이 계산된다:

$$R_x = (1000)(0.0236)(12)(1+\cos 45°) = 483\ \text{N}$$
$$R_y = (1000)(0.0236)(12)(\sin 45°) = 200\ \text{N}$$

연습문제

16.1 25 m/s 유속의 75 mm 직경의 노즐을 통한 물유동이 평판에 수직으로 분사될 때 평판이 평형을 유지하기 위해 요구되는 힘을 계산하시오.

16.2 5-in 직경의 노즐에서 분사되는 물이 평면 벽에 475 lb의 힘을 가하기 위해 필요한 유속은 얼마인가?

16.3 1-in 직경의 물을 90° 각도로 방향 전환시키는 정지 곡면 베인에 작용하는 힘을 계산하시오. 체적 유량은 150 gal/min이다.

16.4 고속도로 표지판은 125 km/h의 바람에 견디도록 설계된다. 바람이 표지판의 면에 수직으로 불고 있다면 4 m×3 m의 표지판에 가해지는 전체 힘을 계산하시오. 표지판에 가해지는 압력을 Pa 단위로 계산하시오. 이때 공기 온도는 −10℃이다(이 문제에 대한 더욱 완벽한 분석을 위해 17장 및 문제 17.9를 참고하시오).

16.5 그림 16.12에 나타난 블록에 수직 및 수평으로 작용하는 힘을 계산하시오. 유동은 1.75-in 직경의 60°F 물이며 유속은 25 ft/s이다. 블록에서 배출되는 유속은 25 ft/s이다.

16.6 그림 16.13은 180°F 물줄기가 130° 각도의 베인에 의해 방향 전환되는 상황을 나타낸다. 유입되는 물의 유속은 22.0 ft/s이다. 유동의 단면적은 전체 시스템에서 2.95 in^2으로 일정하다. 베인에 의해 물에 가해지는 수평 및 수직 방향 힘을 계산하시오.

16.7 그림 16.14에 나타난 50℃ 물 유동으로 인해 베인에 가해지는 수평 및 수직방향 힘을 계산하시오. 유속은 15 m/s로 일정하다.

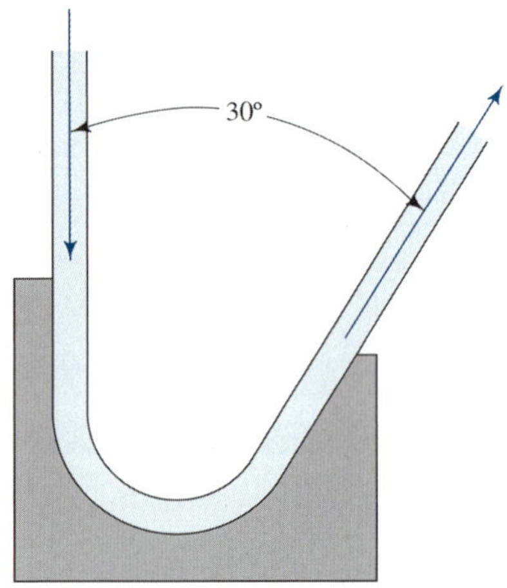

그림 16.12 문제 16.5

16.8 반구형 컵 형상의 부품을 제작하는 공장에서 자동 세척기는 선적 전에 부품을 세척하기 위해 설계된다. 이를 위한 기술 중의 하나로 180°F의 물 유동을 컵을 향해 수직 상향으로 분사하는 방법이 있다. 물 줄기의 유속은 30 ft/s이고 직경은 1.00 in이다. 그림 16.15와 같이 물은 외경 4.00 in 및 내경 3.80 in의 환형 링 형태로 수직 하향으로 컵에서 배출된다. 컵을 정지상태로 유지하기 위해 요구되는 외력을 계산하시오.

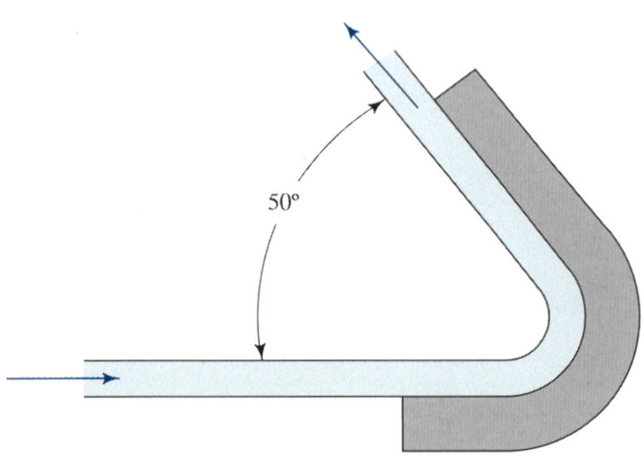

그림 16.13 문제 16.6

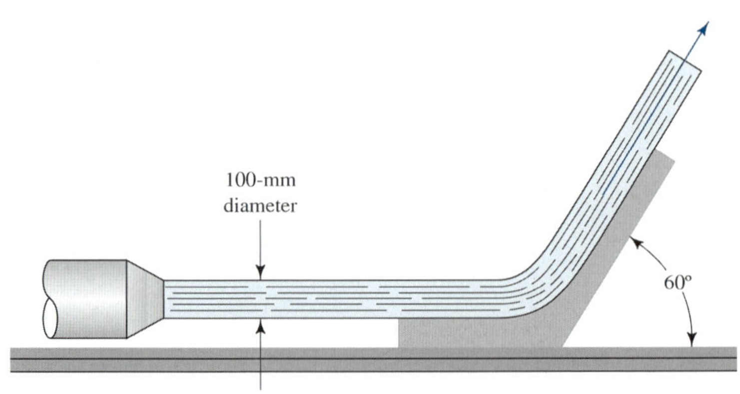

그림 16.14 문제 16.7

16.9 불연성 오일(sg = 0.90)이 용접 공정 동안 냉각을 위해 편평한 금속판의 아래쪽 중심으로 분사된다. 이 판의 무게는 550 N이다. 오일 유동의 직경이 35 mm일 때, 판을 들어 올리기 위한 유동의 유속을 계산하시오. 유동은 판에 수직으로 분사된다.

16.10 유속 40 ft/s의 직경 2 in 물 줄기가 평판의 구석에 분사된다. 물 줄기의 절반은 그림 16.16처럼 아래쪽 방향으로 편향된다. 평판에 가해지는 힘 및 이 힘에 의해 지점 A에 가해지는 모멘트를 계산하시오.

16.11 그림 16.17은 유체 유동을 편향시킴에 따라 편평한 베인이 하나의 축에 대해 회전하는 유량계를 나타낸다. 유체의 힘은 용수철에 의해 균형을 이룬다. 100 gal/min 유량의 물이 1 in Schedule 40 파이프로부터 유량계로 흐를 때 베인이 수직 위치를 유지하기 위한 용수철 힘을 계산하시오.

16.12 물 유동이 어떤 배 하부로부터 파이프를 통해 수직으로 상승하고 4 in 직경의 제트로 유속 60 ft/s로 수평으로 분사된다. 배에 작용하는 힘을 계산하시오.

16.13 2 in 노즐이 내경 4 in 호스에 부착되어 있다. 노즐의 저항계수 K는 0.12이며 이 값은 출구 속도 수두에 기초한다. 노즐로부터 분사되는 제트의 속도가 80 ft/s일 때 물이 노즐에 가하는 힘을 계산하시오.

16.14 바닷물(sg = 1.03)이 4 in K형 구리 튜브와 2 in K형 튜브를 연결하는 축소 벤드를 통해 열교환기로 유입된다. 벤드 상류의 압력은 825 kPa이다. 이 벤드를 평형상태로 유지하기 위해 요구되는 힘을 계산하시오. 벤드에서의 에너지 손실을 고려하고 벤드의 저항계수 K를 입구 속도에 기초하여 3.5로 가정한다. 유량은 0.025 m^3/s이다.

16.15 어떤 리듀서가 표준 6 in Schedule 40 파이프 및 3 in

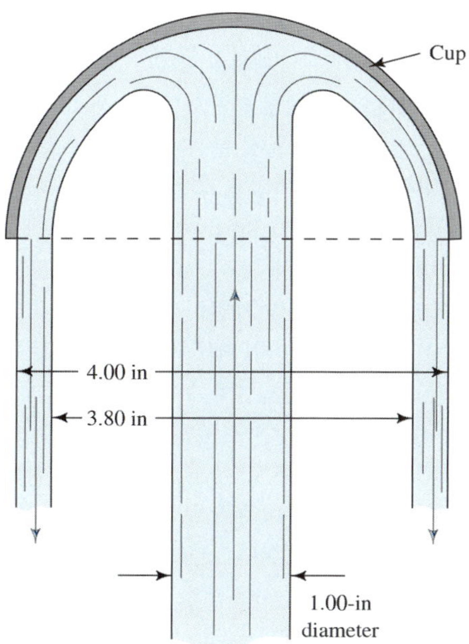

그림 16.15 문제 16.8

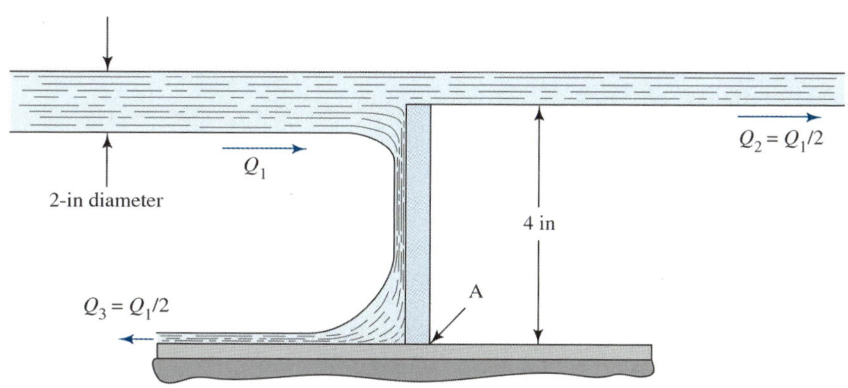

그림 16.16 문제 16.10

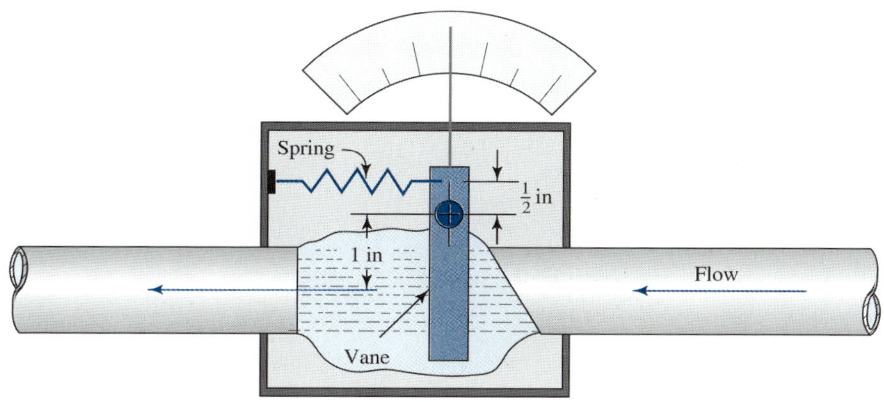

그림 16.17 문제 16.11

Schedule 40 파이프를 연결한다. 원추형 리듀서의 벽면은 40° 각도로 경사지게 가공된다. 물 유량이 500 gal/min이고, 리듀서 상류 압력은 125 psig이다. 리듀서 내에서의 에너지 손실을 고려하여 물에 의해 리듀서에 가해지는 힘을 계산하시오.

16.16 80°F의 물이 6.5 ft^3/s로 흐르는 8 in Schedule 80 강 파이프에 부착된 45° 엘보에 가해지는 힘을 계산하시오. 엘보의 출구는 대기로 배출되어 있다. 엘보에서 에너지 손실을 고려하시오.

16.17 유량 125 m^3/s, 압력 1050 kPa의 물이 흐르는 DN 150 Schedule 40 파이프에 부착된 90° 엘보를 고정시키기 위해 요구되는 힘을 계산하시오.

16.18 180° 리턴 벤드가 평형상태를 유지하기 위해 요구되는 힘을 계산하시오. 벤드는 수평면상에 있고, 2000 L/min 유량 및 2.0 MPa 압력의 유압 유체가 흐르는 DN 100 Schedule 80 강 파이프에 부착되어 있다. 유체의 비중은 0.89이다. 에너지 손실은 무시한다.

16.19 어떤 튜브 내 벤드가 유동을 135° 각도로 회전시킨다. 벤드 상류에서의 압력은 275 kPa이다. 25℃의 사염화탄소가 0.12 m^3/s의 유량으로 100 mm 외경×3.5 mm 벽 두께의 표준 유압 구리 튜브를 흐를 때 벤드에 가해지는 힘을 계산하시오. 에너지 손실은 무시한다.

16.20 그림 16.18과 같이 어떤 자동차가 메인에 분사되는 물 제트에 의해 추진된다. 제트의 속도는 30 m/s이고 200 mm 직경의 노즐로부터 분사된다. 다음의 경우에 자동차에 가해지는 힘을 계산하시오.

(a) 자동차가 정지해 있을 때

(b) 자동차가 12 m/s로 이동할 때

16.21 그림 16.19와 같이 포장 공정 내 검사 시스템의 일부는 컨베이어 라인에서 불량 상자를 제거하기 위해 공기 제트를 활용한다. 이 제트는 센서에 의해 작동되고 작동 시점은 제거될 제품이 제트의 앞쪽에 위치하는 바로 그 순간이다. 제품은 그림과 같이 컨베이어 측면의 선반 위로 기울어져야 한다. 불량 상자를 컨베이어에서 제거하기 위해 요구되는 공기 제트의 유속을 계산하시오. 공기 밀도는 1.20 kg/m^3이다. 상자의 질량은 0.10 kg이다. 제트의 직경은 10.0 mm이다.

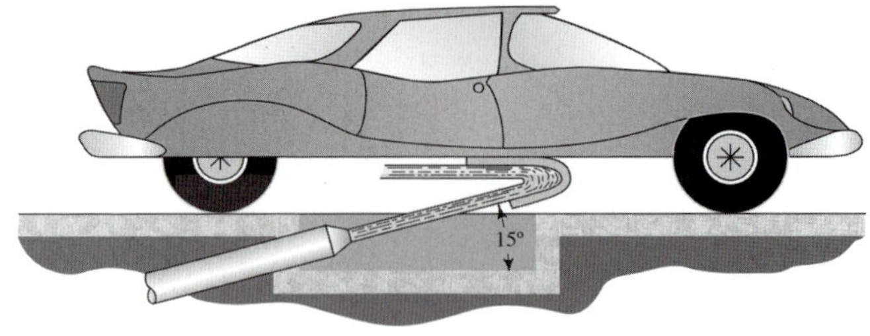

그림 16.18 그림 16.20

16.22 그림 16.20에서 보이는 편평한 패들이 달린 장식용 휠은 공기 분사 유동에 의해 축에 대해 회전한다. 직경 15 mm의 공기가 유속 0.35 m/s로 패들에 분사되어 직각으로 편향된다. 휠이 정지해 있을 때 초기에 휠에 작용하는 힘을 계산하시오. 공기의 밀도는 1.20 kg/m^3이다.

16.23 문제 16.22에 설명된 휠에 대해 휠이 40 rpm의 속도로 회전할 때 패들에 가해지는 힘을 계산하시오.

16.24 그림 16.21과 같이 일련의 루버가 따뜻한 공기의 유동을 편향시킨다. 이 루버들은 공기를 전체 부분으로 균일하게 분배하기 위해 천천히 회전한다. 공기 유동이 10 ft/s로 흐르고 있을 때 공기 유동을 향해 루버를 회전시키기 위해 요구되는 토크를 계산하시오. 루버에 도달하는 모든 공기는 루버의 각도로 편향된다고 가정한다. 공기 밀도는 2.06×10^{-3} $slugs/ft^3$이다. $\theta = 45°$를 사용한다.

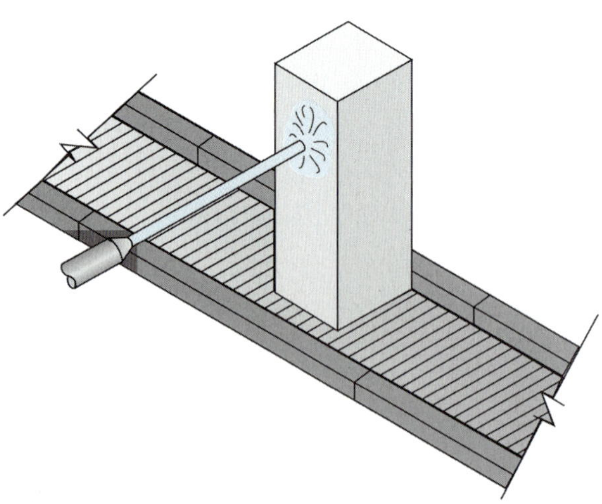

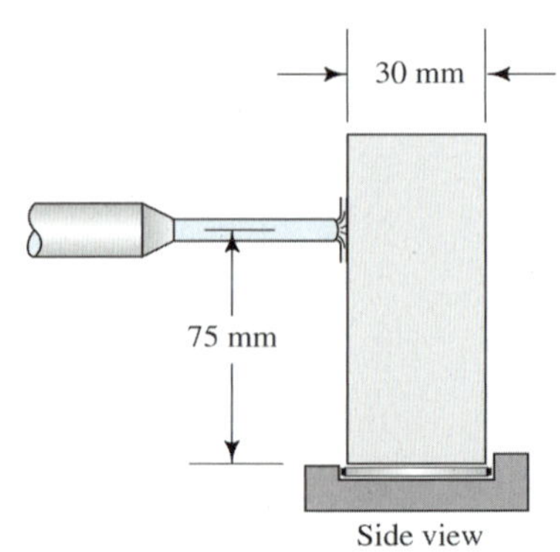

그림 16.19 문제 16.21

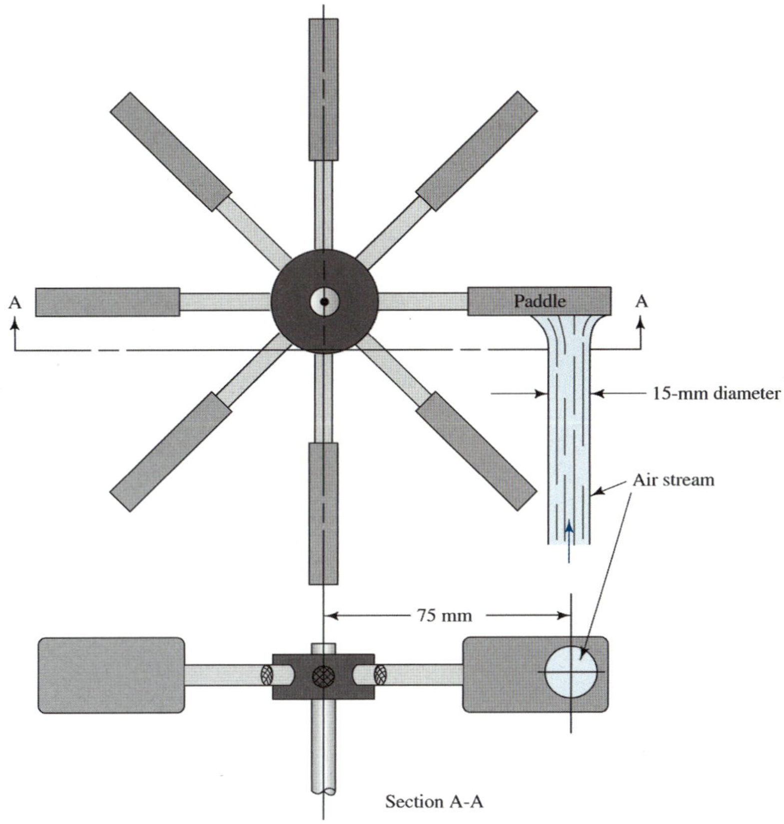

그림 16.20 문제 16.22, 16.23

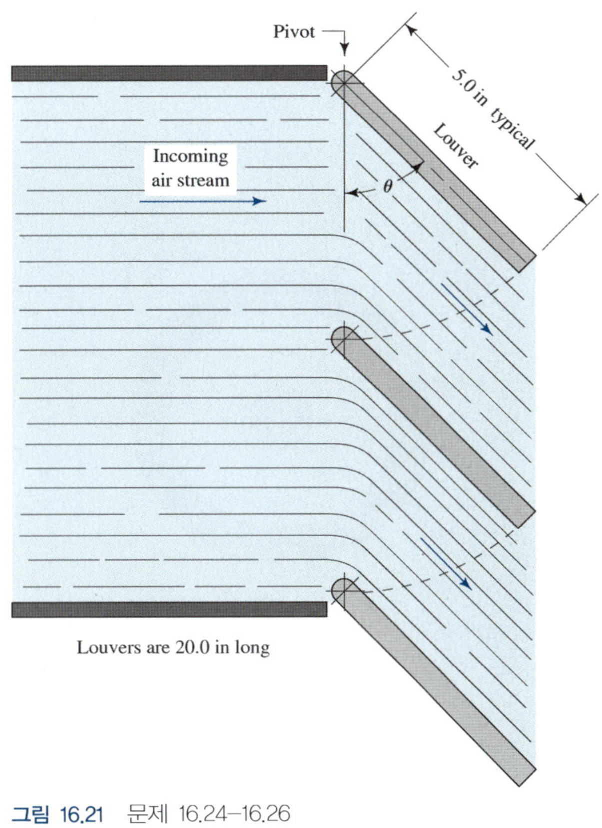

그림 16.21 문제 16.24–16.26

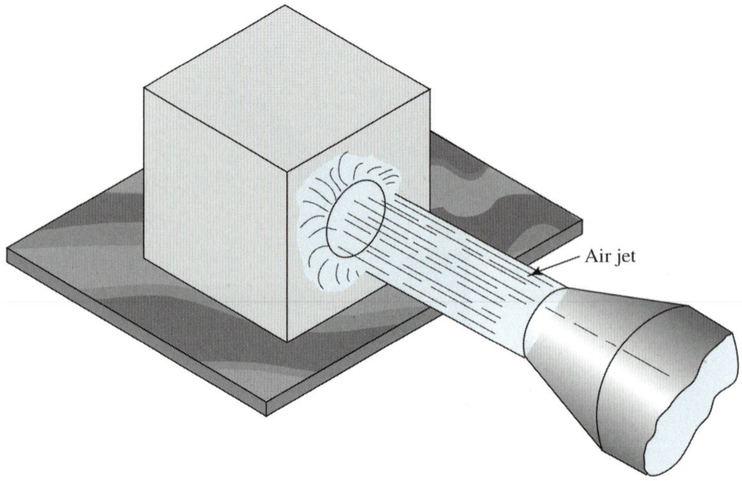

그림 16.22 문제 16.27, 16.28

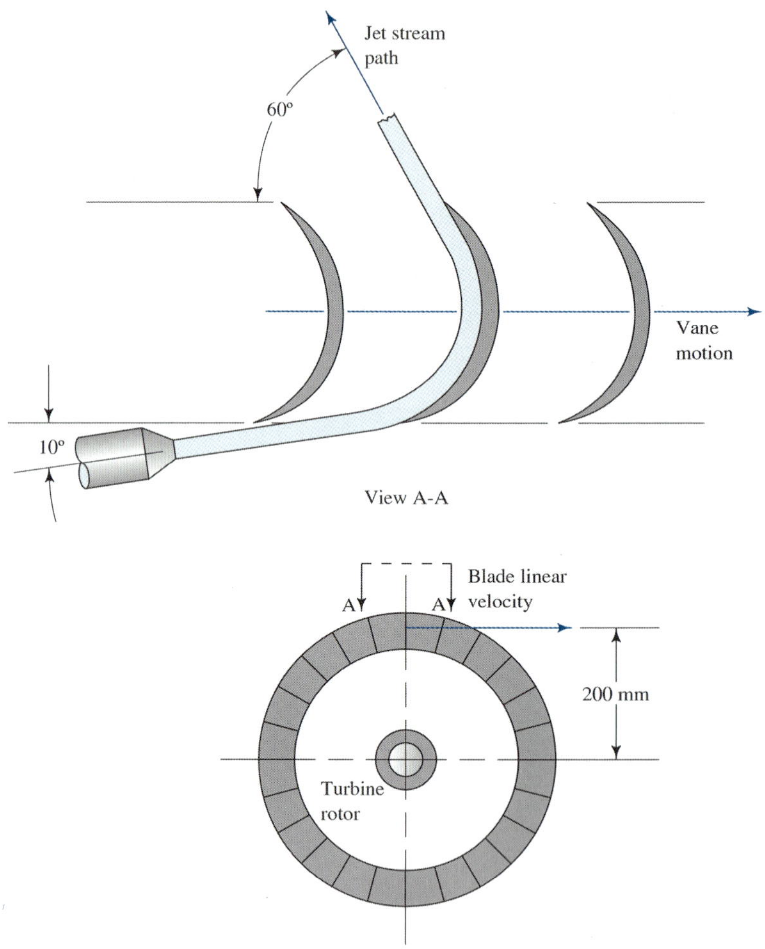

그림 16.23 문제 16.29–16.31

16.25 그림 16.21의 루버에 대해 각도 $\theta = 20°$ 일 때 루버를 회전시키는 데 요구되는 토크를 계산하시오.

16.26 그림 16.21의 루버에 대해 각도 θ가 $10°$ 에서 $90°$ 까지 변할 때 여러 각도에서 루버를 회전시키는 데 요구되는 토크를 계산하시오. 각도에 따른 토크의 그래프를 도시하시오.

16.27 그림 16.22는 송풍기 노즐로부터 $1\frac{1}{2}$ in 직경의 공기 제트

를 분사하여 먼지를 제거하는 장치를 나타낸다. 이 제트는 바닥에 놓인 사각 박스 형태의 물체를 향해 분사된다. 공기의 유속이 25 ft/s이고 전체 제트가 박스에 의해 편향된다면 이 제트로 이동시킬 수 있는 가장 무거운 물체의 질량은 얼마인가? 상자를 넘어뜨리기보다 미끄러지게 하는 상황을 고려하고, 마찰계수는 0.60으로 가정한다.

16.28 문제 16.27을 50°F의 물이 0.75 in 직경으로 분사되는 상황을 가정하여 다시 계산하시오.

16.29 그림 16.23은 15℃의 물이 7.50 mm 직경 및 25 m/s의 유속으로 분사되는 터빈의 개략도이다. 물 유동이 그림에 보이는 각도로 편향되고 블레이드가 정지되어 있을 때 단일 터빈 블레이드에 가해지는 힘을 계산하시오.

16.30 문제 16.29를 블레이드가 200 mm 반경의 휠의 일부이고 이 휠의 접선 방향 속도가 10 m/s인 상황을 가정하여 다시 계산하시오. 또한 휠의 회전 속도를 rpm 단위로 계산하시오.

16.31 문제 16.29에서 블레이드가 200 mm 반경의 휠의 일부이고, 이 휠의 접선 방향 속도가 0−25 m/s의 범위 내에서 5 m/s씩 증가할 때 블레이드에 가해지는 힘을 각각 계산하시오.

CHAPTER 17

항력과 양력

개요

유체에 잠겨 있는 물체가 움직이면 운동과 반대 방향으로 힘을 받는다. 이 힘을 항력(drag)이라 한다. 에어포일(airfoil)이라 하는 특정 형상의 물체가 공기 중에서 움직일 때 그 주위를 흘러가는 공기 유동은 위 방향으로 힘을 가하며 이를 양력(lift)이라 한다. 이 양력이 비행기가 날 수 있는 근본적인 이유이다. 마찬가지로 물속에서 움직이는 이러한 특정 형상의 물체를 하이드로포일(hydrofoil)이라 한다. 에어포일과 하이드로포일에서 양력과 항력은 동시에 같이 나타난다. 그림 17.1에서 보여주는 선박에 대해 생각해보자.

하이드로포일에도 약간의 항력은 있지만, 선체 전체가 물에 있을 때의 항력보다 훨씬 작아 페리가 고속으로 달리고 효율적으로 작동할 수 있게 한다. 이 단원을 통해 항력과 양력을 해석하는 법을 배워보자.

탐구

- 자전거나 오토바이 또는 천장이 열린 차에서 항력과 양력을 경험한 적이 있는가? 자전거 경주에 참여한 적이 있는가? 스카이다이빙이나 스노우보드를 한 적이 있는가? 이것들을 하는 동안 몸에 느껴지는 항력의 영향을 묘사해보자.
- 항력과 양력이 그 거동이나 성능에 영향을 미치는 제품이나 장치를 찾아보자.
- 16장 개요에서 언급한 몇 개의 예제를 생각해보자.
- 사례를 찾으면 모양과 크기를 가능한 한 상세히 적고 어떤 작용을 하는지 묘사해보자.

입문 개념

유체에 잠겨서 움직이는 물체는 유체 작용으로 인한 힘이 작용한다. 이 힘의 영향은 아주 복잡하다. 그러나 유체 안에서 움직이는 물체를 설계하거나, 그 거동을 해석하는 데 2개의 힘－항력과 양력－이 가장 중요하다. 양력과 항력은 물체가 유체 속에서 움직이든지, 유체가 물체를 지나 흘러가든지 상관없이 같다.

항력은 물체가 움직이는 방향으로 유체에 의해 발생되는 힘으로, 운동에 저항하는 힘이다. 항력 연구가 필요한 가장 친숙한 응용분야는 교통분야이다. 항력이 항공기, 자동차, 트럭, 기차에 미치는 영향을 종종 바람저항(wind resistance)이라는 용어로 표현한다. 항력은 차량속도를 유지하거나 증가시키는 방향과 반대 방향으로 작용하며 추진력에 반대되는 힘이다. 추진력을 만들려면 에너지가 들어가므로 항력을 적게 하는 것이 바람직하다.

양력은 물체가 움직이는 방향과 수직방향으로 유체에 의해 발생하는 힘이다. 이 힘의 가장 중요한 응용은 에어포일이라 하는 항공기 날개의 설계와 해석이다. 공기가 에어포일의 위 아래로 지나갈 때 양력이 발생하도록 에어포일의 형상을 만든다. 물론 비행기가 날기 위해 양력의 크기는 최소한 비행기 무게와 같아야 한다. 이 형상을 때로는 양의 양력이라 한다. 그러나 고속경주용 자동차에서는 음의 양력을 사용한다. 이 날개는 본질적으로 항공기에 사용되는 날개를 방향을 뒤집어 설치한 것으로, 경주용

그림 17.1 배와 물 사이의 상대운동으로 양력을 발생하는 하이드로포일에 올라타 물 위로 올라온 고속여객선의 선체(출처: Tentacle/Fotolia)

자동차에 아래 방향의 힘을 발생시켜 마찰력을 높이고 회전 성능을 개선시킨다.

움직이는 공기흐름 속에서 물체의 성능을 연구하는 분야를 공기역학(aerodynamics)이라 한다. 이 분야에서 공기 이외의 기체도 고려할 수 있으나 항공기 설계라는 중요한 응용분야가 확실하게 있어 대부분의 연구가 공기에 대해 이루어진다.

수력학(hydrodynamic)은 액체, 특히 물에 잠겨 움직이는 물체에 대한 연구에 붙여진 이름이다. 양력과 항력에 대한 개념들은 대부분 유체가 액체이든 기체이든 상관없이 유사하다. 그러나 유체의 압축성을 고려해야만 하는 고속에서는 사실이 아니다. 양력과 항력 연구에서 액체는 비압축성으로 고려한다. 반면 공기와 같은 기체는 쉽게 압축성이 된다.

항력과 양력이 거동과 성능에 영향을 미치는 제품이나 장치로 어떤 종류의 사례들을 찾았는가? 찾은 사례들을 묘사할 때 다음 질문과 관찰을 고려하자.

- 모서리(edge)가 날카롭거나 매끈하고 둥근가?
- 모양이 평편한가 또는 곡면인가?
- 물체가 컵 모양일 때, 컵의 열린 쪽이 바람이 부는 쪽을 향하고 있는가 아니면 반대로 있는가?
- 유선형으로 만들기 위해 어떤 시도가 있는가?
- 형상이 완전히 다른 자동차, 하나는 유선형 모양이고 다른 하나는 상자 모양인 두 대를 찾아보자. 아마도 상자 모양은 오래된 차, 아마 골동품 차일 것이다. 형상이 항력에 어떻게 영향을 미칠 것이라고 생각하는가?
- 미국의 Acela, 프랑스의 TGV, 독일의 ICE, 일본의 신칸센(총알기차)과 같은 고속열차의 형상을 묘사하자. 항력을 감소시키기 위해 어떤 방법들이 사용되었는가? 이들의 형상을 일반 화물열차와 비교해보면 어떤가? 인터넷이나 다른 출처로부터 고속열차의 항력 특성에 대한 자료를 구하자.
- 경주용차를 일정기간별로 비교해보자. 독립경주용차(indy-type racer), 스포츠카, NASCAR 및 개조경주용차(stock car racer)를 대상으로 하자. 항력을 감소시키기 위한 방법에 어떤 유사성이 있는가? 어떻게 다른가? 자동차 형상뿐 아니라 경주용차 운전자가 추월하지도 않으면서 어떻게 앞 차에 바짝 붙어 뒤따라가는지 유심히 살펴보자. 이런 행위를 드래프팅(drafting)이라 하고 뒤따르는 차의 항력을 급격하게 떨어뜨려 경주 동안 연료소모를 줄인다.
- 항공기를 일정기간별로 비교해보자. 라이트 형제의 비행을 시작으로 1930년대에 항력을 줄이기 위해 어떤 시도들이 있었나? 2차 세계대전에 등장한 전투기가 한국전쟁을 통해 그리고 좀 더 최근의 무력충돌을 통해 어떻게 변하였는가? 항공역학 관점에서 제트 비행기를 프로펠러 비행기와 비교하자.
- 자전거 경주를 보거나 참가해보자. 선수는 자신의 몸과 자전거에 작용하는 항력을 줄이기 위해 어떤 행동을 하는가? 자전거를 타는 사람들이 여럿이 함께 여행할 때 항력을 특별히 어떻게 관리하는가? 앞서 경주용차에서 말했던 드래프팅을 실행하는가?

양력과 항력에 대한 실제 자료들은 실험에 의해 많이 만들어졌다. 개념들을 설명하고 물체의 형상과 항력 및 양력 특성 사이의 관계를 배우는 데 도움을 주기 위해, 여기에서는 구, 원통, 옆면이 편평한 물체, 원추 및 단순 유선 형상처럼 비교적 단순한 형상을 사용하여 얻은 자료 일부를 이용한다. 잘 알려진 예가 골프공으로 인터넷 자료 1-3에 잘 정리되어 있다. 참고문헌 3, 7, 15는 기본형상 물체에 작용하는 항력에 대한 방대한 자료를 제공한다. 원칙적으로 이 기본 개념들은 경주용차, 트럭, 버스 항공기 또는 선박과 같이 복잡한 형상에도 적용할 수 있다. 이런 복잡한 시스템을 완전이 해석하려면 이 책의 내용보다 훨씬 더 상세한 내용을 알아야 한다. 전반적으로 많은 교재와 참고도서가 이것을 다룬다. 예를 들면,

- 항공기에 대해 참고문헌 1, 2, 5, 8과 인터넷 자료 7-9를 보자.
- 도로차량에 대해 참고문헌 4, 6, 9, 11, 13, 14, 16-18과 인터넷 자료 7-9를 확인하자.
- 참고문헌 12는 선체에 작용하는 항력저항과 물에서 고속으로 운항하기 위해 요구되는 추진동력 사이의 관계를 다룬다.

17.1 목표

이 장을 학습한 후에 다음의 항목들을 수행할 수 있다.

1. 항력을 정의한다.
2. 양력을 정의한다.
3. 유체에 대해 상대운동하는 물체에 작용하는 항력을 계산하는 표현식을 작성한다.
4. 항력계수를 정의한다.
5. 동압 용어를 정의한다.
6. 유체에 대해 상대운동하는 물체에서 정체점을 표현한다.

7. 압력항력과 마찰항력을 구별한다.
8. 압력항력에 대한 유동박리의 중요성을 설명한다.
9. 원통, 구, 다른 형상에 대한 압력항력계수 값을 계산한다.
10. Reynolds수 및 표면형상이 항력계수에 미치는 영향을 설명한다.
11. 유체에 대해 상대운동하는 물체에 작용하는 압력항력의 크기를 계산한다.
12. 매끈한 구에 작용하는 마찰항력의 크기를 계산한다.
13. 육상차량 성능에 대한 항력의 중요성을 설명한다.
14. 압축성(compressibility)과 공동 현상(cavitation)이 유체에 잠긴 물체의 항력과 성능에 미치는 영향을 설명한다.
15. 유체에 잠긴 물체에 대한 양력계수를 정의한다.
16. 유체에 대해 상대운동하는 물체에 대한 양력을 계산한다.
17. 에어포일에 대한 마찰항력, 압력항력, 유도항력(induced drag)의 영향을 기술한다.

17.2 항력 방정식

항력 방정식은 보통 다음 형태로 표현한다.

▶ 항력

$$F_D = \text{항력} = C_D(\rho v^2/2)A \qquad (17-1)$$

이 식의 항은 다음과 같다.

- C_D는 항력계수(drag coefficient)이다. 이것은 무차원수로 물체의 형상과 유체 흐름에 대한 물체의 방향에 의존한다. 이것은 보통 실험으로 구해지지만, 전산유체역학 해석이 C_D 저감 연구에 도움을 줄 수 있다.
- ρ는 유체의 밀도이다. 액체밀도는 기체밀도보다 매우 크기 때문에 물속에서 움직이는 물체에 작용하는 항력의 크기 수준은 일반적으로 공기 중에서 움직일 때보다 훨씬 더 크다. 공기의 압축성은 밀도에 다소 영향을 미친다.
- v는 물체에 대한 유체의 자유흐름 속도이다. 일반적으로 물체가 움직이든 유체가 움직이든 상관없다. 그러나 물체 근처에 있는 다른 표면의 위치는 항력에 영향을 준다. 예를 들어 고속도로에서 트럭이나 자동차가 달릴 때 차량의 하부와 도로면 사이의 간섭은 항력에 영향을 준다.
- A는 물체의 어떤 특성 면적이다. 주어진 상황에서 어떤 면을 사용할지에 대해 다음 절의 설명에 주의를 기울이자. 관심 면적은 거의 대부분 투영면적이라 부르는 물체의 최대 단면적이다. 자동차를 앞에서 똑바로 쳐다 보았을 때 가장 큰 2차원 형상이 무엇인지 생각해보자. 그것이 형상항력(form drag) 또는 압력항력이라 부르는 자동차에 대한 항력을 계산하는 데 사용하는 면적이다. 그러나 매끈하고 매우 긴 형상의 객차나 소형비행선에서는 표면적이 사용된다. 여기에서는 공기가 차량의 표면적을 따라 흐르기 때문에, 표면적이 마찰항력과 관계가 있다.
- 결합 항 $\rho v^2/2$을 동압이라 부르며 다음에 정의한다. 항력은 동압에 비례하고 따라서 속도제곱에 비례함을 알아야 한다. 예를 들어, 이것은 물체의 속도가 두 배가 되면 항력은 네 배로 증가함을 의미한다.

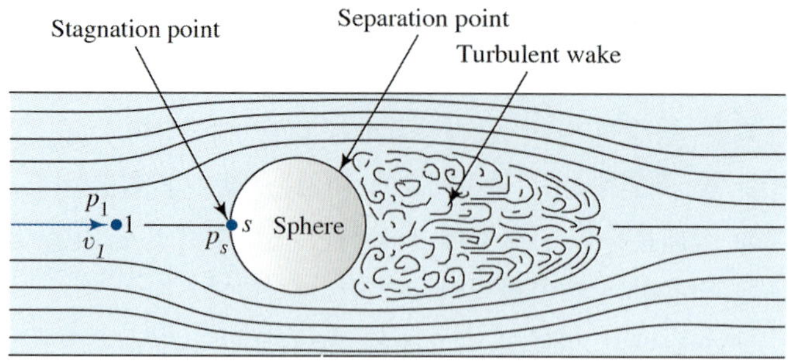

그림 17.2 유체흐름 안의 구, 앞쪽 표면 위에 정체점과 뒤쪽에 난류후류

그림 17.2에서 보여주는 유체흐름 안에 있는 구를 참조하면 항력에 대한 동압의 영향을 그려볼 수 있다. 유체가 구에 접근하고 그 주위를 흘러 가는 궤적을 그린 것이 유선(streamline)이다. 구 표면 위의 점 s에서 유체흐름이 정지 또는 "정체(stagnant)" 한다. 이 점을 표현하는 용어가 정체점(stagnation point)이다. 압력 p_s와 교란되지 않은 흐름 위 점 1에서의 압력 간 관계는 유선에 대한 베르누이 방정식을 사용하여 구할 수 있다.

$$\frac{p_1}{\gamma}+\frac{v_1^2}{2g}=\frac{p_s}{\gamma} \tag{17-2}$$

p_s에 대해 풀면 다음을 얻는다.

$$p_s=p_1+\gamma v_1^2/2g$$

$\rho=\gamma/g$이므로,

$$p_s=p_1+\rho v_1^2/2 \tag{17-3}$$

정체압은 자유흐름의 정압보다 동압 $\rho v_1^2/2$ 크기만큼 더 크다. 움직이는 흐름의 운동 에너지가 압력 형태의 위치 에너지로 전환된 것이다.

정체점에서 압력증가는 운동에 대항하는 힘, 즉 항력이 물체에 발생된다고 예상할 수 있다. 그러나 힘의 크기는 정체압뿐 아니라 물체 후면의 압력에도 영향을 받는다. 후면 압력의 실제 변화는 예측이 어렵기 때문에 일반적으로 항력계수를 사용한다.

물체에 작용하는 총 항력은 두 가지 요소에 기인한다. (에어포일 같이 양력을 만드는 물체는 세 번째 요소가 존재하고 17.7절에서 기술한다.) 압력항력(형상항력이라고도 함)은 물체를 지나갈 때 난류후류를 만드는 유동흐름의 교란에 의한다. 교란의 특성은 물체의 형상과 때로는 유동의 Reynolds수 및 표면 거칠기에 의존한다. 마찰항력은 경계층(boundary layer)이라 하는 물체 표면 근처 유체의 얇은 층에서 발생하는 전단응력에 의한다. 이 두 종류의 항력을 다음 절에서 설명한다.

17.3 압력항력

유체흐름이 물체 주위를 흘러갈 때 물체 길이 일부를 지나는 동안 표면에 부착되는 경향이 있다. 그러다가 어떤 점에서 얇은 경계층은 표면에서 분리되고 난류후류가 형성된다(그림 17.2 참고). 후류 안의 압력은 물체 전면의 정체점 압력보다 상당히 낮다. 따라서 순 힘(net force)이 발생되고 운동과 반대방향으로 작용한다. 이 힘이 압력항력이다.

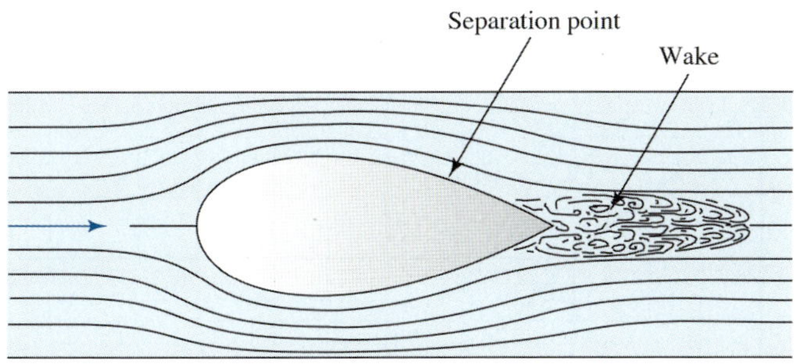

그림 17.3 후류에 대한 유선형의 영향

만약 박리점이 물체면에서 좀 더 뒤쪽에 나타난다면 후류의 크기는 감소되고 압력항력은 낮아질 것이다. 이것이 유선형 형상을 만드는 이유이다. 그림 17.3은 물체 뒷면을 늘리고 가늘어지게 만들었을 때 생기는 후류를 보여준다. 압력항력의 크기는 물체 형상에 의존하므로, 형상항력이란 용어를 종종 사용한다.

압력저항은 식 (17−1)로부터 계산한다. 여기서 A는 유동에 수직하는 물체의 최대 단면적이 된다. 계수 C_D는 압력항력계수이다.

유선형의 중요성을 보여주는 예로서 공기 중에서 움직이는 매끈한 구의 C_D 값은 약 10^5의 Reynolds수에서 0.5이다. 대부분의 비행선에 사용하는 것과 같은 매우 유선형인 형상은 C_D가 약 0.04로 10배 이상 감소된다.

17.3.1 공기 물성치

공기 중에서 움직이는 물체의 항력은 종종 항력 해석을 목표로 한다. 항력 계산을 위해 식 (17−1)을 사용하려면 공기 밀도를 알아야 한다. 모든 기체와 같이 공기의 물성치는 온도에 따라 크게 변한다. 더욱이 해수면 위로 고도가 증가하면 밀도는 감소한다. 부록 E는 여러 온도와 고도에서 공기의 물성치를 보여준다.

17.4 항력계수

압력항력에 대한 항력계수의 크기는 많은 인자들, 즉 가장 중요한 물체의 형상, 유동의 Reynolds수, 표면 거칠기 및 근처에 존재하는 다른 물체나 표면에 의존한다. 먼저 2개의 단순한 형상, 구와 원통에 대해 알아본다.

17.4.1 구와 원통에 대한 항력계수

그림 17.4에서 보여주는 자료는 매끈한 구와 원통에 대해 Reynolds수에 대한 항력계수 값이다. 구와 원통에 대해 Reynolds수는 잘 아는 형태의 다음 관계식으로 계산한다.

$$N_R = \frac{\rho v D}{\eta} = \frac{vD}{\nu} \qquad (17-4)$$

그러나 여기서 직경 D는 처음 소개했던 유동 통로의 직경이 아니라 물체의 직경이다.

낮은 Reynolds수에서 C_D값이 높게 나타난다. 매끈한 구에서 $N_R = 0.10$일 때 100이 넘는다. 이는 높은 점도의 유체 속에서의 운동에 해당된다. 이 값은 빠르게 떨어져 $N_R = 10$에서 약 4가 되고, N_R

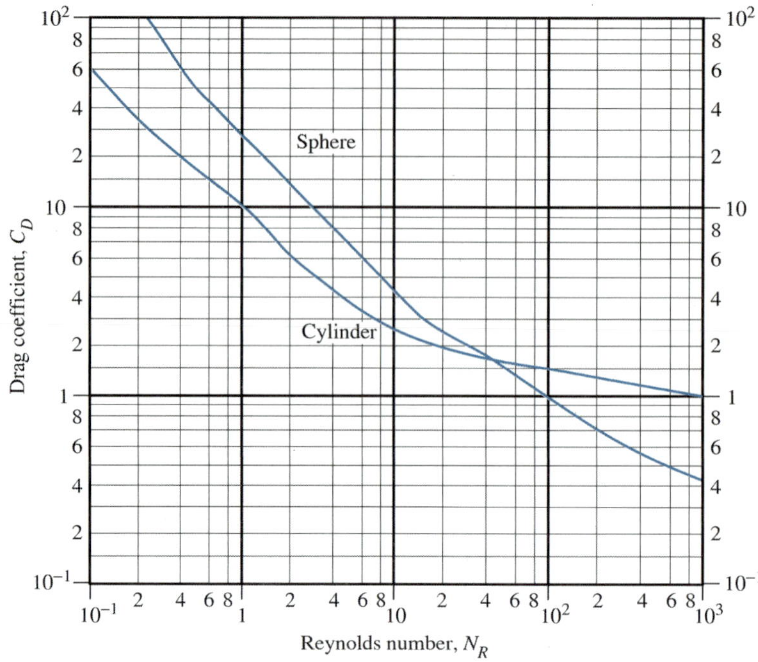

(a) C_D vs. N_R for lower values of N_R

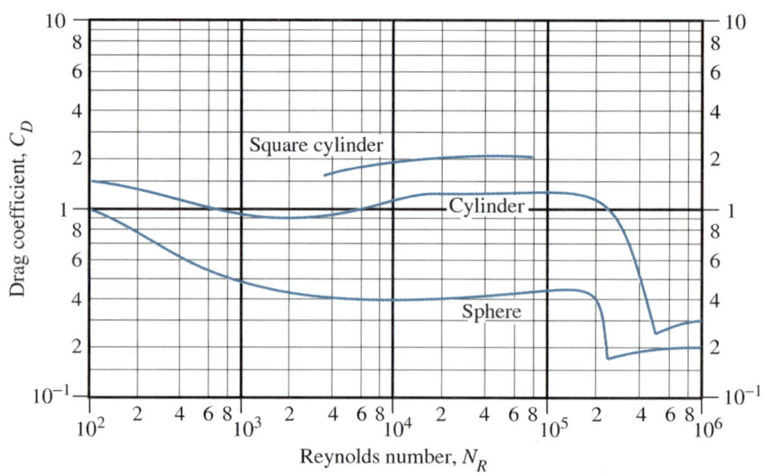

(b) C_D vs. N_R for higher values of N_R

그림 17.4 구와 원통에 대한 항력계수

=100에서는 1.0까지 떨어진다. $1000-10^5$의 높은 Reynolds수에서 C_D값의 범위는 약 0.38에서 0.46이다.

원형실린더에 대해 0.1의 낮은 Reynolds수에서 $C_D \approx 60$이고, $N_R = 1.0$에서 약 10으로, $N_R = 1000$에서 약 1.0으로 떨어진다. $1000-10^5$의 높은 Reynolds수 N_R에 대해 C_D값의 범위는 약 0.90에서 1.30이다.

매우 작은 Reynolds수(대략 $N_R < 1.0$)에서 항력은 전적으로 마찰에 의해 발생하며, 나중에 이에 대해 논의한다. 이보다 높은 Reynolds수에서는 유동박리와 물체 후방의 난류후류가 중요해지고, 압력항력이 지배적이 된다. 다음 설명은 압력항력에만 관계된다.

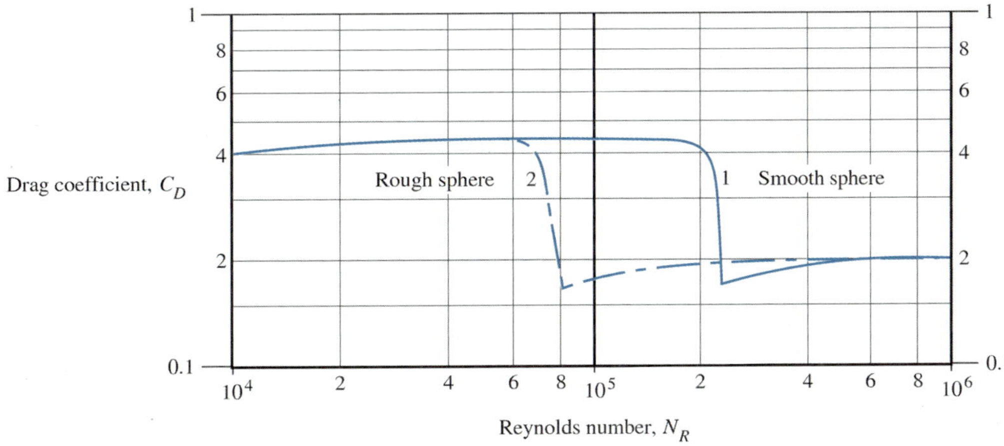

그림 17.5 난류와 거칠기가 구의 C_D에 미치는 영향

약 2×10^5의 Reynolds수에서 구의 항력계수는 대략 0.42에서 0.17로 급격하게 떨어진다. 이것은 경계층의 성질이 층류에서 난류로 갑자기 변하기 때문이다. 이와 동시에 구면 위의 박리점이 좀 더 뒤쪽으로 이동하여, 후류의 크기가 줄어든다. 원통에 대해서도 $N_R=4\times10^5$에서 유사한 현상이 일어나며 C_D가 1.2에서 0.3으로 변한다.

표면이 더 거칠거나 유동흐름 안의 난류를 증가시키면, 그림 17.5에서 보는 것처럼 경계층이 층류에서 난류로 천이되는 Reynolds수의 값을 낮출 수 있다. 이 그래프는 대표적인 곡선의 모양만 보여주는데 의미가 있으므로, 수치 값은 일반적인 용도로 사용하지 말아야 한다.

딤플(dimple) 골프공은 주위를 흘러가는 공기의 난류를 최적화하여, 항력계수의 갑작스런 감소가 낮은 속도(낮은 Reynolds수)에서 일어나게 만들며, 그 결과 공이 더 오래 날아가게 한다. 최고의 골퍼는 완전히 매끄러운 골프공으로 100 yard 정도만 날려보낼 수 있지만, 평균 실력의 골퍼는 딤플 골프공으로 이보다 더 멀리 보낼 수 있다. 매우 숙련된 프로 골퍼는 300 yard를 보낼 수 있다(인터넷 자료 1–3 참조).

17.4.2 다른 형상에 대한 항력

정사각형 실린더는 균일한 정사각형 단면을 가지고 있고, 그 높이에 비해 길이가 비교적 길다. 그림 17.4(b)는 유동의 수직방향으로 편평한 면을 가진 정사각형 실린더에 대한 항력계수를 $3.5\times10^3-8\times10^4$ 범위의 Reynolds수에 대해 보여준다. 항력계수 값의 범위는 대략 1.60–2.05로 원형실린더보다 다소 높다. 약간의 모따기만 해도 높은 Reynolds수에서 C_D를 0.55까지 낮출 수 있어, 상당한 항력 감소를 얻을 수 있다. 그러나 이와 같은 설계에 대한 항력계수는 Reynolds수에 상당한 영향을 받으므로 시험할 것을 권장한다. 그림 17.6은 세 가지 형상의 타원형실린더에 대해 $3.0\times10^4-2\times10^5$ 범위의 Reynolds수에 대한 C_D값을 보여준다. 타원 단면은 파인니스 비율(fineness ratio)라 부르는 최대 두께에 대한 단면 길이 비가 다르다. 또 비교를 위해 파인니스 비율이 1:1인 특정 타원형실린더로 생각할 수 있는 원형실린더에 대한 값도 보여준다. 원형실린더에서 1.22인 항력계수가 8:1의 높은 파인니스 비율의 타원형실린더에서 0.21로 크게 감소하는 것을 주의 깊게 보자.

그림 17.6에서 보여주는 "눈물방울(teardrop)" 형상에 대한 항력계수는 더 크게 감소한다. 이것이 네이비 스트럿(Navy strut)이라 하는 표준 형상으로 C_D 값이 0.07–0.11 범위에 있다. 그림 17.7은 이

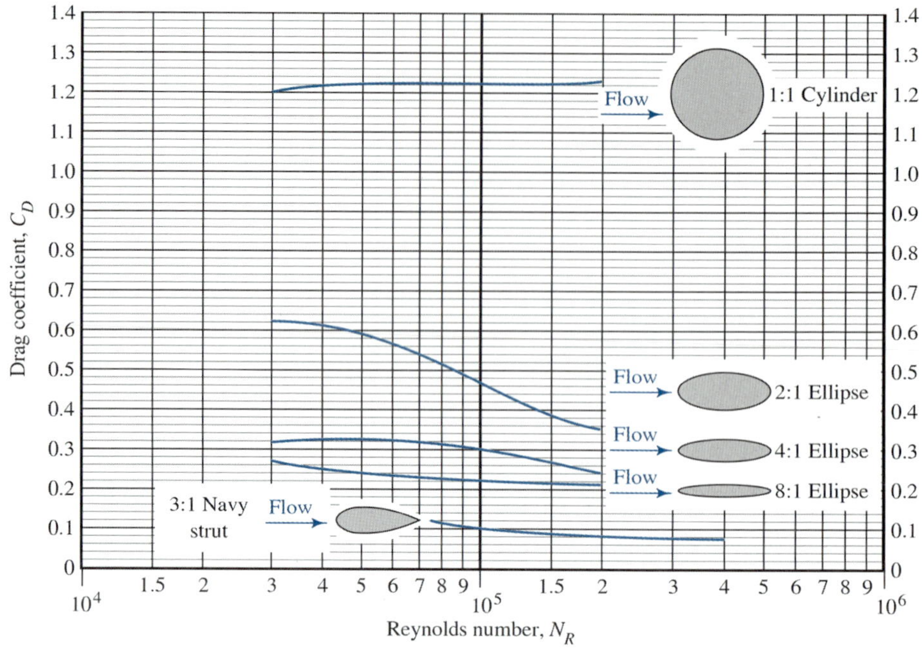

그림 17.6 타원형 실린더와 스트럿에 대한 항력계수

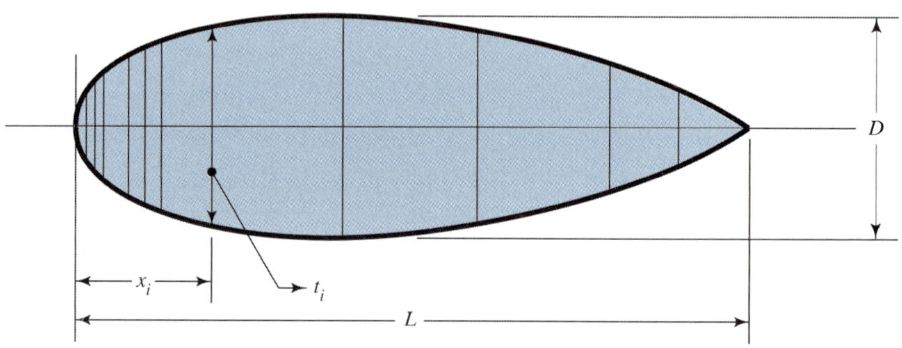

x/L	0.00	.0125	.025	.040	.075	.100	.125	.200
t/D	0.00	.260	.371	.525	.630	.720	.785	.911

x/L	.400	.600	.800	.900	1.00
t/D	.995	.861	.562	.338	0.00

그림 17.7 네이비 스트럿 형상

스트럿의 형상을 보여준다(참고문헌 3 참조).

표 17.1은 여러 단순한 형상에 대한 항력계수를 보여주는 표이다. 들어오는 유동방향에 대한 형상의 방향에 주의하자. 이런 형상에 대한 C_D값은 Reynolds수에 거의 독립적이다. 왜냐하면 날카로운 모서리를 가지고 있어, 같은 위치에서 경계층 박리가 일어나기 때문이다. 이와 같은 형상에 대한 시험은 대부분 Reynolds수 10^4-10^5 범위에서 수행되었다.

표 17.1에 열거된 형상에 대한 Reynolds수는 유동에 평행한 물체길이를 물체의 특성길이로 사용하여 계산한다. 그러므로 다음의 식이 된다.

표 17.1 대표적인 항력계수

Shape of body	Orientation		C_D
Rectangular plate Flow is perpendicular to the flat front face.	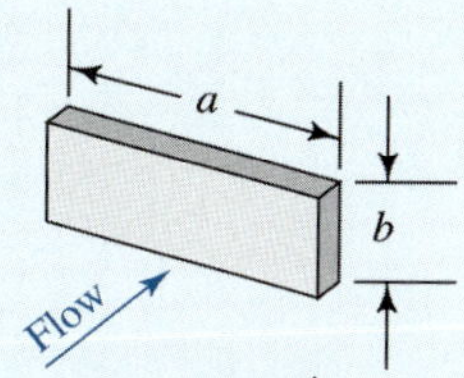	a/b	
		1	1.16
		4	1.17
		8	1.23
		12.5	1.34
		25	1.57
		50	1.76
		∞	2.00
Tandem disks L = spacing d = diameter	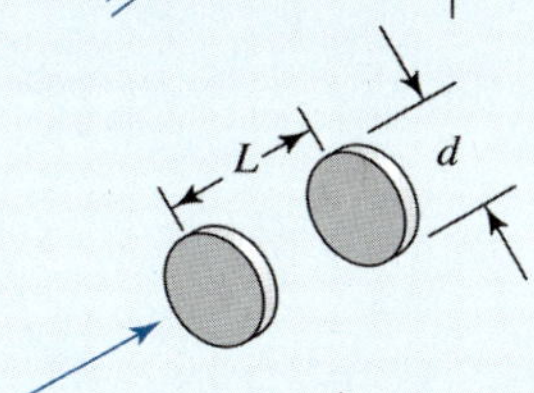	L/d	
		1	0.93
		1.5	0.78
		2	1.04
		3	1.52
One circular disk	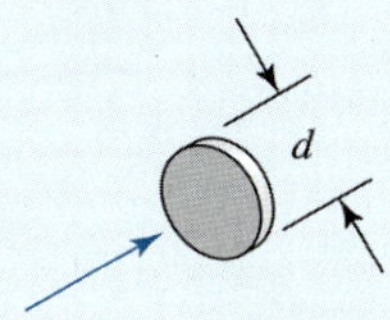		1.11
Cylinder L = length d = diameter	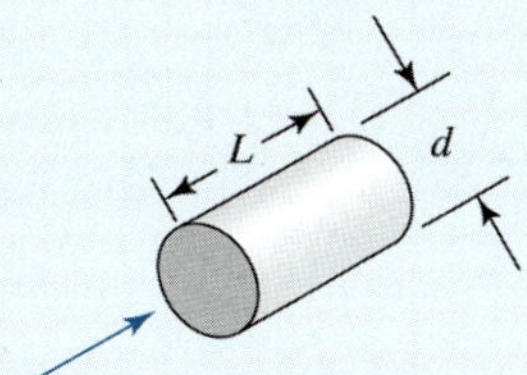	L/d	
		1	0.91
		2	0.85
		4	0.87
		7	0.99
Hemispherical cup, open back	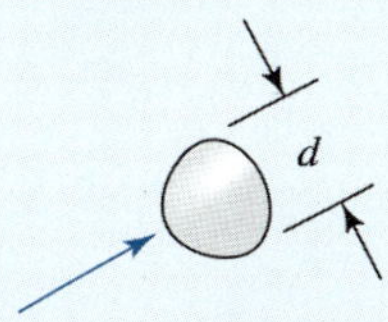		0.41
Hemispherical cup, open front	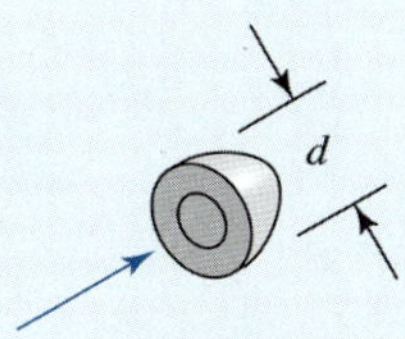		1.35
Cone, closed base	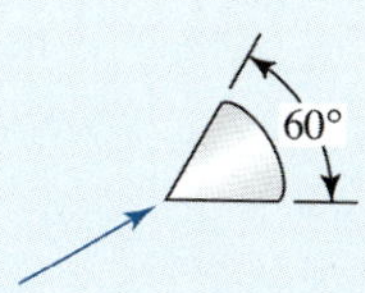		0.51
	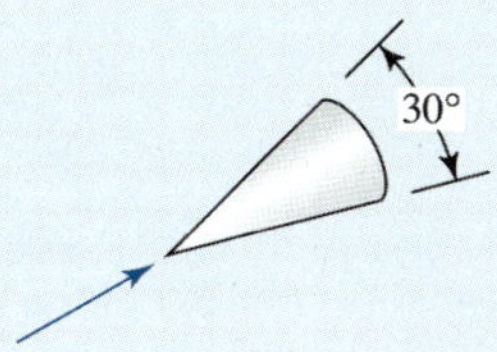		0.34

표 17.1 대표적인 항력계수

Shape of body	Orientation	C_D
Square cylinder Flow is perpendicular to the flat front face.	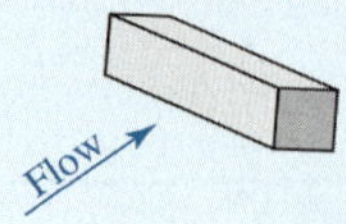	1.60
Semitubular cylinders	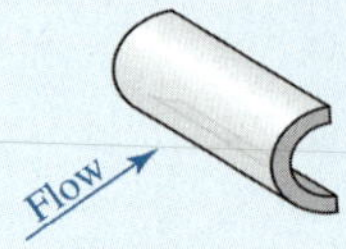	1.12
	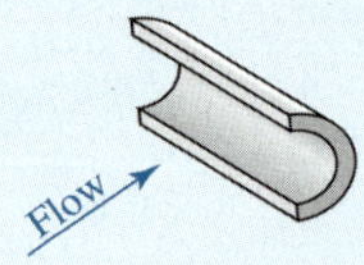	2.30
Triangular cylinders Flow is perpendicular to the flat front face - or in line with the angled front on the axis of the shape.	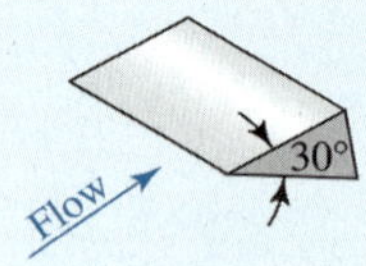	1.05
	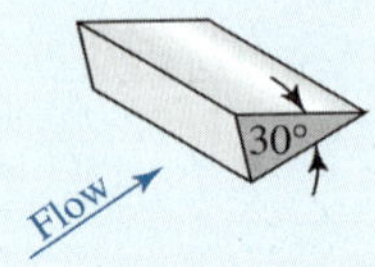	1.85
	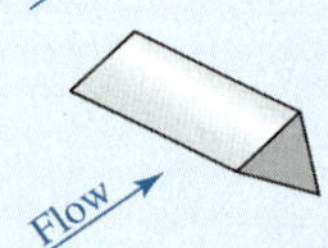	1.39
	60° 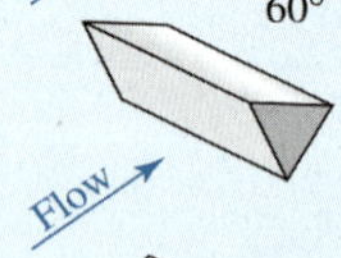	2.20
	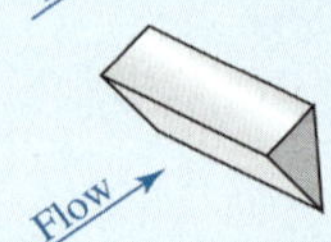	1.60
	90° 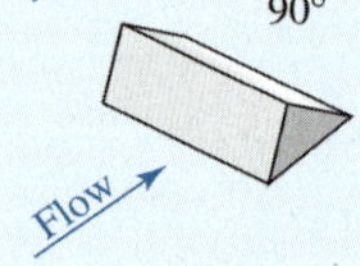	2.15
	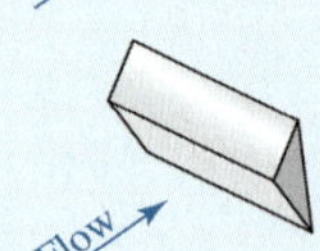	1.75
	120° 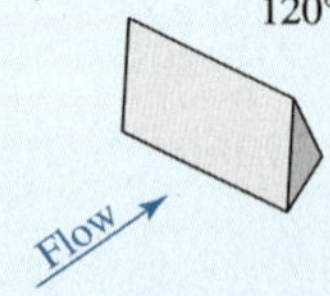	2.05

Note: Reynolds numbers are typically from 10^4 to 10^5 and are based on the length of the body parallel to the flow direction, except for the semitubular cylinders, for which the characteristic length is the diameter.

Source: Data adapted from Avallone, Eugene A., and Theodore Baumeister III, eds. 1987. *Marks' Standard Handbook for Mechanical Engineers*, 9th ed. New York: McGraw-Hill, Table 4; and Lindsey, W. F. 1938. *Drag of Cylinders of Simple Shapes* (Report No. 619). National Advisory Committee for Aeronautics.

$$N_R = \frac{\rho v L}{\eta} = \frac{vL}{\nu} \qquad (17-5)$$

정사각형 실린더, 반관형 실린더, 삼각형 실린더에 대한 자료는 주요 두께 치수에 비해 길이가 긴 모델에 대한 것이다. 모든 형상에 대해 길이가 짧은 실린더는 끝 주위에서 달라지는 유동으로 인해 C_D값이 표 17.1에 주어진 값보다 작아지는 경향이 있다.

예제 17.1 40°F 물속에서 4.0 ft/s 속도로 움직이는 4.00 in×4.00 in의 정사각형 단면을 가진 길이 6.00-ft 바에 작용하는 항력을 계산하시오. 바의 긴 축과 편평한 면은 유동에 수직방향으로 놓여 있다.

해설 식 (17−1)을 사용하여 항력을 계산한다.

$$F_D = C_D(\rho v^2/2)A$$

그림 17.4는 항력계수가 식 (17−5)의 Reynolds수에 의존하는 것을 보여준다.

$$N_R = \frac{vL}{\nu}$$

여기서 L은 유동에 평행한 바의 길이로 4.0 in 또는 0.333 ft이다. 40°F 물의 동점도는 1.67×10^{-5} ft²/s이다. 그러면,

$$N_R = \frac{(4.00)(0.333)}{1.67\times10^{-5}} = 8.0\times10^4$$

이다. 따라서 항력계수 $C_D = 2.05$이다. 이제 유동에 수직한 최대 면적 A를 계산하자. A는 또한 정면에서 바를 똑바로 쳐다보았을 때 보이는 투영면적이라 할 수 있다. 이 경우에 바의 투영면은 높이 0.333 ft, 길이 6.00 ft인 직사각형이다. 즉,

$$A = (0.333\ \text{ft})(6.00\ \text{ft}) = 2.00\ \text{ft}^2$$

물의 밀도는 1.94 slugs/ft³이다. 풀이에 사용되는 단위계로 바꾸면 $1.94\ \text{lb}\cdot\text{s}^2/\text{ft}^4$이다. 이제 항력을 계산하면 다음과 같다.

$$F_D = (2.05)(1/2)(1.94\ \text{lb}\cdot\text{s}^2/\text{ft}^4)(4.00\ \text{ft/s})^2(2.00\ \text{ft}^2) = 63.6\ \text{lb}$$

17.5 층류유동에서 구의 마찰항력

점성유동에서 저속으로 움직이는 매우 낮은 Reynolds수의 구에 대한 마찰항력은 특별한 방법을 사용하여 계산할 수 있다. 2장에서 논의한 침구 점도계(falling−ball viscometer)가 이 현상을 응용한 중요한 예이다. 점성유체 속에서 떨어지는 구에는 박리가 일어나지 않고 경계층이 전체 표면에 붙어있다. 그러므로 항력은 압력항력보다 거의 모두 마찰항력에 의한다.

참고문헌 15에서 George G. Stokes는 점성유체 속에 움직이는 구에 대한 중요한 연구를 발표하였다. 그는 Reynolds수가 약 1.0보다 작을 때 항력계수와 Reynolds수 사이의 관계식이 $C_D = 24/N_R$임을 알아냈다. 그리고 특정 형태의 항력 방정식을 개발하였다. 항력 방정식의 일반 형태는 다음과 같다.

$$F_D = C_D\left(\frac{\rho v^2}{2}\right)A$$

$C_D = 24/N_R$, $N_R = vD\rho/\eta$로 두면 다음 식을 얻는다.

$$C_D = \frac{24}{N_R} = \frac{24\eta}{vD\rho}$$

그러면 항력은 다음과 같다.

$$F_D = \frac{24\eta}{vD\rho}\left(\frac{\rho v^2}{2}\right)A = \frac{12\eta vA}{D} \tag{17-6}$$

마찰항력을 계산할 때에는 물체의 표면적을 사용한다. 구에 대한 표면적은 $A = \pi D^2$이다. 따라서,

▶ 표면적에 대한 구의 항력

$$F_D = \frac{12\eta vA}{D} = \frac{12\eta v(\pi D^2)}{D} = 12\pi\eta vD \tag{17-7}$$

낮은 Reynolds수 범위에서의 이 항력을 17.4절에 이미 제시한 항력과 관련시키려면 면적을 구의 최대 단면적 $A = \pi D^2/4$로 다시 정의해야만 한다. 그러면 식 (17-6)은 다음과 같이 된다.

▶ Stokes 법칙: 단면에 대한 구의 항력

$$F_D = \frac{12\eta vA}{D} = \left(\frac{12\eta v}{D}\right)\left(\frac{\pi D^2}{4}\right) = 3\pi\eta vD \tag{17-8}$$

점성유체에서 구의 항력을 구하는 이 식을 흔히 Stoke 법칙이라 한다. 낮은 Reynolds수에서 관계식 $C_D = 24/N_R$를 로그-로그 스케일(log-log scale)로 그리면 그림 17.4와 같이 직선으로 그려진다.

17.6 차량항력

유체 속에서 차량이 달릴 때, 항력을 극복하기 위한 에너지가 상당히 크므로, 차량을 설계할 때 대부분 항력 저감을 주요 목표로 한다. 유선형의 항공기 동체와 선박의 선체 형상에 익숙하다. 경주용차와 스포츠카는 오랫동안 낮은 항력 특성을 가지는 유선형 모양(sleek styling)을 가지고 있다. 최근에는 승용차와 고속도로 트럭에도 항력 저감을 위해 새로 설계한다. 자동차와 다른 육상 차량에 대한 더 많은 자료를 참조하려면 참고문헌 3, 6, 9, 11, 13, 16-18과 인터넷 자료 4-6을 보자.

차량의 전체 항력계수에 영향을 미치는 인자는 다음과 같다.

1. 차량 맨 앞쪽, 또는 코(nose) 형상
2. 차량 표면의 거칠기
3. 백미러, 문 손잡이, 안테나 등 부속물
4. 차량 뒷부분의 형상
5. 자동차 하부에 있는 땅과 같이 근처에 있는 표면의 영향
6. 바퀴 및 휠웰(wheel well)과 같은 단절부
7. 근처에 있는 다른 차량의 영향
8. 탁월풍에 대한 차량의 방향
9. 엔진 냉각이나 환기를 위한 공기 입구부
10. 차량의 궁극적 목적(상용트럭에서는 중요함)

11. 승객 수용시설
12. 운전자와 승객에게 가시성 제공
13. 차량의 안정성과 제어
14. 미적 아름다움(매력적 설계)

17.6.1 자동차

최대 전면 투영면적을 기반으로 하는 식 (17−1)로 정의된 전체 항력계수는 승용차에 따라 다양하게 변한다. 참고문헌 13에 제시된 자료는 0.30−0.60 범위로, 공칭평균값은 0.45이다. 직접 실험한 자동차 형상은 0.137로 낮은 값을 보였다(인터넷 자료 4 참조). "낮은 항력"으로 설계된 자동차에 대해 실용적인 값은 대략 0.25이다.

자동차의 항력 저감을 위한 기본 방법은 앞부분을 둥글고 부드러운 윤곽선으로 만들고, 부속물을 없애거나 유선형으로 하고, 윤곽선의 변화(후드/창 접촉면과 같이)를 혼합하여 부드럽게 연결하고, 뒤쪽 모서리를 둥글게 하는 것이다.

예제 17.2 모형자동차가 전체 항력계수 0.35를 가지고 있다. 20℃ 정체 공기 속을 25 m/s로 달릴 때 총 항력을 계산하시오. 최대 전면 투영면적은 2.50 m^2이다.

해설 다음 항력 방정식을 사용한다.

$$F_D = C_D\left(\frac{\rho v^2}{2}\right)A$$

부록 E로부터, $\rho = 1.204\ \mathrm{kg/m^3}$이다. 그러면,

$$F_D = 0.35\left[\frac{(1.204)(25)^2}{2}\right](2.50) = 329\ \mathrm{kg \cdot m/s^2} = 329\ \mathrm{N}$$

17.6.2 항력 극복에 필요한 에너지

동력은 시간당 하는 일의 율로 정의된다. 물체가 일정한 속도로 움직이는 동안, 물체에 힘이 계속 작용하면 동력은 힘과 속도의 곱이 된다. 따라서 항력을 극복하기 위해 필요한 에너지는

$$P_D = F_D v$$

이다. 예제 17.2의 값을 사용하면 다음을 얻는다.

$$P_D = (329\ \mathrm{N})(25\ \mathrm{m/s}) = 8230\ \mathrm{N \cdot m/s} = 8230\ \mathrm{W}$$
$$= 8.23\ \mathrm{kW}$$

미국관습단위계로 바꾸면 이것은 11.0 hp로 동력손실이 꽤 크다.

17.6.3 트럭

흔히 사용하는 트럭 형상은 뭉툭한 물체(bluff body)라 하는 범주에 속한다. 참고문헌 13은 총 항력에 대해 트럭의 여러 부분이 차지하는 비율을 다음과 같이 나타내었다.

전면부 설계로 인한 것: 70%

후면부 설계로 인한 것: 20%
표면의 마찰항력으로 인한 것: 10%

자동차와 마찬가지로 둥글고 부드러운 윤곽선은 항력을 많이 개선해준다. 상자 형태의 화물 컨테이너를 가진 트럭은 코너를 큰 곡률반경으로 설계하면 코너에서 경계층이 박리되지 않도록 도움을 주고, 그 결과 차량 후방에 난류후류의 크기가 줄어 항력이 감소된다. 이론적으로 항공기 동체 형상과 같이 긴 유선형 꼬리를 가지도록 만들면 항력이 감소할 것이다. 그러나 그러한 차량은 너무 길어져 실용적이지도 유용하지도 못하다. 최근 들어 대형 고속도로 트럭은 0.55−0.75 범위의 항력계수를 가진다. 인터넷 자료 6은 고속트럭의 항력저감을 위한 유럽 프로그램을 소개한다. 인터넷 자료 16과 17은 추가적인 이해를 제공한다.

17.6.4 기차

초기 기관차는 0.80−1.05(참고문헌 3) 범위의 항력계수를 가졌다. 고속 유선형 열차는 대략 0.40 정도이다. 긴 객차와 화물열차는 마찰항력이 중요하다.

17.6.5 항공기

항공기도 자동차와 마찬가지로 용도에 따라 크기와 모양이 다양하기 때문에 전체 항력계수 변화도 넓으리라 예상된다. 아음속 항공기는 둥글고, 뭉뚝한 코와 날개 및 꼬리 구조물에 부드럽게 혼합시킨 설계 및 길고 가늘어지는 꼬리 부분으로 되어 있어, 그 결과 항력계수가 대략 0.12−0.22 정도가 된다. 초음속에서는 코가 충격파의 영향을 제거하기 위해 보통 날카롭다. 훨씬 낮은 속도에서 작동하는 비행선(dirigible 또는 blimp)은 0.04 범위의 항력계수를 가진다. 참고문헌 1, 2, 5 및 인터넷 자료 7−9를 참조하자.

17.6.6 선박

물에 떠서 움직이는 선박의 총 저항은 표면저항, 압력 또는 형상항력 및 조파저항에 의해 발생한다. 조파저항은 총 저항의 큰 부분을 차지하기 때문에, 선박에 대한 항력 해석은 육상 차량과 항공기에 대한 항력 해석과 아주 다르다. 참고문헌 3은 총 선박저항력 R_{ts}을 모든 종류의 항력을 극복하는 데 필요한 힘으로 정의하였다. 주어진 등급 안에서 크기가 다른 선박에 대한 값을 표준화시키기 위해 총 저항력 값은 R_{ts}/Δ 비로 나타낸다. 여기서 Δ는 배수량(displacement)이다. 표 17.2에 R_{ts}/Δ에 대한 대표값을 보여준다. 저항력 값에 배의 속도 v를 곱하면, 배를 추진하기 위해 필요한 유효동력을 계산할 수 있다.

표 17.2 배의 저항력

Ship Type	R_{ts}/Δ
Ocean freighter	0.001
Passenger liner	0.004
Tugboat	0.006
Fast naval ship	0.01–0.12

$$P_E = R_{ts} v \tag{17-9}$$

이 주제에 대해 종합적인 처리 방법을 알려면 참고문헌 12를 참조하자.

예제 17.3 배수량이 625 long tons(1 long ton=2240 lb)인 예인선이 물에서 35 ft/s 속도로 움직인다고 가정하자. 총 저항력과 예인선을 끌기 위해 필요한 총 유효동력을 계산하시오.

해설 표 17.2로부터 예인선에 대한 비저항력 비(specific resistance ratio)는 $R_{ts}/\Delta = 0.006$이다. 총 선박 저항력은 다음과 같다.

$$\Delta = (625\ \text{tons})(2240\ \text{lb/ton}) = 1.4\times 10^6\ \text{lb}$$
$$R_{ts} = (0.006)(\Delta) = (0.006)(1.4\times 10^6\ \text{lb}) = 8400\ \text{lb}$$

필요한 동력은

$$P_E = R_{ts} v = (8400\ \text{lb})(35\ \text{ft/s}) = 0.294\times 10^6\ \text{lb}\cdot\text{ft/s}$$

이다. 550 lb-ft/s=1.0 hp를 사용하면 다음을 얻는다.

$$P_E = (0.294\times 10^6)/550 = 535\ \text{hp}$$

17.6.7 잠수함

물에 떠 있는 잠수함의 저항력은 선박과 같은 방법으로 계산할 수 있다. 그러나 완전히 잠겨 있을 때의 잠수함의 운동은 표면파에 영향을 끼치지 않아 항공기의 저항력 계산과 유사하다. 선체 형상은 항공기의 동체 형상과 유사하고 표면마찰이 총 저항에 중요한 역할을 한다. 물론 물의 밀도가 공기 밀도보다 훨씬 더 크기 때문에 잠수함에 대한 항력의 총 크기는 항공기보다 상당히 더 크다.

17.7 압축성 효과와 공동 현상

17.4절은 유체의 압축성(보통 공기)이 항력계수에 거의 영향을 주지 않는 조건에서 얻은 결과들을 보여주었다. 유체의 속도가 대략 음속의 절반보다 작으면 이 자료는 유효하다. 공기속도가 이보다 커지면 유동의 특성이 변하여 항력계수는 빠르게 증가한다.

액체는 압축성이 매우 작기 때문에, 유체가 물과 같은 액체이면 압축성을 고려할 필요가 없다. 그러나 공동 현상(cavitation)이라 하는 다른 현상을 고려해야 한다. 액체가 물체를 지날 때 정압이 감소된다. 만약 압력이 충분히 낮아져 액체가 기화되면 기포가 발생한다. 일반적으로 저압영역은 작아, 기포가 이 영역을 벗어나면 터진다. 증기기포가 물체 표면 근처에서 붕괴되면, 표면이 빠르게 침식(erosion)되고, 부속품(pitting)이 생긴다. 공동 현상이 프로펠러나 보트의 제어 표면에서 일어나면 또 다른 역효과를 발생시킨다. 물속의 기포는 방향키(rudder)와 제어 베인(control vane)에 작용하는 힘을 감소시키고, 프로펠러의 추진력과 성능을 감소시킨다.

17.8 에어포일의 양력과 항력

양력은 유체의 유동방향에 수직하게 물체에 작용하는 힘으로 정의하였다. 에어포일을 가지고 양력에 대한 개념을 논의할 것이다. 항공기 날개를 구성하는 에어포일의 형상이 그 성능특성을 결정한다. 고속 육상차량, 특히 경주용차에서는 이와 반대의 목적으로 에어포일을 사용한다. 에어포일에 의해 만들어지는 힘은 자동차의 접착력과 제어능력을 향상시킨다. 에어포일의 일반적인 설계는 항공기에서 사용하는

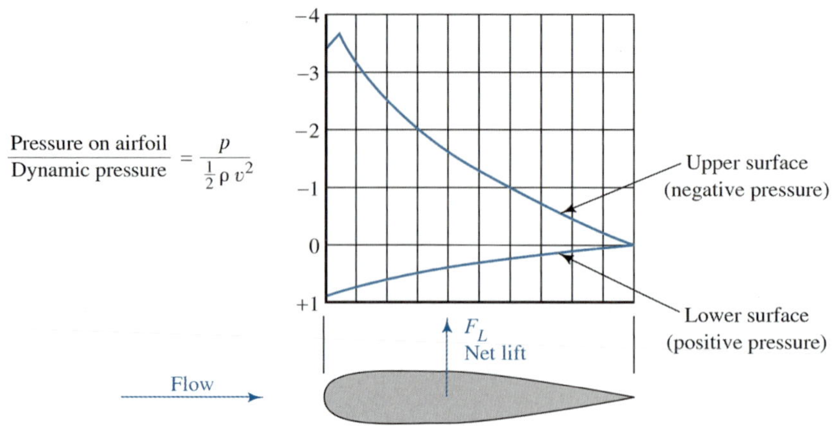

그림 17.8 에어포일 위의 압력분포

것과 유사하지만 방향이 반대이다.

움직이는 유동흐름 속에 에어포일이 놓여 있을 때(또는 정지 공기 중에서 움직일 때), 양력이 발생되는 방법을 그림 17.8에서 보여준다. 공기가 에어포일을 지날 때, 위 표면에서 속도가 높고 이에 따라 압력이 감소한다. 동시에 아래 표면에서의 압력은 증가한다. 그 결과 양력이라 부르는 위 방향의 순 힘이 발생한다. 항력에서 제시한 방법과 유사하게 양력 F_L도 양력계수 C_L의 함수로 표현한다.

▶ 양력

$$F_L = C_L(\rho v^2/2)A \tag{17-10}$$

속도 v는 에어포일에 대한 유체의 자유흐름 속도이다. 여러 형상에 대해 비교를 균등하게 하기 위해 면적 A를 날개의 스팬과 코드라 하는 에어포일 단면의 길이의 곱으로 정의한다. 그림 17.9에서 스팬은 b이고, 코드길이는 c이다.

양력계수 값 C_L은 에어포일 형상과 받음각(angle of attack)에 종속이다. 받음각은 에어포일의 코드선과 유체속도 방향 사이의 각으로 그림 17.10에 보여준다. 양력에 영향을 주는 다른 인자는 Reynolds 수, 표면거칠기, 공기 흐름에서 난류강도, 음속에 대한 유체흐름 속도비 및 종횡비(aspect ratio)이다.

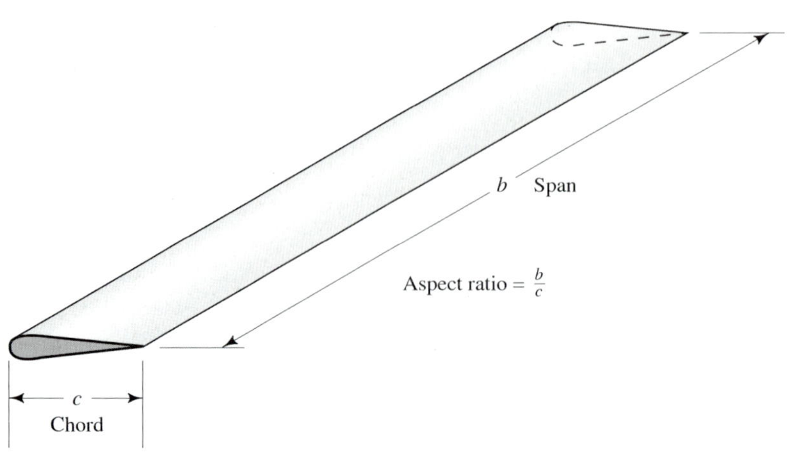

그림 17.9 에어포일의 스팬(span)과 코드(chord) 길이

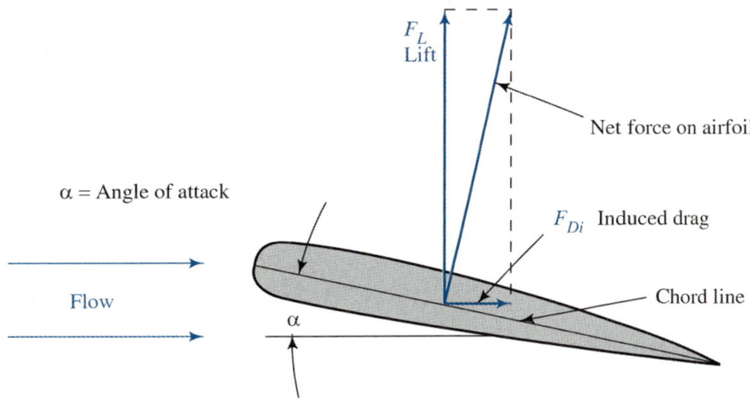

그림 17.10 유도항력

종횡비는 코드길이 c에 대한 스팬 b의 비에 대해 주어진 이름이다. 날개 팁(tip)에서 유동특성은 스팬 중앙을 흐르는 유동과 다르기 때문에 중요하다.

에어포일의 총 항력은 세 가지 성분을 가진다. 앞에서 기술한 대로 마찰항력 F_{Df}, 압력항력 F_{Dp}이 발생한다. 세 번째 성분은 유도항력(induced lift) F_{Di}으로 에어포일에 의해 발생하는 양력의 함수이다. 그림 17.10에서 보는 것처럼 어떤 특정 받음각에서 에어포일에 작용하는 순 합력이 단면 코드선에 수직하게 된다. 이 힘을 수직과 수평방향으로 분해하면 실제 양력 F_L과 유도항력 F_{Di}가 만들어진다. 유동항력을 항력계수의 함수로 표현하면 다음과 같다.

$$F_{Di} = C_{Di}(\rho v^2/2)A \tag{17-11}$$

C_{Di}는 C_L과 다음과 같은 관계가 있다.

$$C_{Di} = \frac{C_L^2}{\pi(b/c)} \tag{17-12}$$

그러면 총 항력은

$$F_D = F_{Df} + F_{Dp} + F_{Di} \tag{17-13}$$

이다. 일반적으로 에어포일을 설계할 때 관심 인자는 총 항력이다. 에어포일에 대해 단일 항력계수 C_D를 구한 후, 다음 식을 사용하여 총 항력을 계산한다.

$$F_D = C_D(\rho v^2/2)A \tag{17-14}$$

전과 같이 면적 A는 스팬 b와 코드길이 c의 곱이다.

에어포일 형상의 성능특성을 나타내기 위해 두 가지 방법을 사용한다. 그림 17.11은 C_D, C_L과 항력에 대한 양력비 F_L/F_D 값을 모두 수평축의 받음각에 대해 나타내었다. 각 변수에 대한 스케일 계수가 다르다. 이 자료는 국립 항공 자문 위원회(National Advisory Committee for Aeronautics)가 확립한 시스템에 따라 NACA 2409로 명명된 에어포일에 대한 것이다. NACA Technical Report 610은 에어포일 형상을 기술하는 데 사용한 기호를 설명해준다. NACA Reports 586, 647, 669, 708 및 824는 여러 에어포일 단면에 대한 성능특성을 보여준다. 인터넷 자료 8은 1500개의 에어포일 형상에 대한 치수자료를 제공한다.

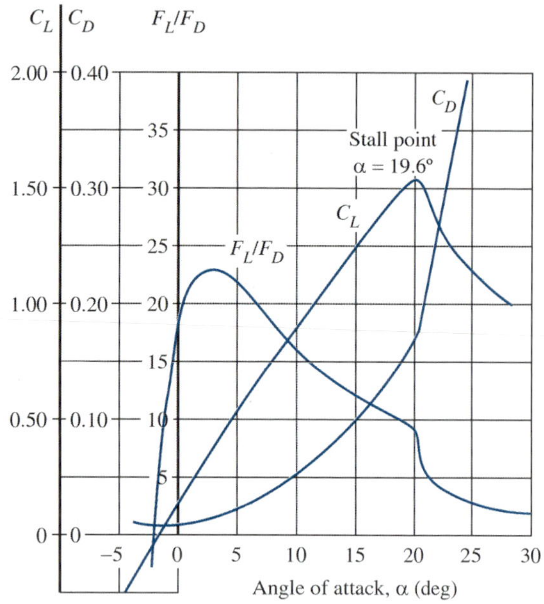

그림 17.11 에어포일 성능곡선

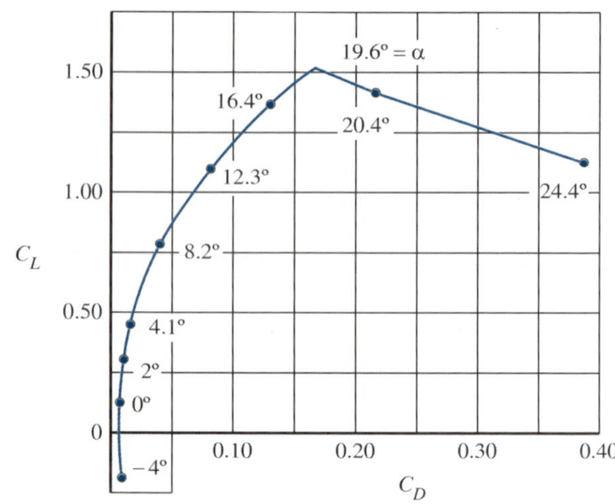

그림 17.12 에어포일 극좌표 선도

에어포일 자료를 나타내는 두 번째 방법을 그림 17.12에서 보여준다. 이것을 극좌표 선도(polar diagram)라 하는데, 받음각에 따라 C_L대 C_D점을 곡선 위의 점으로 표시한다.

그림 17.11과 그림 17.12에서 받음각이 증가하면, 양력계수도 증가하다가 어떤 점에서 갑자기 감소하기 시작한다. 이 점은 최대 양력점으로 스톨점(stall point)이라 한다. 이 받음각에서 에어포일 위 표면의 공기흐름 경계층이 박리한다. 큰 난류후류가 발생하고, 항력이 크게 증가되며 양력이 감소된다. 참고문헌 1, 2, 5, 8과 인터넷 자료 7−9에서 추가적인 논의와 특히 항공기에 적용하는 에어포일에 대한 일반 자료를 구할 수 있다. 참고문헌 4, 6, 9와 인터넷 자료 5는 경주용 자동차에 대한 에어포일의 응용을 보여준다.

참고문헌

1. Anderson, John D. 2010. *Fundamentals of Aerodynamics*, 5th ed. New York: McGraw-Hill.
2. Anderson, John D. 2011. *Introduction to Flight*. New York: McGraw-Hill.
3. Avallone, Eugene A., Theodore Baumeister, and Ali Sadegh, eds. 2006. *Marks' Standard Handbook for Mechanical Engineers*, 11th ed. New York: McGraw-Hill.
4. Barnard, R. H. 2010. *Road Vehicle Aerodynamic Design*, 3rd ed. St. Albans, UK: Mechaero Publishing.
5. Bertin, John J. 2008. *Aerodynamics for Engineers*, 5th ed. Upper Saddle River, NJ: Pearson Education/Prentice-Hall.
6. E dgar, Julian. 2013. *Amateur Car Aerodynamics Sourcebook.* Seattle, WA: CreateSpace Independent Publishing Platform, An Amazon Company.
7. Blevins, R. D. 2003. *Applied Fluid Dynamics Handbook.* M elbourne, FL: Krieger.
8. Houghton, E. L., P. W. Carpenter, Steven Collicott, and Dan Valentine. 2012. *Aerodynamics for Engineering Students*, 6th ed. Burlington, MA: Butterworth-Heinemann.
9. Katz, Joseph. 2003. *Race Car Aerodynamics: Designing for Speed.* Cambridge, MA: Bentley.
10. Lindsey, W. F. 1938. *Drag of Cylinders of Simple Shapes* (Report No. 619). National Advisory Committee for Aeronautics.
11. McBeath, Simon. 2011. *Competition Car Aerodynamics: A Practical Handbook,* 2nd ed. Somerset, UK: Haynes Publishing.
12. Molland, Anthony F., Steven R. Turnock, and Dominic A. Hudson. 2011. *Ship Resistance and Propulsion: Practical Estimation of Propulsive Power.* Cambridge, UK: Cambridge University Press.
13. Morel, T. and C. Dalton, eds. 1979. *Aerodynamics of Transportation.* New York: American Society of Mechanical Engineers.
14. Raveendran, Arun. 2012. *Aerodynamically Efficient Bus Design.* Saarbrucken, Germany: LAP Lambert Academic

Publishing.

15. Stokes, George G. 1901. *Mathematical and Physical Papers*, Vol. 3. Cambridge, UK: Cambridge University Press.
16. Williams, Nathan A. 2012. *Drag Optimization of Light Trucks Using Computational Fluid Dynamics*. Seattle, WA: Amazon Digital Services.
17. Wolf-Heinrich, Hucho, ed. 1998. *Aerodynamics of Road Vehicles*, 4th ed. Warrendale, PA: SAE International (SAE).
18. Yakkundi, Vivek. 2011. *Aerodynamics of Cars: An Experimental Investigation – A Synergy of Wind Tunnel and CFD*. Saarbrucken, Germany: LAP Lambert Academic Publishing.

인터넷 자료

1. **Golfsmith—The Evolution of Golf Balls:** A discussion on the flight characteristics of golf balls.
2. **GSA Golf Simulators—Physics of Golf:** An overview of the physics of golf, flight characteristics of golf balls, the dynamics of golf clubs.
3. **Golf Ball Aerodynamics—Frankly Golf:** A brief overview of how a golf ball flies, the importance of dimpling, flight conditions, and drag forces.
4. **Curbside Classic—History of Automotive Aerodynamics:** An illustrated history of automotive aerodynamics in three parts: 1. From 1899 to 1939; 2. From 1940 to 1959; 3. From 1960 to the present.
5. **Aerodynamics of Race Cars—Strange Holiday, Joseph Katz:** An overview of the work on race car performance of Joseph Katz from his book listed as Reference 9 above.
6. **Platform for Aerodynamic Road Transport:** A platform for collaboration among scientists, road transport equipment manufacturers, and shippers and carriers to achieve a reduction in fuel consumption and emissions. Based at the Technical University of Delft in Germany.
7. **Allstar Network—FIU:** An online aeronautics learning laboratory for science, technology, and research, hosted by Florida International University. The level 3, Principles of Aerodynamics, section gives introductory descriptions of airfoils and fluid dynamics. Also included is a description of the software FoilSim, developed by NASA Lewis Research Center, that can be downloaded from the website. It analyzes the flow around an airfoil, displays the flow graphically, and computes lift as a function of airspeed and angle of attack.
8. **UIUC Airfoil Data Site:** A database of dimensional data for over 1500 airfoil shapes, hosted by the University of Illinois at Urbana-Champaign, Department of Aerospace Engineering, Applied Aerodynamics Group.
9. **Public Domain Aerodynamic Software:** A site from which public domain software can be downloaded, including programs for computing the coordinates of NACA airfoils.

연습문제

17.1 낙하산을 사용하여 100-kg 물체를 낙하시킨다. 반구형에 대한 항력계수가 1.3이고 공기밀도가 1.216 kg/m^{3}일 때 최대 종단속도 5 m/s가 되기 위한 낙하산의 직경을 구하시오.

17.2 운동방향에 수직으로 투영한 면적이 1.5 m^{2}인 길이 2-mm 물체가 있다. 이 물체가 물속에서 움직인다. 대기온도에서 8×10^6의 Reynolds수에 대한 항력계수가 0.5이라면, 25, 40, 85, 240, 350 km/h의 속도로 움직일 때 항력을 구하시오.

17.3 고체 알루미늄(비중량=26.6 kN/m^3)으로 만든 75-mm 직경의 구가 다음의 유체 속에서 자유낙하할 때 종단속도(2장 2.6.4절 참조)를 구하고 부력의 영향을 고려하시오.
(a) 25℃ 피마자유(castor oil), (b) 25℃ 물, (c) 20℃, 표준대기압의 공기.

17.4 150 km/h의 바람이 불 때 깃대 바닥에서 모멘트를 계산하시오. 깃대는 3개 부분으로 구성되어 있으며, 각 부분은 길이 3 m로, 치수가 다른 Schedule 80 강 파이프로 만들어졌다. 밑부분은 DN 150, 중간부분은 DN 125, 윗부분은 DN 100이다. 공기는 0℃, 표준대기압이다.

17.5 1.5-m×1.5-m의 평판이 공기 중에서 50 km/h로 움직인다. 항력계수가 0.15이고 공기밀도가 1.15 kg/m^{3}일 때 항력을 뉴턴 단위로 구하시오.

17.6 34℃, 대기압에서 속도 95 km/h의 바람으로, 길이 6.5-m, 폭 2.5-m의 평판에 대한 항력계수를 측정하는 시험을 한다. 항력계수가 0.35일 때 평판에 작용하는 힘을 계산하시오.

17.7 비행기에서 80-kg 사람이 낙하산을 타고 땅으로 내려온다. 항력계수가 0.5, 공기밀도가 1.35 kg/m^{3}일 때, 사람이 25 m/s의 속도로 내려오기 위해 필요한 낙하산의 직경을 계산하시오.

17.8 32℃, 밀도 1.24 kg/m^{2}의 물속에서 크기 1.5-m×1.5-m의 평판이 수면에 수직하게 5 m/s 속도로 움직인다. 항력계수가 1.0일 때, 평판에 작용하는 항력을 구하시오.

17.9 고속도로 표지판은 125 km/h의 바람에 견딜 수 있도록 설계된다. 바람이 표지판에 수직하게 불 때 4 m×3 m 표지판에 작용하는 총 힘을 계산하시오. 공기는 −10℃이다. 이 문제에서 계산된 힘과 문제 16.4에서의 힘을 비교하시오. 차이가 나는 이유를 논의하시오.

17.10 풍동에서 속도 75 km/h의 바람으로 길이 2 m, 폭 1 m 평판에 대해 실험을 수행한다. 공기밀도가 1.55 kg/m^{3}이고, 항력계수 0.18일 때, 항력을 구하시오.

17.11 레벨표시기가 그림 17.13과 같이 장착된 4개의 앞 개방 반구형 컵과 결합된다. 각 컵의 직경은 25 mm이다. 모터가 일정한 각속도로 컵을 구동한다. 20 rpm의 운동을 유

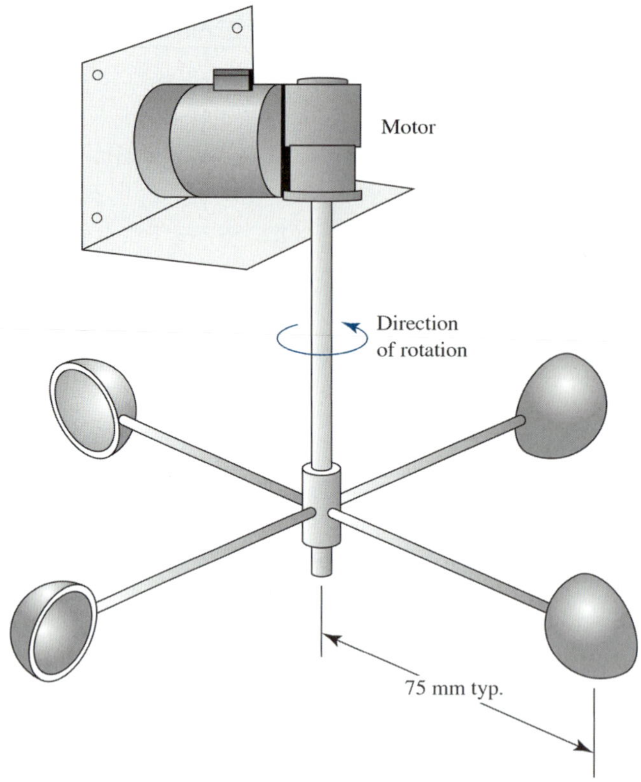

그림 17.13 문제 17.11

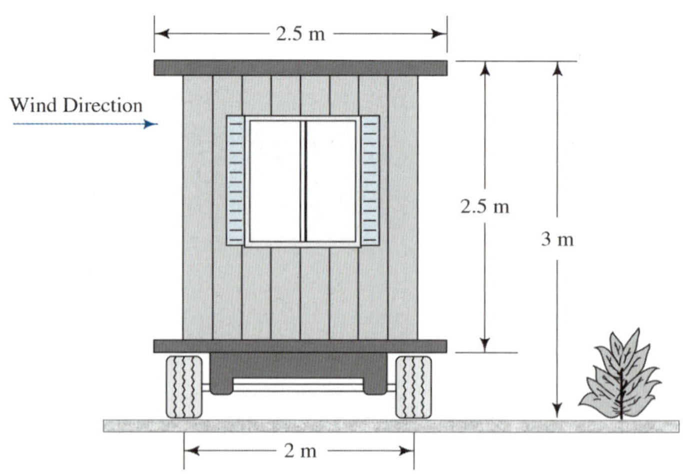

그림 17.14 문제 17.12

지시키기 위한 모터의 토크를 계산하시오.

17.12 그림 17.14에서 보여주는 길이 10 m, 무게 50 kN인 이동식 주택을 넘어뜨리는 데 필요한 바람의 속도를 구하시오. 주택을 사각기둥으로 생각하고, 각 타이어의 폭은 300 mm이다. 공기는 0℃이다.

17.13 사람이 땅으로 내려오기 위해 사용하는 직경 1.55 m의 낙하산의 압력항력을 계산하시오. 낙하산의 항력계수는 0.5이고, 공기 밀도 1.8 kg/m^{3}이며, 25 m/s 속도로 내려온다.

17.14 경기용 자동차에 있는 날개는 그림 17.15와 같이 2개의 원통봉으로 지지된다. 자동차가 −20°F 정체 공기 속을 150 mph 속도로 달릴 때, 이 막대로 인해 자동차가 받는 항력을 계산하시오.

17.15 문제 17.14에 묘사된 그림 17.15의 자동차에 작용하는 항력을 감소시키기 위해 길이 대 폭 비가 8:1인 가늘고 긴 타원 원통으로 교체하였다. 항력이 얼마나 감소하겠는가? 네이비 스트럿(Navy strut)에 대해서도 계산하시오.

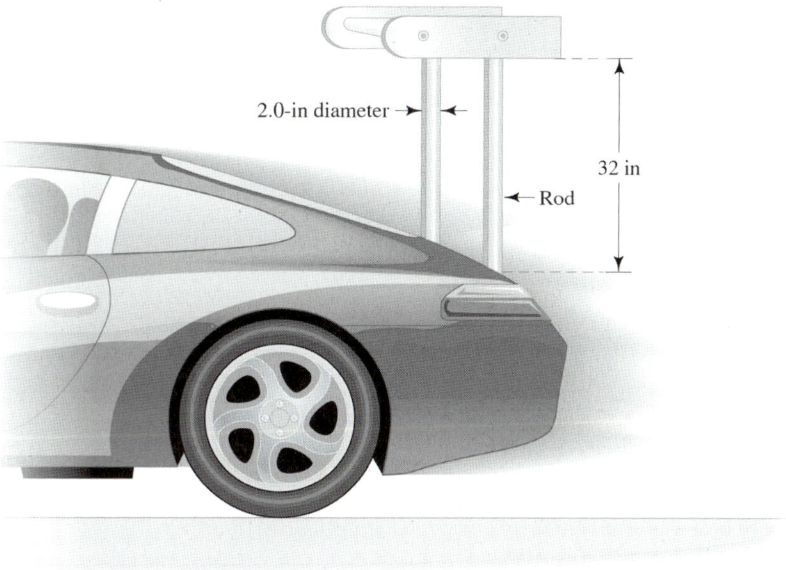

그림 17.15 문제 17.14, 17.15, 17.28

17.16 경찰차의 비상 점멸등 시스템으로 사용하기 위해 그림 17.16에서 보여주는 4개의 단면 설계에 대해 평가하려고 한다. 각 설계에서 길이는 60 in, 폭은 9.00 in이다. 자동차가 −20°F의 정체 공기 속을 100 mph 속도로 달릴 때, 제시된 각 설계에 대해 작용하는 항력을 비교하시오.

17.17 사륜구동 다용도 자동차에서 운전실 위로 뻗어있는 롤바(roll bar)가 자유공기흐름 안에 있다. 3-in Schedule 40 강 파이프로 만들어진 이 바는 총 길이 92 in로, 바람에 노출되어 있다. 자동차가 −20°F의 정체 공기 속을 65 mph 속도로 달릴 때, 바에 의해 자동차가 받는 항력을 계산하시오.

17.18 ABC 종이회사의 광고표지를 그림 17.17에 보여준다. 이것은 직경 56.0 in 편평한 디스크 3개로 만들어졌다. 디스크는 직경 4.50-in 튜브로 연결되고, 디스크 사이는 30 in이다. 100-mph 바람이 정면에서 불어올 때, 표지판이 받는 총 힘을 계산하시오. 공기는 −20°F이다.

17.19 낙하산을 사용하여 질량 100 kg의 물체를 낙하시키려 한다. 반구에 대한 항력계수가 1.3, 공기밀도가 1.216 kg/m^3이라면, 최대 낙하 종단속도 5 m/s가 되기 위해 필요한 낙하산의 직경을 계산하시오.

17.20 선박으로 뒤가 열린 반구 형태의 측정장비 패키지를 77°F의 바닷물 속에서 40.0 ft/s 속도로 예인한다. 반구의 지름은 10.35 ft이다. 패키지에 연결된 케이블이 받는 힘을 계산하시오.

17.21 45 mph로 움직이는 보트에서 크기 10.25×14.00 in의 사각평판을 60°F의 호수 물속에 넣었다. 면이 물을 향하고 있는 평판이 보트와 일정한 거리를 유지하기 위해 필요한 힘을 구하시오.

17.22 32℃, 밀도 1.24 kg/m^2의 물속에서 크기 1.5-m×1.5-m의 평판이 수면에 수직하게 5 m/s 속도로 움직인다. 항력계수가 1.0일 때, 평판에 작용하는 항력을 구하시오.

17.23 그림 17.5의 곡선 2가 직경 1.25 in의 골프공의 실제 성능을 나타낸다고 가정하자. Reynolds수가 1.5×10^5이라면, 골프공에 작용하는 항력을 계산하고, 곡선 1의 항력계수를 가진 같은 지름의 매끄러운 구에 작용하는 항력과 비교하시오. 공기는 40°F이다.

17.24 침구 점도계(falling−ball viscometer)에서 직경 1.200 in의 강구(steel sphere)가 무거운 시럽 속에서 일정한 속도로 20.40초 동안 18.0 in 낙하한다. 시럽의 점도를 계산하시오. 시럽의 비중은 1.18이다. 구에 대한 자유물체도에 아래로 작용하는 무게와 위로 작용하는 부력 및 항력을 포함시켜야 한다. 강(steel)의 비중은 7.83이다. 2장을 참조한다.

17.25 낙하산을 사용하여 질량 425 kg 물체를 낙하시키려고 한다. 반구에 대한 항력계수는 2.3이고, 공기밀도는 1.42 kg/m^3이다. 낙하 시 최대 종단속도가 9 m/s가 되기 위해 필요한 낙하산 직경을 계산하시오.

17.26 밀도 1.15 kg/m^3의 정체공기에서 크기 1.5 m×1.5 m의 평판이 50 km/h로 움직인다. 대기온도에서 항력계수가 0.15이면, 평판의 운동을 유지시키기 위해 필요한 항력과 동력을 구하시오.

17.27 직경 3 m 원형디스크가 밀도 0.0012 gm/cc의 26.4 m/s

그림 17.16 문제 17.16

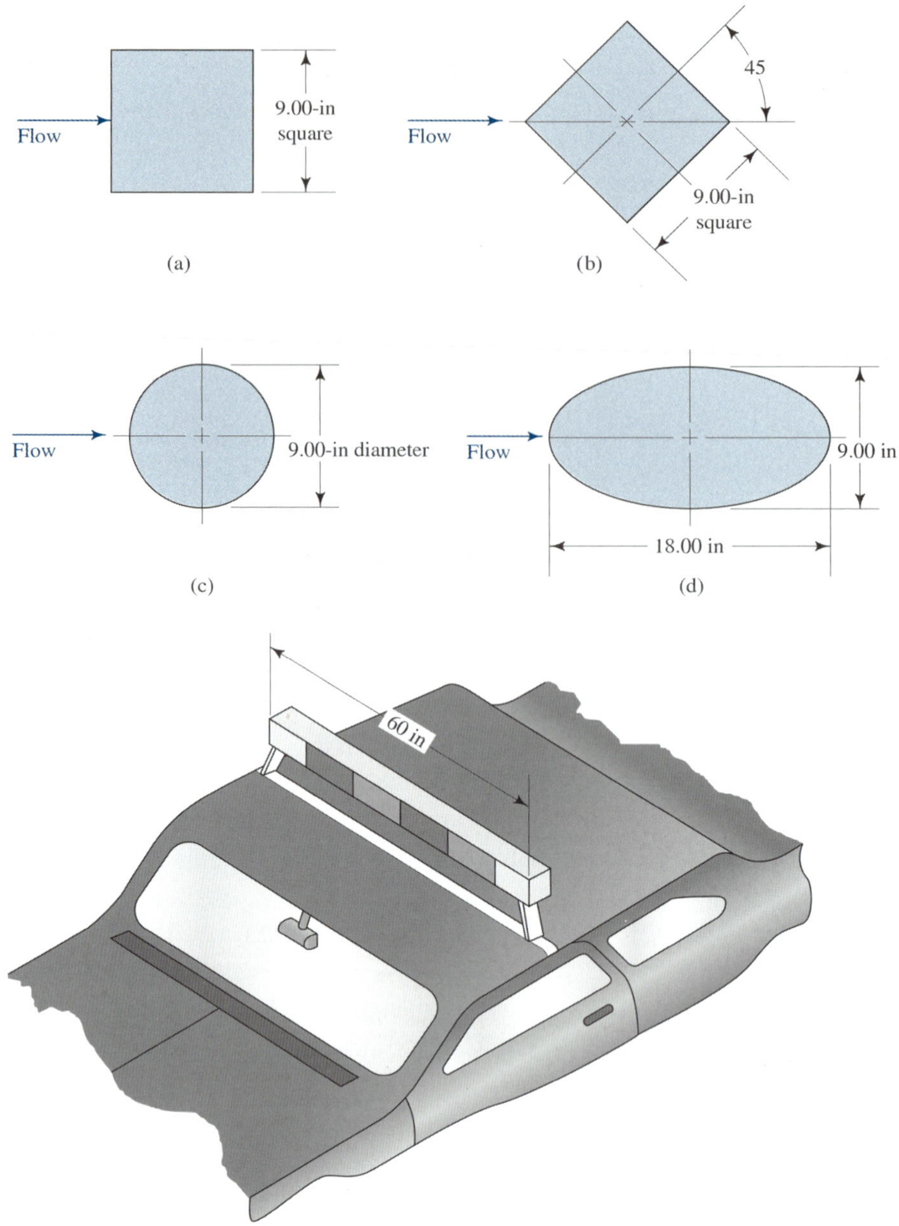

(e) Pictorial of light assembly mounted on the car

그림 17.17 문제 17.18

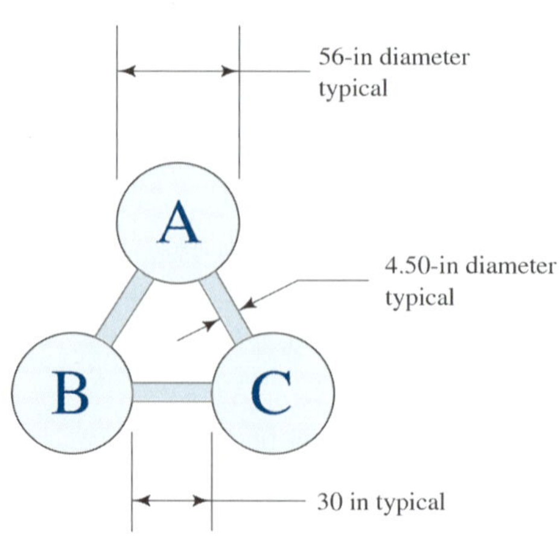

바람에 수직하게 유지되고 있다. 항력계수 1.1, 양력계수 0.75일 때 항력과 양력을 구하시오.

17.28 그림 17.15에서 보여주는 경주용 자동차 날개의 성능을 그림 17.11에서 보여준다. 거꾸로 장착하면 양력은 아래로 밀어줘 미끄럼저항에 도움을 준다. 받음각 15°, 속도 25 m/s 일 때, 날개에 의해 자동차가 받는 아래 방향 힘과 항력을 계산하시오. 코드길이는 780 mm이고, 스팬은 1460 mm이다.

17.29 직경 40 mm, 밀도 8.5 kg/m^{3}의 90 kg 강철볼(steel ball)이 물속에서 떨어진다. 물 안에서 공의 항력계수는 0.45로 주어진다. 물속에서 공의 속도를 m/s 단위로 구하시오.

17.30 그림 17.11의 성능특성을 가진 에어포일에 대해 받음각 10°에서 양력과 항력을 구하시오. 에어포일의 코드길이는 1.4 m, 스팬은 6.8 m이다. (a) 200 m와 (b) 10,000 m 고도의 표준대기에서 200 km/h 속도에 대해 계산을 수행하시오.

17.31 문제 17.30에서 받음각이 스톨점(stall point)에서 값인 19.6°인 경우에 대해 다시 계산하시오.

17.32 문제 17.30의 에어포일에 대해 받음각이 15°일 때 이륙속도 125 km/h에서 얼마의 하중을 들어올릴 수 있는가? 공기는 30℃ 표준대기압이다.

17.33 낙하산을 사용하여 질량 122 kg의 물체를 낙하시킨다. 반구에 대한 항력계수가 1.2이고, 공기밀도가 1.9 kg/m^{3}이라면, 낙하 시 최대 종단속도가 8 m/s가 되기 위해 필요한 낙하산의 직경을 계산하시오.

CHAPTER 18

팬, 송풍기, 압축기와 기체의 유동

개요

팬, 송풍기, 압축기는 덕트나 파이프 시스템에서 공기나 기체의 압력을 증가시키고 유동을 일으키는 데 사용된다. 이와 같은 기기의 성능을 해석하는 데에는 기체의 압축성을 고려하는 특별한 방법이 필요하다. 기체 수송 시스템의 성능을 평가하는 권장 방법에 익숙해져야 한다.

기체는 액체와 매우 다르게 거동하므로, 주어진 응용에서 요구하는 넓은 범위의 압력과 유량에 대해 이들을 수송하려면 여러 다른 종류의 장치들이 필요하다. 파이프 시스템에서 기체의 압축성, 가벼운 밀도, 매우 다른 거동을 고려할 때 주의가 필요하다.

탐구

압축공기나 기체를 최종 사용처까지 배분하기 위해 사용된 팬이나 압축기, 파이프나 덕트 시스템을 어디서 경험하였는지 잠시 생각해보자.

- 집에서 팬, 송풍기, 압축기가 사용되는 곳은 어디인가? 부엌, 세탁실과 보일러 및 에어컨 시스템을 잘 생각해보자.
- 자동차에서 차 안이나 후드 아래를 확인해보자. 타이어는 어떤가?
- 상점, 사무실 또는 쇼핑몰을 둘러 보자. 손님들과 일하는 사람들은 어떻게 쾌적한 온도를 느끼는가?
- 공장에 들어갈 수 있다면 공기유동이나 압축공기를 사용하는 장소를 찾아보자.

입문 개념

팬, 송풍기, 압축기는 덕트나 파이프 시스템에서 공기나 기체의 압력을 증가시키고 유동을 일으키는 데 사용된다. 이 기능은 13장에서 논의하였던 액체 유동 시스템의 펌프와 유사하다. 액체유동과 펌프에 적용하기 위해 이미 개발한 법칙들 일부는 기체유동에도 또한 적용할 수 있다. 그러나 기체의 압축성으로 인해 몇몇 중요한 차이가 나타난다.

팬과 송풍기가 집 어디에서 사용되는지 찾을 때, 한 가지 확실한 경우는 날씨가 너무 더워 팬을 사용하여 공기를 순환시킬 때이다. 팬은 방 안의 대기 공기를 빨아들이고, 팬 날개로 가속시켜 더 높은 속도로 공기를 배출한다. 움직이는 공기는 냉각효과를 만든다.

또 다른 예가 생각났는가? 당신이 찾은 목록과 다음 것들을 비교해보면 어떤가?

- 집에 강제 공기 냉난방 시스템이 있는가? 접근할 수 있다면 기기를 검사하고, 배관을 통해 공기유동을 일으키는 것이 무엇인지 찾아보자. 아마도 나중에 보여주는 그림 18.3, 18.4와 같은 송풍기일 것이다. 공기는 환기 덕트로부터 날개가 있는 로터 중심으로 빨려들어간다. 로터의 회전은 공기에 에너지를 주고, 스파이럴 하우징을 따라 공기를 바깥쪽으로 보내고, 더 높은 압력과 속도의 공기를 배출구로 공급한다. 비교적 낮은 압력의 덕트에서 공기유동은 19장에서 다룰 것이다.

그림 18.1 그림의 자동조립 장치를 포함하여 많은 작동 장치들이 믿을만한 압축공기 분배에 의존하기 때문에 공압(pneumatics)은 매우 중요하다.(출처: Nataliya Hora/Fotolia)

- 에어컨에 대해 집 외부에 있는 응축기를 찾아보자. 큰 팬이 대기의 공기를 빨아들이고, 공기가 응축기 코일을 지나가게 하여 열을 빼어간다. 그러면 코일 안의 냉매는 응축되고 시스템의 증발기로 간다. 집 안에 있는 증발기 팬은 공기의 냉각효과를 높이는 중요한 기능을 수행한다.
- 헤어드라이기, 세탁기, 컴퓨터, 대부분의 냉장고(보관실과 기계실 안에), 진공청소기와 동력 드릴 및 톱 등 많은 가전제품들은 팬과 송풍기를 가지고 있다.
- 자동차에서 얼마나 많은 팬들을 찾았나? 엔진 냉각팬은 후드 아래에 있고, 공기를 엔진을 지나 흐르게 하여, 라디에이터를 통해 흐르는 냉매의 열을 뺏고, 대류로 직접 엔진의 열을 제거한다. 자동차 히터와 에어컨 시스템은 집의 보일러, 에어컨 및 냉장고와 유사한 방법으로 송풍기를 사용한다. 송풍기는 가열된 또는 냉각된 공기를 운전자나 승객 근처 배출구로 운반하는 배관과 함께 주로 계기판 안에 장착되어 있다.
- 상점, 사무실과 쇼핑몰 또한 그 공간을 사용하는 사람들에게 쾌적한 환경을 제공하기 위해 반드시 냉난방 기기를 사용한다. 난방, 냉방 및 환기를 위해 공기에 대한 전체적인 수요가 훨씬 더 크기 때문에 공기를 공급하는 송풍기도 당연히 훨씬 더 크다.
- 이제 공장을 생각해보자. 난방, 환기 및 냉방 시스템(HVAC)에 더하여, 공장에서의 많은 공정을 운영하기 위해 고압공기가 필요할 것이다. 압축공기는 동력 스크루드라이버, 동력 드릴, 공기실린더(또는 선형공압액추에이터) 그리고 그림 18.1의 자동장치와 유사한 다른 공압기기들에 사용된다. 대형 공장에서는 일반적으로 공장의 모든 지역에 대략 100 psi(690 kPa)의 공기를 지속적으로 공급하기 위해 중심압축기를 가지고 있다. 각 작업 셀은 필요 시 시스템에 연결한다. 아마도 중심압축기는 그림 18.6과 비슷할 것이다.

공기와 같은 기체를 운반하는 유동 시스템 설계를 위한 전문기술은 수년간의 경험을 토대로 한 전문가들에 의해 개발된다. 이와 관련된 현상을 상세히 해석하려면 열역학 지식을 필요로 한다. 이 책의 독자에게 열역학 지식을 바라지 않기 때문에 이 장의 일부 방법은 긴 전개 없이 제시된다. 물론 방법을 이해하기 위해 필요한 새로운 용어와 개념들은 설명될 것이다. 공기와 냉매의 이동에 대한 전문지식은 인터넷 자료 11–13을 참조하자. 인터넷 자료 15는 공기와 함께 산업용과 의료용 기체에 대해 풍부한 정보를 제공해 준다.

18.1 목표

이 장을 학습한 후에 다음의 항목들을 수행할 수 있다.

1. 팬, 송풍기, 압축기의 일반적 특성을 기술한다.
2. 프로펠러팬, 덕트팬, 원심팬을 기술한다.
3. 원심, 축류, 베인–축류, 왕복동, 로브(lobed), 베인 및 스크류 형태의 송풍기와 압축기를 설명한다.
4. 고압의 스팀, 공기 및 기체를 운반하는 파이프에 대한 적절한 치수를 명시한다.
5. 노즐을 지나는 공기 및 기체의 유량을 계산한다.

18.2 기체유량과 압력

미국관습단위계에서 공기나 기체의 유량은 ft^3/min, 약자로 cfm(cubic feet per minute) 단위로 가장 많이 표현된다. 속도는 일반적으로 ft/min를 쓴다. 이들은 미국관습단위계에서 표준단위는 아니지만 주거용, 상용 및 산업용에 보통 사용되는 유량 범위이므로 편리하다.

SI 단위계에서는 유량에 대해 m^3/s, 속도에 대해 m/s가 가장 많이 사용되는 단위이다. 때때로 비교적 낮은 유량을 운반하는 시스템에 대해 L/s 단위가 사용된다. 편리한 변환계수를 아래에 정리하였다.

$$1.0\ ft^3/s = 60\ ft^3/min = 60\ cfm$$

$$1.0\ m^3/s = 2120\ ft^3/min = 2120\ cfm$$

$$1.0\ ft/s = 60\ ft/min$$

$$1.0\ m/s = 3.28\ ft/s$$

$$1.0\ m/s = 197\ ft/min$$

비교적 고압일 때 압력은 미국관습단위계로 lb/in^2(약자로 psi)로 표시된다. 그러나 공기를 다루는 시스템은 대부분 압력이 작고 인치 형태의 수위계(inches of water gage), 약자로 inH_2O나 in w.g.로 표시되는 인치 형태의 수위계(inches of water gage)로 측정된다. 그림 15.17과 15.18에서 설명했듯이, 이 단위는 덕트의 압력을 측정하기 위해 피토관과 물 마노미터를 사용하는 관습에서 나왔다. 이와 동등한 압력 값은 압력-높이 관계, $\Delta p = \gamma h$로부터 얻을 수 있다. 물에 대해 $\gamma = 62.4$ lb/ft^{3}을 사용하면 1.00 inH_2O는 다음과 동등하다.

$$\Delta p = \gamma h = \frac{62.4\ \text{lb}}{\text{ft}^3} \cdot 1.00\ \text{in} \cdot \frac{1\ \text{ft}^3}{1728\ \text{in}^3} = 0.0361\ \text{lb/in}^2$$

다르게 표현하면 1.0 psi=27.7 inH_2O이다. 많은 공기유동 시스템에서 압력은 단지 수 inH_2O이거나 심지어는 수분의 일 inH_2O이다.

표준 SI 단위계의 pascal(Pa)은 아주 작은 값이고, 공기조화시스템을 SI 단위로 설계할 때 직접 사용된다. 또한 단위 bar, mmH_2O, mmHg도 사용된다. 대형 산업용 시스템은 kPa 또는 MPa 범위의 압력이 필요하다. 일부 유용한 환산계수를 아래에 열거하였다.

$$1.0\ \text{bar} = 100\ \text{kPa}$$
$$1.0\ \text{psi} = 6895\ \text{Pa}$$
$$1.0\ \text{inH}_2\text{O} = 248.8\ \text{Pa}$$
$$1.0\ \text{mmH}_2\text{O} = 9.81\ \text{Pa}$$
$$1.0\ \text{mmHg} = 132.8\ \text{Pa}$$

18.3 팬, 송풍기, 압축기 분류

팬, 송풍기 및 압축기는 모두 공기나 기체의 압력을 증가시키고 이송하는 데 사용한다. 이들 사이의 주요 차이점은 물리적인 구조와 설계압력이다(참고문헌 5, 8 참조).

- 팬은 약 2.0 psi(13.8 kPa)까지의 낮은 정압에 대해 작동하도록 설계되고, 공기조화장치(HVAC) 및 이와 유사한 응용에 사용된다. 팬에 대한 대표적인 작동 압력은 0부터 6 inH_2O(0.00-0.217 psi 또는 0.00-1500 Pa)까지이다.
- 2.0 psi에서 대략 15.0 psi(103 kPa)까지의 압력으로 기체를 이송하는 것을 송풍기(blower)라 하며, 고용량의 HVAC 시스템에 또 산업용 용광로 및 재료 공정시스템에 공기를 공급하는 데 사용된다.
- 높은 압력, 심지어 수천 psi의 압력을 만드는 데 압축기(compressor)를 사용한다. 제조 시스템의 공압 자동장치를 위해 압축공기를 공급하는 것이 일반적인 응용이다.

팬은 공간 안에서 공기를 순환시키거나, 공간에 공기를 공급 또는 배출시키거나, 공기 조화 시스템에 있는 덕트를 통해 공기를 이송시키기 위해 사용된다. 팬의 종류에는 프로펠러팬, 덕트팬 및 원심팬 등이 있다(인터넷 자료 1, 3, 4 참조).

프로펠러팬은 거의 영의 압력에서 작동하고, 항공기 프로펠러 형상으로 2-6개의 날개로 구성되어 있다. 따라서 이것은 한쪽에서 공기를 끌어들여 대개 축방향 반대편으로 배출한다. 이런 종류의 팬은 일반적으로 생활이나 작업 공간을 쾌적하게 만들기 위해 공기를 순환시키는 데 사용된다. 창문이나 건물 벽 다른 개구부에 장착된 팬은 밖의 신선한 공기를 건물 안으로 공급하거나, 공기를 건물 밖으로 배출시킨다. 천정이나 지붕에 장착되어 있으면 환기장치(ventilator)라고 한다.

그림 18.2 덕트팬

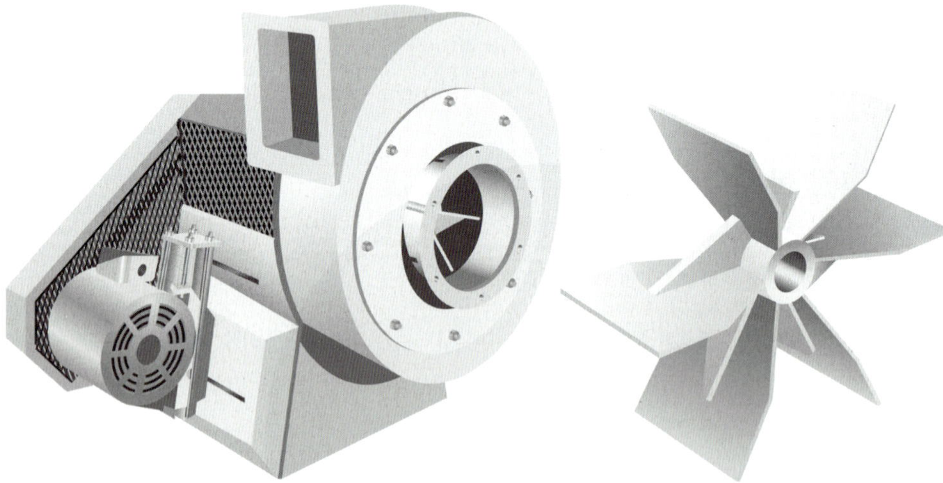

그림 18.3 직선반경날개의 로터를 가진 원심송풍기

프로펠러팬은 작은 크기(수인치의 직경, 수백 cfm 유량)부터 직경이 60 in 이상이고 영의 정압에서 50,000 cfm 이상의 유량을 공급하는 팬까지 있다. 대표적인 작동속도는 약 600 − 1725 rpm의 범위를 가진다. 이 팬은 전기모터로 직접 구동되거나, 벨트드라이브를 통해 구동된다.

덕트팬은 프로펠러팬과 유사한 구조를 가지지만, 그림 18.2와 같이 원통덕트 안에 장착된다는 점이 다르다. 덕트는 먼 지역으로 공기를 공급하거나 배출되는 큰 덕트 시스템의 일부일 것이다. 덕트팬은 약 1.50 inH_2O(375 Pa)까지의 정압에 대해 작동할 수 있다. 덕트팬 크기는 매우 작고, 수백 cfm을 공급하는 것부터 약 36 in, 20,000 cfm 이상까지 공급하는 것까지의 범위를 갖는다.

원심팬(centrifugal fan) 또는 원심송풍기(centrifugal blower)에 대한 2개의 예를 로터와 함께 그림 18.3과 18.4에서 보여준다. 임펠러(impeller)라 하는 로터 중심으로 공기가 들어가고 회전날개에 의해 바깥방향으로 나가면서 운동 에너지가 더해진다. 고속기체는 로터를 둘러싸고 있는 벌류트(volute)에

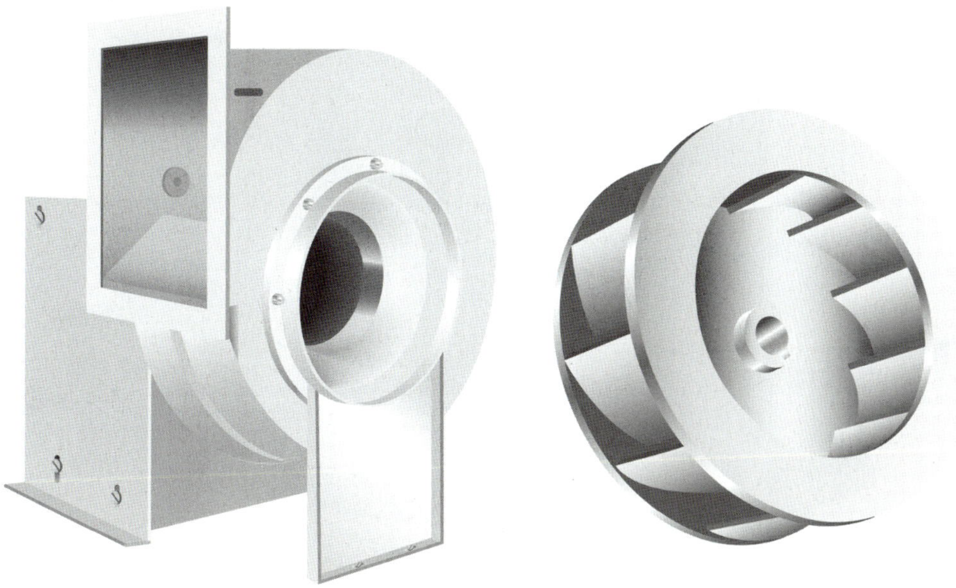

그림 18.4 후향경사날개의 로터를 가진 원심송풍기

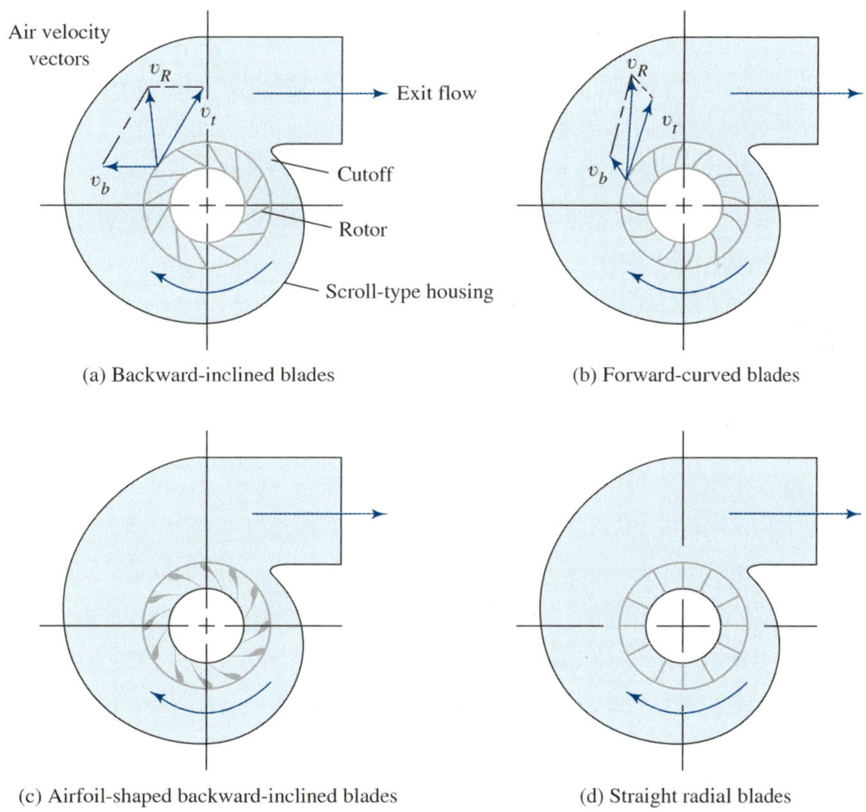

그림 18.5 네 종류의 원심팬로터

의해 모아지고 여기에서 운동 에너지가 압력으로 변환되어, 덕트 시스템을 통해 최종 사용을 위한 공급에 필요한 압력으로 증가된다(인터넷 자료 1-6 참조).

팬과 송풍기를 위한 로터의 구조는 일반적으로 그림 18.5에서 보여주는 4개의 기본설계 중의 하나이

그림 18.6 일단 원심압축기(출처: Dresser－Rand, Turbo Products Division)

다. 후향경사날개(backward－inclined blade)는 보통 단순한 평판으로 만든다. 로터가 회전할 때, 공기는 날개와 평행하게 그림의 벡터 v_b를 따라 나간다. 그러나 이것을 날개 자체의 접선속도 v_t와 벡터합을 하면 그 결과 v_R로 보여주는 합속도가 된다. 전향곡선날개(forward－curved blades)는 두 벡터 성분이 같은 방향이기 때문에 일반적으로 속도 합벡터가 더 크다. 이러한 이유로 같은 공기유량과 압력에 대해 전향곡선날개를 가진 로터는 비슷한 크기의 후향경사날개 팬보다 더 느린 속도에서 작동된다. 그러나 후향경사팬은 같은 일에 대해 더 적은 에너지가 요구된다(참고문헌 15). 에어포일 형상의 후향경사팬 날개(airfoil－shaped, backward－inclined fan blade)는 평판 후향경사날개보다 더 조용하고 효율적이다. 모든 종류의 팬은 환기 시스템과 일부 산업용 공정을 위해 사용된다. 반경날개(radial－bladed) 팬은 보일러, 냉각탑, 재료 건조기 및 대량자재 이송을 위해 적당한 압력에 큰 체적의 공기 공급이 필요한 산업에 많이 응용된다.

원심압축기(centrifugal compressor)는 원심 펌프와 유사한 임펠러를 가지고 있다(그림 13.11, 13.12). 그러나 액체가 아니라 기체에 맞는 특정 형상을 가진다. 그림 18.6은 대형 일단(single－stage) 원심압축기를 보여준다. 로터가 1개인 압축기로 필요한 고압을 만들 수 없을 때 그림 18.7과 같은 다단 압축기(multistage compressor)를 사용한다. 원심압축기는 8000 psi(55 MPa)의 고압에서 약 500에서 100,000 cfm(0.24－47 m^3/s) 유량에 대해 사용된다(인터넷 자료 2, 9, 10 참조).

다단 축류압축기(axial compressor)를 그림 18.8에서 보여준다. 그림에서 케이싱의 아래 반쪽, 다단 로터, 축 조립품을 볼 수 있다. 기체는 유로가 큰 쪽 끝에서 들어와 축방향으로 흐르고, 일련의 날개 달린 로터에 의해 압축되며, 작은 쪽 끝으로 방출된다. 축류압축기는 큰 유량 공급에 사용되는데, 대략 방출압력 100 psi(690 kPa)까지 유량 8000에서 1.0백만 cfm(3.8－470 m^3/s) 범위이다.

베인－축류 송풍기(vane－axial blowers)는 앞에서 기술한 덕트팬과 유사하지만, 일반적으로 에어포일 형상의 날개를 가지고 있고, 실린더형 하우징 안에 베인이 있어 이것으로 유동의 방향을 바꾸어 뒤에 연결된 덕트에서 축방향으로 흐르게 한다는 점이 다르다. 이것은 송풍기의 정압을 더 높여주고, 공기의 스월(swirl)을 감소시킨다.

용적식 송풍기와 압축기(positive－displacement blowers and compressors)는 다양하게 설계된다.

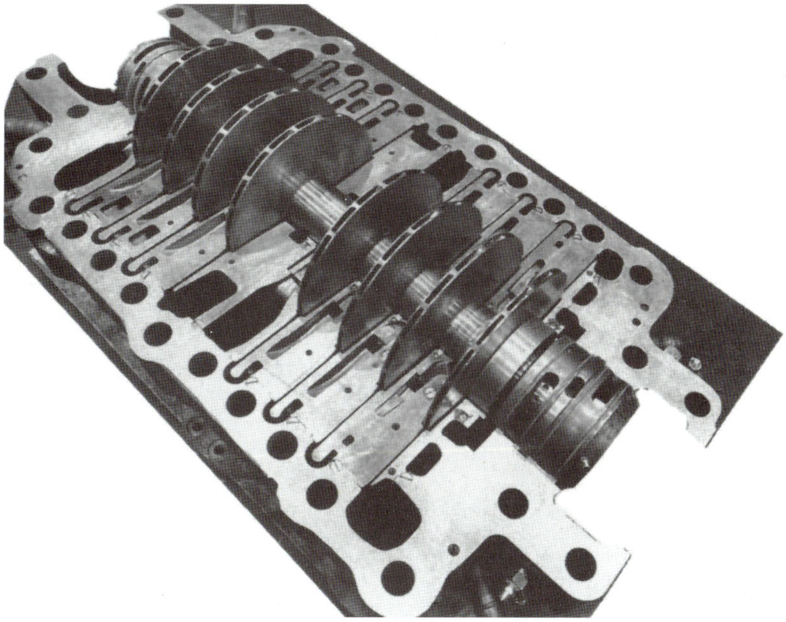

그림 18.7 다단압축기의 수평절단 하부 케이스와 로터(출처: Dresser－Rand, Turbo Products Division)

그림 18.8 축류압축기의 하부케이스와 로터(출처: Dresser－Rand, Turbo Products Division)

- **왕복동**: 단일작동 또는 이중작동
- **로터리**: 로브, 베인 또는 스크류

왕복동 압축기의 구조는 엔진과 유사하게 보인다. 회전크랭크와 커넥팅로드가 피스톤을 구동한다. 피스톤은 실린더 안에서 왕복운동을 한다. 피스톤이 실린더 헤드에서 멀어질 때 저압공기를 끌어들이고, 헤드로 가면서 압축시킨다. 기체압력이 원하는 수준에 도달하면 밸브가 열려 압축된 기체를 파이프 시스템으로 방출한다. 그림 13.6은 단일작동과 이중작동 피스톤 장치를 모두 보여준다. 이 압축기의 소형

버전을 작은 상점이나 주유소에서 볼 수 있다. 그러나 많은 산업체 사용자를 위한 것은 매우 크고, 60,000 psi(413 MPa)까지의 압력에 10,000 cfm(4.7 m^3/s)까지의 유량을 공급한다(인터넷 자료 1, 8, 10 참조).

로브 및 베인 압축기는 그림 13.2와 13.5에서 보여주는 펌프와 매우 유사하다. 로브형 설계는 대략 15 psi(100 kPa)까지의 압력을 만들며, 송풍기라고도 한다(참고문헌 14). 베인형 압축기는 수백 psi의 압력을 만들 수 있고, 종종 공기 유압시스템에 사용된다.

스크류 압축기(screw compressor)는 압력 500 psi(3.4 MPa)까지, 유량 20,000 cfm(9.4 m^3/s)까지의 압축공기가 필요한 건설 및 산업 응용에 사용된다. 단일스크류 설계는 꼭 맞는 하우징 안에 회전하는 스크류의 인접한 "나사산(thread)" 사이에 공기를 가둔다. 나사산이 축방향으로 진행하면서 공기가 출구로 이동한다. 어떤 설계는 스크류의 길이 방향으로 나사산의 피치를 줄어들게 하여 하우징 안의 공기가 이송되면서 압축된다. 메시 안에 2개 이상의 스크류가 있기도 한다. 그림 13.3과 인터넷 자료 7, 8, 10, 14를 참조한다.

18.4 파이프에서 압축 공기 및 기체 유동

많은 산업체에서는 생산장비, 소재처리장치, 자동기계를 작동시키는 유압 시스템에 압축공기를 사용한다. 이런 시스템의 작동압력은 보통 60－125 psig(414－862 kPa gage) 범위이다. 압력이 설계압력 이하로 떨어지면, 장비의 성능과 생산성이 저하된다. 그러므로 압축기와 사용지점 사이에 발생하는 압력 손실에 주의를 기울어야 한다. 파이프 시스템의 상세한 해석은 6－12장에서 기술한 방법에 공기의 압축성을 보완하여 완벽히 수행되어야 한다.

압축공기의 압력과 온도가 유동 시스템 길이에 따라 크게 변할 때, 이에 따른 공기 비중량의 변화도 고려해야 한다. 그러나 압력 변화가 입구압력의 10% 미만이면 비중량의 변화는 무시할 정도이다. 압력 강하가 입구압력의 10%에서 40% 사이이면 입구와 출구조건에 대한 비중량의 평균값을 사용할 수 있으며, 이렇게 하더라도 꽤 정확한 결과를 준다. 압력 변화가 40%를 넘으면 시스템을 다시 설계하거나 다른 참고문헌을 참조해야 한다.

18.4.1 공기의 비중량

그림 18.9는 공기에 대한 비중량 변화를 압력과 온도 변화의 함수로 보여준다. 특히 압력이 변할 때 변화가 크게 나타나는 것을 알아두자. 어떤 압력과 온도 조건에서의 비중량은 열역학의 이상기체법칙(ideal gas law)으로부터 계산할 수 있다.

▶ **이상기체법칙**

$$\frac{p}{\gamma T} = \text{상수} = R \qquad (18-1)$$

여기서

p = 기체의 절대 압력
γ = 기체의 비중량
T = 기체의 절대온도, 즉 절대 0도 이상의 온도
R = 기체상수(부록 N 참조)

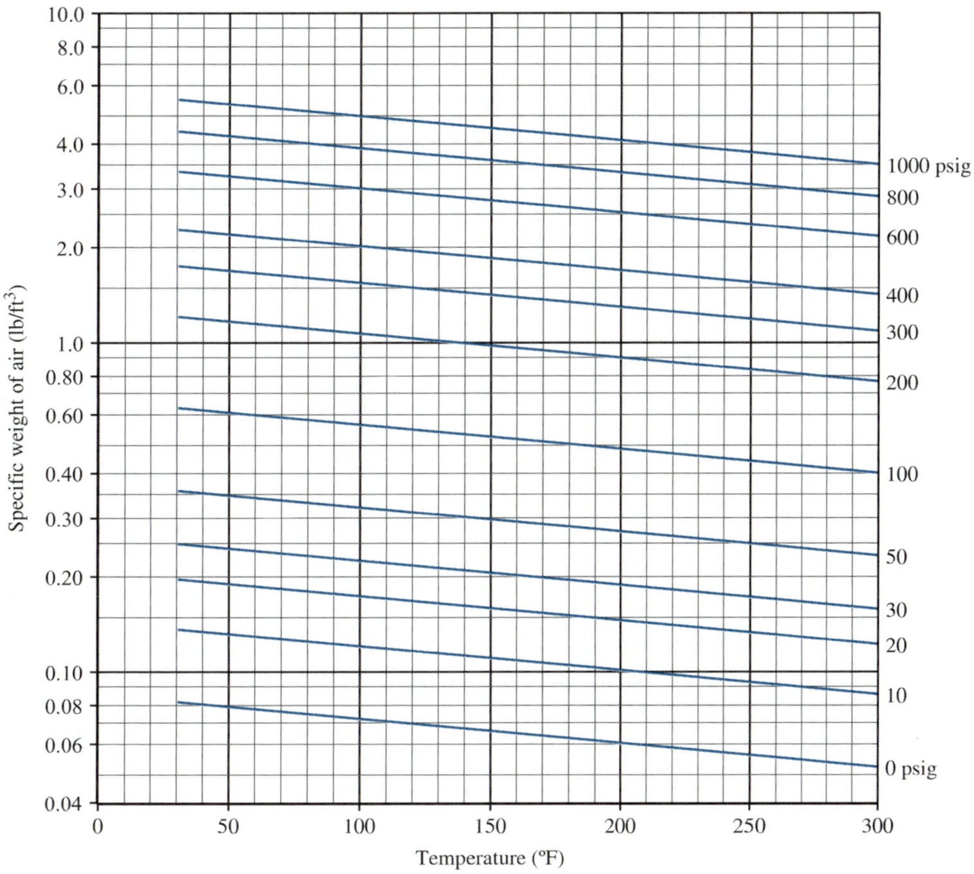

그림 18.9 압력과 온도에 대한 공기의 비중량

식 (18－1)은 또한 비중량에 대한 식으로 쓸 수 있다.

$$\gamma = \frac{p}{RT} \tag{18-2}$$

절대온도는 측정온도에 상수를 더하여 구한다. 미국관습단위계로

$$T = (t°\text{F} + 460)°\text{R}$$

여기서 °R은 Rankine 온도(degree Rankine)이고, 절대 0도에 대해 계량된 절대온도의 표준단위이다. SI 단위계로

$$T = (t℃ + 273)\text{K}$$

여기서 K(Kelvin)은 절대온도에 대한 표준 SI 단위이다.

3.2절 [식 (3－2)]에 제시한 대로 절대 압력은 측정 계기 압력에 대기압을 더하여 구한다. 만약 실제 대기압이 주어지지 않는다면, 대기압은 미국관습단위계로 $p_{atm} = 14.7$ psia, SI 단위계로 $p_{atm} =$ 101.3 kPa을 사용한다.

공기에 대한 기체상수 R의 값은 미국관습단위계로 53.3 ft · lb/lb · °R이다. R에 대한 단위에서 분자는 foot pound(ft · lb) 단위의 에너지이고, 따라서 파운드(lb)는 힘을 표시한다. 에너지에 대한 SI 단위는 뉴턴 미터(N · m)이다. 여기서,

$$1.0\ \text{ft}\cdot\text{lb} = 1.356\ \text{N}\cdot\text{m}$$

R에 대한 단위에서 분모의 lb 단위는 공기의 무게이다. 미국관습단위 °R을 SI 단위 K로 변환하려면, 1.0K=1.8°R을 사용한다. 이 변환을 사용하면, 공기에 대한 R은 SI 단위로 29.2 N·m/N·K이다. 부록 N은 다른 기체에 대한 R값을 보여준다.

기체상수 R에 대한 값을 중량 항으로 표현한 것은 예제 18.1에서 보는 것처럼 비중량 γ에 대한 계산을 편하게 하기 위해서다. 나중에 노즐을 통해 흐르는 기체의 중량 유량 계산에서도 γ를 사용할 것이다. 중량을 기반으로 하여 얻은 관계식의 사용은 중력가속도 g가 거의 상수인 지구표면 근처에 대한 응용에 제한된다는 것을 알아야 한다.

특히 열역학 분야에서와 같이 다른 종류의 해석에서 R은 중량보다 질량 항으로 정의된다. 또한 g와 중량이 0으로 가는 우주 환경에서도 질량 기반을 사용해야 한다.

예제 18.1 100 psig 및 80°F에서 공기의 비중량을 계산하시오.

해설 식 (18-2)를 사용하면,

$$p = p_{\text{atm}} + p_{\text{gage}} = 14.7\ \text{psia} + 100\ \text{psig} = 114.7\ \text{psia}$$

$$T = t + 460 = 80°\text{F} + 460 = 540°\text{R}$$

이다. 그러면,

$$\gamma = \frac{p}{RT} = \frac{114.7\ \text{lb}}{\text{in}^2}\cdot\frac{\text{lb}\cdot°\text{R}}{53.3\ \text{ft}\cdot\text{lb}}\cdot\frac{1}{540°\text{R}}\cdot\frac{144\ \text{in}^2}{\text{ft}^2}$$

$$\gamma = 0.574\ \text{lb/ft}^3$$

이다. 이런 종류의 계산에서 양 53.3과 144는 공기에 대해 늘 사용된다. 따라서 편의상 공기의 비중량에 대해 단위-비(unit-specific) 식은 다음과 같이 유도된다.

$$\gamma = 2.70p/T \tag{18-3}$$

이 식은 psia의 절대압력과 °R의 절대온도에서 pounds per cubic foot(lb/ft^3) 단위의 공기에 대한 γ를 바로 구해준다.

예제 18.2 750 kPa gage 및 30℃에서 공기의 비중량을 계산하시오.

해설 식 (18-2)를 사용하면 다음을 얻는다.

$$p = p_{\text{atm}} + p_{\text{gage}} = 101.3\ \text{kPa} + 750\ \text{kPa} = 851.3\ \text{kPa}$$

$$T = t + 273 = 30℃ + 273 = 303\ \text{K}$$

그러면

$$\gamma = \frac{p}{RT} = \frac{851.3\times10^3\ \text{N}}{\text{m}^2}\cdot\frac{\text{N}\cdot\text{K}}{29.2\ \text{N}\cdot\text{m}}\cdot\frac{1}{303\ \text{K}} = 96.2\ \text{N/m}^3$$

이다.

18.4.2 압축공기 라인에서의 유량

압축공기를 사용하는 장비나 공기를 공급하는 압축기에 대한 정격(rating)유량은 자유대기유량(free air delivery)(FAD)이라고도 하는 자유대기(free air) 항으로 주어진다. 이것은 공기를 표준대기압

(14.7 psia 또는 101.3 kPa absolute)과 표준대기온도(절대온도 520°R 또는 285 K)에서의 공기로 가정하였을 때, 단위 시간당 공급하는 공기의 양이다. 다른 조건에서 유량을 구하려면 다음 식을 사용한다.

$$Q_a = Q_s \cdot \frac{p_{\text{atm}-s}}{p_{\text{atm}} + p_a} \cdot \frac{T_a}{T_s} \tag{18-4}$$

여기서

Q_a = 실제 조건에서 체적 유량

Q_s = 표준 조건에서 체적 유량

$P_{\text{atm}-s}$ = 표준 절대대기압력

P_{atm} = 실제 절대대기압력

p_a = 실제 계기압력

T_a = 실제 절대온도

T_s = 표준 절대온도 = 520°R 또는 285K

이 값과 표준 대기값을 사용하면, 식 (18−4)를 다음과 같이 쓸 수 있다.

미국관습단위계:

$$Q_a = Q_s \cdot \frac{14.7 \text{ psia}}{p_{\text{atm}} + p_a} \cdot \frac{(t + 460)°\text{R}}{520°\text{R}} \tag{18-4a}$$

SI 단위계:

$$Q_a = Q_s \cdot \frac{101.3 \text{ kPa}}{p_{\text{atm}} + p_a} \cdot \frac{(t + 273) \text{ K}}{285 \text{ K}} \tag{18-4b}$$

예제 18.3 공기압축기가 500 cfm 자유대기의 정격유량을 가진다. 압력 100 psig 및 온도 80°F의 파이프라인에서 유량을 계산하시오.

해설 식 (18−4a)를 사용하고 국소 대기압을 14.7 psia로 가정하면 다음을 얻는다.

$$Q_a = 500 \text{ cfm} \cdot \frac{14.7 \text{ psia}}{14.7 + 100} \cdot \frac{(80 + 460)}{520} = 66.5 \text{ cfm}$$

18.4.3 파이프 치수 선택과 파이프 시스템 설계

산업플랜트에서 압축공기를 운반하는 파이프의 적절한 치수를 정할 때 많은 인자들을 고려해야 한다. 다음은 이 인자들과 파라미터들의 일부이다.

- **압력강하:** 마찰손실은 유속 제곱에 비례하므로, 가능하다면 시스템의 모든 사용지점에 압력이 보장되도록 큰 파이프를 사용하는 것이 바람직하다.
- **압축기 동력:** 압력강하가 증가하면 압축기를 구동하는 데 필요한 동력도 증가한다. 그러므로 압력강하를 최소로 하기 위해 가능하면 큰 파이프를 사용하는 것이 바람직하다.
- **파이프 비용:** 큰 파이프는 작은 파이프보다 비용이 더 들기 때문에 작은 파이프 사용을 더 선호한다.
- **압축기 비용:** 일반적으로 고압에 작동하도록 설계된 압축기가 더 고가이므로 압력강하가 적은 큰 파이프 사용을 선호한다.

표 18.1 압축공기 시스템 파이프 치수 제안

Maximum Flow Rate (cfm)		Pipe Size (Schedule 40)	
Free Air	Compressed Air (100 psig, 60°F)	Inch size	DN Metric size (mm)
4	0.513	⅛	6
8	1.025	¼	8
20	2.563	⅜	10
35	4.486	½	15
80	10.25	¾	20
150	19.22	1	25
300	38.45	1¼	32
450	57.67	1½	40
900	115.3	2	50
1400	179.4	2½	65
2500	320.4	3	80
3500	448.6	3½	90
5000	640.8	4	100

Note: The sizes listed are the smallest standard Schedule 40 steel pipes that will carry the given flow rate at a pressure of 100 psig (690 kPa) with no more than 5.0-psi (34.5 kPa) pressure drop in 100 ft (30.5m) of pipe. See Appendix F "Dimensions of Steel Pipe" for pipe dimensions.

- 설치 비용: 작은 파이프가 다루기 쉽지만 보통 중요하지 않다.
- 요구공간: 작은 파이프가 공간을 덜 차지하고 다른 장비나 장치들과의 간섭이 적다.
- 미래 확장성: 미래에 공기를 사용하는 장비를 추가하려면 큰 파이프가 바람직하다.
- 소음: 공기가 파이프, 밸브 및 관이음을 통해 고속으로 흐를 때 높은 수준의 소음이 발생한다. 속도를 낮추기 위해 큰 파이프를 사용하는 것이 바람직하다.

모든 설치에 대해 명백히 최적이라 할 수 있는 파이프 치수는 없고 설계자가 최종 사양을 정하기 전에 여러 제안된 치수에 대해 전반적인 성능을 평가해야 한다. 표 18.1에 몇 가지 제안하는 치수를 나열해 놓았다.

앞에서 공부하였던 파이프라인 시스템과 같이 압축공기 파이프 시스템도 유동의 양과 방향을 제어하기 위해 일반적으로 밸브와 부속품을 포함한다. 10.9절에 기술한 등가길이법(equivalent−length technique)을 사용하여 이들의 영향을 고려한다. 표 10.4에 밸브에 대한 L_e/D값이 있다(참고문헌 9 참조).

그림 18.10은 파이프 시스템의 대표적인 배치도를 보여준다. 기본적인 특성은 다음과 같다.

- 압축기는 대기 공기를 끌어들여 압력을 증가시키고 시스템에 공급한다.
- 애프터쿨러(after cooler)는 공기의 조건을 조절한다. 어떤 시스템은 공기가 메인 배관 파이프로 들어가기 전에, 과도한 수분이 제거될 수 있게 압축기 근처에 제습기를 둔다.
- 압축공기는 시스템에 공기 공급이 일정하게 유지되도록 비교적 큰 체적을 가진 리시버(receiver)로 이동한다. 더 크고, 더 복잡한 시스템에서는 사용지점 가까운 곳에 또 다른 리시버를 두기도 한다.

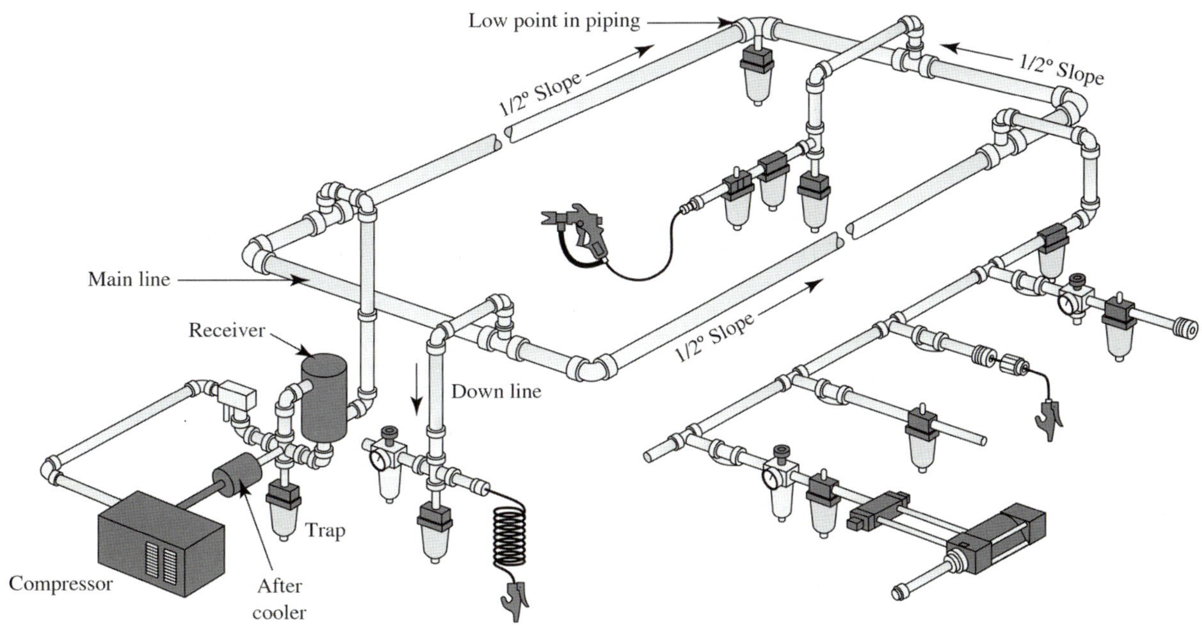

그림 18.10 산업용 압축공기 시스템에 대한 대표적인 파이프 배치도

- 수분을 제거하기 위해 리시버 전에 트랩을 설치한다.
- 공장 시스템에서 사용하는 파이프는 루프로 구성하여 배치한다.
- 메인 루프 파이프의 맨 위에서 이루어지는 루프 연결은 분기 라인과 거기에 사용된 도구에 수분이 들어가는 것을 방지한다.
- 루프 시스템에서 파이프는 경사지게 하여 압축기에서 멀어지고 시스템의 낮은 곳에는 수분을 제거하는 하나 이상의 트랩을 가진다.
- 분기 라인은 주어진 유량을 루프 시스템과 같은 표준속도로 운반할 수 있도록 치수를 정한다.
- 분기선에 압력조절기를 설치하여 그 라인을 사용하는 도구에 적합한 압력으로 조절할 수 있게 한다.
- 제습기와 모든 트랩에서 나오는 응축액은 규칙적으로 제거해야 하며, 수처리 후 폐기해야 한다.
- 압축기 주위에서 적절한 환기와 신선한 공기가 원활히 공급되어, 압축기에 적절한 양의 공기가 유입되고, 구동모터와 압축과정에서 발생되는 열이 제거되도록 만들어야 한다. 압축기 방의 온도는 40°F－90°F(4.5℃－32℃) 범위 안에 있어야 한다.

예제 18.4 자동기계를 위한 공기 시스템에 80℉, 100 psig의 공기 500 cfm(자유대기)을 공급하기 위한 파이프의 적절한 치수를 기술하시오. 압축기와 기계 사이에 필요한 직선파이프의 총 길이는 140 ft이다. 또 라인에 2개의 완전 개방된 게이트 밸브, 6개의 표준 엘보 및 2개의 표준 티가 있다. 여기서 유동은 티의 주방향으로 흐른다. 다음 기계에서 압력이 100 psig 이하가 되지 않으려면 압축기에 요구되는 압력을 해석하시오.

해설 시험적으로 공기를 운반하는 파이프로 표 18.1을 참조하여 $1\frac{1}{2}$－inch Schedule 40 강 파이프를 선택하자. 그러면 부록 F로부터 $D=0.1342$ ft 및 $A=0.01414$ ft^2이다. 이제 시스템의 실제 압력강하를 구하고, 이 파이프가 적절한지 확인해보자. 풀이 순서는 11장에서 사용한 것과 유사하다. 공기에 대한 특별한 상황이 논의될 것이다.

1단계 압축기 출구와 기계 입구 사이에 에너지 방정식을 적용한다.

$$\frac{p_1}{\gamma_1}+z_1+\frac{v_1^2}{2g}-h_L=\frac{p_2}{\gamma_2}+z_2+\frac{v_2^2}{2g}$$

기준점에 대한 하첨자로 비중량 항을 구분한다. 공기는 압축성이므로 비중량에 상당한 변화가 있을 수 있다. 그러나 점 1과 점 2 사이에 압력 변화를 작게 하는 것이 설계 목적이다. 이렇게 된다면 비중량의 변화를 무시할 수 있다. 그러므로 $\gamma_1 \approx \gamma_2$로 두자. 점 2에서 조건은 예제 18.1에서 사용된 것과 같다. 따라서 $\gamma=0.574\ \mathrm{lb/ft^3}$을 사용하자.

압축기와 기계의 높이에 대한 정보가 없다. 공기 및 기체의 비중량은 매우 작기 때문에 기체 유동을 다룰 때 높이 차가 매우 크지 않다면 높이차를 무시할 수 있다. 3.3절과 3.4절에서 보았듯이 압력 변화는 유체의 비중량과 높이 변화에 비례한다. 이 문제에서 공기의 $\gamma=0.574\ \mathrm{lb/ft^3}$에 대해 100 ft의 높이 변화(약 10층 건물 높이)는 약 0.40 psi의 압력 변화를 준다.

시스템 전체에 같은 치수의 파이프를 사용하기 때문에 두 기준점에서 속도는 같다.

2단계 압축기에서 압력을 구한다.

$$p_1=p_2+\gamma h_L$$

3단계 Darcy 방정식을 사용하여 에너지 손실 h_L을 계산하고, 부손실 영향을 포함시킨다.

$$h_L=f\left(\frac{L}{D}\right)\left(\frac{v^2}{2g}\right)+f_T\left(\frac{L_e}{D}\right)\left(\frac{v^2}{2g}\right)$$

L/D 항은 유동직경에 대한 파이프 길이의 실제 비이다.

파이프: $L/D=(140\ \mathrm{ft}/0.1342\ \mathrm{ft})=1043$

밸브와 부속품에 대한 등가 L_e/D 값은 표 10.4에 있다.

2 밸브: $L_e/D=2(8)=16$

6 엘보: $L_e/D=6(30)=180$

2 티: $L_e/D=2(20)=40$

총 합: $L_e/D=236$

유속은 연속 방정식에서 계산할 수 있다. 자유대기 유량 500 cfm가 실제 조건 100 psig, 80°F에서 66.5 cfm이라는 것을 예제 18.3에서 구했다. 따라서,

$$v=\frac{Q}{A}=\frac{66.5\ \mathrm{ft^3}}{\mathrm{min}}\cdot\frac{1}{0.01414\ \mathrm{ft^2}}\cdot\frac{1\ \mathrm{min}}{60\ \mathrm{s}}=78.4\ \mathrm{ft/s}$$

이다. 속도 수두는

$$\frac{v^2}{2g}=\frac{(78.4)^2\ \mathrm{ft^2/s^2}}{2(32.2\ \mathrm{ft/s^2})}=95.44\ \mathrm{ft}$$

마찰계수 f를 구하기 위해 공기 밀도와 점도가 필요하다. 공기 비중량을 알면 다음 식으로부터 밀도를 구할 수 있다.

$$\rho=\frac{\gamma}{g}=\left(\frac{0.574\ \mathrm{lb}}{\mathrm{ft^3}}\right)\left(\frac{\mathrm{s^2}}{32.2\ \mathrm{ft}}\right)=\frac{0.0178\ \mathrm{lb\cdot s^2}}{\mathrm{ft^4}}=0.0178\ \mathrm{slug/ft^3}$$

기체의 점도는 압력 변화에 따라 많이 변하지 않는다. 그래서 부록 E의 자료가 비록 표준기압에 대한 것이지만 여기에 사용할 수 있다. 점도는 $\eta=3.85\times10^{-7}\ \mathrm{lb\cdot s/ft^2}$이다.

부록 E에 있는 동점도를 사용하는 것은 맞지 않다. 이것은 밀도를 포함하기 때문에 대기압과 100 psig에서 값이 많이 다르다.

이제 Reynolds수를 계산하자.

$$N_R = \frac{vD\rho}{\eta} = \frac{(78.4)(0.1342)(0.0178)}{3.85\times10^{-7}} = 4.86\times10^5$$

상대거칠기 D/ε은

$$D/\varepsilon = 0.1342/1.5\times10^{-4} = 895$$

이다. 따라서 Moody 선도(그림 8.7)로부터 $f=0.021$를 읽는다. 표 10.5에서 $1\frac{1}{2}$-in Schedule 40 파이프에 대해 밸브와 부속품에 사용된 f_T값은 0.020이다. 이것이 파이프 자체에 대한 마찰계수와 다르기 때문에, 다음과 같이 파이프 손실과 밸브 및 부속품에 대한 에너지 손실을 따로 계산한다.

파이프에 대해

$$h_L = f(L/D)(v^2/2g) = (0.021)(1043)(95.44\ \text{ft}) = 2090\ \text{ft}$$

밸브 및 부속품에 대해

$$h_L = f_T\left(\frac{L_e}{D}\right)_{total}\left(\frac{v^2}{2g}\right) = (0.020)(236)(95.44) = 450\ \text{ft}$$

따라서 전체 에너지 손실은 다음과 같다.

$$h_{L-total} = 2090 + 450\ \text{ft} = 2540\ \text{ft}$$

4단계 파이프라인에서 압력강하를 계산한다.

$$p_1 - p_2 = \gamma h_L = \frac{0.574\ \text{lb}}{\text{ft}^3}\cdot 2540\ \text{ft}\cdot\frac{1\ \text{ft}^2}{144\ \text{in}^2} = 10.12\ \text{psi}$$

5단계 압축기에서 압력을 계산한다.

$$p_1 = p_2 + 10.12\ \text{psi} = 100\ \text{psig} + 10.12\ \text{psi} = 110.1\ \text{psig}$$

6단계 압력 변화가 10% 이하이므로 공기의 비중량이 일정하다는 가정이 만족된다. 압력 강하가 더 크게 일어나면 더 큰 치수의 파이프를 가지고 시스템을 다시 설계하거나, 비중량을 시스템의 시작과 끝의 평균값으로 조정해야 한다. 시스템에 대한 이 설계는 압력 강하에 대해 만족하는 것으로 보인다.

18.5 노즐에서 공기 및 기체의 유동

노즐의 대표적인 형태는 고압 영역에서 저압 영역으로 유체를 흘려 보내는 수축형이다. 그림 18.11은 비교적 큰 탱크 옆면에 설치된 노즐을 보여준다. 유체는 탱크로부터 대기로 나간다. 이 노즐은 점진적으로 부드럽게 축소되어 목(throat)이라 하는 가장 작은 단면에서 끝난다. 다른 설계의 노즐로는 급격한 오리피스와 더 작은 파이프가 입구에 부착된 것 등이 있으며, 이들은 특별한 처리가 필요하고, 나중에 논의할 것이다.

이제 열역학 분야의 몇몇 개념들과 기체의 추가적인 성질을 논의한다.

기체의 유동이 매우 느리게 일어날 때 기체는 주변으로부터 열을 받거나 주어 온도를 일정하게 유지한다. 이러한 유동을 등온(isothermal)유동이라 한다. 그러나 유동이 매우 빨라지거나 시스템이 잘 단열되었다면 열전달이 거의 없을 것이다. 열전달이 없는 이상적인 상태를 단열(adiabatic)이라 한다. 실제 시스템은 등온과 단열 사이에서 작동한다. 그러나 빠른 노즐유동에 대해 단열이라 가정할 것이다.

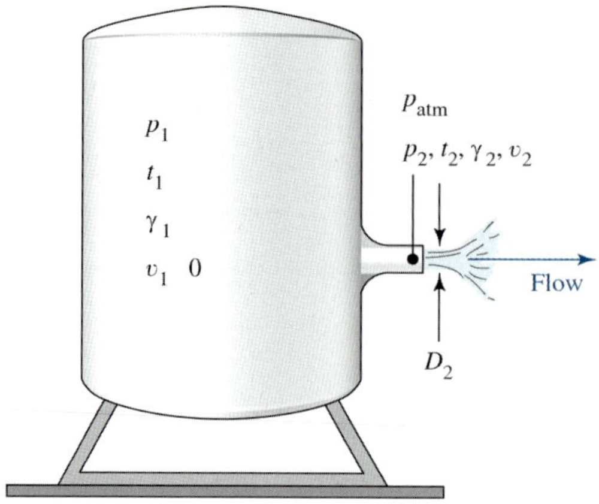

그림 18.11 탱크로부터 부드럽게 축소되는 노즐을 통해 방출되는 기체

18.5.1 단열노즐유동

단열과정에 대해 절대압력과 기체의 비중량 사이의 관계를 나타내는 식은 다음과 같다.

$$\frac{p}{\gamma^k} = \text{상수} \tag{18-5}$$

지수 k는 단열지수(adiabatic exponent)라 하고, 무차원수이며, 공기에 대한 값은 1.4이다. 다른 기체들에 대한 k값은 부록 N에 있다.

어떤 지점에서 기체의 조건을 알고 있고, 이 지점과 관심지점 사이에 단열과정이 일어난다면, 식 (18−5)를 사용하여 관심지점 기체의 조건을 계산할 수 있다. 즉,

$$\frac{p}{\gamma^k} = \text{상수} = \frac{p_1}{\gamma_1^k} = \frac{p_2}{\gamma_2^k} \tag{18-6}$$

다르게 기술하면,

$$\frac{p_2}{p_1} = \left(\frac{\gamma_2}{\gamma_1}\right)^k \tag{18-7}$$

이다. 또는,

$$\frac{\gamma_2}{\gamma_1} = \left(\frac{p_2}{p_1}\right)^{1/k} \tag{18-8}$$

여기서 p_2는 노즐 안의 압력이고 p_1은 탱크의 압력이다. 노즐 외부의 압력은 p_{atm}이다.

탱크에서 노즐을 통해 방출되는 중량 유량은

$$W = \gamma_2 v_2 A_2 \tag{18-9}$$

열역학 법칙을 사용하여 노즐에서 유속이 다음과 같음을 볼 수 있다.

▶ 노즐 유속

$$v_2 = \left\{\left(\frac{2gp_1}{\gamma_1}\right)\left(\frac{k}{k-1}\right)\left[1-\left(\frac{p_2}{p_1}\right)^{(k-1)/k}\right]\right\}^{1/2} \qquad (18-10)$$

여기에서 압력은 절대압력이다. 식 (18−6)−(18−10)을 결합하면 탱크로부터 방출되는 유동의 중량 유량을 탱크 안의 기체 조건과 압력비의 p_2/p_1 항으로 표현한 편리한 식을 만들 수 있다.

▶ $p_2/p_1>$임계비 일 때 중량 유량

$$W = A_2\sqrt{\frac{2gk}{k-1}(p_1\gamma_1)\left[\left(\frac{p_2}{p_1}\right)^{2/k}-\left(\frac{p_2}{p_1}\right)^{(k+1)/k}\right]} \qquad (18-11)$$

압력비 p_2/p_1의 감소는 실제로 압력차 p_1-p_2의 증가를 표시한다는 것을 주의하여 알아야 한다. 그러므로 압력비가 감소할 때 중량 W는 증가한다고 예상할 수 있다. 압력비의 값이 높을 때에는 이것이 사실이다. 이 조건에서 목에서의 압력 p_2는 p_{atm}이다.

그러나 유량은 다음과 같이 정의되는 임계압력비에서 최댓값을 가진다.

▶ 임계압력비

$$\left(\frac{p_2'}{p_1}\right)_c = \left(\frac{2}{k+1}\right)^{k/(k-1)} \qquad (18-12)$$

임계압력비(critical pressure ratio)는 단열지수 k만의 함수이므로 특정 기체에서 상수이다.

임계압력비에 도달하면 노즐 목에서 유속은 그 조건의 기체에서 전파되는 음파의 속도(speed of sound)와 같다. 이 유속은 하류에서의 압력이 얼마나 낮아지든지 상관없이 일정하게 유지된다. 기체에서 음속은 다음과 같다.

▶ 음속

$$c = \sqrt{\frac{kgp_2'}{\gamma_2}} \qquad (18-13)$$

c에 대한 또 다른 이름은 음속(sonic velocity)으로, 기체에서 음파가 전파되는 속도이다. 이것이 축소노즐에서 기체 유동의 최대속도이다.

초음속(supersonic velocity)은 음속보다 큰 속도로, 처음에 축소되다가 나중에 확대되는 노즐에서만 얻을 수 있다. 그런 노즐의 해석은 여기에서 다루지 않을 것이다.

Mach수는 음속에 대한 실제 유속의 비로 주어진다. 즉,

▶ Mach수

$$N_M = v/c \qquad (18-14)$$

식 (18−11)은 압력비 p_{atm}/p_1가 임계압력비보다 커서, $N_M<1.0$인 경우에만 축소노즐을 통해 탱크에서 나가는 기체의 중량 유량 계산에 사용할 수 있다. $N_M=1.0$인 경우, 식 (18−2)를 식 (18−11)에

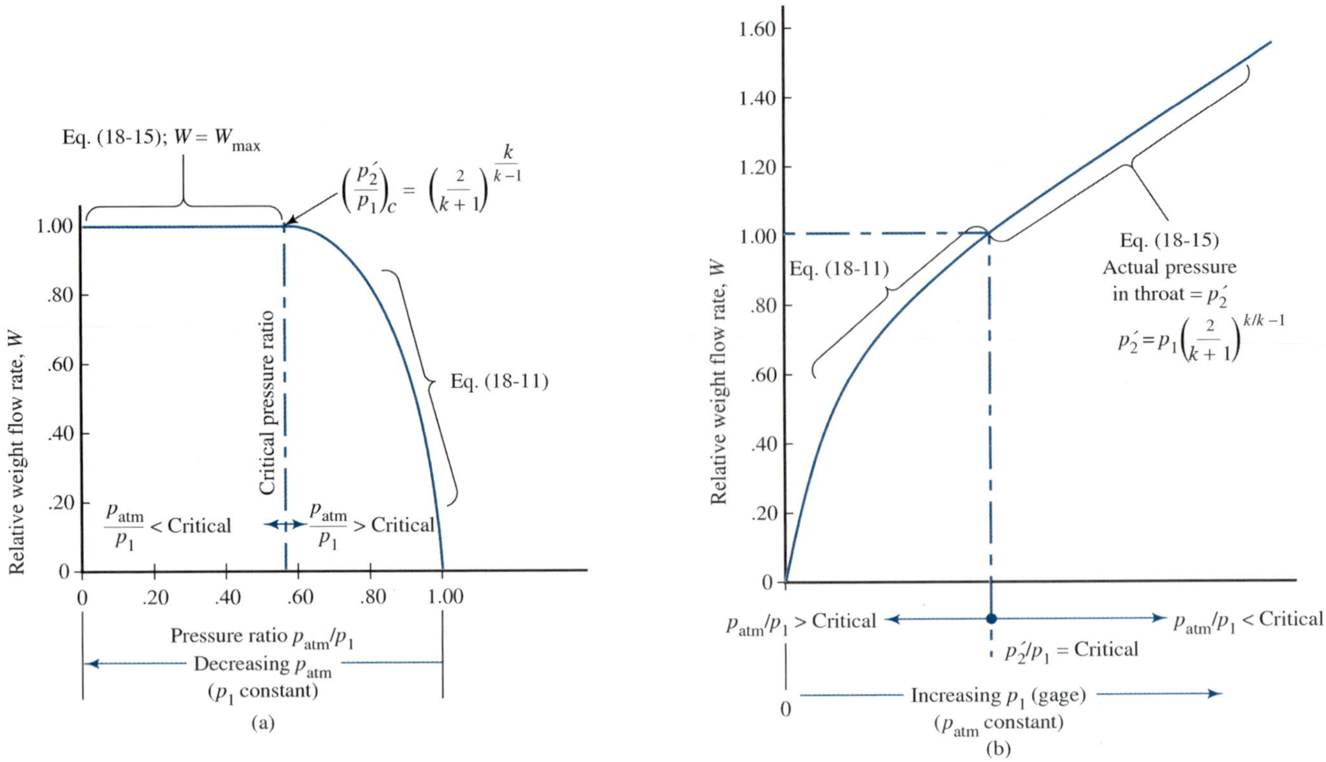

그림 18.12 노즐을 통해 흐르는 기체의 중량 유량

대입하여 다음 식을 얻는다.

▶ **임계 p_2/p_1에서 최대 중량 유량**

$$W_{\max} = A_2\sqrt{\left(\frac{2gk}{k+1}\right)(p_1\gamma_1)\left(\frac{2}{k+1}\right)^{2/(k-1)}} \tag{18-15}$$

이 식은 반드시 p_{atm}/p_1가 임계압력비보다 작은 경우에 사용해야 한다.

그림 18.12는 식 (18−11)과 (18−15)를 따르는, 비교적 큰 탱크로부터 노즐을 통해 흘러가는 기체 유동의 거동을 보여준다. 그림 18.12(a)의 그래프는 탱크의 압력 p_1이 일정하고, 노즐 외부의 압력 p_{atm}가 감소되는 경우에 대한 것이다. $p_{\text{atm}} = p_1$, $p_{\text{atm}}/p_1 = 1.00$일 때 노즐을 통해 흘러가는 유동은 당연히 없다. p_{atm}가 감소하면 압력차($p_1 - p_{\text{atm}}$)는 상대적으로 커지고, 이로 인해 식 (18−11)로부터 계산되는 중량 유량은 증가한다. 그러나 임계압력비$(p_2'/p_1)_c$에 도달하면 목에서 속도는 음속에 도달하고 식 (18−12)에서 계산된 임계압력 p_2'이 유지된다. 즉,

▶ **임계압력, p_2'**

$$p_2 = p_2' = p_1\left(\frac{2}{k+1}\right)^{k/(k-1)} \tag{18-16}$$

노즐 외부 압력이 더 감소해도 탱크로부터 흘러나가는 유량은 증가되지 않는다.

그림 18.12(b)는 압력비에 대한 중량 유량 변화를 다른 해석으로 보여준다. 이 경우에는 노즐 외부의

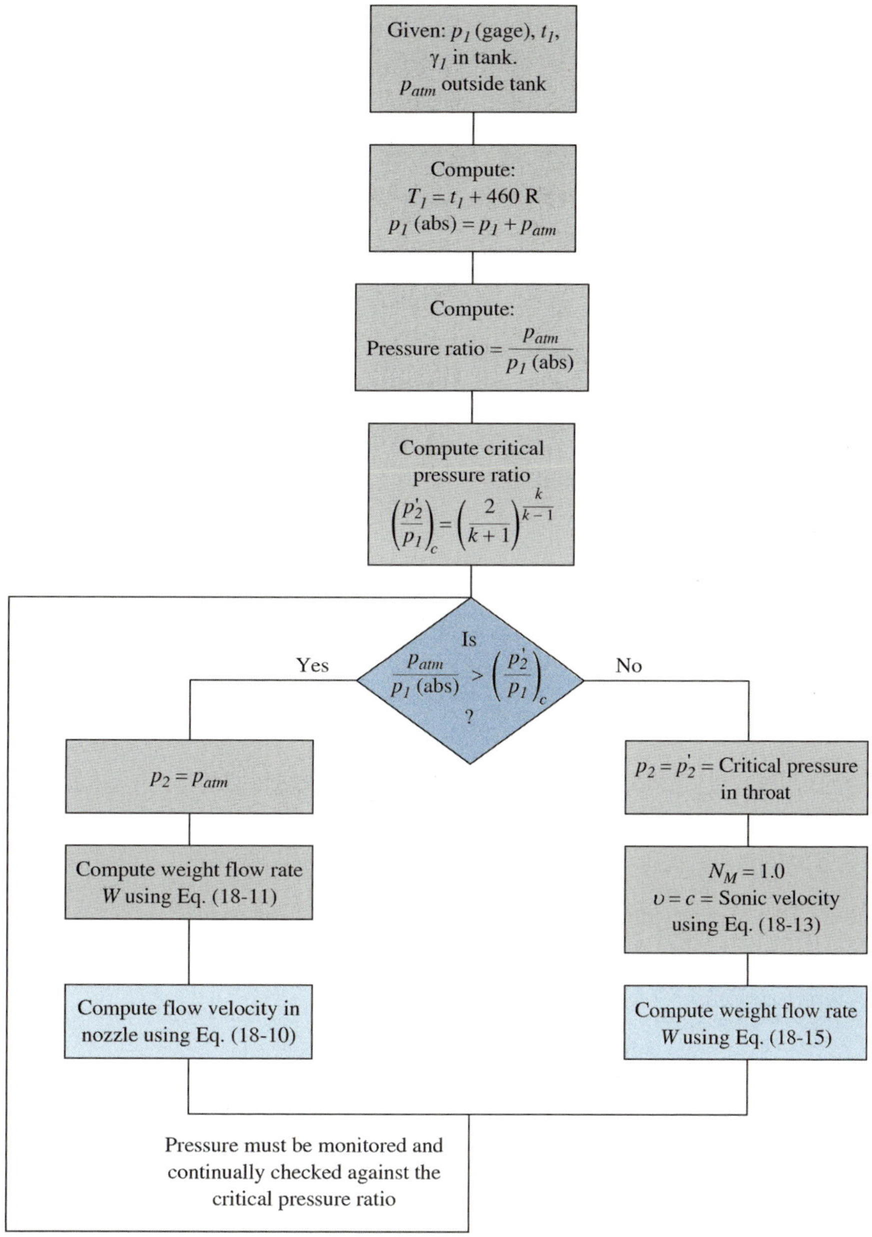

그림 18.13 노즐에서 나오는 기체의 중량 유량을 계산하는 흐름도

압력 p_{atm}을 일정하게 유지하고, 반면 탱크 압력을 증가시킨다. 탱크의 계기압력이 영일 때 압력차가 없기 때문에 당연히 유동이 없다. p_1을 증가시키면 처음에는 압력비 p_{atm}/p_1가 임계압력비보다 더 커서 식 (18−11)을 적용한다. 임계압력비에 도달하거나 이보다 크면, 목에서 속도는 목에서의 기체 조건에 대한 음속이 된다.

그러나 주어진 p_1값에 대한 목에서의 임계압력 p_2'은 식 (18−16)으로 주어진다. p_1이 증가하면 p_2'도 또한 증가한다. 탱크와 목 사이의 압력비는 여전히 임계값이므로, 노즐을 통해 흐르는 중량 유량은 식 (18−15)를 사용하여 계산해야 한다. 이제 중량 유량은 p_1과 γ_1에 의존한다. 또 식 (18−2)를 보면 γ_1은 p_1에 비례한다. 그러므로 임계압력비에 도달한 후, 탱크 압력이 증가할 때 중량 유량은 선형으로 증가한다.

노즐이 그림 18.10과 같이 부드러운 형상이 아니라 급 축소한다면 유량은 식 (18−11) 또는 (18−15)로 예측한 것보다 작을 것이다. 이 경우 15장에서 벤투리미터, 플로우 노즐 및 오리피스미터에 대해 기술하였던 유량계수와 유사한 유량계수를 적용해야 한다. 더욱이 파이프에서와 같이 상류 단면이 작다면, 유입속도에 대한 보정도 해야 한다(참고문헌 12 참조).

요약하면, 유동이 단열이라 가정할 때, 다음 순서에 따라 그림 18.11과 같은 형태의 노즐을 통해 흐르는 기체의 중량 유량을 계산할 수 있다.

단열노즐유동 계산

1. 노즐 외부의 압력과 탱크 압력 사이의 실제압력비, p_{atm}/p_1를 계산하시오.
2. 식 (18−12)를 사용하여 임계압력비를 계산하시오.

3a. 실제압력비가 임계압력비보다 크면, $p_2 = p_{atm}$라 두고 식 (18−11)을 사용하여 노즐을 지나는 중량유량을 계산하시오.

3b. 실제압력비가 임계압력비보다 작으면, $p_2 = p_{atm}$라 두고 식 (18−15)를 사용하여 노즐을 지나는 중량 유량을 계산하시오. 또 노즐목에서 유속이 음속과 같다는 것을 알아두고 식 (18−13)을 사용하여 계산하시오. 목에서 압력은 식 (18−16)의 p_2'이다. 그러면 기체가 노즐을 떠날 때 p_{atm}으로 팽창한다.

예제 18.5 그림 18.11과 같이 옆면에 노즐이 있는 탱크에 대해, 다음 조건에서 탱크에서 노즐을 통해 나가는 공기의 중량 유량을 계산하시오.

$$p_1 = 10.0 \text{ psig} = \text{탱크 압력}$$

$$p_{atm} = 14.2 \text{ psia} = \text{탱크 외부 대기압}$$

$$t_1 = 80°\text{F} = \text{탱크 공기온도}$$

$$D_2 = 0.100 \text{ in} = \text{노즐 출구 직경}$$

해설 위에 정리한 순서에 따른다.

1. 실제 압력비:

$$\frac{p_{atm}}{p_1} = \frac{14.2 \text{ psia}}{(10.0 + 14.2) \text{ psia}} = 0.587$$

2. 부록 N에서 임계압력비를 구한다. 공기에 대한 값은 0.528이다.

3a. 실제압력비가 임계압력비보다 크므로, 중량 유량을 구하기 위해 식 (18−11)을 사용한다. 노즐목 면적 A_2를 계산해야 한다.

$$A_2 = \pi (D_2)^2/4 = \pi (0.100 \text{ in})^2/4 = 0.00785 \text{ in}^2$$

ft^2으로 바꾸면, 다음과 같다.

$$A_2 = 0.00785 \text{ in}^2 (1.0 \text{ ft}^2/144 \text{ in}^2) = 5.45 \times 10^{-5} \text{ ft}^2$$

식 (18−3)을 사용하여 γ_1을 계산한다.

$$\gamma_1 = \frac{2.70 p_1}{T_1} = \frac{2.70(24.2 \text{ psia})}{(80 + 460)°\text{R}} = 0.121 \text{ lb/ft}^3$$

p_1의 단위는 lb/ft^2으로 변환하는 것이 편리하다.

$$p_1 = \frac{24.2\ \text{lb}}{\text{in}^2}\frac{144\ \text{in}^2}{\text{ft}^2} = 3485\ \text{lb/ft}^2$$

그러면 통일된 단위로 식 (18−11)을 사용하여, W에 대한 결과를 lb/s 단위로 구한다. 이 조건에 대한 $p_2 = p_{atm}$이다.

$$W = A_2\sqrt{\frac{2gk}{k-1}(p_1\gamma_1)\left[\left(\frac{p_2}{p_1}\right)^{2/k} - \left(\frac{p_2}{p_1}\right)^{(k+1)/k}\right]} \tag{18-11}$$

$$W = (5.45\times 10^{-5})\sqrt{\frac{2(32.2)(1.4)(3485)(0.121)}{(1.4-1)}[(0.587)^{2/1.4} - (0.587)^{2.4/1.4}]}$$

$$W = 4.32\times 10^{-3}\ \text{lb/s}$$

예제 18.6 예제 18.5에 사용한 조건에 대해 노즐목에서 유속과 유동 Mach수를 계산하시오.

해설 식 (18−10)을 사용하여 목에서 유속을 구한다. 미국관습단위계로 속도의 단위는 ft/s이다.

$$v_2 = \left\{\frac{2gp_1}{\gamma_1}\left(\frac{k}{k-1}\right)\left[1-\left(\frac{p_2}{p_1}\right)^{(k-1)/k}\right]\right\}^{1/2} \tag{18-10}$$

$$v_2 = \left\{\left(\frac{2(32.2)(3485)}{0.121}\right)\left(\frac{1.40}{0.40}\right)[1-(0.587)^{0.4/1.4}]\right\}^{1/2}$$

$$v_2 = 957\ \text{ft/s}$$

Mach수를 계산하려면 먼저 목 조건에서의 공기에서 음속을 계산할 필요가 있다.

$$c = \sqrt{\frac{kgp_2}{\gamma_2}} \tag{18-13}$$

압력 $p_2 = p_{atm} = 14.2$ psia이다. 단위를 lb/ft^{2}로 바꾸면

$$p_2 = \left(\frac{14.2\ \text{lb}}{\text{in}^2}\right)\left(\frac{144\ \text{in}^2}{1.0\ \text{ft}^2}\right) = 2045\ \text{lb/ft}^2$$

비중량 γ_2는 식 (18−8)로 계산할 수 있다.

$$\frac{\gamma_2}{\gamma_1} = \left(\frac{p_2}{p_1}\right)^{1/k} \tag{18-8}$$

$\gamma_2 = 0.121$ lb/ft^{3}로 알고 있으므로 다음을 얻는다.

$$\gamma_2 = \gamma_1\left(\frac{p_2}{p_1}\right)^{1/k}$$

$$\gamma_2 = (0.121)(0.587)^{1/1.4} = 0.0827\ \text{lb/ft}^3$$

그러면 음속은

$$c = \sqrt{\frac{kgp_2}{\gamma_2}} = \sqrt{\frac{(1.4)(32.2)(2045)}{0.0827}} = 1056\ \text{ft/s} \tag{18-13}$$

이다. 이제 Mach수를 구할 수 있다.

$$N_M = \frac{v}{c} = \frac{957\ \text{ft/s}}{1056\ \text{ft/s}} = 0.906$$

예제 18.7 그림 18.11에서 보여주는 탱크에 대해, 탱크 압력을 20.0 psig로 올릴 때, 노즐을 통해 나가는 공기의 중량 유량을 계산하시오. 다른 조건들은 예제 18.5와 같다.

해설 앞에 정리된 순서를 똑같이 따른다.

1. 실제 압력비:

$$\frac{p_{atm}}{p_1} = \frac{14.2\ \text{psia}}{(20.0+14.2)\ \text{psia}} = 0.415$$

2. 다시 임계압력비는 공기에 대해 0.528이다.

3a. 실제 압력비가 임계압력비보다 작으므로, 식 (18−15)를 사용해야 한다.

$$W_{max} = A_2\sqrt{\frac{2gk}{k+1}(p_1\gamma_1)\left(\frac{2}{k+1}\right)^{2/(k-1)}} \tag{18-15}$$

$p_1 = 34.2$ psia에 대한 γ_1을 계산하면 다음과 같다.

$$\gamma_1 = \frac{2.70p_1}{T_1} = \frac{(2.70)(34.2\ \text{psia})}{540°\text{R}} = 0.171\ \text{lb/ft}^3$$

단위 lb/ft^{2}의 p_1이 필요하다.

$$p_1 = \left(\frac{34.2\ \text{lb}}{\text{in}^2}\right)\left(\frac{144\ \text{in}^2}{\text{ft}^2}\right) = 4925\ \text{lb/ft}^2$$

그러면 중량 유량은

$$W_{max} = (5.45\times10^{-5})\sqrt{\frac{2(32.2)(1.4)(4925)(0.171)}{2.4}\left(\frac{2}{2.4}\right)^{2/0.4}}$$

$$W_{max} = 6.15\times10^{-3}\ \text{lb/s}$$

이다. 목에서 공기 유속은 목 조건에서의 음속이다. 그러나 목에서 압력은 임계압력비에 대한 식 (18−12)로부터 구해야 한다.

$$\left(\frac{p_2'}{p_1}\right)_c = \left(\frac{2}{k+1}\right)^{k/(k-1)} = 0.528$$

$$p_2' = p_1(0.528) = (4925\ \text{lb/ft}^2)(0.528) = 2600\ \text{lb/ft}^2 \tag{18-12}$$

$\gamma_1 = 0.171$ lb/ft^{3}이므로 γ_2는 다음과 같다.

$$\gamma_2 = \gamma_1\left(\frac{p_2}{p_1}\right)^{1/k}$$

$$\gamma_2 = (0.171)(0.528)^{1/1.4} = 0.1084\ \text{lb/ft}^3$$

따라서 음속과 목에서 속도는

$$c = \sqrt{\frac{kgp_2}{\gamma_2}} = \sqrt{\frac{(1.4)(32.2)(2600)}{0.1084}} = 1040\ \text{ft/s}$$

이다. 목에서 Mach수는 1.0이다.

참고문헌

1. Air Movement and Control Association International. 2011. *Fan and Air Systems Application Handbook: Publications 200-95 (R20110), 201-02 (R2011), 202-98(R2011), and 203.90 (R2011).* Arlington Heights, Illinois: Author.

2. ______. 2008. *Industrial Process/Power Generation Fans: Specification Guidelines, AMCA Publication 801-01 (R2008).* Arlington Heights, Illinois: Author.

3. American Society of Heating, Refrigerating, and Air Conditioning Engineering. 2012. *ASHRAE Handbook.* Atlanta, GA: Author.
4. American Society of Mechanical Engineers. 2003. *Glossary of Terms Used in the Measurement of Fluid Flow in Pipes.* Standard ANSI/ASME MFC-1M. New York: Author.
5. ______. 1996. *Process Fan and Compressor Selection.* New York: Author.
6. B leier, Frank P. 1997. *Fan Handbook.* New York: McGraw-Hill.
7. B loch, Heinz and Fred K. Geither. 2012. *Compressors: How to Achieve High Reliability & Availability.* New York: McGraw-Hill.
8. Chopey, Nicholas P., ed., and the staff of *Chemical Engineering*. 1994. *Fluid Movers: Pumps, Compressors, Fans and Blowers,* 2nd ed. New York: McGraw-Hill.
9. Crane Co. 2011. *Flow of Fluids Through Valves, Fittings, and Pipe* (Technical Paper 410). Stamford, CT: Author.
10. Davidson, John and Otto von Bertele. 2011. *Compressor Selection.* New York: Wiley.
11. Hayes, W. H. 2003. *Industrial Exhaust Hood and Fan Piping,* 2nd ed. New York: Merchant Press.
12. Idelchik, I. E. E., N. A. Decker, and M. Steinberg. 1991. *Fluid Dynamics of Industrial Equipment.* New York: Taylor & Francis.
13. Idelchik, I. E. and M. O. Steinberg. 2005. *Handbook of Hydraulic Resistance.* Mumbai, India: Jaico Publishing House.
14. Peng, William W. 2007. *Fundamentals of Turbomachinery.* New York: Wiley.
15. The Trane Company. 1996. *Trane Air Conditioning Manual.* La Crosse, WI: Author.

인터넷 자료

1. **Hartzell Air Movement, Inc.:** Manufacturer of fans for commercial and industrial service for ventilation, process air supply and exhaust, heating equipment, and original equipment applications.
2. **Dresser-Rand**: Manufacturer of centrifugal and reciprocating compressors, steam turbines, gas turbines, and related products for the oil and gas, chemical, and petrochemical industries.
3. **Lau Industries-Dayton Ohio:** Manufacturer of air-moving components and fan systems for the heating, ventilation, air conditioning, and refrigeration industries.
4. **Continental Fan Manufacturing, Inc.:** Manufacturer of inline fans, blowers, and motorized impellers for the residential, commercial, and industrial markets. Included are duct fans, exhaust fans, dampers, and controls.
5. **New York Blower Company:** Manufacturer of many types and sizes of air-moving equipment for industrial and commercial applications. Included are centrifugal, axial, material handling, and roof ventilating fans, and heating products.
6. **Chicago Blower Corporation:** Manufacturer of fans and blowers for industrial and large commercial applications such as air handling, fume exhaust, HVAC, pneumatic conveying, drying, and supplying combustion air to boilers and incinerators. Included are centrifugal and axial fans and high-pressure blowers.
7. **Sullivan-Palatek:** Manufacturer of electric motor-and engine-driven rotary-screw air compressors for stationary and mobile applications.
8. **Quincy Compressor:** Manufacturer of reciprocating and rotary-screw compressors, vacuum pumps, and related equipment and controls.
9. **Elliott Group-Turbo Machinery:** Manufacturer of steam turbines, centrifugal air and gas compressors, power recovery units, generator systems, and cogeneration systems.
10. **Gardner Denver-Compressors:** Manufacturer of rotaryscrew, reciprocating, and centrifugal air compressors and air treatment systems.
11. **Air Movement and Control Association International (AMCA):** An industry association of manufacturers of air system equipment for industrial, commercial, and residential markets.
12. **ASHRAE:** Formerly known as the American Society for Heating, Refrigerating, and Air-Conditioning Engineers, ASHRAE and its members focus on building systems, energy efficiency, indoor air quality, refrigeration and sustainability through research, standards writing, publishing, and continuing education.
13. **Trane® Heating and Air Conditioning:** A brand of the Ingersoll-Rand company, Trane® is a manufacturer of residential and commercial heating and air conditioning equipment. See also their publication, *Trane Air Conditioning Manual,* for technical details of planning and implementing air flow systems for heating and air conditioning systems. See Reference 15.
14. **Kaeser Compressors, Inc.:** Manufacturer of air compressors, blowers, and vacuum systems for industrial and commercial installations. Rotary screw-type, reciprocating, and rotary lobe-type compressors and blowers are provided along with dryers, filters, coolers, and condensate management systems and control systems for regulating compressed air demand. Their SmartPipe™ aluminum delivery system piping provides low friction losses, high air quality, and easy installation.
15. **Compressed Gas Association (CGA):** An organization that promotes safe, secure, and environmentally responsible manufacture, transportation, storage, transfilling, and disposal of industrial and medical gases and their containers. Included are liquefied, nonliquefied, dissolved, and cryogenic gases.
16. **eCompressedair:** From the bottom of the home page, select *Main Library,* then select *Piping Systems* for an extensive

set of documents giving guidelines for the design and installation of piping for compressed air systems for industrial applications.

연습문제

단위와 환산계수

18.1 35℃에서 1000 L/s로 압축된 공기의 배출 유량을 m^3/s로 나타내시오.

18.2 1800 L/s로 압축된 공기의 배출 유량을 m^3/s로 나타내시오.

18.3 35℃에서 1000 gal/s로 압축된 공기의 배출 유량을 m^3/s로 나타내시오.

18.4 2300 gal/s로 압축된 공기의 배출 유량을 m^3/s로 나타내시오.

18.5 압축기로 공기를 1500 m/s 비율로 압축한다. 속도를 ft/s 항으로 계산하시오.

18.6 송풍기로 공기를 900 m/s 비율로 압축한다. 속도를 ft/s 항으로 계산하시오.

18.7 난방덕트에서 측정된 정압이 8.25 inH_2O이다. 이 압력을 psi로 표현하시오.

18.8 팬이 정압 0.75 inH_2O에서 공기 5520 cfm을 공급한다. 유량을 m^3/s로, 압력을 Pa로 나타내시오.

18.9 파이프에서 유체가 압력 125×10^3에서 5 m/s로 흐르고 있을 때 압력을 Bar로 표현하시오.

18.10 압력 100×10^3 Pa을 bar로 표현하시오.

팬, 송풍기, 압축기

18.11 후향경사날개(backward−inclined blade)를 가진 원심팬을 기술하시오.

18.12 전향곡선날개(forward−curved blade)를 가진 원심팬을 기술하시오.

18.13 덕트팬(duct fan)을 기술하시오.

18.14 베인−축류 송풍기(vane−axial blower)를 기술하고 덕트팬과 비교하시오.

18.15 용적식 압축기의 네 종류의 이름을 쓰시오.

18.16 공압 시스템에 사용하는 압축기 종류의 이름을 쓰시오.

공기 비중량

18.17 52 psig와 105°F에서 공기의 비중량을 계산하시오.

18.18 25 psig와 105°F에서 공기의 비중량을 계산하시오.

18.19 8.50 inH_2O과 55°F에서 천연가스의 비중량을 계산하시오.

18.20 66 psig와 120°F에서 질소의 비중량을 계산하시오.

18.21 1520 Pa(gage)와 25℃에서 공기의 비중량을 계산하시오.

18.22 18.6 psig와 85°F에서 프로판(propane)의 비중량을 계산하시오.

파이프 압축공기 유동

18.23 공기압축기가 자유대기 995 cfm을 공급한다. 압력 80 psig와 온도 75°F인 파이프에서 공기 유량을 계산하시오.

18.24 공기압축기가 자유대기 5520 cfm을 공급한다. 압력 65 psig와 온도 95°F인 파이프에서 공기 유량을 계산하시오.

18.25 파이프 100 ft에 대한 압력 강하가 5.0 psi 이상 되지 않으면서 100 psig에서 425 cfm(FAD)을 운반하는 데 적절한 Schedule 40 강 파이프의 치수를 정하시오.

18.26 파이프 100 ft에 대한 압력 강하가 5.0 psi 이상 되지 않으면서, 100 psig에서 165 cfm(FAD)을 운반하는 데 적절한 Schedule 40 강 파이프의 치수를 정하시오.

18.27 70°F에 적어도 100 psig가 되어야 하는 원자로 용기로 800 cfm(자유대기)을 운반하는 데 적절한 Schedule 40 강 파이프의 치수를 정하시오. 압축기에서 원자로 용기까지 파이프의 총 길이는 350 ft이다. 이 라인에 8개의 표준 엘보, 2개의 완전 개방 게이트 밸브 및 1개의 스윙형 체크 밸브가 있다. 설계를 마친 후 압축기에 요구되는 압력을 구하시오.

18.28 하수처리 플랜트에서 폭기처리 과정에 3000 cfm 압축공기가 필요하다. 압력은 80 psig, 온도는 120°F가 되어야 한다. 압축기는 다용도 빌딩에 위치해 있고 180 ft의 파이프가 필요하다. 파이프라인에 12개 엘보, 주유동의 4개 티 및 1개의 볼형 체크밸브가 있다. 적절한 Schedule 40 강 파이프의 치수를 정하고, 압축기에 요구되는 압력을 구하시오.

노즐기체유동

18.29 압력 40.0 psig, 온도 80°F인 압력용기(reservoir)에서 압력 20.0 psig인 파이프로 공기가 흐른다. 유동은 단열이라 가정한다. 압력용기와 파이프에서의 공기의 비중량을 계산하시오.

18.30 압력 435 kPa, 온도 25℃인 압력용기(reservoir)에서 압력 185 kPa인 파이프로 공기가 흐른다. 유동은 단열이라 가정한다. 압력용기와 파이프에서의 공기의 비중량을 계산하시오.

18.31 냉매 12가 온도 80°F, 62.0 psig에서 5.25 psig로 단열상태로 팽창한다. 양쪽 조건에서 냉매의 비중량을 계산하시오.

18.32 압력 150 psig, 온도 95°F의 탱크 안의 산소가 직경 0.120 in 노즐을 통해 대기로 방출된다. 대기 압력은 23.40 psia이다. 탱크에서 나오는 산소의 중량 유량과 노즐에서 유속을 계산하시오.

18.33 탱크 압력을 7.50 psig로 변경한 후 문제 18.32를 다시 풀이하시오.

18.34 고성능 경주용 타이어는 50 psig, 온도 70°F의 질소로 충전된다. 직경 0.062 in 밸브를 통해 압력 14.60 psia의 대기로 빠져나가는 질소의 중량 유량은 얼마인가?

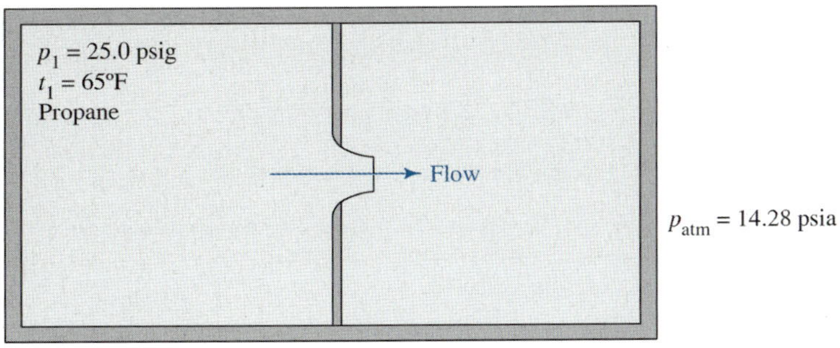

그림 18.14 문제 18.36에 대한 용기

18.35 내부압력을 45 psig에서 0 psig까지 5.0 psig 간격으로 감소시키면서 문제 18.34를 다시 풀이하시오. 타이어의 내부압력 대 중량 유량의 그래프를 그리시오.

18.36 그림 18.14는 2개의 격실로 된 용기를 보여준다. 두 격실은 부드러운 축소노즐로 연결된다. 왼쪽 격실은 프로판가스가 채워져 있고, 25.0 psig와 65°F를 일정하게 유지한다. 오른쪽 격실은 압력 25.0 psig에서 시작하여 0.0 psig까지 감소된다. 대기압은 14.28 psia이다. 압력이 5.0 psi 간격으로 떨어질 때 0.5-in 노즐을 통해 흘러나가는 프로판의 중량 유량을 계산하시오. 오른쪽 격실에서의 압력 대 중량 유량을 그리시오.

18.37 공기가 큰 탱크에서 부드러운 축소노즐을 통해 절대압력 98.5 kPa의 대기로 흘러나간다. 탱크에서 온도는 95℃이다. 노즐에서 음속을 만들기 위해 필요한 탱크에서 최소압력을 계산하시오.

18.38 문제 18.37 조건의 노즐에서 음속의 크기를 구하시오.

18.39 문제 18.37 조건에서 노즐직경이 10.0 mm일 때 탱크로부터 나가는 공기의 중량 유량을 계산하시오.

18.40 냉매 12의 탱크가 압력 150 kPa, 온도 20℃를 가진다. 탱크에서 직경 8.0 mm의 부드러운 축소노즐을 통해 절대압력 100.0 kPa의 대기로 나가는 냉매의 유량은 얼마인가?

18.41 문제 18.40의 탱크에서 탱크의 계기압력이 125 kPa, 100 kPa, 75 kPa, 50 kPa, 25 kPa일 때 노즐을 통해 나가는 중량 유량을 각각 계산하시오. 탱크에서 온도는 모든 경우에 20℃ 라고 가정한다. 탱크압력 대 중량 유량 그래프를 그리시오.

컴퓨터를 이용한 공학 과제

1. 표준대기조건과 다른 압력과 온도에 대한 체적 유량 보정과 기체의 비중량을 위한 식 (18－2)와 (18－3)의 계산을 수행하는 프로그램 또는 스프레드시트를 작성하시오.
2. 파이프라인 시스템에서 압축공기 유동을 해석하는 프로그램 또는 스프레드시트를 작성하시오. 프로그램은 예제 18.4에서 개략적으로 기술한 절차와 유사해야 한다. 프로그램의 특성 일부는 앞 장에서 액체유동에 대한 파이프라인 시스템에 대해 사용한 것과 유사하다.
3. 탱크에서 부드러운 축소노즐을 통해 나가는 기체의 속도와 중량 유량을 계산하는 프로그램 또는 스프레드시트를 작성하시오. 프로그램은 임계압력비와 음속을 포함하는 식 (18－6)－(18－16)을 사용해야 한다.
4. 과제 3에서 만든 프로그램 또는 스프레드시트를 사용하여 문제 18.32, 18.33, 18.35, 18.36, 18.41을 풀이하시오. 이들 문제는 여러 조건에 대한 해석이 필요하다.

CHAPTER 19

덕트 공기유동

개요

난방, 환기, 공기 조화 시스템은 덕트를 통해 비교적 저압에서 공기를 분배한다. 18장에서 설명한 팬과 송풍기는 일반적으로 고유량, 저압력의 공기를 이송시키는 기기이다. 주어진 시스템과 팬을 잘 맞추고, 알맞은 양의 공기 공급을 보장하며, 시스템 여러 부분으로 보내지는 유량의 균형을 맞추려면 덕트 시스템에서 압력분포를 알아야 한다. 집, 호텔, 또는 쇼핑몰에서 이 시스템들은 일반 대중이나 거주자에게 보이지 않지만 그림 19.1에서 잘 설계된 덕트 시스템의 모습을 확인할 수 있다.

탐구

어느 날 난방, 환기, 공기 조화 시스템으로 쾌적하고 조화된 환경을 경험했던 장소들을 모두 생각해보자.

- 접근할 수 있는 강제 공기 난방, 공기 조화 또는 환기 시스템에 대한 자료를 수집하자. 그곳은 아마 집, 학교, 상업용 건물 또는 산업공장일 수 있다.
- 덕트의 치수와 모양, 사용하는 팬의 종류, 팬의 위치 그리고 공기가 공기 조화 공간까지 어떻게 분배되는지 등 가능한 한 상세하게 시스템을 기술해보자.

입문 개념

다음은 덕트 시스템을 조사할 때 찾아야 하는 것들의 일부이다.

- 시스템을 통해 공기를 이송시키는 주요 팬이나 송풍기가 어디에 있는가? 18장에 있는 그림 18.2에서 18.4까지를 예로 참조하여, 이것의 물리적인 치수와 형상을 기술하자. 팬에 대해 속도, 이송량(체적 유량), 정격압력과 같은 정격 값을 찾아보자. 이송량은 분당 세제곱 피트의 약자인 cfm같은 단위로 적혀 있을 것이다. 정격압력은 psi나 inch water 또는 다른 단위로 적혀 있을 것이다. 공기 이송 시스템에서 유량과 압력 표시에 자주 사용되는 단위의 정의는 18장 처음 부분에 있는 18.2절을 참조하자.
- 공기는 어떻게 팬 흡입구로 들어오는가? 어디에서 오는가?
- 공기가 팬 배출구에서 바로 가는 곳이 어디인가? 팬은 보일러 또는 공간 히터의 버너의 일부인가? 팬은 공기를 공기 조화 시스템의 냉각코일로 보내는가? 또는 유동을 온도 조절 없이 환기를 위한 배관으로 바로 보내는가?
- 팬 출구에서 각 배출지점까지 배관을 따라가보자. 덕트 치수에 대한 값을 얻으려고 노력하자. 그것은 원형, 정사각형 또는 직사각형인가? 배관에 벤드(bend), 축소이음부(reducer) 또는 확대이음부(expansion)가 있는가?
- 덕트에 공기유동을 부분적으로 막아주는 댐퍼와 같은 제어기기가 설치되었는가? 이것은 시스템 운영자가 각 목적지까지 적절한 양의 조화된 공기가 배송되도록 유량을 조절할 수 있게 만든다.
- 각 목적지에 공기공급을 제어하는 그릴이나 레지스터를 기술하자. 이들의 중요한 치수는 무엇인가?

그림 19.1 생활공간과 업무 공간에 신선하고 조화된 공기를 제공하는 것은 건물 설계에 중요한 부분이다. 이 상용 HVAC시스템은 큰 직경의 공급덕트와 전체 공간에 공기를 배분하는 디퓨저를 가진 여러 작은 분기덕트를 포함한다. (출처: Realchemyst/Fotolia)

• 공기를 재순환시키기 위해 공기조화 공간의 공기를 팬 시스템으로 회수하는 시설이 있는가? 만약 그렇다면 어떤 방식으로 되어 있는가?

공기 분배 시스템의 예

그림 19.2는 공기 분배 시스템의 배치도를 보여준다. 바깥공기는 지점1에서 바람과 비로부터 배관을 보호하는 루버(louver)를 통해 건물 안으로 들어온다. 루버를 통해 들어오는 공기의 유속은 원하지 않는 오염물의 유입을 최소로 하기 위해 비교적 낮은 약 500 ft/min(2.5 m/s)로 한다. 그 다음 덕트 크기를 줄여 공기를 팬 흡입부까지 운반한다. 점진적인 축소가 압력 손실이 작지만, 그림에서는 덕트의 급 축소부가 나타나 있다.

흡입덕트에 있는 댐퍼는 덕트를 부분적으로 막을 수 있어, 필요할 때 유량을 감소시킨다. 흡입덕트는 공기를 팬 입구부로 이송하고, 여기서 팬 휠의 작용으로 압력이 증가한다. 물론 팬이 유동을 발생시키고, 외부공기를 빨아들여 분배 배관으로 보낸다. 적절한 양의 공급공기를 이송하려면 덕트에서 마찰에 의해 만들어지는 모든 저항과 엘보, 분기 티, 댐퍼 및 그릴로 인한 손실을 반드시 극복해야 한다.

팬 출구에서 공기는 주 덕트로 운반되며, 여기서 4개의 분기덕트로 나뉘어진 다음 사용지점으로 공급된다. 각 분기덕트에 보여지는 댐퍼는 운전 중에 시스템의 균형을 맞추기 위한 것이다. 각 출구에서 그릴을 사용하여 공기를 공기 조화 공간에 분배한다(이 예제에서 3개의 사무실과 1개의 회의실).

아래 그림의 배관은 주로 천장 위에 있다. 천장 시스템의 공기유동을 아래 방향으로 바꿔주기 위해 각 출구 그릴 위쪽에 엘보가 있다.

이러한 공조 시스템에서는 기본 작동 매개변수를 이해하는 것이 중요하다. 건물 외부 공기는 일반적으로 대기압이다. 입구루버를 통해 덕트로 유동을 빨아들이기 위해 팬은 덕트 안에 대기압보다 낮은 압력을 만들어주어야 한다. 이것은 음의 계기압력이다. 공기가 덕트를 통해 흐르기 때문에 마찰손실은 압력을 더 감소시킨다. 여기에 더하여 입구루버, 댐퍼 같은 유동의 방해물이나 유동의 방향을 바꾸어주는 티나 와이도 압력강하를 일으킨다. 팬은 공기의 압력을 증가시켜 공기를 공급배관을 통해 출구 그릴까지 보낸다.

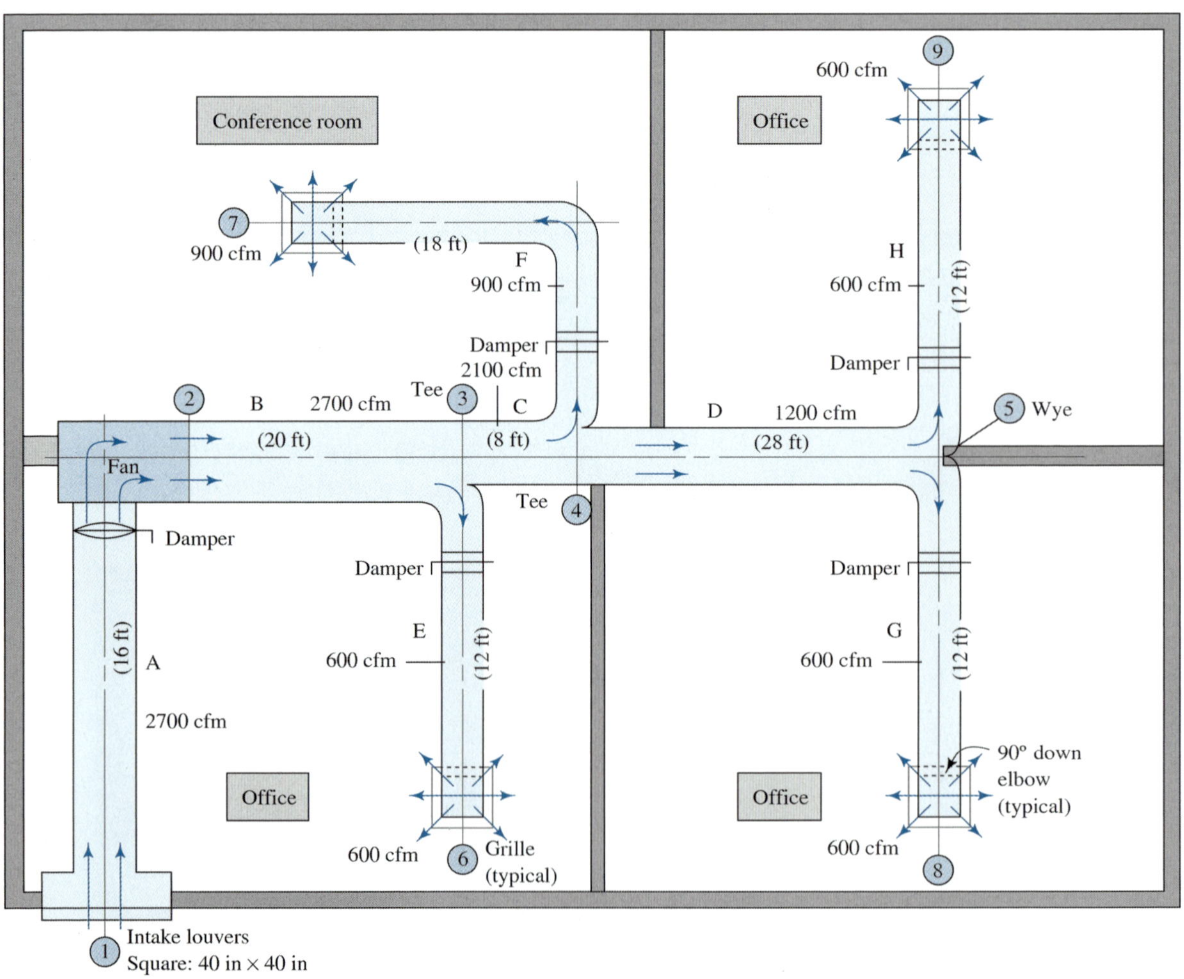

그림 19.2 공기분배시스템

건물 방 안의 공기는 대기압보다 약간 높거나 낮을 것이다. 건물 안의 압력이 높으면 외풍을 없애거나 제어하기 좋으므로 공기조화시스템 설계자는 이를 선호한다. 그러나 배관을 설계할 때에는 보통 건물 안의 압력이 외부와 같다고 놓는다. 이 단원의 끝에 나열된 모든 참고문헌과 인터넷 자료는 덕트 시스템 설계에 대한 안내서(참고문헌 1−11과 인터넷 자료 1−6, 8), 이용 가능한 상용 부품 예시(참고문헌 10과 인터넷 자료 8), 그리고 덕트 설계 과정을 도와주는 소프트웨어(인터넷 자료 7−9)에 대한 것이다.

19.1 목표

이 장을 학습한 후에 다음 항목들을 수행할 수 있다.

1. 난방, 환기 또는 공기조화를 위해 사용하는 공기 분배 시스템의 기본요소를 기술한다.
2. 직선 부분과 부속품을 고려한 덕트에서의 에너지 손실을 계산한다.
3. 사각덕트에 대응되는 원형덕트의 등가직경(equivalent diameter)을 계산한다.
4. 조화공기가 필요한 공간에 공기를 운반해주고, 시스템의 균형을 맞춰주는 배관을 해석하고 설계한다.
5. 시스템에 적절한 팬 선정 요구사항을 분별한다.

19.2 덕트 에너지 손실

덕트 시스템에서 두 종류의 에너지 손실로 인해 유로를 따라 압력이 떨어진다. 공기가 직선 부분을 통해 흐를 때 마찰손실이 발생한다. 반면 공기가 티나 와이 같은 부속품류나 유동제어 기기를 흐를 때 동압손실이 일어난다.

마찰손실은 액체유동에 대해 8장에서 소개한 Darcy 식을 사용하여 추정할 수 있다. 그러나 미국난방 및 냉동공조기술자협회(ASHRAE)에서는 덕트 시스템에 사용되는 대표적인 조건에 대해 특별한 선도를 마련하였다(참고문헌 1 및 인터넷 자료 3). 인터넷 자료 5는 Heating, Refrigeration, and Air Conditioning Institute of Canada(HRAI)의 웹사이트이다.

그림 19.3과 19.4는 마찰손실 h_L을 체적 유량의 함수로 보여준다. 여기서 두 세트의 대각선은 원형덕트의 직경과 유속을 나타낸다. 사용한 단위와 가정 조건들은 표 19.1에 요약되어 있다. 참고문헌 2는 다른 조건들에 대한 보정계수를 보여준다. 공기 유량과 압력에 대한 정보는 18.2절을 참조하자.

그림 19.3에서 읽는 덕트 100 ft당 마찰손실은 기호 h_L을 사용하여 표시한다. 주어진 덕트 길이 L에 대한 총 에너지 손실은 H_L이라 하고, 다음 식으로 구한다.

표 19.1 마찰 선도에 대한 단위 및 가정 조건들

	U.S. Customary System Units	SI Units
Flow rate	ft^3/ min (cfm)	m^3/s
Friction loss h_L	in of water per 100 ft (inH_2O /100 ft)	Pa/m
Velocity	ft/min	m/s
Duct diameter	in	mm
Specific weight of air	0.075 lb/ft^3	11.81 N/m^3
Duct surface roughness	5×10^{-4} ft	1.5×10^{-4} m
Condition of air	14.7 psia; 68°F	101.3 kPa; 20°C

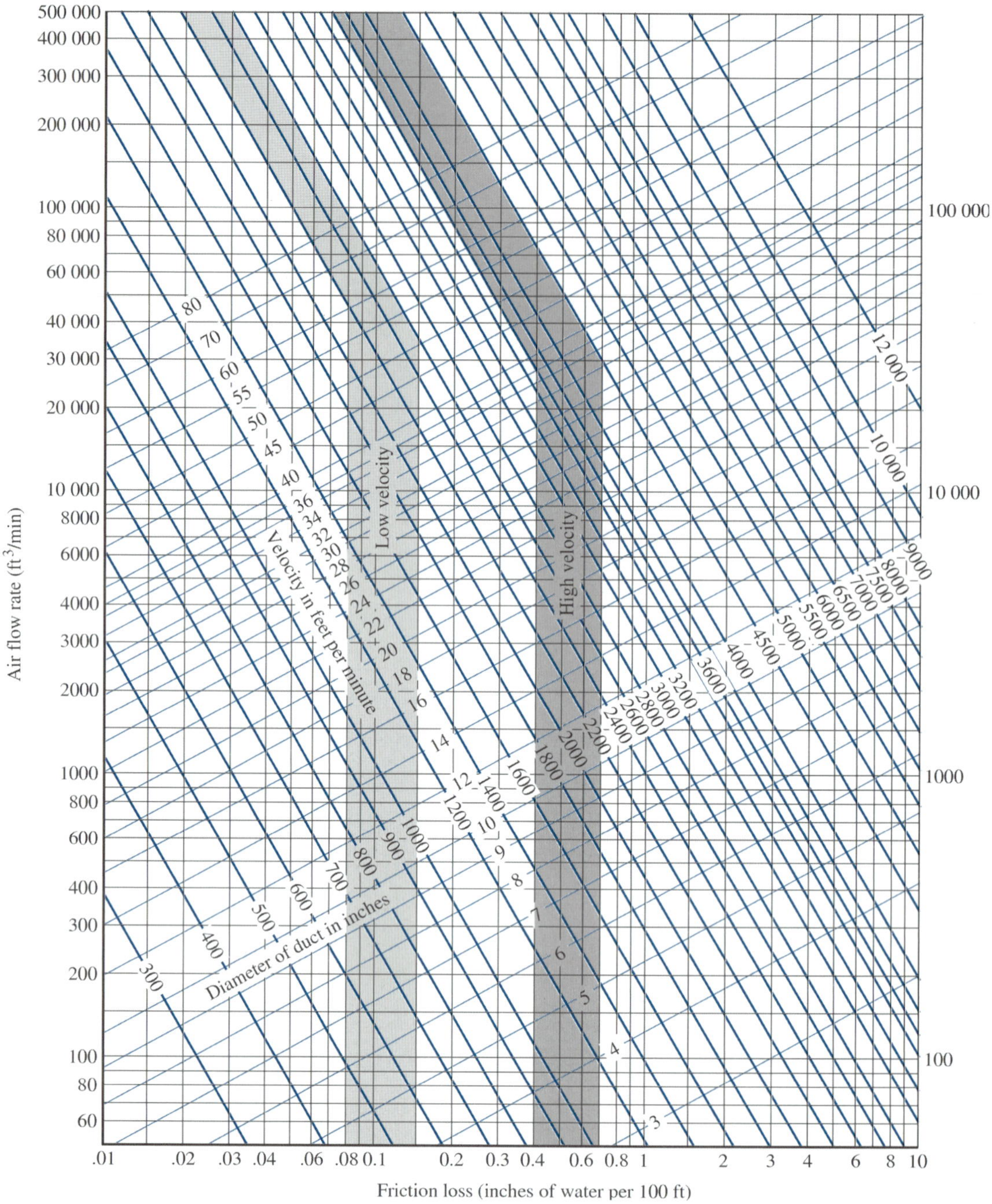

그림 19.3 덕트 마찰계수 – 미국관습단위계(출처: ASHRAE Handbook—1981 Fundamentals. Copyright © 1981 American Society of Heating, Refrigerating, and Air-Conditioning Engineers, Inc. 게재 승인)

$$H_L = h_L(L/100)$$

다른 에너지 손실은 기호 H로 표시하고, 하첨자는 해석되는 기기와 관련된다. 이 단원 후반에 나오는 예제 19.1－19.4를 보자.

사각덕트 난방, 환기 또는 공기 조화 시스템에 원형덕트가 종종 사용되지만, 특히 천장 위의 공간 제약 때문에 보통 사각덕트를 사용하는 것이 가장 편리하다. 사각덕트는 수력 반경(hydraulic radius)

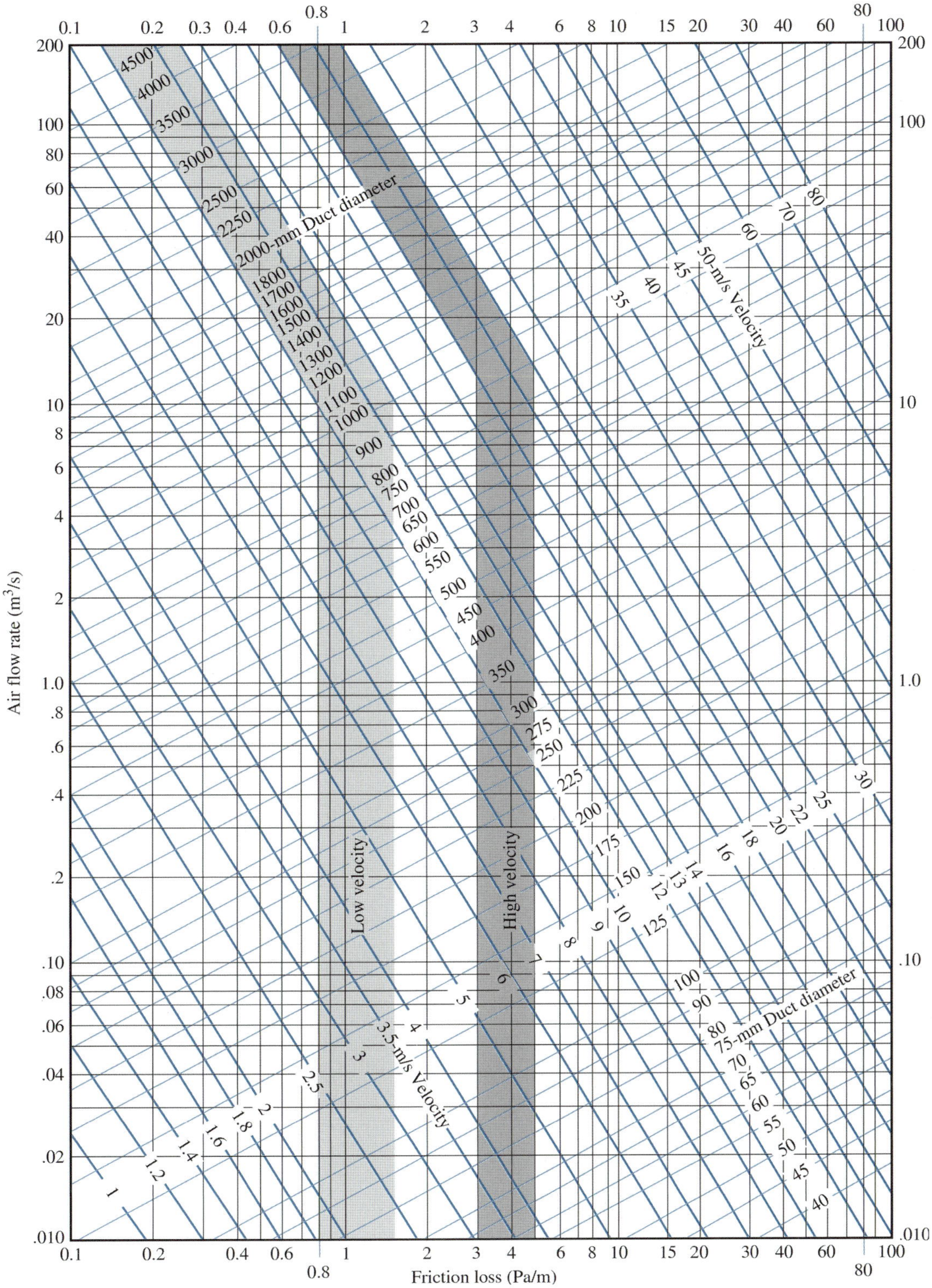

그림 19.4 덕트 마찰계수 - SI 단위계(출처: ASHRAE Handbook—1981 Fundamentals. Copyright © 1981 American Society of Heating, Refrigerating, and Air-Conditioning Engineers, Inc. 게재 승인)

을 사용하여 그 크기를 특성화한다(9.5절 논의). 속도, Reynolds수, 상대거칠기 및 대응 마찰계수에 대한 관계식에서 직경 대신 수력 반경의 대입이 필요할 때, 사각덕트에 대해 다음의 원형등가직경

(circular equivalent diameter)을 사용한다.

▶ 사각덕트에 대한 원형등가직경

$$D_e = \frac{1.3(ab)^{5/8}}{(a+b)^{1/4}} \tag{19-1}$$

여기서 a와 b는 사각형의 변의 길이이다.

이것은 그림 19.3과 19.4의 손실선도를 원형덕트는 물론 사각덕트에 대해서도 사용할 수 있게 만든다. 표 19.2는 식 (19−1)을 사용하여 계산한 몇몇 결과를 보여준다.

편평타원덕트 공기 덕트에 많이 사용하는 또 다른 형상은 그림 19.5에서 보여주는 편평한 타원형이다. 단면적은 사각형과 원 부분의 합으로 다음과 같다.

$$A = \pi a^2/4 + a(b-a) \tag{19-2}$$

표 19.2 사각덕트의 원형등가직경

Side *b* (in)	Side *a* (in) 6	8	10	12	14	16	18	20	22	24	26	28	30
6	6.6												
8	7.6	8.7											
10	8.4	9.8	10.9										
12	9.1	10.7	12.0	13.1									
14	9.8	11.5	12.9	14.2	15.3								
16	10.4	12.2	13.7	15.1	16.4	17.5							
18	11.0	12.9	14.5	16.0	17.3	18.5	19.7						
20	11.5	13.5	15.2	16.8	18.2	19.5	20.7	21.9					
22	12.0	14.1	15.9	17.6	19.1	20.4	21.7	22.9	24.0				
24	12.4	14.6	16.5	18.3	19.9	21.3	22.7	23.9	25.1	26.2			
26	12.8	15.1	17.1	19.0	20.6	22.1	23.5	24.9	26.1	27.3	28.4		
28	13.2	15.6	17.7	19.6	21.3	22.9	24.4	25.8	27.1	28.3	29.5	30.6	
30	13.6	16.1	18.3	20.7	22.0	23.7	25.2	26.6	28.0	29.3	30.5	31.7	32.8

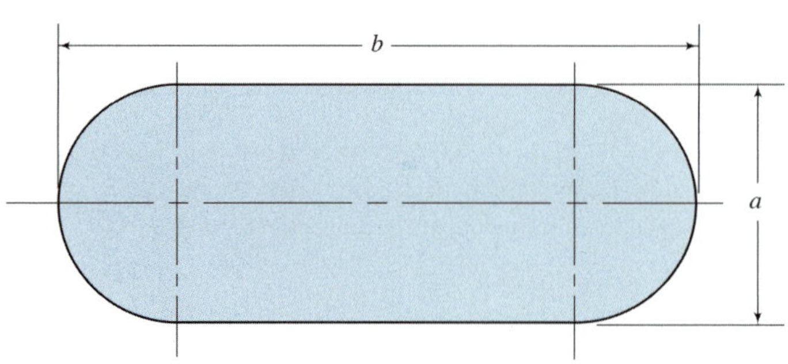

그림 19.5 편평타원덕트 형상

표 19.3 편평타원덕트의 원형등가직경

Minor Axis	Major Axis 8	10	12	14	16	18	20	22	24	26	28	30
6	7.1	8.1	8.9	9.6	10.2	10.8	11.3	11.8	12.3	12.7	13.1	13.5
8		9.2	10.2	11.0	11.8	12.5	13.2	13.8	14.4	14.9	15.4	15.9
10			11.2	12.2	13.2	14.0	14.8	15.5	16.2	16.8	17.4	18.0
12				13.2	14.3	15.3	16.1	17.0	17.7	18.5	19.2	19.8
14					15.2	16.3	17.3	18.3	19.1	19.9	20.7	21.4
16						17.2	18.3	19.4	20.3	21.2	22.1	22.9
18							19.2	20.4	21.4	22.4	23.3	24.2
20								21.2	22.4	23.5	24.5	25.4
22									23.3	24.4	25.5	26.5
24										25.3	26.4	27.5
26											27.3	28.4
28												29.3

여기서 a는 덕트의 단축의 길이, b는 주축의 길이이다.

그림 19.3과 19.4를 사용하여 마찰손실을 구하려면 편평타원덕트의 원형등가직경 D_e이 필요하다.

$$D_e = \frac{1.55A^{0.625}}{WP^{0.250}} \tag{19-3}$$

여기서 WP는 9장에 정의된 윤변(wetted perimeter)으로 다음과 같다.

$$WP = \pi a + 2(b - a) \tag{19-4}$$

표 19.3은 편평타원덕트에 대한 원형등가직경의 몇 가지 예를 보여준다.

예제 19.1 직경 22 in의 원형덕트 80 ft를 통해 공기가 3000 cfm으로 흘러갈 때, 유속과 마찰손실의 양을 구하시오.

해설 그림 19.3을 사용하여 구하면 속도는 대략 1150 ft/min이고, 덕트 100 ft 당 마찰손실(h_L)은 0.082 inH_2O이다. 따라서, 비례관계에 의해 80 ft에 대한 손실은

$$H_L = h_L(L/100) = (0.082\ \text{inH}_2\text{O})\left(\frac{80}{100}\right) = 0.066\ \text{inH}_2\text{O}$$

예제 19.2 예제 19.1에 묘사된 원형덕트와 마찰손실이 같은 사각덕트의 치수를 기술하시오.

해설 표 19.2로부터 22.0 in 원형덕트와 같은 손실을 가지는 사각덕트로 14×30 in 사각덕트를 정할 수 있다. 비슷한 손실을 가지는 다른 것으로는 16×26 in, 18×22 in 및 20×20 in 사각덕트이다. 이런 목록은 주어진 공간에 맞는 덕트 시스템을 고를 때 설계자에게 많은 선택권을 준다.

예제 19.3 예제 19.1에 묘사된 원형덕트와 마찰손실이 대략적으로 같은 편평타원덕트의 치수를 기술하시오.

해설 표 19.3으로부터 22.0 in 원형덕트와 손실이 같은 편평타원덕트로 16×28 in 편평타원덕트를 정할 수 있다. 비슷한 손실을 가지는 다른 것으로는 18×26 in 및 20×24 in 편평타원덕트이다.

동역학 손실(dynamic loss)은 부속품을 지나가는 공기유동에 대해 책에 게재된 손실계수 자료를 사용하여 추정한다(참고문헌 2, 5 참조). 이에 더하여 특별한 공기 조화 기기는 제조업체에서 예상되는 압력 강하에 대해 많은 자료를 발표한다. 표 19.4는 이 책에 있는 문제에 사용하는 약간의 예들을 보여준다. 이 자료들은 매우 단순화된 것이다. 예를 들어, 티에 대한 실제 손실계수는 분기관의 치수와 각 분기관에서의 공기유량에 의존한다. 10장 부손실에서 논의한 바와 같이, 동역학 손실이 최소가 되도록 유동면적이나 유동방향의 변화는 가능한 한 부드럽게 만들어야 한다. 둥근 90° 엘보에 대한 자료는 큰 변화가 가능함을 보여준다.

부속품에 대한 동역학 손실은 다음 식으로 계산된다.

$$H_L = C(H_v) \tag{19-5}$$

여기서 C는 표 19.4에 있는 손실계수이다. H_v는 속도압력 또는 속도 수두이다.

미국관습단위계에서 압력 수준과 손실은 실제로는 압력 수두 척도인 inH_2O로 보통 표현된다. 그러면

$$H_v = \frac{\gamma_a v^2}{2g\gamma_w} \tag{19-6}$$

표 19.4 덕트 부속품에 대한 손실계수들의 예

Dynamic Loss Coefficient *C*						
	90° elbows					
	Smooth, round			0.22		
	5-piece, round			0.33		
	4-piece, round			0.37		
	3-piece, round			0.42		
	Mitered, round			1.20		
	Smooth, rectangular			0.18		
	Tee, branch			1.00		
	Tee, flow through main			0.10		
	Symmetrical wye			0.30		
Damper Position	0° (wide open)	10°	20°	30°	40°	50°
C	0.20	0.52	1.50	4.5	11.0	29
Outlet grille: Assume total pressure drop through grille is 0.06 inH_2O (15 Pa).						
Intake louvers: Assume total pressure drop across louver is 0.07 inH_2O (17 Pa).						

Note: Dynamic loss for fittings is $C(H_v)$, where H_v is the velocity pressure upstream of the fitting. Values shown are examples, for use only in solving problems in this book. Many factors affect the actual values for a given style of fitting. Refer to Reference 2 or manufacturers' catalogs for more complete data.

여기서 γ_a는 공기의 비중량, v는 유속 그리고 γ_w는 물의 비중량이다. 속도를 분당 feet로 표현하고 표준공기조건을 사용하면, 식 (19−6)은 다음과 같이 간단해진다.

▶ 공기유동의 속도압력(미국단위)

$$H_v = \left(\frac{v}{4005}\right)^2 \tag{19-7}$$

SI 단위를 사용하면 압력수준과 손실은 압력단위 Pa로 표시된다. 그러면,

$$H_v = \frac{\gamma_a v^2}{2g} \tag{19-8}$$

속도를 m/s로 표현하고 표준대기조건을 사용하면, 식 (19−8)은 다음과 같이 간단해진다.

▶ 공기유동에 대한 속도압력(SI단위)

$$H_v = \left(\frac{v}{1.289}\right)^2 \text{Pa} \tag{19-9}$$

예제 19.4 3000 cfm의 공기가 부드럽게 변하는 치수 14×24 in의 사각형 90° 엘보를 흐를 때 발생하는 압력강하를 추정하시오.

해설 표 19.2를 사용하여 덕트에 대한 원형등가직경을 찾으면 19.9 in이다. 그림 19.3으로부터 유속을 찾으면 1,400 ft/min이다. 따라서 식 (19−7)를 사용하면 다음과 같이 계산된다.

$$H_v = \left(\frac{v}{4005}\right)^2 = \left(\frac{1400}{4005}\right)^2 = 0.122 \text{ inH}_2\text{O}$$

표 19.4로부터 $C = 0.18$. 따라서 압력강하는

$$H_L = C(H_v) = (0.18)(0.122) = 0.022 \text{ inH}_2\text{O}$$

19.3 덕트 설계

이 단원의 개요에서 공기유동을 운반하는 덕트의 일반적인 특성을 설명하였다. 단순한 덕트 시스템을 그림 19.2에 보여주고, 그 작동에 대해 설명하였다. 이러한 덕트 시스템을 설계하는 방법 1가지를 이 절에서 기술한다.

설계 절차의 목적은 배관의 여러 부분에 대해 적절한 치수를 정하고, 주요 지점에서의 공기압력을 추정하며, 시스템에 적절한 팬에 대한 요구조건을 구하고, 시스템의 균형을 맞추는 것이다. 여기서 균형이란, 덕트가 설계용량으로 공기를 운반할 때, 팬 출구에서 각 출구 그릴까지 압력 강하가 같아야 한다는 것이다.

공기분배 설계자들이 사용하는 여러 다른 기법들은 다음과 같다.

- 등−마찰법(equal−friction method): 그림 19.3이나 19.4를 사용하여, 덕트의 단위 길이당 마찰손실을 균일한 값으로 정하는 것이다. 저속시스템에 대해 손실은 0.08 inH_2O와 0.16 inH_2O(0.8−1.5 Pa/m) 사이에 있다.

- **정압재취득법**(static regain method): 덕트 설계를 조정하여 모든 교차점에서 정압이 같아지도록 한다.
- **T-방법**(T-Method): 이것은 비용 인자들과 시스템 성능을 함께 고려하여 최적화하는 방법이다. 고려 사항은 에너지 비용, 초기 시스템 비용, 시스템 운전기간, 팬과 구동모터의 효율, 투자자금 및 인플레이션과 관련된 비용이다.
- **증기와 미세입자에 대한 산업용 배기 시스템**(industrial exhaust system for vapors and particulates): 속도가 충분히 커서 미세입자가 함께 운반되는 것이 확실한 배기시스템에 대해 특별히 고려해야 할 사항들을 참고문헌 2에서 논의한다. 미세입자들이 쌓이는 것을 막기 위해 부속품 종류에 대한 선택도 또한 중요하다.

이 장에서는 등-마찰법만 설명하며, 일반적인 순서는 다음에 기술한다. 4개의 방법 모두에 대해 더 알고 싶으면 참고문헌 2와 인터넷 자료 1을 참조한다. 설계자에게 시스템 설계 절차를 체계화하고, 많은 계산을 완전히 마치는 데 도움을 주는 상용 소프트웨어 패키지들이 여러 개 있다. 인터넷 자료 1과 7-9에서 이에 대한 약간의 예제를 보여준다.

집이나 가벼운 상용 응용에 사용되는 작은 시스템들은 대부분 "저속" 형이고, 배관과 부속품이 비교적 단순하다. 그림 19.3과 19.4에서 보여주는 속도 한계를 넘어가기 않으면, 소음은 보통 중요한 문제가 아니다. 그러나 저속 시스템에서 덕트에 대한 치수는 비교적 크다.

큰 사무실용 건물과 특정 산업 응용에 대한 설계에서 공간의 제약이 있다면 "고속 시스템"이 매력적이다. 이 이름은 주어진 유량을 더 작은 덕트를 사용하여 운반하는 데에서 나왔다. 그러나 이에 대한 결과들이 나타난다.

1. 평상시에 소음을 고려해야 되고, 특별한 소음저감 장치가 반드시 사용되어야 한다.
2. 덕트 공사를 반드시 더 충실하게 해야 하고, 밀봉도 더 중요해진다.
3. 압력 강하가 더 크고, 팬 전압이 더 높기 때문에 운전 비용이 일반적으로 더 많이 든다.

고속 시스템은 건축비용을 낮추고 공간을 효율적으로 사용할 수 있다는 점에서 당위성을 지닌다.

등-마찰법을 사용하는 공기덕트 설계의 일반적 절차

1. 제안된 공기 분배 시스템의 배치도를 만든다.
   a. 각 공기조화공간에 필요한 공기유량을 정한다(cfm or m^3/s).
   b. 팬의 위치를 정한다.
   c. 외부공기를 공급하는 입구를 정한다.
   d. 흡입덕트(intake duct)에 대한 배관 배치안을 제시한다.
   e. 각 공간까지 공기 공급 시스템의 배치안을 티, 엘보, 댐퍼 및 그릴과 같은 부속품을 포함하여 제시한다.
2. 흡입덕트와 팬 출구덕트에 대해 요구되는 공기유량은 공기 조화 공간으로 공급되는 모든 공기유량의 합으로 구해진다.
3. 그림 19.3과 19.4를 사용하여 공칭마찰계수(inH_2O/100 ft 또는 Pa/m)를 정한다. 일반적인 상업용이나 주거용 시스템에서는 저속 설계가 권장된다.
4. 덕트 시스템의 각 부분에 공칭유동속도를 정한다. 흡입덕트와 주거공간까지의 마지막 부분에서 속도는 대략 600-800 ft/min(3-4 m/s)를 사용한다. 주거공간에서 좀 떨어진 주 덕트에서는 대략 1200 ft/min(6 m/s)를 사용한다.

5. 덕트 시스템 각 부분의 치수와 형상을 정한다. 원형덕트에 대한 직경은 그림 19.3 또는 19.4로부터 직접 알 수 있다. 사각덕트 치수는 표 19.2와 식 (19−1)을 사용하여 구한다. 편평타원덕트는 표 19.3과 식 (19−3)을 사용한다.
6. 흡입덕트와 공급덕트 각 구간에서 에너지 손실을 계산한다.
7. 팬 출구로부터 각 공급그릴까지 각 유로에 대한 총 에너지 손실을 구한다.
8. 모든 유로에 대해 에너지 손실이 적절하게 균형을 이루고 있는지, 즉 팬에서 각 출구그릴까지 압력 강하가 대략적으로 같은지 확인한다.
9. 상당한 불균형이 있으면 일반적으로 압력 강하가 크게 일어나는 덕트의 설계 속도를 낮추어 배관을 재설계한다. 이것은 더 큰 덕트를 사용하게 만든다.
10. 적절한 균형은 모든 유로에 대한 압력 강하 사이에 작은 차이만 있어, 약간의 댐퍼 조절로 실제 균형에 도달할 수 있을 때이다.
11. 팬 입구와 출구에서의 압력과 팬을 통한 전압 상승량을 구한다.
12. 이 압력 상승으로 총 공기유량을 운반할 수 있는 팬을 정한다.
13. 각 유로에 대해 덕트 압력을 그래프나 도표로 그리고, 특이한 성능을 보이는 곳이 있는지 검사한다. 다음 설계 예제는 저속 시스템에서 이 절차를 적용하는 방법을 보여준다.

예제 19.5 그림 19.2의 시스템은 작은 사무실용 건물을 위해 설계된 것이다. 공기는 빌딩 외부로부터 팬에 의해 빨려 들어오고 3개의 사무실과 1개의 회의실로 가는 4개의 분기관을 통해 공급된다. 각 출구 그릴에서 보여주는 공기 유량은 각 방을 적절히 환기시키기 위해 필요한 유량으로 다른 사람들에 의해 구해진 것이다. 각 분기관에 있는 댐퍼는 시스템의 최종 공기량을 조절하기 위한 것이다.

덕트 시스템의 설계를 끝내고, 저속 시스템에서 배관 각 부분의 치수를 정하시오. 각 덕트 부분과 각 부속품에서 예상되는 총 압력 강하를 계산하시오. 다음에 팬에서 4개의 출구 그릴까지 각 분기관을 따라 나타나는 압력 강하를 계산하고 시스템이 균형을 이루는지 검사하시오. 큰 불균형이 예측되면 거의 균형을 이루는 시스템이 되도록 시스템의 적절한 부분을 재설계하시오.

해설 먼저, 덕트의 각 부분과 각 부속품을 분리하여 처리한다. 그 다음 분기관을 해석한다.

1. 흡입덕트 A: $Q = 2700$ cfm; $L = 16$ ft
   $v \approx 800$ ft/min으로 두자.
   그림 19.3으로부터 $D = 25.0$ in가 요구된다.

$$h_L = 0.035 \text{ inH}_2\text{O}/100 \text{ ft}$$

$$H_L = 0.035(16/100) = 0.0056 \text{ inH}_2\text{O}$$

2. 덕트 A 댐퍼: $C = 0.20$(완전 개방 가정)(표 19.4)

$$800 \text{ ft/min에 대해 } H_v = (800/4005)^2 = 0.040 \text{ inH}_2\text{O}$$

$$H_L = 0.20(0.040) = 0.0080 \text{ inH}_2\text{O}$$

3. 입구 루버: 루버의 개방 공간을 통해 약 600 ft/min 속도를 주는 치수 40×40 in를 정한다. 표 19.4로부터 $H_L = 0.070$ inH$_2$O를 사용한다.
4. 루버 하우징과 흡입덕트 사이의 급 축소부: 그림 10.8로부터 원형관에 대한 저항계수는 유동속도와 D_1/D_2 비에 의존함을 알 수 있다. 루버 하우징이 40×40 in 정사각형이기 때문에, 이것의 등가직경을 식 (19−1)로 계산할 수 있다.

$$D_e = \frac{1.3(ab)^{5/8}}{(a+b)^{1/4}} = \frac{1.3(40 \times 40)^{5/8}}{(40+40)^{1/4}} = 43.7 \text{ in}$$

그러면 그림 10.8로부터

$$D_1/D_2 = 43.7/25 = 1.75$$

이고 $K = C = 0.31$이다. 따라서,

$$H_L = C(H_v) = 0.31(0.04) = 0.0124 \ \text{inH}_2\text{O}$$

5. 흡기 시스템의 총 손실은

$$H_L = 0.0056 + 0.0080 + 0.07 + 0.0124 = 0.096 \ \text{inH}_2\text{O}$$

루버 외부 압력이 대기압이므로, 팬 입구 압력은 -0.096 inH$_2$O로 음의 계기압력이다. 흡입덕트와 팬을 연결하는데 형상변화가 필요하다면, 팬 입구에 추가 손실이 생길 것이다. 팬 설계 형상에 대한 정보가 필요하지만, 이 예제 풀이에서 이 손실은 무시된다.

팬 출구 쪽에 있는 모든 덕트는 사각형이다.

6. 팬 출구, 덕트 B: $Q = 2700$ cfm; $L = 20$ ft

$v \approx 1200$ ft/min이라 두자; $h_L = 0.110$ inH$_2$O/100 ft

$D_e = 20.0$ in; 천장 요구공간을 최소로 하기 위해 12×30 in 치수 사용

$$H_L = 0.110(20/100) = 0.0220 \ \text{inH}_2\text{O}$$

$$H_v = (1200/4005)^2 = 0.090 \ \text{inH}_2\text{O}$$

7. 덕트 E: $Q = 600$ cfm; $L = 12$ ft

$v \approx 800$ ft/min이라 두자; $h_L = 0.085$ inH$_2$O/100 ft

$D_e = 20.0$ in; 12×10 in 치수 사용

$$H_L = 0.085(12/100) = 0.0102 \ \text{inH}_2\text{O}$$

$$H_v = (800/4005)^2 = 0.040 \ \text{inH}_2\text{O}$$

8. 덕트 E의 댐퍼: $C = 0.20$(완전 개방 가정)

$$H_L = 0.20(0.040) = 0.0080 \ \text{inH}_2\text{O}$$

9. 덕트 E의 엘보: 부드러운 사각엘보; $C = 0.10$

$$H_L = 0.18(0.040) = 0.0072 \ \text{inH}_2\text{O}$$

10. 덕트 E에 대한 그릴 6: $H_L = 0.060$ inH$_2$O

11. 덕트 B에서 티 3을 거쳐 분기 E까지, 분기 유동: $C = 1.00$

덕트 B에서 티 앞의 속도를 기준으로 한 H_L:

$$H_L = 1.00(0.090) = 0.090 \ \text{inH}_2\text{O}$$

12. 덕트 C: $Q = 2100$ cfm; $L = 8$ ft

$v \approx 1200$ ft/min이라 두자; $h_L = 0.110$ inH$_2$O/100 ft.

$D_e = 18.5$ in; 12×24 in 치수 사용

$$H_L = 0.110(8/100) = 0.0088 \ \text{inH}_2\text{O}$$

$$H_v = (1200/4005)^2 = 0.090 \ \text{inH}_2\text{O}$$

13. 덕트 B에서 티 3을 거쳐 덕트 C까지, 메인관을 지나는 유동: $C = 0.10$.

$$H_L = 0.10(0.090) = 0.009 \ \text{inH}_2\text{O}$$

14. 덕트 F: $Q = 900$ cfm; $L = 18$ ft

$v \approx 800$ ft/min이라 두자; $h_L = 0.068$ inH$_2$O/100 ft

$D_e = 14.3$ in; 12×14 in 치수 사용

$$H_L = 0.068(18/100) = 0.0122 \text{ inH}_2\text{O}$$
$$H_v = (800/4005)^2 = 0.040 \text{ inH}_2\text{O}$$

15. 덕트 F의 댐퍼: $C = 0.20$ (완전 개방 가정)
$$H_L = 0.20(0.040) = 0.0080 \text{ inH}_2\text{O}$$
16. 덕트 F의 2개의 엘보: 부드러운 사각엘보; $C = 0.18$
$$H_L = 2(0.18)(0.040) = 0.0144 \text{ inH}_2\text{O}$$
17. 덕트 F에 대한 그릴: $H_L = 0.060$ inH$_2$O
18. 덕트 C에서 티 4를 거쳐 분기 F까지, 분기 유동: $C = 1.00$
    덕트 C의 티 앞의 속도를 기준으로 한 H_L:
$$H_L = 1.00(0.090) = 0.090 \text{ inH}_2\text{O}$$
19. 덕트 D: $Q = 1200$ cfm; $L = 28$ ft.
    $v \approx 1000$ ft/min로 두자; $h_L = 0.100$ inH$_2$O/100 ft.
$$D_e = 14.7 \text{ in}; \ 12 \times 16 \text{ in 치수 사용}$$
$$\text{실제 } D_e = 15.1 \text{ in}; \ \text{새로운 } h_L = 0.087 \text{ inH}_2\text{O/100 ft}$$
$$H_L = 0.087(28/100) = 0.0244 \text{ inH}_2\text{O}$$
$$\text{새로운 } v = 960 \text{ ft/min}$$
$$H_v = (960/4005)^2 = 0.057 \text{ inH}_2\text{O}$$
20. 덕트 C에서 티 4를 거쳐 덕트 D까지, 메인관을 지나는 유동: $C = 0.10$.
$$H_L = 0.10(0.090) = 0.009 \text{ inH}_2\text{O}$$
21. 덕트 D와 덕트 G 및 H 사이의 와이 5: $C = 0.30$
$$H_L = 0.30(0.057) = 0.017 \text{ inH}_2\text{O}$$
    이 손실은 덕트 G 또는 덕트 H에 적용된다.
22. 덕트 G와 H는 덕트 E와 똑같으므로, 7－10단계에서 계산된 손실을 이 유로에 적용할 수 있다.

이것으로 시스템의 구성부품에 대한 압력 강하의 계산을 마쳤다. 이제 팬 출구에서 출구그릴까지의 유로에 대해 손실들을 합할 것이다.

a. 덕트 E의 그릴 6까지 유로: 6－11단계로부터 손실 합:
$$H_6 = 0.0220 + 0.0102 + 0.0080 + 0.0072 + 0.060 + 0.090$$
$$= 0.1974 \text{ inH}_2\text{O}$$
b. 덕트 F의 그릴 7까지 유로: 6단계와 12－18단계로부터 손실 합:
$$H_7 = 0.0220 + 0.0088 + 0.0090 + 0.0122 + 0.0080 + 0.0144 + 0.060 + 0.090$$
$$= 0.2244 \text{ inH}_2\text{O}$$
c. 덕트 G의 그릴 8까지 또는 덕트 H의 그릴 9까지 유로: 6, 12, 13, 19－21단계 및 7－10단계로부터 손실 합
$$H_8 = 0.0220 + 0.0088 + 0.0090 + 0.0244 + 0.0090 + 0.0170 + 0.0102 + 0.008 + 0.0072 + 0.06$$
$$= 0.1756 \text{ inH}_2\text{O}$$

균형 시스템을 위한 재설계

이상적인 시스템 설계는 유로 a, b, 또는 c의 어떤 유로를 따라가든지 손실이 같아야 한다. 여기에서는 손실이 같지 않으므로 약간의 재설계가 필요하다. 덕트 F의 그릴 7까지 유로 b의 손실이 다른 유로들에 비

해 많이 크다. 12, 14−16 및 18단계로부터 구성부품 손실이 이 분기 유로에 영향을 미치고 있으며, 덕트 C와 F에서 유속을 감소시키면 약간의 손실감소를 얻을 수 있다.

12a. 덕트 C: $Q=2100$ cfm; $L=8$ ft

$v\approx 1000$ ft/min로 두자; $h_L=0.073$ inH$_2$O/100 ft

$D_e=19.6$ in; 12×28 in 치수 사용.

$$H_L=0.073(8/100)=0.0058 \text{ inH}_2\text{O}$$

$$H_v=(1000/4005)^2=0.0623 \text{ inH}_2\text{O}$$

14a. 덕트 F: $Q=900$ cfm; $L=18$ ft

$v\approx 600$ ft/min로 두자; $h_L=0.033$ inH$_2$O/100 ft.

$D_e=16.5$ in; 12×18 in 치수 사용; $D_e=16.0$ in

실제 $v\approx 630$ ft/min; $h_L=0.038$ inH$_2$O/100 ft.

$$H_L=0.038(18/100)=0.0068 \text{ inH}_2\text{O}$$

$$H_v=(630/4005)^2=0.0247 \text{ inH}_2\text{O}$$

15a. 덕트 F의 댐퍼: $C=0.20$ (완전 개방 가정)

$$H_L=0.20(0.0247)=0.0049 \text{ inH}_2\text{O}$$

16a. 덕트 F의 2개의 엘보: 부드러운 사각엘보; $C=0.18$

$$H_L=2(0.18)(0.0247)=0.0089 \text{ inH}_2\text{O}$$

18a. 덕트 C에서 티 4를 거쳐 분기 F까지, 분기 유동: $C=1.00$

덕트 C의 티 앞의 속도를 기준으로 한 H_L:

$$H_L=1.00(0.0623)=0.0623 \text{ inH}_2\text{O}$$

이제 덕트 F의 그릴 7까지 유로 b의 총 손실을 계산할 수 있다. 전과 같이 이것은 6, 12a, 13, 14a, 15a, 16a, 17, 18a단계로부터 손실 합이다.

$$H_7=0.0220+0.0058+0.009+0.0068+0.0049+0.0089+0.06+0.0623$$
$$=0.1797 \text{ inH}_2\text{O}$$

이것은 상당한 감소로, 유로 a의 손실보다 작은 전압강하를 보여준다. 그러므로 덕트 E의 유속 또한 감소시켜 유로 a의 손실을 감소시킬 수 있는지 알아본다. 7−9단계가 영향을 받는다.

7a. 덕트 E: $Q=600$ cfm; $L=12$ ft

$v\approx 600$ ft/min이라 두자.

$D_e=13.8$ in; 12×14 in 치수 사용

실제 $D_e=14.2$ in; $h_L=0.032$ inH$_2$O; $v=550$ ft/min.

$$H_L=0.032(12/100)=0.0038 \text{ inH}_2\text{O}$$

$$H_v=(550/4005)^2=0.0189 \text{ inH}_2\text{O}$$

8a. 덕트 E의 댐퍼: $C=0.20$ (완전 개방 가정)

$$H_L=0.20(0.0189)=0.0038 \text{ inH}_2\text{O}$$

9a. 덕트 E의 엘보: 부드러운 사각엘보; $C=0.18$

$$H_L=0.18(0.0189)=0.0034 \text{ inH}_2\text{O}$$

이제 덕트 E의 그릴 6까지 유로의 총 손실을 다시 계산할 수 있다. 전과 같이 이것은 6, 7a, 8a, 9a,

10, 11단계에서부터 손실 합이다.

$$H_6 = 0.0220 + 0.0038 + 0.0038 + 0.0034 + 0.060 + 0.090$$
$$= 0.1830 \text{ inH}_2\text{O}$$

이 값은 새로 설계한 경로 b에 대해 구한 값과 매우 가까우며, 작은 차이는 댐퍼로 조절할 수 있다.

이제 그림 8 또는 그림 9로 가는 경로 c가 경로 a 또는 경로 b보다 총 손실이 더 낮음을 알 수 있다. 분기 G와 H에 약간 작은 덕트를 사용하든지, 아니면 댐퍼 조절에 의존할 수 있다. 댐퍼 사용이 가능한지 평가하기 위해, 총 손실을 0.1830 inH_2O(유로 a와 같음)로 증가시키기 위해 댐퍼를 얼마나 닫아야 하는지 추정해보자.

손실 증가는

$$H_6 - H_8 = 0.1830 - 0.1756 \text{ inH}_2\text{O} = 0.0074 \text{ inH}_2\text{O}$$

완전 개방 댐퍼에서 약 800 ft/min의 속도로 유량 600 cfm이 흘러갈 때 손실은 8단계에서 0.0080 inH_2O이었다. 이제 손실은 다음과 같다.

$$H_L = 0.0080 + 0.0074 = 0.0154 \text{ inH}_2\text{O}$$

그러나 댐퍼에 대해

$$H_L = C(H_v)$$

C에 대해 풀이하면

$$C = \frac{H_L}{H_v} = \frac{0.0154 \text{ inH}_2\text{O}}{0.040 \text{ inH}_2\text{O}} = 0.385$$

표 19.4를 참조하면, 10° 이하의 설정으로 이 C의 값을 얻을 수 있으므로, 댐퍼로 적절히 조절할 수 있음을 알 수 있다. 따라서 재설계된 덕트 시스템은 균형을 이루며, 팬 출구에서 어떤 출구그릴까지도 총 압력 강하가 대략 0.1830 inH_2O이다. 이것이 팬이 만들어 내야 하는 압력이다.

덕트 시스템 설계 요약

- 흡입덕트 A: 원형; $D = 25.0$ in
- 덕트 B: 사각형; 12 in×30 in
- 덕트 C: 사각형; 12 in×28 in
- 덕트 D: 사각형; 12 in×16 in
- 덕트 E: 사각형; 12 in×14 in
- 덕트 F: 사각형; 12 in×18 in
- 덕트 G: 사각형; 12 in×10 in
- 덕트 H: 사각형; 12 in×10 in
- 팬 입구압력: −0.096 inH_2O
- 팬 출구압력: 0.1830 inH_2O
- 팬에 의한 총 압력 상승: 0.1830 + 0.096 = 0.279 inH_2O
- 팬에 의한 총 공급 유량: 2700 cfm

시스템에서 일어나는 압력변화를 시각화하면 도움이 된다. 그림 19.6은 입구루버부터, 팬을 통과하고, 덕트 B와 E를 통과해서, 출구그릴 6까지의 유로의 위치에서 공기 압력에 대한 그래프를 보여준다. 다른 유로에 대해서도 유사한 그래프를 그려 볼 수 있다.

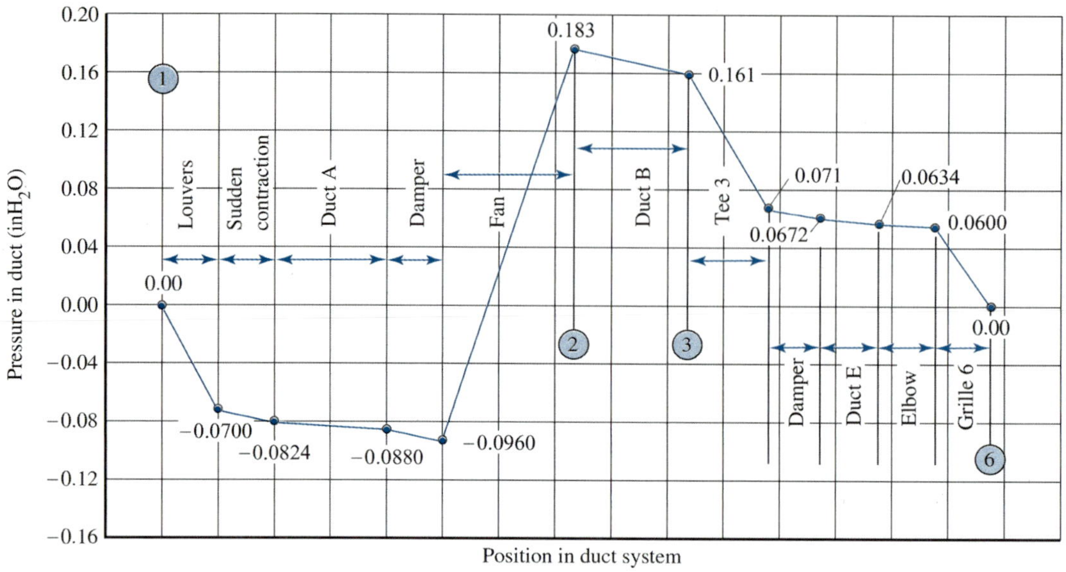

그림 19.6 그림 19.2의 시스템에 대해 위치 대 덕트 압력 (inH₂O). 출구그릴 6으로 가는 유로 a

19.4 덕트 설계의 에너지 효율과 실무적 고려사항

HVAC 시스템과 산업용 배기 시스템을 위한 공기 분배 시스템을 설계할 때, 이외에 추가적으로 고려해야 할 사항들을 반드시 다루어야 한다. 인터넷 자료 1−6과 참고문헌 1−5 및 8−11은 이에 대한 안내서로 좋은 자료이다. 일부 권고사항을 아래에 정리한다.

1. 속도를 낮추면 시스템에서 에너지 손실이 줄고, 따라서 팬 에너지 소모가 작아져, 작고 더 저렴한 팬을 사용할 수 있다. 그러나 덕트가 커져, 설치공간에 영향을 미치고 공사비가 증가한다. 총 시스템 비용과 수명주기 비용이 평가되어야 한다.
2. 공기 조화가 되는 공간에 덕트 시스템을 가능한 한 많이 설치한다면 냉난방시스템을 위한 에너지가 절약될 것이다.
3. 배관은 누설이 없도록 잘 밀봉되어야 한다.
4. 공기조화가 되지 않는 공간을 지나가는 덕트는 단열되어야 한다.
5. 에너지를 낭비하는 댐퍼의 과도한 제어를 피하기 위해, 팬 용량은 요구되는 공기공급량과 잘 일치되어야 한다.
6. 시간에 따라 부하가 상당히 변하는 경우, 팬에 가변 드라이브를 설치하고, 저수요에서 팬 속도를 낮춰주는 제어 시스템과 연결해야 한다. 팬 법칙에 의하면, 속도를 낮출 때 소요동력은 속도 감소비의 세제곱으로 감소된다(13장 참조). 예를 들어 팬 속도를 20% 낮추면 소요동력은 약 50% 가까이 감소된다.
7. 덕트는 판금(sheet metal), 섬유유리 덕트강판(rigid fiberglass duct board), 패브릭(fabric) 또는 유연한 비금속덕트(flexiblade nonmetalic duct)로 만들어진다. 어떤 덕트는 에너지 손실을 줄이고 소음을 저감하기 위해 내부 또는 외부에 단열재를 가진다. 오래 가동할 경우 마찰손실을 최소로 하기 위해 매끄러운 표면이 좋다.
8. 환기덕트는 공기조화 공간의 각 방에 들어가고 나가는 유량을 일정하게 유지해야 한다.
9. 대부분의 HVAC 시스템에서 덕트는 팬 흡입부 −3 inH₂O(−750 Pa)부터 출구부 10 inH₂O(2500

Pa)까지 압력 범위에 대해 설계된다. 그러나 상용 또는 산업용 대형설비는 −10 inH_2O(−2500 Pa)부터 출구부 100 inH_2O(25 kPa)까지 압력 범위를 가진다. 구조강도(structural strength), 강성(rigidity) 및 진동을 고려하여 설계해야 한다.

10. 공기 분배 시스템에서 발생하는 소음은 반드시 거주자가 불편해 하지 않는 수준이 되도록 고려되어야 한다. 팬 선정, 설치 위치, 덕트 및 출구그릴에서의 공기속도에 특별히 주의를 기울어야 한다. 소음을 최소로 하기 위해 방음, 방진장치, 장착기술 등도 검토되어야 한다.

참고문헌

1. American Society of Heating, Refrigerating and Air-Conditioning Engineers (ASHRAE). 2012. *ASHRAE Handbook: HVAC Systems and Equipment*. Atlanta: Author.
2. _______. 2009. *ASHRAE Handbook: Fundamentals*. Atlanta: Author.
3. Collins, Lane M. and Danielle E. Martinez, eds. 2012. *Guidelines for Improved Duct Design and HVAC Systems in the Home.* Hauppauge, NY: Nova Science Publications.
4. Haines, Roger W. and Michael Myers. 2009. *HVAC Systems Design Handbook,* 5th ed. New York: McGraw-Hill.
5. Hayes, W. H. 2003. *Industrial Exhaust Hood and Fan Piping,* 2nd ed. New York: Merchant Press.
6. Idelchik, I. E. E., N. A. Decker, and M. Steinberg. 1991. *Fluid Dynamics of Industrial Equipment.* New York: Taylor & Francis.
7. Idelchik, I. E. and M. O. Steinberg. 2005. *Handbook of Hydraulic Resistance.* Mumbai, India: Jaico Publishing House.
8. Rutkowski, Hank. 2009. *Residential Duct Systems.* Arlington, VA: Air Conditioning Contractors of America.
9. Sheet Metal and Air-Conditioning Contractors National Association (SMACNA). 1990. *HVAC Systems—Duct Design*, 3rd ed. Chantilly, VA: Author.
10. The Trane Company. 1996. *Air-Conditioning Manual.* La Crosse, WI: Author.
11. Sun, Tseng-Yao. 1994. *Air Handling Systems Design.* New York: McGraw-Hill.

인터넷 자료

1. **Air Conditioning Contractors of America (ACCA):** An industry association promoting quality design, installation, and operation of air conditioning systems. Producer of many manuals and software products that aid designers of such systems for residential and commercial applications from the ACCA's Online Store. See also Reference 10.
2. **Sheet Metal and Air Conditioning Contractors' National Association (SMACNA):** An international trade association for the sheet metal and air conditioning contractors industry. Publisher of *HVAC Systems—Duct Design* (Reference 9) along with numerous other manuals and references. Calculation aids for duct design are offered in both U.S. and SI units.
3. **ASHRAE:** Formerly known as the American Society for Heating, Refrigerating, and Air Conditioning Engineers, ASHRAE and its members focus on building systems, energy efficiency, indoor air quality, refrigeration and sustainability through research, standards writing, publishing and continuing education.
4. **Air Movement and Control Association International (AMCA):** An industry association of manufacturers of air system equipment for industrial, commercial, and residential markets.
5. **Heating, Refrigeration, and Air Conditioning Institute of Canada (HRAI):** A Canadian national association for heating, ventilation, air conditioning and refrigeration (HVACR) manufacturers, wholesalers, and contractors.
6. **U.S. Department of Energy—Greening Federal Facilities, EERE:** An extensive site offering guides for energy sustainability in buildings including HVAC systems and their duct designs. In the online report, *Greening of Federal Facilities,* 2nd ed., Part V covers Energy Systems, and Section 5.2.2 of the report discusses Air Distribution Systems.
7. **Elite Software Development, Inc.:** Producer of a variety of software products for designing HVAC systems for commercial or residential applications, including DUCTSIZE, an aid to designing optimum air conditioning round, rectangular, or flat oval duct sizes. CAD drawings show system layout, fittings, duct sizes, fans, and outlets. DUCTSIZE links with Autodesk Building Systems and AutoCAD MEP software.
8. **Trane Company:** From the home page, select *Software Downloads.* Numerous software packages are available, including their *VeriTrane*™ *Duct Designer* software based on the *ASHRAE Fundamentals Handbook* (Reference 2). It includes *Duct Configurator* to model duct systems, *Ductulator*® to size duct components, and *Fitting Loss Calculator* to identify optimal fittings considering efficiency and cost.
9. **Wrightsoft®:** Producer of HVAC design software that operates on laptops, tablets, and mobile devices. The software is integrated with publications from the ACCA (Internet resource 1), and the HRAI (Internet resource 5) for system layout, duct design and sizing, load calculations, and operating cost.

연습문제

직선덕트 부분에서 에너지 손실

19.1 직경 18-in의 원형덕트 75 ft를 통해 1000 cfm의 공기가 흐를 때 유속과 마찰손실을 구하시오.

19.2 덕트 직경 16, 14, 12 및 10-in에 대해 문제 19.1를 다시 풀이하시오.

19.3 덕트 100 ft당 최대 압력 강하 0.10 inH_2O로 공기 1500 cfm을 운반하는 데 적절한 원형덕트의 직경을 다음 in 치수로 올림하여 정하시오. 실제 정해진 치수에 대해 덕트 100 ft 당 마찰손실을 구하시오.

19.4 500-mm 직경의 원형덕트 25 m를 통해 3.0 m^3/s의 공기가 흐를 때 유속과 마찰손실을 구하시오.

19.5 덕트 직경 600, 700, 800, 900, 1000 mm에 대해 문제 19.4를 다시 풀이하시오.

19.6 덕트의 최대압력강하 1.50 kPa로 공기 0.42 m^3/s를 운반하는데 적절한 원형덕트의 직경을 다음 50-mm 간격 치수로 올림하여 정하시오. 실제 정해진 치수에 대해 마찰손실을 Pa/m 단위로 구하시오.

19.7 강제－공기 보일러의 난방덕트 크기가 15×40 in이다. 원형등가직경을 계산하시오. 또 마찰손실을 100 ft당 0.10 inH_2O로 제한할 때, 덕트가 운반할 수 있는 최대 유량을 계산하시오.

19.8 난방 시스템의 분기덕트 크기가 5×22 in이다. 원형등가직경을 계산하시오. 또 마찰손실을 100 ft당 0.10 inH_2O로 제한할 때, 덕트가 운반할 수 있는 최대 유량을 계산하시오.

19.9 대형 산업용 창고의 환기덕트 크기가 65×80 in이다. 원형등가직경을 계산하시오. 또 마찰손실을 100 ft당 0.10 inH_2O로 제한할 때, 덕트가 운반할 수 있는 최대 유량을 계산하시오.

19.10 강제－공기 보일러의 난방덕트 크기가 325×650 mm이다. 원형등가직경을 계산하시오. 또 마찰손실을 0.80 Pa/m로 제한할 때, 덕트가 운반할 수 있는 최대 유량을 계산하시오.

19.11 난방 시스템의 분기덕트 크기가 95×375 mm이다. 원형등가직경을 계산하시오. 또 마찰손실을 0.80 Pa/m로 제한할 때, 덕트가 운반할 수 있는 최대 유량을 계산하시오.

19.12 덕트의 최대 압력 강하가 100 ft 당 0.10 inH_2O일 때 1500 cfm의 공기를 운반하는 데 적절한 사각덕트의 치수를 정하시오. 덕트의 최대 수직높이는 12.0 in이다.

19.13 덕트의 최대 압력 강하가 100 ft당 0.10 inH_2O일 때 300 cfm의 공기를 운반하는 데 적절한 사각덕트의 치수를 정하시오. 덕트의 최대 수직높이는 6.0 in이다.

부속품이 있는 덕트에서 에너지 손실

19.14 직경 12-in 원형덕트에서 세 조각 90° 엘보(three－piece 90° elbow)를 통해 650 cfm의 공기가 흐를 때 압력 강하를 계산하시오.

19.15 문제 19.14에서 다섯－조각 엘보에 대해 풀이하시오.

19.16 직경 16-in 덕트에 설치된 완전개방 댐퍼를 통해 1500 cfm의 공기가 흐를 때 압력강하를 구하시오.

19.17 문제 19.16에서 댐퍼를 부분적으로 10°, 20°, 30° 닫았을 때에 대해 다시 풀이하시오.

19.18 덕트 시스템의 일부로 공기 1600 cfm을 운반하는 10×22 in 메인 사각덕트가 있다. 메인 덕트에서 티로 연결된 10×10 in 분기덕트로 500 cfm 공기를 들어간다. 메인 덕트는

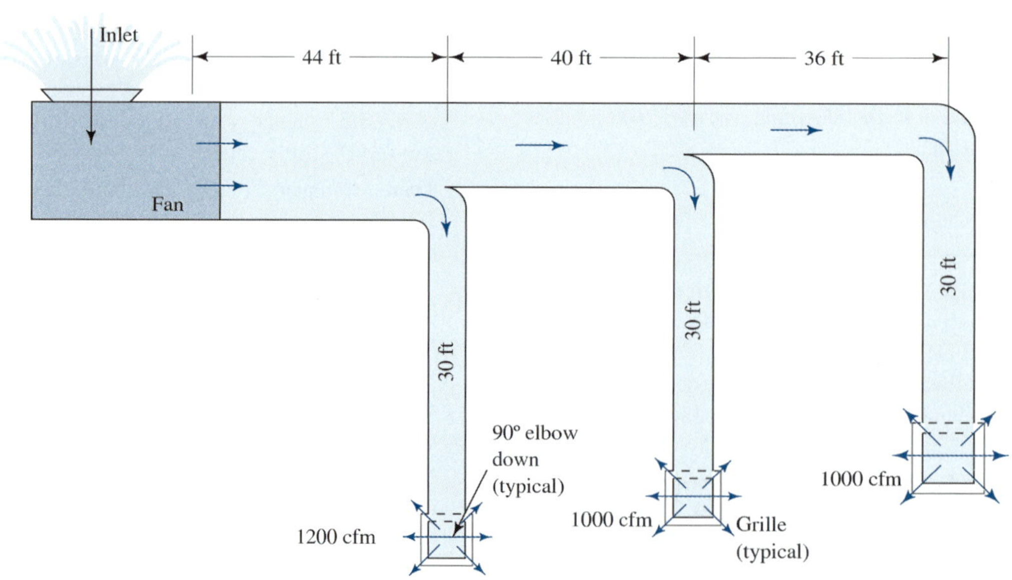

그림 19.7 문제 19.27에 대한 덕트 시스템

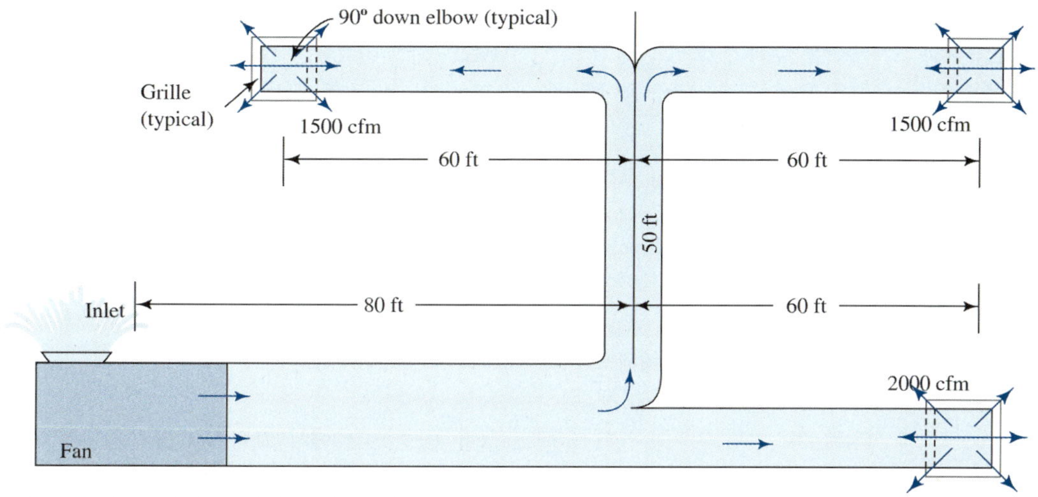

그림 19.8 문제 19.28에 대한 덕트 시스템

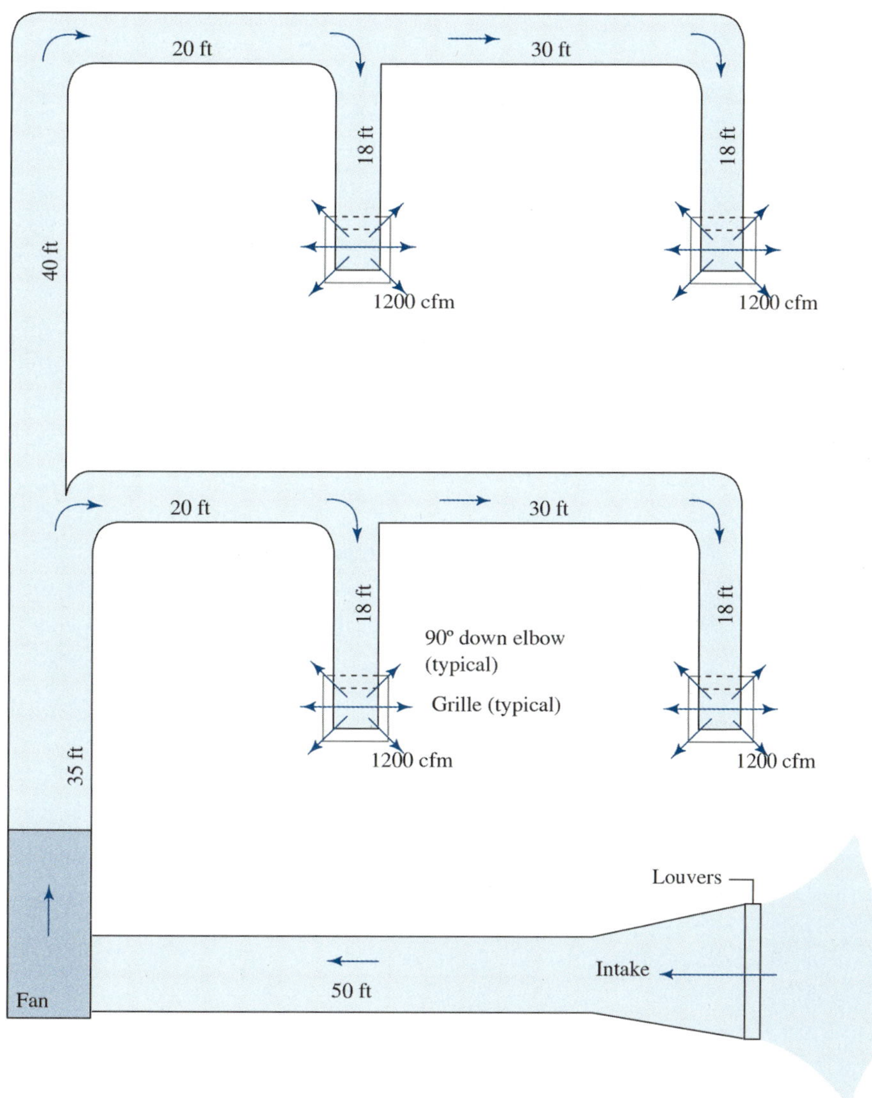

그림 19.9 문제 19.29에 대한 덕트 시스템

분기지점 하류에서도 같은 크기를 유지한다. 덕트의 모든 부분에 대해 유속과 속도압력을 구하시오.

19.19 문제 19.18에서 유동이 티를 통해 분기덕트로 들어갈 때 발생하는 압력 손실을 추정하시오.

19.20 문제 19.18에서 메인 덕트 유동에서 티로 인한 압력 손실을 추정하시오.

19.21 직경 200-mm 원형덕트에서 세 조각 90° 엘보(three-piece 90° elbow)를 통해 0.20 m^3/s의 공기가 흐를 때 압력 강하를 계산하시오.

19.22 문제 19.21에서 직각엘보(mitered elbow)에 대해 풀이하시오.

19.23 직경 400-mm 덕트에 설치된 30° 개방 댐퍼를 통해 0.85 m^3/s의 공기가 흐를 때 압력 강하를 계산하시오.

19.24 덕트 시스템 일부분이 직경 12-in 원형덕트가 직선으로 42 ft, 완전 개방 댐퍼, 2개의 세 조각 90° 엘보 및 출구그릴로 구성되어 있다. Q=700 cfm에 대해 이 덕트구간에서의 압력 강하를 계산하시오.

19.25 덕트 시스템 구간이 직경 12×20 in 사각덕트가 직선으로 38 ft, 완전 개방 댐퍼, 3개의 부드러운 90° 엘보 및 출구 그릴로 구성되어 있다. Q=1500 cfm에 대해 이 덕트구간에서의 압력 강하를 계산하시오.

19.26 흡입구에서 팬까지 입구루버, 5.8 m의 사각덕트(800×800 mm) 400-mm 원형덕트로 급 축소 이음부 및 9.25 m의 원형덕트로 구성된다. 덕트가 0.80 m^3/s의 공기를 운반할 때 팬 입구에서 압력을 추정하시오.

덕트 설계

그림 19.7-19.10에서 보여주는 조건에서 주어진 유량을 운반할 때, 균형 시스템이 되기 위해 필요한 모든 덕트 구간에 대한 치수를 결정하여 덕트 설계를 완성하시오. 덕트 시스템 최종 출구에서 압력을 대기압이라 가정하고, 팬 출구에서 압력을 계산하시오. 그림에 입구덕트 부분이 있으면 그곳의 설계도 완성하고, 팬 입구에

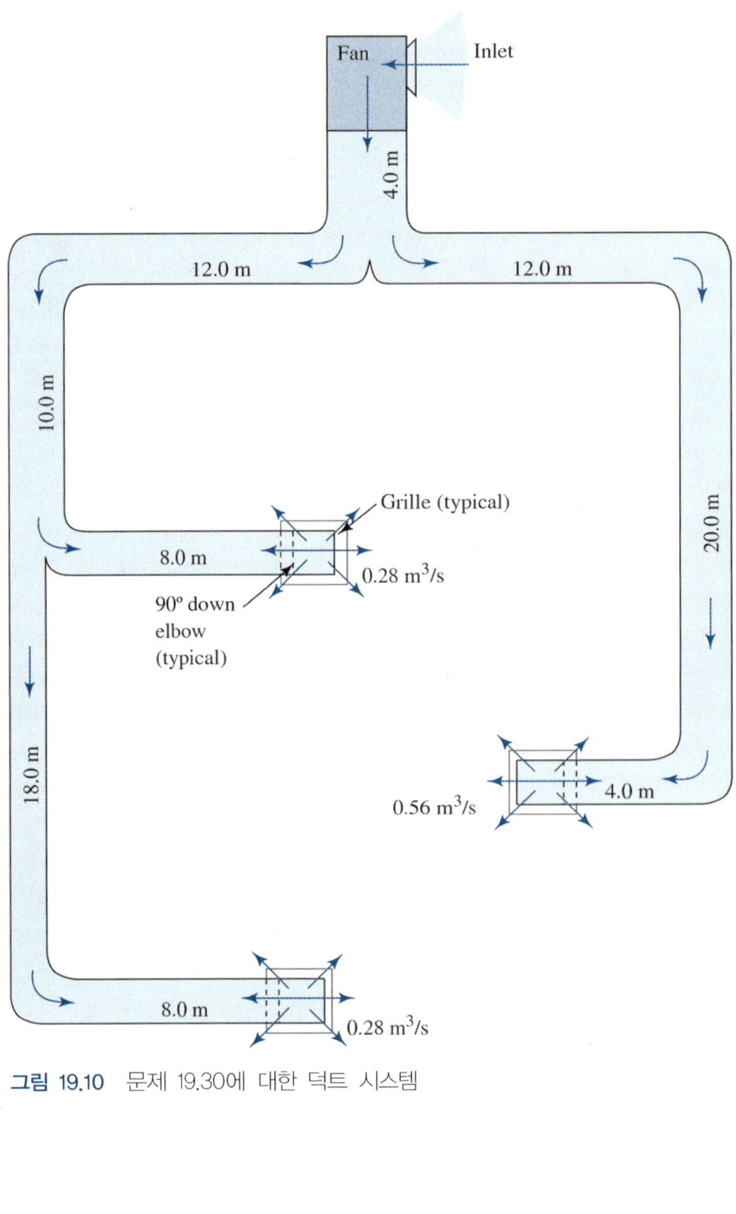

그림 19.10 문제 19.30에 대한 덕트 시스템

서 압력을 계산하시오. 이 문제에서 가장 좋은 답이 1개만 있는 것은 아니므로, 여러 설계 결정들을 내려야만 한다. 작동성능을 개선하기 위해 제시된 시스템설계의 어떤 특성을 변경하거나, 균형시스템이 되도록 설계를 더 단순하게 만드는 것이 바람직하다.

19.27 그림 19.7을 사용하시오.

19.28 그림 19.8을 사용하시오.

19.29 그림 19.9을 사용하시오.

19.30 그림 19.10을 사용하시오.

APPENDIX
A

Properties of Water

표 A.1 SI units [101 kPa (abs)]

Temperature (°C)	Specific Weight γ (kN/m^3)	Density ρ (kg/m^3)	Dynamic Viscosity η (Pa·s)	Kinematic Viscosity ν (m^2/s)
0	9.81	1000	1.75×10^{-3}	1.75×10^{-6}
5	9.81	1000	1.52×10^{-3}	1.52×10^{-6}
10	9.81	1000	1.30×10^{-3}	1.30×10^{-6}
15	9.81	1000	1.15×10^{-3}	1.15×10^{-6}
20	9.79	998	1.02×10^{-3}	1.02×10^{-6}
25	9.78	997	8.91×10^{-4}	8.94×10^{-7}
30	9.77	996	8.00×10^{-4}	8.03×10^{-7}
35	9.75	994	7.18×10^{-4}	7.22×10^{-7}
40	9.73	992	6.51×10^{-4}	6.56×10^{-7}
45	9.71	990	5.94×10^{-4}	6.00×10^{-7}
50	9.69	988	5.41×10^{-4}	5.48×10^{-7}
55	9.67	986	4.98×10^{-4}	5.05×10^{-7}
60	9.65	984	4.60×10^{-4}	4.67×10^{-7}
65	9.62	981	4.31×10^{-4}	4.39×10^{-7}
70	9.59	978	4.02×10^{-4}	4.11×10^{-7}
75	9.56	975	3.73×10^{-4}	3.83×10^{-7}
80	9.53	971	3.50×10^{-4}	3.60×10^{-7}
85	9.50	968	3.30×10^{-4}	3.41×10^{-7}
90	9.47	965	3.11×10^{-4}	3.22×10^{-7}
95	9.44	962	2.92×10^{-4}	3.04×10^{-7}
100	9.40	958	2.82×10^{-4}	2.94×10^{-7}

표 A.2 U.S. Customary System units (14.7 psia)

Temperature (°F)	Specific Weight γ (lb/ft^3)	Density ρ ($slugs/ft^3$)	Dynamic Viscosity η ($lb\text{-}s/ft^2$)	Kinematic Viscosity ν (ft^2/s)
32	62.4	1.94	3.66×10^{-5}	1.89×10^{-5}
40	62.4	1.94	3.23×10^{-5}	1.67×10^{-5}
50	62.4	1.94	2.72×10^{-5}	1.40×10^{-5}
60	62.4	1.94	2.35×10^{-5}	1.21×10^{-5}
70	62.3	1.94	2.04×10^{-5}	1.05×10^{-5}
80	62.2	1.93	1.77×10^{-5}	9.15×10^{-6}
90	62.1	1.93	1.60×10^{-5}	8.29×10^{-6}
100	62.0	1.93	1.42×10^{-5}	7.37×10^{-6}
110	61.9	1.92	1.26×10^{-5}	6.55×10^{-6}
120	61.7	1.92	1.14×10^{-5}	5.94×10^{-6}
130	61.5	1.91	1.05×10^{-5}	5.49×10^{-6}
140	61.4	1.91	9.60×10^{-6}	5.03×10^{-6}
150	61.2	1.90	8.90×10^{-6}	4.68×10^{-6}
160	61.0	1.90	8.30×10^{-6}	4.38×10^{-6}
170	60.8	1.89	7.70×10^{-6}	4.07×10^{-6}
180	60.6	1.88	7.23×10^{-6}	3.84×10^{-6}
190	60.4	1.88	6.80×10^{-6}	3.62×10^{-6}
200	60.1	1.87	6.25×10^{-6}	3.35×10^{-6}
212	59.8	1.86	5.89×10^{-6}	3.17×10^{-6}

Properties of Common Liquids

표 B.1 SI units [101 kPa (abs) and 25℃]

	Specific Gravity sg	Specific Weight γ (kN/m^3)	Density ρ (kg/m^3)	Dynamic Viscosity η (Pa·s)	Kinematic Viscosity ν (m^2/s)
Acetone	0.787	7.72	787	3.16×10^{-4}	4.02×10^{-7}
Alcohol, ethyl	0.787	7.72	787	1.00×10^{-3}	1.27×10^{-6}
Alcohol, methyl	0.789	7.74	789	5.60×10^{-4}	7.10×10^{-7}
Alcohol, propyl	0.802	7.87	802	1.92×10^{-3}	2.39×10^{-6}
Aqua ammonia (25%)	0.910	8.93	910	—	—
Benzene	0.876	8.59	876	6.03×10^{-4}	6.88×10^{-7}
Carbon tetrachloride	1.590	15.60	1 590	9.10×10^{-4}	5.72×10^{-7}
Castor oil	0.960	9.42	960	6.51×10^{-1}	6.78×10^{-4}
Ethylene glycol	1.100	10.79	1 100	1.62×10^{-2}	1.47×10^{-5}
Gasoline	0.68	6.67	680	2.87×10^{-4}	4.22×10^{-7}
Glycerin	1.258	12.34	1 258	9.60×10^{-1}	7.63×10^{-4}
Kerosene	0.823	8.07	823	1.64×10^{-3}	1.99×10^{-6}
Linseed oil	0.930	9.12	930	3.31×10^{-2}	3.56×10^{-5}
Mercury	13.54	132.8	13 540	1.53×10^{-3}	1.13×10^{-7}
Propane	0.495	4.86	495	1.10×10^{-4}	2.22×10^{-7}
Seawater	1.030	10.10	1 030	1.03×10^{-3}	1.00×10^{-6}
Turpentine	0.870	8.53	870	1.37×10^{-3}	1.57×10^{-6}
Fuel oil, medium	0.852	8.36	852	2.99×10^{-3}	3.51×10^{-6}
Fuel oil, heavy	0.906	8.89	906	1.07×10^{-1}	1.18×10^{-4}
Approximate data for selected natural and biological fluids. Values vary significantly with composition.					
Olive oil at 68°F (20°C)	0.92	9.03	920	0.085	9.24×10^{-5}
Honey at 70°F (21°C)	1.42	13.93	1420	10.0	7.04×10^{-3}
Ketchup at 70°F (21°C)	1.48	14.52	1480	50.0	3.38×10^{-2}
Peanut butter at 70°F (21°C)	1.30	12.75	1300	250	1.92×10^{-1}
Blood at 50°F (10°C)	1.06	10.20	1060	0.01	9.43×10^{-6}
Blood at 98.6°F (37°C)	1.06	10.20	1060	3.5×10^{-3}	3.30×10^{-6}

표 B.2 U.S. Customary System units (14.7 psia and 77°F)

	Specific Gravity sg	Specific Weight γ (lb/ft^3)	Density ρ (slugs/ft^3)	Dynamic Viscosity η (lb-s/ft^2)	Kinematic Viscosity ν (ft^2/s)
Acetone	0.787	48.98	1.53	6.60×10^{-6}	4.31×10^{-6}
Alcohol, ethyl	0.787	49.01	1.53	2.10×10^{-5}	1.37×10^{-5}
Alcohol, methyl	0.789	49.10	1.53	1.17×10^{-5}	7.65×10^{-6}
Alcohol, propyl	0.802	49.94	1.56	4.01×10^{-5}	2.57×10^{-5}
Aqua ammonia (25%)	0.910	56.78	1.77	—	—
Benzene	0.876	54.55	1.70	1.26×10^{-5}	7.41×10^{-6}
Carbon tetrachloride	1.590	98.91	3.08	1.90×10^{-5}	6.17×10^{-6}
Castor oil	0.960	59.69	1.86	1.36×10^{-2}	7.31×10^{-3}
Ethylene glycol	1.100	68.47	2.13	3.38×10^{-4}	1.59×10^{-4}
Gasoline	0.68	42.40	1.32	6.00×10^{-6}	4.55×10^{-6}
Glycerin	1.258	78.50	2.44	2.00×10^{-2}	8.20×10^{-3}
Kerosene	0.823	51.20	1.60	3.43×10^{-5}	2.14×10^{-5}
Linseed oil	0.930	58.00	1.80	6.91×10^{-4}	3.84×10^{-4}
Mercury	13.54	844.9	26.26	3.20×10^{-5}	1.22×10^{-6}
Propane	0.495	30.81	0.96	2.30×10^{-6}	2.40×10^{-6}
Seawater	1.030	64.00	2.00	2.15×10^{-5}	1.08×10^{-5}
Turpentine	0.870	54.20	1.69	2.87×10^{-5}	1.70×10^{-5}
Fuel oil, medium	0.852	53.16	1.65	6.25×10^{-5}	3.79×10^{-5}
Fuel oil, heavy	0.906	56.53	1.76	2.24×10^{-3}	1.27×10^{-3}
Approximate data for selected natural and biological fluids. Values vary significantly with composition.					
Olive oil at 68°F (20°C)	0.92	57.41	1.78	1.78×10^{-3}	9.98×10^{-4}
Honey at 70°F (21°C)	1.42	88.61	2.75	0.209	7.60×10^{-2}
Ketchup at 70°F (21°C)	1.48	92.35	2.87	1.04	3.62×10^{-1}
Peanut butter at 70°F (21°C)	1.30	81.12	2.52	5.22	2.07
Blood at 50°F (10°C)	1.06	66.14	2.06	2.09×10^{-4}	1.01×10^{-4}
Blood at 98.6°F (37°C)	1.06	66.14	2.06	7.31×10^{-5}	1.51×10^{-4}

APPENDIX C

Typical Properties of Petroleum Lubricating Oils

Type	Specific Gravity	Kinematic Viscosity ν At 40°C (104°F) (m^2/s)	Kinematic Viscosity ν At 40°C (104°F) (ft^2/s)	Kinematic Viscosity ν At 100°C (212°F) (m^2/s)	Kinematic Viscosity ν At 100°C (212°F) (ft^2/s)	Viscosity Index
Automotive hydraulic systems	0.887	3.99×10^{-5}	4.30×10^{-4}	7.29×10^{-6}	7.85×10^{-5}	149
Engine oils at 100°C						
Viscosity grade 20	0.880			5.6×10^{-6}	6.03×10^{-5}	
Viscosity grade 40	0.882			12.5×10^{-6}	1.35×10^{-4}	
Viscosity grade 60	0.883			21.9×10^{-6}	2.36×10^{-4}	
Gear lubricants						
Viscosity grade 80	0.890			7.0×10^{-6}	7.53×10^{-5}	
Viscosity grade 140	0.892			24.0×10^{-6}	2.58×10^{-4}	
Machine tool hydraulic systems						
Light	0.887	3.20×10^{-5}	3.44×10^{-4}	4.79×10^{-6}	5.16×10^{-5}	46
Medium	0.895	6.70×10^{-5}	7.21×10^{-4}	7.29×10^{-6}	7.85×10^{-5}	53
Heavy	0.901	1.96×10^{-4}	2.11×10^{-3}	1.40×10^{-5}	1.51×10^{-4}	53
Low temperature	0.844	1.40×10^{-5}	1.51×10^{-4}	5.20×10^{-6}	5.60×10^{-5}	374
Machine tool lubricating oils						
Light	0.881	2.20×10^{-5}	2.37×10^{-4}	3.90×10^{-6}	4.20×10^{-5}	40
Medium	0.915	6.60×10^{-5}	7.10×10^{-4}	7.00×10^{-6}	7.53×10^{-5}	41
Heavy	0.890	2.00×10^{-4}	2.15×10^{-3}	1.55×10^{-5}	1.67×10^{-4}	73

Note: Approximate values for use only in problem solving in this book.

Variation of Viscosity with Temperature

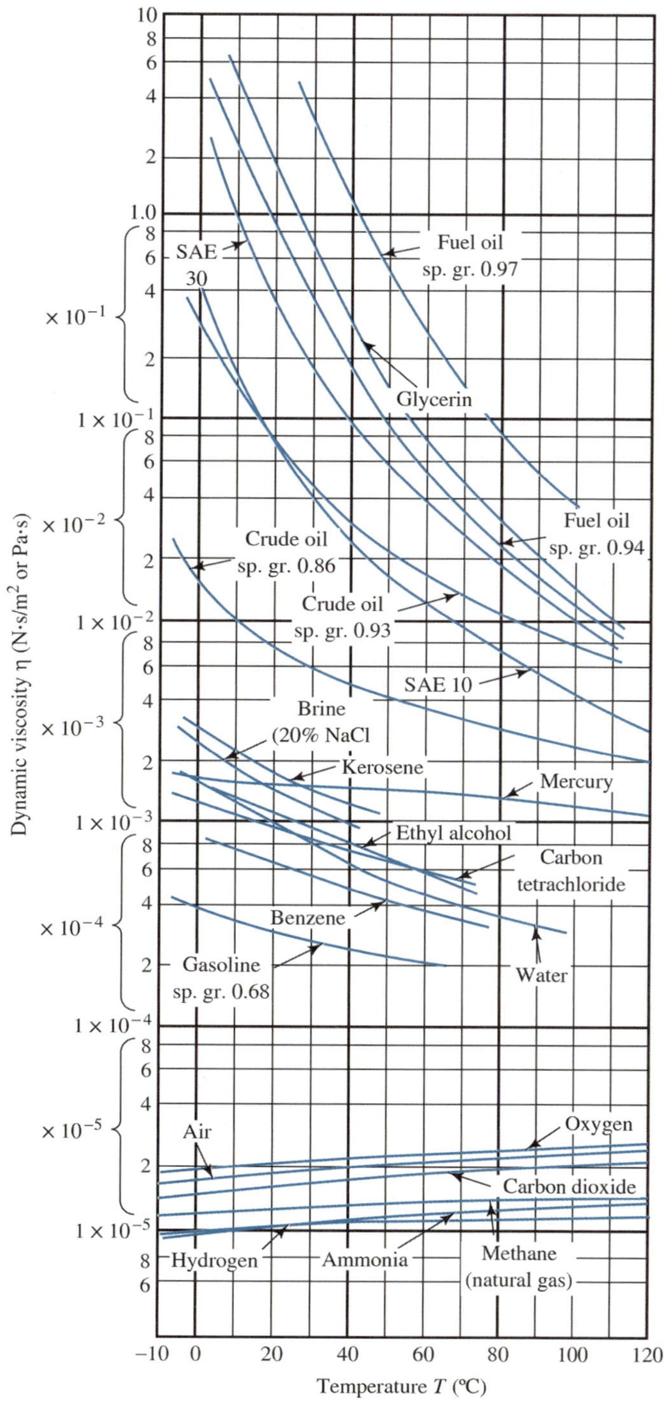

그림 D.1 Dynamic viscosity versus temperature – SI units.

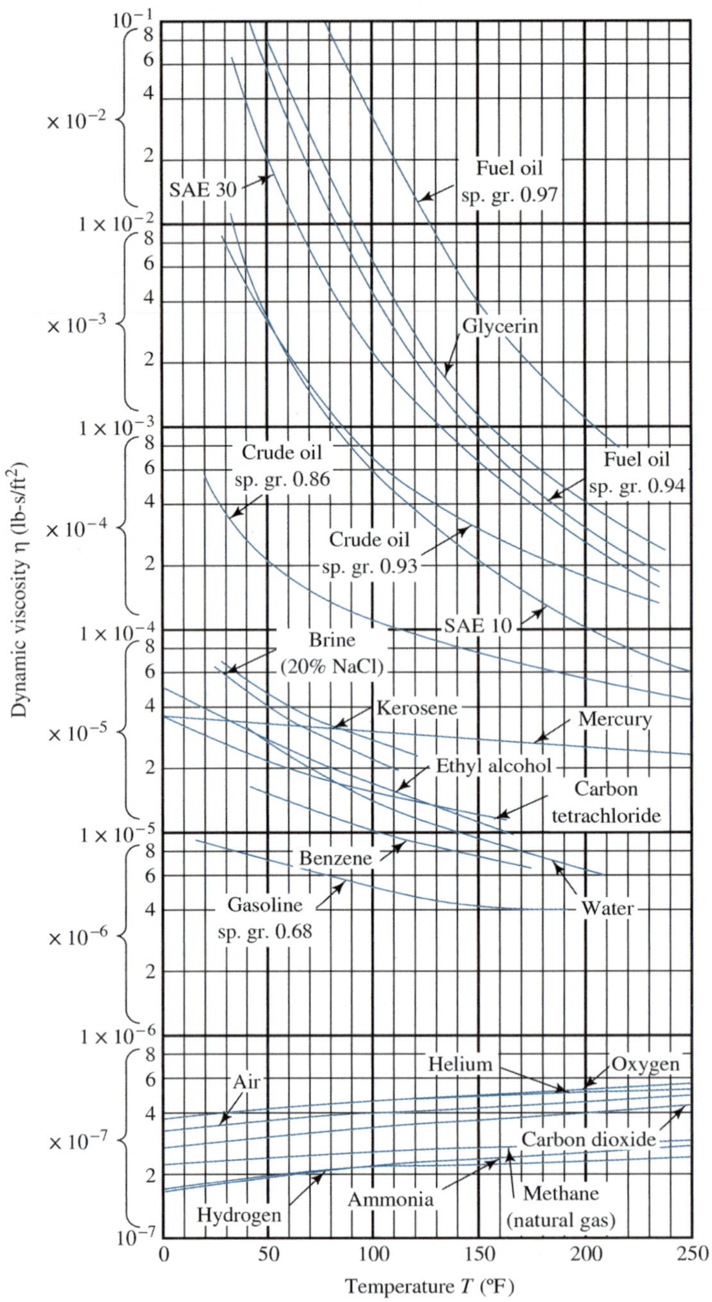

그림 D.2 Dynamic viscosity versus temperature – U.S. Customary System units.

APPENDIX

E

Properties of Air

표 E.1 Properties of air versus temperature in SI units at standard atmospheric pressure

Temperature T (°C)	Density ρ (kg/m³)	Specific Weight γ (N/m³)	Dynamic Viscosity η (Pa·s)	Kinematic Viscosity ν (m²/s)
−40	1.514	14.85	1.51×10^{-5}	9.98×10^{-6}
−30	1.452	14.24	1.56×10^{-5}	1.08×10^{-5}
−20	1.394	13.67	1.62×10^{-5}	1.16×10^{-5}
−10	1.341	13.15	1.67×10^{-5}	1.24×10^{-5}
0	1.292	12.67	1.72×10^{-5}	1.33×10^{-5}
10	1.247	12.23	1.77×10^{-5}	1.42×10^{-5}
20	1.204	11.81	1.81×10^{-5}	1.51×10^{-5}
30	1.164	11.42	1.86×10^{-5}	1.60×10^{-5}
40	1.127	11.05	1.91×10^{-5}	1.69×10^{-5}
50	1.092	10.71	1.95×10^{-5}	1.79×10^{-5}
60	1.060	10.39	1.99×10^{-5}	1.89×10^{-5}
70	1.029	10.09	2.04×10^{-5}	1.99×10^{-5}
80	0.9995	9.802	2.09×10^{-5}	2.09×10^{-5}
90	0.9720	9.532	2.13×10^{-5}	2.19×10^{-5}
100	0.9459	9.277	2.17×10^{-5}	2.30×10^{-5}
110	0.9213	9.034	2.22×10^{-5}	2.40×10^{-5}
120	0.8978	8.805	2.26×10^{-5}	2.51×10^{-5}

Note: Properties of air for standard conditions at sea level are as follows:

Temperature	15°C
Pressure	101.325 kPa
Density	1.225 kg/m³
Specific weight	12.01 N/m³
Dynamic viscosity	1.789×10^{-5} Pa·s
Kinematic viscosity	1.46×10^{-5} m²/s

표 E.2 Properties of air versus temperature in U.S. Customary System units at standard atmospheric pressure

Temperature T (°F)	Density ρ (slugs/ft^3)	Specific Weight γ (lb/ft^3)	Dynamic Viscosity η (lb-s/ft^2)	Kinematic Viscosity ν (ft^2/s)
−40	2.94×10^{-3}	0.0946	3.15×10^{-7}	1.07×10^{-4}
−20	2.80×10^{-3}	0.0903	3.27×10^{-7}	1.17×10^{-4}
0	2.68×10^{-3}	0.0864	3.41×10^{-7}	1.27×10^{-4}
20	2.57×10^{-3}	0.0828	3.52×10^{-7}	1.37×10^{-4}
40	2.47×10^{-3}	0.0795	3.64×10^{-7}	1.47×10^{-4}
60	2.37×10^{-3}	0.0764	3.74×10^{-7}	1.58×10^{-4}
80	2.28×10^{-3}	0.0736	3.85×10^{-7}	1.69×10^{-4}
100	2.20×10^{-3}	0.0709	3.97×10^{-7}	1.80×10^{-4}
120	2.13×10^{-3}	0.0685	4.06×10^{-7}	1.91×10^{-4}
140	2.06×10^{-3}	0.0662	4.16×10^{-7}	2.02×10^{-4}
160	1.99×10^{-3}	0.0641	4.27×10^{-7}	2.15×10^{-4}
180	1.93×10^{-3}	0.0621	4.38×10^{-7}	2.27×10^{-4}
200	1.87×10^{-3}	0.0602	4.48×10^{-7}	2.40×10^{-4}
220	1.81×10^{-3}	0.0584	4.58×10^{-7}	2.52×10^{-4}
240	1.76×10^{-3}	0.0567	4.68×10^{-7}	2.66×10^{-4}

Note: Properties of air for standard conditions at sea level, converted from SI, are as follows:

Temperature	59°F
Pressure	14.696 psi
Density	2.37×10^{-3}
Specific weight	.0764 lb/ft^3
Dynamic viscosity	3.736×10^{-7} lb-s/ft^2
Kinematic viscosity	1.57×10^{-4} ft^2/s

표 E.3 Properties of air at various altitudes

SI Units				U.S. Customary System Units			
Altitude (m)	Temperature T (°C)	Pressure P (kPa)	Density ρ (kg/m^3)	Altitude (ft)	Temperature T (°F)	Pressure P (psi)	Density ρ (slugs/ft^3)
0	15.00	101.3	1.225	0	59.00	14.696	2.38×10^{-3}
200	13.70	98.9	1.202	500	57.22	14.433	2.34×10^{-3}
400	12.40	96.6	1.179	1000	55.43	14.173	2.25×10^{-3}
600	11.10	94.3	1.156	5000	41.17	12.227	2.05×10^{-3}
800	9.80	92.1	1.134	10000	23.34	10.106	1.76×10^{-3}
1000	8.50	89.9	1.112	15000	5.51	8.293	1.50×10^{-3}
2000	2.00	79.5	1.007	20000	−12.62	6.753	1.27×10^{-3}
3000	−4.49	70.1	0.9093	30000	−47.99	4.365	8.89×10^{-4}
4000	−10.98	61.7	0.8194	40000	−69.70	2.720	5.85×10^{-4}
5000	−17.47	54.0	0.7364	50000	−69.70	1.683	3.62×10^{-4}
10000	−49.90	26.5	0.4135	60000	−69.70	1.040	2.24×10^{-4}
15000	−56.50	12.11	0.1948	70000	−67.30	0.644	1.38×10^{-4}
20000	−56.50	5.53	0.0889	80000	−61.81	0.400	8.45×10^{-5}
25000	−51.60	2.55	0.0401	90000	−56.32	0.251	5.22×10^{-5}
30000	−46.64	1.20	0.0184	100000	−50.84	0.158	3.25×10^{-5}

Source: U.S. Standard Atmosphere, 1976, NOAA-S/T76-1562. Washington, DC: National Oceanic and Atmospheric Administration.

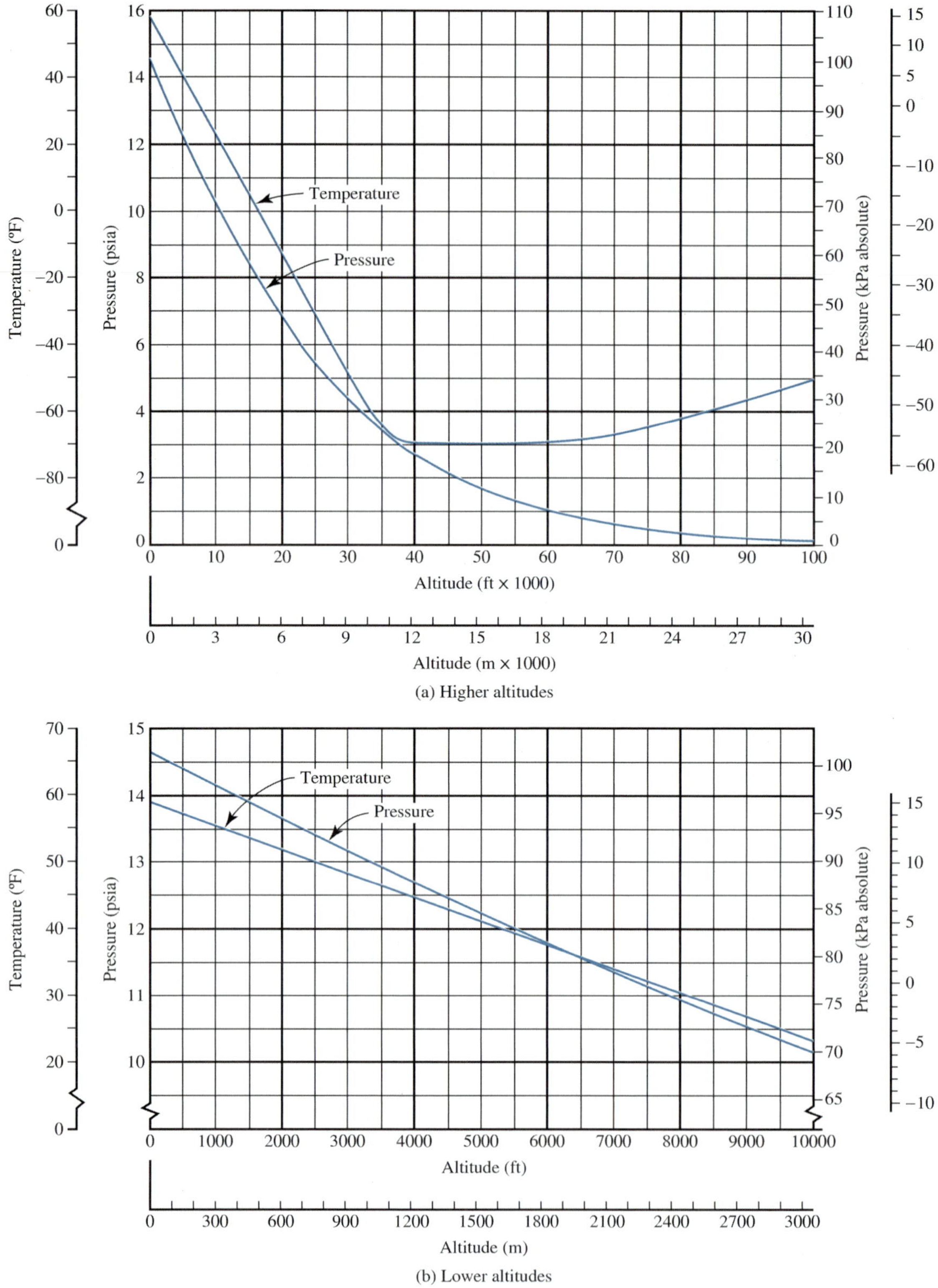

그림 E.1 Properties of the standard atmosphere versus altitude.

APPENDIX
F

Dimensions of Steel Pipe

표 F.1 Schedule 40

Nominal Pipe Size		Outside Diameter		Wall Thickness		Inside Diameter			Flow Area	
NPS (in)	DN (mm)	(in)	(mm)	(in)	(mm)	(in)	(ft)	(mm)	(ft^2)	(m^2)
⅛	6	0.405	10.3	0.068	1.73	0.269	0.0224	6.8	0.000 394	3.660×10^{-5}
¼	8	0.540	13.7	0.088	2.24	0.364	0.0303	9.2	0.000 723	6.717×10^{-5}
⅜	10	0.675	17.1	0.091	2.31	0.493	0.0411	12.5	0.001 33	1.236×10^{-4}
½	15	0.840	21.3	0.109	2.77	0.622	0.0518	15.8	0.002 11	1.960×10^{-4}
¾	20	1.050	26.7	0.113	2.87	0.824	0.0687	20.9	0.003 70	3.437×10^{-4}
1	25	1.315	33.4	0.133	3.38	1.049	0.0874	26.6	0.006 00	5.574×10^{-4}
1¼	32	1.660	42.2	0.140	3.56	1.380	0.1150	35.1	0.010 39	9.653×10^{-4}
1½	40	1.900	48.3	0.145	3.68	1.610	0.1342	40.9	0.014 14	1.314×10^{-3}
2	50	2.375	60.3	0.154	3.91	2.067	0.1723	52.5	0.023 33	2.168×10^{-3}
2½	65	2.875	73.0	0.203	5.16	2.469	0.2058	62.7	0.033 26	3.090×10^{-3}
3	80	3.500	88.9	0.216	5.49	3.068	0.2557	77.9	0.051 32	4.768×10^{-3}
3½	90	4.000	101.6	0.226	5.74	3.548	0.2957	90.1	0.068 68	6.381×10^{-3}
4	100	4.500	114.3	0.237	6.02	4.026	0.3355	102.3	0.088 40	8.213×10^{-3}
5	125	5.563	141.3	0.258	6.55	5.047	0.4206	128.2	0.139 0	1.291×10^{-2}
6	150	6.625	168.3	0.280	7.11	6.065	0.5054	154.1	0.200 6	1.864×10^{-2}
8	200	8.625	219.1	0.322	8.18	7.981	0.6651	202.7	0.347 2	3.226×10^{-2}
10	250	10.750	273.1	0.365	9.27	10.020	0.8350	254.5	0.547 9	5.090×10^{-2}
12	300	12.750	323.9	0.406	10.31	11.938	0.9948	303.2	0.777 1	7.219×10^{-2}
14	350	14.000	355.6	0.437	11.10	13.126	1.094	333.4	0.939 6	8.729×10^{-2}
16	400	16.000	406.4	0.500	12.70	15.000	1.250	381.0	1.227	0.1140
18	450	18.000	457.2	0.562	14.27	16.876	1.406	428.7	1.553	0.1443
20	500	20.000	508.0	0.593	15.06	18.814	1.568	477.9	1.931	0.1794
24	600	24.000	609.6	0.687	17.45	22.626	1.886	574.7	2.792	0.2594

표 F.2 Schedule 80

Nominal Pipe Size		Outside Diameter		Wall Thickness		Inside Diameter			Flow Area	
NPS (in)	DN (mm)	(in)	(mm)	(in)	(mm)	(in)	(ft)	(mm)	(ft^2)	(m^2)
⅛	6	0.405	10.3	0.095	2.41	0.215	0.017 92	5.5	0.000 253	2.350×10^{-5}
¼	8	0.540	13.7	0.119	3.02	0.302	0.025 17	7.7	0.000 497	4.617×10^{-5}
⅜	10	0.675	17.1	0.126	3.20	0.423	0.035 25	10.7	0.000 976	9.067×10^{-5}
½	15	0.840	21.3	0.147	3.73	0.546	0.045 50	13.9	0.001 625	1.510×10^{-4}
¾	20	1.050	26.7	0.154	3.91	0.742	0.061 83	18.8	0.003 00	2.787×10^{-4}
1	25	1.315	33.4	0.179	4.55	0.957	0.079 75	24.3	0.004 99	4.636×10^{-4}
1¼	32	1.660	42.2	0.191	4.85	1.278	0.106 5	32.5	0.008 91	8.278×10^{-4}
1½	40	1.900	48.3	0.200	5.08	1.500	0.125 0	38.1	0.012 27	1.140×10^{-3}
2	50	2.375	60.3	0.218	5.54	1.939	0.161 6	49.3	0.020 51	1.905×10^{-3}
2½	65	2.875	73.0	0.276	7.01	2.323	0.193 6	59.0	0.029 44	2.735×10^{-3}
3	80	3.500	88.9	0.300	7.62	2.900	0.241 7	73.7	0.045 90	4.264×10^{-3}
3½	90	4.000	101.6	0.318	8.08	3.364	0.280 3	85.4	0.061 74	5.736×10^{-3}
4	100	4.500	114.3	0.337	8.56	3.826	0.318 8	97.2	0.079 86	7.419×10^{-3}
5	125	5.563	141.3	0.375	9.53	4.813	0.401 1	122.3	0.126 3	1.173×10^{-2}
6	150	6.625	168.3	0.432	10.97	5.761	0.480 1	146.3	0.181 0	1.682×10^{-2}
8	200	8.625	219.1	0.500	12.70	7.625	0.635 4	193.7	0.317 4	2.949×10^{-2}
10	250	10.750	273.1	0.593	15.06	9.564	0.797 0	242.9	0.498 6	4.632×10^{-2}
12	300	12.750	323.9	0.687	17.45	11.376	0.948 0	289.0	0.705 6	6.555×10^{-2}
14	350	14.000	355.6	0.750	19.05	12.500	1.042	317.5	0.852 1	7.916×10^{-2}
16	400	16.000	406.4	0.842	21.39	14.314	1.193	363.6	1.117	0.1038
18	450	18.000	457.2	0.937	23.80	16.126	1.344	409.6	1.418	0.1317
20	500	20.000	508.0	1.031	26.19	17.938	1.495	455.6	1.755	0.1630
24	600	24.000	609.6	1.218	30.94	21.564	1.797	547.7	2.535	0.2344

APPENDIX G

Dimensions of Steel, Copper, and Plastic Tubing

표 G.1 Dimensions of Steel Tubing – Inch–based sizes

Outside Diameter		Wall Thickness		Inside Diameter			Flow Area	
(in)	(mm)	(in)	(mm)	(in)	(ft)	(mm)	(ft^2)	(m^2)
⅛	3.18	0.032	0.813	0.061	0.00508	1.549	2.029×10^{-5}	1.885×10^{-6}
		0.035	0.889	0.055	0.00458	1.397	1.650×10^{-5}	1.533×10^{-6}
3/16	4.76	0.032	0.813	0.124	0.01029	3.137	8.319×10^{-5}	7.728×10^{-6}
		0.035	0.889	0.117	0.00979	2.985	7.530×10^{-5}	6.996×10^{-6}
¼	6.35	0.035	0.889	0.180	0.01500	4.572	1.767×10^{-4}	1.642×10^{-5}
		0.049	1.24	0.152	0.01267	3.861	1.260×10^{-4}	1.171×10^{-5}
5/16	7.94	0.035	0.889	0.243	0.02021	6.160	3.207×10^{-4}	2.980×10^{-5}
		0.049	1.24	0.215	0.01788	5.448	2.509×10^{-4}	2.331×10^{-5}
⅜	9.53	0.035	0.889	0.305	0.02542	7.747	5.074×10^{-4}	4.714×10^{-5}
		0.049	1.24	0.277	0.02308	7.036	4.185×10^{-4}	3.888×10^{-5}
½	12.70	0.049	1.24	0.402	0.03350	10.21	8.814×10^{-4}	8.189×10^{-5}
		0.065	1.65	0.370	0.03083	9.40	7.467×10^{-4}	6.937×10^{-5}
⅝	15.88	0.049	1.24	0.527	0.04392	13.39	1.515×10^{-3}	1.407×10^{-4}
		0.065	1.65	0.495	0.04125	12.57	1.336×10^{-3}	1.242×10^{-4}
¾	19.05	0.049	1.24	0.652	0.05433	16.56	2.319×10^{-3}	2.154×10^{-4}
		0.065	1.65	0.620	0.05167	15.75	2.097×10^{-3}	1.948×10^{-4}
⅞	22.23	0.049	1.24	0.777	0.06475	19.74	3.293×10^{-3}	3.059×10^{-4}
		0.065	1.65	0.745	0.06208	18.92	3.027×10^{-3}	2.812×10^{-4}
1	25.40	0.065	1.65	0.870	0.07250	22.10	4.128×10^{-3}	3.835×10^{-4}
		0.083	2.11	0.834	0.06950	21.18	3.794×10^{-3}	3.524×10^{-4}
1¼	31.75	0.065	1.65	1.120	0.09333	28.45	6.842×10^{-3}	6.356×10^{-4}
		0.083	2.11	1.084	0.09033	27.53	6.409×10^{-3}	5.954×10^{-4}
1½	38.10	0.065	1.65	1.370	0.1142	34.80	1.024×10^{-2}	9.510×10^{-4}
		0.083	2.11	1.334	0.1112	33.88	9.706×10^{-3}	9.017×10^{-4}
1¾	44.45	0.065	1.65	1.620	0.1350	41.15	1.431×10^{-2}	1.330×10^{-3}
		0.083	2.11	1.584	0.1320	40.23	1.368×10^{-2}	1.271×10^{-3}
2	50.80	0.065	1.65	1.870	0.1558	47.50	1.907×10^{-2}	1.772×10^{-3}
		0.083	2.11	1.834	0.1528	46.58	1.835×10^{-2}	1.704×10^{-3}

표 G.2 Dimensions of Steel and Copper Hydraulic Tubing – Metric–based sizes

			SI Units
Hydraulic Tubing: Steel and copper—selected sizes			
Outside diameter *OD* (mm)	**Wall thickness *t* (mm)**	**Inside diameter *ID* (mm)**	**Flow area *A* (m^2)**
6	0.8	4.4	1.521×10^{-5}
6	1.0	4.0	1.257×10^{-5}
8	1.0	6.0	2.827×10^{-5}
8	1.2	5.6	2.463×10^{-5}
15	1.2	12.6	1.247×10^{-4}
15	1.5	12.0	1.131×10^{-4}
20	1.2	17.6	2.433×10^{-4}
20	1.5	17.0	2.270×10^{-4}
25	1.5	22.0	3.801×10^{-4}
25	2.0	21.0	3.464×10^{-4}
32	1.5	29.0	6.605×10^{-4}
32	2.0	28.0	6.158×10^{-4}
40	1.5	37.0	1.075×10^{-3}
40	2.0	36.0	1.018×10^{-3}
50	1.5	47.0	1.735×10^{-3}
50	2.0	46.0	1.662×10^{-3}
60	2.0	56.0	2.463×10^{-3}
60	2.8	54.4	2.324×10^{-3}
80	2.8	74.4	4.347×10^{-3}
100	3.5	93.0	6.793×10^{-3}
120	3.5	113.0	1.003×10^{-2}
140	5.0	130.0	1.327×10^{-2}
160	5.5	149.0	1.744×10^{-2}
180	6.0	168.0	2.217×10^{-2}
200	7.0	186.0	2.717×10^{-2}
220	8.0	204.0	3.269×10^{-2}
240	9.0	222.0	3.871×10^{-2}
260	10.0	240.0	4.524×10^{-2}

Source: Parker Steel Company—Metric Sized Metals, Toledo, Ohio

Note: Numerous other sizes and wall thicknesses available

표 G.3 Dimensions of PVC Plastic Pressure Pipe – Metric–based sizes

		SI Units		
PVC Plastic Pressure Pipe—selected sizes				
Outside diameter *OD* (mm)	**Wall thickness *t* (mm)**	**Inside diameter *ID* (mm)**	**Flow area *A* (m^2)**	**Pressure rating *p* (bar)**
16	1.5	13.0	1.327×10^{-4}	16
20	1.5	17.0	2.270×10^{-4}	16
25	1.9	21.2	3.530×10^{-4}	16
32	2.4	27.2	5.811×10^{-4}	16
40	3.0	34.0	9.079×10^{-4}	16
50	2.4	45.2	1.605×10^{-3}	10
50	3.7	42.6	1.425×10^{-3}	16
63	3.0	57.0	2.552×10^{-3}	10
63	4.7	53.6	2.256×10^{-3}	16
75	3.6	67.8	3.610×10^{-3}	10
75	5.6	63.8	3.197×10^{-3}	16
90	2.8	84.4	5.595×10^{-3}	6
90	4.3	81.4	5.204×10^{-3}	10
90	6.7	76.6	4.608×10^{-3}	16
125	3.1	118.8	1.108×10^{-2}	6
125	4.8	115.4	1.046×10^{-2}	10
125	7.4	110.2	9.538×10^{-3}	16
160	4.0	152.0	1.815×10^{-2}	6
160	6.2	147.6	1.711×10^{-2}	10
160	9.5	141.0	1.561×10^{-2}	16
200	4.9	190.2	2.841×10^{-2}	6
200	7.7	184.6	2.676×10^{-2}	10
200	11.9	176.2	2.438×10^{-2}	16
250	6.2	237.6	4.434×10^{-2}	6
250	9.6	230.8	4.184×10^{-2}	10
250	14.8	220.4	3.815×10^{-2}	16
400	9.8	380.4	1.137×10^{-1}	6
500	12.3	475.4	1.775×10^{-1}	6

Source: epco-plastics.com/pdfs/pvc

Notes: 1. Numerous other sizes and wall thicknesses available

2. Pressure equivalents:
   - 6 bar = 600 kPa = 87 psi
   - 10 bar = 1000 kPa = 145 psi
   - 16 bar = 1600 kPa = 232 psi

APPENDIX

H

Dimensions of Type K Copper Tubing

Nominal Size	Outside Diameter		Wall Thickness		Inside Diameter			Flow Area	
(in)	(in)	(mm)	(in)	(mm)	(in)	(ft)	(mm)	(ft^2)	(m^2)
⅛	0.250	6.35	0.035	0.889	0.180	0.0150	4.572	1.767×10^{-4}	1.642×10^{-5}
¼	0.375	9.53	0.049	1.245	0.277	0.0231	7.036	4.185×10^{-4}	3.888×10^{-5}
⅜	0.500	12.70	0.049	1.245	0.402	0.0335	10.21	8.814×10^{-4}	8.189×10^{-5}
½	0.625	15.88	0.049	1.245	0.527	0.0439	13.39	1.515×10^{-3}	1.407×10^{-4}
⅝	0.750	19.05	0.049	1.245	0.652	0.0543	16.56	2.319×10^{-3}	2.154×10^{-4}
¾	0.875	22.23	0.065	1.651	0.745	0.0621	18.92	3.027×10^{-3}	2.812×10^{-4}
1	1.125	28.58	0.065	1.651	0.995	0.0829	25.27	5.400×10^{-3}	5.017×10^{-4}
1¼	1.375	34.93	0.065	1.651	1.245	0.1037	31.62	8.454×10^{-3}	7.854×10^{-4}
1½	1.625	41.28	0.072	1.829	1.481	0.1234	37.62	1.196×10^{-2}	1.111×10^{-3}
2	2.125	53.98	0.083	2.108	1.959	0.1632	49.76	2.093×10^{-2}	1.945×10^{-3}
2½	2.625	66.68	0.095	2.413	2.435	0.2029	61.85	3.234×10^{-2}	3.004×10^{-3}
3	3.125	79.38	0.109	2.769	2.907	0.2423	73.84	4.609×10^{-2}	4.282×10^{-3}
3½	3.625	92.08	0.120	3.048	3.385	0.2821	85.98	6.249×10^{-2}	5.806×10^{-3}
4	4.125	104.8	0.134	3.404	3.857	0.3214	97.97	8.114×10^{-2}	7.538×10^{-3}
5	5.125	130.2	0.160	4.064	4.805	0.4004	122.0	1.259×10^{-1}	1.170×10^{-2}
6	6.125	155.6	0.192	4.877	5.741	0.4784	145.8	1.798×10^{-1}	1.670×10^{-2}
8	8.125	206.4	0.271	6.883	7.583	0.6319	192.6	3.136×10^{-1}	2.914×10^{-2}
10	10.125	257.2	0.338	8.585	9.449	0.7874	240.0	4.870×10^{-1}	4.524×10^{-2}
12	12.125	308.0	0.405	10.287	11.315	0.9429	287.4	6.983×10^{-1}	6.487×10^{-2}

Dimensions of Ductile Iron Pipe

표 I.1 Class 150 for 150-psi (1.03-MPa) pressure service Cement lined pipe

Nominal Pipe Size	Outside Diameter		Wall Thickness		Inside Diameter			Flow Area	
(in)	(in)	(mm)	(in)	(mm)	(in)	(ft)	(mm)	(ft^2)	(m^2)
4	4.80	121.9	0.315	8.001	4.17	0.348	105.9	0.0948	0.00881
6	6.90	175.3	0.315	8.001	6.27	0.523	159.3	0.2144	0.01993
8	9.05	229.9	0.315	8.001	8.42	0.702	213.9	0.3867	0.03594
10	11.10	281.9	0.325	8.255	10.45	0.871	265.4	0.5956	0.05535
12	13.20	335.3	0.345	8.763	12.51	1.043	317.8	0.8536	0.07933
14	15.30	388.6	0.375	9.525	14.55	1.213	369.6	1.155	0.1073
16	17.40	442.0	0.395	10.033	16.61	1.384	421.9	1.505	0.1398
18	19.50	495.3	0.405	10.287	18.69	1.558	474.7	1.905	0.1771
20	21.60	548.6	0.425	10.795	20.75	1.729	527.1	2.348	0.2182
24	25.80	655.3	0.425	10.795	24.95	2.079	633.7	3.395	0.3155
30	32.00	812.8	0.465	11.811	31.07	2.589	789.2	5.265	0.4893
36	38.30	972.8	0.505	12.827	37.29	3.108	947.2	7.584	0.7049
42	44.50	1130.3	0.535	13.589	43.43	3.619	1103.1	10.287	0.9561
48	50.80	1290.3	0.585	14.859	49.63	4.136	1260.6	13.434	1.2485

APPENDIX J

Areas of Circles

표 J.1 U.S. Customary System units

Diameter		Area	
(in)	(ft)	(in^2)	(ft^2)
0.25	0.0208	0.0491	3.409×10^{-4}
0.50	0.0417	0.1963	1.364×10^{-3}
0.75	0.0625	0.4418	3.068×10^{-3}
1.00	0.0833	0.7854	5.454×10^{-3}
1.25	0.1042	1.227	8.522×10^{-3}
1.50	0.1250	1.767	1.227×10^{-2}
1.75	0.1458	2.405	1.670×10^{-2}
2.00	0.1667	3.142	2.182×10^{-2}
2.50	0.2083	4.909	3.409×10^{-2}
3.00	0.2500	7.069	4.909×10^{-2}
3.50	0.2917	9.621	6.681×10^{-2}
4.00	0.3333	12.57	8.727×10^{-2}
4.50	0.3750	15.90	0.1104
5.00	0.4167	19.63	0.1364
6.00	0.5000	28.27	0.1963
7.00	0.5833	38.48	0.2673
8.00	0.6667	50.27	0.3491
9.00	0.7500	63.62	0.4418
10.00	0.8333	78.54	0.5454
12.00	1.00	113.1	0.7854
18.00	1.50	254.5	1.767
24.00	2.00	452.4	3.142

표 J.2 SI units

Diameter		Area	
(mm)	(m)	(mm^2)	(m^2)
6	0.006	28.27	2.827×10^{-5}
12	0.012	113.1	1.131×10^{-4}
18	0.018	254.5	2.545×10^{-4}
25	0.025	490.9	4.909×10^{-4}
32	0.032	804.2	8.042×10^{-4}
40	0.040	1257	1.257×10^{-3}
45	0.045	1590	1.590×10^{-3}
50	0.050	1963	1.963×10^{-3}
60	0.060	2827	2.827×10^{-3}
75	0.075	4418	4.418×10^{-3}
90	0.090	6362	6.362×10^{-3}
100	0.100	7854	7.854×10^{-3}
115	0.115	1.039×10^{4}	1.039×10^{-2}
125	0.125	1.227×10^{4}	1.227×10^{-2}
150	0.150	1.767×10^{4}	1.767×10^{-2}
175	0.175	2.405×10^{4}	2.405×10^{-2}
200	0.200	3.142×10^{4}	3.142×10^{-2}
225	0.225	3.976×10^{4}	3.976×10^{-2}
250	0.250	4.909×10^{4}	4.909×10^{-2}
300	0.300	7.069×10^{4}	7.069×10^{-2}
450	0.450	1.590×10^{5}	1.590×10^{-1}
600	0.600	2.827×10^{5}	2.827×10^{-1}

APPENDIX K

Conversion Factors

Note: Conversion factors are given here to generally three or four significant figures. More precise values are available in *IEEE/ASTM Standard SI 10-2002* listed as Reference 1 in Chapter 1.

표 K.1 Conversion factors

Mass Standard SI unit: kilogram (kg). Equivalent unit: $N \cdot s^2/m$.

$\frac{14.59\ \text{kg}}{\text{slug}}$ $\frac{32.174\ \text{lb}_m}{\text{slug}}$ $\frac{2.205\ \text{lb}_m}{\text{kg}}$ $\frac{453.6\ \text{grams}}{\text{lb}_m}$ $\frac{2000\ \text{lb}_m}{\text{ton}_m}$ $\frac{1000\ \text{kg}}{\text{metric ton}_m}$

Force Standard SI unit: Newton (N). Equivalent unit: $kg \cdot m/s^2$.

$\frac{4.448\ \text{N}}{\text{lb}_f}$ $\frac{10^5\ \text{dynes}}{\text{N}}$ $\frac{4.448 \times 10^5\ \text{dynes}}{\text{lb}_f}$ $\frac{224.8\ \text{lb}_f}{\text{kN}}$

Length

$\frac{3.281\ \text{ft}}{\text{m}}$ $\frac{39.37\ \text{in}}{\text{m}}$ $\frac{12\ \text{in}}{\text{ft}}$ $\frac{1.609\ \text{km}}{\text{mi}}$ $\frac{5280\ \text{ft}}{\text{mi}}$ $\frac{6076\ \text{ft}}{\text{nautical mile}}$

Area

$\frac{144\ \text{in}^2}{\text{ft}^2}$ $\frac{10.76\ \text{ft}^2}{\text{m}^2}$ $\frac{645.2\ \text{mm}^2}{\text{in}^2}$ $\frac{10^6\ \text{mm}^2}{\text{m}^2}$ $\frac{43\,560\ \text{ft}^2}{\text{acre}}$ $\frac{10^4\ \text{m}^2}{\text{hectare}}$

Volume

$\frac{1728\ \text{in}^3}{\text{ft}^3}$ $\frac{231\ \text{in}^3}{\text{gal}}$ $\frac{7.48\ \text{gal}}{\text{ft}^3}$ $\frac{264.2\ \text{gal}}{\text{m}^3}$ $\frac{3.785\ \text{L}}{\text{gal}}$ $\frac{35.31\ \text{ft}^3}{\text{m}^3}$

$\frac{28.32\ \text{L}}{\text{ft}^3}$ $\frac{1000\ \text{L}}{\text{m}^3}$ $\frac{61.02\ \text{in}^3}{\text{L}}$ $\frac{1000\ \text{cm}^3}{\text{L}}$ $\frac{1.201\ \text{U.S. gal}}{\text{Imperial gallon}}$

Volume Flow Rate

$\frac{449\ \text{gal/min}}{\text{ft}^3/\text{s}}$ $\frac{35.31\ \text{ft}^3/\text{s}}{\text{m}^3/\text{s}}$ $\frac{15\,850\ \text{gal/min}}{\text{m}^3/\text{s}}$ $\frac{3.785\ \text{L/min}}{\text{gal/min}}$

$\frac{60\,000\ \text{L/min}}{\text{m}^3/\text{s}}$ $\frac{2119\ \text{ft}^3/\text{min}}{\text{m}^3/\text{s}}$ $\frac{16.67\ \text{L/min}}{\text{m}^3/\text{h}}$ $\frac{101.9\ \text{m}^3/\text{h}}{\text{ft}^3/\text{s}}$

***Density* (mass/unit volume)**

$\frac{515.4\ \text{kg/m}^3}{\text{slug/ft}^3}$ $\frac{1000\ \text{kg/m}^3}{\text{gram/cm}^3}$ $\frac{32.17\ \text{lb}_m/\text{ft}^3}{\text{slug/ft}^3}$ $\frac{16.018\ \text{kg/m}^3}{\text{lb}_m/\text{ft}^3}$

***Specific Weight* (weight/unit volume)**

$\frac{157.1\ \text{N/m}^3}{\text{lb}_f/\text{ft}^3}$ $\frac{1728\ \text{lb/ft}^3}{\text{lb/in}^3}$

Pressure Standard SI unit: pascal (Pa). Equivalent units: N/m^2 or $kg/m \cdot s^2$.

$\frac{144\ \text{lb/ft}^2}{\text{lb/in}^2}$ $\frac{47.88\ \text{Pa}}{\text{lb/ft}^2}$ $\frac{6895\ \text{Pa}}{\text{lb/in}^2}$ $\frac{1\ \text{Pa}}{\text{N/m}^2}$ $\frac{100\ \text{kPa}}{\text{bar}}$ $\frac{14.50\ \text{lb/in}^2}{\text{bar}}$

$\frac{27.68\ \text{inH}_2\text{O}}{\text{lb/in}^2}$ $\frac{249.1\ \text{Pa}}{\text{inH}_2\text{O}}$ $\frac{2.036\ \text{inHg}}{\text{lb/in}^2}$ $\frac{3386\ \text{Pa}}{\text{inHg}}$ $\frac{133.3\ \text{Pa}}{\text{mmHg}}$ $\frac{51.71\ \text{mmHg}}{\text{lb/in}^2}$

$\frac{14.696\ \text{lb/in}^2}{\text{Std. atmosphere}}$ $\frac{101.325\ \text{kPa}}{\text{Std. atmosphere}}$ $\frac{29.92\ \text{inHg}}{\text{Std. atmosphere}}$ $\frac{760.1\ \text{mmHg}}{\text{Std. atmosphere}}$

표 K.1 Conversion factors *(continued)*

Note: Conversion factors based on the height of a column of liquid (e.g., inH_2O and mmHg) are based on a standard gravitational field (g = 9.806 65 m/s^2), a density of water equal to 1000 kg/m^3, and a density of mercury equal to 13 595.1 kg/m^3, sometimes called ***conventional values*** for a temperature at or near 0 C. Actual measurements with such fluids may vary because of differences in local gravity and temperature.

Energy Standard SI unit: joule (J). Equivalent units: N·m or kg·m^2/s^2.

$$\frac{1.356\ \text{J}}{\text{lb-ft}}\quad \frac{1.0\ \text{J}}{\text{N·m}}\quad \frac{8.85\ \text{lb-in}}{\text{J}}\quad \frac{1.055\ \text{kJ}}{\text{Btu}}\quad \frac{3.600\ \text{kJ}}{\text{W·h}}\quad \frac{778.17\ \text{ft-lb}}{\text{Btu}}$$

Power Standard SI unit: watt (W). Equivalent unit: J/s or N·m/s.

$$\frac{745.7\ \text{W}}{\text{hp}}\quad \frac{1.0\ \text{W}}{\text{N·m/s}}\quad \frac{550\ \text{lb-ft/s}}{\text{hp}}\quad \frac{1.356\ \text{W}}{\text{lb-ft/s}}\quad \frac{3.412\ \text{Btu/hr}}{\text{W}}\quad \frac{1.341\ \text{hp}}{\text{kW}}$$

Dynamic Viscosity Standard SI unit: Pa·s or N·s/m^2 (cP = centipoise)

$$\frac{47.88\ \text{Pa·s}}{\text{lb-s/ft}^2}\quad \frac{10\ \text{poise}}{\text{Pa·s}}\quad \frac{1000\ \text{cP}}{\text{Pa·s}}\quad \frac{100\ \text{cP}}{\text{poise}}\quad \frac{1\ \text{cP}}{1\ \text{mPa·s}}$$

Kinematic Viscosity Standard SI unit: m^2/s (cSt = centistoke)

$$\frac{10.764\ \text{ft}^2\text{/s}}{\text{m}^2\text{/s}}\quad \frac{10^4\ \text{stoke}}{\text{m}^2\text{/s}}\quad \frac{10^6\ \text{cSt}}{\text{m}^2\text{/s}}\quad \frac{100\ \text{cSt}}{\text{stoke}}\quad \frac{1\ \text{cSt}}{1\ \text{mm}^2\text{/s}}\quad \frac{10^6\ \text{mm}^2\text{/s}}{\text{m}^2\text{/s}}$$

Refer to Section 2.6.5 for conversions involving Saybolt Universal seconds.

General Approach to Application of Conversion Factors. Arrange the conversion factor from the table in such a manner that when multiplied by the given quantity, the original units cancel out, leaving the desired units.

Example 1 Convert 0.24 m^3/s to the units of gal/min:

$$(0.24\ \text{m}^3\text{/s})\frac{15\,850\ \text{gal/min}}{\text{m}^3\text{/s}} = 3804\ \text{gal/min}$$

Example 2 Convert 150 gal/min to the units of m^3/s:

$$(150\ \text{gal/min})\frac{1\ \text{m}^3\text{/s}}{15\,850\ \text{gal/min}} = 9.46 \times 10^{-3}\ \text{m}^3\text{/s}$$

Temperature Conversions (Refer to Section 1.6)

Given the Fahrenheit temperature T_F in F, the Celsius temperature T_C in C is

$$T_C = (T_F - 32)/1.8$$

Given the temperature T_C in C, the Fahrenheit temperature T_F in F is

$$T_F = 1.8T_C + 32$$

Given the temperature T_C in C, the absolute temperature T_K in K (kelvin) is

$$T_K = T_C + 273.15$$

Given the temperature T_F in F, the absolute temperature T_R in R (degrees Rankine) is

$$T_R = T_F + 459.67$$

Given the temperature T_F in F, the absolute temperature T_K in K is

$$T_K = (T_F + 459.67)/1.8 = T_R/1.8$$

Properties of Areas

Section	Area of Section A	Distance to Centroidal Axis $\overline{y}$	Moment of Inertia about Centroidal Axis I_c
Square 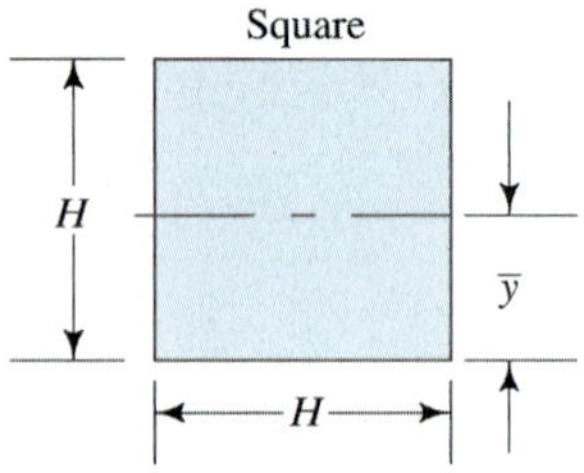	H^2	$H/2$	$H^4/12$
Rectangle 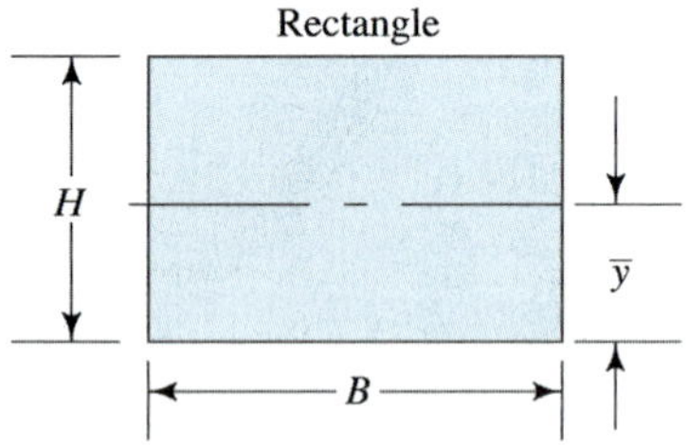	BH	$H/2$	$BH^3/12$
Triangle 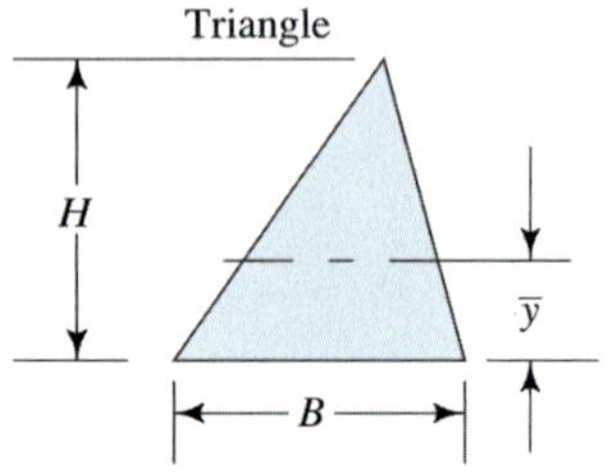	$BH/2$	$H/3$	$BH^3/36$

properties of a reas (*continued*)

Section	Area of Section A	Distance to Centroidal Axis $\bar{y}$	Moment of Inertia about Centroidal Axis I_c
Circle 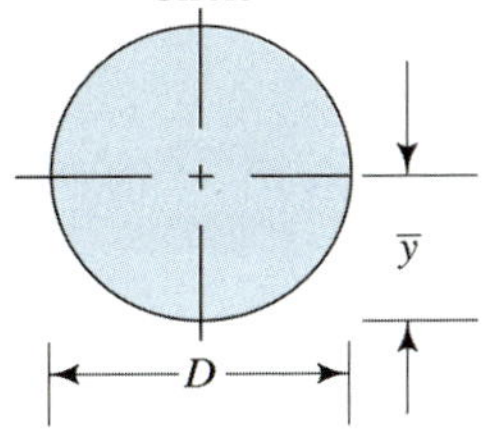	$\pi D^2/4$	$D/2$	$\pi D^4/64$
Ring 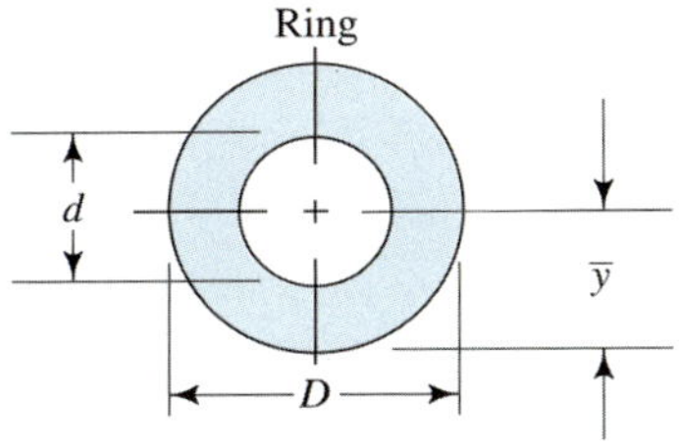	$\dfrac{\pi(D^2 - d^2)}{4}$	$D/2$	$\dfrac{\pi(D^4 - d^4)}{64}$
Semicircle 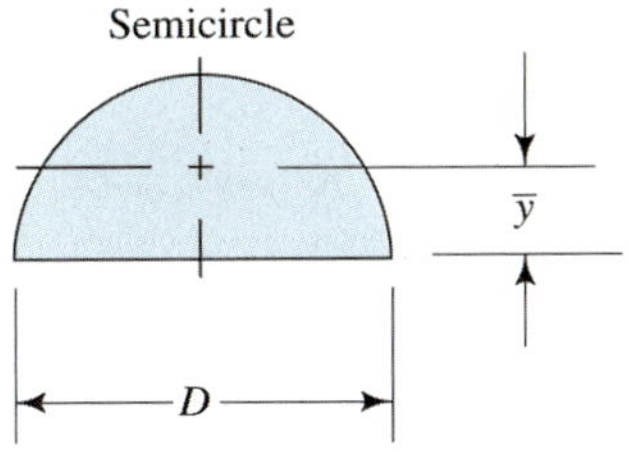	$\pi D^2/8$	$0.212D$	$(6.86 \times 10^{-3})D^4$
Quadrant 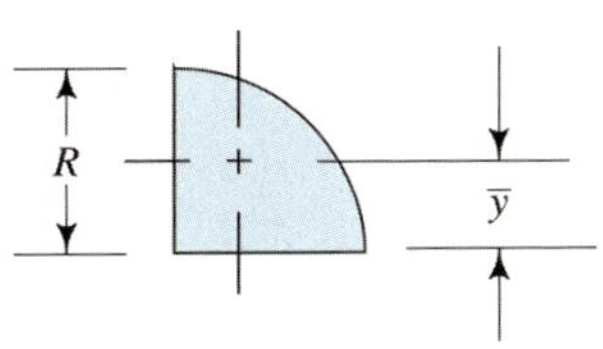	$\pi D^2/16$ $\pi R^2/4$	$0.212D$ $0.424R$	$(3.43 \times 10^{-3})D^4$ $(5.49 \times 10^{-2})R^4$
Trapezoid 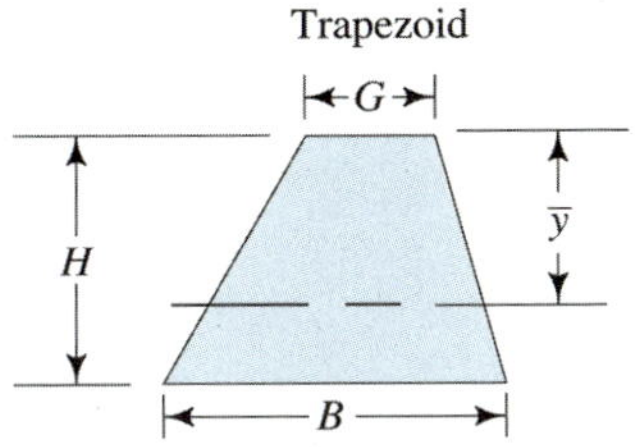	$\dfrac{H(G + B)}{2}$	$\dfrac{H(G + 2B)}{3(G + B)}$	$\dfrac{H^3(G^2 + 4GB + B^2)}{36(G + B)}$

APPENDIX

M

Properties of Solids

Shape	Volume V	Distance to Centroid $\bar{y}$
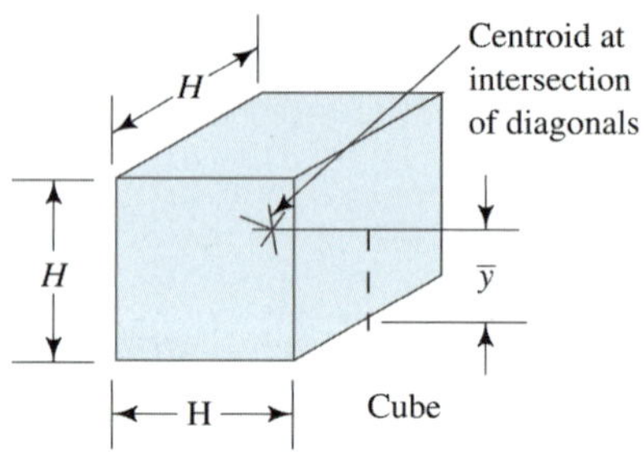 Cube	H^3	$H/2$ from any face
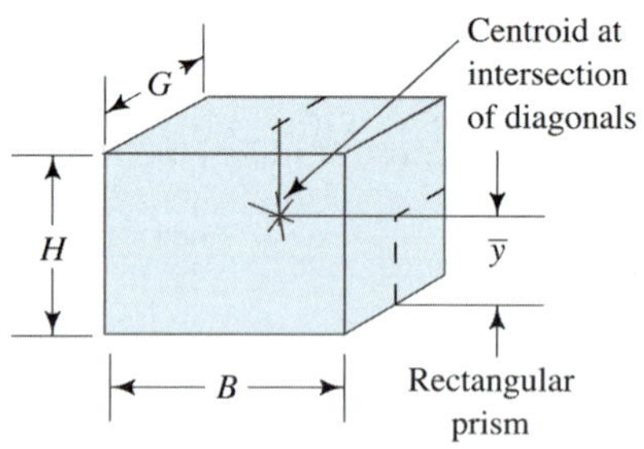 Rectangular prism	BHG	$B/2, H/2, or\ G/2$ from a particular face
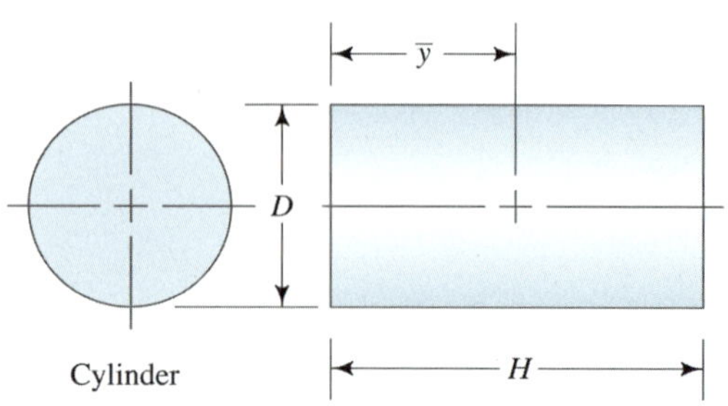 Cylinder	$\frac{\pi D^2 H}{4}$	$H/2$

Properties of Solids (*continued*)

Shape	Volume V	Distance to Centroid $\bar{y}$
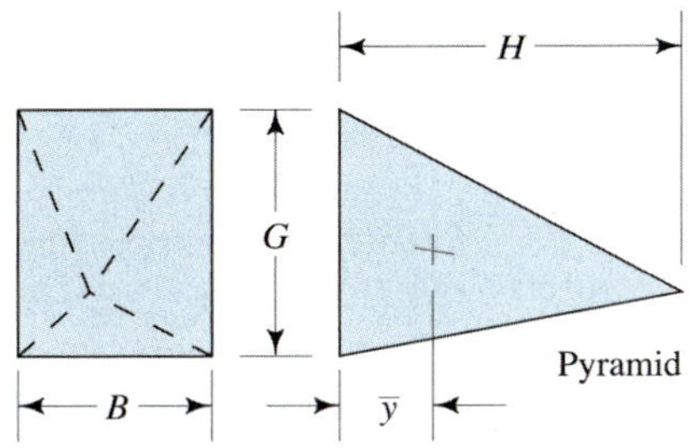 Pyramid	$\frac{BGH}{3}$	$H/4$
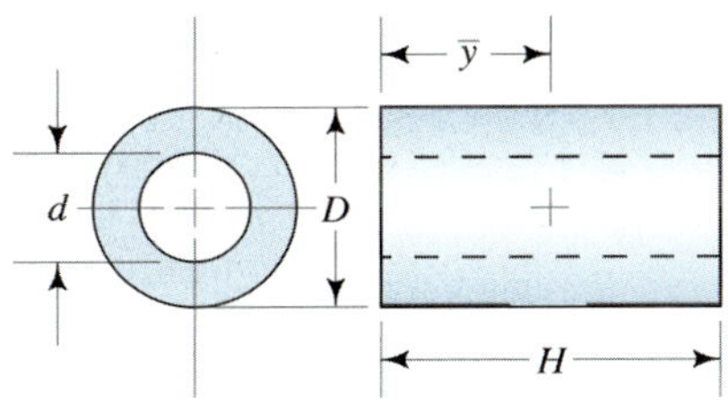 Hollow cylinder	$\frac{\pi H(D^2 - d^2)}{4}$	$H/2$
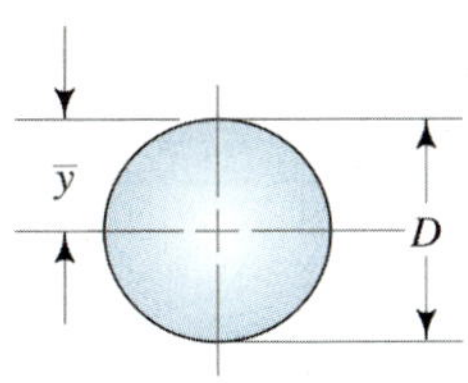 Sphere	$\frac{\pi D^3}{6}$	$D/2$
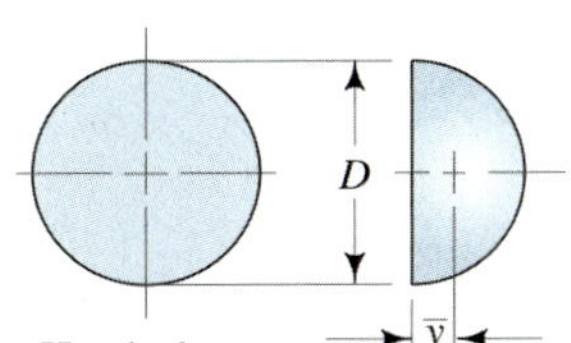 Hemisphere	$\frac{\pi D^3}{12}$	$3D/16$
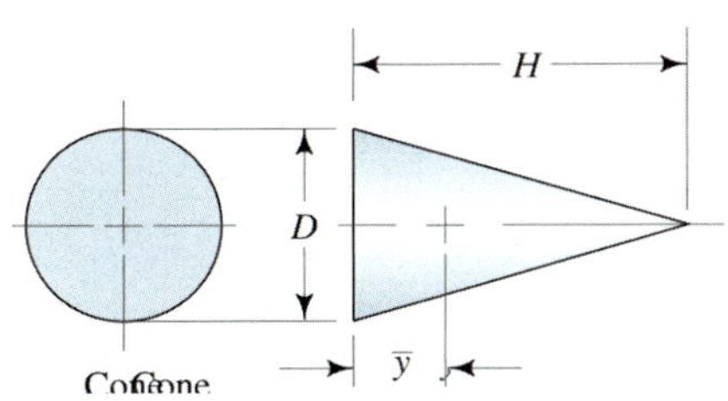 Cone	$\frac{\pi D^2 H}{12}$	$H/4$

APPENDIX

N

Gas Constant, Adiabatic Exponent, and Critical Pressure Ratio for Selected Gases

Gas	Gas Constant R $\frac{ft\cdot lb}{lb\cdot °R}$	$\frac{N\cdot m}{N\cdot K}$	k	Critical Pressure Ratio
Air	53.3	29.2	1.40	0.528
Ammonia	91.0	49.9	1.32	0.542
Carbon dioxide	35.1	19.3	1.30	0.546
Natural gas (typical; depends on gas)	79.1	43.4	1.27	0.551
Nitrogen	55.2	30.3	1.41	0.527
Oxygen	48.3	26.5	1.40	0.528
Propane	35.0	19.2	1.15	0.574
Refrigerant 12	12.6	6.91	1.13	0.578

해답

Chapter 1

1.1 2.25 m

1.3 5.65×10^{-6} m^3

1.5 551×10^6 mm^3

1.7 27.77 m/s

1.9 4602.71 m

1.11 1021.08 m

1.13 8.59×10^{-3} m^3

1.15 3.20 m/s

1.17 64 m/s

1.19 77.47 mi/h

1.21 5.15×10^{-2} m/s^2

1.23 0.228 ft/s^2

1.25 49 N·m

1.27 5.14 kN·m

1.29 10.14 g

1.31 1.69 m/s

1.33 161 667 ft·1b

1.35 1.975 slugs

1.37 3.421 ft/s

1.39 4.04 runs/game

1.41 102.81 innings

1.43 105.27 psi

1.45 3.79 MPa

1.47 117 psi

1.49 187.66 kN

1.51 2.97 in

1.57 19.92 MPa

1.59 26.06 MPa

1.61 −2.38 percent

1.63 884 lb/in

1.65 31 792.50 lb/in

1.67 71.35 kg

1.69 9074.25 N

1.71 0.285 slug

1.73 84.36 lb

1.75 m = 7.76 slugs
w = 1112 N
m = 113.21 kg

1.77 Specific weight = 9000 N/m^3
Density = 917.43 kg/m^3

1.81 2.24 kg/m^3

1.83 0.968 at 5°C
0.936 at 50°C

1.85 Density = 794.04 kg/m^3
Specific weight = 7.789 kN/m^3
Specific gravity = 0.794

1.87 749.8 N

1.89 3.52×10^{-3} m^3

1.91 Density = 789 kg/m^3

1.93 w = 38.119 MN m = 3.885 Mg

1.95 7.27 N

1.97 2.285×10^{-3} slugs/ft^3

1.99 0.904 at 40°F 1.194 at 120°F

1.101 Specific weight = 67.32 lb/ft^3
Density = 2.09 slugs/ft^3
Specific gravity = 1.07

1.103 484.29 lb

1.105 2325 cm^3

1.107 1.78 slugs/ft^3; 0.92 g/cm^3

1.109 Volume = 4.69×10^5 gal
Weight = 1.09×10^6 lb

1.111 1.1024 lb

1.113 Required depth = 7.43 in

1.115 Required time = 124.66 min

1.117 Payback time = 1.85 years

1.119 Displacement = 0.075 L

1.121 Rotational speed = 826.03 rpm

Chapter 2

2.19 1.5×10^{-3} Pa·s

2.23 1.90 Pa·s

2.25 8.9×10^{-6} lb·s/ft^2

2.29 4.1×10^{-3} lb·s/ft^2

2.31 2.8×10^{-5} lb·s/ft^2

2.33 9.5×10^{-5} lb·s/ft^2

2.35 2.2×10^{-4} lb·s/ft^2

2.55 From Table 2.5: Viscosities at 40°C in mm^2/s of cSt

ISO Viscosity grade	Minimum	Nominal	Maximum
10	9.0	10.0	11.0
68	61.2	68.0	74.8
220	198	220	242
1000	900	1000	110

2.57 8.6×10^{-6} m^2/s 92.57×10^{-6} ft^2/s

2.59 1.77×10^{-4} lb·s/ft^2

2.61 0.001 m^2/s

2.63 8.23×10^{-3} lb-s/ft^2

2.65 98.0 SUS

2.66 257 SUS

2.67 1181.16 SUS

2.68 1130 SUS

2.69 1158 SUS

2.70 955 SUS

2.71 1349 mm^2/s

2.72 94.6 mm^2/s

2.73 12.5 mm^2/s

2.74 37.5 mm^2/s

2.75 39.06×10^{-6} m^2/s

2.76 113.6 mm^2/s

Chapter 3

3.11 12.7 psia

3.13 Zero gage pressure

3.15 56 kPa(gage)

3.17 −23 kPa(gage)

3.19 384 kPa(abs)

3.21 105.4 kPa(abs)

3.23 13 kPa(abs)

3.25 8.1 psig

3.27 −3.2 psig

3.29 55.7 psia

3.31 15.3 psia

3.33 1.9 psia

3.35 1.125

3.37 10.0 psig

3.39 48.55 kPa(gage)

3.41 177.9 psig

3.43 p_{surface} = 24.77 kPa(abs)
p_{bottom} = 67.93 kPa(abs)

3.45 61.73 psig

3.47 13.36 ft

3.49 6.84 m

3.51 117.72 kPa(gage)
117.82 kPa(abs)

3.53 105 MPa

3.55 −38.47 kPa(gage)

3.63 $p_B - p_A = -0.258$ psi

3.65 $p_A - p_B = 96.03$ kPa

3.67 $p_A = 90.05$ kPa(gage)

3.69 $p_A - p_B = 2.73$ psi

3.71 $p_A = 0.254$ kPa(gage)

3.77 30.06 in

3.81 83.44 kPa

3.83 13.53 psia

3.85 101.30 kPa(abs)

3.87 $p = -0.201$ psi
$p = -1.39$ kPa

3.89 $p = 4.35$ kPa
$p = 0.465$ psi

3.91 $p = -66.37$ inHg

3.93 $p = 4.52$ psi
$p = 31.14$ kPa

3.95 Required height = 16.3 m

3.97 Pressure = 102.02 kPa

3.99 Depth = 17.0 ft

3.101 Change in pressure = 7.0 kPa

3.103 Change in pressure = 5.0 lb/in^2

Chapter 4

4.1 3643.67 lb

4.3 179.4 lb

4.5 5.57 kN

4.7 29.47 kN

4.9 9.08 lb

4.11 137 kN

4.13 1.26 MN

4.15 F_R = 126 300 lb
h_p = 10.33 ft vertical depth to center of pressure
L_p = 11.93 ft

4.17 F_R = 46.8 kN
h_p = 0.933 m vertical depth to center of pressure
L_p = 1.32 m

4.19 F_R = 1.09 kN L_p = 966 mm
$L_p - L_c$ = 13.3 mm

4.21 F_R = 1787 lb L_p = 13.51 ft
$L_p - L_c$ = 0.0136 ft

4.23 F_R = 1.213 kN L_p = 1.122 m
$L_p - L_c$ = 5.98 mm

4.25 $F_R = 5.79$ kN $L_p = 1.372$ m
$L_p - L_c = 0.0637$ m

4.27 $F_R = 11.97$ kN $L_p = 1.693$ m
$L_p - L_c = 0.0235$ m

4.29 $F_R = 329.6$ lb $L_p = 47.81$ in
$L_p - L_c = 0.469$ in

4.31 $F_R = 247$ N $L_p = 196.5$ mm
$L_p - L_c = 0.0465$ m

4.33 $F_R = 29\,950$ lb $L_p = 5.333$ ft

4.35 $F_R = 34\,586$ lb $L_p = 6.158$ ft

4.37 $F_R = 343$ kN $L_p = 3.067$ m

4.39 $F_R = 11.92$ kN $L_p = 1.00$ m

4.41 Force on hinge = 4.85 kN to left
Force on stop = 2.95 kN to left

4.43 $F_R = 3.29$ kN
$L_{pe} - L_{ce} = 4.42$ mm

4.45 $F_R = 1826$ lb
$L_{pe} - L_{ce} = 1.885$ in

4.47 $F_R = 48.58$ kN $F_V = 35.89$ kN
$F_H = 32.74$ kN

4.49 $F_R = 120\,550$ lb $F_V = 99\,925$ lb
$F_H = 67\,437$ lb

4.51 $F_R = 959.1$ kN $F_V = 927.2$ kN
$F_H = 245.3$ kN

4.53 $F_R = 80.7$ kN $F_V = 54.0$ kN
$F_H = 60.0$ kN

4.55 $F_R = 64.49$ kN $F_V = 47.15$ kN
$F_H = 44.00$ kN

4.57 $F_R = 820$ lb $L_p = 8.327$ ft

4.59 $F_{R1} = 481$ kN on the left side of the door;
$L_p = 1.167$ m from bottom of door

4.61 $F_R = 381$ kN; $L_p = 1.00$ m from bottom of wall

4.63 $F_R = 71.5$ kN; $L_p = 2.14$ m from surface of water

4.65 $F = 669$ lb

Chapter 5

5.1 Buoyant force = 814 N Tension = 556 N

5.3 It will sink

5.5 234 mm

5.7 0.217 m^3

5.9 7.515×10^{-3} m^3

5.11 5.055 ft^3

5.13 0.0249 lb

5.15 1.041

5.17 1447 lb

5.19 283.6 m^3

5.21 7.95 kN/m^3

5.23 237 mm

5.25 29 mm

5.27 10.05 kN

5.29 135 mm

5.31 1681 lb

5.33 4.67 in

5.35 300 lb

5.37 Weight 4.71 kN Meta-centric height = 0.32 m

5.39 $y_{mc} = 0.4844$ m (unstable)

5.41 $y_{mc} = 8.256$ ft (stable)

5.43 $y_{mc} = 488.8$ mm (unstable)

5.45 $y_{mc} = 10.55$ in (unstable)

5.47 32.50 ft

5.49 $y_{mc} = 436$ mm (stable)

5.51 $y_{mc} = 90.2$ mm (stable)

5.53 $y_{mc} = 410.3$ mm (stable)

5.55 $y_{mc} = 54.18$ in (stable)

5.57 $y_{mc} = 13.29$ ft (stable)

5.59 $y_{mc} = 467$ mm (stable)

5.61 $y_{mc} = 1.288$ m (stable)

5.63 **a.** 17.09 kN **b.** 11.85 kN/m^3
c. Unstable; $y_{mc} = 0.822$ m; $y_{cg} = 0.950$ m

5.65 Buoyant force = 12.8 lb

5.67 Tension in cable = F_T: **a.** $F_T = 72.0$ kN in air;
b. $F_T = 6.3$ kN in sea water; **c.** bell will sink

5.69 Mass of lead = 6.91 kg

5.71 Steel will float in mercury; sg = 13.54

5.73 $D_{min} = 1.01$ ft; If $D > 1.01$ ft, part of float will be above the water; If $D < 1.01$ ft, camera and float will sink.

Chapter 6

6.1 3.15×10^{-4} m^3/s

6.3 0.615 m^3/s

6.5 4.16×10^{-3} m^3/s

6.7 0.308 m^3/s

6.9 3.60×10^4 L/min

6.11 5.96×10^{-7} m^3/s

6.13 394.8 L/min

6.15 1.73 ft^3/s

6.17 8.13 ft^3/s

6.19 100.99×10^3 gal/min

6.21 4018.55 gal/min

6.23 $Q = 500$ gal/min $= 1.11$ ft^3/s $= 3.15 \times 10^{-2}$ m^3/s
$Q = 2500$ gal/min $= 5.57$ ft^3/s $= 0.158$ m^3/s

6.25 3.53×10^{-2} ft^3/s

6.27 5.79×10^{-4} ft^3/s

6.29 $W = 736$ N/s $M = 75.0$ kg/s

6.31 $Q = 77.90$ m/s

6.33 $M = 98.0$ kg/s $W = 961$ N/s

6.35 12.55 ft^3/s

6.37 3.09 ft

6.39 $v_1 = 0.472$ m/s $v_2 = 1.89$ m/s

6.41 7.88 m/s

6.43 1.24×10^4 ft/s

6.45 $1\frac{1}{4} \times 0.065$ steel tube for $v \geq 8.0$ ft/s min
$\frac{7}{8} \times 0.065$ steel tube for $v \leq 25.0$ ft/s max

6.47 DN 150 Schedule 40 pipe for Q = 1800 L/min
DN 350 Schedule 40 pipe for 9500 L/min

6.49 3.075 m/s

6.51 9.28 ft/s

6.53 20 mm OD × 1.5 mm wall steel tube

6.55 Suction line: 5-in pipe; $v_s = 12.82$ ft/s
6-in pipe; $v_s = 8.88$ ft/s
Discharge line: $3\frac{1}{2}$-in pipe; $v_d = 25.94$ ft/s
4-in pipe; $v_d = 20.15$ ft/s

6.57 Suction line: DN 80 pipe; $v_s = 3.73$ m/s
DN 90 pipe; $v_s = 2.61$ m/s
Discharge line: DN 50 pipe; $v_d = 7.69$ m/s
DN 65 pipe; $v_d = 5.39$ m/s

6.59 $v_{pipe} = 7.98$ ft/s $v_{nozzle} = 65.0$ ft/s

6.61 34.9 kPa

6.63 25.1 psig

6.65 $p_A = 58.1$ kPa Q = 0.0213 m^3/s

6.67 2.90 ft^3/s

6.69 $Q = 4.66 \times 10^{-3}$ m^3/s $p_A = -3.61$ kPa
$p_B = -12.44$ kPa

6.71 1.30 m

6.73 35.6 ft/s

6.75 3.98×10^{-3} m^3/s

6.77 1.48×10^{-3} m^3/s

6.79 1.035 ft^3/s

6.81 31.94 psig

6.86 6.00×10^{-3} m^3/s

6.90 1.28 ft

6.93 10.18 psig

6.95 296 s

6.97 556 s

6.99 504 s

6.101 1155 s

6.103 252 s

6.105 1.94 s

6.107 2.40 L/s

6.109 2.00 psig

6.111 −33 kPa

6.113 0.708 in, 0.174 in, 0.694 in

6.115 0.038 ft^3/s

Chapter 7

7.1 5.2068 m

7.3 3.33×10^{-2} m^3/s

7.5 15.7 lb-ft/lb

7.7 72.7

7.9 16.2 kW

7.11 0.700 hp 70.0%

7.13 $h_A = 37.46$ m $P_A = 0.390$ kW

7.15 **a.** $p_B = 1.07$ psig **b.** $p_C = 21.8$ psig
c. $h_A = 48$ ft **d.** $P_A = 10.9$ hp

7.17 $h_A = 4.68$ m $P_A = 43.6$ W

7.19 2.80 hp

7.21 $P_A = 1.25$ W $P_I = 2.08$ W

7.23 8.59 kW

7.25 $P_R = 16.85$ kW $P_O = 12.64$ kW

7.27 2.00 hp

7.29 35.0 kPa

7.31 12.8 ft

7.33 6.216 m

7.35 21.16 hp

7.37 219.1 psig

7.39 1.01 psig

7.41 5.76 psig

7.43 4.28 hp

7.45 1.26 hp

7.47 47 miles per hour

7.49 11.1 hr

7.51 36.8 W

7.53 0.293 ft/s

Chapter 8

8.1 $N_R = 538.38$; Laminar flow

8.3 $Q_{max} = 6.38 \times 10^{-3}$ m^3/s

8.5 **a.** 80 mm OD × 2.8 mm wall copper tube
b. 120 mm OD × 3.5 mm wall tube
c. 25 mm OD × 2.0 mm wall tube
d. 6 mm OD × 1.0 mm wall tube (smallest listed)

8.9 8.56×10^4; Turbulent flow

8.11 $N_R = 16.65 \times 10^5$; Turbulent flow

8.13 $N_R = 33.4$; Laminar flow

8.15 $N_R = 37.29 \times 10^3$; Turbulent flow

8.17 $N_R = 426.93$ (very low); Laminar flow

8.19 $N_R = 3026.98$ (critical zone)

8.21 $N_R = 2.12 \times 10^4$; Laminar flow

8.23 $Q_1 = 0.1681$ gal/min
$Q_2 = 0.3362$ gal/min

8.25 $N_R = 1.06 \times 10^4$

8.27 $p_1 - p_2 = -471$ kPa

8.29 $h_L = 1.20$ lb-ft/lb

8.31 $p_1 - p_2 = 25.2$ kPa

8.33 $h = 45.7$ ft

8.35 **a.** $h = 12.60$ ft

b. $P_A = 113.8$ hp

8.37 $p = 46.9$ psi

8.39 **a.** $\Delta p = 853$ kPa

b. $P_A = 17.1$ kW

8.41 $p_B = 81.1$ kPa

8.43 $p_1 - p_2 = 39.6$ psi

8.45 2 ½-in Type K copper tube; $p_1 - p_2 = 411$ psi

8.47 $P_A = 151$ hp

8.49 $P_A = 2.64$ hp

8.51 $p_1 - p_2 = 107$ kPa

8.53 $f = 0.0273$

8.55 $f = 0.0155$

8.57 $f = 0.0213$

8.59 $f = 0.0206$

8.61 $f = 0.0175$

8.63 $h_L = 15.2$ ft

8.65 $h_L = 28.5$ ft

8.67 $h_L = 0.172$ m

8.69 **a.** $h_L = 61.4$ ft

b. $h_L = 25.3$ ft

8.71 $h_L = 14.7$ ft

8.73 $h_L = 252$ m; System cannot deliver water at nearly this rate.

8.75 Four stations required; Schedule 80 or 160 pipe could operate at higher pressure and fewer pumping stations would be required.

8.77 $h_L = 38.0$ ft for 2-in pipe; $h_L = 1273$ ft for 1-in pipe

8.79 $\Delta p = 0.153$ psi; $N_R = 6.6 \times 10^4$; $f = 0.0252$

Chapter 9

9.1 At centerline; $U = 21.44$ ft/s
At $r = 0.20$ in; $U = 20.64$ ft/s
At $r = 0.40$ in; $U = 18.23$ ft/s
At $r = 0.60$ in; $U = 14.22$ ft/s
At $r = 0.80$ in; $U = 8.60$ ft/s
At $r = 1.00$ in; $U = 1.38$ ft/s
At wall; $r = 0.20$ in; $U = 0.00$ ft/s

9.3 At centerline; $U = 0.0133$ m/s $\quad U = 0.01048$ m/s
At $r = 8.00$ mm; $U = 0.01026$ m/s
At $r = 16.00$ mm; $U = 0.00960$ m/s
At $r = 24.00$ mm; $U = 0.00849$ m/s
At $r = 32.00$ mm; $U = 0.00695$ m/s
At $r = 40.00$ mm; $U = 0.00496$ m/s
At $r = 48.00$ mm; $U = 0.00253$ m/s
At wall; $r = 55.1$ mm; $U = 0.0000$ m

9.5 32.4 mm

9.7 At centerline, insertion = 84.15 mm
At centerline, $U = 2.00v$
At $r = 5.0$ mm, $U = 1.9907v$; 0.47% low

9.9 1.95 m/s

9.11 Selected values:

y (mm)	*U* (m/s)
10	0.530
30	0.628
50	0.674
100	0.735
300	0.833
600	$0.895 = U_{max}$

9.13 At $y = 2.44$ in, $U = v_{avg} = 6.00$ ft/s
At $y_1 = 2.94$ in, $U_1 = 6.12$ ft/s
At $y_2 = 1.94$ in, $U_2 = 5.85$ ft/s

9.15.

N_R	f	v/U_{max}
4×10^3	0.041	0.775
1×10^4	0.032	0.796
1×10^5	0.021	0.828
1×10^6	0.0185	0.837

9.17 Selected values: $v = 10.08$ ft/s:

y (in)	*U* (ft/s)
0.05	5.83
0.15	7.98
0.50	10.35
1.00	11.71
1.50	12.51
2.013	$13.09 = U_{max}$

9.19 $Q_{shell}/Q_{tube} = 2.19$

9.21 $Q_{tube} = 0.3535$ ft³/s $\quad Q_{shell} = 1.998$ ft³/s

9.23 $N_R = 2.77 \times 10^4$

9.25 Tube: $N_R = 1.20 \times 10^5$ $\quad$ Shell: $N_R = 5.027 \times 10^3$

9.27 Pipes: $N_R = 1.00 \times 10^6$
Shell: $N_R = 2.35 \times 10^5$

9.29 $Q = 0.0397$ ft³/s

9.31 $N_R = 552$

9.33 $N_R = 1.112 \times 10^5$

9.35 $R = 0.0471$ ft $\quad Q = 0.0181$ ft³/s

9.37 0.713 psi

9.39 92.0 Pa

9.41 254 kPa

9.43 3.02 kPa

9.45 3.72 psi

9.47 $v = 23.05$ ft/s $\quad Q = 187$ gal/min $\quad h_L = 51.9$ ft

9.49 7.36×10^4

9.51 $Q = 0.0507\ ft^3/s$ $h_L = 1.67\ ft$

9.53 $N_R = 3.30 \times 10^4$ $h_L = 3.149\ m$

Chapter 10

10.1 $h_L = 1.679\ m$

10.3 $h_L = 24.07\ ft$

10.5 $Q = 0.332\ m^3/s$

10.7 $h_L = 1.72\ m$

10.13 506.98 kPa

10.15 $h_L = 3.79\ m$

10.17 $h_L = 2.10\ ft = 0.64\ m$

10.19 False

10.21 $h_L = 0.224\ m$

10.23 $h_L = 4.32\ ft$

10.27 $K = 0.255$

10.29 **a.** $h_L = 0.358\ m$
b. $h_L = 0.229\ m$
c. $h_L = 0.115\ m$
d. $h_L = 0.018\ m$

10.31 $L_e = 2.04\ m$

10.33 $\Delta p = 1.47\ psi$

10.35 7.36 kPa

10.37 $\Delta p = 9.81\ psi$

10.39 $h_L = 0.321\ ft$

10.41 $h_L = 3.17\ m$

10.43 $h_L = 1.177\ m$ $h_L = 1.572\ m$

10.45 $h_L = 0.275\ m$

10.47 $h_L = 0.849\ ft$

10.49 $K = 9.15$ $h_L = 15.5\ ft$

10.51 $K = 0.731$ $h_L = 1.25\ ft$

10.53 $h_L = 175\ psi$

10.55 $K = 143$

10.57 $C_v = 0.612$

10.59 $\Delta p = 0.764\ psi$

10.61 $\Delta p = 0.359\ psi$

10.63 $\Delta p = 0.562\ psi$

10.65 $\Delta p = 4.952\ psi$

10.67 $\Delta p = 2.273\ psi$

10.69 $\Delta p = 0.680\ psi$

10.71 $\Delta p = 39.13$; $h_L = 4.939\ m$; $N_R = 1.47 \times 10^5$; $f = 0.01916$

Chapter 11

11.1 $p_B = 85.6\ kPa$

11.3 $p_A = 212.8\ psig$

11.5 $p_A = 12.74\ MPa$

11.7 $p_A - p_B = 18.0\ kPa$

11.9 $v = 3.36\ m/s$

11.11 $Q = 1.867 \times 10^{-3}\ m^3/s$

11.13 **a.** $v = 32.44\ ft/s$
b. $v = 81.44\ ft/s$

11.15 $Q = 0.0273\ m^3/s$

11.17 5-in Schedule 80 pipe

11.19 $D_{min} = 1.96\ ft$ minimum

11.21 $h = 3.35\ m$

11.23 $h_A = 24.17\ ft$ $P_A = 0.168\ hp$

11.25 $v_{max} = 6.68\ ft/s$

11.27 $p_{inlet} = -48.4\ kPa$

11.29 $h_A = 276.8\ ft$ $P_A = 16.1\ hp$ $P_I = 21.2\ hp$

11.31 $p_A = 319.4\ kPa$

11.33 $Q = 204\ L/min$

11.35 $Q = 296.3\ gal/min$

11.37 $Q = 327.2\ gal/min$

11.39 $Q = 0.03916\ m^3/s$

11.41 $Q = 0.06992\ m^3/s$

11.43 4-in Schedule 40 steel pipe

11.45 $1\frac{1}{2}$-in Schedule 40 plastic pipe

11.47 32 mm OD × 2.0 mm wall steel tube

11.49 $Q = 136.2\ L/min$

11.51 $p_B = 8.293\ kPa$; $h_L = 2.615\ m$; $v = 1.623\ m/s$;
$N_R = 7.303 \times 10^4$; $f = 0.02105$

Chapter 12

12.1 $Q = 0.0607\ m^3/s$

12.3 **a.** $Q_a = 518\ L/min$ (upper pipe)
$Q_b = 332\ L/min$ (lower pipe)
b. $p_A - p_B = 95.0\ kPa$

12.5 $K = 162$

12.6 **a.** $Q = 1.891\ ft^3/s$
b. $Q = 1.403\ ft^3/s$
c. $Q = 0.488\ ft^3/s$

12.7 $Q_6 = 2.805\ ft^3/s$ in 6-in pipe
$Q_6 = 0.205\ ft^3/s$ in 2-in pipe

12.11 Flow rates after six iterations:
$\Delta Q < 0.25\%$ in any pipe

$Q_1 = 6.942\ ft^3/s$	$Q_2 = 4.751\ ft^3/s$
$Q_3 = 8.558\ ft^3/s$	$Q_4 = 2.191\ ft^3/s$
$Q_5 = 3.251\ ft^3/s$	$Q_6 = 4.170\ ft^3/s$
$Q_7 = 2.151\ ft^3/s$	$Q_8 = 4.388\ ft^3/s$
$Q_9 = 3.210\ ft^3/s$	$Q_{10} = 1.402\ ft^3/s$
$Q_{11} = 1.388\ ft^3/s$	$Q_{12} = 1.598\ ft^3/s$

12.13 $Q_{upper} = 1270\ gal/min$; $Q_{lower} = 79.7\ gal/min$;
$v_{upper} = 14.11\ m/s$; $v_{lower} = 7.62\ m/s$
$N_{R\text{-}upper} = 8.142 \times 10^5$; $N_{R\text{-}lower} = 1.499 \times 10^5$

Chapter 13

13.16 Capacity is cut in half

13.17 Reduced by a factor of 4

13.18 Reduced by a factor of 8

13.19 Reduced by 40%

13.20 Reduced by 44%

13.21 Reduced by 45%

13.23 $1\frac{1}{2} \times 3 - 10$

13.25 $Q = 234$ gal/min $P = 22$ hp
Efficiency = 53.5% $NPSH_R = 11.0$ ft

13.26 Head = 250 ft $Q = 162$ gal/min
$P = 17$ hp Efficiency = 56.7%
$NPSH_R = 7.5$ ft

13.35 $N_s = 3.35$

13.37 $n = 1158.39$ rpm

13.39 $N_s = 2500.26$

13.41 $N_s = 2369.81$

13.51 $NPSH_R = 2.00$ ft

13.53 $NPSH_A = 20.70$ ft

13.55 $NPSH_A = 3.435$ m

13.57 $NPSH_A = -0.02$ m (incipient cavitation)

13.59 $NPSH_A = 2.63$ ft

13.61 $NPSH_A = -4.42$ ft (cavitation)

13.63 $NPSH_A = 1.02$ m

13.65 Required $p = 1617$ kPa gage

13.66 This is a sample solution using PIPE-FLO® and Pump-Flo™. Many options are available in the Pump-Flo™ catalog. The data shown here are for an end-suction pump (ESP) 4 × 3 × 13.

$h_A = 23.25$ m; $Q = 1813$ L/min;
$NPSH_A = 29.11$ m; $NPSH_R = 2.026$ m

Suction pressure = −187.5 kPa; Discharge pressure = 414.6 kPa

Power = 9.398 kW; Efficiency = 73.02%

Chapter 14

14.1 $R = 112.5$ mm

14.3 $R = 0.940$ ft

14.5 $R = 40.3$ mm

14.7 $R = 1.606$ in

14.9 $R = 0.909$ m

14.11 $Q = 0.295$ ft^3/s

14.13 $S = 0.0125$

14.15 **a.** $Q = 34.7$ ft^3/s
b. $Q = 141.1$ ft^3/s

14.17 $y = 1.69$ m

14.19 $Q = 15.89$ m^3/s
$N_F = 0.629$ for depth = 1.50 m
$y_c = 1.16$ m

14.21 $D_{min} = 1.29$ ft for clay tile

14.23 $y = 0.833$ m $R = 0.270$ m

14.24 $S = 0.0116$

14.25 and 14.26 Selected values:

Width (m)	Depth (m)	*R* (m)	*S*
0.50	1.333	0.2105	0.0162
1.00	0.667	0.2857	0.0108
1.50	0.444	0.2791	0.0111
2.00	0.333	0.2500	0.0129

14.27 $A = 7.50$ ft^2 $R = 0.936$ ft

14.28 $Q = 44.49$ ft^3/s

14.29 $Q = 75.63$ ft^3/s

14.30 and 14.31 Selected values:

y (in)	*A* (ft^2)	*R* (ft)	*Q* (ft^3/s)
6.00	1.375	0.3616	4.33
10.00	2.708	0.5412	11.15
18.00	6.375	0.8605	35.75
24.00	10.00	1.086	65.47

14.33 $A = 0.0358$ m^2 $R = 0.0742$ m

14.35 $Q = 0.0168$ m^3/s

14.37

	S
Rectangle	0.00519
Triangle	0.00518
Trapezoid	0.00471
Semicircle	0.00441

14.39 **a.** $y_c = 0.917$ m **b.** $E_{min} = 1.38$ m
d. and **e.**
For $y = 0.50$ m: $E = 2.042$ m,
$v = 5.50$ m/s, $N_F = 2.48$
For $y_{alt} = 1.94$ m: $E = 2.042$ m,
$v = 1.42$ m/s, $N_F = 0.325$

14.41 **a.** $y_c = 0.418$ ft **b.** $E_{min} = 0.523$ ft
d. and **e.**
For $y = 0.25$ ft: $E = 1.067$ ft,
$v = 7.253$ ft/s, $N_F = 3.615$
For $y_{alt} = 1.065$ ft: $E = 1.067$ ft,
$v = 0.400$ ft/s, $N_F = 0.097$

14.43 $Q_{max} = 0.216$ ft^3/s

14.45 $H = 0$ in $Q = 0$ ft^3/s
$H = 2$ in $Q = 1.35$ ft^3/s
$H = 4$ in $Q = 3.84$ ft^3/s
$H = 6$ in $Q = 7.14$ ft^3/s
$H = 8$ in $Q = 11.1$ ft^3/s
$H = 10$ in $Q = 15.7$ ft^3/s
$H = 12$ in $Q = 20.8$ ft^3/s

14.47 **a.** $Q = 18.8$ ft^3/s
b. $Q = 16.95$ ft^3/s
c. $Q = 6.84$ ft^3/s

14.49 For $Q_{min} = 0.09$ ft^3/s, $H = 0.100$ ft
For $Q_{max} = 8.9$ ft^3/s, $H = 2.01$ ft

14.51 For $L = 4.0$ ft, $H = 2.06$ ft
For $L = 10.0$ ft, $H = 1.155$ ft

14.53 $Q = 14.05\ \text{ft}^3/\text{s}$

14.55 $Q = 2.58\ \text{ft}^3/\text{s}$

14.57 $Q = 0.3172\ \text{ft}^3/\text{s}$

14.59 $H = 1.007\ \text{ft}$

14.61 Rectangular design B flume:
For $Q_{min} = 50\ \text{m}^3/h$, $H_{min} = 0.0863\ \text{m}$
For $H = 0.100\ \text{m}$, $Q = 63.4\ \text{m}^3/\text{h}$
For $H = 0.125\ \text{m}$, $Q = 90.5\ \text{m}^3/\text{h}$
For $H = 0.150\ \text{m}$, $Q = 121.3\ \text{m}^3/\text{h}$
For $H = 0.175\ \text{m}$, $Q = 155.3\ \text{m}^3/\text{h}$
For $Q_{max} = 180\ \text{m}^3/\text{h}$, $H_{max} = 0.1917\ \text{m}$

Chapter 15

15.1 $Q = 20.59 \times 10^{-2}\ \text{m}^3/\text{s}$

15.3 $Q = 0.0336\ \text{ft}^3/\text{s}$

15.5 $\Delta p = 21.04\ \text{psi}$

15.7 $Q = 5.824 \times 10^{-3}\ \text{m}^3/\text{s}$

15.11 $v = 158.85\ \text{m/s}$

15.13 $v = 9.79\ \text{m/s}$

15.15 $v = 10.40\ \text{ft/s}$

Chapter 16

16.1 2.76 kN

16.3 $R_x = R_y = 39.7\ \text{lb}$ Resultant $= 56.1\ \text{lb}$ 45°

16.5 $R_x = 10.13\ \text{lb}$ to the right $R_x = 37.79\ \text{lb}$ up

16.7 $R_x = 873\ \text{N}$ to the left $R_x = 1512\ \text{N}$ up

16.9 25.2 m/s

16.11 Spring force = 32.0 lb

16.13 368 lb

16.15 2676 lb

16.17 $R_x = R_y = 20.41\ \text{kN}$
Resultant = 28.9 kN 45°

16.19 $R_x = 8.96\ \text{kN}$ $R_y = 3.71\ \text{kN}$
Resultant = 9.7 kN 22°

16.21 $v = 45.6\ \text{m/s}$

16.23 $2.72 \times 10^{-7}\ \text{N}$

16.25 Moment = 0.336 lb-in

16.27 0.0307 lb

16.29 $R_s = 41.0\ \text{N}$; $R_y = 19.1\ \text{N}$

Chapter 17

17.1 $D = 7.95\ \text{m}$

17.3 1.50 m/s 2.05 m/s 105 m/s

17.5 37.43 N

17.7 2.17 m

17.9 11.2 kN

17.11 **a.** $2.85 \times 10^{-6}\ \text{N·m}$
b. $1.67 \times 10^{-3}\ \text{N·m}$

17.13 779.06 N

17.15 31.56 m/s

17.17 $F_D = 31.3\ \text{lb}$

17.19 $D = 7.95\ \text{m}$

17.21 $F_D = 1414\ \text{lb}$

17.23 $F_D = 0.080\ \text{lb}$ on golf ball
$F_D = 0.207\ \text{lb}$ on smooth sphere

17.25 $D = 6.33\ \text{m}$

17.27 $F_D = 3.25\ \text{kN}$
$F_L = 2.22\ \text{kN}$

17.29 1.714 m/s

17.31 **a.** $F_L = 26.8\ \text{kN}$ $F_D = 2.83\ \text{kN}$
b. $F_L = 9.24\ \text{kN}$ $F_D = 972\ \text{N}$

17.33 $D = 5.752\ \text{m}$

Chapter 18

18.1 $1\ \text{m}^3/\text{s}$

18.3 $1.25\ \text{m}^3/\text{s}$

18.5 $3785.4\ \text{m}^3/\text{s}$

18.7 0.29 psi

18.9 1.25 Bar

18.17 $0.478\ \text{lb/ft}^3$

18.19 $0.0530\ \text{lb/ft}^3$

18.21 $11.816\ \text{N/m}^3$

18.23 158.90 cfm

18.25 2½-in Schedule 40 pipe

18.27 2½-in Schedule 40 pipe, $p = 107$ psig

18.29 $0.4985\ \text{lb/ft}^3$ in the reservoir
$0.4188\ \text{lb/ft}^3$ in the pipe

18.31 $1.685\ \text{lb/ft}^3$
$1.2033\ \text{lb/ft}^3$

18.33 $W = 5.76 \times 10^{-3}\ \text{lb/s}$
$v = 811\ \text{ft/s}$

18.34 $4.44 \times 10^{-3}\ \text{lb/s}$

18.37 186.6 kPa

18.39 $9.58 \times 10^{-3}\ \text{N/s}$

18.40 and 18.41

p_1 (kPa gage)	W (N/s)
150	0.555
125	0.500
100	0.444
75	0.389
50	0.326
25	0.238

Chapter 19

19.1 $v = 570\ \text{ft/min}$ $h_L = 0.0203\ \text{inH}_2\text{O}$

19.3 $D = 17.0\ \text{in}$ $h_L = 0.078\ \text{inH}_2\text{O}$

19.6 $D = 350$ mm $h_L = 0.58$ Pa/m

19.8 $D_e = 10.76$ in $Q = 95$ cfm

19.10 $D_e = 495.09$ mm $Q = 0.80$ Pa/m

19.12 10×24 or 12×20

19.14 0.0180 inH_2O

19.16 0.0145 inH_2O

19.18 Main duct; 1600 cfm:
$v = 1160$ ft/min; $H_v = 0.0839$ inH_2O
Main duct; 1100 cfm:
$v = 800$ ft/min; $H_v = 0.0399$ inH_2O
Branch; 500 cfm:
$v = 720$ ft/min; $H_v = 0.0323$ inH_2O

19.20 $H_L = 0.00839$ inH_2O

19.22 $H_L = 29.6$ Pa

19.24 $H_L = 0.1629$ inH_2O

19.26 $p_{\text{fan}} = -27.6$ Pa

찾아보기

ㄱ

가변 수두 유량계 500
가소성 유체(pseudoplastic) 46
가용 유효 수두 433
가용 유효 흡입 수두($NPSH_A$) 405
개수로(open channel) 469
게이트 밸브 307, 344
격막 펌프(diaphragm pump) 404, 410
격자(grid or mesh) 279
경계층(boundary layer) 268, 548
경사 우물형 마노미터 68, 81
계기 압력 68, 97
계기 유체(gage fluid) 76
고수성 유체(high water−based fluids, HWBF) 62
고유점도 48
공기역학(aerodynamics) 546
공동 현상(cavitation) 322, 344, 432, 559
공압(pneumatics) 61
공액 수심 471
관성 18
관성력 237
관성 모멘트 109
글로브 밸브 307
급 축소 301
기계적 효율 215
기둥 펌프 418
기압계(barometer) 67, 68, 82, 83
기어 펌프 407
기체 17

ㄴ

나노 유체 48
난류(turbulent flow) 233
내재점도 48
내화성 유체 62
냉동공조(HVAC) 시스템 268
노즐 307
뉴턴 유체 42, 46
니들 밸브 344

ㄷ

다단 압축기(multistage compressor) 574
다단 축류압축기(axial compressor) 574
다단 펌프 456
단동 펌프 412
단열(adiabatic) 583
단위계 18
대응 수심 471
댐퍼 596
덕트 595
덕트팬 570
도플러 유량계 514
동역학 손실(dynamic loss) 602
동작점 405
동점도(kinematic viscosity) 42
등−마찰법(equal−friction method) 603
등가 수심 110
등가길이(equivalent length) 309
등가길이법(equivalent-length technique) 293
등가길이비 385
등가직경(equivalent diameter) 597
등온(isothermal)유동 583
디퓨저(diffuser) 300

ㄹ

레오미터 49
레오미터(rheometer) 51
레오펙틱 유체(rheopectic fluids) 47
레이놀즈수(Reynolds number) 233
레이저 도플러 유속계 521
레이저유도 형광 521
로브 펌프(lobe pump) 410
로브(lobed) 570
로터리 펌프 412, 413
로터미터 면적 유량계 500
루버(louver) 596
리듀서 307, 443
릴리프 밸브 412

ㅁ
마노미터 67, 68
마찰 233
마찰항력 547
메인 라인 374, 375
메타센터(metacenter, mc) 141
면적 중심 107
모세관 34
모세관 점도계 42, 53
모세관 흐름면(meniscus) 54
무게와 질량 18
무차원수 237
물-글리콜 유체(water-glycol fluids) 62
미국관습단위계 15, 17
밀도 15, 17

ㅂ
바람저항(wind resistance) 545
박리점 549
반경날개(radial-bladed) 574
방사형 유동 원심 펌프 413
밸브 205, 291
버터플라이 밸브 307, 344, 360
베르누이 법칙(Bernoulli's principle) 159
베인 및 스크류 형태의 송풍기와 압축기 570
베인 펌프 407
베인-축류 570
베인-축류 송풍기(vane-axial blowers) 574
벤드(bend) 595
벤투리 유량계(Venturi meter) 182
벤투리 튜브(Venturi tube) 500, 501
병렬 377
병렬 펌프 455
복원력 147
복원암(righting arm) 147
볼류트 413
부력 131
부르동관 압력 게이지(Bourdon tube pressure gage) 85
부속품 205, 291, 307
부손실(minor losses) 291
분기 파이프라인 377
분기관 385
분사 펌프(jet pump) 404
비뉴턴 유체 42, 46
비속도(specific speed) 405, 457
비압축성 74
비에너지(specific energy) 470, 482
비점도 48
비중 15, 17, 106
비중량 15, 17, 29
비중병 29
빙햄 유체(Bingham fluids) 47

ㅅ
상대밀도(relative density) 30
상대점도 48
선형 액추에이터 207
세이볼트 범용 점도계 42, 56
셀프프라이밍 펌프 418
소용돌이 유량계(swirl meter) 513
속도 변화율 43
속도 수두 160, 206
속도 프로브(velocity probe) 517
속도구배 43
수력 도약 471
수력 반경(hydraulic radius) 268, 469, 598
수력 수심 470
수력학(hydrodynamic) 546
수로(flume) 487
수명주기 비용(life cycle cost, LCC) 405
수문(sluice gate) 471
수위 측정기 500
수중 펌프 416
수축부 291
순 힘(net force) 548
쉘앤튜브 열교환기 268
스케줄 번호(schedule number) 166
스크류 펌프 408
스트레인 게이지 압력 변환기 87
슬러그(slug) 19
시간 전송차 유량계(transit-time meter) 514
시간의존성 유체 47
시리즈 파이프라인 시스템 339
시스템 저항 곡선(system resistance curve, SRC) 405, 439
실리콘 유체(silicone fluids) 62

ㅇ
아네로이드(aneroid) 기압계 82
아임계 유동 470
안전 밸브(pressure relief valve) 320
안정성 131
압력 17, 97
압력 게이지(pressure gage) 67, 68, 85
압력 변환기(pressure transducer) 67, 68, 85
압력 수두 160, 206
압력 중심(center of pressure) 97, 107, 108

압력 회복(pressure recovery) 300
압력항력 547
압전 효과(piezoelectric effect) 86
압축 실린더 99
압축성(compressibility) 17, 547
애프터쿨러(after cooler) 580
액체 17
액체 비중계 33
앵글 밸브 307
양력(lift) 75, 528, 545
에너지 보존법칙 159
에너지 손실(energy loss) 233, 347
에어포일(airfoil) 545
엘보(elbow) 291, 307
연동 펌프 411
연속 방정식 160
연속 법칙 159, 160
연장유동측정(extensional rheometry) 49
열선 풍속계(hot−wire anemometer) 521
열역학적 지식 75
오리피스(orifice) 307, 500, 501
오일 유압 선형 액추에이터 320
온도 21
와류 유량계 500, 512
와류 흘림(vortex shedding) 512
완전 난류 영역(zone of complete turbulence) 244
왕복 용적형 펌프 404
왕복 펌프 412
왕복동 570
요변성 유체(thixotropic fluids) 47
용적식(positive−displacement) 574
용적형 유량계 514
용적형 펌프(positive displacement pump) 320, 404, 412
우물 분사 펌프 404
우물형 마노미터 68, 81
운동 에너지 159
원심 570
원심 그라인더 펌프 419
원심 펌프(centrifugal pump) 404
원심팬 570
위압 수두(piezometric head) 109, 110
위어(weir) 472
위치 수두 160, 206
위치 에너지 159
유도항력(induced drag) 547
유동 가시화 521
유동 측정 499
유동계수(flow coefficient) 293
유동 에너지 159
유량 161
유량계(flow meter) 292
유량계수 470
유변학(rheology) 46
유선(streamline) 548
유압 61
유압 모터 208
유압 실린더 99
유체 동력 실린더 209
유체 모터 206, 207
유체 유동 시스템 205
유체동역학 15
유체와 접하는 윤변(wetted perimeter) 276
유체운동역학 159
유체정역학 15
유한요소법(finite element analysis, FEA) 279
유효 흡입 수두(NPSH) 344
윤변(wetted perimeter) 469
음속(sonic velocity) 585
익스팬더 443
임계 수심 471
임계 영역(critical region) 237
임계 유동 470
임계압력비(critical pressure ratio) 324, 585
임펠러 406, 413
입구 손실 305
입자 영상 유속계 521

ㅈ

자기 유변 유체(magnetorheological fluids, MRF) 48
자동 다중 범위 모세관 점도계 55
저항 18
저항계수(resistance coefficient) 210, 293
전기 유변 유체(electrorheological fluids, ERF) 48
전단율 43
전단응력 43
전산유체역학(computational fluid dynamics, CFD) 279, 521
전자기 유량계 500, 513
전향곡선날개(forward−curved blades) 574
절대 압력 67, 68, 97
절대 점도(absolute viscosity) 43
절대온도 22
점도(dynamic viscosity) 15, 41, 42, 43
점도 지수(viscosity index, VI) 50
점도계(viscometer) 51
점성 41

점성 마찰 손실(viscous friction loss) 240
점성력 237
점진적 축소 303
정상 수심 470
정상 유동 160
정압재취득법(static regain method) 604
정적 안정성 곡선 147
정체점(stagnation point) 517
제어 밸브 344
조도(roughness) 240
종단 속도 55
중량 유량 159
증기압 433
직동식 왕복 펌프 412
직렬 펌프 456
진공 68
질량 유량 159

ㅊ
차단 밸브 344
차압 마노미터(differential manometer) 68, 79, 182
차압 유량계 501
차원해석(dimensional analysis) 237
천이 551
천이 영역(transition zone) 234, 244
체적 유량 159, 346
체크 밸브 307
초음속(supersonic velocity) 585
초음파 유량계 500, 514
초임계 유동 470
총 동압 수두(total dynamic head, h_a) 403
총 수두 160, 344
총 정수두 439
최고 효율 지점(BEP, best efficiency point) 425
축류(vena contracta) 191, 293, 570
축류 영역(vena contracta) 303
축소이음부(reducer) 595
출구 손실 297
층류(laminar flow) 233
층류 경계층(laminar boundary layer) 268
층류 영역(laminar zone) 244
침구 점도계(falling-ball viscometer) 42, 55, 56, 555

ㅋ
카이네틱 펌프 404, 413
칼날 오리피스(sharp-edged orifice) 191
칼날 오리피스 유동 191
캠 펌프 410
컵 풍속계(cup anemometer) 520
콜드크랭킹 시뮬레이터(Cold-cranking simulator, CCS) 52

ㅌ
터빈 206, 207
터빈 유량계 500
토리첼리 이론 161
토리첼리의 정리 184
통수능(conveyance) 482
티(Tee) 291, 307

ㅍ
파스칼(Pascal)의 원리 25
파스칼의 패러독스 67, 75
파운드(lb) 19
파이프 공칭치수(nominal pipe size, NPS) 166
파인니스 비율(fineness ratio) 551
팬, 송풍기, 압축기 569
팽창 유체(dilatant fluids) 46
팽창부 291
펌프 159, 206, 207, 403
펌프 입력 일률 404
펌프 총 수두(total head on the pump) 403
펌프 효율 216, 404
평균 반경(mean radius) 316
평균 유속 267
평행축 정리 109
표면 장력 15, 17, 33
표준 보정 유리 모세관 점도계 54
푸트(ft) 19
풍속계 500
프라이밍(priming, 마중물) 418
프로그레시브 캐비티 펌프(progressive cavity pump) 404, 408
프로브 521
프로펠러팬 570
플러그 유동 유체(plug-flow fluids) 47
플로우 노즐(flow nozzle) 500, 501
플로우 튜브(flow tube) 500, 501
피스톤 펌프 208, 407
피토관 500
필요 유효 흡입 수두(net positive suction head required, $NPSH_R$) 405, 426

ㅎ
하이드로포일(hydrofoil) 545
합력(resultant force) 97, 107

항력(drag force) 528, 545
항력계수(drag coefficient) 546, 547
항온 풍속계 521
해발 고도 387
해수면 68, 69
형상항력(form drag) 547
확대이음부(expansion) 595
환원점도 48
회전 액추에이터 207
회전식 용적형 펌프 404
회전통 점도계(rotating-drum viscometer) 42, 52
후향경사날개(backward-inclined blade) 574
흡입 밸브 412
흡입덕트(intake duct) 604

A
Affinity law 405
ASHRAE 597

B
bar 27, 82
Baumé 또는 API 단위로서의 비중 32
Bingham 비중병 29
Blaise Pascal 25
bulk 체적탄성률 28

C
Cannon-Fenske 점도계 54
centipoise 44
centistoke 45
Centroid 106
cfm(cubic feet per minute) 570

D
Darcy 방정식 210, 236
Darcy 식 597
dp 유량계 501

E
Evangelista Torricelli 82

F
f=마찰계수 (무차원) 239
Froude수 470

H
Hagen-Poiseuille 방정식 236, 240
Hazen- Williams 공식 236

I
inH2O(inches of water) 84
inHg 82
inWC(inches of water column) 84
ISO 점도 등급 42, 60

K
Kelvin 22

L
L=유로 길이 (m or ft) 239
lbm(pounds-mass) 21
Lipkin bicapiliary 비중병 29

M
Mach수 585
Magnehelic 압력 게이지 86
Manning 방정식 470
mmHg 82
Moody 선도 236, 242, 346

P
Pa(abs) 68
Pa(gage) 68
PIPE-FLO® 248
poise 44
POR(preferred operating region) 443
psi 27
psia 68
psig 68

R
Rankine 단위 22
Reynolds수 233

S
SAE 점도 등급 42, 59
SI 단위계 17
Stabinger 점도계 53
stoke 45
Stoke 법칙 556

T
T-방법(T-Method) 604

U

Ubbelohde 점도계 54
U자형 마노미터 68, 77, 78

V

v=평균 유속 (m/s or ft/s) 239

τ(tau) 43
℃(섭씨온도) 21
°F(화씨온도) 21

KEY EQUATIONS

PRESSURE	$p = \frac{F}{A}$	(1–1)
WEIGHT-MASS RELATIONSHIP	$w = mg$	(1–2)
BULK MODULUS	$E = \frac{-\Delta p}{(\Delta V)/V}$	(1–4)
DENSITY	$\rho = m/V$	(1–5)
SPECIFIC WEIGHT	$\gamma = w/V$	(1–6)
SPECIFIC GRAVITY	$\text{sg} = \frac{\gamma_s}{\gamma_w @ 4°\text{C}} = \frac{\rho_s}{\rho_w @ 4°\text{C}}$	(1–7)
$\gamma - \rho$ RELATION	$\gamma = \rho g$	(1–9)
DYNAMIC VISCOSITY	$\eta = \frac{\tau}{\Delta v/\Delta y} = \tau\left(\frac{\Delta y}{\Delta v}\right)$	(2–2)
KINEMATIC VISCOSITY	$\nu = \eta/\rho$	(2–3)
ABSOLUTE AND GAGE PRESSURE	$p_{\text{abs}} = p_{\text{gage}} + p_{\text{atm}}$	(3–2)
PRESSURE-ELEVATION RELATIONSHIP	$\Delta p = \gamma h$	(3–3)
RESULTANT FORCE ON A RECTANGULAR WALL	$F_R = \gamma(h/2)A$	(4–3)
RESULTANT FORCE ON A SUBMERGED PLANE AREA	$F_R = \gamma h_c A$	(4–4)
LOCATION OF CENTER OF PRESSURE	$L_p = L_c + \frac{I_c}{L_c A}$	(4–5)
PIEZOMETRIC HEAD	$h_a = p_a/\gamma$	(4–14)
BUOYANT FORCE	$F_b = \gamma_f V_d$	(5–1)
VOLUME FLOW RATE	$Q = Av$	(6–1)
WEIGHT FLOW RATE	$W = \gamma Q$	(6–2)
MASS FLOW RATE	$M = \rho Q$	(6–3)

CONTINUITY EQUATION FOR ANY FLUID

$$\rho_1 A_1 v_1 = \rho_2 A_2 v_2 \quad (6\text{–}4)$$

CONTINUITY EQUATION FOR LIQUIDS

$$A_1 v_1 = A_2 v_2 \quad (6\text{–}5)$$

BERNOULLI'S EQUATION

$$\frac{p_1}{\gamma} + z_1 + \frac{v_1^2}{2g} = \frac{p_2}{\gamma} + z_2 + \frac{v_2^2}{2g} \quad (6\text{–}9)$$

TORRICELLI'S THEOREM

$$v_2 = \sqrt{2gh} \quad (6\text{–}16)$$

TIME REQUIRED TO DRAIN A TANK

$$t_2 - t_1 = \frac{2(A_t/A_j)}{\sqrt{2g}}(h_1^{1/2} - h_2^{1/2}) \quad (6\text{–}26)$$

GENERAL ENERGY EQUATION

$$\frac{p_1}{\gamma} + z_1 + \frac{v_1^2}{2g} + h_A - h_R - h_L = \frac{p_2}{\gamma} + z_2 + \frac{v_2^2}{2g} \quad (7\text{–}3)$$

POWER ADDED TO A FLUID BY A PUMP

$$P_A = h_A W = h_A \gamma Q \quad (7\text{–}5)$$

PUMP EFFICIENCY

$$e_M = \frac{\text{Power delivered to fluid}}{\text{Power put into pump}} = \frac{P_A}{P_I} \quad (7\text{–}6)$$

POWER REMOVED FROM A FLUID BY A MOTOR

$$P_R = h_R W = h_R \gamma Q \quad (7\text{–}8)$$

MOTOR EFFICIENCY

$$e_M = \frac{\text{Power output from motor}}{\text{Power delivered by fluid}} = \frac{P_O}{P_R} \quad (7\text{–}9)$$

REYNOLDS NUMBER—CIRCULAR SECTIONS

$$N_R = \frac{vD\rho}{\eta} = \frac{vD}{\nu} \quad (8\text{–}1)$$

DARCY'S EQUATION FOR ENERGY LOSS

$$h_L = f \times \frac{L}{D} \times \frac{v^2}{2g} \quad (8\text{–}3)$$

HAGEN-POISEUILLE EQUATION

$$h_L = \frac{32\eta L v}{\gamma D^2} \quad (8\text{–}4)$$

FRICTION FACTOR FOR LAMINAR FLOW

$$f = \frac{64}{N_R} \quad (8\text{–}5)$$

FRICTION FACTOR FOR TURBULENT FLOW

$$f = \frac{0.25}{\left[\log\left(\frac{1}{3.7(D/\epsilon)} + \frac{5.74}{N_R^{0.9}}\right)\right]^2} \quad (8\text{–}7)$$

HAZEN-WILLIAMS FORMULA – U.S. CUSTOMARY UNITS

$$v = 1.32\, C_h R^{0.63} s^{0.54} \quad (8\text{–}8)$$

HAZEN-WILLIAMS FORMULA – SI UNITS	$v = 0.85\, C_h\, R^{0.63} s^{0.54}$	(8–9)
HYDRAULIC RADIUS—CLOSED NONCIRCULAR SECTIONS	$R = \frac{A}{WP} = \frac{\text{area}}{\text{wetted perimeter}}$	(9–5)
REYNOLDS NUMBER FOR NONCIRCULAR SECTIONS	$N_R = \frac{v(4R)\rho}{\eta} = \frac{v(4R)}{\nu}$	(9–6)
DARCY'S EQUATION FOR NONCIRCULAR SECTIONS	$h_L = f\frac{L}{4R}\frac{v^2}{2g}$	(9–7)
HYDRAULIC RADIUS—OPEN CHANNELS	$R = \frac{A}{WP} = \frac{\text{area}}{\text{wetted perimeter}}$	(14–1)
REYNOLDS NUMBER – OPEN CHANNELS	$N_R = \frac{vR}{\nu}$	(14–3)
FROUDE NUMBER	$N_F = \frac{v}{\sqrt{gy_h}}$	(14–4)
HYDRAULIC DEPTH	$y_h = A/T$	(14–5)
MANNING'S EQUATION—SI UNITS	$v = \frac{1.00}{n}R^{2/3}S^{1/2}$	(14–6)
NORMAL DISCHARGE—SI UNITS	$Q = \left(\frac{1.00}{n}\right)AR^{2/3}S^{1/2}$	(14–8)
MANNING'S EQUATION – U.S. UNITS	$v = \frac{1.49}{n}R^{2/3}S^{1/2}$	(14–10)
NORMAL DISCHARGE – U.S. UNITS	$Q = AV = \left(\frac{1.49}{n}\right)AR^{2/3}S^{1/2}$	(14–11)
GENERAL FORM OF FORCE EQUATION	$F = (m/\Delta t)\Delta v = M\,\Delta v = \rho Q\,\Delta v$	(16–4)
FORCE EQUATION IN x-DIRECTION	$F_x = \rho Q\,\Delta v_x = \rho Q(v_{2_x} - v_{1_x})$	(16–5)
FORCE EQUATION IN y-DIRECTION	$F_y = \rho Q\,\Delta v_y = \rho Q(v_{2_y} - v_{1_y})$	(16–6)
FORCE EQUATION IN z-DIRECTION	$F_z = \rho Q\,\Delta v_z = \rho Q(v_{2_z} - v_{1_z})$	(16–7)
EFFECTIVE VELOCITY	$v_e = v_1 - v_0$	(16–11)

EFFECTIVE VOLUME FLOW RATE	$Q_e = A_1 v_e$	(16–12)
DRAG FORCE	$F_D = \text{drag} = C_D(\rho v^2/2)A$	(17–1)
STOKE'S LAW - DRAG ON A SPHERE	$F_D = \dfrac{12\eta v A}{D} = \left(\dfrac{12\eta v}{D}\right)\left(\dfrac{\pi D^2}{4}\right) = 3\pi\eta v D$	(17–8)
LIFT FORCE	$F_L = C_L(\rho v^2/2)A$	(17–10)
IDEAL GAS LAW	$\dfrac{p}{\gamma T} = \text{constant} = R$	(18–1)
CRITICAL PRESSURE RATIO	$\left(\dfrac{p_2'}{p_1}\right)_c = \left(\dfrac{2}{k+1}\right)^{k/(k-1)}$	(18–12)
SONIC VELOCITY	$c = \sqrt{\dfrac{kgp_2'}{\gamma_2}}$	(18–13)
EQUIVALENT DIAMETER FOR A RECTANGULAR DUCT	$D_e = \dfrac{1.3(ab)^{5/8}}{(a+b)^{1/4}}$	(19–1)
VELOCITY PRESSURE FOR AIR FLOW (U.S.)	$H_v = \left(\dfrac{v}{4005}\right)^2 \text{inH}_2\text{O}$	(19–7)
VELOCITY PRESSURE FOR AIR FLOW (SI)	$H_v = \left(\dfrac{v}{1.289}\right)^2 \text{Pa}$	(19–9)

역자 소개

김 동 억

POSTECH, 기계공학 박사

현재 중앙대학교 에너지시스템공학부 교수

김 병 재

KAIST, 기계공학 박사

현재 충남대학교 기계공학부 교수

김 정 우

서울대학교, 기계공학 박사

현재 서울과학기술대학교 기계시스템디자인공학과 교수

유 재 영

Stanford University, 기계공학 박사

현재 중앙대학교 기계공학과 교수

주 원 구

University of Cambridge, 기계공학 박사

현재 연세대학교 기계공학과 교수

공학시스템 설계를 위한 응용유체역학 7판

Applied Fluid Mechanics seventh edition

2018년 07월 20일 7판 1쇄 펴냄

지은이 Mott · Untener | 엮은이 김동억 · 김병재 · 김정우 · 유재영 · 주원구

펴낸이 류원식 | 펴낸곳 (주)교문사(청문각)

편집부장 김경수 | 책임진행 신가영 | 본문편집 홍익m&b | 표지디자인 유선영

제작 김선형 | 홍보 김은주 | 영업 함승형 · 박현수 · 이훈섭

주소 (10881) 경기도 파주시 문발로 116(문발동 536-2) | 전화 1644-0965(대표)

팩스 070-8650-0965 | 등록 1968. 10. 28. 제406-2006-000035호

홈페이지 www.cheongmoon.com | E-mail genie@cheongmoon.com

ISBN 978-89-363-1721-8 (93550) | 값 37,500원

* 잘못된 책은 바꿔 드립니다.

청문각은 ㈜교문사의 출판 브랜드입니다.